Lexikon der Mathematik: Band 1

Guido Walz
(Hrsg.)

Lexikon der Mathematik: Band 1

A bis Eif

2. Auflage

Springer Spektrum

Herausgeber
Guido Walz
Mannheim, Deutschland

ISBN 978-3-662-53497-7 ISBN 978-3-662-53498-4 (eBook)
DOI 10.1007/978-3-662-53498-4

Die Deutsche Nationalbibliothek verzeichnet diese Publikation in der Deutschen Nationalbibliografie; detaillierte bibliografische Daten sind im Internet über http://dnb.d-nb.de abrufbar.

Springer Spektrum

Planung: Iris Ruhmann
Redaktion: Prof. Dr. Guido Walz

Gedruckt auf säurefreiem und chlorfrei gebleichtem Papier

Springer Spektrum ist Teil von Springer Nature
Die eingetragene Gesellschaft ist Springer-Verlag GmbH Germany
Die Anschrift der Gesellschaft ist: Heidelberger Platz 3, 14197 Berlin, Germany

Die Mathematiker sind eine Art Franzosen;
redet man zu ihnen, so übersetzen sie es in ihre Sprache,
und dann ist es alsbald ganz etwas anderes.
(Johann Wolfgang von Goethe, *Maximen und Reflexionen*)

Vorwort

Sicherlich mit das Langweiligste, was der Leser eines solchen Werkes erwarten kann, ist das Vorwort. Geduldet, weil notwendig, fristet es sein Dasein zwischen dem Impressum, ebenfalls nicht gerade ein Highlight im Leserinteresse, und den ersten Textseiten, derentwegen der Leser das Werk ja in erster Linie erworben hat.

Nun, auch mir wird es sicherlich nicht gelingen, an diesem Status ganz vorbeizukommen, aber ich möchte jedenfalls versuchen, durch Kürze und Prägnanz sowie durch Vermittlung einiger interessanter Informationen das Lesen dieser Zeilen so erträglich wie möglich zu machen.

Zunächst einmal zu der Frage: Warum überhaupt ein *Lexikon der Mathematik*? Nun, dafür gibt es eine ganze Reihe von Gründen: Die Mathematik ist zweifellos eine der ältesten Wissenschaften überhaupt, und ihre Bedeutung für das wissenschaftliche wie auch das tägliche Leben aller Kulturen ist unbestritten. Dennoch hört man immer wieder, in Ansprachen ebenso wie bei Partyplaudereien, so beifallheischende Sätze wie „In Mathematik war ich immer eine Niete" oder „Wer sich für Mathematik interessiert, kann nicht für das tägliche Leben geeignet sein". Oder, wie Hans Magnus Enzensberger es in seinem aufsehenerregenden Essay „Zugbrücke außer Betrieb" formuliert: „... wer etwas vom Charme und der Bedeutung, von der Reichweite und von der Schönheit der Mathematik murmelt, wird als Experte bestaunt; wenn er sich als Amateur zu erkennen gibt, gilt er im besten Fall als Sonderling ...".

Zunehmend verbreitet sich allerdings die Erkenntnis, daß mathematische Strukturen in vielen Bereichen des wissenschaftlichen wie auch des alltäglichen Lebens eine entscheidende Rolle spielen. Denken Sie an die Geheimnummer Ihrer Kreditkarte, an die Konstruktion des Bauwerks, in dem Sie sich gerade befinden, oder an die Algorithmen, die Ihren Computer zum Leben erwecken. Häufig liegt die Aversion gegenüber der Mathematik, abgesehen von einigen traumatischen Schulzeiterinnerungen, lediglich an einem gewissen Unverständnis der Fachterminologie; man vergleiche hierzu auch das obige Goethe-Zitat. Es ist eines der Ziele des vorliegenden Werkes, diesem Manko abzuhelfen, indem es einem großen Kreis von Interessenten die Inhalte mathematischer Fachtermini näherbringt.

Darüber hinaus soll natürlich auch das interessierte Fachpublikum Begriffe, die ihm momentan nicht geläufig sind, erläutert finden. Gerade in unserer Zeit, in der das mathematische und das damit verwandte Fachwissen explosionsartig anwächst, ist die Verfügbarkeit eines solchen Nachschlagewerks unerläßlich.

Eine für ein Lexikon eher ungewöhnliche Intention ist es, Leser zum Stöbern und Schmökern anzuregen. Ein Charakteristikum dieses Werkes sind daher die Essays, ausführliche Artikel, die entweder ein Teilgebiet der Mathematik oder aber einzelne, herausragende Aspekte dieser Disziplin in geschlossener Form darstellen und wie ein kleiner Aufsatz gelesen werden können. Diese Essays wurden von internationalen Experten ihres Fachgebietes geschrieben und sind mit deren Namen gezeichnet. Lesen Sie doch einfach einmal ein solches Essay, und lassen Sie sich dann, durch Verweise oder neu auftretende Begriffe angeregt, weiter durch das Lexikon und damit durch die Welt der Mathematik hindurchführen.

Hauptzielgruppen unseres Lexikons sind neben Mathematikern in Hochschule und Wirtschaft vor allem Fachleute und Wissenschaftler benachbarter Disziplinen, wie

z. B. Physiker und Ingenieure, sowie mathematisch interessierte Laien – beispielsweise möchte vielleicht jemand wissen, wer unlängst die Fermatsche Vermutung bewiesen hat, was man unter einer Wavelet-Transformation versteht, oder ganz einfach, was denn ein Logarithmus nun gleich wieder ist .... Ich habe mich bei der Erstellung dieses Lexikons, das in Konzeption und Umfang sicherlich derzeit einzigartig im deutschsprachigen Raum ist, zu jeder Zeit bemüht, all diesen unterschiedlichen Leserbedürfnissen gerecht zu werden.

Zwar handelt es sich bei unserem Werk primär um ein Nachschlagewerk für mathematische Fachbegriffe. Dennoch habe ich großen Wert darauf gelegt, mit den Kurzbiographien möglichst vieler bedeutender Mathematikerinnen und Mathematiker diejenigen Menschen zu würdigen, die hinter vielen dieser Begriffe stecken. Wie oft nämlich begegnen uns im Umgang mit der Mathematik Begriffe wie „Satz des Pythagoras“, „euklidischer Algorithmus“, „Gaußsche Normalverteilung“, u. v. a. m.

Wie jedes Nachschlagewerk kam auch dieses Lexikon nur zustande durch die Mitarbeit einer großen Reihe namhafter Wissenschaftler (s. u.), gleichermaßen sowohl Experten auf ihrem Fachgebiet als auch Autoren mit eigenem Stil. Trotz redaktioneller Vereinheitlichung hinsichtlich Notation, Bezeichnungsweise usw. ist der individuelle Hintergrund der einzelnen Artikel daher manchmal nicht nur erkennbar, sondern ausdrücklich erwünscht: Sie halten keine seelenlose Sammlung von untereinander beliebig austauschbaren Stichworterklärungen in Händen, sondern ein mit Sachverstand und Enthusiasmus jedes einzelnen Experten geschriebenes Werk.

Abschließend noch möchte ich all denen danken, die in vielfältiger Weise zum Entstehen dieses Werkes und seiner Folgebände beigetragen haben und weiter beitragen. Sie sind im folgenden in alphabetischer Reihenfolge aufgelistet. Einige der genannten Personen sind als Fachberater, andere als Redaktionsmitarbeiter tätig, die meisten aber wirken als Autorinnen und Autoren:

Prof. Dr. Hans-Jochen Bartels, Mannheim
PD Dr. Martin Bordemann, Freiburg
Dr. Andrea Breard, Paris
Prof. Dr. Rainer Brück, Gießen
Prof. Dr. H. Scott McDonald Coxeter, Toronto
Dipl.-Ing. Hans-Gert Dänel, Pesterwitz
Dipl.-Math. Ulrich Dirks, Berlin
Dr. Jörg Eisfeld, Gießen
Prof. Dr. Dieter H. Erle, Dortmund
Prof. Dr. Heike Faßbender, München
Dr. Andreas Filler, Berlin
Prof. Dr. Robert Fittler, Berlin
Prof. Dr. Joachim von zur Gathen, Paderborn
PD Dr. Ernst-Günter Giessmann, Berlin
Dr. Hubert Gollek, Berlin
Prof. Dr. Barbara Grabowski, Bonn
Prof. Dr. Andreas Griewank, Dresden
Dipl.-Math. Heiko Großmann, Münster
Prof. Dr. K. P. Hadeler, Tübingen
Prof. Dr. Adalbert Hatvany, Kuchen
Dr. Christiane Helling, Berlin
Prof. Dr. Dieter Hoffmann, Konstanz
Prof. Dr. Heinz Holling, Münster
Hans-Joachim Ilgauds, Leipzig
Dipl.-Math. Andreas Janßen, Stuttgart

Dipl.-Phys. Sabina Jeschke, Berlin
Prof. Dr. Hubertus Jongen, Aachen
Dr. Gerald Kager, Berlin
Prof. Dr. Josef Kallrath, Ludwigshafen/Rh.
Dr. Uwe Kasper, Berlin
Dipl.-Phys. Akiko Kato, Berlin
Dr. Claudia Knütel, Hamburg
Dipl.-Phys. Rüdeger Köhler, Berlin
Dipl.-Phys. Roland Kunert, Berlin
Prof. Dr. Herbert Kurke, Berlin
AOR Lutz Küsters, Mannheim
Prof. Dr. Burkhard Lenze, Dortmund
Uwe May, Ückermünde
Prof. Dr. Günter Mayer, Rostock
Prof. Dr. Klaus Meer, Odense (Dänemark)
Dipl.-Math. Stefan Mehl, Lorsch
Prof. Dr. Günter Meinardus, Neustadt/Wstr.
Prof. Dr. Paul Molitor, Halle
Dipl.-Inf. Ines Peters, Berlin
Dr. Klaus Peters, Berlin
Prof. Dr. Gerhard Pfister, Kaiserslautern
Dipl.-Math. Peter Philip, Berlin
Prof. Dr. Hans Jürgen Prömel, Berlin
Dr. Dieter Rautenbach, Aachen
Dipl.-Math. Thomas Richter, Berlin
Prof. Dr. Thomas Rießinger, Frankfurt
Prof. Dr. Heinrich Rommelfanger, Frankfurt
Prof. Dr. Robert Schaback, Göttingen
Dipl.-Phys. Mike Scherfner, Berlin
PD Dr. Martin Schlichenmaier, Mannheim
Dr. Karl-Heinz Schlote, Altenburg
Dr. Christian Schmidt, Berlin
PD Dr. habil. Hans-Jürgen Schmidt, Potsdam
Dr. Karsten Schmidt, Berlin
Prof. Dr. Uwe Schöning, Ulm
Dr. Günter Schumacher, Karlsruhe
PD Dr. Günter Schwarz, München
Dipl.-Math. Markus Sigg, Freiburg
Dipl.-Phys. Grischa Stegemann, Berlin
Prof. Dr. Lutz Volkmann, Aachen
Dr. Johannes Wallner, Wien
Prof. Dr. Guido Walz, Mannheim
Prof. Dr. Ingo Wegener, Dortmund
Prof. Dr. Ilona Weinreich, Remagen
Prof. Dr. Dirk Werner, Galway (Irland) / Berlin
PD Dr. Günther Wirsching, Eichstätt
Prof. Dr. Jürgen Wolff v. Gudenberg, Würzburg
Prof. Dr. Helmut Wolter, Berlin
Dr. Frank Zeilfelder, Saarbrücken / Mannheim
Dipl.-Phys. Erhard Zorn, Berlin

SPEKTRUM Akademischer Verlag, in dessen Auftrag dieses Lexikon erstellt wurde, namentlich besonders Daniela Brandt, Detlef Büttner, Myriam Nothacker und Marion Winkenbach, und weiterhin Rolf Sauermost vom *Lexikon der Biologie* sowie Ulrich Kilian und Christine Weber vom *Lexikon der Physik* sei für die stets konstruktive und erfrischende Zusammenarbeit gedankt. Und schließlich danke ich, stellvertretend auch für viele Mitarbeiter, meiner Familie für ihr Verständnis dafür, daß ich in dieser Zeit wohl viel zu oft „Redaktionsleiter" war.

Mannheim/Heidelberg, Oktober 2000
Guido Walz

Vorwort zur zweiten Auflage

Ich freue mich sehr darüber, dass der Springer-Verlag dieses Lexikon nach 15 Jahren wieder verfügbar gemacht hat, sowohl in gedruckter als auch in elektronischer Form. Wir haben dies zum Anlass genommen, einige kleinere Ungenauigkeiten zu korrigieren, sowie die Lebensdaten einiger inzwischen leider verstorbener Persönlichkeiten zu aktualisieren. Weiterhin wurden aufgrund rechtlicher Unklarheiten die im Erstdruck enthaltenen Porträtabbildungen bekannter Mathematikerinnen und Mathematiker entfernt.

Für die wie immer vorzügliche Zusammenarbeit möchte ich mich beim Springer-Verlag, namentlich Barbara Lühker, Iris Ruhmann und Dr. Andreas Rüdinger, herzlich bedanken.

Mannheim, August 2016
Guido Walz

Hinweise für die Benutzer

Gemäß der Tradition aller Großlexika ist auch das vorliegende Werk streng alphabetisch sortiert. Die Art der Alphabetisierung entspricht den gewohnten Standards, auf folgende Besonderheiten sei aber noch explizit hingewiesen: Umlaute werden zu ihren Stammlauten sortiert, so steht also das „ä" in der Reihe des „a" (nicht aber das „ae"!); entsprechend findet man „ß" bei „ss". Griechische Buchstaben und Sonderzeichen werden entsprechend ihrer deutschen Transkription einsortiert. So findet man beispielsweise das α unter „alpha". Ein Freizeichen („Blank") wird *nicht* überlesen, sondern gilt als „Wortende": So steht also beispielsweise „a priori" *vor* „Abakus". Im Gegensatz dazu werden Sonderzeichen innerhalb der Worte, insbesondere der Bindestrich, „überlesen", also bei der Alphabetisierung behandelt, als wären sie nicht vorhanden. Schließlich ist noch zu erwähnen, daß Exponenten ebenso wie Indizes bei der Alphabetisierung ignoriert werden.

A

A, Menge der ↗ holomorphen Funktionen. Die Bezeichnung „A" rührt daher, daß holomorphe Funktionen früher häufig auch als „analytische Funktionen" bezeichnet wurden.

a posteriori-Fehlerabschätzung, Abschätzung des Fehlers eines (numerischen) Verfahrens *nach* Durchführung des Verfahrens, also mit Kenntnis der bereits berechneten Werte. Eine typische Anwendung ergibt sich aus dem ↗ Banachschen Fixpunktsatz.

a posteriori-Verteilung, statistische Verteilung für eine bedingte Wahrscheinlichkeit, die sich aus der ↗ Bayesschen Formel ergibt. Diese wird in der Versicherungsmathematik im Rahmen der ↗ Credibility-Theorie angewendet, um die individuelle Risikoerfahrung zu bewerten. Grundlage ist eine a priori-Verteilung mit Dichte f_Λ, mit einem für das einzelne Risiko festen aber unbekannten Parameter Λ. Aus der Verteilung der durchschnittlichen Schadenzahl N aller Risiken und der individuellen Schadenerfahrung ergibt sich die bedingte Wahrscheinlichkeit $P(N = n|\Lambda = \lambda)$. Damit bestimmt man einen Bayes-Schätzer: Die bedingte Wahrscheinlichkeit für eine Realisierung $\Lambda = \lambda$ ist

$$P(\Lambda = \lambda|N = n) = \frac{P(N = n|\Lambda = \lambda)P(\Lambda = \lambda)}{P(N = n)}.$$

Dies ermöglicht eine genauere Bewertung des individuellen Risikos. Anwendung findet dies z. B. beim Schadenfreirabatt in der Kfz-Versicherung.

a posteriori-Wahrscheinlichkeit, ↗ Bayessche Formel.

a priori-Fehlerabschätzung, Abschätzung des Fehlers eines (numerischen) Verfahrens *vor* Durchführung des Verfahrens. Eine solche Fehlerabschätzung wird daher i. allg. schlechter sein als eine ↗ a posteriori-Fehlerabschätzung. Eine typische Anwendung ergibt sich aus dem ↗ Banachschen Fixpunktsatz.

a priori-Verteilung, geschätzte Wahrscheinlichkeitsverteilung mit einem vorher (a priori) unbekannten Verteilungsparameter. Unter Zusatzannahmen berechnet man daraus mit Hilfe der ↗ Bayesschen Formel eine ↗ a posterio-Verteilung.

a priori-Wahrscheinlichkeit, ↗ Bayessche Formel.

Abaelardus, Petrus, *Abélard, Pierre*, französischer Philosoph, Theologe und Logiker, geb. 1079 Palais (bei Nantes, Frankreich), gest. 21.4.1142 St.-Marcel (bei Châlon-sur-Saône, Frankreich).

Abaelardus studierte Philosophie und Theologie und wurde einer der bedeutendsten Logiker des 12. Jahrhunderts. Mit seiner Lehrmethode „dicta pro et contra" wurde er zum Mitbegründer der scholastischen Methode der logischen Disputierkunst und trug auch wesentlich zur Gründung der Pariser Universität bei. Seine „Dialectica" enthält bereits wichtige Konzepte der scholastischen Logik wie z. B. eine Bezeichnungstheorie, Analysen logischer Funktoren und Quantoren sowie eine Schlußtheorie. Er entwickelte eine Termlogik. Danach besteht die Bedeutung eines Satzes im „dictum propositionis", dessen Grundlage die Beziehung zwischen den Dingen ist.

Abaelardus präsentierte eine Inhärenz- und eine Identitätstheorie. In der Wahrheitstheorie unterschied er zwischen „verus", dem Prädikat von Dingen, und „verum", dem von Aussagen.

Er definierte den Term „wahr" als ein Prädikat von Aussagen wie folgt: p ist äquivalent zu „Die Aussage p ist wahr" genau dann, wenn der Sachverhalt existiert, auf welchen sich p bezieht.

Abakus, Rechengerät, vermutlich babylonischen Ursprungs, das im europäischen Mittelalter weit verbreitet von Kaufleuten verwendet wurde und im ostasiatischen Raum heute weiterhin Anwendung findet. Auch in vielen anderen Kulturkreisen haben sich Handrechengeräte auf der Grundlage des Abakus bis in die Neuzeit erhalten.

Der früheste „Abakus" war vermutlich eine Rechenoberfläche, auf die die Babylonier Sand streuten, um darauf Ziffern, deren Positionen numerische Werte darstellten, für Rechnungen einzugravieren. Der im deutschen gängige Begriff ist vermutlich von seiner griechischen Form „abakos" abgeleitet, bzw. von einem semitischen Wort wie dem hebräischen „ibeq" („Staub wischen"; bzw. als Substantiv „abaq" „Staub"). In China spricht man von der „Perlen-Rechnung", die erstmals in einer Kompilation des sechsten Jahrhunderts erwähnt ist. In einem Werk der Yuan-Dynastie von Liu Yin (1248–1293) finden sich Merkreime von Algorithmen für die vier Grundrechenarten.

Die in China gängigste 2 | 5 Form bestand aus sieben Perlen in einer Reihe, wobei zwei fünfwertige Perlen durch einen horizontalen Querstab von den restlichen fünf Einheits-Perlen einer Reihe abgetrennt sind. Bei Ausgrabungen in der südchinesischen Provinz Fujian fanden Archäologen 1987 einen 1 | 5 Abakus als Grabbeigabe eines Ministers, der zwischen 1543 und 1610 lebte. In China und Japan erfreuen sich heute Schnelligkeitswettbewerbe zwischen Spezialisten und Benutzern von Taschenrechnern großer Beliebtheit. Eine große Zahl von Vereinen und Privatleuten beschäftigt sich dort auch mit der Konstruktion neuer Formen dieses Rechengerätes und dem Entwurf schnellerer Algorithmen.

Abbildung, Zuordnung f zwischen zwei Mengen A und B, die jedem Element der Menge A genau ein Element der Menge B zuordnet.

Mengentheoretisch ist eine Abbildung eine linkstotale rechtseindeutige ↗Relation zwischen zwei Mengen A und B, d. h. ein geordnetes Tripel (A, B, f). Die Menge f ist eine Teilmenge von $A \times B$ mit der Eigenschaft, daß für jedes Element $x \in A$ genau ein Element $y \in B$ existiert mit $(x, y) \in f$. Oftmals ist es klar, um welche Mengen A und B es sich handelt, und die Menge f wird mit der Abbildung (A, B, f) identifiziert.

Die Menge A heißt Definitions- oder Urbildbereich, bezeichnet mit $D(f)$ oder D_f, und B heißt Werte- oder Bildbereich, bezeichnet mit $R(f)$ oder R_f. Man schreibt auch

$$f : A \to B, \quad x \mapsto y$$

und nennt $x \mapsto y$ Abbildungsvorschrift von f. Ist $(x, y) \in f$, so wird y auch als $f(x)$ bezeichnet. Ist $T \subseteq A$, so heißt die Menge

$$f(T) := \{f(x) \in B : x \in T\}$$

das Bild von T unter der Abbildung f, $f(A)$ heißt das Bild von f. Ist hingegen U eine Teilmenge von B, so heißt die Menge

$$f^{-1}(U) := \{x \in A : f(x) \in U\}$$

das Urbild von U unter f. Der Graph der Abbildung f ist die Menge $\{(x, f(x)) \in A \times B : x \in A\}$. Geometrische Veranschaulichungen dieser Menge werden ebenfalls als Graph von f bezeichnet.

Beispiel: Man betrachte die Abbildung $f : [-2, 2] \to \mathbb{R}$, $x \mapsto x^2$. Der Definitionsbereich besteht aus dem abgeschlossenen Intervall $[-2, 2]$, der Bildbereich sind die reellen Zahlen. Das Bild von f ist das abgeschlossene Intervall $[0, 4]$. Für $T := [-1, 0]$ gilt $f(T) = [0, 1]$. Für $U := [-1, 0.25]$ gilt $f^{-1}(U) = [-0.5, 0.5]$. Die Abbildung zeigt den Graph der Abbildung f, wobei, wie üblich, die horizontale Achse den Definitionsbereich und die vertikale Achse den Wertebereich darstellt.

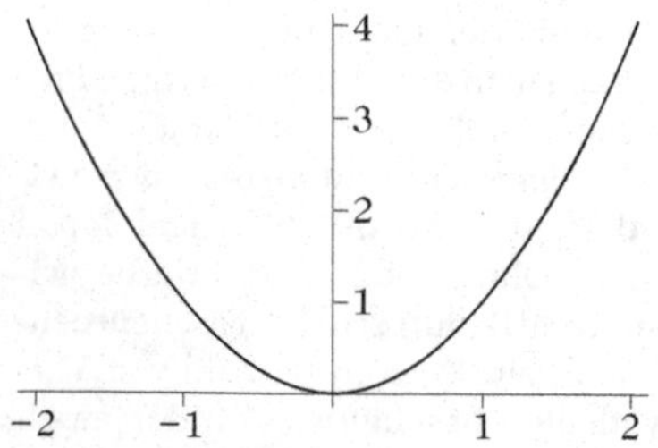

Graph der Abbildung $x \mapsto x^2$.

Zwei Abbildungen f und g heißen gleich genau dann, wenn ihre Definitions- und Wertebereiche identisch sind und sie als Mengen übereinstimmen, das heißt $f, g : A \to B$, und es gilt $f(x) = g(x)$ für alle $x \in A$. Die Menge der Abbildungen mit Definitionsbereich A und Wertebereich B wird mit B^A oder $\mathcal{F}(A, B)$ bezeichnet. Unter der Komposition oder Hintereinanderausführung zweier Abbildungen f und g mit $f : A \to B$, $g : C \to D$ und $f(A) \subseteq C$ versteht man die Abbildung $g \circ f : A \to D$ (lies: g nach f oder g komponiert mit f), definiert durch

$$(g \circ f)(x) := g(f(x)).$$

Beispiel: Man betrachte die Abbildungen $f : [-1, 1] \to \mathbb{R}$, $x \mapsto x^2$ und $g : [-1, 1] \to \mathbb{R}$, $x \mapsto \frac{1}{4}x$. Dann gilt

$$f([-1, 1]) = [0, 1] \subseteq D(g)$$

und

$$g([-1, 1]) = [-\frac{1}{4}, \frac{1}{4}] \subseteq D(f).$$

Es ergeben sich die Kompositionen $g \circ f : [-1, 1] \mapsto \mathbb{R}$, $(g \circ f)(x) = g(f(x)) = g(x^2) = \frac{1}{4}x^2$ und $f \circ g : [-1, 1] \mapsto \mathbb{R}$, $(f \circ g)(x) = f(g(x)) = f(\frac{1}{4}x) = \frac{1}{16}x^2$. Das Beispiel zeigt, daß die Komposition von Abbildungen i.allg. selbst dann nicht kommutativ ist, wenn Definitions- und Wertebereich der komponierten Abbildungen übereinstimmen.

Das Komponieren von Abbildungen ist hingegen assoziativ, das heißt, für drei Abbildungen $f : A \to B$, $g : C \to D$, $h : E \to F$ mit $f(A) \subseteq C$ und $g(C) \subseteq E$ gilt

$$(h \circ g) \circ f = h \circ (g \circ f).$$

Es seien $f : A \to B$ und $g : B \to C$ Abbildungen, I eine Indexmenge, die Mengen $S, T, S_i, i \in I$ seien Teilmengen von A, die Mengen $U, V, U_i, i \in I$ seien Teilmengen von B, und W sei eine Teilmenge von C. Dann gelten die folgenden Gesetze bezüglich Abbildungen und verschiedenen Verknüpfungsoperationen von Mengen:

$$\begin{aligned}
f(S \cap T) &\subseteq f(S) \cap f(T), \\
f\left(\bigcap_{i \in I} S_i\right) &\subseteq \bigcap_{i \in I} f(S_i), \\
f(S \cup T) &= f(S) \cup f(T), \\
f\left(\bigcup_{i \in I} S_i\right) &= \bigcup_{i \in I} f(S_i), \\
f^{-1}(U \cap V) &= f^{-1}(U) \cap f^{-1}(V), \\
f^{-1}\left(\bigcap_{i \in I} U_i\right) &= \bigcap_{i \in I} f^{-1}(U_i),
\end{aligned}$$

$$\begin{aligned} f^{-1}(U \cup V) &= f^{-1}(U) \cup f^{-1}(V), \\ f^{-1}\left(\bigcup_{i\in I} U_i\right) &= \bigcup_{i\in I} f^{-1}(U_i), \\ f(f^{-1}(U)) &\subseteq U, \quad f^{-1}(f(S)) \supseteq S, \\ f^{-1}(U \setminus V) &= f^{-1}(U) \setminus f^{-1}(V), \\ (g\circ f)^{-1}(W) &= f^{-1}(g^{-1}(W)). \end{aligned}$$

Das folgende Beispiel zeigt, daß sich i.allg. die Teilmengenbeziehungen nicht durch eine Gleichheit ersetzen lassen. Für die Abbildung $f : \{1,2\} \to \{1,2\}$, $f(1) = f(2) = 1$, ist $f(\{1\} \cap \{2\}) = \emptyset \subsetneq \{1\} = f(\{1\}) \cap f(\{2\})$, $f(f^{-1}(\{1,2\})) = \{1\} \subsetneq \{1,2\}$, $f^{-1}(f(\{1\})) = \{1,2\} \supsetneq \{1\}$.

Oft veranschaulicht man sich den Zusammenhang zwischen Abbildungen in einem Abbildungsdiagramm. Im einfachsten Fall wird eine Abbildung $f : A \to B$ dargestellt:

$$A \xrightarrow{f} B.$$

Sind Abbildungen $f : A \to B$, $g : B \to C$, $h : A \to C$, gegeben, so lassen sie sich als folgendes Diagramm darstellen:

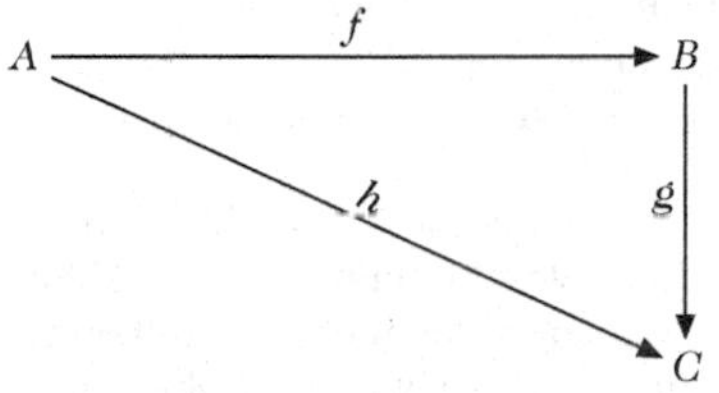

Gilt dabei $h = g\circ f$, so nennt man das Diagramm kommutativ und deutet dies manchmal durch das Symbol ↻ im Innern des Diagramms an.

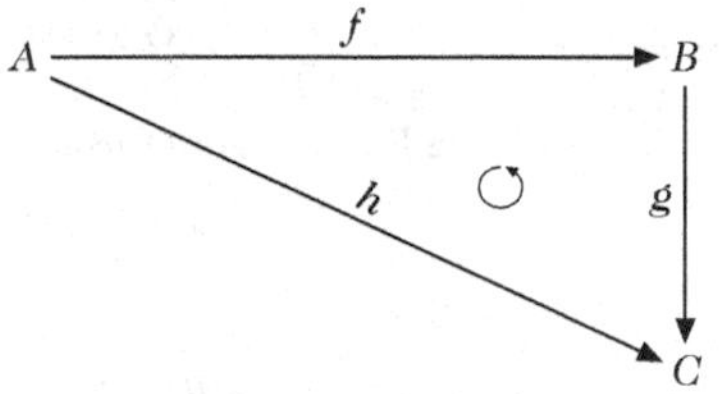

In ähnlicher Weise lassen sich sehr komplizierte Beziehungen zwischen Abbildungen in Diagrammen darstellen. Ein (Teil–)Diagramm wird kommutativ genannt, wenn für je zwei Mengen A und B des (Teil–)Diagramms und je zwei Wege ϕ und ψ in Pfeilrichtung von A nach B gilt, daß die Hintereinanderausführung der Abbildungen entlang ϕ gleich der Hintereinanderausführung der Abbildungen entlang ψ ist.

Abbildungen mit speziellen Eigenschaften (man vergleiche hierzu auch die jeweiligen speziellen Stichwortartikel):

Eine Abbildung $f : A \to B$ heißt surjektiv genau dann, wenn $f(A) = B$, das heißt, wenn der Wertebereich von f mit dem Bild von f übereinstimmt. Man spricht dann auch von einer Abbildung auf die Menge B und schreibt $f : A \twoheadrightarrow B$. Die surjektiven Abbildungen sind genau die bitotalen rechtseindeutigen ↗ Relationen. f heißt injektiv (oder auch eineindeutig, Injektion, Einbettungsabbildung, Einbettung, Inklusionsabbildung, Inklusion) genau dann, wenn für alle $y \in B$ gilt, daß $\#f^{-1}(\{y\}) \in \{0,1\}$, das heißt, jedes Element des Bildbereiches von f ist das Bild höchstens eines Elementes des Urbildbereiches von f. Man schreibt dann auch $f : A \hookrightarrow B$. Die injektiven Abbildungen sind genau die linkstotalen eineindeutigen Relationen.

Die Abbildung f heißt bijektiv genau dann, wenn sie sowohl surjektiv als auch injektiv ist. Die bijektiven Abbildungen sind genau die bitotalen eineindeutigen Relationen. Ist A eine Teilmenge von B, so heißt die Abbildung $i : A \to B$, $x \mapsto x$ Inklusionsabbildung (oder auch Einbettungsabbildung, Inklusion, Einbettung) von A in B. Gilt sogar $A = B$, so schreibt man $I_A := Id_A := i$ und nennt I_A die Identität (auch identische Abbildung, Eins-Abbildung) auf A. Eine Abbildung $f : A \to B$ ($A \subseteq B$ nicht länger vorausgesetzt) ist genau dann surjektiv, wenn es eine Abbildung $g : B \to A$ gibt, so daß $f\circ g = I_B$; f ist genau dann injektiv, wenn es eine Abbildung $g : B \to A$ gibt, so daß $g \circ f = I_A$. Ist f sogar bijektiv, so stimmen die durch Surjektivität und Injektivität gegebenen Abbildungen überein. Die so erhaltene Abbildung wird mit $f^{-1} : B \to A$ bezeichnet und die Umkehrabbildung (bzw. Umkehrfunktion, inverse Abbildung) von f genannt.

Beispiele:

Die Abbildung $s : \{1,2\} \to \{4,5,6\}, x \mapsto x+3$ ist injektiv, jedoch nicht surjektiv. Für die Abbildung $s_l : \{4,5,6\} \to \{1,2\}$, $s_l(4) = 1$, $s_l(5) = s_l(6) = 2$ gilt $s_l \circ s = I_{\{1,2\}}$. Jedoch gibt es keine Abbildung $s_r : \{4,5,6\} \to \{1,2\}$ mit $s \circ s_r = I_{\{4,5,6\}}$. Umgekehrt ist die Abbildung s_l surjektiv, jedoch nicht injektiv. Es gibt somit keine Abbildung $s_{ll} : \{1,2\} \to \{4,5,6\}$ mit $s_{ll} \circ s_l = I_{\{4,5,6\}}$.

Die Abbildung $f : \{1,2,3\} \to \{4,5,6\}, x \mapsto x+3$ ist bijektiv und hat die Umkehrabbildung $f^{-1} : \{4,5,6\} \to \{1,2,3\}, x \mapsto x-3$.

Eine Abbildung mit der leeren Menge als Definitionsbereich heißt leere Abbildung. Der Graph einer solchen Abbildung ist ebenfalls die leere Menge. Eine Abbildung $f : A \to B$ heißt genau dann konstant, wenn das Bild von f aus genau einem Element des Wertebereichs besteht. Beispiel: $f : \mathbb{R}_0^+ \to \mathbb{R}, x \mapsto -1$.

$f : A \to B$ heißt multivariate Abbildung, Abbildung von n Variablen, oder n-stellig, $n \in \mathbb{N}$, genau dann, wenn A Teilmenge des kartesischen Produktes $M_1 \times \cdots \times M_n$ der n Mengen $M_1, \dots M_n$ ist. Man schreibt dann oft $f(x_1, \dots, x_n)$ anstatt $f((x_1, \dots, x_n))$.

Ein Beispiel für eine n-stellige Abbildung ist die euklidische Norm $N : \mathbb{R}^n \to \mathbb{R}_0^+$,

$$N(x_1, \dots, x_n) = \sqrt{x_1^2 + \cdots + x_n^2}.$$

Ist G eine Gruppe, so ist $p : \mathbb{Z} \times G \to G, (k, g) \mapsto g^k$ ein Beispiel für eine zweistellige Abbildung. Ist F der Graph einer Abbildung $f : A \to B$, so sind die Projektionen

$$\pi_1 : F \to A, \; \pi_1(x, f(x)) = x$$

und

$$\pi_2 : F \to B, \; \pi_2(x, f(x)) = f(x)$$

weitere Beispiele für zweistellige Abbildungen.

Die Abbildung $g : C \to B$ heißt Einschränkung der Abbildung $f : A \to B$ genau dann, wenn C eine Teilmenge von A ist und $g(x) = f(x)$ für alle $x \in C$ gilt. Man schreibt $g = f|C$ (lies: f eingeschränkt auf C). Umgekehrt wird dann f als Fortsetzung der Abbildung g bezeichnet.

Beispiel: Die konstante Funktion $h : \mathbb{R}^+ \to \{-1, 0, 1\}$, $x \mapsto 1$ ist eine Einschränkung der Signumfunktion $\text{sign} : \mathbb{R} \to \{-1, 0, 1\}$.

Eine Abbildung f, deren Definitionsbereich aus den natürlichen Zahlen besteht, heißt Folge. Übliche Bezeichnungen sind $f = (a_n)_{n \in \mathbb{N}_0} = (a_0, a_1, a_2, \dots)$. Auch Abbildungen, deren Definitionsbereich zwar abzählbar und linear geordnet, jedoch von den natürlichen Zahlen verschieden ist, werden gelegentlich als Folge bezeichnet. Ist der Definitionsbereich eine endliche Menge, so wird die Abbildung manchmal als endliche Folge bezeichnet.

Beispiele für Folgen sind
$(3(n+1)+1)_{n \in \mathbb{N}_0} = (4, 7, 10, \dots)$,
$((\frac{1}{2})^n)_{n \in \mathbb{N}_0} = (1, \frac{1}{2}, \frac{1}{4}, \dots)$,
$(p^p)_{p \in \{p : p \text{ ist Primzahl}\}} = (4, 27, 3125, \dots)$,
$(2k)_{k \in \mathbb{Z}} = (\dots, -2, 0, 2, \dots)$,
$(-1, -\frac{1}{2}, 0, \frac{1}{2}, 1)$.

Soll hervorgehoben werden, daß es sich beim Wertebereich der Abbildung $\mathcal{F} : I \to \mathcal{M}$ um eine Menge von Mengen handelt, so wird die Menge I häufig Indexmenge genannt und $\mathcal{F}$ als eine Familie von Mengen bezeichnet. Man schreibt $\mathcal{F}$ dann auch in der Form $\mathcal{F} = (M_i)_{i \in I}$, wobei $M_i := \mathcal{F}(i)$ gesetzt wird.

Beispiel einer Familie von Mengen ist $(\{k \in \mathbb{Z} : |k| \le n\})_{n \in \mathbb{N}}$.

Abbildung auf eine Menge, *surjektive Abbildung*, eine ↗Abbildung $f : A \to B$ mit $f(A) = B$, das heißt, der Wertebereich von f ist mit dem Bild von f identisch.

Abbildung einer zweidimensionalen Schnittfläche, Poincaré-Abbildung einer zweidimensionalen symplektischen Schnittfläche in der Nähe einer geschlossenen Integralkurve in einer dreidimensionalen ↗Energiehyperfläche eines Hamiltonschen Systems auf einer vierdimensionalen ↗symplektischen Mannigfaltigkeit.

Diese Abbildung operiert auf der zweidimensionalen Schnittfläche symplektisch, also flächentreu, und ihre Fixpunkte entsprechen geschlossenen Integralkurven in der Nähe der vorgegebenen. Für Poincaré war dies der Ausgangspunkt für seinen sog. geometrischen Satz, der später in ↗Arnolds Vermutung stark verallgemeinert wurde.

Abbildung von *n* Variablen, eine ↗Abbildung $f : A \to B$ derart, daß A Teilmenge des kartesischen Produktes $M_1 \times \cdots \times M_n$ der n Mengen $M_1, \dots M_n$ ist. Man schreibt dann oft $f(x_1, \dots, x_n)$ anstelle von $f((x_1, \dots, x_n))$.

Abbildung zwischen Flächen, gesondert zu betrachtende Art von Abbildungen. Unter den Flächenabbildungen sind von besonderem Interesse
(a) isometrische Abbildungen oder ↗Abwicklungen,
(b) ↗Ähnlichkeitsabbildungen,
(c) winkeltreue oder ↗konforme Abbildungen,
(d) ↗affine Abbildungen,
(e) flächentreue oder inhaltstreue Abbildungen.

Zur analytischen Beschreibung einer Abbildung $f : \mathcal{F} \longrightarrow \bar{\mathcal{F}}$ dienen Parameterdarstellungen $\bar{\Phi}(u_1, u_2)$ und $\Phi(u_1, u_2)$, die auf dem gleichen Parameterbereich $U \subset \mathbb{R}^2$ definiert sind. In diesen Parametern wird f als differenzierbare Abbildung von U in sich durch ein Paar $\bar{u}_1 = \bar{u}_1(u_1, u_2)$, $\bar{u}_2 = \bar{u}_2(u_1, u_2)$ differenzierbarer Funktionen beschrieben. Wählt man statt der Bezeichnung E, F, G (bzw. $\bar{E}$, $\bar{F}$, $\bar{G}$) für die Koeffizienten die Indexschreibweise $g_{11} = E$, $g_{12} = g_{21} = F$, $g_{22} = G$ (bzw. $\bar{g}_{11} = \bar{E}$, $\bar{g}_{12} = \bar{g}_{21} = \bar{F}$, $\bar{g}_{22} = \bar{G}$), so transformiert sich die erste Gaußsche Fundamentalform $\bar{\mathcal{F}}$ nach der Formel

$$\bar{g}_{ij}(u_1, u_2) = \\ = \sum_{r,s=1}^{2} \bar{g}_{\bar{r},\bar{s}}(\bar{u}_1, \bar{u}_2) \frac{\partial \bar{u}_r(u_1, u_2)}{\partial u_i} \frac{\partial \bar{u}_s(u_1, u_2)}{\partial u_j},$$

wobei $\bar{g}_{\bar{r},\bar{s}}$ die Koeffizienten der bezüglich der Koordinaten $(\bar{u}_1, \bar{u}_2)$ gebildeten ersten Fundamentalform sind.

Die folgende Tabelle enthält die Charakterisierungen der verschiedenen Abbildungstypen anhand der Koeffizienten $\bar{g}_{ij}$ und g_{ij}. Eine Abbildung ist

- isometrisch, wenn $\bar{g}_{ij} = g_{ij}$ gilt,
- eine Ähnlichkeitsabbildung, wenn $\bar{g}_{ij} = c^2 g_{ij}$ gilt mit einer Konstanten c,
- winkeltreu, wenn $\bar{g}_{ij} = c^2 g_{ij}$ gilt, wobei c jetzt vom Punkt abhängen darf,
- affin, wenn die ↗ Christoffelsymbole gleich sind: $\bar{\Gamma}^k_{ij} = \Gamma^k_{ij}$,
- geodätisch, wenn geodätische Linien in geodätische Linien überführt werden,
- inhaltstreu, wenn $\det(\bar{g}_{ij}) = \det(g_{ij})$ gilt und
- im wesentlichen inhaltstreu, wenn $\det(\bar{g}_{ij}) = c^2 \det(g_{ij})$ gilt mit einer Konstanten c.

Abbildung zwischen Riemannschen Mannigfaltigkeiten, Sammelbegriff, der insbesondere die im folgenden erklärten Isometrien, isometrischen Immersionen und Einbettungen, konformen Abbildungen und konformen Immersionen und Einbettungen beinhaltet.

Es seien (M, g) und (N, h) Riemannsche Mannigfaltigkeiten mit den metrischen Fundamentalformen g und h. Eine Abbildung $f : M \longrightarrow N$ heißt isometrische Immersion, wenn die lineare tangierende Abbildung f_* in den Tangentialräumen als isometrische Einbettung wirkt, d. h., wenn für alle Punkte $x \in M$ und alle Tangentialvektoren $\mathfrak{t}, \mathfrak{s} \in T_x(M)$ die Bedingung

$$h\left(f_*(\mathfrak{t}), f_*(\mathfrak{s})\right) = g\,(\mathfrak{t}, \mathfrak{s}) \qquad (1)$$

erfüllt ist, und eine isometrische Einbettung, wenn sie außerdem eine bijektive Abbildung auf eine Untermannigfaltigkeit $\widetilde{M} \subset N$ ist. Bildet f zudem M bijektiv auf N ab, und ist f_* eine bijektive Abbildung der Tangentialräume, so nennt man f eine Isometrie von M und N.

Zwei Riemannsche Mannigfaltigkeiten heißen isometrisch, wenn eine isometrische Abbildung der einen auf die andere existiert. Die Verknüpfung $f_1 \circ f_2$ zweier Isometrien $f_1, f_2 : M \longrightarrow M$ ist ebenso wie die inverse Abbildung f_1^{-1} wieder eine Isometrie. Daher bildet die Menge aller Isometrien einer Riemannschen Mannigfaltigkeit M in sich eine Gruppe, die Isometriegruppe $I(M)$.

Gilt anstelle von (1) die allgemeinere Bedingung

$$h\left(f_*(\mathfrak{t}), f_*(\mathfrak{s})\right) = \lambda\, g\,(\mathfrak{t}, \mathfrak{s})$$

mit einer positiven reellen Funktion $\lambda : M \longrightarrow \mathbb{R}_+$, so nennt man f eine konforme oder winkeltreue Abbildung oder auch konforme Immersion. Konforme Diffeomorphismen und die konforme Gruppe einer Riemannschen Mannigfaltigkeit definiert man analog zu den Isometrien und der Isometriegruppe und konforme Einbettungen analog zu den isometrischen Einbettungen. Einfachste Beispiele konformer Abbildungen sind ↗ Ähnlichkeitsabbildungen zwischen Flächen.

Die einfachsten Beispiele nichtlinearer konformer Abbildungen sind die stereographische Projektion und die polare Inversion der Ebene, d. h. die Spiegelung der Ebene am Einheitskreis.

Zu erwähnen sind auch affine und geodätische Abbildungen zwischen Riemannschen Mannigfaltigkeiten. Erstere bilden geodätische Linien unter Erhalt des affinen Parameters in geodätische Linien ab. Man nennt sie auch affine Transformationen. Bei geodätischen Abbildungen bleiben geodätische Linien ebenfalls erhalten. Die Forderung nach Erhalt des affinen Parameters wird jedoch nicht gestellt.

Unter den Abbildungen, die weder injektiv noch konform noch isometrisch sind, sind Riemannsche Submersionen von Interesse. Das sind surjektive Abbildungen $f : M \longrightarrow N$, für die auch f_* surjektiv ist und die die Bedingung (1) nur für solche Vektoren $\mathfrak{t}, \mathfrak{s} \in T(M)$ erfüllen müssen, die auf den Tangentialräumen der Untermannigfaltigkeiten $f^{-1}(y) \subset M$ (für $y \in N$), die man auch die Fasern von f nennt, senkrecht stehen.

Abbildung zwischen Vektorverbänden, spezielle Abbildungen.

Sind X und Y ↗ Vektorverbände, so heißt ein linearer Operator $T : X \to Y$ positiv, wenn

$$x \geq 0 \quad \Rightarrow \quad Tx \geq 0,$$

und T heißt regulär, wenn T Differenz zweier positiver Operatoren ist. Ist Y ↗ Dedekind-vollständig, so ist der Vektorraum $L^r(X, Y)$ aller regulären Operatoren seinerseits ein Dedekind-vollständiger Vektorverband. T heißt Verbandshomomorphismus, wenn stets $T(x \vee y) = Tx \vee Ty$ gilt; ein bijektiver Operator ist genau dann ein Verbandshomomorphismus, wenn T und T^{-1} positiv sind.

Ist T ein positiver Operator zwischen ↗ Banach-Verbänden, so ist T automatisch stetig; daher ist auch jeder reguläre Operator stetig, aber i.allg. ist nicht jeder stetige Operator regulär. Wenn Y Dedekind-vollständig ist, definiert

$$\|T\|_r := \|\,|T|\,\| = \sup\{\|\,|T|x\,\| : \|x\| \leq 1\}$$

eine Banach-Verbandsnorm auf $L^r(X, Y)$, die reguläre Norm genannt wird. Für einen Dedekind-vollständigen AM-Raum Y (↗ AL- und AM-Räume) ist stets $L^r(X, Y) = L(X, Y)$.

[1] Aliprantis, C. D.; Burkinshaw, O.: Positive Operators. Academic Press New York, 1985.

[2] Schaefer, H. H.: Banach Lattices and Positive Operators. Springer Berlin/Heidelberg, 1974.

Abbildungsdiagramm, ↗ Abbildung.

Abbildungsgrad, auch Brouwerscher Abbildungsgrad genannt, funktionalanalytisches Hilfsmittel, um die Existenz von Lösungen x für Probleme der Form $f(x) = y$ nachzuweisen, wobei $f : U \mapsto \mathbb{R}^n$, $U \subset \mathbb{R}^n$.

Der Abbildungsgrad ordnet dem Tripel (f, U, y) eine ganze Zahl zu, deren Betrag im wesentlichen gleich der Anzahl der Lösungen obiger Gleichung in U ist. Man vergleiche auch das Stichwort ↗Leray-Schauderscher Abbildungsgrad.

Abbildungskeim, Äquivalenzklasse differenzierbarer reeller Funktionen (es können problemabhängig auch andere Forderungen an die Funktionen gestellt werden) auf einer Mannigfaltigkeit M unter folgender Äquivalenzdefinition:
Für einen Punkt $p \in M$ heißen zwei reellwertige differenzierbare Funktionen, die auf Umgebungen um p definiert sind, äquivalent, falls es eine Umgebung von p gibt, auf der die beiden Funktionen übereinstimmen. Eine solche Äquivalenzklasse heißt Keim differenzierbarer Funktionen auf M bei p, die Menge dieser Keime wird bezeichnet mit $\mathcal{E}_p(M)$.

Mit der Addition und Skalarenmultiplikation für reellwertige Funktionen bildet $\mathcal{E}_p(M)$ einen (reellen) Vektorraum. Nimmt man zusätzlich die Multiplikation reellwertiger Funktionen hinzu, erhält man eine (reelle) Algebra.

Abbildungsradius, Kennzahl eines einfach zusammenhängenden Gebietes: Der Abbildungsradius des einfach zusammenhängenden ↗Gebietes $G \neq \mathbb{C}$ bezüglich eines Punktes $a \in G$ ist definiert durch

$$\varrho(G, a) := 1/h'(a),$$

wobei h die eindeutig bestimmte ↗konforme Abbildung von G auf $\mathbb{E} = \{z \in \mathbb{C} : |z| < 1\}$ mit $h(a) = 0$ und $h'(a) > 0$ ist. Man setzt noch $\varrho(\mathbb{C}, a) := \infty$ für alle $a \in \mathbb{C}$.

Ist $G \neq \mathbb{C}$ und $a \in G$, so gibt es genau eine konforme Abbildung f von G auf eine Kreisscheibe $B_\varrho(0)$ mit $f(a) = 0$ und $f'(a) = 1$. Es gilt dann $\varrho = \varrho(G, a)$. Weiter gilt der folgende Monotoniesatz:

Sind G und $\widehat{G}$ einfach zusammenhängende Gebiete mit $\widehat{G} \subset G$, so gilt $\varrho(\widehat{G}, a) \leq \varrho(G, a)$ für alle $a \in \widehat{G}$.

Abbruchfehler, der Fehler, der verbleibt, wenn ein numerisches Verfahren nach Erfüllen eines ↗Abbruchkriteriums oder nach einer ↗Abbruchregel die (näherungsweise) Berechnung eines Wertes beendet.

Meist entsteht diese Situation dann, wenn ein Wert angenähert werden soll, der selbst gar nicht in endlicher Zeit berechnet werden kann, beispielsweise ↗e oder ↗π.

Abbruchkriterium, mathematisches Kriterium, das bei Eintreffen (Gültigkeit) zum Abbruch eines sequentiellen bzw. iterativen Verfahrens führt.

Dies kann beispielsweise das Unterschreiten einer gewissen Fehlerschranke oder auch das Überschreiten einer vorgegebenen Anzahl von Iterationsschritten sein.

Abbruchregel, Regel für den Abbruch einer Schleife. Enthält ein Programm eine Iteration, das heißt eine Schleife, die gewöhnlich als Zählschleife oder als Bedingungsschleife realisiert ist, oder eine Rekursion, so muß in jedem Fall definiert sein, wann die Iteration oder Rekursion beendet ist, da man ansonsten in eine Endlosschleife eintritt. Die Bedingung, die das Beenden der Iteration oder Rekursion regelt, heißt Abbruchregel.

Bei einer Zählschleife findet der Abbruch nach Erreichen einer bestimmten laufenden Nummer statt, bei einer Bedingungsschleife oder einer Rekursion müssen in der Regel bestimmte Bedingungen erfüllt sein.

abc-Vermutung, auf Oesterlé und Masser (1986) zurückgehende zahlentheoretische Vermutung:

Zu jedem $\varepsilon > 0$ gibt es eine effektiv berechenbare Konstante $K(\varepsilon)$ derart, daß für beliebige ganze Zahlen a, b, c mit $a + b = c$ und $ggT(a, b, c) = 1$ die Ungleichung

$$\max\{|a|, |b|, |c|\} \leq K(\varepsilon) \left(\prod_{p|abc} p \right)^{1+\varepsilon} \tag{1}$$

richtig ist.

Das Produkt in (1) ist der sog. quadratfreie Kern von abc; es erstreckt sich über alle Primfaktoren von abc, wobei jeder nur einmal gezählt wird.

Die abc-Vermutung wurde anläßlich einiger von Szpiro durchgeführter Untersuchungen über elliptische Kurven mit der Gleichung

$$y^2 = x(x - a)(x + b) \tag{2}$$

aufgestellt. Aus der abc-Vermutung lassen sich einige allgemeine Endlichkeitssätze über Diophantische Gleichungen herleiten, z. B.:

1. die Fermat-Catalansche Gleichung besitzt nur endlich viele ganzzahlige Lösungen,
2. die Catalansche Gleichung (↗Catalansche Vermutung) besitzt nur endlich viele ganzzahlige Lösungen,
3. es gilt die Mordellsche Vermutung mit effektiv berechenbaren Konstanten,

um nur einige wenige zu nennen.

1. ist noch offen, 2. wurde 1976 von Tijdeman bewiesen, und die Mordellsche Vermutung folgt aus einem 1983 publizierten Satz von Faltings; allerdings liefert Faltings' Resultat keine effektiven oberen Abschätzungen für die Anzahl der Lösungen.

Die Tatsache, daß einige Konsequenzen der abc-Vermutung bereits als schwierig zu beweisende Sätze bekannt sind, erhöht einerseits den Reiz und die Plausibilität der abc-Vermutung, und deutet andererseits darauf hin, daß ein Beweis der abc-Vermutung ziemlich aufwendig sein dürfte.

Da die abc-Vermutung keine Aussage über die Größe der Konstanten $K(\varepsilon)$ (außer der effektiven Berechenbarkeit) enthält, ist es nicht möglich, sie durch computergestützte Rechnungen plausibel zu machen oder zu widerlegen.

Ein Beweis der abc-Vermutung steht zur Zeit (Ende 1999) noch aus.

Abel, Konvergenzkriterium von, Kriterium zur Überprüfung der Konvergenz einer Reihe.

Um die Konvergenz einer Reihe mit beliebigen Gliedern zu erkennen, wird man zunächst überprüfen, ob sie sich mit Hilfe der absoluten Konvergenz (↗absolut konvergente Reihe, ↗Konvergenzkriterien für Reihen) erschließen läßt. Ist das nicht möglich, oder ist die Reihe nicht absolut konvergent, so stehen zur Feststellung der etwaigen Konvergenz der Reihe der direkte Konvergenznachweis, das ↗Cauchy-Konvergenzkriterium für Reihen und das ↗Leibniz-Kriterium zu Verfügung. Ein weiteres – in seinen Grundgedanken auf Niels Henrik Abel zurückgehendes – Kriterium, das bei vielen wichtigen Typen von Reihen herangezogen werden kann, ist:

Ist die Reihe $\sum_{\nu=0}^{\infty} a_\nu$ konvergent und die Folge (b_ν) monoton und beschränkt, so konvergiert auch die Reihe

$$\sum_{\nu=0}^{\infty} a_\nu b_\nu .$$

Man hat auch eine entsprechende Aussage für ↗gleichmäßige Konvergenz. (↗Konvergenzkriterien für Reihen).

[1] Heuser, H.: Lehrbuch der Analysis, Teil 1. Teubner-Verlag Stuttgart, 1993.

[2] Kaballo, W.: Einführung in die Analysis I. Spektrum Akademischer Verlag, 1996.

[3] Walter, W.: Analysis 1. Springer-Verlag Berlin, 1992.

Abel, Niels Henrik, norwegischer Mathematiker, geb. 5.8.1802 Findø (bei Stavanger), gest. 6.4.1829 Froland (bei Arendal).

Abel wurde als Sohn eines Pfarrers geboren. Zunächst besuchte er die Kathedralschule in Christiania (heute Oslo). Dort erkannte sein Lehrer Bernt Michael Holmboe sein Talent und förderte ihn. So wurde Abel durch Holboes Empfehlungen 1821 an der Universität Christiania immatrikuliert. 1825 erhielt Abel ein Stipendium für eine zweijährige Reise nach Europa. In Berlin traf er zunächst den Ingenieur und Amateurmathematiker ↗Crelle, dem er half, das neu gegründete „Journal für die reine und angewandte Mathematik" herauszugeben. Ein Jahr später, 1826, reiste Abel dann weiter nach Paris. Hier fand er aber nicht den erhofften Anschluß an das wissenschaftliche Leben der Stadt. Enttäuscht trat er Ende 1826 wieder die Heimreise an. Auch Crelle konnte ihn nicht dazu bewegen, in Berlin zu bleiben. In Norwegen gelang es ihm nicht, eine gesicherte Stellung zu finden. Abel starb im Alter von nur 26 Jahren an Tuberkulose.

Abels wichtigste Arbeiten befassen sich mit der Auflösung algebraischer Gleichungen, den Eigenschaften elliptischer Funktionen und der Konvergenz unendlicher Reihen. Schon als Schüler beschäftigte ihn die Auflösbarkeit von algebraischen Gleichungen von fünftem und höherem Grad durch Radikale. 1824 bewies er, unter Einfluß der Arbeiten von ↗Lagrange und ↗Gauß, aber unabhängig von Ruffini, die Unmöglichkeit der Auflösbarkeit.

Durch den Gebrauch gruppentheoretischer Methoden gelangte er auch zu neuen Erkenntnissen über die Natur der ↗elliptischen Integrale. Fast gleichzeitig mit Jacobi betrachtete er deren Umkehrfunktionen und erkannte die Doppelperiodizität dieser (elliptischen) Funktionen. In Paris fand er wichtige Verallgemeinerungen des Additionstheorems für elliptische Integrale.

Während seiner Zeit in Berlin beschäftigte er sich mit der Konvergenz unendlicher Reihen und bewies den nach ihm benannten ↗Abelschen Grenzwertsatz.

Abel, Satz von, besagt, daß die allgemeine Gleichung vom Grad ≥ 5 nicht durch Radikale lösbar ist. Dies bedeutet, daß es keinen Lösungsalgorithmus gibt, der auf eine beliebige Gleichung vom Grad ≥ 5 angewendet, ihre Nullstellen durch eine Abfolge rationaler Operationen und k-tes Wurzelziehen (auch Bildung von Radikalen genannt) aus den Koeffizienten der Gleichung bestimmt.

Der Beweis benutzt die Galois-Theorie. Die Galoisgruppe der allgemeinen algebraischen Gleichung vom Grad n ist die symmetrische Gruppe S_n von n Elementen. Für $n \geq 5$ ist die S_n eine nicht auflösbare Gruppe. Eine Gleichung ist jedoch genau dann durch Radikale auflösbar, wenn ihre

Galoisgruppe auflösbar ist. Deshalb existiert kein Lösungsalgorithmus. Im Gegensatz hierzu sind die Gruppen S_2, S_3 und S_4 auflösbar. Dementsprechend gibt es für Gleichungen des Grades zwei, drei und vier Lösungsalgorithmen. Für den Grad zwei sind es die bekannten Lösungsformeln der quadratischen Gleichung, für den Grad drei die ↗Cardanischen Lösungsformeln.

Abélard, Pierre, ↗Abaelardus, Petrus.

abelsche Differentialgleichung, gewöhnliche Differentialgleichung, benannt nach Niels Henrik Abel. Man unterscheidet folgende Fälle: Für Funktionen f_0, f_1, f_2, f_3 heißt die gewöhnliche Differentialgleichung erster Ordnung

$$y'(x) = f_0(x) + f_1(x)y(x) + f_2(x)y^2(x) + f_3(x)y^3(x)$$

abelsche Differentialgleichung erster Art. Mit weiteren Funktionen g_0, g_1 heißt die gewöhnliche Differentialgleichung

$$(g_0(x) + g_1(x)y(x))y'(x) = \sum_{k=0}^{3} f_k(x)y^k(x)$$

abelsche Differentialgleichung zweiter Art. Zu einzelnen Spezialfällen hat Abel Lösungen gefunden, i. allg. ist die abelsche Differentialgleichung jedoch nicht geschlossen integrierbar.

[1] Kamke, E.: Differentialgleichungen, Lösungsmethoden und Lösungen I. B. G. Teubner Stuttgart, 1977.

abelsche Eichgruppe, Eichgruppe, deren Gruppenoperation abelsch, d. h. kommutativ ist (↗abelsche Gruppe).

Eichgruppen, die diese Eigenschaft nicht besitzen, bezeichnet man demgemäß als nichtabelsche Eichgruppen.

Beispiele hierzu: Die wichtigste abelsche Eichgruppe ist die der elektromagnetischen Wechselwirkung, es ist die kompakte eindimensionale abelsche Gruppe $U(1)$. Sie beschreibt die Wechselwirkung von geladenen Teilchen durch den Austausch von Photonen.

Für jede natürliche Zahl $n > 1$ ist die Gruppe $SU(n)$ nichtabelsch und findet ebenfalls als Eichgruppe in der Physik Verwendung; für $n = 3$ führt sie zur Quantenchromodynamik, der Theorie der Quark-Teilchen.

abelsche Erweiterung, eine Galoissche Erweiterung eines Körpers mit abelscher Galois-Gruppe.

Eine abelsche Erweiterung des Körpers $\mathbb{Q}$ der rationalen Zahlen heißt abelscher Körper.

Jeder quadratische Zahlkörper und jeder Kreisteilungskörper ist ein abelscher Körper. Nach dem Satz von Kronecker-Weber ist auch umgekehrt jede abelsche Erweiterung von $\mathbb{Q}$ ein Unterkörper eines Kreisteilungskörpers bzw. isomorph zu einem solchen.

abelsche Folge, dem ↗abelschen Operator zugehörige ↗Basisfolge $\{x(x - an)^{n-1}, n \in \mathbb{N}_0\}$. Die abelsche Folge erfüllt folgende Binomialidentität:

$$(x + y)(x + y - an)^{n-1} = \sum_{i=0}^{n} \binom{n}{i} x(x - ai)^{i-1} y(y - a(n-i))^{n-i-1},$$

wobei $\binom{n}{i}$ die ↗Binomialkoeffizienten sind.

abelsche Gruppe, Gruppe G, bei der die Gruppenoperation kommutativ ist.

Meist wird dann die Gruppenoperation mit dem Pluszeichen $+$ geschrieben. Die Gruppe ist also abelsch genau dann, wenn für alle $a, b \in G$ gilt:

$$a + b = b + a.$$

abelsche Integralgleichung, spezielle Volterra-Integralgleichung erster Art der Form

$$f(x) = \int_a^x \frac{G(x, y)}{(x - y)^\beta} \varphi(y)\, dy$$

mit $\beta \in (0, 1)$. Dabei sind G und f gegeben, und φ ist zu bestimmen.

abelsche Kategorie, eine additive Kategorie, in der

(1) jeder Morphismus einen Kern und einen Kokern besitzt und

(2) jeder Monomorphismus ein Kern und jeder Epimorphismus ein Kokern ist.

In einer abelschen Kategorie kann jeder Morphismus $\varphi : A \to B$ aus einem Epimorphismus, gefolgt von einem Monomorphismus zusammengesetzt werden.

Genauer gilt: Es existiert eine Sequenz

$$K \xrightarrow{\mu} A \xrightarrow{\eta} I \xrightarrow{\nu} B \xrightarrow{\varepsilon} C,$$

wobei μ der Kern von φ, η der Kokern von μ, ν der Kern von ε und $\varphi = \nu \circ \eta$. Das Objekt I wird auch als das Bild von φ bezeichnet.

Das Standardbeispiel einer abelschen Kategorie ist die Kategorie der abelschen Gruppen. Die Morphismen sind die Gruppenhomomorphismen. Sie bilden selbst eine abelsche Gruppe unter der punktweisen Addition. Das Nullobjekt ist die Gruppe, die nur aus dem neutralen Element besteht. Der Kern eines Morphismus $f : A \to B$ ist die Einbettung des gruppentheoretischen Kerns

$$\{x \in A \mid f(x) = 0\}.$$

Der Kokern ist die natürliche Faktorabbildung $B \to B/\mathrm{Im} f$.

Weitere Beispiele sind die Kategorie der Module über einem kommutativen Ring und die Kategorie der Garben abelscher Gruppen über einem topologischen Raum.

abelsche Lie-Algebra, Lie-Algebra, bei der das Lie-Produkt kommutativ ist.

Beispiel: Die Algebra, die sich aus der Translationsgruppe des Euklidischen Raums ergibt, ist eine abelsche Lie-Algebra, da sich auch bei Vertauschung der Reihenfolge mehrerer Translationen dieselbe Gesamtabbildung ergibt.

Das Lie-Produkt zweier Elemente a, b der Lie-Algebra wird meist mit $[a, b]$ bezeichnet.

Jede Lie-Algebra ist definitionsgemäß antikommutativ, d. h.

$$[a, b] = -[b, a].$$

Die Kommutativität für die abelschen Lie-Algebren bedeutet jedoch $[a, b] = [b, a]$. Beides gemeinsam ergibt, daß das Lie-Produkt einer abelschen Lie-Algebra stets identisch verschwindet. Folglich spielt dieser Begriff nur im Wechselspiel mit nichtabelschen Lie-Algebren (z. B. der Algebra der räumlichen Drehungen) eine echte Rolle.

abelsche Matrix, eine unendliche Matrix $((a_{ij}))$ mit

$$a_{ij} = \frac{i^j}{(i+1)^{j+1}}$$

für alle i und j. Sie besitzt unendlich viele voneinander linear unabhängige Inverse.

abelsche Varietät, eine zusammenhängende komplette ↗ algebraische Varietät A mit einer Gruppenoperation $A \times A \to A$, die durch einen Morphismus von algebraischen Varietäten $m : A \times A \to A$ (Multiplikation) und $i : A \to A$ (Inverse) gegeben wird. Das einfachste Beispiel sind ↗ elliptische Kurven.

Aus der Komplettheit folgt bereits, daß die Gruppenoperation kommutativ ist. Jede abelsche Varietät besitzt eine projektive Einbettung.

Jeder Morphismus $\varphi : A \longrightarrow B$ der den abelschen Varietäten zugrundeliegenden Varietäten hat die Form $\varphi(x) = \varphi_0(x) + b$, wobei φ_0 ein Morphismus ist, der die Gruppengesetze respektiert. Insbesondere ist also durch den Nullpunkt das Gruppengesetz auf A schon eindeutig bestimmt.

Nimmt man als Grundkörper den der komplexen Zahlen, so kann man eine analytische Theorie entwickeln, die historisch tatsächlich zuerst entstanden ist. Die zugrundeliegende komplexe Mannigfaltigkeit von A ist eine kompakte kommutative Lie-Gruppe, also liefert die Exponentialfunktion aus der Theorie der Lie-Gruppen einen Isomorphismus $V/\Gamma \xrightarrow{\sim} A$, wobei V ein komplexer Vektorraum ist, $g = \dim V = \dim(A)$, und Γ ein Gitter in V (d. h. eine endlich erzeugte Untergruppe so, daß $\Gamma \otimes \mathbb{R} \to V$ bijektiv ist), also ein komplexer Torus.

Eine projektive Einbettung von A induziert eine Kählermetrik auf A (und auf V), deren Imaginärteil eine ganzzahlige Kohomologieklasse repräsentiert. Durch "Mittelwertbildung" kann man annehmen, daß die auf V induzierte Metrik konstant ist. Daher besitzt V eine positiv definite Hermitesche Form H, deren Imaginärteil ganzzahlig auf dem Gitter ist. Ein solche Hermitesche Form heißt Riemannsche Form. Wenn umgekehrt für ein Gitter $\Gamma \subset V$ eine Riemannsche Form existiert, so besitzt der komplexe Torus V/Γ eine analytische Einbettung in einen projektiven Raum, ist also eine abelsche Varietät.

Abelscher Grenzwertsatz, macht eine Aussage über die Stetigkeit einer durch eine Potenzreihe dargestellten Funktion für Randstellen.

Allgemeine Sätze über Stetigkeit und Differenzierbarkeit einer solchen Funktion beziehen sich zunächst nur auf innere Punkte des Konvergenzbereiches der Potenzreihe. Der Abelsche Grenzwertsatz (hier in spezieller Form) ergänzt diese Überlegungen:

Hat die reelle Potenzreihe

$$\sum_{\nu=0}^{\infty} a_\nu x^\nu$$

den endlichen positiven Konvergenzradius R, und ist sie zudem für $x = R$ konvergent, so ist die durch die Potenzreihe im Intervall $(-R, R]$ definierte Funktion in R linksseitig stetig. Es gilt also

$$\lim_{x \to R-} \left(\sum_{\nu=0}^{\infty} a_\nu x^\nu \right) = \sum_{\nu=0}^{\infty} a_\nu R^\nu .$$

Eine Anwendung ist beispielsweise – in Verbindung mit dem ↗ Leibniz-Kriterium und der Taylor-Entwicklung für Arcustangens um 0 – die berühmte ↗ Leibniz-Reihe:

$$\frac{\pi}{4} = \sum_{\nu=0}^{\infty} \frac{(-1)^\nu}{2\nu+1} = 1 - \frac{1}{3} + \frac{1}{5} - \frac{1}{7} \pm \cdots$$

(↗ Konvergenzkriterien für Reihen).

[1] Heuser, H.: Lehrbuch der Analysis, Teil 1. Teubner-Verlag Stuttgart, 1993.

[2] Kaballo, W.: Einführung in die Analysis I. Spektrum Akademischer Verlag, 1996.

[3] Walter, W.: Analysis 1. Springer-Verlag Berlin, 1992.

abelscher Körper, ↗ abelsche Erweiterung.

abelscher Operator, der Operator $E^a D = D E^a$ auf dem Raum der Polynome, wobei D der zu der Standardbasis oder auch Monombasis $\{x^n, n \in \mathbb{N}_0\}$ gehörige ↗ Basisoperator (d. h. der Standardoperator) ist und E^a die Translation um a bezeichnet.

Der abelsche Operator ist der Basisoperator der ↗ abelschen Folge.

Abelscher Reihenproduktsatz, Satz über die Berechnung des Produkts zweier Reihen. Der Satz lautet:

Sind die Reihen $\sum_{m=0}^{\infty} a_m$, $\sum_{n=0}^{\infty} b_n$ *und* $\sum_{k=0}^{\infty} p_k$ *mit*

$$p_k := a_0 b_k + \cdots + a_k b_0$$

konvergent, und sind a, b, p ihre Summen, so gilt $ab = p$.

Abelscher Stetigkeitssatz, ↗ Abelscher Grenzwertsatz.

Abelsches Differential, ↗ Abelsches Integral.

Abelsches Integral, spezielle Form eines Integrals auf Riemannschen Flächen.

Es sei R eine abgeschlossene Riemannsche Fläche und a eine auf R meromorphe Funktion des lokalen Parameters z. Dann nennt man die komplexe Differentialform $\omega = a(z)dz$ ein Abelsches Differential. Das Differential ist von erster Art, falls a holomorph ist, von zweiter Art, falls das Residuum überall verschwindet, und ansonsten von dritter Art. Ist nun ω ein Abelsches Differential und p_0 kein Pol von ω, so nennt man das Integral

$$W(p) = \int_{p_0}^{p} \omega$$

ein Abelsches Integral. Es ist genau dann von erster, zweiter oder dritter Art, wenn das zugehörige Differential von dieser Art ist.

Abelsches Summationsverfahren, Möglichkeit, gewissen divergenten Reihen sinnvoll noch einen Wert zuzuordnen.

Eine Reihe $\sum_{\nu=0}^{\infty} a_\nu$ heißt genau dann Abel-konvergent oder Abel-summierbar, wenn ihre Abel-Summe

$$A\text{-}\sum_{\nu=0}^{\infty} a_\nu := \lim_{x\to 1-} \left(\sum_{\nu=0}^{\infty} a_\nu x^\nu \right)$$

existiert. Ist eine Reihe $\sum_{\nu=0}^{\infty} a_\nu$ konvergent, so stimmt die Abel-Summe – nach dem ↗ Abelschen Grenzwertsatz – mit $\sum_{\nu=0}^{\infty} a_\nu$ überein.

Die Abel-Summe kann aber auch noch für gewisse divergente Reihen existieren: Für die divergente Reihe $\sum_{\nu=0}^{\infty} (-1)^\nu$ hat man zum Beispiel

$$\sum_{\nu=0}^{\infty} (-1)^\nu x^\nu = \frac{1}{1+x} \quad \text{für} \quad |x| < 1,$$

folglich

$$A\text{-}\sum_{\nu=0}^{\infty} (-1)^\nu = \lim_{x\to 1-} \left(\sum_{\nu=0}^{\infty} (-1)^\nu x^\nu \right) = \frac{1}{2}.$$

Eine andere Möglichkeit, gewissen divergenten Reihen sinnvoll noch eine Summe zuzuordnen, sie zu limitieren oder zu summieren, liefert das ↗ Cesàro-Summationsverfahren. Beide Summationsverfahren haben große Bedeutung in der Theorie der Fourier-Reihen.

Abelsches Theorem, ein hinreichendes und notwendiges Kriterium für die Existenz einer ↗ elliptischen Funktion mit vorgegebenen Null- und Polstellen:

Zu vorgegebenen Nullstellen $a_1, \dots, a_n$ *und Polstellen* $b_1, \dots, b_n$ *existiert genau dann eine elliptische Funktion zum Periodengitter L, wenn*

$$a_1 + \cdots + a_n \equiv b_1 + \cdots + b_n \pmod{L}.$$

Dabei ist vorausgesetzt, daß $a_j \not\equiv b_k \pmod{L}$ *für* $j, k = 1, \dots, n$. *Hingegen ist zugelassen, daß Punkte* a_j *bzw.* b_j *mehrfach auftreten. In diesem Fall soll f eine entsprechende mehrfache Nullstelle bzw. Polstelle besitzen.*

abgeleitete Kategorie, ↗ derivierte Kategorie.

abgeleiteter Funktor, *derivierter Funktor*, aus einem ↗ additiven Funktor hergeleiteter Funktor, dessen exakte Definition wie folgt gegeben ist.

Seien $\mathcal{A}$ und $\mathcal{B}$ abelsche Kategorien und sei $F : \mathcal{A} \to \mathcal{B}$ ein additiver kovarianter Funktor. Besitzt die Kategorie $\mathcal{A}$ genug projektive Objekte, d. h. jedes Objekt A aus $\mathcal{A}$ besitzt eine projektive Auflösung, dann besitzt F linksabgeleitete Funktoren

$$L_n F : \mathcal{A} \to \mathcal{B} \quad \text{für} \quad n = 0, 1, 2, \dots.$$

Die abgeleiteten Funktoren $L_n F$ sind additiv.

Die Linksableitungen werden wie folgt konstruiert. Sei

$$P^A : \quad \to P_n \to P_{n-1} \to \cdots \to P_0 \to 0$$

eine projektive Auflösung eines Objektes A aus $\mathcal{A}$. Wendet man den Funktor F auf diese Sequenz an, so erhält man einen Komplex

$$F(P^A) : \quad \to FP_n \to FP_{n-1} \to \cdots \to FP_0 \to 0$$

in $\mathcal{B}$.

Die Funktorabbildung des n-ten linksabgeleiteten Funktors $L_n F$ für die Objekte ist gegeben durch die n-te Homologiegruppe dieses Komplexes:

$$L_n F(A) := H_n(F(P^A)).$$

Die Definition ist bis auf kanonische Isomorphie unabhängig von der Auflösung P^A.

Die Funktorabbildung für die Morphismen ist wie folgt definiert. Ist $\alpha : A \to A'$ ein Morphismus in $\mathcal{A}$, so definiert dieser zuerst Morphismen $P^A \to P^{A'}$ und weiter kanonische Abbildungen auf den Homologiegruppen

$$L_n F(A) \to L_n F(A').$$

Diese Abbildungen sind $L_n F(\alpha)$.

Die Kategorie $\mathcal{A}$ besitze genügend injektive Okjekte, d. h. jedes Objekt besitze eine injektive Auflösung. Dann sind die rechtsabgeleiteten Funktoren R^nF des additiven kovarianten Funktors $F : \mathcal{A} \to \mathcal{B}$ definiert.

Ausgehend von einer injektiven Auflösung

$$I^A : \quad 0 \to I_0 \to I_1 \to I_2 \to \cdots$$

erhält man durch Anwendung des Funktors F einen Komplex

$$F(I^A) : \quad 0 \to FI_0 \to FI_1 \to FI_2 \to \cdots$$

in $\mathcal{B}$.

Die n-te Funktorabbildung R^nF auf den Objekten ist die n-te Kohomologiegruppe

$$R^nF(A) := H^n(F(I^A)) .$$

Die Funktorabbildung $R^nF(\alpha)$ für die Morphismen werden entsprechend definiert.

Für kontravariante Funktoren vertauschen die projektiven und injektiven Auflösungen ihre Rollen, da bei der Anwendung des Funktors sich die Pfeile umdrehen. Ansonsten bleiben die Definitionen gleich.

Die lange exakte Sequenz abgeleiteter Funktoren gibt eine Beziehung zwischen den Ableitungen n-ter und $(n+1)$-ter Ordnung.

Beispiele abgeleiteter Funktoren:

(a) Sei Mod_R die Kategorie der Moduln über einem kommutativen Ring R. Diese Kategorie ist abelsch und hat genügend injektive und projektive Objekte. Das Tensorprodukt mit dem Modul B

$$A \to F_B(A) := B \otimes A$$

definiert einen additiven kovarianten Funktor.

Die Linksableitungen dieses Funktors liefern die Torsionsmodule

$$A \to Tor_n^R(B,A) .$$

(b) Es sei dieselbe Kategorie zugrunde gelegt. Der Funktor sei

$$A \to F^B(A) := \mathrm{Hom}_R(A,B) ,$$

die Zuordnung der R-linearen Abbildungen von A nach B. Dies ist ein kontravarianter additiver Funktor. Seine Rechtsableitungen liefern die Extensionsmodule $Ext_R^n(A,B)$.

(c) Sei X ein topologischer Raum und $\mathcal{AB}$ die Kategorie der Garben abelscher Gruppen über X. Der globale Schnittfunktor $\Gamma(X,.)$ ist definiert durch die Zuordnung

$$\mathcal{G} \to \Gamma(X,G) := \mathcal{G}(X) .$$

Seine rechtsabgeleiteten Funktoren sind die Kohomologiefunktoren. Sie liefern die Kohomologiegruppen $H^n(X,\mathcal{G})$ der Garbe $\mathcal{G}$.

abgeschlossen, im topologischen Sinne das „Gegenteil" von offen, man vergleiche die folgenden detaillierten Stichwörter zum Thema.

abgeschlossene Abbildung, eine Abbildung $f : X \to Y$ zwischen zwei topologischen Räumen (X,O_1) und (Y,O_2), für welche das Bild jeder ↗abgeschlossenen Menge wieder abgeschlossen ist.

abgeschlossene Gruppenoperation, Operation, bei der die Orbits abgeschlossen sind.

abgeschlossene Hülle, die Menge der ↗Berührungspunkte einer Teilmenge M eines topologischen Raumes X, anders ausgedrückt, der topologische Abschluß einer Teilmenge eines topologischen Raumes.

Ist X ein topologischer Raum und ist $M \subseteq X$ eine Teilmenge von X, so bezeichnet man als abgeschlossene Hülle oder auch als topologischen Abschluß $\overline{M}$ von M die Menge aller Punkte $x \in X$, für die jede Umgebung U von x die Menge M schneidet. $\overline{M}$ ist die kleinste abgeschlossene Menge in X, die M enthält.

Ist X ein metrischer Raum mit der Metrik d, so kann man die abgeschlossene Hülle von $M \subseteq X$ auch schreiben als Menge aller Grenzwerte von Folgen (x_n), die ganz in M liegen.

abgeschlossene Kugel, Kugel einschließlich ihrer Randpunkte. Ist X ein metrischer Raum mit der Metrik d, so heißt die Menge

$$B_r[x_0] = \{x \in X |\, d(x,x_0) \leq r\}$$

die abgeschlossene Kugel um $x_0 \in X$ mit dem Radius $r > 0$.

Ist beispielsweise $X = \mathbb{R}^2$, versehen mit der euklidischen Metrik, so sind die abgeschlossenen „Kugeln" genau die abgeschlossenen Kreise, das heißt die Kreisflächen einschließlich der Kreislinien. Hat man dagegen auf $\mathbb{R}^2$ die Metrik $d_1(x,y) = \max\{|x_1 - y_1|, |x_2 - y_2|\}$, so sind die abgeschlossenen „Kugeln" bezüglich d_2 genau die Quadrate einschließlich ihrer Begrenzungslinien.

abgeschlossene *L*-Formel, ↗L-Formel, die keine ↗freien Variablen enthält.

Eine L-Formel $\varphi(x_1,\ldots,x_n)$ mit den freien Variablen $x_1,\ldots,x_n$ kann abgeschlossen werden, indem die Variablen $x_1,\ldots,x_n$, an den Stellen, an denen sie frei vorkommen, durch Individuenzeichen ersetzt werden, oder indem die freien Variablen quantifiziert werden. Insbesondere ist die Aussage $\forall x_1 \ldots \forall x_n \varphi(x_1,\ldots,x_n)$ mit dem Ausdruck $\varphi(x_1,\ldots,x_n)$ logisch äquivalent.

abgeschlossene Menge, Menge in einem topologischen Raum X, die durch Komplementbildung aus einer offenen Menge entsteht.

abgeschlossener komplexer Raum, *Riemannsche Zahlensphäre*, Erweiterung der komplexen Zahlenebene durch Hinzunahme des unendlich fernen Punktes.

Den meromorphen Funktionen kann man in ihren Polen keine komplexe Zahl sinnvoll als Wert zuordnen. Diese Schwierigkeit kann dadurch behoben werden, daß die Zahlenebene $\mathbb{C}$ durch Hinzunahme eines neuen Elementes erweitert wird, welches mit dem Symbol „∞" bezeichnet und unendlich ferner Punkt oder einfach unendlich genannt wird. Man setzt also

$$\widehat{\mathbb{C}} := \mathbb{C} \cup \{\infty\}\,,$$

und nennt $\widehat{\mathbb{C}}$ den abgeschlossenen komplexen Raum oder die Riemannsche Zahlensphäre.

Die Topologie von $\mathbb{C}$ wird so zu einer Topologie von $\widehat{\mathbb{C}}$ fortgesetzt, daß meromorphe Funktionen stetige $\widehat{\mathbb{C}}$-wertige Abbildungen werden, wenn man ihnen in den Polen den Wert ∞ zuschreibt. Damit wird $\widehat{\mathbb{C}}$ ein kompakter topologischer Raum. $\widehat{\mathbb{C}}$ läßt sich als topologischer Raum mit der zweidimensionalen Einheitssphäre S^2 identifizieren (die Kompaktheit von $\widehat{\mathbb{C}}$ läßt sich dann auch aus der Kompaktheit von S^2 folgern). Diese Identifikation vermittelt eine gute Vorstellung von der Geometrie „in der Nähe von ∞". Allerdings erlauben Addition und Multiplikation komplexer Zahlen keine einfache geometrische Interpretation auf der Zahlensphäre.

abgeschlossener Kreis, ↗ abgeschlossene Kugel.

abgeschlossener Operator, ein Operator O zwischen Banachräumen X und Y, für den gilt: Ist $D \subset X$ der Definitionsbereich von O, und ist (x_n) eine Folge in D so, daß $x_n \to x$ und $Ox_n \to y$, dann folgt $x \in D$ und $Ox = y$.

abgeschlossenes Intervall, ↗ Intervall der Gestalt $[a, b]$, das also seine beiden Randpunkte enthält.

abgeschlossenes Orthonormalsystem, ein System orthonormaler Vektoren mit zusätzlicher Eigenschaft.

Ist $\{y_\nu\}$ ein System orthonormaler Vektoren eines Hilbertraumes H, so heißt $\{y_\nu\}$ abgeschlossen, falls es zu jedem $\varepsilon > 0$ und zu jedem $x \in H$ Koeffizienten α_ν gibt, so daß

$$\|x - \sum_{\nu=1}^{n} \alpha_\nu y_\nu\| < \varepsilon$$

ist.

(*a*,*b*)-Kette, eine Ordnung, bei der je zwei Elementen vergleichbar sind, wobei hier das minimale Element a und das maximale b ist (↗ Kette).

Abklingverhalten, Verhalten einer Funktion für betragsmäßig größer werdendes Argument. Von Interesse ist dabei die Geschwindigkeit des Abfalls. Beispielsweise spricht man von polynomialem Abklingen (Abfall) einer Funktion f, wenn

$$|f(x)| = O(|x|^{-n})$$

für ein $n \geq 1$ und von exponentiellem Abklingen einer Funktion f, wenn gilt

$$|f(x)| = O(\exp(-|x|))\,,$$

jeweils für $x \to \infty$.

Ableitung einer Funktion, lokale Annäherung einer Funktion durch eine lineare Abbildung.

Wir geben hier zunächst eine formale Definition für den Fall einer reellen Funktion: Unter der Ableitung einer Funktion (in diesem Fall f) versteht man die zu einer auf einem offenen Intervall $D_f \subset \mathbb{R}$ definierten Funktion $f : D_f \to \mathbb{R}$ auf der Menge

$$D_{f'} = \left\{ a \in D_f \mid \lim_{x \to a} \frac{f(x) - f(a)}{x - a} \text{ existiert} \right\}$$

durch

$$f'(a) = \lim_{x \to a} \frac{f(x) - f(a)}{x - a} \qquad \left(a \in D_{f'}\right) \tag{1}$$

erklärte Abbildung

$$f' : D_{f'} \to \mathbb{R}\,.$$

$D_{f'}$ besteht gerade aus denjenigen $a \in D_f$, an denen die ↗ linksseitige und die ↗ rechtsseitige Ableitung von f existieren und übereinstimmen. Ist f auch am linken Randpunkt ℓ bzw. am rechten Randpunkt r von D_f definiert, und existiert in ℓ die rechtsseitige Ableitung $f'_+(\ell)$ bzw. in r die linksseitige Ableitung $f'_-(r)$, so kann man ℓ bzw r auch zu $D_{f'}$ hinzunehmen und $f'(\ell) = f'_+(\ell)$ bzw. $f'(r) = f'_-(r)$ setzen.

Die Funktion f heißt *differenzierbar an der Stelle* $a \in D_f$ genau dann, wenn $a \in D_{f'}$. Die Funktion f heißt *differenzierbar*, wenn f an allen Stellen seines Definitionsbereichs differenzierbar ist, also wenn $D_{f'} = D_f$. Das Ermitteln von f' zu f nennt man Differenzieren oder Ableiten von f. Für $a \in D_{f'}$ ist $f'(a)$, manchmal auch als ↗ Differentialquotient

$$\frac{df}{dx}(a) \quad \text{oder} \quad \frac{d}{dx}f(a)$$

notiert, der Grenzwert des ↗ Differenzenquotienten

$$\frac{f(x) - f(a)}{x - a}$$

für $x \to a$. Da dieser Differenzenquotient gerade die Steigung der ↗ Sekante durch die Punkte $(a, f(a))$

und $(x, f(x))$ ist, ist die Differenzierbarkeit von f an der Stelle a gleichbedeutend mit der Existenz der ↗Tangente an f im Punkt $(a, f(a))$, und f' ordnet jedem $a \in D_{f'}$ die Steigung der Funktion f an der Stelle a zu.

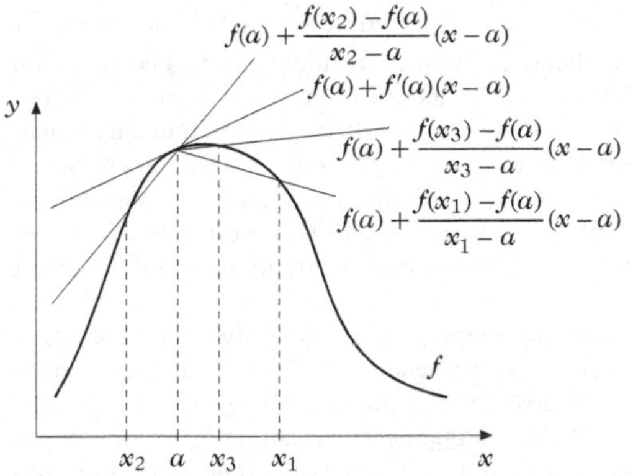

Ableitung einer Funktion

f ist an einer Stelle $a \in D_f$ differenzierbar genau dann, wenn es eine Zahl $A \in \mathbb{R}$, nämlich $A = f'(a)$, und eine Funktion $\varepsilon : D_f \to \mathbb{R}$ gibt mit $\varepsilon(x) \to 0$ für $x \to a$ und

$$f(x) = f(a) + A(x - a) + |x - a|\, \varepsilon(x) \qquad (2)$$

für $x \in D_f$.

Dies bedeutet also, daß f sich in der Nähe von a durch die Funktion

$$x \mapsto f(a) + f'(a)(x - a)$$

linear approximieren läßt. Insbesondere sieht man mit (2), daß aus der Differenzierbarkeit an einer Stelle die Stetigkeit von f an dieser Stelle folgt. Die Nicht-Stetigkeit ist aber nur der einfachste Fall von Nicht-Differenzierbarkeit – es gibt sogar nirgends differenzierbare stetige Funktionen.

Die Untersuchung von f' als Teil der ↗Kurvendiskussion erlaubt oft Aussagen über lokale Extrema von f. Durch wiederholtes Ableiten, also Bilden der Ableitung f'' von f' usw., kommt man zu den höheren Ableitungen einer Funktion. f'' beschreibt das Krümmungsverhalten von f. Die Differentiation der elementaren Funktionen ist unmittelbar durch Untersuchung des Differenzenquotienten oder durch Anwendung der ↗Differentiationsregeln möglich.

Im Gegensatz zur Definition über den Differenzenquotienten ist diejenige über (2), auch Fréchet-Differenzierbarkeit genannt, zur weitgehenden Verallgemeinerung geeignet. So ist die (Fréchet-) Ableitung f' einer auf einer offenen Menge $D_f \subset \mathbb{R}^n$ erklärten Funktion $f : D_f \to \mathbb{R}^m$ für diejenigen $a \in D_f$ definiert, für die es eine (dann eindeutig bestimmte) reelle $m \times n$-Matrix $A = f'(a)$, die ↗Jacobi-Matrix von f an der Stelle a, und eine Abbildung $\varepsilon : D_f \to \mathbb{R}^m$ gibt mit $\varepsilon(x) \to 0$ für $x \to a$ und

$$f(x) = f(a) + A(x - a) + \|x - a\|\, \varepsilon(x)$$

für $x \in D_f$.

Auch hier folgt aus der Differenzierbarkeit von f an einer Stelle die Stetigkeit von f an dieser Stelle.

Auf die gleiche Weise erklärt man die Ableitung f' einer Funktion $f : V \to W$, wenn V und W normierte Vektorräume sind. Dieses f' hat (als Verallgemeinerung von Matrizen) lineare Operatoren als Funktionswerte. Ein schwächerer Ableitungsbegriff als die Fréchet-Differenzierbarkeit ist die Gâteaux-Differenzierbarkeit, bei der nur die ↗Richtungsableitungen der Funktion betrachtet werden.

Für eine Funktion $f : D_f \to \mathbb{C}$ mit einem offenen $D_f \subset \mathbb{R}$ oder $D_f \subset \mathbb{C}$ kann man die Ableitung f' ebenfalls über (1) oder, was wieder dazu äquivalent ist, über (2) definieren. Dann gilt

$$D_{f'} = D_{g'} \cap D_{h'} ,$$

wenn $f = g + ih$ die Zerlegung von f in Realteil $g : D_f \to \mathbb{R}$ und Imaginärteil $h : D_f \to \mathbb{R}$ ist, und es ist dann

$$f'(a) = g'(a) + ih'(a)$$

für $a \in D_{f'}$.

Ableitung einer Mengenfunktion, ↗differenzierbare Mengenfunktion.

ableitungsorientierte Strategien, Verfahren zur Syntaxanalyse (↗Syntaxanalyseproblem), die darauf beruhen, daß für das gegebene Wort eine Ableitung (↗Grammatik) konstruiert wird.

Zu den ableitungsorientierten Strategien gehören die ↗Top–Down–Analyse und die ↗Bottom–Up–Analyse.

Ableitungsregel, Bestandteil einer ↗Grammatik, der eine mögliche Ersetzung einer ↗Satzform durch eine andere beschreibt.

Üblicherweise wird pro Ableitungsregel eine mögliche Verfeinerung einer syntaktischen Einheit (repräsentiert durch ein ↗Nichtterminalzeichen) angegeben.

Abminderungsfaktoren, *attenuation factors*, durch Interpolation an äquidistanten Knoten konstruierte Hilfsfunktionen, die die Güte der Approximation einer gegebenen periodischen Funktion entscheidend verbessern können.

Es sei f eine auf dem Intervall $[0, 2\pi]$ stetige periodische Funktion. Durch Interpolation in den Punkten

$$x_\nu = \frac{2\pi\nu}{k} \quad \text{für } \nu = 0, \dots, k$$

mit einer ↗Splinefunktion s der Ordnung m, die diese Punkte als Knoten hat und zusätzlich die Bedingungen

$$s^{(\mu)}(0) = s^{(\mu)}(2\pi) \quad \text{für } \mu = 0, \dots, m-2$$

erfüllt, konstruiert man nun die sog. Abminderungsfaktoren. Man kann zeigen, daß unter gewissen leicht erfüllbaren Voraussetzungen diese Faktoren existieren, unabhängig von f sind und die Güte der Approximation durch Fourier-Polynome entscheidend verbessern.

Die Abminderungsfaktoren wurden von ↗Collatz und Quade bereits im Jahre 1938 eingeführt. Sie können in moderner Sichtweise als periodische Splinefunktionen interpretiert werden und stellen somit eine der frühesten Erscheinungsformen dieser Funktionenklasse dar.

ABM43-Verfahren, spezielles Prädiktor-Korrektor-Verfahren zur näherungsweisen Lösung von Anfangswertaufgaben gewöhnlicher Differentialgleichungen der Form $y' = f(x, y)$.

Das ABM43-Verfahren besteht aus der Kombination einer expliziten ↗Adams-Bashforth-Methode mit vier Schritten und einer impliziten ↗Adams-Moulton-Methode mit drei Schritten, die also beide jeweils von der Ordnung vier sind (↗Mehrschrittverfahren).

Die Näherungen y_k an den (äquidistanten) Stellen x_k berechnen sich danach wie folgt:

$$\begin{aligned} y_{k+1}^{(P)} &= y_k + \frac{h}{24}\big[55f_k - 59f_{k-1} + \\ &\quad +37f_{k-2} - 9f_{k-3}\big], \\ y_{k+1} &= y_k + \frac{h}{24}\Big[9f(x_{k+1}, y_{k+1}^{(P)}) + 19f_k + \\ &\quad - 5f_{k-1} + f_{k-2}\Big]. \end{aligned}$$

Hier wurde, wie bei der Notation solcher Verfahren üblich, die abkürzende Bezeichnung $f_k := f(x_k, y_k)$ benutzt; h bezeichnet den Abstand der x_k.

Abrundung, Funktion, die einer reellen Zahl x die größte in einem Stellenwertsystem zu einer Basis b mit einer Genauigkeit b^k darstellbare rationale Zahl $\lfloor x \rfloor_{b,k}$ mit $\lfloor x \rfloor_{b,k} \le x$ zuordnet, wobei $2 \le b \in \mathbb{N}$ und $k \in \mathbb{Z}$.

In der b-Darstellung von $\lfloor x \rfloor_{b,k}$ sind also die Ziffern zu den Potenzen b^j mit $j < k$ gleich 0. Für $x \ge 0$ entspricht das Abrunden einem Weglassen der Ziffern nach der Position b^k in der b-Darstellung von x (bzw. ihrer Ersetzung durch die Ziffer 0), was sich auch durch $\lfloor x \rfloor_{b,k} = \lfloor \frac{x}{b^k} \rfloor b^k$ ausdrücken läßt mit der floor-Funktion $\lfloor\ \rfloor$.

Beispielsweise gilt $\lfloor 12345678 \rfloor_{10,2} = 12345600$ und $\lfloor \pi \rfloor_{10,-2} = 3.14$. Für $x \le 0$ gilt $\lfloor x \rfloor_{b,k} = -\lceil -x \rceil_{b,k}$ mit der ↗Aufrundung $\lceil\ \rceil_{b,k}$.

$\lfloor\ \rfloor_{b,0} = \lfloor\ \rfloor$ ist die Abrundung auf ganze Zahlen. $0 \le x - \lfloor x \rfloor_{b,k} \le b^k$ für $x \in \mathbb{R}$ zeigt, daß der Fehler wie bei der Aufrundung höchstens b^k beträgt. Beim Runden nach der Rundungsregel kann der Fehler nur halb so groß werden. Allgemeiner kann man für eine Menge $M \subset \mathbb{R}$, z. B. der endlichen Menge der in einem Computer darstellbaren Maschinenzahlen, nach der Abrundung von x in M fragen, also der größten in M enthaltenen Zahl $\lfloor x \rfloor_M$ mit $\lfloor x \rfloor_M \le x$.

Abschließung, der Vorgang des Hinzunehmens aller ↗Berührungspunkte einer Teilmenge A eines topologischen Raumes X zu A.

Abschließungsoperator, *Hüllenoperator*, durch eine, zur üblichen äquivalenten, Definition des topologischen Raumes gegeben: Ein topologischer Raum ist ein Paar $(X, ^-)$, bestehend aus einer Menge X und einer Abbildung $^-$ auf der Potenzmenge von X, so daß folgende Axiome erfüllt sind:

- $\bar{\emptyset} = \emptyset$
- $A \subset \bar{A}$ für alle $A \subset X$
- $\bar{\bar{A}} = \bar{A}$ für alle $A \subset X$
- $\overline{A \cup B} = \bar{A} \cup \bar{B}$ für alle $A, B \subset X$.

Diese Axiome werden auch als Hüllenaxiome bezeichnet, und $^-$ als Abschließungsoperator.

Abschluß einer Menge, aus einer Teilmenge A eines topologischen Raumes X durch ↗Abschließung, also durch Hinzunahme aller ↗Berührungspunkte, entstehende Menge.

Abschlußsystem, System von Mengen mit einer Abschlußeigenschaft.

Ist X eine beliebige Menge und $\mathcal{A} \subseteq \mathfrak{P}(X)$ ein Mengensystem in X, so daß $\mathcal{A}$ unter der Durchschnittsbildung abgeschlossen ist, so nennt man $\mathcal{A}$ ein Abschlußsystem.

Abschnitt einer Menge, Teilmenge einer linear geordneten Menge M, die genau alle Elemente enthält, die echt kleiner sind als ein gegebenes Element $x \in M$ (↗Ordnungsrelation).

Abschnittsgleichung einer Ebene, Gleichung einer Ebene ε, die nicht den Koordinatenursprung enthält und zu keiner der durch die Koordinatenachsen aufgespannten Ebenen parallel ist. Schneidet ε die Koordinatenachsen in den Punkten $A(a; 0; 0)$, $B(0; b; 0)$ und $C(0; 0; c)$, so ist

$$\frac{x}{a} + \frac{y}{b} + \frac{z}{c} = 1$$

die Achsenabschnittsgleichung der Ebene ε (bzgl. des zugrundeliegenden Koordinatensystems).

Abschnittsgleichung einer Geraden, definierende Gleichung einer Geraden.

Eine Gerade g in der Ebene, die nicht durch den Koordinatenursprung verläuft und zu keiner der Koordinatenachsen parallel ist, kann durch die beiden Abschnitte a und b festgelegt werden, die sie von den Koordinatenachsen „abschneidet". Schneidet g die Koordinatenachsen in den Punkten $A(a; 0)$ und $B(0; b)$, so wird diese Gerade durch die Achsenabschnittsgleichung

$$\frac{x}{a} + \frac{y}{b} = 1$$

beschrieben.

abschnittskomplementärer Verband, ↗Verband V mit Nullelement 0, bei dem für alle $a \in V$ das Intervall $[0 : a]$ der zugrundeliegenden ↗Halbordnung ein ↗komplementärer Verband ist.

absolut konvergente Reihe, Reihe $\sum_{\nu=0}^{\infty} a_\nu$, bei der die Reihe der Beträge

$$\sum_{\nu=0}^{\infty} |a_\nu|$$

konvergent ist. Hierbei sei (a_n) eine Folge (reeller oder komplexer) Zahlen. (Allgemeiner kann dies zumindest für Folgen mit Werten in normierten Vektorräumen entsprechend definiert werden, wenn der Betrag $|\cdot|$ einfach jeweils durch die Norm $\|\cdot\|$ ersetzt wird. Dann muß aber für den nachfolgenden Satz Vollständigkeit vorausgesetzt werden.)

Die ↗Konvergenzkriterien (z. B. ↗absolut konvergente Reihen, Majorantenkriterium) für absolut konvergente Reihen beruhen u. a. auf dem zentralen einfachen Satz:

Ist die Reihe $\sum_{\nu=0}^{\infty} a_\nu$ absolut konvergent, dann ist sie konvergent, und es gilt $\left|\sum_{\nu=0}^{\infty} a_\nu\right| \leq \sum_{\nu=0}^{\infty} |a_\nu|$.

Eine absolut konvergente Reihe ist also stets konvergent, doch die Umkehrung gilt nicht: Mit dem ↗Leibniz-Kriterium sieht man z. B. ganz leicht, daß die Reihe

$$\sum_{n=1}^{\infty} (-1)^n \frac{1}{n}$$

konvergent ist. Die Reihe der Beträge ist jedoch – als ↗harmonische Reihe – nicht konvergent, die Reihe selbst also nicht absolut konvergent.

[1] Hoffmann, D.: Analysis für Wirtschaftswissenschaftler und Ingenieure. Springer-Verlag Berlin, 1995.

absolut konvergentes Integral, ein uneigentliches Riemann-Integral $\int_a^b f(x)dx$, wobei auch $a = -\infty$ und $b = \infty$ zulässig sind, für das gilt:

$$\int_a^b |f(x)|dx \quad \text{konvergiert.}$$

Jedes absolut konvergente Riemann-Integral konvergiert auch im gewöhnlichen Sinn. Die Umkehrung gilt im allgemeinen nicht, wie das Beispiel

$$\int_0^\infty \frac{\sin x}{x} dx$$

zeigt.

Für Funktionen mit Werten in einem Banachraum E gilt folgende Definition: Sei $\Omega \subset \mathbb{R}^N$ eine meßbare Menge. Eine Funktion $f : \Omega \to E$ heißt absolut integrierbar, falls $x \mapsto \|f(x)\|$ meßbar ist und

$$\int_\Omega \|f(x)\|dx$$

existiert.

absolut konvergentes unendliches Produkt, ein Produkt der Form

$$\prod_{n=1}^{\infty} (1 + a_n)$$

mit $a_n \in \mathbb{C}$ mit der Eigenschaft, daß die Reihe $\sum_{n=1}^{\infty} |a_n|$ konvergiert.

Der Wert eines absolut konvergenten unendlichen Produkts ist genau dann von 0 verschieden, wenn alle Faktoren $(1 + a_n)$ von 0 verschieden sind. Ist $\sum_{n=1}^{\infty} f_n$ eine normal konvergente Reihe ↗holomorpher Funktionen f_n in einer offenen Menge $D \subset \mathbb{C}$, so definiert das unendliche Produkt

$$\prod_{n=1}^{\infty} (1 + f_n)$$

eine holomorphe Funktion $F: D \to \mathbb{C}$. Die Nullstellenmenge von F ist die Vereinigung der Nullstellenmengen der Funktionen $1 + f_n$, $n \in \mathbb{N}$.

absolut stetige Funktion, Funktion, die bezüglich der Lebesgue-meßbaren Mengen eine Stetigkeitseigenschaft hat.

Ist $\mathcal{L}$ die Menge der Lebesgue-meßbaren Teilmengen auf $\mathbb{R}$, so heißt eine Funktion $\phi : \mathcal{L} \to \mathbb{R}$ absolut stetig, falls es zu jedem $\varepsilon > 0$ ein $\delta > 0$ gibt, so daß aus $\lambda(A) < \delta$ stets schon $|\phi(A)| < \varepsilon$ folgt. Dabei ist λ das Lebesgue-Maß auf $\mathbb{R}$.

Zu jeder reellwertigen und σ-additiven absolutstetigen Funktion ϕ gibt es eine Lebesgue-integrierbare Funktion f, so daß für alle $A \in \mathcal{L}$ gilt: $\phi(A) = \int_A f(x)dx$.

absolut stetige Zufallsvariable, Zufallsvariable X, deren Verteilung P_X absolut stetig bezüglich des

Lebesgue-Maßes λ ist, d. h. für jede Borel-Menge A folgt aus $\lambda(A) = 0$ auch $P_X(A) = 0$.

Nach dem Satz von Radon-Nykodim besitzt jede absolut stetige Zufallsvariable X eine Dichte f_X bezüglich λ. Für jede Borel-Menge A gilt dann

$$P_X(A) = P(X \in A) = \int_A f_X(x)\lambda(dx).$$

Einführende Darstellungen in die Wahrscheinlichkeitstheorie bezeichnen eine Zufallsvariable X oft als absolut stetig, wenn eine Wahrscheinlichkeitsdichte f_X existiert, so daß für alle $a, b \in \mathbb{R}$ mit $a < b$ die Wahrscheinlichkeit $P(a < X \leq b)$ mit Hilfe der Formel

$$P(a < X \leq b) = \int_a^b f_X(x)dx$$

berechnet werden kann.

absolut stetiges signiertes Maß, Maß mit zusätzlicher Eigenschaft.

Es sei $(\Omega, \mathcal{A})$ ein ↗ Meßraum und ν und μ zwei signierte Maße auf $\mathcal{A}$. Dann heißt ν absolut stetig bzgl. μ oder μ-absolut stetig, oder einfach μ-stetig (in Zeichen $\nu << \mu$), falls für alle $A \in \mathcal{A}$ mit $|\mu|(A) = 0$ folgt: $|\nu|(A) = 0$.

Äquivalent dazu ist für endliches ν, daß ν absolut stetig bzgl. μ ist, falls für alle $\varepsilon > 0$ ein $\delta > 0$ so existiert, daß für $A \in \mathcal{A}$ mit $|\mu|(A) < \delta$ folgt: $|\nu|(A) < \varepsilon$.

Ein signiertes Maß ν auf dem Borel-Raum $(\mathbb{R}^n, \mathcal{B}(\mathbb{R}^n))$ heißt schlechthin absolut stetig, falls es absolut stetig bzgl. des Lebesgue-Maß ist.

absolut unendliche Menge, ↗ naive Mengenlehre.

Absolutbetrag, ↗ Betrag einer reellen Zahl, ↗ Betrag einer komplexen Zahl.

absolute Ableitung, die tangentielle Komponente der Ableitung eines längs einer Kurve $\mathcal{C} \subset \mathcal{F}$ einer Fläche $\mathcal{F}$ definierten Vektorfeldes $\mathfrak{a}(t)$.

Man bezeichnet die absolute Ableitung mit $D\mathfrak{a}(t)/dt$. Sie läßt sich durch die ↗ Christoffelsymbole ausdrücken: Ist $\Phi(u, v)$ eine Parameterdarstellung der Fläche mit den Ableitungen $\Phi_1 = \partial\Phi/\partial u_1$ und $\Phi_2 = \partial\Phi/\partial u_2$, $\gamma(t) = \Phi(u_1(t), u_2(t))$ eine zugehörige Gaußsche Parameterdarstellung der Kurve und

$$\mathfrak{a}(t) = \Phi_1(u_1(t), u_2(t))\, a_1(t) + \Phi_2(u_1(t), u_2(t))\, a_2(t)$$

die Darstellung des Vektorfeldes in der Basis $\{\Phi_1, \Phi_2\}$, so ergibt sich die Gleichung

$$\frac{D\mathfrak{a}(t)}{dt} = \left(a_1' + \sum_{i,j=1}^{2} \Gamma_{ij}^1 u_i' a_j\right) \Phi_1 + \left(a_2' + \sum_{i,j=1}^{2} \Gamma_{ij}^2 u_i' a_j\right) \Phi_2 .$$

absolute Ableitungsgleichung, Differentialgleichungssystem für Flächenkurven.

Es sei $\alpha(t)$ eine durch die Bogenlänge t parametrisierte Kurve auf einer Fläche $\mathcal{F}$, $\kappa_g(t)$ die geodätische Krümmung, und $(\mathfrak{t}(t), \mathfrak{n}_+(t))$ das ↗ begleitende Zweibein von $\alpha(t)$.

Dann gelten folgende Gleichungen für die ↗ absoluten Ableitungen von $\mathfrak{t}$ und $\mathfrak{n}_+$:

$$\frac{D\mathfrak{t}(t)}{dt} = \kappa_g(t)\, \mathfrak{n}_+, \qquad \frac{D\mathfrak{n}_+(t)}{dt} = -\kappa_g(t)\, \mathfrak{t}.$$

absolute Geometrie, Geometrie in der von den ↗ Axiomen der Geometrie die Axiomengruppen I-IV (Inzidenz-, Anordnungs-, Kongruenz- und Stetigkeitsaxiome), nicht jedoch das euklidische Parallelenaxiom (V) vorausgesetzt werden. Die absolute Geometrie umfaßt damit sowohl die Euklidische Geometrie als auch die nichteuklidische hyperbolische Geometrie (nicht jedoch die ebenfalls nichteuklidische ↗ elliptische Geometrie).

In der absoluten Geometrie gelten demnach alle Sätze, die sich aus den o. g. Axiomengruppen ableiten lassen, nicht allerdings die vielen bekannten Sätze der Elementargeometrie, die auf dem Parallelenaxiom basieren – wie z. B. die Sätze über Winkel an geschnittenen Parallelen oder der Innenwinkelsatz für Dreiecke. Statt des bekannten Außenwinkelsatzes (nach dem jeder Außenwinkel eines Dreiecks so groß ist wie die Summe der beiden nichtanliegenden Innenwinkel) gilt – als sehr bedeutsamer Satz der absoluten Geometrie – nur der sogenannte schwache Außenwinkelsatz:

Jeder Innenwinkel eines beliebigen Dreiecks ist kleiner als jeder nichtanliegende Außenwinkel.

absolute Häufigkeit, ↗ Häufigkeit.

absolute Konvergenz, ↗ absolut konvergente Reihe, ↗ absolut konvergentes Integral, ↗ absolut konvergentes unendliches Produkt.

absolute Konvexität, stärkere Form des Begriffs der ↗ Konvexität einer Menge.

Eine Teilmenge M eines reellen oder komplexen Vektorraums V heißt absolut konvex, falls sie konvex ist und für jedes $x \in M$ auch $\alpha x \in M$ gilt für alle reellen bzw. komplexen Zahlen $|\alpha| \leq 1$. Äquivalent dazu ist die Bedingung, daß für alle $x, y \in M$ und alle reellen oder komplexen Zahlen α, β mit $|\alpha| + |\beta| = 1$ gilt:

$$\alpha x + \beta y \in M .$$

absolute Pseudoprimzahl, ↗ Carmichael-Zahl.

absolute Summierbarkeit, eine zusätzliche Bedingung an die Summierbarkeit. Die Definition von absoluter Summierbarkeit bezieht sich stets auf das verwendete Summationsverfahren. Das verdeutlichen die zwei folgenden wichtigen Beispiele:

1) Durch

$$M = ((a_{kn}))_{1 \leq k, n < \infty}$$

sei eine unendlich-dimensionale Matrix gegeben. Die Folge (s_n) heißt absolut summierbar gemäß der Methode M oder $|M|$-summierbar mit Grenzwert s, falls gilt:

i) (s_n) ist summierbar mit Grenzwert s gemäß der Methode M, d. h. $\sigma_k = \sum_{n=1}^{\infty} a_{kn}$ existiert für $k \in \mathbb{N}$ und $\lim\limits_{k\to\infty} \sigma_k = s$.

ii) (σ_k) ist von beschränkter Variation, d. h.

$$\sum_{k=1}^{\infty} |\sigma_{k+1} - \sigma_k| < \infty .$$

Sind die Folgenglieder (s_n) die Partialsummen einer unendlichen Reihe $\sum_{k=1}^{\infty} x_k$, so heißt auch diese Reihe $|M|$-summierbar mit Grenzwert s.

2) Die Reihe $\sum_{k=1}^{\infty} x_k$ heißt absolut summierbar gemäß dem ↗Abelschen Summationsverfahren, falls die Funktion $f(r) = \sum_{k=1}^{\infty} x_k r^k$ auf $0 \le r < 1$ von beschränkter Variation ist.

absoluter Horizont, gelegentlich gebrauchte Bezeichnung für eine von mehreren unterschiedlichen Definitionen von ↗ Horizont, die in der allgemeinrelativistischen Kosmologie benutzt werden: Der absolute Horizont ist, falls sowohl Ereignis- als auch Partikelhorizont existieren, der weiter außen liegende von beiden.

absoluter Raum, ↗ Reinhardtsches Gebiet.

Absolutglied eines Polynoms, der Koeffizient α_0 in der Darstellung

$$p(x) = \sum_{\nu=0}^{n} \alpha_\nu x^\nu$$

eines Polynoms p.

Absolutnorm, Kenngröße eines Ideals.

Die Absolutnorm eines vom Nullideal verschiedenen Ideals $\mathfrak{a}$ im Ganzheitsring $\mathcal{O}_K$ eines algebraischen Zahlkörpers ist definiert durch die Ordnung der Faktorgruppe $\mathcal{O}_K/\mathfrak{a}$, also den Index

$$\mathfrak{N}(\mathfrak{a}) = [\mathcal{O}_K : \mathfrak{a}] . \qquad (1)$$

Die Absolutnorm eines gebrochenen Ideals $\mathfrak{b} \subset K$ ist durch

$$\mathfrak{N}(\mathfrak{b}) = |\det B| \qquad (2)$$

gegeben, wobei B die Übergangsmatrix einer $\mathbb{Z}$-Basis von $\mathcal{O}_K$ zu einer $\mathbb{Z}$-Basis von $\mathfrak{b}$ ist; man kann zeigen, daß $|\det B|$ unabhängig von der Wahl der $\mathbb{Z}$-Basen und somit die Absolutnorm wohldefiniert ist.

Für die Absolutnorm gilt die Produktformel

$$\mathfrak{N}(\mathfrak{a}\mathfrak{b}) = \mathfrak{N}(\mathfrak{a}) \cdot \mathfrak{N}(\mathfrak{b}) . \qquad (3)$$

Ist $\mathfrak{p}$ ein Primideal in $\mathcal{O}_K$, so ist

$$\mathfrak{p} \cap \mathbb{Z} = p\mathbb{Z}$$

für eine Primzahl p, und die Absolutnorm ist eine Potenz von p:

$$\mathfrak{N}(\mathfrak{p}) = p^{f(\mathfrak{p})} , \qquad (4)$$

wobei der Exponent $f(\mathfrak{p})$ der Trägheitsgrad von $\mathfrak{p}$ (über p) ist.

Man unterscheidet die Absolutnorm eines (gebrochenen) Ideals, die stets eine nichtnegative rationale Zahl ist, von der Relativnorm eines (gebrochenen) Ideals, die selbst wieder ein (gebrochenes) Ideal ist.

absorbierende Menge eines dynamischen Systems, Teilmenge $A \subset M$ für ein ↗dynamisches System (M, G, Φ), die alle Vorwärts-Orbits, die in A starten, enthält. A heißt global absorbierende Menge, falls für jedes $x \in M$ ein $T(x) \in G$ existiert so, daß $\Phi(x, t) \in A$ gilt für alle $t > T(x)$.

absorbierende Menge eines Vektorraums, *ausgeglichene Teilmenge eines Vektorraums*, eine Teilmenge eines Vektorraums, durch die man bei hinreichender Streckung jedes Element des Vektorraums erreicht.

Ist also V ein reeller oder komplexer Vektorraum und $M \subseteq V$, so heißt M absorbierend, wenn es zu jedem $x \in V$ ein $\gamma > 0$ gibt, so daß gilt:

$$x \in \alpha M \quad \text{für alle } \alpha \text{ mit } |\alpha| \ge \gamma .$$

Ist beispielsweise V ein normierter Vektoraum, so ist jede Kugel um den Nullpunkt und jede Obermenge einer solchen Kugel absorbierend.

Absorbtionsgesetz, ↗Verband.

Abspaltung von Nullstellen, das Abtrennen von Nullstellen eines Polynoms durch Abdividieren eines linearen Polynoms.

Der mathematische Satz, der diese Aussage formalisiert, wird oft auch als Abspaltungslemma bezeichnet:

Sei $g(x)$ ein Polynom über einem Körper $\mathbb{K}$ und sei $\alpha_1 \in \mathbb{K}$ eine Nullstelle von $g(x)$, d. h. es gilt $g(\alpha_1) = 0$.

Dann kann $g(x)$ ohne Rest duch das lineare Polynom $(x - \alpha_1)$ dividiert werden.

Man erhält

$$g(x) = g^{(1)}(x) \cdot (x - \alpha_1)$$

mit einem Polynom $g^{(1)}(x)$, dem Quotienten, mit einem um Eins erniedrigten Grad.

Dieser Prozeß heißt Abspaltung einer Nullstelle.

Besitzt der Quotient $g^{(1)}$ ebenfalls eine Nullstelle $\alpha_2 \in \mathbb{K}$, so kann dieser Schritt rekursiv ausgeführt werden solange, bis der Quotient keine Nullstellen mehr besitzt. Ist der letzte Quotient ein konstantes Polynom, so erhält man durch diesen Algorithmus die Zerlegung in Linearfaktoren des Ausgangspolynoms $g(x)$.

Es folgt hieraus sofort, daß ein Polynom vom Grad n mit Koeffizienten aus $\mathbb{K}$ genau dann über $\mathbb{K}$ in Linearfaktoren zerfällt, wenn es (mit Vielfachheiten gezählt) genau n Nullstellen aus $\mathbb{K}$ besitzt.

Ist $\mathbb{K}$ ein ↗algebraisch abgeschlossener Körper, so kann jedes Polynom durch Abspaltung von Nullstellen in Linearfaktoren zerlegt werden.

Abspaltungslemma, die Aussage, die der ↗Abspaltung von Nullstellen zugrunde liegt.

Abstand, *Entfernung*, in einem ↗metrischen Raum M mit der Metrik d die Zahl $d(x, y)$, wobei x und y die Punkte sind, deren Abstand voneinander gemessen werden soll.

Sind weitergehend X und Y zwei Teilmengen von M, so heißt

$$d(X, Y) := \inf\{d(x, y);\ x \in X, y \in Y\}$$

der Abstand von X und Y.

Abstand von Ecken, ↗ Durchmesser eines Graphen.

Abstandslinie, Parallelkurve $\beta_\varepsilon(t)$ einer gegebenen Kurve $\alpha(t)$ einer Fläche.

Die Punkte der Abstandslinie sind durch $\beta_\varepsilon(t) = \gamma_t(\varepsilon)$ gegeben, wobei $\gamma_t(s)$ die von einem Punkt $\alpha(t)$ in Richtung des Einheitsnormalenvektors von α ausgehende ↗geodätische Linie mit dem Bogenlängenparameter s ist.

absteigende Kette, ↗aufsteigende Kette.

Abstiegsmethode, *Abstiegsverfahren*, Verfahren zur Suche lokaler Minima einer Funktion $f : \mathbb{R}^n \to \mathbb{R}$. Ausgehend von einem Startwert x wählt man eine Richtung $g \in \mathbb{R}^n$ so, daß für kleine Werte $t \geq 0$ der Funktionswert

$$f(x + t \cdot g) < f(x)$$

ist. Man bestimmt dann beispielsweise $\bar{t}$ so, daß $f(x + \bar{t} \cdot g)$ als Funktion in t minimal wird und das Argument zulässig bleibt. Die jeweiligen Wahlen für die Richtung g sowie die Schrittweite $\bar{t}$ bestimmen die spezielle Art von Abstiegsmethoden. Unterschieden wird u. a. zwischen Gradientenverfahren, konjugierten Gradientenverfahren, Newtonverfahren und ableitungsfreien Verfahren.

Abstiegsverfahren, ↗Abstiegsmethode.

abstoßende Menge, ↗ anziehende Menge.

abstrakte Riemannsche Fläche, Hausdorff-Raum mit zusätzlicher Eigenschaft.

Es sei F ein Hausdorff-Raum mit der Eigenschaft, daß jeder seiner Punkte eine Umgebung U besitzt, die durch eine topologische Abbildung

$$t_U : u \to t_U(u)$$

($u \in U$) so auf eine offene Teilmenge der Gaußschen Zahlenebene abgebildet wird, daß für je zwei Umgebungen U und V dieser Art die zusammengesetzte Funktion $t_V(t_U^{-1}(z))$ den Bildbereich $t_U(U \cap V)$ auf $t_V(U \cap V)$ konform abbildet. Dann bezeichnet man F als abstrakte Riemannsche Fläche.

abstrakter Datentyp, Datentyp, bei dem auch die erlaubten Funktionen bereits bei der Definition festgelegt werden.

Bei der Definition eines Datentyps wird festgelegt, welcher Wertebereich zulässig ist und welche Operationen für die Elemente des Wertebereichs zulässig sind. Bei einem abstrakten Datentyp werden zusätzlich alle Funktionen definiert, mit denen die jeweiligen Objekte manipuliert werden können. Auf Objekte eines abstrakten Datentyps kann also nur mit Hilfe der in diesem Datentyp definierten Funktionen zugegriffen werden, wobei die Implementierung dieser vordefinierten Funktionen für den Benutzer unerheblich ist.

Standardanwendung für abstrakte Datentypen ist die objektorientierte Programmierung, bei der die Funktionen als Methoden bezeichnet werden.

abstrakter Prozessor, idealisiertes Modell einer Klasse von Rechnerprozessoren, meist durch einen formal definierten Befehlssatz spezifiziert.

Abstrakte Prozessoren werden verwendet, um möglichst viele Arbeitsschritte bei der Übersetzung von Programmiersprachen (z. B. Teile der Codeoptimierung und Speicherplatzzuordnung) maschinenunabhängig durchführen zu können. Für manche Programmiersprachen (z. B. MODULA-2, Java) wurden abstrakte Prozessoren zur Definition der Bedeutung der Sprachbestandteile (durch Zuordnung von Befehlsfolgen des abstrakten Prozessors) verwendet. Um eine Programmiersprache an neue Rechnerarchitekturen anzupassen, reicht es aus, ein Programm zu entwickeln, das Befehle des abstrakten Prozessors auf der neuen Maschine umsetzt oder nachahmt.

Abstraktion, Methode zur Herausarbeitung des Wesentlichen.

Bei der Abstraktion sieht man von bestimmten Eigenschaften verschiedener Objekte ab und konzentriert sich darauf, eine allgemeinere Struktur zu finden, die allen betrachteten Objekten gemeinsam ist. So sind zum Beispiel die Mengen $\mathbb{R}$, $\mathbb{R}^2$, $\mathbb{R}^3$, ... verschiedene mathematische Objekte, die aber alle die Gemeinsamkeit eines Abstandsbegriffs haben. Konzentriert man sich nun nur auf diesen Abstandsbegriff, so kann man all die verschiedenen mathematischen Objekte unter dem abstrahierten Begriff eines metrischen Raumes betrachten.

Mathematisch gesehen entspricht ein Abstraktionsprozeß der Quotientenbildung in einer Menge bezüglich einer Äquivalenzrelation. Ist nämlich M eine Menge und R eine Äquivalenzrelation auf M, so werden beim Übergang von M zur Quotientenmenge M/R die zu einer Äquivalenzklasse gehörenden Elemente von M zu einem neuen Objekt in M/R zusammengefaßt. Man abstrahiert dabei also von allen

Eigenschaften der Elemente von M, die für die Äquivalenzrelation R keine Bedeutung haben

Abszisse, Bezeichnung für die „horizontale" Koordinate des kartesischen Koordinatensystems.

Versieht man den $\mathbb{R}^2$ mit einem rechwinkligen (kartesischen) Koordinatensystem und bezeichnet die Punkte des $\mathbb{R}^2$ mit (x, y), so heißt x die Abszisse des Punktes, y ist seine Ordinate.

Abtastung, (engl. *sampling*), Prozeß der Aufnahme einer endlichen oder höchstens abzählbar unendlichen Menge von Teilinformationen aus einer kontinuierlich vorliegenden Gesamtinformation.

Mathematisch gesehen kann zum Beispiel eine Funktion $f : \mathbb{R} \to \mathbb{R}$ gegeben sein und eine Abtastung, in diesem Fall an den ganzzahligen Stellen, liefert dann die Menge $M = \{f(i) | i \in \mathbb{Z}\}$.

Abtrennungsregel, Bezeichnung für eine Schlußregel der Aussagen- und Prädikatenlogik, mit deren Hilfe aus einer *Implikation* $A \to B$ und ihrer *Prämisse* A auf die *Conclusio* B geschlossen wird. Die Anwendung der Abtrennungsregel wird häufig durch $\frac{A \to B, A}{B}$ symbolisiert.

Die Abtrennungsregel vererbt die Gültigkeit, d. h., wenn die Ausdrücke A und $A \to B$ gültig sind, dann ist auch B gültig. Damit liefert die Abtrennungsregel eine korrekte Beweisregel, die auch modus ponens genannt wird.

Abu'l-Wafā' al-Būzǧānī, persischer Mathematiker und Astronom, geb. 10.6.940 Bžǧān (heute Iran), gest. 15.7.998 Bagdad.

Abu'l-Wafā' arbeitete am Observatorium von Sharaf al Daula. Neben seinen Büchern zur Arithmetik und Geometrie, die viele praktische Anwendungen der Mathematik behandelten, veröffentlichte Abu'l-Wafā' auch übersetzte und kommentierte Arbeiten von Euklid, Diophantos und al-Hwârâzmî.

Von ihm stammen wichtige Sätze zur planaren wie zur sphärischen Geometrie, die in der Astronomie und Geographie ihre Anwendung fanden. Bekannt ist Abu'l-Wafā' für die Einführung der Tangensfunktion und seine Sinus- und Tangenstafeln in 15°-Intervallen. Diese waren dank einer neuen Methode wesentlich exakter als die von Ptolemaios; sie waren ein Ergebnis seiner Untersuchungen zum Mondorbit. Darüber hinaus führte er auch die Sekans- und Cosekansfunktionen ein.

abundante Zahl, eine natürliche Zahl n, deren Teilersumme größer als $2n$ ist:

$$\sigma(n) = \sum_{d \in \mathbb{N}, d|n} d > 2n \,. \qquad (1)$$

Das Wort „abundant" steht hier für „Überfluß an Teilern habend" (↗defiziente Zahl, ↗vollkommene Zahl).

Abwicklung, bijektive Abbildung zwischen zwei Flächen, die in bezug auf den inneren Abstand eine Isometrie ist (↗aufeinander abwickelbare Flächen).

Abwicklung einer Kegelfläche in die Ebene, eine isometrische Abbildung, die anschaulich durch das Aufschneiden der Kegelfläche längs einer Mantellinie und anschließendes Aufbiegen erreicht wird.

Abwicklung einer Tangentenfläche in die Ebene, spezielle isometrische Abbildung.

Da jede Tangentenfläche $\mathcal{F}$ konstante Gaußsche Krümmung 0 hat und alle Flächen konstanter Gaußscher Krümmung untereinander lokal isometrisch sind, muß eine Abwicklung von $\mathcal{F}$ in die Ebene existieren.

Eine explizite Konstruktion erfordert die Lösung der natürlichen Gleichung der ebenen Kurve, deren Krümmung mit der Krümmung der Basiskurve $\alpha(s)$ von $\mathcal{F}$ übereinstimmt.

Es sei s der Bogenlängenparameter auf α und $\Phi_2(u, v) = \alpha(u) + v\,\alpha'(u)$ die zugehörige Parameterdarstellung von $\mathcal{F}$. Dann erhält man die Ausdrücke

$$E(u, v) \;=\; 1 + v^2 k^2(u)\,,$$

$G(u, v) \;=\; F(u, v) \;=\; 1$ für die Koeffizienten E, F, G der ↗ersten Gaußschen Fundamentalform von $\mathcal{F}$. Dabei ist $k^2(s) \;=\; |\alpha'(s)|^2$ das Quadrat der Krümmung von $\alpha(s)$. Berechnet man aus den natürlichen Gleichungen die ebene Kurve $\beta(s)$ mit der Krümmungsfunktion $k(s)$, so gilt auch $k^2(s) = |\beta'(s)|^2$.

Man bildet dann zur Kurve $\beta(s)$, die man als eine in der xy-Ebene enthaltene Raumkurve ansieht, die Tangentenfläche $\Phi_1(u, v) = \beta(u) + v\,\beta'(u)$. Diese ist einerseits eine ebene Fläche, und andererseits stimmen wegen

$$k^2(s) \;=\; |\beta'(s)|^2 = |\alpha'(s)|^2$$

die Koeffizienten der ersten Gaußschen Fundamentalform von Φ_1 mit denen von Φ_2 überein. Diese Übereinstimung ist hinreichend dafür, daß $\Phi_2 \circ \Phi_1^{-1}$ eine Abwicklung von $\mathcal{F}$ auf die Ebene ist.

Abwicklung einer Zylinderfläche in die Ebene, eine isometrische Abbildung, die durch das Aufschneiden der Zylinderfläche längs einer Mantellinie und anschließendes Aufbiegen erreicht wird.

Abwicklungsdreieck, ↗chain-ladder-Verfahren.

abzählbar-additives Wahrscheinlichkeitsmaß, weitestgehend gleichbedeutend mit Wahrscheinlichkeitsmaß.

Der Begriff des abzählbar-additiven Wahrscheinlichkeitsmaßes wird in einführenden Darstellungen der Wahrscheinlichkeitstheorie beim Übergang von Wahrscheinlichkeitsräumen mit endlicher Ergebnismenge zu Wahrscheinlichkeitsräumen mit unendlicher Ergebnismenge verwendet, um den Unterschied zum nur für Wahrscheinlichkeitsräume mit endlicher Ergebnismenge definierten Begriff des endlich-additiven Wahrscheinlichkeitsmaßes zu verdeutlichen.

abzählbare Basis, eine Basis einer Topologie, welche aus abzählbar vielen Mengen besteht.

abzählbare Kettenbedingung, Bedingung an einen topologischen Raum:

Ein topologischer Raum (X, τ) erfüllt genau dann die abzählbare Kettenbedingung, wenn τ nicht überabzählbar viele paarweise disjunkte Mengen enthält. Beispiele: Ist X abzählbar, so erfüllt jeder topologische Raum (X, τ) die abzählbare Kettenbedingung. Die reellen Zahlen mit der üblichen Topologie erfüllen die abzählbare Kettenbedingung. Überabzählbare Mengen mit der diskreten Topologie erfüllen die abzählbare Kettenbedingung nicht.

abzählbare Kompaktheit einer Menge, ist für eine Teilmenge A eines topologischen Raumes gegeben, wenn zu jeder beliebigen offenen Überdeckung dieser Menge eine offene Teilüberdeckung aus abzählbar vielen Mengen existiert.

abzählbare Menge, Menge, deren Kardinalität die der natürlichen Zahlen nicht übersteigt. Eine Menge M ist also genau dann abzählbar, wenn sie sich umkehrbar eindeutig auf die natürlichen Zahlen abbilden läßt.

abzählbare orthonormierte Basis, spezielle Orthonormalbasis.

Ist H ein Hilbertraum mit dem inneren Produkt $\langle\cdot,\cdot\rangle$, so heißt eine Teilmenge $M \subseteq H$ ein Orthonormalsystem, wenn stets $\langle x, y\rangle = 0$ für $x \neq y, x, y \in M$ gilt und außerdem für alle $x \in M$ gilt: $\langle x, x\rangle = 1$.

Ein Orthonormalsystem B heißt Orthonormalbasis von H, falls für jedes $x \in H$ gilt:

$$x = \sum_{b \in B} \langle x, b\rangle b\,.$$

Ist zusätzlich B noch abzählbar, so spricht man von einer abzählbaren orthonormierten Basis.

Eine Klasse von Räumen, die solche Basen besitzen, sind die separablen Hilberträume. Dabei heißt ein metrischer Raum separabel, wenn er eine höchstens abzählbare dichte Menge besitzt. Es gilt dann der Satz:

Jeder separable Hilbertraum $H \neq \{0\}$ besitzt eine höchstens abzählbare orthonormierte Basis.

abzählbare Para-Kompaktheit einer Menge, ist für eine Teilmenge A eines topologischen Raumes X gegeben, wenn es zu jeder abzählbaren offenen Überdeckung U von X eine feinere lokal-endliche offene Überdeckung gibt.

Abzählbarkeitsaxiome, zusätzliche Forderungen an einen topologischen Raum X.

X erfüllt das *erste Abzählbarkeitsaxiom*, wenn jeder Punkt $x \in X$ eine abzählbare Umgebungsbasis hat, d. h., wenn es abzählbar viele Umgebungen $\{U_i\}$ von x gibt so, daß in jeder Umgebung O von x mindestens ein U_i enthalten ist.

X erfüllt das *zweite Abzählbarkeitsaxiom*, wenn X eine abzählbare Basis hat.

Das zweite Abzählbarkeitsaxiom impliziert das erste.

Abzugsfranchise, ↗ Selbstbehalt.

AC, ↗ Auswahlaxiom.

AC^k, die Sprachklasse aller Folgen Boolescher Funktionen $f_n : \{0, 1\}^n \to \{0, 1\}$, die sich in Schaltkreisen mit unbeschränktem ↗ Fan-in über dem Bausteinsatz AND, OR und NOT (Konjunktion, Disjunktion, NOT-Funktion) mit polynomiell vielen Bausteinen in Tiefe $O(\log^k n)$ berechnen lassen.

Funktionen in AC^k lassen sich mit vertretbarem Aufwand hardwaremäßig realisieren und sind bei Parallelverarbeitung sehr effizient auszuwerten. Für $k = 0$ genügt konstante Parallelzeit. Die Addition zweier Binärzahlen ist in AC^0 enthalten, während die Multiplikation zweier Binärzahlen zwar in AC^1 und sogar in NC^1, aber nicht in AC^0 enthalten ist.

ACC^k, die Sprachklasse aller Folgen Boolescher Funktionen $f_n : \{0, 1\}^n \to \{0, 1\}$, die sich in Schaltkreisen mit unbeschränktem ↗ Fan-in über dem Bausteinsatz AND (Konjunktion) und aller Modulo-Funktionen mit polynomiell vielen Bausteinen in Tiefe $O(\log^k n)$ berechnen lassen.

Die mod(q)-Funktion liefert die Ausgabe 1 genau dann, wenn die Anzahl der eingehenden Einsen ein Vielfaches von q ist. Die Negation der mod(2)-Funktion ist die PARITY-Funktion. Die Klasse ACC^k ist eine Obermenge von ↗ AC^k.

Funktionen mit polynomiell großer Ring-Summen-Expansion sind in ACC^0, aber nicht unbedingt in AC^0 enthalten. Es ist ein offenes Problem, für Funktionen in ↗ NP nachzuweisen, daß sie nicht in ACC^0 enthalten sind.

Achieser, Naum Iljitsch, Mathematiker, geb. 6.3.1901 Tscherikow, gest. 30.6.1980 Charkow(?).

Achieser besuchte des Kiewer Institut für Volksbildung; in den Jahren von 1928 bis 1947 war er an verschiedenen Hochschulen tätig, u. a. in Kiew, Alma-Ata und Moskau. Ab 1947 arbeitete er an der Universität in Charkow.

Achieser gilt neben Tschebyschew, Bernstein und Kolmogorow als einer der frühen Vertreter der Approximationstheorie in Osteuropa. Seine 1947 erschienene Monographie „Vorlesungen zur Approximationstheorie“ war über viele Jahre das Standardwerk dieser Disziplin und wird auch heute noch verwendet. Daneben arbeitete Achieser auch in der Funktionentheorie, der Funktionalanalysis, und der Variationsrechnung.

Achse einer Spiegelung, diejenige Gerade, bezüglich derer die Spiegelung durchgeführt wird. Ist also die Gerade a die Achse der Spiegelung S_a, so gilt $S_a(a) = a$.

Achsenabschnittsgleichung, ↗Abschnittsgleichung einer Geraden, ↗Abschnittsgleichung einer Ebene.

Ackermann, Wilhelm, deutscher Logiker, geb. 29.3.1896 Schönebeck (bei Lüdenscheid, Westfalen), gest. 24.12.1962 Lüdenscheid.

Ackermann studierte zwischen 1914 und 1924 an der Universität Göttingen Mathematik, Physik und Philosophie. 1927-1961 war er Gymnasiallehrer und seit 1953 auch Honorarprofessor der Universität Münster.

Als Schüler Hilberts entwickelte Ackermann in seiner Dissertation 1924 einen zahlentheoretischen Kalkül auf der Basis des Hilbertschen ε-Symbols. Ackermann verfaßte gemeinsam mit Hilbert das Lehrbuch „Grundzüge der Theoretischen Logik". Später führte Ackermann mehrere Widerspruchsfreiheitsbeweise für die Arithmetik, Mengenlehre und Logik. Er veröffentlichte ein Axiomensystem für eine typenfreie Mengenlehre und eine Zusammenfassung der bis dahin bekannten partiellen Lösungen des Entscheidungsproblems in der klassischen Prädikatenlogik.

Ackermann gab mit der Ackermann-Funktion ein Beispiel für eine μ-rekursive Funktion an, die nicht primitiv rekursiv ist.

Ackermann-Funktion, eine von W. Ackermann 1928 angegebene Funktion auf $\mathbb{N}_0$, die total berechenbar, aber nicht ↗primitiv-rekursiv ist. Die ursprünglich dreistellige Funktion wurde später noch vereinfacht und hat inzwischen die folgende Form.

Die Definition erfolgt induktiv. Die Funktion $a : {\mathbb{N}_0}^2 \to \mathbb{N}_0$ sei definiert durch

$$\begin{aligned} a(0,y) &:= y+1\,, \\ a(x+1,0) &:= a(x,1)\,, \text{sowie} \\ a(x+1,y+1) &:= a(x,a(x+1,y))\,. \end{aligned}$$

Die Funktion a ist nicht primitiv-rekursiv. Dies ergibt sich daraus, daß $a(n,n)$ stärker wächst als jede einstellige primitiv-rekursive Funktion.

Ackermann-Zahlen, die mit Hilfe der ↗Pfeilschreibweise definierten Zahlen $1 \uparrow 1 = 1$, $2 \uparrow\uparrow 2 = 4$, $3 \uparrow\uparrow\uparrow 3 = 3^{7625597484987}$, $4 \uparrow\uparrow\uparrow\uparrow 4, \ldots$.

activation function, ↗formales Neuron.

active-set Strategie, ↗aktive-Restriktionen Strategie.

AD, ↗Determiniertheitsaxiom.

Adams, John Couch, englischer Astronom und Mathematiker, geb. 5.6.1819 Lidcotfarm (Cornwall, England), gest. 21.1.1892 Cambridge (England).

Adams studierte ab 1839 in Cambridge. Nach einer Tätigkeit am St. John's College wurde er 1858 Professor der Mathematik im St. Andrews College und 1859 Professor der Astronomie und Geometrie in Cambridge. Ab 1861 leitete er die Sternwarte in Cambridge.

Adams widmete sich vor allem der mathematischen Astronomie. Aus der Unregelmäßigkeit der Uranusbewegung leitete er 1845 (unabhängig vom französischen Astronomen le Verrier) die Existenz eines weiteren Planeten (Neptun) ab. Adams befaßte sich ab etwa 1851 mit der Mondtheorie und 1866 berechnete er die Bahnelemente des Leonidenschwarms.

Adams-Bashforth-Methode, *Adams-Bashforth-Verfahren*, explizites ↗Mehrschrittverfahren zur näherungsweisen Lösung von Anfangswertaufgaben gewöhnlicher Differentialgleichungen der Form $y' = f(x,y)$, welches sich aus der äquivalenten Integralgleichung durch die Verwendung von Quadraturformeln herleitet.

Die Ordnung ist jeweils gleich der Anzahl der Schritte.

Näherungen y_k an die wahre Lösung $y(x_k)$ in den äquidistanten Stellen x_k berechnen sich z. B. bei einem 3-Schrittverfahren gemäß

$$y_{k+1} = y_k + \frac{h}{12}\left[23f_k - 16f_{k-1} + 5f_{k-2}\right].$$

Hier wurde, wie bei der Notation solcher Verfahren üblich, die abkürzende Bezeichnung $f_k := f(x_k, y_k)$ benutzt; h bezeichnet den Abstand der x_k.

Der Name „Adams" bei der Bezeichnung solcher Verfahren steht hierbei stets für die Tatsache, daß die Berechung von y_{k+1} nur den Wert y_k (und nicht etwa y_{k-i} für $i > 0$) einbezieht.

Adams-Bashforth-Verfahren, ↗Adams-Bashforth-Methode.

Adams-Moulton-Methode, *Adams-Moulton-Verfahren*, implizites ↗Mehrschrittverfahren zur näherungsweisen Lösung von Anfangswertaufgaben gewöhnlicher Differentialgleichungen der Form

$y' = f(x, y)$, welches sich aus der äquivalenten Integralgleichung durch die Verwendung von Quadraturformeln herleitet.

Die gewünschten Näherungswerte werden dabei durch eine implizite Gleichungen ermittelt, im Gegensatz zur expliziten ↗Adams-Bashforth-Methode.

Die Ordnung ist jeweils um Eins höher als die Anzahl der Schritte.

Näherungen y_k an die wahre Lösung $y(x_k)$ in den äquidistanten Stellen x_k berechnen sich z. B. bei einem 3-Schrittverfahren gemäß

$$y_{k+1} = y_k + \frac{h}{24}\left[9f(x_{k+1}, y_{k+1}) + 19f_k - 5f_{k-1} + f_{k-2}\right].$$

Hier wurde, wie bei der Notation solcher Verfahren üblich, die abkürzende Bezeichnung $f_k := f(x_k, y_k)$ benutzt; h bezeichnet den Abstand der x_k.

Der Name „Adams" bei der Bezeichnung solcher Verfahren steht hierbei stets für die Tatsache, daß die Berechung von y_{k+1} nur den Wert y_k (und nicht etwa y_{k-i} für $i > 0$) einbezieht.

Adams-Moulton-Verfahren, ↗Adams-Moulton-Methode.

adaptierter Prozeß, Filtrationsprozeß der folgenden Art:

Ist $(X_t)_{t \in T}$ ein auf dem Wahrscheinlichkeitsraum $(\Omega, \mathfrak{A}, P)$ definierter stochastischer Prozeß mit total geordneter Parametermenge T und Zustandsraum $(E, \mathfrak{E})$ und $(\mathfrak{A}_t)_{t \in T}$ eine Filtration in $\mathfrak{A}$, so heißt der Prozeß $(X_t)_{t \in T}$ der Filtration $(\mathfrak{A}_t)_{t \in T}$ adaptiert, wenn für alle $t \in T$ die Zufallsvariable X_t $\mathfrak{A}_t$-$\mathfrak{E}$-meßbar ist.

Adaption, Anpassung an eine gegebene Situation im Rahmen eines numerischen oder dynamischen Prozesses.

Im medizinischen Sinne versteht man unter Adaption (dt. Anpassung) zunächst die Fähigkeit des Auges, sich auf verschiedene Lichtverhältnisse einstellen zu können. Im Kontext ↗Neuronaler Netze bringt dieser Begriff zum Ausdruck, daß sich das jeweilige Netz z. B. aufgrund der übergebenen Eingabewerte so anpassen kann, daß es eine sinnvolle Funktionalität entwickelt (siehe auch ↗adaptive-resonance-theory).

adaptive Resonanz, ↗adaptive-resonance-theory.

adaptive-resonance-theory, Sammelbegriff für einen Forschungsschwerpunkt im Bereich ↗Neuronale Netze, der sich mit der Konstruktion und Analyse von Strategien beschäftigt, die selbständig vorgegebene Eingabewerte klassifizieren können.

Die adaptive-resonance-theory ist eng mit der ↗Kohonen-Lernregel verknüpft, wobei der wesentliche Unterschied darin besteht, daß letztere i.allg. mit einer a priori fixierten Anzahl von Klassen arbeitet, während es im Rahmen der adaptive-resonance-theory ermöglicht wird, die Anzahl der Klassen in Abhängigkeit von den zu klassifizierenden Eingabewerten zu modifizieren (Lösung des sogenannten Stabilitäts-Plastizitäts-Problems).

Im folgenden wird das Prinzip der adaptive-resonance-theory an einem einfachen Beispiel (diskrete Variante) erläutert: Eine endliche Menge von t Vektoren $x^{(s)} \in \mathbb{R}^n$, $1 \le s \le t$, soll klassifiziert werden, d. h. in sogenannte Cluster eingeordnet werden. Dazu werden schrittweise Klassifikationsvektoren $w^{(i)} \in \mathbb{R}^n$, $i \in \mathbb{N}$, generiert, die die einzelnen Cluster repräsentieren und aus diesem Grunde auch kurz als Cluster-Vektoren bezeichnet werden. Im einfachsten Fall lautet die entsprechende Klassifizierungsstrategie bei vorgegebenem $\varepsilon > 0$ (ε wird in diesem Kontext auch Aufmerksamkeitsparameter genannt) sowie beliebig gegebenem Lernparameter $\lambda \in (0, 1)$ wie folgt:

Im ersten Schritt ($s = 1$) setze $w^{(1)} := x^{(1)}$ und $j := 1$. Im s-ten Schritt ($1 < s \le t$) zur Klassifikation von $x^{(s)}$ berechne jeweils ein Maß für die Entfernung von $x^{(s)}$ zu allen bereits definierten Cluster-Vektoren $w^{(i)}$, $1 \le i \le j$ (z. B. über den Winkel, den euklidischen Abstand, o.ä.). Falls die kleinste so berechnete Entfernung kleiner als ε ist, dann schlage $x^{(s)}$ dem zugehörigen Cluster zu. Falls mehrere Cluster-Vektoren diese Eigenschaft besitzen, nehme das Cluster mit dem kleinsten Index. Falls der so fixierte Cluster-Vektor den Index i hat, ersetze ihn durch

$$w^{(i)} + \lambda(x^{(s)} - w^{(i)}),$$

d. h. durch eine Konvexkombination des alten Cluster-Vektors mit dem neu klassifizierten Vektor; alle übrigen Cluster-Vektoren bleiben unverändert (moderate Adaption und Gewährleistung von Stabilität). Falls die kleinste so berechnete Entfernung größer oder gleich ε ist, dann ergänze die Menge der Cluster-Vektoren durch $w^{(j+1)} := x^{(s)}$ und erhöhe den Zählindex j um 1 (signifikante Adaption und Gewährleistung von Plastizität).

Iteriere dieses Vorgehen mehrmals, verringere ε und/oder λ Schritt für Schritt und breche den Algorithmus ab, wenn z. B. der Maximalabstand aller zu klassifizierenden Vektoren zu ihrem jeweiligen Cluster-Vektor eine vorgegebene Schranke unterschreitet oder aber eine gewisse Anzahl von Iterationen durchlaufen worden sind.

Wenn im Rahmen einer wie oben skizzierten Strategie ein zu klassifizierender Vektor einem Cluster zugeordnet werden kann, spricht man auch von adaptiver Resonanz. Seit etwa Mitte der siebziger Jahre haben insbesondere Stephen Grossberg und Gail Carpenter eine ganze Palette von wesentlich verfeinerten Varianten des obigen Typs vorgeschlagen und studiert (sowohl im diskreten als auch im kontinuierlichen Kontext), die heute in der einschlägigen Literatur vielfach unter dem Stichwort ART-Architekturen abgehandelt werden.

adaptives Diskretisierungsverfahren, ein ↗Diskretisierungsverfahren für gewöhnliche oder partielle Differentialgleichungen, welches die Abstände h der Diskretisierungsstellen variiert, um den lokalen Diskretisierungsfehler möglichst klein zu halten.

Da die Fehleranalysis zumeist Fehler der Form $\alpha \cdot h^\kappa$ ergibt mit einer vom Problem und vom Ort abhängigen Konstanten α und einer vom Verfahren abhängigen Konstanten κ, reduziert sich mit h auch der lokale Fehler, wobei allerdings der Aufwand des Verfahrens zunimmt.

Die Festlegung der Abstände der Diskretisierungsstellen kann entweder vorab oder aber während des Verfahrens vorgenommen werden (Selbstadaptivität). Im letzteren Fall kann die Bestimmung der Ortslage durch sogenannte Fehlerindikatoren bzw. Fehlerschätzer erfolgen.

adaptives Verfahren, ein numerisches Verfahren, das während der Durchführung an die jeweils gegebene neueste Information angepaßt wird, etwa durch Änderung der Schrittweite oder anderer Parameter. Man vergleiche hierzu auch ↗Adaption, ↗adaptives Diskretisierungsverfahren, ↗Adaptivität.

Adaptivität, Anpassung eines Gitters oder einer Triangulierung bei Verwendung von Diskretisierungsverfahren zur Lösung von Differentialgleichungen. Da in vielen Fällen ein äquidistantes Gitter globaler Schrittweite zu grobe Fehlerabschätzungen liefert, wird je nach Problemstellung eine lokale Verfeinerung des Gitters vorgenommen.
Manchmal wird der Begriff Adaptivität auch verwendet für die Approximation einer Funktion f durch geeignete Basisdarstellung. Speziell bei Entwicklung von f in eine Waveletbasis kann eine adaptive Approximation durch Vernachlässigung hinreichend kleiner Waveletkoeffizienten erzielt werden. Die Adaption liefert dabei die Möglichkeit, lokale Eigenschaften von f besser zu berücksichtigen.

Addend, die Größe, die bei einer ↗Addition zum Augend addiert wird, also der Term y im Ausdruck $x+y$.

Addierer, logischer Schaltkreis zur Addition zweier Zahlen in binärer Zahlendarstellung.

Die bekanntesten Addierer sind der ↗serielle Addierer, der ↗von Neumann Addierer, der ↗Carry-Ripple Addierer, der ↗Carry-Skip Addierer, der ↗Conditional-Sum Addierer und der ↗Carry-Look-Ahead Addierer.

Addition, mit dem Pluszeichen $+$ geschriebene, assoziative und meist auch kommutative Abbildung $+: M \times M \to M$, $(x,y) \mapsto x+y$, wie die Addition von Zahlen, die Addition von Vektoren oder die Addition von Matrizen, die punktweise erklärte Addition geeigneter Folgen oder Funktionen oder allgemein die Verknüpfung auf einer Halbgruppe.

Der Ausdruck $x+y$ („x plus y") heißt Summe der Summanden x und y. x und y werden addiert. x nennt man auch Augend und y Addend und sagt, y werde zu x addiert. Für die Addition mehrerer Summanden und für Grenzwerte von Additionen wird das Summensymbol $\sum$ benutzt. Falls es ein bzgl. der Addition neutrales Element gibt, wird dieses meist als Null 0 notiert, und ist $(M,+,0)$ eine Gruppe, so schreibt man das Inverse zu $x \in M$ als $-x$ und nennt es das Negative von x, definiert damit die Abbildung $-: M \to M, x \mapsto -x$ und mit $x-y := x+(-y)$ für $x,y \in M$ die zur Addition $+$ gehörende Subtraktion $-: M \times M \to M, (x,y) \mapsto x-y$ (↗Addition von Folgen, ↗Addition von ganzen Zahlen, ↗Addition von natürlichen Zahlen, ↗Addition von rationalen Zahlen, ↗Addition von reellen Zahlen, ↗Addition von surrealen Zahlen, ↗Addition von Zahlen).

Addition von Folgen, punktweise Verknüpfung

$$(a_n)+(b_n) := (a_n+b_n)$$

zweier – und damit endlich vieler – Folgen reeller Zahlen. Dies ist Spezialfall der Addition von Funktionen; denn Folgen sind ja nichts anderes als auf $\mathbb{N}$ definierte Funktionen.

Die resultierende Folge (reeller Zahlen) $(a_n)+(b_n)$ heißt Summenfolge. Dies gilt natürlich entsprechend für Folgen komplexer Zahlen, oder ganz allgemein, wenn im Zielbereich ein „Addition" gegeben ist, wie z. B. in einer Halbgruppe $(H,+)$.

Implizit ist damit auch die Subtraktion von Folgen

$$(a_n)-(b_n) := (a_n-b_n)$$

zur Differenzfolge gegeben. Hierzu benötigt man im Zielbereich nur eine „Subtraktion". Dies ist also entsprechend für Folgen mit Werten in einer Gruppe $(G,+)$ möglich.

Addition von ganzen Zahlen, die durch

$$\langle k,\ell\rangle + \langle m,n\rangle := \langle k+m, \ell+n\rangle \qquad (k,\ell,m,n \in \mathbb{N})$$

erklärte Abbildung $+: \mathbb{Z}\times\mathbb{Z} \to \mathbb{Z}$, wenn die ganzen Zahlen $\mathbb{Z}$ als Äquivalenzklassen $\langle k,\ell\rangle$ von Paaren (k,ℓ) natürlicher Zahlen bzgl. der durch

$$(k,\ell) \sim (m,n) \;:\Longleftrightarrow\; k+n = m+\ell$$

erklärten Äquivalenzrelation eingeführt werden. Definiert man $\mathbb{N}$ als die kleinste induktive Teilmenge des axiomatisch eingeführten Körpers $\mathbb{R}$ der reellen Zahlen und $\mathbb{Z}$ als $-\mathbb{N} \cup \{0\} \cup \mathbb{N}$, so ist $\mathbb{Z}$ gegenüber der von $\mathbb{R}$ geerbten Addition abgeschlossen, man erhält also die Addition auf $\mathbb{Z}$ als Einschränkung der Addition auf $\mathbb{R}$.

Addition von Kardinalzahlen, die für Kardinalzahlen κ, λ durch

$$\kappa \oplus \lambda := \#(\kappa \times \{0\} \dot\cup \lambda \times \{1\})$$

definierte Operation. Das bedeutet, $\kappa \oplus \lambda$ ist die Kardinalität der erzwungen disjunkten Vereinigung der Mengen κ und λ.

Addition von Matrizen, eine Operation in der Menge aller Matrizen mit q Spalten und p Zeilen, mit der diese zu einer abelschen Gruppe wird.

Die Summe zweier Matrizen $A = (a_{ij})_{i=1,\dots,p;j=1,\dots,q}$ und $B = (b_{ij})_{i=1,\dots,p;j=1,\dots,q}$ ist die Matrix $C = (a_{ij} + b_{ij})_{i=1,\dots,p;j=1,\dots,q}$.

Für $p = 2$ und $q = 3$ ist beispielsweise

$$\begin{pmatrix} a_{11} & a_{12} & a_{13} \\ a_{21} & a_{22} & a_{23} \end{pmatrix} + \begin{pmatrix} b_{11} & b_{12} & b_{13} \\ b_{21} & b_{22} & b_{23} \end{pmatrix}$$
$$= \begin{pmatrix} a_{11}+b_{11} & a_{12}+b_{12} & a_{13}+b_{13} \\ a_{21}+b_{21} & a_{22}+b_{22} & a_{23}+b_{23} \end{pmatrix}.$$

Für $p = 1$ wird die Addition von Matrizen zur Addition von Vektoren.

Addition von natürlichen Zahlen, die für jedes $m \in \mathbb{N}$ durch die rekursive Definition

$$m + 1 := N(m)$$
$$m + N(n) := N(m+n) \quad (n \in \mathbb{N})$$

erklärte Abbildung $+ : \mathbb{N} \times \mathbb{N} \to \mathbb{N}$, wenn die natürlichen Zahlen $\mathbb{N}$ axiomatisch als Menge mit einem ausgezeichneten Element $1 \in \mathbb{N}$ und ↗Nachfolgerfunktion $N : \mathbb{N} \to \mathbb{N}$ eingeführt werden. Definiert man $\mathbb{N}$ als die Menge der Kardinalzahlen nichtleerer endlicher Mengen, so wird die Addition von den Kardinalzahlen geerbt, und erklärt man $\mathbb{N}$ als die kleinste induktive Teilmenge des axiomatisch eingeführten Körpers $\mathbb{R}$ der reellen Zahlen, so ist $\mathbb{N}$ gegenüber der von $\mathbb{R}$ geerbten Addition abgeschlossen, man erhält also die Addition auf $\mathbb{N}$ als Einschränkung der Addition auf $\mathbb{R}$.

Addition von Ordinalzahlen, durch transfinite Rekursion über die Ordinalzahl β definierte Operation: Man fixiert die Ordinalzahl α und definiert $\alpha + 0 := \alpha$, $\alpha + \mathbf{N}(\beta) := (\alpha + \beta) + 1$ für Nachfolgeordinalzahlen $\mathbf{N}(\beta)$, wobei für jede Ordinalzahl γ die auf γ folgende Ordinalzahl mit $\mathbf{N}(\gamma)$ bezeichnet wird. Schließlich sei $\alpha + \beta := \sup\{\alpha + \gamma : \gamma < \beta\}$ für Limesordinalzahlen β.

Addition von rationalen Zahlen, die durch

$$\frac{a}{b} + \frac{c}{d} := \frac{ad+bc}{bd} \quad \left(\frac{a}{b}, \frac{c}{d} \in \mathbb{Q}\right)$$

erklärte Abbildung $+ : \mathbb{Q} \times \mathbb{Q} \to \mathbb{Q}$, wenn die rationalen Zahlen $\mathbb{Q}$ als Brüche $\frac{a}{b}$ ganzer Zahlen a, b mit $b \neq 0$ eingeführt werden. Definiert man $\mathbb{N}$ als die kleinste induktive Teilmenge des axiomatisch eingeführten Körpers $\mathbb{R}$ der reellen Zahlen, die ganzen Zahlen $\mathbb{Z}$ als $-\mathbb{N} \cup \{0\} \cup \mathbb{N}$ und $\mathbb{Q}$ als die Menge derjenigen reellen Zahlen, die sich als Quotient ganzer Zahlen schreiben lassen, so ist $\mathbb{Q}$ gegenüber der von $\mathbb{R}$ geerbten Addition abgeschlossen, man erhält also die Addition auf $\mathbb{Q}$ als Einschränkung der Addition auf $\mathbb{R}$.

Addition von reellen Zahlen, die durch

$$\langle p_n \rangle + \langle q_n \rangle := \langle p_n + q_n \rangle \quad (\langle p_n \rangle, \langle q_n \rangle \in \mathbb{R})$$

erklärte Abbildung $+ : \mathbb{R} \times \mathbb{R} \to \mathbb{R}$, wenn die reellen Zahlen $\mathbb{R}$ als Äquivalenzklassen $\langle p_n \rangle$ von Cauchy-Folgen (p_n) rationaler Zahlen bzgl. der durch

$$(p_n) \sim (q_n) :\Longleftrightarrow q_n - p_n \to 0 \quad (n \to \infty)$$

gegebenen Äquivalenzrelation eingeführt werden. Definiert man $\mathbb{R}$ über Dedekind-Schnitte, Dezimalbruchentwicklungen, Äquivalenzklassen von Intervallschachtelungen oder Punkte der Zahlengeraden, so muß man für diese eine Addition erklären. Wird $\mathbb{R}$ axiomatisch als vollständiger archimedischer Körper eingeführt, so ist die Addition schon als Teil der Definition gegeben.

Addition von surrealen Zahlen, die durch

$$x + y := \{x^L + y, x + y^L \mid x^R + y, x + y^R\}$$

für $x, y \in \mathrm{No}$ erklärte Abbildung $+ : \mathrm{No} \times \mathrm{No} \to \mathrm{No}$, wenn die surrealen Zahlen No axiomatisch rekursiv als ↗Conway-Schnitte $x = \{x^L \mid x^R\}$ eingeführt werden.

Definiert man die surrealen Zahlen als spezielle Spiele, so erhält man die Addition der surrealen Zahlen aus der Addition von Spielen. Definiert man sie als Vorzeichenfolgen, so muß man für diese eine Addition erklären.

Addition von Vektoren, ↗Addition von Matrizen.

Addition von Zahlen, als ↗Addition von natürlichen Zahlen rekursiv definierte Abbildung $+ : \mathbb{N} \times \mathbb{N} \to \mathbb{N}$, die bei der Erweiterung der Zahlenbereiche fortgesetzt wird von $\mathbb{N}$ auf die ganzen, rationalen, reellen und komplexen Zahlen $\mathbb{Z}, \mathbb{Q}, \mathbb{R}$ und $\mathbb{C}$. Bei einer axiomatischen Einführung von $\mathbb{R}$ als vollständiger archimedischer Körper ist die Addition auf $\mathbb{R}$ und auf den diesbezüglich abgeschlossenen Mengen $\mathbb{N}, \mathbb{Z}$ und $\mathbb{Q}$ von vornherein gegeben.

Die Addition von Zahlen ist assoziativ, kommutativ und bzgl. der Multiplikation distributiv, und sie hat die Null $0 \in \mathbb{Z}$ als neutrales Element. $(\mathbb{N}, +)$ ist eine kommutative reguläre Halbgruppe, und $(\mathbb{Z}, +, 0)$, $(\mathbb{Q}, +, 0)$, $(\mathbb{R}, +, 0)$, $(\mathbb{C}, +, 0)$ sind kommutative Gruppen.

Additionstheorem, für eine gegebene Funktion f eine Beziehung zwischen den Werten $f(x+y)$, $f(x)$, und $f(y)$, die es erlaubt, den erstgenannten durch die beiden anderen explizit auszudrücken.

Ist insbesondere diese Beziehung eine algebraische Gleichung, so spricht man von einem algebraischen Additionstheorem.

Additionstheorem der Cosinus- und der Sinusfunktion, stellt eine Beziehung her zwischen dem Wert dieser Funktionen in der Summe zweier Argumente und den Werten der Funktionen in den einzelnen Argumenten.

Genauer gilt für $w, z \in \mathbb{C}$:

$$\begin{aligned} \cos(w \pm z) &= \cos w \cos z \mp \sin w \sin z\,, \\ \sin(w \pm z) &= \sin w \cos z \pm \cos w \sin z\,. \end{aligned}$$

Hieraus ergeben sich unzählige weitere nützliche Formeln, wie z. B.

$$\cos^2 z + \sin^2 z = 1\,,$$
$$\cos 2z = \cos^2 z - \sin^2 z\,, \quad \sin 2z = 2\sin z \cos z$$

und

$$\begin{aligned} \cos w - \cos z &= -2\sin\tfrac{1}{2}(w+z)\sin\tfrac{1}{2}(w-z)\,, \\ \sin w - \sin z &= 2\cos\tfrac{1}{2}(w+z)\sin\tfrac{1}{2}(w-z)\,. \end{aligned}$$

Die Cosinus- und Sinusfunktion können auch durch das Additionstheorem charakterisiert werden. Es gilt nämlich folgender Satz:

Es sei $G \subset \mathbb{C}$ ein ↗Gebiet mit $0 \in G$ und f, g in G ↗holomorphe Funktionen mit

$$f(w+z) = f(w)f(z) - g(w)g(z)$$

und

$$g(w+z) = g(w)f(z) + f(w)g(z)$$

für alle w, z, $w+z \in G$. Weiter sei $f(0) = 1$, $f'(0) = 0$ und $g'(0) = 1$.

Dann ist $f(z) = \cos z$ und $g(z) = \sin z$ für $z \in G$.

Additionstheorem der Exponentialfunktion, die für alle w und $z \in \mathbb{C}$ gültige Beziehung

$$\exp(w+z) = \exp w \cdot \exp z \quad (w, z \in \mathbb{C})\,,$$

zu beweisen etwa mit dem Cauchy-Produkt für die Potenzreihe der ↗Exponentialfunktion.

Das Additionstheorem der Exponentialfunktion ist von fundamentaler Bedeutung für zahlreiche Bereiche der Mathematik. Mit dem Additionstheorem und der Identität $\exp(0) = 1$ sieht man, daß

$$\exp : (\mathbb{C}, +) \to (\mathbb{C} \setminus \{0\}, \cdot)$$

ein Gruppenhomomorphismus ist. Die Einschränkung der Exponentialfunktion auf den Bereich der reellen Zahlen,

$$\exp : (\mathbb{R}, +) \to ((0, \infty), \cdot)\,,$$

(die wir hier in etwas laxer, aber üblicher Notation ebenfalls mit exp bezeichnen,) ist sogar ein Gruppenisomorphismus.

Additionstheorem der Weierstraßschen $\wp$-Funktion, ↗ Weierstraßsche $\wp$-Funktion.

additive Gruppe, Gruppe, bei der die Gruppenoperation mit dem Pluszeichen + ausgedrückt wird.

Der Gegensatz dazu wäre eine multiplikative Gruppe, d. h., eine Gruppe, bei der die Gruppenoperation mit dem Malzeichen · ausgedrückt wird.

Meistens handelt sich bei einer additiven Gruppe um eine abelsche, d. h., kommutative, Gruppe.

Die beiden Begriffe (additive und multiplikative Gruppe) spielen besonders dann eine Rolle in der Algebra, wenn in einer Menge gleichzeitig zwei verschiedene Gruppenoperationen verwendet werden.

additive Gruppe der ganzen Zahlen, die Menge der ganzen Zahlen, versehen mit ihrer additiven Struktur. Betrachtet man auf der Menge $\mathbb{Z}$ der ganzen Zahlen als einzige Operation die Addition, so erhält man mit $(\mathbb{Z}, +)$ die additive Gruppe der ganzen Zahlen.

additive Gruppe der komplexen Zahlen, die Menge der komplexen Zahlen, versehen mit ihrer additiven Struktur. Betrachtet man auf der Menge $\mathbb{C}$ der komplexen Zahlen als einzige Operation die Addition, so erhält man mit $(\mathbb{C}, +)$ die additive Gruppe der komplexen Zahlen.

additive Gruppe der reellen Zahlen, die Menge der reellen Zahlen, versehen mit ihrer additiven Struktur. Betrachtet man auf der Menge $\mathbb{R}$ der reellen Zahlen als einzige Operation die Addition, so erhält man mit $(\mathbb{R}, +)$ die additive Gruppe der reellen Zahlen.

additive Kategorie, eine Kategorie $\mathcal{A}$, die die folgenden zusätzlichen Eigenschaften erfüllt:

(1) Für je zwei Objekte X und Y aus $\mathcal{A}$ ist $\mathrm{Mor}(X, Y)$ eine (additiv geschriebene) abelsche Gruppe, für welche die Komposition der Morphismen bilinear ist, d. h., $\forall f, f' : X \to Y$ und $\forall g, g' : Y \to Z$ gilt

$$(g + g') \circ (f + f') = g \circ f + g \circ f' + g' \circ f + g' \circ f'.$$

(2) Die Kategorie besitzt ein Nullobjekt 0.

(3) Für jedes Paar von Objekten existiert das Biprodukt. Dabei heißt ein Objekt Z Biprodukt von X und Y, falls es Morphismen

$$p_1 : Z \to X, p_2 : Z \to Y, i_1 : X \to Z, i_2 : y \to Z$$

gibt mit

$$p_1 \circ i_1 = 1_X,\ p_2 \circ i_2 = 1_Y,\ i_1 \circ p_1 + i_2 \circ p_2 = 1_Z.$$

Ein Biprodukt ist sowohl ein Produkt als auch ein Koprodukt im kategoriellen Sinne. In manchen additiven Kategorien wird es auch direkte Summe genannt.

Eine Kategorie, in der nur die Bedingung (1) gilt, heißt präadditive Kategorie.

additive Verknüpfung, eine ↗ innere Verknüpfung auf einer Menge X, die geschrieben wird als

$$+ : X \times X \rightarrow X \; ; \quad (x, y) \mapsto x + y \, .$$

Man nennt die Verknüpfung dann Addition und bezeichnet das Element $x + y$ als die Summe von x und y; x und y heißen dann Summanden.

Eine additiv geschriebene Verknüpfung ist meist assoziativ und kommutativ.

additive Zahlentheorie, die Behandlung von Problemen über die Darstellung von Zahlen als Summe von Zahlen aus einer vorgegebenen Menge.

Ein klassisches Problem der additiven Zahlentheorie ist z. B. die Frage, welche positiven ganzen Zahlen sich als Summe zweier Quadrate darstellen lassen. Die Lösung ist ziemlich schön: sie beruht auf der Gleichung

$$(a^2 + b^2)(c^2 + d^2) = (ac - bd)^2 + (ad + bc)^2 ,$$

die in irgendeiner Form vermutlich schon Diophant bekannt war, und die es erlaubt, das Produkt zweier Zahlen, von denen jede sich als Summe zweier Quadrate schreiben läßt, wieder als Summe zweier Quadrate zu schreiben. Den Rest der Lösung erledigt der Zwei-Quadrate-Satz von Euler über die Darstellbarkeit von Primzahlen als Summe zweier Quadrate.

Welche Zahlen lassen sich als Summe von drei oder vier Quadraten schreiben? Diese Fragen werden durch den Drei-Quadrate-Satz von Gauß und durch den Vier-Quadrate-Satz von Lagrange gelöst; letzterer besagt, daß sich jede nicht-negative ganze Zahl als Summe von vier Quadraten darstellen läßt; dabei zählt auch $0^2 = 0$ als Quadratzahl, sonst müßte man schreiben: „als Summe von höchstens vier Quadraten".

Was ist, wenn man Quadrate durch Kuben ersetzt? Gibt es eine Zahl, nennen wir sie g_3, mit der Eigenschaft, daß sich jede ganze Zahl als Summe von g_3 Kuben darstellen läst? Und was ist mit höheren Potenzen? Diese Art von Fragen führt zur Waringschen Vermutung, die besagt, daß es zu jeder Potenz k eine endliche Anzahl $g(k)$ derart gibt, daß sich jede nicht-negative ganze Zahl als Summe von $g(k)$ k-ten Potenzen darstellen läßt (wieder gilt $0^k = 0$ als k-te Potenz). In dieser Form ist die Vermutung durch den Satz von ↗ Waring-Hilbert gelöst. Weitere Fragen sind: Wie groß ist $g(k)$? Welche Aussagen lassen sich über die Asymptotik von $g(k)$ für $k \to \infty$ machen?

Das berühmteste Problem der additiven Zahlentheorie stammt aus einem Briefwechsel zwischen Goldbach und Euler und ist heute als Goldbachsche Vermutung bekannt: Ist jede gerade Zahl $n \geq 6$ als Summe von zwei ungeraden Primzahlen darstellbar? Wieder konnte man zeigen (Satz von Goldbach-Schnirelmann), daß es eine Konstante c derart gibt, daß jede Zahl ≥ 2 als Summe von höchstens c Primzahlen darstellbar ist. In dieser Sprechweise ist die Goldbachsche Vermutung zu $c = 3$ äquivalent, und das ist heute (Anfang 2000) noch ein offenes Problem.

Bei alledem ist auch die Anzahl der Möglichkeiten, eine Zahl als Summe von Zahlen aus einer gegebenen Menge A darzustellen, eine interessante Frage der additiven Zahlentheorie. Setzt man $A = \mathbb{N}$, so stellt man sich die Frage nach der Anzahl der Partitionen einer Zahl n, also der Anzahl der verschiedenen Möglichkeiten, n als Summe natürlicher Zahlen zu schreiben. Um derartige Fragen zu behandeln, führte Euler die erzeugende Funktion

$$f(x) = \sum_{n=0}^{\infty} a_n x^n$$

ein. Setzt man

$$a_n = \begin{cases} 1 & \text{falls } n \in A, \\ 0 & \text{falls } n \notin A, \end{cases}$$

so erhält man als Potenzreihenentwicklung für die k-te Potenz der erzeugenden Funktion:

$$f(x)^k = \sum_{n=0}^{\infty} r(n) x^n ,$$

wobei die Koeffizienten $r(n)$ gerade die Anzahl der Darstellungen der Zahl n als Summe von Zahlen aus A ist. Euler's erzeugende Funktionen öffnen die Tür zur Anwendung von Methoden aus der Funktionentheorie, der Theorie der holomorphen (d. h. lokal als Potenzreihe darstellbaren) Funktionen, auf Probleme der additiven Zahlentheorie.

Seit den 1930er Jahren entwickelte sich noch eine weitere Methode zur Behandlung von Fragestellungen der additiven Zahlentheorie: Man definierte verschiedene Dichtebegriffe, z. B. die natürliche oder asymptotische Dichte, die analytische oder logarithmische Dichte, die finite oder Schnirelmannsche Dichte, die multiplikative Dichte von Davenport und Erdős, oder die Teilerdichte einer gegebenen Teilmenge $M \subset \mathbb{N}$. Diese Dichtebegriffe beziehen sich jeweils auf verschiedene Eigenschaften der Anzahlfunktion $A_M(x)$, wobei zumeist deren asymptotisches Verhalten für $x \to \infty$ im Vordergrund des Interesses steht. Dieser Zweig der additiven Zahlentheorie ist mittlerweile zu einem großem Umfang angeschwollen, und es gibt noch immer zahlreiche ungelöste Probleme.

additive Zerlegbarkeit von Intervallen, die folgende Eigenschaft von Intervallen. Falls bei der Zerlegung eines Intervalls in Teilintervalle (etwa als direktes Produkt) die Funktionswerte in eine Summe der Werte über diese Teilintervalle zerfallen, so ist dieses Intervall additiv zerlegbar.

additiver Funktor, ein ↗ Funktor mit zusätzlicher Eigenschaft.

Seien $\mathcal{A}$ und $\mathcal{B}$ additive Kategorien. Ein Funktor F heißt additiver Funktor, falls für alle $X, Y \in \mathcal{A}$ die Funktorabbildung

$$F_{X,Y} : \mathrm{Mor}(X,Y) \rightarrow \mathrm{Mor}(F(X),F(Y))$$

ein Homomorphismus abelscher Gruppen ist.

adiabatische Zustandsänderung, reversible Zustandsänderung eines thermodynamischen Systems, die ohne Wärmeaustausch mit anderen Systemen erfolgt.

adjazente Ecken, ↗ Graph.

Adjazenzmatrix, eine Matrix, die einen endlichen Graphen beschreibt. Hat der Graph n Punkte $P_1, \dots, P_n$, so ist die Adjazenzmatrix die $(n \times n)$-Matrix $((a_{ij}))$ mit

$$a_{ij} = \begin{cases} 1 & \text{falls } P_i \text{ und } P_j \text{ verbunden sind,} \\ 0 & \text{sonst.} \end{cases}$$

adjungierte Darstellung einer Lie-Algebra, Abbildung einer Lie-Algebra in eine geeignete reelle oder komplexe Matrixalgebra.

Genauer gilt: Eine Darstellung einer Lie-Algebra ist eine gruppenoperationserhaltende Abbildung dieser Lie-Algebra in eine geeignete reelle oder komplexe Matrixalgebra. Diese Darstellung heißt adjungiert, wenn sie wie folgt definiert ist: Dem Element x der Algebra wird die Abbildung ad_x zugeordnet, die durch $ad_x(y) = [x,y]$ gegeben ist.

Etwas weniger abstrakt ist folgende Definition: Die Dimension der Algebra sei n, und $\{e_i,\ i = 1, \dots, n\}$ sei eine Basis. Dann gilt für das Lie-Produkt zweier Basiselemente:

$$[e_i, e_j] = C_{ij}^k e_k .$$

Die Matrix $A_i = (C_{ij}^k)_{k,j}$ ist dann die e_i zugeordnete Matrix in der adjungierten Darstellung.

Die reellen und komplexen Matrixalgebren sind besonders gut bekannt und handhabbar. Deshalb werden oft Eigenschaften abstrakter Lie-Algebren durch diese Darstellungsabbildung auf die besser bekannten Matrixalgebren zurückgeführt.

Die der Lie-Algebra zugeordnete Lie-Gruppe ist dann zur Darstellungsalgebra (zumindest lokal) isomorph, d. h., das Lie-Produkt entspricht der Matrizenmultiplikation.

Da mit jedem Element der Lie-Gruppe auch sein Inverses enthalten ist, treten bei diesen Darstellungen nur reguläre (d. h. invertierbare) Matrizen auf. Wenn verschiedene Gruppenelemente stets auch verschiedenen Matrizen zugeordnet sind, dann heißt die Darstellung treu. Die adjungierte Darstellung ist treu.

adjungierte Differentialgleichung, für eine gegebene lineare, homogene Differentialgleichung n-ter Ordnung

$$Ly := \sum_{\nu=0}^{n} f_\nu y^{(\nu)} = 0 ,$$

die Differentialgleichung

$$L^*y := \sum_{\nu=0}^{n} (-1)^\nu (f_\nu y)^{(\nu)} .$$

L^* ist der zu L adjungierte Differentialausdruck. Es gilt $(L^*)^* = L$, und für zwei Differentialausdrücke L_1, L_2 und einen Skalar $\lambda \in \mathbb{C}$ ist

$$(L_1 + L_2)^* = L_1 + L_2, \qquad (\lambda L)^* = \bar{\lambda} L^* .$$

Das Randwertproblem (RWP) $L^*y = 0$, $V_\mu(y) = 0$ ist zu dem RWP $Ly = 0$, $U_\mu(y) = 0$ adjungiert, wenn L^* der zu L adjungierte Differentialausdruck ist und die Randbedingungen V_μ adjungiert zu U_μ sind, d. h. für je zwei sog. Vergleichsfunktionen u und v gilt die Greensche Formel in der Form

$$\int_a^b (v(x)(Lu)(x) - u(x)(L^*v)(x))\,dx = 0 .$$

Zwei Eigenwertprobleme heißen zueinander adjungiert, wenn sie aufgefaßt als homogene lineare RWP zueinander adjungiert sind.

adjungierte Lie-Gruppe einer Lie-Algebra, unter allen Lie-Gruppen, die derselben Lie-Algebra zugeordnet sind, ausgezeichnete der folgenden Art:

Unter allen Lie-Gruppen, die derselben Lie-Algebra zugeordnet sind, gibt es genau eine einfach zusammenhängende Lie-Gruppe. Diese heißt dann adjungierte Lie-Gruppe.

Beispiel: Das Vektorprodukt im dreidimensionalen Raum bildet eine Lie-Algebra. Die adjungierte Lie-Gruppe ist die Gruppe der räumlichen Drehungen.

adjungierte Matrix, die aus einer $(n \times n)$-Matrix $A = (a_{ij})$ über $\mathbb{R}$ oder $\mathbb{C}$ durch Vertauschen von Zeilen und Spalten und anschließende komplexe Konjugation entstandene $(n \times n)$-Matrix

$$A^* := \overline{A}^t = (\overline{a_{ji}}) .$$

(A^* ist dann die zu A adjungierte Matrix).

Repräsentiert die Matrix A einen Endomorphismus f auf einem n-dimensionalen euklidischen oder unitären Vektorraum $(V, \langle\cdot,\cdot\rangle)$ bezüglich einer

Orthonormalbasis B von V, so repräsentiert die zu A adjungierte Matrix A^* den durch (1) eindeutig bestimmten zu f adjungierten Endomorphismus $f^* : V \to V$:

$$\langle f(v_1), v_2 \rangle = \langle v_1, f^*(v_2) \rangle \qquad (1)$$

für alle $v_1, v_2 \in V$.

In einem endlich-dimensionalen euklidischen oder unitären Vektorraum besitzt jeder Endomorphismus einen adjungierten Endomorphismus. In unendlich-dimensionalen Vektorräumen gilt das nicht; jedoch ist der adjungierte Endomorphismus im Falle der Existenz stets eindeutig bestimmt. Für zwei Endomorphismen f, g auf einem euklidischen oder unitären Vektorraum, zu denen die adjungierten Endomorphismen f^* und g^* existieren, gilt:

$$\begin{aligned} (f+g)^* &= f^* + g^*, \\ (\lambda f)^* &= \lambda f^*, \\ (f \circ g)^* &= g^* \circ f^*, \\ (f^*)^* &= f, \\ (\mathrm{id})^* &= \mathrm{id}, \\ \mathrm{Ker} f^* &= (\mathrm{im} f)^\perp. \end{aligned}$$

Im Falle $\dim V < \infty$ gilt auch

$$\mathrm{im} f^* = (\mathrm{Ker} f)^\perp$$

(↗Dimension eines Vektorraumes, ↗Bild einer linearen Abbildung, ↗Kern einer linearen Abildung.)

Im Falle $f = f^*$ heißt der Endomorphismus f selbstadjungiert.

Ein Endomorphismus auf einem endlich-dimensionalen unitären (euklidischen) Vektorraum V ist genau dann selbstadjungiert, wenn er bezüglich einer Orthonormalbasis von V durch eine Hermitesche (symmetrische) Matrix repräsentiert wird.

[1] Fischer, G.: Lineare Algebra. Verlag Vieweg Braunschweig, 1978.

[2] Koecher, M.: Lineare Algebra und Analytische Geometrie. Springer-Verlag Berlin/Heidelberg, 1992.

adjungierter Endomorphismus, ↗adjungierte Matrix.

adjungierter Funktor, ein ↗Funktor mit zusätzlicher Eigenschaft.

Seien $\mathcal{C}$ und $\mathcal{D}$ zwei Kategorien und $F : \mathcal{C} \to \mathcal{D}$ und $G : \mathcal{D} \to \mathcal{C}$ zwei Funktoren. Der Funktor F heißt rechtsadjungierter Funktor zu G und G linksadjungierter Funktor zu F, falls für alle Paare X und Y Bijektionen

$$\eta_{X,Y} : \mathrm{Mor}_{\mathcal{C}}(G(X), Y) \to \mathrm{Mor}_{\mathcal{D}}(X, F(Y))$$

existieren, die natürlich in X und Y sind. Dies bedeutet, daß die Abbildungen $\eta_{X,Y}$ natürliche Äquivalenzen

$$\begin{aligned} \mathrm{Mor}_{\mathcal{C}}(G(X), -) &\to \mathrm{Mor}_{\mathcal{D}}(X, F(-)) \\ \mathrm{Mor}_{\mathcal{C}}(G(-), Y) &\to \mathrm{Mor}_{\mathcal{D}}(-, F(Y)) \end{aligned}$$

definieren. Das Paar (F, G) heißt ein Paar adjungierter Funktoren.

adjungiertes Eigenwertproblem, ↗ adjungierte Differentialgleichung.

Adjunkte, Bezeichnung für die mit dem „Schachbrettvorzeichen" versehene Unterdeterminante α_{ij} (↗Determinante einer Matrix) (1) einer $(n \times n)$-Matrix $A = ((a_{ij}))$ $(i, j \in \{1, \dots, n\})$:

$$\alpha_{ij} = (-1)^{i+j} \det A_{ij}. \qquad (1)$$

A_{ij} bezeichnet dabei die $(n-1) \times (n-1)$-Matrix, die man aus der Matrix A durch Streichen der i-ten Zeile und der j-ten Spalte erhält.

Adjunktionsformel, Formel für die Berechnung des Geschlechtes einer Kurve auf einer Oberfläche. Sei C eine nichtsinguläre Kurve vom Geschlecht g auf einer Oberfläche X, und sei K der kanonische Divisor auf X, dann gilt

$$2g - 2 = C \cdot (C + K),$$

wobei für zwei beliebige Divisoren D und D' mit $D \cdot D'$ die Schnittzahl bezeichnet sei.

Beispiel. Ist C eine Kurve vom Grad d im $\mathbb{P}^2$, dann gilt

$$2g - 2 = d(d-3),$$

also

$$g = \frac{1}{2}(d-1)(d-2).$$

adjustment coefficient, ↗ Ruintheorie.

Adreßarithmetik, Rechnen mit Adressen von Speicherbereichen.

Rechnerprozessoren unterstützen Adreßarithmetik durch Adreßbildungsbefehle in ihrem Befehlssatz.

Beispiele sind Befehle zur absoluten Adressierung (die Zieladresse wird dem Befehl beigefügt), zur indirekten Adressierung (dem Befehl ist eine Speicheradresse beigefügt, deren Inhalt die Zieladresse bildet), zur relativen Adressierung (die Zieladresse wird errechnet, indem die in einem Basisregister gespeicherte Adresse um einen dem Befehl beigefügten Korrekturwert (Offset) verändert wird), oder zur indizierten Adressierung (die Zieladresse wird gebildet, indem die dem Befehl beigefügte Adresse um den Wert eines Indexregisters erhöht wird). Manche Programmiersprachen (z. B. die Sprache C) unterstützen Adreßarithmetik durch Operationen, die eine datentypkonsistente Manipulation von Zeigervariablen gestatten.

Advanced Encryption Standard, ↗AES.

Aerodynamik, neben der Aerostatik ein Teilgebiet der Aeromechanik, das sich mit der Bewegung von Gasen beschäftigt.

Gegenstand sind hauptsächlich solche Erscheinungen, bei denen Strömungsgeschwindigkeiten klein gegen die Schallgeschwindigkeit sind. In diesem Fall kann das Gas näherungsweise als inkompressibel betrachtet werden. Strömungen, bei denen starke Dichteänderungen auftreten sind dagegen Gegenstand der Gasdynamik.

AES, *Advanced Encryption Standard*, zukünftiger Nachfolger des unsicheren ↗DES.

Seit 1997 läuft das umfangreiche Auswahlverfahren des neuen Verschlüsselungsstandards des Amerikanischen Standardisierungsintituts NIST, zu dem ursprünglich 15 Algorithmen eingereicht wurden. Gegenwärtig (1999) befinden sich noch die Verfahren MARS, RC6, Rijndael, Serpent und Twofish in der engeren Wahl. Als Interim-Lösung bietet der Triple-DES (↗DES) ausreichende Sicherheit.

Affensattel, die Fläche mit der expliziten Flächengleichung $\Phi(u,v) = (u, v, u^3 - 3uv^2)$.

Affensattel nennt man manchmal weitergehend auch jede Fläche, deren Taylorentwicklung bis zur Ordnung drei mit $\Phi(u,v)$ übereinstimmt. Im Gegensatz zum gewöhnlichen Sattelpunkt mit der Gleichung $(u, v, u^2 - v^2)$ hat der Affensattel nicht zwei, sondern drei Vertiefungen, in denen der Affe nicht nur seine Beine sondern auch seinen Schwanz herabhängen lassen kann (vgl. Abbildung); daher die Bezeichnung.

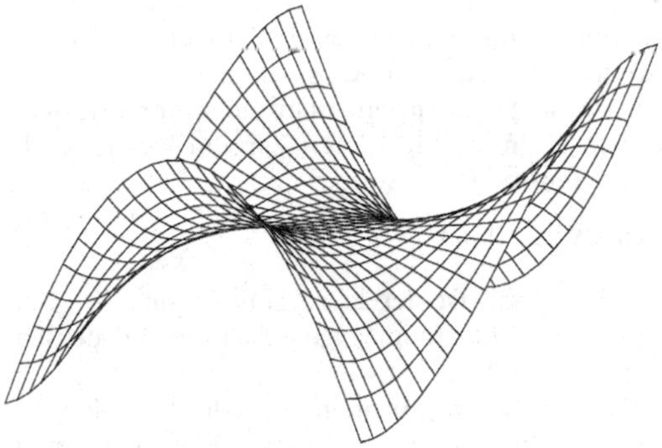

Affensattel

Betrachtet man die komplexe Variable $z = u + \sqrt{-1}\,v$, so ergeben sich die hier genannten Funktionen $f_2(u,v) = u^2 - v^2$ und $f_3(u,v) = u^3 - 3uv^2$ als Realteile der komplexen Potenzen z^2 bzw. z^3. Der Realteil der Potenzfunktion z^n ergibt in Verallgemeinerung dieses Sachverhalts ein Analogon des Affensattel mit n Vertiefungen.

Der Affensattel mit dem darin enthaltenen Ursprung $O = (0, 0, 0)$ dient als Beispiel für eine Fläche mit einem ↗Flachpunkt.

affin abhängig, ↗affin unabhängig.

affin unabhängig, Eigenschaft einer Punktmenge. Eine Menge von $(p+1)$ Punkten $a_0, \dots, a_p$ des $\mathbb{R}^n$ heißt affin unabhängig, falls die p Vektoren $\{a_i - a_0; i \geq 1\}$ linear unabhängig sind, andernfalls affin abhängig.

affine Abbildung, in der Flächentheorie eine Abbildung $f : \mathcal{F}_1 \longrightarrow \mathcal{F}_2$ zweier regulärer Flächen $\mathcal{F}_1, \mathcal{F}_2 \subset \mathbb{R}^3$, die die ↗Christoffelsymbole erhält.

Gleichwertig dazu ist die Verträglichkeit von f mit der ↗absoluten Ableitung. Das bedeutet folgendes: Ist $\alpha(t)$ eine parametrisierte Kurve auf $\mathcal{F}_1$, $\mathfrak{a}(t)$ ein Vektorfeld längs $\alpha(t)$, $\alpha_1(t) = f(\alpha(t))$ die Bildkurve von α auf $\mathcal{F}_2$ und $\mathfrak{a}_1(t) = f_*(\mathfrak{a}(t))$ das Bild des Vektorfeldes $\mathfrak{a}$ bei der linearen tangierenden Abbildung f_* (↗Differentialgeometrie), so gilt

$$f_*\left(\frac{D\mathfrak{a}(t)}{dt}\right) = \frac{Df_*(\mathfrak{a}(t))}{dt}.$$

Der Name ‚affin' rührt daher, daß eine solche Abbildung nicht nur die geodätischen Linien von $\mathcal{F}_1$ in geodätische Linien von $\mathcal{F}_2$ überführt, sondern auch den affinen Parameter erhält, eine Eigenschaft, die sie mit den affinen Abbildungen der Theorie der affinen Räume teilt. Damit ist jede affine Abbildung auch eine geodätische Abbildung.

Der Name „affine Abbildung" wird auch für differenzierbare Abbildungen von differenzierbaren Mannigfaltigkeiten gebraucht, die mit affinen Zusammenhängen verträglich sind.

affine Basis, Familie $B = (b_i)_{i \in I}$ von Elementen eines ↗affinen Raumes X, für die ein $i_0 \in I$ existiert, so daß die Familie

$$(\overrightarrow{b_{i_0} b_i})_{i \in I \setminus \{i_0\}}$$

von Vektoren des X zugrundeliegenden Vektorraumes V eine Basis von V bildet.

Ist $(b_0, \dots, b_n)$ eine affine Basis von X und $i_0 = 0$, dann gibt es zu jedem $x \in X$ genau ein $(\alpha_1, \dots, \alpha_n) \in \mathbb{K}^n$ mit

$$\overrightarrow{b_0 x} = \sum_{i=1}^{n} \alpha_i \, \overrightarrow{b_0 b_i} \; .$$

Das n-Tupel $(\alpha_1, \dots, \alpha_n)$ wird als Koordinatenvektor von x bzgl. $(b_0, \dots, b_n)$ bezeichnet.

affine Ebene, ein affiner Raum der Dimension 2.

In der Sprache der endlichen Geometrie kann man folgende, mehr explizite Definition einer affinen Ebene geben: Eine affine Ebene ist eine Inzidenzstruktur aus Punkten und Geraden, die die folgenden Axiome erfüllt:

- Durch je zwei Punkte geht genau eine Gerade.
- Ist g eine Gerade und P ein Punkt, der nicht auf g liegt, so gibt es genau eine Gerade durch P, die g nicht schneidet.

- Es gibt drei Punkte, die nicht auf einer gemeinsamen Geraden liegen.

Das wichtigste Beispiel einer affinen Ebene ist die euklidische Ebene.

Ist allgemeiner V ein zweidimensionaler Vektorraum über einem Schiefkörper K, $\mathcal{P}$ die Menge der Punkte von V und $\mathcal{L}$ die Menge der Nebenklassen der eindimensionalen Unterräume von V, so ist (mit dem „Enthaltensein" als Inzidenz) $(\mathcal{P}, \mathcal{L}, I)$ eine affine Ebene. Die auf diese Art erhaltenen affinen Ebenen sind genau diejenigen Ebenen, in denen der Satz von Desargues gilt. Ist K sogar ein Körper, so erhält man eine affine Ebene, in der der Satz von Pappos gilt.

Ist die Menge der Punkte einer affinen Ebene endlich, so spricht man von einer endlichen affinen Ebene. In einer solchen enthält jede Gerade die gleiche Anzahl q von Punkten. Die Zahl q heißt Ordnung der affinen Ebene. Eine wichtige Klasse endlicher affiner Ebenen sind die Translationsebenen.

Die Menge der Geraden einer affinen Ebene zerfällt in Parallelenscharen von Geraden, die jeweils die Punktmenge partitionieren. Fügt man einer affinen Ebene die Parallelenscharen als „uneigentliche Punkte" hinzu und verbindet die uneigentlichen Punkte mit einer „uneigentlichen Geraden", so erhält man eine projektive Ebene. Diese Konstruktion ist umkehrbar.

affine Funktion, Kombination aus linearer Funktion und Translation.

Ist V ein Vektorraum, so heißt eine Funktion $f : V \to V$ affin, wenn man sie aus linearen Abbildungen und Translationen zusammensetzen kann. Zu jeder affinen Abbildung $f : V \to V$ gibt es dann genau eine lineare Abbildung $\varphi_f : V \to V$ und eine Translation $t_f : V \to V$ so, daß gilt:

$$f = t_f \circ \varphi_f .$$

affine Gerade, ein ↗affiner Raum der Dimension 1.

affine Hülle, bezüglich der Inklusion kleinster eine gegebene Teilmenge $A \subset X$ eines ↗affinen Raumes X enthaltender ↗affiner Teilraum von X.

Das heißt, daß jeder affine Teilraum von X, der A enthält, auch die affine Hülle von A enthält. Die affine Hülle von $A \subset X$ ist also der Durchschnitt aller A enthaltenden affinen Teilräume von X.

affine Skalierung, bestimmter Iterationsschritt bei einem Inneren-Punkte Verfahren.

Dabei bezweckt man eine Verkleinerung der ↗Dualitätslücke für den neuen Iterationspunkt. Ein affiner Skalierungsschritt kann als Prädiktorschritt gedeutet werden; ein Korrektorschritt versucht daran anschließend, den Iterationspunkt wieder zu zentrieren.

affine Transformation, Abbildung auf einem linearen Raum X. Für $a \in X$ und eine invertierbare lineare Abbildung $T : X \to X$ heißt die Funktion

$$S : X \to X, \quad S(x) := T(x) + a$$

affine Transformation.

Eine affine Transformation im $\mathbb{R}^n$ wird auch als Scherung bezeichnet.

affiner Morphismus, ein Morphismus $X \longrightarrow Y$ derart, daß das Urbild einer affinen offenen Überdeckung in Y eine affine offene Überdeckung in X ist.

affiner Raum, genauer affiner Raum über einem Körper $\mathbb{K}$, Tripel (X, V, φ) bestehend aus einer nichtleeren Menge X, einem Vektorraum V über einem Körper $\mathbb{K}$ und einer Abbildung

$$\varphi : X \times X \to V; \ (x, y) \mapsto \varphi(x, y) =: \overrightarrow{xy},$$

für das die folgenden beiden Axiome gelten:

Für alle $x \in X$ und $v \in V$ existiert genau ein $y \in X$ so, daß

$$v = \overrightarrow{xy},$$

und für alle $x, y, z \in X$ gilt

$$\overrightarrow{xy} + \overrightarrow{yz} = \overrightarrow{xz} .$$

Der Vektor $v = \overrightarrow{xy} \in V$ wird als der Verbindungsvektor von x und y bezeichnet.

Für jedes $v \in V$ heißt die Abbildung $X \to X$; $x \mapsto y =: x + v$ mit $\overrightarrow{xy} = v$ Translation oder Verschiebung um den Vektor v; V heißt der Translationsvektorraum von X.

Etwas ungenau spricht man meist nur von dem affinen Raum X. Die Dimension von V wird auch als Dimension von X festgesetzt:

$$\dim X := \dim V .$$

Ein Sonderfall ist der leere affine Raum $X = \emptyset$, dem kein Vektorraum zugeordnet ist und dessen Dimension -1 gesetzt wird.

Man kann alternativ auch folgende Definition geben: Ein affiner Raum ist eine Geometrie, die man erhält, wenn man aus einem ↗projektiven Raum eine Hyperebene und alle ihre Unterräume entfernt. Jede ↗affine Ebene ist auch ein affiner Raum. Alle anderen affinen Räume lassen sich beschreiben als Menge aller Punkte und Nebenklassen von Unterräumen eines Vektorraumes.

Wichtigstes Beispiel eines affinen Raumes ist der euklidische Raum.

affiner Teilraum, *affiner Unterraum*, Teilmenge $Y \subset X$ eines ↗affinen Raumes X, zu der ein Punkt $x \in X$ und ein Untervektorraum $U \subset V$ des X zugrundeliegenden Vektorraumes V existieren, so daß gilt:

$$Y = \{y \in X \mid \overrightarrow{xy} \in U\}$$
$$= \{x + u \mid u \in U\} =: x + U .$$

Dabei gilt $x + v := y$, falls $\overrightarrow{xy} = v$.

Die Dimension des affinen Teilraumes $x + U \subset X$ ist eindeutig definiert als Dimension des Untervektorraumes U:

$$\dim(x + U) := \dim U .$$

Ebenso ist der Untervektorraum U durch Y eindeutig bestimmt. Es gilt:

$$Y = y + U \quad \text{für alle } y \in Y .$$

Der Durchschnitt einer beliebigen Familie von affinen Teilräumen eines affinen Raumes X ist selbst ein affiner Teilraum von X, daher existiert zu jeder Teilmenge $Y \subset X$ eines affinen Raumes X ein kleinster Y enthaltender affiner Teilraum von X, der von Y aufgespannte oder erzeugte affine Teilraum (↗affine Hülle).

affiner Unterraum, ↗affiner Teilraum.

affiner Verband, der Verband der Kongruenzklassen eines Vektorraumes.

Es seien V und W zwei n-dimensionale Vektorräume über den Körper $\mathbb{K}$ und es bezeichne $\mathrm{Hom}_{\mathbb{K}}(V, W)$ die Klasse der linearen Abbildungen von V nach W. Die Kerne von Morphismen aus $\mathrm{Hom}_{\mathbb{K}}(V, W)$ sind die Kongruenzrelationen auf V. Da das Infimum beliebiger Kongruenzrelationen wieder eine Kongruenzrelation ist, ist der Durchschnitt beliebiger Kongruenzklassen wiederum eine Kongruenzklasse. Die Menge der Kongruenzklassen bildet somit in bezug auf die Enthaltensrelation einen vollständigen Verband, den affinen Verband $A(n, K)$ des Ranges n über $\mathbb{K}$.

affin-lineare Abbildung, spezielle Abbildung zwischen zwei Vektorräumen X und Y über einem Körper $\mathbb{K}$.

Algebraisch werden affin-lineare Abbildungen T in der Form $T(x) = \phi(x) + b$ beschrieben, wobei ϕ eine lineare Abbildung von X nach Y ist und $b \in Y$ gilt. Im $\mathbb{R}^n$ beispielsweise sind affin-lineare Abbildungen von der Form $x \rightarrow A \cdot x + b$ mit $A \in \mathbb{R}^{n\times n}$ und $b \in \mathbb{R}^n$. Die affin-linearen Abbildungen eines Raumes X in einen Raum Y bilden mit punktweiser Addition die sogenannte affin-lineare Gruppe. Im $\mathbb{R}^3$ entsprechen diese Abbildungen geometrisch den Drehungen, Streckungen und Verschiebungen.

affin-lineare Transformation, ist eine ↗affin-lineare Abbildung eines Vektorraums X in sich selbst, die zudem bijektiv ist. Im $\mathbb{R}^n$ hat eine affin-lineare Transformation T beispielsweise die Form $T : x \rightarrow A \cdot x + b$ mit einer invertierbaren Matrix $A \in \mathbb{R}^{n\times n}$ und $b \in \mathbb{R}^n$. Affin-lineare Transformationen überführen Geraden wieder in Geraden. Sie bilden bezüglich punktweiser Addition eine Gruppe.

Affinograph, ↗Affinzeichner.

Affinzeichner, *Affinograph*, mechanisches Gerät zur Umzeichnung von vorgelegten (Meß-)Kurven oder geschlossenen Figuren.

Die Längen in einer Koordinatenrichtung bleiben unverändert, die in einer anderen, meist dazu senkrechten Richtung, werden proportional ihrer Länge verkürzt oder verlängert. Ott konstruierte ihn durch Umformung eines Pantographen. In einer Schiene gleiten der Polzapfen P und ein Zapfen Q, der sich auf dem verlängerten Fahrstiftarm befindet. Die Verbindungsgerade zwischen dem Polzapfen P, dem Zeichenstift Z und dem Fahrstift F steht senkrecht auf der Führungsschiene PQ, die die Affinitätsachse der Umformung ist. Alle Strecken senkrecht zur Affinitätsachse werden proportional ihrer Länge verändert. Sie werden verkürzt, wenn der Zeichenstift zwischen Polzapfen und Fahrstift angebracht ist, und verlängert, wenn Fahr- und Zeichenstift vertauscht werden.

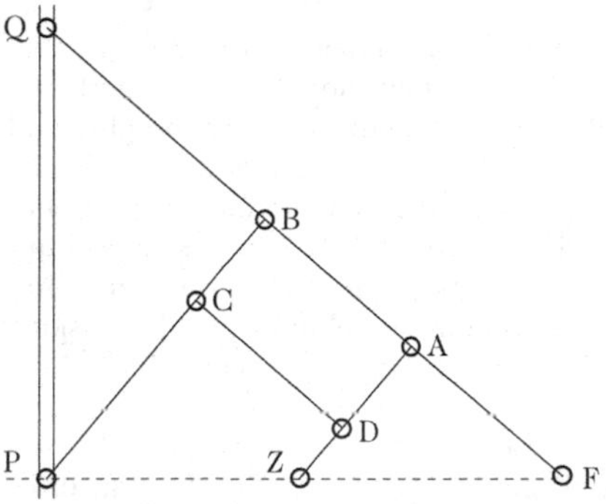

Affinzeichner

Der Affinzeichner ist ein spezieller ↗Gelenkmechanismus.

agglomerative Clusteranalyse, eine spezielle Verfahrensweise in der hierarchischen ↗Clusteranalyse.

Aggregation, Zusammenfassung von Daten oder Werten.

Hauptsächlich begegnet man diesem Begriff in der statistischen Datenanalyse. Das Datenmaterial liegt dabei in Form einer ↗Datenmatrix von n Datensätzen (Fällen) gleicher Länge p vor. Jeder Fall repräsentiert ein Objekt beliebiger Art, an welchem die p Variablen beobachtet wurden. Unter Aggregation versteht man die Zusammenfassung von Werten einer bestimmten Variablen, der Aggregationsvariablen, für eine vorgegebene Auswahl von Fällen. Dabei ist die Auswahl der Fälle nach verschiedenen Kriterien möglich. Zum Beispiel kann man alle Fälle betrachten, die in einer anderen Variablen (die nicht aggregiert werden soll) den gleichen Wert haben. Gleichfalls kann die Aggregation auf verschiedene Weise erfolgen, beispielsweise durch Summenbildung oder Mittelwertbildung der Werte der entsprechenden Aggregationsvariable über alle betrachteten Fälle.

Will man beispielsweise das durchschnittliche Einkommen aller weiblichen Angestellten einer Firma ermitteln, so sind die beiden Variablen ‚Geschlecht' und ‚Gehalt' zu erfassen. Die Aggregationsvariable ist die Variable ‚Gehalt', und es wird der Mittelwert dieser Variable über alle Fälle berechnet, für die die Variable ‚Geschlecht' den Wert ‚weiblich' besitzt.

Im Sinne der ↗Mathematischen Biologie ist Aggregation der Zusammenschluß von Organismen, i.a. derselben Art, beispielsweise (Bakterien-)Rasen oder Bänder, Schwärme, oder Herden.

AGM, ↗arithmetisch-geometrisches Mittel.

Agnesi, Maria Gaetana, italienische Mathematikerin, geb. 16.5.1718 Mailand, gest. 9.1.1799 Mailand.

Maria Agnesi fiel früh durch ihre Sprach- und mathematische Begabung auf. 1738 veröffentlichte sie eine Reihe von Aufsätzen zur Philosophie und Naturwissenschaft. 1748 folgte eine umfassende Darstellung des derzeitigen Standes von Algebra und Analysis, die ein mehrfach übersetztes Standardwerk wurde. Bekannt wurde sie durch ihre Arbeiten zur Differentialrechnung und ihre Diskussion der Versiera genannten kubischen Kurve

$$x^2y = a^2(a-y).$$

1750 erhielt Maria Agnesi (als Nachfolgerin ihres Vaters) den Lehrstuhl für Mathematik und Naturphilosophie an der Universität Bologna und war damit die erste weibliche Lehrstuhlinhaberin auf dem Gebiet der Mathematik.

AG(n,q), Bezeichnung für den ↗affinen Raum über dem endlichen Körper ↗$GF(q)$.

ägyptische Mathematik, verbreitete Bezeichnung für die im alten Ägypten betriebene Mathematik.

Seit dem 4. Jahrtausend v.Chr. sind mathematische Leistungen von dort bekannt, die uns jedoch niemals an das Wirken einzelner Mathematiker erinnern. Seit dieser Zeit besaßen die Ägypter ein dezimales Zahlensystem ohne Positionsschreibweise – jede Zehnerpotenz hatte ein spezielles Zeichen. Die Zahlzeichen wurden additiv aneinandergefügt. Nach jeweils 9 Zeichen für eine Zehnerpotenzstufe ging man zum nächsthöheren Zeichen über. Addition und Subtraktion waren mit diesem Zeichensystem einfach durchführbar. Die Multiplikation wurde auf die Addition zurückgeführt, die Division approximativ durch Vervielfachung bzw. Teilen des Divisors bis zum Erreichen des Dividenden durchgeführt. Methoden des Potenzierens und Radizierens waren bekannt.

Einzigartig war jedoch die ägyptische Bruchrechnung. Die Ägypter verwendeten nur Stammbrüche und den Bruch 2/3, und jeder bei Rechnungen entstehende allgemeine Bruch mußte als Stammbruchreihe geschrieben werden. Zur Durchführung der Bruchrechnung wurden ausgiebig Tabellen verwendet. An weiteren mathematischen Kenntnissen waren bekannt: Die Lösung linearer und einfachster quadratischer Gleichungen, arithmetische und geometrische Reihen, die Bestimmung elementarer ebener Flächen, Kreisberechnungen mit $\pi \approx 3$ bzw. $\pi \approx 3,16$. Das Volumen verschiedener Körper (Würfel, Quader, Zylinder, Pyramide, Kegel, Kugel) konnte man bestimmen.

Erst seit dem 3.Jh. v.Chr. ist die Verwendung des pythagoreischen Lehrsatzes nachgewiesen. Es ist nicht beweisbar, wenn auch oft behauptet, daß die ägyptische Mathematik vorwiegend einen geometrischen Charakter hatte.

Die Entwicklung der ägyptischen Mathematik war fast vollständig bereits zur Mitte des 3. Jh. v.Chr. abgeschlossen. Die nachfolgenden Zeiten übernahmen nur die alten Ergebnisse und verfeinerten die Methoden nur noch äußerst selten. Die ägyptische Mathematik ist weitgehend von anderen Kulturkreisen unbeeinflußt geblieben. Erst seit Mitte des 1. Jh. v.Chr. scheint es wissenschaftliche Verbindungen zwischen Ägypten und Vorderasien gegeben zu haben. Die ägyptische Rechentechnik hat dagegen Einfluß auf die Entwicklung der Mathematik des Hellenismus (Alexandria) gehabt.

Ahlfors, Lars Valerian, finnisch-amerikanischer Mathematiker, geb. 14.8.1907 Helsinki, gest. 11.10.1996 Boston (MA).

Ahlfors interessierte sich schon als Kind für Mathematik. 1924–28 studierte er an der Universität Helsinki bei Lindelöf und Nevanlinna. Letzteren begleitete er im Herbst 1928 für ein Semester nach Zürich und kehrte nach weiteren Studien in Paris 1929 nach Finnland zurück. Er erhielt eine Anstellung an der Abo Akademie, Turku, reichte 1930 seine Dissertation ein und weilte nach deren Verteidigung 1932 nochmals in Paris. 1933 wurde er Dozent an der Universität Helsinki, 1938 ordentlicher Professor. 1935 ging er für drei Jahre als Gastprofessor an die Harvard Universität in Cambridge (Mass.), 1945 nahm er einen Ruf an die Universität Zürich an, ging aber schon 1946 an die Harvard Universität zurück, wo er 1977 emeritiert wurde. 1952 erhielt er die Staatsbürgerschaft der USA.

Ahlfors' zentrales Arbeitsgebiet war die Funktionentheorie. In Arbeiten über Riemannsche Flächen gab er 1935 eine geometrische Interpretation der Nevanlinnaschen Theorie der meromorphen Funktionen. Mit seinen Methoden zum Studium meromorpher Funktionen eröffnete Ahlfors ein neues Gebiet der komplexen Analysis. Ein wichtiges Thema bildeten die quasikonformen Abbildungen. 1936 erhielt Ahlfors zusammen mit J. Douglas die erstmals vergebene Fields-Medaille.

Ahlfors, Satz von, lautet:

Ist f eine auf dem abgeschlossenen Einheitskreis $\overline{\mathbb{E}}$ ↗ *holomorphe Funktion und*

$$N := \max_{|z|\leq 1} |f'(z)|(1-|z|^2) > 0,$$

so enthält $f(\mathbb{E})$ *schlichte Kreisscheiben vom Radius* $\frac{1}{4}\sqrt{3}N$.

Dabei heißt eine Kreisscheibe $B \subset f(\mathbb{E})$ schlicht, falls es ein ↗ Gebiet $G \subset \mathbb{E}$ gibt, das durch f ↗ konform auf B abgebildet wird.

Aus dem Satz von Ahlfors ergibt sich für die ↗ Blochsche Konstante B die untere Abschätzung

$$B \geq \frac{1}{4}\sqrt{3} \approx 0{,}4330\,.$$

Ahlfors-Grunsky, Vermutung von, lautet:

$$B = \sqrt{\frac{\sqrt{3}-1}{2}} \cdot \frac{\Gamma\left(\frac{1}{3}\right)\Gamma\left(\frac{11}{12}\right)}{\Gamma\left(\frac{1}{4}\right)} \approx 0{,}4719\,.$$

Dabei bezeichnet B die ↗ Blochsche Konstante und Γ die ↗ Eulersche Γ-Funktion. Diese Vermutung ist seit 1936 ungelöst.

AHM, ↗ arithmetisch-harmonisches Mittel.

ähnliche Abbildung, auch ordnungstreue Abbildung, bijektive ↗ Abbildung $f : A \to B$ zwischen zwei mit Partialordnungen versehenen Mengen A und B, so daß sowohl f als auch f^{-1} isoton sind (↗ Ordnungsrelation).

ähnliche Dreiecke, ↗ Ähnlichkeitssätze.

ähnliche Matrizen, zwei $(n \times n)$-Matrizen A und B mit folgender Eigenschaft: Es existiert eine invertierbare $(n \times n)$-Matrix S so, daß $B = S^{-1} \cdot A \cdot S$ gilt.

ähnliche Mengen, mit Partialordnungen versehene Mengen, zwischen denen eine ↗ ähnliche Abbildung existiert (↗ Ordnungsrelation).

Ähnlichkeit, Begriff für strukturelle Vergleichbarkeit zweier mathematischer Objekte.

Im elementargeometrischen Sinne versteht man darunter das Auseinanderhervorgehen zweier geometrischer Figuren durch eine maßstäbliche Vergrößerung bzw. Verkleinerung (Ähnlichkeitsabbildung). Der Maßstab wird dabei auch als Ähnlichkeitsfaktor k bezeichnet. Ähnlichkeitsabbildungen können als Hintereinanderausführung einer Bewegung des euklidischen Raumes und einer zentrischen Streckung (mit dem Streckungsfaktor k) beschrieben werden. Zueinander ähnliche geometrische Objekte stimmen in den entsprechenden Winkeln und den Quotienten von Seitenlängen überein. Die Flächeninhalte (A und A') ähnlicher Figuren stehen im Verhältnis $\frac{A'}{A} = k^2$ die Volumina von Körpern verhalten sich wie $\frac{V'}{V} = k^3$ (wobei k der Ähnlichkeitsfaktor ist).

Die Forderung nach der Existenz ähnlicher, dabei aber nicht kongruenter, Figuren ist auf Grundlage der Axiome der ↗ absoluten Geometrie eine zum Euklidischen Parallelenaxiom äquivalente Forderung. Setzt man die Existenz ähnlicher (in allen Winkeln übereinstimmender), jedoch nicht kongruenter Figuren voraus, so läßt sich damit die Gültigkeit des Parallelenaxioms von Euklid beweisen. Einen solchen Nachweis führte zu Beginn des 18. Jahrhunderts John Wallis und glaubte, da mit den Nachweis der Abhängigkeit des Parallelenaxioms erbracht und so das sog. Parallelenproblem gelöst zu haben. Allerdings übersah er, daß die Existenz ähnlicher, nicht kongruenter, Dreiecke aus den anderen Axiomen der ↗ Euklidischen Geometrie nicht ableitbar ist. Tatsächlich gibt es in der ↗ nichteuklidischen (hyperbolischen) Geometrie keine Ähnlichkeit (bis auf den trivialen Fall der Kongruenz). Auch in der sphärisch-elliptischen Geometrie existieren keine zueinander ähnlichen Figuren, die nicht kongruent sind.

Im Sinne des ↗ Erlanger Programms von Felix Klein ist Ähnlichkeitsgeometrie (auch als äquiforme Geometrie bezeichnet) ein Spezialfall der affinen Geometrie und gleichzeitig eine Verallgemeinerung der Euklidischen Geometrie.

Unter Ähnlichkeitsgeometrie versteht man dabei die Theorie der Invarianten bezüglich der Gruppe der äquiformen (winkeltreuen) Transformationen. Diese Gruppe ist eine Untergruppe der Gruppe der affinen Abbildungen (und eine Obergruppe der ↗ euklidischen Bewegungsgruppe). Eine affine Abbildung ist genau dann eine äquiforme Abbildung (bzw. Ähnlichkeitsabbildung), wenn ihre Abbildungsmatrix bzgl. kartesischer Koordinaten das Produkt einer reellen Zahl $\lambda > 0$ mit einer orthogonalen Matrix ist. Geometrisch kann diese Matrizenmultiplikation wiederum als Hintereinanderausführung einer zentrischen Streckung und einer Bewegung aufgefaßt werden. Bei äquiformen Abbildungen ist das Skalarprodukt zweier beliebiger Bildvektoren stets gleich dem λ^2–fachen des Skalarproduktes der zugehörigen Urbildvektoren. Somit bleiben Längenverhältnisse und Winkelmaße unverändert (invariant), Strecken werden auf Strecken mit der λ–fachen Länge der Originalstrecke abgebildet.

Ähnlichkeit von Gruppen, ↗Ähnlichkeit von Partitionen.

Ähnlichkeit von Partitionen, *Ähnlichkeit von Gruppen*, wird in der ↗Clusteranalyse und der ↗Diskriminanzanalyse durch geeignete Maße beschrieben.

Ähnlichkeitsabbildung, Abbildung auf einem normierten linearen Raum X. Eine Funktion $S:X \to X$ heißt Ähnlichkeitsabbildung, wenn ein $c \geq 0$ existiert mit

$$\|S(x) - S(y)\| = c\,\|x - y\| \quad \text{für alle } x, y \in X\,.$$

In der Flächentheorie versteht man darunter speziell eine Abbildung $f : \mathcal{F}_1 \longrightarrow \mathcal{F}_2$ zweier Flächen $\mathcal{F}_1, \mathcal{F}_2 \subset \mathbb{R}^3$, bei denen die Längen aller Tangentialvektoren um denselben konstanten Faktor λ gestreckt werden. Man nennt eine solche Abbildung daher auch im wesentlichen inhaltstreue Abbildung.

Bei Ähnlichkeitsabbildungen ändert sich das Skalarprodukt von Tangentialvektoren um den konstanten Faktor λ d. h., sind $\mathfrak{v}, \mathfrak{w} \in T_P(\mathcal{F}_1)$ Tangentialvektoren in einem Punkt $P \in \mathcal{F}_1$ und $f_*(\mathfrak{v}), f_*(\mathfrak{w}) \in T_{f(P)}(\mathcal{F}_2)$ ihre Bilder bei f, so gilt $f_*(\mathfrak{v}) \cdot f_*(\mathfrak{w}) = \lambda\, \mathfrak{v} \cdot \mathfrak{w}$. Infolge dieser Eigenschaft bleiben bei Ähnlichkeitsabbildungen die Winkel zwischen Flächenkurven erhalten.

Ähnlichkeitsgesetz, in der Dynamik reibender Flüssigkeiten die Aussage, daß Strömungen „1" und „2" ähnlich sind, wenn die Beziehungen

$$\frac{v_1 a_1}{\nu_1} = \frac{v_2 a_2}{\nu_2} \quad \text{und} \quad \frac{p_1}{\varrho_1 v_1^2} = \frac{p_2}{\varrho_2 v_2^2}$$

gelten. Dabei sind $v_1, v_2; a_1, a_2; \nu_1, \nu_2; p_1, p_2; \varrho_1, \varrho_2$ einander entsprechende Geschwindigkeiten, Längen, kinematische Zähigkeiten (definiert durch $\frac{\mu}{\varrho}$ mit μ als Viskositätskonstante), Drucke und Dichten der beiden Strömungen.

Diese Beziehungen werden aus den Navier-Stokes-Gleichungen abgeleitet, indem man alle eingehenden Größen mit Faktoren multipliziert und verlangt, daß eine Lösung der Gleichungen wieder in eine Lösung übergeht.

$Re := \frac{va}{\nu}$ wird Reynoldssche Zahl genannt und die erste der obigen Beziehungen oftmals Reynoldssches Kriterium.

Ähnlichkeitsgesetze sind überall dort wichtig, wo über das Funktionieren von Anlagen im Experiment Erkenntnisse gewonnen werden sollen, bevor an den Bau aufwendiger Anlagen gegangen wird.

Ähnlichkeitsmaße, *Distanzmaße*, in der Cluster- und Diskriminanzanalyse verwendete Maße zur Beschreibung der Ähnlichkeit bzw. Distanz von Objekten und Gruppen von Objekten (Klassen).

Die Ähnlichkeit von Objekten wird auf der Basis von am Objekt beobachteten Merkmalen oder Merkmalsvektoren beschrieben.

Die verwendeten Maße unterscheiden sich je nach vorliegendem Skalentyp der Merkmale. Auf der Basis der Distanz- bzw.Ähnlichkeitswerte der Objekte definiert man die Ähnlichkeitsmaße für Gruppen von Objekten.

Typische Vertreter sind zum Beispiel die im Average-Linkage-, im Single-Linkage- und im Complete-Linkage-Verfahren verwendeten Maße, man vergleiche hierzu auch ↗Clusteranalyse.

Ähnlichkeitssätze, verschiedene äquivalente Formulierungen der ↗Ähnlichkeit von Dreiecken.

Zwei Dreiecke $\triangle ABC$ und $\triangle A'B'C'$ mit den Seiten a, b, c und a', b', c' sowie den jeweils gegenüberliegenden Innenwinkeln α, β, γ und α', β', γ' sind einander ähnlich ($\triangle ABC \sim \triangle A'B'C'$), wenn

- (Hauptähnlichkeitssatz) beide Dreiecke in der Größe zweier ihrer Innenwinkel übereinstimmen, ($\alpha = \alpha'$ und $\beta = \beta'$, nach dem Innenwinkelsatz ist dann auch $\gamma = \gamma'$),
- sie in der Größe eines Innenwinkels übereinstimmen und die diesem Winkel anliegenden Seiten beider Dreiecke gleiche Verhältnisse bilden ($\alpha = \alpha'$ und $\frac{b}{c} = \frac{b'}{c'}$),
- jede Seite eines Dreiecks mit je einer Seite des anderen Dreiecks gleiche Längenverhältnisse bildet ($\frac{a'}{a} = \frac{b'}{b} = \frac{c'}{c}$) oder
- zwei Seiten des einen Dreiecks mit je einer Seite des anderen Dreiecks gleiche Verhältnisse bilden und die Innenwinkel beider Dreiecke, die der jeweils größeren dieser beiden Seiten gegenüberliegen, gleich groß sind ($\frac{a'}{a} = \frac{c'}{c}$, $c > a$ und $\gamma = \gamma'$).

Ähnlichkeitstransformation, ein Endomorphismus f auf einem euklidischen Vektorraum $(V, \langle\cdot,\cdot\rangle)$, für den ein $\varrho = \varrho_f > 0$ existiert, so daß für alle $v \in V$ gilt:

$$\|f(v)\| = \varrho\|v\|\,.$$

$\|\cdot\|$ bezeichnet dabei die euklidische Norm auf V. Der Endomorphismus f ist genau dann Ähnlichkeitstransformation, wenn f winkeltreu ist, d. h. falls für alle $v_1, v_2 \neq 0 \in V$ gilt:

$$\frac{\langle f(v_1), f(v_2)\rangle}{\|f(v_1)\|\|f(v_2)\|} = \frac{\langle v_1, v_2\rangle}{\|v_1\|\|v_2\|}.$$

Manchmal benutzt man den Begriff der Ähnlichkeitstransformation auch für eine Abbildung zwischen Matrizen (↗ähnliche Matrizen).

Zwei Matrizen A und B heißen ähnlich, wenn es eine invertierbare Matrix S gibt, so daß $B = S^{-1} \cdot A \cdot S$. Die hierdurch definierte Transformation heißt dann Ähnlichkeitstransformation.

Aiken, Howard Hathaway, amerikanischer Mathematiker und Informatiker, geb. 8.3.1900 in Hoboken (USA), gest. 14.3.1973 in St. Louis (USA).

Aiken war von 1939 bis 1961 Professor an der Harvard University (Cambridge, Mass.), danach an der University of Miami.

Während des zweiten Weltkrieges war er maßgeblich an der Entwicklung des ersten lochstreifengesteuerten Rechenautomaten „Mark I" beteiligt, der als Vorläufer der heutigen digitalen Rechner gilt. Im Jahre 1947 gelang die Fertigstellung von „Mark II", eines der ersten vollelektrisch arbeitenden Computer.

Aiken-Code, ein aus vier-Bit Einheiten bestehender Binärcode für Dezimalziffern.

***A*-Integral**, Verallgemeinerung des Lebesgueschen Integralbegriffs.

Für eine meßbare Funktion f und $n \in \mathbb{N}$ definiert man

$$[f(x)]_n := \begin{cases} f(x), & \text{falls } |f(x)| \leq n \\ 0, & \text{falls } |f(x)| > n. \end{cases}$$

Gilt nun für das Maß μ der Menge

$$X_n := \{x;\ |f(x)| > n\},$$

daß $\mu(x_n) = O(\frac{1}{n})$, so heißt f A-integrierbar, und der Wert

$$\lim_{n\to\infty} \int_a^b [f(x)]_n\, dx$$

A-Integral von f.

Airy, George Biddell, englischer Mathematiker und Astronom, geb. 27.7.1801 Alnwick (Northumberland, England), gest. 2.1.1892 Greenwich (England).

Airy studierte ab 1819 in Cambridge. Bereits 1826 wurde er Lucasian-Professor für Mathematik, 1828 Plumian-Professor für Astronomie und Direktor der Sternwarte in Cambridge. 1835 wurde er „königlicher Astronom" und Direktor des Greenwicher Observatoriums, welches er bis 1881 leitete.

Airy war praktischer Astronom und Wissenschaftsorganisator. So befaßte er sich u. a. mit numerischer Mondtheorie und Fragen zum Venusorbit. Er erfand einige astronomische Instrumente und setzte sich für eine Standardisierung von Maßen und Gewichten ein. Darüber hinaus gibt es Arbeiten von Airy zur Geodäsie, Meteorologie und zum Magnetismus. Er schrieb ausführliche (Lehr-)Bücher zur Variationsrechnung, Trigonometrie, Fehleranalyse und zur Theorie der partiellen Differentialgleichungen.

Zu seinen ungewöhnlicheren Arbeiten zählen Werke über die römische Invasion in England, mathematische Musiktheorie und hebräische Bibelschriften.

Airy-Funktion, diejenige Lösung Ai der Airyschen Differentialgleichung

$$\frac{d^2w}{dz^2} - zw = 0,$$

die für $|z| \to \infty$, $|\arg z| < \pi$ abfällt und die Normierungsbedingung

$$\mathrm{Ai}(0) := \frac{3^{-3/2}}{\Gamma(2/3)}$$

erfüllt. Als eine zweite, linear unabhängige Lösung dieser Differentialgleichung wählt man üblicherweise die Funktion

$$\mathrm{Bi}(z) := e^{i\pi/6}\mathrm{Ai}(ze^{2\pi i/3}) + e^{-i\pi/6}\mathrm{Ai}(ze^{-2\pi i/3}).$$

Insbesondere sind Ai und Bi bei dieser Wahl für $z \in \mathbb{R}$ reell und ganze Funktionen von z.

Für die Anwendung in der Quantenmechanik ist entscheidend, daß Ai eine $L^2(\mathbb{R})$-Funktion ist und somit die physikalische Deutung als Wellenfunktion zuläßt. Die Airy-Differentialgleichung beschreibt dann hierbei den Hamilton-Operator eines Teilchens in einem konstanten elektrischen Feld.

Innermathematisch wird die Airy-Funktion zur Liouville-Green-Approximation von Lösungen von Differentialgleichungen zweiter Ordnung mit Wendepunkten verwendet, die selbst wieder Anwendungen in der Physik finden.

Ebenso wie das Paar Ai, Bi bilden auch $\mathrm{Ai}(z)$, $\mathrm{Ai}(ze^{2\pi i/3})$ und $\mathrm{Ai}(z)$, $\mathrm{Ai}(ze^{-2\pi i/3})$ linear unabhängige Lösungen der Airyschen Differentialgleichung. Es gelten folgende zusätzliche Relationen zwischen Ai und Bi:

$$\begin{aligned} &\mathrm{Ai}(z) + e^{2\pi i/3}\mathrm{Ai}(ze^{2\pi i/3}) \\ &\qquad + e^{-2\pi i/3}\mathrm{Ai}(ze^{-2\pi i/3}) = 0 \\ &\mathrm{Bi}(z) + e^{2\pi i/3}\mathrm{Bi}(ze^{2\pi i/3}) \\ &\qquad + e^{-2\pi i/3}\mathrm{Bi}(ze^{-2\pi i/3}) = 0 \\ &\mathrm{Ai}(ze^{\pm 2\pi i/3}) = \frac{1}{2}e^{\pm i\pi/3}(\mathrm{Ai}(z) \mp \mathrm{Bi}(z)) \end{aligned}$$

Es ist möglich, die Airy-Funktionen Ai und Bi durch ↗Bessel-Funktionen und modifizierte Bessel-Funktionen gebrochener Ordnung auszudrücken. Sei dazu im folgenden $\zeta := 2/3 \cdot z^{2/3}$:

$$\begin{aligned}
\mathrm{Ai}(z) &= \frac{1}{3}\sqrt{z}\big(I_{-1/3}(\zeta) - I_{1/3}(\zeta)\big) \\
&= \frac{1}{\pi}\sqrt{z/3}K_{1/3}(\zeta) \\
\mathrm{Ai}(-z) &= \frac{1}{3}\sqrt{z}\big(J_{1/3}(\zeta) + J_{-1/3}(\zeta)\big) \\
\mathrm{Ai}'(z) &= -\frac{1}{3}z\big(I_{-2/3}(\zeta) - I_{2/3}(\zeta)\big) \\
&= -\frac{1}{\pi}\frac{z}{\sqrt{3}}K_{2/3}(\zeta) \\
\mathrm{Ai}'(-z) &= -\frac{1}{3}z\big(J_{-2/3}(\zeta) - J_{2/3}(\zeta)\big) \\
\mathrm{Bi}(z) &= \sqrt{z/3}\big(I_{-1/3}(\zeta) + I_{1/3}(\zeta)\big) \\
\mathrm{Bi}(-z) &= \sqrt{z/3}\big(J_{-1/3}(\zeta) - J_{1/3}(\zeta)\big) \\
\mathrm{Bi}'(z) &= z/\sqrt{3}\big(I_{-2/3}(\zeta) + I_{2/3}(\zeta)\big) \\
\mathrm{Bi}'(-z) &= z/\sqrt{3}\big(J_{-2/3}(\zeta) + J_{2/3}(\zeta)\big)
\end{aligned}$$

Ai und Bi können auch durch uneigentliche Integrale dargestellt werden, beispielsweise

$$\mathrm{Ai}(\pm(3a)^{-1/3}x) = \frac{(3a)^{1/3}}{\pi}\int_0^\infty \cos(at^3 \pm xt)\,dt$$

und ähnlich für Bi. Dieses Integral bezeichnet man auch als Airy-Integral, und es dient mitunter auch als Definition der Airy-Funktion.

Die folgenden asymptotischen Entwicklungen von Ai und Bi erweisen sich oft als nützlich; hierbei ist wieder wie oben $\zeta := 2/3 \cdot z^{3/2}$.

$$\begin{aligned}
\mathrm{Ai}(z) &\sim \frac{e^{-\zeta}}{2\pi^{1/2}z^{1/4}}\sum_{s=0}^\infty(-1)^s\frac{u_s}{\zeta^s} \quad (|\arg z| \le \pi) \\
\mathrm{Ai}'(z) &\sim \frac{z^{1/4}e^{-\zeta}}{2\pi^{1/2}}\sum_{s=0}^\infty(-1)^s\frac{v_s}{\zeta^s} \quad (|\arg z| \le \pi) \\
\mathrm{Ai}(-z) &\sim \frac{1}{\pi^{1/2}z^{1/4}}\Big(\cos(\zeta - \frac{\pi}{4})\sum_{s=0}^\infty(-1)^s\frac{u_{2s}}{\zeta^{2s}} \\
&\quad + \sin\Big(\zeta - \frac{\pi}{4}\Big)\sum_{s=0}^\infty\frac{u_{2s+1}}{\zeta^{2s+1}}\Big) \quad (|\arg z| \le \frac{2}{3}\pi) \\
\mathrm{Ai}'(-z) &\sim \frac{z^{1/4}}{\pi^{1/2}}\Big(\sin\Big(\zeta - \frac{\pi}{4}\Big)\sum_{s=0}^\infty(-1)^s\frac{v_{2s}}{\zeta^{2s}} \\
&\quad - \cos\Big(\zeta - \frac{\pi}{4}\Big)\sum_{s=0}^\infty(-1)^s\frac{v_{2s+1}}{\zeta^{2s+1}}\Big) \quad (|\arg z| \le \frac{2}{3}\pi) \\
\mathrm{Bi}(z) &\sim \frac{e^{\zeta}}{\pi^{1/2}z^{1/4}}\sum_{s=0}^\infty\frac{u_s}{\zeta^s} \quad (|\arg z| < \frac{\pi}{3}) \\
\mathrm{Bi}'(z) &\sim \frac{z^{1/4}e^{\zeta}}{\pi^{1/2}}\sum_{s=0}^\infty\frac{v_s}{\zeta^s} \quad (|\arg z| < \frac{\pi}{3}) \\
\mathrm{Bi}(-z) &\sim \frac{1}{\pi^{1/2}z^{1/4}}\Big(-\sin\Big(\zeta - \frac{\pi}{4}\Big)\sum_{s=0}^\infty(-1)^s\frac{u_{2s}}{\zeta^{2s}} \\
&\quad + \cos\Big(\zeta - \frac{\pi}{4}\Big)\sum_{s=0}^\infty(-1)^s\frac{u_{2s+1}}{\zeta^{2s+1}}\Big) \quad (|\arg z| < \frac{2}{3}\pi) \\
\mathrm{Bi}'(-z) &\sim \frac{z^{1/4}}{\pi^{1/2}}\Big(\cos\Big(\zeta - \frac{\pi}{4}\Big)\sum_{s=0}^\infty(-1)^s\frac{v_{2s}}{\zeta^{2s}} \\
&\quad + \sin\Big(\zeta - \frac{\pi}{4}\Big)\sum_{s=0}^\infty(-1)^s\frac{v_{2s+1}}{\zeta^{2s+1}}\Big) \quad (|\arg z| < \frac{2}{3}\pi)
\end{aligned}$$

Die Koeffizienten u_s und v_s sind hierbei gegeben durch $u_0 := 1$, $v_0 := 1$, sowie

$$\begin{aligned}
u_s &:= \frac{\Gamma(3s + 1/2)}{54^s s!\,\Gamma(s + 1/2)} \\
&= \frac{(2s+1)(2s+3)(2s+5)\cdots(6s-1)}{216^s s!} \\
v_s &:= -\frac{6s+1}{6s-1}u_s
\end{aligned}$$

Man beweist nun mit Hilfe dieser asymptotischen Entwicklungen die folgenden Abschätzungen; hierbei ist $z > 0$:

$$\begin{aligned}
\mathrm{Ai}(z) &\le \frac{e^{-\zeta}}{2\pi^{1/2}z^{1/4}} \\
|\mathrm{Ai}'(z)| &\le \frac{z^{1/4}e^{-\zeta}}{2\pi^{1/2}}\Big(1 + \frac{7}{72\zeta}\Big).
\end{aligned}$$

Weitere Abschätzungen, auch für Bi und Bi′, finden sich in [2].

[1] Abramowitz, M.; Stegun, I.A.: Handbook of Mathematical Functions. Dover Publications, 1972.

[2] Olver, F.W.J.: Asymptotics and Special Functions. Academic Press, 1974.

Airy-Integral, ↗ Airy-Funktion.

Airysche Differentialgleichung, ↗ Airy-Funktion.

Aitken, Alexander Craig, neuseeländischer Mathematiker, geb. 1.4.1895 Dunedin (Neuseeland), gest. 3.11.1967 Edinburgh (Schottland).

Aitken studierte zwischen 1913 und 1920 an der Otago Universität Sprachen und Mathematik mit dem Ziel, Lehrer zu werden. Bei Ausbruch des ersten Weltkrieges unterbrach er sein Studium und wurde Soldat. Nach Abschluß seines Studium arbeitete Aitken zunächst als Lehrer, ging aber 1923 zu Whittaker nach Edinburgh, um sich stärker der Mathematik zu widmen. 1946 übernahm er Whittakers Lehrstuhl.

Aitken befaßte sich mit Statistik, numerischer Analysis und Algebra. Von ihm stammten Ideen zur Beschleunigung der Konvergenzgeschwindigkeit eines numerischen Verfahrens (↗Aitkens Δ^2-Verfahren). Er entwickelte die Methode der progressiven linearen Interpolation und befaßte sich intensiv mit Matrizen und Determinanten.

Aitken-Neville, Algorithmus von, Verfahren zur Auswertung eines ↗Interpolationspolynoms an einer Stelle ξ, ohne das komplette Polynom selbst bestimmen zu müssen.

Bezeichnen wir mit p das Interpolationspolynom n–ten Grades, das an den Stützstellen $x_0, \ldots, x_n$ die Werte $y_0, \ldots, y_n$ interpoliert, so lautet die Iterationsvorschrift zur Berechnung des Wertes $p(\xi)$ wie folgt:

Für $i = 0, \ldots, n$ sei $p_{i0} = y_i$, sowie für $k = 1, \ldots, n$ und $i = k, \ldots, n$

$$p_{ik} = \frac{\xi - x_{i-k}}{x_i - x_{i-k}} p_{i,k-1} + \frac{x_i - \xi}{x_i - x_{i-k}} p_{i-1,k-1}.$$

Dann gilt $p_{nn} = p(\xi)$.

Aitkens Δ^2-Verfahren, Verfahren zur Beschleunigung der Konvergenz einer Folge von Zahlen $\{x_n\}$. Besitzt die betrachtete Folge eine Darstellung der Form

$$x_n = \sigma + \gamma \cdot \lambda^n + o(|\lambda|^n)$$

mit $0 < |\lambda| < 1$, so führt Aitkens Δ^2-Verfahren

$$z_n = x_n - \frac{(x_{n+1} - x_n)^2}{x_{n+2} - 2x_{n+1} + x_n}$$

auf eine Folge $\{z_n\}$, die die Darstellung

$$z_n = \sigma + o(|\lambda|^n)$$

besitzt, also schneller gegen σ konvergiert als die Ausgangsfolge.

Aktionspotential, ↗Nervenimpuls.

Aktionsraum, die Mengen, aus denen Spieler ihre Strategien wählen können.

Aktivator, im Sinne der ↗Mathematischen Biologie eine Substanz, die ihre eigene Vermehrung katalysiert.

Aktivator-Inhibitor-System, ↗Turing-System.

aktive Nebenbedingung, eine Nebenbedingung $g_i(x) \geq 0$ einer Menge

$$M := \{x \in \mathbb{R}^n | h_j(x) = 0, j \in J; g_i(x) \geq 0, i \in I\}$$

in einem Punkt $\bar{x} \in M$, falls $g_i(\bar{x}) = 0$ gilt.

In der Abbildung sind die Nebenbedingungen g_2 und g_3 in $\bar{x} \in M$ aktiv, während in $y \in M$ kein g_i aktiv ist.

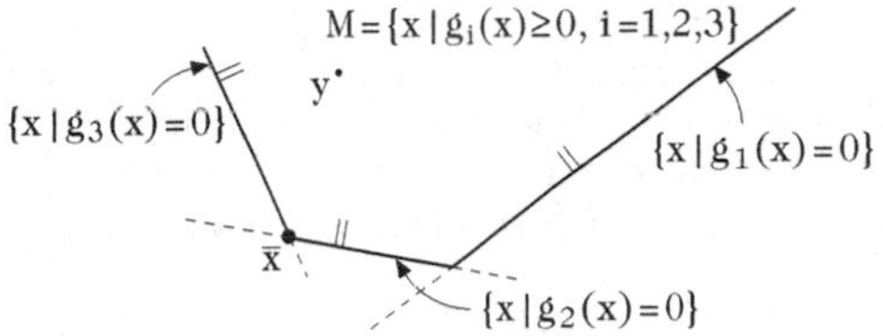

Aktive Nebenbedingung

Bei Extremwertaufgaben unter zum Beispiel stetigen Nebenbedingungen sind die in einem Punkt $\bar{x}$ aktiven Nebenbedingungen deshalb von Interesse, weil sie genau diejenigen Einschränkungen sind, die man lokal um $\bar{x}$ berücksichtigen muß.

aktive-Restriktionen-Strategie, spezielle Strategie bei der Lösung von Optimierungsaufgaben mit Ungleichungsrestriktionen.

Angenommen, das Minimum einer Funktion $f(x), f : \mathbb{R}^n \to \mathbb{R}$ unter den linearen Nebenbedingungen

$$\{x \in \mathbb{R}^n | A \cdot x \leq b\}$$

sei gesucht. Man berechnet nun folgendermaßen iterativ eine Folge von Punkten $x_k \in \mathbb{R}^n$: Ausgehend von einem x_k, betrachtet man die Indexmenge

$$N_k := \{i | a_i^T \cdot x_k = b_i\}$$

der in x_k aktiven Nebenbedingungen des Ausgangsproblems. Jetzt löst man zunächst das Ersatzproblem: Minimiere $f(x_k + y)$ unter den Nebenbedingungen $a_i^T \cdot y = 0 \; \forall i \in N_k$ (d. h. man betrachtet nur noch Gleichungsnebenbedingungen). Ist y_k die Lösung dieses Problems, so minimiert man als nächstes f entlang der Geraden $x_k + t \cdot y_k$, wobei der für t zulässige Bereich $[0, \bar{t}\,]$ gewissen weiteren Bedingungen unterliegt; letztere werden unter Verwendung spezieller Informationen über die in x_k *nicht* aktiven Nebenbedingungen gebildet. Der so erhaltene Extremalwert t_k wird verwendet, um die Anpassung von N_k sowie x_k für den nächsten Iterationsschritt durchzuführen.

Man beachte, daß dabei im neuen Punkt x_{k+1} vorher aktive Nebenbedingungen nicht-aktiv werden können.

aktives Element, ↗ aktives Lemma.

aktives Lemma, Lemma in der Dimensionstheorie für komplexe Räume aus algebraischer Betrachtungsweise, welches häufig in Induktionsbeweisen verwendet wird.

Es sei R eine analytische Algebra, $\mathfrak{m}_R$ das maximale Ideal in R und $\mathfrak{n}_R$ das Nilradikal von R.

Ein Element $f \in \mathfrak{m}_R$ heißt aktiv, wenn es die folgenden äquivalenten Bedingungen erfüllt:

i) Die Reduktion Red$f$ von f ist kein Null-Divisor in $\text{Red}R = R/\mathfrak{n}_R$,

ii) $f \cdot g \in \mathfrak{n}_R \Rightarrow g \in \mathfrak{n}_R$ für jedes $g \in R$,

iii) f liegt in keinem minimalen Primideal von R.

Es gilt das folgende aktive Lemma:

Ist $f \in \mathfrak{m}_R$ ein aktives Element, dann gilt

$$\dim R/R \cdot f = \dim R - 1.$$

aktivierte Transition, Transition eines ↗ Petrinetzes, die bei einer vorgegebenen Markierung schalten kann. Dazu müssen auf den Stellen im Vorbereich die zu entfernenden Marken vorhanden sein, und auf den Stellen im Nachbereich muß die Kapazität zur Aufnahme der zu erzeugenden Marken ausreichen.

Somit ist eine Transition genau dann aktiviert bei der Markierung m, wenn für alle $s \in {}^\bullet t$ gilt: $V(s,t) \leq m(s)$, sowie

$$m(s) - V(s,t) + V(t,s) \leq K(s)$$

für alle $s \in t^\bullet$.

Aktivierungsfunktion, ↗ formales Neuron.

Aktivitätsfunktion, ↗ formales Neuron.

***AL*- und *AM*-Räume**, spezielle ↗ Banach-Verbände. Ein Banach-Verband, in dem

$$\|x+y\| = \|x\| + \|y\| \qquad \forall x, y \geq 0$$

gilt, heißt AL-Raum (abstrakter L-Raum), und ein Banach-Verband, in dem

$$\|x \vee y\| = \max\{\|x\|, \|y\|\} \qquad \forall x, y \geq 0$$

gilt, heißt AM-Raum (abstrakter M-Raum). Besitzt die abgeschlossene Einheitskugel eines AM-Raums ein größtes Element, so spricht man von einem AM-Raum mit Einheit.

Ist X ein AM-Raum, so ist X' ein AL-Raum; und ist X ein AL-Raum, so ist X' ein AM-Raum mit Einheit. Beispiele für AL-Räume sind ℓ^1, $L^1[0,1]$ und der Raum der Maße $M[0,1]$, Beispiele für AM-Räume sind c_0, $C[0,1]$ und $L^\infty[0,1]$. Umgekehrt ist jeder AL-Raum zu einem Raum $L^1(\mu)$ als Banach-Verband isometrisch isomorph, und jeder AM-Raum mit Einheit ist zu einem Raum stetiger Funktionen $C(K)$ als Banach-Verband isometrisch isomorph (Darstellungssatz von Kakutani-Krein).

[1] Schaefer, H. H.: Banach Lattices and Positive Operators. Springer Berlin/Heidelberg, 1974.

Alaoglu, Satz von, Spezialfall des Kompaktheitssatzes von Alaoglu-Bourbaki:

Die abgeschlossene Einheitskugel $\{x' : \|x'\| \leq 1\}$ des Dualraums eines normierten Raums ist kompakt in der Schwach-∗-Topologie.

Alaoglu-Bourbaki, Kompaktheitssatz von, fundamentales Kompaktheitsprinzip der Funktionalanalysis:

Die ↗ Polare einer Nullumgebung in einem lokalkonvexen Raum ist kompakt in der Schwach-∗-Topologie.

Spezialfälle sind der Satz von ↗ Alaoglu und der Satz von ↗ Banach-Alaoglu.

[1] Rudin, W.: Functional Analysis. McGraw-Hill New York, 1973.
[2] Werner, D.: Funktionalanalysis. Springer Berlin/Heidelberg, 1995.

Albanese-Abbildung, der im folgenden hergeleitete Morphismus α zwischen Varietäten: Zu jeder irreduziblen algebraischen Varietät V gibt es eine ↗ abelsche Varietät A und eine Morphismus $\alpha : V \times V \longrightarrow A$, der die Diagonale auf Null abbildet und folgende Universalitätseigenschaft besitzt: Wenn B abelsche Varietät ist und $\beta : V \times V \longrightarrow B$ ein Morphismus mit derselben Eigenschaft wie α, so ist $\beta = \varphi \circ \alpha$ mit einem eindeutig bestimmten Morphismus $\varphi : A \longrightarrow B$.

A heißt dann Albanese-Varietät von V und α die Albanese-Abbildung. Für jedes $P_0 \in V$ erhält man einen Morphismus $\alpha_{P_0} : V \longrightarrow A$, $\alpha_{P_0}(P) = \alpha(P_0, P)$, diesen nennt man ebenfalls Albanese-Abbildung.

Es gilt $\alpha_{P_1} = \alpha_{P_0} - \alpha_{P_0}(P_1)$, und α_{P_0} ist universeller Morphismus von V in eine abelsche Varietät mit $\alpha_{P_0}(P_0) = 0$.

Ist $B = \alpha_{P_0}(V) \subset A$, so heißt der induzierte Morphismus $V \longrightarrow B$ die Albanese-Faserung von V. Ihr Studium ist ein wichtiges Hilfsmittel für die Klassifizierung von Varietäten. Für kompakte komplexe Mannigfaltigkeiten, auf denen eine Kählermetrik existiert, gilt analoges, und die Albanese-Abbildung einer glatten projektiven Varietät im algebraischen oder komplex-analytischem Sinn sind dieselben.

Albanese-Varietät, ↗ Albanese-Abbildung.

Albatenius, ↗ al-Battâni, Abu Allah Mohammad ibn Djabir.

al-Battâni, Abu Allah Mohammad ibn Djabir, *Albatenius*,syrischer Astronom und Mathematiker, geb. um 858 Harran (Syrien), gest. 929 Samarra (Irak).

Al-Battâni arbeitete in Antiochia und ar-Raqqah in Syrien. Er gilt als der bedeutendste arabische Astronom des Mittelalters. Unter anderem katalogisierte er 533 Sterne und bestimmte genauere Abschätzungen für die Dauer eines Jahres (365 Tage, 5 Stunden, 48 Minuten und 24 Sekunden) und der Jahreszeiten. Er entdeckte die Variation des größten Sonnenabstandes von der Erde und nahm genaue Finsternisbeobachtungen vor.

Al-Battâni bediente sich bei seinen Berechnungen trigonometrischer Methoden, wodurch seine Ergebnisse genauer wurden als die des Ptolemaios, der vor allem mit Mitteln der Geometrie gearbeitet hatte. Al-Battânis Werk über die Sternbewegungen enthielt neben astronomischen Tafeln auch trigonometrische Formeln. Diese Arbeit wurde 1116 ins Lateinische und während des 13. Jahrhunderts ins Spanische übertragen. 1537 erschien es erstmals gedruckt.

al-Bîrunî, Abu r-Raihan Muhammad ibn Ahmad, *Beruni*, arabischer Mathematiker, Physiker, Geograph, Astronom, Mediziner und Historiker, geb. 4.9.973 Chwarizm (heute Usbekistan), gest. 13.12.1048 Ghazna (heute Afghanistan).

Al-Bîrunî wurde nach Aufenthalten in Persien und Indien um 1018 an den Hof des Sultans Mahmud nach Ghazna verschleppt. Er vertrat die Auffassung, daß sich die Erde um ihre eigene Achse dreht und lieferte exakte Berechnungen für die geographischen Längen und Breiten, ebenso für von ihm untersuchte Sonnen- und Mondfinsternisse. Er konstruierte Kalender, erfaßte das Wesen der Milchstraße als „riesige Ansammlung von Sternen" und erkannte, daß die Geschwindigkeit des Lichtes wesentlich größer als die des Schalls ist. Seine mathematischen Leistungen sind vor allem seine Sinustafeln und der Beweis des Sinussatzes.

Al-Bîrunî wurde auch bekannt für seine Korrespondenz mit Avicenna.

$\aleph$ (Aleph), auf G. Cantor zurückgehende Bezeichnung für die Mächtigkeit von $\mathbb{R}$, der Menge der reellen Zahlen (↗Aleph-Funktion).

$\aleph_0$ (Aleph-Null), auf G. Cantor zurückgehende Bezeichnung für die Mächtigkeit von $\mathbb{N}$, der Menge der natürlichen Zahlen (↗Aleph-Funktion).

Aleph-Funktion, durch transfinite Rekursion bezüglich der Ordinalzahl α definierte Zuordnung $\alpha \mapsto \aleph_\alpha$:

(1) $\aleph_0 := \#\mathbb{N}$.

(2) $\aleph_{\alpha+1} := (\aleph_\alpha)^+$.

(3) $\aleph_\alpha := \sup\{\aleph_\gamma : \gamma < \alpha\}$ für Limesordinalzahlen α.

Häufig wird auch ω_α anstatt $\aleph_\alpha$ geschrieben. Man beachte, daß es sich bei der Aleph-Funktion formal um eine echte Klasse handelt (↗axiomatische Mengenlehre).

Alexandrow, Pawel Sergejewitsch, russischer Mathematiker, geb. 7.5.1896 Bogorodsk bei Moskau, gest. 16.11.1982 Moskau.

Alexandrow besuchte die Moskauer Universität und wurde 1915 der erste Schüler von Lusin. Noch als Student bestimmte er die Mächtigkeit der Borel-Mengen. Gemeinsam mit Urysohn lieferte er wichtige Resultate zu (lokal) kompakten Räumen. Bei einem Aufenthalt in Göttingen beeindruckten sie Emmy Noether, Courant und Hilbert mit Beweisen für erste allgemeine Metrisationssätze. 1926 besuchten sie auch Hausdorff in Bonn und Brouwer in Holland.

Alexandrow war mit Kolmogorow und Hopf befreundet. Mit letzterem brachte er 1935 das einflußreiche Buch „Topologie I" heraus. Alexandrow legte die Grundlagen für die Homotopietheorie und prägte den Begriff des Kerns eines Homomorphismus. Schüler Alexandrows waren u. a. Pontrjagin, Tichonow und Kurosch.

Alexandrow, Satz von, wichtiger Satz der Topologie:

Zu einem lokalkompakten Raum X gibt es einen bis auf Homöomorphie eindeutig bestimmten kompakten Raum Y, der einen zu X homömorphen Raum X_1 enthält so, daß $Y \setminus X_1 =: \{\infty\}$ nur aus einem Punkt besteht. Ist X nicht kompakt, so ist X_1 ↗dicht in Y.

Hierbei wird ∞ als der unendlich ferne Punkt bezeichnet. Den durch diesen Satz gegeben Vorgang der „Erweiterung" des Raumes X_1 bezeichnet man auch als Alexandrow-Kompaktifizierung oder Einpunkt-Kompaktifizierung.

Alexandrow-Kompaktifizierung, ↗Alexandrow, Satz von.

Alfonsinische Tafeln, nach König Alfons X. von Kastilien (1226–1284) benannte astronomische Tafeln. Nachdem sich im Laufe der Zeit herausgestellt hatte, daß die in der Antike aufgestellten astronomischen Tafelwerke zu ungenau waren, ließ König Alfons, der auch den Beinamen „der Weise" trug, die später dann nach ihm benannten Tafeln neu berechnen. Sie galten als Meisterwerke und waren bis ins Mittelalter hinein die meistverwendeten astronomischen Tafelwerke.

Algebra

M. Schlichenmaier

Ursprünglich verstand man unter (dem mathematischen Gebiet) Algebra das Lösen algebraischer Gleichungen, d. h. die Bestimmung der Nullstellen von Polynomen mit ganzen oder rationalzahligen Koeffizienten.

Zur Bewältigung dieser Aufgabe wurde es notwendig, über die Grundrechungsarten hinaus komplexere Operationen zu betrachten, wie etwa die Hinzunahme von Wurzelausdrücken (den Radikalen) in den Koeffizienten der Gleichung oder die Hinzunahme „imaginärer Zahlen" (Quadratwurzeln aus negativen Zahlen). In dieser Weise wurden im 16. Jahrhundert Lösungsformeln für die Gleichungen 3. und 4. Grades entwickelt.

Aufbauend auf der Theorie der „Substitutionen" (u. a. bereits von Gauss und Lagrange benutzt) entwickelte Galois seine Theorie über die Beziehung der Gruppe von Substitutionen (der Galoisgruppe) einer vorgelegten Gleichung und dem kleinsten ↗Körper, der alle ihre Nullstellen enthält. Damit war es möglich, systematische Aussagen über die Lösbarkeit (bzw. Nichtlösbarkeit) der Gleichung zu beweisen. Insbesondere zeigt der Satz von Abel, daß es für die allgemeine algebraische Gleichung vom Grad größer gleich 5 keinen Lösungsalgorithmus geben kann, der ausgehend von den Koeffizienten der Gleichung in einer Abfolge von rationalen Operationen und Wurzelziehen besteht.

Im selben Maße wie sich diese Methoden entwickelten, wurde der Begriff der Algebra erweitert. Heute versteht man unter Algebra die Theorie der Verknüpfungen auf einer Menge. Eine (zweistellige) Verknüpfung auf einer Menge M ist eine Abbildung

$$\circ : M \times M \to M, \quad (x, y) \mapsto x \circ y\ ,$$

für die weitere Eigenschaften vorausgesetzt werden. Beispiele zusätzlicher Eigenschaften sind das ↗Assoziativgesetz, die Existenz eines neutralen Elements, die Existenz inverser Elemente zu jedem Element, usw.

Eine derart erhaltene Struktur $(M, \circ)$ heißt algebraische Struktur. Eine algebraische Struktur, welche die drei obigen Eigenschaften erfüllt, heißt Gruppe. Eine weitere Eigenschaft von Bedeutung ist die Kommutativität der Verknüpfung, d. h. $x \circ y = y \circ x$. Eine Gruppe, für welche die Verknüpfung kommutiert, heißt abelsche Gruppe.

In der Algebra studiert man auch mehrstellige Verknüpfungen und insbesondere auch Mengen die mehrere Verknüpfungen besitzen, zwischen denen gewisse Verträglichkeitsrelationen gelten.

Beispiele solcher Strukturen bilden die ↗Körper mit der Verknüpfung $+$ (der Addition) und $\cdot$ (der Multiplikation). Die Verträglichkeitsrelationen sind die ↗Distributivgesetze.

Von großer Bedeutung sind algebraische Strukturen, die aus mehreren Mengen, Verknüpfungen innerhalb der einzelnen Mengen und Verknüpfungen zwischen den Mengen bestehen. Beispiel hierfür ist der Begriff des Vektorraums V über einem Körper $\mathbb{K}$, mit der Addition und Multiplikation innerhalb des Körpers $\mathbb{K}$, der Addition im Vektorraum V und der Multiplikation der Skalaren (den Elementen des Körpers) mit den Vektoren $\mathbb{K} \times V \to V$. Die Verträglichkeitsbedingungen werden in den Axiomen des Vektorraums ausgedrückt.

Ein weiteres Beispiel einer solchen Struktur sind die Algebren über einem Ring R.

Abhängig von den Gesetzen der behandelten algebraischen Strukturen unterteilt man die Algebra in Teilbereiche.

Die Lineare Algebra ist die Theorie der Vektorräume über Körpern oder allgemeiner der Moduln über Ringe. Sie beinhaltet speziell die Lösungstheorie der linearen Gleichungssysteme.

Die Körpertheorie beschäftigt sich mit Körpern und Körpererweiterungen. In ihrem Rahmen wird die Lösungstheorie algebraischer Gleichungen behandelt.

Die Gruppentheorie untersucht Gruppen. Sie macht via Galois-Theorie ebenfalls Aussagen über die Lösungstheorie algebraischer Gleichungen.

Weitere wichtige Teilbereiche sind die Ringtheorie, die Theorie der Algebren über einem Ring, die kommutative Algebra (mit den kommutativen Ringen und den Moduln über diesen als Untersuchungsobjekten) und die homologische Algebra.

Es gibt aber auch algebraische Theorien, die sich mit Bereichen beschäftigen, die außerhalb des historischen Ursprungs sind.

Die Boolesche Algebra ist eine algebraische Struktur aus der Logik.

Die Theorie der Kategorien beschäftigt sich in einer übergeordneten Weise mit der Struktur von algebraischen und anderen Strukturen und ihren Beziehungen untereinander.

Der Zahlentheorie liegen selbstverständlich ebenfalls algebraische Strukturen zugrunde. Es handelt sich hierbei um das Studium der Zahlen, eines einzelnen (wenn auch sehr wichtigen) Objekts. Daneben kommen zum Lösen zahlentheoretischer Probleme auch wichtige Konzepte der Analysis im Rahmen der analytischen Zahlentheorie zum Einsatz. Man betrachtet deshalb meist die Zahlentheorie als eigenständige Disziplin neben der Algebra. Ihre mehr algebraisch orientierten Bereiche bezeichnet man als algebraische Zahlentheorie.

Algebraische Theorien und Resultate werden in vielen anderen Gebieten der Mathematik eingesetzt. In einigen dieser Felder haben sich spezielle algebraische Methoden zu eigenständigen Teildisziplinen entwickelt und werden mit eigenen Namen bedacht. Neben der bereits oben erwähnten algebraischen Zahlentheorie sind dies z. B. die algebraische Geometrie, die algebraische Topologie usw. Mit einer gewissen Berechtigung könnte man einige dieser Bereiche auch direkt der Algebra zuordnen. Dies betrifft etwa die algebraische Geometrie oder die algebraische Zahlentheorie. Beide Bereiche haben ebenfalls die Untersuchung algebraischer Objekte zu ihrem Gegenstand.

Letztendlich ist es jedoch nicht immer sinnvoll, schematisch auf einer Abgrenzung zu bestehen. So werden wichtige Impulse auch aus den Anwendungen der Algebra in die Algebra zurück gegeben und fördern die weitere Entwicklung der Algebra.

Algebra, ↗Algebra über R.

Algebra der Ereignisse, ↗ Ereignis.

Algebra der formalen Potenzreihen, Menge $\bar{A}$ aller Potenzreihen der Form $f = \sum_{k=0}^{\infty} a_k z^k$ mit $a_k \in \mathbb{C}$. Dabei spielt die Konvergenz der Reihe keine Rolle.

Mit der gliedweisen Skalarmultiplikation und Addition sowie dem ↗Cauchy-Produkt als Multiplikation ist $\bar{A}$ eine kommutative $\mathbb{C}$-Algebra mit Einselement. Außerdem ist $\bar{A}$ ein Integritätsring, d. h. nullteilerfrei. Dies bedeutet, daß aus $fg = 0$ folgt $f = 0$ oder $g = 0$.

Algebra der holomorphen Funktionen, die Menge aller in einer offenen Menge $D \subset \mathbb{C}$ ↗holomorphen Funktionen, üblicherweise bezeichnet mit $\mathcal{O}(D)$.

Bezüglich der punktweisen Skalarmultiplikation, Addition und Multiplikation von Funktionen ist $\mathcal{O}(D)$ eine kommutative $\mathbb{C}$-Algebra mit Einselement.

Die Theorie holomorpher Funktionen unterscheidet sich fundamental von der Theorie reell differenzierbarer Funktionen: Holomorphe Funktionen sind in Potenzreihen (der komplexen Variablen z) entwickelbar. Die Möglichkeit hierzu liefert die Cauchysche Integralformel

$$f(z) = \frac{1}{2\pi i} \int_{\partial G} \frac{f(\zeta)}{\zeta - z} d\zeta \,, \; z \in G,$$

die für holomorphe Funktionen auf geeigneten Gebieten $G \subset \mathbb{C}$ gilt. Mit Hilfe der Cauchyschen Integralformel erhält man die wesentlichen Sätze über das lokale Verhalten holomorpher Funktionen: Hebbarkeit isolierter Singularitäten bei beschränkten Funktionen, Maximumsprinzip, Gebietstreue, Identitätssatz.

Im folgenden sei $D = G$ ein ↗Gebiet. Dann ist $\mathcal{O}(G)$ ein Integritätsring, also nullteilerfrei, d. h. aus $fg = 0$ folgt $f = 0$ oder $g = 0$. Die Einheiten in $\mathcal{O}(G)$ sind genau die nullstellenfreien Funktionen. Ein Element $f \in \mathcal{O}(G)$ ist ein Primelement genau dann, wenn f von der Form $f(z) = (z - z_0)g(z)$ ist, wobei $z_0 \in G$ und g eine Einheit in $\mathcal{O}(G)$ ist.

Eine Funktion mit unendlich vielen Nullstellen läßt sich also nicht als endliches Produkt von Primelementen schreiben, und daher ist $\mathcal{O}(G)$ nicht faktoriell.

Für $f \in \mathcal{O}(G)$ sei $N(f)$ die Menge aller Nullstellen von f, und für $z \in N(f)$ sei $o(f, z)$ die ↗Nullstellenordnung; ist $z \in G \setminus N(f)$, so sei $o(f, z) := 0$. Sind $f, g \in \mathcal{O}(G)$, so ist f ein Teiler von g genau dann, wenn $N(f) \subseteq N(g)$ und $o(f, z) \leq o(g, z)$ für alle $z \in N(f)$.

Jede Teilmenge $S \neq \emptyset$ von $\mathcal{O}(G)$ besitzt einen ggT. Genauer gilt: Ist

$$N := \bigcap_{g \in S} N(g)$$

und $f \in \mathcal{O}(G)$ mit $N(f) = N$ und

$$o(f, z) = \min_{g \in S} o(g, z)$$

für $z \in N$, so ist $f = \text{ggT}(S)$. Insbesondere ist S teilerfremd genau dann, wenn $N = \emptyset$.

Sind $f_1, \dots, f_n \in \mathcal{O}(G)$ und $f = \text{ggT}\{f_1, \dots, f_n\}$, so gibt es Funktionen $g_1, \dots, g_n \in \mathcal{O}(G)$ mit

$$f = g_1 f_1 + \cdots + g_n f_n .$$

Es sei $A = \{a_n : n \in \mathbb{N}\}$ eine abzählbar unendliche Teilmenge von G ohne Häufungspunkt in G. Dann ist

$$\mathfrak{a} := \{f \in \mathcal{O}(G) : \exists n_0 = n_0(f) \in \mathbb{N} : f(a_n) = 0 \ \forall n \geq n_0\}$$

ein Ideal in $\mathcal{O}(G)$, das nicht endlich erzeugbar ist. Also ist der Ring $\mathcal{O}(G)$ nicht Noethersch und insbesondere kein Hauptidealring. Andererseits ist jedes endlich erzeugte Ideal in $\mathcal{O}(G)$ ein Hauptideal.

Eine Teilmenge S von $\mathcal{O}(G)$ heißt abgeschlossen, wenn für jede Folge (f_n) in S, die in G kompakt gegen ein $f \in \mathcal{O}(G)$ konvergiert, gilt: $f \in S$. Ein Ideal in $\mathcal{O}(G)$ ist ein Hauptideal genau dann, wenn es abgeschlossen ist. Insbesondere ist jedes abgeschlossene maximale Ideal $\mathfrak{m}$ ein Hauptideal, und $\mathfrak{m}$ wird von einer Funktion f der Form $f(z) = z - z_0$ mit $z_0 \in G$ erzeugt.

Schließlich besitzt $\mathcal{O}(G)$ Primideale $\mathfrak{p} \neq \{0\}$, die nicht maximal sind.

Algebra der holomorphen Funktionen in *n* Variablen, ein zentraler Begriff in der Funktionentheorie auf Bereichen im $\mathbb{C}^n$.

Sei $X \subset \mathbb{C}^n$ ein Bereich. Dann heißt eine Funktion $f : X \to \mathbb{C}^n$ partiell holomorph, wenn für jedes feste $\left(\overset{0}{z}_1, \dots, \overset{0}{z}_n\right) \in X$, und jedes $j \in \{1, \dots, n\}$ die Funktion in einer Variablen, die bestimmt istdurch

$$z_j \mapsto f\left(\overset{0}{z}_1, \dots, \overset{0}{z}_{j-1}, \overset{0}{z}_j, \overset{0}{z}_{j+1}, \dots, \overset{0}{z}_n\right),$$

holomorph ist. Eine stetig partiell holomorphe Funktion heißt holomorph, und die Menge der holomorphen Funktionen auf X wird bezeichnet mit $\mathcal{O}(X)$. $\mathcal{O}(X)$ ist eine Algebra, deren Einselement die konstante Funktion mit dem Wert 1 ist, die invertierbaren Elemente von $\mathcal{O}(X)$ sind die holomorphen Funktionen ohne Nullstellen.

Algebra der konvergenten Potenzreihen, Menge $\mathcal{A}$ aller Potenzreihen der Form $f = \sum_{k=0}^{\infty} a_k z^k$, $a_k \in \mathbb{C}$ mit positivem ↗Konvergenzradius.

Offensichtlich ist $\mathcal{A}$ eine $\mathbb{C}$-Unteralgebra von $\bar{\mathcal{A}}$, der ↗Algebra der formalen Potenzreihen. Es gilt

$$\mathcal{A} = \left\{ f = \sum_{k=0}^{\infty} a_k z^k \in \bar{\mathcal{A}} : \exists s > 0, \ \exists M \geq 0 : |a_k| s^k \leq M \ \forall k \in \mathbb{N}_0 \right\}.$$

Wie $\bar{\mathcal{A}}$ ist auch $\mathcal{A}$ ein Integritätsring. Ein Element $f \in \mathcal{A}$ ist eine Einheit in $\mathcal{A}$ genau dann, wenn $f(0) \neq 0$. Der Ring $\mathcal{A}$ ist faktoriell, und das Element z ist (bis auf Multiplikation mit einer Einheit) das einzige Primelement von $\mathcal{A}$. Der Quotientenkörper $Q(\mathcal{A})$ besteht aus allen Reihen der Form

$$\sum_{k=n}^{\infty} a_k z^k, n \in \mathbb{Z},$$

wobei

$$\sum_{k=0}^{\infty} a_k z^k \in \mathcal{A}.$$

Weiter ist $\mathcal{A}$ ein Hauptidealring; jedes Ideal $I \neq \{0\}$ von $\mathcal{A}$ ist von der Form $I = \mathcal{A}z^n$ mit $n \in \mathbb{N}$. Die Menge $\mathfrak{m}(\mathcal{A})$ aller Nichteinheiten von $\mathcal{A}$ ist ein maximales Ideal von $\mathcal{A}$, es gilt $\mathfrak{m}(\mathcal{A}) = \mathcal{A}z$, und $\mathfrak{m}(\mathcal{A})$ ist das einzige Primideal $\neq \{0\}$ von $\mathcal{A}$.

Algebra der meromorphen Funktionen, Menge $\mathcal{M}(D)$ aller in einer offenen Menge $D \subset \mathbb{C}$ ↗meromorphen Funktionen.

Bezüglich der punktweisen Skalarmultiplikation, Addition und Multiplikation von Funktionen ist $\mathcal{M}(D)$ eine kommutative $\mathbb{C}$-Algebra mit Einselement und enthält die ↗Algebra $\mathcal{O}(D)$ der in D holomorphen Funktionen. Ist speziell $D = G$ ein ↗Gebiet und $f, g \in \mathcal{M}(G)$ mit $g \not\equiv 0$, so ist auch der Quotient $f/g \in \mathcal{M}(G)$. Daher ist $\mathcal{M}(G)$ ein Körper, und zwar der Quotientenkörper von $\mathcal{O}(G)$.

Algebra über *R*, manchmal auch R-Algebra oder nur Algebra genannt, ist ein Modul A über dem kommutativen Ring R, der neben der Modulstruktur noch eine zusätzlich Multiplikation $\cdot$ besitzt, so daß

(1) A ein (nicht notwendig assoziativer) Ring ist und

(2) die Verträglichkeitsbedingungen

$$\forall r \in R, \forall a, b \in A : r(a \cdot b) = (ra) \cdot b = a \cdot (rb)$$

gelten.

Besitzt die Algebra ein neutrales Element e der Multiplikation, so ist e eindeutig und heißt Einselement der Algebra. Die Algebra A nennt man dann Algebra mit Eins. Eine Algebra A heißt kommutativ, falls gilt $\forall a, b \in A : a \cdot b = b \cdot a$.

Eine Algebra heißt assoziativ, falls die Multiplikation assoziativ ist, d. h.

$$\forall a, b, c \in A : (a \cdot b) \cdot c = a \cdot (b \cdot c).$$

Manchmal versteht man unter einer Algebra immer eine assoziative Algebra und benennt die restlichen explizit als nichtassoziative Algebren. Wichtige Beispiele für assoziative Algebren sind die Polynomringe und für nichtassoziative Algebren die Lie-Algebren. Ist der zugrundeliegende Ring ein Körper $\mathbb{K}$, so ist A ein Vektorraum über $\mathbb{K}$ und A heißt Algebra über $\mathbb{K}$, bzw. $\mathbb{K}$-Algebra, bzw. wenn der Körper feststeht auch nur Algebra.

Im Zusammenhang mit allgemeineren Konzepten ist die folgende äquivalente Beschreibung einer assoziativen Algebra A mit Einselement 1_A über einem kommutativen und assoziativen Ring R mit Einslement 1_R nützlich. Die äquivalente Beschreibung besteht aus einem Tripel (A, m, ε) mit einem R-Modul A und den R-linearen Abbildungen $m : A \otimes A \to A$ (Multiplikation) und $\varepsilon : R \to A$ (Einheit), die den folgenden Bedingungen genügen:

1. Es gilt $m \circ (m \otimes id_A) = m \circ (id_A \otimes m)$ für die Abbildungen $A \otimes A \otimes A \to A$.

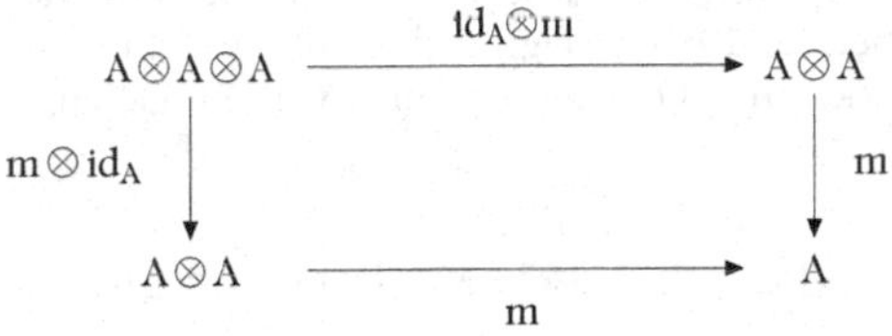

2. $m \circ (\varepsilon \otimes id_A) = \varphi_l$ und $m \circ (id_A \otimes \varepsilon) = \varphi_r$, mit $\varphi_l : R \otimes A \to A,\ \alpha \otimes x \to \alpha x$ und $\varphi_r : A \otimes R \to A,\ x \otimes \alpha \to \alpha x$.

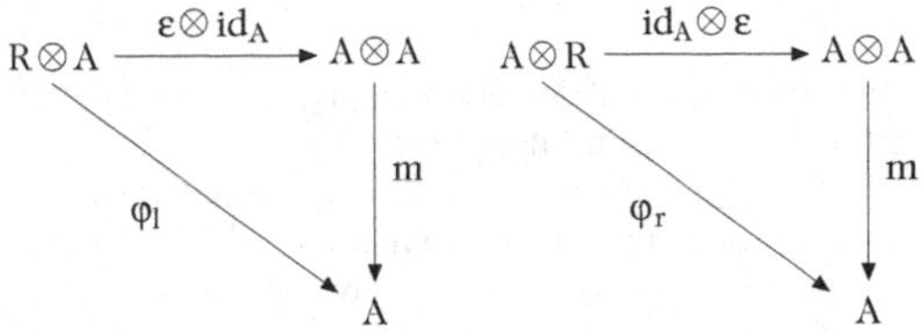

Die Beziehung zur ersten Beschreibung wird durch

$$m(a \otimes b) = a \cdot b \text{ und } \varepsilon(\alpha) = \alpha \cdot 1_A$$

hergestellt.

Algebra und Algorithmik

J. von zur Gathen

Die beiden Gebiete im Titel sind schon über ihre Etymologie verbunden. Der berühmte Mathematiker und Astronom al-Khwārizmī (↗Arabische Mathematik) schrieb im 9. Jahrhundert das Werk *al-kitāb al-muḫtaṣir fī ḥisāb al-jabr wā al-muqābalat (Das kurzgefaßte Buch über Rechnen mit Ergänzen und Zusammenfassen von Ausdrücken)* über Algebra. Aus *al-jabr* ist die *Algebra* geworden, und der *Algorithmus* ist aus seinem Namen abgeleitet.

Die inhaltliche Verknüpfung der beiden Gebiete entsteht durch die Frage: wie kann man – möglichst effizient – die Aufgaben der Algebra algorithmisch implementieren? Die „Aufgaben" reichen von simpler Addition und Multiplikation hin zu Fragen der Algebrentheorie und algebraischen Geometrie. Die „Effizienz" hat stets mehrere Aspekte: einerseits möchte man immer bessere Algorithmen finden, andererseits kommt man manchmal hier nicht weiter und möchte dann beweisen, daß man bereits einen *optimalen* Algorithmus hat. Auf diesem Gebiet hat die *algebraische Komplexitätstheorie* schöne Erfolge vorzuweisen. Ein dritter Gesichtspunkt ist die technologische Umsetzung in den Systemen der Computeralgebra.

Ostrowski hat 1954 die Theorie begründet mit der Frage: Ist Horners Regel zum Auswerten von Polynomen optimal? Das notwendige präzise Modell hat er mitgeliefert: das *nichtskalare Kostenmodell*, in dem man Multiplikationen und Divisionen zählt, aber Additionen und Multiplikationen mit Skalaren gratis sind. Die nichtskalare Komplexität eines Problems ist dann der minimale Aufwand von Algorithmen, die das Problem lösen. Die Auswertung von $\sum_{0 \leq i \leq n} a_i x^i$ à la Horner kostet also n Operationen; hierbei sind $a_0, \ldots, a_n, x$ als Unbestimmte zu behandeln. Pan hat 1966 Ostrowskis Frage positiv beantwortet: es gibt keinen Algorithmus mit weniger als n nichtskalaren Schritten. Zu diesem Zweck hat er seine *Substitutionsmethode* eingeführt, die bis heute mit etlichen Variationen von Nutzen ist.

Die *Multiplikation* von Polynomen ist ganz billig in diesem Modell: man wertet die beiden Faktoren, deren Grad höchstens n sei, an $2n + 1$ Stellen aus (hierzu muß der Grundbereich genügend viele Elemente haben), multipliziert die Werte und interpoliert. Die einzigen Kosten sind die $2n + 1$ Multiplikationen. Anfang der 1970er Jahre haben dann Borodin und Moenck, Kung, Sieveking und Strassen gezeigt, daß sich auch die *Inversion modulo* x^n (mit der Newtoniteration) und die *Division mit Rest* in linearer Zeit erledigen lassen. Beim letzteren Problem sind $f, g \in F[x]$ gegeben mit Graden

$n, m \geq 0$, und man sucht $q, r \in F[x]$ mit $f = qg + r$ und Grad $r < m$. Durch „Umdrehen" der Koeffizientenfolge entsteht etwa $\tilde{f} = x^n f(1/x)$, und es gilt

$$\tilde{f} = \tilde{q}\tilde{g} + x^{n-m+1}\tilde{r} \equiv \tilde{q}\tilde{g} \bmod x^{n-m+1}.$$

Hieraus ist $\tilde{q}$ durch Inversion von $\tilde{g}$ modulo x^{n-m+1} zu bestimmen, und dann q und r.

Des weiteren kann man den ggT von zwei Polynomen (und alle Quotienten im Euklidischen Algorithmus), die Werte eines Polynoms an n Stellen und, umgekehrt, die Interpolation, und die elementarsymmetrischen Funktionen mit $O(n \log n)$ Operationen ausrechnen. An der Entwicklung dieser Methoden waren Borodin, Brown, Fiduccia, Horowitz, Knuth, Moenck, Munro, Schönhage und Strassen beteiligt.

Diese *oberen Schranken* für die Komplexität gewinnen besonderes Interesse dadurch, daß Strassen entsprechende *untere Schranken* bewiesen hat. Mit anderen Worten: diese Algorithmen sind optimal (bis auf einen konstanten Faktor). Für seine *Gradmethode* betrachtet Strassen eine Berechnung mit l Schritten der Form $z \longleftarrow x \cdot y$ oder $z \longleftarrow x/y$, wobei x und y Linearkombinationen von Eingabevariabeln und früheren Zwischenresultaten sind. Jede solche Anweisung liefert eine quadratische Gleichung, und der Grad der zugehörigen affinen Varietät V ist nach Bézouts Ungleichung höchstens 2^l. Andererseits ist der Graph W der berechneten Funktion eine Projektion von V, so daß Grad $W \leq 2^l$. Für die elementarsymmetrischen Funktionen etwa ist Grad $W = n!$, entsprechend den $n!$ möglichen Anordnungen der n verschiedenen Wurzeln eines Polynoms mit nichtverschwindender Diskriminante, und es folgt $l \geq \log_2 n! = \Omega(n \log n)$. Diese Schranke gilt auch für die Auswertung an vielen Stellen und für die Interpolation.

Baur und Strassen haben gezeigt, daß der Aufwand für die Berechnung sämtlicher partieller Ableitungen eines multivariaten Polynoms f höchstens das Dreifache der Kosten für f selbst ist. Hieraus folgt dann eine untere Schranke $\Omega(n \log n)$ für die „mittlere" elementarsymmetrische Funktion. All diese unteren Schranken gelten über einem beliebigen unendlichen Körper. Für endliche Körper hat Strassen ähnliche untere Schranken gezeigt.

In einem *Berechnungsbaum* führt man arithmetische Operationen aus und verzweigt je nach Ausgang eines Tests „$y = 0$?", wo y vorher berechnet wurde. Dies ist z. B. beim Euklidischen Algorithmus notwendig, wo der Grad eines Restes bei einer Division sich manchmal um mehr als 1 verringert. Strassen hat seine Gradmethode auch auf solche Probleme angewandt, und u. a. die Optimalität des schnellen Euklidischen Algorithmus von Knuth und Schönhage in einem starken Sinn gezeigt. Wenn nämlich n der Eingabegrad und $d_1, \ldots, d_l$ die Gradfolge der Quotienten ist, so kommt der Algorithmus mit $O(nh)$ Schritten aus, wo $h = H(d_1, \ldots, d_l)$ die Entropie bezeichnet. Und umgekehrt werden auch $\Omega(nh)$ Schritte benötigt für (Zariski-) fast alle Eingaben, die die Gradfolge $d_1, \ldots, d_l$ liefern.

Über reellen Körpern ist es angebracht, dreifache Verzweigungen, entsprechend $<$, $=$ oder $>$, zu betrachten. Die resultierenden Berechnungsbäume entscheiden die Mitgliedschaft (des Eingabevektors der Länge n) in einer semi-algebraischen Menge $X \subseteq \mathbb{R}^n$. Nach Vorarbeiten von Steele und Yao hat Ben-Or 1983 gezeigt, daß für die Anzahl l von nichtskalaren Operationen und von Vergleichen gilt:

$$l \geq \left[\log(b(X) + b(\mathbb{R}^n \setminus X)) - n \log 3\right] / \log 6.$$

Hierbei ist $b(X)$ die Anzahl Zusammenhangskomponenten von X (in der üblichen Topologie). Der Beweis beruht auf der Milnor-Thom Schranke für b und der semialgebraischen Version des Morse-Sard Satzes. Es gibt mehrere Verallgemeinerungen, wo etwa b durch höhere Betti-Zahlen ersetzt wird.

Zu den hübschen Anwendungen zählt der Optimalitätsbeweis für $O(n \log n)$ Algorithmen für die konvexe Hülle H von gegebenen Punkten in der Ebene, und für die Suche nach einem größten Kreis mit Mittelpunkt in H, der keinen der Punkte im Inneren enthält.

Beim *Teilsummenproblem* sind Zahlen $a_1, \ldots, a_n, b$ gegeben und man fragt, ob es eine Teilmenge $S \subseteq \{1, \ldots, n\}$ gibt so, daß $\sum_{i \in S} a_i = b$. Mit ganzzahligen Eingaben ist dieses Problem $\mathcal{NP}$-vollständig. Überraschenderweise hat Meyer auf der Heide 1984 gezeigt, daß es Berechnungsbäume über $\mathbb{R}$ mit Größe ungefähr n^5 für dieses Problem gibt. (Die Nichtuniformität dieser Bäume vereitelt den (vermutlich falschen) Schluß, daß das ganzzahlige Problem in $\mathcal{P}$ sei.) Andererseits erhält man mit Ben-Ors Methode, daß jeder solche Baum Größe $\Omega(n^2)$ hat.

Solche nichtlinearen unteren Schranken sind eine besondere Stärke der algebraischen Komplexitätstheorie; entsprechende Resultate werden in der Booleschen Komplexitätstheorie vermutet, können aber bis heute nicht bewiesen werden.

Ostrowskis Modell, in dem skalare Operationen nicht gezählt werden, liefert asymptotisch gleiche obere und untere Schranken, ist aber nicht praxisgerecht. Das zentrale Problem ist die Multiplikation von Polynomen. Die beiden wichtigsten Algorithmen sind eine einfache Methode von Karazuba, mit $O(n^{\log_2 3})$ oder $O(n^{1.59})$ Operationen (wobei n der Grad der Polynome ist), und ein Algorithmus von Schönhage und Strassen, der auf der Schnellen Fouriertransformation beruht und nur $O(n \log n \log\log n)$ kostet. Die oben diskutierten Probleme können dann alle auch schnell gelöst werden; in den oben angegebenen Laufzeiten hat man jeweils n durch $n \log n \log\log n$ zu ersetzen, wobei jetzt alle arithmetischen Operationen gezählt werden.

Ein offenes Problem ist, in welchen Maschinenmodellen man etwa in Zeit $O(n \log n)$ multiplizieren kann – wie von Schönhage für *Random Access Maschinen* mit logarithmischen Kosten gezeigt – oder gar noch schneller, oder andererseits eine nichtlineare untere Schranke zu beweisen.

Die Multiplikation von Polynomen (modulo einem festen Polynom) oder von Matrizen gibt Beispiele von *bilinearen Abbildungen*. Wenn U, V und W endlich-dimensionale Vektorräume über einem Körper F sind und $f\colon U \times V \longrightarrow W$ bilinear, so bezeichnet $R(f)$ die bilineare Komplexität, also die kleinste Anzahl von Produkten zweier Linearformen – eine in U^* mal eine in V^* – deren Linearkombination f ist, mit Koeffizienten aus W. Dies ist gleich dem Rang des entsprechenden Tensors in $U^* \times V^* \times W$. Wenn $L(f)$ die übliche Komplexität von f bezeichnet, wie oben benutzt, so gilt

$$L(f) \leq R(f) \leq 2L(f).$$

Die Matrixmultiplikation M_n von $(n \times n)$-Matrizen spielt in der Entwicklung der bilinearen Komplexitätstheorie eine zentrale Rolle. Ein *erreichbarer Exponent* ist eine Zahl ω so, daß man M_n mit $O(n^\omega)$ Operationen berechnen kann. Der *Exponent* ω_0 ist das Infimum all dieser ω. Die Definition von M_n liefert den „klassischen" Algorithmus mit $\omega = 3$. Ein überraschendes Resultat von Strassen hat 1968 der gesamten Komplexitätstheorie einen wichtigen Impuls gegeben: es geht viel schneller! Er hat ein Schema für (2×2)-Matrizen angegeben, das nur 7 (statt 8) Multiplikationen braucht. Indem er $(n \times n)$-Matrizen in 4 Blöcke mit halber Seitenlänge aufteilt, kann er das rekursiv anwenden und erhält $\omega = \log_2 7 < 2.81$.

Mit neuen Methoden wurden immer bessere Resultate erzielt; denkwürdig ist eine Oberwolfach-Tagung 1979, wo in einer Woche vier jeweils neue Exponenten gefunden wurden. Coppersmith und Winograd halten seit 1992 den Weltrekord: $\omega_0 < 2.376$.

Die bekannten unteren Schranken sind alle linear in der Eingabegröße $2n^2$. Ein allgemeines Resultat von Alder und Strassen liefert $R(f) \geq 2 \dim A - \dim \operatorname{rad} A$ für den Multiplikationstensor f einer endlich-dimensionalen assoziativen Algebra A, also $R(M_n) \geq 2n^2 - 1$. Das beste Ergebnis ist Bläsers Schranke

$$R(M_n) \geq \frac{5}{2}n^2 - 3n$$

von 1999.

Strassens allgemeine Theorie des Spektrums von bilinearen Abbildungen basiert auf zwei Operationen: der Tensorpotenz – entsprechend rekursiven Algorithmen – und der Degeneration – entsprechend einem Grenzübergang in der Zariski-Topologie auf dem Raum der Tensoren.

Für die bisher besprochenen Aufgaben gab es offensichtliche Algorithmen, die ein in der Algorithmik grundlegendes Gütemerkmal besitzen: Laufzeit polynomial in der Eingabegröße. Dies ist zunächst nicht der Fall bei anderen wichtigen Fragestellungen, etwa, nach aufsteigender Schwierigkeit geordnet: dem Faktorisieren von Polynomen, dem Lösen von polynomialen Gleichungssystemen und dem Entscheiden von algebraischen Theorien.

Beim Faktorisieren von Polynomen gibt es drei Grundaufgaben: Polynome in einer Variablen über endlichen Körpern und über den rationalen Zahlen, und die Reduktion von vielen auf eine Variable. Die erste Aufgabe hat Berlekamp Ende der 1960er Jahre gelöst, motiviert von der ↗Codierungstheorie. Die modernen Algorithmen, zu denen Cantor, Kaltofen, Shoup, Zassenhaus und der Autor beigetragen haben, können riesige Probleme lösen, etwa Zufallspolynome mit Größe von einem Megabit faktorisieren. Man vergleiche dies mit dem Faktorisieren von ganzen Zahlen, wo die Grenze des Machbaren (im Jahre 2000) bei etwa 500 Bits liegt. Die effizienten Algorithmen für Polynome benutzen interne Randomisierung; für die Theorie ist es ein offenes Problem, ob dies auch deterministisch (in Polynomialzeit) geht. Für Polynome über $\mathbb{Q}$ wurde von Zassenhaus das sog. Hensel Lifting vorgeschlagen. Die Basisreduktion in ganzzahligen Gittern von Lenstra, Lenstra, Lovász liefert einen Polynomialzeitalgorithmus. Für multivariate Polynome teilt sich die Lösung in zwei Schritte: zunächst reduziert man von vielen auf zwei Variable, und dann – mit einer etwas anderen Methode – von zwei auf eine. Für den ersten Schritt benötigt man effektive Versionen von Hilberts Irreduzibilitätssatz, laut denen ein irreduzibles Polynom bei Substitution „im allgemeinen" irreduzibel bleibt. Hilberts Satz betrifft zum Beispiel die Substitution von $a \in \mathbb{Q}$ für t in $x^2 - t$. Hiervon kennt man bis heute keine Verschärfung, die effiziente Algorithmen liefert. Wenn man jedoch nur auf zwei Variable reduziert, also etwa in $x^2 - y^2 - t$ für t eine Linearkombination von x und y einsetzt, dann bleibt sogar bei zufällig gewählten Substitutionen die Irreduzibilität wahrscheinlich erhalten (Kaltofen und der Autor). Man erhält so auch dramatische Verbesserungen in den Abschätzungen für Emmy Noethers Irreduzibilitätsformen. Als Höhepunkt dieser Entwicklung liefern Kaltofens Methoden randomisierte Polynomialzeitalgorithmen zum Faktorisieren von multivariaten Polynomen im Modell der arithmetischen Schaltkreise und in dem der „black box" Darstellung.

Die algorithmische Frage nach einer effizienten Version des Fundamentalsatzes des Algebra, also das Approximieren mit beliebiger vorgegebener Präzision der reellen oder komplexen Nullstellen eines ganzzahligen Polynoms, ist naturgemäß stark numerisch orientiert. Ein effizienter Algorithmus von Schönhage braucht nicht viel mehr Zeit, als man zum Nachprüfen der Nullstelleneigenschaft benötigt.

Eine natürliche Verallgemeinerung des Polynomfaktorisierens ist die effiziente Wedderburn-Zerlegung von endlich-dimensionalen assoziativen Algebren. Über endlichen Körpern gibt es hierfür schnelle Algorithmen (von Eberly, Giesbrecht und anderen), während Rónyai gezeigt hat, daß sich das (vermutlich schwierige) Problem des Faktorisierens von quadratfreien ganzen Zahlen auf die Zerlegung von Algebren über $\mathbb{Q}$ reduzieren läßt.

Das Lösen von polynomialen Gleichungssystemen ist eine viel schwierigere Aufgabe. Matyasevichs Lösung von Hilberts 10. Problem hat gezeigt, daß dies über den ganzen Zahlen unentscheidbar ist. Man fragt daher nach reellen oder komplexen Lösungen bzw. Approximationen hieran. Die grundlegenden Methoden hierfür sind: die *zylindrische algebraische Zerlegung* von Collins, Buchbergers Algorithmus für Gröbnerbasen und die *charakteristischen Mengen* von Wu.

Mayr und seine Koautoren haben gezeigt, daß die Berechnung von Gröbnerbasen $\mathcal{EXPSPACE}$-vollständig ist. Dies bestätigt die praktische Erfahrung, daß Computeralgebrasysteme schon bei wenigen, etwa sechs oder acht, Variablen Mühe haben, eine Antwort zu finden. Der Frust wird gemildert dadurch, daß es bei vielen natürlichen geometrischen Problemen schneller geht, insbesondere wenn nur endlich viele Lösungen existieren. Die obere Schranke erhält man mit Hilfe der Theorie von paralleler linearer Algebra, in der man die üblichen Aufgaben für $(n \times n)$-Matrizen oder Gleichungssysteme in paralleler Zeit $O(\log^2 n)$ lösen kann (Berkowitz, Borodin, Chistov, Hopcroft, Mulmuley und der Autor).

Tarski hat 1949 einen Entscheidungsalgorithmus für die Theorie der reellen Zahlen angegeben. Dieser hat viele Verbesserungen erfahren; die momentan beste Abschätzung der Laufzeit ist doppelt exponentiell, wobei im obersten Exponenten die Anzahl von Quantorenalternationen (in Pränex-Normalform) steht. Ähnliches gilt für die Quantorenelimination über den komplexen Zahlen. Für diese Eliminationsprobleme gibt es auch entsprechende untere Schranken und ebenso für die Presburger-Arithmetik, die Theorie der natürlichen Zahlen unter der Addition (von Fischer und Rabin, Heintz und anderen). Die Theorien der endlichen Körper, die der endlichen Körper fester Charakteristik, und die der p-adischen Körper sind entscheidbar (Ax, Kochen, Ershov, P.J. Cohen), aber ihre genaue Komplexität ist unbekannt. Hingegen hat Kozen die Komplexität der Booleschen Algebra genau bestimmt.

Die wichtigsten Entwicklungen in der theoretischen Informatik bewegen sich um *Cooks Hypothese* „$\mathcal{P} \neq \mathcal{NP}$?", von Cook und Karp 1971 aufgeworfen. Valiant hat dies 1979 in die algebraische Domäne übertragen. Das Analogon zu $\mathcal{P}$ bilden die *p-berechenbaren* Familien von multivariaten Polynomen, die mit polynomial vielen Operationen berechnet werden können. Dazu gehört etwa die Familie $\det = (\det_n)_{n\in\mathbb{N}}$ der Determinante, wobei $\det_n$ die Determinante einer $(n \times n)$-Matrix mit n^2 unbestimmten Einträgen ist. Das Analog zu $\mathcal{NP}$ bilden die *p-definierbaren* Familien $f = (f_n)_{n\in\mathbb{N}}$ von Polynomen, zu denen es eine p-berechenbare Familie g und eine polynomiale Funktion $t\colon \mathbb{N} \longrightarrow \mathbb{N}$ gibt so, daß $f_n(x_1, \ldots, x_n) = \sum_{e_{n+1},\ldots,e_{t(n)}\in\{0,1\}} g_n(x_1, \ldots, x_n, e_{n+1}, \ldots, e_{t(n)})$ für alle n ist. Valiants Reduktionsbegriff ist die *Projektion*, bei der man für eine Variable entweder eine Variable oder eine Konstante einsetzen darf. In der üblichen Weise erhält man dann den Begriff einer *p-vollständigen* Familie f: f ist p-definierbar, und jede p-definierbare Familie ist eine Projektion von f. Valiant hat gezeigt, daß die Permanente p-vollständig ist (bei von 2 verschiedener Charakteristik des Grundkörpers). Dies gilt auch für etliche Polynomfamilien, die gewisse kombinatorische Objekte abzählen, etwa die Hamilton-Zykeln in Graphen. Das zentrale Problem hier ist es, *Valiants Hypothese* zu beweisen: es gibt p-definierbare Familien, die nicht p-berechenbar sind. Hierzu ist äquivalent, daß die Permanente nicht in polynomialer Zeit berechnet werden kann.

In der *algorithmischen Gruppentheorie* interessiert man sich u. a. für die effiziente Behandlung von Permutationsgruppen. Eine solche Untergruppe G der symmetrischen Gruppe S_n sei durch erzeugende Permutationen gegeben. Beim *Mitgliedschaftsproblem* ist ein weiteres $\sigma \in S_n$ gegeben, und man soll entscheiden, ob σ in G ist. Sims hat 1970 eine besonders nützliche Datenstruktur für G vorgeschlagen – die *starken Erzeugenden* – und Furst, Hopcroft und Luks haben dann das Problem 1980 in Polynomialzeit gelöst, und ebenso die Bestimmung der Gruppenordnung, der Auflösbarkeit und von normalen Abschlüssen. Weitergehende Arbeiten von Babai, Cooperman, Finkelstein, Kantor, Luks, Seress, Szemerédi und anderen haben verschiedene Aufgaben in Polynomialzeit gelöst, etwa die Bestimmung von Kompositionsketten. Die Richtigkeitsbeweise für einige dieser Algorithmen benutzen die Klassifikation der endlichen einfachen Gruppen. Andere Aufgaben, etwa den Durchschnitt zweier Untergruppen oder den Zentralisator eines Elements zu berechnen, scheinen schwieriger zu sein. Auf sie ist nämlich das Problem reduzierbar, ob zwei Graphen isomorph sind. Der Komplexitätsstatus des letzteren Problems ist unbekannt; man weiß heute (2000) weder, ob es in $\mathcal{P}$, noch, ob es $\mathcal{NP}$-vollständig ist.

Eingehendere Beschreibungen und Literaturhinweise findet man in den Übersichtsartikeln [2, 5, 6] Präzise Aussagen und Beweise stehen im Standardwerk [1] und zu den Algorithmen auch in [3] Die algorithmische Gruppentheorie ist ausführlich in [4] behandelt.

Literatur

[1] Bürgisser, P.; Clausen, M.; Shokrollahi, M.A.: Algebraic Complexity Theory, Grundlehren der mathematischen Wissenschaften **315**. Springer-Verlag Heidelberg/Berlin, 1997.

[2] von zur Gathen, J.: Algebraic complexity theory, *Annual Review of Computer Science* 3. Annual Reviews Inc., Palo Alto CA, 1988, 317–347.

[3] von zur Gathen, J.; Gerhard, J.: Modern Computer Algebra. Cambridge University Press, 1999.

[4] Seress, Á.: Permutation Group Algorithms. Cambridge University Press, 1999/2000.

[5] Strassen, V.: Algebraische Berechnungskomplexität, in *Perspectives in Mathematics, Anniversary of Oberwolfach 1984*. Birkhäuser Verlag Basel, 1984, 509–550.

[6] Strassen, V.: Algebraic Complexity Theory, in *Handbook of Theoretical Computer Science*, vol. A, ed. J. van Leeuwen. Elsevier Science Publishers B.V., Amsterdam, und The MIT Press, Cambridge MA, 1990, pp. 633–672.

---

algebraisch abgeschlossene Hülle, ↗ algebraischer Abschluß.

algebraisch abgeschlossene Menge, bezüglich eines ↗ algebraischen Abschlußsystems abgeschlossene Menge.

Ist X eine Menge und $\mathcal{A}$ ein algebraisches Abschlußsystem auf X, so heißt eine Teilmenge $M \subseteq X$ algebraisch abgeschlossen, falls M mit dem von M erzeugten Mitglied von $\mathcal{A}$ übereinstimmt, das heißt, falls $[M] = M$ gilt.

algebraisch abgeschlossener Körper, ein Körper $\mathbb{K}$, über dem jedes nicht konstante ↗ Polynom eine Nullstelle hat. Äquivalent hierzu ist die Forderung, daß $\mathbb{K}$ alle über $\mathbb{K}$ ↗ algebraischen Elemente enthält.

Der Körper $\mathbb{C}$ der komplexen Zahlen ist algebraisch abgeschlossen, was aus dem Fundamentalsatz der Algebra folgt. Der Körper $\mathbb{R}$ der reellen Zahlen ist nicht algebraisch abgeschlossen, denn das Polynom $x^2 + 1$ hat keine reelle Nullstelle.

algebraisch abhängige Zahlen, Zahlen, die als Nullstellen eines gemeinsamen Polynoms auftreten.

Ist $K \mid L$ eine Körpererweiterung, so heißen $\beta_1, \dots, \beta_n \in K$ algebraisch abhängig über L, wenn es ein Polynom f mit Koeffizienten aus L und n Variablen gibt derart, daß

$$f(\beta_1, \dots, \beta_n) = 0 .$$

Gibt es kein solches Polynom, so heißen die Zahlen $\beta_1, \dots, \beta_n$ algebraisch unabhängig.

Im Fall $L = \mathbb{Q}$ läßt man den Zusatz „über $\mathbb{Q}$" meist weg.

Ein wichtiges Resultat, das algebraische Abhängigkeit mit linearer Abhängigkeit und der Exponentialfunktion kombiniert, ist der Satz von Lindemann-Weierstraß.

algebraisch duale Abbildung, ↗ duale Abbildung.

algebraisch offene Menge, bezüglich eines ↗ algebraischen Abschlußsystems offene Menge.

Ist X eine Menge und $\mathcal{A}$ ein algebraisches Abschlußsystem auf X, so heißt eine Teilmenge $M \subseteq X$ algebraisch offen, falls M Komplement einer algebraisch abgeschlossenen Menge ist, das heißt, falls

$$[X \setminus M] = X \setminus M$$

gilt.

algebraisch unabhängige Zahlen, ↗ algebraisch abhängige Zahlen.

algebraische Abhängigkeit über einem Ring, Eigenschaft von Elementen eines Ringes.

Es seien $R \subset S$ kommutative ↗ Ringe. Elemente $a_1, \dots, a_n \in S$ heißen algebraisch abhängig über R, wenn es ein von Null verschiedenes Polynom $P \in R[X_1, \dots, X_n]$ gibt, so daß

$$P(a_1, \dots, a_n) = 0 .$$

Beispielsweise sind die Zahlen π und π^2 algebraisch abhängig über $\mathbb{Z}$, dem Ring der ganzen Zahlen (↗ algebraisch abhängige Zahlen).

algebraische Basis eines Vektorraumes, ↗ Hamel-Basis eines Vektorraumes.

algebraische Dimension, die „Größe“ eines Vektorraumes V, definiert wie folgt:

Die algebraische Dimension von V ist 0, falls $V = \{0\}$, andernfalls die wohldefinierte Kardinalzahl einer beliebigen Hamel-Basis von V.

Die algebraische Dimension wird manchmal auch als lineare Dimension bezeichnet.

algebraische Erweiterung, eine spezielle Art der ↗Körpererweiterung. Man vergleiche hierzu auch ↗algebraischer Zahlkörper.

algebraische Fläche, im engeren Sinne eine zweidimensionale glatte komplette algebraische Varietät. Algebraische Flächen sind projektiv. Weitere Eigenschaften (die im höher-dimensionalen Fall nicht gelten) sind:

1. Jeder birationale Morphismus ist Komposition von endlich vielen Aufblasungen von Punkten.
2. Sei $\varphi : S \longrightarrow X$ ein Morphismus einer algebraischen Fläche in einem Schema X mit zusammenhängenden Fasern, F eine eindimensionale Faser mit dem irreduziblen Kompontenten $C_1, \cdots, C_r$, und L die freie abelsche Gruppe, die von $C_1, \cdots, C_r$ erzeugt wird, mit dem Schnittpunkt als quadratischer Form. Wenn $\varphi(S)$ zweidimensional ist, so ist L mit dem Schnittprodukt negativ definit. Wenn $\varphi(S)$ eindimensional ist, so ist die quadratische Form auf L negativ vom Rang $r - 1$, und F ist isotrop.
3. (Hodge-Index-Satz) Sei $\mathcal{L}_0$ ein Geradenbündel auf der Fläche S mit $(\mathcal{L}_0 \cdot \mathcal{L}_0) > 0$. Ist $(\mathcal{L} \cdot \mathcal{L}_0)) = 0$ für ein Geradenbündel $\mathcal{L}$, so ist $(\mathcal{L} \cdot \mathcal{L}) < 0$ oder $\mathcal{L}$ ist numerisch äquivalent zu 0 (d. h. $(\mathcal{L} \cdot \mathcal{L}_1) = 0$ für jedes Geradenbündel $\mathcal{L}_1$).

Man vergleiche hierzu auch ↗algebraischer Funktionenkörper.

algebraische Geometrie, ein modernes Teilgebiet der Geometrie.

Die Grundlagen der algebraischen Geometrie und damit die algebraische Geometrie als eigenständige Disziplin sind im 20. Jahrhundert entwickelt worden und haben im Laufe ihrer Entwicklung mehrere Umbauten erfahren. Diese Umbauten ergaben sich aus den Bedürfnissen, intuitiv vorhandene Ideen zu präzisieren und auf eine solide Grundlage zu stellen. Erwähnt seien dafür folgende Beispiele: Präzisierung des Begriffes Schnittmultiplizität, die Weilschen Vermutungen über die Kongruenz-Zeta-Funktion, oder die Präzisierung des Begriffes Modulraum.

Bei der Entwicklung der algebraischen Geometrie hat das Studium algebraischer Funktionen (↗algebraischer Funktionenkörper) und ↗abelscher Integrale eine wichtige Rolle gespielt, ebenso auch die Entwicklung der projektiven Geometrie. So stehen heute am Anfang einer systematischen Einführung in die algebraische Geometrie die Begriffe affiner und projektiver Raum, am Ende solche Begriffe wie ↗algebraisches Schema, bzw. allgemeinere wie algebraischer Raum und ↗algebraisches Stack.

Diese haben sich über verschiedene Konzeptionen des Begriffes ↗algebraische Varietät herausgebildet, und algebraische Varietäten sind die wichtigsten Beispiele für Schemata. Die Notwendigkeit, diese Begriffe zu verallgemeinern, ergibt sich u. a. beim Studium von Moduliproblemen und aus Anwendungen in der Zahlentheorie. So ist z. B. ein Aspekt des Begriffes „algebraisches Schema über $\mathbb{Z}$“, daß man ihn als abstrakte Fassung für „diophantisches Gleichungssystem“ ansehen kann.

Die Vision, arithmetische und geometrische Objekte in einer einheitlichen Theorie zu kombinieren, kann man Kronecker Ende des 19. Jahrhunderts zuschreiben. In Wechselwirkung mit der Entwicklung der modernen Algebra wurden diese Ideen schrittweise ausgearbeitet, um schließlich durch Grothendiecks Theorie der Schemata um 1958 ihre heutige Form zu erhalten. Ähnliche Ideen finden sich bei Kähler (1958).

Eine weitere Entwicklung dieses Ideenkreises findet in der arithmetischen algebraischen Geometrie ihren Ausdruck. Die Ideen dafür gehen auf Arakelow (1974) zurück. Grundobjekte sind hier algebraische Schemata über $\mathbb{Z}$ mit einer Kählermetrik „im Unendlichen“, die gewisse technische Bedingungen erfüllen. Kählermetrik „im Unendlichen“ bedeutet, daß auf der Menge $X(\mathbb{C})$ der Punkte mit Koordinaten in $\mathbb{C}$, die wegen der Bedingungen „eigentlich“ und „regulär“ die Struktur einer kompakten komplexen Mannigfaltigkeit hat, eine Kählermetrik vorgegeben ist, die bzgl. komplexer Konjugation invariant ist. Ist das Schema projektiv über $\mathbb{Z}$, so ist eine natürliche Wahl für die Kählermetrik die ↗Fubini-Study-Metrik. Alle Objekte werden dann „im Unendlichen“ ebenfalls mit Extradaten versehen.

algebraische Gleichung, eine Nullstellengleichung eines Polynoms.

Sei $P(x) = \sum_{k=0}^{n} a_k x^k$ ein Polynom über einem Körper $\mathbb{K}$, (d. h. $a_k \in \mathbb{K}$ für $k = 0, \dots, n$). Die Gleichung

$$P(\alpha) = \sum_{k=0}^{n} a_k \alpha^k = 0$$

heißt dann algebraische Gleichung.

Die Lösungen algebraischer Gleichungen sind die Nullstellen des Ausgangspolynoms und liegen in einer geeigneten algebraischen Körpererweiterung $\mathbb{L}$ von $\mathbb{K}$. Sie heißen auch Wurzeln der algebraischen Gleichung.

Im ↗algebraischem Abschluß von $\mathbb{K}$ liegen die Lösungen aller algebraischen Gleichungen mit Koeffizienten aus $\mathbb{K}$.

Unter dem Grad der algebraischen Gleichung versteht man den Polynomgrad von $P(x)$. Für algebraische Gleichungen niedrigen Grades sind spezielle Namen gebräuchlich. So nennt man algebraische Gleichungen vom Grad eins, zwei, drei, bzw. vier auch linear, quadratisch, kubisch, bzw. biquadratisch.

Genau für algebraische Gleichungen diesen Grads existieren Lösungsalgorithmen, die die Nullstellen durch eine Abfolge rationaler Operationen und k-tem Wurzelziehen bestimmen (↗Abel, Satz von).

algebraische Gruppe, im allgemeinen verwendet als Gegensatz zum Begriff der kontinuierlichen Gruppe, auch diskrete Gruppe genannt.

Speziell wird der Begriff der algebraischen Gruppe in der algebraischen Geometrie verwendet, in der algebraische Kurven und Flächen charakterisiert werden.

algebraische Hülle, Menge der algebraischen Elemente eines Körpers in einem Erweiterungskörper.

Sind K und E Körper derart, daß K ein Teilkörper von E ist, so heißt die Menge der in E enthaltenen über K algebraischen Elemente die algebraische Hülle von K in E.

algebraische Kurve, eindimensionale ↗algebraische Varietät. Eine besondere Rolle spielen die kompletten glatten algebraischen Kurven (↗algebraischer Funktionenkörper). Die wichtigste Invariante ist das Geschlecht g und der wichtigste Satz ist der klassische Satz von Riemann-Roch:

Zu jeder glatten kompletten algebraischen Kurve C gibt es eine natürliche Zahl g, das Geschlecht von C, so daß für jeden Divisor D gilt:

$$h^0(C, \mathcal{O}_C(D)) - h^0(C, \omega_C(-D)) = \deg D + 1 - g\,.$$

Hierbei ist $h^0(C, \mathcal{F})$ die Dimension des Raumes der globalen Schnitte der kohärenten Garbe $\mathcal{F}$, ω_C ist die Garbe der 1-Formen, und $\omega_C(-D) = \omega_C \otimes \mathcal{O}(-D)$. Speziell ergibt sich für $D = 0$ und $D = k$ ein kanonischer Divisor, d. h. $\mathcal{O}(k) \simeq \omega_C$.

Topologisch (d. h. für $k = \mathbb{C}$) ist g das Geschlecht der zugrundeliegenden kompakten Riemannschen Fläche. Wenn C eine Einbettung in die projektive Ebene besitzt, als Kurve vom Grad d, so ist

$$g = \frac{(d-1)(d-2)}{2}\,,$$

aus diesem Grund läßt sich nicht jede Kurve in die projektive Ebene einbetten. Aus dem Satz von Riemann-Roch erhält man z. B. die Aussagen: Kurven vom Geschlecht 0 sind isomorph zu $\mathbb{P}^1(k)$, Kurven vom Geschlecht 1 sind die ↗elliptischen Kurven, sie lassen sich als Kurve vom Grad 3 in die Ebene einbetten. Für Kurven vom Geschlecht $g \geq 2$ definiert das lineare System $|\omega_C|$ einen Morphismus $\phi : C \to \mathbb{P}^{g-1}(k)$ (dies ist im allgemeinen eine Einbettung), oder $\phi(C)$ ist eine zu $\mathbb{P}^1(k)$ isomorphe Kurve und $C \longrightarrow \phi(C)$ ist eine Doppelüberlagerung mit $2g + 2$ Verzweigungspunkten. Solche Kurven heißen hyperelliptische Kurven. Jede affine ebene Kurve mit einer Gleichung $y^2 = f(x)$, $f(x)$ ein Polynom vom Grad $2g + 1$ oder $2g + 2$ ohne mehrfache Nullstellen, ist hyperelliptisch.

Ein anderer Aspekt ist die Theorie der Raumkurven. Jede glatte Kurve läßt sich in den projektiven Raum einbetten, die wichtigste numerische Invariante einer solchen Einbettung ist der Grad. Es ist bis heute (2000) nicht genau bekannt, welche Paare (g, d) als Geschlecht und Grad einer Raumkurve auftreten können, ein allgemeines Ergebnis ist Castelnuovos Schranke:

Für eine glatte Raumkurve vom Geschlecht g und Grad d, die nicht in einer Ebene liegt, gilt $d \geq 3$ und

$$g \leq \left[\frac{1}{4}d^2 - d + 1\right].$$

Diese Schranke ist scharf, und wenn sie angenommen wird, liegt die Kurve auf einer Quadrik. Kurven, für die diese Schranke angenommen wird, heißen auch Castelnuovo-Kurven.

algebraische Logik, Bezeichnung für eine frühe Etappe in der Entwicklung der mathematischen Logik, die von G. Boole eingeleitet wurde.

In der algebraischen Logik, auch Algebra der Logik genannt, werden algebraische Begriffe und Methoden benutzt, um Untersuchungen zur Logik durchzuführen. Dabei wurden grundlegende Analogien zwischen den Eigenschaften logischer Konnektoren und Boolescher Operationen festgestellt.

Ist T eine elementare Theorie, dann sei $[\varphi] := \{\psi : T \models \varphi \leftrightarrow \psi\}$ die Menge aller Ausdrücke aus L, die mit φ logisch äquivalent sind. Da die logische Äquivalenz eine Äquivalenzrelation ist, bilden die Äquivalenzklassen $[\varphi]$ eine Zerlegung der Menge aller Ausdrücke. Die algebraische Struktur $\mathcal{A} := \langle A, \cap, \cup, {}^* \rangle$ mit der Trägermenge $A = \{[\varphi] : \varphi$ Ausdruck in $L\}$ und den Operationen $[\varphi] \cap [\psi] := [\varphi \wedge \psi]$, $[\varphi] \cup [\psi] := [\varphi \vee \psi]$, $[\varphi]^* := [\neg\varphi]$ heißt Lindenbaum-Algebra. Für die zweiwertige Logik ist die Lindenbaum-Algebra eine Boolesche Algebra mit dem Einselement $\mathbf{1} := \{\varphi : T \models \varphi\}$ (Menge aller Theoreme der Theorie T) und dem Nullelement $\mathbf{0} := \{\varphi : T \models \neg\varphi\}$ (Menge aller Kontradiktionen von T).

algebraische Menge, Nullstellenmenge von Polynomen. Im folgenden sei k ein algebraisch abgeschlossener Körper. Ein n-dimensionaler affiner Raum wird durch Wahl eines affinen Koordinatensystems mit dem Raum $\mathbb{A}^n(k) = k^n$ aller n-Tupel mit Koeffizienten aus k identifiziert, und die Algebra der ganz-rationalen Funktionen wird dabei mit der Polynomalgebra $k\left[X_1, \cdots, X_n\right]$ identifziert. Eine affine algebraische Menge $V = V(F)$ in $\mathbb{A}^n(k)$ ist eine Teilmenge, die aus der Menge aller gemeinsamen Nullstellen einer Menge $F \subset k[X_1, \cdots, X_n]$ von Polynomen besteht.

Ist I das von F erzeugte Ideal, so ist $F \subseteq I$ und $V(F) = V(I)$. Nach Hilberts Basissatz besitzt das Ideal I ein endliches Erzeugendensystem, daher ist jede algebraische Menge durch ein endliches Polynomgleichungssystem definiert. Ein grundlegender Fakt ist *Hilberts Nullstellensatz (schwache Form)*:

Ist $I \subseteq k[X_1, \cdots, X_n]$ ein Ideal und $V(I) = \emptyset$, so ist $I = k[X_1, \cdots, X_n]$.

Hieraus folgt die äquivalente, scheinbar aber stärkere Formulierung:

Ist I ein Ideal in $k[X_1, \cdots, X_n]$, $f \in k[X_1, \cdots, X_n]$ und $f \mid V(I) \equiv 0$, so gibt es eine natürliche Zahl N mit $f^N \in I$.

Um diese Form aus der schwachen Form herzuleiten, betrachtet man $k[X_1, \cdots, X_n] \subset k[X_1, \cdots, X_{n+1}]$. Das von I und dem Polynom $X_{n+1}f - 1$ erzeugte Polynomideal hat keine Nullstelle, also gibt es nach der schwachen Form des Nullstellensatzes eine Relation

$$1 = g_0(X_{n+1}f - 1) + \sum_j g_j f_j$$

mit

$$f_1, \cdots, f_r \in I, \; g_0, \cdots, g_r \in k[X_1, \cdots, X_{n+1}] .$$

Substituiert man

$$\left(X_1, \cdots, X_n, \frac{1}{f}\right) \in k(X_1, \cdots, X_n)$$

in diese Relation, erhält man

$$1 = \sum_{j=1}^{r} g_j\left(X_1, \cdots, X_n, \frac{1}{f}\right) f_j ,$$

und nach Multiplikation mit f^N für eine hinreichend große Zahl N folgt $f^N \in I$.

Ein n-dimensionaler projektiver Raum wird durch Wahl von homogenen Koordinaten mit $\mathbb{P}^n(k) = k^{n+1} \setminus \{0\}/k^*$ identifiziert. Homogene Koordinaten sind allerdings keine Funktionen auf $\mathbb{P}^n(k)$, nur für homogene Polynome $f(X_0, \cdots, X_n) \in k[X_0, \cdots, X_n]$ hat die Aussage „$a \in \mathbb{P}^n(k)$ ist Nullstelle von f" einen Sinn. Daher macht es auch Sinn, Nullstellenmengen homogener Polynomideale I in $\mathbb{P}^n(k)$ zu definieren, solche Mengen $V = V_+(I)$ heißen projektive algebraische Mengen. Es gilt *Hilberts Nullstellensatz (projektive Variante)*:

Sei $I \subset k[X_0, \cdots, X_n]$ ein homogenes Ideal und $f \in k[X_0, \cdots, X_n]$ ein homogenes Polynom.

Wenn $f \mid V_+(I) \equiv 0$, so gibt es eine natürliche Zahl N mit $f^N \in I$.

Eine algebraische Menge V heißt irreduzibel, wenn sie nicht Vereinigung von zwei echten, nichtleeren algebraischen Teilmengen ist. Für das größte Ideal $I = I_V = \{f; f|V = 0\}$ mit $V(I) = V$ (bzw. $V_+(I) = V$) bedeutet dies: I ist ein Primideal. Jede algebraische Menge V besitzt eine eindeutige Darstellung als Vereinigung endlich vieler irreduzibler algebraischer Mengen, genannt die irreduziblen Komponenten von V.

Bezüglich der Standardeinbettung $\mathbb{A}^n(k) \subset \mathbb{P}^n(k)$ besteht eine bijektive Korrespondenz zwischen algebraischen Teilmengen von $\mathbb{A}^n(k)$ und solchen algebraischen Teilmengen von $\mathbb{P}^n(k)$, die keine Komponente in der „unendlich fernen" Hyperebene $V_+(X_0) = \mathbb{P}^n(k) \setminus \mathbb{A}^n(k)$ haben. Diese Korrespondenz wird in der einen Richtung durch Schneiden mit $\mathbb{A}^n(k)$, und in der anderen Richtung durch topologische Abschließung in der Zariski-Topologie gegeben.

algebraische Normalisierung, Charakterisierung einer Normalisierung.

Sei $(X, {}_X\mathcal{O})$ ein reduzierter komplexer Raum. Eine endliche holomorphe Abbildung $\pi : \widehat{X} \to X$ heißt eine algebraische Normalisierung, wenn die folgenden Bedingungen gelten:

(i) $\widehat{X}$ ist ein normaler Raum,

(ii) ${}_X\widehat{\mathcal{O}} \cong \pi({}_{\widehat{X}}\mathcal{O})$.

Es existiert höchstens eine algebraische Normalisierung π von X.

Für nähere Informationen hierzu und weitergehende Interpretationen der verwendeten Bezeichnungen sei auf [1] verwiesen.

[1] Kaup, L.; Kaup, B: Holomorphic Functions of Several Variables. de Gruyter Studies in Mathematics Berlin/New York, 1983.

algebraische Struktur, Quadrupel $\mathcal{A} = \langle A, F^A, R^A, C^A \rangle$, bestehend aus einer nichtleeren Menge A (der Trägermenge, dem Universum oder dem Individuenbereich von $\mathcal{A}$, deren Elemente die Individuen von $\mathcal{A}$ genannt werden), einer Familie F^A von Operationen oder Funktionen über A, die auch leer sein darf, einer nichtleeren Familie R^A von Relationen über A, die in der Regel die Gleichheitsrelation enthält, und einer Familie C^A von ausgezeichneten Elementen aus A. Die Funktionen und Relationen besitzen eine fixierte Stellenzahl.

Das Tripel $\sigma = (F_\sigma, R_\sigma, C_\sigma)$, bestehend aus den Familien F_σ bzw. R_σ aller Stellenzahlen der Funktionen aus F^A bzw. aller Relationen aus R^A (wobei mehrfach auftretende Stellenzahlen entsprechend ihrer Vielfalt zu zählen sind) und der Anzahl C_σ der Elemente aus C^A, heißt Signatur von $\mathcal{A}$.

In diesem Sinne ist z. B. der geordnete Körper der reellen Zahlen $\mathbb{R} = \langle R, +, \cdot, =, <, 0, 1 \rangle$ eine algebraische Struktur mit der Signatur $\sigma = ((2, 2), (2, 2), 2)$.

In der Regel wird vereinbart, daß die Gleichheitsrelation zu jeder Struktur gehört, sodaß sie bei der Angabe einer Struktur und ihrer Signatur nicht mehr berücksichtigt wird. Eine Struktur, in der keine Funktion, sondern höchstens Relationen (zumindest die Gleichheitsrelation) auftreten, heißt Relationalstruktur. Die einstelligen Relationen in $\mathcal{A}$ sind Teilmengen von A. Damit lassen sich auch mehrsortige Strukturen, wie z. B. die der Elementargeometrie, in deren Trägermenge Punkte, Geraden, Ebenen, ... auftreten, als algebraische Strukturen im obigen Sinne auffassen, indem die verschiedensortigen Elemente durch einstellige Relationen aus der Trägermenge ausgesondert werden. Hierbei sind die Funktionen jedoch dann partiell definiert (wie z. B. die Division in Körpern). Durch triviale Wertzuweisungen kann man diese Funktionen auch auf die gesamte Trägermenge erweitern.

Die Mächtigkeit einer algebraischen Stuktur wird durch die Mächtigkeit ihrer Trägermenge bestimmt. Der Körper der reellen Zahlen besitzt somit die Mächtigkeit des Kontinuums, der Ring der ganzen Zahlen ist abzählbar unendlich.

algebraische Summe, ältere Bezeichnung für eine Summe aus endlich vielen ganzen Zahlen. In neuerer Zeit eher gebräuchlich als Synonym für die ↗ algebraische Summe unscharfer Mengen.

algebraische Summe unscharfer Mengen, die unscharfe Menge mit der ↗ Zugehörigkeitsfunktion

$$\mu_{A+B}(x) = \mu_A(x) + \mu_B(x) - \mu_A(x) \cdot \mu_B(x)$$

für alle $x \in X$, wobei $\widetilde{A}$ und $\widetilde{B}$ ↗ Fuzzy-Mengen auf X sind. Die algebraische Summe wird $\widetilde{A} + \widetilde{B}$ geschrieben.

Wegen der formalen Analogie dieser Formel zu dem Additionssatz für die Wahrscheinlichkeit zweier beliebiger Ereignisse wird $\widetilde{A} + \widetilde{B}$ auch als probabilistische Summe bezeichnet.

Die algebraische Summe ist eine spezielle T-Konorm, die zur Bildung der ↗ Vereinigung unscharfer Mengen verwendet wird. Sie bildet zusammen mit dem ↗ algebraischen Produkt unscharfer Mengen einen nicht-distributiven Verband.

algebraische Unabhängigkeit über einem Ring, Eigenschaft von Elementen eines Ringes.

Elemente heißen algebraisch unabhängig über einen Ring, wenn sie nicht algebraisch abhängig (↗ algebraische Abhängigkeit über einem Ring) sind.

algebraische Varietät, ein im folgenden konstruierter ↗ Cartanscher Raum.

Ist $V \subset \mathbb{A}^n(k)$ affine ↗ algebraische Menge über dem algebraisch abgeschlossenen Körper k, $U \subset V$ offen in der Zariski-Topologie, so heißt eine Funktion $f : U \longrightarrow k$ rational, wenn sie sich lokal als Quotient von ganz-rationalen Funktionen, eingeschränkt auf U, schreiben läßt. Mit $\mathcal{O}_V(U)$ bezeichne man die Menge der rationalen Funktionen $f : U \longrightarrow k$. Durch $U \mapsto \mathcal{O}_V(U)$ erhält man eine Garbe von lokalen k-Algebren auf V bzgl. der Zariski-Topologie.

Jeder zu $(V, \mathcal{O}_V)$ k-isomorphe Cartansche Raum heißt dann affine algebraische Varietät, und eine algebraische Varietät ist nun ein Cartanscher Raum über k, der lokal isomorph zu affinen algebraischen Varietäten über k ist, durch endlich viele offene affine algebraische Varietäten überdeckt wird, und so, daß für offene affine algebraische Untervarietäten U_1, U_2 auch $U_1 \cap U_2$ affin ist und die Algebra $\mathcal{O}_V(U_1 \cap U_2)$ durch die Bilder von $\mathcal{O}_V(U_1)$, $\mathcal{O}_V(U_2)$ erzeugt wird.

Die wichtigste Klasse von Beispielen sind projektive Varietäten.

algebraische Vereinfachung, Zusammenfassen, Ausklammern und ähnliche Operationen in algebraischen Ausdrücken mit dem Ziel, sie übersichtlicher zu gestalten und zu vereinfachen. Zum Beispiel

$$ab + ac + 3ab = a(4b + c)$$

oder

$$\sin^2 x + \cos^2 x = 1\ .$$

Viele Computeralgebrasysteme haben entsprechende Algorithmen implementiert.

algebraische Vervollständigung der Intervallarithmetik, Technik zur Erweiterung der ↗ Intervallarithmetik auf uneigentliche Intervalle.

Neben den eigentlichen Intervallen $[\underline{a}, \overline{a}]$ mit $\underline{a} \le \overline{a}$ aus $\mathbb{IR}$ werden nach Kaucher und Markow auch uneigentliche Intervalle $[\underline{a}, \overline{a}]$ mit $\underline{a} > \overline{a}$ betrachtet.

Für den Raum der reellen Paare

$$\mathcal{H} = \{[\underline{a}, \overline{a}] \mid \underline{a}, \overline{a} \in \mathbb{R}\}$$

werden die Teilmengenrelation, Durchschnittsbildung und konvexe Hülle von $\mathbb{IR}$ formal erweitert.

Es sei $\mathbf{a} = [\underline{a}, \overline{a}] \in \mathcal{H}$ und $\mathbf{b} = [\underline{b}, \overline{b}] \in \mathcal{H}$; dann setzt man:

$$\mathbf{a} \subseteq \mathbf{b} \iff \underline{b} \le \underline{a} \wedge \overline{a} \le \overline{b},$$

$$\mathbf{a} \cap \mathbf{b} = [\max\{\underline{a}, \underline{b}\}, \min\{\overline{a}, \overline{b}\}],$$

$$\mathbf{a} \,\underline{\cup}\, \mathbf{b} = [\min\{\underline{a}, \underline{b}\}, \max\{\overline{a}, \overline{b}\}].$$

Die arithmetischen Operationen von $\mathbb{IR}$ werden konsistent auf $\mathcal{H}$ fortgesetzt. Für Addition und Subtraktion ändern sich dabei die Formeln nicht, für Multiplikation und Division sind mehr Fälle zu unterscheiden: Sei

$$\mathcal{T} = \{\mathbf{a} | 0 \in \mathbf{a} \vee \mathbf{a} \subseteq 0\}$$

die Menge der erweiterten Nullintervalle und

$$\sigma : \mathcal{H} \setminus \mathcal{T} \to \{-1, +1\}$$

mit $\sigma(\mathbf{a}) = +1$, falls $\underline{a} > 0$, und $\sigma(\mathbf{a}) = -1$, falls $\overline{a} < 0$, das Vorzeichen eines Intervalls.

Dann gilt mit $\mathbf{a}^{-1} = \underline{a}$ und $\mathbf{a}^{+1} = \overline{a}$:

$$[\underline{a}, \overline{a}] + [\underline{b}, \overline{b}] = [\underline{a} + \underline{b}, \overline{a} + \overline{b}]$$

$$[\underline{a}, \overline{a}] - [\underline{b}, \overline{b}] = [\underline{a} - \overline{b}, \overline{a} - \underline{b}]$$

Weiterhin ist

$$[\underline{a}, \overline{a}] \cdot [\underline{b}, \overline{b}] = \begin{cases} [\mathbf{a}^{-\sigma(\mathbf{b})}\mathbf{b}^{-\sigma(\mathbf{a})}, \mathbf{a}^{\sigma(\mathbf{b})}\mathbf{b}^{\sigma(\mathbf{a})}] & \mathbf{a} \notin \mathcal{T}, \mathbf{b} \notin \mathcal{T} \\ [\mathbf{a}^{\sigma(\mathbf{a})}\mathbf{b}^{-\sigma(\mathbf{a})}, \mathbf{a}^{\sigma(\mathbf{a})}\mathbf{b}^{\sigma(\mathbf{a})}] & \mathbf{a} \notin \mathcal{T}, \mathbf{b} \in \mathcal{T} \\ [\mathbf{a}^{-\sigma(\mathbf{b})}\mathbf{b}^{\sigma(\mathbf{b})}, \mathbf{a}^{\sigma(\mathbf{b})}\mathbf{b}^{\sigma(\mathbf{b})}] & \mathbf{a} \in \mathcal{T}, \mathbf{b} \notin \mathcal{T} \\ [\min\{\underline{a} \cdot \overline{b}, \overline{a} \cdot \underline{b}\}, \max\{\underline{a} \cdot \underline{b}, \overline{a} \cdot \overline{b}\}] & 0 \in \mathbf{a}, 0 \in \mathbf{b} \\ [\max\{\underline{a} \cdot \underline{b}, \overline{a} \cdot \overline{b}\}, \min\{\underline{a} \cdot \overline{b}, \overline{a} \cdot \underline{b}\}] & \mathbf{a} \subseteq 0, \mathbf{b} \subseteq 0 \\ 0 & \text{sonst,} \end{cases}$$

sowie $[\underline{a}, \overline{a}]/[\underline{b}, \overline{b}] =$

$$\begin{cases} [\mathbf{a}^{-\sigma(\mathbf{b})}/\mathbf{b}^{\sigma(\mathbf{a})}, \mathbf{a}^{\sigma(\mathbf{b})}/\mathbf{b}^{-\sigma(\mathbf{a})}] & \mathbf{a} \notin \mathcal{T}, \mathbf{b} \notin \mathcal{T} \\ [\mathbf{a}^{-\sigma(\mathbf{b})}/\mathbf{b}^{-\sigma(\mathbf{b})}, \mathbf{a}^{\sigma(\mathbf{b})}\mathbf{b}^{-\sigma(\mathbf{b})}] & \mathbf{a} \in \mathcal{T}, \mathbf{b} \notin \mathcal{T}. \end{cases}$$

$(\mathcal{H}, +)$ und $(\mathcal{H} \setminus \mathcal{T}, \cdot)$ sind kommutative Gruppen. Die inversen Elemente zu $\mathbf{a}$ sind $[-\underline{a}, -\overline{a}]$ und $[1/\underline{a}, 1/\overline{a}]$. Mit der Konjugation

$$\overline{\mathbf{c}} = \overline{[\underline{c}, \overline{c}]} = [\overline{c}, \underline{c}]$$

gilt das bedingte Distributivgesetz:

$$(\mathbf{a} + \mathbf{b}) \cdot \mathbf{c} = \begin{cases} \mathbf{a} \cdot \mathbf{c} + \mathbf{b} \cdot \mathbf{c} \\ \text{falls } \sigma(\mathbf{a}) = \sigma(\mathbf{b}) \\ \mathbf{a} \cdot \mathbf{c} + \mathbf{b} \cdot \overline{\mathbf{c}} \\ \text{falls } \sigma(\mathbf{a}) = -\sigma(\mathbf{b}) = \sigma(\mathbf{a} + \mathbf{b}) \\ \mathbf{a} \cdot \overline{\mathbf{c}} + \mathbf{b} \cdot \mathbf{c} \\ \text{falls } \sigma(\mathbf{a}) = -\sigma(\mathbf{b}) = -\sigma(\mathbf{a} + \mathbf{b}) \end{cases}$$

Uneigentliche Intervalle können mengentheoretisch als ihre konjugierten eigentlichen Intervalle, die in Gegenrichtung durchlaufen werden, interpretiert werden.

Eine andere Möglichkeit ist, sie als „Löcher" oder „Teilmengen" ihrer Punkte anzusehen, d. h. für $\mathbf{a} \in \mathcal{H} \setminus \mathbb{IR}$ gilt $\mathbf{a} \subseteq a$ für alle $a \in \bar{\mathbf{a}}$.

Die Interpretation als ↗Außenintervalle $\mathbf{a} = \mathbb{R} \setminus \bar{\mathbf{a}}$ führt zu Inkonsistenzen mit dieser Erweiterung der Arithmetik.

Die vervollständigte Intervallarithmetik kann verwendet werden, um Wertebereiche von Funktionen scharf einzuschließen oder algebraische Lösungen von Problemen zu bestimmen, deren punktweise Interpretation im Sinne der normalen Intervallarithmetik wieder sinnvoll ist.

algebraische Vielfachheit, Vielfachheit n des Faktors $(\mu - \lambda)$ im charakteristischen Polynom $P_f(\lambda) = \det(f - \lambda\,\mathrm{id})$ des Endomorphismus $f : V \to V$, wobei μ einen ↗Eigenwert von f bezeichnet. Es gilt also:

$$(\mu - \lambda)^n \mid P_f(\lambda); \quad (\mu - \lambda)^{n+1} \nmid P_f(\lambda).$$

(Gleiches gilt für die algebraische Vielfachheit eines Eigenwertes λ einer Matrix.)

Die algebraische Vielfachheit eines Eigenwertes ist größer oder gleich seiner geometrischen Vielfachheit.

algebraische Zahl, eine komplexe Zahl, die Nullstelle eines vom Nullpolynom verschiedenen Polynoms mit rationalen Koeffizienten ist.

Als Grad $\delta = \delta(\alpha)$ einer algebraischen Zahl α bezeichnet man den kleinsten positiven Grad eines Polynoms mit rationalen Koeffizienten, welches α annulliert. Das Minimalpolynom f_α ist das (eindeutig bestimmte) Polynom mit rationalen Koeffizienten vom Grad δ, das α als Nullstelle hat. Das Minimalpolynom einer algebraischen Zahl ist stets irreduzibel im Polynomring $\mathbb{Q}[X]$, und es besitzt nur einfache Nullstellen. Die paarweise verschiedenen Nullstellen $\alpha_1, \dots, \alpha_\delta$ des Minimalpolynoms f_α heißen auch die Konjugierten von α. Jede der Konjugierten α_j ist ebenfalls algebraisch vom Grad δ und mit Minimalpolynom f_α. Multipliziert man f_α mit dem Hauptnenner seiner Koeffizienten, so erhält man das ganzzahlige Minimalpolynom von α.

algebraische Zahlentheorie, die Behandlung zahlentheoretischer Fragen mit algebraischen Methoden, Ausweitung der Fragestellungen auf ganze algebraische Zahlen.

Es gibt keine natürlichen Zahlen x, y, z, die der Gleichung

$$x^3 + y^3 = z^3 \tag{1}$$

genügen. Euler versuchte lange, diesen Satz unter Heranziehung von Zahlen der Form

$$p + q\sqrt{-3}$$

zu beweisen; sein Beweis enthielt eine Lücke, die sich zwar schließen ließ, aber der Beweis blieb kompliziert. Später gelang es Gauß, einen eleganten, auf der Deszendenzmethode beruhenden Beweis zu geben, der die dritte Einheitswurzel

$$\zeta = \frac{-1 + \sqrt{-3}}{2} = -\frac{1}{2} + \frac{i}{2}\sqrt{3}$$

und daraus konstruierte Zahlen benutzt. Dies zeigt sowohl die Schwierigkeit, algebraische Methoden wie etwa ganzalgebraische Zahlen auf zahlentheoretische Probleme anzuwenden, als auch den Gewinn, den man davon haben kann.

Die Gleichung (1) ist der Fall $n = 3$ der Fermatschen Behauptung, für $n > 2$ könne niemals die Summe zweier n-ter Potenzen wieder eine n-te Potenz sein. In heutiger Formelsprache: Fermat behauptete, die Gleichung

$$X^n + Y^n = Z^n \qquad (2)$$

habe keine aus natürlichen Zahlen X, Y, Z bestehende Lösung. Fermat schrieb weiter, er habe „demonstrationem mirabilem" (dt.: einen wunderbaren Beweis) gefunden, aber der Rand reiche nicht aus, ihn aufzuschreiben. Mit dem „Rand" ist der Buchrand von Bachets Ausgabe der „Arithmetika" von Diophant gemeint; Fermat hatte eine solche Ausgabe gründlich studiert und mit zahlreichen Randbemerkungen versehen.

Obwohl die Fermatsche Behauptung keineswegs eine der wichtigen Motivationen zur Entwicklung und Ausgestaltung der algebraischen Zahlentheorie war, geriet sie doch im Laufe der Zeit zu einem „Testproblem", an dem man neue Methoden ausprobieren konnte. Heute kann man die Geschichte der mathematischen Arbeiten zu Fermats Gleichung (2) gut als Leitfaden einer Einführung in die algebraische Zahlentheorie nehmen [1]; die Fermatsche Behauptung wurde vor wenigen Jahren erst von Wiles bewiesen, wobei er Methoden aus verschiedenen mathematischen Teilgebieten benutzte.

Eine wichtige Rolle für die Entwicklung der algebraischen Zahlentheorie spielt das quadratische Reziprozitätsgesetz, das auf Euler zurückgeht. Die eleganteste (elementare) Formulierung dieses Gesetzes stammt von Legendre; Gauß gab mehrere Beweise. Jacobi begann damit, höhere quadratische Reziprozitätsgesetze zu formulieren und zu beweisen. Für Kummer war das die wichtigste Motivation, seine „idealen komplexen Zahlen" einzuführen und die Faktorisierung von Primzahlen mit Hilfe von Einheitswurzeln zu studieren. Die Kummerschen Ideen führen zu einem Beweis der Fermatschen Behauptung in den Fällen, wo n eine reguläre Primzahl ist. Dedekind verallgemeinerte Kummers Resultate und prägte den heutigen Begriff „Ideal"; in seiner Idealtheorie geht es hauptsächlich um die Ideale in den Ganzheitsringen algebraischer Zahlkörper.

Über letztere schrieb Hilbert einmal: „Die Theorie der Zahlkörper ist wie ein Bauwerk von wunderbarer Schönheit und Harmonie."

Die Suche nach dem, was hinter dem quadratischen Reziprozitätsgesetz steckt, zieht sich bis hin zur Klassenkörpertheorie [2].

Im 20. Jahrhundert wurde die algebraische Zahlentheorie außerdem mit zunehmendem Erfolg mit der algebraischen Geometrie in Verbindung gebracht, woraus sich die sog. arithmetische algebraische Geometrie entwickelte.

[1] Edwards, H. M.: Fermat's Last Theorem. Springer Berlin, 1977.

[2] Neukirch, J.: Algebraische Zahlentheorie. Springer Berlin, 1992.

[3] Singh, S.: Fermats letzter Satz. Hanser München/Wien, 1998.

algebraische Zyklen, die freie abelsche Gruppe, die von allen irreduziblen algebraischen Mengen der Dimension r erzeugt wird.

Die genannte Gruppe wird mit $Z_r(X)$ bezeichnet; sie ist die Gruppe der r-dimensionalen Zyklen auf einem algebraischen Schema X (über einem Körper $\mathbb{K}$).

algebraischer Abschluß, *algebraisch abgeschlossene Hülle*, ist eine minimale Körpererweiterung $\overline{\mathbb{K}}$ des Körpers $\mathbb{K}$, die selbst ein ↗algebraisch abgeschlossener Körper ist.

Der algebraische Abschluß existiert immer und ist bis auf äquivalente Körpererweiterung eindeutig bestimmt.

algebraischer Flachpunkt, ↗ Flachpunkt.

algebraischer Funktionenkörper, ein über einem Grundkörper $\mathbb{K}$ endlich erzeugter Erweiterungskörper $\mathbb{L}$.

Im folgenden sei $\mathbb{K}$ algebraisch abgeschlossen. Wenn $\mathbb{K} = \mathbb{C}$ und wenn man eine Transzendenzbasis $z_1, \cdots, z_n$, auszeichnet, so kann man jedes Element von $\mathbb{L}$ als analytische Funktion auf einem geeigneten Gebiet in $\mathbb{C}^n$ ansehen, oder als „mehrwertige Funktion". Man kann die Elemente von $\mathbb{L}$ aber auch mit rationalen Funktionen auf einer projektiven algebraischen Varietät V interpretieren, (eine solche Varietät V mit $\mathfrak{M}_V(V) \cong \mathbb{L}$ heißt ein Modell von $\mathbb{L}$,) die man wie folgt erhält: Man wähle Elemente $z_1, \cdots, z_N$, die $\mathbb{L}$ erzeugen, eine Unbestimmte t über $\mathbb{L}$, und definiere

$$I = \{f \in \mathbb{K}[X_0, \cdots, X_N];\ f(t, tz_1, \cdots, tz_N) = 0\}.$$

Dies ist ein homogenes Primideal, die zugehörige Varietät in $\mathbb{P}^N(\mathbb{K})$ ist dann eine Varietät mit $\mathfrak{M}_V(V) \simeq \mathbb{L}$. Die Dimension von V ist der Transzendenzgrad von $\mathbb{L}$ über $\mathbb{K}$, diese Zahl heißt auch Dimension des Funktionenkörpers. Eine besondere Rolle bei der Entwicklung der algebraischen Geometrie haben ein- und zweidimensionale Funktionenkörper gespielt, weil es in diesem Fall ausgezeichnete glatte sog. minimale Modelle gibt.

Im eindimensionalen Fall gibt es ein ausgezeichnetes Modell V, welches zugleich minimal und maximal ist, d. h. wenn V' eine komplette Varietät und $\sigma : \mathfrak{M}_{V'}(V') \xrightarrow{\sim} \mathbb{L}$ ein Isomorphismus ist, so wird σ durch einen Morphismus $V \longrightarrow V'$ induziert, und wenn V' eine glatte Varietät ist mit $\mathfrak{M}_{V'}(V') \simeq \mathbb{L}$, so wird der Isomorphismus durch eine offene Einbettung $V' \hookrightarrow V$ induziert. Man nennt V das glatte Modell von $\mathbb{L}$. Man erhält V aus einem beliebigen Modell durch ↗Auflösung von Singularitäten. Im

Falle $\mathbb{K} = \mathbb{C}$ ist die V zugrundeliegende komplexe Mannigfaltigkeit V_h eine kompakte Riemannsche Fläche.

Im zweidimensionalen Fall gibt es außer im Falle $\mathbb{L} = K_0(t)$, K_0 ein eindimensionaler Funktionenkörper, eindeutig bestimmte minimale Modelle. Im Falle $\mathbb{L} = K_0(t)$ gibt es relative minimale Modelle.

algebraischer innerer Punkt, innerer Punkt einer Menge bezüglich eines ↗algebraischen Abschlußsystems.

Ist X eine Menge und $\mathcal{A}$ ein algebraisches Abschlußsystem auf X sowie $M \subseteq X$, so heißt ein Punkt $x \in M$ algebraischer innerer Punkt von M, falls es eine ↗algebraisch offene Menge $U \subseteq X$ gibt so, daß gilt:

$$x \in U \subseteq M .$$

algebraischer Rand, Rand einer Menge bezüglich eines ↗algebraischen Abschlußsystems.

Ist X eine Menge, $\mathcal{A}$ ein algebraisches Abschlußsystem auf X und $M \subseteq X$, so besteht der algebraische Rand von M aus der Differenz des von M erzeugten Mitglieds von $\mathcal{A}$ und der Menge M selbst, das heißt aus der Menge $[M] \setminus M$.

algebraischer Randpunkt, ein Punkt aus dem ↗ algebraischen Rand einer Menge.

algebraischer Raum, analytischer Raum mit zusätzlicher Eigenschaft.

Ein analytischer Raum X heißt algebraischer Raum, wenn ein affines $\mathbb{C}$–Schema X' von endlichem Typ und ein surjektiver Etalmorphismus $X' \to X$ existiert, so daß $X' \times_X X'$ ein affines Unterschema von $X' \times X'$ ist.

Das Diagramm

$$X' \times_X X' \rightrightarrows X'$$

definiert so eine etale Äquivalenzrelation auf X', deren Quotient X ist.

algebraischer Zahlkörper, eine Körpererweiterung $K/\mathbb{Q}$ über dem Körper $\mathbb{Q}$ der rationalen Zahlen mit der Eigenschaft, daß K als Vektorraum über $\mathbb{Q}$ endlich-dimensional ist.

Die Dimension von K als $\mathbb{Q}$-Vektorraum heißt auch Grad des algebraischen Zahlkörpers K, geschrieben $[K : \mathbb{Q}]$.

Sind $x_1, \ldots, x_n$ reelle Zahlen, so schreibt man

$$K = \mathbb{Q}(x_1, \ldots, x_n)$$

für denjenigen Körper, der aus $\mathbb{Q}$ durch Adjunktion dieser Zahlen entsteht.

Sind alle Zahlen $x_1, \ldots, x_n$ ↗algebraische Zahlen, so wird K ein algebraischer Zahlkörper, und umgekehrt entsteht jeder algebraische Zahlkörper auf diese Weise. Man kann zeigen, daß jeder algebraische Zahlkörper ein primitives Element x enthält, d. h., K entsteht aus $\mathbb{Q}$ durch Adjunktion einer einzigen algebraischen Zahl x.

Ist $K = \mathbb{Q}(x)$, so ist der Grad der Körpererweiterung

$$[K : \mathbb{Q}] = [\mathbb{Q}(x) : \mathbb{Q}]$$

gleich dem Grad der algebraischen Zahl x, und damit gleich dem Grad des Minimalpolynoms von x. Ist $x \in \mathbb{C}$ eine transzendente Zahl, so erhält man durch Adjunktion an $\mathbb{Q}$ keinen algebraischen Zahlkörper, denn in diesem Fall gilt

$$[\mathbb{Q}(x) : \mathbb{Q}] = \infty .$$

Beispielsweise ist der Körper $\mathbb{R}$ der reellen Zahlen kein algebraischer Zahlkörper, da er neben den algebraischen Zahlen auch transzendente Zahlen enthält.

Auch der Körper $\overline{\mathbb{Q}}$ aller algebraischen Zahlen, d.i. der algebraische Abschluß von $\mathbb{Q}$, ist selbst kein algebraischer Zahlkörper, da er algebraische Zahlen von beliebig hohem Grad enthält; es gilt

$$[\overline{\mathbb{Q}} : \mathbb{Q}] = \infty .$$

algebraisches Abschlußsystem, ein ↗Abschlußsystem mit zusätzlicher Eigenschaft.

Ist X eine beliebige Menge und $\mathcal{A} \subseteq \mathfrak{P}(X)$ ein Mengensystem in X so, daß $\mathcal{A}$ unter der Durchschnittsbildung abgeschlossen ist, dann heißt $\mathcal{A}$ ein Abschlußsystem.

Ein Abschlußsystem $\mathcal{A}$ heißt algebraisches Abschlußsystem, falls für jedes nichtleere Teilsystem $\mathcal{B} \subseteq \mathcal{A}$, bei dem $\mathcal{B}$ ein gerichtetes System ist, gilt:

$$\bigcup \{B | B \in \mathcal{B}\} \in \mathcal{A} .$$

Ist $\mathcal{A}$ ein algebraisches Abschlußsystem auf einer Menge X und $M \subseteq X$ eine beliebige Teilmenge von X, so setzt man

$$[M] = \bigcap \{B | B \in \mathcal{A}, M \subseteq B\} .$$

Die Menge $[M]$ heißt das von X erzeugte Mitglied von $\mathcal{A}$. Sie ist das kleinste Mitglied von $\mathcal{A}$, das M enthält.

algebraisches Additionstheorem, ↗Additionstheorem.

algebraisches Element über einem Körper, ein Element α eines ↗Erweiterungskörpers $\mathbb{L}$ des Körpers $\mathbb{K}$, das Nullstelle einer ↗algebraischen Gleichung mit Koeffizienten aus $\mathbb{K}$ ist.

algebraisches Element über einem Ring, ein Element α über dem Ring R so, daß α algebraisch abhängig ist.

Beispielsweise ist die komplexe Zahl i algebraisches Element über dem Ring $\mathbb{Z}$ der ganzen Zahlen.

algebraisches Komplement, Bezeichnung für die aus einer $(n-1)$-reihigen Untermatrix einer $(n \times n)$-Matrix $A = (a_{ij})$ hervorgehenden Unterdeterminanten a^*_{ij} (↗Determinante einer Matrix), die gegeben sind durch folgenden Ausdruck:

$$a^*_{ij} := \det A_{ij} .$$

Dabei bezeichnet A_{ij} die Matrix, die man aus A durch Streichen der i-ten Zeile und der j-ten Spalte erhält. Es gilt weiterhin

$$a^*_{ij} = (-1)^{i+j} \det B_j ,$$

wobei B_j die $(n \times n)$-Matrix bezeichnet, die man erhält, wenn man in A die j-te Spalte durch den i-ten Einheitsvektor e_i ersetzt.

Allgemeiner werden manchmal auch die $(n-r)$-reihigen Unterdeterminanten

$$a^*_{i_1,\dots,i_r;j_1,\dots,j_r} := \det A_{i_1,\dots,i_r;j_1,\dots,j_r} ,$$

die gebildet werden aus der $((n-r)\times(n-r))$-Matrix, die man durch Streichen der r Zeilen mit den Nummern $i_1, \dots, i_r$ und der r Spalten mit den Nummern $j_1, \dots, j_r$ aus einer $(n \times n)$-Matrix A erhält, als algebraische Komplemente oder Kofaktoren bezeichnet.

algebraisches Produkt, ältere Bezeichnung für ein Produkt aus endlich vielen ganzen Zahlen. In neuerer Zeit eher gebräuchlich als Synonym für das ↗algebraische Produkt unscharfer Mengen.

algebraisches Produkt unscharfer Mengen, die unscharfe Menge mit der ↗Zugehörigkeitsfunktion

$$\mu_{A\cdot B}(x) = \mu_A(x) \cdot \mu_B(x)$$

für alle $x \in X$, wobei $\widetilde{A}$ und $\widetilde{B}$ ↗Fuzzy-Mengen auf X sind. Das algebraische Produkt wird $\widetilde{A} \cdot \widetilde{B}$ geschrieben.

Das algebraische Produkt ist eine spezielle T-Norm, die zur Bildung des ↗Durchschnitts unscharfer Mengen verwendet wird. Das algebraische Produkt bildet zusammen mit der ↗algebraischen Summe unscharfer Mengen einen Verband, der nicht-distributiv ist, da

$$\widetilde{A} \cdot (\widetilde{B} + \widetilde{C}) \neq \widetilde{A} \cdot \widetilde{B} + \widetilde{A} \cdot \widetilde{C} \qquad \text{für } \mu_A \neq 1 .$$

Da für eine unscharfe Menge $\widetilde{A} \in \widetilde{\mathfrak{P}}(X)$, die nicht gleich $\widetilde{\emptyset}$ oder X ist, gilt

$$\widetilde{A} \cdot C(\widetilde{A}) \neq \widetilde{\emptyset} \quad \text{und} \quad \widetilde{A} + C(\widetilde{A}) \neq X ,$$

genügen die algebraischen Operatoren nicht dem Gesetz der Komplementarität.

algebraisches Schema, Begriff aus der algebraischen Geometrie.

Es sei A ein kommutativer Ring. Ein Schema X heißt algebraisches Schema, wenn es eine endliche affine Überdeckung $U_i = \mathrm{Spec}(B_i)$ besitzt, so daß jede der Algebren B_i von endlicher Präsentation über A ist (d. h.: $B_i \simeq A\left[X_1, \cdots, X_n\right] / \left(f_1, \cdots, f_r\right)$ mit endlich vielen Erzeugenden und endlich vielen Relationen). Ein Schema, das eine offene Überdeckung durch algebraische Schemata besitzt, heißt lokal algebraisch. Wichtige Spezialfälle sind ↗algebraische Varietäten, man vergleiche auch ↗algebraische Geometrie.

algebraisches Stack, eine Erweiterung des Begriffes ↗algebraisches Schema, die vor allem nützlich ist bei der Behandlung von Modulproblemen.

Zugrunde liegt die Kategorie $\mathcal{S}$ algebraischer A-Schemata über einem Noetherschen Ring A, und eine Grothendieck-Topologie auf $\mathcal{S}$ mit der Eigenschaft, daß alle Kofunktoren $\hat{X} = \mathrm{Hom}_{\mathcal{S}}(-, X)$ Garben sind. Ein algebraisches Stack ist dann ein gefasertes Gruppoid $\mathcal{X} = (P : \mathcal{C} \longrightarrow \mathcal{S})$, das noch eine Reihe weiterer Eigenschaften besitzen muß, deren Beschreibung hier zu weit führen würde.

Algebrenantiautomorphismus, eine R-lineare bijektive Abbildung $\phi : A \to A$, wobei A eine Algebra über einem Ring R ist, für die gilt

$$\phi(a \cdot b) = \phi(b) \cdot \phi(a)$$

für alle $a, b \in A$.

Algebrenantihomomorphismus, eine R-lineare Abbildung $\phi : A_1 \to A_2$, wobei A_1 und A_2 zwei Algebren über einem Ring R sind, für die gilt

$$\phi(a \cdot b) = \phi(b) \cdot \phi(a)$$

für alle $a, b \in A_1$.

Algebrenautomorphismus, ↗Algebrenhomomorphismus.

Algebrenendomorphismus, ↗Algebrenhomomorphismus.

Algebrenepimorphismus, ↗Algebrenhomomorphismus.

Algebrenhomomorphismus, Abbildung zwischen zwei Algebren mit speziellen Eigenschaften.

Seien A_1 und A_2 zwei Algebren über demselben Ring R. Eine Abbildung $\phi : A_1 \to A_2$ heißt Algebrenhomomorphismus, falls gilt:

1. ϕ ist R-linear, d. h. $\forall r, s \in R$, $\forall a, b \in A_1$ gilt
$$\phi(ra + sb) = r\phi(a) + s\phi(b) .$$
2. ϕ ist ein Ringhomomorphismus, d. h. $\forall a, b \in A_1$ gilt
$$\phi(a \cdot b) = \phi(a) \cdot \phi(b) .$$

Ist der Algebrenhomomorphismus ϕ injektiv, (d. h. aus $\phi(a) = \phi(b)$ folgt $a = b$), so nennt man ϕ Algebrenmonomorphismus.

Ist ϕ surjektiv, (d. h. $\phi(A_1) = A_2$), so nennt man ϕ Algebrenepimorphismus.

Ist ϕ bijektiv, so nennt man ϕ Algebrenisomorphismus.

Stimmen Ausgangsalgebra A_1 und Zielalgebra A_2 überein, so nennt man ϕ auch Algebrenendomorphismus. Ist ϕ zusätzlich bijektiv, so nennt man ϕ Algebrenautomorphismus.

Der Kern ϕ eines Algebrenhomomorphismus, d. h. die Elemente $x \in A_1$ mit $\phi(x) = 0$, bildet ein zweiseitiges Ideal in A_1 in bezug auf die Ringstruktur von A_1. Das Bild $\phi(A_1)$ bildet eine Unteralgebra in A_2.

Nach dem Homomorphiesatz ist die Faktoralgebra $A_1/\text{Kern } \phi$ isomorph zu $\phi(A_1)$.

Algebrenisomorphismus, ↗Algebrenhomomorphismus.

Algebrenmonomorphismus, ↗Algebrenhomomorphismus.

Algorithmentheorie, ↗Berechnungstheorie.

algorithmische Prinzipien, Methoden zum Entwurf effizienter Algorithmen (↗effizienter Algorithmus).

Eine der bekanntesten Methoden ist die Divide-and-Conquer Technik, bei der Probleme in Teilprobleme zerlegt werden, diese rekursiv gelöst werden und schließlich die Gesamtlösung aus den Teillösungen zusammengesetzt wird.

Bei der dynamischen Programmierung werden die Teilprobleme nach aufsteigender Größe behandelt. Bei der Behandlung größerer Probleme kann auf die Lösung kleinerer Probleme zurückgegriffen werden.

Branch-and-Bound Methoden finden bei Optimierungsproblemen Anwendung. Für den optimalen Wert der Lösung jedes betrachteten Teilproblems werden untere und obere Schranken berechnet. Noch nicht gelöste Teilprobleme werden weiter zerlegt, wobei die Betrachtung von Teilproblemen, deren Lösung die beste bekannte Lösung nicht übertreffen kann, eingespart wird. Während die genannten Methoden sichern, daß eine optimale Lösung gefunden wird, kann bei heuristischen Suchverfahren nur gehofft werden, daß oft eine gute Lösung berechnet wird. Zu diesen Strategien zählen Greedy Algorithmen, Lokale Suche, Simulated Annealing sowie evolutionäre und genetische Algorithmen.

Algorithmus, eindeutiges, endlich beschreibbares und mechanisch durchführbares Verfahren zur Lösung einer bestimmten Problemklasse. Zu jedem Zeitpunkt des Verfahrens muß der Folgeschritt eindeutig durch den vorangegangenen Schritt festgelegt sein.

Nach Eingabe der jeweiligen Eingabedaten bricht das Verfahren in der Regel nach endlich vielen Schritten ab und liefert das gesuchte Ergebnis. Allerdings gibt es auch Algorithmen, die bei bestimmten Eingaben nicht nach endlich vielen Schritten stoppen (↗Halteproblem).

In der Praxis ist ein Algorithmus oft in einer Spezifikations- oder Programmiersprache angegeben, während man bei theoretischen Betrachtungen gelegentlich ↗Turing-Maschinen oder ↗Registermaschinen findet.

Der Begriff des Algorithmus, der innerhalb der Mathematischen Informatik eine zentrale Rolle spielt, geht auf den arabischen Mathematiker al-Hwârizmî (↗Arabische Mathematik) zurück und wurde bis in die Neuzeit vor allem von Lullus, Descartes und Leibniz weiterverfolgt.

Erste brauchbare mathematische Präzisierungen des bis dahin rein intuitiven Algorithmusbegriffes kamen im ersten Drittel dieses Jahrhunderts auf (↗Berechnungstheorie, ↗Churchsche These).

Die enorme aktuelle Bedeutung des Algorithmusbegriffes spiegelt sich im Siegeszug der modernen Rechenanlagen (↗Computer) wider, der die Entwicklung neuer Disziplinen, wie Komplexitätstheorie wesentlich angeregt hat.

Die ursprüngliche Hoffnung auf einen Algorithmus als ein allgemeines Verfahren zur Lösung aller mathematischen Probleme hat sich nicht erfüllt (↗Entscheidbarkeit, ↗berechenbare Funktion).

Alhidade, Einrichtung zum Ablesen eines horizontal liegenden Teilkreises, befindet sich am drehbaren Oberteil eines Theodoliten (↗ Winkelmeßinstrument).

Alignment, im Sinne der ↗Mathematischen Biologie beim Vergleich von DNA-Sequenzen notwendige Prozedur des Zurechtrückens, damit Insertionen, Deletionen, Inversionen und Punktmutationen erkannt werden können (↗Bioinformatik).

al-Karağī, Faḫr ad-Dīn, Abū Bakr, Muḥammad ibn al-Ḥasan, *al-Karajī, Faḫr ad-Dīn, Abū Bakr, Muḥammad ibn al-Ḥusain*, persischer Mathematiker, gest. um 1030 ?.

Al-Karağīs besondere Bedeutung ist mit der Algebra sowie der Tradierung von Problemen des Diophantos verbunden. Mit seinen Schriften begann eine neue Entwicklungsetappe der Algebra als eigenständiger mathematischer Disziplin, ihre Arithmetisierung. Ausgangspunkt dafür waren die zahlentheoretischen Bücher der „Elemente“ Euklids, die algebraische Interpretation der „Arithmetika“ des Diophantos und die Arbeiten zur Algebra islamischer Gelehrter des 9. und 10. Jahrhunderts wie z. B. al-Hwârizmî (↗Arabische Mathematik).

Al-Karağī präsentierte erstmalig eine systematische Darlegung zum Rechnen mit positiven und negativen Exponenten, zur Anwendung arithmetischer Operationen auf algebraische Terme und Ausdrücke, angefangen bei Termen bis hin zu Polynomen. Von Bedeutung sind auch seine Arbeiten zu Summenformeln für endliche Reihen, zu Binomialkoeffizienten und zur Lösung unbestimmter Gleichungssysteme.

Neben mathematischen finden sich aber auch Arbeiten al-Karağīs zur Astronomie, Astrologie, Wasserwirtschaft und Architektur.

al-Karajī, Faḫr ad-Dīn, Abū Bakr, Muḥammad ibn al-Ḫusain, ↗ al-Karaǧī, Faḫr ad-Dīn, Abū Bakr, Muḥammad ibn al-Ḫasan.

al-Kāšī, Ġiyāṯ ad-Dīn, Ǧamšid ibn Mašūd, persischer Mathematiker und Astronom, geb. 1380 Kašana (Iran), gest. 22.6.1429 Samarkand (heute Usbekistan).

Al-Kāšī war Astronom am Observatorium in Samarkand und der letzte bedeutende Mathematiker des islamischen Mittelalters. Er bestimmte u. a. π auf sechzehn Dezimalstellen genau und kannte bereits das Pascalsche Dreieck.

Al-Kāšī beschäftigte sich auch mit der Lösung von Gleichungssystemen und wandte dabei ein Verfahren an, das heute Fixpunktiteration genannt wird. Darüber hinaus verfaßte al-Kāšī verschiedene Bücher über Algebra und Geometrie.

Allee-Effekt, in Populationsmodellen der Effekt, daß die Population erst ab einer Mindestgröße vermehrungsfähig ist.

Der Allee-Effekt führt zu charakteristischen bistabilen Nichtlinearitäten in mathematischen Modellen.

Allel, im Sinne der ↗ Mathematischen Biologie die Ausprägung eines Gens (↗ Genetik).

allgemein gekrümmte Kurve, im $\mathbb{R}^n$ eine reguläre Kurve $\alpha(t)$, deren Ableitungsvektoren $\alpha'(t)\ldots\alpha^{(n)}(t)$ bis zur Ordnung n linear unabhängig sind.

Damit werden z. B. Kurven ausgeschlossen, die ganz in einem affinen Unterraum niedrigerer Dimension liegen. So kann keine allgemein gekrümmte Raumkurve Teilmenge einer in $\mathbb{R}^3$ enthaltenen Ebene sein.

allgemeine Boltzmann-Gleichung, Gleichungstyp für die Bestimmung der Verteilungsfunktion f in der kinetischen Gastheorie unter Berücksichtigung von Stößen zwischen den Gasmolekülen. Die Zahl der Teilchen in einem Phasenraumvolumenelement wird durch Stöße verändert, was durch die allgemeine Boltzmann-Gleichung

$$\frac{df}{dt} = \mathrm{St}f$$

ausgedrückt wird. Stf heißt Stoßterm oder Stoßintegral (↗ Boltzmanscher Stoßterm).

Die allgemeine Boltzmann-Gleichung wird zu einer (Integro-Differential-) Gleichung, wenn der Stoßterm gegeben ist. Dazu braucht man Kenntnisse über den Stoßmechanismus.

Die Verteilungsfunktion f hängt von der Zeit und den Phasenraumkoordinaten ab. Es ist aber nicht zweckmäßig, die kanonisch konjugierten Variablen als Koordinaten zu wählen.

Alle Variablen außer der Zeit und den Schwerpunktskoordinaten der Moleküle faßt man in einer kollektiven Variablen zusammen. Dieser Satz von Variablen hat die Eigenschaft, sich nur bei den Stößen zu ändern, deren Dauer als kurz, verglichen mit der Zeit zwischen zwei Stößen, angenommen wird. Die Schwerpunktskoordinaten ändern sich dagegen während der freien Bewegung zwischen den Stößen.

allgemeine Grammatik, ↗ Grammatik.

allgemeine Hartogs-Figur, wichtiges Instument zum Studium der analytischen Fortsetzbarkeit holomorpher Funktionen mehrerer Variabler. Es sei

$$P = \{z \in \mathbb{C}^n : |z| < 1\}$$

der Einheitspolyzylinder, sowie $q_1, \ldots, q_n$ mit $0 < q_\nu < 1$ für $1 \le \nu \le n$ reelle Zahlen. Dann definiert man für $2 \le \mu \le n$:

$$D_\mu := \left\{z \in P : |z_1| \le q_1 \text{ und } q_\mu \le |z_\mu| < 1\right\},$$

$$D := \bigcup_{\mu=2}^{n} D_\mu$$

und

$$H := P - D = \bigcap_{\mu=2}^{n} (P - D_\mu) .$$

Dann ist

$$H = \left\{z \in P : |z_1| > q_1 \text{ oder } |z_\mu| < q_\mu, 2 \le \mu \le n\right\}.$$

(P, H) heißt dann euklidische Hartogs-Figur im $\mathbb{C}^n$. H ist ein eigentlicher Reinhardtscher Körper, $\check{H} = P$ seine vollständige Hülle, d. h. der kleinste logarithmisch-konvexe vollständige Reinhardtsche Körper, der H enthält. Es gilt

$$\check{H} = \bigcup_{z \in H \cap (\mathbb{C}^*)^n} P(0; z) ,$$

wobei

$$P(0; z) = \left\{w \in \mathbb{C}^n : |w_j| < |z_j|, 1 \le j \le n\right\} .$$

Es sei nun (P, H) eine euklidische Hartogs-Figur im $\mathbb{C}^n$, $g = (g_1, \ldots, g_n) : P \to \mathbb{C}^n$ eine biholomorphe Abbildung, und $\widetilde{P} := g(P)$, $\widetilde{H} := g(H)$.

Dann heißt $(\widetilde{P}, \widetilde{H})$ eine allgemeine Hartogs-Figur im $\mathbb{C}^n$.

Der folgende Satz wird im Beweis des Kontinuitätssatzes von Hartogs angewendet, der von grundlegender Bedeutung für die Betrachtungen zur analytischen Fortsetzbarkeit holomorpher Funktionen ist.

Sei $(\widetilde{P}, \widetilde{H})$ eine allgemeine Hartogsfigur im $\mathbb{C}^n$ und f holomorph in $\widetilde{H}$.

Dann existiert genau eine holomorphe Funktion F auf $\widetilde{P}$ mit $F \mid \widetilde{H} = f$.

Da $P = \check{H} \neq H$, besteht ein wichtiger Unterschied zur Theorie der Funktionen einer komplexen Variablen, wo es zu jedem Gebiet G eine auf G holomorphe Funktion gibt, die in kein echtes Obergebiet fortsetzbar ist.

allgemeine hypergeometrische Differentialgleichung, gewöhnliche Differentialgleichung in z der Form

$$\frac{d^2w}{dz^2} + \left(\frac{1-\alpha-\alpha'}{z-a} + \frac{1-\beta-\beta'}{z-b} + \frac{1-\gamma-\gamma'}{z-c}\right)\frac{dw}{dz} + \left(\frac{\alpha\alpha'(a-b)(a-c)}{z-a} + \frac{\beta\beta'(b-c)(b-a)}{z-b} + \frac{\gamma\gamma'(c-a)(c-b)}{z-c}\right)\frac{w}{(z-a)(z-b)(z-c)} = 0,$$

wobei a, b, c und α, β, γ, α', β', γ' beliebige komplexe Zahlen mit der Nebenbedingung

$$\alpha + \alpha' + \beta + \beta' + \gamma + \gamma' = 1$$

sind. Die Zahlen a, b und c heißen aus offensichtlichen Gründen die „Singularitäten" der Differentialgleichung, die kleinen griechischen Buchstaben α, α' usw. die „Exponenten". Diese Nomenklatur rührt daher, daß sich bis auf Ausnahmefälle jeweils zwei linear unabhängige Lösungen der allgemeinen hypergeometrischen Differentialgleichung finden lassen, die sich in der Umgebung der Singularitäten a, b und c jeweils wie z^α und $z^{\alpha'}$, z^β, $z^{\beta'}$ usw. verhalten.

Die Lösungen dieser Differentialgleichung notiert man abkürzend auch mit dem Symbol

$$w = P\left\{\begin{matrix} a & b & c & \\ \alpha & \beta & \gamma & z \\ \alpha' & \beta' & \gamma' & \end{matrix}\right\}.$$

Spezialfälle der allgemeinen hypergeometrischen Gleichung sind die gewöhnliche hypergeometrische Gleichung:

$$w = P\left\{\begin{matrix} 0 & \infty & 1 & \\ 0 & a & 0 & z \\ 1-c & b & c-a-b & \end{matrix}\right\},$$

die Legendre-Differentialgleichung:

$$w = P\left\{\begin{matrix} 0 & \infty & 1 & \\ -\frac{\nu}{2} & \frac{\mu}{2} & 0 & (1-z^2)^{-1} \\ \frac{\nu+1}{2} & -\frac{\mu}{2} & \frac{1}{2} & \end{matrix}\right\},$$

und die konfluente hypergeometrische Differentialgleichung:

$$w = P\left\{\begin{matrix} 0 & \infty & c & \\ \frac{1}{2}+u & -c & c-k & z \\ \frac{1}{2}-u & 0 & k & \end{matrix}\right\}$$

im Grenzfall $c \to \infty$.

Unterwirft man nun die allgemeine hypergeometrische Differentialgleichung einer Möbius-Transformation, die die Singularitäten a, b und c entweder auf sich oder auf die Punkte a_1, b_1 und c_1 abbildet, so findet man die folgenden Transformationsregeln:

$$\left(\frac{z-a}{z-b}\right)^k\left(\frac{z-c}{z-b}\right)^l P\left\{\begin{matrix} a & b & c & \\ \alpha & \beta & \gamma & z \\ \alpha' & \beta' & \gamma' & \end{matrix}\right\} = P\left\{\begin{matrix} a & b & c & \\ \alpha+k & \beta-k-l & \gamma+l & z \\ \alpha'+k & \beta'-k-l & \gamma'+l & \end{matrix}\right\}$$

sowie

$$P\left\{\begin{matrix} a & b & c & \\ \alpha & \beta & \gamma & z \\ \alpha' & \beta' & \gamma' & \end{matrix}\right\} = P\left\{\begin{matrix} a_1 & b_1 & c_1 & \\ \alpha+k & \beta-k-l & \gamma+l & z_1 \\ \alpha'+k & \beta'-k-l & \gamma'+l & \end{matrix}\right\},$$

wobei gelte

$$z = \frac{Az_1+B}{Cz_1+D} \qquad a = \frac{Aa_1+B}{Ca_1+D}$$
$$b = \frac{Ab_1+B}{Cb_1+D} \qquad c = \frac{Ac_1+B}{Cc_1+D}.$$

Hierbei sind A, B, C und D beliebig unter der Nebenbedingung $AD - BC \neq 0$.

Mit diesen Transformationsregeln läßt sich jede Lösung der allgemeinen hypergeometrischen Differentialgleichung durch Lösungen der gewöhnlichen hypergeometrischen Differentialgleichung ausdrücken, und insbesondere erhält man also eine Lösung aus der hypergeometrischen Funktion F:

$$w = \left(\frac{z-a}{z-b}\right)^\alpha \left(\frac{z-c}{z-b}\right)^\gamma \cdot F\left(\alpha+\beta+\gamma, \alpha+\beta'+\gamma; 1-\alpha-\alpha'; \frac{(z-a)(c-b)}{(z-b)(c-a)}\right).$$

Weitere linear unabhängige Lösungen kann man dann durch die obigen Transformationsregeln oder direkt aus der Theorie der hypergeometrischen Funktionen konstruieren.

[1] Abramowitz, M.; Stegun, I.A.: Handbook of Mathematical Functions. Dover Publications, 1972.

[2] Erdélyi, A.: Higher transcendential functions, vol. 1. McGraw-Hill, 1953.

[3] Klein, F.: Vorlesungen über die hypergeometrische Funktion. Springer, 1933.

allgemeine Lage, gewisse Lage von Punkten im $\mathbb{R}^N$. Es seien $a_0, a_1, ..., a_n$ Punkte im Raum $\mathbb{R}^N$. Man sagt, diese Punkte sind in allgemeiner Lage, falls die Vektoren $a_0\vec{a}_1, a_0\vec{a}_2, ..., a_0\vec{a}_n$ linear unabhängig sind. So befinden sich zum Beispiel drei Punkte des $\mathbb{R}^3$ dann in allgemeiner Lage, wenn sie nicht auf einer Strecke liegen, also ein Dreieck bilden.

Für $n+1$ Punkte in allgemeiner Lage nennt man die Menge

$$\{\lambda_0 a_0 + \cdots + \lambda_n a_n | \lambda_0 + \cdots + \lambda_n = 1, \lambda_i \geq 0\}$$

den n-Simplex mit den Ecken $a_0, ..., a_n$. So bildet beispielsweise im $\mathbb{R}^3$ ein 2-Simplex aus zwei Punkten a_0 und a_1 genau die Strecke zwischen a_0 und a_1, während ein 3-Simplex aus drei Punkten das von diesen Punkten gebildete Dreieck ist.

allgemeine lineare Gruppe, für einen Körper K und eine natürliche Zahl $n \in \mathbb{N}$ die Menge aller invertierbaren $(n \times n)$-Matrizen, deren Komponenten Elemente aus K sind.

Die allgemeine lineare Gruppe ist n-dimensional und wird mit $GL(n, K)$ bezeichnet. Die Bezeichnung GL stammt von der englischsprachigen Form „general linear".

Wird K nicht angegeben, so ist K als Körper $\mathbb{R}$ der reellen Zahlen anzunehmen.

Das zweite wichtige Beispiel ist $GL(n, \mathbb{C})$, die allgemeine lineare Gruppe über dem Körper der komplexen Zahlen, die in der Darstellungstheorie verwendet wird.

allgemeine *n*-te Wurzel, alle Lösungen der Gleichung $z^n = a$, wobei a eine komplexe Zahl ist.

Für $a \neq 0$ besitzt diese Gleichung genau n verschiedene Lösungen $z_0, \ldots, z_{n-1} \in \mathbb{C}$. Schreibt man a in Polarkoordinaten $a = re^{i\varphi}$ mit $r = |a|$ und $\varphi \in [0, 2\pi)$, so gilt für $k = 0, \ldots, n-1$

$$z_k = \sqrt[n]{r} e^{i(\varphi + 2k\pi)/n} .$$

Allgemeine Relativitätstheorie

H.-J. Schmidt

Die Allgemeine Relativitätstheorie, abgekürzt ART, ist eine von Albert Einstein im Jahr 1915 entwickelte Verallgemeinerung der Speziellen Relativitätstheorie. Eine der Grundideen der Relativitätstheorie, nämlich die Dynamik der physikalischen Felder aus der Geometrie herzuleiten, ist hier erstmals realisiert worden, deshalb wird die ART auch Geometrodynamik genannt.

Die der ART unterliegende Geometrie ist die der Pseudoriemannschen Mannigfaltigkeit. Das „Pseudo" in diesem Begriff bezieht sich auf die Tatsache, daß in einer Riemannschen Mannigfaltigkeit der metrische Tensor g_{ij} positiv definit sein muß, in der ART hat der metrische Tensor dagegen die Signatur $(+---)$. (Die Literatur ist hier nicht einheitlich: teilweise wird auch die Signatur $(-+++)$ verwendet, das hat aber auf das weitere keinen Einfluß, außer daß in einigen Formeln andere Vorzeichen gesetzt werden müssen.)

Für einen von Null verschiedenen Vektor v^i bestimmt

$$v = g_{ij} v^i v^j$$

(hier findet die ↗ Einsteinsche Summenkonvention Anwendung) den Charakter des Vektors: Bei $v > 0$ ist der Vektor zeitartig, bei $v = 0$ ist er lichtartig und bei $v < 0$ raumartig.

Der metrische Tensor geometrisiert das Gravitationsfeld, deshalb wird die ART auch einfach Gravitationstheorie genannt. Um sie dann von anderen Gravitationstheorien zu unterscheiden, werden diese mit dem Sammelbegriff Nicht-Einsteinsche Gravitationstheorien bezeichnet.

Es gibt zwei grundsätzlich verschiedene Zugänge, die ART herzuleiten: Zum einen werden physikalische Prinzipien aufgestellt und danach die geeignete mathematische Struktur dazu gesucht, zum anderen werden geometrisch motivierte Annahmen gemacht, um anschließend deren physikalische Konsequenzen zu ermitteln. Ein besonderer Reiz der ART besteht nun gerade darin, daß beide Zugänge zu denselben Ergebnissen führen.

Wir beginnen mit dem physikalischen Zugang, der geometrische wird am Ende angeführt.

Die physikalischen Prinzipien sind die folgenden: Das *Kovarianzprinzip*; dieses besagt, daß der Wert meßbarer physikalischer Größen unabhängig davon ist, in welchem Koordinatensystem gemessen wird. Dabei werden beliebige, auch nichtlineare, Koordinatentransformationen berücksichtigt. (Zum Vergleich: In der Speziellen Relativitätstheorie wird dieses Kovarianzprinzip nur für Inertialsysteme gefordert, d. h., es werden nur lineare Koordinatentransformationen zugelassen.)

Um diesem Prinzip zu genügen, benötigt man einen neuen Typ der Ableitung von Feldern (anstelle der partiellen Ableitung tritt die kovariante Ableitung) und einen neuen Typ von Feldern (Tensorfelder genannt).

Das *Prinzip der kleinsten Wirkung* besagt, daß sich die Feldgleichungen der physikalischen Felder als Minimum einer Wirkungsfunktion herleiten lassen. Im Rahmen der ART ist die Wirkungsfunktion dargestellt durch ein Integral über die Raum-Zeit, und der Integrand ist der „Lagrangian“ L. Dabei ist

$$L = L_{EH} + L_{mat} ,$$

wobei L_{EH} der Integrand der Einstein-Hilbert-Wirkung ist und die gravitative Wechselwirkung beschreibt. L_{mat} ist der Lagrangian der Materie, der alle nichtgravitativen Wechselwirkungen beschreibt. Es gilt

$$L_{EH} = \frac{R}{16\pi G} ,$$

dabei sind R der Krümmungsskalar und G die Gravitationskonstante. Die Gravitationsfeldgleichung ist gleichwertig zu der Forderung, daß die Variationsableitung von L nach dem metrischen Tensor g_{ij} verschwindet, und führt zur ↗Einsteinschen Feldgleichung.

Die Wirkung ist das Integral über den Lagrangian, so daß das Verschwinden der genannten Variationsableitung äquivalent zur Stationarität der Wirkung ist. Damit die Wirkung nicht nur stationär, sondern, wie gefordert, minimal wird, müssen sowohl G als auch alle Massen positiv sein. Das hat zur Folge, daß Gravitation immer anziehend ist.

Das *Äquivalenzprinzip* der mathematischen Physik führt zu folgendem „Rezept“: Um die nichtgravitativen Felder in der ART zu beschreiben, werden die Gleichungen der Speziellen Relativitätstheorie so umgeschrieben, daß die partiellen Ableitungen durch kovariante ersetzt werden, und die Metrik der Minkowskischen Raum-Zeit wird durch den metrischen Tensor der ART ersetzt. Nach diesem „Rezept“ wird L_{mat} gebildet. Dadurch werden die Feldgleichungen, wie gefordert, zu Tensorgleichungen.

Das *Machsche Prinzip* ist von etwas anderer Struktur, da bis heute nicht ganz klar ist, in welcher Relation es tatsächlich zur ART steht. Es besagt: Die Trägheit eines Körpers wird durch die Menge aller schweren Massen des Universums induziert.

Kommen wir nun zum geometrischen Zugang: Wenn man postuliert, daß die Gravitation durch die Krümmung der Raum-Zeit beschrieben werden soll, und damit die Feldgleichungen zu Tensorgleichungen werden, muß der Lagrangian ein Skalar sein, der aus den Komponenten des Krümmungstensors gebildet wird. Da der Krümmungstensor aus den zweiten Ableitungen der Metrik aufgebaut ist, ergibt das im typischen Fall eine Feldgleichung vierter Ordnung für das Gravitationsfeld.

Nun ist aber die Newtonsche Gravitationstheorie, die ja im Grenzfall schwacher Gravitationsfelder als Grenzfall der ART herauskommen sollte, eine Theorie zweiter Ordnung. So ist es sinnvoll, dies auch von der ART zu fordern, und diese Forderung führt dazu, daß der gravitative Lagrangian linear in R sein muß, d. h.

$$L_{EH} = \alpha R + \Lambda$$

mit gewissen Konstanten α und Λ.

Damit sich der Newtonsche Grenzfall richtig ergibt, muß $\alpha = 1/(16\pi G)$ gelten. Die Frage, ob Λ einfach gleich Null gesetzt werden soll, ist noch umstritten. Schon Einstein selbst hat zu dieser Frage nach der kosmologischen Konstante im Laufe der Zeit unterschiedliche Ansichten geäußert.

Die ↗Bianchi-Identitäten sind zunächst eine rein geometrisch begründete Eigenschaft einer Raum-Zeit. Wendet man sie auf die Einsteinsche Feldgleichung an, ergeben sich entsprechende Identitäten für die Materiefelder.

Das hat zur Konsequenz, daß, anders als in vielen anderen Theorien, in der ART die Bewegungsgleichung von (Test-)Teilchen nicht zusätzlich vorgegeben zu werden braucht, sondern eine Folge der Feldgleichungen ist.

Literatur

[1] Einstein, A.: Grundzüge der Relativitätstheorie. Vieweg Braunschweig, 1969.

---

allgemeine Riccati-Differentialgleichung, gewöhnliche Differentialgleichung (DGL) erster Ordnung der Form

$$y' = f(x)y^2 + g(x)y + h(x) . \tag{1}$$

Durch verschiedene Substitutionen ist es möglich, das lineare Glied zu eliminieren und die DGL somit eventuell zu vereinfachen. Sind speziell $f(x) = -a, g(x) = 0$ und $h(x) = bx^\alpha$ mit Konstanten a, b, α, so handelt es sich um die spezielle Riccati-Differentialgleichung

$$y' + ay^2 = bx^\alpha . \tag{2}$$

Die Differentialgleichung

$$xy' + ax^\alpha y^2 + by = cx^\beta$$

ist die sog. Rawsonsche Form der Riccati-Differentialgleichung, ihre Lösungen lassen sich eindeutig in die Lösungen einer speziellen Riccati-Differentialgleichung überführen und umgekehrt. Für den Fall $h(x) = 0$ ist (1) eine ↗Bernoulli-Differentialgleichung und läßt sich dann mit $u(x) = 1/y$ in die lineare Differentialgleichung

$$u' + g(x)u + f(x) = 0$$

überführen.

Die allgemeine Riccati-Differentialgleichung steht in engem Bezug zu den linearen DGLen zweiter Ordnung: Denn sind $I \subset \mathbb{R}$ ein Intervall, $g, h \in C^0(I)$ und $f \in C^1(I)$, so wird jede auf einem beliebigen Teilintervall von I existierende Lösung y von (1) durch $u(x) = \exp\left(-\int f(x)y(x)dx\right)$ in eine nichttriviale Lösung der linearen DGL

$$f(x)u'' - (f'(x) + f(x)g(x))u' + f^2(x)h(x)u = 0 \quad (3)$$

überführt. Umgekehrt wird aus jeder nichttrivialen Lösung u von (3) durch

$$y(x) = -\frac{u'(x)}{f(x)u(x)}$$

eine Lösung der Riccati-Differentialgleichung (1).

[1] Kamke, E.: Differentialgleichungen, Lösungsmethoden und Lösungen I. B. G. Teubner Stuttgart, 1977.

allgemeine Schraubenlinie, ↗Böschungslinie.

allgemeiner Frame, eine Menge $\{\phi_k, k \in \mathbb{Z}\}$ in einem Hilbertraum H, für die gilt: Es existieren Konstanten $A, B > 0$ so, daß

$$A\|f\|_H^2 \leq \sum_{k \subset \mathbb{Z}} |\langle f, \phi_k \rangle_H|^2 \leq B\|f\|_H^2$$

für alle $f \in H$ gilt. Die Vektoren $\{\phi_k\}$ eines Frames müssen nicht linear unabhängig sein, ein Frame ist ein redundantes Erzeugendensystem für H. Der Begriff Frame hat in der Wavelettheorie eine spezielle Bedeutung.

allgemeines Halteproblem, ↗Halteproblem.

allgemeines Superpositionsprinzip, Prinzip, nach dem die „Überlagerung" von möglichen Zuständen eines physikalischen Systems wieder ein möglicher Zustand des Systems ist. Voraussetzung für das allgemeine Superpositionsprinzip ist die Beschreibung eines Erscheinungsgebiets durch lineare Gleichungen. Für sie gilt, daß eine Linearkombination von Lösungen wieder eine Lösung der Gleichungen ist.

Beispiele: 1. Wirken auf einen Massenpunkt Kräfte, dann ergibt sich die Bewegung des Punktes nach der Newtonschen Mechanik aus der vektoriellen Addition der Kräfte.

2. Elektromagnetische Wellenfelder stören sich nach der klassischen Maxwell-Theorie nicht.

3. Die Linearkombination zweier Zustände als Lösungen der Schrödinger-Gleichung ist wieder ein möglicher Zustand des Quantensystems.

allgemeingültiger Ausdruck, Ausdruck des Aussagen- bzw. Prädikatenkalküls, der bei jeder ↗Belegung der Aussagenvariablen mit Wahrheitswerten bzw. bei jeder Interpretation der zugrundegelegten prädikatenlogischen Sprache (↗elementare Sprache) stets wahr ist.

allgemein-rekursive Funktion, eine k-stellige Funktion f, $k \geq 0$, für die es ein endliches Gleichungssystem G gibt, in dem „f" als Funktionsbezeichner vorkommt und sich für jedes $(k+1)$-Tupel von natürlichen Zahlen $(n_1, \dots, n_k, m)$ die Gleichung „$f(n_1, \dots, n_k) = m$" aus G mittels der Einsetzungs- und der Ersetzungsregel ableiten läßt genau dann wenn $f(n_1, \dots, n_k) = m$ gilt.

Hierbei bedeutet die Einsetzungsregel, daß man für alle Vorkommen einer bestimmten Variablen des Gleichungssystems eine Konstante einsetzt. Die Anwendung der Ersetzungsregel setzt voraus, daß bereits Gleichungen der Form $t_1 = t_2$ und $f(x_1, \dots, x_n) = y$ vorliegen, sodann kann man die Gleichung $t_1' = t_2'$ ableiten, wobei t_1', t_2' aus t_1, t_2 hervorgehen, indem an einigen (nicht notwendigerweise allen) Stellen $f(x_1, \dots, x_k)$ durch y ersetzt wird. Das Gleichungssystem G besteht aus einer endlichen Menge von Termgleichungen, wobei man die Terme aus den folgenden Primitiven aufbauen kann: Variablen, Konstanten (natürliche Zahlen), N (die Nachfolgerfunktion) und beliebigen weiteren Funktionsbezeichnern. (Die Konstanten sind hierbei nur als Abkürzungen für Terme der Form $N(N(\dots N(0)\dots))$ zu verstehen).

Dieses Konzept wurde von Gödel und Herbrand entwickelt und stellt eine weitere von vielen äquivalenten Möglichkeiten dar, den Berechenbarkeitsbegriff formal zu fassen (↗Berechnungstheorie, ↗Churchsche These). Für die ↗Ackermann-Funktion a kann man beispielsweise folgendes Gleichungssystem angeben:

$$\begin{aligned} a(0, y) &= N(y), \\ a(N(x), 0) &= a(x, N(0)), \\ a(N(x), N(y)) &= a(x, a(N(x), y)). \end{aligned}$$

Durch Anwendungen der Einsetzungs- und der Ersetzungsregel läßt sich dann z. B. ableiten: $a(1, 2) = 4$, bzw. ausführlich:

$$a(N(0), N(N(0))) = N(N(N(N(0)))).$$

Allklasse, diejenige Klasse, die genau alle Mengen enthält. Die formale Definition der Allklasse V lautet

$$\mathrm{V} := \{x : x = x\},$$

sofern vereinbart ist, daß die Variable x über alle Mengen läuft (↗axiomatische Mengenlehre).

Allmenge, ↗ Cantorsche Antinomie.

Allquantor, Grundzeichen des Prädikatenkalküls oder ↗elementarer Sprachen zur Bezeichnung der Generalisierung.

Hierfür werden meistens die Symbole $\forall$ oder $\bigwedge$ benutzt, gelesen: „*für jedes* …“ oder „*für alle* …“.

Alphabet, ↗ Grammatik.

α-Limesmenge, ↗ α-Limespunkt.

α-Limespunkt, auch negativer Limespunkt genannt, Punkt $x_0 \in M$ für ein ↗dynamisches System (M, G, Φ) zu einem Punkt $x \in M$, falls gilt:

1. Es gibt eine Folge $\{t_n\}_{n\in\mathbb{N}}$ in G mit $\lim\limits_{n\to\infty} t_n = -\infty$, und
2. $\lim\limits_{n\to\infty} \Phi(x, t_n) = x_0$.

Für ein $x \in M$ heißt die Menge aller seiner α-Limespunkte seine α-Limesmenge, bezeichnet mit $\alpha(x)$.

Für jedes $x \in M$ ist $\alpha(x)$ eine in M abgeschlossene invariante Menge, für die gilt:

$$\alpha(x) = \bigcap_{T=0}^{-\infty} \overline{\bigcup_{t\le T} \Phi(x,t)}\,.$$

Jeder Fixpunkt eines dynamischen Systems ist seine eigene α-Limesmenge.

Jeder geschlossene Orbit $\gamma \subset M$ ist α-Limesmenge jedes Punktes $x \in \gamma$. Für dynamische Systeme in $\mathbb{R}^2$ können außer Fixpunkten und geschlossenen Orbits nur α-Limesmengen auftreten, die aus Fixpunkten und diese verbindenden Orbits bestehen.

[1] Hirsch, M.W.; Smale, S.: Differential Equations, Dynamical Systems, and Linear Algebra. Academic Press Orlando, 1974.

α-Niveau-Menge, *α-Schnitt*, die gewöhnliche Menge

$$A_\alpha = A^{\ge\alpha} = \{x \in X \mid \mu_A(x) \ge \alpha\},$$

die einer unscharfen Menge $\widetilde{A}$ auf X für eine reelle Zahl $\alpha \in [0,1]$ zugeordnet wird.

Die Menge

$$A^{>\alpha} = \{x \in X \mid \mu_A(x) > \alpha\}$$

heißt strenge α-Niveau-Menge (strenger α-Schnitt).

Der ↗Träger supp$(\widetilde{A})$ einer unscharfen Menge $\widetilde{A}$ ist dann der strenge 0-Schnitt. Die Bedeutung der α-Niveau-Mengen liegt darin, daß die Gesamtheit aller α-Schnitte eine unscharfe Menge $\widetilde{A}$ eindeutig bestimmt und umgekehrt, man vergleiche hierzu den ↗Darstellungssatz für unscharfe Mengen.

Einerseits ist es möglich, eine unscharfe Menge in eine Familie von gewöhnlichen Mengen zu zerlegen. Dies wird oft benutzt, um Beziehungen zwischen unscharfen Mengen auf Beziehungen zwischen gewöhnlichen Mengen zurückzuführen.

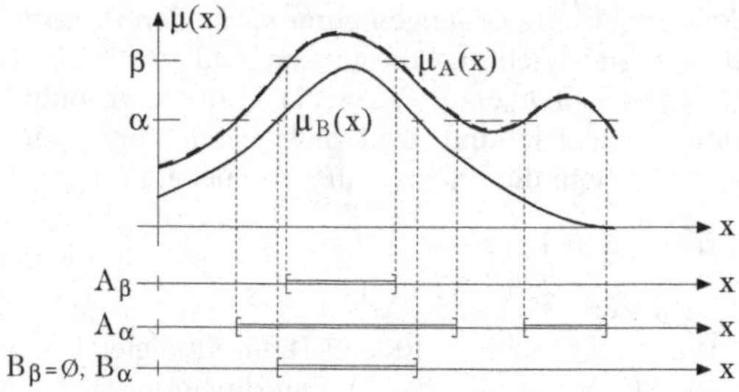

α-Niveau-Mengen

Für unscharfe Mengen $\widetilde{A}, \widetilde{B}$ über X und $\alpha, \beta \in [0,1]$ gelten die Aussagen:

$$\alpha < \beta \;\Rightarrow\; A_\beta \subset A_\alpha \qquad \textit{(Monotonie)},$$

$$\widetilde{B} \subset \widetilde{A} \;\Leftrightarrow\; B_\alpha \subset A_\alpha \qquad \textit{für alle } \alpha \in [0,1],$$

$$\bigcap_{\alpha:\alpha<\beta} A_\alpha = A_\beta \qquad \textit{(Stetigkeitsbedingung)}.$$

Andererseits erhält man eine unscharfe Menge als obere Einhüllende ihrer Niveau-Mengen. In Anwendungen empfiehlt es sich daher, eine endliche Teilmenge $L \subset [0,1]$ relevanter Zugehörigkeitsgrade auszuwählen, für diese dann die zugehörigen Niveau-Mengen festzulegen und die unscharfe Menge $\widetilde{A}$ durch das Mengensystem

$$\{A_\alpha\}_{\alpha\in L}, \quad L \subset [0,1], \quad \mathrm{card}(L) \in \mathbb{N}$$

zu beschreiben, das für $\alpha, \beta \in L$ den Konsistenzbedingungen

$$0 \in \mathbb{N} \;\Rightarrow\; A_0 = X \qquad \textit{(Festlegung der Grundmenge)},$$

$$\alpha < \beta \;\Rightarrow\; A_\beta \subset A_\alpha \qquad \textit{(Monotonie)},$$

genügen muß.

In praktischen Anwendungen reichen im allgemeinen wenige Niveau-Mengen aus, um eine unscharfe Menge hinreichend genau näherungsweise zu beschreiben.

Es muß allerdings darauf geachtet werden, daß die ausgewählten Zugehörigkeitsgrade über das Intervall $[0,1]$ verteilt und inhaltlich interpretierbar sind (↗Fuzzy-Intervalle vom ε-λ-Typ).

α-Schnitt, ↗α-Niveau-Menge.

Alter, in der ↗Demographie das wichtigste klassifizierende Merkmal, auch in der Ökologie und Bioökonomie werden Populationen nach dem Alter strukturiert.

Alternante (einer Funktion), speziell innerhalb der ↗Approximationstheorie gebräuchliche Bezeichnung für eine Menge von Punkten auf einem reellen Intervall, in denen eine betrachtete Funktion ihr betragsmäßiges Maximum annimmt und abwechselndes (alternierendes) Vorzeichenverhalten aufweist.

Sind $x_1 < \cdots < x_{n+1}$ reelle Zahlen auf einem Intervall $[a, b]$, und gilt für die Funktion g

$$g(x_i) = -g(x_{i+1}),\ i = 1, \ldots, n,$$

sowie

$$|g(x_i)| = \max_{a \le x \le b} |g(x)|,\ i = 1, \ldots, n+1,$$

so sagt man, die Punkte $\{x_i\}$ bilden auf $[a, b]$ eine Alternante der Länge $(n + 1)$ für die Funktion g.

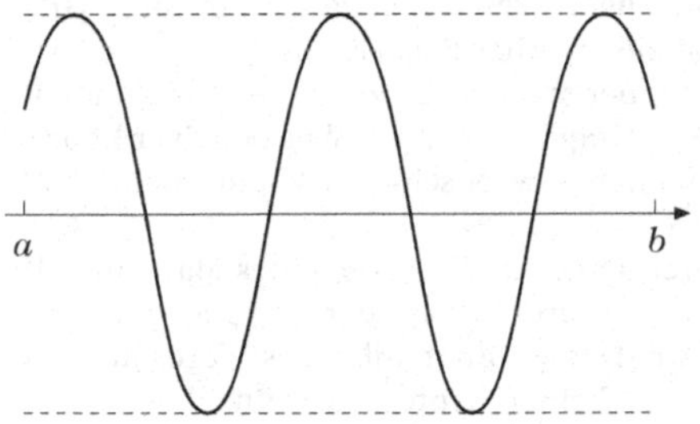

Funktion mit Alternante der Länge 5

Der Begriff der Alternante spielt eine wesentliche Rolle bei der Charakterisierung bester Approximationen (↗Alternantensatz).

Alternante (einer multilinearen Abbildung), macht aus einer beliebigen ↗multilinearen Abbildung f die zugehörige alternierende multilineare Abbildung $A(f)$ durch die Vorschrift:

$$A(f) := \mathrm{A}_r(f) := \frac{1}{r!} \sum_{\sigma \in S_r} \operatorname{sign} \sigma f^\sigma .$$

Hierbei seien $\mathfrak{R}$ und $\mathfrak{S}$ zwei Vektorräume, $r \in \mathbb{N}$, f eine multilineare Abbildung von $\mathfrak{R}^r$ in $\mathfrak{S}$ und S_r die symmetrische Gruppe (Permutationsgruppe) vom Grade r, also die Menge der bijektiven Abbildungen von $\{1, \ldots, r\}$ in sich. Für $\sigma \in S_r$ bezeichnet dabei $\operatorname{sign} \sigma$ das Vorzeichen (Signum) von σ, und mit $x_1, \ldots, x_r$ aus $\mathfrak{R}$ ist f^σ definiert durch

$$f^\sigma(x_1, \ldots, x_r) := f(x_{\sigma(1)}, \ldots, x_{\sigma(r)}) .$$

Alternantensatz, aufbauend auf Arbeiten von de la Vallee Poussin durch Tschebyschew gefundener Charakterisierungssatz für die ↗beste Approximation in der Maximum-Norm (Tschebyschew-Norm) einer reellen Funktion f durch Polynome oder allgemeiner Elemente eines Haarschen Raumes.

Die präzise Formulierung kann wie folgt gegeben werden:

Es sei V ein n-dimensionaler Haarscher Raum auf dem Intervall $[a, b]$, und f eine auf diesem Intervall stetige Funktion. Eine Funktion $v^* \in V$ ist genau dann beste Approximation an f auf $[a, b]$, wenn die Fehlerfunktion $(f - v^*)$ in $[a, b]$ eine ↗Alternante der Länge $(n + 1)$ besitzt.

Man kann zeigen, daß es in jedem Haarschen Raum V genau eine Funktion $v^* \in V$ mit dieser Eigenschaft gibt.

[1] Meinardus, G.: Approximation von Funktionen und ihre numerische Behandlung. Springer-Verlag, Heidelberg, 1964.

[2] Müller, M.: Approximationstheorie. Akademische Verlagsgesellschaft Wiesbaden, 1978.

alternating class, Komplexitätsklasse für alternierende Turingmaschinen.

Konfigurationen können mehr als eine zulässige Nachfolgekonfiguration haben. Es wird zwischen akzeptierenden und verwerfenden Endzuständen ebenso unterschieden, wie zwischen existentiellen Zuständen und universellen Zuständen. Eine Konfiguration heißt akzeptierend, wenn der zugehörige Zustand akzeptierend ist, oder der Zustand existentiell ist und mindestens eine zulässige Nachfolgekonfiguration akzeptierend ist, oder der Zustand universell ist und alle zulässigen Nachfolgekonfigurationen akzeptierend sind. Eine Eingabe wird akzeptiert, wenn die zugehörige Anfangskonfiguration akzeptierend ist. Es können in polynomieller Zeit die Probleme aus der Komplexitätsklasse ↗PSPACE und auf logarithmischem Platz die Probleme aus der Komplexitätsklasse ↗P gelöst werden. Mit alternierenden Turingmaschinen lassen sich viele weitere wichtige Komplexitätsklassen charakterisieren.

Alternativalgebra, *Alternativring*, eine nichtassoziative Algebra A, für welche das folgende abgeschwächte ↗Assoziativgesetz gilt:

Für alle $a, b \in A$ gilt:

$$a \cdot (a \cdot b) = (a \cdot a) \cdot b, \text{ und } b \cdot (a \cdot a) = (b \cdot a) \cdot a.$$

Beispiel einer echten (d. h. nichtassoziativen) Alternativalgebra ist die sog. Oktonienalgebra. Alternativalgebren spielen eine wichtige Rolle in der Axiomatik der ebenen Geometrien.

Alternative, innerhalb der Wahrscheinlichkeitstheorie manchmal gebräuchliche Bezeichnung für eine zufällige Größe X, für die gilt

$$P(X = 0) = p ,$$
$$P(X = 1) = 1 - p .$$

alternative Mengenlehre, eine zur Cantorschen und zur ↗axiomatischen Mengenlehre alternative Mengenlehre, die sich an den Bedürfnissen der Nichtstandardanalysis orientiert. Sie beruht auf dem Extensionalitätsaxiom, dem Axiom der leeren Menge und dem Mengennachfolgeraxiom, die man auch als analytische Axiome bezeichnet, sowie auf dem Induktionsaxiom, das man auch als ein hypothetisches Axiom bezeichnet.

Alternativring, ↗ Alternativalgebra.

alternierende Algebra über einem Vektorraum V, *äußere Algebra*, bezeichnet als $\Lambda(V)$ oder als $Alt(V)$, ist die Faktoralgebra der Tensoralgebra von V nach dem zweiseitigen Ideal J, erzeugt von den Elementen $x \otimes x$, $\forall x \in V$.

Ist die Charakteristik des zugrundeliegenden Körpers ungleich 2, stimmt das Ideal J mit dem Ideal erzeugt von

$$x \otimes y + y \otimes x\,, \quad \forall x, y \in V$$

überein. Für $x \otimes y \mod J$ setzt man $x \wedge y$. Es gilt $x \wedge y = -y \wedge x$.

Dieses Element wird das äußere Produkt der Vektoren x und y genannt. Die alternierende Algebra ist eine graduierte Algebra

$$\Lambda(V) = \bigoplus_{k \geq 0} \Lambda^k(V)$$

mit der Graduierung von der Tensoralgebra $T(V)$ herkommend. Ist $\dim V = n$, dann gilt $\Lambda^k(V) = 0$ für $k > n$ und $\dim \Lambda(V) = 2^n$.

Die äußere Algebra heißt auch Graßmann-Algebra.

alternierende Gruppe, die Gruppe A_n der geraden Permutationen einer endlichen Menge der Ordnung n.

A_n ist eine Untergruppe der Ordnung $n!/2$ der symmetrischen Gruppe S_n. Die alternierende Gruppe A_n ist für $n > 4$ der einzige nicht-triviale Normalteiler der symmetrischen Gruppe S_n. Die alternierende Gruppe A_n ist für $n > 4$ eine einfache Gruppe, d. h. als Kerne von Homomorphismen können nur triviale Untergruppen auftreten.

alternierende Multilinearform, eine Multilinearform $f : V^n \to \mathbb{K}$, wobei V ein Vektorraum über dem Körper $\mathbb{K}$ ist, die für alle $(v_1, \dots, v_n) \in V^n$ erfüllt:

$$f(v_1, \dots, v_n) = 0\,,$$

falls zwei Indizes $i \neq j \in \{1, \dots, n\}$ existieren mit $v_i = v_j$.

Ist $\sigma \in S_n$ eine Permutation der Indexmenge $\{1, \dots, n\}$, dann gilt für die alternierende Multilinearform f:

$$f(v_{\sigma(1)}, \dots, v_{\sigma(n)}) = \operatorname{sgn}(\sigma) \cdot f(v_1, \dots, v_n)$$

für alle $(v_1, \dots, v_n) \in V^n$, d. h. f ist antisymmetrisch. Die Menge der alternierenden Multilinearformen $f : V^n \to \mathbb{K}$ bildet bezüglich der komponentenweise definierten Verknüpfungen einen Vektorraum über $\mathbb{K}$. Ist V ein r-dimensionaler Vektorraum, so heißt eine alternierende Multilinearform $f : V^r \to \mathbb{K}$ auch eine Determinantenfunktion. Jede Determinantenfunktion f auf der Menge der $(r \times r)$-Matrizen über $\mathbb{K}$ hat die Form

$$f(A) = f(I) \cdot \det A\,,$$

wobei I die $(r \times r)$-Einheitsmatrix bezeichnet (↗ Determinante einer Matrix).

alternierende Quersumme, ↗ Quersumme.

alternierende Reihe, zu einer reellen Folge mit abwechselnd nicht-negativen und nicht-positiven Gliedern gebildete Reihe. Versagen die ↗ Konvergenzkriterien für ↗ absolut konvergente Reihen, so hat man für alternierende Reihen noch die Möglichkeit, ggf. das ↗ Leibniz-Kriterium heranzuziehen.

alternierender Weg, Weg innerhalb eines Graphen mit zusätzlicher Eigenschaft.

Ein alternierender Weg bzgl. eines Matchings M in einem ↗ Graphen G ist ein Weg positiver Länge, dessen Kanten abwechselnd zu M und nicht zu M gehören.

Ein alternierender Weg bzgl. eines Matchings M heißt Verbesserungsweg oder augmentierender Weg, wenn die zwei Endpunkte des Weges im Graphen G mit keiner Kante aus M inzidieren. Aus einem Verbesserungsweg W erhält man mit Hilfe der symmetrischen Differenz ein Matching

$$M' = (M \setminus K(W)) \cup (K(W) \setminus M)\,,$$

welches eine Kante mehr als M enthält, für das also $|M'| = |M| + 1$ gilt.

Damit hat man schon die eine Implikation des folgenden Satzes von C. Berge aus dem Jahre 1957 bewiesen, der für die Matchingtheorie von erheblicher Bedeutung ist.

Ein Matching M in einem Graphen G ist genau dann maximal, wenn es bzgl. M keinen Verbesserungsweg in G gibt.

alternierender Wurzelbaum, Teilgraph eines Graphen mit zusätzlicher Eigenschaft.

Eine kompakte Definition kann wie folgt gegeben werden: Ein alternierender Wurzelbaum bzgl. eines Matchings M mit der Wurzel u in einem ↗ Graphen G ist ein ↗ Teilgraph H von G, der ein ↗ Baum mit $u \in E(H)$ ist, und in dem jede Ecke, die von u verschieden ist, mit der Ecke u durch einen (eindeutigen) ↗ alternierenden Weg bzgl. M verbunden ist.

Altersstruktur, ↗ Demographie, ↗ Population, strukturierte.

Ambrose-Kakutani-Theorem, Satz aus der Ergodentheorie.

Zur Formulierung müssen noch einige Definitionen gegeben werden. Ein meßbarer Fluß $\{\varphi_t\}$ heißt S-Fluß, falls es eine maßerhaltende Transformation φ eines Maßraumes $(X, \mathfrak{A}, m)$ und eine Funktion f auf $(X, \mathfrak{A}, m)$ gibt mit Werten in $\mathbb{R}^+$, so daß jedes φ_t eine maßerhaltende Transformation auf den Teilraum

$$\tilde{X} = \{(x, u) | x \in X, 0 \le u \le f(x)\}$$

des Produktmeßraumes $(X \times \mathbb{R}^+, \mathfrak{A} \times \mathfrak{B}, m \times \lambda)$ ist. Dabei bezeichnet $\mathfrak{B}$ die σ-Algebra der Borel-Mengen auf $\mathbb{R}^+$ und λ das Lebesgue-Maß. Dann gilt der folgende Satz.

Jeder meßbare Ergodenfluß ohne Fixpunkt ist metrisch isomorph zu einem S-Fluß.

Amdahls Gesetz, ↗Beschleunigungsfaktor bei Parallelisierung.

amenable Gruppe, eine Gruppe, auf der ein linksinvariantes Mittel $m(\cdot)$ existiert.

Ein Mittel m ist ein normierter Zustand auf der Algebra $L^\infty(G)$. Bezeichnet g_s die sog. Linkswirkung des Gruppenelementes s auf ein $g \in L^\infty(G)$, so heißt m linksinvariant, falls $m(g_s) = m(g)$ für alle $g \in L^\infty(G)$ und alle $s \in G$ gilt.

Jede kompakte Gruppe ist amenabel, ein linksinvariantes Mittel ist hierbei stets durch Integration bzgl. des Haar-Maßes gegeben. Ebenso sind ↗abelsche Gruppen immer amenabel.

[1] Davidson, K. R.: C^*-Algebras by Example. Fields Institute monographs, American Mathematical Society, 1996.

ampel, Eigenschaft von von Geraden- und Vektorbündeln oder Divisoren. Man vergleiche hierzu ↗amples Geradenbündel oder auch ↗amples Vektorbündel.

Ampère, André Marie, französischer Physiker und Mathematiker, geb. 22.1.1775 Lyon, gest. 10.6.1836 Marseille.

Ampère wurde von seinem Vater, einem wohlhabenden Geschäftsmann, unterrichtet. Er soll die gesamte „Encyclopédie" in alphabetischer Reihenfolge durchgelesen haben. Nach einigen Einführungsstunden in Differential- und Integralrechnung durch einen Lyoner Mönch wandte er sich bald den Arbeiten Eulers, Bernoullis und Lagranges zu.

1802 erhielt er eine Anstellung als Lehrer für Physik und Chemie, später auch für Mathematik. 1803 brachte er Arbeiten zur Variations- und zur Wahrscheinlichkeitsrechnung heraus. Ab 1804 las er gemeinsam mit Cauchy Analysis am Polytechnikum in Paris. 1826 wurde Professor für Astronomie und auch für Experimentalphysik in Paris.

1814 veröffentlichte Ampère eine Klassifikation partieller Differentialgleichungen und 1816 eine Klassifikation der chemischen Elemente.

Er befaßte sich auch mit der Wellentheorie des Lichts und der Lichtbrechung. 1820 begann er mit Untersuchungen zum Zusammenhang von Elektrizität und Magnetismus. Unter anderem führte er den Ferromagnetismus auf molekulare elektrische Kreisströme zurück. 1926 publizierte Ampère seine Resultate zu diesem Thema. Diese Arbeit wurde die Grundlage für die Untersuchungen von Faraday, Weber, Thomson und Maxwell.

Nach Ampère ist die Einheit der elektrischen Stromstärke benannt. Einer der Schüler Ampères war Liouville.

amples Geradenbündel, ein Geradenbündel L auf einem Schema X, für das es eine positive ganze Zahl m und einen endlichen Morphismus f von X in einen projektiven Raum $\mathbb{P}^N$ gibt, so daß $L^{\otimes m} = f^*\mathcal{O}_{\mathbb{P}^N}(1)$ gilt. Insbesondere kann man dann m und f finden, so daß f eine abgeschlossene Einbettung ist.

Dabei sei $\mathcal{O}_{P^N}(1)$ das Standardgeradenbündel auf $\mathbb{P}^N$, und für $m \in \mathbb{Z}$ sei das Geradenbündel $L^{\otimes m}$ folgendermaßen definiert: Für $m > 0$ ist es das m-fache Tensorprodukt von L, für $m < 0$ ist es das $(-m)$-fache Tensorprodukt des dualen Bündels $L^\vee$, und für $m = 0$ ist L das triviale Geradenbündel 1.

[1] Fulton, W.: Intersection Theory. Springer-Verlag New York Berlin Heidelberg, 1998.

amples Vektorbündel, ein Vektorbündel E, für das das kanonische Geradenbündel $\mathcal{O}_{E^\vee}(1)$ auf $P(E^\vee)$ ein ↗amples Geradenbündel ist. Dabei bezeichne $E^\vee$ das duale Vektorbündel von E und $P(E^\vee)$ das projektive Bündel der Garbe der Schnitte von E. Im Falle, daß es einen endlichdimensionalen Vektorraum V von Schnitten gibt, der E erzeugt, ist dieses äquivalent zu der Aussage, daß der induzierte Morphismus von $P(E^\vee)$ in den projektiven Raum $P(V^\vee)$ ein endlicher Morphismus ist.

[1] Fulton, W.: Intersection Theory. Springer-Verlag New York Berlin Heidelberg, 1998.

Amplitude, Streckungs- bzw. Stauchungsfaktor bei Schwingungen.

Schwingungsvorgänge in der Natur lassen sich mathematisch oft mit Hilfe der Funktion $f(x) = a\sin(bx + c)$ beschreiben. Dabei bewirkt a eine Streckung bzw. Stauchung der Standardsinuskurve $y = \sin x$. In der Regel interpretiert man die unabhängige Variable als die Zeit t und schreibt dann

$$f(t) = A \cdot \sin(\omega t + \varphi).$$

Dann heißt die Größe A die Amplitude der Schwingung.

Hat man zum Beispiel eine gedämpfte Schwingung, so ist die Amplitude von der Zeit t abhängig wie zum Beispiel $A(t) = e^{-\lambda t}$. Hat man zwei Schwingungen mit gleicher Frequenz $f_1(t) = A_1 \sin(\omega t + \varphi_1)$ und $f_2(t) = A_2 \sin(\omega t + \varphi_2)$, so hat bei einer Überlagerung der beiden Schwingungen die Summenschwingung $A \sin(\omega t + \varphi)$ die Amplitude

$$A = \sqrt{A_1^2 + A_2^2 + 2A_1A_2 \cos(\varphi_2 - \varphi_1)}\,.$$

Amplitudensatz, Aussage über die Absolutbeträge der relativen Extrema von Lösungen der Differentialgleichung

$$(p(x)y')' + q(x)y = 0\,. \tag{1}$$

Der Satz lautet:

Sei $I \subset \mathbb{R}$ ein Intervall, seien $p, q \in C^1(I)$ mit $q(x) \neq 0$ für alle $x \in I$. Sei weiterhin pq monoton.

Dann gilt für die Amplituden jeder nichttrivialen Lösung von (1): Ist pq streng monoton fallend, so sind die Amplituden streng monoton wachsend. Ist pq streng monoton wachsend, so sind die Amplituden streng monoton fallend.

[1] Heuser, H.: Gewöhnliche Differentialgleichungen. B.G. Teubner Stuttgart, 1995.

Amplitudinisfunktion, Umkehrfunktion des ↗elliptischen Integrals erster Gattung

$$u(\varphi) = F(\varphi, k) = \int_0^{\varphi} \frac{dt}{\sqrt{1 - k^2 \sin^2 t}}\,,$$

wobei $0 < k < 1$. Sie wird mit $\varphi = \operatorname{am} u$ bezeichnet.

Mit dieser Funktion werden drei weitere Funktionen gebildet, nämlich

$$\operatorname{sn} u := \sin \operatorname{am} u\,, \quad \operatorname{cn} u := \cos \operatorname{am} u\,,$$

$$\operatorname{dn} u := \Delta \operatorname{am} u := \sqrt{1 - k^2 \sin^2 \operatorname{am} u}\,.$$

Sie heißen sinus amplitudinis, cosinus amplitudinis und delta amplitudinis. Alle drei Funktionen lassen sich meromorph in die ganze Ebene zu ↗elliptischen Funktionen fortsetzen. Setzt man

$$K := \int_0^{\pi/2} \frac{dt}{\sqrt{1 - k^2 \sin^2 t}}\,,$$

$$K' := \int_0^{\pi/2} \frac{dt}{\sqrt{1 - (1 - k^2) \sin^2 t}}\,,$$

so gilt für $m, n \in \mathbb{Z}$

$$\operatorname{sn}(u + 4mK + 2niK') = \operatorname{sn} u\,,$$

$$\operatorname{cn}(u + 4mK + 2n(K + iK')) = \operatorname{cn} u\,,$$

$$\operatorname{dn}(u + 2mK + 4niK') = \operatorname{dn} u\,.$$

Weiter gilt

$$\operatorname{sn}^2 u + \operatorname{cn}^2 u = 1\,,$$

$$\operatorname{dn}^2 u + k^2 \operatorname{sn}^2 u = 1\,.$$

Alle drei Funktionen haben einfache Polstellen an $u = 2mK + (2n + 1)iK'$, und für die Nullstellen gilt

$$\operatorname{sn} u = 0 \iff u = 2mK + 2niK'\,,$$

$$\operatorname{cn} u = 0 \iff u = (2m + 1)K + 2niK'\,,$$

$$\operatorname{dn} u = 0 \iff u = (2m + 1)K + (2n + 1)iK'\,,$$

wobei $m, n \in \mathbb{Z}$.

Schließlich gilt für die Ableitungen

$$\operatorname{sn}' u = \operatorname{cn} u \operatorname{dn} u\,,$$

$$\operatorname{cn}' u = -\operatorname{sn} u \operatorname{dn} u\,,$$

$$\operatorname{dn}' u = -k^2 \operatorname{sn} u \operatorname{cn} u\,.$$

Anaglyphen, (griechisch: 'halberhobene Arbeit'), zwei perspektive Bilder desselben Objektes (↗Zentralprojektion), die einen räumlichen Eindruck erwecken, wenn das linke Auge das erste, und das rechte Auge das zweite Bild sieht.

Populär ist es, das eine Bild in roter und das andere in grüner Farbe auszuführen, und eine Rot-Grün-Brille zu verwenden.

Der räumliche Eindruck entsteht dadurch, daß die beiden Bilder aus zwei verschiedenen Zentren, deren Abstand ungefähr der menschlichen Augentfernung entspricht, auf dieselbe Ebene projiziert werden

analoge Simulation, im Unterschied zur ↗digitalen Simulation der Versuch, eine reale Situation oder Anwendung unter Zugriff auf ein Kontinuum an Beschreibungsgrößen näherungsweise darzustellen.

Analogrechner, ↗Analogrechnung, ↗Computer.

Analogrechnung, Technik zur Lösung bestimmter mathematischer Aufgaben, die automatisch ein zum mathematischen Problem äquivalentes elektrisches System anordnet und durch Messung des Systems die Lösung des ursprünglichen Problems ermittelt.

Dabei werden bestimmte mathematische Operationen auf die physikalischen Gesetze von Schaltkreisen abgebildet, wie etwa das Ohmsche Gesetz oder die Kirchhoffschen Regeln.

Aufgrund ihrer Konstruktion eignet sich die Analogrechnung nur für gewisse Problemstellungen, etwa der Lösung gewöhnlicher Differentialgleichungen, welche sie allerdings mit hoher Geschwindigkeit und ohne Diskretisierung lösen kann.

Der insgesamt aber hohe relative Fehler von 10^{-4} bis 10^{-3} und die begrenzte Einsetzbarkeit haben die Analogrechnung mittlerweile für die Praxis nahezu bedeutungslos werden lassen.

[1] Heinhold, J.; Kulisch, U.: Analogrechnen. Bibliographisches Institut Mannheim, 1969.

Analysator, Gerät zur Bestimmung der Koeffizienten, die bei der Entwicklung beliebiger Funktionen in Reihen von Funktionen, welche ein vollständiges Orthogonalsystem bilden, aus Produktintegralen berechnet werden müssen.

Analysatorenlenker, besonderes Getriebe zur Führung des Fahrstiftes eines ↗Planimeters beim harmonischen ↗Analysator.

Analyseverfahren, Algorithmus zur Lösung des ↗Syntaxanalyseproblems.

Es erhält als Eingabe eine ↗Grammatik G und ein Wort w. Als Ausgabe liefert es eine Ableitung für w, falls w zur Sprache L_G gehört. Diese Ableitung dient zur weiteren Verarbeitung von w, z. B. zur Bestimmung seiner Semantik.

Falls $w \notin L_G$, liefert ein Analyseverfahren in der Regel eine Ableitung für das längste Anfangsstück von w, das in L_G liegt.

analysierendes Wavelet, wird in der Wavelettransformation eines Signals zur Analyse desselben verwendet.

Die Wahl des zur Analyse verwendeten Wavelets ist relativ flexibel, legt jedoch die Freiheitsgrade bei der Wahl des Wavelets zur Rekonstruktion des Signals fest.

Analysis

D. Hoffmann

Die Analysis (engl.: analysis, calculus; franz.: analyse) ist ein zentrales und außerordentlich anwendungsrelevantes Gebiet der Mathematik, das in engerem Sinne die *Infinitesimalrechnung,* d. h. Differential- und Integralrechnung, umfaßt und dazu all die Zweige der Mathematik, die wesentlich auf der Infinitesimalrechnung basieren, so etwa Differentialgleichungen (gewöhnliche und partielle), Integralgleichungen, Differenzengleichungen, Variationsrechnung, Spezielle Funktionen der mathematischen Physik, Vektoranalysis, Maß- und Integrationstheorie und Funktionalanalysis.

In weiterem Sinne können auch die Gebiete Approximationstheorie, Optimierungstheorie, Harmonische Analyse, Differentialgeometrie, Theorie der Minimalflächen und heute noch Globale Analysis, Analytische Zahlentheorie, Verallgemeinerte Funktionen (Distributionen und Hyperfunktionen) und Theorie der Pseudodifferentialoperatoren dazu gezählt werden, die sich aber alle mit eigenständigen Methoden und Fragestellungen unabhängig entwickelt haben.

Anwendungen findet die Analysis in der Wahrscheinlichkeitstheorie, sowie besonders in den Naturwissenschaften (vor allem der Physik), der Technik und Informatik (Ingenieurwissenschaften) und heute auch zunehmend in Wirtschafts-, Sozial- und Finanzwissenschaften.

Im Schulbereich wird „Analysis" auch enger als Synonym für Infinitesimalrechnung benutzt. Oft findet man die Abgrenzung zwischen *klassischer Analysis* und Funktionalanalysis, was aber heute nur noch schwer klar zu trennen ist; die Übergänge sind fließend.

Für das Universalgenie John von Neumann (1903–1957) war die Infinitesimalrechnung *die* herausragende Leistung der modernen Mathematik, ihre Bedeutung könne nur schwerlich überschätzt werden. Seiner Ansicht nach markiert sie unmißverständlicher als alles andere den Beginn der modernen Mathematik, und das System der mathematischen Analysis, welches ihre logische Weiterentwicklung ist, stelle den größten operativen Fortschritt im exakten Denken dar.

Grundlegende Begriffe und Aufgaben

Grundlegende Begriffe der Analysis sind – aufbauend auf den Begriffen Zahl und Funktion, speziell Folgen, dann Reihen und Potenzreihen – *Stetigkeit* und *Grenzwert* und damit *Ableitung* und *Integral*.

Der Grenzwertbegriff (Limes) präzisiert die intuitive vage Vorstellung, daß sich Funktionswerte einer Funktion f einem Wert s (beliebig) nähern, wenn sich die Argumente einem Punkt a nähern. Stetigkeit erfaßt mathematisch exakt die grobe Idee, daß sich die Funktionswerte nur wenig ändern, wenn sich die Argumente wenig verändern. Dieses ist keineswegs eine „akademische" Fragestellung; denn in vielen Bereichen – auch des täglichen Lebens – möchte man sicher sein, daß sich kleine Veränderungen in irgendwelchen Eingabegrößen wenig – also gerade nicht „chaotisch"– auf das Ergebnis auswirken.

Die *Grundaufgabe der Differentialrechnung* ist die Berechnung der Ableitung $f'(a)$ zu einer gegebenen Funktion f an einer Stelle a. Geometrisch gesprochen die Bestimmung der Steigung der Tan-

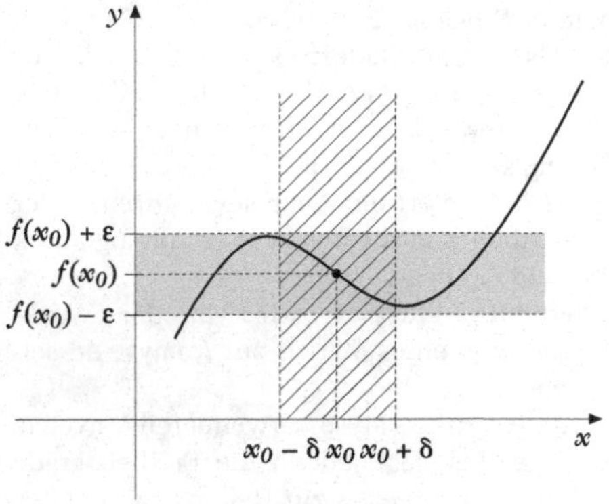

Stetigkeit von f an der Stelle x_0

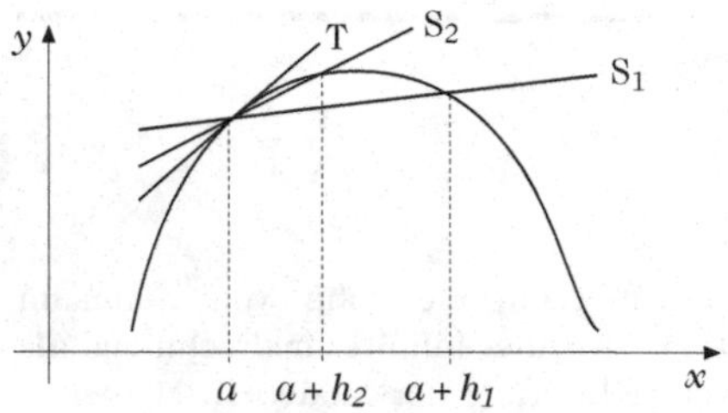

Tangente als „Grenzlage" der Sekanten

gente an die durch f beschriebene Kurve im Punkt $(a,f(a))$.

Beschreibt f die Länge eines Weges, den ein Massenpunkt bis zur Zeit t zurücklegt, dann ist $f'(a)$ die Geschwindigkeit zur Zeit a. Bereits in den Arbeiten von Galileo Galilei (1564–1642) über den freien Fall steht implizit, daß (im dortigen Zusammenhang) Geschwindigkeit gleich Ableitung ist.

Die *Grundaufgabe der Integralrechnung* ist Flächenberechnung. Für Newton war dies das entscheidende Werkzeug, um aufbauend auf Keplers Planetengesetzen das Gravitationsgesetz und die Gleichungen der Mechanik per Abstraktion zu erhalten.

Der *Fundamentalsatz der Analysis* oder *Hauptsatz der Differential- und Integralrechnung* ist

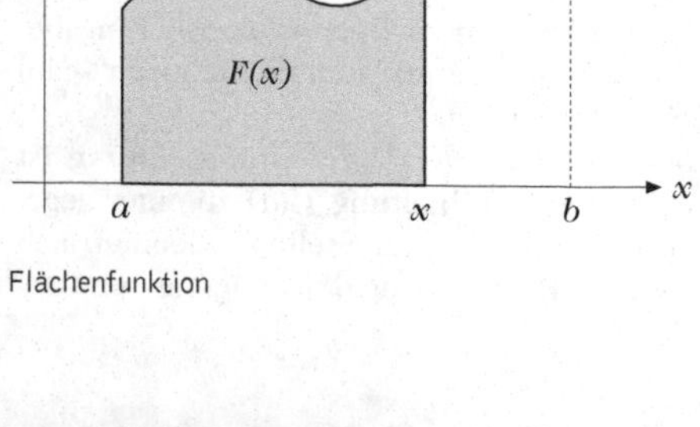

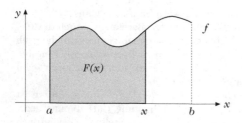

Flächenfunktion

das entscheidende Bindeglied zwischen Integration und Differentiation und damit zentrales Hilfsmittel für die praktische Berechnung von Integralen. Erst dieses Zusammenspiel zwischen Differentiation und Integration macht die besondere Stärke der Analysis aus.

Die Urprünge von Differentiation und Integration sind durchaus empirisch und irdisch: Keplers Integrationsversuch zur Volumenbestimmung von Weinfässern! Newtons „Fluxionsmethode" ging von physikalischen Fragestellungen aus und wurde hauptsächlich für Zwecke der Mechanik entwickelt. Leibniz stellte das Tangentenproblem an den Anfang seiner Überlegungen. Für René Descartes (1596–1650) war es das „nützlichste und allgemeinste Problem", das er kannte. Wesentliche Wurzeln für die Entstehung der Integralrechnung waren Probleme der allgemeinen *Inhaltsmessung*, insbesondere auch krummlinig begrenzter Bereiche. So dienen Integrale im einfachsten Fall zur Bestimmung von Längen, Flächen und Volumina. Dahinter verbergen sich in den verschiedenen Anwendungen Aufgaben wie zum Beispiel Berechnung von Arbeit, Weglängen, Potential, Kosten, Erlös und Gewinn.

Die Berechnung von Integralen über die Definition (etwa als Riemann-Integral) ist meist beschwerlich und viel zu aufwendig. Der Fundamentalsatz der Analysis zeigt, daß *Stammfunktionen* (Funktionen, die eine gegebene Funktion als Ableitung haben) ein sehr leistungsfähiges Hilfsmittel liefern, und dieses Vorgehen für stetige Integranden – prinzipiell – immer möglich ist. Die Bedeutung dieses – von Newton schon erahnten – Satzes für die Mathematik und ihre Anwendungen kann kaum überschätzt werden; er verbindet die beiden zentralen – ursprünglich und von der Fragestellung her völlig getrennten – Gebiete der Analysis Differential- und Integralrechnung. Eine wesentliche Aufgabe ist daher das kalkülmäßige Aufsuchen von Stammfunktionen für große Klassen von wichtigen Funktionen.

Pionierzeit – Bemühen um wissenschaftliche Strenge

Nach ersten Ansätzen in der Antike – etwa Zenon von Elea (ca. 495–435 v. Chr.; Achill und die Schildkröte), Eudoxos von Knidos (408–355 v. Chr.; Proportionenlehre und Exhaustionsmethode) und Archimedes von Syrakus (287–212 v. Chr.; Kompressionsverfahren und Exhaustionsmethode zur Flächen- und Volumenberechnung spezieller Flächen bzw. Körper) –, dann Wegbereitung und Lösung spezieller Fragestellungen durch Johannes Kepler (1571–1630), Bonaventura Cavalieri (1598–1647) und Pierre de Fermat (1601–1665) und vor allem nach der stürmischen Entwicklung der Mathematik im 17. und 18. Jahrhundert, begann ab etwa 1830 eine kritische Besinnung auf die Grundlagen, ein Bemühen um Strenge der mathematischen Deduktion; denn neben großartigen Erfolgen gab es in dieser Pionierzeit erhebliche Unklarheiten in Grundbegriffen und Beweismethodik und damit dann Widersprüche. Die damaligen Grundlagen stellten sich als inadäquat heraus, der Boden war schwankend. So in der Infinitesimalrechnung seit ihrer Begründung durch Gottfried Wilhelm von Leibniz (1646–1716) und Isaac Newton (1643–1727) etwa die nicht präzisierte Vorstellung von „unendlich kleinen Größen". (Diese wurden erst 1961 in der Nichtstandard-Analysis von Abraham Robinson (1918–1974) zu wohldefinierten mathematischen Objekten.) Auch die durch Joseph Fourier (1768–1830) – ausgehend von Problemen der Wärmeleitung – begründete Theorie der nach ihm benannten Reihen erforderte eine Präzisierung der grundlegenden Begriffe.

Entscheidende Klärungen wurden durch Augustin Louis Cauchy (1789–1857), Johann Carl Friedrich Gauß (1777–1855) und Bernhard Bolzano (1781–1848) erreicht, fortgesetzt und ausgefeilt durch Karl Weierstraß (1815–1897) – bei der Einführung in die Analysis ist die „Weierstraßsche Strenge" sprichwörtlich –, Georg Cantor (1845–1918) und Richard Dedekind (1831–1916). Dadurch wurde die Entwicklung neu belebt und vehement vorangetrieben. Die von Cantor eingeführte Mengenlehre veränderte die Analysis grundlegend. Darauf bauten die Beiträge auf von René-Louis Baire (1874–1932), Émile Borel (1871–1956) und Henri Lebesgue (1875–1941), dessen Integral – das Lebesgue-Integral – heute *den* Integralbegriff für das analytische Arbeiten und viele Anwendungen darstellt.

Reelle Analysis – Komplexe Analysis

Die Theorie der Funktionen reeller Variabler wird abgrenzend auch als *reelle Analysis* bezeichnet, die der Funktionen komplexer Variabler, auf die an anderer Stelle eingegangen wird, als *komplexe Analysis*, speziell ↗*Funktionentheorie*. Die Funktionentheorie hat sich von der reellen Analysis mit eigenständigen Methoden und andersartigen Themen abgesetzt; viele Phänomene im Reellen werden aber erst verständlich, wenn man den Übergang zum Komplexen macht. Die frühzeitige Einbeziehung komplexer Zahlen bringt aber auch in rein reellen Fragestellungen vielfach erstaunliche Vereinfachungen, so daß dies heute weitgehend Standard in der (Hochschul-) Lehre ist.

Eindimensionale reelle Analysis

Stichwortartig sei grob ein Aufbau der eindimensionalen reellen Analysis skizziert, wie er heute zumindest im Kern Standard in vielen Analysis-Vorlesungen ist:

Axiomatische Einführung der reellen Zahlen ($\mathbb{R}$), damit der natürlichen ($\mathbb{N}$), ganzen ($\mathbb{Z}$), rationalen ($\mathbb{Q}$) und dann der komplexen Zahlen ($\mathbb{C}$); Zusammenspiel von algebraischen (Körper) und topologischen Gesichtspunkten (hier über Ordnungsstruktur); *Folgerungen aus dem Vollständigkeitsaxiom*; *Folgen, Reihen, Potenzreihen* (Konvergenzbegriff); *Stetigkeit* (u. a. Zwischenwertsatz und Satz über die Annahme von Extremwerten), gleichmäßige Stetigkeit; *Differentialrechnung:* U.a. Satz von Rolle und Mittelwertsatz mit Folgerungen für lokales Verhalten und damit Extremwertbestimmung gewisser Funktionen; Differentiation von Potenzreihen und der Umkehrfunktion; Höhere Ableitungen mit Folgerungen über Krümmung (Konvexität, Konkavität); *Stammfunktionen* (unbestimmte Integrale); *Bestimmtes Integral*, Flächeninhalt; *Funktionenfolgen, gleichmäßige Konvergenz*; *Taylor-Reihen*; *Uneigentliche Integrale.*

Mehrdimensionaler Fall

Bei der Verallgemeinerung auf den mehrdimensionalen Fall ist die Betrachtung von Funktionen $f\colon D \to \mathbb{R}^n$ mit $D \subset \mathbb{R}$ (und einer natürlichen Zahl n) durch Zurückführung auf Koordinatenfunktionen recht einfach. Aber schon die Betrachtung von Funktionen $f\colon \mathbb{R}^2 \to \mathbb{R}$ ist etwas schwieriger. Dabei sind geometrische Vorstellung („Fläche" im $\mathbb{R}^3$) und dazu graphische Darstellungen wie etwa durch Niveau- oder Höhenlinien und Vertikalschnitte hilfreich:

Bei der durch $f(x, y) := x^2+y^2$ definierten Funktion $f\colon \mathbb{R}^2 \to \mathbb{R}$ sind die nicht-trivialen Höhenlinien Kreise. Dreidimensional gezeichnet, sieht das ungefähr so aus:

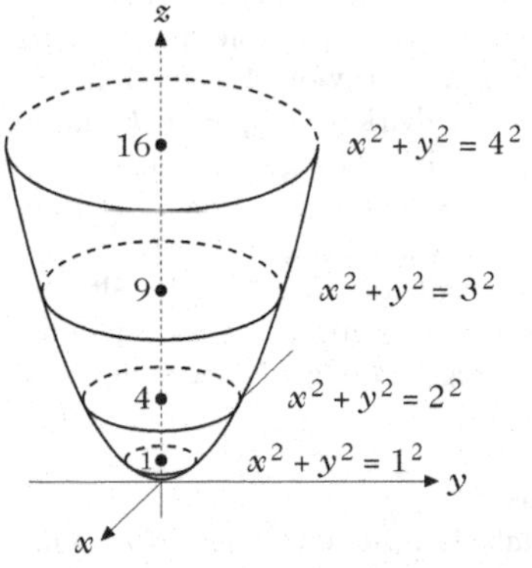

Höhenlinien

Für $f\colon \mathbb{R}^2 \to \mathbb{R}$, definiert durch $f(x, y) := x^2-y^2$, sind die Niveaulinien Hyperbeln. Ergänzt man dies durch die beiden „Vertikalschnitte" $f(0, y) = -y^2$

und $f(x, 0) = x^2$, so gewinnt man schon einen guten Überblick über den Graphen. Die anschließende dreidimensionale Zeichnung vermittelt mit den Höhenlinien und den angegebenen Vertikalschnitten einen ungefähren Eindruck.

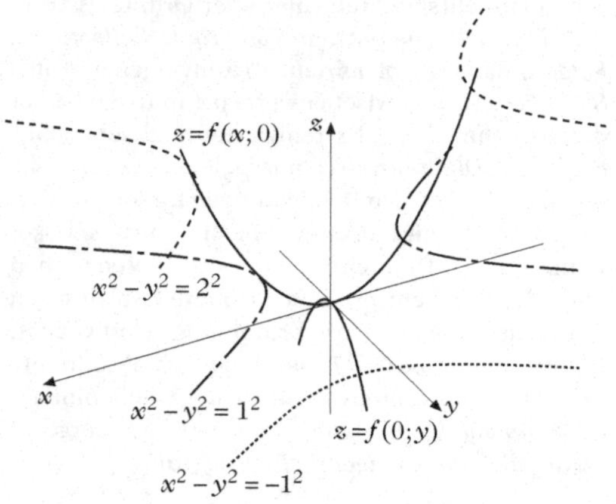

Höhenlinien und Vertikalschnitte

Heute erhält man mit leistungsfähigen Computeralgebrasystemen, zum Beispiel Mathematica oder Maple, ganz einfach ansprechende Graphiken – mit zahlreichen Optionen für die Darstellung (Farben, Drehen, Stauchen, Schattierung, ...).

Ein beliebtes Beispiel ist etwa der ↗Affensattel.

Eine Einführung in die mehrdimensionale Analysis wird zumindest enthalten: *Topologische Grundbegriffe für die Analysis im* $\mathbb{R}^n$: Der $\mathbb{R}^n$ als normierter Vektorraum, Konvergenz, Kompaktheit; Stetigkeit und Grenzwert; Zusammenhang; *Differenzierbare Abbildungen:* Totale und partielle Differenzierbarkeit; Mittelwertsatz; Fehlerabschätzungen; Höhere (partielle) Ableitungen, Satz von Schwarz; Satz von Taylor; Lokale Extremwerte; Lokale Umkehrbarkeit; Implizite Funktionen; Extrema mit Nebenbedingungen (Lagrange-Multiplikatoren); *Umkehrung der Differentiation:* Kurven und Kurvenintegrale; Hauptsätze (zum Umkehrproblem); *Integral auf dem* $\mathbb{R}^n$: Inhalt und Meßbarkeit; Iterierte Integration; Transformationssatz (Substitutionsregel); *Integralsätze von Gauß und Stokes.*

Absolute Analysis

Die moderne Analysis verdankt ihren Erfolg – neben ein- bzw. mehrdimensionaler reeller Analysis – wesentlich dem Einsatz von Techniken der Funktionalanalysis, der Maßtheorie und der Topologie.

Die Funktionalanalysis ist *die* wichtige Verallgemeinerung der klassischen Analysis, dabei heute kaum noch von ihr klar abzugrenzen. In der Entwicklung der Funktionalanalysis, angeregt durch die bahnbrechenden Überlegungen von David Hilbert (1862–1943), Erhard Schmidt (1876–1959) und Frigyes Riesz (1880–1956), brachte John von Neumann 1928 die entscheidende Idee: Die Theorie wurde von den Schranken Koordinatendarstellung und Matrizenkalkül befreit und zu einer koordinaten- und dimensionsfreien Theorie gestaltet. Eine moderne Analysis sollte sich heute daran orientieren! Die Elimination der Koordinaten bringt nicht nur formalen Gewinn. Sie führt zu Durchsichtigkeit und Einfachheit auch in der Theorie der Funktionen mehrerer Variabler. Allgemeiner als die bis dahin betrachteten Hilberträume führte 1920 Stefan Banach (1892–1945) die später nach ihm benannten Banachräume ein, die heute Standard für viele Theorien sind. Die Strukturen werden übersichtlich und deutlich, was Erlernen und Weiterentwicklung der Ideen entscheidend fördert. Ein solcher moderner Kalkül hat auch wesentliche Vorteile in den Anwendungen, so etwa in der theoretischen Physik.

Zudem ist die Beschäftigung damit (Spektraltheorie in abstrakten Hilbert-Räumen) ohnehin zwingend, wenn man die Quantentheorie mathematisch befriedigend behandeln will. Die Erweiterung ist naheliegend und eigentlich zwingend; sie drängt sich auch aus Fragestellungen der klassischen Analysis heraus auf, zum Beispiel: In der Variationsrechnung sind die unabhängigen Größen nicht Zahlen oder Vektoren im $\mathbb{R}^n$, sondern Funktionen. So untersuchte z. B. schon Leonhard Euler (1707–1783) das Problem, eine Funktion y zu finden, die ein Funktional

$$\int_a^b F(x, y(x), y'(x))\, dx$$

extremal macht, wobei alle stückweise stetig differenzierbaren Funktionen $y : [a, b] \to \mathbb{R}$ mit $y(a) = A$, $y(b) = B$ – bei vorgegebenen reellen Zahlen a, b, A, B mit $a < b$ – zugelassen sind. Die resultierende Euler-Lagrange-Gleichung wurde wesentlich zunächst für die Mechanik und später auch für die Quantenmechanik.

Beziehung zu den Anwendungen

Die Analysis bezieht, wie vorne schon gesagt, viele ihrer Fragestellungen und wichtige Impulse aus den Naturwissenschaften (vor allem der Physik), der Technik und Informatik (Ingenieurwissenschaften) und heute auch aus Wirtschafts-, Sozial- und Finanzwissenschaften. Dabei resultiert aus der Allgemeinheit und Abstraktheit der grundlegenden Begriffe und Methoden ihre universelle Anwendbarkeit in den sehr unterschiedlichen Anwendungsbereichen. Ganz wichtig ist dabei, jeweils die „richtige" Übersetzung in die Sprache der Mathematik zu finden (Modellierung). Explizite Lösungsformeln sind bei vielen Fragestellungen, die Anwender an die Mathematik stellen, eher der Ausnahmefall. Deshalb sind abstrakte Existenz- und Eindeutigkeitssätze auch für Anwender durchaus wichtig.

Die Analysis erhält aus den genannten Fächern durch schwierige Aufgaben immer wieder entscheidende Impulse. Die Bedeutung der wechselseitigen Beziehungen zwischen der Analysis und den Naturwissenschaften und allgemeiner Wissenschaften, die die Erfahrung auf einer höheren Ebene als der rein beschreibenden interpretieren, kann kaum überschätzt werden. Die Theorie steht in andauerndem fruchtbaren Kontakt zu diesen Wissenschaften, wobei diese einerseits wertvolle Hilfe durch die Theorie erfahren, andererseits diese immer wieder mit konkreten Problemen neu beleben und fordern.

Dadurch ist die Analysis weniger als manche andere Bereiche in der Mathematik ausschließlich der Eigendynamik gefolgt, weniger in Gefahr, durch „mathematische Inzucht" in Richtung „l'art pour l'art" zu degenerieren.

Literatur

[1] Amann, H.: Analysis 1, 2. Birkhäuser Basel, 1998, 1999.

[2] Blatter, C.: Analysis I, II, III. Springer-Verlag Berlin, 1991, 1992, 1981.

[3] Bourbaki, N.: Fonctions d'une variable réelle. Hermann Paris, 1976.

[4] Cartan, H.: Differentialformen. B.I.-Wissenschaftsverlag Mannheim, 1974.

[5] Dedekind, R.: Was sind und was sollen die Zahlen., 1888.

[6] Dieudonné: Grundzüge der modernen Analysis 1–9. Vieweg-Verlag Braunschweig, 1975–1987.

[7] Heuser, H.: Lehrbuch der Analysis, Teil 1, 2. Teubner-Verlag Stuttgart, 1993.

[8] Hoffmann, D.: Analysis für Wirtschaftswissenschaftler und Ingenieure. Springer-Verlag Berlin, 1995.

[9] Kaballo, W.: Einführung in die Analysis I, II, III. Spektrum Akademischer Verlag Heidelberg, 1996, 1997, 1999.

[10] Lang, S.: Undergraduate Analysis. Springer-Verlag New York, 1983.

[11] Rudin, W.: Analysis. Oldenbourg Verlag, 1998.

[12] Walter, W.: Analysis 1, 2. Springer-Verlag Berlin, 1997, 1992.

---

analysis situs, ältere Bezeichnung für die ↗ Topologie.

analytische Algebra, Faktorring eines konvergenten Potenzreihenringes, fundamentaler Begriff bei der Untersuchung „singulärer Punkte" in den Lösungsmengen von Systemen von holomorphen Gleichungen.

Für festes $a \in \mathbb{C}^n$ bestimmt offensichtlich jede konvergente Potenzreihe $P = \sum c_\nu X^\nu$ eine holomorphe Funktion auf einem Polyzylinder $P^n(a;r)$ durch $z \mapsto \sum c_\nu (z-a)^\nu$. Die Menge ${}_n\mathcal{O}_a$ solcher Funktionen ist eine Algebra.

I. allg. betrachtet man nur die Algebra ${}_n\mathcal{O}_0$, da die Translation $\tau : \mathbb{C}^n \to \mathbb{C}^n$, $z \mapsto z - a$ einen Algebraisomorphismus $\tau^0 : {}_n\mathcal{O}_0 \to {}_n\mathcal{O}_a$ bestimmt. ${}_n\mathcal{O}_0$ ist eine lokale Algebra mit maximalem Ideal

$$\begin{aligned} {}_n\mathfrak{m}_0 &:= {}_n\mathfrak{m} := \{P \in {}_n\mathcal{O}_0 \mid P(0) = 0\} \\ &= \mathfrak{m}_{[[X]]} \cap {}_n\mathcal{O}_0 =: \mathfrak{m}_{\{X\}} . \end{aligned}$$

Dabei bezeichne $\mathfrak{m}_{[[X]]}$ das maximale Ideal der Algebra der formalen Potenzreihen in n Unbestimmten über $\mathbb{C}$.

Eine Algebra heißt analytische Algebra, wenn sie isomorph zu der Restklassenalgebra ${}_n\mathcal{O}_0/\mathfrak{a}$ über einem Ideal $\mathfrak{a}$ ist.

[1] Kaup, L.; Kaup, B.: Holomorphic Functions of Several Variables. de Gruyter Studies in Mathematics, 1983.

analytische Fortsetzung, wichtiger Begriff in der Funktionentheorie bei der Untersuchung mehrdeutiger Funktionen.

Die analytische Fortsetzung eines ↗ analytischen Funktionselements (f_0, G_0) ist ein analytisches Funktionselement (f_1, G_1) derart, daß $G_0 \cap G_1 \neq \emptyset$ und $f_0(z) = f_1(z)$ für alle $z \in G_0 \cap G_1$.

Falls eine analytische Fortsetzung (f_1, G_1) von (f_0, G_0) existiert, so ist sie eindeutig bestimmt. Diese Aussage beruht wesentlich auf dem Identitätssatz. Im allgemeinen muß aber keine analytische Fortsetzung von (f_0, G_0) existieren.

Von besonderem Interesse ist der Fall, daß $G_0 \subset G_1$.

Es sei $\gamma: [0,1] \to \mathbb{C}$ ein Weg und zu jedem $t \in [0,1]$ existiere ein analytisches Funktionselement (f_t, D_t) mit folgenden Eigenschaften:

(a) $\gamma(t) \in D_t$ für alle $t \in [0,1]$,

(b) zu jedem $t \in [0,1]$ gibt es ein $\delta > 0$ derart, daß für alle $s \in [0,1]$ mit $|s-t| < \delta$ gilt $\gamma(s) \in D_t$ und $f_s(z) = f_t(z)$ für alle $z \in D_s \cap D_t$.

Dann heißt (f_1, D_1) eine analytische Fortsetzung von (f_0, D_0) entlang des Weges γ. Man sagt auch, f_1 entstehe durch analytische Fortsetzung von f_0 längs γ, und nennt f_0 längs γ analytisch fortsetzbar.

Die praktische Durchführung analytischer Fortsetzungen entlang eines Weges erfolgt häufig mit Hilfe des ↗ Kreiskettenverfahrens.

Mit Hilfe des Begriffes der analytischen Fortsetzung werden Untersuchungen zum Mehrdeutigkeitsverhalten von Funktionen wie z. B. dem Logarithmus oder der k-ten Wurzel übersichtlicher. Wir betrachten dazu das folgende Beispiel:

Jeder Zweig des Logarithmus entsteht aus dem im Kreis $D_1(1)$ durch

$$f(z) = \sum_{\nu=1}^{\infty} \frac{(-1)^{\nu-1}}{\nu} (z-1)^{\nu}$$

gegebenen Hauptzweig durch analytische Fortsetzung längs eines geeigneten Weges. So erhält man z. B. den Zweig, der in $z_1 = -2$ den Wert

$$\log 2 + (2k+1)\pi i$$

hat ($k \geq 0$), mit Hilfe eines Weges, der in $z_0 = 1$ beginnt, den Nullpunkt k-mal im positiven Sinne umläuft und dann in der oberen Halbebene nach z_1 geht.

Ähnliches gilt für Wurzelfunktionen $f(z) = z^{\frac{1}{k}}$.

analytische Funktion, anderer Begriff für holomorphe Funktion.

Ist $G \subseteq \mathbb{C}$ ein Gebiet und $f : G \to \mathbb{C}$ eine Funktion, so heißt f analytisch, wenn f auf ganz G differenzierbar ist. Äquivalent dazu ist die Bedingung, daß es für jedes $z_0 \in G$ eine Umgebung $U \subseteq G$ gibt, so daß in dieser Umgebung $f(z)$ als Potenzreihe dargestellt werden kann. Man vergleiche hierzu auch das Stichwort ↗ holomorphe Funktion.

analytische Garbe, Garbe von ${}_n\mathcal{O}$-Moduln.

Ist $\zeta_0 \in \mathbb{C}^n$ ein Punkt, so versteht man unter ${}_n\mathcal{O}_{\zeta_0} = (H_n)_{\zeta_0}$ die $\mathbb{C}$-Algebra der konvergenten Potenzreihen in ζ_0. Ein beliebiges Element von ${}_n\mathcal{O}_{\zeta_0}$ hat die Gestalt $\sum_{\nu=0}^{\infty} a_\nu (\zeta - \zeta_0)^\nu$. Zu jedem Punkt $\zeta \in \mathbb{C}^n$ gehört also eine $\mathbb{C}$-Algebra ${}_n\mathcal{O}_\zeta$.

Die disjunkte Vereinigung

$${}_n\mathcal{O} := \bigcup_{\zeta \in \mathbb{C}^n} {}_n\mathcal{O}_\zeta$$

aller dieser Algebren ist eine Menge über dem $\mathbb{C}^n$, versehen mit einer natürlichen Projektion $\pi : {}_n\mathcal{O} \to \mathbb{C}^n$, die eine Potenzreihe f_ζ jeweils auf den Entwicklungspunkt ζ abbildet. Es gibt eine natürliche Topologie auf ${}_n\mathcal{O}$, die π zu einer stetigen Abbildung macht und auf jedem „Halm" ${}_n\mathcal{O}_\zeta$ die diskrete Topologie induziert: Ist $f_{\zeta_0} \in_n \mathcal{O}$, so gibt es eine offene Umgebung $U(\zeta_0) \subset \mathbb{C}^n$ und eine holomorphe Funktion f auf U, so daß die Reihe f_{ζ_0} in U gleichmäßig gegen f konvergiert. Die Funktion f läßt sich aber wiederum in jedem Punkt $\zeta \in U$ in eine konvergente Potenzreihe f_ζ entwickeln. f induziert daher eine Abbildung $s : U \to {}_n\mathcal{O}$ mit den folgenden Eigenschaften:

(i) $\pi \circ s = \mathrm{id}_U$,

(ii) $s(\zeta_0) = f_{\zeta_0} \in s(U) \subset {}_n\mathcal{O}$.

Alle so konstruierten Mengen $s(U)$ bilden in ${}_n\mathcal{O}$ ein System von Umgebungen von f_{ζ_0}.

Versieht man ${}_n\mathcal{O}$ mit der dadurch induzierten Topologie, so nennt man den topologischen Raum ${}_n\mathcal{O}$ die Garbe der konvergenten Potenzreihen.

Die $\mathbb{C}$-Algebren ${}_n\mathcal{O}_\zeta = \pi^{-1}(\zeta)$ nennt man die Halme der Garbe. Man kann zeigen, daß π lokal topologisch ist, und daß die algebraischen Operationen in ${}_n\mathcal{O}$ stetig sind. Eine analytische Garbe über einem Bereich $D \subset \mathbb{C}^n$ ist eine Garbe von ${}_n\mathcal{O}$-Moduln über D.

Analytische Geometrie

A. Filler

I. Gegenstand der analytischen Geometrie ist die Untersuchung geometrischer Probleme mit rechnerischen (algebraischen) Methoden. Die Grundlage dafür besteht darin, geometrischen Objekten Zahlen (Koordinaten) zuzuordnen und umgekehrt. Geometrische Konstruktionen und Untersuchungen lassen sich dann durch Verfahren der Algebra und der Analysis ersetzen bzw. mittels dieser durchführen. Damit stellt die analytische Geometrie überaus mächtige Hilfsmittel zur Lösung geometrischer Probleme aber auch für die Physik und andere Naturwissenschaften zur Verfügung. Umgekehrt können in bestimmten Fällen auch algebraische Fragestellungen durch Rückführung auf geometrische Aufgaben gelöst werden.

Als Begründer der analytischen Geometrie können René Descartes (1596–1650) [2] und Pierre de Fermat (1601–1665) angesehen werden, wobei sich die Bezeichnungsweisen von Descartes als glücklicher erwiesen und Fermats Abhandlungen erst später (1679) veröffentlicht wurden. Die Entwicklung der Koordinatenmethode durch Descartes war eng mit der intensiven Entwicklung der Astronomie, der Mechanik und anderer Bereiche der Physik und Technik im 17. Jahrhundert verbunden, diese Methode wiederum war grundlegend für die Entwicklung der Analysis in der zweiten Hälfte des 17. und im Verlaufe des 18. Jahrhunderts (Newton, Leibniz), die ihrerseits zum Aufschwung der analytischen Geometrie beitrug. Eine bedeutende Weiterentwicklung erfolgte durch Leonhard Euler (1707–1783), der zunächst vor allem das Ziel verfolgte, eine vollständige algebraische Theorie der Kurven zweiten Grades zu entwerfen und auf den die heutige Ausformung der analytischen Geometrie wesentlich zurückgeht. Die durch die analytische Geometrie entstandenen Hilfsmittel wurden dann gegen Ende des 18. Jahrhunderts u. a. von Joseph Louis Lagrange für die Entwicklung der analytischen Mechanik und von Gaspard Monge für die Schaffung von Ansätzen der Differentialgeometrie [6] aufgegriffen.

II. Um in der Anschauungsebene (euklidischen Ebene) mit Mitteln der analytischen Geometrie arbeiten zu können, wird zunächst ein *kartesisches Koordinatensystem* (benannt nach Descartes, latinisiert Renatus Cartesius), bestehend aus zwei zueinander senkrechten gerichteten Geraden festgelegt, der *Abszisse* (x-Achse) und der *Ordinate* (y-Achse). Dem Schnittpunkt O (*Koordinatenursprung*) beider Koordinatenachsen wird auf beiden Achsen die Zahl Null zugewiesen, jedem anderen Punkt auf den Achsen wird jeweils eine Zahl als Koordinate zugeordnet, deren Betrag der Abstand des Punktes vom Ursprung ist und deren Vorzeichen sich aus der Gerichtetheit (Orientierung) der jeweiligen Achse ergibt. Die beiden Koordinatenachsen können somit als zwei zueinander senkrechte Zahlengeraden aufgefaßt werden. Einem beliebigen Punkt P der Ebene werden durch die Fußpunkte seiner Lote auf die Koordinatenachsen eineindeutig zwei Zahlen x und y zugeordnet: $P(x;y)$.

Eine Kurve in der Ebene läßt sich bezüglich eines so festgelegten Koordinatensystems als Menge der Punkte P darstellen, deren Koordinatenpaare $(x;y)$ die Lösungsmenge einer Gleichung der Form

$$F(x,y) = 0 \tag{1}$$

(die allerdings nicht mit der Gleichung $0 = 0$ äquivalent sein darf) bilden. Speziell beschreibt die Lösungsmenge einer linearen Gleichung

$$A \cdot x + B \cdot y + C = 0 \tag{2}$$

eine Gerade (die als „lineare Kurve" aufgefaßt werden kann). Sind zwei Geraden gegeben, so müssen die Koordinaten ihres Schnittpunktes die Gleichungen beider Geraden erfüllen. Das Problem der Schnittpunktbestimmung läßt sich somit auf die Bestimmung der Lösungsmenge eines Gleichungssystems zurückführen. Jedoch lassen sich nicht nur Geraden untersuchen, denn (1) muß keinesfalls eine lineare Gleichung sein. Besonders interessant ist z. B. die Untersuchung der Kurven zweiten Grades (auch als ↗Kegelschnitte bekannt), die durch Gleichungen der Form

$$A \cdot x^2 + B \cdot xy + C \cdot y^2 + D \cdot x + E \cdot y + F = 0 \tag{3}$$

beschrieben werden. Je nach der Größe der Koeffizienten A, B, C, D, E und F kann es sich hierbei um ↗Ellipsen, ↗Hyperbeln, ↗Parabeln, Punkte, Geraden oder ↗Doppelgeraden handeln, allerdings ist aus (3) oft nicht ersichtlich, welche Art von Kurve sich als Lösungsmenge ergibt. Bezüglich eines günstiger gewählten Koordinatensystems kann sich eine Gleichung ergeben, anhand derer dies leichter zu erkennen ist. Allgemein ist die Wahl des Koordinatensystems sehr wichtig für eine günstige Beschreibung geometrischer Objekte und die Lösung von Problemen mittels der analytischen Geometrie. Dazu werden Koordinatensysteme mit Hilfe von *Koordinatentransformationen* in andere Koordinatensysteme überführt. Für Kurven zweiter Ordnung nimmt die Gleichung (2) dann eine besonders übersichtliche Form an, wenn die Koordinatenachsen mit den Hauptachsen der beschriebenen Kurve zusammenfallen. Um ein solches Koordinatensystem zu erhalten, wird eine spezielle Koordinatentransformation, eine sogenannte *Hauptachsentransformation*, durchgeführt.

III. In der *analytischen Geometrie des (euklidischen) Raumes* wird wie in der Ebene ein kartesisches Koordinatensystem festgelegt, hier jedoch mit drei zueinander senkrechten Koordinatenachsen. Einem Punkt P des Raumes werden dann drei Koordinaten x, y und z zugeordnet: $P(x;y;z)$. Durch Gleichungen der Form

$$F(x,y,z) = 0 \tag{4}$$

werden im Raum Ebenen oder gekrümmte Flächen beschrieben, also Objekte, deren Dimension um 1 geringer ist als die des Raumes. Allgemein wird in einem n-dimensionalen Raum durch eine einzige Gleichung eine sogenannte Hyperfläche (bei linearen Gleichungen eine Hyperebene) festgelegt, d. h. ein Gebilde der Dimension $n-1$. Ist (4) eine lineare Gleichung, hat also die Gestalt

$$A \cdot x + B \cdot y + C \cdot z + D = 0\,, \tag{5}$$

so handelt es sich um die Gleichung einer Ebene im Raum. Da die Schnittmenge zweier (verschiedener und nicht paralleler) Ebenen ε_1 und ε_2 eine Gerade $g = \varepsilon_1 \cap \varepsilon_2$ ist, können Geraden im Raum durch Gleichungssysteme zweier voneinander linear unabhängiger Gleichungen (d. h. zweier Gleichungen, die nicht durch Multiplikation mit einer Zahl auseinander hervorgehen) beschrieben werden. Die Koordinatentripel $(x;y;z)$ der Punkte einer Geraden bilden also die Lösungsmenge eines linearen Gleichungssystems der Form

$$\begin{aligned} A_1 \cdot x + B_1 \cdot y + C_1 \cdot z + D_1 &= 0 \\ A_2 \cdot x + B_2 \cdot y + C_2 \cdot z + D_2 &= 0\,. \end{aligned}$$

Auch im Raum sind die Lösungsmengen von Gleichungen 2. Grades

$$\begin{aligned} &A \cdot x^2 + B \cdot y^2 + C \cdot z^2 + \\ &+ D \cdot xy + E \cdot yz + F \cdot xz + \\ &+ K \cdot x + L \cdot y + M \cdot z + N = 0 \qquad (6) \end{aligned}$$

besonders interessant, durch welche die Flächen zweiter Ordnung (z. B. Ellipsoide sowie verschiedene Paraboloide und Hyperboloide) beschrieben werden. Auch für deren Untersuchung ist es sinnvoll, durch Hauptachsentransformation zu einem Koordinatensystem zu gelangen, bezüglich dessen (6) eine übersichtlichere Form annimmt.

IV. Häufig ist es günstiger, statt der impliziten Beschreibung geometrischer Objekte durch Koordinatengleichungen wie (1)–(6) explizite Darstellungen in Abhängigkeit von einem oder mehreren Parametern anzugeben. Diese werden als *Parameterdarstellungen* bzw. *Parametergleichungen* bezeichnet. So wird eine Gerade g im Raum durch eine Parametergleichung der Form

$$g\colon \begin{pmatrix} x \\ y \\ z \end{pmatrix} = \begin{pmatrix} x_0 \\ y_0 \\ z_0 \end{pmatrix} + t \cdot \begin{pmatrix} a_1 \\ a_2 \\ a_3 \end{pmatrix} \quad \text{mit } t \in \mathbb{R} \qquad (7)$$

dargestellt. Dabei ist t der *Parameter*, (x_0, y_0, z_0) sind die Koordinaten eines gegebenen Punktes $P_0 \in g$ und $\begin{pmatrix} a_1 \\ a_2 \\ a_3 \end{pmatrix}$ ist ein *Richtungsvektor* der Geraden g. Für die Darstellung einer Ebene ε werden zwei Richtungsvektoren und zwei zugehörige Parameter s und t benötigt:

$$\varepsilon\colon \begin{pmatrix} x \\ y \\ z \end{pmatrix} = \begin{pmatrix} x_0 \\ y_0 \\ z_0 \end{pmatrix} + s \cdot \begin{pmatrix} a_1 \\ a_2 \\ a_3 \end{pmatrix} + t \cdot \begin{pmatrix} b_1 \\ b_2 \\ b_3 \end{pmatrix} \qquad (8)$$

(mit $s, t \in \mathbb{R}$). Auch die Darstellung durch Parametergleichungen ist nicht auf lineare geometrische Objekte beschränkt. So hat ein beliebiges Ellipsoid mit dem Mittelpunkt im Koordiantenursprung eine Parametergleichung der Form

$$\begin{pmatrix} x \\ y \\ z \end{pmatrix} = \begin{pmatrix} a \cdot \cos\lambda \cdot \cos\phi \\ b \cdot \sin\lambda \cdot \cos\phi \\ c \cdot \sin\phi \end{pmatrix} \qquad (9)$$

mit $\lambda, \phi \in \mathbb{R}$, $0 \leq \lambda \leq 2\pi$ und $-\pi \leq \phi \leq \pi$. Für $a = b = c$ wird durch (9) eine Kugel mit dem Radius $r = a = b = c$ beschrieben.

V. In den vorangegangenen Betrachtungen wurde zur Konstruktion eines Koordinatensystems die Existenz einer Metrik (Möglichkeit der Zuordnung reeller Zahlen als Maße von Strecken und Winkeln) vorausgesetzt. In den durch die Axiome der euklidischen Geometrie bestimmten geometrischen Strukturen Ebene bzw. Raum ist diese auch stets gegeben. Um analytische Geometrie betreiben zu können, ist die Existenz einer Metrik jedoch keine zwingende Voraussetzung. Ebensowenig ist es erforderlich, auf bereits vorhandene geometrische Strukturen aufzubauen, sondern der Aufbau einer Geometrie kann allein auf Grundlage algebraischer Strukturen erfolgen.

Das als *affine Geometrie* bezeichnete Teilgebiet der analytischen Geometrie kommt völlig ohne die Verwendung von Maßen aus. Ausgegangen wird dabei allgemein von einem n–dimensionalen affinen Punktraum A^n und dem zugehörigen Vektorraum V^n. Um den Punkten des Raumes A^n Koordinaten zuordnen zu können, müssen in V^n eine beliebige Basis $B = \{a_1, a_2, \ldots, a_n\}$ und in A^n ein Punkt O (Koordinatenursprung) festgelegt werden. Bezüglich des so definierten Koordinatensystems $K = \{O, a_1, a_2, \ldots, a_n\}$ läßt sich jedem Punkt $P \in A^n$ ein n-Tupel $(x_1; x_2; \ldots; x_n) \in \mathbb{R}^n$ zuordnen (wobei $\mathbb{R}^n$ der Raum der n-Tupel reeller Zahlen ist). Diese Zuordnung ist ein Isomorphismus, d. h. eine eineindeutige affine Abbildung von A^n auf $\mathbb{R}^n$. Dadurch ist es möglich, im $\mathbb{R}^n$ durchgeführte Untersuchungen auf die Punkte des affinen Punktraumes zu übertragen. Insbesondere lassen sich Geraden, Ebenen, Kurven, Flächen und auch höherdimensionale geometrische Objekte als Lösungsmengen von Gleichungen bzw. Gleichungssystemen darstellen. Auf dieser Grundlage können die Lagebeziehungen und Schnittverhältnisse geometrischer Objekte der Ebene, des dreidimensionalen Raumes sowie höherdimensionaler Räume untersucht werden. Auch die Kurven und Flächen zweiter Ordnung lassen sich in ihren wichtigsten Eigenschaften mit den Mitteln der affinen Geometrie beschreiben und klassifizieren. Allerdings ist hierbei keine Unterscheidung zwischen einem Kreis und einer Ellipse (bzw. die Auszeichnung des Kreises als besondere Ellipse) möglich, da diese auf einer metrischen Eigenschaft beruht.

Wird auf dem zu einem affinen Punktraum A^n gehörigen Vektorraum V^n eine *Metrik* (z. B. eine positiv definite symmetrische Bilinearform bzw. ein solches Skalarprodukt) definiert, so kann auf A^n *metrische Geometrie* betrieben werden, da zusätzlich zu den Untersuchungsmethoden der affinen Geometrie Strecken- und Winkelmaße zur Verfügung stehen. Auf dieser Grundlage sind nun auch Abstandsbestimmungen, Orthogonalitätsbetrachtungen und Winkelmessungen möglich.

Das Instrumentarium der analytischen Geometrie ist durch die Verknüpfung der Geometrie mit der Algebra und der Analysis vielfältig erweiterbar. So stellte Felix Klein in seinem *Erlanger Programm* (↗Erlanger Programm von Felix Klein) eine universell anwendbare Methode der Untersuchung und Klassifizierung unterschiedlicher Geometrien anhand der Invarianten von Transformationsgruppen dar. Weiterhin wurde die analytische Geometrie durch die Anwendung der vielfältigen Methoden der Analysis zur Differentialgemetrie weiterentwickelt, die sich zu einem der wichtigsten und mächtigsten Forschungsgegenstände und Hilfsmittel der Mathematik sowie der Naturwissenschaften herausgebildet hat.

Literatur

[1] Brehmer S., Belkner H.: Einführung in die analytische Geometrie und lineare Algebra. Deutscher Verlag der Wissenschaften Berlin, 1974.

[2] Descartes R.: La gèometrie. Leiden, 1637.

[3] Efimov N. W.: Kratki kurs analititscheskoi geometrii. Nauka Moskau, 1975.

[4] Fischer G.: Analytische Geometrie. Vieweg Braunschweig, 1991.

[5] Gabriel P.: Matrizen, Geometrie, Lineare Algebra. Birkhäuser Basel, 1996.

[6] Monge G.: Application de l'analyse à la gèomètrie. 4. Edition Paris, 1809.

analytische Halbgruppe, eine Operatorhalbgruppe, die in einen Sektor der komplexen Ebene analytisch fortgesetzt werden kann.

Sei $0 < \alpha \le \pi/2$ und

$$\Sigma_\alpha = \{z \in \mathbb{C} : z \neq 0,\ |\arg z| < \alpha\}$$

sowie $\Sigma_\alpha^0 = \Sigma_\alpha \cup \{0\}$.

Eine Familie $\{T_z : z \in \Sigma_\alpha^0\}$ von beschränkten linearen Operatoren auf einem Banachraum X heißt analytische Halbgruppe, wenn

1) $T_0 = \mathrm{Id}$, $T_{z_1+z_2} = T_{z_1}T_{z_2}\ \forall z_1, z_2 \in \Sigma_\alpha^0$,

2) $\lim\limits_{\substack{z\to 0\\ z\in\Sigma_\beta}} T_z x = x\ \forall x \in X$, falls $\beta < \alpha$, und

3) $z \mapsto T_z$ eine ↗holomorphe operatorwertige Funktion auf Σ_α ist.

Gilt zusätzlich

4) $\sup\{\|T_z\| : z \in \Sigma_\beta\} < \infty$, falls $\beta < \alpha$,

spricht man etwas ungenau von einer beschränkten analytischen Halbgruppe. Der Laplace-Operator z. B. erzeugt eine beschränkte analytische Halbgruppe auf $L^p(\mathbb{R}^d)$ oder $C_0(\mathbb{R}^d)$.

Die Einschränkung einer analytischen Halbgruppe auf $[0,\infty)$ ist eine stark stetige Operatorhalbgruppe, deren Erzeuger A sei (↗Erzeuger einer Operatorhalbgruppe). Der Erzeuger einer beschränkten analytischen Halbgruppe auf Σ_α^0 ist dadurch charakterisiert, daß

$$\Sigma_{\alpha+\pi/2} \subset \varrho(A)$$

(↗Resolventenmenge) und für jedes $\beta < \alpha$ eine Konstante C_β mit

$$\|\lambda(\lambda - A)^{-1}\| \le C_\beta \qquad \forall \lambda \in \Sigma_{\beta+\pi/2}$$

existiert.

Die Bedeutung analytischer Halbgruppen liegt in den für sie gültigen Regularitätsaussagen. So gilt für eine analytische Halbgruppe $\{T_t\}$ mit Erzeuger A stets der spektrale Abbildungssatz

$$\sigma(T_t) \setminus \{0\} = \{e^{t\lambda} : \lambda \in \sigma(A)\} \qquad \forall t \ge 0,$$

und das abstrakte Cauchy-Problem

$$u' = Au, \quad u(0) = x_0$$

hat für alle $x_0 \in X$ eine Lösung

$$u \in C([0,\infty), X) \cap C^\infty((0,\infty), X),$$

nämlich $u(t) = T_t(x_0)$.

[1] Pazy, A.: Semigroups of Linear Operators and Applications to Partial Differential Equations. Springer Berlin/Heidelberg, 1983.

analytische Hyperfläche, Punktmenge, die als Nullstellenmenge einer holomorphen Funktion darstellbar ist.

Sei $G \subset \mathbb{C}^n$ ein Gebiet, f eine holomorphe und nirgends identisch verschwindende Funktion auf G und

$$N := \{\zeta \in G : f(\zeta) = 0\}.$$

$\zeta_0 \in N$ sei ein fest gewählter Punkt. $(f)_{\zeta_0}$ bezeichne die Taylorentwicklung von f im Punkt ζ_0. Da eine Scherung die analytische Hyperfläche N nicht wesentlich verändert, kann man o.B.d.A. annehmen, daß $f\left(z_1 - z_1^{(0)}, z_2^{(0)}, \ldots, z_n^{(0)}\right)$ nicht identisch verschwindet. Es gibt dann eine Einheit $(e)_{\zeta_0}$ und ein Pseudopolynom $(w)_{\zeta_0}$ so, daß

$$(f)_{\zeta_0} = (e)_{\zeta_0} \cdot (w)_{\zeta_0}.$$

Man kann eine Umgebung $U(\zeta_0) \subset G$ finden, auf der $(e)_{\zeta_0}$ bzw. $(w)_{\zeta_0}$ gegen eine holomorphe Funktion e und ein Pseudopolynom w konvergieren, so daß $f \mid U = e \cdot w$ ist. Wählt man U hinreichend klein, so ist $e(\zeta) \neq 0$ für alle $\zeta \in U$, also mit $\zeta = (z_1, \zeta')$:

$$\{\zeta \in U : f(\zeta) = 0\} = \{\zeta \in U : w(z_1, \zeta') = 0\}.$$

Sei nun $w = w_1 \cdot \ldots \cdot w_l$ die Primzerlegung von w. Dann ist

$$\{\zeta \in U : f(\zeta) = 0\} = \bigcup_{i=1}^{l} \{\zeta \in U : w_i(\zeta) = 0\}.$$

Treten mehrfache Faktoren auf, so sind die entsprechenden Komponenten der analytischen Menge gleich. Es genügt also, wenn man sich auf Pseudopolynome ohne mehrfache Faktoren beschränkt.

Sei $\zeta_0 = \left(z_1^{(0)}, \zeta_0'\right)$, G_1 eine offene Umgebung von $z_1^{(0)} \in \mathbb{C}$ und G' eine zusammenhängende offene Umgebung von $\zeta_0' \in \mathbb{C}^{n-1}$, so daß $G_1 \times G' \subset U$ und

$$\left\{(z_1, \zeta') \in \mathbb{C} \times G' : w\left(z_1, \zeta'\right) = 0\right\} \subset G_1 \times G'$$

ist. Für

$$w(u, \zeta') = u^s - A_1(\zeta')u^{s-1} + \cdots + (-1)^s A_s(\zeta')$$

sei

$$\Delta_w(\zeta') := \Delta\left(w(u, \zeta')\right) = Q\left(A_1(\zeta'), \ldots, A_s(\zeta')\right).$$

Außerdem sei

$$D_w = \left\{\zeta' \in G' : \Delta_w\left(\zeta'\right) = 0\right\}.$$

$N \cap \left(G_1 \times G'\right)$ stellt eine verzweigte Überlagerung über G_1 dar, die Verzweigungspunkte liegen über D_w. Über $G_1 - D_w$ ist die Überlagerung unverzweigt. Man kennt die analytische Hyperfläche N, wenn man die analytische Menge $D_w \subset \mathbb{C}^{n-1}$ und das Verzweigungsverhalten von N kennt. Auf induktivem Wege erhält man so einen Überblick über den Aufbau von N.

analytische Kreisscheibe, *analytische Scheibe*, offene Menge in einer Riemannschen Fläche, die durch eine Karte bijektiv auf eine Kreisscheibe um 0 in $\mathbb{C}$ bezogen wird.

Es sei X eine Riemannsche Fläche. Mit einer „Karte einer Riemannschen Fläche" ist eine Karte gemeint, die zu einem der Atlanten gehört, die die komplexe Struktur definieren. Karten werden auch lokale Koordinaten genannt.

Ist $\varphi : U \to V$ eine Karte der Riemannschen Fläche X und $h : V \to W \subset \mathbb{C}$ eine biholomorphe Abbildung, so ist auch $h \circ \varphi : U \to W$ eine Karte von X. Insbesondere gibt es zu jedem $x_0 \in X$ lokale Koordinaten $z : U \to V$ mit $x_0 \in U$ und $z\left(x_0\right) = 0$.

Solche lokalen Koordinaten nennt man (lokale) Koordinaten um x_0.

Ist $z : U \to V$ eine lokale Koordinate um x_0 und $D = D_r\left(0\right) \subset V$ eine Kreisscheibe um 0 mit Radius r, $\Delta = z^{-1}(D)$, so nennt man $z : \Delta \to D$ einen Koordinatenkreis oder auch eine analytische (Kreis-)Scheibe um x_0 und r den zugehörigen Radius.

Eine Anwendung der analytischen Kreisscheibe findet sich bei der Übertragung der lokalen Theorie der holomorphen Funktionen mit Hilfe lokaler Koordinaten von der komplexen Ebene auf Riemannsche Flächen.

Ist z. B. f holomorph in einer Umgebung eines Punktes x_0 einer Riemannschen Fläche X und ist z eine lokale Koordinate um x_0, so läßt sich f in eine Potenzreihe

$$f(x) = \sum_{\nu=0}^{\infty} a_\nu \left(z(x)\right)^\nu$$

entwickeln, welche in einer analytischen Kreisscheibe um x_0 konvergiert. Die Koeffizienten a_ν hängen natürlich von der Wahl der lokalen Koordinate ab.

analytische Kurve, Kurve mit zusätzlicher Glattheitseigenschaft.

Ist

$$K(t) = \begin{pmatrix} x_1(t) \\ x_2(t) \\ x_3(t) \end{pmatrix}, \quad t \in [a, b],$$

eine Kurve im $\mathbb{R}^3$, so heißt K analytisch, wenn für alle $\bar{t} \in [a, b]$ die Koeffizientenfunktion x_i, $i = 1, 2, 3$, lokal in eine Potenzreihe um $\bar{t}$ entwickelbar ist.

analytische Menge, Menge, die lokal als Nullstellenmenge holomorpher Funktionen darstellbar ist.

Sei $B \subset \mathbb{C}^n$ ein Bereich, $M \subset B$ eine Teilmenge und $\zeta_0 \in B$ ein Punkt. M heißt analytisch in ζ_0, wenn es ein offene Umgebung $U = U\left(\zeta_0\right) \subset B$ und holomorphe Funktionen $f_1, \ldots, f_l$ in U gibt so, daß

$$U \cap M = \left\{\zeta \in U : f_1(\zeta) = \ldots = f_l(\zeta) = 0\right\}$$

ist. M heißt analytisch in B, falls M in jedem Punkt von B analytisch ist. Eine in B analytische Menge M ist abgeschlossen in B.

I.allg. kann man analytische Mengen nicht durch globale Gleichungen darstellen. Mit Mitteln der Garbentheorie läßt sich aber der folgende Satz beweisen:

Sei $G \subset \mathbb{C}^n$ ein Holomorphiegebiet, $M \subset G$ analytisch. Dann gibt es holomorphe Funktionen $f_1, \ldots, f_{n+1}$ auf G so, daß

$$M = \left\{\zeta \in G : f_1(\zeta) = \ldots = f_{n+1}(\zeta) = 0\right\}$$

ist.

Sei $G \subset \mathbb{C}^n$ ein Gebiet, M analytisch in G. Ein Punkt $\zeta_0 \in M$ heißt regulärer (gewöhnlicher, glatter Punkt) von M (der Dimension $2k$), falls es eine offene Umgebung $U\left(\zeta_0\right) \subset G$ und holomorphe Funktionen $f_1, \ldots, f_{n-k}$ auf U gibt, so daß gilt:

1) $U \cap M = \left\{\zeta \in U : f_1(\zeta) = \ldots = f_{n-k}(\zeta) = 0\right\}$, und

2) $\text{Rang}\left(\left(\frac{\partial f_i}{\partial z_j}\left(\zeta_0\right)\right)_{j=1,\ldots,n}^{i=1,\ldots,n-k}\right) = n - k.$

Ein Punkt $\zeta_0 \in M$ heißt singulär, falls er nicht regulär ist. Mit $S(M)$ bezeichnet man die Menge der singulären Punkte von M.

Es gilt folgender Satz:

Sei $G \subset \mathbb{C}^n$ ein Gebiet, M analytisch in G und $\zeta_0 \in M$ ein regulärer Punkt der Dimension 2k. Dann gibt es eine offene Umgebung $V(\zeta_0) \subset G$, so daß $M \cap V$ biholomorph äquivalent zu einem Ebenenstück der reellen Dimension 2k ist.

Sei $G \subset \mathbb{C}^n$ ein Gebiet, M analytisch in G. Dann ist die Menge S (M) der singulären Punkte von M eine in M nirgends dichte analytische Teilmenge von G.

Eine analytische Menge M heißt reduzibel, wenn es analytische Teilmengen $M_i \subset G$, $i = 1, 2$, gibt, so daß gilt:

1) $M = M_1 \cup M_2$.
2) $M_i \neq M$ für $i = 1, 2$.

Ist M nicht reduzibel, so nennt man die Menge irreduzibel. Es gilt folgende Aussage:

Sei $G \subset \mathbb{C}^n$ ein Gebiet, M analytisch in G. Dann gibt es ein abzählbares System (M_i) von irreduziblen analytischen Teilmengen von G, so daß gilt:
1) $\bigcup_{i \in \mathbb{N}} M_i = M$.
2) Das System $(M_i)_{i \in \mathbb{N}}$ ist lokal-finit in G.
3) Ist $M_{i_1} \neq M_{i_2}$, so ist auch $M_{i_1} \not\subset M_{i_2}$.
Man spricht von einer Zerlegung von M in irreduzible Komponenten. Diese Zerlegung ist bis auf die Reihenfolge eindeutig bestimmt.

Weiterhin gilt:

Ist M eine irreduzible analytische Menge in G und f eine holomorphe Funktion in G mit $f|M \neq 0$, so ist

$$dim_{\mathbb{C}}\left(M \cap \{\zeta \in G : f(\zeta) = 0\}\right) = dim_{\mathbb{C}}(M) - 1.$$

Darüber hinaus gilt sogar für jede irreduzible Komponente $N \subset M \cap \{\zeta \in G : f(\zeta) = 0\}$:

$$\dim_{\mathbb{C}}(N) = \dim_{\mathbb{C}}(M) - 1.$$

Als Folgerung ergibt sich:

Sei $G \subset \mathbb{C}^n$ ein Gebiet, und $f_1, ..., f_{n-k}$ holomorphe Funktionen in G,

$$M := \{\zeta \in G : f_1(\zeta) = \cdots = f_{n-k}(\zeta) = 0\},$$

$M' \subset M$ eine irreduzible Komponente.

Dann ist $\dim_{\mathbb{C}}(M') \geq k$.

Wir geben ein Beispiel einer analytischen Menge: Sei $f : \mathbb{C}^n \to \mathbb{C}$ definiert durch

$$f(z_1, ..., z_n) := z_1^{s_1} + ... + z_n^{s_n}$$

mit $s_i \in \mathbb{N}$, $s_i \geq 2$. Sei $M := \{\zeta \in \mathbb{C}^n : f(\zeta) = 0\}$. Es ist $0 = f_{z_i}(z_1, ..., z_n) = s_i \cdot z_i^{s_i - 1}$ genau dann, wenn $z_i = 0$ ist. Das bedeutet, daß höchstens der Nullpunkt als Singularität in Frage kommt. Man kann zeigen, daß $S(M) = \{0\}$ gilt.

Offensichtlich gehört M zu der Schar $(M_t)_{t \in \mathbb{C}}$ von analytischen Mengen, die durch

$$M_t = \left\{(z_1, ..., z_n) \in \mathbb{C}^n : z_1^{s_1} + ... + z_n^{s_n} = t\right\}$$

gegeben ist. Es ist $M = M_0$ eine analytische Menge mit einer isolierten Singularität im Nullpunkt, während alle Mengen M_t mit $t \neq 0$ regulär sind.

Zum Schluß noch eine andersartige Charakterisierung analytischer Mengen im Kontext Polnischer Räume: Eine analytische Menge ist eine Teilmenge eines ↗ Polnischen Raumes, die stetiges Bild eines ebensolchen Raumes ist, d.h:

Es sei Ω ein Polnischer Raum. Eine Untermenge M von Ω ist analytische Menge in Ω, wenn es einen Polnischen Raum Ω' und eine stetige Abbildung $f : \Omega' \to \Omega$ gibt mit $f(\Omega') = M$. Jede Borel-Menge in Ω ist beispielsweise analytisch. Jede nicht-leere analytische Menge M von Ω ist Bild von $\mathbb{N}^{\mathbb{N}}$ unter einer stetigen Abbildung.

analytische Scheibe, ↗ analytische Kreisscheibe.

analytische Untermannigfaltigkeit, analytische Menge, die lokal biholomorph als linearer Unterraum in den $\mathbb{C}^n$ einbettbar ist.

Es sei X ein Bereich im $\mathbb{C}^n$. Eine abgeschlossene Teilmenge T von X heißt Untermannigfaltigkeit von X, wenn für jeden Punkt $a \in T$ eine offene Umgebung U von a in X und eine biholomorphe Abbildung $\phi : U \to P$ auf einen Polyzylinder um $0 = \phi(a)$ in $\mathbb{C}^n$ existiert, so daß bezüglich einer Zerlegung $P = P^s \times P^{n-s}$ gilt:

$$T \cap U = \phi^{-1}\left(P^s \times 0\right).$$

Die Zahl s ist durch den Punkt $a \in T$ bestimmt und wird die Dimension von T in a genannt, bezeichnet mit $\dim_a T$. Der folgende Satz zeigt, daß Untermannigfaltigkeiten analytische Mengen sind:

Sei $T \subset X$ abgeschlossen, dann ist T genau dann eine Untermannigfaltigkeit von X, wenn für jeden Punkt $a \in T$ eine Umgebung $U \subset X$ von a und eine Abbildung $f \in Hol(U, \mathbb{C}^m)$ existiert, so daß gilt:
i) $U \cap T = \{x \in U \mid f(x) = 0\}$, und
ii) $\frac{\partial f}{\partial z}$ hat auf U konstanten Rang.

Ist T eine Untermannigfaltigkeit von X, dann gilt

$$\dim_a T = n - \text{Rang}\frac{\partial f}{\partial z}(a).$$

analytische Varietät, topologischer Raum mit spezieller Eigenschaft.

Es sei $U \subseteq \mathbb{C}^n$ eine offene Teilmenge und V eine analytische Teilmenge von U (↗ analytische Menge). Analytische Teilmengen sind die Bausteine analytischer Varietäten.

Eine analytische Varietät X ist nun ein topologischer Raum, der eine Überdeckung $X = \cup U_i$ besitzt, so daß für alle i Homöomorphismen

$$\varphi_i : U_i \to V_i$$

auf analytische Teilmengen V_i existieren und für alle i, j die Abbildungen $\varphi_j \varphi_i^{-1}$ holomorphe Abbildungen sind.

analytische Zahlentheorie, die Behandlung zahlentheoretischer Fragestellungen mit Methoden der reellen und komplexen Analysis.

Das erste Beispiel der Verbindung zwischen zahlentheoretischen Problemen und analytischen Funktionen sind die von Euler definierten erzeugenden Funktionen (↗additive Zahlentheorie). Zur Illustration der Methode der erzeugenden Funktionen betrachten wir das Münzproblem: Auf wie viele Arten kann man einen Betrag von 12 Euro mit Münzen der Werte 1 Euro, 2 Euro und 5 Euro auszahlen? Folgende Potenzreihenentwicklungen sind leicht herleitbar:

$$\frac{1}{1-z} = 1+z+z^2+z^3+\dots,$$

$$\frac{1}{1-z^2} = 1+z^2+z^4+z^6+\dots,$$

$$\frac{1}{1-z^5} = 1+z^5+z^{10}+z^{15}+\dots.$$

Das Produkt dieser drei Funktionen von z ist ebenfalls in Potenzreihe entwickelbar:

$$\frac{1}{(1-z)(1-z^2)(1-z^5)} = \sum_{n=0}^{\infty} C(n) z^n, \qquad (1)$$

wobei der Koeffizient $C(n)$ gerade die Anzahl der Möglichkeiten angibt, die Zahl n als Summe der Zahlen $1, 2, 5$ darzustellen, wobei jede dieser Zahlen beliebig oft vorkommen darf. Man erhält mit ein wenig Rechnung $C(12) = 13$. Mit Hilfe der Partialbruchzerlegung der linken Seite von (1) kann man im Prinzip mit einigem Rechenaufwand eine explizite Formel für $C(n)$ herleiten.

Eine andere natürliche Frage ist die nach dem asymptotischen Verhalten der Koeffizienten $C(n)$ für $n \to \infty$; diese läßt sich mit ein paar Grenzwertbetrachtungen lösen: Für $n \to \infty$ ist $C(n)$ asymptotisch gleich $\frac{1}{20}n^2$.

Wie in diesem Beispiel lassen sich analytische Methoden häufig erfolgreich auf Probleme der additiven Zahlentheorie anwenden. Dank der bahnbrechenden Arbeit von Riemann „Ueber die Anzahl der Primzahlen unterhalb einer gegebenen Größe“, die 1859 publiziert wurde, kann man mit analytischen Methoden auch Informationen über Fragen der Primzahlverteilung gewinnen. Einen Schlüssel hierzu bietet die Riemannsche ζ-Funktion, ein wichtiges Resultat ist der Primzahlsatz, der besagt, daß die Anzahl der Primzahlen $\leq x$ für $x \to \infty$ asymptotisch gleich $x/\log x$ ist. Weitergehende Konsequenzen für die Verteilung der Primzahlen (und etliche andere Probleme) hätte ein Beweis der ↗Riemannschen Vermutung, die eine der großen Herausforderungen der analytischen Zahlentheorie darstellt. Das Werk [2] ist ein von Riemanns Arbeit ausgehendes Buch über die Riemannsche ζ-Funktion, das die historische Entwicklung berücksichtigt.

Die von Riemann initiierten funktionentheoretischen Methoden zur Behandlung von Fragen über die Primzahlverteilung sind vielfach verfeinert worden, z. B. durch die Untersuchung Dirichletscher L-Reihen und deren Verallgemeinerungen.

Zur analytischen Zahlentheorie gehören auch noch die sog. Siebmethoden, die ihren Urahn im Sieb des Eratostenes haben (↗Eratostenes, Sieb des). Damit kann man z. B. Fragen über die Verteilung quadratischer Nichtreste modulo Primzahlen behandeln, oder Untersuchungen über die Verteilung von gewissen Folgen in Restklassen durchführen.

Ein weiteres interessantes Problem der analytischen Zahlentheorie ist die noch offene Frage, ob es unendlich viele Primzahlzwillinge, d. h. Paare von Primzahlen p, q mit $p - q = 2$, gibt; Teilresultate hierzu wurden mit analytischen Methoden gewonnen.

Die ebenfalls noch unbewiesene Goldbachsche Vermutung, nämlich daß jede gerade Zahl > 3 eine Summe von zwei Primzahlen sei, rechnet man ebenfalls zur analytischen Zahlentheorie, da auch hier mit Methoden der Analysis Teilresultate erzielt wurden: Vinogradow hat 1937 gezeigt, daß jede genügend große ungerade Zahl als Summe von drei Primzahlen darstellbar ist.

[1] Brüdern, J.: Einführung in die analytische Zahlentheorie. Springer Berlin, 1995.

[2] Edwards, H.M.: Riemann's Zeta Function. Academic Press New York, 1974.

analytischer Meßraum, ein ↗Meßraum mit zusätzlicher Eigenschaft.

Ein Meßraum $(\Omega, \mathcal{A})$ heißt analytisch, falls es einen Polnischen Meßraum $(\Omega', \mathcal{B}(\Omega'))$ und eine ↗analytische Menge A' in Ω' so gibt, daß $(\Omega, \mathcal{A})$ isomorph zu $(A', \mathcal{B}(A'))$ ist.

Falls $(\Omega, \mathcal{A})$ analytisch ist und $\mathcal{A}_0 \subseteq \mathcal{A}$ eine abzählbar erzeugte ↗σ-Algebra ist, dann gehört eine Untermenge von Ω genau dann zu $\mathcal{A}_0$, wenn sie zu $\mathcal{A}$ gehört und Vereinigung einer Menge von ↗atomare Mengen aus $\mathcal{A}_0$ ist.

analytischer Raum, manchmal auch komplexer Raum genannt, ein geringter Raum $(X, {}_X\mathcal{O})$, bei dem für jedes $x \in X$ eine Umgebung U existiert, so daß $(U, {}_X\mathcal{O}\,|_U)$ isomorph zu einem geringten Raum $(Y, {}_Y\mathcal{O})$ ist, wobei Y eine Untervarietät eines Bereiches in $\mathbb{C}^n$ sei und

$${}_Y\mathcal{O} = ({}_n\mathcal{O}/\mathfrak{I}|_Y) .$$

Dabei sei $\mathfrak{I}$ die Idealgarbe von Y.

analytischer Spline, durch Fortsetzung einer auf einer geschlossenen Kurve K in der komplexen

Ebene definierten ↗Splinefunktion ins Innere des von K umschlossenen Gebietes definierte Funktion.

Ist s eine auf K definierte Splinefunktion, so ist eine mögliche Definition des zugehörigen analytischen Splines a wie folgt:

$$a(z) = \frac{1}{2\pi i} \int_K \frac{s(t)}{t - z}\, dt .$$

Die Funktion a ist im Innern des von K umschlossenen Gebietes eine ↗analytische Funktion.

analytischer Unterraum, Unterraum eines analytischen Raumes, der lokal als Nullstellenmenge holomorpher Funktionen darstellbar ist.

Ein analytischer Unterraum eines analytischen Raumes $(X, {}_X\mathcal{O})$ ist ein analytischer Raum $(Y, {}_Y\mathcal{O})$ derart, daß $Y \subset X$, und daß die Identität $i : Y \to X$ eine Injektion ist.

Für $y \in Y$ sei $\mathfrak{I}_y$ der Kern von i^*. Dann ist $\mathfrak{I}$ die Garbe von Idealen, die auf Y verschwinden, und es gilt

$$\left({}_X\mathcal{O}_y / \mathfrak{I}_y\right) \cong {}_Y\mathcal{O}_y .$$

Da der lokale Ring ${}_X\mathcal{O}_y$ Noethersch ist, ist $\mathfrak{I}_y$ endlich erzeugt. Daher gilt die folgende Aussage:

Sei $(X, {}_X\mathcal{O})$ ein analytischer Raum. Y sei eine Teilmenge mit der folgenden Eigenschaft: Ist $y \in Y$, dann gibt es eine Umgebung U von y und holomorphe Funktionen $f_1, \ldots, f_t$ auf U so, daß

$$\begin{aligned} Y \cap U &= V\left(f_1, \ldots, f_t\right) \\ &:= \left\{x \in U \mid f_i(x) = 0 \text{ für } i = 1, \ldots, t\right\} . \end{aligned}$$

Ist $\mathfrak{I}$ die Garbe (auf Y) der auf X holomorphen Funktionen, die auf Y verschwinden, dann ist

$$(Y, \left({}_X\mathcal{O}/\mathfrak{I}\right)|_Y)$$

ein analytischer Unterraum von X. Auf diese Weise erhält man alle analytischen Unterräume von X.

analytisches Funktionselement, ein Paar (f, G) bestehend aus einem ↗Gebiet $G \subset \mathbb{C}$ und einer in G analytischen (holomorphen) Funktion f.

Dieser Begriff spielt eine wichtige Rolle bei der ↗analytischen Fortsetzung.

analytisches Polyeder, wichtiges Hilfsmittel beim Studium von Holomorphiebereichen.

Es seien $B \subset \mathbb{C}^n$ und $V_1, \ldots, V_k \subset \mathbb{C}$ Bereiche, $f_1, \ldots, f_k$ holomorphe Funktionen in B und $U \subset B$ eine offene Teilmenge. Die Menge

$$P = \left\{z \in U : f_j(z) \in V_j \text{ für } j = 1, \ldots, k\right\}$$

heißt analytisches Polyeder in B, falls gilt $P \subset U$. Ist außerdem

$$V_1 = \cdots = V_k = \left\{z \in \mathbb{C} : |z| < 1\right\} ,$$

so spricht man von einem speziellen analytischen Polyeder in B.

Der folgende Satz und das darauffolgende Beispiel zeigen, daß die analytischen Polyeder den Vorrat an Beispielen von Holomorphiebereichen bereichern:

Sei $B \subset \mathbb{C}^n$ ein Bereich. Dann ist jedes analytische Polyeder in B ein Holomorphiebereich.

Im folgenden geben wir ein Beispiel: Es sei $q < 1$ eine positive reelle Zahl und

$$P = \left\{z \in \mathbb{C}^2 : |z_1| < 1,\ |z_2| < 1,\ |z_1 \cdot z_2| < q\right\} .$$

Dann ist P offenbar ein analytisches Polyeder, aber weder ein elementar-konvexer Bereich, noch ein kartesisches Produkt von Bereichen.

Der folgende Satz zeigt, daß jeder Holomorphiebereich schon „fast" ein analytisches Polyeder ist:

Jeder Holomorphiebereich $B \subset \mathbb{C}^n$ läßt sich im folgenden Sinne durch spezielle Polyeder ausschöpfen:

Es gibt eine Folge (P_j) von speziellen analytischen Polyedern in B mit $P_j \subset P_{j+1}$ und

$$\bigcup_{j=1}^{\infty} P_j = B .$$

analytisches Spektrum, wichtiger Begriff in der Theorie der komplexen Räume.

Sei $(X, {}_X\mathcal{O})$ ein komplexer Raum. Nach dem endlichen Kohärenztheorem erhält man zu jedem endlichen komplexen Raum (Y, f) über X durch die Zuordnung

$$(Y, f) \to f\left({}_Y\mathcal{O}\right)$$

eine ${}_X\mathcal{O}$-Algebra, die als ${}_X\mathcal{O}$-Modul kohärent ist. Umgekehrt erhält man auf diese Weise jede ${}_X\mathcal{O}$-Algebra, die als ${}_X\mathcal{O}$-Modul kohärent ist: Sei $\mathcal{A}$ eine ${}_X\mathcal{O}$-Algebra, die kohärent ist als ${}_X\mathcal{O}$-Modul, dann existiert bis auf Isomorphie genau ein komplexer Raum (Y, f), der endlich über X ist, mit einem ${}_X\mathcal{O}$-Algebraisomorphismus

$$\mu : f\left({}_Y\mathcal{O}\right) \to \mathcal{A} .$$

(Y, f) heißt das analytische Spektrum $\operatorname{Specan}\mathcal{A}$ von $\mathcal{A}$. Die Abbildung f wird so konstruiert, daß für jedes $x \in X$ $\left|f^{-1}(x)\right|$ das Maximalspektrum (d. h. die Menge der maximalen Ideale) der Algebra $\mathcal{A}_x$ ist. Dies motiviert die Terminologie „analytisches Spektrum".

analytisches Zentrum, in einem Polyeder $P = \{x \mid A \cdot x \geq b\}$ mit nicht-leerem Inneren $Int(P)$ das eindeutige Minimum der Barrierefunktion

$$f : Int(P) \to P , \quad f(x) = \sum_{i=1}^{m} \ln(a_i^T \cdot x - b_i) .$$

Analytische Zentren spielen eine wesentliche Rolle bei ↗Innere-Punkte Methoden.

Anaxagoras von Klazomenai, Philosoph, Mathematiker und Astronom, geb. um 499 v. Chr. Klazomenai (Kleinasien), gest. um 428 v. Chr. Lampsakos (Lapseki, Türkei).

Anaxagoras brachte als ihr letzter großer Vertreter die ionische Naturphilosophie nach Athen. Er lehrte, daß jedes Entstehen und Vergehen, jede qualitative Veränderung nur ein Trennen und Zusammensetzen bereits vorhandener Stoffe ist. Diese Betrachtungsweise der Natur hatte u. a. Einfluß auf Platon und Aristoteles.

Wegen seiner Auffassung, die Sonne sei kein Gott und der Mond reflektiere nur das Sonnenlicht, wurde Anaxagoras inhaftiert. Bis zu seiner Befreiung durch Perikles soll er sich als erster mit der Quadratur des Kreises beschäftigt haben. Schließlich verließ er Athen und gründete eine Schule.

AND-Funktion, *UND-Funktion*, *logisches UND*, ↗Boolesche Funktion f mit

$$f : \{0, 1\}^2 \to \{0, 1\}$$
$$f(x_1, x_2) = 1 \iff (x_1 = 1 \text{ und } x_2 = 1).$$

Anfangsbedingung, Zusatzbedingung, der eine Lösung einer (gewöhnlichen oder partiellen) Differentialgleichung genügen soll, und die sie zu einem ↗Anfangswertproblem oder ↗Anfangsrandwertproblem macht.

Erst die Angabe ausreichend vieler Anfangsbedingungen garantiert i.allg. die Eindeutigkeit von Lösungen.

Anfangsrandwertproblem, spezielle Aufgabenstellung im Zusammenhang mit ↗partiellen Differentialgleichungen, die sowohl von (einer oder mehreren) Raumvariablen x, als auch von einer Zeitvariablen t abhängen. Die Lösung muß also sowohl Randbedingungen als auch Anfangsbedingungen genügen.

Man nennt eine solche Problemstellung auch gemischt, um zu verdeutlichen, daß es sich sowohl um ein Anfangswertproblem als auch um ein Randwertproblem handelt.

Wir geben ein Beispiel: Bei parabolischen Gleichungen wie etwa der Wärmeleitungsgleichung

$$u_t - \Delta u = f(u, x, t)$$

auf einem rechteckigen Gebiet, also z. B. für

$$t > t_0 \text{ und } a < x < b,$$

werden für die unbekannte Funktion $u = u(x, t)$ auf dem Rand des Gebiets die Werte

$$u(a, t) = \phi(t) \text{ und } u(b, t) = \psi(t)$$

vorgeschrieben, während für den Anfangszeitpunkt t_0 die Anfangswerte

$$u(x, t_0) = u_0(x)$$

vorgegeben werden.

Auch bei hyperbolischen Gleichungen können zuweilen Anfangsrandwertprobleme auftreten.

Anfangsreserve, ↗ Ruintheorie.

Anfangsverteilung, *Startwahrscheinlichkeit*, Verteilung der Zufallsvariable X_0 eines stochastischen Prozesses $(X_t)_{t\in T}$ mit Parametermenge $T = \mathbb{R}_0^+$ oder $T = \mathbb{N}_0$.

Anfangswert, der bei (zeitabhängigen) Differentialgleichungen zum Anfangszeitpunkt vorgegebene Zustand bzw. Wert (↗ Anfangswertproblem, ↗ Anfangsrandwertproblem). Es handelt sich also um den Wert einer Zahl oder eines Vektors, mit dem eine ↗Anfangsbedingung für die Differentialgleichung formuliert wird.

Anfangswertaufgabe, ↗Anfangswertproblem.

Anfangswertproblem (für eine gewöhnliche Differentialgleichung), *Cauchy-Problem*, Problem, Lösungen einer gewöhnlichen Differentialgleichung zu finden, die speziellen Zusatzbedingungen (Anfangsbedingungen) genügen soll.

Sei $G \subset \mathbb{R}^{n+1}$ offen, $G \neq \emptyset$ und $f : G \to \mathbb{R}$ stetig. Sei $(x_0, y_{1,0}, \ldots, y_{n,0}) \in G$ und M die Menge der n-mal stetig differenzierbaren reellen, auf einem Intervall definierten Funktionen. Schließlich sei $(x, y(x), y'(x), \ldots, y^{(n-1)}(x)) \in G\ \big(x \in \mathcal{D}(y(\cdot))\big)$.
Die Aussageform über M

$$y^{(n)} = f(x, y, y', y'', \ldots, y^{(n-1)})$$
$$y(x_0) = y_{1,0}, \ldots, y^{(n-1)}(x_0) = y_{n,0} \quad (1)$$

heißt Anfangswertproblem n-ter Ordnung. Dabei heißen $x_0, y_{1,0}, \ldots, y_{n,0}$ Anfangswerte und (1) Anfangsbedingungen. Für Differentialgleichungssysteme wird ein Anfangswertproblem analog definiert.

Anfangswertproblem (für eine partielle Differentialgleichung), die Aufgabe, Lösungen einer partiellen Differentialgleichung zu finden, die zu einem gegebenen Zeitpunkt einen vorgegebenen Wert annehmen.

Zumeist betrachtet man solche Probleme im Zusammenhang mit hyperbolischen Gleichungen, die neben einer Raumvariablen x auch eine Zeitvariable t enthalten.

Das Anfangswertproblem besteht dann in der Lösung einer hyperbolischen partiellen Differentialgleichung unter Vorgabe von Anfangswerten längs einer Kurve im Variablenraum, z. B. der Geraden $t = 0$. Die präzise Definition kann in vergleichbarer Weise wie beim ↗Anfangswertproblem (für eine gewöhnliche Differentialgleichung) gegeben werden.

Ein einfaches Beispiel ist die Anfangswertaufgabe

$$u_t(x, t) + a(x, t)u_x(t, x) = f(x, t),$$
$$u(x, 0) = \phi(x),$$
$$-\infty < x < \infty,\ t \geq 0,$$

wobei a, f und ϕ vorgegeben sind.

angeordneter Körper, *geordneter Körper*, ein Körper $\mathbb{K}$, in dem eine Teilmenge P (der Positivbereich) ausgezeichnet ist, so daß die folgenden Bedingungen gelten:

1. Für alle $x \in \mathbb{K}$ gilt genau eine der Alternativen: $x \in P$ oder $x = 0$ oder $-x \in P$.
2. Für alle $x, y \in P$ gilt $x + y \in P$ und $x \cdot y \in P$.

Die Elemente in P heißen positive Elemente, die Elemente in $-P$ negative Elemente. Gilt $x - y \in P$, so schreibt man auch $x > y$, bzw. $y < x$.

In einem angeordneten Körper ist das Einselement immer positiv und die Charakteristik immer Null.

Insbesondere enthält ein angeordneter Körper immer $\mathbb{Q}$ als Primkörper.

Anger-Funktion, die durch das folgende Integral definierte Funktion:

$$\mathrm{J}_\nu(z) := \frac{1}{\pi} \int_0^\pi \cos(\nu\vartheta - z \sin\vartheta)\, d\vartheta .$$

Für ganzes $n \in \mathbb{Z}$ geht diese Funktion in die gewöhnliche ↗Bessel-Funktion über:

$$\mathrm{J}_n(z) = J_n(z) \text{ für } n \in \mathbb{Z} .$$

Angewandte Mathematik, übergreifende Bezeichnung für alle Teilbereiche der Mathematik, die sich mit deren Anwendungen auf in der Praxis, beispielsweise den Ingenieur- oder Naturwissenschaften, der Medizin oder den Wirtschaftswissenschaften, auftretende Probleme befassen.

Zur Angewandten Mathematik zählt man beispielsweise die Numerische Mathematik, die Optimierung, Teile der Analysis, sowie die Statistik.

Als Gegensatz zur Angewandten Mathematik versteht man die ↗Reine Mathematik. Diese strenge Abgrenzung, die in der Vergangenheit zu oft unschönen und kontraproduktiven Grabenkämpfen innerhalb der Mathematikergemeinschaft geführt hat, ist heutzutage z.T. in Auflösung begriffen.

Scherzhaft bezeichnen manchmal vor allem die Vertreter des jeweils gegensätzlichen „Lagers" die Angewandte Mathematik als „Unreine Mathematik", wobei dann die Reine Mathematik als „Abgewandte Mathematik " zu bezeichnen ist.

Anheften eines topologischen Raumes, der im folgenden beschriebene Vorgang.

Es seien X und Y topologische Räume, $\tilde{X} \subset X$ und $\phi : \tilde{X} \to Y$ eine stetige Abbildung. Mit $Y \cup_\phi X$ bezeichnet man den Quotientenraum $X + Y/\sim$ nach den von $x \sim \phi(x)$ für alle $x \in \tilde{X}$ erzeugten Äquivalenzrelationen auf $X + Y$. Man sagt: $Y \cup_\phi X$ entsteht durch das Anheften von X an Y mittels der Anheftungsabbildung ϕ.

Anheftungsabbildung, ↗ Anheften eines topologischen Raumes.

anisotrope Dielektrika, allgemeiner Begriff für Materialien, deren elektrische Eigenschaften richtungsabhängig sind. Etwas spezieller verwendet man den Begriff auch dann, wenn dort das elektrische Feld und die dielelektrische Erregung nicht parallel zueinander sind (↗ Dielektrika).

Anisotropie, Eigenschaft eines Teilraums U eines Vektorraums V. Man nennt U anisotrop bezüglich einer auf V hermiteschen Form f, sofern in U keine bezüglich f isotropen Vektoren existieren.

In anderem Zusammenhang auch eine Eigenschaft elliptischer partieller Differentialgleichungen, die sich auf die aus einer schwachen Formulierung resultierende Bilinearform a bezieht. Lautet diese Bilinearform beispielsweise

$$a(u, v) := \int_\Omega (\operatorname{grad} u) TA (\operatorname{grad} v) dx$$

mit $A := v^T \cdot \begin{pmatrix} a_1 & 0 \\ 0 & a_2 \end{pmatrix} \cdot v$, wobei V orthogonal ist und $a_1, a_2 \geq 0$ nicht beide verschwinden, so heißt die Ausgangsdifferentialgleichung anisotrop, sofern a_1 und a_2 von stark unterschiedlicher Größenordnung sind. Anisotropie hat Auswirkungen auf die Effizienz entsprechender numerischer Lösungsverfahren.

Ankathete, zu einem spitzen Winkel eines rechtwinkligen Dreiecks die diesem Winkel benachbarte Kathete.

Annullator, Menge aller Funktionen bzw. Operatoren, die eine gegebene Struktur vernullt.

Ist beispielsweise M ein R–Modul, so versteht man unter dem Annullator von M die Menge $\{r \in R : rM = 0\}$.

Anordnung der ganzen Zahlen, die durch

$$a < b \;:\Longleftrightarrow\; b - a \in \mathbb{N} \quad (a, b \in \mathbb{Z})$$

erklärte Ordnung auf $\mathbb{Z}$, wenn die ganzen Zahlen $\mathbb{Z}$ ausgehend von den natürlichen Zahlen $\mathbb{N}$ eingeführt werden. Die Ordnung auf $\mathbb{Z}$ ist dann eine Fortsetzung der Ordnung auf $\mathbb{N}$. Man definiert mit Hilfe von $<$ auf die übliche Weise auch die Relationen $>, \leq, \geq$ auf $\mathbb{Z}$. Definiert man $\mathbb{N}$ als die kleinste induktive Teilmenge des axiomatisch eingeführten Körpers $\mathbb{R}$ der reellen Zahlen und $\mathbb{Z}$ als $-\mathbb{N} \cup \{0\} \cup \mathbb{N}$, so erhält man die Ordnung auf $\mathbb{Z}$ aus der Ordnung auf $\mathbb{R}$. $(\mathbb{Z}, \leq)$ ist ein geordneter Integritätsring. $(\mathbb{Z}, \leq)$ ist keine Wohlordnung, denn $\mathbb{Z}$ selbst hat z. B. kein kleinstes Element.

Anordnung der natürlichen Zahlen, die durch

$$m < n \;:\Longleftrightarrow\; \exists k \in \mathbb{N} \;\; m + k = n \quad (m, n \in \mathbb{N})$$

erklärte Ordnung auf $\mathbb{N}$, wenn die natürlichen Zahlen $\mathbb{N}$ axiomatisch eingeführt werden. Man definiert mit Hilfe von $<$ auf die übliche Weise die Relationen $>, \leq, \geq$ auf $\mathbb{N}$. Definiert man $\mathbb{N}$ als Menge der

Kardinalzahlen nicht-leerer endlicher Mengen oder als die kleinste induktive Teilmenge des axiomatisch eingeführten Körpers $\mathbb{R}$ der reellen Zahlen, so erhält man die Ordnung auf $\mathbb{N}$ aus der Ordnung auf den Kardinalzahlen bzw. der Ordnung auf $\mathbb{R}$. Mit der Addition ist $(\mathbb{N}, \leq)$ eine geordnete Halbgruppe und mit der Multiplikation eine geordnete Halbgruppe mit Einselement 1, insgesamt ein geordneter Halbring. Es gilt $1 \leq n$ für alle $n \in \mathbb{N}$ (Minimaleigenschaft der Eins). $(\mathbb{N}, \leq)$ ist daher eine Wohlordnung.

Anordnung der rationalen Zahlen, die durch

$$\frac{a}{b} < \frac{c}{d} \;:\Longleftrightarrow\; ad < cb \quad (a, c \in \mathbb{Z};\; b, d \in \mathbb{N})$$

erklärte Ordnung auf $\mathbb{Q}$, wenn die rationalen Zahlen $\mathbb{Q}$ als Brüche $\frac{a}{b}$ ganzer Zahlen a, b mit $b \neq 0$ eingeführt werden. Die Ordnung auf $\mathbb{Q}$ ist dann eine Fortsetzung der Ordnung auf $\mathbb{Z}$. Man definiert mit Hilfe von $<$ auf die übliche Weise auch die Relationen $>, \leq, \geq$ auf $\mathbb{Q}$. Definiert man $\mathbb{N}$ als die kleinste induktive Teilmenge des axiomatisch eingeführten Körpers $\mathbb{R}$ der reellen Zahlen, $\mathbb{Z}$ als $-\mathbb{N} \cup \{0\} \cup \mathbb{N}$ und $\mathbb{Q}$ als die Menge derjenigen reellen Zahlen, die sich als Quotient ganzer Zahlen schreiben lassen, so erhält man die Ordnung auf $\mathbb{Q}$ aus der Ordnung auf $\mathbb{R}$. $(\mathbb{Q}, \leq)$ ist ein archimedischer Körper.

Anordnung der reellen Zahlen, die durch

$$\langle p_n \rangle < \langle q_n \rangle \;:\Longleftrightarrow$$

$$\exists \varepsilon > 0\; \exists N \in \mathbb{N}\; \forall n \geq N \quad q_n - p_n > \varepsilon$$

für $\langle p_n \rangle, \langle q_n \rangle \in \mathbb{R}$ erklärte Ordnung auf $\mathbb{R}$, wenn die reellen Zahlen $\mathbb{R}$ als Äquivalenzklassen $\langle p_n \rangle$ von Cauchy-Folgen (p_n) rationaler Zahlen bzgl. der durch

$$(p_n) \sim (q_n) \;:\Longleftrightarrow\; q_n - p_n \to 0 \quad (n \to \infty)$$

gegebenen Äquivalenzrelation eingeführt werden. Die Ordnung auf $\mathbb{R}$ ist dann eine Fortsetzung der Ordnung auf $\mathbb{Q}$. Man definiert mit Hilfe von $<$ auf die übliche Weise auch die Relationen $>, \leq, \geq$ auf $\mathbb{R}$. Definiert man $\mathbb{R}$ über Dedekind-Schnitte, Dezimalbruchentwicklungen, Äquivalenzklassen von Intervallschachtelungen oder Punkte der Zahlengeraden, so muß man für diese eine Ordnung erklären. $(\mathbb{R}, \leq)$ ist ein vollständiger archimedischer Körper. Wird $\mathbb{R}$ axiomatisch als vollständiger archimedischer Körper eingeführt, so ist die Ordnung schon als Teil der Definition gegeben.

Anordnung der surrealen Zahlen, die durch

$$x \leq y \;:\Longleftrightarrow\; (\neg\, \exists y^R\; y^R \leq x) \wedge (\neg\, \exists x^L\; y \leq x^L)$$

für $x, y \in \text{No}$ erklärte Ordnung auf No, wenn die surrealen Zahlen No axiomatisch rekursiv als ↗Conway-Schnitte $x = \{x^L \mid x^R\}$ eingeführt werden, wobei zu beachten ist, daß die Ordnung selbst ein Teil der rekursiven Definition der surrealen Zahlen ist und auch der Definition der Gleichheit surrealer Zahlen durch die mittels

$$x = y \;:\Longleftrightarrow\; (x \leq y) \wedge (y \leq x) \quad (x, y \in \text{No})$$

erklärte Äquivalenzrelation zugrundeliegt. Man definiert mit Hilfe von $\leq$ und $=$ auf die übliche Weise auch die Relationen $\geq, <, >$. Definiert man die surrealen Zahlen als spezielle Spiele, so erhält man ihre Ordnung aus der Ordnung der Spiele. Definiert man sie als Vorzeichenfolgen, so muß man für diese eine Ordnung erklären. $(\text{No}, \leq)$ ist ein vollständiger nicht-archimedischer Körper.

Anordnungsaxiome, ↗Axiome der Geometrie.

Anosow, Satz von, lautet:

Sei $\hat{A}$ der hyperbolische Torus-Automorphismus auf $\mathbb{T}^2$, der durch die Matrix $A := \begin{pmatrix} 2 & 1 \\ 1 & 1 \end{pmatrix}$ gegeben ist. Weiter sei die Menge der Diffeomorphismen auf $\mathbb{T}^2$ mit der C^1-Topologie ausgestattet.

Dann gibt es eine Umgebung $U(\hat{A})$ von $\hat{A}$ so, daß für jeden Diffeomorphismus $B \in U(\hat{A})$ ein Homöomorphismus $h : \mathbb{T}^2 \to \mathbb{T}^2$ existiert mit $h \circ B = \hat{A} \circ h$.

Der Satz sagt, daß die ↗Arnold-Katze in der C^1-Topologie strukturstabil ist. Durch geeignete Wahl des Diffeomorphismus B nahe genug bei $\hat{A}$ kann die Koordinatentransformation h beliebig nahe (in der C^0-Topologie) zur Identität gewählt werden, jedoch i.allg. nicht glatt.

[1] Arnold, V.I.: Geometrische Methoden in der Theorie der gewöhnlichen Differentialgleichungen. Deutscher Verlag der Wissenschaften Berlin, 1987.

Anosow-Diffeomorphismus, auf einer kompakten Mannigfaltigkeit M definierter C^1-Diffeomorphismus $f : M \to M$, für den M eine hyperbolische Menge bezüglich f ist.

Ein wichtiges Beispiel eines Anosow-Diffeomorphismus ist der hyperbolische Torus-Automorphismus (↗Arnold-Katze).

Anosow-Fluß, auf einer kompakten Mannigfaltigkeit M definierter C^1-Diffeomorphismus, für den M eine hyperbolische Menge bezüglich f ist.

Anosow-System, auch Y-System genannt, Anosow-Fluß bzw. diskretes dynamisches System, das durch Iteration eines Anosow-Diffeomorphismus entsteht.

Anosow-Systeme sind strukturstabil, und C^1-kleine Störungen sind wieder Anosow-Systeme.

[1] Bowen, R.: Equilibrium states and the ergodic theory of Anosow diffeomorphisms. Springer-Verlag Berlin/Heidelberg, 1975.

Anpassungstest, ein statistischer Hypothesentest zur Prüfung der Hypothese, daß die Verteilungsfunktionen zweier Zufallsgrößen übereinstimmen, oder auch ein Hypothesentest zur Prüfung der Hypothese, daß die Verteilungsfunktion F einer Zufallsgröße eine ganz bestimmte Verteilungsfunktion F_0 ist oder zu einer bestimmten Klasse von Verteilungsfunktionen gehört.

Beispiele für Anpassungstests sind der χ^2-Anpassungstest (↗ χ^2-Anpassungstest für Normalverteilungen, ↗ χ^2-Anpassungstest für Verteilungsfunktionen), der Kolmogorow-Smirnow-Test und der Kolmogorow-Test.

Anrampung, bei ↗ebenen Kurven spezielle Art des Übergangs von einem geradlinigen zu einem gekrümmten Kurvenverlauf zur Vermeidung sprungartiger Änderungen der Krümmung von Null auf einen anderen konstanten Wert.

Um beispielsweise im Straßenbau Stetigkeit der Krümmungsfunktion der Kurvenführung zu erreichen, wird der geradlinigen Strecke als Übergangsbogen ein Stück einer Klothoide angefügt, das zu Beginn dieselbe Tangentenrichtung wie die Gerade und die Krümmung Null hat. Die Krümmung der Klothoide wächst dann linear. Wenn sie einen vorgegebenen Wert k_0 erreicht hat, wird ein Kreisbogen vom Radius $1/k_0$ angefügt, dessen Tangentenrichtung am Anfangspunkt wieder mit der Tangentenrichtung des Klothoidenstückes an dessen Endpunkt übereinstimmt. Von hier an ist eine Kurvenfahrt mit konstanter Radialbeschleunigung gewährleistet. Man spricht dann von einer klothoiden Anrampung.

Setzt man hingegen das kreisförmige Kurvenstück übergangslos an das geradlinige an, so entsteht eine kreisrunde Anrampung.

Ansatz, vorwiegend in der ↗Angewandten Mathematik verwendete Methode zur Lösung von Problemen, etwa im Bereich der gewöhnlichen oder, häufiger, partiellen Differentialgleichungen.

Die Grundidee besteht darin, aufgrund gewisser Vorüberlegungen die Klasse der möglichen Lösungen von vorneherein einzuschränken und somit nur noch wenige Parameter frei zu lassen, die dann oft recht schnell bestimmt werden können. Man verwendet hierbei eine ↗Ansatzfunktion.

Das Problem bei der Verwendung dieser Methode ist offenbar, daß man von Anfang an eine große Klasse möglicher Lösungen gar nicht betrachtet; hat man sich also von unvollständigen Vorinformationen leiten lassen, so schließt man möglicherweise sogar die „richtige" Lösung aus.

Dennoch ist die Idee der Verwendung des Ansatzes so populär und erfolgreich, daß diese Bezeichnung auch in der anglo-amerikanischen Fachliteratur übernommen wurde; man findet dort häufig Formulierungen wie „To solve this problem, we now make an Ansatz."

Ansatzfunktion, allgemein ein Begriff für eine Funktion, die noch abhängig von Parametern ist, von der man aber annimmt, daß sie dem Typ der gesuchten Lösung bereits entspricht. Mit dieser Funktion macht man dann also einen ↗Ansatz.

Speziell im Rahmen der ↗Finite-Elemente-Methode bzw. der ↗Ritz-Galerkin-Methode benutzt man die Bezeichnung auch für eine solche Funktion, die auf jeweils einem Element der Zerlegung des Definitionsbereichs angesetzt wird.

anschauliche Mengenlehre, ↗ naive Mengenlehre.

Anstieg einer Geraden, für eine in der Ebene durch die Punkte $P_1(x_1, y_1)$ und $P_2(x_2, y_2)$ verlaufende ↗Gerade g der Quotient

$$m = \frac{y_2 - y_1}{x_2 - x_1}.$$

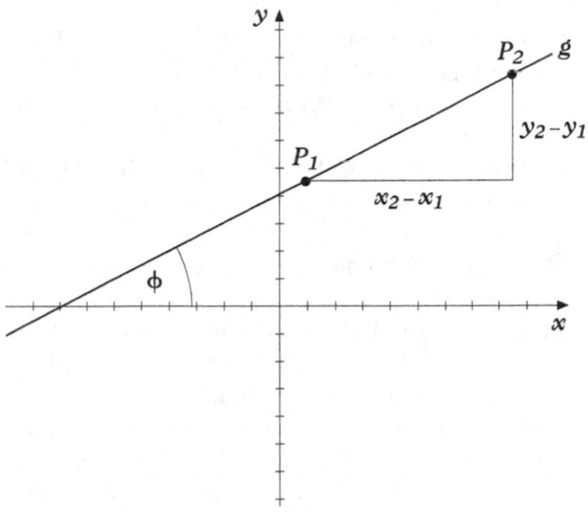

Anstieg einer Geraden

Dabei gilt $m = \tan\phi$, wobei ϕ der Winkel zwischen der Geraden g und der x-Achse ist.

antagonistisches Spiel, Bezeichnung für ein zwei-Personen Nullsummenspiel.

Antiautomorphismus, ↗Algebrenantiautomorphismus.

Anti-bottom-Quark, Anti-Teilchen zum bottom-Quark, ↗ Quarks.

Anti-charm-Quark, Anti-Teilchen zum charm-Quark, ↗ Quarks.

Antidifferenzierbarkeit, veraltete, aber gelegentlich doch noch zu findende Sprechweise für die Existenz einer Stammfunktion.

Anti-down-Quark, Anti-Teilchen zum down-Quark, ↗ Quarks.

Anti-Hebb-Lernregel, eine spezielle ↗Lernregel für ↗Neuronale Netze, die auf der Verallgemeinerung der sogenannten ↗Hebb-Lernregel zur Berücksichtigung gegenkoppelnder Effekte beruht.

antiholomorphe Differentialform, Differentialform φ vom Typ $(0, q)$ mit $\partial\varphi = 0$.

Sei X eine komplexe Mannigfaltigkeit und $E^{(l)} = E^{(l)}(X)$ die Menge aller beliebig oft differenzierbaren l-Formen auf X. Eine reell-differenzierbare Funktion f ist genau dann holomorph, wenn $f_{\bar{z}_\nu} = 0$ für $\nu = 1, \ldots, n$, wenn also $\overline{\partial} f = 0$ ist. Entsprechend folgt für

$$\varphi = \varphi^{(p,0)} = \sum_{1 \le i_1 < \ldots < i_p \le n} a_{i_1 \ldots i_p} dz_{i_1} \wedge \ldots \wedge dz_{i_p} :$$

Es ist $\overline{\partial}\varphi = 0$ genau dann, wenn $a_{i_1 \ldots i_p}$ stets holomorph ist. Man trifft daher folgende Definition:
$\varphi \in E^{(l)}$ heißt holomorph, falls gilt:
1) φ ist vom Typ $(p, 0)$, und
2) $\overline{\partial}\varphi = 0$.

$\varphi \in E^{(l)}$ heißt antiholomorph, falls gilt:
1) φ ist vom Typ $(0, q)$, und
2) $\partial\varphi = 0$.

antiholomorphe Funktion, eine Funktion $f : D \to \mathbb{C}$ mit der Eigenschaft, daß die konjugiert komplexe Funktion $\bar{f}$ holomorph in D ist, wobei $D \subset \mathbb{C}$ eine offene Menge ist.

Mit anderen Worten: Ist $f(z) = u + iv$ eine holomorphe Funktion, so ist $\bar{f}(z) = u - iv$ antiholomorph und umgekehrt.

Antihomomorphismus, ↗Algebrenantihomomorphismus.

Antikette, spezielle Charakterisierung einer Teilmenge einer partiell geordneten Menge, deren Elemente alle „verschiedenen“ sind:

Sind in einer Teilmenge A einer mit einer Partialordnung versehenen Menge keine zwei verschiedenen Elemente vergleichbar, so wird A als Antikette bezeichnet.

Antikommutativität, Eigenschaft einer Operation $* : G \times G \to G$ zu einer Gruppe $(G, +)$. Antikommutativität liegt vor, wenn $a * b = -(b * a)$ für $a, b \in G$.

Man sagt dann, daß a und b bzgl. $*$ antikommutieren. Antikommutieren alle $a, b \in G$ bzgl. $*$, so heißt $*$ antikommutativ. Beispiel: Das Vektorprodukt $\times$ auf $(\mathbb{R}^3, +)$. Ist $(R, \cdot, +)$ ein Ring, so ist der durch $[a, b]_R = a \cdot b - b \cdot a$ für $a, b \in R$ definierte Kommutator $[\ ,\ ]_R : R \times R \to R$ antikommutativ, und der durch $\{a, b\}_R = a \cdot b + b \cdot a$ für $a, b \in R$ definierte Antikommutator $\{\ ,\ \}_R$ ist kommutativ.

Genau dann, wenn $\cdot : G \times G \to G$ kommutativ ist, ist $[\ ,\ ]_R = 0$, und genau wenn $\cdot : G \times G \to G$ antikommutativ ist, ist $\{\ ,\ \}_R = 0$.

Antikommutator, für zwei Operatoren a und b der Ausdruck $\{a, b\} := ab + ba$.

Der Antikommutator zweier Operatoren tritt auch in der Quantenfeldtheorie auf. Dort wird er aus den Erzeugungs- und Vernichtungsoperatoren von Feldern gebildet, die Fermionen beschreiben.

antikonforme Abbildung, komplexe Funktion f mit der Eigenschaft, daß die konjugiert komplexe Abbildung $\bar{f}$ eine konforme Abbildung ist (↗Bers, Satz von).

Ist f eine in einer Umgebung des Punktes z_0 antikonforme Abbildung, so erhält f die Winkel zweier sich in z_0 schneidender Kurven, aber vertauscht die Orientierung (↗antiholomorphe Funktion).

Anti-Lepton, Anti-Teilchen zum Lepton.

Anti-Myon, Anti-Teilchen zum Myon.

Antinomie, widersprüchlicher Sachverhalt. Im Gegensatz zur Antinomie steht das ↗Paradoxon, das einen nur scheinbar widersprüchlichen Sachverhalt bezeichnet. Beispiele für Antinomien sind die Antinomie von Burali-Forti (↗Burali-Forti, Antinomie von), die ↗Cantorsche Antinomie und die ↗Russellsche Antinomie. Diese Antinomien treten in der ↗naiven Mengenlehre auf. Um Antinomien zu vermeiden, wurde die ↗axiomatische Mengenlehre entwickelt.

Antiphon, griechischer Rhetoriker, Philosoph und Mathematiker, geb. 480 v. Chr. Athen?, gest. 411 v. Chr. Athen.

Antiphon war als Staatsmann an einer antidemokratischen Revolution beteiligt, nach deren Scheitern er wegen Hochverrats hingerichtet wurde.

Als Mathematiker unternahm er als erster den Versuch, das Problem der Quadratur des Kreises durch Exhaustion zu lösen. Dabei schlug er vor, von einem in den Kreis einbeschriebenen Vieleck (Dreieck oder Quadrat) auszugehen und jeweils zum Vieleck mit der doppelten Seitenanzahl überzugehen. Dieser Prozeß sollte solange fortgesetzt werden, bis die Vieleckseiten wegen ihrer Kleinheit mit der Kreislinie zusammenfielen.

Antipoden, zwei sich auf einer Sphäre diametral gegenüberliegende Punkte.

Anti-Quarks, Anti-Teilchen zu den ↗ Quarks.

Anti-strange-Quark, Anti-Teilchen zum strange-Quark, ↗ Quarks.

antisymmetrische Abbildung, eine Abbildung

$$f : V_1 \times \cdots \times V_n \to W,$$

wobei $V_1, \ldots, V_n, W$ Vektorräume über $\mathbb{K}$ sind, für die folgendes gilt:

Die Abbildung f ist antisymmetrisch, wenn für jede Permutation $\sigma \in S_n$ und jedes $(v_1, \ldots, v_n) \in V_1 \times \cdots \times V_n$ gilt:

$$f(v_{\sigma(1)}, \ldots, v_{\sigma(n)}) = \text{sgn}(\sigma) \cdot f(v_1, \ldots, v_n).$$

Eine multilineare Abbildung ist genau dann antisymmetrisch, wenn sie stets den Wert Null annimmt, falls zwei ihrer Argumente gleich sind.

antisymmetrische Matrix, eine quadratische Matrix A über $\mathbb{R}$, für die gilt

$$A^t = -A,$$

wobei A^t die zu A transponierte Matrix ist.

antisymmetrische Relation, *identitive Relation*, eine ↗Relation „∼" auf einer Menge A mit der Eigenschaft, daß

$$\bigwedge_{a,b\in A} (a \sim b \wedge b \sim a) \Rightarrow a = b ,$$

d. h., daß aus $a \sim b$ und $b \sim a$ schon $a = b$ folgt.

Man kann dies auch so formulieren: Nur dann steht sowohl a mit b als auch b mit a in Relation, wenn $a = b$ gilt.

Antiteilchen, Antipartikel eines Elementarteilchens, dessen ladungsartige Quantenzahlen – und bei Fermionen noch die Parität – gegenüber dem zugeordneten Teilchen entgegengesetztes Vorzeichen (bei gleichem Betrag) haben. Näheres hierzu erläutert das ↗ CPT-Theorem.

antitone Abbildung, auch antitone Funktion genannt, Abbildung der folgenden Art. Sind P_1, P_2 mit den Partialordnungen (↗Ordnungsrelation) „$\leq_1$" bzw. „$\leq_2$" versehene Mengen, so heißt eine ↗Abbildung $f : P_1 \to P_2$ antiton genau dann, wenn für alle $p, q \in P_1$ aus $p \leq_1 q$ folgt, daß $f(q) \leq_2 f(p)$ (↗Monotonie von Funktionen).

antitone Folge, ↗Monotonie von Folgen.

antitones Wort, Wortdarstellung einer Abbildung der Ordnung $\mathbb{N}_n := \{1 < 2 < \cdots < n\}$.

Die Abbildung $f : (N, \leq_N) \to (R, \leq_R)$, wobei $(N, \leq_N)$ und $(R, \leq_R)$ beliebige Ordnungen sind, sei eine ↗antitone Abbildung.

Dann ist $f : \mathbb{N}_n \to (R, \leq)$ eindeutig durch das Wort $f(1)f(2)\cdots f(n)$ mit $f(1) \geq f(2) \geq \cdots \geq f(n)$ dargestellt. Das Wort

$$f(1)f(2)\cdots f(n)$$

heißt antitones Wort.

Anti-top-Quark, Anti-Teilchen zum top-Quark, ↗ Quarks.

Anti-up-Quark, Anti-Teilchen zum up-Quark, ↗ Quarks.

Antizickzackvorkehrung, bei Abstiegsverfahren gebräuchliche Idee, den Effekt des zig-zagging zu vermeiden.

Bei der Suche nach einer zulässigen Richtung wird nicht nur beachtet, daß eine solche ins Innere des durch die aktiven Nebenbedingungen definierten Bereichs weist, sondern zusätzlich auch ins Innere von fast aktiven Nebenbedingungen. Zur Vermeidung des durch stark variierende Eigenwerte der Hessematrix $D^2 f$ der Zielfunktion f auftretenden zig-zagging Effekts verwendet man häufig die Methode der konjugierten Richtungen.

Anzahlfunktion, eine zu einer Menge $M \subset \mathbb{N}$ von natürlichen Zahlen assoziierte Funktion

$$A_M : \mathbb{R}_+ \to \mathbb{N}_0 .$$

Für jede reelle Zahl $x > 0$ ist $A_M(x)$ definiert als die Anzahl der Elemente

$$m \in M \text{ mit } m \leq x .$$

Insbesondere in der analytischen Zahlentheorie interessiert man sich häufig für das asymptotische Verhalten der Anzahlfunktion einer zahlentheoretisch beschriebenen Menge.

Hierzu versucht man, eine (in der Regel möglichst einfach gebaute) Funktion anzugeben, die ↗asymptotisch gleich zur in Untersuchung stehenden Anzahlfunktion ist. Beispielsweise ist der Primzahlsatz eine Aussage über das asymptotische Verhalten der Anzahlfunktion der Menge der Primzahlen.

anziehende Menge, *attraktive Menge*, abgeschlossene, invariante Teilmenge $A \subset M$ für ein topologisches ↗dynamisches System $(M, \mathbb{R}, \Phi)$, für die eine Umgebung $U(A)$ von A existiert so, daß $U(A)$ positiv invariante Menge ist und für alle Umgebungen V von A ein $t_0 > 0$ existiert so, daß für alle $t > t_0$ dann $\Phi(U(A), t) \subset V$ gilt.

Die Vereinigung aller solcher Umgebungen $U(A)$ einer anziehenden Menge A heißt auch Bassin. Verwendet man statt „positiv" „negativ" und ersetzt t durch $-t$, so erhält man die entsprechende Definition für eine abstoßende Menge.

Für eine solche Umgebung $U(A)$ gilt dann

$$\bigcap_{t\geq 0} \Phi(U(A), t) = A ,$$

und für alle $x \in U(A)$ ist die positive Limesmenge $\omega(x) \subset A$.

↗Asymptotisch stabile Fixpunkte eines topologischen dynamischen Systems sind Beispiele anziehender Mengen.

anziehender Punkt, Punkt $x_0 \in M$ für ein ↗dynamisches System (M, G, Φ), für den $\{x_0\}$ ↗Attraktor ist.

Anziehungsgebiet, ↗Bassin.

aperiodischer Zustand, Zustand i einer zeitlich homogenen Markow-Kette, für den die Zahlen $n \in \mathbb{N}$ mit $p_{ii}^{(n)} > 0$, d. h. die Werte $n \in \mathbb{N}$, für welche die Wahrscheinlichkeit, ausgehend von i nach n Schritten wieder zu i zurückzukehren, positiv ist, als größten gemeinsamen Teiler die Zahl 1 besitzen.

Aperiodograph, Entzerrungsgerät zur Umzeichnung von Meßkurven, die in einem nicht linearen Maßstab aufgezeichnet sind, z. B. Wurzeln oder Quadrate zu messender Größen.

Zu einer Funktion $y = f(x)$ wird dabei mittels einer Kurvenscheibe eine Funktion $z = g(f(x))$ gezeichnet.

Apfelmännchen, ↗ Mandelbrot-Menge.

Appell-Humbert, Satz von, Aussage in der algebraischen Geometrie über die Charakterisierung holomorpher Geradenbündel.

Sei $A = V/\wedge$ ein komplexer Torus. Ein Appell-Humbert-Datum für $\wedge$ ist ein Paar $(H, \mathcal{X})$, H Hermitesche Form auf V, deren Imaginärteil E ganzzahlig auf $\wedge \times \wedge$ ist, $\mathcal{X}$ eine Abbildung $\wedge \longrightarrow \{z \in \mathbb{C} \mid |z| = 1\}$ mit

$$\begin{aligned} \mathcal{X}(\lambda+\mu) &= \mathcal{X}(\lambda)\mathcal{X}(\mu) \exp(\pi i E(\lambda, \mu)) \\ &= \mathcal{X}(\lambda)\mathcal{X}(\mu)(-1)^{E(\lambda,\mu)}. \end{aligned}$$

Zu jeder Hermiteschen Form mit ganzzahligem Imaginärteil gibt es genau 2^{2g} solcher Funktionen $\mathcal{X}$ ($g = \dim_{\mathbb{C}} V$). Die Menge $\mathcal{P}(\wedge)$ aller Appell-Humbert-Daten mit der Addition

$$(H_1, \mathcal{X}_1) + (H_2, \mathcal{X}_2) = (H_1 + H_2, \mathcal{X}_1\mathcal{X}_2)$$

ist eine abelsche Gruppe. Die Gruppe $\hat{\wedge}$ der unitären Charaktere von $\wedge$ ist eine Untergruppe von $\mathcal{P}(\wedge)$. Jedem $(H, \mathcal{X}) \in \mathcal{P}(\wedge)$ und jedem $\lambda \in \wedge$ wird eine holomorphe Funktion a_λ auf V zugeordnet:

$$a_\lambda(v) = \mathcal{X}(\lambda) \exp(\pi(H(\lambda, v)) + \frac{\pi}{2}H(\lambda, \lambda)).$$

Damit kann man eine Operation der Gruppe $\wedge$ auf dem trivialen Geradenbündel $V \times \mathbb{C} \longrightarrow V$ definieren: Auf V durch die Addition mit Elementen von $\wedge$ und auf $V \times \mathbb{C}$ durch $(v, z) + \lambda = (v + \lambda, a_\lambda(v)z)$.

Dann ist $L(H, \mathcal{X}) = V \times \mathbb{C}/\wedge \overset{p}{\to} V/\wedge = A$ ein holomorphes Geradenbündel. Offensichtlich gilt

$$L(H_1 + H_2, \mathcal{X}_1\mathcal{X}_2) \cong L(H_1, \mathcal{X}_1) \otimes L(H_2, \mathcal{X}_2).$$

Es gilt nun der Satz von Appell-Humbert:

Jedes holomorphe Geradenbündel auf $A = V/\wedge$ ist isomorph zu genau einem $L(H, \mathcal{X})$, $(H, \mathcal{X}) \in P(\wedge)$, dabei entspricht $\hat{\wedge} \subset P(\wedge)$ den Geradenbündeln mit trivialer erster ↗Chern-Klasse.

Appellsche Funktion, Verallgemeinerung der hypergeometrischen Funktion mit zwei Variablen, definiert über die folgenden Reihen:

$$F_1(\alpha, \beta, \beta'; \gamma; x, y) = \\ = \sum_{m=0}^{\infty}\sum_{n=0}^{\infty} \frac{(\alpha)_{m+n}(\beta)_m(\beta')_n}{m!n!(\gamma)_{m+n}} x^m y^n,$$

$$F_2(\alpha, \beta, \beta'; \gamma, \gamma'; x, y) = \\ = \sum_{m=0}^{\infty}\sum_{n=0}^{\infty} \frac{(\alpha)_{m+n}(\beta)_m(\beta')_n}{m!n!(\gamma)_m(\gamma')_n} x^m y^n,$$

$$F_3(\alpha, \alpha'; \beta, \beta'; \gamma; x, y) = \\ = \sum_{m=0}^{\infty}\sum_{n=0}^{\infty} \frac{(\alpha)_m(\alpha')_n(\beta)_m(\beta')_n}{m!n!(\gamma)_{m+n}} x^m y^n,$$

$$F_4(\alpha; \beta; \gamma, \gamma'; x, y) = \\ = \sum_{m=0}^{\infty}\sum_{n=0}^{\infty} \frac{(\alpha)_{m+n}(\beta)_{m+n}}{m!n!(\gamma)_m(\gamma')_n} x^m y^n.$$

Dabei bezeichnet $(a)_n := a \cdot (a+1)(a+2)\cdots(a+n-1)$ das ↗Pochhammer-Symbol.

Jede dieser Funktionen erfüllt ein lineares partielles Differentialgleichungssystem:

$$F_1 : \begin{cases} x(1-x)r + y(1-x)s + (\gamma - cx)p - \\ \qquad -\beta yq - \alpha\beta z = 0 \\ y(1-y)t + x(1-y)s + (\gamma - c'x)q - \\ \qquad -\beta' xp - \alpha\beta' z = 0 \\ (x-y)s - \beta' p + \beta q = 0, \end{cases}$$

$$F_2 : \begin{cases} x(1-x)r - xys + (\gamma - cx)p - \\ \qquad -\beta yq - \alpha\beta z = 0 \\ y(1-y)t - xys + (\gamma' - c'y)q - \\ \qquad -\beta' xp - \alpha\beta' z = 0, \end{cases}$$

$$F_3 . \begin{cases} x(1-x)r + ys + (\gamma - cx)p - \\ \qquad -\alpha\beta z = 0 \\ y(1-y)t + xs + (\gamma - c''y)q - \\ \qquad -\alpha'\beta' z = 0, \end{cases}$$

$$F_4 : \begin{cases} x(1-x)r - y^2 t - 2xys + (\gamma - cx)p - \\ \qquad -cyq - \alpha\beta z = 0 \\ y(1-y)t - x^2 r - 2xys + (\gamma' - cy)q - \\ \qquad -cxp - \alpha\beta z = 0, \end{cases}$$

wobei

$$\begin{aligned} &c = \alpha + \beta + 1, \quad c' = \alpha + \beta' + 1, \quad c'' = \alpha + \beta' + 1, \\ &p = \partial z/\partial x, \qquad q = \partial z/\partial y, \qquad r = \partial^2 z/\partial x^2, \\ &s = \partial^2 z/\partial x\partial y, \quad t = \partial^2 z/\partial y^2. \end{aligned}$$

Die Appellschen Funktionen besitzen auch Integraldarstellungen, beispielsweise

$$F_1 = \frac{\Gamma(\gamma)}{\Gamma(\beta)\Gamma(\beta')\Gamma(\gamma-\beta-\beta')} \int\int u^{\beta-1} v^{\beta'-1} \\ (1-u-v)^{\gamma-\beta-\beta'-1}(1-ux-vy)^{-\alpha} du dv,$$

wobei über das durch $u \geq 0, v \geq 0$ und $1-u-v \geq 0$ definierte Gebiet integriert werden muß. Picard zeigte, daß man F_1 auch durch ein einfaches Integral darstellen kann:

$$F_1 = \frac{\Gamma(\gamma)}{\Gamma(\alpha)\Gamma(\alpha-\gamma)} \int_0^1 u^{\alpha-1}(1-u)^{\gamma-\alpha-1} \\ (1-ux)^{-\beta}(1-uy)^{-\beta'} du.$$

Lauricella erweiterte die hypergeometrischen Funktionen weiter auf den Fall von mehr als zwei Variablen. Weitere hypergeometrische Funktionen wurden von Mellin, Horn und Kampé de Fériet eingeführt. Jede algebraische partielle Differentialgleichung kann durch diese Funktionen analytisch gelöst werden.

[1] Klein, F.: Vorlesungen über die hypergeometrische Funktion. Springer, 1933.

apollonische Zahlen, die ganzzahligen Lösungen der diophantischen Gleichung

$$u^2 + v^2 = 2(x^2 + y^2).$$

apollonisches Berührungsproblem, Aufgabenstellung aus der Geometrie, die auf ↗Apollonius von Perge zurückgeht. Das Problem lautet, zu drei vorgegebenen Kreisen in der Ebene einen weiteren Kreis zu konstruieren, der diese drei Kreise berührt.

Im allgemeinen hat das Problem acht verschiedene Lösungen.

Apollonius von Perge, griechischer Mathematiker und Astronom, geb. um 262 v. Chr. Perge (Kleinasien), gest. um 190 v. Chr. Alexandria (Ägypten).

Apollonius studierte in Alexandria. Er war vor allem Geometer. Während eines Aufenthaltes in Pergamon schrieb er die erste Ausgabe seines berühmten Buches über Kegelschnitte „Conica", in welchem er die Begriffe Parabel, Hyperbel und Ellipse einführte.

Apollonius beschäftigte sich mit der Approximation von π, mit den Eigenschaften von Parabolspiegeln und trug mit geometrischen Modellen der Planetentheorie zur Entwicklung der griechischen mathematischen Astronomie bei.

Approximation, Annäherung eines (i. allg. nicht exakt zu berechnenden Wertes) durch Elemente einer gegebenen Menge. Ist V ein normierter Raum, $G \subseteq V$ eine Teilmenge von V und $x_0 \in V$, so besteht das Approximationsproblem darin, ein Element $g_0 \in G$ zu finden, das von x_0 den kleinstmöglichen Abstand hat, das heißt:

$$||x_0 - g_0|| = \inf_{g \in G} ||x_0 - g|| .$$

Man nennt dann g_0 die beste Approximation an x_0 bezüglich G.

Derartige Probleme treten in zahlreichen Gebieten der ↗Angewandten Mathematik auf, hauptsächlich naturgemäß in der ↗Approximationstheorie.

Approximation durch rationale Funktionen, Annäherung einer gegebenen, meist nicht elementar berechenbaren Funktion, durch eine rationale Funktion.

Innerhalb der Funktionentheorie versteht man hierunter meist die Annäherung einer in einer offenen Menge $D \subset \mathbb{C}$ ↗holomorphen Funktion f durch eine rationale Funktion mit Polen außerhalb von D. Zur genaueren Beschreibung vergleiche man den Approximationssatz von Runge und die ↗Runge-Theorie für Kompakta.

Auch im Reellen stellt die Approximation durch rationale Funktionen ein klassisches Problem dar, dessen Behandlung zahlreiche Einsichten in die Theorie der nicht-linearen Approximation geliefert hat. Man vergleiche hierzu den Artikel zur ↗Approximationstheorie.

Approximation im quadratischen Mittel, Spezialfall der ↗besten Approximation.

Es sei H ein Prä-Hilbertraum mit Skalarprodukt $\langle \cdot, \cdot \rangle$. Zu $f \in H$ und einem Unterraum V von H sucht man die beste Approximation $v^* \in V$ an f in der durch das Skalarprodukt induzierten Norm. Die beste Approximation ist eindeutig bestimmt und kann, als große Ausnahme innerhalb der Theorie bester Approximation, durch Lösen eines linearen Gleichungssystems stets explizit berechnet werden.

$v^* \in V$ ist genau dann beste Approximation an f im quadratischen Mittel, wenn gilt

$$\langle f - v^*, v \rangle = 0$$

für alle $v \in V$. v^* ist also identisch mit der orthogonalen Projektion von f auf V.

Ist V endlich-dimensional und besitzt die Basis $\{v_1, \dots, v_n\}$, so lassen sich die Koeffizienten a_ν in der Basis-Darstellung $\sum_{\nu=1}^{n} a_\nu v_\nu$ durch Lösen des Gleichungssystems

$$\sum_{\nu=1}^{n} a_\nu \langle v_\nu, v_\mu \rangle = \langle f, v_\mu \rangle, \ \mu = 1, \dots, n$$

bestimmen. Die Matrix dieses Systems bezeichnet man als ↗Gramsche Matrix. Sie ist stets regulär.

Ist weiterhin $\{v_1, \dots, v_n\}$ eine Orthonormalbasis von V, so gilt

$$v^* = \sum_{\nu=1}^{n} \langle f, v_\nu \rangle v_\nu .$$

Approximation von Funktionen, für die Anwendungen wichtigster Teilbereich der ↗Approximationstheorie.

In diesem Fall ist das zu approximierende Element eine Funktion (einer oder mehrerer Variabler), die Menge V, aus der die ↗beste Approximation gesucht wird, besteht aus einfacher zu behandelnden Funktionen, etwa Polynomen (↗polynomiale Approximation) oder Splinefunktionen.

Als Maß für den Abstand zweier Funktionen benutzt man meist die ↗Maximumnorm der Differenzfunktion, man spricht in diesem Fall von gleichmäßiger Approximation.

Approximationseigenschaft eines Banachraums, ist für einen Banachraum X erfüllt, falls es zu jeder kompakten Teilmenge C von X und jedem $\varepsilon > 0$ einen stetigen linearen Operator T endlichen Ranges mit $\|x - Tx\| \le \varepsilon$ für alle $x \in C$ gibt. X besitzt die metrische Approximationseigenschaft, falls man sogar einen solchen Operator mit $\|T\| \le 1$ finden kann.

Die klassischen Funktionen- und Folgenräume $C(K)$, $L^p(\mu)$, c_0, ℓ^p etc. besitzen die metrische Approximationseigenschaft, und jeder Banachraum mit einer ↗Schauder-Basis besitzt die Approximationseigenschaft. Im Jahre 1973 wurde von Enflo das erste Beispiel eines Banachraums ohne die Approximationseigenschaft konstruiert, und 1981 zeigte Szankowski, daß der nicht-separable Raum $L(H)$ aller Operatoren auf einem Hilbertraum ein konkretes Beispiel eines Banachraums ohne die Approximationseigenschaft ist.

Die Approximationseigenschaft von X ist dazu äquivalent, daß für jeden Banachraum E jeder kompakte Operator von E nach X Grenzwert einer Folge von stetigen endlichdimensionalen Operatoren ist.

[1] Lindenstrauss, J.; Tzafriri, L.: Classical Banach Spaces I. Springer Berlin/Heidelberg, 1977.

Approximationsgüte, die Frage nach der Qualität der Annäherung einer Funktion oder eines Datensatzes durch einen vorgegebenen Funktionenraum oder eine Funktionenmenge.

Die Approximationsgüte wird oft präzisiert durch die ↗Approximationsordnung.

Approximationsordnung, Maß für die Güte der Approximation einer Funktion, seltener auch einer vorgegebenen Datenmenge, durch einen Funktionenraum oder eine Funktionenmenge.

Die Beschäftigung mit Fragen der Approximationsordnung als Maß für die Approximationsgüte ist ein wichtiges modernes Teilgebiet der ↗Approximationstheorie.

Die Problematik kann am besten anhand eines einfachen Beispiels erläutert werden:

Es sei f eine genügend oft differenzierbare Funktion auf einem reellen Intervall der Länge $h > 0$, also etwa $[0, h]$, und es sei Π_m der Raum der Polynome vom Höchstgrad m.

Mit $\|\cdot\|$ bezeichne man die Maximums- oder Tschebyschew-Norm, also

$$\|g\| = \max_{x\in[0,h]} |g(x)| . \qquad (1)$$

Dann existiert eine Konstante $C > 0$ so, daß gilt

$$\inf_{p\in\Pi_m} \|f - p\| \le C \cdot h^{m+1} .$$

Der Polynome haben also hier die Approximationsordnung $(m + 1)$. Man benutzt auch die Sprechweise: Der Fehler verhält sich wie h^{m+1}, oder auch: Der Fehler geht gegen Null wie h^{m+1}.

Anschaulich bedeutet die Relation (1), daß, wenn man die Intervallbreite halbiert, der Fehler sich (asymptotisch) um den Faktor $1/2^{m+1}$ verkleinert.

Etwas praxisnäher ist die nachfolgende Folgerung aus (1): Approximiert man die Funktion f von oben auf einem Intervall $[a, b]$ mit ↗Splinefunktionen, die stückweise in Π_m liegen, und die äquidistante Knoten mit Abstand h haben, so gilt die Beziehung (1) sinngemäß auch für diesen Fall.

Allgemein sagt man, daß eine Funktionenmenge V die Approximationsordnung ϱ besitzt, wenn gilt:

$$\inf_{v\in V} \|f - v\| \le C \cdot h^{\varrho} .$$

Hierbei muß ϱ nicht unbedingt ganzzahlig sein.

Man ist immer bestrebt, ein möglichst großes ϱ zu finden.

Die Funktionenmenge V kann natürlich durchaus auch aus bivariaten oder multivariaten Funktionen bestehen. Noch allgemeiner benutzt man den Begriff der Approximationsordnung (in offensichtlicher Abänderung der Definition) auch für andere Approximationsprobleme, etwa die angenäherte Lösung von Differentialgleichungen.

Approximationsproblem, ein Problem der Annäherung eines zu bestimmenden exakten Wertes durch eine angenäherte (approximative) Lösung.

Ein Approximationsproblem kann somit als ↗Optimierungsproblem aufgefaßt werden, bei dem nicht eine optimale Lösung berechnet werden muß, sondern nur eine Lösung, deren Güte (↗Güte eines Algorithmus) eine vorgegebene Grenze einhält.

Approximationsprobleme sind die innerhalb der ↗Approximationstheorie und, in etwas anderer Sichtweise, der ↗Optimierung, in fundamentaler Weise untersuchten Probleme.

Ein ↗NP-schweres Problem kann als Approximationsproblem bei jeder Güte $1 + \varepsilon$, $\varepsilon > 0$, in polynomieller Zeit lösbar sein, so z. B. das Rucksackproblem. Aus praktischer Sicht sind oftmals effizient berechnete Lösungen für das Approximationsproblem mit kleiner vorgegebener Güte wesentlich besser als mit großem Aufwand berechnete Lösungen des zugrundeliegenden Optimierungsproblems.

Approximationssatz für gleichmäßig konvexe Räume, Satz über die Existenz nächster Punkte in konvexen Mengen:

Ist C eine abgeschlossene konvexe Teilmenge eines ↗gleichmäßig konvexen Banachraums X, so existiert zu jedem $x \in X$ genau ein $z \in C$ mit

$$\|x - z\| = \inf\{\|x - y\| : y \in C\}.$$

Ist X bloß ein strikt konvexer Raum, gilt zwar noch die Eindeutigkeit, aber i.allg. nicht die Existenz.

Approximationsschema, ein algorithmisches Schema zur Berechnung einer besten ↗Approximation.

Approximationstheorie: Begriffe, Inhalte, Ziele

G. Meinardus

In der Approximationstheorie (in der Folge abgekürzt durch AT) untersucht man – mit gebotener mathematischer Strenge – Phänomene, die bei der angenäherten Darstellung von Funktionen auftreten. In den letzten Jahrzehnten hat sich dabei derjenige Teil der AT, der sich auf numerische Probleme anwenden läßt, in den Vordergrund geschoben. Das Prinzip der besten Annäherung nicht-elementarer Funktionen durch Polynome oder durch rationale Funktionen gewann durch die hektisch verlaufende technische Entwicklung der Computer ständig an Bedeutung, denn man benötigte schnelle und platzsparende Subroutinen. Inzwischen hat sich der Schwerpunkt der Forschung etwas verlagert. Dies wurde und wird durch neue, zum Teil unerwartete, Anwendungen motiviert. Trotzdem behalten die ursprünglichen Fragestellungen ihren prägenden Einfluß. Hinzu kommt, daß einige wesentliche Probleme noch nicht gelöst sind.

Einer der wichtigsten Begriffe in der linearen eindimensionalen AT ist die Haarsche Bedingung. Hier liegt der folgende Sachverhalt vor: Man möchte eine reelle Funktion $f \in C[a,b]$ auf einem reellen Intervall $[a,b]$ durch Funktionen aus einem Vektorraum $V \subset C[a,b]$ endlicher Dimension n approximieren. Der Raum V erfülle die Haarsche Bedingung, d. h. jede Funktion aus V, die nicht identisch auf dem Intervall $[a,b]$ verschwindet, besitzt höchstens $n-1$ Nullstellen in diesem Intervall.

Unter Benutzung der Tschebyschew- oder Maximumnorm

$$\|g\| = \sup_{x\in[a,b]} |g(x)|, \quad g \in C[a,b]$$

sei noch die Minimalabweichung von f vom Raum V mit

$$\varrho_V(f) = \inf_{v\in V} \|f - v\|$$

bezeichnet.

Es ist heute relativ leicht, zu zeigen, daß es zu jeder Funktion f mit $f \in C[a,b]$ genau eine beste Approximation aus V gibt, d. h. ein $v_0 \in V$ mit der Eigenschaft

$$\|f - v_0\| = \varrho_V(f).$$

Ferner liegt ein oszillatorisches Verhalten der Fehlerfunktion $f - v_0$ vor, d. h. zu jedem $f \in C[a,b]$ gibt es $n+1$ Zahlen x_ν mit

$$a \le x_0 < x_1 < \cdots < x_n \le b,$$

so daß die Beziehungen

$$f(x_\nu) - v(x_\nu) = -\Big(f(x_{\nu+1}) - v(x_{\nu+1})\Big)$$

für $\nu = 0, 1, \cdots, n-1$ und

$$|f(x_0) - v(x_0)| = \varrho_V(f)$$

bestehen. Eine solche Menge von $n+1$ Zahlen nennt man eine Alternante von f bezüglich V (↗Alternantensatz). Diese Eigenschaft liefert eine äußerst effektive Methode zur numerischen Konstruktion der besten Approximation, das sog. Austauschverfahren von Remez.

Wichtig ist die Frage nach unteren Schranken für die Minimalabweichung $\varrho_V(f)$, denn aus derartigen Schranken erkennt man, welche Fehlernorm nicht unterschritten werden kann. Man gewinnt solche Schranken beispielsweise durch einfache Berechnung der Werte gewisser linearer Funktionale der Funktionalnorm 1, die den Raum V annullieren.

Die Haarsche Bedingung gestattet eine hohe Flexibilität bei der Wahl des approximierenden Raumes V. Eine umfangreiche Klasse bilden hier die sog. Pólya-Räume, auch Tschebyschew-Räume genannt. Für einige solcher Räume, speziell im Fall $V = \Pi_{n-1}[a,b]$, kann man asymptotische Aussagen für die Minimalabweichungen einzelner Funktionen gewinnen.

Ein einfaches Beispiel bildet die Aussage für die Exponentialfunktion $f(x) = e^x$,

$$\varrho_{\Pi_n[-1,1]}(f) = \frac{1}{2^n(n+1)!}(1 + O(1/n))$$

für $n \to \infty$. Insbesondere wird offenbar, wie eng der Zusammenhang zwischen polynomialer Approximation und holomorphen Funktionen ist.

Es sei an dieser Stelle vermerkt, daß die Verwendung anderer Normen bzw. Metriken stark von der speziellen Aufgabenstellung und von den Anwendungen abhängig ist. So ist z. B. die Approximation im L_1-Sinne wichtig bei der Behandlung von Randwertaufgaben bei gewöhnlichen Differentialgleichungen, sofern Defektabschätzungen in Betracht gezogen werden. Man kann jedoch sagen, daß die aus der gleichmäßigen Norm entspringende Metrik, möglicherweise mit geeigneten Gewichten, am häufigsten zugrunde gelegt wird

Zur Erzielung höherer Genauigkeiten bieten sich zur Approximation Familien V von Funktionen an, die durch eine vorgegebene Anzahl von Parametern definiert sind.

Liegt dann kein Vektorraum vor, so spricht man von nicht-linearer Approximation. Beispiele liefern die rationale Approximation, bei der mit gegebenen Zahlen m und n aus $\mathbb{N}_0$ die Approximationsmenge $R_{m,n}$ aus rationalen Funktionen besteht:

$$R_{m,n} = \Big(p/q \mid p(x) = \sum_{\nu=0}^{m} \beta_\nu x^\nu, \\ q(x) = \sum_{\mu=0}^{n} \gamma_\mu x^\mu,\ x \in [a,b],\ q(x) \neq 0\Big),$$

und die exponentielle Approximation mit der Menge

$$E_k = \Big(\sum_{\nu=0}^{k} \eta_\nu e^{\lambda_\nu x} \mid x \in [a,b]\Big).$$

Im letzten Fall sind nicht nur die Koeffizienten η_ν sondern auch die exponentiellen Faktoren λ_ν freie Parameter. Ferner ist es für einige Anwendungen vernünftig, auch ein halb-unendliches Intervall zu betrachten.

Die obigen Beispiele zeigen bereits eine strukturelle Schwierigkeit auf: Eine direkte Übertragung der Haarschen Bedingung, etwa in Form der Interpolierbarkeit, ist nur in uninteressanten Sonderfällen möglich.

Dagegen kann man mit Tangentialraum-Methoden weitreichende Resultate zur Charakterisierung bester Approximationen, der Gewinnung unterer Schranken für die Minimalabweichungen und bei Eindeutigkeitsaussagen erzielen, vorausgesetzt, die Funktionen der betreffenden Familie sind nach den Parametern differenzierbar.

Das Problem der Bestimmung des Defektes bei der Länge einer Alternante spielt hier eine besondere Rolle: Der gegebene Parametervektor α habe die Form

$$\alpha = (\alpha_1, \alpha_2, \cdots, \alpha_n).$$

Die Familie V bestehe aus den Funktionen $F(\alpha, x)$. Zu jedem Vektor α habe der Tangentialraum

$$T(\alpha) = \operatorname{span}\Big(\frac{\partial F}{\partial \alpha_1}, \frac{\partial F}{\partial \alpha_2}, \cdots, \frac{\partial F}{\partial \alpha_n}\Big)$$

die Dimension $d(\alpha)$ und erfülle die Haarsche Bedingung. Dann gibt es, Existenz einer besten Approximation $F(\alpha, x)$ vorausgesetzt, zu jedem $f \in C[a,b]$ eine Alternante der Länge $d(\alpha) + 1$.

Die Charakterisierung einer besten Approximation, sowie Verfahren der numerischen Konstruktion, hängen wesentlich von der Dimension des Tangentialraums $T(\alpha)$ ab.

Wie bei der polynomialen Approximation gelingt es manchmal auch bei der rationalen Approximation, asymptotische Aussagen über die Minimalabweichung spezieller Funktionen zu gewinnen. So gilt für die Exponentialfunktion $f(x) = e^x$ die Aussage

$$\varrho_{R_{m,n}[-1,1]}(f) = \\ = \frac{m!\,n!}{2^{m+n}(m+n)!(m+n+1)!}(1 + o(1))$$

für $(m + n) \to \infty$, die sich auch numerisch als sehr präzise erwiesen hat. Für das halb-unendliche Intervall $[0, \infty)$, wobei natürlich $m \le n$ gelten muß, gibt es hier noch viele offene Fragen (vgl. auch die ↗ 1/9-Vermutung).

Rationale Approximationen sind von großer Bedeutung in der Nachrichtentechnik. Aktuelle Probleme der Konstruktion digitaler Filter erfordern aber Modifikationen des Approximationskonzepts: Es werden rationale Approximationen auf disjunkten Intervallen benötigt, bei denen das Nennerpolynom zusätzlich Stabilitätsforderungen genügen muß.

Es liegt nahe, durch Unterteilung des Intervalles $[a,b]$ und geeignete Approximationen auf den Teilintervallen zu günstigeren Ergebnissen zu gelangen. An dieser Stelle kommen in der AT die ursprünglich in der mathematischen Statistik entwickelten ↗ Splinefunktionen ins Spiel. Der einfachste Typus ist folgendermaßen definiert: Die angesprochene Zerlegung des Intervalles $[a,b]$ ergibt n Teilintervalle $I_\nu = [\xi_{\nu-1}, \xi_\nu]$, für $\nu = 1, 2, \cdots, n$, mit der Anordnung der Knoten ξ_ν,

$$a = \xi_0 < \xi_1 < \cdots < \xi_n = b.$$

Zu gegebener natürlicher Zahl m mit $m \ge 2$ betrachtet man reelle Funktionen $s \in C^{m-2}[a,b]$, Splinefunktionen oder Splines genannt, deren Restriktion auf jedes der Teilintervalle I_ν mit einem Polynom

$$p_\nu \in \Pi_{m-1}[\xi_{\nu-1}, \xi_\nu]$$

übereinstimmt.

Der Vektorraum $S_{m,n}[a,b]$ dieser polynomialen Splines hat die Dimension $m+n-1$. Er erfüllt wegen $S_{m,1}[a,b] = \Pi_{m-1}[a,b]$ nur für $n = 1$ die Haarsche Bedingung, und sonst nicht. Erhalten bleibt die schwache Form dieser Bedingung, daß nämlich jeder Spline $s \in S_{m,n}[a,b]$ höchstens $m + n - 2$ Vorzeichenwechsel auf den Intervall (a,b) besitzt.

Es gibt wichtige Interpolationssätze über diesen Splineraum und über zahlreiche seiner Unterräume. Häufig liefern interpolierende Splines bereits recht gute Approximationen. Die Konstruktion einer besten Approximation gestaltet sich jedoch schwieriger. Es existiert ein stets konvergentes iteratives Verfahren von einiger Komplexität. Daneben gibt es ein auf einer Glättung des Raumes beruhende Methode, bei der der Splineraum bijektiv auf einen Raum transformiert wird, der dann die Haarsche Bedingung erfüllt.

Die Einbeziehung der Knoten ξ_ν in den Approximationsprozeß führt auf ein nicht-lineares Approximationsproblem. Man spricht dann von Splines mit freien Knoten. Läßt man dann noch jede Bindung zwischen den Polynomen in aufeinanderfolgenden Intervallen fallen, so gelangt man zur segmentiellen Approximation. Im letzteren Fall muß der Spline an den inneren Knoten geeignet definiert werden.

Kardinale Splines sind auf der vollen reellen Achse definiert und haben als Knoten die ganzen Zahlen. Sie treten bei Abtastproblemen in der Nachrichtentechnik auf und bei der Approximation von Verteilungsfunktionen vom Pólya-Typ in der mathematischen Statistik.

Ferner gaben sie neben anderen Einflüssen Anlaß zu Untersuchungen der Wavelets, bei denen aus einer einzigen Funktion durch Translation ein für mannigfache Anwendungen nützlicher Vektorraum gebildet wird.

Approximationen in mehreren reellen Variablen sind von großer Bedeutung für numerische und geometrische Anwendungen. Zunächst wird meist der gegebene mehrdimensionale Bereich mit Polyedern überdeckt. Damit beschränkt man sich auf die Behandlung von Quadern.

Die recht aufwendige Tensorprodukt-Methode besteht darin, die eindimensionalen Approximationsverfahren, wie etwa Interpolationsverfahren, auf jede der einzelnen Variablen anzuwenden. Ein anderer, sehr subtiler Weg erfordert zunächst die geeignete Zerlegung des Quaders in Teilquader und in gewisse Tetraeder. Anschließend werden rekursive Interpolationsalgorithmen eingesetzt. Man kann auf diese Weise erreichen, daß die interpolierenden und damit approximierenden multivariaten Polynome auf dem Gesamtquader hohen Differenzierbarkeitsklassen angehören.

Eine interessante Anwendung erfahren gewisse Approximationsprozesse im Computer Aided (Geometric) Design. Darstellungen von Kurven und Flächen in parametrischer Form lassen sich in einfacher und übersichtlicher Weise in Gestalt der Bézier-Kurven bzw. Bézier-Flächen approximieren. Auf Grund von ↗Kontrollpunkten $b_0, b_1, \cdots, b_n$ aus dem $\mathbb{R}^2$ bzw dem $\mathbb{R}^3$, die den gewünschten Kurvenverlauf grob wiedergeben, gewinnt man mit Hilfe der Bernsteinschen Grundpolynome die Parameterdarstellung

$$B(x) = \sum_{\nu=0}^{n} b_\nu \binom{n}{\nu} x^{n-\nu}(1-x)^\nu,$$

für $x \in [0,1]$, der zugehörigen Bézier-Kurve bzw -Fläche. Die Auswertung der obigen Darstellung, die Hinzunahme und die Streichung von Kontrollpunkten geschieht rekursiv. Wichtig für diese Konstruktion ist, daß die gewonnenen Kurven formerhaltende Eigenschaften, wie Monotonie, Konvexität etc., verglichen mit dem die Kontrollpunkten verbindenden Streckenzug, besitzen. Dies gilt i.w. auch für die gewonnenen Flächen im $\mathbb{R}^3$.

Man gelangt oft zu guten Annäherungen durch Anwendung eines Eliminationsverfahrens. Ein einfaches Beispiel soll hier kurz geschildert werden. Es ist i.w. identisch mit dem bekannten Romberg-Verfahren zur numerischen Quadratur.

Es sei von einer univariaten oder multivariaten reellen Funktion f bekannt, daß sie als punktweise gebilderter Grenzwert einer reellen Folge $y_n(x)$ aufgefaßt werden kann. Diese Folge besitze nun eine ↗asymptotische Entwicklung

$$y_n(x) = f(x) + \sum_{\mu=1}^{m} c_\mu(x) n^{-2\mu} + O(n^{-2m-2})$$

für $m \to \infty$; $n = 1, 2, \cdots$. Dann wird die Folge $v_n(x)$, die als Linearkombination

$$v_n(x) = y_{2n}(x) + \frac{1}{3}(y_{2n} - y_n),$$

definiert ist, i.a. ein besseres Konvergenzverhalten haben, da sie einer Entwicklung der Form

$$v_n(x) = f(x) + \sum_{\mu=2}^{m} \tilde{c}_\mu(x) n^{-2\mu} + O(n^{-2m-2})$$

genügt.

Der nächste Schritt ergäbe eine Folge

$$w_n(x) = v_{2n}(x) + \frac{1}{15}(v_{2n}(x) - v_n(x)),$$

etc. Die Fortsetzung dieser Eliminationsmethode (auch (Richardson-)Extrapolation genannt) liegt auf der Hand. Dieses rekursive Verfahren garantiert eine hohe numerische Stabilität, jedoch muß die Existenz einer asymptotischen Entwicklung der Folge $y_n(x)$ nachgewiesen werden.

Wir erwähnen zum Abschluß, daß, im Zusammenhang mit gewöhnlichen und partiellen Differentialgleichungen, eine relativ große Klasse von Aufgaben in der AT bearbeitet werden sollten. Es geht dabei häufig um Randwertprobleme, z.T. um solche mit freien Rändern, bei denen die zugehörigen Operatoren bezüglich einer gegebenen Halbordnung invers-monoton sind.

Es gibt einige interessante und vielversprechende Beispiele, doch fehlt bis dato eine grundlegende Theorie.

Literatur

[1] Meinardus, G.: Approximation von Funktionen und ihre numerische Behandlung. Springer-Verlag Heidelberg, 1964.

[2] Müller, M.: Approximationstheorie. Akademische Verlagsgesellschaft Wiesbaden, 1978.

[3] Nürnberger, G.: Approximation by Spline Functions. Springer-Verlag Heidelberg, 1989.

[4] Powell, M.J.D.: Approximation Theory and Methods. Cambridge University Press, 1981.

---

approximativer Algorithmus, ein Algorithmus, der für ein ↗Optimierungsproblem nicht die Berechnung einer optimalen Lösung garantiert, sondern nur die Berechnung einer Lösung, deren Güte (↗Güte eines Algorithmus) eine vorgegebene Grenze einhält und damit das zum Optimierungsproblem gehörige Approximationsproblem löst.

approximatives Schließen, ↗fuzzy-logisches Schließen.

Äquatorialsystem, ein Koordinatensystem für die Himmelskugel.

Die Ebene des Erdäquators schneidet dabei die Himmelskugel im Himmelsäquator, die Gerade der Erdachse durchstößt die Himmelskugel in ihrem Nord- und Südpol. Der Winkel, den ein vom Mittelpunkt der Himmelskugel zu einem Stern zeigender Strahl mit seiner Projektion in die Ebene des Äquators bildet, heißt die Deklination des Sterns. Der Winkel, den der durch den Stern und Pol gehende Großkreis mit dem Meridian des Ortes bildet, heißt der Stundenwinkel.

äquidistante Punkte, Punkte auf einer Geraden, meist der reellen Achse, von denen je zwei benachbarte den gleichen Abstand voneinander haben.

Es gilt also (im Falle der reellen Achse): Die Punkte $\{x_\nu\}$ sind genau dann äquidistant, wenn es eine positive Zahl h gibt, so daß

$$x_\nu - x_{\nu-1} = h$$

für alle ν gilt.

Äquipotentiallinien, Linien konstanten elektrischen Potentials.

äquivalente Bewertungen, Beziehung zwischen ↗Bewertungen eines Körpers.

Zwei Bewertungen φ_1 und φ_2 eines Körpers $\mathbb{K}$ heißen äquivalent, falls es eine reelle Zahl $r > 0$ gibt mit

$$\varphi_1(a) = \varphi_2(a)^r$$

für alle $a \in \mathbb{K}$.

äquivalente binäre Entscheidungsgraphen, ↗binärer Entscheidungsgraph.

äquivalente Boolesche Ausdrücke, ↗Boolescher Ausdruck.

äquivalente Grammatiken, ↗Grammatik.

äquivalente Körpererweiterung, Typus von Körpererweiterungen, der den Grundkörper elementweise festläßt.

Gegeben sei ein Grundkörper $\mathbb{K}$ und zwei Erweiterungskörper $\mathbb{L}_1$ und $\mathbb{L}_2$. Die Körpererweiterungen heißen äquivalent, falls es einen Körperisomorphismus $\phi : \mathbb{L}_1 \to \mathbb{L}_2$ gibt, der $\mathbb{K}$ elementweise festläßt.

Beispiele von äquivalenten Körpererweiterungen über $\mathbb{K}$ sind die Körper erhalten durch Körperadjunktion jeweils einer der verschiedenen Nullstellen eines irreduziblen Polynoms über $\mathbb{K}$.

äquivalente Maße, zwei ↗Maße μ und ν auf einem ↗Meßraum $(\Omega, \mathcal{A})$, die gleiche Nullmengen besitzen, d. h., μ ist stetig bzgl. ν, und ν ist stetig bzgl. μ.

äquivalente stochastische Prozesse, zwei stochastische Prozesse $(X_t)_{t \in T}$ und $(Y_t)_{t \in T}$ mit der gleichen Parametermenge T, die die gleichen endlichdimensionalen Verteilungen besitzen. Äquivalente stochastische Prozesse müssen nicht notwendig auf dem gleichen Wahrscheinlichkeitsraum definiert sein.

Da die endlichdimensionalen Verteilungen eines Prozesses seine Eigenschaften nur teilweise festlegen, können sich zwei äquivalente Prozesse dennoch stark unterscheiden, z. B. können sie verschiedene Pfadmengen besitzen. Die hier gegebene Definition wird daher gelegentlich auch als Äquivalenz im weiteren Sinne bezeichnet und der Begriff der äquivalenten Prozesse für nicht unterscheidbare stochastische Prozesse verwendet.

äquivalente Wahrscheinlichkeitsmaße, zwei Wahrscheinlichkeitsmaße P und Q auf einem meßbaren Raum $(\Omega, \mathfrak{A})$, die die gleichen Nullmengen besitzen, d. h. für alle $A \in \mathfrak{A}$ gilt $P(A) = 0$ genau dann, wenn $Q(A) = 0$ gilt (↗äquivalente Maße).

Äquivalenz, zweistellige Beziehung zwischen Aussagen, die häufig durch *„genau dann, wenn"* oder *„logisch äquivalent mit"* ausgedrückt und durch $\Leftrightarrow$, $\leftrightarrow$ oder $\equiv$ symbolisiert wird.

Für beliebige Aussagen A, B ist die Aussage „$A \Leftrightarrow B$" genau dann wahr, wenn beide Teilaussagen A und B wahr oder beide Teilaussagen falsch sind.

Äquivalenz von Basen einer Topologie, liegt für zwei Basen B_1 und B_2 vor, wenn durch sie die gleiche Topologie erzeugt wird.

Äquivalenz von Cauchy-Folgen, die für zwei Cauchy-Folgen (x_n), (y_n) in einem metrischen Raum (M, δ) durch

$$x \sim y \;:\Longleftrightarrow\; \delta(x_n, y_n) \to 0 \quad (n \to \infty)$$

definierte Äquivalenzrelation, die, ausgehend von den rationalen Zahlen, zur Definition der reellen Zahlen als Äquivalenzklassen von Cauchy-Folgen rationaler Zahlen benutzt wird bzw. allgemein zur Vervollständigung eines unvollständigen metrischen Raumes.

Äquivalenz von Einbettungen, ↗ eindeutig einbettbarer Graph.

Äquivalenz von Flüssen, eine Äquivalenzrelation auf der Menge der Flüsse.

Die Flüsse $(M, \mathbb{R}, \Phi)$ und $(N, \mathbb{R}, \Psi)$ heißen äquivalent, falls eine bijektive Abbildung $h : M \to N$ existiert und für jedes $x \in M$ eine monoton wachsender Homöomorphismus $\tau_x : \mathbb{R} \to \mathbb{R}$ so, daß gilt

$$h(\Phi(x,t)) \;=\; \Psi(h(x), \tau_x(t))$$

für $t \in \mathbb{R}$. Dabei werden je nach Bedarf weitere Bedingungen an die Koordinatentransformation h gestellt: Ist h linear, so spricht man von linearer Äquivalenz; ist h ein $(C^k$-)Diffeomorphismus, von differenzierbarer $(C^k$-)Äquivalenz, und ist h ein Homöomorphismus, von topologischer Äquivalenz.

Existiert ein $c > 0$ so, daß für alle $x \in M$ $\tau_x(t) = ct$ für $t \in \mathbb{R}$ gilt, so spricht man von Konjugation (manche Autoren sprechen nur für $c = 1$ von Konjugation) oder Fluß-Äquivalenz.

Die Orbits äquivalenter Flüsse werden durch die Bijektion h aufeinander abgebildet, d. h. für alle $x \in M$ gilt mit obigen Bezeichnungen:

$$h(\Phi(x, \mathbb{R})) \;=\; \Psi(h(x), \mathbb{R})\,.$$

Daher spricht man auch von Orbit- oder Bahnen-Äquivalenz. Das monotone Wachsen der Zeittransformation τ_x für jedes $x \in M$ garantiert zusätzlich, daß der Durchlaufsinn der Orbits unter der Koordinatentransformation h erhalten bleibt, jedoch muß die Zeitparametrisierung nicht erhalten bleiben, z. B. kann sich die Periodendauer periodischer Punkte ändern. Die Phasenräume äquivalenter dynamischer Systeme haben die gleiche Struktur, wobei auch die (zeitliche) Orientierung der Orbits gleich ist.

Für durch lineare Differentialgleichungssysteme (DGL-Systeme) gegebene dynamische Systeme auf $M = N = \mathbb{R}^n$ gelten folgende einfache Kriterien:

Seien $A, B : \mathbb{R}^n \to \mathbb{R}^n$ lineare Abbildungen. Im folgenden bezeichne Φ_A bzw. Φ_B die aus den Lösungen der DGL-Systeme $\dot{x} = Ax$ bzw. $\dot{x} = Bx$ induzierten dynamischen Systeme mit $\mathbb{R}^n$ als Phasenraum.

1. *Besitzen A und B nur einfache Eigenwerte, so sind Φ_A und Φ_B genau dann linear äquivalent, wenn die Eigenwerte von A und B gleich sind.*
2. *Φ_A und Φ_B sind genau dann differenzierbar äquivalent, wenn sie linear äquivalent sind.*
3. *Besitzen A und B nur Eigenwerte mit Realteil ungleich Null, dann sind Φ_A und Φ_B genau dann äquivalent, falls die Anzahl der Eigenwerte mit positivem bzw. negativem Realteil bei A und B gleich ist.*

[1] Arnold, V.I.: Gewöhnliche Differentialgleichungen. Deutscher Verlag der Wissenschaften Berlin, 1991.

Äquivalenz von Intervallschachtelungen, die für Intervallschachtelungen I, J durch

$$I \sim J \;:\Longleftrightarrow\; I \text{ und } J \text{ haben eine gemeinsame Verfeinerung}$$

definierte Äquivalenzrelation, die, ausgehend von den rationalen Zahlen, zur Definition der reellen Zahlen als Äquivalenzklassen von Intervallschachtelungen rationaler Zahlen benutzt wird.

Äquivalenz von Metriken, Begriff für die topologische Gleichwertigkeit zweier ↗Metriken auf der gleichen Grundmenge.

Ist X eine Menge und sind d_1 und d_2 Metriken auf der Menge X, so heißt d_1 stärker als d_2, falls jede Folge (x_n), die in X bezüglich d_1 gegen ein $x \in X$ konvergiert, auch bezüglich d_2 gegen x konvergiert. In diesem Fall heißt d_2 schwächer als d_1.

Falls d_1 sowohl schwächer als auch stärker als d_2 ist, nennt man die Metriken äquivalent.

In diesem Fall haben also beide Metriken die gleichen konvergenten Folgen. Dies ist gleichbedeutend damit, daß für jedes $x \in X$ jede bezüglich d_2 offene Kugel um x eine bezüglich d_1 offene Kugel um x enthält und umgekehrt.

Da es zu jeder Metrik d_1 eine äquivalente Metrik

$$d_2(x,y) \;=\; \frac{d_1(x,y)}{1 + d_1(x,y)}$$

gibt, für die gilt

$$d_2(x,y) \;\le\; 1\,,$$

kann man die Äquivalenz von Metriken nicht mit Hilfe einer Abschätzung zwischen d_1 und d_2 beschreiben.

Beispiel: Ist $X = \mathbb{R}^n$, so sind die drei Metriken

$$d_1(x,y) \;=\; \sqrt{(x_1 - y_1)^2 + \cdots + (x_n - y_n)^2}\,,$$
$$d_2(x,y) \;=\; \max\{|x_1 - y_1|, ..., |x_n - y_n|\}\,, \quad \text{und}$$
$$d_3(x,y) \;=\; \sum_{i=1}^{n} |x_i - y_i|$$

äquivalent.

Äquivalenz von Normen, meist mit $\sim$ bezeichnete Äquivalenzrelation auf der Menge aller Normen auf einem ↗Vektorraum V über $\mathbb{K}$ mit $\|\cdot\|_1 \sim \|\cdot\|_2$, falls die durch die beiden Normen $\|\cdot\|_1$ und $\|\cdot\|_2$ induzierten Metriken

$$d_1(x,y) \;:=\; \|x-y\|_1$$

und

$$d_2(x,y) \;:=\; \|x-y\|_2$$

dieselbe Topologie auf V erzeugen.

Gilt $\|\cdot\|_1 \sim \|\cdot\|_2$ so werden die beiden Normen als äquivalent bezeichnet.

Die Normen $\|\cdot\|_1$ und $\|\cdot\|_2$ sind genau dann äquivalent, wenn zwei positive Zahlen r, R existieren, so daß

$$r\|v\|_1 \;\leq\; \|v\|_2 \;\leq\; R\|v\|_1$$

für alle $v \in V$ gilt.

Äquivalenz von träger und schwerer Masse, Prinzip innerhalb der ↗Allgemeinen Relativitätstheorie.

Dort ist der Inhalt des Äquivalenzprinzips die Proportionalität von Trägheit und Schwere. Da der Proportionalitätsfaktor eine universelle Konstante darstellt, ist der Inhalt des Äquivalenzprinzips somit gleichwertig zur Äquivalenz von träger und schwerer Masse.

Äquivalenzfunktion, ↗Boolesche Funktion f mit

$$f : \{0,1\}^2 \to \{0,1\}$$
$$f(x_1,x_2) = 1 \iff (x_1 = x_2).$$

Äquivalenzklasse, manchmal auch Faser genannt, Menge der bezüglich einer gegebenen ↗Äquivalenzrelation „gleichen" Elemente.

Genauer gilt: Ist die Menge M mit einer Äquivalenzrelation versehen, so besteht für $x \in M$ die Äquivalenzklasse $[x]$ aus allen Elementen von M, die zu x in Relation stehen.

Äquivalenzprinzip der mathematischen Physik, in der ↗Allgemeinen Relativitätstheorie Bezeichnung für die ↗Äquivalenz von träger und schwerer Masse.

Bei genauerer Betrachtung dieses Prinzips unterscheidet man mehrere Varianten, die schwaches und starkes Äquivalenzprinzip genannt werden.

Es gilt folgende Aussage: Die träge Masse ist proportional zu der Kraft, die auf einen Körper wirken muß, um ihn zu beschleunigen. Dieser Begriff hat also noch nichts mit Gravitation zu tun. Die schwere Masse ist ein Maß für die gravitative Wirkung eines Körpers. Man unterscheidet die aktive schwere Masse (felderzeugende Masse, also ein Maß für die Stärke des von einem Körper erzeugten Gravitationsfeldes) von der passiven schweren Masse (ein Maß dafür, wie stark ein Körper auf die Wirkung eines ihn umgebenden Gravitationsfeldes reagiert). Das schwache Äquivalenzprinzip beinhaltet die Äquivalenz von träger und passiver schwerer Masse, das starke Äquivalenzprinzip beinhaltet dazu noch die Äquivalenz von aktiver und passiver schwerer Masse.

Die Maßeinheiten werden in diesen Betrachtungen stets so gewählt, daß der genannte Proportionalitätsfaktor gleich Eins wird. Dies ist möglich, da Massen stets als positiv angesehen werden. (In manchen Theorien, in denen auch negative Massen existieren, ist dies natürlich nicht mehr ohne weiteres möglich.) Das schwache Äquivalenzprinzip ist (annähernd) zu folgender Aussage äquivalent: Strukturlose Testteilchen bewegen sich auf Geodäten der Raum-Zeit.

Ein anderer Zugang zu Gravitationstheorien wird im folgenden geschildert. Das schwache Äquivalenzprinzip besagt: Lokal gilt für alle nichtgravischen Felder die spezielle Relativitätstheorie. Das starke Äquivalenzprinzip besagt darüber hinaus: Das Gravitationsfeld ist identisch mit der Metrik der gekrümmten Raum-Zeit. Ein Verletzung des starken Äquivalenzprinzips wäre z. B. dann denkbar, wenn der o.g. Proportionalitätsfaktor nicht universell, sondern materialabhängig ist, oder wenn außer der Metrik noch ein weiteres, z. B. ein skalares Feld, die gravitative Wechselwirkung beschreiben würde. Die Wirkung eines solchen hypothetischen Skalarfelds (sog. Higgsfeld) wird auch oft als fünfte Kraft bezeichnet.

[1] Treder, H.-J.: Gravitationstheorie und Äquivalenzprinzip. Akademie-Verlag Berlin, 1971.

Äquivalenzprinzip der Versicherungsmathematik, ein spezielles Prämienkalkulationsprinzip, das zur Berechnung von Versicherungsprämien verwendet wird.

In der Sprechweise der Risikotheorie postuliert es, daß die (deterministische) Zahlung des Versicherungsnehmers mit dem Erwartungswert der (zufälligen) Zahlung des Versicherers übereinstimmt. Häufig heißt dieses Prinzip auch Nettorisikoprinzip.

Begründen läßt es sich durch die den Ausgleich in der Zeit und den Ausgleich im Kollektiv beschreibenden Gesetze der großen Zahl. In der Ruintheorie wird aber gezeigt, daß die so definierte Nettorisikoprämie i. allg. nicht ausreicht, d. h. unter bestimmten Modellannahmen führt eine Prämie, die die Nettorisikoprämie nicht übersteigt, mit Wahrscheinlichkeit 1 zum technischen Ruin.

Äquivalenzproblem, allgemeine Bezeichnung für ein ↗Entscheidungsproblem, bei dem zwei Berechnungsformalismen, wie z. B. ↗Turing-Maschinen, gegeben sind, und festgestellt werden soll, ob diese dieselbe Funktion berechnen oder dieselbe formale Sprache beschreiben.

Für Turing-Maschinen ist das Äquivalenzproblem nicht entscheidbar.

Äquivalenzrelation, ↗ Relation $R \subseteq M \times M$, die den folgenden drei Bedingungen genügt (wie üblich wird im folgenden für zwei in Relation stehende Elemente x, y die Bezeichnung $x \sim y$ anstatt $(x, y) \in R$ verwendet):

1. Reflexivität:
$$\bigwedge_{x \in M} (x \sim x),$$
d. h., jedes Element steht zu sich selbst in Relation,
2. Symmetrie:
$$\bigwedge_{x,y \in M} (x \sim y \Rightarrow y \sim x),$$
d. h., steht x mit y in Relation, so auch y mit x,
3. Transitivität:
$$\bigwedge_{x,y,z \in M} (x \sim y \wedge y \sim z \Rightarrow x \sim z),$$
d. h., stehen sowohl x und y als auch y und z in Relation, so auch x und z.

Jeder Äquivalenzrelation $R \subseteq M \times M$ auf der Menge M entspricht bijektiv eine disjunkte Zerlegung (Klasseneinteilung) der Menge M, d. h., M ist die disjunkte Vereinigung von Mengen M_i:

$$M = \dot{\bigcup}_{i \in I} M_i ,$$

wobei I eine geeignete Indexmenge ist.

Dazu definiert man für jedes $x \in M$ die ↗ Äquivalenzklasse oder Faser über x, $[x]$, als die Menge aller zu x in Relation stehenden Elemente von M,

$$[x] := \{y \in M : x \sim y\}.$$

Die Reflexivität von R garantiert, daß keine Äquivalenzklasse leer ist, sofern M nicht leer ist (die leere Relation ist genau dann eine Äquivalenzrelation, wenn M die leere Menge ist). Die Symmetrie und die Transitivität von R implizieren, daß für $x, y \in M$ die Äquivalenzklassen $[x]$ und $[y]$ entweder disjunkt oder identisch sind.

Die Menge der Äquivalenzklassen heißt Quotienten-, Faktor- oder Fasermenge und wird mit M/R (sprich: M nach R) bezeichnet. Es gilt

$$M = \dot{\bigcup}_{K \in M/R} K ,$$

d. h., M/R liefert die gesuchte Klasseneinteilung von M. Ein Element y der Äquivalenzklasse $[x]$ heißt Repräsentant von $[x]$. Enthält eine Menge V aus jeder Äquivalenzklasse genau einen Repräsentanten, so wird sie (vollständiges) Repräsentantensystem der Quotientenmenge M/R genannt. Die surjektive Abbildung

$$k : M \to M/R, \quad x \mapsto [x]$$

heißt kanonische oder natürliche Abbildung.

Ist umgekehrt eine disjunkte Zerlegung $M = \dot{\bigcup}_{i \in I} M_i$ der Menge M gegeben, so wird durch

$$R := \left\{ (x, y) \in M \times M : \bigvee_{i \in I} \{x, y\} \subseteq M_i \right\}$$

eine Äquivalenzrelation R definiert, so daß die Äquivalenzklassen mit den Mengen M_i übereinstimmen.

Beispiele:

1. Die auf den ganzen Zahlen $\mathbb{Z}$ definierte Relation

$$x \sim y \quad :\Leftrightarrow \quad x - y \text{ gerade}$$

ist eine Äquivalenzrelation, die genau zwei Äquivalenzklassen besitzt, nämlich die Menge der geraden Zahlen und die Menge der ungeraden Zahlen.

2. Auf der Potenzmenge der natürlichen Zahlen $\mathcal{P}(\mathbb{N}_0)$ läßt sich die durch

$$X \sim Y \quad :\Leftrightarrow \quad \#X = \#Y$$

definierte Äquivalenzrelation betrachten, nach der gleichmächtige Mengen als äquivalent betrachtet werden.

Benutzt man die von Neumannsche Definition der natürlichen Zahlen ($0 := \emptyset$, $1 := \{0\}$, $2 := \{0, 1\}$ usw.), so ist die Menge $V := \mathbb{N}_0 \cup \{\mathbb{N}_0\}$ ein vollständiges Repräsentantensystem.

Bezeichnet man mit $M_n := \{X \subseteq \mathbb{N}_0 : \#X = n\}$ die Menge der n-elementigen Teilmengen von $\mathbb{N}_0$, $n \in V$, so läßt sich die Quotientenmenge $\mathcal{P}(\mathbb{N}_0)/\sim$ schreiben als $\{M_n : n \in V\}$. Die kanonische Abbildung ist gegeben durch

$$k : \mathcal{P}(\mathbb{N}_0) \to \mathcal{P}(\mathbb{N}_0)/\sim, \quad X \mapsto M_{\#X}.$$

(↗ Kardinalzahlen und Ordinalzahlen).

3. Führt man auf der Menge $\mathbb{Z} \times (\mathbb{Z} \setminus \{0\})$ durch

$$(a, b) \sim (c, d) \quad :\Leftrightarrow \quad ad = bc$$

die Relation „$\sim$" ein, so läßt sich leicht nachprüfen, daß es sich erneut um eine Äquivalenzrelation handelt. Die Quotientenmenge ist die Menge der rationalen Zahlen $\mathbb{Q}$. Die Menge

$$\{\frac{a}{b} : a \in \mathbb{Z},\ b \in \mathbb{N},\ a \text{ und } b \text{ teilerfremd}\}$$

stellt ein vollständiges Repräsentantensystem dar.

$$k : \mathbb{Z} \times (\mathbb{Z} \setminus \{0\}) \to \mathbb{Q}, \quad (a, b) \mapsto \frac{a}{b}$$

ist die kanonische Abbildung.

Äquivalenzsatz, fundamentale Aussage über den Zusammenhang der Begriffe ↗ Konvergenz, ↗ Konsistenz und ↗ Stabilität bei ↗ Differenzenverfahren zur näherungsweisen Lösung partieller Differentialgleichungen.

Der Satz kann leicht einprägsamer Art und Weise wie folgt formuliert werden:

Ein konsistentes Differenzenverfahren ist konvergent genau dann, wenn es stabil ist.

Äquivalenztest, ↗ Boolescher Ausdruck, ↗ binärer Entscheidungsgraph.

Äquivalenzumformung, ↗ Rechnen mit Gleichungen, ↗ Rechnen mit Ungleichungen.

Arabische Mathematik

H.-J. Ilgauds und K.-H. Schlote

Der Begriff Arabische Mathematik bezeichnet diejenige Mathematik, die sich im Gebiet des islamischen Großreiches vom 7. bis zum 15. Jahrhundert entwickelte, so daß auch die Bezeichnung islamische Mathematik üblich ist. Nach der Herausbildung des Islam als monotheistischer Religion auf der arabischen Halbinsel am Anfang des 7. Jahrhunderts entstand aus dem von Muhammad ibn 'Abdallah geschaffenen zentralisierten Staat in den nächsten Jahrhunderten ein Großreich, das den vorderen Orient, große Teile Zentralasiens, Nordafrika und die Pyrenäenhalbinsel umfaßte, sehr bald aber wieder in Teilreiche zerfiel. Im 10. und 11. Jahrhundert erreichte die islamische Wissenschaft ihren Höhepunkt, doch auch danach erlebte sie in einzelnen Teilreichen eine Blütezeit.

In die arabische Mathematik gingen Elemente aus der ↗griechischen, der indischen, der persischen, der mesopotamischen und in geringerem Umfang der ↗chinesischen Mathematik ein. Die arabische Mathematik zeichnete eine deutliche Ausrichtung auf Anwendungen aus, die behandelten Probleme reichten von Fragen des Bauwesens, der Geodäsie, des Handels, des Erbrechts bis hin zu denen der Geographie, der Astronomie und Astrologie, des Staatshaushaltes und der Optik. Ein zweites Charakteristikum war eine stärkere Betonung algebraischer Elemente und der Versuch, entsprechende Beweismethoden zu schaffen.

Die Entwicklung der arabischen Mathematik verlief in mehreren Etappen. Die erste Etappe, die etwa bis zur Mitte des 9. Jahrhunderts reichte, war durch die Sicherung des wissenschaftlichen Erbes gekennzeichnet. In diesem Bestreben wurden auch zahlreiche noch verfügbare mathematische Schriften aus der griechisch-hellenistischen Antike, aus Persien, Indien und Ägypten gesammelt und ins Arabische übersetzt. Kalif Al-Manṣūr (um 712–775) baute Bagdad als neue Hauptstadt aus und begann, die systematische Übersetzung der überlieferten Quellen zu fördern. Diese Aktivitäten wurden von seinen Nachfolgern fortgesetzt und teilweise noch verstärkt. Al-Ma'mūn (786–833) gründete 832 nach dem Vorbild der antiken Akademie ein „Haus der Weisheit", zu dessen vorrangigen Aufgaben die Übersetzungstätigkeit gehörte. Das „Haus der Weisheit" kann mit einem großen Forschungsinstitut verglichen werden, es besaß u. a. eine Bibliothek und ein astronomisches Observatorium, Kopisten fertigten Abschriften von den Büchern an, und zunehmend widmete man sich teilweise langfristigen Forschungen auf vielen Gebieten der Naturwissenschaften, Medizin und Philosophie. Auch in anderen Teilen des arabischen Reiches entstanden ähnliche kulturelle, wissenschaftliche Zentren, beispielsweise im spanischen Cordoba.

Die zweite Etappe war dann gekennzeichnet durch die Aufnahme eigenständiger mathematischer Forschungen auf der Basis einer verstärkten Kommentierung der erschlossenen Quellen. Die Errungenschaften der islamischen Mathematiker jener Zeit umfassen die Übernahme des dezimalen Positionssystems und der arithmetischen Rechenmethoden aus der indischen Mathematik, die Ausformung des Systems arithmetischer Operationen, wie es im wesentlichen heute noch von uns benutzt wird, die Einführung der Dezimalbrüche, die Entwicklung von Näherungsverfahren, geometrische Konstruktionen sowie die Übernahme und Weiterentwicklung der Sinustrigonometrie der Inder. Die bedeutendsten Vertreter der islamischen Mathematik dieser Periode waren al-Ḫwārizmî (al-Khwārizmī) (um 780–um 850), al-Kindī (?–um 873), Ṯābit ibn Qurra (834/35–901) und al-Māhānī (?–um 880).

Der aus Choresm (Chiva/Usbekistan) stammende al-Ḫwārizmî hat mit seiner Schrift zur Algebra einen großen Einfluß auf die weitere Gestaltung der Mathematik ausgeübt. Er behandelte sechs Normalformen von quadratischen Gleichungen, auf die alle quadratischen Gleichungen zurückgeführt werden konnten. Die Angabe mehrerer Normalformen war nötig, da alle Koeffizienten nicht-negativ sein sollten. Die Bezeichnung „al-ǧabr" (Ergänzung) für eine der von ihm benutzten Operationen wurde später zum Synonym für die gesamte Gleichungslehre und ergab in der latinisierten Form die Bezeichnung „Algebra". Aus dem Namen al-Ḫwārizmî entstand vermutlich der Begriff „Algorithmus". al-Ḫwārizmî benutzte auch als erster arabischer Mathematiker das dezimale Stellenwertsystem mit den indischen Ziffern und erläuterte die Rechenoperationen in diesem System. Aus diesem Grund bezeichnen wir die heute bei uns üblichen Ziffern $0, 1, \ldots, 9$ als „arabische Zahlen" (↗indisch-arabisches Zahlensystem).

Ṯābit ibn Qurra hat die begonnene Tradition fortgesetzt, indem er allgemeine geometrische Beweise für die von al-Ḫwārizmî eingeführten Lösungsverfahren gab und sie an Zahlenbeispielen erläuterte, er hat damit die typische Vorgehensweise der arabischen Algebraiker deutlich ausgeprägt. Außerdem formulierte er ein Bildungsgesetz für befreundete Zahlen, erweiterte den Zahlbegriff von den natürlichen auf die positiven reellen Zahlen, diskutierte das Parallelenpostulat, wobei er zu impliziten Ansätzen zur nichteuklidischen Geometrie kam, erfand die von Archimedes benutzte Methode zur Bestimmung von Integralen neu und berechnete damit die Volumina einiger Rotationskörper sowie das erste bestimmte Integral. Der auch astronomisch tätige al-Māhanī kommentierte u. a. Buch X der „Elemente" des Euklid, klassifizierte nicht nur geometrische Irrationalitäten, sondern auch numerische quadratische und biquadratische Irrationalitäten und übertrug wohl erstmals die Euklidische Klassifikation auf kubische Irrationalitäten. Außerdem stellte er eine Regel auf, die dem Cosinussatz der sphärischen Trigonometrie entspricht.

Ab dem 11. Jahrhundert traten astronomische Berechnungen und Fragen der Numerik, speziell Näherungsmethoden, stärker in den Vordergrund. Auch hierbei bildeten die Methoden und Resultate der griechischen Antike den Ausgangspunkt der Betrachtungen. Die Trigonometrie nahm in den Forschungen der islamischen Mathematiker und Astronomen einen hervorragenden Platz ein, stellte sie doch die Verbindung zwischen der Mathematik, der Astronomie, dem Kalenderwesen sowie der Lehre von der Sonnenuhr her, und hatte sich auch bei der Realisierung der umfangreichen geographischen Interessen der islamischen Gelehrten als nützlich erwiesen. Bereits im 8. Jahrhundert übersetzte man eine der indischen „Siddhāntas" und erschloß damit Teile des Wissens der Inder zur Trigonometrie.

Im 9. Jahrhundert folgten dann Kommentare zum „Almagest" des Ptolemaios (um 85–um 165), eines der bedeutendsten astronomischen Werke der Antike, das die Astronomie für fast eineinhalb Jahrtausende dominierte, und zur „Sphärik" des Menelaos. Die islamischen Mathematiker führten die trigonometrischen Verhältnisse Tangens und Cotangens am rechtwinkligen Dreieck ein, übernahmen von den Indern die Verhältnisse Sinus und Cosinus, studierten die Eigenschaften aller vier Verhältnisse und tabellierten sie erstmals im 9. Jahrhundert. Abū'l-Wafā' (940–997/98) definierte dann alle Winkelfunktionen einheitlich am Kreis. Nach und nach behandelte man die verschiedenen Typen ebener und sphärischer Dreiecke und baute die Trigonometrie zu einem geschlossenen Wissensgebiet aus. Nachdem die Trigonometrie lange nur als Hilfsmittel der Astronomie angesehen wurde, gab Naṣīr ad-Dīn at-Ṭūsī (1201–1274) eine erste vollständige und systematische Darstellung der Trigonometrie als selbständigen Wissenschaftszweig und vollendete den wohl im 12. Jahrhundert einsetzenden Ablösungsprozeß von der Astronomie. Ausgehend von einer klaren Formulierung der Grundbegriffe baute er die Theorie auf und bereicherte sie um wesentliche eigene neue Ergebnisse, z. B. zur Berechnung schiefwinkliger sphärischer Dreiecke aus den drei Seiten bzw. den drei Winkeln. At-Tusis Schrift hat die Entwicklung der Trigonometrie bis zur Renaissance, insbes. Regiomontanus, beeinflußt. Gleichzeitig gehört at-Tusi zu den Schöpfern genauer trigonometrischer Tafeln, weitere ausgezeichnete, sehr genaue Tafelwerke stammen von al-Bīrūni (973–1048), dessen auf acht Dezimale genaue Sinus-Tafel eine Schrittweite von 15' hatte, und von al-Kāšī. Al-Bīrūnī hatte mit der systematischen Zusammenfassung der trigonometrischen Kenntnisse seiner Vorgänger einen wichtigen Beitrag zur Verselbständigung dieses Wissensgebietes geleistet.

Die trigonometrischen Forschungen förderten zugleich die Arithmetik, insbes. die Beschäftigung mit Irrationalitäten und Brüchen. Neben Rechnungen im dezimalen Positionssystem mit den indisch-arabischen Ziffern wurden in zahlreichen Texten das Sexagesimalsystem oder verschiedene regionale Zahlsysteme bzw. eine Mischung mehrerer Systeme benutzt. Die arabischen Mathematiker haben erfolgreich die Vorzüge der einzelnen Systeme analysiert und versucht, diese in ein neues System einzubringen.

An Einzelleistungen seien etwa das Erkennen von π als irrationale Größe durch al-Bīrūnī und die Angabe eines einfachen, aber sehr genauen und schnell konvergierenden Iterationsverfahrens zur Lösung kubischer Gleichungen durch al-Kāšī erwähnt. Seit dem 12. Jahrhundert fanden teilweise auch die negativen Zahlen in algebraischen Texten Anerkennung, vermutlich eine Auswirkung von indischen oder chinesischen Einflüssen.

Auf dem Gebiet der Algebra erzielten die islamischen Mathematiker in jener Zeit ebenfalls beträchtliche Erfolge. Herausragend sind dabei die Schaffung einer geometrischen Theorie zur Auflösung kubischer Gleichungen und die Bemühungen um eine Arithmetisierung der Algebra. Nach ersten vorbereitenden Arbeiten seit dem 9. Jahrhundert wurde diese Theorie von dem Perser al-Ḫayyām (1048?–1131?) geschaffen. Er löste die kubischen Gleichungen mit Hilfe von Kegelschnitten und hat vermutlich erstmals behauptet, daß diese Gleichungen nicht mit Zirkel und Lineal lösbar sind. Eine formelmäßige Lösung der kubischen Gleichungen gelang ihm und seinen Nachfolgern nicht, es sollte die erste große Errungenschaft der Renaissance-Mathematiker im 16. Jahrhundert werden. In diesem Zusammenhang muß man berücksichtigen, daß die islamischen Mathematiker nicht zu nennenswerten Ansätzen einer algebraischen Symbolik kamen. Eine Ausnahme bilden die Schriften des in Granada wirkenden al-Qalaṣādī (1400 oder 1412–1486) und von Ibn Qunfuḏ (?–1407/08), die vermutlich das Ende einer längeren Traditionslinie verkörpern.

Durch die Schriften von al-Karağī (gest. um 1030) und as-Samaw'al (gest. um 1175) begann eine neue Periode der Etablierung der Algebra als eigenständiges mathematisches Teilgebiet. Im Mittelpunkt standen die allmähliche Loslösung von geometrischen Interpretationen und Beweisen und die Definition der arithmetischen Operationen für variable Größen im Bereich der positiven reellen Zahlen sowie der Aufbau eines entsprechenden Kalküls. So erklärte al-Karağī erstmals das Rechnen mit positiven und negativen Potenzen sowie die arithmetischen Operationen für Polynome, wobei er bei der Division den Divisor auf Monome beschränkte. Auf dieser Basis erzielte er neue Einsichten in die Summation endlicher Reihen und die Berechnung von Binominalkoeffizienten. Diese Ideen wurden von as-Samaw'al erfolgreich fortgesetzt. So konnte er die Division zweier Polynome definieren und erstmals sowohl die binomische Formel in allgemeiner Form beschreiben, als auch Zeichenregeln für das Rechnen mit ganzen Zahlen formulieren. Weitere Resultate betreffen die Summation endlicher Reihen, die Lösbarkeit von Gleichungssystemen und Fragen der Beweismethodik. Als weitere wichtige Leistungen arabischer Mathematiker seien noch die zahlreichen Arbeiten zum Parallelenpostulat, teilweise mit ersten Ansätzen zur nichteuklidischen Geometrie, die Berechnung einfacher Integrale, etwa von Rotationskörpern, und jene Arbeiten genannt, die als Überlegungen zur Bestimmung von Grenzwerten bzw. der ersten Ableitung einer Funktion interpretiert werden können.

Die arabischen Mathematiker stellen das entscheidende Bindeglied zwischen der antiken Mathematik (einschließlich Indien und teilweise China) und der Mathematikentwicklung in West- und Mitteleuropa dar. Sie haben dieses mathematische Erbe gesichert und schöpferisch durch viele eigene Leistungen ergänzt. Dabei erfuhr die Mathematik regional eine unterschiedliche Ausprägung. Man unterscheidet allgemein zwischen der ostarabischen und der westarabischen Mathematik. Während die ostarabische Mathematik ein höheres Niveau erreichte als die westarabische, war letztere von ausschlaggebender Bedeutung für die Überlieferung der mathematischen Errungenschaften der Griechen, Inder und der Araber nach Europa.

---

arabische Zahlen, ↗Arabische Mathematik.

Arbeit, formal der Ausdruck $\delta W = \sum_i F_i dq^i$ (δ, um darauf hinzuweisen, daß es sich i. a. nicht um ein vollständiges Differential handelt). Dabei sind die q^i die generalisierten Koordinaten eines Systems von Körpern, auf die die generalisierten Kräfte A_i wirken. Sie können von den q^i, ihren Ableitungen nach der Zeit, der Temperatur und dem inneren Zustand der Körper abhängen.

Die Arbeit, die längs eines Weges C an einem Massenpunkt geleistet wird, ist das Wegintegral $\int_C \mathfrak{K}\cdot d\mathfrak{s}$. Wesentlich ist also nur die Komponente der Kraft in Richtung des Weges oder die Wegkomponente in Richtung der Kraft.

Der Begriff läßt sich auch für andere physikalische Systeme wie etwa Kontinua definieren. Wird beispielsweise ein Gas, das sich in einem zylinderförmigen Gefäß (Achse in x-Richtung) mit einem Kolben der Fläche F befindet und auf die Wandung einen Druck p ausübt, durch Verschieben des Kolbens um eine kleine Strecke dx komprimiert, dann wird an dem System die Arbeit $pFdx = pdV$ geleistet.

Andere Beispiele sind das Heben einer Last im Schwerefeld der Erde oder Bewegung einer punktförmigen Ladung q im elektrischen Feld der Stärke $\mathfrak{E}$ längs des Weges C ($\int_C q\mathfrak{E}\cdot d\mathfrak{s}$).

Arbelos, von drei Halbkreisen begrenzte ebene Figur, die wohl bereits von Archimedes untersucht wurde.

In der Abbildung erkennt man den Arbelos als das von den Halbkreisen mit Durchmessern AD, BD, und AB begrenzte Gebiet.

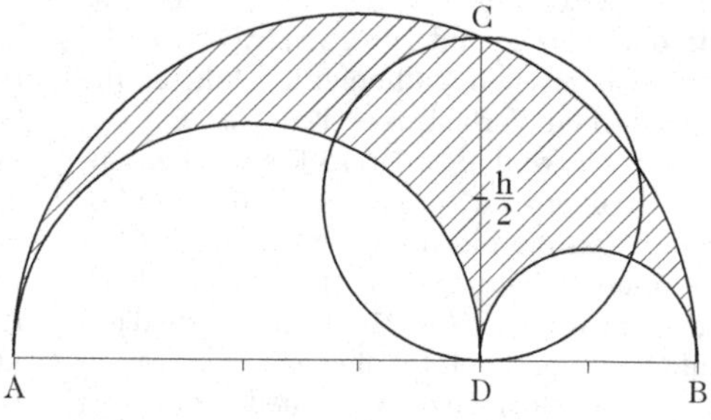

Arbelos

Die Fläche des Arbelos ist gleich der Fläche des Kreises mit Durchmesser DC. Die etwas merkwürdig anmutende Bezeichung Arbelos stammt aus dem Griechischen: Dort ist der Arbelos ein Schustermesser, dessen Form an die der gezeigten Figur erinnert.

Arborizität, ↗ Nash-Williams, Satz von.

Archimedes, Satz von, besagt, daß es zu jeder reellen Zahl x eine natürliche Zahl $n > x$ gibt, d. h. die Menge der natürlichen Zahlen nach oben unbeschränkt ist. Äquivalent hierzu ist der Satz von Eudoxos (s. a. ↗ archimedisches Axiom).

Es folgt, daß die rationalen Zahlen dicht in den reellen Zahlen liegen: Zu je zwei reellen Zahlen $x < y$ gibt es eine rationale Zahl r mit $x < r < y$.

Archimedes von Syrakus, Mathematiker, Physiker und Techniker, geb. um 287 v. Chr. Syrakus, gest. 212 v. Chr. Syrakus.

Über das Leben des Archimedes wissen wir wenig. Sein Vater war der Astronom Phidias. Bei ihm hat Archimedes wohl auch seine Ausbildung erhalten. Wahrscheinlich hat er auch einige Zeit in Alexandria verbracht. Die Mehrzahl seiner erhaltenen Schriften ist uns in Form von Briefen an alexandrinische Mathematiker, u. a. Eratosthenes, erhalten. Archimedes, möglicherweise verwandt mit König Hieron II. von Syrakus, leitete vermutlich über zwei Jahre die Verteidigung von Syrakus und unterstützte diese durch die Konstruktion von Steinschleudern und anderen Waffen. Er starb bei der Einnahme seiner Heimatstadt durch die Römer. Um Leben und Tod des Archimedes kamen schon in der Antike Legenden auf, die nachhaltig zu seinem Ruhm bis in die Jetztzeit beitrugen. Von Archimedes sind 11 Werke erhalten. Sie lassen sich in drei Gruppen einteilen:

1. Arbeiten über die Inhaltsbestimmung von Flächen und Körpern. Dazu gehören Untersuchungen über Kugel und Zylinder, über den Kreis und die Parabel, über Spiralen, Rotationsparaboloide und -hyperboloide, und Sphäroide (Rotationsellipsoide). In diesen Arbeiten wurden die Berechnung von Oberfläche und Volumen von Kugel, Kugelsegment und Kugelsektor vorgeführt. Der Zusammenhang zwischen Kugel- und Zylindervolumen wurde geometrisch gezeigt. Der Inhalt von Segmenten von Rotationsparaboloiden- und hyperboloiden, von Rotationsellipsoiden wurde bestimmt. In der Arbeit über Spiralen wurden Flächenstücke bestimmt, die durch Geraden von der archimedischen Spirale abgeschnitten werden. Die berühmte Untersuchung über die „Quadratur der Parabel“ ermittelte mit zwei grundsätzlich unterschiedlichen Methoden den Inhalt eines Parabelsegmentes. Einerseits führte Archimedes die Inhaltsbestimmung auf eine unendliche geometrische Reihe zurück (Einbeschreibung einer Reihe von Dreiecken in das Parabelsegment), dabei auch durchaus nicht offensichtliche Sätze über die Parabel verwendend, andererseits benutzte er eine Art mechanisches Verfahren unter Verwendung von Hebelgesetz und Lage des Schwerpunktes bei Dreieck und Trapez. Beide Herleitungen und die Beweise sind auch aus heutiger Sicht korrekt. Die Grundlage des zweiten Verfahrens bildeten die Ergebnisse der archimedischen Schrift „Über den Schwerpunkt ebener Flächen“, in der wiederum das Hebelgesetz formuliert, allerdings nicht einwurfsfrei zur Schwerpunktbestimmung benutzt wurde.

2. Archimedes gilt als Begründer der Statik und Hydrostatik. In seiner Schrift „Über schwimmende Körper“ untersuchte er das Schwimmen, Schweben und Sinken von Körpern in Flüssigkeiten, dabei an Aristoteles anknüpfend. Er formulierte eine Vorform des ↗ archimedischen Prinzips.

3. In seiner Arbeit „Der Sandrechner“ erweiterte Archimedes Notation und Begriff der natürlichen Zahlen, ausdrücklich betonend, daß die Zahlenreihe bis ins Unendliche fortgesetzt werden kann. Dabei ging er von der Frage aus, wieviel Sandkörner in die Fixsternsphäre passen, wozu er Größenvorstellungen über astronomische Entfernungen entwickeln mußte.

Sekundärquellen berichten über archimedische Berechnungen der Länge des tropischen Jahres und des scheinbaren Durchmessers der Sonne und der Konstruktion eines Planetariums. Weitere Arbeiten des Archimedes befaßten sich mit einer speziellen Pellschen Gleichung („Rinderproblem“) und mit halbregulären Polyedern.

Über die rein mathematischen Ergebnisse hinaus hat Archimedes einen tiefgreifenden Einfluß auf die Methodik und Methoden mathematischer Forschung genommen. Er erweiterte die Axiome und das Postulat des Euklid um das Axiom von Eudoxos-Archimedes, das eine der Grundlagen der ↗ Exhaustionsmethode bildete und zur Theorie der nichtarchimedischen Körper wie auch der Nichtstandardanalysis führte. Im Jahre 1906 entdeckte Heiberg die „Methodenlehre“ des Archimedes, die über seine Forschungsmethode Auskunft gibt. Mathematische Sätze fand Archimedes durch mechanische oder physikalische Überlegungen oder durch Analogieschlüsse. Erst anschließend arbeitete er den exakten Beweis aus.

Die überragende wissenschaftliche Bedeutung des Archimedes ist durch die gesamte Wissenschaftsgeschichte seit der Antike niemals bestritten, oft sogar ins Phantastische überhöht worden und noch heute in Anekdoten lebendig. Bereits im 5./6. Jh. wurden die ersten Ausgaben der Werke des Archimedes editiert. Die heutigen Textkenntnisse gehen verweisend auf Werkausgaben des 9./10. Jh. und auf lateinische und arabische Übersetzungen des Mittelalters zurück.

Einen Höhepunkt erlebte die Archimedes-Rezeption im 15./16. Jh.. Werke des Archimedes wurden jetzt ins Deutsche, Englische und Französische übersetzt. Sein Einfluß auf Kepler, Galilei und Torricelli ist unverkennbar.

Archimedes-Algorithmus zur Berechnung von π, das um 240 v. Chr. von Archimedes von Syrakus gefundene Verfahren zur beliebig genauen Annäherung der Zahl π.

Archimedes betrachtete den Einheitskreis vom Umfang 2π und diesem ein- und umgeschriebene regelmäßige Vielecke: Für den Umfang u_n des ein-

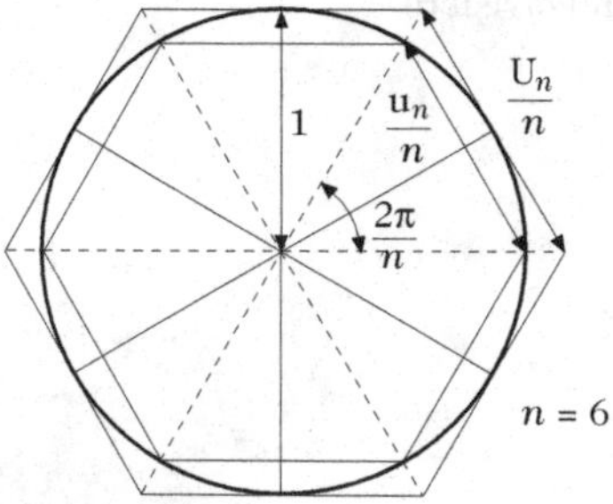

und den Umfang U_n des umgeschriebenen n-Ecks ist $u_n < 2\pi < U_n$, und es gilt $u_n \uparrow 2\pi$ und $U_n \downarrow 2\pi$ für $n \to \infty$. Diese Einsichten gehen schon auf Antiphon von Rhamnus und Bryson von Heraclea um 430 v. Chr. zurück, doch entscheidend war Archimedes' Übergang von n zu $2n$ Ecken, für den er mit Hilfe geometrischer Überlegungen die Beziehungen

$$U_{2n} = \frac{2U_n u_n}{U_n + u_n}, \quad u_{2n} = \sqrt{U_{2n} u_n}$$

fand, die heute leicht aus

$$U_n = 2n \tan\frac{\pi}{n}, \quad u_n = 2n \sin\frac{\pi}{n}$$

und den ↗Halbierungsformeln der trigonometrischen Funktionen herzuleiten sind. Archimedes rechnete, beginnend mit einem regelmäßigen Sechseck ($u_6 = 3, U_6 = 2\sqrt{3}$), mittels geschickter Approximation von Quadratwurzeln durch rationale Zahlen bis zum 96-Eck, was ihm die Abschätzung

$$3.1408\ldots = 3\frac{10}{71} < \pi < 3\frac{10}{70} = 3.1428\ldots$$

lieferte.

Der Archimedes-Algorithmus ist linear konvergent, und es gilt

$$\lim_{n\to\infty} \frac{U_{2n} - \pi}{U_n - \pi} = \lim_{n\to\infty} \frac{\pi - u_{2n}}{\pi - u_n} = \frac{1}{4}.$$

Dieses Verfahren war das erste und, abgesehen vom dazu äquivalenten ↗Cusanus-Algorithmus, etwa neunzehn Jahrhunderte lang das einzige zu einer beliebig genauen Annäherung an π. Es wird wegen seiner historischen Bedeutung und seiner Anschaulichkeit noch heute in der Schule gelehrt.

Archimedes-Konstante, ↗π.

Archimedes-Lambert, Kartenentwurf von, ein Kartennetzentwurf der Erdoberfläche.

Man projiziert die Erdoberfläche parallel zur Äquatorebene auf einen Zylinder, den man sich so um den Globus gewickelt denkt, daß er diesen längs des Äquators berührt. Ist $R \approx 6370\,\text{km}$ der Erdradius, $\vartheta = u^1/R$ der Polabstand, $\varphi = u_2$ der Azimut auf der Erdoberfläche und (x, y) kartesische Koordinaten der Ebene, so ist die den Entwurf beschreibende Abbildung durch

$$x = Ru_1, \quad y = R\cos\left(\frac{u_1}{R}\right)$$

gegeben. Die Bilder der Breiten- und der Längenkreise sind die zwei Scharen zu den Koordinatenachsen paralleler Geraden. Der Kartenentwurf von Archimedes-Lambert ist eine ↗Ähnlichkeitsabbildung.

archimedisch geordneter Körper, ↗archimedischer Körper, ↗archimedische Ordnung.

archimedisch geordneter Vektorraum, ein ↗geordneter Vektorraum, der

$$nx \le y \;\forall n \in \mathbb{N} \quad \Rightarrow \quad x \le 0$$

erfüllt. Dies ist insbesondere in jedem Banach-Verband der Fall.

archimedische Anordnung, ↗archimedische Ordnung.

archimedische Gruppe, Gruppe mit einer ↗archimedischen Ordnung.

Eine geordnete Gruppe ist genau dann archimedisch, wenn sie zu einer Untergruppe der additiven Gruppe der reellen Zahlen isomorph ist. Die ganzen Zahlen $\mathbb{Z}$ sind z. B. eine archimedische Gruppe.

archimedische Ordnung, *archimedische Anordnung*, spezielle Ordnung auf einer Gruppe oder auf einem Körper.

Eine Gruppe oder ein Körper besitzt eine archimedische Ordnung, wenn es zu allen Elementen $x, y > 0$ eine natürliche Zahl n gibt mit $nx > y$.

archimedische Spirale, eine ↗ebene Kurve mit der Parametergleichung $\alpha(\varphi) = a\,\varphi\,(\cos\varphi, \sin\varphi)$, in Polarkoordinaten $\varrho(\varphi) = a\,\varphi$, wobei a eine beliebige Konstante ist.

Wenn ein vom Ursprung O der Koordinatenebene ausgehender Strahl sich mit konstanter Geschwindigkeit 1 um O dreht, beschreibt ein Punkt, der sich auf diesem Strahl mit konstanter Geschwindigkeit $v = a$ von O fortbewegt, eine archimedische Spirale. Ihre Bogenlängenfunktion, gemessen vom Parameterwert $\varphi_0 = 0$, ist

$$\lambda(\varphi) = \frac{a}{2}\left(\varphi\sqrt{1+\varphi^2} - \operatorname{arsinh}\varphi\right),$$

ihre Krümmungsfunktion ist

$$k(\varphi) = \frac{2+\varphi^2}{a\,\left(1+\varphi^2)\right)^{3/2}}.$$

Bei der Spiegelung am Einheitskreis geht sie in die hyperbolische Spirale über.

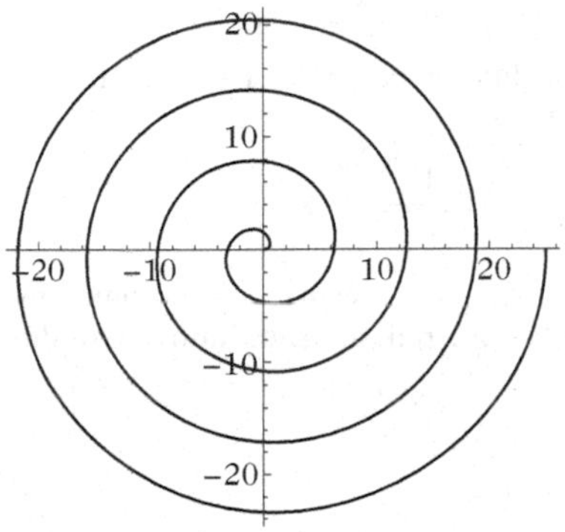

Archimedische Spirale mit der Parametergleichung $\alpha(t) = (\varphi\cos\varphi, \varphi\sin\varphi)$

archimedischer Körper, Körper mit einer ↗archimedischen Ordnung.

Ein geordneter Körper ist genau dann archimedisch, wenn es in ihm keine unendlich kleinen oder unendlich großen Elemente gibt. Die rationalen Zahlen $\mathbb{Q}$ und die reellen Zahlen $\mathbb{R}$ bilden z. B. archimedische Körper.

archimedisches Axiom, die Aussage, daß zu je zwei positiven reellen Zahlen a und b eine natürliche Zahl n existiert mit $b < n \cdot a$.

Diese Aussage besagt, daß $\mathbb{R}$ eine ↗archimedische Ordnung besitzt, also ein ↗archimedischer Körper ist.

In seiner ursprünglichen Gestalt handelt das archimedische Axiom von geometrischen „Größen" (Länge, Fläche, Volumen, ...). Es besagt, daß gegeben zwei Größen, jede der beiden geeignet oft vervielfältigt die andere übertrifft.

archimedisches Prinzip, besagt, daß ein in eine Flüssigkeit eingetauchter Körper einen Auftrieb erfährt, der betragsmäßig gleich dem Gewicht der verdrängten Flüssigkeit ist.

ARCH-Modell, *autoregressive conditional heteroscedasticity model*, häufig im Kontext von Zeitreihenanalysen bei der Modellierung stochastischer Prozesse in der Finanz- und Versicherungsmathematik verwendetes Modell, vorgeschlagen von R.F. Engle (1982) und R.F. Engle und T. Bollerslev (1986).

Eine einfache Version eines ARCH-Modells ist beispielsweise

$$y_t = ((\alpha_0 + \alpha_1 y_{t-1}^2)^{1/2})u_t,$$

dabei bezeichnet u_t einen Standard White Noise Prozeß, d. h. $u_t \sim N(0,1)$. Für diesen Prozeß gilt

$$E(y_t|y_{t-1}) = 0,$$
$$\operatorname{Var}(y_t|y_{t-1}) = E(y_t^2|y_{t-1}) = \alpha_0 + \alpha_1 y_{t-1}^2,$$

sowie $E(y_t) = 0$ und $\operatorname{Var}(y_t) = \alpha_0/(1-\alpha_1)$. Die absoluten Momente sind also zeitinvariant, während die bedingte Varianz zeitlich variabel ist.

Archytas von Tarent, Staatsmann, Feldherr, Philosoph und Mathematiker, geb. um 428 v. Chr. Tarent (heute Italien), gest. um 350 v. Chr. Tarent?.

Archytas' Leistungen liegen u. a. auf dem Gebiet der Proportionenlehre und deren Anwendung in der Musiktheorie. Er berechnete Tonverhältnisse für die drei Tongeschlechter (enharmonisches, chromatisches, diatonisches) und führte den Begriff des harmonischen Mittels ein.

Für das Problem der Würfelverdoppelung gab er eine mechanische Lösung an. Dabei soll zu einem gegebenen Würfel die Seitenlänge eines Würfels mit doppelt so großem Volumen bestimmt werden, was Archytas mittels räumlich bewegter Halbzylinder realisierte.

Archytas gilt als Begründer der klassischen Mechanik. Platon und Euklid nutzten seine Ergebnisse.

Arcuscosekans, ↗Arcuscosekansfunktion.

Arcuscosekansfunktion, *Arcuscosekans*, die aufgrund der Bijektivität der ↗Cosekansfunktion

$$\csc : \left[-\frac{\pi}{2}, \frac{\pi}{2}\right] \setminus \{0\} \to \mathbb{R} \setminus (-1,1)$$

zu dieser existierende Umkehrfunktion

$$\operatorname{arccsc} : \mathbb{R} \setminus (-1,1) \longrightarrow \left[-\tfrac{\pi}{2}, \tfrac{\pi}{2}\right] \setminus \{0\}.$$

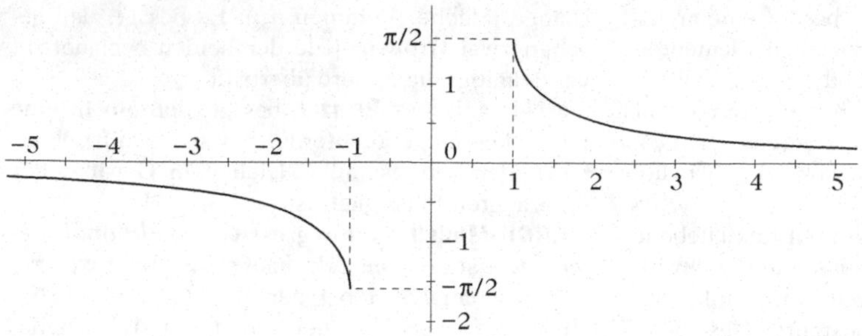

arccsc

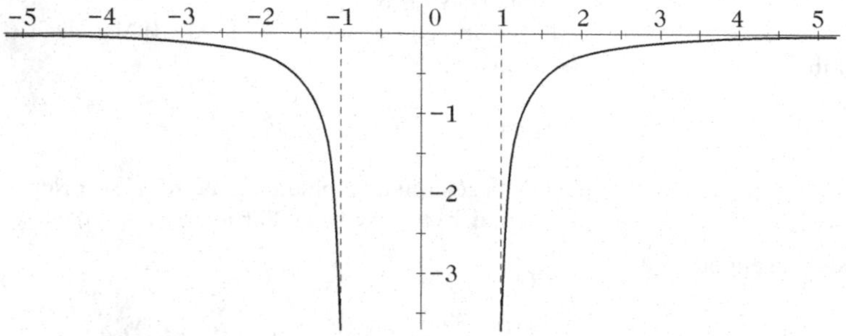

arccsc'

Für $x \in \mathbb{R} \setminus \{k\pi \mid k \in \mathbb{Z}\}$ und $y \in \mathbb{R} \setminus (-1, 1)$ gilt genau dann $\csc x = y$, wenn

$$x = \operatorname{arccsc} y + 2k\pi \text{ oder } x = (2k+1)\pi - \operatorname{arccsc} y$$

mit einem $k \in \mathbb{Z}$.

Mit csc ist auch arccsc eine ungerade Funktion. Nach dem Satz über die ↗Differentiation der Umkehrfunktion ist arccsc differenzierbar in $\mathbb{R} \setminus [-1, 1]$, und für $y \in \mathbb{R} \setminus [-1, 1]$ gilt

$$\operatorname{arccsc}'(y) = -\frac{1}{|y|\sqrt{y^2-1}}.$$

Mit $\operatorname{arccsc} y = \arcsin \frac{1}{y}$ erhält man aus Eigenschaften der ↗Arcussinusfunktion leicht die Eigenschaften der Arcuscosekansfunktion.

Arcuscosinus, ↗Arcuscosinusfunktion.

Arcuscosinusfunktion, *Arcuscosinus*, die aufgrund der strengen Antitonie und Surjektivität der ↗Cosinusfunktion $\cos : [0, \pi] \to [-1, 1]$ zu dieser existierende, streng antitone Umkehrfunktion

$$\arccos : [-1, 1] \longrightarrow [0, \pi].$$

Für $x \in \mathbb{R}$ und $y \in [-1, 1]$ gilt genau dann $\cos x = y$, wenn

$$x = \pm \arccos y + 2k\pi$$

mit einem $k \in \mathbb{Z}$. Der Graph von arccos ist punktsymmetrisch um $(x = 0, y = \frac{\pi}{2})$. Nach dem Satz über die ↗Differentiation der Umkehrfunktion ist arccos differenzierbar in $(-1, 1)$, und für $y \in (-1, 1)$ gilt

$$\arccos'(y) = -\frac{1}{\sqrt{1-y^2}}.$$

Mit $\arccos y = \frac{\pi}{2} - \arcsin y$ erhält man aus Eigenschaften der ↗Arcussinusfunktion leicht die

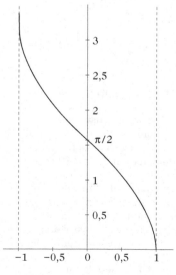

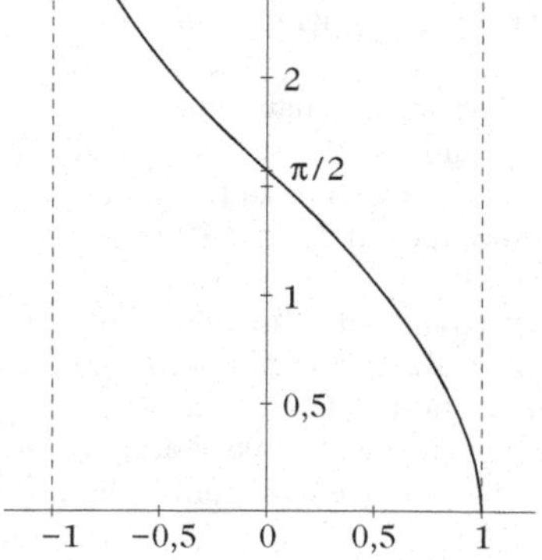

arccos

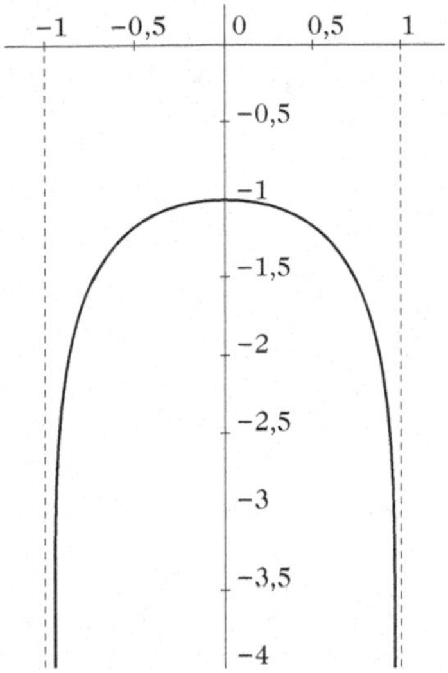

arccos'

Eigenschaften der Arcuscosinusfunktion. Wir erwähnen noch den folgenden Zusammenhang: Für $y \in [-1, 1]$ gilt:

$$\sin(\arccos y) \;=\; \sqrt{1-y^2}\,,$$

$$\tan(\arccos y) \;=\; \frac{\sqrt{1-y^2}}{y}\,,$$

letzteres natürlich nur für $y \neq 0$.

Arcuscotangens, ↗Arcuscotangensfunktion.

Arcuscotangensfunktion, *Arcuscotangens*, die aufgrund der strengen Antitonie und Surjektivität der ↗Cotangensfunktion $\cot : (0, \pi) \to \mathbb{R}$ zu dieser existierende, streng antitone Umkehrfunktion

$$\operatorname{arccot} : \mathbb{R} \longrightarrow (0, \pi)\,.$$

Für $x \in \mathbb{R} \setminus \{k\pi \mid k \in \mathbb{Z}\}$ und $y \in \mathbb{R}$ gilt genau dann $\cot x = y$, wenn

$$x = \operatorname{arccot} y + k\pi$$

mit einem $k \in \mathbb{Z}$. Der Graph von arccot ist punktsymmetrisch um $(x = 0, y = \frac{\pi}{2})$. Nach dem Satz über die ↗Differentiation der Umkehrfunktion ist arccot differenzierbar, und für $y \in \mathbb{R}$ gilt

$$\operatorname{arccot}'(y) \;=\; -\frac{1}{1+y^2}\,.$$

Mit $\operatorname{arccot} y \;=\; \frac{\pi}{2} - \arctan y$ erhält man aus Eigenschaften der ↗Arcustangensfunktion leicht die Eigenschaften der Arcuscotangensfunktion.

Arcussekans, ↗Arcussekansfunktion.

Arcussekansfunktion, *Arcussekans*, die aufgrund der Bijektivität der ↗Sekansfunktion $\sec : [0, \pi] \setminus \{\frac{\pi}{2}\} \to \mathbb{R} \setminus (-1, 1)$ zu dieser existierende Umkehrfunktion

$$\operatorname{arcsec} : \mathbb{R} \setminus (-1, 1) \longrightarrow [0, \pi] \setminus \left\{\frac{\pi}{2}\right\}.$$

Für

$$x \;\in\; \mathbb{R} \setminus \{\frac{\pi}{2} + k\pi \mid k \in \mathbb{Z}\}$$

und $y \in \mathbb{R} \setminus (-1, 1)$ gilt genau dann $\sec x = y$, wenn

$$x \;=\; \pm \operatorname{arcsec} y + 2k\pi$$

mit einem $k \in \mathbb{Z}$. Der Graph von arcsec ist punktsymmetrisch um $(x = 0,\ y = \frac{\pi}{2})$. Nach dem Satz über die ↗Differentiation der Umkehrfunktion ist arcsec differenzierbar in $\mathbb{R} \setminus [-1, 1]$, und für $y \in \mathbb{R} \setminus [-1, 1]$ gilt

$$\operatorname{arcsec}'(y) \;=\; \frac{1}{|y|\sqrt{y^2-1}}\,.$$

Mit $\operatorname{arcsec} y \;=\; \arccos \frac{1}{y}$ erhält man aus Eigenschaften der ↗Arcuscosinusfunktion Eigenschaften der Arcussekansfunktion.

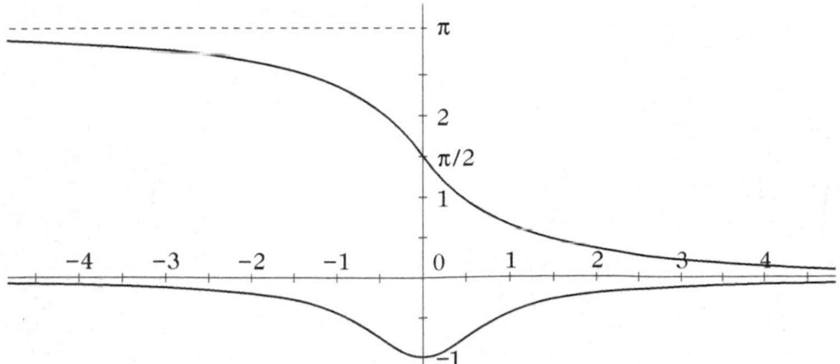

arccot (oben) und arccot'

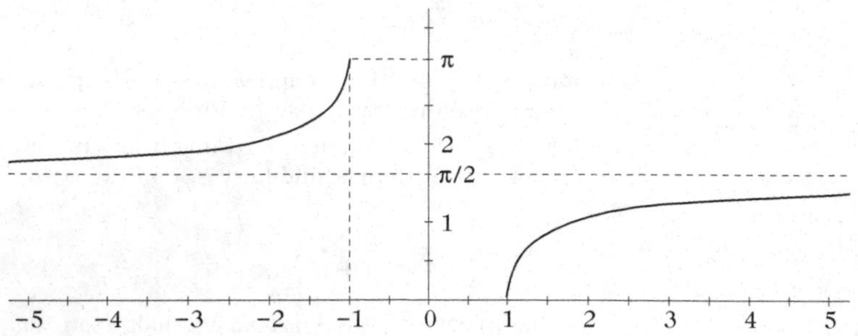

arcsec

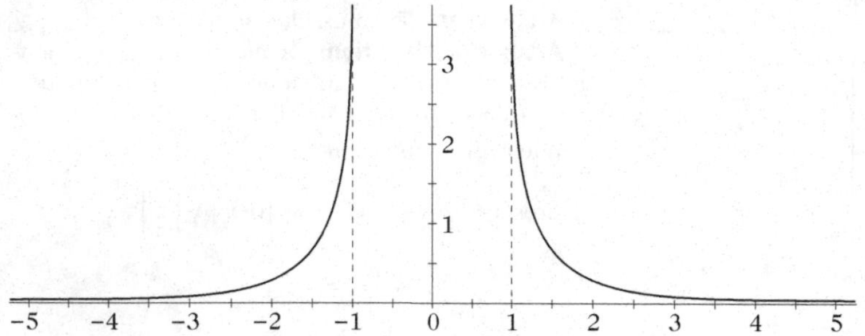

arcsec'

Arcussinus, ↗Arcussinusfunktion.

Arcussinusfunktion, *Arcussinus*, die aufgrund der strengen Isotonie und Surjektivität der ↗Sinusfunktion $\sin : \left[-\frac{\pi}{2}, \frac{\pi}{2}\right] \to [-1, 1]$ zu dieser existierende, streng isotone Umkehrfunktion

$$\arcsin : [-1, 1] \longrightarrow \left[-\tfrac{\pi}{2}, \tfrac{\pi}{2}\right].$$

Für $x \in \mathbb{R}$ und $y \in [-1, 1]$ gilt genau dann $\sin x = y$, wenn

$$x = \arcsin y + 2k\pi \text{ oder } x = (2k+1)\pi - \arcsin y$$

mit einem $k \in \mathbb{Z}$. Mit sin ist auch arcsin eine ungerade Funktion.

Nach dem Satz über die ↗Differentiation der Umkehrfunktion ist arcsin differenzierbar in $(-1, 1)$, und für $y \in (-1, 1)$ gilt

$$\arcsin'(y) = \frac{1}{\sqrt{1-y^2}}.$$

Für $|y| < 1$ hat man die Reihendarstellung

$$\begin{aligned}\arcsin y &= \sum_{n=0}^{\infty} \left(\prod_{k=1}^{n} \frac{2k-1}{2k} \right) \frac{y^{2n+1}}{2n+1} \\ &= y + \frac{1}{6}y^3 + \frac{3}{40}y^5 + \frac{5}{112}y^7 + \cdots,\end{aligned}$$

woraus mit

$$\arccos y = \frac{\pi}{2} - \arcsin y$$

auch eine Darstellung der ↗Arcuscosinusfunktion folgt.

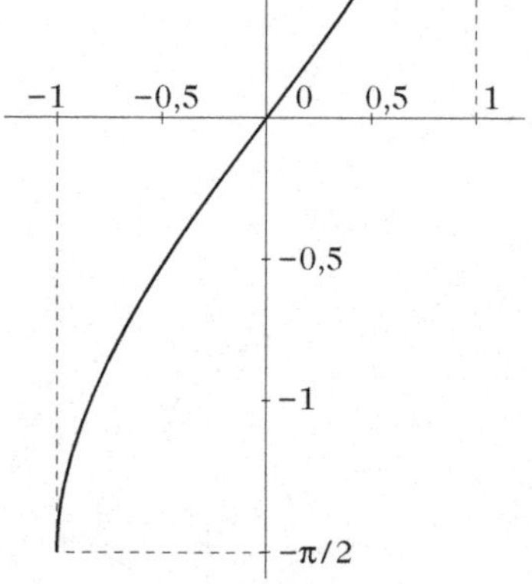

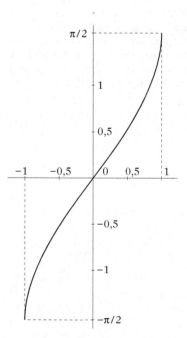

arcsin

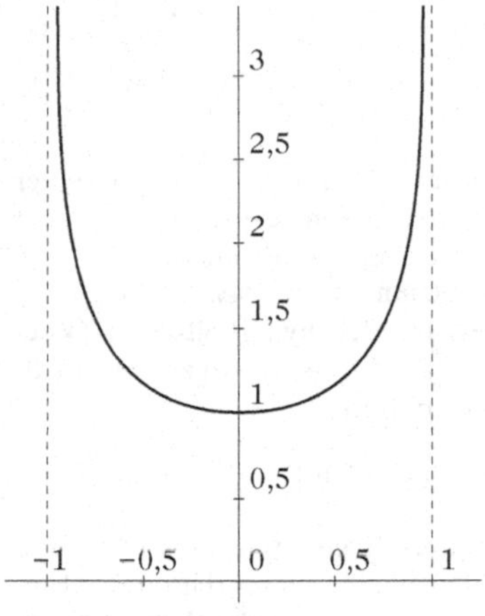

arcsin'

Wir erwähnen noch den folgenden Zusammenhang: Für $y \in [-1, 1]$ gilt:

$$\cos(\arcsin y) = \sqrt{1-y^2},$$
$$\tan(\arcsin y) = \frac{y}{\sqrt{1-y^2}},$$

letzteres nur für $|y| < 1$.

Arcussinusreihe für π, die Reihe

$$\frac{\pi}{3} = \sum_{n=0}^{\infty} \frac{1 \cdot 3 \cdot \dots \cdot (2n-1)}{2 \cdot 4 \cdot \dots \cdot 2n} \cdot \frac{1}{(2n+1)4^n}$$
$$= 1 + \frac{1}{2} \cdot \frac{1}{3 \cdot 4} + \frac{1 \cdot 3}{2 \cdot 4} \cdot \frac{1}{5 \cdot 16} + \cdots,$$

die man aus $\sin \frac{\pi}{6} = \frac{1}{2}$, also $\frac{\pi}{6} = \arcsin \frac{1}{2}$, und der Potenzreihe der Arcussinusfunktion erhält.

Arcustangens, ↗Arcustangensfunktion.

Arcustangensfunktion, *Arcustangens*, die aufgrund der strengen Isotonie und Surjektivität der ↗Tangensfunktion $\tan : \left(-\frac{\pi}{2}, \frac{\pi}{2}\right) \to \mathbb{R}$ zu dieser existierende, streng isotone Umkehrfunktion

$$\arctan : \mathbb{R} \longrightarrow \left(-\frac{\pi}{2}, \frac{\pi}{2}\right).$$

Für $x \in \mathbb{R} \setminus \{k\pi + \frac{\pi}{2} \mid k \in \mathbb{Z}\}$ und $y \in \mathbb{R}$ gilt genau dann $\tan x = y$, wenn

$$x = \arctan y + k\pi$$

mit einem $k \in \mathbb{Z}$. Mit tan ist auch arctan eine ungerade Funktion. Nach dem Satz über die ↗Differentiation der Umkehrfunktion ist arctan differenzierbar, und für $y \in \mathbb{R}$ gilt

$$\arctan'(y) = \frac{1}{1+y^2}.$$

Für $y \in (-1, 1]$ hat man die Darstellung durch die ↗Gregory-Reihe

$$\arctan y = \sum_{n=0}^{\infty} \frac{(-1)^n}{2n+1} y^{2n+1},$$

was mit $y = 1$ die ↗Leibniz-Reihe liefert, und woraus man mit

$$\operatorname{arccot} y = \frac{\pi}{2} - \arctan y$$

auch eine Darstellung der ↗Arcuscotangensfunktion erhält. Ferner folgt daraus für $y > 1$ die Reihe

$$\arctan y = \frac{\pi}{2} - \sum_{n=0}^{\infty} \frac{(-1)^n}{2n+1} \frac{1}{y^{2n+1}}.$$

Wir erwähnen noch den folgenden Zusammenhang: Für $y \in \mathbb{R}$ gilt:

$$\sin(\arctan y) = \frac{y}{\sqrt{1+y^2}},$$
$$\cos(\arctan y) = \frac{1}{\sqrt{1+y^2}}.$$

Arcustangensreihen für π, Reihendarstellungen von π, die man aus Darstellungen von π als Summe von Arcustangensausdrücken und Reihenentwicklungen der Arcustangensfunktion erhält. So ergibt sich aus $\tan \frac{\pi}{4} = 1$, also $\frac{\pi}{4} = \arctan 1$, die nur langsam konvergierende ↗Leibniz-Reihe und aus $\tan \frac{\pi}{6} = \frac{1}{\sqrt{3}}$, also $\frac{\pi}{6} = \arctan \frac{1}{\sqrt{3}}$, die bessere ↗Sharp-Reihe. Die Potenzreihe der Arcustangensfunktion konvergiert linear und um so schneller, je kleiner das Argument ist. Daher sind Darstellungen mit kleinen Arcustangensargumenten besser geeignet für die schnelle Berechnung von Näherungen zu π.

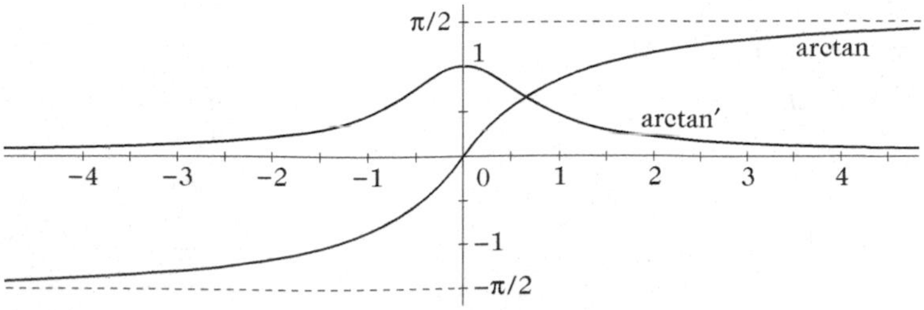

arctan und arctan'

Aus der Formel von Machin erhält man z. B. die Reihe

$$\frac{\pi}{4} = \sum_{n=0}^{\infty} \frac{(-1)^n}{2n+1} \left(\frac{4}{5^{2n+1}} - \frac{1}{239^{2n+1}} \right),$$

die Grundlage zahlreicher Berechnungen von vielen Dezimalstellen von π war.

Weitere Reihen bekommt man aus der Formel von Gauß, der Formel von Klingenstierna, der Formel von Loney, der Formel von Rutherford, der Formel von Størmer und der Formel von Strassnitzky.

Herzuleiten sind solche Arcustangensformeln aus dem Additionstheorem

$$\arctan \frac{x+y}{1-xy} = \arctan x + \arctan y,$$

aus dem die von Leonhard Euler benutzte Identität

$$\arctan \frac{1}{p} = \arctan \frac{1}{p+q} + \arctan \frac{q}{p^2+pq+1}$$

und Darstellungen wie

$$\frac{\pi}{4} = 2 \arctan \frac{1-q}{p} - \arctan \frac{p-1}{p+1}$$

folgen. Mit Hilfe von $\frac{\pi}{4} = 5 \arctan \frac{1}{7} + 2 \arctan \frac{3}{79}$ und der Reihe

$$\arctan x = \frac{y}{x} \sum_{n=0}^{\infty} \frac{2 \cdot 4 \cdot \cdots \cdot 2n}{3 \cdot 5 \cdot \cdots \cdot (2n+1)} y^n,$$

wobei

$$y = \frac{x^2}{1+x^2},$$

berechnete Euler im Jahre 1755 π in nur einer Stunde auf 20 Dezimalstellen genau.

Areacosekans, ↗Areacosekansfunktion.

Areacosekansfunktion, *Areacosekans*, die aufgrund der Bijektivität der hyperbolischen Cosekansfunktion $\operatorname{csch} : \mathbb{R} \setminus \{0\} \to \mathbb{R} \setminus \{0\}$ zu dieser existierende Umkehrfunktion

$$\operatorname{arcsch} : \mathbb{R} \setminus \{0\} \longrightarrow \mathbb{R} \setminus \{0\}.$$

Mit csch ist auch arcsch eine ungerade Funktion. Nach dem Satz über die ↗Differentiation der Umkehrfunktion ist arcsch differenzierbar, und für $y \in \mathbb{R} \setminus \{0\}$ gilt

$$\operatorname{arcsch}'(y) = -\frac{1}{|y|\sqrt{y^2+1}}.$$

Mit $\operatorname{arcsch} y = \operatorname{arsinh} \frac{1}{y}$ erhält man aus Eigenschaften der ↗Areasinusfunktion Eigenschaften der Areacosekansfunktion.

Areacosinus, ↗Areacosinusfunktion.

Areacosinusfunktion, *Areacosinus*, die aufgrund der strengen Isotonie und Surjektivität der hyperbolischen Cosinusfunktion $\cosh : [0, \infty) \to [1, \infty)$

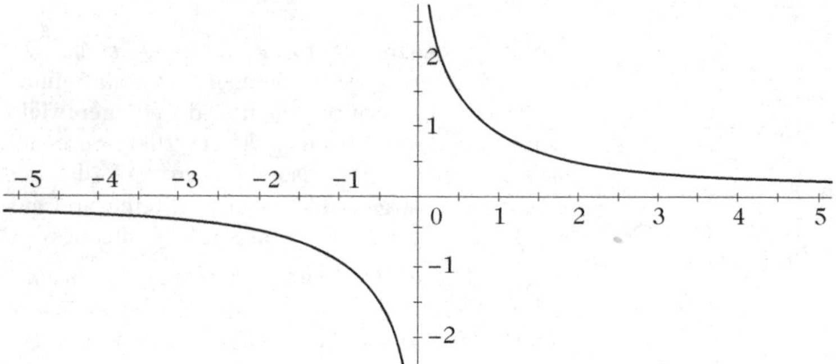

arcsch

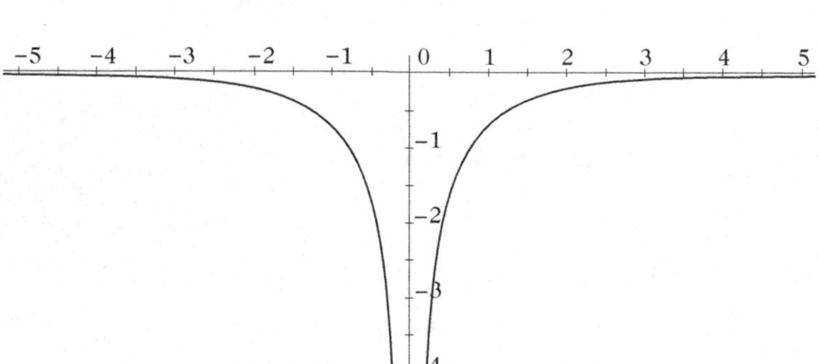

arcsch'

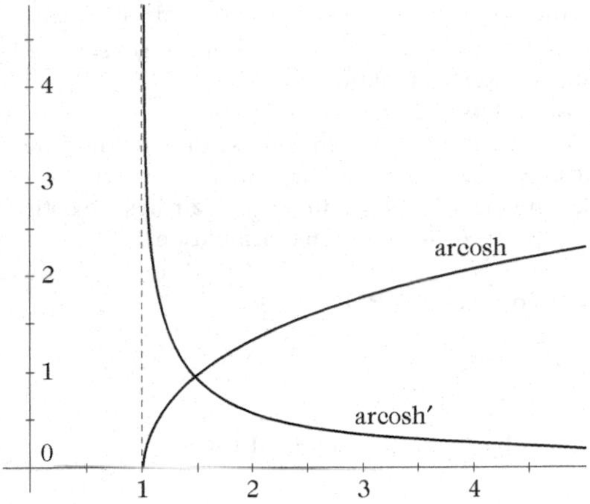

arcosh und arcosh'

zu dieser existierende, streng isotone Umkehrfunktion

$$\text{arcosh} : [1, \infty) \longrightarrow [0, \infty) .$$

Es gilt

$$\text{arcosh}\, y = \ln\left(y + \sqrt{y^2 - 1}\right)$$

für $y \in [1, \infty)$.

Nach dem Satz über die ↗ Differentiation der Umkehrfunktion ist arcosh differenzierbar in $(1, \infty)$, und für $y \in (1, \infty)$ gilt

$$\text{arcosh}'(y) = \frac{1}{\sqrt{y^2 - 1}} .$$

Mit $\text{arcosh}\, y = \text{arsinh}\sqrt{y^2 - 1}$ erhält man aus Eigenschaften der ↗ Areasinusfunktion Eigenschaften der Areacosinusfunktion.

Areacotangens, ↗ Areacotangensfunktion.

Areacotangensfunktion, *Areacotangens*, die aufgrund der strengen Antitonie auf $(-\infty, 0)$ und auf $(0, \infty)$ und der Surjektivität der hyperbolischen Cotangensfunktion $\coth : \mathbb{R} \setminus \{0\} \to \mathbb{R} \setminus [-1, 1]$ zu dieser existierende Umkehrfunktion

$$\text{arcoth} : \mathbb{R} \setminus [-1, 1] \longrightarrow \mathbb{R} \setminus \{0\} .$$

Es gilt

$$\text{arcoth}\, y = \frac{1}{2} \ln \frac{y+1}{y-1}$$

für $y \in \mathbb{R} \setminus [-1, 1]$. Mit coth ist auch arcoth eine ungerade Funktion. Nach dem Satz über die ↗ Differentiation der Umkehrfunktion ist arcoth differenzierbar, und für $y \in \mathbb{R} \setminus [-1, 1]$ gilt

$$\text{arcoth}'(y) = \frac{1}{1 - y^2} .$$

Mit $\text{arcoth}\, y = \text{artanh}\,\frac{1}{y}$ erhält man aus den Eigenschaften der ↗ Areatangensfunktion Eigenschaften der Areacotangensfunktion.

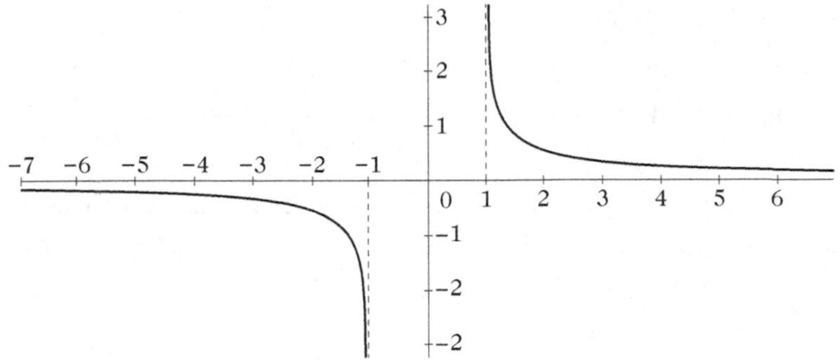

arcoth

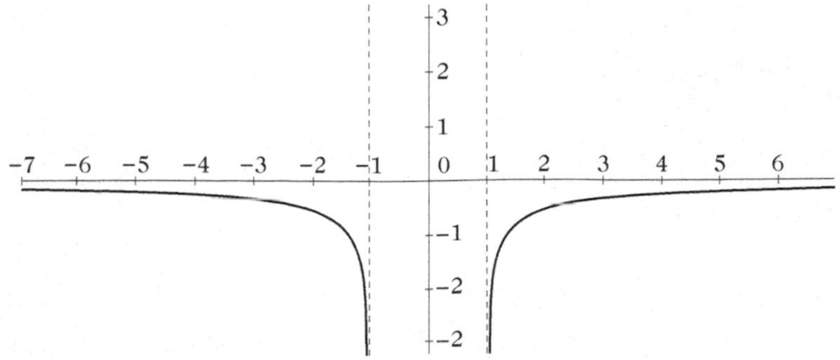

arcoth'

Areasekans, ↗Areasekansfunktion.

Areasekansfunktion, *Areasekans*, die aufgrund der strengen Antitonie und Surjektivität der hyperbolischen Sekansfunktion sech : $[0,\infty) \to (0,1]$ zu dieser existierende, streng antitone Umkehrfunktion

$$\operatorname{arsech} : (0,1] \longrightarrow [0,\infty)\,.$$

Nach dem Satz über die ↗Differentiation der Umkehrfunktion ist arsech differenzierbar in $(0,1)$, und für $y \in (0,1)$ gilt

$$\operatorname{arsech}'(y) \;=\; -\frac{1}{y\sqrt{1-y^2}}\,.$$

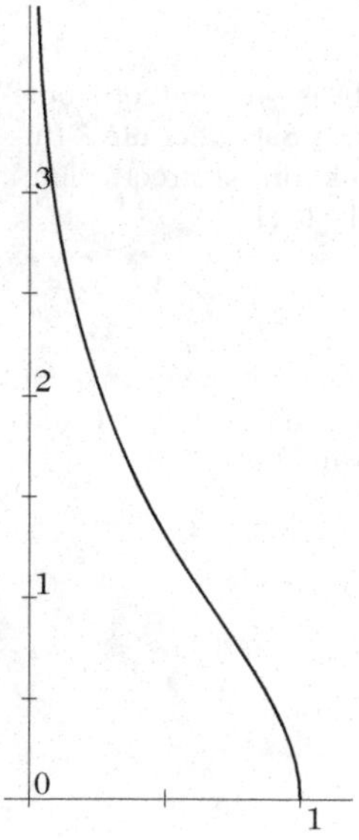

arsech

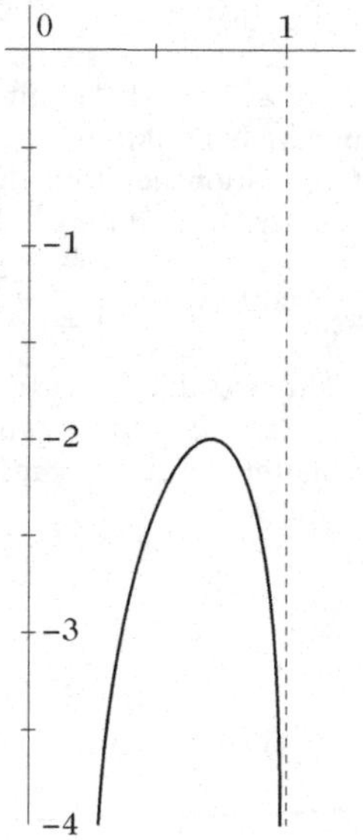

arsech'

Mit $\operatorname{arsech} y = \operatorname{arcosh} \frac{1}{y}$ erhält man aus Eigenschaften der ↗Areacosinusfunktion Eigenschaften der Areasekansfunktion.

Areasinus, ↗Areasinusfunktion.

Areasinusfunktion, *Areasinus*, die aufgrund der strengen Isotonie und Surjektivität der hyperbolischen Sinusfunktion sinh : $\mathbb{R} \to \mathbb{R}$ zu dieser existierende, streng isotone Umkehrfunktion

$$\operatorname{arsinh} : \mathbb{R} \longrightarrow \mathbb{R}\,.$$

Es gilt

$$\operatorname{arsinh} y \;=\; \ln\left(y + \sqrt{y^2+1}\right)$$

für $y \in \mathbb{R}$. Mit sinh ist auch arsinh eine ungerade Funktion. Nach dem Satz über die ↗Differentiation der Umkehrfunktion ist arsinh differenzierbar, und für $y \in \mathbb{R}$ gilt

$$\operatorname{arsinh}'(y) \;=\; \frac{1}{\sqrt{y^2+1}}\,.$$

Für $|x| < 1$ hat man die Reihendarstellung

$$\begin{aligned}\operatorname{arsinh} y \;&=\; \sum_{n=0}^{\infty}\left(\prod_{k=1}^{n}\frac{2k-1}{2k}\right)(-1)^n\,\frac{y^{2n+1}}{2n+1}\\ &=\; y - \frac{1}{6}y^3 + \frac{3}{40}y^5 - \frac{5}{112}y^7 \pm \cdots\,,\end{aligned}$$

woraus mit

$$\operatorname{arcosh} y \;=\; \operatorname{arsinh}\sqrt{y^2-1}$$

auch eine Darstellung der ↗Areacosinusfunktion folgt.

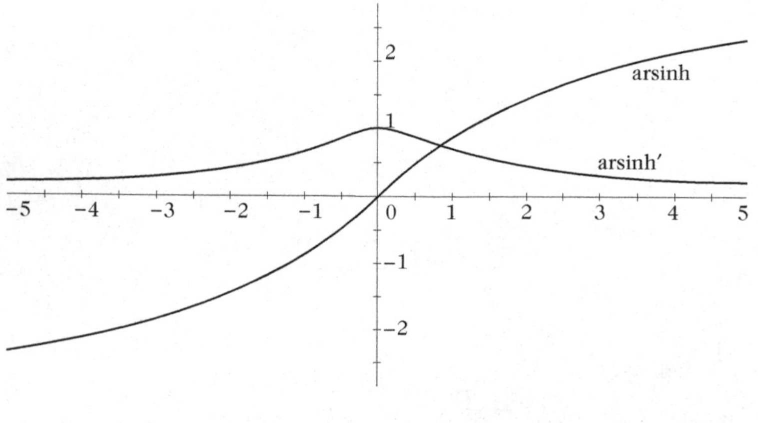

arsinh und arsinh'

Areatangens, ↗Areatangensfunktion.

Areatangensfunktion, *Areatangens*, die aufgrund der strengen Isotonie und Surjektivität der hyperbolischen Tangensfunktion $\tanh : \mathbb{R} \to (-1, 1)$ zu dieser existierende, streng isotone Umkehrfunktion

$$\text{artanh} : (-1, 1) \longrightarrow \mathbb{R}\,.$$

Es gilt

$$\text{artanh}\, y \;=\; \frac{1}{2} \ln \frac{1+y}{1-y}$$

für $y \in (-1, 1)$.

Wie tanh ist auch artanh eine ungerade Funktion.

Nach dem Satz über die ↗Differentiation der Umkehrfunktion ist artanh differenzierbar, und für $y \in (-1, 1)$ gilt

$$\text{artanh}'(y) \;=\; \frac{1}{1-y^2}\,.$$

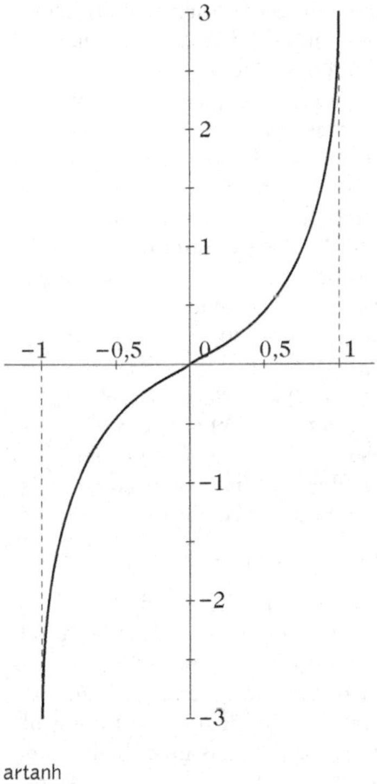

artanh

Für $y \in (-1, 1)$ hat man die Reihendarstellung

$$\text{artanh}\, y \;=\; \sum_{n=0}^{\infty} \frac{y^{2n+1}}{2n+1}\,,$$

woraus man mit $\text{arcoth}\, y = \text{artanh}\, \frac{1}{y}$ auch eine Darstellung der ↗Areacotangensfunktion erhält.

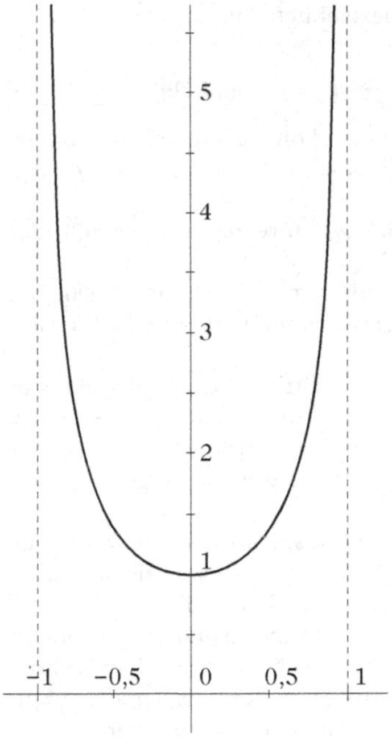

artanh'

Argand, Jean Robert, Buchhalter und Amateurmathematiker, geb. 18.7.1768 Genf, gest. 13.8. 1822 Paris.

Argand ist bekannt für seine geometrische Darstellung der komplexen Zahlen. Er hat die komplexen Zahlen auf trigonometrische Berechnungen angewandt und 1814 als erster den Fundamentalsatz der Algebra für Polynome mit komplexen Koeffizienten aufgestellt. Darüber hinaus publizierte er zur Kombinatorik und zur analytischen Geometrie.

Argument einer komplexen Zahl, eine Zahl $\varphi \in \mathbb{R}$ derart, daß für eine komplexe Zahl z

$$z \;=\; r(\cos\varphi + i \sin\varphi) \qquad (1)$$

gilt, wobei $r = |z|$ der Betrag von z ist (↗Betrag einer komplexen Zahl). Man schreibt $\varphi = \arg z$.

Die Zahl φ in der Darstellung (1) ist nur bis auf ein additives ganzzahliges Vielfaches von 2π eindeutig bestimmt. Ist also φ_0 ein Argument von z, so ist jedes weitere Argument φ von z von der Form

$$\varphi \;=\; \varphi_0 + 2k\pi$$

mit einem $k \in \mathbb{Z}$.

Derjenige Wert von $\arg z$ mit $\arg z \in (-\pi, \pi]$ heißt der Hauptwert des Arguments von z. Man benutzt dafür auch die Bezeichnung $\text{Arg}\, z$. Gelegentlich wird der Wert von $\arg z$ mit $\arg z \in [0, 2\pi)$

als Hauptwert bezeichnet. Für $w, z \in \mathbb{C}$ gilt die Rechenregel

$$\operatorname{Arg}(wz) \equiv \operatorname{Arg} w + \operatorname{Arg} z \pmod{2\pi}.$$

Das Argument einer komplexen Zahl hängt eng mit der Polarkoordinaten-Darstellung von z zusammen.

ARIMA-Prozeß, ↗autoregressiver Prozeß der gleitenden Mittel.

Aristaios, griechischer Mathematiker, geb. um 360 v. Chr. Griechenland, gest. um 300 v. Chr. Griechenland.

Aristaios war ein Zeitgenosse Euklids, welcher ihn hoch schätzte wegen seiner Arbeiten zu Kegelschnitten. Aristaios' Ergebnisse wurden 200 Jahre später von ↗Apollonius von Perge weiterentwickelt.

Aristarchos von Samos, Astronom und Mathematiker, geb. um 310 v. Chr. Samos (Griechenland), gest. um 230 v. Chr. Griechenland.

Aristarchos hat in Alexandria und Athen studiert. Er war ein Vertreter des heliozentrischen Weltbildes. In seiner Schrift „Von der Größe und den Entfernungen der Sonne und des Mondes" versuchte er als erster diese Werte sowie die Dauer eines Jahres zu ermitteln.

Aristoteles von Stageira, griechischer Philosoph und Gelehrter, geb. 384 v. Chr. Stageira (Makedonien, Griechenland), gest. 322 v. Chr. Chalkis (Euböia, Griechenland).

Aristoteles gilt als der bedeutendste Denker der Antike. 367–347 v. Chr. studierte und lehrte er an Platons Athener Akademie. 343 wurde er der Lehrer des jungen Alexanders des Großen. 335 gründete er seine eigene Schule „Lykeion "in Athen. Nach dem Tode Alexanders im Jahre 323 zog er sich nach Chalkis zurück, wo er im folgenden Jahr starb.

Aristoteles begründete die klassische Prädikatenlogik, die moderne Axiomatik und war der erste bedeutende Repräsentant eines konstruktiven Logik- und Mathematikverständnisses.

Arithmetik, in klassischer Sichtweise dasjenige Teilgebiet der Mathematik, das sich mit dem Rechnen mit Zahlen bzw. Variablen befaßt. Unter „Rechnen" versteht man hierbei meist die Grundrechenarten. Manchmal findet man den Begriff Arithmetik auch als Synonym zur ↗Zahlentheorie verwendet.

In der Informatik versteht man unter Arithmetik auch die technische Realisierung von Operationen auf Zahlen. Das betrifft z. B. die Umsetzung arithmetischer Operationen mittels (elektronischer) Schaltungen, die Behandlung von Problemen durch begrenzten Speicherplatz (Rundung, Überlauf) sowie den Umgang mit den verschiedenen Speicherformaten für Zahlen.

Arithmetik erster Ordnung, Bezeichnung für die elementare Peano-Arithmetik PA.

Der (nichtelementaren) Peano-Arithmetik werden die folgenden fünf Axiome zugrundegelegt:

(1) Null ist eine natürliche Zahl.
(2) Zu jeder natürlichen Zahl n gibt es genau eine natürliche Zahl m, die unmittelbarer Nachfolger von n ist.
(3) Jede natürliche Zahl ist unmittelbarer Nachfolger höchstens einer natürlichen Zahl.
(4) Die Zahl Null ist kein unmittelbarer Nachfolger einer natürlichen Zahl.
(5) Die Menge der natürlichen Zahlen ist die kleinste Menge, die die Null enthält und die mit jeder natürlichen Zahl auch deren unmittelbaren Nachfolger enthält.

Die Axiome (1)–(5) sind ausreichend, um die Addition und Multiplikation für die natürlichen Zahlen induktiv zu definieren. Weiterhin kann gezeigt werden, daß es bis auf Isomorphie nur ein Modell gibt, das alle Bedingungen (1)–(5) erfüllt. Das fünfte Axiom (Induktionsaxiom) ist nicht elementar formuliert, es benutzt sowohl Elemente (natürliche Zahlen) als auch Mengen von natürlichen Zahlen. Dadurch lassen sich einige wirkungsvolle Hilfsmittel bei der Untersuchung der (nichtelementaren) Peano-Arithmetik nicht nutzen.

PA setzt ein schwächeres, jedoch elementares Axiomensystem voraus, mit dessen Hilfe sich weite Teile der Zahlentheorie aufbauen lassen. Die verwendete ↗elementare Sprache L wird durch die nichtlogischen Symbole $S, +, \cdot, 0$ bestimmt, welche der Reihe nach die Nachfolgerfunktion, die Addition, die Multiplikation und die Null bezeichnen. Als elementare Axiome nutzt man:

(i) $\forall x \forall y (S(x) = S(y) \to x = y)$,
(ii) $\forall x (S(x) \neq 0)$,
(iii) $\forall x (x + 0 = x) \wedge \forall x \forall y (x + S(y) = S(x + y))$,
(iv) $\forall x (x \cdot 1 = x) \wedge \forall x \forall y (x \cdot S(y) = S(x \cdot y))$,
(v) für jeden Ausdruck $\varphi(x)$ aus der elementaren Sprache L mit der sog. freien Variablen x ist die folgende Aussage ein Axiom:

$$\varphi(0) \wedge \forall x\big(\varphi(x) \to \varphi(S(x))\big) \to \forall x \varphi(x).$$

(i) und (ii) entsprechen den Axiomen (3) und (4). Die Forderungen (1) und (2) werden schon durch die Eigenschaften der elementaren Sprache L realisiert. (iii) und (iv) sind *induktive Definitionen* für die Addition bzw. Multiplikation. (v) dient als Induktionsaxiom. Es besteht aus unendlich vielen „gleichgestalteten" elementaren Aussagen, deren Aussagekraft jedoch schwächer ist als die von (5). Mit Hilfe von (v) läßt sich nicht jede Eigenschaft von natürlichen Zahlen induktiv beweisen, sondern nur solche, die in der zugrundegelegten elementaren Sprache durch Ausdrücke formuliert werden können (mehr ist auch oft nicht notwendig). PA ist als ↗deduktiver Abschluß von $\{(\mathrm{i}), \ldots, (\mathrm{v})\}$ definiert.

Das *Standardmodell* $\mathbb{N} = \langle N, S, +, \cdot, 0\rangle$ der natürlichen Zahlen ist ein Modell für (i)–(v), jedoch nicht das einzige. Es gibt Modelle $\mathbb{N}^* = \langle N^*, S^*, +^*, \cdot^*, 0^*\rangle$ von (i)–(v), die mit $\mathbb{N}$ nicht isomorph sind, in denen jedoch die gleichen Aussagen aus L gelten wie in $\mathbb{N}$. $\mathbb{N}^*$ heißt dann auch *Nichtstandardmodell* von PA. Solche Modelle können beim Auffinden von Lösungen diophantischer Gleichungen dienlich sein. Das Axiomensystem ist nicht vollständig und nach dem Gödelschen Unvollständigkeitssatz (↗Beweistheorie) gibt es kein „überschaubares" vollständiges Axiomensystem, aus dem mittels prädikatenlogischer Schlußregeln genau die in dem Standardmodell $\mathbb{N}$ gültigen Aussagen beweisbar sind. Man vergleiche auch ↗Axiomatische Mengenlehre.

Arithmetik zweiter Ordnung, (auch Peano-Arithmetik zweiter Stufe genannt, symbolisch PA_2).

Das für die ↗Arithmetik erster Ordnung zugrundegelegte elementare Axiomensystem ist nicht vollständig, und nach dem Unvollständigkeitssatz von Gödel (↗Beweistheorie) gibt es kein rekursives Axiomensystem, aus dem sich genau die Aussagen beweisen lassen, die in dem Standardmodell gültig sind.

Es ist ein natürliches Bedürfnis, den Rahmen dieser axiomatischen Theorie so zu erweitern, daß man möglichst viele im Standardmodell gültige Aussagen erhält. Eine „radikale" Methode der Axiomatisierung besteht darin, Quantifizierungen von beliebigen Elementen und Mengen zuzulassen, wie dies bei den Peanoschen Axiomen der Fall ist. Dann läßt sich zwar das Standardmodell bis auf Isomorphie beschreiben, aber die benutzte Logik ist nicht mehr vollständig, d. h., es gibt kein „überschaubares" System von logischen Axiomen und Ableitungsregeln, so daß aus den Axiomen genau die allgemeingültigen Ausdrücke beweisbar sind (der Gödelsche Satz gilt für diese Logiken nicht).

Damit stehen wesentliche Hilfsmittel aus der Prädikatenlogik nicht mehr zur Verfügung.

Ein nützlicher Kompromiß wird durch die Arithmetik zweiter Ordnung angestrebt. Die benutzte (elementare) Sprache L_2 enthält neben den Symbolen $S, +, \cdot, 0$, die in der ↗Arithmetik erster Ordnung verwendet wurden, noch die einstelligen Relationszeichen N, M und das zweistellige Relationszeichen $\in$. Das dort formulierte Axiomensystem (i)–(v) wird um die folgenden Axiome (6)–(14) erweitert.

(6) $\forall x(N(x) \vee M(x)) \wedge \neg\exists x(N(x) \wedge M(x))$.

Motiv für die Nutzung dieser Axiome ist die Vorstellung, daß der Individuenbereich A jeweils aus zwei Sorten von Individuen besteht, nämlich aus Elementen (den natürlichen Zahlen) und aus gewissen (nicht notwendig allen) Mengen von Elementen. N sondert aus A die Elemente und M die Mengen aus, und Mengen und Elemente sind disjunkt. Weitere Axiome sind:

(7) $N(0)$ (Null ist eine natürliche Zahl),

(8) $\forall x\big(N(x) \to N(S(x))\big)$ (mit jeder Zahl x ist auch der unmittelbare Nachfolger von x eine natürliche Zahl),

(9) $\forall x \forall y(y \in x \to N(y) \wedge M(x))$ (wenn y, x in der Beziehung $\in$ stehen, dann ist y Element und x Menge von Elementen),

(10) *Induktionsaxiom*
$\forall x\big[M(x) \wedge 0 \in x \wedge \forall z\big(N(z) \wedge z \in x \to S(z) \in x\big) \to \forall z(N(z) \to z \in x)\big]$,
das für jeden Ausdruck $\varphi(z)$ die elementare Fassung
$\varphi(0) \wedge \forall z(N(z) \wedge \varphi(z) \to \varphi(S(z))) \to \forall z(N(z) \to \varphi(z))$
des Induktionsaxioms impliziert.

Da in dieses Axiomensystem mengentheoretische Begriffe einfließen, benötigt man noch gewisse mengentheoretische Axiome.

(11) *Extensionalitätsaxiom*
$\forall x \forall y\big(M(x) \wedge M(y) \wedge \forall z(z \in x \leftrightarrow z \in y) \to x = y\big)$,

(12) *Komprehensionsaxiom* (↗Axiomenschema, für jeden Ausdruck $\varphi(x)$ ein Axiom)
$\exists y\big(M(y) \wedge \forall x(x \in y \leftrightarrow N(x) \wedge \varphi(x))\big)$,
wobei x und y verschiedene Variablen sind und y in $\varphi(x)$ nicht vorkommt.

Die mit $S, +, \cdot$ bezeichneten Funktionen sind zunächst nur für natürliche Zahlen definiert, also nicht in dem gesamten Individuenbereich, was aus formalen Gründen von Bedeutung ist. Daher werden diese Funktionen „künstlich" durch die folgenden Axiome auch auf Mengen von natürlichen Zahlen erweitert.

(13) $\forall x(M(x) \to S(x) = 0)$,

(14) $\forall x \forall y(M(x) \vee M(y) \to x + y = 0 \wedge x \cdot y = 0)$.

(i)–(v) und (6)–(14) ist die axiomatische Grundlage für PA_2.

Ist $A := N \cup \mathcal{P}(N)$ die Vereinigung der Menge der natürlichen Zahlen mit deren Potenzmenge und sind $\in, S, +, \cdot, 0$ der Reihe nach die Elementbeziehung zwischen Zahlen und Mengen von Zahlen, die Nachfolgerfunktion, die Addition, die Multiplikation und das Nullelement von N, dann heißt $\mathcal{A} := \langle A, N, M, \in, S, +, \cdot, 0\rangle$ *Standardmodell* von PA_2. (Die Doppeldeutigkeit von $N, \subset, S, +, \cdot, 0$ als Zeichen in der benutzten Sprache und entsprechender Objekte in der Struktur $\mathcal{A}$ führt i.allg. nicht zu Verwechslungen.)

Ist φ ein Ausdruck aus L_2, dann heißt φ gültig in PA_2, wenn φ im Standardmodell gilt. Ein *Nichtstandardmodell* von PA_2 ist eine Struktur

$$\mathcal{A}^* := \langle A^*, N^*, M^*, \in^*, S^*, +^*, \cdot^*, 0^*\rangle ,$$

die Modell von PA_2 ist, wobei insbesondere $A^* = N^* \cup M^*$. $\mathcal{A}$ ist dann isomorph in $\mathcal{A}^*$ enthalten, und o.B.d.A. ist $N \subseteq N^*$ und $M^* \subseteq \mathcal{P}(N^*)$. Man vergleiche auch ↗Axiomatische Mengenlehre.

arithmetische Folge, Zahlenfolge, bei der aufeinanderfolgende Terme eine konstante Differenz haben.

Eine Folge $a_1, a_2, a_3, \ldots$ ist also algebraisch, wenn es eine Zahl a gibt, so daß $a_{i+1} = a_i + a$ für alle i gilt. Es folgt, daß bei einer arithmetischen Folge jeder Term gleich dem ↗arithmetischen Mittel seiner beiden Nachbarterme ist (↗arithmetische Progression).

arithmetische Funktion, ↗zahlentheoretische Funktion, ein- oder mehrstellige Funktion über den natürlichen Zahlen, die in der ↗Arithmetik erster Ordnung elementar definierbar ist.

arithmetische Hierarchie, auch Kleene-Hierarchie genannt, eine echte Hierarchie

$$\Sigma_0^0 \subset \Sigma_1^0 \subset \Sigma_2^0 \subset \cdots$$

von Mengen, bestehend aus Teilmengen von ${\mathbb{N}_0}^k$. Hierbei sind Σ_0^0 die entscheidbaren Mengen (↗Entscheidbarkeit) und Σ_1^0 die ↗rekursiv aufzählbaren Mengen.

Allgemein liegt eine Menge $A \subseteq {\mathbb{N}_0}^k$ in Σ_k^0, wenn sie sich wie folgt charakterisieren läßt:

$$x \in A \Leftrightarrow \exists y_1 \forall y_2 \ldots Q y_k P(x, y_1, y_2, \ldots, y_k).$$

Hierbei ist $Q = \exists$, falls k ungerade, sonst $Q = \forall$, und P ist ein ↗entscheidbares Prädikat.

Mit

$$\Pi_k^0 = \{A \mid \overline{A} \in \Sigma_k^0\}$$

bezeichnet man die Menge der Komplementmengen der Mengen in Σ_k^0. Diese lassen sich analog charakterisieren, mit dem Unterschied, daß die alternierende Quantorenfolge mit $\forall$ beginnen muß. Es gilt:

$$\Sigma_k^0 \cup \Pi_k^0 \subset \Sigma_{k+1}^0 \cap \Pi_{k+1}^0 .$$

Eine Funktion, deren Graph $\{(n, f(n)) \mid n \in \mathbb{N}_0\}$ in der arithmetischen Hierarchie liegt, bezeichnet man als arithmetisch repräsentierbar.

arithmetische Progression, eine endliche oder unendliche Menge der Form

$$\{x_0 + na : n \in \mathbb{N}, N_- < n < N_+\},$$

wobei $x_0 \in \mathbb{R}$ eine Anfangszahl, $a \in \mathbb{R}$ die Schrittweite und $N_- \in \mathbb{Z} \cup \{-\infty\}$, $N_+ \in \mathbb{Z} \cup \{\infty\}$ ist.

Die arithmetische Progression heißt linksseitig unendlich, wenn $N_- = -\infty$ ist, und sie heißt rechtsseitig unendlich, wenn $N_+ = \infty$.

Eine beidseitig unendliche arithmetische Progression mit $x_0, a \in \mathbb{Z}$ ist die Restklasse x_0 mod a. Sind $N_-, N_+ \in \mathbb{Z}$, so nennt man die arithmetische Progression endlich mit der Länge $\ell = N_+ - N_- - 1$.

arithmetische Reihe, Reihe, die sich ergibt, indem man die Elemente einer endlichen ↗arithmetischen Folge aufaddiert.

arithmetischer Operator, Verknüpfung von Zahlen, in der Rechentechnik auch Einrichtung bzw. Verfahren zur Verknüpfung von Zahlen. Dort muß insbesondere die rechnerinterne Zahlendarstellung ganzer und reeller Zahlen in begrenzten Speicherbereichen berücksichtigt werden.

arithmetischer Vektorraum, natürlicher ↗Vektorraum über einem Körper $\mathbb{K}$.

Der arithmetische Vektorraum über $\mathbb{K}$ ist der Vektorraum $\mathbb{K}^n$ aller n-Tupel von Elementen des Skalarenkörpers $\mathbb{K}$ mit der für alle $\alpha_i, \beta_i, \lambda \in \mathbb{K}$ durch

$$(\alpha_1, \ldots, \alpha_n) + (\beta_1, \ldots, \beta_n) := (\alpha_1 + \beta_1, \ldots, \alpha_n + \beta_n)$$

definierten Vektorraumaddition und der durch

$$\lambda(\alpha_1, \ldots, \alpha_n) := (\lambda\alpha_1, \ldots, \lambda\alpha_n)$$

definierten Skalarmultiplikation.

Im Falle $n = 1$ kann man den Skalarenkörper $\mathbb{K}$ als Vektorraum über sich selbst ansehen.

arithmetisches Geschlecht, Euler-Poincaré-Charakteristik der Kohomologie mit Koeffizienten in der Garbe der Keime der lokal holomorphen Funktionen auf einer kompakten komplexen Mannigfaltigkeit.

Sei V eine kompakte komplexe Mannigfaltigkeit, W ein komplex-analytisches Vektorbündel über V, und sei $\Omega(W)$ die Garbe der Keime der lokal holomorphen Schnitte von W. $H^q(V, W)$ bezeichne die Kohomologiegruppe von V mit Koeffizienten in $\Omega(W)$.

Da V kompakt ist, ist $H^q(V, W)$ ein endlichdimensionaler komplexer Vektorraum über $\mathbb{C}$.

Das triviale Geradenbündel sei bezeichnet mit $\mathbf{1}$, die Garbe $\Omega(\mathbf{1})$ ist dann die Garbe der Keime der lokal holomorphen Funktionen auf V.

$$h^{0,q}(V) := \dim H^q(V, \mathbf{1})$$

ist die „Anzahl" der komplexen harmonischen Formen vom Typ $(0, q)$ auf V. Die Zahl

$$\chi(V) := \sum_{q=0}^{n} (-1)^q h^{0,q}(V)$$

heißt dann arithmetisches Geschlecht von V.

[1] Hirzebruch, F.: Topological Methods in Algebraic Geometry. Springer-Verlag Berlin/Heidelberg/New York, 1978.

arithmetisches Mittel, die zu n reellen Zahlen $x_1, \ldots, x_n$ durch

$$A(x_1, \ldots, x_n) := \frac{1}{n}(x_1 + \cdots + x_n)$$

definierte reelle Zahl. Sie hat die Eigenschaft

$$A(x,y) - x = y - A(x,y)$$

für $x, y \in \mathbb{R}$.

Für $x < y$ ist $x < A(x,y) < y$. Es gilt

$$A(x_1, \ldots, x_n) = M_1(x_1, \ldots, x_n)$$

für positive $x_1, \ldots, x_n$, wobei M_t das ↗Mittel t-ter Ordnung ist. Die ↗Ungleichungen für Mittelwerte stellen u. a. das arithmetische Mittel in Beziehung zu den anderen Mittelwerten.

arithmetisches Prädikat, ein Prädikat P auf den natürlichen Zahlen so, daß sich $P(x_1, \ldots, x_n)$ ausdrücken läßt mit Hilfe einer arithmetischen Formel, also einer Formel, die sich aus Allquantoren, Existenzquantoren und einer Polynomgleichung zusammensetzt.

Jedes arithmetische Prädikat ist in der ↗arithmetischen Hierarchie enthalten und umgekehrt.

arithmetisch-geometrisches Mittel, AGM, *Gaußsches Mittel*, die zu zwei positiven reellen Zahlen x, y durch wiederholte Bildung des arithmetischen und des geometrischen Mittels durch die Iteration

$$x_1 = x \ , \ y_1 = y$$

$$x_{n+1} = \frac{x_n + y_n}{2} \ , \ y_{n+1} = \sqrt{x_n y_n}$$

definierte positive reelle Zahl

$$\text{AGM}(x,y) := \lim_{n\to\infty} x_n = \lim_{n\to\infty} y_n \, .$$

Es ist

$$\text{AGM}(x,x) = x, \ \text{AGM}(x,y) = \text{AGM}(y,x)$$

und

$$\text{AGM}(x,y) = \text{AGM}(x_n, y_n)$$

für $n \in \mathbb{N}$. Ferner gilt

$$\text{AGM}(\alpha x, \alpha y) = \alpha \, \text{AGM}(x,y)$$

für $\alpha > 0$, insbesondere also

$$\text{AGM}(x,y) = x \, \text{AGM}(1, \frac{y}{x}) \, .$$

Für $x > y$ gilt $x_n > \text{AGM}(x,y) > y_n$ für $n \in \mathbb{N}$, (x_n) konvergiert streng antiton und (y_n) streng isoton gegen $\text{AGM}(x,y)$ mit

$$x_{n+1} - y_{n+1} < \frac{1}{2}(x_n - y_n) \, .$$

Das arithmetisch-geometrische Mittel geht auf Joseph Louis Lagrange zurück, von Carl Friedrich Gauß stammt die Bezeichnung AGM. 1799 fand Gauß die Formel

$$L = 2\int_0^1 \frac{dx}{\sqrt{1-x^4}} = \frac{\pi}{\text{AGM}\left(1, \sqrt{2}\right)}$$

für die Länge L einer Lemniskate mit der Fläche 2, weswegen

$$\frac{1}{\text{AGM}\left(1, \sqrt{2}\right)} = 0.8346268\ldots$$

auch Gauß-Konstante oder Lemniskatenkonstante genannt wird. Verwandt damit ist die Formel

$$K(k) = \int_0^{\frac{\pi}{2}} \frac{d\varphi}{\sqrt{1-k^2\sin^2\varphi}} = \frac{\pi}{2\,\text{AGM}\left(1, \sqrt{1-k^2}\right)}$$

für das vollständige elliptische Integral $K(k)$ erster Art, wobei $0 \le k < 1$.

Das AGM hat in jüngerer Zeit in den ↗Iterationsverfahren von Borwein und dem ↗Brent-Salamin-Algorithmus für die schnelle Berechnung von Näherungen zu π neue Anwendungen gefunden.

arithmetisch-harmonisches Mittel, die, analog zum ↗arithmetisch-geometrischen Mittel, zu zwei positiven reellen Zahlen x, y durch wiederholte Bildung des arithmetischen und des harmonischen Mittels durch die Iteration

$$x_1 = x \ , \ y_1 = y$$

$$x_{n+1} = \frac{x_n + y_n}{2} \ , \ y_{n+1} = \frac{2}{\frac{1}{x_n} + \frac{1}{y_n}}$$

definierte positive reelle Zahl

$$\text{AHM}(x,y) := \lim_{n\to\infty} x_n = \lim_{n\to\infty} y_n \, .$$

Es gilt

$$\text{AHM}(x,y) = \sqrt{xy} \, ,$$

d. h. das arithmetisch-harmonische Mittel ist gleich dem geometrischen Mittel.

Arithmetisierung, *Gödelisierung*, *Gödel-Numerierung*, Schema zur Codierung von beliebigen endlichen Objekten (z. B. endliche Folgen von natürlichen Zahlen, Graphen, Automaten, logische Kalküle, Turing-Maschinen, Algorithmen, etc.) in eine einzelne natürliche Zahl, die oft Gödel-Nummer genannt wird.

Hierdurch wird es möglich gemacht, daß Fragestellungen bezüglich dieser codierten Objekte (Ist der Graph zusammenhängend? Ist der logische Kalkül widerspruchsfrei? Hält die Turing-Maschine?) als ↗arithmetische Prädikate formuliert werden können und arithmetischen Formalismen, zum Beispiel der Frage nach der ↗Entscheidbarkeit, zugänglich gemacht werden.

ARMA(*p*,*q*)-Prozeß, ↗autoregressiver Prozeß der gleitenden Mittel.

Arnauld, Antoine, Logiker, Grammatiker, Philosoph und Theologe, geb. 16.2.1612 Paris, gest. 6.8.1694 Brüssel.

Arnauld studierte Theologie an der Sorbonne und lehrte auch dort bis 1656, als er wegen seiner Jansenistischen Ansichten entlassen wurde.

Seine mathematisch-naturwissenschaftlichen Leistungen liegen auf dem Gebiet der Logik und in seiner Theorie über das Licht. Letztere war beeinflußt von Pascal. Darüber hinaus korrespondierte Arnauld mit Descartes und Leibniz.

Arnold, Wladimir Igorewitsch, Mathematiker, geb. 12.6.1937 Odessa, gest. 3.6.2010 Paris.

Arnold beendete 1959 das Studium an der Moskauer Universität, habilitierte sich 1963 und wirkt dort seit 1965 als Professor. Seine Hauptforschungsgebiete sind die Theorie der Differentialgleichungen, die Funktionalanalysis und die Theorie der Funktionen reeller Variabler.

Noch als Student löste er 1957 das dreizehnte Hilbertsche Problem. Gemeinsam mit seinem Lehrer Kolmogorow arbeitete er zur Theorie dynamischer Systeme. Bekannt sind Arnolds Lehrbücher zu mathematischen Methoden in der klassischen Mechanik (1974) und zu gewöhnlichen Differentialgleichungen (1975).

Arnold-Herman-Ring, *Herman-Ring*, ein zweifach zusammenhängendes, periodisches, ↗stabiles Gebiet $V \subset \widehat{\mathbb{C}}$ einer rationalen Funktion f mit der Eigenschaft, daß V durch eine Iterierte f^p von f ↗konform auf sich abgebildet wird (↗Iteration rationaler Funktionen).

Arnoldi-Verfahren, Verfahren zur sukzessiven Transformation einer nichtsymmetrischen Matrix $A \in \mathbb{R}^{n\times n}$ auf obere Hessenberg-Form.

Kombiniert mit einer Methode zur Bestimmung von Eigenwerten und Eigenvektoren oberer Hessenberg-Matrizen ist es ein effizientes Verfahren zur Lösung des Eigenwertproblems für große sparse Matrizen.

Für eine gegebene Matrix $A \in \mathbb{R}^{n\times n}$ und einen gegebenen Vektor q_1 mit $||q_1||_2 = 1$ berechnet das Arnoldi-Verfahren eine orthogonale Matrix $Q \in \mathbb{R}^{n\times n}$, $Q^TQ = I$, deren erste Spalte $Qe_1 = q_1$ ist und die A auf obere ↗Hessenberg-Form transformiert, d. h.

$$Q^TAQ = H_n = \begin{pmatrix} h_{11} & h_{12} & \cdots & \cdots & h_{1n} \\ h_{21} & h_{22} & \cdots & \cdots & h_{2n} \\ 0 & h_{31} & \ddots & & h_{3n} \\ \vdots & \ddots & \ddots & \ddots & \vdots \\ 0 & \cdots & 0 & h_{n,n-1} & h_{nn} \end{pmatrix}.$$

Setzt man $Q = (q_1, q_2, \ldots, q_n)$ mit $q_j \in \mathbb{R}^n$, so berechnet das Arnoldi-Verfahren die Spalten von Q sukzessive aus der Gleichung $AQ = QH_n$

$$Aq_j = \sum_{k=1}^{j+1} h_{kj}q_j.$$

Aus der Orthonormalität der q_i folgt dann

$$h_{kj} = q_k^TAq_j$$

für $k = 1, \ldots, j$ und, wenn

$$r_j = (A - h_{jj}I)q_j - \sum_{k=1}^{j-1} h_{kj}q_j$$

ungleich Null ist, dann

$$q_{j+1} = \frac{r_j}{h_{j+1,j}} \quad \text{mit } h_{j+1,j} = ||r_j||_2 .$$

Zur Berechnung der nächsten Spalte q_{j+1} von Q benötigt man also alle vorher berechneten Spalten $q_1, q_2, \ldots, q_j$. Daher wächst der Speicheraufwand für die Spalten von Q mit j an. Für große Eigenwertprobleme läßt sich daher aus Speicherplatzgründen nicht die vollständige Reduktion von A auf obere Hessenberg-Form berechnen.

Da bei den Berechnungen zudem nur das Produkt von A mit einem Vektor benötigt wird, d. h. A selbst nicht verändert wird, verwendet man das Arnoldi-Verfahren häufig zur näherungsweisen Berechnung einiger Eigenwerte und Eigenvektoren großer sparser Matrizen. Dabei reduziert man A nicht vollständig zu der Hessenberg-Matrix H_n, sondern stoppt bei einem H_j mit $j < n$.

Man berechnet nur die ersten j Spalten $Q_j = (q_1, q_2, \ldots, q_j)$ von Q und erhält

$$AQ_j = Q_jH_j + r_je_j^T.$$

Nun berechnet man die Schur-Zerlegung von H_j (z. B. mit dem QR-Algorithmus)

$$H_j = X_jS_jX_j^{-1}$$

mit einer nichtsingulären Matrix

$$X = (x_1, \ldots, x_j) \in \mathbb{C}^{j\times j},$$

also $x_k \in \mathbb{C}^j$, und einer oberen Dreiecksmatrix $S_j \in \mathbb{C}^{j\times j}$.

Von der Diagonalen

$$\text{diag}\,(S_j) = \text{diag}\,(s_{11}, s_{22}, \ldots, s_{jj})$$

der Matrix S_j können die Eigenwerte $\lambda_1, \ldots, \lambda_j \in \mathbb{R}$ von H_j abgelesen werden:

$$\lambda_k = s_{kk}, \quad k = 1, \ldots, j.$$

Ist $r_j = 0$, dann sind die Eigenwerte λ_k, $k = 1, \ldots, j$, der berechneten j-ten Hauptabschnittsmatrix H_j der Hessenberg-Matrix H_n Eigenwerte von A. Für $r_j \neq 0$ betrachtet man die λ_i als Näherungen an die Eigenwerte von A.

Bei der numerischen Berechnung ist neben dem wachsenden Speicherplatzbedarf für die Spalten von Q_j auch der Verlust der Orthogonalität der Spalten von Q_j ein großes Problem. Es ist erforderlich, die theoretisch gegebene Orthonormalität der Vektoren q_i explizit zu erzwingen. Das erhöht die benötigte Rechenzeit erheblich.

Daher existieren zahlreiche Vorschläge in der Literatur, wie mit diesen Problemen umgegangen werden sollte.

Besonders erfolgreich sind Ansätze, das Arnoldi-Verfahren nach m Schritten neuzustarten. Dazu iteriert man

```
wähle Startvektor q1
führe m Schritte des Arnoldi-Verfahrens durch
solange rm ≠ 0 wiederhole
   bestimme neuen Startvektor q1
   führe m Schritte des Arnoldi-Verfahrens durch
ende wiederhole
```

Wählt man den neuen Startvektor geschickt, so wird r_m nach jedem neuen Start des Arnoldi-Verfahrens kleiner und konvergiert rasch gegen Null.

Für symmetrische Matrizen A entspricht das Arnoldi-Verfahren dem Lanczos-Verfahren.

Das Arnoldi-Verfahren kann auch interpretiert werden als Berechnung einer orthogonalen Basis $\{q_1, q_2, \ldots, q_n\}$ für den Krylow-Raum

$$\{q_1, Aq_1, A^2q_1, \ldots, A^{n-1}q_1\},$$

bzw. als Berechnung einer QR-Zerlegung der Krylow-Matrix

$$\begin{aligned} K(A, q_1, n) &= (q_1, Aq_1, A^2q_1, \ldots, A^{n-1}q_1) \\ &= (q_1, q_2, \ldots, q_n)R = QR. \end{aligned}$$

Diese Eigenschaft nutzt das GMRES-Verfahren, um ein lineares Gleichungssystem $Ax = b$ zu lösen.

Arnold-Katze, Kurzbezeichnung für einen hyperbolischen Torus-Automorphismus, wichtiges Beispiel eines diskreten topologischen dynamischen Systems.

Auf dem Torus $\mathbb{T}^2 := S^1 \times S^1$ betrachten wir die durch die Matrix $A := \begin{pmatrix} 2 & 1 \\ 1 & 1 \end{pmatrix}$ definierte lineare Abbildung $x \mapsto \hat{A}x := Ax(\bmod 1)$.

Stattet man $\mathbb{T}^2$ mit der Produkttopologie von S^1 aus, so induziert $\hat{A}$ ein diskretes topologisches dynamisches System mit der Gruppe $\mathbb{Z}$ bzw. der Halbgruppe $\mathbb{N}_0$.

Die Wirkung dieses Automorphismus kann man sich als eine Streckung in der Ebene vorstellen, bei der nach Anwendung von A in $\mathbb{R}^2$ durch Ausschneiden und Übereinanderlegen die Wirkung auf dem Torus $\mathbb{T}^2$ entsteht.

Der hyperbolische Torus-Automorphismus ist flächentreu, und für ihn bilden genau die Punkte von $\mathbb{T}^2$ mit rationalen Koordinaten die Punkte endlicher periodischer Orbits.

Arnolds Vermutung, lautet:

Jeder Hamiltonsche Diffeomorphismus einer kompakten ↗symplektischen Mannigfaltigkeit besitzt mindestens soviele Fixpunkte, wie eine geeignete reellwertige C^∞-Funktion auf M kritische Punkte hat.

Diese Vermutung wurde vor allem durch Poincarés geometrischen Satz motiviert. Ein Beweis der Arnold-Vermutung in voller Allgemeinheit ist im Moment (Ende 1999) angekündigt. Für Spezialfälle wie den $2n$-Torus ist sie bereits bewiesen.

AR(p)-Prozeß, ↗ autoregressiver Prozeß.

array, Speicherbereich zur Abspeicherung von Daten gleichen Typs.

In vielen Programmiersprachen besteht die Möglichkeit, Datentypen zu definieren, die das Abspeichern mehrerer Größen des gleichen Typs in einer Variablen erlauben. Soll zum Beispiel ein Vektor aus reellen Zahlen oder eine Matrix aus ganzen Zahlen verarbeitet werden, so verwendet man dazu einen array. Darunter versteht man eine Datenstruktur, in der in festgelegter Reihenfolge eine festgelegte Anzahl von Elementen gleichen Typs abgelegt werden kann, wie beispielsweise ein reeller Vektor mit sieben Komponenten oder eine ganzzahlige (5×3)-Matrix.

In der Programmiersprache C beschreibt man einen array beispielsweise mit der Anweisung

```
float werte[7]
```

und definiert damit einen Vektor namens werte, der sieben reelle Zahlen aufnehmen kann. Entsprechend wird durch die Definition

```
int matrix[3][5]
```

eine ganzzahlige (3×5)-Matrix definiert.

ART-Architektur, ↗ adaptive-resonance-theory.

Artikulation, ↗ zusammenhängender Graph.

Artin, Emil, Mathematiker, geb. 3.3.1898 Wien, gest. 20.12.1962 Hamburg.

Artin wuchs als Sohn eines Kunsthändlers und einer Opernsängerin in Reichenberg (Liberec) auf. Nach dem Studium in Wien (1916) und Leipzig (ab 1919) promovierte er 1921 bei Herglotz in Leipzig mit einer Arbeit zur Zahlentheorie. Er setzte dann seine Studien in Göttingen fort und ging nach einem Jahr nach Hamburg, wo er sich 1923 habilitierte, 1925 Extraordinarius und 1926 ordentlicher Professor wurde. In Hamburg leitete er bis zu seiner Emigration in die USA 1937 zusammen mit Hecke und Blaschke das Mathematische Seminar und hatte wesentlichen Anteil an der Entwicklung dieses neuen mathematischen Zentrums in Deutschland. In den USA wirkte er an der Universität von Notre Dame (Indiana), 1938–1946 an der Indiana Universität in Bloomington und ab 1946 am Institute of Advanced Study in Princeton. 1958 nahm er einen Ruf an die Hamburger Universität an.

Artins Hauptforschungsgebiete waren Zahlentheorie und Algebra. In seiner Dissertation wandte er die arithmetische und analytische Theorie der quadratischen Zahlkörper über dem Körper der rationalen Zahlen an, um die quadratischen Erweiterungen des Körpers der rationalen Funktionen einer Veränderlichen über einem endlichen Koeffizientenkörper zu untersuchen. Für die ζ-Funktion dieser Körper formulierte er Hypothesen, die zur Riemannschen Vermutung analog sind, und bewies einige Spezialfälle. Den allgemeinen Beweis für Artins Vermutung gab Weil 1948.

In der Habilitationsschrift begann Artin mit dem Studium von Verallgemeinerungen der klassischen L-Reihen, die ihn nun Zeit seines Lebens beschäftigten. Diese Funktionen spielen in der Zahlentheorie, insbes. der Klassenkörpertheorie, eine wichtige Rolle. Auf dieser Basis schuf Artin u. a. 1927 eine neue kanonische Formulierung der Klassenkörpertheorie und leitete ein allgemeines Reziprozitätsgesetz ab, das alle vorher bekannten Reziprozitätsgesetze umfaßte.

Zusammen mit E. Noether hatte Artin großen Anteil an der Herausbildung der modernen abstrakten Algebra und deren Axiomatisierung. Gemeinsam mit Schreier formulierte er die abstrakte Theorie der geordneten Körper und löste 1927 mit Hilfe dieser Theorie formal-reeller Körper das 17. Hilbertsche Problem über die Darstellbarkeit der überall nichtnegativen rationalen Funktionen mit reellen Koeffizienten als Quotient von Polynomen positiv. Weitere wichtige Resultate erzielte er bei der Verallgemeinerung der Wedderburnschen Sätze zur Struktur hyperkomplexer Systeme (Algebren), zur Linearisierung der Galois-Theorie sowie zur Knotentheorie in dreidimensionalen Mannigfaltigkeiten.

Artin-Modul, ein Modul M über einem Ring R, für den jede strikt absteigende Kette von Untermoduln

$$M = M_0 \supsetneq M_1 \supsetneq M_2 \supsetneq \cdots$$

nach endlich vielen Termen endet.

Ein Artin-Modul heißt von endlicher Länge, falls es eine obere Schranke für die Längen solcher Ketten gibt.

Artin-Ring, ↗Artinscher Ring

Artinsche Approximation, Approximationsmethode für Potenzreihen, die auf den folgenden von Michael Artin im Jahre 1968 bewiesenen Satz zurückgeht:

Seien $f_1, \dots, f_m \in \mathbb{C}\{x, y\}$ konvergente ↗Potenzreihen, $x = (x_1, \dots, x_n)$, $y = (y_1, \dots, y_N)$, und $\bar{y} \in \mathbb{C}[[x]]^N$ ein Vektor von formalen Potenzreihen, so daß

$$f_i\big(x, \bar{y}(x)\big) = 0$$

für $i = 1, \dots, m$. Sei weiterhin c eine natürliche Zahl.

Dann existiert ein Vektor $y_c \in \mathbb{C}\{X\}^N$ von konvergenten Potenzreihen, so daß $f_i(y_c) = 0$ für $i = 1, \dots, m$ und $\bar{y} \equiv y_c$ modulo $(X)^c$.

Dorin Popescu hat diesen Satz wie folgt verallgemeinert:

Sei A ein kommutativer Noetherscher Ring mit Eins, der exzellent (↗exzellenter Ring) und bezüglich des Ideals $\mathfrak{a}$ ein Henselscher Ring ist.

Seien $f_1, \dots, f_m \in A[y]$ und $\bar{y} \in \hat{A}_{\mathfrak{a}}^N$ ein Vektor aus der $\mathfrak{a}$-adischen Komplettierung mit $f_i(\bar{y}) = 0$ für $i = 1, \dots, m$. Sei weiterhin c eine natürliche Zahl.

Dann existiert ein Vektor $y_c \in A^N$ mit

$$\bar{y} \equiv y_c \mod \mathfrak{a}^c$$

und $f_i(y_c) = 0$ für $i = 1, \dots, m$.

Artinsche Vermutung, zahlentheoretische Vermutung über Primitivwurzeln modulo einer Primzahl. Sie lautet:

Zu jeder ganzen Zahl $a \neq 0$ und $\neq -1$, die nicht das Quadrat einer ganzen Zahl ist, gibt es unendlich viele Primzahlen p derart, daß a Primitivwurzel mod$p$ *ist.*

Diese Vermutung findet sich in einer Arbeit von Emil Artin aus dem Jahr 1927. Heath-Brown publizierte 1986 folgende Resultate über die Menge S derjenigen ganzen Zahlen, die $\neq 0$, $\neq -1$ und keine Quadratzahlen sind, aber dennoch die Behauptung der Artinschen Vermutung nicht erfüllen:

1. S enthält höchstens zwei Primzahlen,
2. S enthält höchstens drei quadratfreie Zahlen,
3. $\#\{n \in S : |n| \leq x\} \leq c(\log x)^2$ für eine reelle Konstante $c > 0$.

Artinscher Ring, *Artin-Ring*, Ring, bei dem alle strikt absteigenden Idealketten

$$I_1 \supseteq I_2 \supseteq \cdots \supseteq I_k \supseteq \ldots$$

stationär werden, d. h. es existiert ein $n > 0$, so daß $I_k = I_n$ für alle $k \geq n$ gilt.

Ist K ein Körper, dann sind K-Algebren, die als K-Vektorraum aufgefaßt endlich-dimensional sind, Artinsche Ringe. Ein Artinscher Ring heißt von endlicher Länge, falls es eine obere Schranke für die Längen solcher Idealketten gibt.

Es gibt den folgenden Struktursatz: Jeder Artinsche Ring ist direktes Produkt von lokalen Artinschen Ringen.

In Zusammenhang mit dem Begriff des ↗Artin-Moduls kann man auch folgende Definition geben: Ein Artinscher Ring ist ein kommutativer Ring R, der als R-Modul ein ↗Artin-Modul ist.

Āryabhaṭa I, indischer Astronom und Mathematiker, geb. 21.3.476 bei Patna (Indien), gest. 550 Indien.

499 veröffentlichte Āryabhaṭa die „Āryabhaṭīya", die den Stand der damaligen hinduistischen Mathematik in Versform zusammenfaßt. Sie umfaßt Astronomie, Arithmetik, Algebra und sowohl sphärische wie planare Trigonometrie. Es finden sich dort neben Formeln für den Flächeninhalt von Dreiecken und Kreisen auch Kettenbrüche, quadratische Gleichungen, Summen von Potenzreihen, Sinustafeln und eine Approximation von π.

Ein weiteres Werk von Āryabhaṭa stellt in Form von 121 Stanzen seine Resultate auf dem Gebiet der Astronomie dar. Es behandelt u. a. Erkenntnisse über die Eigenrotation der Erde, über die ellipsenförmigen Planetenorbits, die Dauer eines Jahres und die Ursachen von Sonnen- und Mondfinsternissen.

Āryabhaṭa II, indischer Astronom und Mathematiker, lebte um 950 in Indien.

Āryabhaṭa gilt als Autor des „Mahāsiddhānta", eines umfassenden astronomischen Werkes, das auch spezielle mathematische Abschnitte enthält.

Er stellte, Āryabhaṭa I und Brahmagupta folgend, fest, daß es drei mathematische Disziplinen gäbe: Arithmetik, Lösen unbestimmter linearer und quadratischer Gleichungen und Algebra. Er befaßte sich ausgiebig mit dem Rechnen mit der Null, mit der sogenannten Neunerprobe für das Multiplizieren, Dividieren und das Quadrat- und Kubikwurzelziehen sowie trigonometrischen Betrachtungen. Er berechnete als erster indischer Mathematiker die Kugeloberfläche als Produkt des Flächeninhalts eines Großkreises und des Durchmessers der Kugel.

Arzelà, Cesare, italienischer Mathematiker, geb. 6.3.1847 St. Stefano di Magra (Italien), gest. 15.3.1912 St. Stefano di Magra.

Arzelà wandte sich als Schüler Bettis und Dinis in Pisa nach 1871 der Funktionentheorie zu. 1880 erhielt er in Bologna eine Professur für Analysis. 1884 erkannte er eine hinreichende und notwendige Bedingung für die Stetigkeit der Grenzfunktion einer Folge stetiger Funktionen, die streckenweise gleichmäßige Konvergenz, die 1905 von Borel quasigleichmäßige Konvergenz genannt wurde.

Arzelàs Grenzwertsatz von 1885 über die Austauschbarkeit von Integrations- und Grenzprozeß für gleichmäßig beschränkte Folgen Riemann-integrierbarer Funktionen wurde später durch den Satz von Lebesgue über majorisierende Konvergenz verallgemeinert.

1889 verallgemeinerte Arzelá den Satz von Arzelá-Ascoli über die relative Kompaktheit gleichgradig stetiger und gleichmäßig beschränkter Funktionenmengen auf Kurvenmengen. Bedeutsam war dabei die systematische Untersuchung stetiger Volterrascher Linienfunktionen auf diesen Kurvenmengen, die einen wichtigen Anknüpfungspunkt für Frèchet darstellte und damit wesentlich zur Herausbildung der Funktionalanalysis beitrug.

Arzelà-Ascoli, Satz von, eine Aussage über Kompaktheit einer gleichgradig stetigen Familie von Abbildungen.

In einer einfachen Version lautet er:

Vorausgesetzt sei, daß I ein kompaktes Intervall, $C^0(I) \supset \mathcal{F}$ abgeschlossen, $\mathcal{F}$ gleichgradig stetig und $\{f(x) : f \in \mathcal{F}\}$ beschränkt für alle $x \in i$ ist. Dann ist $\mathcal{F}$ kompakt.

Hierbei bezeichnet $C^0(I)$ den Raum der auf I stetigen reellwertigen (oder komplexwertigen) Funktionen.

Verallgemeinerungen des notierten Satzes betrachten z. B. statt I einen kompakten ↗metrischen Raum $\mathcal{K}$ und dazu Funktionen mit Werten in einem vollständigen metrischen Raum $\mathcal{R}$. Mit dem Raum $C^0(\mathcal{K}, \mathcal{R})$ der stetigen Funktionen auf $\mathcal{K}$ mit Werten in $\mathcal{R}$ gilt dann:

Die Kompaktheit einer Menge von Funktionen $\mathcal{F} \subset C^0(\mathcal{K}, \mathcal{R})$ ist äquivalent zu:

$\mathcal{F}$ ist abgeschlossen und gleichgradig stetig, und für alle $x \in \mathcal{K}$ ist

$$\overline{\{f(x) : f \in \mathcal{F}\}}$$

kompakt.

Der Satz von Arzelà-Ascoli hat für Funktionenmengen eine ähnlich zentrale Stellung wie der Satz von Bolzano-Weierstraß für Mengen von Zahlen. Er hat große Bedeutung in der gesamten Analysis, z. B. in der Theorie der gewöhnlichen Differentialgleichungen.

ASCII, (engl. Abk. für American Standard Code for Information Interchange), Standardcode für die Repräsentation von Buchstaben, Ziffern und Sonderzeichen.

Ein Zeichen wird durch 7 Bit (also Zahlen zwischen 0 und 127) dargestellt. Das zu einem ↗Byte fehlende achte Bit wird auf 0 gesetzt oder findet Verwendung als Prüfbit.

In neuerer Zeit benutzt man das achte Bit aber auch zur Erweiterung des ASCII zu einem 8-Bit-Code, wo dann z. B. auch die im ASCII fehlenden Umlaute europäischer Sprachen repräsentiert sind.

Ascoli, Giulio, italienischer Mathematiker, geb. 20.11.1843 Triest, gest. 12.7.1896 Mailand.

Ascoli wirkte ab 1874 in Mailand. Im Zusammenhang mit seinen Arbeiten zum Dirichletschen Prinzip der Variationsrechnung führte er 1884 die gleichgradige Stetigkeit ein und bewies den Satz über die relative Kompaktheit von Mengen gleichgradig stetiger und gleichmäßig beschränkter Funktionen. Dabei übertrug er die Begriffe der ersten Ableitung und des Grenzelementes aus der Cantorschen Punktmengenlehre auf Kurvenmengen. Seine Resultate wurden durch die Weiterentwicklung durch Arzelà eine Grundlage für Fréchets Theorie der metrischen Räume und ihrer Funktionale.

Asplund-Raum, ein Banachraum X mit der Eigenschaft, daß jede auf einer offenen Menge $O \subset X$ definierte konvexe Funktion auf einer dichten G_δ-Teilmenge von O Fréchet-differenzierbar ist, also eine Fréchet-Ableitung besitzt.

Beispiele für Asplund-Räume sind der Folgenraum c_0 und alle reflexiven Räume.

Ein Banachraum X ist genau dann ein Asplund-Raum, wenn jeder separable Teilraum von X einen separablen Dualraum besitzt, d. h., wenn X' die ↗Radon-Nikodym-Eigenschaft hat.

Assignment-Relaxation, die Relaxation des Traveling-Salesman-Problems, bei der die Menge der Orte nicht notwendigerweise durch eine Rundreise, sondern durch eine beliebige Anzahl von disjunkten Rundreisen zwischen jeweils mindestens zwei Orten überdeckt werden soll.

Dieses neue Problem läßt sich in polynomieller Zeit lösen. Die Kosten einer optimalen Lösung der Assignment-Relaxation des TSP bilden eine untere Schranke für die Kosten einer optimalen Rundreise. Damit kann die Assignment-Relaxation für das Modul der Berechnung einer unteren Schranke in Branch-and-Bound Algorithmen für das TSP benutzt werden.

Assoziation, *Assoziiertheit*, Grad der stochastischen Abhängigkeit bzw. Unabhängigkeit zwischen zwei Variablen, von denen mindestens eine nominalskaliert ist.

Die Assoziation wird durch ↗Assoziationsmaße beschrieben, die im Intervall [0, 1] liegen.

Assoziationsmaße sind auch für ordinalskalierte Variablen entwickelt worden.

Assoziationsmaß, Maß zur Beschreibung des Zusammenhangs zwischen zwei Variablen, von denen mindestens eine nominalskaliert ist.

Da im Falle nominalskalierter Variablen die betreffenden Codierungen keiner Ordnungsrelation folgen, sind Korrelationskoeffizienten als Maß ungeeignet. Assoziationsmaße geben den Grad der Abhängigkeit bzw. Unabhängigkeit zwischen den Variablen im allg. durch einem Wert im Intervall [0, 1] an. Ein Wert um 0 bedeutet dabei völlige Unabhängigkeit, ein Wert um 1 größte Abhängigkeit. Assoziationsmaße sind auch für ↗ordinalskalierte Variablen entwickelt worden.

Assoziationsmaße dienen zur Auswertung von ↗Kontingenztafeln. Seien (X, Y) ein Paar diskreter Merkmale mit dem Wertebereich $\mathcal{X} = \{a_1, \dots, a_k\}$ bzw. $\mathcal{Y} = \{b_1, \dots, b_m\}$ und (x_i, y_i), $i = 1, \dots, N$ eine Stichprobe von (X, Y).

Typische Maße zur Bewertung der Assoziation von X und Y basieren auf dem χ^2-Abstand zur Messung der Unabhängigkeit:

$$\chi^2 = \sum_{j=1}^{m} \sum_{i=1}^{k} \frac{(H_{ij}^B - H_{ij}^E)^2}{H_{ij}^E},$$

wobei H_{ij}^B die beobachtete und H_{ij}^E die bei Unabhängigkeit von X und Y erwartete Anzahl von Beobachtungspaaren (x_l, y_l) mit $x_l = a_i$ und $y_l = b_j$ ist. H_{ij}^E wird aus den Randhäufigkeiten der Kontingenztafel berechnet. Typische Maße sind:

1. Der Kontingenzkoeffizient:

$$c = \sqrt{\frac{\chi^2}{\chi^2 + N}}.$$

Offensichtlich ist $c < 1$. Der maximale Wert von c ist von k und m, d.h, der Zeilen- und Spaltenzahl der Kontingenztafel abhängig. Für eine 3×2-Tafel gilt beispielsweise $c \leq 0,762$.

Um Kontingenzkoeffizienten zwischen verschiedenen Kontingenztafeln mit unterschiedlichen Feldzahlen vergleichen zu können, wird der korrigierte Kontingenzkoeffizient

$$c_{korr} = \sqrt{\frac{q}{q-1}} \cdot \sqrt{\frac{\chi^2}{\chi^2 + N}}$$

mit $q = \min\{k, m\}$ verwendet, dessen Maximalwert ≈ 1 ist.

2.Cramers V-Koeffizient

$$V = \sqrt{\frac{\chi^2}{N(q-1)}}.$$

V liegt im Bereich zwischen Null und Eins, wobei V den Wert Eins erreichen kann. Für den Spezialfall $k = m = 2$ bezeichnet man V auch als Phi-Koeffizient φ.

Andere Assoziationsmaße werden nach dem Konzept der sogenannten proportionalen Fehlerreduktion berechnet.

Assoziationsmaße werden auch für ordinalskalierte Variablen definiert. Alle diese Maße bauen auf der Anzahl der Fehlordnungen (Inversionen I) und richtigen Ordnungen (Proversionen P) auf, die sich ergeben, wenn man die Werte einer der beiden Variablen in aufsteigender Reihenfolge niederschreibt und die Werte der anderen Variablen entsprechend zuordnet. Diese Maße können Werte zwischen -1 und 1 annehmen. Ein typischer Vertreter ist „Kendalls Tau".

Bei der Auswertung der Assoziationsmaße wendet man durchaus Faustregeln an, so z. B. die Regel, daß ein Wert < 0.2 auf Unabhängigkeit schließen läßt. Bei Werten ≥ 0.5 ist zu beachten, daß der Wert 1 nicht oder nur schwer erreicht wird. Im allgemeinen sollte man stets einen statistischen Test zum Prüfen der Unabhängigkeit von X und Y durchführen (↗ χ^2-Unabhängigkeitstest).

Beispiel. Es soll untersucht werden, ob es einen Zusammenhang zwischen dem Ausüben einer Parteifunktion und dem Beruf gibt. Dazu wurde eine Stichprobe an $N = 64$ Personen erhoben, die folgende Kontingenztafel ergibt:

			Beruf			
			Ang.	Beamter	Selbst.	Ges.
Partei-funktion	ja	H_{ij}^B	13	16	7	36
		H_{ij}^E	12,4	10,1	13,5	36,0
Partei-funktion	nein	H_{ij}^B	9	2	17	28
		H_{ij}^E	9,6	7,9	10,5	28,0
Gesamt		H_{ij}^B	22	18	24	64
		H_{ij}^E	22,0	18,0	24,0	64,0

Es ergibt sich ein höchst signifikantes Ergebnis; die Parteifunktionen sind bei den Beamten über- und bei den Selbständigen unterrepräsentiert. Die folgende Tabelle zeigt die Werte einiger Kontingenzkoeffizienten:

	Wert
C	0,436
C_{korr}	0,617
Cramer-V	0,484

Die Werte liegen bei allen Koeffizienten deutlich von der 0 entfernt (> 0.2). Das bedeutet, daß man nicht darauf schließen kann, daß die Ausübung einer Parteifunktion vom Beruf unabhängig ist.

Der χ^2-Unabhängigkeitstest bestätigt das Ergebnis.

Assoziationsschema, ein Paar $(X, \mathcal{R})$, wobei gilt:

- $\mathcal{R} = \{R_0, R_1, \ldots, R_d\}$ ist eine Partition von $X \times X$.
- $R_0 = \{(x, x) \mid x \in X\}$.
- $(x, y) \in R_i \Rightarrow (y, x) \in R_i$.
- Es gibt natürliche Zahlen p_{ij}^k, so daß für jedes Paar $(x, y) \in R_k$ gilt: Die Anzahl der $z \in X$ mit $(x, z) \in R_i$ und $(z, y) \in R_j$ ist gleich p_{ij}^k.

Man spricht auch von einem Assoziationsschema mit d Klassen.

Die R_i sind binäre Relationen auf X, so daß je zwei Elemente von X in genau einer Relation zueinander stehen.

Ist $d = 2$, so ist das Assoziationsschema vollständig durch die Menge R_1 bestimmt. Faßt man R_1 als Kantenmenge eines Graphen auf x auf, so erhält man einen stark regulären Graphen.

Die durch die Relationen R_i definierten Adjazenzmatrizen A_i, definiert durch

$$(A_i)_{xy} = \begin{cases} 1 & \text{falls } (x, y) \in R_i \\ 0 & \text{sonst} \end{cases}$$

spannen eine $(d + 1)$-dimensionale kommutative Algebra symmetrischer Matrizen auf, die sog. Bose-Mesner-Algebra.

Ein Beispiel eines Assoziationsschemas: Sei X die Menge der k-dimensionalen Unterräume eines projektiven Raumes, und sei R_i die Menge der Paare von Unterräumen, die sich in einem Unterraum der Dimension $k - i$ schneiden. Dann ist $(X, \mathcal{R})$ ein Assoziationsschema.

assoziative Algebra, ↗ Algebra über R.

assoziativer Speicher, ein Speicherkonzept, bei dem über (Teil-)Informationen und nicht über Speicheradressen auf den Speicherinhalt zugegriffen wird.

Im klassischen informationstheoretischen Sinne versteht man unter einem Speicher ein Medium für in der Regel binäre Information mit der Option, über sogenannte Adressen auf Teilinformationen zugreifen zu können. Man spricht in diesem Zusammenhang dann auch von Adreßspeichern.

Der Vorteil dieses Standardkonzepts ist, daß man bei Kenntnis der jeweiligen Adresse exakt auf eine abgespeicherte Information zugreifen kann.

Der entscheidende Nachteil dieses adreßorientierten Speicherkonzepts ist, daß ein minimaler Fehler in der Adresse i.allg. zu einer völlig falschen Information führt. Dies ist darauf zurückzuführen, daß es keine innere Kopplung in dem Sinne gibt, daß benachbarte Adressen auch ähnliche oder sogar gleiche Informationen beinhalten.

Genau an dieser Stelle setzt die Idee des inhaltsadressierten oder assoziativen Speichers an: Ähnliche Adressen sollen zu gleicher oder mindestens ähnlicher Information führen, mehr noch, die strenge Trennung zwischen Adresse und Information (Speicherinhalt) wird aufgehoben.

Konkrete Realisierungen derartiger Speicherkonzepte sind zum Beispiel der ↗bidirektionale assoziative Speicher oder das ↗Hopfield-Netz.

Assoziativgesetz, Eigenschaft einer Mengenverknüpfung.

Sei M eine Menge auf der eine Verknüpfung $\circ : M \times M \to M$, $(a,b) \mapsto a \circ b$ definiert ist. Die Verknüpfung erfüllt das Assoziativgesetz, falls für alle $a, b, c \in M$ gilt:

$$(a \circ b) \circ c = a \circ (b \circ c).$$

Die Verknüpfung heißt dann auch assoziative Verknüpfung.

Das Assoziativgesetz benutzt man im Alltag meist bei den Grundrechenarten Addition und Multiplikation in $\mathbb{R}$.

Assoziativität, Eigenschaft einer Verknüpfung auf einer Menge.

Assoziativität liegt vor, wenn die Verknüpfung das ↗Assoziativgesetz erfüllt.

Assoziator, ein aus drei gegebenen Elementen einer Algebra gebildetes neues Element der folgenden Art.

Sei A eine Algebra über einem Ring R. Der Assoziator der Elemente $a, b, c \in A$ ist das Algebrenelement

$$(a \cdot b) \cdot c - a \cdot (b \cdot c).$$

Die Algebra A ist genau dann assoziativ, falls alle Assoziatoren verschwinden.

assoziierte Minimalflächen, in folgender Weise zusammenhängende ↗Minimalflächen:

Da sich jede Minimalfläche $\mathcal{F} \subset \mathbb{R}^3$ in konformer Parameterdarstellung als Realteil einer komplexen isotropen Kurve $\alpha(z)$ in $\mathbb{C}^3$ darstellen läßt, gewinnt man eine zu $\mathcal{F}$ assoziierte Fläche $\mathcal{F}^*$ als Imaginärteil derselben Kurve $\alpha(z)$. Eine Parameterdarstellung von $\mathcal{F}^*$ ist durch

$$\Phi^*(u,v) = \operatorname{Im}(\alpha(u+iv))$$

gegeben.

$\mathcal{F}^*$ heißt die zu $\mathcal{F}$ assoziierte Minimalfläche. Da isotrope Kurven $\alpha(z)$, $(z = u+iv \in \mathbb{C})$, des Raumes $\mathbb{C}^3$ bei der skalaren Multiplikation mit komplexen Zahlen wieder in isotrope Kurven übergehen, erhält man eine ganze assoziierte Familie $\mathcal{F}_t$ von Minimalflächen in parametrischer Darstellung als Realteile

$$\Phi_t(u,v) = \operatorname{Re}\left(e^{2it\pi}\alpha(u+iv)\right).$$

Dann ist $\mathcal{F}^* = \mathcal{F}_{3\pi/2}$ und $\mathcal{F} = \mathcal{F}_0$.

Je zwei Elemente der Schar $\mathcal{F}_t$ sind ↗aufeinander abwickelbare Flächen.

assoziierter graduierter Ring, zu einer Filtrierung eines Ringes gehöriger Ring der folgenden Art:

Sei R ein kommutativer Ring und $R = R_0 \supset R_1 \supset \ldots$ eine Filtrierung von R, so daß für $x \in R_i, y \in R_j$ stets $xy \in R_{i+j}$ ist. Eine solche Filtrierung erhält man z. B. durch $R_i = I^i$ für ein Ideal $I \subseteq R$.

Der zu dieser Filtrierung gehörige assoziierte graduierte Ring ist nun

$$\bigoplus_{i=0}^{\infty} R_i/R_{i+1}.$$

assoziierter Zeitwechsel, Begriff aus der Martingaltheorie.

Ist $(\Omega, \mathfrak{A}, P)$ ein Wahrscheinlichkeitsraum und das stetige lokale Martingal $(X_t)_{t\geq 0}$ der Filtration $(\mathfrak{A}_t)_{t\geq 0}$ in $\mathfrak{A}$ adaptiert, so heißt der für jedes $s \in \mathbb{R}_0^+$ durch

$$T_s := \inf\{t \geq 0 : [X]_t > s\}$$

definierte Zeitwechsel $(T_s)_{s\geq 0}$ der $(X_t)_{t\geq 0}$ assoziierte Zeitwechsel. Dabei bezeichnet $([X]_t)_{t\geq 0}$ die quadratische Variation von $(X_t)_{t\geq 0}$.

assoziiertes Primideal, Primideal mit folgender Zusatzeigenschaft:

Sei I Ideal in einem kommutativen Ring. Primideale der Form $I : (b)$, $b \in R$, d. h. ↗Idealquotienten von I durch Ringelemente, heißen zu I assoziierte Primideale.

Die Menge der zu I assoziierten Primideale nennt man oft Ass(I).

Assoziiertheit, ↗Assoziation.

***a*-Stelle**, eine Stelle $z_0 \in D$ mit $f(z_0) = a$, wobei $f: D \to \mathbb{C}$ eine ↗holomorphe Funktion und $D \subset \mathbb{C}$ eine offene Menge ist.

Ist f in einer Umgebung von z_0 nicht konstant, so ist die Vielfachheit $\nu(f, z_0) \in \mathbb{N}$ der a-Stelle z_0 von f definiert als die ↗Nullstellenordnung $o(g, z_0)$ der Nullstelle z_0 der Funktion $g := f - a$. Statt Vielfachheit sagt man auch Multiplizität. Folgende Aussagen sind äquivalent:

(a) Der Wert a wird von f an der Stelle z_0 mit der Vielfachheit $n \in \mathbb{N}$ angenommen.

(b) Es gibt eine in D holomorphe Funktion h mit $h(z_0) \neq 0$ und $f(z) = a + (z - z_0)^n h(z)$ für alle $z \in D$.

(c) Es gilt $f(z_0) = a$, $f^{(k)}(z_0) = 0$ für $k = 1, \ldots, n-1$ und $f^{(n)}(z_0) \neq 0$.

Insbesondere gilt $\nu(f, z_0) = 1$ genau dann, wenn $f'(z_0) \neq 0$.

Schließlich gilt folgender Satz:

Es sei $G \subset \mathbb{C}$ ein ↗Gebiet und f eine in G holomorphe Funktion, die nicht konstant ist. Dann ist für jedes $a \in \mathbb{C}$ die Menge

$$f^{-1}(a) := \{z \in G : f(z) = a\}$$

der a-Stellen von f diskret und abgeschlossen in G (eventuell leer), d. h. $f^{-1}(a)$ besitzt keinen Häufungspunkt in G. Insbesondere ist für jede kompakte Menge $K \subset G$ die Menge $f^{-1}(a) \cap K$ endlich, und $f^{-1}(a)$ ist eine höchstens abzählbare Menge.

Die Menge $f^{-1}(a)$ kann allerdings eine unendliche Menge sein und Häufungspunkte auf ∂G besitzen.

Astroide, manchmal auch Sternkurve genannt, Kurve mit der Parametergleichung $x = a\,\cos^3(\tau)$, $y = a\,\sin^3(\tau)$,

Aus der Parametergleichung ergibt sich die implizite Kurvengleichung $x^{2/3} + y^{2/3} = a^{2/3}$. Die Astroide ist die ↗Einhüllende der ↗Geradenschar, die ein Stab fester Länge a beschreibt, dessen Enden sich in $\mathbb{R}^2$ auf der x- bzw. y-Achse bewegen.

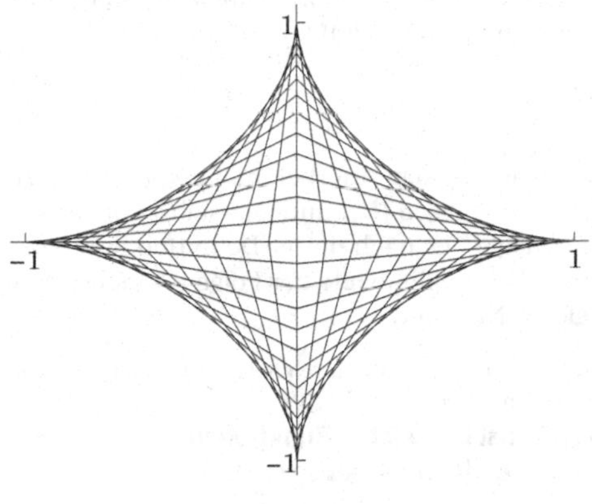

Astroide als Einhüllende einer Geradenschar

Für die Krümmungsfunktion κ der Astroide erhält man aus der Parametergleichung den Ausdruck $\kappa(t) = -2\,\sin(2\,t)/2\,a$, die Bogenlänge ist im Bereich $0 \le t \le \pi/2$ durch

$$\lambda(t) = 3\,(1 - \cos(2\,t))/2$$

gegeben. Die von der Astroide eingeschlossene Fläche hat den Inhalt $A = 3\,a^2\pi/8 \approx 1.17181\,a^2$.

Außerdem tritt die Astroide als gemeine Hypozykloide eines Kreises von Radius 1 auf, der innen auf einem Kreis von Radius 4 rollt.

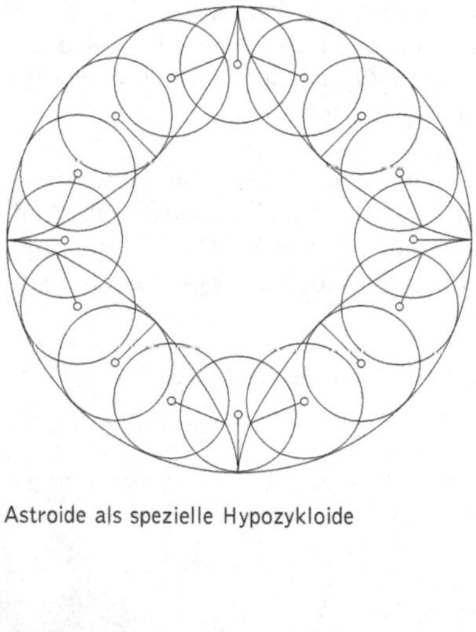

Astroide als spezielle Hypozykloide

asymmetrische Normalverteilung, durch die Wahrscheinlichkeitsdichte

$$f : x \to \begin{cases} \sqrt{\frac{2}{\pi}} e^{-x^2/2}, & x \ge 0 \\ 0, & x < 0 \end{cases} \in \mathbb{R}_0^+$$

für $x \in \mathbb{R}$ definiertes Wahrscheinlichkeitsmaß.

asymmetrische Relation, ↗Relation „$\sim$" auf einer Menge A mit der Eigenschaft, daß

$$\bigwedge_{a,b \in A} a \sim b \Rightarrow \neg(b \sim a),$$

d. h., daß a nur dann zu b in Relation steht, wenn b nicht zu a in Relation steht.

asymmetrische Verschlüsselung, Verschlüsselungsverfahren (↗Kryptologie), bei dem unterschiedliche Schlüssel für die Verschlüsselung und die Entschlüsselung verwendet werden, je ein öffentlicher und ein privater (*oder* offener und geheimer).

Im Gegensatz dazu wird bei einer ↗symmetrischen Verschlüsselung nur ein Schlüssel benutzt.

Will man eine Nachricht m übermitteln, dann verschlüsselt man den Klartext mit dem öffentlichen Schlüssel des Empfängers. Nur er kann dann mit seinem geheimen Schlüssel den Chiffretext wieder entschlüsseln.

Wichtige asymmetrische Verschlüsselungsverfahren sind der ↗RSA, das ↗ElGamal-Verfahren und die Systeme, die auf diskreten elliptischen Kurven beruhen (↗Verschlüsselung mittels elliptischer Kurven).

asymmetrisches Verfahren, Bezeichnung in der ↗Kryptologie für einen bestimmten Typus von Verschlüsselungsverfahren (↗asymmetrische Verschlüsselung).

Asymptote, Kurve, oft eine Gerade, der die Punkte einer anderen Kurve, die durch eine auf ganz $\mathbb{R}$ definierte Parametergleichung $\alpha(t)$ gegeben ist, für $t \to \pm\infty$ beliebig nahe kommen. Die Asymptote kann auch zu einem Punkt entarten.

Als Beispiel betrachte man die Asymptoten der Hyperbel; dies sind zwei Geraden a_1 und a_2, denen sich eine ↗Hyperbel für sehr weit vom Mittelpunkt entfernte Punkte beliebig weit annähert, ohne jedoch diese Geraden (im Endlichen) zu erreichen. Ist eine Hyperbel H durch die Gleichung

$$\frac{x^2}{a^2} - \frac{y^2}{b^2} = 1$$

gegeben, so läßt sich diese auch in der Form

$$y^2 = b^2 \left(\frac{x^2}{a^2} - 1 \right)$$

schreiben bzw. durch die beiden Funktionsgleichungen (für die obere und untere „Halbhyperbel")

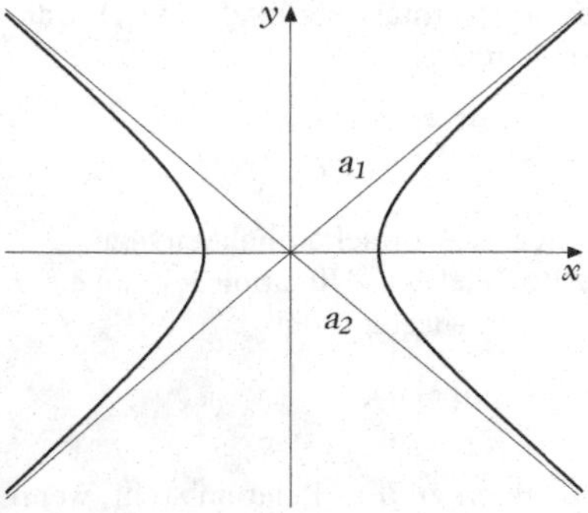

$$f_1(x) = b\sqrt{\frac{x^2}{a^2} - 1} \quad \text{und} \quad f_2(x) = -b\sqrt{\frac{x^2}{a^2} - 1}$$

darstellen. gilt:

Die Asymptoten a_1 und a_2 an die Hyperbel H haben daher die Gleichungen

$$a_1 : y = \frac{b}{a} \cdot x \quad \text{und} \quad a_2 : y = -\frac{b}{a} \cdot x \,.$$

Asymptotenlinie, auch Haupttangentenkurve oder Schmieglinie genannt, Kurve $\alpha(t)$ auf einer Fläche $\mathcal{F} \subset \mathbb{R}^3$, deren Tangentialvektor in jedem Punkt in die Richtung einer der Asymptoten der ↗Dupinschen Indikatrix zeigt.

Asymptotenlinien existieren auf einer Fläche $\mathcal{F}$ nur, wenn diese ausschließlich aus hyperbolischen Punkten besteht. Dann ist die Gaußsche Krümmung in jedem Punkt $P \in \mathcal{F}$ gleich dem negativen Quadrat der Windung jeder der beiden Asymptotenlinien durch P.

Ein Kurve $\alpha(t)$ ist genau dann eine Asymptotenlinie auf $\mathcal{F}$, wenn sie eine der folgenden äquivalenten Eigenschaften besitzt:

(a) Die Normalkrümmung von $\alpha(t)$ ist Null,

(b) in jedem Punkt $\alpha(t)$ stimmt die Schmiegebene von α mit der Tangentialebene $T_{\alpha(t)}(\mathcal{F})$ überein, und

(c) für alle t gilt $\alpha''(t) \in T_{\alpha(t)}(\mathcal{F})$.

Einfache Beispiele für Asymptotenlinien sind gerade Linien, die auf einer Fläche liegen.

Asymptotik, die Lehre des Verhaltens von Funktionen, geometrischen Gebilden oder Systemen, wenn einer der zugrundeliegenden Parameter unendlich klein bzw. unendlich groß wird. Man vergleiche hierzu auch die zahlreichen weiteren Stichworteinträge zum Themenkreis „asymptotisch".

asymptotisch erwartungstreue Schätzfunktion, Folge von Schätzfunktionen folgender Art:

Ist $(X_n)_{n\in\mathbb{N}}$ eine Folge von Zufallsvariablen, deren gemeinsame Verteilung zu einer Familie

$$\mathcal{P} = \{P_\vartheta : \vartheta \in \Theta \subseteq \mathbb{R}^d\}$$

gehört und T_n für jedes $n \in \mathbb{N}$ eine Schätzfunktion für $g(\vartheta)$, die nur auf den Realisierungen der Zufallsvariablen $X_1, \dots, X_n$ basiert, so heißt die Folge $(T_n)_{n\in\mathbb{N}}$ asymptotisch erwartungstreu, falls

$$\lim_{n\to\infty} E_\vartheta(T_n) = g(\vartheta)$$

für alle $\vartheta \in \Theta$ gilt. Dabei bezeichnet $E_\vartheta(T_n)$ den bezüglich P_ϑ berechneten Erwartungswert.

asymptotisch gleiche Folgen, Beziehung zwischen zwei Zahlenfolgen $\{a_n\}$ und $\{b_n\}$.

Die Folgen $\{a_n\}$ und $\{b_n\}$ heißen asymptotisch gleich (für $n \to \infty$), wenn gilt

$$\lim_{n\to\infty} \frac{a_n}{b_n} = 1.$$

Man beachte, daß hierbei nicht vorausgesetzt wird, daß die Folgen $\{a_n\}$ und $\{b_n\}$ selbst konvergieren. Ebenso ist es nach dieser Definition durchaus zulässig, daß endlich viele der Folgenelemente von $\{b_n\}$ gleich Null sind.

[1] Knopp, K.: Theorie und Anwendung der unendlichen Reihen. Springer-Verlag Berlin, 1964.

asymptotisch gleiche Funktionen, Funktionen, die für „unendlich großes Argument" übereinstimmen.

Genauer gilt: Zwei reellwertige Funktionen f und g, die beide auf einer nicht nach oben beschränkten Menge $D \subset \mathbb{R}$ definiert sind, heißen asymptotisch gleich, wenn $g(x) \neq 0$ für genügend große x ist und

$$\frac{f(x)}{g(x)} \to 1 \quad \text{für } x \to \infty, x \in D$$

gilt.

asymptotisch klein, ↗asymptotisch vernachlässigbar.

asymptotisch konvex, Eigenschaft eines (i. allg. nicht-linearen) Funktionenraumes, die eine wichtige Rolle bei der Charakterisierung bester Approximationen spielt.

Es sei A eine Menge von Parametern und X ein kompakter Raum von Variablen, beispielsweise der Raum $\mathbb{R}$ der reellen Zahlen. Man betrachte nun die Menge V aller Funktionen $F(a, x)$ mit $a \in A$ und $x \in X$.

Der Raum V heißt asymptotisch konvex, wenn zu jedem Paar $(a, b) \in A \times A$ und für jede reelle Zahl t mit $0 \leq t \leq 1$ ein Parameter $a(t) \in A$ und eine stetige reellwertige Funktion $g(x, t)$ mit $g(x, 0) > 0$ existieren, so daß

$$\| (1 - tg(x,t)F(a,x) + tg(x,t)F(b,x) - F(a(t),x) \| = o(t)$$

für $t \to 0$. Hierbei bedeutet $\| \cdot \|$ die Maximums- oder Tschebyschew-Norm auf V.

asymptotisch linearer Operator, eine Abbildung $f : X \to Y$ zwischen Banachräumen der Gestalt $f = g + h$, wobei g linear ist und h die Beziehung $\|h(x)\|/\|x\| \to 0$ für $\|x\| \to \infty$ erfüllt.

asymptotisch stabile Menge, nichtleere Teilmenge $A \subset M$ für ein ↗dynamisches System (M, G, Φ), die stabil ist und für die eine Umgebung $U \subset M$ von A existiert so, daß für jedes $x \in U$ seine ω-Limesmenge $\omega(x)$ in A liegt.

asymptotisch stabiler Fixpunkt, Fixpunkt $x_0 \in M$ eines ↗dynamischen Systems (M, G, Φ), für den $\{x_0\}$ eine ↗asymptotisch stabile Menge ist.

asymptotisch vernachlässigbar, *asymptotisch klein*, Bezeichnung für eine Familie $(X_{nj})_{j=1,\dots,k_n}^{n=1,2,\dots}$ reeller Zufallsvariablen auf einem Wahrscheinlichkeitsraum $(\Omega, \mathfrak{A}, P)$, wenn für alle $\varepsilon > 0$

$$\lim_{n\to\infty} \max_{1\le j\le k_n} P(|X_{n,j}| \ge \varepsilon) = 0$$

gilt.

asymptotische Approximation, Annäherung einer Funktion f durch eine (im allgemeinen einfacher zu berechnende) Funktion v, so daß gilt

$$\lim_{x\to\infty} \frac{f(x)}{v(x)} = 1$$

(↗asymptotische Gleichheit).

Den wichtigsten Spezialfall einer asymptotischen Approximation stellt die Entwicklung von f in eine ↗asymptotische Entwicklung einer Funktion dar.

[1] Olver, F.J.: Asymptotics and Special Functions. Academic Press New York, 1974.

asymptotische Dichte, Kennzahl einer Menge $M \subset \mathbb{N}$ von natürlichen Zahlen. Existiert der Grenzwert

$$d(M) = \lim_{x\to\infty} \frac{A_M(x)}{x},$$

wobei $A_M(x)$ die ↗Anzahlfunktion der Menge M ist, so nennt man d die asymptotische Dichte von M. Für jede Teilmenge $M \subset \mathbb{N}$ hat man die untere asymptotische Dichte

$$\underline{d}(M) = \liminf_{x\to\infty} \frac{A_M(x)}{x}$$

sowie die obere asymptotische Dichte

$$\overline{d}(M) = \limsup_{x\to\infty} \frac{A_M(x)}{x}.$$

Eine Variante der asymptotischen Dichte ist die ↗Banachsche Dichte.

asymptotische Eigenschaften von Schätzungen, Eigenschaften, die für wachsenden Stichprobenumfang $n \to \infty$ gelten.

Für Punktschätzungen sind das die asymptotische Erwartungstreue, die Konsistenz und die asymptotische Effizienz.

asymptotische Eigenschaften von Tests, Eigenschaften, die für wachsenden Stichprobenumfang $n \to \infty$ gelten. Für Hypothesentests sind das die Konsistenz und die asymptotische Wirksamkeit (↗Testtheorie).

asymptotische Entwicklung einer Funktion, die Entwicklung einer Funktion einer reellen oder komplexen Variablen in eine formale Potenzreihe unter Kontrolle des Fehlergliedes bei Abbruch der Reihe nach einem endlichen Glied.

Ist f eine Funktion einer reellen oder komplexen Variablen z, R ein unbeschränktes Gebiet in $\mathbb{C}$ oder $\mathbb{R}$ und $\sum_s a_s z^{-s}$ eine formale – konvergente oder divergente – Potenzreihe, so sagt man, $\sum_s a_s z^{-s}$ sei eine asymptotische Entwicklung von f um ∞ in R, wenn das Fehlerglied der Ordnung n

$$R_n(z) := f(z) - \sum_{s=0}^{n-1} a_s z^{-s}$$

für alle n von der Ordnung $O(z^{-n})$ für $z \to \infty, z \in R$ ist. Man schreibt dann auch

$$f(z) \sim a_0 + \frac{a_1}{z} + \frac{a_2}{z^2} + \cdots \quad (z \to \infty \text{ in } R).$$

So hat man beispielsweise, vorerst auf einem formalen Niveau, $(1+t)^{-1} = (1 - t + t^2 \mp \cdots)$. Setzt man diese Reihe in das Integral

$$G(x) = \int_0^\infty \frac{e^{-xt}}{1+t} dt$$

ein, so erhält man die folgende asymptotische Entwicklung von G:

$$G(x) \sim \frac{1}{x} - \frac{1!}{x^2} + \frac{2!}{x^3} - \frac{3!}{x^4} + \cdots$$

Obwohl die so berechnete Reihe nun für alle t divergent ist, ist sie durchaus von Interesse. Bricht man die Reihe nach einem endlichen Glied ab, so eignet sie sich dennoch zur numerischen Approximation von G. Der wesentliche Unterschied zu einer konvergenten Reihe liegt jedoch darin, daß wir den hierbei erhaltenen Fehlerterm nicht durch die Reihe selbst, bzw. die unendliche Summe der vernachlässigten Terme abschätzen können. Insbesondere sind asymptotische Entwicklungen von Funktionen im allgemeinen nicht eindeutig.

[1] Olver, F.W.J.: Asymptotics and Special Functions. Academic Press New York, 1974.

Asymptotische Entwicklungen

G. Walz

Unter einer asymptotischen Entwicklung versteht man die asymptotisch korrekte Darstellung einer Funktion $f(x)$ für $x \to \infty$ (↗asymptotische Entwicklung einer Funktion) bzw. einer Folge $\{\sigma_n\}$ für $n \to \infty$. In letzterem Fall, auf den wir uns hier konzentrieren werden, spricht man manchmal auch in etwas älterem Sprachgebrauch von einer asymptotischen Fehlerentwicklung.

Um den Ausdruck „asymptotisch korrekte Darstellung" zu präzisieren, geben wir folgende Definition:

Bilden die Vektoren $V = \{v_n^{(\mu)}\}$ ein ↗asymptotisches System, so besitzt die Folge $\{\sigma_n\}$ eine asymptotische Entwicklung der Ordnung $m \in \mathbb{N}$, falls Koeffizienten c_μ, $\mu = 0, \dots, m$ existieren, so daß sie für $n \to \infty$ σ_n eine Darstellung der Form

$$\sigma_n = \sum_{\mu=0}^{m} c_\mu v_n^{(\mu)} + o(v_n^{(m)}) \qquad (1)$$

besitzt.

Üblicherweise betrachtet man solche asymptotischen Entwicklungen für Zahlenfolgen $\{\sigma_n\}$, die Definition ist jedoch auch für Folgen von Vektoren oder Matrizen gültig.

Im Falle der Zahlenfolgen ist (1) äquivalent zur Forderung, daß

$$\lim_{n\to\infty} \left\{ \frac{1}{v_n^{(k)}} \cdot \left(\sigma_n - \sum_{\mu=0}^{k-1} c_\mu v_n^{(\mu)} \right) \right\} = c_k$$

für $k = 0, \dots, m$. Insbesondere gilt also

$$\lim_{n\to\infty} \sigma_n = c_0.$$

Man kann somit sagen, daß die Existenz einer asymptotischen Entwicklung die Art der Konvergenz einer Folge gegen ihren Grenzwert präzisiert.

Sehr häufig liegt die Situation vor, daß die Elemente der Folge $\{\sigma_n\}$ explizit berechenbar sind, wohingegen der Grenzwert c_0, an dem man „eigentlich" interessiert ist, nicht berechnet werden kann. In diesem Fall versetzt einen die Existenz einer asymptotischen Entwicklung in die Lage, durch Anwendung von ↗Extrapolation die Konvergenz der vorgelegten Folge nachhaltig zu beschleunigen und somit den gewünschten Grenzwert auf sehr effiziente Weise beliebig genau zu approximieren.

Als Beispiel betrachte man, für beliebiges $z \in \mathbb{C}$, die Zahlenfolge

$$\sigma_n = \sigma_n(z) = \left(1 + \frac{z}{n}\right)^n,$$

deren Elemente offenbar sämtlich elementar berechenbar sind.

Man kann nun leicht zeigen, daß diese Folge die asymptotische Entwicklung

$$\sigma_n(z) = \exp(z) + \sum_{\mu=1}^{m} \frac{c_\mu}{n^\mu} + o(n^{-m})$$

mit beliebigem $m \in \mathbb{N}$ besitzt und somit zur Berechnung der ↗Exponentialfunktion benutzt werden kann.

In der Praxis treten fast immer zwei Typen von asymptotischen Entwicklungen auf, die manchmal als geometrische bzw. logarithmische Entwicklungen bezeichnet werden, und die wir im folgenden kurz darstellen wollen.

Geometrische asymptotische Entwicklungen. Es seien $\lambda_0, \lambda_1, \lambda_2, \dots$ reelle oder komplexe Zahlen, mit der Eigenschaft

$$1 = \lambda_0 > |\lambda_1| > |\lambda_2| > \cdots > 0. \qquad (2)$$

Man sagt dann, die Folge σ_n besitzt eine geometrische asymptotische Entwicklung, wenn jedes Element dieser Folge für $n \to \infty$ eine Darstellung der Form

$$\sigma_n = \sum_{\mu=0}^{m} c_\mu \lambda_\mu^n + o(\lambda_m^n) \qquad (3)$$

besitzt. Offenbar ist diese Definition mit der unter (1) gegebenen konsistent.

Existiert in Verschärfung von (2) eine feste Zahl λ mit $1 > |\lambda| > 0$ derart, daß $\lambda_\mu = \lambda^\mu$ für alle μ gilt, so spricht man manchmal auch von einer speziellen geometrischen asymptotischen Entwicklung.

Asymptotische Entwicklungen dieser Art treten sehr häufig im Zusammenhang mit iterativ definierten Folgen der im weiteren geschilderten Art auf:

Es sei T eine auf einem reellen Intervall I definierte und genügend oft differenzierbare Funktion, die dieses Intervall auf sich abbildet und noch eine Reihe technischer Voraussetzungen erfüllt, insbesondere sei

$$|T'(x)| \le \varrho < 1$$

für alle $x \in I$. Den Fixpunkt der Funktion T in I bezeichnen wir mit ξ, also $T(\xi) = \xi$.

Dann besitzt die für beliebiges $\sigma_0 \in I$ durch die Vorschrift

$$\sigma_n := T(\sigma_{n-1}), \quad n \in \mathbb{N}$$

definierte Folge $\{\sigma_n\}$ eine spezielle geometrische asymptotische Entwicklung mit $\lambda = T'(\xi)$, vorausgesetzt dieser Wert ist verschieden von Null.

Der Grenzwert der Entwicklung ist hierbei gerade der Fixpunkt ξ von T.

Logarithmische asymptotische Entwicklungen. Es seien $\varrho_0, \varrho_1, \varrho_2, \ldots$ reelle oder komplexe Zahlen mit der Eigenschaft $\varrho_0 = 0$ und

$$\operatorname{Re}\varrho_\mu \;<\; \operatorname{Re}\varrho_{\mu+1} \quad \text{für alle } \mu \in \mathbb{N}_0 . \tag{4}$$

Man sagt dann, die Folge σ_n besitzt eine logarithmische asymptotische Entwicklung, wenn jedes Element dieser Folge für $n \to \infty$ eine Darstellung der Form

$$\sigma_n = \sum_{\mu=0}^{m} \frac{c_\mu}{n^{\varrho_\mu}} + o(n^{-\varrho_m}) \tag{5}$$

besitzt. Offenbar ist diese Definition mit der unter (1) gegebenen konsistent. Auch hier existiert wiederum ein sehr verbreiteter und leicht zu handhabender Spezialfall, nämlich der, daß die Exponenten ϱ_μ gerade gleich μ sind; dann nimmt (5) die Form

$$\sigma_n \;=\; \sum_{\mu=0}^{m} \frac{c_\mu}{n^\mu} + o(n^{-m})$$

an.

Logarithmische asymptotische Entwicklungen treten in unzähligen Bereichen der Mathematik auf, sehr häufig im Zusammenhang mit numerischen Verfahren zur Integration von Funktionen (↗Romberg-Verfahren) oder zur Lösung von Differentialgleichungen. Wir geben hier nun in loser Folge einige Beispiele für ein solches – oftmals unerwartetes – Auftreten an.

1. Man betrachte den ↗Archimedes-Algorithmus zur Berechnung von π. Die dort gewonnenen Größen u_n und U_n, die in der Form

$$U_n \;=\; 2n \tan\frac{\pi}{n} \quad \text{bzw.} \quad u_n \;=\; 2n \sin\frac{\pi}{n}$$

darstellbar sind, besitzen beide eine logarithmische asymptotische Entwicklung mit Grenzwert π, was man unmittelbar durch Ausnutzung der Reihenentwicklungen der beteiligten Funktionen sieht.

Bereits Archimedes hat also – natürlich ohne sich dessen bewußt zu sein – mit asymptotischen Entwicklungen gearbeitet.

2. Gegeben sei eine im Punkt $z \in \mathbb{C}$ differenzierbare Funktion f; man definiere nun für $n \in \mathbb{N}$ die Zahlen

$$\sigma_n(z) \;=\; n \cdot \big(f(z + 1/n) - f(z)\big) .$$

Sofort ist klar, daß die Folge $\{\sigma_n(z)\}$ für $n \to \infty$ gegen die Ableitung von f im Punkte z konvergiert.

Eine genauere Betrachtung liefert die Verschärfung dieser Aussage: Die Folge $\{\sigma_n(z)\}$ besitzt die asymptotische Entwicklung

$$\sigma_n(z) \;=\; f'(z) + \sum_{\mu=1}^{m} \frac{c_\mu(z)}{n^\mu} + o(n^{-m}) ,$$

wobei die Ordnung m von der Glattheit von f abhängt.

3. Die Verwendung der ↗Euler-Maclaurinschen Summenformel führt auf eine der bekanntesten asymptotischen Entwicklungen, nämlich die der Trapezregel zur Integration von Funktionen.

Es sei $r \in \mathbb{N}_0$ und f eine über dem Intervall $[a, b]$ $(2r + 1)$-mal stetig differenzierbare Funktion. Mit $T_n(f)$ bezeichnen wir hier den durch die Trapezregel mit n Teilintervallen ermittelten Näherungswert an das Integral

$$I_a^b(f) \;:=\; \int_a^b f(x)\,dx .$$

Dann existiert eine asymptotische Entwicklung für die Folge $T_n(f)$ der folgenden Art:

$$T_n(f) \;=\; I_a^b(f) \;+\; \sum_{\mu=1}^{r} \frac{c_\mu(f)}{n^{2\mu}} + o(n^{-(2r+1)}) .$$

Diese Aussage bildet die theoretische Grundlage bzw. Rechtfertigung für die Anwendbarkeit von ↗Extrapolation auf die Trapezregel, bekannt unter dem Namen ↗Romberg-Verfahren.

4. Schließlich geben wir noch ein Beispiel an, das in letzter Konsequenz zu einer effizienten Methode zur numerischen Berechnung der Riemannschen ζ-Funktion führt:

Es sei s eine komplexe Zahl, deren Realteil größer als Eins ist; dann ist

$$\zeta(s) \;=\; \sum_{\nu=1}^{\infty} \frac{1}{\nu^s}$$

wohldefiniert und als Riemannsche ζ-Funktion bekannt.

Wir betrachten nun, für $n \in \mathbb{N}$, die n-ten Partialsummen dieser Reihe, also die Zahlen

$$\zeta_n(s) \;=\; \sum_{\nu=1}^{n} \frac{1}{\nu^s} .$$

Offensichtlich konvergiert die Folge dieser Zahlen für $n \to \infty$ gegen $\zeta(s)$.

Man kann jedoch mit etwas Aufwand ebenfalls aus der Euler-Maclaurinschen Summenformel die folgende Verschärfung gewinnen:

Die Folge $\{\zeta_n(s)\}$ besitzt die asymptotische Entwicklung

$$\zeta_n(s) = \zeta(s) - \frac{(s-1)^{-1}}{n^{s-1}} + \frac{2^{-1}}{n^s} + \sum_{\mu=1} \frac{c_{2\mu}(s)}{n^{2+2\mu-1}}$$

mit explizit angebbaren Koeffizienten $c_{2\mu}(s)$. Das Weglassen der oberen Summationsgrenze bedeutet hierbei, daß die Ordnung dieser Entwicklung beliebig groß ist.

Zahlreiche weitere Beispiele, eine ausführliche Theorie und Anwendungen von asymptotischen Entwicklungen findet man in der unten angegebenen Literatur.

Literatur

[1] Knopp, K.: Theorie und Anwendung der unendlichen Reihen. Springer-Verlag Berlin, 1964.

[2] Walz, G.: Asymptotics and Extrapolation. Akademie-Verlag Berlin, 1996.

asymptotische Fehlerentwicklung, ↗asymptotische Entwicklungen.

asymptotische Freiheit, Bezeichnung für die Eigenschaft einer Theorie innerhalb der theoretischen Physik, in der mit wachsender Energie die effektive Wechselwirkung asymptotisch verschwindet.

Genauer gilt: Bei gegen unendlich konvergierendem Impuls konvergiert die effektive Kopplungskonstante logarithmisch gegen Null.

In der Quantenchromodynamik ist die Bedingung der asymptotischen Freiheit erfüllt, sodaß Quarks und Gluonen bei hohen Energien effektiv als wechselwirkungsfrei angesehen werden können.

asymptotische Stabilität, Eigenschaft eines Systems $x_{k+1} := A(x_k)$.

Asymptotische Stabilität liegt vor, wenn für einen beliebigen Startpunkt x_0 die Folge der $(x_k)_k$ für $k \to \infty$ gegen $A(0) = 0$ konvergiert.

Der Begriff wird häufig innerhalb der Theorie der Differentialgleichungen verwendet; dort bezeichnet er im o.g. Sinne die Tatsache, daß die durch einen Algorithmus berechneten Iterationsfolgen eines numerischen Verfahrens im Grenzwert gegen die wahren Lösungen streben.

asymptotisches System, spezielle Eigenschaft eines Systems von Vektoren. Das System $V = \{v^{(\mu)}\}$ von Vektoren

$$v^{(\mu)} = (v_1^{(\mu)}, v_2^{(\mu)}, \ldots),\ \mu \in \mathbb{N}_0$$

heißt asymptotisches System, wenn die folgenden drei Bedingungen erfüllt sind:

1. $v_n^{(0)} = 1$ für alle $n \in \mathbb{N}$,
2. $v_n^{(\mu)} \neq 0$ für alle $\mu,\ n \in \mathbb{N}$,
3. $v_n^{(\mu+1)} = o(v_n^{(\mu)})$ für $n \to \infty,\ \mu \in \mathbb{N}_0$.

Ein wichtiges Beispiel wird durch die Wahl

$$v_n^{(\mu)} = n^{-\mu}$$

gegeben.

Atiyah, Sir Michael Francis, Mathematiker, geb. 22.4.1929 London.

Atiyah wuchs in Ägypten auf, wo sein Vater, ein Libanese, für den britischen Rundfunk tätig war. 1952 beendete er sein Studium an der Universität Cambridge und promovierte dort drei Jahre später. Danach arbeitete er zunächst am Institute for Advanced Study in Princeton. Damit begann für fast zwei Jahrzehnte ein mehrfacher Wechsel zwischen Lehr- und Forschungspositionen an den Universitäten Cambridge und Oxford in Großbritannien sowie an der Harvard Universität in Cambridge (MA.) und dem Institute for Advanced Study. Seit 1963 bekleidete er eine Professur an der Universität Oxford, an die er 1972 als Royal Society Research Professor zurückkehrte.

Atiyah erhielt zahlreiche Ehrungen, u. a. 1966 die Fields-Medaille und ca. 30 Ehrendoktorate, 1983 wurde er von Königin Elizabeth II. geadelt. Außerdem war er wissenschaftsorganisatorisch aktiv, so hat er seit 1990 die Präsidentschaft der Royal Society London inne und begründete 1991 das Isaac Newton Institute for Mathematical Studies in Cambridge.

Atiyah hat mit seinen mathematischen Forschungen eine neue Synthese von scheinbar völlig verschiedenen Gebieten der Mathematik herbeigeführt und in der Folge eine Vielzahl von Anwendungen initiiert. Ein zentraler Ausgangspunkt war 1963 das Atiyah-Singer-Indextheorem, das es ermöglichte, die Euler-Poincarésche Charakteristik eines Komplexes von Vektorbündeln über einer differenzierbaren Mannigfaltigkeit X mit Hilfe von Elementen aus dem Kohomologiering über dieser Mannigfaltigkeit auszudrücken, wobei die Elemente nur von der Differenzierbarkeitsstruktur von X und den Korandoperatoren abhängen.

Dieses verallgemeinerte u. a. den Satz von Hirzebruch-Riemann-Roch und vereinheitlichte zahlreiche weitere Ergebnisse. Die in diesem Rahmen durchgeführten Forschungen lieferten auch den Ausgangspunkt für eine Theorie der Pseudodifferentialoperatoren. Insbesondere konnte eine Formel zur Berechnung von Lösungen von Paaren elliptischer Differentialgleichungen abgeleitet werden.

Zu den vielfältigen Anwendungen in der theoretischen Physik gehörte auch die Möglichkeit, die Differenz zwischen rechts- und linkshändig polarisierten Teilchen in einem System zu messen. Die Anwendung der Topologie in der Quantentheorie hat durch die Atiyahschen Arbeiten neue wichtige Impulse erhalten.

Beim Beweis des Indextheorems spielte die K-Theorie eine wichtige Rolle. Diese hatte Atiyah zusammen mit Hirzebruch als eine topologische Theorie um 1960 entwickelt und 1961 eingeführt. Die K-Theorie erwies sich als mächtiges Werkzeug bei der erfolgreichen Lösung schwieriger Probleme der algebraischen Geometrie. Ein weiteres fundamentales Resultat erzielte er 1964 gemeinsam mit Bott, den Atiyah-Bott-Fixpunktsatz.

In den 70er Jahren wandte sich Atiyah verstärkt physikalischen Problemen zu. Dabei erzielte er u. a. wichtige Resultate über die Modulräume von Yang-Mills-Instantonen sowie die Topologie dieser Räume und entwickelte 1978 zusammen mit Drinfeld, Hitchin und Manin eine Methode zur Konstruktion aller Yang-Mills-Instantonen auf $\mathbb{R}^4$.

Atiyah-Bott-Fixpunktsatz, Verallgemeinerung des Fixpunktsatzes von Lefschetz.

Es sei M eine kompakte und differenzierbare Mannigfaltigkeit ohne Rand und $f : M \to M$ eine differenzierbare Abbildung, die nur einfache Fixpunkte besitzt, das heißt

$$\det(1 - df_p) \neq 0,$$

wobei df_p das Differential von f im Punkt p ist. Es gebe nur endlich viele Fixpunkte von f. Weiterhin existiere ein elliptischer Komplex $\mathcal{E}$ über M, also

$$\mathcal{E}: \; 0 \to \Gamma(E_0) \to^{d_0} \Gamma(E_1) \to^{d_1} \dots \to^{d_{l-1}} \Gamma(E_l) \to 0$$

und eine Folge glatter Vektorbündelhomomorphismen

$$\varphi_i : f^* E_i \to E_i$$

für $i = 0, \dots, l$, so daß

$$d_i T_i = T_{i+1} d_i$$

für jedes i gilt. Dabei ist $T_i : \Gamma(E_i) \to \Gamma(E_i)$ definiert durch

$$T_i s(x) = \varphi_i s(f(x)) \;\text{ für }\; s \in \Gamma(E_i).$$

Die Folge $T = (T_i)$ induziert Endomorphismen $H^i(T)$ der Homologiegruppe $H^i(\mathcal{E})$ des elliptischen Komplexes $\mathcal{E}$.

Man definiert nun die Lefschetz-Zahl $L(T)$ durch

$$L(T) = \sum_{i=0}^{l} \operatorname{tr} H^i(T).$$

Für einen Fixpunkt p von f sei $\varphi_{i,p} : E_{i,p} \to E_{i,p}$ die Restriktion von φ_i auf die Faser $E_{i,p}$ von E_i über p. Dann gilt der folgende Satz:

Unter den oben aufgeführten Voraussetzungen gilt:

$$L(T) = \sum_p \frac{\sum_{i=0}^{l} (-1)^i \operatorname{tr} \varphi_{i,p}}{|\det(1 - df_p)|},$$

wobei über die Fixpunkte p von f summiert wird.

Atiyah-Singer-Fixpunktsatz, Erweiterung des ↗Atiyah-Bott-Fixpunktsatzes.

Im Fixpunktsatz von Atiyah-Bott ersetze man die Voraussetzung, daß f nur einfache Fixpunkte hat, durch die Voraussetzung, daß f ein Diffeomorphismus auf M ist, enthalten in einer kompakten Transformationsgruppe G. Die Fixpunktmenge von f sei eine abgeschlossene Untermannigfaltigkeit von M.

Gegeben sei weiterhin ein elliptischer Komplex $\mathcal{E}$ über M und eine Liftung auf der G-Aktion auf M nach $\mathcal{E}$. Man definiere $T_i : \Gamma(E_i) \to \Gamma(E_i)$ durch

$$T_i s(x) = f^{-1} s(f(x))$$

für alle $s \in \Gamma(E_i)$.

Dann ist

$$d_i T_i = T_{i+1} d_i$$

für alle i, und es gilt der folgende Satz:

Unter den oben aufgeführten Voraussetzungen gilt für die Lefschetz-Zahl:

$$L(T) = \sum_{F_i} \nu(F_i),$$

wobei über die Komponenten F_i der Fixpunktmenge M^f von f summiert wird.

$\nu(F_i)$ kann geschrieben werden in Abhängigkeit des Symbols des elliptischen Komplexes $\mathcal{E}$ mit G-Aktion, der charakteristischen Klassen der Mannigfaltigkeit F_i, der charakteristischen Klassen des Normalenbündels von F_i in M und der Aktion von $g = f^{-1}$ auf den Normalenvektoren.

Dieser Fixpunktsatz ist eine Reformulierung des ↗Atiyah-Singer-Indextheorems.

Atiyah-Singer-Indextheorem, besagt, daß der Index eines ↗elliptischen Operators, oder allgemeiner eines elliptischen Komplexes, auf einer kompakten Mannigfaltigkeit nur von topologischen Eigenschaften abhängt. Der Index eines solchen Operators ist dabei als die Differenz aus der Dimension des Nullraumes und der Kodimension des Bildraumes definiert. Nach dem Indextheorem ist dann

$$\mathrm{ind}(D) = \int_{C(M)} \mathrm{ch}(D) \wedge \varrho^* td(TM_{\mathbb{C}}).$$

Hierbei ist ch(D) der Chern-Charakter (↗Chern-Klassen) des Indexbündels und $\varrho^* td(TM_{\mathbb{C}})$ das Pullback der sogenannten Todd-Klasse des komplexifizierten Tangentialbündels der Mannigfaltigkeit.

Insbesondere gilt $\mathrm{ind}(D) = 0$, sofern die Dimension der Mannigfaltigkeit M ungerade ist.

Atkinson-Operator, Abschwächung des Begriffs des ↗Fredholm-Operators.

Sei $T : X \to Y$ ein stetiger linearer Operator zwischen Banachräumen. Ist Ker(T) komplementiert in X (↗komplementierter Unterraum eines Banachraums) und Im(T) komplementiert in Y (insbes. abgeschlossen) und ist $\dim \ker(T) < \infty$ oder $\dim Y/\mathrm{im}(T) < \infty$, so heißt T Atkinson-Operator.

Atlas, Menge von Karten einer ↗Mannigfaltigkeit M so, daß die Kartengebiete M überdecken.

Atom, vom Nullelement 0 verschiedenes Element a eines ↗Verbandes $(V, \leq)$ mit Nullelement, für das für alle $b \in V \setminus \{0\}$ die Implikation

$$b \leq a \Rightarrow a = b$$

gilt.

Atome sind die kleinsten Elemente eines nach unten beschränkten Verbandes V, die echt größer als das Nullelement sind. Nicht jeder nach unten beschränkte Verband enthält Atome, so zum Beispiel die ↗Kette der nichtnegativen reellen Zahlen.

atomare Menge, in der Maßtheorie gebräuchlicher Ausdruck für eine nicht weiter zerlegbare Menge.

Es sei Ω eine Menge, $\mathcal{R}$ ein Mengenring auf Ω und μ ein ↗Maß auf $\mathcal{R}$. Eine Menge $A \in \mathcal{R}$ mit $\mu(A) > 0$ heißt atomare Menge (oder Atom) bzgl. μ, falls für jedes $B \in \mathcal{R}$ mit $B \subseteq A$ gilt:

$$\mu(B) = 0 \text{ oder } \mu(A \setminus B) = 0\,.$$

Ist μ endlich auf einer ↗σ-Algebra $\mathcal{A}$ auf Ω, so gibt es in $\mathcal{A}$ höchstens abzählbar viele atomare Mengen bzgl. μ.

atomarer Ausdruck, Ausdruck eines logischen Kalküls, der als logischer Ausdruck nicht weiter zerlegbar ist.

Für den ↗Aussagenkalkül sind die Aussagenvariablen und für den Prädikatenkalkül Termgleichungen und Zeichenreihen der Gestalt $R(t_1, \ldots, t_n)$ atomare Ausdrücke, wobei R ein n-stelliges Relationszeichen ist und $t_1, \ldots, t_n$ Terme sind.

atomarer Verband, ↗Verband $(V, \leq)$ mit Nullelement, in dem es zu jedem Element $v \in V$ ein ↗Atom $a \in V$ gibt, für das $a \leq v$ gilt.

Jeder ↗endliche Verband mit wenigstens zwei Elementen ist atomar. Zum einen ist jeder endliche Verband beschränkt, besitzt also ein Nullelement. Zum anderen gibt es zu jedem vom Nullelement verschiedenen Element a_0, das selbst kein Atom ist, ein Element a_1 mit $0 \leq a_1 \leq a_0$ und $0 \neq a_1 \neq a_0$. Wenn a_1 kein Atom ist, so gilt entsprechendes für a_1. Die so entstehende ↗Kette $a_0 > a_1 > a_2 > \ldots$ muß nach endlich vielen Schritten mit einem Atom a_k abbrechen.

Ist M eine unendliche Menge, dann ist der dazugehörige ↗Teilmengenverband $(\mathfrak{P}(M), \subseteq)$ atomar, da jede nichtleere Teilmenge von M wenigstens eine einelementige Menge umfaßt. Die einelementigen Mengen $\{m\}$ mit $m \in M$ bilden die Atome des Teilmengenverbandes $(\mathfrak{P}(M), \subseteq)$.

Es gibt aber auch unendliche nach unten beschränkte Verbände, die keine Atome enthalten, wie zum Beispiel die ↗Kette der nichtnegativen reellen Zahlen, die somit auch nicht atomar sein können.

Jeder eindeutig komplementäre atomare Verband $(V, \leq)$ ist isomorph zu einem Teilverband des Teilmengenverbandes $(\mathfrak{P}(A), \subseteq)$, wobei A die Menge der Atome von V darstellt. Ist V zudem ein ↗vollständiger Verband, so ist $(V, \leq)$ sogar isomorph zum Teilmengenverband $(\mathfrak{P}(A), \subseteq)$. Da jeder Mengenverband ein ↗distributiver Verband ist, folgt aus diesem Satz unmittelbar, daß jeder eindeutig komplementäre atomare Verband eine ↗Boolesche Algebra ist.

atomares Maß, ein Maß, bzgl. dessen es höchstens abzählbar viele ↗atomare Mengen gibt.

Es sei $(\Omega, \mathcal{A}, \mu)$ ein Maßraum. Dann heißt μ atomares Maß, wenn es in $\mathcal{A}$ höchstens abzählbare viele paarweise disjunkte atomare Mengen $(A_i | i \in \mathbb{N})$ gibt mit

$$\mu(\Omega \setminus \bigcup_{i \in \mathbb{N}} A_i) = 0\,.$$

μ heißt nicht atomar, wenn es in $\mathcal{A}$ keine atomare Menge bzgl. μ gibt. Jedes Maß auf $\mathcal{A}$ ist Summe eines atomaren und eines nichtatomaren Maßes. Die Zerlegung ist eindeutig, falls μ endlich ist.

Atomformel, logischer Ausdruck eines Kalküls, der als Ausdruck nicht weiter zerlegbar ist.

In ↗Aussagenkalkülen sind die Atomformeln mit den Aussagenvariablen identisch. In Prädikatenkalkülen bzw. in ↗elementaren Sprachen bestehen die Atomformeln aus Termgleichungen und Ausdrücken der Gestalt $R(t_1, \ldots, t_n)$, wobei R ein n-stelliges Relationszeichen ist und $t_1, \ldots, t_n$ Terme sind.

attenuation factors, ↗Abminderungsfaktoren.

attraktive Menge, ↗ anziehende Menge.

Attraktor, nichtleere abgeschlossene invariante Teilmenge $A \subset M$ für ein topologisches ↗ dynamisches System $(M, \mathbb{R}, \Phi)$, falls eine Umgebung U von A existiert, für die gilt:

(i) U ist positiv invariant,

(ii) für jede offene Umgebung V von A gibt es $T > 0$ so, daß $\Phi_t(U) \subset V$ für $t \geq T$.

Ein Attraktor ist asymptotisch stabil. Für einen Attraktor A bezeichnet man die Vereinigung aller offenen Umgebungen von A, die (i) und (ii) erfüllen, als sein ↗ Bassin.

Ein Attraktor kann wegen der topologischen Transitivität nicht weiter in Teil-Attraktoren zerlegt werden. Eine solche Zerlegung ist bei anziehenden Mengen jedoch möglich. Dieser Unterschied wird an folgendem Beispiel deutlich:

Wir betrachten das Differentialgleichungssystem

$$x' = x - x^3$$
$$y' = -y.$$

Es bezeichne $\Phi_1(\cdot) := \Phi(\cdot, 1)$ die Zeit-1-Abbildung des zugehörigen Flusses Φ. Die nachfolgende Abbildung zeigt das Phasenportrait des zugehörigen dynamischen Systems. $(0, 0)$ ist ein Sattelpunkt und $(\pm 1, 0)$ sind Senken. Die Menge $A := [-1, 1] \times \{0\}$ ist zwar ↗ anziehende Menge, jedoch kein Attraktor. Die asymptotisch stabilen Fixpunkte $(\pm 1, 0)$ sind Attraktoren.

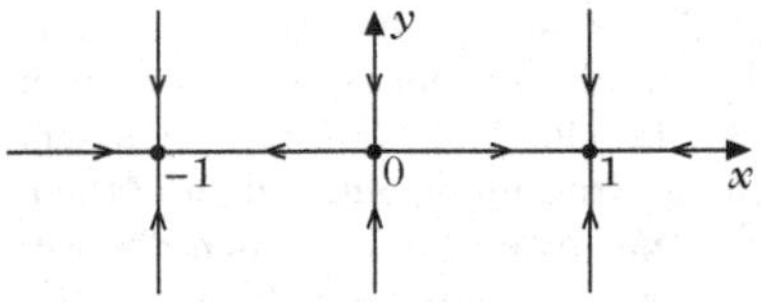

Attraktor

[1] Guckenheimer, J.; Holmes, Ph.: Nonlinear Oscillations, Dynamical Systems, and Bifurcations of Vector Fields. Springer-Verlag New York, 1983.

[2] Wiggins, S.: Introduction to Applied Nonlinear Dynamical Systems and Chaos. Springer-Verlag New York, 1990.

aṭ-Ṭūsī, Naṣīr ad-Dīn, Abū Ǧafar, Muḥammad ibn Muḥammad ibn al-Ḥassan, persischer Mathematiker, Astronom, Astrologe, Mineraloge, Philosoph, Logiker, Theologe und Staatsmann, geb. 18.2.1201 Ṭūs (Persien), gest. 26.6.1274 Kāḏimain (bei Bagdad).

Aṭ-Ṭūsī gründete 1262 in Meragha ein Observatorium. Er erfand und konstruierte dafür mehrere astronomische Instrumente. Er verfaßte etwa 150 Arbeiten, darunter übersetzte und überarbeitete Fassungen von Werken Euklids, Theodosius' und Apollonius'. In einem Memorandum zur Astronomie kritisierte er die Theorien Ptolemaios'.

Seine wichtigste mathematische Leistung besteht in der konsequenten Begründung der Trigonometrie, die bislang nur als Werkzeug für astronomische Anwendungen diente, als eine eigenständige mathematische Disziplin. Bekannt ist auch, daß er lange vor Pascal das Pascalsche Dreieck der Binomialkoeffizienten lehrte. Darüber hinaus waren seine Arbeiten zum Parallelenpostulat ein wichtiger Schritt in Richtung nichteuklidischer Geometrie.

Nach zwölfjähriger Arbeit am Observatorium veröffentlichte er astronomische Tafeln, die einen Sternenkatalog und Tafeln zur Berechnung planetarer Positionen und Bewegungen enthielten. Er stellte auch Äquinoxberechnungen an. Einer seiner Schüler lieferte später die erste mathematisch befriedigende Erklärung des Regenbogens.

aṭ-Ṭūsī, Šaraf ad-Dīn, al-Muẓaffar ibn Muḥamad, persischer Mathematiker und Astronom, geb. ? Ṭūs (Persien), gest. um 1213 Persien.

Aṭ-Ṭūsī unterrichtete in Damaskus, Aleppo, Mosul, Bagdad und Hamadan. Zu seinen Schülern gehörte u. a. Kamal ad-din Musa ibn Yunus. Aṭ-Ṭūsī schrieb Arbeiten zur Algebra, Geometrie, Numerik, Kegelschnittlehre und zur Konstruktion von Astrolabien. Mathematisch bedeutsam ist seine Darlegung geometrischer Methoden und eines iterativen Verfahrens zur Lösung kubischer Gleichungen sowie des Schrittes zur algebraischen Bewältigung dieses Problems, d. h. zur Lösung in Radikalen.

Aubin-Nitsche-Trick, Dualitätsargument, das bei der Finite-Element-Methode (FEM) verwendet wird, um eine günstigere Fehlerabschätzung zu erhalten.

Beispielsweise bekommt man mit dem Aubin-Nitsche-Trick für die FEM-Lösung u_h der Poissongleichung auf einem konvexen polygonalen Gebiet Ω mit stückweise linearen Ansatzfunktionen die quadratische Fehlerabschätzung

$$\|u - u_h\|_{L^2(\Omega)} \leq Ch^2 |u|_{H^2(\Omega)},$$

wobei u die exakte Lösung und h die Gitterweite der Diskretisierung bezeichnet. Die Konstante C ist dabei unabhängig von u und h.

Auerbach-Basis, spezielle Basis eines endlichdimensionalen normierten Raums.

Sei X ein n-dimensionaler Raum mit Norm $\| \,.\, \|$. Eine Basis $\{b_1, \dots, b_n\}$ heißt Auerbach-Basis von X, wenn stets $\|b_j\| = 1$ gilt und für die durch

$$b'_j(\sum_{i=1}^{n} \beta_i b_i) = \beta_j$$

definierten Koeffizientenfunktionale ebenfalls $\|b'_j\| = 1$ ist. Jeder endlichdimensionale Raum besitzt eine Auerbach-Basis.

[1] Lindenstrauss, J.; Tzafriri, L.: Classical Banach Spaces I. Springer Berlin/Heidelberg, 1977.

Aufblasung, zunächst intuitiv geschildert, die folgende Idee: Wenn $f_1, \cdots, f_n$ Funktionen auf einer ↗algebraischen Varietät X sind ($f_i \in \mathcal{O}_X(X)$), so erhält man durch

$$f : x \mapsto (f_1(x) : \cdots : f_n(x))$$

einen Morphismus mit Werten in $\mathbb{P}^{n-1}$, der allerdings nur in Punkten definiert ist, die nicht gemeinsame Nullstelle von $(f_1, \cdots, f_n)$ sind, also auf $X \setminus V$. Die Nullstellenmenge $V = V(f_1, \cdots, f_n)$ werde als nirgends dicht in X vorausgesetzt. Der Unbestimmtheit dieser Abbildung f längs V kann man abhelfen: Man ersetzt X durch $\tilde{X} \subset X \times \mathbb{P}^{n-1}$, wobei $\tilde{X}$ die sog. Zariski-Abschließung des Graphen von f in

$$(X \setminus V) \times \mathbb{P}^{n-1} \subset X \times \mathbb{P}^{n-1}$$

ist. Die Einschränkung der Projektion auf X liefert einen Morphismus $\tilde{X} \xrightarrow{\sigma} X$ so, daß $\tilde{X} \setminus \sigma^{-1}(V) \simeq X \setminus V$. Dies ist ein Beispiel für eine Aufblasung (von X längs V). Die Projektion auf $\mathbb{P}^{n-1}$ liefert eine Fortsetzung von f zu einem Morphismus $\tilde{X} \xrightarrow{\tilde{f}} \mathbb{P}^{n-1}$.

Dieselbe Idee läßt sich auch in der Kategorie der komplexen Räume mit analytischen Funktionen $f_1, \cdots, f_n$ durchführen. Da außerhalb V der Raum X nicht abgeändert wird, kann man auch davon ausgehen, daß V vorgegeben ist und $f_1, \cdots, f_n$ nur in einer Umgebung U von V definiert sind. Im einfachsten Fall, daß X eine glatte komplexe Mannigfaltigkeit ist und $V = \{p\}$ ein Punkt, ergibt sich folgendes topologische Bild: $\tilde{X}$ ist diffeomorph zur zusammenhängenden Summe $X\#(-\mathbb{P}^n(\mathbb{C}))$ orientierter Mannigfaltigkeiten ($-\mathbb{P}^n(\mathbb{C})$ bezeichnet dabei die Mannigfaltigkeit $\mathbb{P}^n(\mathbb{C})$, aber mit der der Standard-Orientierung entgegengesetzen Orientierung).

Wir geben nun die formale Definition von Aufblasungen: Sei X ein Schema und $V \subset X$ abgeschlossenes nirgends dichtes Unterschema, $\mathcal{I}$ die zugehörige Idealgarbe, von der vorausgesetzt werde, daß sie lokal von endlichem Typ sei. Dann ist $\mathcal{S} = \mathcal{O}_X \oplus \mathcal{I} \oplus \mathcal{I}^2 \oplus \mathcal{I}^3 \cdots$ eine graduierte quasikohärente $\mathcal{O}_X$-Algebra, und der zugehörige Morphismus

$$\tilde{X} = \text{Proj}(\mathcal{S}) \xrightarrow{\sigma} X$$

heißt die Aufblasung von X längs von V. Die charakteristischen Eigenschaften der Aufblasung sind die folgenden:

(i) $\sigma^{-1}(V) = E$ ist ein Cartier-Divisor, genannt exzeptioneller Divisor.

(ii) σ ist universell mit dieser Eigenschaft: Wenn $\sigma' : X' \longrightarrow X$ ein Morphismus ist, so daß $\sigma'^{-1}(V) = E'$ Cartier-Divisor ist, so gibt es genau eine Zerlegung $\sigma' = \sigma \circ f : X' \xrightarrow{f} \tilde{X} \xrightarrow{\sigma} X$.

aufeinander abwickelbare Flächen, *isometrische Flächen*, Flächen, die hinsichtlich des inneren Abstands isometrisch sind.

Die genaue Definition ist folgende: Zwei Flächen $\mathcal{F}_1$ und $\mathcal{F}_2$ des $\mathbb{R}^3$ heißen aufeinander abwickelbar, wenn eine bijektive differenzierbare Abbildung $f : \mathcal{F}_1 \longrightarrow \mathcal{F}_2$ existiert, die die erste Fundamentalform erhält. Die Abbildung f selbst heißt dann Abwicklung von $\mathcal{F}_1$ auf $\mathcal{F}_2$.

Im Sinne der Theorie der Riemannschen Mannigfaltigkeiten ist diese Eigenschaft äquivalent dazu, daß $\mathcal{F}_1$ und $\mathcal{F}_2$ isometrisch sind (↗Abbildungen zwischen Riemannschen Mannigfaltigkeiten). Mit Hilfe von Parameterdarstellungen läßt sich diese Eigenschaft oft durch das folgende lokale Kriterium nachweisen: $\mathcal{F}_1$ und $\mathcal{F}_2$ sind aufeinander abwickelbar, wenn es Parameterdarstellungen $\Phi_1 : U \longrightarrow \mathcal{F}_1$ und $\Phi_2 : U \longrightarrow \mathcal{F}_2$ von $\mathcal{F}_1$ bzw. $\mathcal{F}_2$ gibt, die auf einem gemeinsamen Parameterbereich $U \subset \mathbb{R}^2$ definiert sind und deren erste Fundamentalformen als matrixwertige Funktionen auf U übereinstimmen. Ist das der Fall, so ist $\Phi_2 \circ \Phi_1^{-1} : \mathcal{F}_1 \longrightarrow \mathcal{F}_2$ eine Abwicklung von $\mathcal{F}_1$ auf $\mathcal{F}_2$.

Einfache Beispiele für Abwicklungen erhält man aus Verbiegungen von Flächen oder anhand von kongruenten Flächen. Die Isometrie von Flächen ist aber nicht immer evident. Es gibt z. B Flächen konstanter Gaußscher Krümmung sehr unterschiedlichen Aussehens. Jedoch gilt folgender Satz:

Sind $\mathcal{F}_1, \mathcal{F}_2 \subset \mathbb{R}^3$ zwei Flächen derselben konstanten Gaußschen Krümmung und $P_1 \in \mathcal{F}_1$, $P_2 \in \mathcal{F}_2$ zwei beliebige Punkte, so gibt es Umgebungen $P_1 \in U_1 \subset \mathcal{F}_1$ und $P_2 \in U_2 \subset \mathcal{F}_2$, die aufeinander abwickelbar sind.

Die Relation '$\mathcal{F}_1$ ist auf $\mathcal{F}_2$ abwickelbar' ist eine Äquivalenzrelation in der Menge aller regulären Flächen des $\mathbb{R}^3$. Es gibt viele Äquivalenzklassen, da die Gaußsche Krümmung nach dem ↗theorema egregium eine Invariante bezüglich der Isometrie ist, d. h., Flächen unterschiedlicher Gaußscher Krümmung können nicht aufeinander abwickelbar sein. Daher gibt es zum Beispiel keine Abwicklung von Teilen der Kugeloberfläche in die Ebene.

auflösbare Gruppe, Gruppe G, aus der man durch Kommutatorbildung nach endlich vielen Schritten die einelementige Gruppe erhält.

Der Kommutator $[a, b]$ zweier Elemente $a, b \in G$ wird hierbei durch

$$[a, b] = a^{-1}b^{-1}ab$$

definiert. Es gilt nämlich: a und b kommutieren genau dann, d. h. $ab = ba$, wenn ihr Kommutator $[a, b]$ gleich dem Einslement der Gruppe G ist.

Die Kommutatorgruppe G' der Gruppe G ist die kleinste Untergruppe von G, die alle Kommutatoren

$$\{[a, b],\ a, b \in G\}$$

enthält. Man definiert dann induktiv $G^{(0)} = G$ und $G^{(n)}$ als Kommutatorgruppe von $G^{(n-1)}$.

Zusammenfassend kann man also sagen: G heißt auflösbar, wenn es ein $n \in \mathbb{N}$ gibt, so daß $G^{(n)}$ einelementig ist.

Die Bezeichnung stammt aus der Algebra: Die Existenz einer Lösungsformel für eine algebraische Gleichung hängt eng mit der Auflösbarkeit der zugeordneten Galois-Gruppe zusammen.

auflösbare Lie-Algebra, Lie-Algebra, deren adjungierte Lie-Gruppe auflösbar ist.

Dieser Begriff spielt bei der Klassifikation der Lie-Algebren eine Rolle.

Auflösung, im weitesten Sinne die Entzerrung von Objekten zur Vereinfachung ihrer Handhabung.

Beispielsweise denke man an die Auflösung eines Doppelpunktes oder die ↗Auflösung von Singularitäten.

Meist wird der Begriff jedoch für die Lösbarkeit einer algebraischen Gleichung in Radikalen gebraucht: Ist eine algebraische Gleichung $a_nx^n + a_{n-1}x^{n-1} + \cdots + a_1x + a_0 = 0$ gegeben, so stellt sich die Frage, ob eine Auflösung dieser Gleichung möglich ist, das heißt, ob alle Lösungen der Gleichung durch rationale Operationen und Wurzeln in endlich vielen Schritten darstellbar sind, also als verschachtelte Wurzelausdrücke aus den Koeffizienten $a_n, a_{n-1}, ..., a_1, a_0$ beschrieben werden können. Für die algebraischen Gleichungen zweiten, dritten und vierten Grades ist eine Auflösung dieser Art möglich, für Gleichungen von mindestens fünftem Grad nicht.

Auflösung von Singularitäten, ein eigentlicher birationaler Morphismus $\tilde{X} \xrightarrow{\sigma} X$ so, daß $\tilde{X}$ ein reguläres Schema ist und $\tilde{X} \setminus \sigma^{-1}(Z) \xrightarrow{\sim} X \setminus Z$. Hierbei sei X ein reduziertes irreduzibles Noethersches Schema und $Z \subset X$ ein abgeschlossenes Unterschema derart, daß $X \setminus Z$ ein reguläres (↗Cartanscher Raum) Schema ist.

Die Existenz einer solchen Auflösung ist im allgemeinen nur für algebraische Varietäten über Körpern der Charakteristik 0 oder der Dimension ≤ 3 bewiesen, außerdem ist die Existenz bekannt für algebraische Schemata der Dimension ≤ 2 über $\mathbb{Z}$. Man erhält eine solche Auflösung durch eine Folge von ↗Aufblasungen, mit Zentrum im singulären Ort. Für reduzierte kompakte komplexe Räume gilt ein analoges Resultat.

Aufrundung, Funktion, die einer reellen Zahl x die kleinste in einem Stellenwertsystem zu einer Basis b mit einer Genauigkeit b^k darstellbare rationale Zahl $\lceil x\rceil_{b,k}$ mit $\lceil x\rceil_{b,k} \geq x$ zuordnet, wobei $2 \leq b \in \mathbb{N}$ und $k \in \mathbb{Z}$. In der b-Darstellung von $\lceil x\rceil_{b,k}$ sind also die Ziffern zu den Potenzen b^j mit $j < k$ gleich 0. Für $x \geq 0$ entspricht das Aufrunden einem Weglassen der Ziffern nach der Position b^k in der b-Darstellung von x (bzw. ihrer Ersetzung durch die Ziffer 0) und Addition von b^k, falls eine der weggestrichenen Ziffern verschieden von 0 war, was sich auch durch

$$\lceil x\rceil_{b,k} = \lceil \frac{x}{b^k}\rceil b^k$$

ausdrücken läßt mit der ↗ceil-Funktion $\lceil\ \rceil$. Beispielsweise gilt $\lceil 12345678\rceil_{10,2} = 12345700$ und $\lceil e\rceil_{10,-2} = 2.72$. Für $x \leq 0$ gilt $\lceil x\rceil_{b,k} = -\lfloor -x\rfloor_{b,k}$ mit der ↗Abrundung $\lfloor\ \rfloor_{b,k}$.

$\lceil\ \rceil_{b,0} = \lceil\ \rceil$ ist die Aufrundung auf ganze Zahlen. $0 \leq \lceil x\rceil_{b,k} - x \leq b^k$ für $x \in \mathbb{R}$ zeigt, daß der Fehler wie bei der Abrundung kleiner als b^k ist. Beim Runden nach der Rundungsregel kann der Fehler nur halb so groß werden. Allgemeiner kann man für eine Menge $M \subset \mathbb{R}$, z. B. der endlichen Menge der in einem Computer darstellbaren Maschinenzahlen, nach der Aufrundung von x in M fragen, also der kleinsten in M enthaltenen Zahl $\lfloor x\rfloor_M$ mit $\lfloor x\rfloor_M \geq x$.

Aufspaltung, ältere Bezeichnung für die Erweiterung einer Gruppe. Ist G eine Gruppe, so heißt G Aufspaltung oder auch Erweiterung einer Gruppe H durch die Gruppe F, falls H Normalteiler von G ist und die Faktorgruppe G/H isomorph zur Gruppe F ist.

Sind G_1 und G_2 zwei Aufspaltungen von H durch die Gruppe F und gibt es einen Isomorphismus von G_1 auf G_2, der in H den identischen Automorphismus induziert und die Restklassen bezüglich H ineinander überführt, die demselben Element von F entsprechen, so heißen die beiden Aufspaltungen oder auch Erweiterungen äquivalent.

Aufspaltungsmethode, Vorgehensweise zur Herleitung von Iterationsverfahren für lineare Gleichungssysteme der Form $Ax = b$.

Dabei wird die Matrix A additiv aufgespalten in $A = U - V$, wobei U als invertierbar vorausgesetzt wird.

Die Grundidee besteht darin, U so zu wählen, daß die Gleichung der Form $Uy = d$ „einfacher" lösbar ist als die Ausgangsgleichung, und das aus dem äquivalenten Gleichungssystem $Ux = Vx + b$ abgeleitete Iterationsverfahren

$$x^{(k)} := U^{-1}(Vx^{(k-1)} + b)$$

konvergent ist gegen die gesuchte Lösung.

Wählt man beispielsweise U als Diagonalmatrix, deren Einträge gerade die der Hauptdiagonalem von A sind, erhält man das ↗Jacobi-Verfahren.

aufspannende Menge, Menge von Vektoren $\{v_i\}_{i\in I}$ eines Raums V mit der Eigenschaft, daß sich jedes $v \in V$ als Linearkombination der $\{v_i\}$ darstellen läßt.

Man nennt dann V den von $\{v_i\}_{i\in I}$ aufgespannten Raum, und schreibt

$$V = \text{Span}\{v_i\}_{i\in I}\,.$$

Man vergleiche hierzu auch das Stichwort ↗Erzeugendensystem.

aufsteigende Kette, in der Mengenlehre ein geordnetes System $\mathfrak{M}$ von Mengen, das die Eigenschaft hat, daß für $i < j$ (wobei i, j Elemente einer total geordneten Indexmenge sind) und $M_i, M_j \in \mathfrak{M}$ gilt: $M_i \subset M_j$.

Allgemeiner: In teilweise geordneten Mengen wird jede total geordnete Teilmenge als Kette bezeichnet. Dabei heißt eine Ordnung total, wenn für je zwei Elemente a, b stets genau eine der drei Aussagen $a < b$, $a = b$, oder $b < a$ zutrifft.

Aufsteigende und absteigende Ketten unterscheiden sich nur dadurch, daß man die Bedeutung der Symbole $<$ und $>$ austauscht.

Aufteilungsproblem, spezielles dynamisches Optimierungsproblem, bei dem eine Anfangsressource in zwei Größen aufgeteilt wird, um unterschiedlich eingesetzt werden zu können. In jeder weiteren Stufe des Prozesses werden die restlichen Ressourcen erneut geteilt.

Auftragegerät, mechanische Vorrichtung zum Auftragen von Punkten in ein Koordinatensystem (kartesische Koordinaten oder Polarkoordinaten), wenn die Koordinaten der Punkte gegeben sind.

Derartige Geräte finden vor allem Anwendungen im Vermessungswesen und Werkzeugmaschinenbau.

Auftriebsbeiwert, der Ausdruck

$$c_A = \frac{F_A}{A(\varrho/2c_\infty^2)},$$

der eine Beziehung zwischen dem dynamischen Auftrieb F_A (einer Kraft, die senkrecht zur Strömung des umströmten Körpers, etwa einer Tragfläche wirkt), und der Dichte des strömenden Mediums ϱ, der Geschwindigkeit c_∞ der ungestörten Strömung sowie der Projektion A der Tragfläche auf die Anströmebene herstellt.

aufzählbar, Eigenschaft einer Menge M natürlicher Zahlen.

M heißt aufzählbar, wenn es eine berechenbare Funktion f gibt, deren Wertebereich

$$\{f(n);\ n \in \mathbb{N}\}$$

mit M übereinstimmt.

Aufzählungstheorem, ein Satz der ↗Berechnungstheorie, der besagt, daß alle berechenbaren Funktionen einer gegebenen Stelligkeit n durch Variation eines einzigen Parameters aus einer universellen $(n+1)$-stelligen berechenbaren Funktion hervorgehen (↗berechenbare Funktion, ↗universelle Funktion, ↗universelle Turingmaschine).

Augend, die Größe, zu der bei einer Addition der Addend addiert wird, also das x im Ausdruck $x+y$.

augmentierender Weg, ↗ alternierender Weg.

Ausbreitungsgeschwindigkeit, Geschwindigkeit, mit der sich eine Wellenfront ausbreitet. So ist beispielsweise die Ausbreitungsgeschwindigkeit des Lichts im Vakuum eine universelle Konstante. Ist dagegen die Ausbreitungsgeschwindigkeit variabel, spricht man von Dispersion (↗Dispersion, physikalische).

Ausfallereignis, Begriff aus der ↗Zuverlässigkeitstheorie.

Unter einem Ausfallereignis versteht man ein zufälliges Ereignis, welches zum Ausfall eines Systems oder Systemelements führt.

Ausfallrate, Begriff aus der ↗Zuverlässigkeitstheorie, Maß für die Anfälligkeit eines Systems oder Systemelements, welches das Alter t erreicht hat.

Interpretiert man eine stetige Zufallsgröße $T \geq 0$ mit der Verteilungsfunktion $F(t)$ und der Dichte $f(t)$ als Lebensdauer eines Systems oder Systemelements, so erhält man für die bedingte Wahrscheinlichkeit dafür, daß das System bzw. Systemelement im Zeitraum $(t, t+\Delta t]$ ausfällt, wenn es bis zum Zeitpunkt t noch gearbeitet hat, das Resultat

$$\begin{aligned} R(t, t+\Delta t) &:= P(t < T \leq t + \Delta t / T \geq t) \\ &= \frac{P((t < T \leq t+\Delta t) \cap (T \geq t))}{P(T \geq t)} \\ &= \frac{P(t < T \leq t+\Delta t)}{P(T \geq t)} \\ &= \frac{F(t+\Delta t) - F(t)}{1 - F(t)}. \end{aligned}$$

Unter der Ausfallrate versteht man die Größe $\lambda(t)$ mit

$$\begin{aligned} \lambda(t) &:= \lim_{\Delta t \to 0} \left(\frac{F(t+\Delta t) - F(t)}{\Delta t} \right) \left(\frac{1}{1 - F(t)} \right) \\ &= \frac{f(t)}{1 - F(t)}. \end{aligned}$$

Für hinreichend kleine Werte von Δt ist

$$R(t, t+\Delta t) \approx \Delta t \lambda(t),$$

d. h., für hinreichend kleine Δt ist $\Delta t \lambda(t)$ eine gute Näherung für die bedingte Wahrscheinlichkeit dafür, daß das System bzw. Systemelement im Zeitraum $(t, t+\Delta t]$ ausfällt, wenn es bis zum Zeitpunkt t noch gearbeitet hat.

Ausfallwahrscheinlichkeit, Begriff aus der ↗Zuverlässigkeitstheorie.

Es sei die zufällige Lebensdauer eines Systems oder Systemelements als stetige Zufallsgröße $T \geq 0$ mit der Verteilungsfunktion $F(t)$ modelliert.

Als Ausfallwahrscheinlichkeit $A(t)$ wird die Wahrscheinlichkeit dafür bezeichnet, daß bei dem Element der erste Fehler vor dem Zeitpunkt t auftritt, es ist also:

$$A(t) := P(T < t) = F(t).$$

Die Größe

$$R(t) = 1 - F(t) = P(T \geq t)$$

wird Überlebenswahrscheinlichkeit oder Zuverlässigkeitsfunktion genannt.

Ausführ-Modus, (engl. *recall mode*), bezeichnet im Unterschied zum ↗Lern-Modus die Dynamik eines ↗Neuronalen Netzes bei der Erzeugung von Ausgabewerten aus gegebenen Eingabewerten.

Ausgabeband, ↗Turing-Maschine.

Ausgabefunktion, ↗formales Neuron.

Ausgabeneuron, (engl. *output neuron*), *Ausgangsneuron*, im Kontext ↗Neuronale Netze ein ↗formales Neuron, das ↗Ausgabewerte des Netzes übergibt.

Ausgabeschicht, (engl. *output layer*), im Kontext ↗Neuronale Netze die Menge der ↗Ausgabeneuronen des Netzes.

Implizit bringt dieser Begriff zum Ausdruck, daß die Topologie des Netzes schichtweise organisiert ist.

Ausgabewerte, im Kontext ↗Neuronale Netze diejenigen Werte, die das Netz im ↗Ausführ-Modus als Ergebniswerte für eine bestimmte Menge von ↗Eingabewerten liefert.

Ausgabewerte können je nach Netz diskret oder kontinuierlich sein und werden von den sogenannten ↗Ausgabeneuronen übergeben.

Ausgangsfunktion, ↗formales Neuron.

Ausgangsneuron, ↗Ausgabeneuron.

ausgeartete Bilinearform, eine ↗Bilinearform

$$f : V \times U \to \mathbb{K},$$

wobei V, U ↗Vektorräume über dem Körper $\mathbb{K}$ sind, für die ein $v \neq 0 \in V$ mit

$$f(v, u) = 0 \text{ für alle } u \in U$$

oder ein $u \neq 0 \in U$ mit

$$f(v, u) = 0 \text{ für alle } v \in V$$

existiert.

Der Rang einer ausgearteten Bilinearform $f : V \times V \to \mathbb{K}$ auf dem endlich-dimensionalen Vektorraum V ist stets kleiner als $\dim V$.

ausgedehnter Komplex, ein Tripel (E, ε, M^*) mit folgenden Eigenschaften:

1) E ist ein R-Modul.
2) M^* ist ein Kokettenkomplex, d. h.

$$M^* : M^0 \xrightarrow{d^0} M^1 \xrightarrow{d^1} M^2 \xrightarrow{d^2} M^3 \to \ldots$$

mit $d^i \circ d^{i-1} = 0$ für $i \in \mathbb{N}$. Dabei sind die d^i R-Modulhomomorphismen.
3) $\varepsilon : E \to M^0$ ist ein R-Modulmonomorphismus mit $\operatorname{Im} \varepsilon = \operatorname{Ker} d^0$.

Ist (E, ε, M^*) ein ausgedehnter Komplex, so ist

$$E \cong \operatorname{Im} \varepsilon = \operatorname{Ker} d^0 = Z^0(M^*) \cong H^0(M^*).$$

Ist $H^l(M^*) = 0$ für $l \geq 1$, so nennt man den Komplex azyklisch.

ausgedünntes Netz, Bezeichnung für ein ↗Neuronales Netz, dessen Komplexität durch die Eliminierung von ↗formalen Neuronen und ↗formalen Synapsen mit keinem oder geringem Beitrag zur Gesamtfunktionalität reduziert werden konnte.

ausgeglichene Teilmenge eines Vektorraums, ↗absorbierende Menge eines Vektorraums.

ausgeglichener Suchbaum, ein Suchbaum mit einer speziellen Symmetrie.

Um in einer gegebenen Menge von Objekten ein bestimmtes Objekt zu finden, verwendet man oft einen Suchbaum. Dies ist ein Baum, in dem die Menge der zu durchsuchenden Objekte entsprechend einer inhaltlich bedingten Gliederung auf die einzelnen Zweige des Baums aufgeteilt sind, so daß man von der Wurzel her nach logischen Kriterien den Baum durchsuchen kann, bis das gewünschte Objekt gefunden ist. Ein Baum ist dann ausgeglichen, wenn die Blätter jeweils gleich verteilt sind und überall die gleiche Gliederungstiefe besteht. Ein Suchbaum, der zusätzlich noch ausgeglichen ist, heißt ein ausgeglichener Suchbaum.

Ausgleich im Kollektiv, ökonomische Grundlage der Versicherungsmathematik.

Das Unternehmen verpflichtet sich (in Vertretung des „Kollektivs der Versicherten") zu einer Zahlung, sofern ein bestimmtes Ereignis eintritt, d. h. eine Zufallsvariable R_j einen vorgegebenen Wert annimmt. Dafür ist eine Prämie P_j zu zahlen.

Ein Kollektiv, bestehend aus N einzelnen Risiken R_j, $j = 1, \ldots, N$, ist im Gleichgewicht, wenn der Erwartungswert des Gesamtrisikos $\mathrm{R} = \sum_{j=1}^{N} R_j$ gleich der Prämiensumme ist, d. h.

$$E[\mathrm{R}] = \sum_{j=1}^{N} P_j.$$

Mit Hilfe des Gesetzes der großen Zahlen zeigt die Risikotheorie, daß die Varianz $V(\mathrm{R})$ relativ zu $E[\mathrm{R}]$ umso geringer ist, je größer das Kollektiv ist. Somit sinkt die Wahrscheinlichkeit für einen überproportional hohen Gesamtverlust. Für N unabhängige identisch verteilte Risiken R_j ergibt sich aus der Tschebyschew-Ungleichung eine Abschätzung für die Wahrscheinlichkeit, daß der Gesamtschaden R vom Erwartungswert relativ um mehr als α abweicht:

$$P\Big(|\mathrm{R} - E[\mathrm{R}]| \geq \alpha E[\mathrm{R}]\Big) < \frac{V(R_j)}{\alpha^2 N E(R_j)}.$$

Ausgleich in der Zeit, Reduktion von versicherungstechnischen Risiken durch Risikostreuung über mehrere Perioden. Mathematisch ähnlich wie beim ↗ Ausgleich im Kollektiv wird durch die mehrperiodische Bewertung die Varianz der Risikoverteilung (relativ zum Erwartungswert) reduziert.

Um den Ausgleich in der Zeit in der Praxis nutzen zu können, sind ↗ Schwankungsrückstellungen notwendig, die in Jahren mit gutem Risikoverlauf aufgebaut werden und in Perioden mit überproportional hohen Schäden zum Ausgleich der versicherungstechnischen Verluste dienen.

Aus dem Gesetz der großen Zahl, gelegentlich „Produktionsgesetz der Versicherungstechnik" genannt, folgt für den kumulierten Gesamtschaden $\mathrm{R} = \sum_{t=1}^{T} R(t)$ aus T Perioden:

$$P\Big(|\frac{1}{T}(\mathrm{R} - E(\mathrm{R}))| \geq \varepsilon\Big) \longrightarrow 0$$

für $T \to \infty$.

Ausgleichsgerade, eine durch eine Punktemenge von n „Beobachtungen" (x_i, y_i) mittels ↗ Ausgleichsrechnung gezogene Gerade $y = ax + b$.

Dabei wird die Gerade so gewählt, daß der Abstand der durch die Beobachtungen festgelegten Punkte im $\mathbb{R}^2$ von der durch die Gerade definierten Kurve im $\mathbb{R}^2$ für ein vorgegebenes Maß minimiert wird.

Hierzu verwendet man häufig die ↗ Methode der kleinsten Quadrate, es wird also die Quadratsumme

$$\sum_{i=1}^{n}(y_i - (ax_i + b))^2$$

minimiert.

Anschaulich bedeutet dies, daß für jeden Beobachtungspunkt (x_i, y_i) der in vertikaler Richtung genommene Abstand zwischen dem beobachteten Wert y_i und dem auf der Gerade liegenden Wert $ax_i + b$ betrachtet wird. Diese Abstände werden quadriert, aufsummiert und dann miminiert. Es folgt für

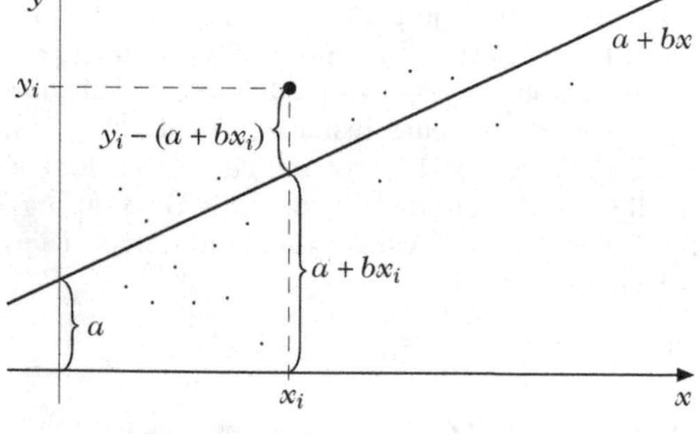

Ausgleichsgerade

$$\overline{x} = \frac{1}{n}\sum_{i=1}^{n} x_i \text{ und } \overline{y} = \frac{1}{n}\sum_{i=1}^{n} y_i\,,$$

daß

$$a = \frac{\sum_{i=1}^{n}(x_i - \overline{x})(y_i - \overline{y})}{\sum_{i=1}^{n}(x_i - \overline{x})^2} \text{ und } b = \overline{y} - a\overline{x}\,.$$

Ausgleichsindex, ↗ Ruintheorie.

Ausgleichsparabel, eine durch eine Punktemenge von n „Beobachtungen " (x_i, y_i) mittels ↗ Ausgleichsrechnung gelegte Parabel $y = ax^2 + bx + c$.

Dabei wird die Parabel so gewählt, daß der Abstand der durch die Beobachtungen festgelegten Punkte im $\mathbb{R}^2$ von der durch die Parabel definierten Kurve im $\mathbb{R}^2$ für ein vorgegebenes Maß minimiert wird.

Die Vorgehensweise ist in weitgehender Analogie zur bzw. Verallgemeinerung der Konstruktion der ↗ Ausgleichsgeraden.

Ausgleichspolynom, ein durch eine Punktmenge von n „Beobachtungen" (x_i, y_i) mittels ↗ Ausgleichsrechnung gelegtes Polynom.

Dabei wird das Polynom so gewählt, daß der Abstand der durch die Beobachtungen festgelegten Punkte im $\mathbb{R}^2$ von der durch das Polynom definierten Kurve im $\mathbb{R}^2$ für ein vorgegebenes Maß minimiert wird.

Der in der Praxis am häufigsten vorkommende Fall ist der der ↗ Ausgleichsgeraden oder der ↗ Ausgleichsparabel.

Ausgleichsrechnung, die Aufgabe, zu N Meßwerten (x_j, y_j) eine Funktion f zu finden, deren Funktionswerte $f(x_j)$ den Werten y_j möglichst gut entsprechen.

Die Funktion f hängt typischerweise von m Parametern $a_1, a_2, \ldots, a_m$ ab, welche so bestimmt werden sollen, daß der Fehler

$$f(x_j; a_1, \ldots, a_m) - y_j$$

in einer Norm möglichst klein wird. f kann hierbei eine Funktion, linear in den a_j, etwa

$$f(x; a_1, \ldots, a_m) = \sum_{k=1}^{m} a_k x^{k-1},$$

oder eine Funktion, nichtlinear in den a_j, etwa

$$f(x; a_1, \ldots, a_m) = a_1 e^{a_2 x} + a_3 e^{a_4 x}$$

sein.

Für $N = m$ erhält man ein Gleichungssystem, welches aufgrund von unvermeidlichen Meßfehlern in den Daten (x_j, y_j) i.a. keine Lösung hat. Man versucht daher, in der Praxis $N > m$ Messungen durchzuführen und ein überbestimmtes Gleichungssystem zu lösen. Dazu betrachtet man gewöhnlich die Aufgabe, den Ausdruck

$$\sum_{k=1}^{N}(y_k - f(x_k; a_1, \ldots, a_m))^2 \qquad (1)$$

oder den Ausdruck

$$\max_{1 \le j \le N} |y_j - f(x_j; a_1, \ldots, a_m)|$$

zu minimieren. Der erste Fall ist als ↗Methode der kleinsten Quadrate bekannt und wurde schon von Gauß verwendet. Die so erhaltene Lösung besitzt einfache statistische Eigenschaften.

Der zweite Ansatz minimiert die Maximumsnorm des Fehlers. Dies ist als diskretes Tschebyschew-Problem bekannt. In den Wirtschaftswissenschaften ersetzt man häufig die oben gewählten Normen und minimiert

$$\sum_{k=1}^{N} |y_k - f(x_k; a_1, \ldots, a_m)| .$$

Besitzt die Funktion f stetige partielle Ableitungen nach allen Unbekannten $a_1, \ldots, a_m$, so ist

$$\frac{\partial}{\partial a_i} \sum_{k=1}^{N}(y_k - f(x_k; a_1, \ldots, a_m))^2 = 0$$

eine notwendige Bedingung dafür, daß

$$a = [a_1, \ldots, a_m]^T$$

den Ausdruck (1) minimiert. Dieses Gleichungssystem bezeichnet man auch als die Normalgleichung.

Ist f eine lineare Funktion in den a_j

$$f(x; a_1, \ldots, a_m) = \sum_{k=1}^{m} a_k g_k(x),$$

dann erhält man in Matrixschreibweise

$$\begin{pmatrix} f(x_1; a_1, \ldots, a_m) \\ f(x_2; a_1, \ldots, a_m) \\ \vdots \\ f(x_N; a_1, \ldots, a_m) \end{pmatrix} =$$

$$\underbrace{\begin{pmatrix} g_1(x_1) & g_2(x_1) & \cdots & g_m(x_1) \\ g_1(x_2) & g_2(x_2) & \cdots & g_m(x_2) \\ \vdots & \vdots & & \vdots \\ g_1(x_N) & g_2(x_N) & \cdots & g_m(x_N) \end{pmatrix}}_{X} \underbrace{\begin{pmatrix} a_1 \\ a_2 \\ \vdots \\ a_m \end{pmatrix}}_{a} .$$

In diesem Fall reduzieren sich die Normalgleichungen auf ein lineares Gleichungssystem

$$X^T X a = X^T y$$

mit $y = [y_1, y_2, \ldots, y_N]^T$.

Da $X^T X$ eine symmetrische Matrix ist, kann die Normalgleichung etwa mittels des ↗Cholesky-Verfahrens gelöst werden.

Bei der Lösung der Normalgleichung können numerische Probleme auftreten, wenn die Konditionszahl der Matrix $X^T X$ sehr groß ist. Die Lösung a ist dann mit relativ großen Fehlern behaftet. Zudem sind Rundungsfehler bereits bei der Berechnung von $X^T X$ und $X^T y$ unvermeidlich. Man sollte das lineare Ausgleichsproblem daher mittels QR-Zerlegung oder Singulärwertzerlegung lösen. Diese Verfahren sind näher unter ↗Methode der kleinsten Quadrate beschrieben.

Ist f eine nichtlineare Funktion, so kann dasjenige $a = [a_1, a_2, \ldots, a_m]^T$, welches den Ausdruck (1) minimiert, im allgemeinen nur iterativ bestimmt werden. Ein geeignetes Verfahren hierzu ist die ↗Gauß-Newton-Methode.

Ausgleichsverfahren, statistische Methode zur Glättung von empirischen Verteilungen.

Grundlage ist die mehrdimensionale Zerlegung eines Datenbestands in Zellen, wobei die Objekte anhand bestimmter Merkmalausprägung klassifiziert werden. In der Versicherungsmathematik spricht man von einer Klassifikation nach Tarifzellen, die empirische Verteilung beschreibt den Schadenbedarf. Die rohe Versicherungsprämie für ein Objekt ist der Mittelwert des Schadens der betreffenden Tarifzelle. Aus ökonomischen oder statistischen Gründen (z. B. bei mangelnder Signifikanz der Einzeldaten) ist es erwünscht, Ausreißer mit einem Ausgleichsverfahren zu glätten.

Dazu werden in jeder Dimension die Marginalwerte über alle Tarifzellen bestimmt, also z. B. die Summe aller Schadenzahlen der betreffenden Zellen. Mit Hilfe eines (linearen) Regressionsverfahrens bestimmt man einen modifizierten Schätzer für den Erwartungswert des Schadenbedarfs der Zellen. Dadurch gelingt eine erwartungstreue Glättung der Daten.

Verfeinerte Verfahren, die verallgemeinerten linearen Modelle (GLM-Verfahren), verwenden zum Ausgleich der Roh-Prämien stückweise lineare bzw. nichtlineare Regressionsmodelle. Dabei werden auch Methoden der Spline-Theorie genutzt.

Ausklammern, das Umformen eines algebraischen Ausdrucks der Form $ax + ay$ zu dem gleichwertigen Ausdruck $a(x + y)$ durch „Herausziehen" des gemeinsamen Faktors a der Summanden ax und ay.

Die umgekehrte Umformung, also der Übergang von $a(x + y)$ zu $ax + ay$ heißt Ausmultiplizieren. Benutzt wird dabei jeweils die sich in der Identität $a(x+y) = ax+ay$ ausdrückende Distributivität von Addition und Multiplikation.

Ausmultiplizieren, ↗Ausklammern.

Ausnahmewerte, Werte $a \in \mathbb{C}$ mit $f(z) \neq a$ für alle $z \in D$, wobei $f : D \to \mathbb{C}$ eine ↗holomorphe Funktion und $D \subset \mathbb{C}$ eine offene Menge ist.

Man nennt a einen Picardschen Ausnahmewert von f, falls die Gleichung $f(z) = a$ höchstens endlich viele Lösungen $z \in D$ besitzt. Dieser Begriff spielt eine wichtige Rolle im Satz von Picard.

Ausreißer, einzelne extrem hohe oder niedrige Werte innerhalb einer Reihe von sich ansonsten mäßig unterscheidenden Stichprobendaten, von denen man vermutet, daß sie in irgendeiner Weise verfälscht sind.

Zu Ausreißern kann es durch Meßfehler, Rundungsfehler, Beurteilungsfehler usw. kommen. Das ↗Ausreißerproblem besteht darin, verfälschte Daten als Ausreißer zu erkennen und ihren Einfluß bei der statistischen Auswertung der Daten auszuschalten.

Ausreißerproblem, Erkennen verfälschter Daten als ↗Ausreißer und Ausschaltung ihres Einflusses bei den statistischen Auswertungen durch geeignete Methoden.

Das Identifizieren von Daten als Ausreißer geschieht mit geeigneten Hypothesentests, den sogenannten Ausreißertests. Bei Annahme der Normalverteilung kann man für große Stichprobenumfänge n ($n \geq 25$) die Faustregel verwenden, daß ein Wert als Ausreißer verworfen werden darf, wenn er außerhalb des Bereiches ($\overline{x} \pm 4s$) liegt, wobei der ↗empirische Mittelwert $\overline{x}$ und die ↗empirische Standardabweichung s ohne ausreißerverdächtigen Wert berechnet wurden.

Methoden zur Ausschaltung von erkannten Ausreißern sind zum Beispiel die „Bereinigungsverfahren", die Methode der „Zensorierung" und die Methode der „Winsorisation".

Beim Bereinigungsverfahren werden die Ausreißer einfach aus der Stichprobe entfernt.

Bei der Zensorierung wird eine vorher festgelegte Anzahl von größten und kleinsten Werten aus der Stichprobe entfernt und die verbleibenden Werte werden als Rangzahlen in die statistische Auswertung einbezogen.

Bei der Winsorisation wird eine vorher festgelegte Anzahl größter bzw. kleinster Werte durch ihre nächstgelegenen Werte in der reduzierten geordneten Stichprobe ersetzt.

Im Zusammenhang mit dem Studium von Ausreißern entstand die sogenannte ↗Extremwertstatistik.

Aussage, sprachliches Gebilde, das einen Sachverhalt widerspiegelt.

In der zweiwertigen Logik haben Aussagen die Eigenschaft, wahr oder falsch zu sein. In der Regel kann ein Sachverhalt durch verschiedene Aussagen ausgedrückt werden. Die mathematische Logik betrachtet formalisierte Aussagen, die über einem Alphabet in einer problemorientierten Sprache formuliert sind. Das der Sprache zugrundegelegte Alphabet kann entsprechend der beabsichtigten Untersuchungen verschiedenartige Grundzeichen enthalten.

Will man z. B. Aussagen über die elementare Zahlentheorie formulieren, dann benötigt man Variablen für natürliche oder ganze Zahlen, Zeichen für spezielle Elemente (z. B. für 0 und 1), Funktionszeichen für die Addition und Multiplikation, Relationszeichen für die Gleichheit und die Ordnungsbeziehung der Zahlen und schließlich logische und technische Zeichen, um aus einfacheren Ausdrücken oder Aussagen kompliziertere zu bilden. Zu den logischen Zeichen gehören Konnektoren und Quantoren. Technische Zeichen sind Klammern, um die Zusammengehörigkeit gewisser Teilausdrücke zu kennzeichnen.

Aussageform, logische Formel, die von mindestens einer Variablen abhängt. Durch Einsetzen von Elementen aus einer vorgegebenen Grundmenge in die Aussageform wird diese zu einer Aussage, die entweder wahr oder falsch ist.

Aussagenkalkül, formales System zur Beschreibung der ↗Aussagenlogik.

Strenggenommen sind zwei Kalküle schon dann verschieden, wenn sie unterschiedliche Grundbausteine benutzen. In diesem Sinne gibt es verschiedene Aussagenkalküle, die die klassische zweiwertige Aussagenlogik beschreiben. Da die Tautologien in allen diesen Kalkülen übereinstimmen, ist es gerechtfertigt, die Kalküle als äquivalent anzusehen und von *dem* Aussagenkalkül der zweiwertigen Aussagenlogik zu sprechen (auf andere Aussagenkalküle wird hier nicht eingegangen). Der Aussagenkalkül besteht aus folgenden Grundzeichen:

1. *Aussagenvariablen*: $p_1, p_2, p_3, \ldots$,
2. *Funktoren* oder *Konnektoren*: $\neg, \wedge, \vee, \rightarrow, \leftrightarrow$,
3. *technische Zeichen*: (,).

Aus diesen Grundzeichen (Alphabet) entstehen durch Aneinanderreihung (endliche) Zeichenreihen. Induktiv werden aus der Menge der Zeichenreihen die Ausdrücke oder Formeln durch folgende Vorschrift ausgesondert:

1. Alle Aussagenvariablen sind Ausdrücke (die nicht weiter zerlegbar sind und daher *atomar* oder *Atomausdruck* genannt werden).
2. Sind φ, ψ Ausdrücke, dann sind auch $(\neg\varphi)$, $(\varphi \wedge \psi)$, $(\varphi \vee \psi)$, $(\varphi \rightarrow \psi)$, $(\varphi \leftrightarrow \psi)$ Ausdrücke.
3. Keine weiteren Zeichenreihen sind Ausdrücke.

Um unnötige Klammern einzusparen, vereinbart man: Außenklammern dürfen weggelassen werden, $\neg$ bindet stärker als alle anderen Konnektoren, $\wedge$ und $\vee$ binden stärker als $\rightarrow$ und $\leftrightarrow$.

Für $((p \wedge q) \rightarrow (r \vee s))$ schreibt man kürzer $p \wedge q \rightarrow r \vee s$. Die korrekte Bildung von Ausdrücken gehört zur Grundlage des Aussagenkalküls.

Die *Semantik* befaßt sich mit dem „Wahrheitsbegriff", der i.allg. unzulänglich präzisiert ist. Zumindest für die Mathematik läßt sich der Wahrheitsbegriff hinlänglich genau festlegen.

Mathematische Aussagen sind in der Regel so präzise formuliert, daß sie entweder wahr oder falsch sind. Dieses *Prinzip der Zweiwertigkeit* drückt sich dadurch aus, daß Aussagen höchstens diese zwei Wahrheitswerte *wahr* oder 1 bzw. *falsch* oder 0 annehmen können. In der Semantik des Aussagenkalküls wird u. a. der Wahrheitswert von zusammengesetzten Ausdrücken bestimmt, wenn der Wahrheitswert für die Teilausdrücke schon bekannt ist. Dies erfolgt wieder induktiv über den Aufbau der Ausdrücke. Dazu sei V die Menge der Aussagenvariablen und $F : V \to \{0, 1\}$ eine Abbildung, die jeder Variablen den Wert 0 (falsch) oder 1 (wahr) zuordnet. F heißt Belegung der Aussagenvariablen mit Wahrheitswerten. Für die Menge Ausd aller Ausdrücke wird F induktiv zu $F^\star : \text{Ausd} \to \{0, 1\}$ erweitert:

1. Ist φ atomar (also eine Aussagenvariable), dann sei $F^\star(\varphi) = F(\varphi)$.
2. Für zusammengesetzte Ausdrücke erfolgt die Definition entsprechend der Kompliziertheit der Ausdrücke.

$$\begin{aligned} F^\star(\neg\varphi) &= 1 - F^\star(\varphi), \\ F^\star(\varphi \wedge \psi) &= \min\{F^\star(\varphi), F^\star(\psi)\}, \\ F^\star(\varphi \vee \psi) &= \max\{F^\star(\varphi), F^\star(\psi)\}, \\ F^\star(\varphi \to \psi) &= \max\{1 - F^\star(\varphi), F^\star(\psi)\}, \\ F^\star(\varphi \leftrightarrow \psi) &= \begin{cases} 1, & \text{falls } F^\star(\varphi) = F^\star(\psi), \\ 0, & \text{sonst.} \end{cases} \end{aligned}$$

Auf diese Weise ist bei gegebener Belegung der Wahrheitswert eines aussagenlogischen Ausdrucks stets berechenbar. Ist φ ein Ausdruck, der bei jeder Belegung wahr wird, dann ist φ aussagenlogisch allgemeingültig oder eine aussagenlogische Tautologie. Man vergleiche hierzu auch den Artikel zur ↗Aussagenlogik.

Aussagenlogik

H. Wolter

Die Aussagenlogik befaßt sich mit der Analyse von Verknüpfungen gegebener Aussagen A, B, wie z. B. *nicht-A*; *A und B*; *A oder B*; *wenn A, so B*; *A genau dann, wenn B*. Dabei wird die logische Struktur nur insoweit berücksichtigt, wie eine Aussage aus anderen zusammengesetzt ist.

Die einfachsten, im Rahmen der Aussagenlogik nicht weiter zerlegbaren Aussagen, heißen auch atomar. Die innere Struktur von Aussagen, wie sie z. B. in der traditionellen Logik ganz wesentlich durch die Subjekt-Prädikatbeziehung zum Ausdruck kommt, ist in der Aussagenlogik nicht von Interesse. Sie untersucht die extensionalen Aussagenoperationen, die dadurch charakterisiert sind, daß der Wahrheitswert einer aus einfacheren Bestandteilen zusammengesetzten Aussage nur von dem Wahrheitswert der Teilaussagen und nicht von deren Inhalt abhängt.

Die *klassische zweiwertige Aussagenlogik*, bei der nur die beiden Wahrheitswerte *wahr* oder 1 bzw. *falsch* oder 0 zugelassen sind, untersucht vor allem die Aussagenoperationen *Negation, Konjunktion, Alternative, Implikation* und *Äquivalenz*, mit deren Hilfe die Aussagen der klassischen Mathematik formuliert werden können. Hierbei bedeutet *zweiwertig*, daß eine (mathematische) Aussage so präzise formuliert ist, daß sie einen Sachverhalt genau widerspiegelt oder ihn verfehlt, d. h., jede Aussage ist wahr oder falsch. Ein möglicher dritter oder weiterer Wahrheitswert, wie er in der *mehrwertigen Logik* zugelassen ist, wird hier ausgeschlossen (*Prinzip vom ausgeschlossenen Dritten*). Weiterhin ist keine Aussage wahr und falsch.

Eine im Rahmen der Aussagenlogik gebildete Aussage, die schon aufgrund ihrer logischen Struktur wahr ist, wie z. B. *A oder nicht-A*, heißt (aussagenlogisch) *allgemeingültig* oder (aussagenlogische) *Tautologie*.

Um mathematische Methoden bei der Untersuchung der Aussagenlogik nutzen zu können, bedient man sich der Formalisierung der Aussagenlogik, was zum ↗Aussagenkalkül führt. Bei der Formalisierung werden zusammengesetzte Aussagen durch spezielle Zeichenreihen über ein geeignetes Alphabet (Menge der zu benutzenden Grundzeichen) als Ausdrücke oder Formeln dargestellt. Das Alphabet enthält ↗Aussagenvariablen, Funktoren oder Konnektoren als Symbole für die betrachteten aussagenlogischen Operatoren, und Klammern als technische Zeichen zur Kennzeichnung der Zusammengehörigkeit bestimmter Teilausdrücke.

Je nach beabsichtigter Untersuchung werden unterschiedliche Kalküle auch unterschiedliche Funktoren benutzen, wobei man stets mit ein- und zweistelligen Konnektoren auskommt. Da die Wahrheitswerte in der zweiwertigen Logik nur aus *wahr* oder 1 bzw. *falsch* oder 0 bestehen, läßt sich jeder Funktor durch eine endliche Wertetabelle charakterisieren. Durch die folgende Tabelle sind die klassischen Funktoren $\wedge, \vee, \rightarrow, \leftrightarrow$ und $\neg$ der Reihe nach interpretiert als Konjuktion, Alternative, Implikation, Äquivalenz und Negation, wobei p und q Aussagenvariablen bezeichnen.

p	q	$p \wedge q$	$p \vee q$	$p \rightarrow q$	$p \leftrightarrow q$	$\neg p$
1	1	1	1	1	1	0
1	0	0	1	0	0	
0	1	0	1	1	0	1
0	0	0	0	1	1	

In jedem Ausdruck treten nur endlich viele Funktoren und Variablen auf, die nur die Werte 1 oder 0 annehmen können.

Damit läßt sich für jeden vorgelegten Ausdruck durch Berechnung entscheiden, ob er eine Tautologie darstellt oder nicht. Die Tautologie

$$(p \rightarrow q) \leftrightarrow (\neg q \rightarrow \neg p)$$

stellt als Beweisprinzip die *Kontraposition* dar. Um z. B. die Implikation *wenn A, so B* zu beweisen, genügt es, aus der Negation von B die Negation von A zu zeigen.

Die Berechnung des Wahrheitswertes eines Ausdrucks bei einer gegebenen Belegung der Aussagenvariablen mit Wahrheitswerten gehört zur Semantik der Aussagenlogik. Desweiteren können mit den formalisierten Ausdrücken bestimmte syntaktische (formale) Operationen vorgenommen werden. Insbesondere lassen sich aus gewissen Axiomen mit wenigen formalen Schlußregeln oder Ableitungsregeln alle Tautologien und nur diese herleiten. In diesem Sinne ist die zweiwertige Aussagenlogik vollständig, d. h., es gibt ein Axiomensystem, bestehend aus Ausdrücken, und eine endliche Menge formaler Schlußregeln, so daß nur mit Hilfe dieser Schlußregeln aus den Axiomen genau die Tautologien beweisbar sind.

Literatur

[1] Asser, G.: Einführung in die mathematische Logik I. Harri Deutsch Zürich Frankfurt a.M., 1983.

[2] Church, A.: Introduction to Mathematical Logic. Princeton Univ. Press Princeton, 1956.

[3] Tarski, A.: Einführung in die mathematische Logik. Vandenhoek u. Ruprecht Göttingen, 1977.

Aussagenvariable, Variable in der ↗Aussagenlogik, die für eine Aussage oder auch für ihren Wahrheitswert steht.

Aussagenvariablen gehören zu den Grundzeichen des ↗Aussagenkalküls, aus denen mit Hilfe logischer Konnektoren zusammengesetzte Ausdrücke aufgebaut werden.

Ausscheidewahrscheinlichkeit, ↗ Deterministisches Modell.

Ausschließungsprinzip von Pauli, ↗ Pauli-Verbot.

Außengrad, ↗ gerichteter Graph.

Außenintervall, Interpretation eines uneigentlichen Intervalls $a = [\underline{a}, \overline{a}]$ mit $\underline{a} > \overline{a}$ als abgeschlossenes Komplement:

$$a = [-\infty, \overline{a}] \cup [\underline{a}, +\infty] .$$

Diese Form von Intervallen tritt im Sinne der strikt einschließenden ↗Intervallarithmetik als Kehrwert eines Null enthaltenden Intervalls auf.

Außenraumaufgabe, spezielle Fragestellung im Zusammenhang mit partiellen Differentialgleichungen, wobei die unbekannte Funktion in einem Gebiet $\Omega \subset \mathbb{R}^n$ definiert ist und die Aufgabenstellung sich durch die Differentialgleichung und die Vorgabe von Werten auf dem Rand $\Gamma := \partial\Omega$ ergibt (↗Anfangsrandwertproblem).

Bei einer Außenraumaufgabe ist Ω der unbeschränkte Außenraum zur Randkurve Γ. Zusätzlich benötigt man dann noch eine Randbedingung im Unendlichen.

Außenraumaufgaben führen bei üblichen Finite-Elemente-Diskretisierungen zu erheblichen Schwierigkeiten, während die ↗Randelementemethode durch die Betrachtung einer äquivalenten Integralgleichung die Fragestellung auf den Rand Γ reduziert und zu einem wesentlich einfacheren Lösungsverfahren führt.

Außenwinkel, ↗Dreieck.

äußere Ableitung, ↗Cartan-Ableitung.

äußere Algebra, die im folgenden näher erläuterte assoziative $\mathbb{K}$-Algebra

$$\wedge V := \bigoplus_{r=0}^{n} \Lambda^r V$$

(↗direkte Summe) zum n-dimensionalen $\mathbb{K}$-Vektorraum V. Diese Algebra wird manchmal auch in exakterer Sprechweise als äußere Algebra über V oder auch Graßmann-Algebra bezeichnet.

Sei $B = (b_1, \ldots, b_n)$ eine Basis von V. $\Lambda^r V$ bezeichnet den $\binom{n}{r}$-dimensionalen, von der speziellen Wahl von B unabhängigen $\mathbb{K}$-Vektorraum mit den Basiselementen

$$b_{i_1} \wedge \cdots \wedge b_{i_r} ,$$

$$1 \le i_1 < \cdots < i_r \le n.$$

$\Lambda^r V$ ist isomorph zum Quotientenvektorraum V^r/U_r, wo V^r das r-fache Tensorprodukt des Vektorraumes V bezeichnet, also

$$V^r = V \oplus \cdots \oplus V,$$

und U_r den von den Tensoren

$$v_1 \oplus \cdots \oplus v_r \in V^r$$

mit $v_i = v_j$ für ein Paar $i \neq j \in \{1, \ldots, r\}$ aufgespannten Untervektorraum von V^r.

Der Vektorraum $\Lambda^r V$ wird als die r-te äußere Potenz von V bezeichnet. Es gilt $\Lambda^0 V = \mathbb{K}$ und $\Lambda^1 V = V$. Die Elemente von $\Lambda^r V$ heißen r-Vektoren. Das Bild eines Tensors

$$v_1 \oplus \cdots \oplus v_r \in V^r$$

unter der natürlichen Quotientenabbildung q_r von V^r nach V^r/U_r, die jedem Element seine Nebenklasse zuordnet, wird mit

$$v_1 \wedge \cdots \wedge v_r$$

bezeichnet. Die Quotientenabbildung ist r-fach alternierend.

$\Lambda^r V$ ist durch die folgende Eigenschaft charakterisiert: Zu jeder r-fach alternierenden Abbildung (↗alternierende Multilinearform) $f : V^r \to W$ (W ein beliebiger $\mathbb{K}$-Vektorraum) gibt es genau eine lineare Abbildung $f' : \Lambda^r V \to W$ mit $f = f' \circ q_r$. Durch

$$\wedge : \Lambda^r V \times \Lambda^s V \to \Lambda^{r+s} V :$$
$$(x_1 \wedge \ldots \wedge x_r, y_1 \wedge \ldots \wedge y_s) \mapsto x_1 \wedge \cdots \wedge x_r \wedge y_1 \cdots \wedge y_s$$

ist das äußere Produkt gegeben, das einem r-Vektor und einem s-Vektor einen $(r+s)$-Vektor zuordnet und assoziativ ist.

Ist der Vektorraum V nicht endlich-dimensional, so ist die äußere Algebra über V definiert als die direkte Summe

$$\Lambda V := \bigoplus_{r=1}^{\infty} \Lambda^r V,$$

in der alle $\Lambda^r V$ vom Nullraum verschieden sind.

Die mit $\wedge$ bezeichnete Multiplikation in ΛV ist nun definiert durch Vorschrift

$$v_1 \wedge v_2 = \sum_{p,q=1}^{n} v_{1_p} \wedge v_{2_q},$$

wobei

$$v_1 = \sum_{r=0}^{n} v_{1_r}, \quad v_2 = \sum_{r=0}^{n} v_{2_r} \in \Lambda V$$

und $v_{1_r}, v_{2_r} \in \Lambda^r V$ eindeutig bestimmt sind.

Ist V n-dimensional, so gilt

$$\dim \Lambda V = 2^n$$

(ΛV aufgefaßt als $\mathbb{K}$-Vektorraum).

äußere Verknüpfung, Abbildung $A \times X \to X$, wobei A und X zwei beliebige Mengen sind. Man sagt, die Menge A operiert auf der Menge X.

äußerer Punkt, Punkt x eines topologischen Raumes X, für den gilt, daß eine Umgebung von x in $X \setminus A$, $A \subset X$, existiert, die einen leeren Schnitt mit A hat.

Dabei bezieht sich die Eigenschaft, äußerer Punkt zu sein, auf die Teilmenge A.

Äußeres einer Menge, Menge der ↗äußeren Punkte einer gegebenen Teilmenge A eines topologischen Raumes X.

Äußeres eines geschlossenen Weges, die Menge

$$\operatorname{Ext}\gamma := \{z \in \mathbb{C} \setminus \gamma : \operatorname{ind}_\gamma(z) = 0\},$$

wobei γ den Weg und $\operatorname{ind}_\gamma(z)$ die ↗Umlaufzahl von γ bezüglich z bezeichnet.

Die Menge $\operatorname{Ext}\gamma$ ist nicht leer, offen und unbeschränkt. Ist z. B. B eine abgeschlossene Kreisscheibe, so ist $\operatorname{Ext}\partial B = \mathbb{C} \setminus B$.

äußeres Maß, wichtiger Begriff in der Maßtheorie.

Es sei Ω eine Menge und $\mathcal{P}(\Omega)$ die Menge aller Untermengen von Ω. Eine Mengenfunktion $\bar{\mu} : \mathcal{P}(\Omega) \to \overline{\mathbb{R}}_+$ heißt äußeres Maß, wenn gilt:

1. $\bar{\mu}(\emptyset) = 0$,
2. $A \subseteq B \subseteq \Omega \Rightarrow \bar{\mu}(A) \leq \bar{\mu}(B)$,
3. mit $(A_n | n \in \mathbb{N}) \subseteq \mathcal{P}(\Omega)$ folgt:
$$\bar{\mu}\Big(\bigcup_{n\in\mathbb{N}} A_n\Big) \leq \sum_{n\in\mathbb{N}} \bar{\mu}(A_n).$$

Ist μ ↗Maß auf einer Teilmenge $\mathcal{M} \subseteq \mathcal{P}(\Omega)$ mit $\Omega \in \mathcal{M}$, so ist $\bar{\mu}$, definiert durch

$$\bar{\mu}(A) := \inf_{A \in \mathcal{P}(\Omega)} \{\mu(M) | M \supseteq A\}$$

ein äußeres Maß auf $\mathcal{P}(\Omega)$.

äußeres Produkt, ↗Kreuzprodukt.

Aussonderungsaxiom, ↗ axiomatische Mengenlehre.

austauschbare Ereignisse, Ereignisse $A_1, \ldots, A_n$ der σ-Algebra $\mathfrak{A}$ eines Wahrscheinlichkeitsraumes $(\Omega, \mathfrak{A}, P)$ derart, daß für alle $1 \leq m \leq n$ und alle m-Tupel $(i_1, \ldots, i_m)$ mit $1 \leq i_1 \leq \ldots \leq i_m \leq n$ die Wahrscheinlichkeit des Durchschnitts $\bigcap_{j=1}^{m} A_{i_j}$ nicht von der speziellen Wahl des m-Tupels abhängt.

Für eine beliebige Indexmenge I heißt die Familie $(A_i)_{i \in I}$ von Ereignissen austauschbar, wenn jede endliche Teilfamilie aus austauschbaren Ereignissen besteht.

austauschbare Zufallsvariable, Zufallsvariable $X_1, \ldots, X_n$ auf dem Wahrscheinlichkeitsraum $(\Omega, \mathfrak{A}, P)$ mit Bildräumen $(E_i, \mathfrak{A}_i)$ derart, daß für

$i = 1, \ldots, n$ und alle $A_i \in \mathfrak{A}_i$ die Ereignisse $X_i^{-1}(A_i)$ austauschbar sind.

Die Zufallsvariablen X_i einer Familie $(X_i)_{i\in I}$ mit beliebiger Indexmenge I heißen austauschbar, wenn jede endliche Teilfamilie austauschbar ist.

Austauschlemma, manchmal auch als Austauschsatz bezeichnet, eine der fundamentalen Aussagen der elementaren Linearen Algebra, die wie folgt formuliert werden kann:

Es seien $(b_1, \ldots, b_n)$ und $(c_1, \ldots, c_n)$ zwei Basen eines endlich-dimensionalen ↗Vektorraumes V über $\mathbb{K}$, und es sei $i \in \{1, \ldots, n\}$.

Dann gibt es einen Index $j \in \{1, \ldots, n\}$, so daß

$$(b_1, \ldots, b_{i-1}, c_j, b_{i+1}, \ldots, b_n)$$

wieder eine Basis von V bildet.

Eine andere Formulierung ist die folgende:

Es sei $(b_1, \ldots, b_n)$ eine Basis des Vektorraumes V über $\mathbb{K}$ und es sei $k \in \{1, \ldots, n\}$.

Ist dann

$$v = \sum_{i=1}^{n} \lambda_i b_i \in V$$

mit $\lambda_k \neq 0$, so bildet

$$(b_1, \ldots, b_{k-1}, v, b_{k+1}, \ldots, b_n)$$

wieder eine Basis von V.

Austauschprinzip für modulare Verbände, der folgende Satz über irreduzible Elemente eines modularen Verbandes:

Sei L ein modularer Verband mit Nullelement und $P \subseteq L$ die Menge der irreduziblen Elemente, die nicht Null sind. Seien $a = p_1 \vee \cdots \vee p_s = q_1 \vee \cdots \vee q_t$ zwei Minimaldarstellungen von $a \in L$ mit $p_i, q_j \in P$, $i = 1, \ldots, s$, $j = 1, \ldots, t$.

Dann existiert zu jedem p_i, $i = 1, \ldots, s$ ein q_j, $j \in \{1, \ldots, t\}$ so, daß $a = p_1 \vee \cdots \vee p_{i-1} \vee q_j \vee p_{i+1} \vee \cdots \vee p_s$ eine weitere Darstellung von a ist. Insbesondere gilt $s = t$.

Austauschsatz, ↗Steinitzscher Austauschsatz, ↗Austauschlemma.

Austauschschritt, Phase innerhalb der Ausführung numerischer Verfahren, beispielsweise des ↗Remez-Verfahrens oder des Simplexalgorithmus'.

Bei letzterem vertauscht man beispielsweise im Austauschschritt eine aktuelle Basisvariable mit einer Nicht-Basisvariablen. Dabei kann sich die zugehörige Basislösung verändern, muß es aber nicht (Auftreten von Zyklen).

Auswahl, ↗Auswahl mit Zurücklegen, ↗Auswahl ohne Zurücklegen.

Auswahl mit Zurücklegen, Prinzip der Ziehung einer Probe in der Kombinatorik.

Ist $M = \{a_1, ..., a_n\}$ eine beliebige endliche Menge, so erhält man eine Auswahl aus M mit Zurücklegen, indem man r Elemente aus M auswählt und dabei darauf achtet, daß ein einmal gewähltes Element jederzeit wieder ausgewählt werden kann. Die Auswahl mit Zurücklegen entspricht also dem Ziehen von Kugeln aus einer Urne, wobei eine gezogene Kugel wieder in die Urne zurückgelegt wird.

Man unterscheidet bei solchen Proben, die durch Auswahl mit Zurücklegen entstanden sind, zwischen geordneten und ungeordneten Proben und spricht dabei auch von Proben mit Wiederholungen. Eine geordnete Probe vom Umfang r aus M mit Wiederholung ist ein r-Tupel $(a_{j_1}, ..., a_{j_r})$ mit $1 \leq j_i \leq n$. Hier macht es also einen Unterschied, ob man beispielsweise (a_1, a_2) oder (a_2, a_1) auswählt. Grundsätzlich gibt es n^r geordnete Proben mit Zurücklegen vom Umfang r aus einer n-elementigen Menge. Dagegen ist eine ungeordnete Probe vom Umfang r aus M mit Wiederholungen ein geordnetes Tupel $(a_{j_1}, ..., a_{j_r})$ mit $1 \leq j_i \leq n$ und $j_i \leq j_{i+1}$ für alle i. Grundsätzlich gibt es $\binom{n+r-1}{r}$ ungeordnete Proben mit Zurücklegen vom Umfang r aus einer n-elementigen Menge.

Auswahl ohne Zurücklegen, Prinzip der Ziehung einer Probe in der Kombinatorik.

Ist $M = \{a_1, ..., a_n\}$ eine beliebige endliche Menge, so erhält man eine Auswahl aus M ohne Zurücklegen, indem man r Elemente aus M auswählt und dabei darauf achtet, daß ein einmal gewähltes Element kein zweites Mal ausgewählt werden kann. Die Auswahl ohne Zurücklegen entspricht also dem Ziehen von Kugeln aus einer Urne, wobei eine gezogene Kugel nicht mehr in die Urne zurückgelegt wird.

Man unterscheidet bei solchen Proben, die durch Auswahl ohne Zurücklegen entstanden sind, zwischen geordneten und ungeordneten Proben und spricht dabei auch von Proben ohne Wiederholungen. Eine geordnete Probe vom Umfang r aus M ohne Wiederholung ist ein r-Tupel $(a_{j_1}, ..., a_{j_r})$ mit $1 \leq j_i \leq n$ und $j_i \neq j_k$ für $i \neq k$. Hier macht es also einen Unterschied, ob man beispielsweise (a_1, a_2) oder (a_2, a_1) auswählt. Grundsätzlich gibt es

$$n \cdot (n-1) \cdots (n-r+1) = \binom{n}{r} \cdot r!$$

geordnete Proben ohne Zurücklegen vom Umfang r aus einer n-elementigen Menge. Dagegen ist eine ungeordnete Probe vom Umfang r aus M ohne Wiederholungen ein geordnetes Tupel $(a_{j_1}, ..., a_{j_r})$ mit $1 \leq j_i \leq n$ und $j_i < j_{i+1}$ für alle i. Eine solche ungeordnete Probe ist Repräsentant aller geordneten Proben aus M, die dieselben Elemente enthalten. Grundsätzlich gibt es $\binom{n}{r}$ ungeordnete Proben ohne Zurücklegen vom Umfang r aus einer n-elementigen Menge.

Auswahlaxiom, AC, Axiom der ↗axiomatischen Mengenlehre, das besagt, daß es zu jeder Menge $\mathcal{M}$, deren Elemente sämtlich nichtleere Mengen sind, eine sogenannte Auswahlfunktion gibt, die jeder Menge $\mathcal{N}$ aus $\mathcal{M}$ ein Element aus $\mathcal{N}$ zuordnet. Formal bedeutet das, man fordert für jede Menge $\mathcal{M}$ die Gültigkeit der Formel

$$\emptyset \notin \mathcal{M} \Rightarrow \bigvee_{f:\mathcal{M}\to \bigcup\limits_{M\in\mathcal{M}} M} \left(\bigwedge_{\mathcal{N}\in\mathcal{M}} f(\mathcal{N}) \in \mathcal{N}\right).$$

Es sind zahlreiche Aussagen bekannt, die in der Zermelo-Fraenkelschen Mengenlehre (ZF) zum Auswahlaxiom äquivalent sind. Die wichtigsten werden im folgenden vorgestellt. Ein Beweis der Äquivalenz befindet sich z. B. in [2].

Hausdorffsches Maximalitätsprinzip:

Sei $\mathcal{A}$ eine Menge von Mengen und $\mathcal{N}$ eine Teilmenge von $\mathcal{A}$, auf der die Inklusion „$\subseteq$" eine konnexe Ordnungsrelation darstellt.

Dann gibt es bezüglich dieser Eigenschaft eine $\subseteq$-maximale Teilmenge $\mathcal{M}$ von $\mathcal{A}$, die $\mathcal{N}$ enthält. Das heißt, $\mathcal{A} \supseteq \mathcal{M} \supseteq \mathcal{N}$, $\mathcal{M}$ wird durch „$\subseteq$" konnex geordnet, und es gibt keine Teilmenge von $\mathcal{A}$, die $\mathcal{M}$ echt enthält und durch „$\subseteq$" konnex geordnet wird.

Kuratowski-Lemma:

Ist $(N, \leq)$ eine Ordnungsrelation und $K \subseteq N$ eine Kette, so ist K in einer maximalen Kette M enthalten, das heißt, es gibt eine Menge $K \subseteq M \subseteq N$ so, daß M eine Kette ist, daß jedoch keine echte Obermenge von M, die in N enthalten ist, eine Kette ist.

Maximalitätsprinzip:

Sei $\mathcal{A}$ eine Menge von Mengen mit der Inklusion „$\subseteq$" als Ordnungsrelation. Weiterhin gebe es zu jeder Teilmenge $\mathcal{N}$ von $\mathcal{A}$, auf der die Inklusion konnex ist, ein Element $A \in \mathcal{A}$, das alle Elemente von $\mathcal{N}$ als Teilmengen enthält. Dann enthält $\mathcal{A}$ ein $\subseteq$-maximales Element, das heißt ein Element, das in keinem anderen Element von $\mathcal{A}$ echt enthalten ist.

Minimalitätsprinzip:

Sei $\mathcal{A}$ eine Menge von Mengen mit der Inklusion „$\subseteq$" als Ordnungsrelation. Weiterhin gebe es zu jeder Teilmenge $\mathcal{N}$ von $\mathcal{A}$, auf der die Inklusion konnex ist, ein Element $A \in \mathcal{A}$, das in allen Elementen von $\mathcal{N}$ als Teilmenge enthalten ist. Dann enthält $\mathcal{A}$ ein $\subseteq$-minimales Element, das heißt ein Element, in welchem kein anderes Element von $\mathcal{A}$ echt enthalten ist.

Tukey-Lemma:

Sei $\mathcal{A}$ eine nichtleere Menge von Mengen mit der Inklusion „$\subseteq$" als Ordnungsrelation. $\mathcal{A}$ habe die Eigenschaft, daß eine Menge A genau dann ein Element von $\mathcal{A}$ ist, wenn jede endliche Teilmenge von A ein Element von $\mathcal{A}$ ist. Dann enthält $\mathcal{A}$ ein $\subseteq$-maximales Element, das heißt ein Element, das in keinem anderen Element von $\mathcal{A}$ echt enthalten ist.

Wohlordnungssatz von Zermelo:

Auf jeder Menge gibt es eine Wohlordnung.

Dabei heißt eine lineare Ordnungsrelation (M, R), $R \subseteq M \times M$ eine Wohlordnung auf der Menge M genau dann, wenn jede nichtleere Teilmenge von M ein kleinstes Element (bezüglich R) besitzt.

Zermelo-Postulat:

Sei $\mathcal{A}$ eine Menge von nicht leeren Mengen, die alle paarweise disjunkt sind. Dann gibt es eine Menge C, so daß gilt

$$\bigwedge_{A\in\mathcal{A}} \#(A \cap C) = 1,$$

das heißt, C schneidet alle Elemente von $\mathcal{A}$ in genau einem Punkt.

Zornsches Lemma:

Ist (M, P), $P \subseteq M \times M$ eine Ordnungsrelation und hat jede Kette $K \subseteq M$ eine obere Schranke in M, so gibt es in M ein P-maximales Element.

Es sei noch erwähnt, daß auch die Aussage, daß jeder Vektorraum eine Basis besitzt, sowie der Satz von Tychonow zum Auswahlaxiom äquivalent sind. Weitere Informationen und Quellenangaben zu einer Vielzahl von Äquivalenzen zum Auswahlaxiom finden sich in [4].

Häufig wird die Existenz von Auswahlfunktionen, das heißt die Gültigkeit des Auswahlaxioms, als intuitiv evident betrachtet. Um so erstaunlicher ist die Tatsache, daß sich das Auswahlaxiom nicht aus den Axiomen von ZF beweisen läßt. Es zeigt sich, daß das Auswahlaxiom sogar von ZF unabhängig ist, das heißt, unter der Voraussetzung, daß ZF selbst widerspruchsfrei ist, kann man sowohl das Auswahlaxiom, als auch seine Negation zu ZF hinzunehmen, und das entstehende Axiomensystem bleibt widerspruchsfrei (↗axiomatische Mengenlehre). Für einen Beweis siehe z. B. [3].

Die Unabhängigkeit des Auswahlaxioms von ZF steht in engem Zusammenhang mit der sogenannten Inkonstruktivität des Auswahlaxioms. Im allgemeinen lassen sich die durch das Auswahlaxiom als existent geforderten Mengen nicht in ZF konstruieren, da sich andernfalls die Gültigkeit des Auswahlaxioms in ZF beweisen ließe. Um ein Gefühl für den inkonstruktiven Charakter des Auswahlaxioms zu bekommen, kann man zum Beispiel versuchen, ohne das Auswahlaxiom eine Wohlordnung auf den reellen Zahlen anzugeben oder auf der Potenzmenge der reellen Zahlen eine Auswahlfunktion zu definieren. Man kann zeigen, daß beides unmöglich ist.

Es zeigt sich, daß manche Konsequenzen des Auswahlaxioms weit weniger intuitiv einsichtig sind als das Auswahlaxiom selbst. Eine solche Konsequenz ist das ↗Banach-Tarskische Kugelparadoxon. Dabei handelt es sich um die Tatsache, daß sich die Einheitskugel im $\mathbb{R}^3$ mit Hilfe des Auswahlaxioms in endlich viele (nicht Lebesgue-meßbare) Teilmengen zerlegen läßt, die sich nach einer Bewegung zu einer Vollkugel doppelten Volumens zusammensetzen lassen.

Die Frage, ob das Auswahlaxiom zu den die Mengenlehre begründenden Axiomen hinzugenommen werden soll oder nicht, hat in der Mathematik dieses Jahrhunderts zu vielen Kontroversen geführt. So wird es von einer Richtung der mathematischen Logik, die sich Intuitionismus nennt, abgelehnt. Die meisten Mathematiker akzeptieren jedoch gegenwärtig das Auswahlaxiom und betrachten ZFC, das heißt das aus ZF und dem Auswahlaxiom bestehende Axiomensystem als das Standardaxiomensystem der Mengenlehre. Dabei ist es üblich, in Beweisen, wenn möglich, auf das Auswahlaxiom zu verzichten und andernfalls ausdrücklich auf den Gebrauch des Auswahlaxioms hinzuweisen. Weitere Informationen zum Auswahlaxiom findet man in [1].

[1] Jech, T. J.: The Axiom of Choice. North-Holland, Amsterdam, 1973.

[2] Kelley, J. L.: General Topology. Van Nostrand Reinhold, New York, 1955.

[3] Kunen, K.: Set Theory. An Introduction to Independence Proofs. North-Holland, Amsterdam, 1980.

[4] Rubin, H.; Rubin, J. E.: Equivalents of the Axiom of Choice, II. North-Holland, Amsterdam, 1985.

Auswahlfunktion, ↗ Auswahlaxiom.

Auswahlsatz für reflexive Banachräume, besagt, daß in einem reflexiven Banachraum jede beschränkte Folge eine schwach konvergente Teilfolge besitzt.

Auswertungsproblem, das Problem, für ein gegebenes Berechnungsschema für eine Funktion und eine gegebene Eingabe a den Funktionswert für a zu berechnen.

Für viele Berechnungsschemata wie Schaltkreise (↗ logischer Schaltkreis) läßt es sich im allgemeinen nicht vermeiden, alle darin enthaltenen Rechenschritte auszuführen, während sich das Auswertungsproblem für andere Berechnungsschemata effizienter lösen läßt. In ↗ Branchingprogrammen genügt es, den aktivierten Berechnungspfad zu verfolgen.

Auszahlungsmatrix, bei Matrixspielen die Matrix, welche für jede mögliche Strategie die Gewinne bzw. Verluste der beiden beteiligten Spieler darstellt.

Authentifizierung, Prüfung der Authentizität (Originalität) eines Dokuments.

Um diese Prüfung zu ermöglichen, muß dieses jedoch zuerst authentisiert werden (↗ Authentisierung). Die Begriffe Authentisierung und Authentifizierung werden in der Literatur oft synonym gebraucht.

Authentisierung, Verfahren, um die Authentizität (Originalität) eines Dokuments prüfbar zu machen. Das kann durch Ausnutzung physikalischer Prozesse (Siegeln, Einschweißen) oder mit Hilfe mathematischer Algorithmen (↗ digitale Signatur) geschehen. Der Prüfprozeß selbst wird als ↗ Authentifizierung bezeichnet.

autoassoziatives Netz, allgemein ein ↗ Neuronales Netz, das im ↗ Ausführ-Modus gegebenen Eingabewerten solche Ausgabewerte zuordnet, die möglichst geringen Abstand zu den Eingabewerten haben und eine wünschenswerte Assoziation repräsentieren. (Man vergleiche hierzu auch ↗ heteroassoziatives Netz und ↗ Mustererkennungsnetz).

Beispiel: Jedem binär codierten (fehlerhaften) Bild eines Großbuchstabens des Alphabets wird im Idealfall ein binär codiertes Bild seines zugehörigen (fehlerfreien) Originals zugeordnet.

Autokorrelation, Eigenschaft einer Zufallsvariablen.

Eine Zufallsvariable X heißt autokorreliert, wenn die zu X gehörenden in räumlicher oder zeitlicher Reihenfolge liegenden Beobachtungswerte x_i einem stationären stochastischen Prozeß unterliegen.

Für den i-ten Beobachtungswert x_i gilt dann beispielsweise die Beziehung

$$x_i \;=\; a_{i-1}x_{i-1} + \;\cdots\; + a_{i-m}x_{i-m} + \varepsilon_i\,.$$

Dabei sind die a_ν Konstanten und ε_i eine weitere Zufallsvariable.

Autokorrelationsfunktion, ↗ Korrelationsfunktion.

Autokovarianzfunktion, ↗ Kovarianzfunktion.

Automat, mathematisches Modell eines diskreten dynamischen Systems.

Die Systemzustände werden dabei als Elemente einer Menge Z, der Zustandsmenge, modelliert. Von ihrer inneren Struktur wird weitgehend abstrahiert. Einige der Zustände werden als Anfangs- bzw. Endzustände ausgezeichnet, dort kann ein Systemablauf starten bzw. enden. Die Systemdynamik wird durch eine Übergangsrelation δ dargestellt, die jedem Zustand den bzw. die möglichen Nachfolgezustände zuordnet. Für Systeme, die auf Eingaben reagieren sollen, wird ein Eingabealphabet X angegeben; die Übergangsrelation δ hängt dann auch von der jeweiligen Eingabe ab. Wahlweise kann auch bei jedem Zustandsübergang eine Ausgabe über einem Alphabet Y erzeugt werden, die vom aktuellen Zustand und der Eingabe abhängen kann.

Automaten arbeiten taktweise. Anfangs ist einer der Anfangszustände aktueller Zustand. In jedem Takt wird abhängig von der Eingabe und dem aktuellen Zustand ein neuer aktueller Zustand bestimmt und ggf. eine Ausgabe geschrieben. Stellt die Übergangsrelation mehr als einen Folgezustand zur Verfügung, wird einer dieser Zustände nichtdeterministisch ausgewählt.

Ein Automat ist endlich, wenn Zustandsmenge, Eingabe- und ggf. Ausgabealphabet endlich sind.

Verbreitete Varianten endlicher Automaten sind ↗ deterministische endliche Automaten, ↗ nichtdeterministische endliche Automaten und sog. Moore–Automaten.

Nichtendliche Automaten sind z. B. ↗ Kellerautomaten. Automaten haben sich als Werkzeug zur Analyse ↗ formaler Sprachen vorzüglich bewährt.

Automaten lassen sich durch ↗ Zustandsgraphen darstellen.

automorphe Form, die im folgenden abgeleitete meromorphe Funktion f.

Sei H die obere Halbebene und Γ eine Fuchssche Gruppe. Mit H^* sei die Vereinigung von H und der Menge der Spitzen von Γ bezeichnet. Wenn $\Gamma\backslash H^*$ kompakt ist, dann nennt man Γ eine Fuchssche Gruppe der ersten Art. Sei k eine ganze Zahl und Γ eine Fuchssche Gruppe der ersten Art. Für eine beliebige Funktion $f(z)$ auf H definiert man die Operation eines Elementes $\alpha = \begin{pmatrix} a & b \\ c & d \end{pmatrix} \in Gl_2^+(\mathbb{R}) = \{\alpha \in Gl_2(\mathbb{R}) \mid \det(\alpha) > 0\}$ durch

$$(f\,|_k\,\alpha)(z) \;:=\; \det(\alpha)^{\frac{k}{2}} j(\alpha, z)^{-k} f(\alpha z)\,,$$

wobei $z \in H$ und $j(\alpha, z) := cz + d$ für $z \in \mathbb{C}$.

Eine meromorphe Funktion $f(z)$ auf H heißt automorphe Form vom Gewicht k bezüglich Γ oder einfach eine Γ -automorphe Form vom Gewicht k, wenn

$$f\,|_k\,\gamma \;=\; f \text{ für alle } \gamma \in \Gamma\,.$$

Die Menge aller automorphen Formen vom Gewicht k bezüglich Γ ist ein Vektorraum über $\mathbb{C}$, der mit $\Omega_k(\Gamma)$ bezeichnet sei.

Man definiert für Γ die Menge der meromorphen automorphen Formen

$$\mathcal{A}_k(\Gamma) \;:=\; \{f \in \Omega_k(\Gamma) \mid f \text{ ist meromorph in allen Spitzen von } \Gamma\}\,,$$

die ein Vektorraum über $\mathbb{C}$ ist. $\mathcal{A}_0(\Gamma)$ ist ein Körper und wird automorpher Funktionenkörper bezüglich Γ genannt. Die Elemente von $\mathcal{A}_0(\Gamma)$ nennt man automorphe Funktionen bezüglich Γ.

[1] Miyake, T.: Modular Forms. Springer-Verlag Berlin/Heidelberg/New York, 1989.

automorphe Funktion, ↗ automorphe Form.

Automorphiefaktor, Menge holomorpher Funktionen auf einer Mannigfaltigkeit.

Es seien X eine komplexe analytische Mannigfaltigkeit und Γ eine diskontinuierliche Gruppe analytischer Automorphismen von X. Eine Menge $\{j_\gamma(z) | \gamma \in \Gamma\}$ von Null verschiedener holomorpher Funktionen auf X heißt Automorphiefaktor, falls gilt:

$$j_{\gamma\mu}(z) \;=\; j_\gamma(\mu(z))\, j_\mu(z)$$

für alle $\gamma, \mu \in \Gamma$ und $z \in X$.

Automorphismengruppe eines Gebietes, Gruppe aller ↗ konformen Abbildungen f eines ↗ Gebietes $G \subset \mathbb{C}$ auf sich (↗ Automorphismus eines Gebietes). Sie wird mit $\operatorname{Aut} G$ bezeichnet und ist eine Gruppe bezüglich der Komposition $\circ$ von Abbildungen.

Die präzise Bestimmung dieser i.allg. nicht kommutativen Gruppe ist eine wichtige Aufgabe der Riemannschen Funktionentheorie, sie ist aber nur in Ausnahmefällen möglich. Für einfach oder zweifach zusammenhängende Gebiete G ist $\operatorname{Aut} G$ eine unendliche Gruppe; ist $G \neq \mathbb{C}$ einfach zusammenhängend, so ist $\operatorname{Aut} G$ isomorph zu $\operatorname{Aut} \mathbb{E}$.

Es sei G_n ein beschränktes Gebiet ohne isolierte Randpunkte mit genau n Löchern, $n \in \mathbb{N}$, $n \geq 2$, d. h. $\mathbb{C} \setminus G_n$ besitzt genau n kompakte Zusammenhangskomponenten. Dann ist $\operatorname{Aut} G_n$ isomorph zu einer endlichen Untergruppe der Gruppe der ↗ Möbius-Transformationen.

Für die bestmögliche obere Schranke $N(n)$ für die Elementezahl von $\operatorname{Aut} G_n$ gilt $N(n) = 2n$, falls $n \neq 4, 6, 8, 12, 20$, $N(4) = 12$, $N(6) = N(8) = 24$ und $N(12) = N(20) = 60$. Die Zahlen $2n$, $12, 24, 60$ sind die Ordnungen der Dieder-, Tetraeder-, Oktaeder- und Ikosaedergruppe.

Gebiete mit unendlich vielen Löchern können unendliche Automorphismengruppen haben, z. B. ist $\operatorname{Aut}(\mathbb{C} \setminus \mathbb{Z}) = \{z \mapsto z + n : n \in \mathbb{Z}\}$.

Automorphismengruppe eines Graphen, ↗ Automorphismus eines Graphen.

Automorphismengruppe von $\mathbb{C}$, Gruppe aller ↗ konformen Abbildungen f von $\mathbb{C}$ auf sich. Sie wird mit $\operatorname{Aut}\mathbb{C}$ bezeichnet und ist eine Gruppe bezüglich der Komposition $\circ$ von Abbildungen.

Jede Abbildung $f \in \operatorname{Aut}\mathbb{C}$ ist von der Form $f(z) = az + b$ mit a, und $b \in \mathbb{C}$, $a \neq 0$.

Automorphismengruppe von $\mathbb{C}^*$, Gruppe aller ↗ konformen Abbildungen f von $\mathbb{C}^* = \mathbb{C} \setminus \{0\}$ auf sich. Sie wird mit $\operatorname{Aut}\mathbb{C}^*$ bezeichnet und ist eine Gruppe bezüglich der Komposition $\circ$ von Abbildungen.

Jede Abbildung $f \in \operatorname{Aut}\mathbb{C}^*$ ist von der Form $f(z) = az$ oder $f(z) = a/z$ mit $a \in \mathbb{C}^*$.

Automorphismengruppe von $\mathbb{E}$, Gruppe aller ↗ konformen Abbildungen f von $\mathbb{E} = \{z \in \mathbb{C} : |z| < 1\}$ auf sich. Sie wird mit $\operatorname{Aut}\mathbb{E}$ bezeichnet und ist eine Gruppe bezüglich der Komposition $\circ$ von Abbildungen.

Jede Abbildung $f \in \operatorname{Aut}\mathbb{E}$ ist eine Möbius-Transformation der Form

$$f(z) \;=\; e^{i\varphi}\,\frac{z - z_0}{1 - \bar{z}_0 z}$$

mit $\varphi \in \mathbb{R}$ und $z_0 \in \mathbb{E}$.

Automorphismengruppe von $\mathbb{H}$, Gruppe aller ↗ konformen Abbildungen f von $\mathbb{H} = \{z \in \mathbb{C} : \operatorname{Im} z > 0\}$ auf sich. Sie wird mit $\operatorname{Aut}\mathbb{H}$ bezeichnet und ist eine Gruppe bezüglich der Komposition $\circ$ von Abbildungen.

Jede Abbildung $f \in \operatorname{Aut}\mathbb{H}$ ist eine ↗Möbius-Transformation und kann in der Form

$$f(z) = f_A(z) := \frac{az+b}{cz+d}$$

mit

$$A := \begin{pmatrix} a & b \\ c & d \end{pmatrix} \in \mathrm{SL}(2,\mathbb{R})$$

geschrieben werden. Dabei ist $\mathrm{SL}(2,\mathbb{R})$ die spezielle lineare Gruppe aller reellen (2×2)-Matrizen A mit $\det A = 1$. Die Abbildung $A \mapsto f_A$ definiert einen Gruppen-Homomorphismus von $\mathrm{SL}(2,\mathbb{R})$ auf $\operatorname{Aut}\mathbb{H}$, dessen Kern aus den Matrizen $\pm I$ besteht, wobei I die Einheitsmatrix bezeichnet.

Automorphismus, Isomorphismus eines ↗Vektorraumes V auf sich.

Ein Endomorphismus $f : V \to V$ eines endlichdimensionalen Vektorraumes V ist genau dann ein Automorphismus, wenn er bezüglich einer gegebenen Basis von V durch eine reguläre Matrix repräsentiert wird. Die Menge der Automorphismen eines Vektorraumes V bildet bezüglich der Hintereinanderausführung eine Gruppe.

Automorphismus eines Gebietes, grundlegender Begriff für die Theorie der Klassifikation von Gebieten in $\widehat{\mathbb{C}}$.

Eine konforme Abbildung eines Gebietes $G \subset \widehat{\mathbb{C}}$ auf sich nennt man auch einen (holomorphen) Automorphismus von G. Die Automorphismen von G bilden unter der Komposition eine Gruppe, die ↗Automorphismengruppe eines Gebietes, die mit $\operatorname{Aut} G$ bezeichnet wird. Sind G und G^* biholomorph äquivalent und ist $f : G \to G^*$ konform, so ist für $h \in \operatorname{Aut} G^*$ auch $h \circ f : G \to G^*$ konform. Sind umgekehrt f und g konforme Abbildungen von G auf G^*, so ist $g \circ f^{-1} \in \operatorname{Aut} G^*$. Man erhält also alle konformen Abbildungen von G auf G^*, indem man eine von ihnen mit allen Automorphismen von G^* zusammensetzt.

Für spezielle ausgezeichnete Gebiete kann man die jeweilige Automorphismengruppe explizit angeben. Man vergleiche ↗Automorphismengruppe von $\mathbb{C}$, ↗Automorphismengruppe von $\mathbb{C}^*$, ↗Automorphismengruppe von $\mathbb{E}$, ↗Automorphismengruppe von $\mathbb{H}$.

Automorphismus eines Graphen, bijektive Abbildung der Eckenmenge eines Graphen auf sich selbst.

Ist G ein Graph mit der Eckenmenge $E(G)$, so nennt man eine bijektive Abbildung $f : E(G) \to E(G)$ Automorphismus des Graphen G, wenn für alle $x, y \in E(G)$ folgendes gilt:

$$xy \in K(G) \Longleftrightarrow f(x)f(y) \in K(G)\,.$$

Damit ist ein Automorphismus eines ↗Graphen G ein Isomorphismus von G auf sich selbst. Die Automorphismen von G bilden bezüglich der Hintereinanderausführung von Abbildungen eine Gruppe, die sogenannte Automorphismengruppe von G, die wir hier mit $A(G)$ bezeichnen. Damit ist $A(G)$ für jeden Graphen G eine Permutationsgruppe auf $E(G)$, und die Automorphismengruppe des vollständigen Graphen K_n ist die symmetrische Gruppe S_n der Ordnung $n!$.

Natürlich liefern isomorphe Graphen auch isomorphe Automorphismengruppen, aber es existieren auch nicht-isomorphe Graphen mit isomorphen Automorphismengruppen. Es gilt z. B. $A(G) = A(\bar{G})$, wobei $\bar{G}$ der Komplementärgraph von G ist. Darüber hinaus lassen sich unendlich viele nicht-isomorphe Graphen konstruieren, die isomorphe Automorphismengruppen besitzen.

Man kann beweisen, daß die Ordnung $|A(G)|$ der Automorphismengruppe eines Graphen G mit n Ecken ein Teiler von $n!$ ist, und genau dann $|A(G)| = n!$ gilt, wenn

$$G \cong K_n \text{ oder } \bar{G} \cong K_n\,.$$

Ein Graph G heißt eckentransitiv, wenn für je zwei Ecken u und v ein Automorphismus h in $A(G)$ mit $h(u) = v$ existiert. Natürlich ist jeder eckentransitive Graph auch regulär. Jedoch zeigt der skizzierte 3-reguläre Graph H, daß die Umkehrung im allgemeinen nicht gilt. Denn betrachtet man z. B. die beiden Ecken x und y, so gibt es keinen Automorphismus von H, der die Ecke x in die Ecke y überführt.

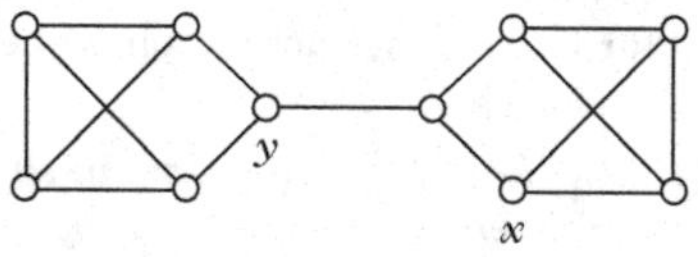

Dagegen sind der vollständige Graph K_n, der vollständige ↗bipartite Graph $K_{n,n}$ und der Petersen-Graph Beispiele von eckentransitiven Graphen.

autonome Differentialgleichung, gewöhnliche Differentialgleichung der Form

$$y^{(n)}(x) = f(y(x), y'(x), \ldots, y^{(n-1)}(x))\,.$$

Auf der rechten Seite tritt die unabhängige Variable x also nicht explizit auf. Das hat zur Folge, daß mit einer Lösung $y(\cdot)$ auch $y(\cdot + c)$ ($c \in \mathbb{R}$ beliebig) Lösung ist. Analog wird ein autonomes Differentialgleichungssystem definiert.

Autonome System treten dann auf, wenn ein Vorgang zwar von dem zur Zeit t erreichten Zustand abhängt, aber nicht explizit von der Zeit.

[1] Heuser, H.: Gewöhnliche Differentialgleichungen. B.G. Teubner Stuttgart, 1995.

autonome Itôsche stochastische Differentialgleichung, eine Itôsche stochastische Differentialgleichung

$$dX_t = b(t,X_t)dt + \sigma(t,X_t)dB_t$$

mit Borel-meßbaren Abbildungen $b : \mathbb{R}_0^+ \times \mathbb{R}^d \to \mathbb{R}^d$ und $\sigma : \mathbb{R}_0^+ \times \mathbb{R}^d \to \mathbb{R}^{d\times r}$ und einer r-dimensionalen ↗Brownschen Bewegung $(B_t)_{t\geq 0}$ so, daß die Abbildungen b und σ nicht von t abhängen, d. h. wenn $b(t,x) = b(x)$ und $\sigma(t,x) = \sigma(x)$ für alle $t \in \mathbb{R}_0^+$ und alle $x \in \mathbb{R}^d$ gilt. In diesem Fall vereinfacht sich die obige Gleichung zu

$$dX_t = b(X_t)dt + \sigma(X_t)dB_t.$$

autoregressive conditional heteroscedasticity model, ↗ARCH-Modell.

autoregressiver integrierter Prozeß der gleitenden Mittel, *ARIMA-Prozeß*, ↗autoregressiver Prozeß der gleitenden Mittel.

autoregressiver Prozeß, *AR(p)-Prozeß*, ein stochastischer Prozeß $(X(t))_{t\in T}$ mit diskretem Zeitbereich $T = \{\dots, -1, 0, 1, \dots\}$, der der Gleichung

$$X(t) = \sum_{k=1}^{p} a_k X(t-k) + \varepsilon(t)$$

genügt. Dabei sind die Koeffizienten a_k für $k = 1, \dots, p$ reelle Zahlen mit $a_p \neq 0$, und $(\varepsilon(t))_{t\in T}$ eine Folge unkorrelierter Zufallsgrößen mit dem Erwartungswert $E(\varepsilon(t)) = 0$ und der Varianz $V(\varepsilon(t)) = \sigma_\varepsilon^2$ für alle $t \in T$. Die Zahl p heißt Ordnung des autoregressiven Prozesses (genauer spricht man hier auch von einem autoregressiven Prozeß der Ordnung p).

$(X(t))_{t\in T}$ ist im weiteren Sinne stationär, falls alle komplexen Nullstellen des Polynoms

$$P(z) = 1 + \sum_{k=1}^{p} a_k z^k$$

außerhalb des Einheitskreises liegen. In diesem Fall lassen sich die Autokovarianzen aus den sogenannten Yule-Walker-Gleichungen bestimmen:

$$\sigma(0) = \sum_{k=1}^{p} \sigma(k) + \sigma_\varepsilon^2$$

$$\sigma(k) = \sigma(-k) = \sum_{j=1}^{p} \sigma(k-j),\ k = 1, 2, ..,$$

und für die Spektraldichte ergibt sich:

$$f(\lambda) = \frac{\sigma_\varepsilon^2}{2\pi} \mid 1 + \sum_{k=1}^{p} a_k e^{i\lambda k} \mid^{-2}, \quad -\pi \leq \lambda < \pi .$$

Jeder im weiteren Sinne stationäre autoregressive Prozeß läßt sich als Moving-Average-Prozeß unendlicher Ordnung (↗Prozeß der gleitenden Mittel) darstellen.

Autoregressive Prozesse werden in der Zeitreihenanalyse zur Modellierung stochastischer zeitabhängiger Vorgänge angewendet.

autoregressiver Prozeß der gleitenden Mittel, *ARMA(p, q)-Prozeß*, ein stochastischer Prozeß $(X(t))_{t\in T}$ mit diskretem Zeitbereich $T = \{\dots, -1, 0, 1, \dots\}$, der der Gleichung

$$\sum_{k=0}^{p} a_k X(t-k) = \sum_{k=0}^{q} \beta_k \varepsilon(t-k), \quad t \in T$$

genügt.

Dabei sind die Koeffizienten a_k für $k = 0, \dots, p$ und β_k für $k = 0, \dots, q$ reelle Zahlen mit

$$a_p \neq 0, \quad \beta(q)) \neq 0 \text{ und } a_0 = \beta_0 = 1,$$

sowie $(\varepsilon(t))_{t\in T}$ eine Folge unkorrelierter Zufallsgrößen mit dem Erwartungswert $E(\varepsilon(t)) = 0$ und der Varianz $V(\varepsilon(t)) = \sigma_\varepsilon^2$ für alle $t \in T$. Die Zahlen (p, q) heißen Ordnungen des Prozesses (genauer spricht man hier auch von einem autoregressiven Prozeß der gleitenden Mittel der Ordnung (p, q)).

$(X(t))_{t\in T}$ ist im weiteren Sinne stationär, falls alle komplexen Nullstellen des Polynoms

$$P(z) = 1 + \sum_{k=1}^{p} a_k z^k$$

außerhalb des Einheitskreises liegen. In diesem Fall ergibt sich für die Spektraldichte:

$$f(\lambda) = \frac{\sigma_\varepsilon^2}{2\pi} \left| \frac{\sum_{k=0}^{q} \beta_k e^{i\lambda k}}{\sum_{k=0}^{p} a_k e^{i\lambda k}} \right|^2, \quad -\pi \leq \lambda < \pi .$$

Als Spezialfälle ergeben sich für $p = 0$ der Prozeß der gleitenden Mittel der Ordnung q und für $q = 0$ der autoregressive Prozeß der Ordnung p.

Besitzt das Polynom $P(z) = 1 + \sum_{k=1}^{p} a_k z^k$ die d-fache Nullstelle $z = 1$, $d \in \{1, \dots, p\}$, und sonst nur Nullstellen außerhalb des Einheitskreises, so spricht man von einem autoregressiven integrierten Prozeß der gleitenden Mittel der Ordnungen $(p-d, d, q)$, bzw. von einem ARIMA$(p-d, d, q)$-Prozeß.

ARMA-und ARIMA-Prozesse werden in der Zeitreihenanalyse zur Modellierung stochastischer zeitabhängiger Vorgänge angewendet.

Autorisierung, Verleihung bestimmter Rechte an eine Person oder auch an ein Gerät. Der Begriff wird meist innerhalb der ↗Kryptologie verwendet.

Zur Prüfung, ob jemand diese Rechte ausüben darf, muß sich die Person ausweisen, zum Beispiel mit einem authentisierten Dokument (Besitz), mit nur ihr bekannten Informationen (Wissen) oder nur ihr zuordenbaren Parametern wie Fingerabdrücken oder Augenfarben (Biometrie).

average case-Analyse, Analyse des erwarteten Verhaltens von Algorithmen, insbesondere der ↗average case-Rechenzeit.

Bei deterministischen Algorithmen und zufälligen Eingaben und bei randomisierten Algorithmen ist die Rechenzeit eine Zufallsvariable, mit deren Analyse sich die average case-Analyse befaßt.

Neben dem Erwartungswert sind die Varianz und höhere Momente ebenso von Interesse wie obere Schranken, die mit sehr nahe bei 1 liegender Wahrscheinlichkeit unterschritten werden.

average case-Rechenzeit, die durchschnittliche Rechenzeit eines Algorithmus auf Eingaben der gleichen Länge.

Zu unterscheiden ist, ob bei deterministischen Algorithmen eine Wahrscheinlichkeitsverteilung auf der Menge der Eingaben gegebener Länge vorgegeben ist und der Durchschnitt bezüglich dieser Verteilung gebildet wird, oder ob bei randomisierten Algorithmen für jede Eingabe die durchschnittliche Rechenzeit bezüglich der Zufallsentscheidungen des Algorithmus gebildet wird. Im zweiten Fall ist der worst case (↗worst case-Rechenzeit) der durchschnittlichen Rechenzeiten für Eingaben der gleichen Länge von Interesse.

Für viele praktische Probleme wie das Rucksackproblem oder das Traveling-Salesman-Problem läßt sich eine angemessene Wahrscheinlichkeitsverteilung auf der Menge der Eingaben gegebener Länge nicht angeben.

average linkage, ein spezieller Algorithmus in der hierarchischen Clusteranalyse, bei der ein bestimmtes typisches Maß (Distanzmaß, ↗Ähnlichkeitsmaße) zur Beschreibung des Abstandes zwischen Gruppen von Objekten verwendet wird (↗Clusteranalyse).

Avicenna, eigentlich Ibn Sīnā, Abū Alī Husain Abdallāh, arabischer Mediziner, Philosoph, Mathematiker, Astronom und Musiker, geb. 980 bei Buchara (heute Usbekistan), gest. Juni 1037 Hamadan (Persien, heute Iran).

Avicenna war der einflußreichste arabische Philosoph seiner Zeit. Er arbeitete als Arzt für die Samaniden und später am Hof von Hamadan. Er bereiste viele wichtige Kultur- und Wissenschaftszentren der arabischen Welt. Seine beiden Hauptwerke sind das „Buch des Heilens", eine wissenschaftliche Enzyklopädie, die auch Logik, Naturwissenschaften, Psychologie, Geometrie, Astronomie, Arithmetik und Musik umfaßte, und sein „Kanon der Medizin", der ein Standardwerk der Medizingeschichte wurde. Avicenna korrespondierte u. a. mit al-Bîrunî.

Zu seinen bekanntesten astronomischen Resultaten zählt die Erkenntnis, daß die Venus der Erde näher ist als die Sonne, denn er konnte sie als Fleck vor der Sonnenfläche beobachten. Er behauptete auch als erster, daß die Lichtgeschwindigkeit endlich ist.

Avron-Herbst-Theorem, Satz aus der Streutheorie der Quantenmechanik für ein 2-Teilchensystem über die Existenz verallgemeinerter Wellenoperatoren. Für die aufwendige präzise Formulierung dieses Satzes muß auf [1] verwiesen werden.

[1] Reed, M.; Simon, B.: Methods of Modern Mathematical Physics, Bd. III, Scattering Theory. Academic Press San Diego, 1979.

Axiom, Aussage, die wegen ihres Inhalts grundlegend ist und als evident gilt und daher keines Beweises bedarf.

Zum Aufbau deduktiver mathematischer Theorien werden Axiome an den Anfang gestellt und mittels gültiger Beweisregeln daraus weitere Ergebnisse hergeleitet. Beweggründe dafür, daß eine bestimmte Aussage als Axiom für eine Theorie anzusehen ist, sind oft durch Zweckmäßigkeitsüberlegungen bestimmt und liegen häufig außerhalb dieser Theorie. Z.B. ist es für die klassische Mathematik zweckmäßig, das Auswahlaxiom der Mengenlehre zur Verfügung zu haben, da andernfalls wichtige Teilgebiete der Mathematik nicht begründet werden können. Die Gesamtheit der zugrundegelegten Axiome einer mathematischen Theorie heißt ↗Axiomensystem dieser Theorie.

Eine wichtige Eigenschaft eines Axiomensystems ist seine Widerspruchsfreiheit, d. h. es gibt ein Modell, in dem alle Axiome gültig sind. Diese Forderung läßt sich jedoch nicht in jedem Fall überprüfen. Es ist z. B. ungeklärt, ob die Axiome der Mengenlehre, die als ein Fundament der Mathematik angesehen werden, tatsächlich widerspruchsfrei sind.

Axiome einer Theorie sollen nach Möglichkeit voneinander unabhängig sein, d. h., ein Axiom darf nicht aus den restlichen Axiomen mit Hilfe der zulässigen Schlußregeln beweisbar sein (↗Axiomatische Mengenlehre, ↗Axiome der Geometrie, ↗Axiomensystem).

Axiom (Computeralgebrasystem), ein Allzweck-System für Probleme der Computeralgebra, das in den 80er Jahren von IBM entwickelt wurde.

Axiom ist ein streng typisiertes und axiomatisches System. Mit Axiom kann sowohl numerisch als auch symbolisch gerechnet werden. Es gibt die Möglichkeit, Graphiken zu erstellen. Axiom besitzt eine flexible Programmiersprache.

Axiom der leeren Menge, Axiom der ↗axiomatischen Mengenlehre, das die Existenz der leeren Menge fordert.

Axiom der Standard-Mengenbildung, ↗ interne Mengenlehre.

Axiom des Archimedes, eines der Stetigkeitsaxiome der Geometrie, das sichert, daß sich jede beliebige Strecke durch genügend häufiges Abtragen einer anderen (ebenfalls beliebigen) Strecke mit einem gemeinsamen Anfangspunkt „überschreiten“ läßt:

Es seien $\overline{AB}$ und $\overline{CD}$ beliebige Strecken. Dann existieren Punkte $A_1, A_2, \dots A_n$ auf der Halbgeraden AB^+ derart, daß

$$\overline{AA_1} \cong \overline{A_1A_2} \cong \cdots \cong \overline{A_{n-1}A_n} \cong \overline{CD}$$

und

$$B \in \overline{AA_n}\,.$$

Für die Verwendung des Begriffes „Axiom des Archimedes“ innerhalb der Algebra und Analysis vergleiche man ↗Archimedes, Satz von.

Axiom vom idealen Punkt, ↗ interne Mengenlehre.

Axiom-A-Diffeomorphismus, auf einer kompakten Mannigfaltigkeit M definierter Diffeomorphismus f, für den die Menge Ω der nicht-wandernden Punkte hyperbolisch ist, und für den die Menge der periodischen Punkte von f dicht in Ω liegt.

Axiomatische Mengenlehre

P. Philip

Die axiomatische Mengenlehre ist ein Teilgebiet der Mathematik, das die Mengenlehre (und damit die gesamte Mathematik) axiomatisch begründet. Der Begriff der Menge wird axiomatisch präzisiert mit dem Ziel, die in der ↗naiven Mengenlehre auftretenden Antinomien zu vermeiden.

Konkret geschiet dies durch die Formulierung eines Axiomensystems der Mengenlehre, dessen Axiome die Existenz und Eindeutigkeit von Mengen regeln. Das Universum von Mengen **V** der zu einem gegebenen Axiomensystem gehörenden Mengenlehre besteht genau aus allen Objekten, die sich aufgrund der Axiome als Menge nachweisen lassen. Dieses Universum von Mengen ist dann identisch mit dem Universum mathematischer Objekte der durch die Mengenlehre begründeten Mathematik.

Die Axiome werden in einer formalen Sprache der mathematischen Logik formuliert; man nennt dies auch die Metatheorie. Davon zu unterscheiden ist die formale Theorie, die alle aus den Axiomen ableitbaren Sätze beinhaltet. Die konkrete Vorgehensweise und deren Rechtfertigung hängt von der zugrundeliegenden Philosophie der Mathematik ab.

Ein häufiger Standpunkt ist der des Finitismus bezüglich der Metatheorie. In der Metatheorie ist dann nur der Umgang mit endlichen Objekten erlaubt, während in der formalen Theorie i.allg. auch Aussagen über unendliche Mengen gemacht werden. Die Axiome der Mengenlehre werden in einer Sprache erster Ordnung mit endlich vielen mengentheoretischen Symbolen formuliert, und die Ableitung von Sätzen aus den Axiomen erfolgt nach endlich vielen Ableitungsregeln, die sich als Manipulationsregeln für endliche Zeichenketten interpretieren lassen.

Für eine endliche Zeichenkette ist dann in endlich vielen Schritten entscheidbar, ob es sich um ein Axiom der Mengenlehre handelt, selbst wenn die Zahl der Axiome nicht endlich ist. Weiterhin läßt sich jede vorgelegte Ableitung eines Satzes aus den Axiomen in endlich vielen Schritten auf ihre Richtigkeit prüfen.

Die in der Metatheorie axiomatisierte Mengenlehre wird auch als Hintergrundmengenlehre bezeichnet, da sie den Hintergrund aller mathematischen Untersuchungen darstellt. Tritt die gleiche Mengenlehre als ein Objekt mathematischer Untersuchungen auf, so spricht man von der Objektmengenlehre. Zwischen Hintergrund- und Objektmengenlehre ist sorgfältig zu unterscheiden. Viele Paradoxien beruhen auf einer Vermischung dieser beiden Ebenen. Als Beispiel sei das ↗Skolemsche Paradoxon genannt.

Ein die Mengenlehre begründendes Axiomensystem muß zwei Bedingungen genügen, die sich entgegenstehen. Das Axiomensystem soll einerseits widerspruchsfrei sein und andererseits die Existenz eines so reichhaltigen Universums von Mengen garantieren, daß alle mathematisch interessanten Fragestellungen darin untersucht werden können.

Es sollen nun die wichtigsten Axiomensysteme der Mengenlehre vorgestellt werden.

Zunächst wird definiert, was unter einer mengentheoretischen Formel zu verstehen ist.

Die verwendete formale Sprache erster Ordnung besteht aus den Zeichen $\wedge$, $\neg$, $\bigvee$, (,), $=$, v_j für $j = 1, 2, \dots$ und dem mengentheoretischen Symbol $\in$. Gemäß den folgenden zwei Regeln lassen sich dann mengentheoretische Formeln zusammensetzen:

Die erste Regel besagt, daß $v_i \in v_j$ und $v_i = v_j$ für alle $i, j = 1, 2, \dots$ mengentheoretische Formeln sind. Die zweite Regel ist rekursiv und besagt, daß, wenn ϕ und ψ mengentheoretische Formeln sind, so sind auch $(\phi) \wedge (\psi)$, $\neg(\phi)$ und $\bigvee v_j(\phi)$ für jedes $j = 1, 2, \dots$ mengentheoretische Formeln.

Um Formeln übersichtlicher gestalten zu können, werden weitere Symbole und Schreibweisen benutzt. Die entstehenden Formeln sind dann formal als Abkürzungen bzw. Synonyme für mengentheoretische Formeln zu betrachten. Zum Beispiel steht

$$(\phi) \vee (\psi) \text{ für } \neg((\neg(\phi)) \wedge (\neg(\psi)))$$

und

$$\bigwedge_x ((\phi) \Rightarrow (\psi)) \text{ für } \neg(\bigvee v_j((\neg(\phi)) \vee (\psi)))$$

mit einem geeigneten v_j.

Die Variablen in mengentheoretischen Formeln sind mit Mengen zu belegen; das $\in$-Symbol wird auch Elementrelation genannt. Die anschauliche Interpretation ist die, daß die links von $\in$ stehende Menge als Element in der rechts von $\in$ stehenden Menge enthalten ist. Alle anderen Zeichen der formalen Sprache werden gemäß den Konventionen der mathematischen Logik interpretiert.

Eine Variable heißt frei, sofern sie nicht durch einen All- oder Existenzquantor gebunden ist. Der universelle Abschluß einer mengentheoretischen Formel ϕ entsteht, indem man für jede in ϕ frei auftretende Variable v_j einen v_j bindenden Allquantor $\bigwedge v_j$ von vorn an (ϕ) anfügt. Ein Axiom der Mengenlehre ist eine mengentheoretische Formel, in der keine freien Variablen auftreten und deren Gültigkeit gefordert wird.

Die folgenden Axiome (0)–(9) stellen das Axiomensystem der Zermelo-Fraenkelschen Mengenlehre mit Auswahlaxiom (ZFC) dar. Es ist üblich, in der Bezeichnung das Axiomensystem und die durch das Axiomensystem begründete Mengenlehre zu identifizieren. Gegenwärtig wird ZFC von den meisten Mathematikern als die die Mathematik begründende Mengenlehre betrachtet. Die Zermelo-Fraenkelsche Mengenlehre bzw. das Zermelo-Fraenkelsche Axiomensystem der Mengenlehre (ZF) ist ZFC ohne das Auswahlaxiom (9), und die Zermelosche Mengenlehre bzw. das Zermelosche Axiomensystem der Mengenlehre (Z) entsteht aus ZF durch Entfernen des Ersetzungsaxioms (6).

(0) Existenzaxiom:

$$\bigvee_X (X = X),$$

d. h., es gibt eine Menge.

(1) Extensionalitätsaxiom:

$$\bigwedge_X \bigwedge_Y \left(\bigwedge_z (z \in X \Leftrightarrow z \in Y) \Rightarrow X = Y \right),$$

d. h., enthalten zwei Mengen X und Y genau die gleichen Elemente, so sind sie gleich.

(2) Fregesches Komprehensionsaxiom, Aussonderungsaxiom oder Teilmengenaxiom: Genaugenommen handelt es sich hier nicht um ein einziges Axiom, sondern um ein ganzes Axiomensystem. Für jede mengentheoretische Formel ϕ, die die Variable Y nicht frei enthält, ist der universelle Abschluß der Formel

$$\bigvee_Y \bigwedge_x (x \in Y \Leftrightarrow (x \in X \wedge \phi))$$

ein Axiom, d. h., zu jeder Menge X existiert eine Menge Y, die genau die Elemente von X enthält, die zusätzlich die Eigenschaft ϕ haben. Man schreibt für die Menge Y dann auch $\{x : x \in X \wedge \phi\}$ oder $\{x \in X : \phi\}$.

Jede mengentheoretische Formel stellt also eine Eigenschaft einer Menge x dar. Daß man immer voraussetzt, daß x bereits in einer Menge X enthalten ist, dient der Vermeidung von Widersprüchen wie der ↗Russellschen Antinomie.

Aus Axiom (0) folgt die Existenz einer Menge X. Aus Axiom (2) folgt sodann die Existenz einer Menge $\{x \in X : x \neq x\}$. Wegen des Extensionalitätsaxioms ist die so definierte Menge von X unabhängig und somit eindeutig. Sie wird leere Menge oder Null genannt und mit $\emptyset$ oder 0 bezeichnet.

(3) Fundierungs- oder Regularitätsaxiom:

$$\bigwedge_X \left(X \neq 0 \Rightarrow \bigvee_{x \in X} (x \cap X = 0) \right),$$

d. h., in jeder nichtleeren Menge X gibt es ein Element x, das zu X disjunkt ist.

(4) Paarmengenaxiom:

$$\bigwedge_x \bigwedge_y \bigvee_Z (x \in Z \wedge y \in Z),$$

d. h., zu je zwei Mengen x und y gibt es eine Menge Z, die x und y als Elemente enthält. Hat Z genau x und y als Elemente und sind x und y verschieden, so heißt Z Paarmenge.

(5) Vereinigungsmengenaxiom:

$$\bigwedge_{\mathcal{M}} \bigvee_Y \bigwedge_x \bigwedge_X ((x \in X \wedge X \in \mathcal{M}) \Rightarrow x \in Y),$$

d. h., zu jeder Menge von Mengen $\mathcal{M}$ gibt es eine Menge Y, die alle Elemente von Mengen in $\mathcal{M}$ als Elemente enthält. Sind dies genau die Elemente von Y, so heißt Y die Vereinigung der Mengen in $\mathcal{M}$.

(6) Ersetzungsaxiom oder Funktionalaxiom: Wie schon bei dem Komprehensionsaxiom handelt es sich eigentlich um ein Axiomensystem. Ist ϕ eine mengentheoretische Formel, die die Variable Y nicht frei enthält, so ist der universelle Abschluß von

$$\left(\bigwedge_{x\in X}\bigvee_{y}!\,\phi\right) \Rightarrow \left(\bigvee_{Y}\bigwedge_{x\in X}\bigvee_{y\in Y}\phi\right)$$

ein Axiom, d. h., gibt es zu jedem $x \in X$ genau ein y mit der (evt. von x abhängenden) Eigenschaft ϕ, so gibt es eine Menge Y, die zu jedem $x \in X$ ein y mit der Eigenschaft ϕ enthält. Mit anderen Worten: Es gibt die Funktion $f : X \to Y$, $x \mapsto y$.

(7) Unendlichkeitsaxiom:

$$\bigvee_{X}\left(0 \in X \wedge \bigwedge_{x\in X}(x \cup \{x\} \in X)\right),$$

d. h., es gibt eine Menge X, die die leere Menge zum Element hat und die mit einer Menge x auch die Menge $x \cup \{x\}$ zum Element hat. Eine Menge mit dieser Eigenschaft heißt induktive Menge. Durch das Unendlichkeitsaxiom wird sichergestellt, daß es eine Menge mit unendlich vielen Elementen gibt.

(8) Potenzmengenaxiom:

$$\bigwedge_{X}\bigvee_{\mathcal{P}}\bigwedge_{Y}(Y \subseteq X \Rightarrow Y \in \mathcal{P}),$$

d. h., zu jeder Menge X existiert eine Menge $\mathcal{P}$, die alle Teilmengen von X als Elemente enthält. Enthält $\mathcal{P}$ keine weiteren Elemente, so heißt $\mathcal{P}$ die Potenzmenge von X und wird meist mit $\mathcal{P}(X)$ oder 2^X bezeichnet.

(9) Auswahlaxiom, AC:

$$\bigwedge_{\mathcal{M}}\left(\emptyset \notin \mathcal{M} \Rightarrow \bigvee_{f:\mathcal{M}\to \bigcup_{M\in\mathcal{M}} M}\left(\bigwedge_{N\in\mathcal{M}} f(N) \in N\right)\right),$$

d. h., es gibt zu jeder Menge $\mathcal{M}$, deren Elemente sämtlich nichtleere Mengen sind, eine *Auswahlfunktion*, die jeder Menge in $\mathcal{M}$ eines ihrer Elemente zuordnet.

Gelegentlich werden zur Definition von ZFC andere, äquivalente Axiomensysteme verwendet. Alternative Axiome für (0) bzw. (4) sind z. B.

(0') Axiom der leeren Menge oder Nullmengenaxiom:

$$\bigvee_{X}\bigwedge_{x}(x \notin X),$$

d. h., es existiert die leere Menge.

(4') Einermengenaxiom:

$$\bigwedge_{x}\bigvee_{X}(x \in X),$$

d. h., zu jeder Menge x gibt es eine Menge X, die x als Element enthält. Hat X keine weiteren Elemente, so schreibt man $\{x\} := X$ und bezeichnet die Menge als Einermenge oder Singletonmenge.

Obwohl man wegen der ↗Russellschen Antinomie nicht zu jeder mengentheoretischen Formel ϕ die Existenz einer Menge $\{x : \phi\}$ fordern kann, ohne Widersprüche zu erzeugen, ist es oft hilfreich, sich eine „Kollektion" aller Mengen mit der Eigenschaft ϕ vorzustellen. Man spricht dabei von einer *Klasse*. Anschaulich gesehen ist eine Klasse also eine Kollektion von Mengen, die i.allg. „zu groß" ist, um eine Menge zu sein. Im Rahmen von ZFC ist eine Klasse formal mit einer mengentheoretischen Formel identisch. Eine Klasse $\{x : \phi\}$, die keine Menge ist, wird als echte Klasse bezeichnet. Es ist üblich, echte Klassen mit fettgedruckten Buchstaben zu bezeichnen. Beispiele für echte Klassen sind die Klasse aller Mengen $\mathrm{V} := \{x : x = x\}$ (auch Allklasse genannt) und die Klasse der Ordinalzahlen **ON**. Nimmt man an, daß V bzw. **ON** Mengen sind, so führt das zu den als ↗Cantorsche Antinomie bzw. Antinomie von Burali-Forti (↗Burali-Forti, Antinomie von) bezeichneten Widersprüchen.

Auch in ZFC werden häufig Aussagen mit Hilfe echter Klassen formuliert. Formal sind solche Formulierungen als Abkürzungen für Aussagen ohne echte Klassen aufzufassen. Z.B. steht $x \in \mathbf{ON}$ für die Aussage „x ist eine Ordinalzahl", $\mathbf{ON} \cap X$ steht für die Menge $\{x \in X : x \text{ ist eine Ordinalzahl}\}$. Ähnlich lassen sich viele mathematische Konzepte wie z. B. Relationen und Abbildungen auf Klassen ausdehnen. Z.B. läßt sich die Klasse $\mathrm{F} := \{((X, Y), Z) : Z = X \cup Y\}$ als Abbildung $\mathrm{F} : \mathrm{V} \times \mathrm{V} \to \mathrm{V}$, $(X, Y) \mapsto X \cup Y$ interpretieren.

Man kann nun noch einen Schritt weitergehen und Eigenschaften von Klassen betrachten. Soll eine Aussage für alle Klassen gelten, so heißt das formal, daß ein ganzes System von Aussagen gelten soll. Dieser Sachverhalt soll am Beispiel des Satzes der transfiniten Induktion verdeutlicht werden:

Jede nichtleere Klasse $\mathrm{K} \subseteq \mathbf{ON}$ *hat ein kleinstes Element.*

Formal ist der Satz der transfiniten Induktion eine Abkürzung für ein System unendlich vieler Sätze. Eine Formulierung ohne Klassen lautet:

Für jede mengentheoretische Formel $\mathrm{K}(x)$ *ist der universelle Abschluß der folgenden Formel ein Satz:*

$$\left(\bigwedge_{x}(\mathrm{K}(x) \Rightarrow x \text{ ist Ordinalzahl}) \wedge \bigvee_{x}\mathrm{K}(x)\right)$$
$$\Rightarrow \bigvee_{x}\left(\mathrm{K}(x) \wedge \bigwedge_{y}(\mathrm{K}(y) \Rightarrow y \geq x)\right).$$

Der Satz der transfiniten Induktion ist die Grundlage des Beweisprinzips der transfiniten Induktion (↗Kardinalzahlen und Ordinalzahlen).

In der von Neumann-Bernays-Gödel-Mengenlehre (auch Bernays-, Bernays-Gödel-, NBG- oder BG-Mengenlehre) sind die Variablen in den mengentheoretischen Formeln Klassenvariablen. Die Existenz von Klassen wird axiomatisch gefordert, und Mengen werden als spezielle Klassen definiert. Dabei heißt eine Klasse x genau dann eine Menge, wenn es eine Klasse Y mit $x \in Y$ gibt. Es ist dann üblich, kleine Buchstaben für Mengen zu reservieren.

In der NBG-Mengenlehre gibt es ein Komprehensionsaxiom für Klassen: Für jede mengentheoretische Formel ϕ der NBG-Mengenlehre ohne gebundene Klassenvariablen, die X nicht als freie Variable enthält, ist der universelle Abschluß der Formel

$$\bigvee_X \bigwedge_y (y \in X \Leftrightarrow \phi)$$

ein Axiom.

Bei der NBG-Mengenlehre handelt es sich um eine sogenannte konservative Erweiterung von ZF, d. h., eine Aussage, die nur Mengen als Variablen enthält gilt in der NBG-Mengenlehre genau dann, wenn sie in ZF gilt.

Läßt man im oben genannten Komprehensionsaxiom der NBG-Mengenlehre zu, daß ϕ auch gebundene Klassenvariablen enthalten darf, so erhält man die Bernays-Morse-Mengenlehre bzw. deren Axiomensystem.

Eine Besonderheit der NBG-Mengenlehre im Vergleich mit ZF oder der Bernays-Morse-Mengenlehre ist ihre endliche Axiomatisierbarkeit, d. h., man findet endlich viele Axiome, aus denen sich bereits alle Sätze der Theorie ableiten lassen. Man kann zeigen, daß weder ZF noch die Bernays-Morse-Mengenlehre endlich axiomatisierbar sind, sofern man ihre Konsistenz voraussetzt.

Die Begriffe der Konsistenz (Widerspruchsfreiheit) und Unabhängigkeit sind für die axiomatische Mengenlehre von großer Bedeutung.

Ein Axiomensystem $\mathcal{A}$ heißt konsistent oder widerspruchsfrei genau dann, wenn es ein Modell hat. Dabei ist ein Modell von $\mathcal{A}$ eine Klasse M, so daß für alle Axiome ϕ aus $\mathcal{A}$ die sog. Relativierung von ϕ bezüglich M gilt. Ist $\mathcal{A}$ speziell ein Axiomensystem der Mengenlehre, so heißt M ein Modell der Mengenlehre.

Hat das Axiomensystem $\mathcal{A}$ ein Modell, so schreibt man auch Con($\mathcal{A}$). Eine Aussage ϕ heißt konsistent mit einem Axiomensystem $\mathcal{A}$ oder auch unwiderlegbar aus $\mathcal{A}$ genau dann, wenn

$$\mathrm{Con}(\mathcal{A}) \Rightarrow \mathrm{Con}(\mathcal{A} \cup \{\phi\}).$$

Eine Aussage ϕ heißt unbeweisbar aus einem Axiomensystem $\mathcal{A}$ genau dann, wenn $\mathcal{A} \cup \{\neg\phi\}$ konsistent ist. Ist eine Aussage konsistent und unbeweisbar bezüglich eines Axiomensystems $\mathcal{A}$, so heißt sie unabhängig von $\mathcal{A}$.

Ein Zweig der axiomatischen Mengenlehre beschäftigt sich damit, im Sinne der obigen Definitionen Konsistenzbeweise und Unabhängigkeitsbeweise zu erbringen. Leider ist es wegen des Gödelschen Unvollständigkeitssatzes unmöglich, die Konsistenz der Mengenlehre nachzuweisen: Ist ZF konsistent, so läßt sich das in ZF nicht beweisen. Das gleiche gilt entsprechend für die NBG- und die Bernays-Morse-Mengenlehre.

Es zeigt sich z. B., daß das ↗Auswahlaxiom von ZF unabhängig ist. Von ZFC unabhängige Axiome sind die ↗Kontinuumshypothese, die ↗verallgemeinerte Kontinuumshypothese, das ↗Martinsche Axiom, die ↗Souslinsche Hypothese und das ↗Konstruktibilitätsaxiom.

Die Nichtexistenz schwach unerreichbarer Kardinalzahlen, die Nichtexistenz stark unerreichbarer Kardinalzahlen und die Nichtexistenz meßbarer Kardinalzahlen (↗Kardinalzahlen und Ordinalzahlen) ist mit ZFC konsistent. Man kann jedoch in ZFC (sofern ZFC widerspruchsfrei ist) nicht beweisen, daß die Existenz einer der genannten Kardinalzahltypen mit ZFC konsistent ist.

Das Standardverfahren zum Nachweis vieler Unabhängigkeitsresultate ist das von Cohen entwickelte ↗Forcing.

---

axiomatische Quantenfeldtheorie, axiomatisierte Form der Quantenfeldtheorie, meist formuliert auf der Grundlage der speziell-relativistischen Minkowskischen Raum-Zeit. Die Grundaxiome sind wie folgt aufgebaut:

1. Die Zustände eines physikalischen Systems lassen sich durch die Elemente eines Hilbertraums H parametrisieren.
2. Die beobachtbaren physikalischen Größen, Observablen genannt, sind selbstadjungierte Operatoren in H, deren Eigenwerte den gemessenenen Werten dieser Größen entsprechen.
3. Die Theorie ist kausal, d. h., raumartig zueinander gelegene Raum-Zeit-Punkte können sich nicht beeinflussen.

Axiome der Geometrie

A. Filler

Die axiomatische Methode, d. h. die Begründung einer mathematischen Theorie durch ein Axiomensystem, ist eine sehr wichtige – und die älteste – Möglichkeit, eine Geometrie zu fundieren. Den ersten vollständigen axiomatischen Aufbau der Geometrie gab ca. 325 v. Chr. ↗Euklid von Alexandria in seinem 13-bändigen Werk „Die Elemente" (↗„Elemente" des Euklid). Diese enthalten den weltgeschichtlich ersten überlieferten Versuch, die Geometrie (und die Mathematik überhaupt) als theoretisches System darzustellen, indem die damals bekannte Geometrie aus einer Reihe von Grundaussagen auf rein deduktivem Wege aufgebaut wurde (siehe auch ↗euklidische Geometrie).

Bereits 200 Jahre vor Euklid begründete Hippokrates von Chios Teile der Geometrie auf deduktivem Wege. Jedoch sind von seinen Aufzeichnungen nur Fragmente überliefert.

Obwohl Euklid in seinen „Elementen" noch versuchte, alle Begriffe zu definieren, ist dies für eine gewisse Zahl von Begriffen nicht möglich. Diese grundlegenden Begriffe (wie z. B. „Punkt") können nicht definiert werden, denn jede Definition setzt das Vorhandensein bereits erklärter Begriffe voraus. Der Inhalt von Grundbegriffen wird also nur durch die Aussagen, die über sie in den Axiomen getroffen werden, bestimmt. Ebenso ist es nicht möglich, alle geometrischen Aussagen zu beweisen, denn jeder Beweis setzt bereits bekannte Sätze, Aussagen, Zusammenhänge usw. voraus. Eine gewisse Zahl von Aussagen muß also als gültig vorausgesetzt werden. Hierbei handelt es sich um die Axiome. Auf der Grundlage eines vollständigen Axiomensystems können alle weiteren Aussagen der betreffenden Geometrie als Sätze bewiesen werden.

Die Axiome können als besonders plausible Tatsachen der Anschauung entnommen werden, wobei der weitere Aufbau der Geometrie dann streng deduktiv erfolgt und sich dadurch von der Anschauung löst. Die besondere Schwierigkeit eines deduktiven Aufbaus der Elementargeometrie besteht in der Gefahr, bei Beweisen auf scheinbare Selbstverständlichkeiten zurückzugreifen, die jedoch nicht aus den Axiomen abgeleitet wurden. Dieses Problem und die logischen Unzulänglichkeiten des euklidischen Systems führten über Jahrhunderte hinweg immer wieder zu Mißverständnissen und unkorrekten Beweisen. Andererseits ist es keinesfalls notwendig, als Axiome anschaulich einleuchtende Tatsachen zu verwenden. So kann es durchaus sinnvoll sein, wie z. B. bei der nichteuklidischen Geometrie, auch zunächst widersinnig erscheinende Axiome zu formulieren und die dabei entwickelten Geometrien auf ihre Eigenschaften hin zu untersuchen.

Bei jeder axiomatischen Theorie muß also sowohl zwischen Grundbegriffen und definierten Begriffen als auch zwischen Axiomen und Sätzen unterschieden werden. Dabei ist jedoch keineswegs von vornherein bestimmt, welche Begriffe als Grundbegriffe festgelegt und welche daraus definiert werden. So kann für die Geometrie z. B. sowohl „Kongruenz" als auch „Bewegung" als Grundbegriff auftreten und der andere dieser beiden Begriffe daraus definiert werden. Ebenso können Axiome eines Axiomensystems als Sätze eines anderen Axiomensystems auftreten und umgekehrt. Gerade für die Elementargeometrie gibt es eine sehr große Zahl unterschiedlicher aber zueinander äquivalenter Axiomensysteme.

Eines der ersten Axiomensysteme der (euklidischen) Geometrie, das strengen logischen Ansprüchen gerecht wurde, war das Axiomensystem von David Hilbert. Dieses Axiomensystem (vgl. [2]) ist auch heute noch das am weitesten verbreitete geometrische Axiomensystem. Es wurde größter Wert auf die Minimalität der geforderten Eigenschaften gelegt sowie auf den Rückgriff auf die Theorie der reellen Zahlen verzichtet. Aus diesen Gründen ist das Hilbertsche Axiomensystem in Hinblick auf seine „mathematische Eleganz" besonders interessant. Das Hilbertsche Axiomensystem baut auf den Grundbegriffen *Punkt*, *Gerade* und *Ebene* sowie den ebenfalls undefinierten Relationen *Inzidenz*, *liegt zwischen* und *Kongruenz* auf. Es enthält folgende Axiome der Geometrie des Raumes:

I. Inzidenzaxiome

I 1 *Zu zwei Punkten existiert genau eine Gerade, die mit diesen beiden Punkten inzidiert.*

I 2 *Mit jeder Geraden inzidieren mindestens zwei Punkte. Es existieren drei Punkte, die nicht mit einer Geraden inzidieren.*

I 3 *Zu je drei nicht auf einer Geraden liegenden Punkten gibt es genau eine Ebene, die mit diesen drei Punkten inzidiert. Jede Ebene inzidiert mit (wenigstens) einem Punkt.*

I 4 *Wenn zwei Punkte einer Geraden g mit einer Ebene ε inzidieren, so inzidiert jeder Punkt von g mit ε.*

I 5 *Wenn zwei Ebenen mit ein und demselben Punkt inzidieren, so inzidieren sie mit noch mindestens einem weiteren gemeinsamen Punkt.*

I 6 *Es existieren vier Punkte, die nicht mit einer Ebene inzidieren.*

Gewöhnlich wird unter Inzidenz das Enthaltensein eines Punktes in einer Geraden bzw. einer Ebene verstanden ($P \in g$ bzw. $P \in \varepsilon$). Diese geometrisch einleuchtende Interpretation ist jedoch nicht die einzig mögliche für den Begriff der Inzidenz (↗Inzidenzstruktur).

II. Anordnungsaxiome

Es sei Z („liegt zwischen") eine dreistellige Relation auf der Menge der Punkte mit folgenden Eigenschaften:

A 1 *Wenn $(A, B, C) \in Z$, so sind A, B und C kollinear, und es gilt auch $(C, B, A) \in Z$.*

A 2 *Zu zwei verschiedenen Punkten A und B existiert stets ein Punkt C mit $(A, B, C) \in Z$.*

A 3 *Von drei Punkten liegt höchstens einer zwischen den beiden anderen.*

A 4 (Pasch-Axiom) *Falls eine Gerade durch keinen der Eckpunkte eines Dreiecks verläuft sowie eine offene Seite dieses Dreiecks schneidet, so schneidet diese Gerade noch mindestens eine weitere offene Seite des Dreiecks.*

Anstelle der Axiome A 1–A 3 kann auch folgendes Axiom formuliert werden, falls auf weitergehende Elemente der Mengenlehre zurückgegriffen wird:

Die Menge aller Punkte, die mit einer Geraden inzidieren, ist eine unbegrenzte, total geordnete Menge.

III. Kongruenzaxiome

Es sei $\cong$ („ist kongruent zu") eine zweistellige Relation zwischen Punktmengen mit folgenden Eigenschaften:

K 1 *Für jede beliebige Strecke $\overline{AB}$ existiert auf jeder Halbgeraden PQ^+ genau ein Punkt R mit $\overline{AB} \cong \overline{PR}$.*

K 2 *Die Streckenkongruenz ist transitiv.*

K 3 *Ist B ein Punkt der Strecke $\overline{AC}$, R ein Punkt der Strecke $\overline{PQ}$, $\overline{AB}$ kongruent zu $\overline{PR}$ und $\overline{BC}$ kongruent zu $\overline{RQ}$, dann ist auch $\overline{AC}$ kongruent zu $\overline{PQ}$.*

K 4 (Möglichkeit und Eindeutigkeit der Winkelantragung) *Zu jedem Winkel $\angle(g, h)$ und zu jeder Halbgeraden g' gibt es in jeder Halbebene bzgl. g' genau eine Halbgerade h' mit demselben Scheitel O, so daß die Winkel $\angle(g, h)$ und $\angle(g', h')$ zueinander kongruent sind.*

K 5 *Jeder Winkel ist zu sich selbst kongruent.*

K 6 (Dreieckskongruenzaxiom „sws") *Wenn für zwei Dreiecke $\overline{ABC}$ und $\overline{A'B'C'}$ gilt $\overline{AB} \cong \overline{A'B'}$, $\overline{AC} \cong \overline{A'C'}$ und $\angle(BAC) \cong \angle(B'A'C')$, so gilt auch $\angle(ACB) \cong \angle(A'B'C')$.*

Es ist möglich, die Kongruenzaxiome durch Bewegungsaxiome zu *ersetzen*, ohne den Aufbau des Hilbertschen Axiomensystems grundlegend zu verändern. Eine solche Axiomatisierung wird vielfach als anschaulicher empfunden. Sollen im Hilbertschen Axiomensystem die Kongruenz- durch Bewegungsaxiome ersetzt werden, so muß der Begriff der Bewegung als Grundbegriff auftreten. Die Kongruenz kann dann als Abbildbarkeit durch eine Bewegung definiert werden, ist also kein Grundbegriff mehr.

IV. Bewegungsaxiome

B 1 *Jede Bewegung ist eine eineindeutige Abbildung des Raumes auf sich.*

B 2 *Bei Bewegungen werden Geraden in Geraden überführt, die Zwischenrelation bleibt erhalten.*

B 3 *Die Hintereinanderausführung von Bewegungen ist wieder eine Bewegung.*

B 4 *Zu je zwei Fahnen gibt es genau eine Bewegung, welche die eine Fahne auf die andere abbildet.*

Dabei wird als Fahne die Struktur bezeichnet, die aus einem Punkt O, einer offenen Halbgerade p mit O als Anfangspunkt und einer offenen Halbebene H, deren Randgerade die Halbgerade p enthält, besteht.

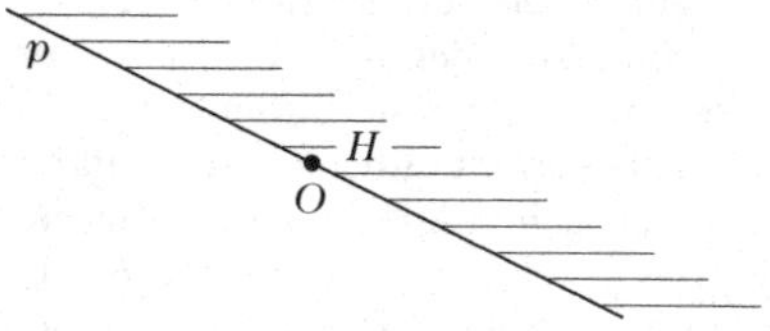

Fahne

Neben dieser Version der Axiomatisierung von Bewegungen gibt es auch die Möglichkeit, Bewegungen als Hintereinanderausführungen von Spiegelungen an Ebenen bzw. Geraden zu definieren und die Kongruenzgeometrie somit auf der Grundlage von Spiegelungsaxiomen aufzubauen. (Ein axiomatischer Aufbau der Geometrie auf der Grundlage des Spiegelungsbegriffs ist u. a. in [3] zu finden.)

IV. Stetigkeitsaxiome

S 1 (Archimedes-Axiom) *Es seien $\overline{AB}$ und $\overline{CD}$ beliebige Strecken. Dann existieren Punkte A_1,A_2, … A_n auf der Halbgerade AB^+ derart, daß*
a) $\overline{AA_1} \cong \overline{A_1A_2} \cong \cdots \cong \overline{A_{n-1}A_n} \cong \overline{CD}$ und
b) $B \in \overline{AA_n}$.

S 2 (Cantor-Axiom) *Auf einer beliebigen Geraden g sei eine unendliche Folge von Strecken $\overline{A_iB_i}$ gegeben mit $\overline{A_{i+1}B_{i+1}} \subset \overline{A_iB_i}$ (für alle $i \in \mathbb{N}$), und es gebe zu jeder Strecke $\overline{CD}$ eine natürliche*

Zahl n mit $l(\overline{A_nB_n}) < l(\overline{CD})$. Dann existiert auf g ein Punkt P mit $P \in \overline{A_iB_i}$ für alle $i \in \mathbb{N}$. ($l(\overline{CD})$ ist die Äquivalenzklasse aller zu $\overline{CD}$ kongruenten Strecken.)

V. Parallelenaxiom

PA *Zu jeder Geraden g und zu jedem nicht auf g liegenden Punkt P existiert höchstens eine Gerade h, die zu g parallel ist und durch P verläuft.* (Das Parallelenaxiom fordert nur die Eindeutigkeit der Parallelen zu einer gegebenen Geraden durch einen gegebenen Punkt, da die Existenz bereits aus den anderen Axiomen folgt.)

Die Frage, ob das Parallelenaxiom tatsächlich von den anderen Axiomen der euklidischen Geometrie unabhängig ist, war bis in das 19. Jahrhundert hinein umstritten. Durch Lobatschewski, Gauß und Bolyai wurde nachgewiesen, daß die Unabhängigkeit des Parallelenaxioms tatsächlich gegeben ist, indem sie eine Geometrie konstruierten, in der alle anderen Axiome der euklidischen Geometrie und die Negation des Parallelenaxioms gelten. Diese Geometrie ist unter den Bezeichnungen Lobatschewski-Geometrie, hyperbolische Geometrie oder einfach ↗nichteuklidische Geometrie bekannt. (Allerdings setzten sich die Mathematiker über Jahrhunderte nicht mit dem Parallelenaxiom in der hier verwendeten Formulierung, sondern mit dem dazu äquivalenten sogenannten fünften Postulat von Euklid, vgl. ↗euklidische Geometrie, auseinander.)

Neben dem hier vorgestellten, auf David Hilbert zurückgehenden, Axiomensystem und den angedeuteten Variationsmöglichkeiten einzelner Axiomengruppen existiert noch eine Vielzahl anderer Axiomensysteme sowohl für die euklidische Geometrie als auch für nichteuklidische Geometrien. Einen Überblick enthält [1].

Literatur

[1] Filler A.: Euklidische und nichteuklidische Geometrie. B.I. Wissenschaftsverlag Mannheim, 1993.

[2] Hilbert D.: Grundlagen der Geometrie. Teubner Stuttgart, 1899.

[3] Klotzek B.: Geometrie. Deutscher Verlag der Wissenschaften Berlin, 1971.

Axiomenschema, Menge unendlich vieler Axiome, die bezüglich ihrer logischen Struktur gleichförmig sind.

Ist z. B. φ ein logischer Ausdruck in der Sprache der ↗Arithmetik erster Ordnung, dann heißt die Aussage

$$\forall n\big(\varphi(n) \to \varphi(n+1)\big) \;\to\; \forall m\varphi(m)$$

auch Induktionsaxiom. Bei fixiertem Ausdruck $\varphi(n)$ ist dies nur ein Axiom. Damit das Induktionsaxiom für beliebige (definierbare) Eigenschaften von natürlichen Zahlen nutzbar ist, muß für jeden Ausdruck $\varphi(n)$ ein entsprechendes Axiom gegeben sein. Die Menge der obigen Induktionsaxiome, formuliert für alle Ausdrücke $\varphi(n)$, bildet ein Axiomenschema (Schema der vollständigen Induktion).

Axiomensystem, eine „überschaubare" (rekursive) Menge von ↗Axiomen, die als Grundaussagen unbewiesen an den Anfang einer zu entwickelnden Theorie gestellt werden. Grundlegende Eigenschaften eines Axiomensystems sind seine Widerspruchsfreiheit, Unabhängigkeit und Vollständigkeit.

Diese Begriffe werden in der mathematischen Logik präzisiert. Von ihnen gibt es jeweils eine semantische und eine syntaktische Version, je nachdem, ob man sich bei der Definition auf das inhaltliche Folgern oder auf das formale Beweisen stützt. Da für elementare Theorien (↗elementare Sprachen) inhaltliches Folgern und formales Beweisen übereinstimmen, genügt es hier, jeweils nur die semantische Fassung anzugeben. Dazu sei Σ ein Axiomensystem.

Σ ist (semantisch) widerspruchsfrei, wenn aus Σ kein Widerspruch folgt (dies ist gleichbedeutend damit, daß Σ ein Modell besitzt).

Σ ist (semantisch) unabhängig, falls keins der Axiome aus den restlichen Axiomen folgt.

Σ ist (semantisch) vollständig, wenn für jede Aussage φ der zugrundegelegten Sprache φ oder $\neg\varphi$ aus Σ folgt.

Ist z. B. Σ die Menge der Körperaxiome, dann ist Σ widerspruchsfrei und unabhängig, jedoch nicht vollständig. Die ersten beiden Eigenschaften sind für Σ offensichtlich, da es Körper (Modelle von Σ) gibt und da keins der Körperaxiome aus den restlichen Axiomen herleitbar ist. Ist φ eine elementare Aussage der Körpertheorie, die die Charakteristik mit p festlegt (p Primzahl), dann sind weder φ noch $\neg\varphi$ aus Σ beweisbar.

Die Widerspruchsfreiheit ist eine notwendige Voraussetzung für eine sinnvolle axiomatische Theorie, die Unvollständigkeit der Axiome ist wünschenswert, aber nicht zwingend. Z.B. wurde über Jahrhunderte erfolgreich axiomatische Geometrie betrieben, ohne zu wissen, ob die benutzten Axiome tatsächlich unabhängig sind (↗Axiome der Geometrie). Die Vollständigkeit ist ebenfalls wünschenswert, jedoch nicht immer erreichbar. Eine hinreichend ausdrucksfähige und vollständige elementare Theorie (in der die ↗Arithmetik erster Ordnung ausdrückbar ist) ist nicht rekursiv axiomatisierbar (↗Beweistheorie), oder anders ausgedrückt: Besitzt eine hinreichend ausdrucksstarke Theorie ein rekursives Axiomensystem, dann ist dieses nicht vollständig. Die Axiome der Mengenlehre sind nicht vollständig, und es gibt auch keine rekursive vollständige Erweiterung. Z.B. bilden die Axiome der Körpertheorie kein vollständiges System, sie lassen sich aber zu einem vollständigen rekursiven System erweitern.

Axiomensystem von Peano, ↗Peano-Axiomensystem.

Ax-Kochen-Isomorphietheorem, Theorem zur Artinschen Vermutung bezüglich des Körpers $\mathbb{Q}_p$ der p-adischen Zahlen. Diese Vermutung, die mit (A, n, k) bezeichnet wird, besagt:

Jedes homogene Polynom $f \in \mathbb{Q}_p[x_1, \dots, x_n]$ vom Grad k mit $n > k^2$ besitzt eine nichttriviale Lösung in $\mathbb{Q}_p$.

Terjanian zeigte, daß die Artinsche Vermutung i.allg. nicht zutrifft. Lang betrachtete den Körper $\mathbb{Z}_p((t))$ der formalen Potenzreihen über $\mathbb{Z}_p$, der eine gewisse Ähnlichkeit mit $\mathbb{Q}_p$ aufweist, und wies nach, daß $\mathbb{Z}_p((t))$ die Eigenschaft $A(n, k)$ besitzt. Ax-Kochen und (unabhängig von ihnen) Ershov zeigten das folgende Theorem:

Für alle positiven ganzen Zahlen n, k gibt es eine endliche Menge $P_0(n, k)$ von Primzahlen so, daß für jede Primzahl $p \notin P_0(n, k)$ die Artinsche Vermutung (A, n, k) gilt.

Eine andere Formulierung, die gewisse Analogien zwischen $\mathbb{Q}_p$ und $\mathbb{Z}_p((t))$ ausnutzt, ist durch das folgende sog. Isomorphietheorem gegeben:

Ist P die Menge aller Primzahlen und U ein Ultrafilter über P, der nicht Hauptfilter ist, dann sind die Ultraprodukte

$$\prod_U \mathbb{Q}_p \text{ und } \prod_U \mathbb{Z}_p((t))$$

isomorph.

Axonometrie, Darstellung von Punkten im Raum in bezug auf ein vorgegebenes Koordinatensystem.

Azimut, ↗geographische Breite.

Azimutalentwurf, ein Sammelbegriff für bestimmte Kartennetzentwürfe der Erdoberfläche.

In der Kartographie wird das durch Polarkoordinaten gegebene Gradnetz einer Kugel $\mathcal{K}$ zunächst auf die Tangentialebene $T_P(\mathcal{K})$ eines Punktes $P \in \mathcal{K}$ projiziert, wobei es für die Art der Projektion verschiedene Möglichkeiten gibt.

Dann enthält jede Ebene $\mathcal{E}$, die die Verbindungsgerade g von P mit dem Mittelpunkt M der Kugel enthält, neben dem Großkreis $\mathcal{K} \cap \mathcal{E}$ auch dessen Bild. Die Kleinkreise, die sich als Durchschnitte der zu g senkrechten Ebenen mit $\mathcal{K}$ ergeben, werden in konzentrische Kreise abgebildet.

azyklische Orientierung, Orientierung o der Kanten eines endlichen Graphen G so, daß in dem durch o induzierten gerichteten Graphen $\vec{G}$ keine gerichteten Kreise existieren.

azyklischer Graph, ↗ Wald.

azyklischer Komplex, ↗ ausgedehnter Komplex.

B

$\mathcal{B}$, ↗ Borel-σ-Algebra.

$\mathcal{B}_0$, ↗ Baire-σ-Algebra.

Babbage, Charles, englischer Mathematiker, Rechentechniker, Ökonom und Wissenschaftsorganisator, geb. 26.12.1792 Teignmouth (Devonshire, England), gest. 18.10.1871 London.

Babbage studierte in Cambridge. 1827 wurde er dort Lucasian-Professor für Mathematik, lehrte jedoch nie.

Um 1834 entwickelte er das Prinzip einer analytischen Maschine, die als Vorläufer der modernen elektronischen Computer gilt. Im selben Jahr veröffentlichte er auch eine Arbeit zu einer frühen Form der Operationsforschung.

Bäbler, Satz von, ↗ Faktortheorie.

babylonische Mathematik, verbreitete Bezeichnung für die Mathematik im alten Mesopotamien.

Aus der frühen Ackerbaukultur des 4. Jahrhunderts entwickelte sich im Zweistromland zwischen Euphrat und Tigris eine Hochkultur. Sie wurde ursprünglich geprägt durch die im südlichen Teil des Landes lebenden Sumerer, im nördlichen Teil durch die semitischen Akkader.

Um 2000 v. Chr. verschwand der sumerische Einfluß fast völlig. Daneben haben später Völker aus dem Osten (Kassiten), Norden (Hethiter) und Westen (ägäische Völkerwanderung) die Kultur des Zweistromlandes nachhaltig beeinflußt.

Kultureller Mittelpunkt des alten Mesopotamien war stets Babylon. Durch die Perser und die Hellenen wurde die Kultur Babylons bis nach Europa getragen. In der ersten Phase der babylonischen Mathematik finden wir einfache geometrische (Vermessungsaufgaben) und arithmetische (Verteilung von Produkten) Aufgaben, behandelt im (sumerischen) Sexagesimalsystem. Um 2000 v. Chr. wurde dieses System zum sexagezimalen Positionssystem weiterentwickelt, allerdings fehlte das Zeichen für die Leerstelle, sodaß nicht besetzte Stellen nur aus dem Aufgabenzusammenhang ermittelt werden konnten. Erst seit dem 6. Jh. v. Chr. wurde ein inneres Lückenzeichen eingeführt. Dieses Sexagezimalsystem wurde konsequent nur in wissenschaftlichen Texten verwendet, seit etwa 2000 v. Chr. wurde im Alltag ein dezimales System benutzt.

Um 1850–1600 v. Chr. erreichte die babylonische Mathematik ihren Höhepunkt. Die Texte sind im sog. babylonischen Dialekt des Akkadischen geschrieben – daher rührt die Bezeichnung „babylonische Mathematik".

Bei den Texten lassen sich inhaltlich zwei große Gruppen unterscheiden: Tabellen und Problemtexte. Zur ersten Gruppe gehörten Reziprokentabellen, Multiplikationstafeln, Tafeln von Quadratzahlen, Quadratwurzeln, Kubikwurzeln, Potenz- und Exponentialtabellen sowie metereologische Tabellen. Mit Hilfe dieser Tabellen wurden Rechnungen mechanisch abgewickelt. Bei den Problemtexten handelt es sich um angewandte Mathematik: Zins- und Zinseszinsrechnung, Aufgaben des Bauwesens, Erbteilungen, astronomische Aufgabenstellungen usw.

Die Lösungen der Aufgaben waren, genau wie diese, an konkrete Zahlenwerte gebunden. Die konkreten Methoden zur Lösung der Aufgaben wurden nicht zu Lehrsätzen, Formeln, formalen Methoden usw. verallgemeinert. Beweise wurden niemals gegeben. Durch viele Beispiele wurde dem Lernenden die Methode zur Lösung eines Aufgabentyps beigebracht.

Die babylonische Mathematik war in ihrer Grundanlage „algebraisch". Bei der Bewältigung algebraischer Aufgaben erzielte sie ihre größten Erfolge bis hin zur Lösung von (konkreten) kubischen Gleichungen und solchen höheren Grades und von Gleichungssystemen. Auch geometrische Aufgaben über Dreiecke, Trapeze, reguläre Polygone, Pyramiden-und Kegelstümpfe, Kreise wurden algebraisch gelöst, sogar auch dann, wenn Zeichnungen die Aufgabe erläuterten.

Elementare geometrische Sätze, z. B. der Satz des Pythagoras, wurden angewandt, aber niemals allgemein formuliert. Listen pythagoreischer Zahlentripel waren bekannt.

Aus der Zeit nach 1600 v. Chr. sind uns nur noch vereinzelte mathematische Texte überliefert. Erst aus den letzten Jahrhunderten vor unserer Zeit sind wieder umfangreichere Texte bekannt, die jedoch nur in einem Punkt wesentlich von den älteren Texten abweichen: Die Zahlenrechnungen wurden auf bedeutend mehr Stellen vorangetrieben. Das war wohl auf die Bedürfnisse der mathematischen Astronomie zurückzuführen, die sich seit dem ersten vorchristlichen Jahrhundert in Babylon entwickelte und die die Grundlage der gesamten astronomischen und astrologischen Entwicklungen der westlichen Zivilisation bildete.

Mathematische und astronomische Einflüsse Babylons sind auch in Indien, China und in den arabischen Ländern nachweisbar.

babylonische Methode, eines der ältesten Verfahren zur praktischen Berechnung der Quadratwurzel einer reellen Zahl.

Ist a eine positive reelle Zahl, deren Quadratwurzel bestimmt werden soll, so setze man $x_0 = a$ und für alle $n \in \mathbb{N}$

$$x_n = \frac{1}{2} \cdot \left(x_{n-1} + \frac{a}{x_{n-1}}\right).$$

Die solchermaßen definierte Folge $\{x_n\}$ konvergiert quadratisch gegen die gesuchte Zahl $\sqrt{a}$. Die Wahl des Anfangswertes $x_0 = a$ ist dabei willkürliche Konvention, das angegebene Verfahren konvergiert für jeden positiven Startwert.

Man kann die oben definierte Iterationsvorschrift als ↗Newton-Verfahren interpretieren, angewandt auf die Funktion

$$f(x) = x^2 - a.$$

Da $\sqrt{a}$ eine einfache Nullstelle dieser Funktion ist, folgt die quadratische Konvergenz unmittelbar aus den bekannten Eigenschaften des Newton-Verfahrens.

babylonisches Wurzelziehen, ↗ babylonische Methode.

Bachet de Méziriac, Claude-Gaspard, französischer Mathematiker und Dichter, geb. 9.10.1581 Bourg-en Bresse (Frankreich), gest. 26.2.1638 Bourg-en Bresse.

Bachet war Sohn einer angesehenen Familie und wurde, da er im Alter von sechs Jahren verwaiste, von den Jesuiten ausgebildet. Verschiedenen Berichten zufolge studierte er in Padua und verbrachte einige Jahre seines Lebens in Paris und Rom. In dieser Zeit verfaßte er auch eine ganze Reihe von Gedichten und Erzählungen.

Innerhalb der Mathematik arbeitete er auf den Gebieten Algebra und Zahlentheorie. Eine seiner größten Leistungen ist sicherlich die Neuedition der „Arithmetica" Diophantos', die er im Jahre 1621 vollendete, und bei der er zahlreiche Beweise und Rechnungen ergänzte. Seine Ausgabe enthielt nicht nur den griechischen Originaltext, sondern auch die lateinische Übersetzung sowie zahlreiche Kommentare und Ergänzungen. Angeblich hat das Studium der Bachetschen Ausgabe ↗Fermat zu zahlreichen zahlentheoretischen Untersuchungen und Vermutungen angeregt, und nicht zuletzt „die" Fermatsche Vermutung entsprang dieser Lektüre.

Bachet gab außerdem den später von Lagrange bewiesenen Satz, daß jede natürliche Zahl die Summe von höchstens vier Quadraten ist, als Vermutung an. Diese Aussage heißt daher auch in manchen älteren Büchern Satz von Bachet oder Satz von Bachet-Lagrange.

Schließlich sei noch erwähnt, daß er im Jahre 1612 auch eines der ersten Bücher herausgab, das sich allein der Unterhaltungsmathematik widmete (↗Bachets Wägeproblem). Eines der darin enthaltenen Rätsel ist das folgende: Ein Schiff befördert 30 Passagiere, je 15 Christen und 15 Türken (zur damaligen Zeit das „Gegenteil" von Christen). Ein Sturm kommt auf, und das Schiff kann nur gerettet werden, wenn die Hälfte der Passagiere über Bord geworfen wird. Zur Auswahl dieser Unglücklichen wird folgender Algorithmus festgelegt: Die Passagiere stellen sich im Kreis auf, und, beginnend an einem festgelegten Punkt, wird durchgezählt; jeder Neunte muß von Bord.

Frage: Wie müssen sich die Christen stellen, damit es keinen einzigen von ihnen trifft? Eine Lösung lautet:

CCCCTTTTTCCTCCCTCTTCCTTTCTTCCT

Bachets Wägeproblem, lautet: Wieviele Gewichte braucht man mindestens, um mit einer Balkenwaage jedes ganzzahlige Gewicht von 1 bis 40 Pfund auswiegen zu können,

1. wenn man die Gewichte nur auf eine Waagschale legen darf,
2. wenn man beide Waagschalen benutzen darf?

Dieses Wägeproblem wurde schon im 13. Jahrhundert von Fibonacci erwähnt. Bachet beschrieb es in seinem 1612 erschienenen Buch „Problèmes plaisantes et delectables qui se font par les nombres", weswegen es heute meist als Bachets Wägeproblem bezeichnet wird.

Im ersten Fall geht es darum, eine Menge $G = \{g_1, \ldots, g_k\}$ mit folgender Eigenschaft zu finden: Jede ganze Zahl N mit $1 \le N \le M = 40$ läßt sich als Summe einer Auswahl von Gewichten aus G darstellen. Bachet gab die Lösung

$$G = \{1, 2, 4, 8, 16, 32\}. \qquad (1)$$

Daß dies eine Lösung ist, sieht man wie folgt: Jede natürliche Zahl $N \le 40$ besitzt eine (eindeutig bestimmte) Binärdarstellung

$$N = (z_5 z_4 z_3 z_2 z_1 z_0)_2 = \sum_{j=0}^{5} z_j \cdot 2^j$$

mit 6 Ziffern $z_0, \ldots, z_5 \in \{0, 1\}$. Um ein Gewicht von N Pfund auszuwiegen, bestimme man also zunächst die Binärdarstellung von N und wähle dann diejenigen Gewichte 2^j, für die $z_j = 1$ ist. Mit der Gewichtemenge G kann man auf diese Art jedes ganzzahlige Gewicht bis zum Maximum $M = 63$ Pfund auswiegen. Für $M = 40$ ist die Lösung (1) nicht eindeutig bestimmt; z. B. läßt sich mit der Gewichtemenge

$$G' = \{1, 2, 3, 7, 14, 28\}$$

jedes ganzzahlige Gewicht bis 55 Pfund auswiegen. Man kann aber beweisen, daß für $M = 40$ mindestens 6 Gewichte notwendig sind.

Im zweiten Fall ist eine möglichst kleine Menge $B = \{b_0, \ldots, b_k\}$ derart gesucht, daß sich jede

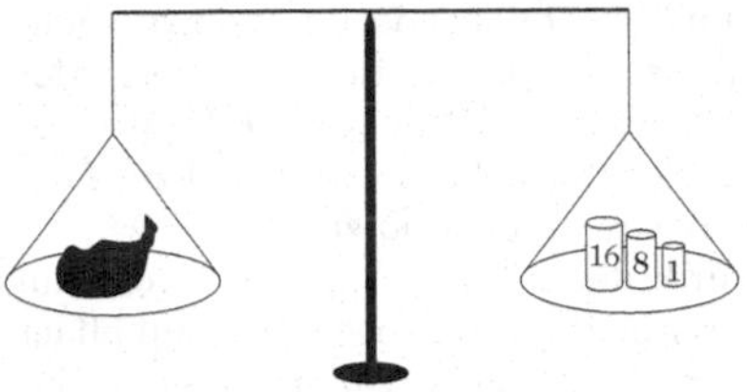

Auswiegen von $N=25$ Pfund mit Gewichten zu 16, 8 und 1 Pfund

natürliche Zahl $\leq M = 40$ in folgender Weise darstellen läßt:

$$N = z_0 \cdot b_0 + z_1 \cdot b_1 + z_2 \cdot b_2 + \ldots \quad (2)$$

mit „Ziffern" $z_0, z_1, \ldots \in \{-1, 0, 1\}$. Das ist so zu interpretieren: Man lege zunächst das auszuwiegende Gewicht N auf die linke Waagschale. Für jedes $j = 0, 1, \ldots$ lege man dann b_j nach links, falls $z_j = -1$, b_j nach rechts, falls $z_j = 1$, und man lasse b_j weg, falls $z_j = 0$. Bachet gab für diesen Fall die Lösung

$$B = \{1, 3, 9, 27\}. \quad (3)$$

Dies ist eine Lösung, denn jede ganze Zahl n mit

$$|n| \leq \frac{1}{2}(3^k - 1)$$

besitzt eine eindeutig bestimmte ↗balancierte ternäre Darstellung mit k Ziffern $z_0, \ldots, z_{k-1} \in \{-1, 0, 1\}$. Für $k = 4$ ist $\frac{1}{2}(3^k - 1) = 40$, also benötigt man mindestens 4 Gewichte, und Bachets Lösung (3) ist die einzige Lösung dieses Wägeproblems.

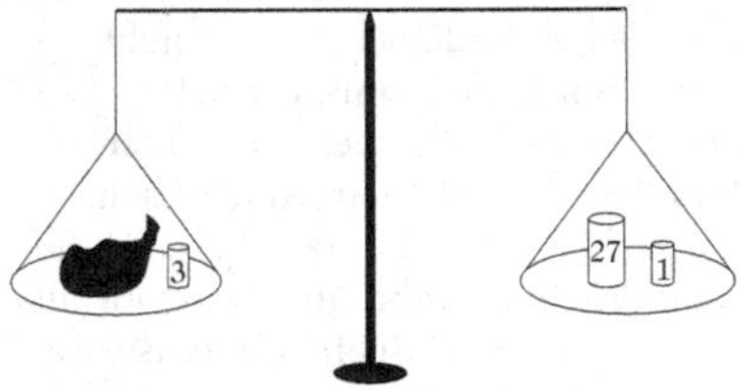

Auswiegen von $N=25$ Pfund mit Gewichten zu 27, 3 und 1 Pfund

Bachetsche Gleichung, die ↗diophantische Gleichung

$$x^3 - y^2 = c \quad (1)$$

mit einer gegebenen Zahl $c \in \mathbb{Z}$.

Bei manchen Autoren heißt (1) auch Mordellsche Gleichung.

Bachet studierte Anfang des 17. Jahrhunderts die Frage, ob und auf wieviele Arten sich die Zahl 2 als Differenz einer Kubikzahl und einer Quadratzahl darstellen läßt. Das ist gerade die Frage nach den ganzzahligen Lösungen von (1) für $c = 2$. Bei diesen Studien fand er 1621 folgenden erstaunlichen Sachverhalt, der auch als Bachetsche Verdoppelungsformel bekannt ist:

Ist (x, y) eine Lösung von (1) mit $y \neq 0$, so ist das Paar

$$\left(\frac{x^4 - 8cx}{4y^2}, \frac{-x^6 - 20cx^3 + 8c^2}{8y^3} \right) \quad (2)$$

ebenfalls eine Lösung von (1).

Dies erlaubt es in den meisten Fällen, aus einer bereits gefundenen rationalen Lösung von (1) weitere rationale Lösungen zu errechnen.

Bachet leitete die Formel (2) mittels seiner Tangentenmethode her, die ganz allgemein zur Konstruktion rationaler Punkte auf algebraischen Kurven tauglich ist.

Da die Komponenten von (2) i. allg. keine ganzen Zahlen mehr sind, löst die Bachetsche Verdoppelungsformel nicht das Problem der ganzzahligen Lösungen von (1).

Fermat stellte um 1650 das Problem, zu beweisen, daß die Gleichung

$$x^3 - y^2 = 2$$

in den ganzen Zahlen nur die Lösungen $(x, y) = (3, \pm 5)$ besitzt. Ein vollständiger Beweis dieser Behauptung wurde erst 1880 publiziert.

Thue bewies 1908, daß die Bachetsche Gleichung (1) für $c \neq 0$ nur endlich viele ganzzahlige Lösungen besitzt.

Bachetsche Verdoppelungsformel, ↗Bachetsche Gleichung.

Bäcker-Transformation, Abbildung Φ auf der Menge $M := [0, 1]^2 \subset \mathbb{R}^2$, definiert durch

$$\Phi(x, y) = \begin{cases} (2x, \frac{1}{2}y) \mod 1 & 0 \leq x < \frac{1}{2}, \\ (2x, \frac{1}{2}(y + 1)) \mod 1 & \frac{1}{2} \leq x < 1. \end{cases}$$

Mit ihr wird das diskrete ↗dynamische System $(M, \mathbb{N}, \Phi)$ definiert.

Die Wirkung von Φ kann mit dem Kneten eines Teiges verglichen werden, wobei in jedem Schritt der Teig zur doppelten Breite ausgewalzt, halbiert und schließlich übereinandergelegt wird; daher rührt der Name „Bäcker-Transformation".

[1] Arnold, V.I.; Avez, A.: Ergodic problems of classical mechanics. Addison-Wesley Publishing Company Redwood City, CA, 1989.

Backpropagation-Lernregel, eine spezielle ↗Lernregel für ↗Neuronale Netze, die auf dem Gradienten-Verfahren beruht.

Im folgenden wird die prinzipielle Idee der Backpropagation-Lernregel kurz im Kontext diskreter dreischichtiger neuronaler Feed-Forward-Netze mit Ridge-Typ-Aktivierung in den verborgenen Neuronen erläutert:

Wenn man diesem dreischichtigen Feed-Forward-Netz eine Menge von t Trainingswerten

$$(x^{(s)}, y^{(s)}) \in \mathbb{R}^n \times \mathbb{R}^m \,, \quad 1 \le s \le t \,,$$

präsentiert, dann sollten die Gewichte

$$g_{pj} \in \mathbb{R} \,, \; 1 \le p \le q \,, \; 1 \le j \le m$$

und

$$w_{ip} \in \mathbb{R} \,, \; 1 \le i \le n \,, \; 1 \le p \le q \,,$$

sowie die Schwellwerte $\Theta_p \in \mathbb{R}$, $1 \le p \le q$, so gewählt werden, daß für alle $j \in \{1, \ldots, m\}$ und für alle $s \in \{1, \ldots, t\}$ die quadrierten Fehler

$$\left(y_j^{(s)} - \sum_{p=1}^{q} g_{pj} T \left(\sum_{i=1}^{n} w_{ip} x_i^{(s)} - \Theta_p \right) \right)^2$$

möglichst klein werden.

Nimmt man nun an, daß die Transferfunktion T stetig differenzierbar ist, und setzt t partiell differenzierbare Fehlerfunktionen

$$F^{(s)} : \mathbb{R}^{qm} \times \mathbb{R}^{nq} \times \mathbb{R}^q \longrightarrow \mathbb{R} \,, \quad 1 \le s \le t \,,$$

an als

$$F^{(s)}(.., g_{pj}, .., w_{ip}, .., \Theta_p, ..) := \sum_{j=1}^{m} \left(y_j^{(s)} - \sum_{p=1}^{q} g_{pj} T \left(\sum_{i=1}^{n} w_{ip} x_i^{(s)} - \Theta_p \right) \right)^2 ,$$

dann erhält man für die Suche nach dem Minimum einer Funktion $F^{(s)}$ mit dem Gradienten-Verfahren folgende Vorschriften für einen Gradienten-Schritt, wobei $\lambda > 0$ ein noch frei zu wählender sogenannter Lernparameter ist:

1. Gewichte g_{pj}, $1 \le p \le q$, $1 \le j \le m$:

$$g_{pj}^{(neu)} := g_{pj} - \lambda F_{g_{pj}}^{(s)}(.., g_{pj}, .., w_{ip}, .., \Theta_p, ..) \,.$$

2. Gewichte w_{ip}, $1 \le i \le n$, $1 \le p \le q$:

$$w_{ip}^{(neu)} := w_{ip} - \lambda F_{w_{ip}}^{(s)}(.., g_{pj}, .., w_{ip}, .., \Theta_p, ..) \,.$$

3. Schwellwerte Θ_p, $1 \le p \le q$:

$$\Theta_p^{(neu)} := \Theta_p - \lambda F_{\Theta_p}^{(s)}(.., g_{pj}, .., w_{ip}, .., \Theta_p, ..) \,.$$

In den obigen Aktualisierungsvorschriften bezeichnen natürlich $F_{g_{pj}}^{(s)}$, $F_{w_{ip}}^{(s)}$ und $F_{\Theta_p}^{(s)}$ jeweils die partiellen Ableitungen von $F^{(s)}$ nach g_{pj}, w_{ip} und Θ_p. Die sukzessive Anwendung des obigen Verfahrens auf alle vorhandenen Fehlerfunktionen $F^{(s)}$, $1 \le s \le t$, und anschließende Iteration bezeichnet man nun als Backpropagation-Lernregel oder -Algorithmus (die Fehler $F^{(s)}$, $1 \le s \le t$, werden geschickt in das Netz zurückpropagiert und zur Korrektur der Netzparameter benutzt).

Erstmals wurde dieser Algorithmus 1974 von Paul Werbos auf Neuronale Netze angewandt und bildet heute mit seinen zahlreichen Variationen eine der effizientesten Strategien zur Konfigurierung Neuronaler Netze.

Würde man bei der Herleitung der Backpropagation-Lernregel anstelle der sukzessiven Betrachtung der t Fehlerfunktionen $F^{(s)}$, $1 \le s \le t$, direkt die gesamte Fehlerfunktion über alle t zu lernenden Trainingswerte heranziehen,

$$F := \sum_{s=1}^{t} F^{(s)} \,,$$

und auf diese Fehlerfunktion das Gradienten-Verfahren anwenden, so käme man zu einer anderen Backpropagation-Lernregel. Diese wird in der einschlägigen Literatur häufig als Off-Line-Backpropagation-Lernregel oder Batch-Mode-Backpropagation-Lernregel bezeichnet, während die zuvor eingeführte Variante in vielen Büchern unter dem Namen On-Line-Backpropagation-Lernregel zu finden ist oder schlicht Backpropagation-Lernregel genannt wird.

Die On-Line-Variante hat den Vorteil, daß keine Gewichts- und Schwellwertkorrekturen zwischengespeichert werden müssen und eine zufällige, nicht-deterministische Reihenfolge der zu lernenden Trainingswerte erlaubt ist (stochastisches Lernen).

Sie hat jedoch den Nachteil, daß nach einem Lernzyklus, d. h. nach Präsentation aller t zu lernenden Trainingswerte, der Gesamtfehler F des Netzes auch für beliebig kleines $\lambda > 0$ nicht unbedingt abgenommen haben muß; bei jedem Teilschritt wird zwar $F^{(s)}$ im allgemeinen kleiner, die übrigen Fehler $F^{(r)}$, $r \neq s$, können jedoch wachsen.

Trotz dieser Problematik hat sich die On-Line-Variante in der Praxis bewährt und wird im allgemeinen der rechen- und speicherintensiveren Off-Line-Variante vorgezogen.

Backpropagation-Netz, ein ↗Neuronales Netz, welches mit der ↗Backpropagation-Lernregel oder einer ihrer zahlreichen Varianten konfiguriert wird; wird bisweilen auch als Fehlerrückführungsnetz bezeichnet.

Backus-Naur-Form, *Backus-Notation*, *BNF*, nach Backus und Naur benannte Sprache zur Beschreibung kontextfreier ↗Grammatiken.

Die meist mit BNF abgekürzte Sprache wurde erstmals zur Definition der Sprache ALGOL-60 verwendet. Nichtterminalzeichen werden durch in spitze Klammern eingeschlossene Begriffe repräsentiert, Terminalzeichen direkt notiert. Alle Regeln mit gleicher linker Seite werden gemeinsam beschrieben, indem erst die linke Seite, dann das Zeichen ::= und schließlich die rechten Seiten, getrennt durch |, notiert werden. Wir geben ein kurzes Beispiel (korrekt gebildete arithmetische Ausdrücke auf vorzeichenbehafteten ganzen Zahlen):

```
<ausdruck> ::= <term> | <ausdruck> + <term> |
<ausdruck> - <term>
<term> ::= <faktor> | <term> * <faktor> | <term>
/ <faktor>
<faktor> ::= <zahl> | - <faktor> | ( <ausdruck> )
<zahl> ::= <nichtnull> | <nichtnull> <ziffern>
<nichtnull> ::= 1 | 2 | 3 | 4 | 5 | 6 | 7 | 8 | 9
<ziffern> ::= <ziffer> | <ziffern> <ziffer>
<ziffer> ::= <nichtnull> | 0
```

Backus-Notation, ↗Backus-Naur-Form.

Baer-Unterebene, eine Unterebene $\mathcal{B}$ einer projektiven Ebene $\mathcal{P}$ mit der Eigenschaft, daß jeder Punkt von $\mathcal{P}$ auf einer Geraden von $\mathcal{B}$ liegt.

Ist $\mathcal{P}$ eine endliche projektive Ebene der Ordnung q, so sind die Baer-Unterebenen von $\mathcal{P}$ gerade die Unterebenen von $\mathcal{P}$, deren Ordnung gleich $\sqrt{q}$ ist. Dies ist die größtmögliche Ordnung einer Unterebene.

Baer-Unterraum, ein Unterraum $\mathcal{B}$ eines projektiven Raumes $\mathcal{P}$ mit der Eigenschaft, daß jeder Punkt von $\mathcal{P}$ auf einer Geraden von $\mathcal{B}$ liegt.

Ist $\mathcal{P}$ ein endlicher projektiver Raum der Ordnung q, so sind die Baer-Unterräume von $\mathcal{P}$ gerade die Unterräume von $\mathcal{P}$, deren Ordnung gleich $\sqrt{q}$ ist.

Bahn, Bildbereich einer Operation einer Gruppe auf einem bestimmten Element einer Menge. Es sei G eine Gruppe und M eine nicht-leere Menge. Ist eine Operation $G \times M \to M$ gegeben mit $(a, x) \to a(x)$ für alle $x \in M$, so heißt die Menge

$$G(x) = \{a(x) | a \in G\} \subseteq M$$

die Bahn oder auch der Transitivitätsbereich oder der Orbit von $x \in M$ unter der gegebenen Operation.

Mit Hilfe von Bahnen läßt sich eine Gleichung über die Kardinalität einer endlichen Menge formulieren, die sogenannte Bahnengleichung. Ist dabei $\tau : G \times X \to X$ eine Operation, so wird durch $x \sim_\tau y \Leftrightarrow y \in G(x)$ eine Äquivalenzrelation auf M definiert, wobei die Bahnen der Elemente aus M genau die Äquivalenzklassen von $\sim_\tau$ sind. Weiterhin kann man für jedes Element $x \in M$ die zugehörige Isotropiegruppe von x bezüglich τ definieren durch

$$\mathrm{Iso}_\tau(G, x) = \{a \in G | a(x) = x\} .$$

Mit diesen Definitionen gilt dann die Bahnengleichung.

Ist unter den obigen Bedingungen V ein vollständiges Vertretersystem bezüglich der Äquivalenzrelation $\sim_\tau$, so gilt:

$$|M| = \sum_{x \in M} |G(x)| = \sum_{x \in M} [G : \mathrm{Iso}_\tau(G, x)] .$$

Dabei bezeichnet $|M|$ die Kardinalität der endlichen Menge M und $[G : \mathrm{Iso}_\tau(G, x)]$ den Index der Isotropiegruppe von x bezüglich τ in G.

Bahnen-Äquivalenz, ↗ Äquivalenz von Flüssen.

Bahnkurve, ↗Orbit.

Baire, René Louis, französischer Mathematiker, geb. 21.1.1874 Paris, gest. 5.7.1932 Chambéry (Frankreich).

Baire studierte unter Volterra und Darboux. 1902 wurde er an die Universität von Montpellier und 1905 nach Dijon berufen. Er arbeitete auf dem Gebiet der Theorie der reellen Funktionen und befaßte sich insbesondere mit dem Grenzwertbegriff. Er definierte Halbstetigkeit.

Baire schrieb mehrere grundlegende Bücher zur Analysis (↗Bairesche Klassifikation, ↗Bairescher Kategoriensatz).

Baire, Satz von, besagt in einer einfachen Version:

Jeder vollständige metrische Raum ist von zweiter Kategorie (↗Bairesches Kategorieprinzip) (in sich).

Diese relativ einfach zu beweisende Aussage hat viele weittragende und interessante Anwendungen, zum Beispiel das Prinzip der gleichmäßigen Beschränktheit der Funktionalanalysis, und damit zum Beispiel Aussagen über Quadraturformeln bei der numerischen Integration.

Als weitere nicht-triviale Anwendung erhält man, daß es (z. B. auf $[0, 1]$) stetige reellwertige Funktionen gibt, die nirgends differenzierbar sind.

Im Baireschen Sinne sind sogar „fast alle" – d. h. bis auf eine magere Ausnahmemenge alle – stetigen Funktionen nirgends differenzierbar.

Baire-Funktion, in engerem Sinne Funktion der ersten Baireschen Klasse (↗Bairesche Klassifikation). Zum Beispiel gehört jede halbstetige Funktion dazu.

In weiterem Sinne betrachtet man die Vereinigung der Baireschen Klassen über alle Ordinalzahlen der (ersten und) zweiten Zahlklasse. Dies ist gerade die kleinste Klasse von Funktionen, die alle stetigen Funktionen enthält und abgeschlossen gegenüber punktweiser Konvergenz ist. Im Spezialfall gilt dann:

Jede Baire-Funktion ist Lebesgue-meßbar.

Es sei darauf hingewiesen, daß der Begriff (untere bzw. obere) Baire-Funktion in der Literatur gelegentlich auch mit anderer Bedeutung auftritt. Man vergleiche dazu etwa Kapitel V, §4 in [1].

[1] Natanson, I.P.: Theorie der Funktionen einer reellen Veränderlichen. Verlag Harri Deutsch Zürich, 1977.

Baire-Kategorie, ↗ Bairescher Kategoriensatz.

Baire-Maß,↗ Baire-σ-Algebra.

Baire-Menge, ↗ Baire-σ-Algebra.

Baire-meßbare Funktion, ↗Baire-σ-Algebra.

Baire-Raum, topologischer Raum mit speziellen Eigenschaften.

Ein topologischer Raum V heißt Baire-Raum, wenn jede nicht-leere offene Teilmenge von V von zweiter Kategorie ist. Dazu äquivalent ist die Bedingung, daß jede Folge (F_n) von abgeschlossenen Mengen, deren Vereinigungsmenge wenigstens einen inneren Punkt besitzt, mindestens eine Menge F_m aufweist, die selbst einen inneren Punkt besitzt.

Nach dem ↗Baireschen Kategoriensatz ist beispielsweise jeder vollständige metrische Raum ein Baire-Raum (↗Baire-σ-Algebra).

Baire-reguläres Maß, Maß auf einer ↗Baire-σ-Algebra mit zusätzlicher Eigenschaft.

Es sei Ω ein lokalkompakter Raum. Dann heißt ein Maß μ auf der Baire-σ-Algebra $\mathcal{B}_0(\Omega)$ regulär, falls für alle $A \in \mathcal{B}_0(\Omega)$ gilt:

- $\mu(A) = \inf\{\mu(G)|A \subseteq G \text{ offen}, G \in \mathcal{B}_0(\Omega)\}$,
- $\mu(A) = \sup\{\mu(K)|A \supseteq K \text{ kompakt}, K \in \mathcal{B}_0(\Omega)\}$.

Bairesche Klassifikation, Klassifikation von (reellwertigen) Funktionen.

Ist X ein ↗metrischer Raum, so definiert man rekursiv die Baireschen Klassen $H_k := H_k(X)$ der Ordnung k wie folgt: Es seien

$$H_0 := H_0(X) := \{f|f : X \longrightarrow \mathbb{R} \text{ stetig}\},$$

also gerade die Menge der auf X stetigen reellwertigen Funktionen, und $H_{k+1} := H_{k+1}(X)$ die Gesamtheit der reellwertigen Funktionen f auf X, zu denen es eine Folge (f_n) aus $H_k(X)$ gibt, die gegen f punktweise konvergiert, für die also $f_n(x) \to f(x)$ für alle $x \in X$ gilt. Statt „Bairesche Klasse der Ordnung k" sagt man auch k-te Bairesche Klasse.

Betrachtet man zum Beispiel auf $X = [0, 1]$ die Folge der stetigen (sogar beliebig oft differenzierbaren) Funktionen f_n, definiert durch $f_n(x) := x^n$, so hat man offenbar punktweise Konvergenz gegen die durch

$$f(x) := \begin{cases} 0, & \text{falls } x \in [0, 1), \\ 1, & \text{falls } x = 1 \end{cases}$$

gegebene – in $x = 1$ unstetige – Funktion f.

Bei nur punktweiser Konvergenz kann man also den Bereich der stetigen Funktionen verlassen und erhält zusätzliche Funktionen. Bei ↗gleichmäßiger Konvergenz hingegen verbleibt man im Bereich stetiger Funktionen. (Dies ist gerade die Aussage des Satzes von Weierstraß.)

Für die naheliegende Erweiterung der Definition der Baireschen Klassen zu gegebenen Ordinalzahlen sei z. B. verwiesen auf [1].

[1] Natanson, I.P.: Theorie der Funktionen einer reellen Veränderlichen. Verlag Harri Deutsch Zürich, 1977.

Bairescher Kategoriensatz, Klassifikationssatz über vollständige metrische Räume. Der Satz kann wie folgt formuliert werden:

Ist X ein vollständiger ↗metrischer Raum, den man als abzählbare Vereinigung der Form

$$X = \bigcup_{n=1}^{\infty} F_n$$

darstellen kann, so enthält mindestens ein F_n eine abgeschlossene Kugel.

Verwendet man den Begriff der Kategorie, so lautet der Bairesche Kategoriensatz:

Jeder vollständige metrische Raum ist von zweiter Kategorie.

Für den Beweis des Baireschen Kategoriensatzes benötigt man den ↗Cantorschen Durchschnittssatz.

Bairesches Kategorieprinzip, Klassifikation von Mengen in einem ↗topologischen Raum.

Eine Teilmenge eines topologischen Raumes heißt genau dann *nirgends dicht*, wenn das Innere ihrer abgeschlossenen Hülle leer ist, d. h. die Hülle keine nicht-leere offene Menge enthält. Nirgends dichte Mengen sind also in einem gewissen Sinne „klein". Recht einfach sieht man:

Jede Teilmenge einer nirgends dichten Menge ist nirgends dicht. Die Vereinigung zweier – und damit endlich vieler – nirgends dichter Mengen ist nirgends dicht. Die abgeschlossene Hülle einer nirgends dichten Menge ist nirgends dicht.

Eine abzählbare Vereinigung nirgends dichter Mengen ist nicht notwendig wieder nirgends dicht; sie kann sogar dicht, also recht groß, sein. Dies sieht man etwa an folgendem Beispiel: In $\mathbb{R}$ ist die abzählbare Menge $\mathbb{Q}$ disjunkte Vereinigung einpunktiger Mengen. Endliche, speziell also einpunktige, Mengen in $\mathbb{R}$ sind nirgends dicht. $\mathbb{Q}$ hingegen ist dicht.

Eine Teilmenge heißt genau dann von erster Kategorie oder mager, wenn sie höchstens abzählbare Vereinigung von nirgends dichten Mengen ist, anderenfalls von zweiter Kategorie oder gelegentlich auch fett.

Auch Mengen von erster Kategorie sind in einem gewissen Sinne noch klein.

Die abzählbare Vereinigung von Mengen erster Kategorie ist von erster Kategorie, und Teilmengen solcher Mengen sind von erster Kategorie.

Als Teilmenge von $\mathbb{R}$ ist $\mathbb{Q}$ von erster Kategorie, die Menge der irrationalen Zahlen von zweiter Kategorie.

Die erstaunliche Leistungsfähigkeit dieses – zunächst unscheinbar aussehenden – Konzeptes beruht auf dem Baireschen Satz (↗Baire, Satz von).

[1] Oxtoby, J.C.: Maß und Kategorie. Springer-Verlag Berlin, 1971.

Baire-σ-Algebra, $\mathcal{B}_0$, wichtiger Begriff in der ↗Maßtheorie.

Es sei Ω ein lokalkompakter Raum und K_δ das Mengensystem der kompakten Mengen K in Ω, für die es eine Folge$(O_n | n \in \mathbb{N})$ von offenen Mengen O_n in Ω so gibt, daß $K = \bigcap_{n\in\mathbb{N}} O_n$. Dann heißt die von K_δ erzeugte ↗σ-Algebra $\mathcal{B}_0(\Omega)$ die Baire-σ-Algebra in Ω. Weiter heißt $(\Omega, \mathcal{B}_0(\Omega))$ Baire-Raum, die Elemente von $\mathcal{B}_0(\Omega)$ Baire-Mengen, jede $\mathcal{B}_0(\Omega)$-meßbare Funktion auf Ω Baire-meßbare Funktion, und jedes Maß auf $\mathcal{B}_0(\Omega)$ Baire-Maß, falls $\mu(K) < \infty$ für alle kompakten Baire-Mengen K.

Es ist jede kompakte Baire-Menge Element von K_δ, $\mathcal{B}_0(\Omega)$ Untermenge der ↗Borel-σ-Algebra $\mathcal{B}(\Omega)$, und $\mathcal{B}_0(\Omega)$ erzeugt von allen stetig reellen Funktionen f auf Ω, für die $\{\omega \mid f(\omega) \neq 0\}$ Untermenge einer abzählbaren Vereinigung von kompakten Mengen in Ω ist.

Bairstow-Methode, Verfahren zur Berechnung eines Paares konjugiert komplexer Nullstellen $x_1 = u + iv$ und $x_2 = u - iv$ eines Polynoms mit reellen Koeffizienten durch Abspaltung eines quadratischen Faktors der Form

$$x^2 - px - q = (x - x_1)(x - x_2)$$

mit $p, q \in \mathbb{R}$.

Zur genaueren Schilderung des Verfahrens sei das fragliche Polynom gegeben als

$$P_n(x) = a_0x^n + a_1x^{n-1} + \cdots + a_n\,.$$

Für die formale Division von $P_n(x)$ durch den quadratischen Term setzt man an:

$$\begin{aligned} P_n(x) \;=\; & (x^2 - px - q) \\ & \cdot (b_0x^{n-2} + b_1x^{n-3} + \cdots + b_{n-2}) + \\ & + b_{n-1}(x - p) + b_n\,, \end{aligned}$$

wobei sich die Koeffizienten b_i rekursiv durch

$$\begin{aligned} & b_0 := a_0;\; b_1 := a_1 + pb_0; \\ & b_j := a_j + pb_{j-1} + qb_{j-2},\; j = 2, 3, \ldots, n, \end{aligned}$$

ergeben.

Für einen quadratischen Faktor müssen $b_{n-1}(p, q)$ und $b_n(p, q)$ verschwinden, was als Bedingungen eines nichtlinearen Gleichungssystems angesehen und beispielsweise mit dem ↗Newton-Verfahren gelöst wird. Für die dazu notwendigen Ableitungen von b_{n-1} und b_n verwendet man die analoge Rekursion:

$$\begin{aligned} & c_0 := b_0;\; c_1 := b_1 + pc_0; \\ & c_j := b_j + pc_{j-1} + qc_{j-2},\; j = 2, 3, \ldots, n-1. \end{aligned}$$

Die iterierten Näherungen von p und q ergeben sich daraus schließlich zu

$$\begin{aligned} p^{(k+1)} &:= p^{(k)} + \frac{b_nc_{n-3} - b_{n-1}c_{n-2}}{c_{n-2}^2 - c_{n-3}c_{n-1}}, \\ q^{(k+1)} &:= q^{(k)} + \frac{b_{n-1}c_{n-1} - b_nc_{n-2}}{c_{n-2}^2 - c_{n-3}c_{n-1}}. \end{aligned}$$

Baker, Alan, englischer Mathematiker, geb. 19.8.1939 London.

Baker studierte bis 1964 am University College London und am Trinity College Cambridge. Danach arbeitete er in Cambridge. 1974 wurde er Professor für Reine Mathematik. Er verbrachte einige Zeit in den USA am Institute for Advanced Study in Princeton und an der Stanford University.

1970 erhielt er auf dem Internationalen Mathematikerkongress in Nizza die Fields-Medaille für seine Arbeiten auf dem Gebiet der diophantischen Gleichungen. Während lange Zeit nur adhoc-Methoden zur Lösung einzelner diophantischer Probleme existierten, gelang es 1909 A. Thue zu beweisen, daß jede diophantische Gleichung der Form $f(x, y) = m$, wobei m eine ganze Zahl und f eine irreduzible homogene Form vom Grad mindestens drei mit ganzzahligen Koeffizienten ist, nur höchstens endlich viele ganzzahlige Lösungen hat.

Baker ging darüber hinaus und zeigte, daß es für obige Gleichung eine Schranke B gibt, die nur von m und den Koeffizienten von f abhängt, so daß für die Lösungen (x, y) gilt:

$$\max(|x|, |y|) \leq B\,.$$

Baker lieferte auch einen Beitrag zum siebten Hilbertschen Problem, das fragt, ob α^q transzendent ist, wenn a und q algebraisch sind. Baker bewies eine Verallgemeinerung des Satzes von Gelfand-Schneider von 1934.

balanced incomplete block design, ↗Blockplan.

balancierte ternäre Darstellung, Darstellung einer reellen Zahl

$$x = (z_k \ldots z_1 z_0 . z_{-1} z_{-2} \ldots)_3 = \sum_j z_j \cdot 3^j \qquad (1)$$

mit Ziffern $z_j \in \{-1, 0, 1\}$, wobei sich die Summation über $k \geq j > -\infty$ erstreckt.

Die balancierte ternäre Darstellung erlaubt es, jede ganze Zahl n mit $|n| \leq \frac{1}{2}(3^k - 1)$ eindeutig mit k Ziffern $z_0, \ldots, z_{k-1} \in \{-1, 0, 1\}$ in der Form

$$n = (z_{k-1} \ldots z_1 z_0)_3 = \sum_{j=0}^{k-1} z_j \cdot 3^j$$

darzustellen. Zur Vereinfachung der Schreibweise benutzt man oft das Symbol $\overline{1}$ anstelle von -1, z. B.:

$$25 = (1, 0, -1, 1)_3 = (10\overline{1}1)_3 .$$

Man erhält die balancierte ternäre Darstellung einer Zahl n leicht aus der sog. ternären Darstellung von n, indem man zunächst eine genügend lange Ternärzahl mit lauter Einsen $(111 \ldots 111)$ ternär hinzuzählt und sodann ziffernweise wieder abzieht, z. B.:

$$\begin{aligned} 208 &= 2 \cdot 81 + 1 \cdot 27 + 2 \cdot 9 + 0 \cdot 3 + 1 \cdot 1 \\ &= \quad (21201)_3 \\ & \quad + (11111)_3 \\ \hline & \quad (110012)_3 \\ & \quad - (11111)_3 \\ \hline &= \quad (10\overline{1}\overline{1}01)_3 \\ &= 243 - 27 - 9 + 1 . \end{aligned}$$

Ebenso wie die ternäre Darstellung ist die balancierte ternäre Darstellung einer reellen Zahl x genau dann endlich, wenn x eine rationale Zahl mit einem Nenner der Form 3^m ist.

Die balancierte ternäre Darstellung ist implizit in ↗Bachets Wägeproblem enthalten, explizit beschrieb sie 1840 Lalanne, der mechanische Rechenmaschinen entwarf.

Die Idee wurde ab etwa 1945 im Zusammenhang mit der Konstruktion elektronischer Computer wieder aufgegriffen, denn die balancierte ternäre Arithmetik besitzt kaum größere Komplexität als die binäre, und große oder genaue Zahlen erfordern in balancierter ternärer Darstellung nur knapp 2/3 der Stellenzahl ihrer Binärdarstellung. Außerdem geschieht das Runden einer Zahl zur nächstgelegenen ganzen Zahl einfach durch Abschneiden der Nachkommastellen. Der experimentelle russische Computer SETUN aus den 1960er Jahren arbeitete mit balancierter ternärer Arithmetik [1].

[1] Knuth, D. E.: The Art of Computer Programming, Vol. 2: Seminumerical Algorithms. Addison Wesley, 1981.

Balkendiagramm, *bar chart*, *Säulendiagramm*, gängiges Mittel zur Darstellung der Häufigkeitsverteilung nominaler und ordinaler Merkmale.

Die Auftragung der nominalen Merkmalsausprägung erfolgt an der Abszisse. Über der jeweiligen Merkmalsausprägung wird ein Balken gezeichnet, dessen Höhe der (absoluten oder relativen) Häufigkeit entspricht.

Beispiel: Folgende Tabelle zeigt den Baumbestand (Anzahl) in einem Waldgebiet.

Tanne	Fichte	Kiefer	Buche	Eiche
185	133	54	76	24

Die folgende Abbildung zeigt das zugehörige Balkendiagramm.

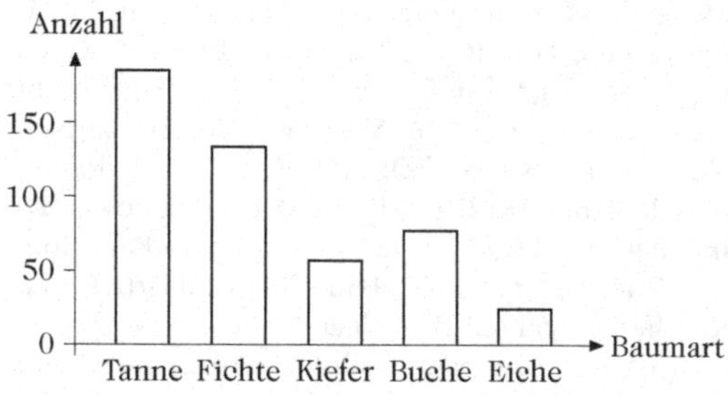

Baumbestand (Balkendiagramm)

In einem Balkendiagramm können die Merkmale auch gruppenweise, d. h. in Abhängigkeit von Werten eines dritten Merkmals, eingezeichnet werden. Die folgende Tabelle zeigt die Anteile in Prozent von Nadel- und Laubwald sowie der restlichen Vegetation für Waldstücke in vier verschiedenen Regionen.

Region	Nadelwald	Laubwald	Rest
Nürnberger Reichswald (RW)	78	12	10
Schwarzwald(SW)	71	20	9
Bayrischer Wald (BW)	50	40	10
Spessart (S)	30	62	8

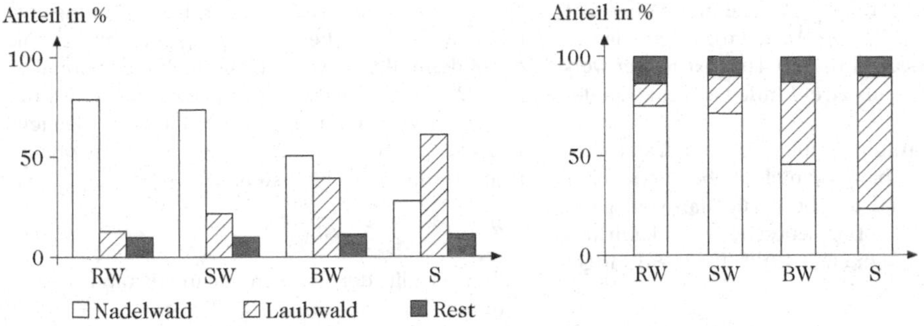

Art der Vegetation aufgeschlüsselt nach Gebiet

Die obige Abbildung zeigt zwei verschiedene Varianten der Darstellung der Tabelle als Balkendiagramm.

BAM, ↗bidirektionaler assoziativer Speicher.

Banach, Stefan, Mathematiker, geb. 30.3.1892 Krakau, gest. 31.8.1945 Lwów.

Als Sohn eines Steuerbeamten geboren, wurde Banach von einer Wäscherin als Pflegemutter aufgezogen. Bereits mit 15 Jahren verdiente er sich seinen Lebensunterhalt durch Privatunterricht in Mathematik. Viele Kenntnisse eignete Banach sich autodidaktisch an, ab 1910 absolvierte er ein Ingenieurstudium in Lwow (Lemberg), das er mit Ausbruch des ersten Weltkrieges ohne Abschluß beendete.

Er wurde 1916 von Steinhaus entdeckt und wirkte nach Kriegsende an der Universität in Lwow, an der er 1920 promovierte und ab 1927 als ordentlicher Professor wirkte. Banach war als Lehrer sehr erfolgreich und begründete die bekannte polnische Mathematikerschule, die hervorragende Ergebnisse zur mengentheoretischen Topologie und zur Funktionalanalysis erzielte.

Banachs Hauptleistung ist der Aufbau einer Theorie der linearen Operatoren in vollständigen normierten Räumen, später nach ihm als Banachräume bezeichnet. 1932 faßte er viele grundlegende Resultate in einer Monographie „Théorie des opérations linéaires“ zusammen, die einen Meilenstein in der Entwicklung der Funktionalanalysis darstellt. Durch die verstärkte Berücksichtigung topologischer Gesichtspunkte und unter Rückgriff auf die kategorientheoretische Methode von Baire konnte Banach viele Ergebnisse seiner Vorgänger inhaltlich vertiefen und verallgemeinern. So fand er u. a. 1922 die als Banachscher Fixpunktsatz bekanntgewordene Aussage und eine Verallgemeinerung der Volterraschen Lösungsmethode für bestimmte lineare Integralgleichungen, 1927 zusammen mit Steinhaus den Satz über die gleichmäßige Beschränktheit gewisser Klassen linearer stetiger Operatoren, 1929 den Satz von der offenen Abbildung und den Satz von Hahn–Banach, der die Basis für eine allgemeine Dualitätstheorie bildete. Weitere wichtige Ergebnisse erzielte Banach, teilweise durch Anwendung funktionalanalytischer Methoden, zur Theorie der Orthogonalreihen, zur Maß- und Integrationstheorie, zur Mengenlehre und zur Topologie, so zur Existenz nirgends differenzierbarer stetiger Funktionen bzw. über paradoxe Kugelzerlegungen.

Banach begründete 1928 die Zeitschrift „Studia Mathematica“ und war Mitglied mehrerer Akademien.

Banach-Alaoglu, Satz von, besagt, daß jede beschränkte Folge im Dualraum eines separablen normierten Raums eine schwach-∗-konvergente Teilfolge besitzt.

Da die ↗Schwach-∗-Topologie auf beschränkten Teilmengen des Dualraums separabler Räume metrisierbar ist, ist diese Aussage ein Spezialfall des Satzes von Alaoglu.

Banach-Algebra, eine normierte Algebra B über $\mathbb{R}$ oder $\mathbb{C}$, die vollständig ist.

Dies bedeutet also, daß jede Cauchy-Folge $(x_n)_{n\in\mathbb{N}}, x_n \in B$ konvergiert gegen einen Grenzwert

$$x = \lim_{n\to\infty} x_n \in B .$$

Banach-Dieudonné, Satz von, über die Schwach-∗-Abgeschlossenheit (↗Schwach-∗-Topologie) von Unterräumen des Duals eines Banachraums:

Ein Unterraum U des Duals eines Banachraums ist genau dann schwach-∗-abgeschlossen, wenn seine abgeschlossene Einheitskugel

$$\{x' \in U : \|x'\| \leq 1\}$$

schwach-∗-abgeschlossen ist.

Dieser Satz ist ein Spezialfall des Satzes von Krein-Smulian.

Banach-Hausdorff-Tarski-Paradoxon, lautet:

Es seien A und B beschränkte Mengen mit nichtleerem Inneren aus $\mathbb{R}^n$ mit $n \geq 3$. Dann gibt es ein $m \in \mathbb{N}$ und paarweise disjunkte Zerlegungen

$A = \bigcup_{i=A}^{m} A_i$ und $B = \bigcup_{i=1}^{m} B_i$ so, daß A_i kongruent B_i ist für alle $i = 1, ..., m$. Hausdorff zeigte, daß in $\mathbb{R}^3$ eine Einheitskugel in fünf Teile so zerlegt werden kann, daß daraus zwei Einheitskugeln gebildet werden können.

Aus diesem Paradoxon folgt, daß mindestens ein Zerlegungsteil A_i bzw. B_i nicht Lebesgue-meßbar ist, falls $n \geq 3$ und das Lebesgue-Maß von A ungleich dem von B ist. Der Lebesgue-Inhalt kann also nicht auf die Potenzmenge $\mathcal{P}(\mathbb{R}^n)$ für $n \geq 3$ fortgesetzt werden.

[1] Hausdorff, F.: Grundzüge der Mengenlehre. Leipzig, 1914.

Banach-Limes, ein lineares Funktional φ auf dem Folgenraum ℓ^∞ (↗Folgenräume) mit
(1) $\varphi\big((x_n)_n\big) \geq 0$, falls alle $x_n \geq 0$,
(2) $\varphi\big((x_{n+1})_n\big) = \varphi\big((x_n)_n\big)$,
(3) $\varphi(e) = 1$ für die Folge $e = (1, 1, 1, \dots)$.
Für solch ein Funktional gilt stets

$$\liminf x_n \leq \varphi\big((x_n)_n\big) \leq \limsup x_n,$$

und φ ist eine normerhaltende Fortsetzung des Limesfunktionals vom Folgenraum c auf ℓ^∞.

Die Existenz von Banach-Limiten wird mit dem Fortsetzungssatz von Hahn-Banach bewiesen.

Banach-Mackey, Satz von, Aussage über ↗beschränkte Mengen eines lokalkonvexen Raums:

Eine absolutkonvexe, abgeschlossene und folgenvollständige beschränkte Teilmenge eines lokalkonvexen Raums ist bzgl. der ↗starken Topologie beschränkt.

Explizit heißt das, daß eine solche Menge M

$$\sup\{|x'(x)| : x' \in B,\ x \in M\} < \infty$$

für jede $\sigma(X', X)$-beschränkte Menge $B \subset X'$ erfüllt.

Banach-Mazur, Satz von, Aussage über die Universalität des Banachraums $C[0, 1]$:

Jeder separable normierte Raum ist zu einem Teilraum des Banachraums $C[0, 1]$ mit der Supremumsnorm isometrisch isomorph.

Die Wahl der Isometrie ist im Gegensatz zum ↗Darstellungssatz für normierte Räume nicht kanonisch.

Banach-Mazur-Abstand, Maß zur quantitativen Unterscheidung isomorpher (insbes. endlichdimensionaler) Banachräume. Seien X und Y isomorphe Banachräume. Ihr Banach-Mazur-Abstand wird als

$$d(X, Y) = \inf\{\|T\|\ \|T^{-1}\| : T : X \to Y \text{ Isomorphismus}\}$$

definiert. Dieser „Abstand" erfüllt die multiplikative Dreiecksungleichung

$$d(X, Z) \leq d(X, Y)d(Y, Z).$$

Sind X und Y isometrisch isomorph, so ist offensichtlich $d(X, Y) = 1$; die Umkehrung gilt i. allg. nicht, es sei denn, die Räume sind endlichdimensional.

Sei X ein n-dimensionaler reeller Banachraum. Der Satz von John impliziert, daß der Banach-Mazur-Abstand von X zum n-dimensionalen Hilbertraum $\ell^2(n)$ höchstens $\sqrt{n}$ ist:

$$d(X, \ell^2(n)) \leq \sqrt{n}.$$

Daher erfüllt der Banach-Mazur-Abstand zweier n-dimensionaler Räume $d(X, Y) \leq n$.

Mit der Methode der ↗Gluskin-Räume kann man beweisen, daß diese Abschätzung asymptotisch optimal ist: Es existieren eine Konstante $c > 0$ und Folgen endlichdimensionaler Räume mit $\dim(X_n) = \dim(Y_n) = n$ so, daß $d(X_n, Y_n) \geq cn$ ist. (Dazu beachte man, daß $d(\ell^1(n), \ell^\infty(n))$ nur von der Größenordnung $\sqrt{n}$ ist.)

[1] Tomczak-Jaegermann, N.: Banach-Mazur-Distances and Finite-Dimensional Operator Ideals. Longman Harlow, 1989.

Banachraum, ein vollständiger normierter Raum, d. h., ein normierter Raum $(X, \|\,.\,\|)$ so, daß der assoziierte metrische Raum mit der Metrik $d(x, y) = \|x - y\|$ vollständig ist.

Der Begriff des Banachraums ist fundamental für die ↗Funktionalanalysis und die moderne Analysis überhaupt. Er entwickelte sich zwischen 1904 und 1922 in Arbeiten von Hilbert, Riesz, Helly, Wiener, Fréchet und schließlich Banach selbst, der Banachräume in den zwanziger und dreißiger Jahren unter dem Namen „Räume vom Typ (B)" zum Gegenstand der Forschung machte.

Für Beispiele von Banachräumen vergleiche man ↗Folgenräume und ↗Funktionenräume.

Zu den grundlegenden Sätzen der Theorie der Banachräume zählen der Fortsetzungssatz und der Trennungssatz von Hahn-Banach (↗Hahn-Banach-Sätze, diese gelten auch in nicht vollständigen normierten Räumen), der Satz von ↗Banach-Steinhaus, der Satz von der offenen Abbildung, der Satz vom abgeschlossenen Graphen und der Satz vom abgeschlossenen Wertebereich. Wichtige Klassen von Banachräumen sind die gleichmäßig konvexen Räume und die reflexiven Räume.

Wesentliche Hilfsmittel zur Untersuchung der Struktur eines Banachraums sind die ↗schwache Topologie und die ↗Schwach-∗-Topologie des ↗Dualraums; hier ist das zentrale Ergebnis der Satz von Alaoglu.

[1] Beauzamy, B.: Introduction to Banach Spaces and Their Geometry. North Holland Amsterdam, 1982.
[2] Dunford, N.; Schwartz, J. T.: Linear Operators. Part I: General Theory. Wiley New York, 1958.
[3] Werner, D.: Funktionalanalysis. Springer Berlin/Heidelberg, 1995.

banachraumwertige Zufallsvariable, eine Abbildung ξ von einem Wahrscheinlichkeitsraum $(\Omega, \Sigma, \mathbb{P})$ in einen Banachraum X mit geeigneten Meßbarkeitseigenschaften; man fordert $\xi^{-1}(O) \in \Sigma$ für alle offenen Teilmengen $O \subset X$ und die wesentliche Separabilität von $\xi(\Omega)$, d. h. daß $\xi(\Omega \setminus N)$ für eine geeignete Nullmenge separabel ist.

Dann bilden die X-wertigen Zufallsvariablen einen Vektorraum. Ist $\omega \mapsto \|\xi(\omega)\|$ integrierbar, so existiert das ↗Bochner-Integral $\int_\Omega \xi \, d\mathbb{P}$, das dann Erwartungswert von ξ genannt wird.

Die Gültigkeit der aus der klassischen Wahrscheinlichkeitstheorie bekannten Grenzwertsätze für banachraumwertige Zufallsvariable hängt von der Geometrie des Bildraums ab. Z. B. gilt für jede Folge unabhängiger Zufallsvariabler ξ_j mit $\mathbb{E}\xi_j = 0$ und

$$\sum_{j=1}^{\infty} \mathbb{E}\|\xi_j\|^p / j^p < \infty$$

das starke Gesetz der großen Zahlen, also

$$\frac{1}{n}\sum_{j=1}^{n} \xi_j \to 0 \ \text{ f.s.}$$

genau dann, wenn X Typ p hat (↗Typ und Kotyp eines Banachraums).

Der zentrale Grenzwertsatz gilt in Räumen vom Typ 2: Seien $\xi_1, \xi_2, \dots$ unabhängige Kopien einer X-wertigen Zufallsvariable ξ mit $\mathbb{E}\xi = 0$ und $\mathbb{E}\|\xi\|^2 < \infty$; dann konvergiert

$$n^{-1/2} \sum_{j=1}^{n} \xi_j$$

schwach, wenn X vom Typ 2 ist.

[1] Araujo, A.; Giné, E.: The Central Limit Theorem for Real and Banach Space Valued Random Variables. Wiley New York, 1980.

[2] Ledoux, M.; Talagrand, M.: Probability in Banach Spaces. Springer Berlin/Heidelberg, 1991.

Banach-Saks, Satz von, Satz über die Konvergenz einer Folge arithmetischer Mittel im Raum L^p:

Sei (f_n) eine beschränkte Folge in $L^p(\mu)$ für ein $1 < p < \infty$.

Dann existiert eine Teilfolge (f_{n_j}) so, daß die Folge der arithmetischen Mittel $\frac{1}{m}\sum_{j=1}^{m} f_{n_j}$ in der Norm von $L^p(\mu)$ konvergiert.

Der Satz von Banach-Saks wurde von Kakutani auf ↗gleichmäßig konvexe Räume ausgedehnt. Für $p = 1$ gilt der Satz von Banach-Saks nicht mehr; hier hat man den Satz von Komlós:

Sei (f_n) eine beschränkte Folge in $L^1(\mu)$. Dann existiert eine Teilfolge (f_{n_j}) so, daß die Folge der arithmetischen Mittel $\frac{1}{m}\sum_{j=1}^{m} f_{n_j}$ fast überall gegen eine Funktion $g \in L^1(\mu)$ konvergiert.

[1] Diestel, J.: Sequences and Series in Banach Spaces. Springer Berlin/Heidelberg, 1984.

Banach-Schauder, Satz von, Aussage über offene Abbildungen zwischen Banachräumen.

Sind V und W Banachräume, so ist jede surjektive stetige lineare Abbildung $T : V \to W$ offen.

Dabei heißt eine Abbildung T offen, wenn das Bild jeder offenen Menge aus V eine offene Menge in $T(V)$ ist.

Banachsche Dichte, Kennzahl einer Menge $M \subset \mathbb{N}$ von natürlichen Zahlen, definiert als die reelle Zahl

$$\varrho(M) = \limsup_{n\to\infty} \left(\max_{a\in\mathbb{N}} \frac{A_M(a+n) - A_M(a)}{n} \right), \quad (1)$$

wobei $A_M(x)$ die ↗Anzahlfunktion der Menge M ist. Im Zähler des Bruchs in (1) steht die Anzahl der Elemente $x \in M$ mit der Eigenschaft

$$a < x \le a + n.$$

Bezeichnet man die obere ↗asymptotische Dichte von M mit $\alpha_1(M)$, so gilt stets die Beziehung

$$\alpha_1(M) \le \varrho(M).$$

Banachscher Fixpunktsatz, fundamentaler Fixpunktsatz mit Anwendungen in verschiedenen Bereichen der Mathematik.

Ist (M, d) ein vollständiger metrischer Raum und $T : M \to M$ eine Abbildung, für die eine Zahl $q < 1$ mit der Eigenschaft

$$d(Tx, Ty) \le q\, d(x, y) \qquad \forall x, y \in M$$

existiert (solch eine Abbildung heißt kontrahierend), so besitzt T genau einen Fixpunkt $\bar{x}$.

Dieser kann als Grenzwert der Folge der Iterationen

$$x_{n+1} = Tx_n$$

bei beliebigem Startwert $x_0 \in M$ gewonnen werden. Es gelten die ↗a priori-Fehlerabschätzung

$$d(x_n, \bar{x}) \le \frac{q^n}{1-q} d(x_1, x_0)$$

und die ↗a posteriori-Fehlerabschätzung

$$d(x_n, \bar{x}) \le \frac{q}{1-q} d(x_{n-1}, x_n).$$

[1] Zeidler, E.: Nonlinear Functional Analysis and Its Applications I. Springer Berlin/Heidelberg, 1986.

Banach-Steinhaus, Satz von, Aussage über die punktweise Konvergenz stetiger linearer Abbildungen.

Es seien V und W Banachräume und (T_n) eine Folge von stetigen linearen Abbildungen

$$T_n : V \to W.$$

Genau dann konvergiert die Folge T_n punktweise gegen eine stetige lineare Abbildung $T : V \to W$, wenn die beiden folgenden Bedingungen erfüllt sind:
(1) *Die Folge der Normen $||T_n||$ ist beschränkt.*
(2) *Es gibt eine in V dichte Menge M, so daß für alle $x \in M$ die Folge $(T_n(x))$ konvergiert.*

Mit diesem Satz kann man also einerseits von der punktweisen Konvergenz auf einer dichten Menge zurückschließen auf die punktweise Konvergenz auf dem gesamten Banachraum, und andererseits von der punktweisen Konvergenz auf dem Banachraum auf die Beschränktheit der Folge der Normen.

Banach-Stone, Satz von, Satz über die isometrischen Isomorphismen von Banachräumen stetiger Funktionen:

Sind die Banachräume $C(K_1)$ und $C(K_2)$ isometrisch isomorph, so sind die kompakten Räume K_1 und K_2 homöomorph. Ferner ist jeder isometrische Isomorphismus $T : C(K_1) \to C(K_2)$ von der Form

$$(Tf)(k) = h(k)f(\varphi(k)),$$

wobei $h : K_2 \to \mathbb{R}$ oder $\mathbb{C}$ eine stetige Funktion ist, die nur Werte vom Betrag 1 annimmt, und $\varphi : K_2 \to K_1$ einen Homöomorphismus bezeichnet.

Eine Verschärfung dieses Satzes wurde von Amir und Cambern gefunden: Es reicht, daß der ↗Banach-Mazur-Abstand zwischen $C(K_1)$ und $C(K_2)$ kleiner als 2 ist.

[1] Behrends, E.: *M*-Structure and the Banach-Stone Theorem. Springer Berlin/Heidelberg, 1978.

Banach-Tarskisches Kugelparadoxon, bezeichnet die Aussage, daß sich die Einheitskugel des $\mathbb{R}^3$ in endlich viele (nicht Lebesgue-meßbare) Teilmengen zerlegen läßt, die sich nach einer Bewegung zu einer Vollkugel doppelten Volumens zusammensetzen lassen. Siehe auch ↗Banach-Hausdorff-Tarski-Paradoxon.

Banach-Verband, ein reeller Banachraum, der gleichzeitig ein Vektorverband ist, so daß die Verbandsstruktur und die Norm gemäß

$$|x| \le |y| \quad \Rightarrow \quad \|x\| \le \|y\|$$

kompatibel sind. Beispiele für Banach-Verbände sind die ↗Funktionenräume $L^p(\mu)$ und $C(K)$, ↗Orlicz-Räume sowie die entsprechenden ↗Folgenräume ℓ^p, c_0, c etc.; die Ordnung ist jeweils punktweise (evtl. fast überall) erklärt.

Der ↗Dualraum eines Banach-Verbands wird durch

$$x' \ge y' \quad \Leftrightarrow \quad x'(x) \ge y'(x)\ \forall x \ge 0$$

seinerseits zu einem Banach-Verband, der stets Dedekind-vollständig ist und dualer Banach-Verband genannt wird; zu Operatoren auf Banach-Verbänden vgl. ↗Abbildungen zwischen Vektorverbänden.

Ein Banach-Verband X hat eine ordnungsstetige Norm, wenn jedes monoton fallende Netz mit Infimum 0 in der Norm gegen 0 konvergiert. Das trifft genau dann zu, wenn X ein Ideal im bidualen Banach-Verband X'' ist bzw. wenn jedes abgeschlossene Ideal in X ein Projektionsband ist (↗Band eines Vektorverbands).

Komplexe Banach-Verbände werden durch Komplexifizierung reeller Banach-Verbände definiert. Ist X ein reeller Banach-Verband und $X_{\mathbb{C}} = X \oplus iX$ die kanonische Komplexifizierung des Vektorraums X, so existiert das Supremum

$$|x + iy| := \sup\{|(\cos\vartheta)x + (\sin\vartheta)y| : 0 \le \vartheta \le 2\pi\}.$$

Setzt man noch

$$\|x + iy\| := \|\,|x + iy|\,\|,$$

so wird $X_{\mathbb{C}}$ zu einem komplexen Banachraum; $X_{\mathbb{C}}$ heißt dann komplexer Banach-Verband. Geht man z. B. von $X = L^p(\mu, \mathbb{R})$ aus, liefert diese Methode $X_{\mathbb{C}} = L^p(\mu, \mathbb{C})$.

[1] Aliprantis, C. D.; Burkinshaw, O.: Positive Operators. Academic Press New York, 1985.
[2] Schaefer, H. H.: Banach Lattices and Positive Operators. Springer Berlin/Heidelberg, 1974.

Band eines Vektorverbands, ein Ideal I eines Vektorverbands X, für das gilt: Existiert das Supremum einer Teilmenge $A \subset I$ in X, so liegt es bereits in I.

Ein Ideal ist genau dann ein Band, wenn der Grenzwert eines ordnungskonvergenten Netzes in I ebenfalls in I liegt.

Ist ein Band das Bild einer linearen Projektion P mit $0 \le Px \le x$ für alle $x \ge 0$, so wird es Projektionsband genannt. Ist X ↗Dedekind-vollständig, ist jedes Band ein Projektionsband; ferner gilt $X = B(A) \oplus A^{\perp}$ für jede Teilmenge $A \subset X$, wobei $B(A)$ das kleinste A enthaltende Band und

$$A^{\perp} = \{x : |x| \wedge |y| = 0\ \forall y \in A\}$$

bezeichnet.

Bandalphabet, ↗Turing-Maschine.

Bandbreite, ↗ Bandweite.

Bandmatrix, quadratische Matrix, bei der nur ein „diagonales Band" von Elementen ungleich Null ist, die also eine Bandstruktur hat.

Präzise definiert ist eine Bandmatrix eine $(n{\times}n)$-Matrix $A = (a_{ij})$, zu der natürliche Zahlen p, q existieren mit

$$a_{ij} = 0 \ \text{ für } j > i + p \ \text{ und } \ i > j + q,$$

d. h., nur die p oberhalb der Hauptdiagonalen und die q unterhalb der Hauptdiagonalen liegenden

Nebendiagonalen können mit von Null verschiedenen Elementen belegt sein (p und q sind bei einer Bandmatrix normalerweise „klein" im Verhältnis zur Matrixgröße n). p wird als rechtsseitige Bandbreite der Matrix bezeichnet, q als linksseitige Bandbreite; in den Anwendungen ist meist $p = q$. Die Zahl $w = p + q + 1$ wird als Bandbreite der Matrix bezeichnet.

Das Produkt zweier $(n \times n)$-Bandmatrizen ist wieder eine $(n \times n)$-Bandmatrix. Speziell ist das Produkt zweier $(n \times n)$-Bandmatrizen mit Bandbreite $2(p_1) + 1$ bzw. $2(p_2) + 1$ (linksseitige Bandbreite gleich rechtsseitige Bandbreite gleich p_1 bzw. gleich p_2) eine $(n \times n)$-Bandmatrix mit Bandbreite $2(p_1 + p_2) + 1$.

[1] Fischer, G.: Lineare Algebra. Verlag Vieweg Braunschweig, 1978.

[2] Koecher, M.: Lineare Algebra und Analytische Geometrie. Springer-Verlag Berlin/Heidelberg, 1992.

Bandpaßfilter, Filter h, welcher aus einem Signal F ein begrenztes Frequenzband hervorhebt. Die Fouriertransformierte $\hat{h}$ eines Bandpaßfilters verhält sich wie die charakteristische Funktion eines beschränkten Intervalls, d. h. $\hat{h} \sim \chi_{[B_1,B_2]}$.

Bandstruktur einer Matrix, ↗ Bandmatrix, ↗ Matrix.

Bandweite, *Bandbreite*, Kenngröße eines ↗ Graphen.

Ist G numerierter Graph der Ordnung n, so nennt man

$$B(G) = \min\{B_f(G) : f \text{ Numerierung von } G\}$$

seine Bandweite. Dabei bedeutet $f : E(G) \to \{1, 2, \dots, n\}$ eine bijektive Abbildung, also eine Numerierung von G und

$$B_f(G) = \max\{|f(u) - f(v)| : uv \in K(G)\}$$

die Bandweite oder Bandbreite von f.

Für einfache Graphen kann man die Bandweite mühelos bestimmen. Ist z. B. W ein Weg und C ein Kreis, so gilt $B(W) = 1$ und $B(C) = 2$. Natürlich gilt $B(K_n) = n - 1$ für den vollständigen Graphen K_n, und man berechnet

$$B(K_{p,q}) = p + \lceil q/2 \rceil - 1$$

für den vollständigen bipartiten Graphen $K_{p,q}$, falls $p \le q$ gilt. Das allgemeine Bandweitenproblem ist allerdings ein beweisbar schwieriges, ein NP-vollständiges Problem.

Bang-Bang-Steuerung, eine Steuerung u, wobei die Werte $u(t)$ nur Extremalpunkte des zulässigen Bereichs für die Steuerung sind. Als Beispiel nimmt beim Steuerungsbereichs $[-1, 1]$ eine Bang-Bang-Steuerung nur die Werte -1 und 1 an.

bar chart, ↗ Balkendiagramm.

Bargmann-Darstellung, Realisierung der Heisenberg-Weyl-Algebra über dem Bargmann-Raum $\mathcal{F}$.

Erzeuger der Heisenberg-Weyl-Algebra sind die Operatoren $\hat{p}$, $\hat{q}$, $\hat{I}$ (Einheitsoperator) oder $\hat{a}$, $\hat{a}^+$, $\hat{I}$. Ihre Kommutatoren sind $[\hat{q}, \hat{p}] = i\hbar\hat{I}$, $[\hat{q}, \hat{I}] = [\hat{p}, \hat{I}] = 0$ bzw. $[\hat{a}, \hat{a}^+] = \hat{I}$, $[\hat{a}, \hat{I}] = [\hat{a}^+, \hat{I}] = 0$ mit

$$\hat{a} := \frac{q + ip}{\sqrt{2\hbar}} \quad \text{und} \quad \hat{a}^+ := \frac{q - ip}{\sqrt{2\hbar}}.$$

Auf Fock geht die Realisierung $\hat{a} \to \frac{d}{dz}$, $\hat{a}^+ \to z$ zurück. Diese Operatoren werden auf die Elemente des Bargmann-Raums $\mathcal{F}$ angewendet, die ganze analytische Funktionen $\psi(z)$ über der komplexen Ebene sind und

$$\|\psi\|^2 := \int \exp(-|z|^2)|\psi(z)|^2 d\mu(z) < \infty$$

erfüllen, wobei $d\mu(z) := \frac{1}{\pi} dx dy$ und $z = x + iy$.

Mit dem inneren Produkt

$$\langle \psi_1 | \psi_2 \rangle := \int \exp(-|z|^2)\bar{\psi}_1(z)\psi_2(z) d\mu(z)$$

ist der Bargmann-Raum ein Hilbert-Raum.

Sei $\phi \in \mathbb{L}^2(\mathbb{R})$. Die Bargmann-Transformation $B\phi$ von ϕ wird durch

$$\begin{aligned}(B\phi)(z)) &:= f(z) \\ &:= \frac{1}{\sqrt{\pi\hbar}} \int e^{-\frac{1}{2\hbar}(z^2 + x^2 + 2\sqrt{2}zx)} \phi(x) dx\end{aligned}$$

definiert und ist eine unitäre Abbildung zwischen $\mathbb{L}^2(\mathbb{R})$ und $\mathcal{F}$.

Bargmann-Transformation, ↗ Bargmann-Darstellung.

Barnsley-Farn, Beispiel einer fraktalen Menge.

Es seien folgende affine kontrahierende Abbildungen $f_i : \mathbb{R}^2 \to \mathbb{R}^2$ $i \in \{1, \dots, 4\}$, gegeben:

$$f_1(x, y) = \begin{pmatrix} 0{,}85 & 0{,}04 \\ -0{,}04 & 0{,}85 \end{pmatrix} \begin{pmatrix} x \\ y \end{pmatrix} + \begin{pmatrix} 0 \\ 1{,}60 \end{pmatrix},$$

$$f_2(x, y) = \begin{pmatrix} -0{,}15 & 0{,}28 \\ 0{,}26 & 0{,}24 \end{pmatrix} \begin{pmatrix} x \\ y \end{pmatrix} + \begin{pmatrix} 0 \\ 0{,}44 \end{pmatrix},$$

$$f_3(x, y) = \begin{pmatrix} 0{,}20 & -0{,}26 \\ 0{,}23 & 0{,}22 \end{pmatrix} \begin{pmatrix} x \\ y \end{pmatrix} + \begin{pmatrix} 0 \\ 1{,}60 \end{pmatrix},$$

$$f_4(x, y) = \begin{pmatrix} 0 & 0 \\ 0 & 0{,}16 \end{pmatrix} \begin{pmatrix} x \\ y \end{pmatrix}.$$

Für eine kompakte Teilmenge $A \subset \mathbb{R}^2$ sei weiterhin die folgende Abbildung gegeben:

$$T : A \mapsto T(A) := \bigcup_{i=1}^{4} f_i(A).$$

Die Mengenfolge, definiert durch $A_{n+1} := T(A_n)$ für $n \in \mathbb{N}_0$ mit kompakter Teilmenge $A_0 \subset \mathbb{R}^2$ konvergiert dann für $n \to \infty$ bezüglich der Hausdorff-Metrik gegen den Barnsley-Farn. Die Bezeichnung rührt daher, daß das Bild des Barnsley-Farns an das Blatt einer Farn-Pflanze erinnert.

Barrierefunktion, eine Funktion auf dem Inneren S^0 einer Menge S, falls für jede Folge $(x_n) \subseteq (S^0)^{\mathbb{N}}$ mit Grenzwert in $S \setminus S^0$ der Wert $f(x_n)$ gegen ∞ divergiert.

Barriere-Funktionen treten bei ↗Barriereverfahren auf und spielen vor allem in der konvexen Programmierung bei ↗Innere-Punkte Methoden eine wichtige Rolle. Eine häufig verwendete Barriere-Funktion für eine Menge S der Form

$$\{x | g_i(x) \leq 0, 1 \leq i \leq m\}$$

ist durch die Abbildung

$$x \to -\sum_{i=1}^{m} \ln(-g_i(x))$$

gegeben.

Barriereverfahren, Klasse von Verfahren zur Lösung von Optimierungsaufgaben $f(x) \to$ min unter Nebenbedingungen

$$x \in S := \{x \in \mathbb{R}^n | g_i(x) \leq 0, i = 1, \ldots, m\},$$

wobei f und g_i für $i = 1, \ldots, m$ stetig seien.

Hauptidee ist es, durch Benutzung einer ↗Barrierefunktion h für die Menge $S^0 := \{x | g_i(x) < 0\}$ das Ausgangsproblem in eine Folge von unrestringierten Optimierungsproblemen umzuformen.

Dabei fügt man h als Strafterm zur ursprünglichen Zielfunktion hinzu und betrachtet das neue Problem: Minimiere $f(x) + r \cdot h(x)$, wobei $r > 0$ ein festes Gewicht bezeichne. Die Eigenschaften von h als Barrierefunktion sichern die Existenz eines Minimums $x(r)$ in S^0.

Das Vorgehen wird iteriert, wobei r schrittweise verkleinert wird. Unter gewissen Regularitätsbedingungen läßt sich dann die Konvergenz der Folge der $x(r)$ für $r \to \infty$ gegen eine Lösung des Ausgangsproblems garantieren.

Barrow, Isaac, englischer Mathematiker und Theologe, geb. Oktober 1630 London, gest. 4.5.1677 London.

Barrow studierte 1644–1648 in Cambridge alte Sprachen, Theologie und Mathematik. Ab 1652 wurde er Lehrer am Trinity College in Cambridge. Nach einer Reise durch Europa und den vorderen Orient 1655–1659 wurde er 1660 in Cambridge Professor für Griechisch und wenig später auch für Philosophie. Zusätzlich nahm er 1662 für kurze Zeit einen Lehrstuhl für Geometrie in London an. 1663 wurde er der erste Lucasianprofessor für Mathematik in Cambridge. 1669 überließ er den Lehrstuhl seinem Schüler Newton, auf den Barrows Arbeiten zur Infinitesimalrechnung und zur Optik großen Einfluß ausgeübt hatten.

1670 wurde Barrow schließlich Hofprediger des englischen Königs und später Vizekanzler des Trinity College, wo er den Grundstein für die heute berühmte Bibliothek legte. Bekannt wurde Barrow auch durch die Herausgabe antiker Werke, so von Euklid 1657, Archimedes 1666 und von Apollonius 1675.

Bartels, Johann Martin Christian, deutscher Mathematiker, geb. 12.8.1769 Braunschweig, gest. 18./19.12.1836 Dorpat (Tartu).

Bartels war (vierzehnjährig) an einer Braunschweiger Schule zunächst Lehrer und Förderer, später Studiengenosse und Freund von Gauß. Bartels vertiefte seine Studien dann in Helmstedt bei Pfaff und in Göttingen bei Kästner. Nach Lehraufträgen an Schulen in Reuchenau und Aarau ab 1795 wurde er 1807 Mathematikprofessor an der neugegründeten Universität von Kasan. 1821 ging er an die Universität Dorpat.

Seine Veröffentlichungen waren bekannt für eine klare und strenge Darlegung der Probleme. Bartels war der Lehrer vieler russischer Mathematiker. So zählte in Kasan u. a. Lobatschewski zu seinen Schülern.

Bartlett, Schätzung von, spezielles Verfahren zur Schätzung der Dichte des auf $([-\pi, \pi), \mathfrak{B}([-\pi, \pi)))$ definierten Spektralmaßes einer im weiteren Sinne stationären Folge $(X_n)_{n\in\mathbb{N}}$ von Zufallsvariablen.

Basierend auf den Realisierungen $x = (x_0, \ldots, x_{N-1})$ ist die Schätzung von Bartlett definiert durch

$$\hat{f}_N^W(y; x) := \int_{-\pi}^{\pi} W_N(y - z)\hat{f}_N(z; x)dz \,,$$

wobei das Spektralfenster W_N durch

$$W_N(u) := \frac{a_N}{2\pi} \left| \frac{\sin(a_N u/2)}{a_N u/2} \right|^2$$

für eine Folge $(a_n)_{n\in\mathbb{N}}$ mit $a_n \uparrow \infty$ und $a_n/n \to 0$ für $n \to \infty$ definiert ist, und die Abbildung $\hat{f}_N(y; x)$ das sogenannte Periodogramm bezeichnet.

Barwert, ↗Diskontierung.

Baryonen, Familie von Elementarteilchen.

Gemeinsam mit den Mesonen bilden sie die Familie der Hadronen, d. h. derjenigen Elementarteilchen, die der starken Wechselwirkung unterliegen. Baryonen und Mesonen werden nach ihrem Spin unterschieden: Baryonen haben halbzahligen, Mesonen haben ganzzahligen Spin.

Wegen ihres halbzahligen Spins gehören alle Baryonen zur Gruppe der Fermionen. Die bekanntesten Baryonen sind die Nukleonen, d. h., die Teilchen des Atomkerns: Proton und Neutron.

baryzentrische Koordinaten, Hilfsmittel zur Beschreibung der Lage eines Punktes bezgl. eines Dreiecks.

Sind T_1, T_2 und T_3 die Ecken des gegebenen Dreiecks, so existieren für jeden Punkt P in der durch das Dreieck definierten Ebene eindeutig bestimmte reelle Zahlen τ_1, τ_2 und τ_3, so daß

$$\sum_{i=1}^{3} \tau_i T_i = P$$

und $\sum_{i=1}^{3} \tau_i = 1$.

Die Zahlen τ_1, τ_2 und τ_3 nennt man dann die baryzentrischen Koordinaten von P bzgl. des Dreiecks. Liegt P innerhalb des Dreiecks, so sind alle baryzentrischen Koordinaten nichtnegativ.

Allgemeiner betrachtet man manchmal auch baryzentrische Koordinaten bzgl. eines Polyeders in höher-dimensionalen Räumen. Die Definition ist dann der hier gegebenen analog.

Baryzentrum, ↗Schwerpunkt.

Basis einer Maschinenzahl, die Zahl, bezüglich derer die Zahlen im Computer dargestellt werden. Meist ist dies 2 oder eine Potenz davon.

Basis einer Topologie, System B von offenen Mengen eines topologischen Raumes (X, O) derart, daß jede offene Menge von (X, O) als Vereinigung von Mengen aus B darstellbar ist.

Basis eines unendlichdimensionalen Banachraumes, ↗Schauder-Basis eines Banachraums.

Basis eines Vektorraumes, eine linear unabhängige und den ↗Vektorraum erzeugende Familie von Elementen des Vektorraumes.

Ist

$$B = (b_i)_{i \in I}$$

eine Basis des Vektorraumes $V \neq \{0\}$, so gibt es zu jedem $v \neq 0 \in V$ genau eine endliche Teilfamilie $(b_{i1}, \dots, b_{in})$ von B und hierzu eindeutig bestimmte Skalare $\alpha_1, \dots, \alpha_n \in \mathbb{K} \setminus \{0\}$, so daß gilt:

$$v = \sum_{j=1}^{n} \alpha_j b_{ij}.$$

Jeder Vektorraum besitzt eine Basis, wie man mit Hilfe des Zornschen Lemmas beweist.

Die leere Menge ist die einzige Basis des Nullraumes $\{0\}$.

Eine Familie B von Elementen eines Vektorraumes V ist genau dann Basis von V, wenn sie minimales ↗Erzeugendensystem von V ist, d. h. falls sie V erzeugt, jede echte Teilfamilie von B den Raum V jedoch nicht erzeugt.

Eine Familie B von Elementen eines Vektorraumes V ist genau dann Basis von V, wenn sie maximal linear unabhängig ist, d. h., falls sie linear unabhängig ist, jede Familie, die sie als echte Teilfamilie enthält, jedoch linear abhängig ist. Ist B eine Basis des Vektorraumes V, so wird ein $b \in B$ als Basisvektor bezeichnet. Ist V von endlicher Dimension n, so enthält jede Basis von V genau n Elemente.

Basis zu einer Ecke, ist für eine ↗Ecke $\bar{x}$ eines Polyeders

$$P = \{x \in \mathbb{R}^n | A \cdot x = b, x \geq 0\}$$

mit Rang $A = m < n$ jede Basis des $\mathbb{R}^m$, die aus Spalten von A zusammengesetzt ist und jedenfalls diejenigen solchen Spalten enthält, welche zu positiven Komponenten von $\bar{x}$ gehören.

Für eine nicht-entartete Ecke ist diese Basis eindeutig festgelegt; für entartete Ecken gibt es mehrere Basen. Der Begriff Basis zu einer Ecke tritt meist innerhalb der linearen Optimierung auf.

Basisergänzungssatz, Aussage über das Aufstellen einer Basis für einen endlichdimensionalen Vektorraum.

Es sei K ein Körper und V ein Vektorraum über K. Ist $M \subseteq V$ linear unabhängig, und existiert ein endliches ↗Erzeugendensystem $C \subseteq V$, so gibt es eine Teilmenge $C' \subseteq C$ so, daß $M \cup C'$ eine Basis von V ist.

Als Folgerung aus dem Basisergänzungssatz ergibt sich sofort das ↗Austauschlemma. Darauf aufbauend, kann man dann den Begriff der Dimension eines Vektorraums einführen.

Basisfolge, zu einem Operator P gehörende Polynomfolge $\{p_n(x), n \in \mathbb{N}_0\}$, welche die folgende Bedingungen erfüllt:

1. $Pp_0(x) = 0$,
2. $Pp_n(x) = np_{n-1}(x)$, für alle $n \in \mathbb{N}$.

Der Operator P heißt in diesem Fall der ↗Basisoperator der Folge $\{p_n(x), n \in \mathbb{N}_0\}$.

Jeder Operator vom Differentialtyp besitzt genau eine Basisfolge.

Basisfunktion, Element einer ↗Basis eines Vektorraumes, der aus Funktionen besteht.

Ein Standardbesipiel für einen solchen Vektorraum und seine Basis ist der Raum der Polynome vom Grad n, für den beispielsweise die Menge

$$\{1, x, \dots, x^n\}$$

eine Basis bildet.

Basislösung, eine durch eine zulässige Basis B definierte Ecke $\bar{x}$. Dabei sind die zu den Basisvariablen gehörenden Komponenten von $\bar{x}$ durch $B^{-1}b$ definiert; die restlichen Komponenten sind Null.

Basisoperator, zu einer Polynomfolge $\{p_n(x), n \in \mathbb{N}_0\}$ gehörender Operator P, welcher die folgenden Bedingungen erfüllt:

1. $Pp_0(x) = 0$,
2. $Pp_n(x) = np_{n-1}(x)$, für alle $n \in \mathbb{N}$.

Die Folge $\{p_n(x), n \in \mathbb{N}_0\}$ heißt in diesem Fall die ↗Basisfolge des Operators P.

Jede Polynomfolge besitzt genau einen Basisoperator, und dieser ist vom Differentialtyp.

Basispunkt, ausgezeichneter Punkt x eines topologischen Raumes X. Das Paar (X, x) wird dann Raum mit Basispunkt genannt.

Eine (stetige) basispunkterhaltende Abbildung $f : (X, x) \to (Y, y)$ ist eine (stetige) Abbildung mit $f(x) = y$.

Basisraum, Komponente eines stetigen Faserbündels.

Basisreproduktionszahl, in der ↗Epidemiologie die Zahl der Neuinfizierten, die von einem typischen Infizierten in einer vollständig suszeptiblen Population erzeugt wird.

Die Basisreproduktionszahl ist ein auf den kritischen Wert Eins normierter Bifurkationsparameter. Sie kann als Perron-Eigenwert eines Generations-Operators gedeutet werden.

Basistransformation, Überführung einer Basis $b = (b_1, \dots, b_n)$ eines n-dimensionalen ↗Vektorraumes V über $\mathbb{K}$ in eine Basis $b' = (b'_1, \dots, b'_n)$ von V mittels einer regulären $(n \times n)$-Übergangsmatrix $A = (a_{ij})$ über $\mathbb{K}$ durch folgendes Schema:

$$b'_i = \sum_{j=1}^{n} a_{ij} b_j$$

für $1 \le i \le n$.

Mit $b_i = (b_{i1}, \dots, b_{in})$ und $b'_i = (b'_{i1}, \dots, b'_{in})$ $(1 \le i \le n)$ gilt mit den beiden $(n \times n)$-Matrizen $B = (b_{ij})$ und $B' = (b'_{ij})$ also

$$AB = B' .$$

(In der i-ten Zeile der Matrix A stehen die Koordinaten des i-ten Basisvektors b'_i von b' bzgl. der Basis b.)

Ist A nicht regulär, so ist $b' = (b'_1, \dots, b'_n)$ keine Basis von V.

Überführt die Matrix A die Basis b in die Basis b', so überführt die Matrix A^{-1} die Basis b' in b (↗ Basiswechsel).

Basisvariable, jede zu einer zulässigen Basis $B = (a_{i_1}, \dots, a_{i_m})$ von

$$M = \{x \in \mathbb{R}^n \,|\, A \cdot x = b, x \ge 0\}$$

gehörende Variable $x_{i_1}, \dots, x_{i_m}$.

Dabei bezeichnet $a_1, \dots, a_n$ die Spaltenvektoren von A.

Basisvektor, ↗Basis eines Vektorraumes.

Basiswahrscheinlichkeiten, ein von Shafer 1976 eingeführtes Maßsystem, das die Grundlage der ↗Glaubens- und ↗Plausibilitätsmaße bildet.

Eine Funktion $m : \mathfrak{P}(\Omega) \longrightarrow [0, 1]$ heißt Basiswahrscheinlichkeitsfunktion der endlichen Menge Ω, wenn es ein Mengensystem

$$\{F_1, \dots, F_m \mid m(F_j) > 0\} \subseteq \mathfrak{P}(\Omega)$$

so gibt, daß

$$m(\emptyset) = 0,$$

$$\sum_{F_j \subseteq \Omega} m(F_j) = 1.$$

Die Mengen $F_j \in \mathfrak{P}(\Omega)$ werden als Brennpunkte bezeichnet.

Basiswechsel, Übergang von einer Basis $(b_1, \dots, b_n)$ eines n-dimensionalen ↗Vektorraumes V über $\mathbb{K}$ zu einer Basis $(b'_1, \dots, b'_n)$ von V mittels einer ↗Basistransformation.

Der zugehörige Übergang der Koordinatendarstellungen eines Vektors $v \in V$ bezüglich der beiden Basen geschieht mittels einer Koordinatentransformation.

Bassin, *Anziehungsgebiet*, *Becken*, die Menge $B(x_0)$ aller Punkte $x \in M$ für ein ↗dynamisches System (M, G, Φ) und einen asymptotisch stabilen Fixpunkt $x_0 \in M$ so, daß $\lim_{t \to \infty} \Phi(x, t) = x_0$ gilt.

Das Bassin $B(x_0)$ eines asymptotisch stabilen Fixpunktes $x_0 \in M$ ist eine offene Menge. Für verschiedene asymptotisch stabile Fixpunkte x_0, y_0, $x_0 \ne y_0$, sind ihre Bassins disjunkt:

$$B(x_0) \cap B(y_0) = \emptyset .$$

[1] Hirsch, M.W.; Smale, S.: Differential Equations, Dynamical Systems, and Linear Algebra. Academic Press Orlando, 1974.

Bateman, Harry, englisch/amerikanischer Mathematiker, geb. 29.05.1882 Manchester (England), gest. 21.01.1946 New York.

Bateman studierte bis 1906 an der Universität Cambridge und lehrte dann an den Universitäten Liverpool und Manchester. 1910 ging er in die USA, war dort bis 1912 am Bryn Mawr College, dann bis 1917 an der Johns Hopkins Universität Baltimore, an der er 1913 den Ph. D. erwarb, und wurde danach Professor am California Institute of Technology in Pasadena.

Bateman befaßte sich hauptsächlich mit partiellen Differentialgleichungen und mit Integralgleichungen. Er war ein Meister in der Lösung spezieller Gleichungen, die er vielfach mittels spezieller Funktionen erreichte. Seine Untersuchungen zu transzendenten Funktionen und Integraltransformationen entstammten diesem Interessenkreis ebenso wie seine Anwendungsuntersuchungen in der Hydro- und Aerodynamik, der klassischen Atomtheorie und der Elektrodynamik.

Bateman-Funktion, von Bateman 1931 eingeführte spezielle Funktion.

Für reelle Zahlen x und ν heißt

$$k_\nu(x) = \frac{2}{\pi} \int_0^{\frac{\pi}{2}} \cos(x \tan \vartheta - \nu\vartheta)\, d\vartheta$$

Bateman-Funktion zum Index ν. Sie genügt der Gleichung

$$k_\nu(-x) = k_{-\nu}(x) .$$

Battle-Lemarié-Wavelet, ausgehend von Splinefunktionen konstruiertes Wavelet ψ mit orthogonalen Translaten und exponentiellem Abklingverhalten.

Wählt man als Skalierungsfunktion einen B-Spline N_m der Ordnung m, so sind dessen ganzzahlige Translationen $\{N_m(\cdot - k) | k \in \mathbb{Z}\}$ nur für den Fall stückweise konstanter Funktionen ($m = 1$) orthogonal. Für $m \geq 2$ werden Skalierungsfunktionen mir dieser Eigenschaft durch einen Orthogonalisierungsprozeß aus N_m gewonnen.

Baum, ein ↗zusammenhängender Graph ohne Kreise.

Die Ecken eines Baumes vom Grad 1 sind seine Blätter. Jeder Baum T der Ordnung $|E(T)| \geq 2$ besitzt mindestens zwei Blätter – etwa die Endecken eines längsten Weges in T. Dies kann bei Induktionsbeweisen für Bäume nützlich sein, denn entfernt man aus einem Baum ein Blatt, so entsteht wieder ein Baum. Die Zusammenhangskomponenten eines ↗Waldes sind Bäume.

Folgende Charakterisierungen von Bäumen lassen sich recht einfach nachweisen. Ein Graph ist genau dann ein Baum, wenn je zwei verschiedene Ecken durch genau einen Weg verbunden sind. Ein zusammenhängender Graph mit n Ecken ist genau dann ein Baum, wenn er $(n-1)$ Kanten besitzt.

Auch die nächste Eigenschaft von Bäumen ist leicht einzusehen. Verbindet man zwei verschiedene Ecken eines Baumes durch eine zusätzliche Kante, so entsteht ein Graph mit genau einem Kreis.

Ein zusammenhängender ↗gerichteter Graph D, dessen untergeordneter Multigraph keinen Kreis besitzt, heißt gerichteter Baum.

Baummethode, Methode zur Berechnung der ↗vollständigen Summe einer vollständig spezifizierten ↗Booleschen Funktion. Sie beruht auf dem folgenden Lemma:

Gegeben seien die vollständigen Summen p_1 und p_2 der Booleschen Funktionen $g : \{0,1\}^n \to \{0,1\}$ und $h : \{0,1\}^n \to \{0,1\}$.

Dann ist das ↗Boolesche Polynom p, das durch Ausmultiplizieren von p_1 und p_2 unter Verwendung des Distributivgesetzes (↗Boolesche Algebra) und der Regeln $l \wedge l = l$, $l \wedge \bar{l} = 0$, $l \wedge 1 = l$, $l \wedge 0 = 0$ für alle ↗Booleschen Literale l, und durch anschließendes Entfernen der 0-Summanden und der ↗Booleschen Monome, für die es eine echte Verkürzung im so entstandenen Booleschen Polynom gibt, entsteht, eine vollständige Summe der Konjunktion $g \wedge h$ der Booleschen Funktionen g und h.

Die vollständige Summe einer über den ↗Booleschen Variablen $x_1, \dots, x_n$ definierten Booleschen Funktion $f : \{0,1\}^n \to \{0,1\}$ wird bei diesem Verfahren berechnet, indem rekursiv die vollständige Summe p_1 der Booleschen Funktion $x_i \vee f_{\overline{x_i}}$ und die vollständige Summe p_2 der Booleschen Funktion $\overline{x_i} \vee f_{x_i}$ für eine beliebige Boolesche Variable x_i, von der f abhängt, berechnet werden. Hierbei bezeichnet f_{x_i} den positiven ↗Kofaktor und $f_{\overline{x_i}}$ den negativen Kofaktor von f nach x_i. Die Konjunktion von $x_i \vee f_{\overline{x_i}}$ und $\overline{x_i} \vee f_{x_i}$ ist gleich der Booleschen Funktion f.

Die vollständige Summe von f kann somit aus den vollständigen Summen p_1 und p_2 von $x_i \vee f_{\overline{x_i}}$ und $\overline{x_i} \vee f_{x_i}$ durch Anwendung des obigen Satzes berechnet werden.

Baummultiplizierer, kombinatorischer ↗logischer Schaltkreis zur effizienten Berechnung der Multiplikation von zwei n-stelligen binären Zahlen $\alpha = (\alpha_{n-1}, \dots, \alpha_0)$ und $\beta = (\beta_{n-1}, \dots, \beta_0)$. Das parallele Verfahren ist in drei Schritte eingeteilt. Im ersten Schritt werden die n Partialprodukte $p^{(0)}, \dots, p^{(n-1)}$ mit

$$p^{(i)} = \beta_i \cdot 2^i \cdot \sum_{j=0}^{n-1} \alpha_j \cdot 2^j$$

berechnet, die durch $2n$-stellige binäre Zahlen

$$\left(p_{2n-1}^{(i)}, \dots, p_0^{(i)}\right)$$

$(i = 0, \dots, n-1)$ dargestellt werden können. Hierdurch entsteht die Multiplikationsmatrix

$$\begin{pmatrix} p_{2n-1}^{(0)} & \cdots & p_0^{(0)} \\ \vdots & & \vdots \\ p_{2n-1}^{(n-1)} & \cdots & p_0^{(n-1)} \end{pmatrix} .$$

Im zweiten Schritt des Verfahrens werden diese n $2n$-stelligen binären Zahlen, deren Summe die Multiplikation von α und β ergibt, in zwei $2n$-stellige binäre Zahlen c und d transformiert, so daß

$$c + d = \sum_{i=0}^{n-1} p^{(i)}$$

gilt. Im dritten Schritt erfolgt die Addition von c und d.

Der Name des Verfahrens rührt daher, daß die Reduktion der Multiplikationsmatrix zu einer $2n$-stelligen binären Zahl (Zusammenfassung des zweiten und dritten Schrittes) über einen binären Baum mit n Blättern, die die n $2n$-stelligen binären Zahlen der Multiplikationsmatrix darstellen, erfolgen kann. Jeder innere Knoten des Baumes stellt einen Addierer dar, der zwei $2n$-stellige binäre Zahlen addiert.

Zur Realisierung des zweiten Schrittes gibt es verschiedene Möglichkeiten, um die n Zeilen der Multiplikationsmatrix auf zwei Zeilen zu reduzieren. Hierzu können s-zu-t Reduktionen benutzt werden, die s $2n$-stellige binäre Zahlen $z_1, \ldots, z_s$ zu t $2n$-stelligen binären Zahlen $q_1, \ldots, q_t$ mit

$$\sum_{i=1}^{t} q_i = \sum_{i=1}^{s} z_i$$

zusammenfassen. Werden in jeder Iteration nur 3-zu-2 Reduktionen verwendet, und wird in jeder Iteration eine maximale Anzahl von 3-zu-2 Reduktionen parallel ausgeführt, so spricht man von einem Wallace-Tree Multiplizierer. Werden in jeder Iteration nur 4-zu-2 Reduktionen verwendet und wird in jeder Iteration eine maximale Anzahl von 4-zu-2 Reduktionen parallel ausgeführt, so spricht man von einem Multiplizierer von Luk-Vuillemin. Der Aufbau eines Multiplizierers von Luk-Vuillemin ist im Unterschied zum Wallace-Tree Multiplizierer regelmäßig und eignet sich für eine Hardware-Realisierung besser. Die Laufzeit des Wallace-Tree Multiplizierers und des Multiplizierers von Luk-Vuillemin verhält sich asymptotisch wie $\log n$. Der Flächenbedarf der beiden Multiplizierer verhält sich asymptotisch wie n^2.

[1] Cormen, Th.; Leiserson, Ch.; Rivest, D.: Introduction to algorithms. The MIT Press Cambridge London, 1990.

[2] Swartzlander, E.: Computer Arithmetic. Volume 1&2. IEEE Computer Society Press Los Alamitos, 1990.

Baum-Relaxation, ↗ MST-Relaxation.

Baumweite, die minimale Weite einer Baumzerlegung eines Graphen.

Dabei besteht eine Baumzerlegung eines Graphen G aus einem ↗Baum T und einer Familie $\{E_t | t \in E(T)\}$ von Eckenmengen $E_t \subseteq E(G)$, die folgende Bedingungen erfüllen:

(i) $E(G) = \bigcup_{t \in E(T)} E_t$.

(ii) Für jede Kante $k = uv$ des Graphen gibt es ein $t \in E(T)$, so daß $u, v \in E_t$.

(iii) Liegt für drei Ecken $t_1, t_2, t_3 \in E(T)$ die Ecke t_3 auf dem (eindeutigen) Weg in T von t_1 nach t_2, dann gilt $E_{t_1} \cap E_{t_2} \subseteq E_{t_3}$.

Als Weite der Baumzerlegung definiert man die Zahl

$$\max\{|E_t| - 1 \mid t \in E(T)\}.$$

Die Baumweite eines Graphen ist genau dann kleiner oder gleich 1, wenn er ein ↗Wald ist.

Die Baumweite eines Graphen ist genau dann kleiner oder gleich 2, wenn er den vollständigen Graphen K_4 nicht als Minor enthält (diese Graphen sind auch als „series-parallel graphs" bekannt).

Die Bestimmung der Baumweite eines Graphen ist ein NP-schweres Problem. Einen Graphen mit Baumweite $\leq k$ bezeichnet man auch als partiellen-k-Baum oder Teil-k-Baum. Die kantenmaximalen partiellen-k-Bäume nennt man k-Bäume.

Ist der Baum T in einer solchen Zerlegung ein Weg, so spricht man auch von einer Wegzerlegung.

Die Baumweite eines Graphen G ist ebenfalls gleich dem Minimum über $\omega(H) - 1$ für alle chordalen Graphen H, die G als Teilgraphen enthalten. Dabei bezeichnet $\omega(H)$ die Cliquenzahl von H.

Der Begriff der Baumweite ist sehr wichtig für die Theorie der Minoren von Graphen und dient oft zum Beweis struktureller Aussagen über Graphen. Darüber hinaus ist er von algorithmischem Interesse, da viele NP-schwere Probleme sich für Graphen beschränkter Baumweite effizient lösen lassen.

Eine der wesentlichen Aussagen über die Baumweite eines Graphen ist, daß diese genau dann groß ist, wenn der Graph ein Gitter großer Ordnung als Minor enthält. Ein Gitter ist dabei ein Graph mit der Eckenmenge

$$\{(i,j) | 1 \leq i, j \leq n\}$$

und der Kantenmenge

$$\{(i,j)(i+1,j), (j,i)(j,i+1) \mid 1 \leq i \leq n-1, 1 \leq j \leq n\}.$$

Baumzerlegung, ↗ Baumweite.

Bausteinbibliothek, *Bausteinsatz*, endliche Menge von ↗Booleschen Funktionen, die als Grundbausteine zur Realisierung Boolescher Funktionen durch kombinatorische ↗logische Schaltkreise zur Verfügung stehen.

Eine Bausteinbibliothek heißt vollständige Bausteinbibliothek, wenn jede Boolesche Funktion mit ihr realisierbar ist. Vollständig ist zum Beispiel die Bausteinbibliothek

$$\mathfrak{B}_{\leq 2} := \{f \mid f : \{0,1\}^n \to \{0,1\} \text{ mit } n \leq 2\}.$$

Bausteinsatz, ↗Bausteinbibliothek.

Bayes, Satz von, ↗ Bayessche Formel.

Bayes, Thomas, englischer Theologe und Mathematiker, geb. 1702 London, gest. 17.4.1761 Tunbridge Wells (England).

Bayes wurde privat unterrichtet. Einer seiner Lehrer soll de Moivre gewesen sein. Er wurde wie sein Vater nonkonformistischer Prediger, zunächst in London, ab 1752 in der Kapelle von Tunbridge Wells.

Seine wichtigste Arbeit behandelte bedingte Wahrscheinlichkeiten. Sie wurde 1764 und damit ebenso wie eine Arbeit über asymptotische Reihen erst nach seinem Tode veröffentlicht. Bekannt wurde auch ein anonym herausgegebener Artikel von Bayes, in dem er Berkeley wegen seines Angriffs auf die logischen Grundlagen der Analysis attackierte. 1742 wurde Bayes in die Royal Society von London aufgenommen.

Bayes-Schätzer, Methode zur Parametrisierung von Verteilungsfunktionen auf der Basis bekannter Realisierungen von Zufallsgrößen.

Mit Hilfe der Bayesschen Formel schätzt man aus einer ↗a priori-Verteilung (mit unscharfen oder stochastischen Parametern) und einer Anzahl von Realisierungen eine ↗a posterio-Verteilung. Diese beschreibt die bedingte Erwartung für die Verteilung unter der Bedingung der beobachteten Realisierungen. Ein Quantil bezüglich dieser bedingten Wahrscheinlichkeitsverteilung wird auch als Bayessches Toleranzintervall bezeichnet.

Bayessche Formel, Formel (1) im folgenden Satz von Bayes:

Sei $(\Omega, \mathcal{A}, P)$ *ein ↗Wahrscheinlichkeitsraum und* $B \in \mathcal{A}$ *ein Ereignis mit* $P(B) > 0$. *Sei* $I = \{1, \dots, n\}$ *mit* $n \in \mathbb{N}$ *oder* $I = \mathbb{N}$ *und* $(A_i)_{i \in I}$ *eine Folge von paarweise disjunkten Ereignissen* $A_i \in \mathcal{A}$ *mit* $P(A_i) > 0$ *für alle* $i \in I$ *und mit* $\cup_{i \in I} A_i = \Omega$.

Dann gilt für alle $i \in I$

$$P(A_i|B) = \frac{P(A_i)P(B|A_i)}{\sum_{i \in I} P(A_i)P(B|A_i)}. \qquad (1)$$

Dabei heißt $P(A_i)$ a priori-Wahrscheinlichkeit von A_i, und die ↗bedingte Wahrscheinlichkeit $P(A_i|B)$ heißt a posteriori-Wahrscheinlichkeit von A_i.

Das folgende Beispiel zeigt eine typische Anwendung der Bayesschen Formel: Die Wahrscheinlichkeit, daß ein medizinischer Test zur Diagnose von TBC bei einer Testperson positiv ausfällt (Ereignis B) beträgt 99%, falls die Person TBC hat (Ereignis A_1). Sie beträgt 3%, falls die Person keine TBC hat (Ereignis A_2). Jede Testperson ist mit einer Wahrscheinlichkeit von 1% an TBC erkrankt.

Gesucht ist die bedingte Wahrscheinlichkeit $P(A_1|B)$, daß eine Testperson TBC hat, falls der Test bei ihr positiv ausgefallen ist. A_2 ist das zu A_1 komplementäre Ereignis. Mit $P(A_1) = 1/100$, $P(A_2) = P(B|A_1) = 99/100$ und $P(B|A_2) = 3/100$ folgt aus der Bayesschen Formel $P(A_1|B) = 1/4$.

Bayessche Inferenz, bezeichnet statistische Schlußweisen mit Hilfe einer Bayesschen Entscheidungsfunktion (↗Entscheidungstheorie).

Bayessches Toleranzintervall, ↗Bayes-Schätzer.

B-Baum, spezielle Form eines Suchbaumes, die bei aufwendigen Suchen sinnvoll ist.

Zur Definition eines B-Baumes unterteilt man einen gegebenen Baum in Teilbäume, die als Seiten bezeichnet werden, und legt eine Ordnung $n \in \mathbb{N}$ des Baumes fest. Dann heißt der Baum ein B-Baum der Ordnung n, wenn die folgenden vier Bedingungen erfüllt sind:

(1) Jede Seite enhält höchstens $2n$ Elemente.

(2) Jede Seite mit Ausnahme der Wurzelseite enthält mindestens n Elemente.

(3) Jede Seite hat entweder gar keine Nachfolgerseite oder sie hat $m+1$ Nachfolgerseiten, wobei m die Zahl ihrer Elemente ist.

(4) Alle nachfolgerfreien Seiten liegen auf der gleichen Stufe.

Mit Hilfe von B-Bäumen lassen sich effiziente Suchalgorithmen sowie einfache Einfügeprozeduren entwickeln.

BCD-Arithmetik, Rechnen auf der Basis binär codierter Dezimalzahlen (engl.: binary coded decimal).

Für jede Ziffer werden 4 Bit bereitgestellt, wo der binäre Zahlenwert der Ziffer gespeichert wird.

Damit sind 6 Kombinationen unbelegt (Pseudotetraden). BCD-Zahlen werden addiert, indem ihre binären Darstellungen addiert werden und die damit verbundenen Fehler (Übertrag bzw. Pseudotetrade als Ergebnis) durch Addition von 6 an den betreffenden Stellen korrigiert werden.

Manche Prozessoren unterstützen BCD-Arithmetik durch spezielle Befehle.

BDD, ↗binärer Entscheidungsgraph.

Becken, ↗Bassin.

bedeckendes Element, spezielles Element einer Ordnung.

Ist $(M, \leq)$ eine Ordnung, und sind $a, b \in M$ so, daß $a \leq b$ ist, so heißt die Unterordnung der Menge $\{x \in M : a \leq x \leq b\}$ auch Intervall $[a, b]$ von M. Gilt für $a \leq b$, daß $|[a, b]| = 2$, d. h. folgt aus $a \leq x \leq b$, daß $x = a$ oder $x = b$ ist, so sagt man b bedeckt a und man schreibt $a \lessdot b$. Ein Element, das ein anderes Element bedeckt, heißt bedeckendes Element.

Bedeckungsfunktion, spezielles Element der Inzidenzalgebra $\mathbb{A}_K(P)$ einer lokal-endlichen Ordung $(P, \leq)$ über einem Körper oder Ring $\mathbb{K}$ der Charakteristik Null.

Bezeichnen δ und λ die Deltafunktion bzw. Lambdafunktion von P, so ist die Bedeckungsfunktion κ durch die Gleichung $\kappa := \delta - \lambda$ definiert.

Für alle $a, b \in P$ und alle $l \in \mathbb{N}_0$ ist $\kappa^l(a, b)$ die Anzahl der maximalen ↗(a, b)-Ketten der Länge l in P.

bedingt konvergente Reihe, konvergente Reihe

$$\sum_{\nu=0}^{\infty} a_\nu ,$$

bei der nicht alle ↗Umordnungen konvergent sind.

Eine Reihe, bei der jede Umordnung – insbesondere sie selbst – konvergent ist, heißt unbedingt konvergent. Eine bedingt konvergente Reihe ist also gerade eine konvergente Reihe, die nicht unbedingt konvergent ist.

Sind die Glieder a_ν der Reihe reelle oder komplexe Zahlen, so hat man eine recht einfache Charakterisierung:

Eine Reihe ist genau dann unbedingt konvergent, wenn sie absolut konvergiert.

Eine erstaunlich starke Aussage über das Konvergenzverhalten einer bedingt konvergenten Reihe macht der ↗Riemannsche Umordnungssatz.

Der Satz von ↗Dvoretzky-Rogers zeigt, daß die o.a. Charakterisierung von unbedingter Konvergenz für endlich-dimensionale Räume charakteristisch ist.

bedingt stabil, Eigenschaft von ↗Diskretisierungsverfahren, deren ↗Stabilität und (nach dem ↗Äquivalenzsatz) ↗Konvergenz nur durch Einschränkung an das Verhältnis λ der Zeit- und Ortsdiskretisierung gewährleistet werden kann.

bedingte Dichte, ↗ bedingte Verteilung.

bedingte Erwartung, *bedingter Erwartungswert*, Verallgemeinerung des Begriffs des ↗Erwartungswertes einer numerischen Zufallsvariablen X mit dem Ziel, gegebene Vorkenntnisse über X zu berücksichtigen.

Sei X eine numerische Zufallsvariable auf einem Wahrscheinlichkeitsraum $(\Omega, \mathcal{A}, P)$ mit $X \geq 0$ bzw. $\int_\Omega |X|\, dP < \infty$, und sei $\mathcal{C} \subset \mathcal{A}$ eine Unter-σ-Algebra. Dann heißt eine auf $(\Omega, \mathcal{A}, P)$ definierte numerische Zufallsvariable Z bedingte Erwartung von X bezüglich $\mathcal{C}$, in Zeichen $E(X|\mathcal{C})$, falls $Z \geq 0$ bzw. $\int_\Omega |Z|\, dP < \infty$ und Z $\mathcal{C}$-meßbar ist, sowie

$$\int_C Z\, dP = \int_C X\, dP \quad \text{für alle } C \in \mathcal{C} \text{ gilt.}$$

Unter den genannten Voraussetzungen existiert $E(X|\mathcal{C})$ und ist fast sicher (f.s.) eindeutig bestimmt.

Für die Untersuchung stochastischer Prozesse besonders wichtig ist der Fall, daß

$$\mathcal{C} = \sigma(Y_i; i \in I)$$

von einer Familie $(Y_i)_{i\in I}$ von Zufallsvariablen $Y_i : (\Omega, \mathcal{A}) \to (E_i, \mathcal{E}_i)$ mit Werten in Meßräumen $(E_i, \mathcal{E}_i)$ erzeugt wird. Dann nennt man $E(X|\mathcal{C})$ bedingte Erwartung von X gegeben $(Y_i)_{i\in I}$ und schreibt statt $E(X|\mathcal{C})$ auch $E(X|Y_i, i \in I)$ bzw. $E(X|Y_1, \dots, Y_n)$, falls $I = \{1, \dots, n\}$.

Ein enger Zusammenhang der bedingten Erwartung mit der bedingten Wahrscheinlichkeit wird deutlich, wenn die Unter-σ-Algebra $\mathcal{C} \subset \mathcal{A}$ von paarweise disjunkten Mengen $A_1, \dots, A_n \in \mathcal{A}$ erzeugt wird und $\Omega = A_1 \cup \ldots \cup A_n$ sowie $P(A_i) > 0$, $i = 1, \dots, n$ gilt.

$E(X|\mathcal{C})$ wird in diesem Fall auch bedingte Erwartung bezüglich der Zerlegung $A_1, \dots, A_n$ genannt. Für $\omega \in A_i$ ist

$$E(X|\mathcal{C})(\omega) = (\int_{A_i} X\, dP) / P(A_i) = \int X\, dP_{A_i}$$

der Erwartungswert von X bezüglich des bedingten Wahrscheinlichkeitsmaßes P_{A_i}. Die Zahl

$$E_{A_i}(X) := \int X\, dP_{A_i}$$

heißt bedingte Erwartung von X gegeben das Ereignis A_i.

Dieser Zusammenhang läßt sich verallgemeinern: Ist $\mathcal{C} \subset \mathcal{A}$ eine (beliebige) Unter-σ-Algebra, X reellwertig, $\mathcal{B}$ die Borel-σ-Algebra auf $\mathbb{R}$ und $P_{X|\mathcal{C}} : \Omega \times \mathcal{B} \to [0, 1]$ eine ↗bedingte Verteilung von X bezüglich $\mathcal{C}$, so ist

$$E(X|\mathcal{C})(\omega) = \int_{\mathbb{R}} x\, P_{X|\mathcal{C}}(\omega, dx) \text{ f.s.} \tag{1}$$

Eine wichtige Deutung der bedingten Erwartung ergibt sich, falls X reell ist mit $\int_\Omega X^2\, dP < \infty$. Dann ist

$$\begin{aligned} &E[(X - E(X|\mathcal{C}))^2] \\ &= \min\{E[(X - Z)^2] \,|\, Z : \Omega \to \mathbb{R}\ \mathcal{C}\text{-meßbar}, \\ &\qquad \int_\Omega |Z|^2\, dP < \infty\}. \end{aligned}$$

Einige Eigenschaften der bedingten Erwartung beschreibt folgender Satz:

Seien $\mathcal{C}, \mathcal{D}$ Unter-σ-Algebren von $\mathcal{A}$ und $X, Z, X_1, X_2, \dots$ numerische Zufallsvariablen auf $(\Omega, \mathcal{A}, P)$ mit $X \geq 0$, $X_n \geq 0$ für alle $n \in \mathbb{N}$ bzw. $\int_\Omega |X| dP < \infty$, $\int_\Omega |X_n| dP < \infty$ für alle $n \in \mathbb{N}$. Dann gilt:

1. $\mathcal{C} = \{\emptyset, \Omega\} \Rightarrow E(X|\mathcal{C}) = EX$;
2. $E(\alpha X_1 + \beta X_2|\mathcal{C}) = \alpha E(X_1|\mathcal{C}) + \beta E(X_2|\mathcal{C})$ *f.s., wobei* $\alpha, \beta \in \mathbb{R}_+$ *bzw.* $\alpha, \beta \in \mathbb{R}$;
3. $E(|X|\,|\mathcal{C}) \geq |E(X|\mathcal{C})|$ *f.s.*;
4. X $\mathcal{C}$-*meßbar* $\Rightarrow E(X|\mathcal{C}) = X$ *f.s.*;
5. $\sigma(X)$ *unabhängig von* $\mathcal{C} \Rightarrow E(X|\mathcal{C}) = EX$ *f.s.*;
6. $E(E(X|\mathcal{C})) = EX$;
7. $\mathcal{C} \subset \mathcal{D} \Rightarrow E(E(X|\mathcal{D})|\mathcal{C}) = E(X|\mathcal{C})$ *f.s.*;
8. $X_1 \geq X_2$ *f.s.* $\Rightarrow E(X_1|\mathcal{C}) \geq E(X_2|\mathcal{C})$ *f.s.*;
9. X_1 $\mathcal{C}$-*meßbar und* $X_1, X_2 \geq 0$ *bzw.* $\int_\Omega |X_1| dP$, $\int_\Omega |X_2| dP$, $\int_\Omega |X_1X_2| dP < \infty \Rightarrow E(X_1X_2|\mathcal{C}) = X_1E(X_2|\mathcal{C})$ *f.s.*;
10. $0 \leq X_1 \leq X_2 \ldots$ *und* $X_n \uparrow X$ *f.s.* $\Rightarrow E(X_n|\mathcal{C}) \uparrow E(X|\mathcal{C})$ *f.s.*;
11. $X_n \geq 0$ *für alle* $n \in \mathbb{N} \Rightarrow E(\liminf X_n|\mathcal{C}) \leq \liminf E(X_n|\mathcal{C})$ *f.s.*;
12. $\lim X_n = Z$ *f.s.*, $|X_n| \leq X$, $\int_\Omega |X|\, dP < \infty \Rightarrow E(X_n|\mathcal{C}) \to E(Z|\mathcal{C})$ *f.s.*.

Ist $(E, \mathcal{E})$ ein Meßraum, Y eine $(E, \mathcal{E})$-wertige und X eine reelle Zufallsvariable auf $(\Omega, \mathcal{A}, P)$, so möchte man häufig den Einfluß von Y auf X weniger durch $\sigma(Y)$ als durch die Werte von Y beschreiben. Sei P_Y die Verteilung von Y. Ist $\int_\Omega |X|\, dP < \infty$, so existiert eine $\mathcal{E}$-meßbare Funktion $g : E \to \mathbb{R}$ mit $\int_E |g|\, dP_Y < \infty$ sowie

$$\int_B g\, dP_Y = \int_{\{Y \in B\}} X\, dP \quad \text{für alle } B \in \mathcal{E}.$$

Für jede $\mathcal{E}$-meßbare Funktion $g : E \to \mathbb{R}$ mit $\int_E |g|\, dP_Y < \infty$, die diese Gleichung erfüllt, gilt $g \circ Y = E(X|Y)$ P-f.s. (Faktorisierung der bedingten Erwartung), und für jede solche Abbildung g heißt $g(y)$ für alle $y \in E$ bedingte Erwartung von X unter der Hypothese $Y = y$, in Zeichen $E(X|Y = y)$. Die Abbildung $y \mapsto E(X|Y = y)$ ist P_Y-f.s. eindeutig bestimmt, ihre Eigenschaften folgen aus denen von $E(X|Y)$. Wird durch $y \mapsto P_{X|Y=y}$ für alle $y \in E$ eine ↗bedingte Verteilung von X gegeben $Y = y$ definiert, so gilt analog zu Gleichung (1)

$$E(X|Y = y) = \int_{\mathbb{R}} x\, P_{X|Y=y}(dx) \;\; P_Y\text{-f.s.}$$

Ist der Wertebereich von X gleich $\{x_1, x_2, \dots\}$ und der von Y gleich $\{y_1, y_2, \dots\} \subset \mathbb{R}$ mit $P(\{Y = y_n\}) > 0$ für $n = 1, 2, \dots$, so ist

$$E(X|Y = y_n) = \sum x_i\, P(\{X = x_i\}|\{Y = y_n\}).$$

Ist Y reellwertig und existiert eine Wahrscheinlichkeitsdichte $f(x, y)$ von (X, Y) mit $f_Y(y) := \int_{\mathbb{R}} f(x, y)\, dx > 0$ für alle $y \in \mathbb{R}$, so gilt

$$E(X|Y = y) = (\int_{\mathbb{R}} x f(x, y)\, dx)/f_Y(y) \;\; P_Y - \text{f.s.}$$

bedingte Verteilung, *bedingte Wahrscheinlichkeitsverteilung*, Verallgemeinerung des Begriffs der Verteilung einer Zufallsvariablen mit dem Ziel, die Verteilung unter gegebenen Vorbedingungen zu beschreiben.

Sei $(\Omega, \mathcal{A}, P)$ ein ↗Wahrscheinlichkeitsraum, $\mathcal{C} \subset \mathcal{A}$ eine Unter-σ-Algebra und X eine Zufallsvariable auf $(\Omega, \mathcal{A}, P)$ mit Werten in einem Meßraum $(E, \mathcal{E})$. Eine Abbildung $P_{X|\mathcal{C}} : \Omega \times \mathcal{E} \to [0, 1]$, $(\omega, B) \mapsto P_{X|\mathcal{C}}(\omega, B)$, heißt bedingte Verteilung von X bezüglich $\mathcal{C}$, falls folgendes gilt:

1. Für alle $\omega \in \Omega$ wird durch die Abbildung $B \mapsto P_{X|\mathcal{C}}(\omega, B)$ ein Wahrscheinlichkeitsmaß auf $\mathcal{E}$ definiert.
2. Für alle $B \in \mathcal{E}$ ist die Abbildung $\omega \mapsto P_{X|\mathcal{C}}(\omega, B)$ eine Version der bedingten Wahrscheinlichkeit $P(\{X \in B\}|\mathcal{C})$ von $\{X \in B\}$ bezüglich $\mathcal{C}$ (↗bedingte Wahrscheinlichkeit bezüglich einer Unter-σ-Algebra).

Besonders einfach läßt sich die (in diesem Fall eindeutig bestimmte) bedingte Verteilung von X bezüglich $\mathcal{C}$ angeben, wenn $\mathcal{C}$ von paarweise disjunkten Mengen $A_1, \dots, A_n \in \mathcal{A}$ mit $\Omega = A_1 \cup \ldots \cup A_n$ sowie $P(A_i) > 0$, $i = 1, \dots, n$ erzeugt wird.

Für $B \in \mathcal{E}$ und $\omega \in A_i$ ist dann $P_{X|\mathcal{C}}(\omega, B)$ gleich der bedingten Wahrscheinlichkeit $P(\{X \in B\}|A_i)$ von $\{X \in B\}$ gegeben A_i. Daraus folgt insbesondere, daß $P_{X|\mathcal{C}}(\omega, \cdot)$ für alle $\omega \in \Omega$ gleich der Verteilung P_X von X ist, falls $\mathcal{C} = \{\emptyset, \Omega\}$.

Ein hinreichendes Kriterium für die Existenz einer bedingten Verteilung von X bezüglich $\mathcal{C}$ gibt folgender Satz:

Ist E ein Polnischer Raum und $\mathcal{E}$ die Borel-σ-Algebra auf E, so existiert eine bedingte Verteilung von X bezüglich $\mathcal{C}$.

Insbesondere existiert $P_{X|\mathcal{C}}$, falls X reellwertig ist, also $E = \mathbb{R}$. In diesem Fall nennt man die Abbildung $F_{X|\mathcal{C}} : \Omega \times \mathbb{R} \to [0, 1]$,

$$F_{X|\mathcal{C}}(\omega, x) := P_{X|\mathcal{C}}(\omega, (-\infty, x])$$

bedingte Verteilungsfunktion von X bezüglich $\mathcal{C}$ oder reguläre bedingte Verteilungsfunktion von X bezüglich $\mathcal{C}$.

Wird die Unter-σ-Algebra $\mathcal{C}$ von einer Zufallsvariablen $Y : (\Omega, \mathcal{A}) \to (F, \mathcal{F})$ mit Werten in einem Meßraum $(F, \mathcal{F})$ erzeugt, so nennt man $P_{X|\mathcal{C}}$ bedingte Verteilung von X gegeben Y und schreibt statt $P_{X|\mathcal{C}}$ auch $P_{X|Y}$. Sind speziell X und Y unabhängige Zufallsvariablen und ist P_X die Verteilung von X, so ist $P_{X|Y}(\omega, B) := P_X(B)$, $\omega \in \Omega, B \in \mathcal{E}$, eine bedingte Verteilung von X gegeben Y.

Häufig möchte man den Einfluß von Y auf die Verteilung von X weniger durch die von Y erzeugte Unter-σ-Algebra, als durch die Werte von Y beschreiben. Sei P_Y die Verteilung von Y und $Q : F \times \mathcal{E} \to [0, 1]$, $(y, B) \mapsto Q(y, B)$ eine Abbildung, für die folgendes gilt:

1. Für alle $y \in F$ wird durch die Abbildung $B \mapsto Q(y, B)$ ein Wahrscheinlichkeitsmaß auf $\mathcal{E}$ definiert.
2. Für alle $B \in \mathcal{E}$ ist die Abbildung $y \mapsto Q(y, B)$ $\mathcal{F}$-meßbar, und es gilt

   $$\int_D Q(y, B)\, P_Y(dy) = P(\{X \in B\} \cap \{Y \in D\})$$

   für alle $D \in \mathcal{F}$, d. h. $Q(y, B)$ ist eine bedingte Wahrscheinlichkeit $P(\{X \in B\}|Y = y)$ von $\{X \in B\}$ gegeben $Y = y$ (↗bedingte Wahrscheinlichkeit bezüglich einer Unter-σ-Algebra).

Für alle $y \in F$ heißt das Wahrscheinlichkeitsmaß $Q(y, \cdot)$ bedingte Verteilung von X gegeben $Y = y$, in Zeichen $P_{X|Y=y}$. Eine solche Abbildung Q existiert, falls E polnisch und $\mathcal{E}$ die Borel-σ-Algebra auf E ist. Ist insbesondere X reellwertig, also $E = \mathbb{R}$, so nennt man für alle $y \in F$ die Abbildung $F_{X|Y}(\cdot|y) : \mathbb{R} \to [0, 1]$

$$F_{X|Y}(x|y) := P_{X|Y=y}((-\infty, x])$$

bedingte Verteilungsfunktion von X gegeben $Y = y$.

Besitzt Y Werte in $\{y_1, y_2, \dots\}$ mit $P_Y(\{y_i\}) > 0$ für $i = 1, 2, \dots$, so ist

$$P_{X|Y=y}(B) = P(\{X \in B\}|\{Y = y\})$$

für alle $B \in \mathcal{E}, y \in \{y_1, y_2, \dots\}$. Sind X und Y reellwertig, und existiert eine Dichte $f(x, y)$ von (X, Y), so ist

$$f_Y(y) := \int_{\mathbb{R}} f(x, y)\, dx > 0$$

P_Y-fast sicher. Für alle $y \in \mathbb{R}$ mit $f_Y(y) > 0$ und für alle $x \in \mathbb{R}$ sei $f_{X|Y}(x|y) := f(x, y)/f_Y(y)$. Ist $\mathcal{B}$ die Borel-σ-Algebra auf $\mathbb{R}$, so gilt für alle $B \in \mathcal{B}$

$$P_{X|Y=y}(B) = \int_B f(x|y)\, dx$$

P_Y-fast sicher. $f_{X|Y}$ wird bedingte Dichte von X gegeben Y genannt.

bedingte Wahrscheinlichkeit, Wahrscheinlichkeit eines Ereignisses, falls ein anderes Ereignis bereits eingetreten ist.

Sei $(\Omega, \mathcal{A}, P)$ ein Wahrscheinlichkeitsraum und seien $A, B \in \mathcal{A}$ zwei Ereignisse mit $P(B) > 0$. Dann ist die bedingte Wahrscheinlichkeit $P(A|B)$ von A gegeben B definiert durch

$$P(A|B) := \frac{P(A \cap B)}{P(B)}.$$

Das bei festem $B \in \mathcal{A}$ mit $P(B) > 0$ durch $P_B : \mathcal{A} \to [0, 1]$, $P_B(A) := P(A|B)$, definierte Wahrscheinlichkeitsmaß auf $\mathcal{A}$ wird bedingtes Wahrscheinlichkeitsmaß oder auch bedingte Wahrscheinlichkeit bezüglich B genannt.

Als Beispiel soll die Wahrscheinlichkeit bestimmt werden, daß beim Würfeln mit zwei Würfeln die Augensumme größer als neun ist, wenn bekannt ist, daß beide Würfel dieselbe Augenzahl zeigen. Alle möglichen Ergebnisse beim Würfeln mit zwei Würfeln bilden die Menge $\Omega := \{(i, j)|i, j = 1, 2, \dots, 6\}$, wobei an erster bzw. zweiter Stelle von $(i, j) \in \Omega$ die Augenzahl des ersten bzw. zweiten Würfels steht. Ist $C \subset \Omega$, so ist die Wahrscheinlichkeit

$$P(C) = |C|/|\Omega| = |C|/36,$$

wobei $|C|$ die Anzahl der Elemente einer Menge C bezeichnet. Das Ereignis „Augensumme größer als neun" entspricht der Menge $A := \{(4, 6), (6, 4), (5, 5), (5, 6), (6, 5), (6, 6)\}$ und das Ereignis „beide Würfel zeigen dieselbe Augenzahl" entspricht der Menge $B := \{(1, 1), (2, 2), \dots, (6, 6)\}$. Unter der Bedingung, daß das Wurfergebnis (m, n) in B liegt, ist die Wahrscheinlichkeit, daß (m, n) auch in A liegt, offenbar gleich der Wahrscheinlichkeit, daß aus den Elementen von B zufällig $(5, 5)$ oder $(6, 6)$ ausgewählt wurde, also gleich $|A \cap B|/|B| = 1/3$. Nach der Definition der bedingten Wahrscheinlichkeit ist $|A \cap B|/|B| = (|A \cap B|/36)/(|B|/36) = P(A \cap B)/P(B) = P(A|B)$. Der intuitive Begriff und die mathematische Definition der bedingten Wahrscheinlichkeit stimmen hier also überein.

bedingte Wahrscheinlichkeit bezüglich einer Unter-σ-Algebra, ↗ bedingte Erwartung der Indikatorvariablen eines Ereignisses.

Sei $(\Omega, \mathcal{A}, P)$ ein Wahrscheinlichkeitsraum, $\mathcal{C} \subset \mathcal{A}$ eine Unter-σ-Algebra und $A \in \mathcal{A}$. Dann heißt jede Version $E(1_A|\mathcal{C})$ der bedingten Erwartung der Indikatorvariablen 1_A von A bezüglich $\mathcal{C}$ bedingte Wahrscheinlichkeit von A bezüglich $\mathcal{C}$, in Zeichen $P(A|\mathcal{C})$.

$P(A|\mathcal{C})$ ist also eine $\mathcal{C}$-meßbare numerische Zufallsvariable mit $P(A|\mathcal{C}) \geq 0$ und

$$\int_C P(A|\mathcal{C})\, dP = P(A \cap C) \quad \text{für alle } C \in \mathcal{C},$$

und durch diese Eigenschaften ist $P(A|\mathcal{C})$ fast sicher (f.s.) eindeutig bestimmt.

Wird $\mathcal{C} = \sigma(Y_i; i \in I)$ von einer Familie $(Y_i)_{i \in I}$ von Zufallsvariablen $Y_i : (\Omega, \mathcal{A}) \to (E_i, \mathcal{E}_i)$ mit Werten in Meßräumen $(E_i, \mathcal{E}_i)$ erzeugt, so nennt man $P(A|\mathcal{C})$ bedingte Wahrscheinlichkeit von A gegeben $(Y_i)_{i \in I}$ und schreibt statt $P(A|\mathcal{C})$ auch $P(A|Y_i, i \in I)$ bzw. $P(A|Y_1, \dots, Y_n)$, falls $I = \{1, \dots, n\}$.

Der Zusammenhang der bedingten Wahrscheinlichkeit bezüglich einer Unter-σ-Algebra $\mathcal{C}$ mit dem Begriff der ↗ bedingten Wahrscheinlichkeit wird deutlich, wenn $\mathcal{C}$ von paarweise disjunkten Mengen $A_1, \dots, A_n \in \mathcal{A}$ mit $\Omega = A_1 \cup \dots \cup A_n$ sowie $P(A_i) > 0$, $i = 1, \dots, n$ erzeugt wird. Für $A \in \mathcal{A}$ ist dann

$$P(A|\mathcal{C})(\omega) = P(A \cap A_i)/P(A_i) = P(A|A_i),$$

falls $\omega \in A_i$, und man nennt $P(A|\mathcal{C})$ auch bedingte Wahrscheinlichkeit von A bezüglich der Zerlegung $A_1, \dots, A_n$.

Betrachtet man z. B. den durch $\Omega := \{1, 2, \dots, 6\}$, $\mathcal{A} := \{A|A \subset \Omega\}$ und $P(\{i\}) := 1/6$, $i = 1, \dots, 6$, gegebenen Wahrscheinlichkeitsraum, der das Würfeln mit einem Würfel beschreibt und definiert $A := \{4, 5, 6\}$, $A_1 := \{1, 2, 3, 4\}$, $A_2 := \{5, 6\}$ sowie $\mathcal{C} := \{\emptyset, A_1, A_2, \Omega\}$, so ist $P(A|\mathcal{C})(\omega) = 1/4$, falls $\omega \in A_1$ und $P(A|\mathcal{C})(\omega) = 1$ andernfalls.

Die Eigenschaften der bedingten Wahrscheinlichkeit bezüglich einer Unter-σ-Algebra $\mathcal{C} \subset \mathcal{A}$ folgen aus denen der bedingten Erwartung. Insbesondere gilt:

1. $A \in \mathcal{A} \Rightarrow 0 \leq P(A|\mathcal{C}) \leq 1$ f.s.;
2. $P(\Omega|\mathcal{C}) = 1$ f.s. und $P(\emptyset|\mathcal{C}) = 0$ f.s.;
3. $A_1, A_2, \dots \in \mathcal{A}$ paarweise disjunkt $\Rightarrow P(\cup A_i|\mathcal{C}) = \sum P(A_i|\mathcal{C})$ f.s..

Daraus folgt nicht, daß die Abbildung $A \mapsto P(A|\mathcal{C})(\omega)$ f.s. ein Wahrscheinlichkeitsmaß auf $\mathcal{A}$ ist. Man nennt eine Abbildung $K : \Omega \times \mathcal{A} \to [0,1]$, $(\omega, A) \mapsto K(\omega, A)$ eine reguläre bedingte Wahrscheinlichkeit bezüglich $\mathcal{C}$ oder auch einen zu $\mathcal{C}$ gehörigen Erwartungskern, falls folgendes gilt:

1. $K(\omega, \cdot)$ ist für alle $\omega \in \Omega$ ein Wahrscheinlichkeitsmaß auf $(\Omega, \mathcal{A})$;
2. $K(\cdot, A)$ ist für alle $A \in \mathcal{A}$ eine bedingte Wahrscheinlichkeit von A bezüglich $\mathcal{C}$.

Ist $\mathcal{C}$ die von einer Zufallsvariablen Y erzeugte σ-Algebra, so nennt man K auch reguläre bedingte Wahrscheinlichkeit gegeben Y.

Ein hinreichendes Kriterium für die Existenz einer regulären bedingten Wahrscheinlichkeit bezüglich einer Unter-σ-Algebra gibt folgender Satz:

Sei Ω ein Polnischer Raum, $\mathcal{A}$ die Borel-σ-Algebra auf Ω und P ein Wahrscheinlichkeitsmaß auf $(\Omega, \mathcal{A})$. Dann existiert zu jeder Unter-σ-Algebra $\mathcal{C} \subset \mathcal{A}$ eine reguläre bedingte Wahrscheinlichkeit bezüglich $\mathcal{C}$.

Die bedingte Wahrscheinlichkeit gegeben eine Zufallsvariable Y läßt sich ebenso wie die bedingte Erwartung faktorisieren. Dadurch wird es möglich, eine bedingte Wahrscheinlichkeit eines Ereignisses gegeben einen Wert von Y zu erklären, auch wenn dieser Wert nur mit Wahrscheinlichkeit Null angenommen wird. Sei $(E, \mathcal{E})$ ein Meßraum, Y eine $(E, \mathcal{E})$-wertige Zufallsvariable auf $(\Omega, \mathcal{A}, P)$ und $A \in \mathcal{A}$. Dann heißt jede ↗bedingte Erwartung $E(1_A|Y = y)$ der Indikatorvariablen 1_A gegeben $Y = y$ bedingte Wahrscheinlichkeit von A gegeben $Y = y$, in Zeichen $P(A|Y = y)$.

Das heißt: Ist P_Y die Verteilung von Y und $g : E \to \mathbb{R}$, $g(y) := P(A|Y = y)$, so ist g eine $\mathcal{E}$-meßbare Funktion mit $g \circ Y = P(A|Y)$ f.s. und

$$\int_B g\, dP_Y = P(A \cap \{Y \in B\}) \quad \text{für alle } B \in \mathcal{E}.$$

Die Abbildung $y \mapsto P(A|Y = y)$ ist P_Y-f.s. eindeutig bestimmt.

bedingte Wahrscheinlichkeitsverteilung, ↗bedingte Verteilung.

bedingter Erwartungswert, ↗bedingte Erwartung.

bedingtes Wahrscheinlichkeitsmaß, ↗ bedingte Wahrscheinlichkeit.

Beeckman, Isaac, niederländischer Naturphilosoph, Physiker und Mathematiker, geb. 10.12.1588 Middelburg (Zeeland), gest. 19.5.1637 Dordrecht.

Beeckman studierte 1607-1612 in Leiden und Saumur Philosophie und Theologie. Darüber hinaus befaßte er sich autodidaktisch mit Mathematik, Naturwissenschaften und Hebräisch. 1618 promovierte er in Medizin. 1627 leitete er die Lateinschule in Dordrecht, die bald den Ruf der besten Schule der Niederlande erwarb. Dort richtete Beeckman auch die erste meteorologische Station der Niederlande ein. Ab 1618 war er mit Descartes bekannt, den er zum Studium vieler auch mathematischer Probleme anregte. Er förderte mit seinem Schaffen die experimentelle Methode, was in Verbindung mit der theoretischen Deduktion zu einer damals selten erreichten eleganten Verknüpfung von Mathematik und Physik führte. Beeckmann arbeitete zum Trägheitsgesetz von Translations- und Rotationsbewegungen, zum Fallgesetz (unter Nutzung infinitesimaler Betrachtungen), zur Hydrodynamik sowie zum elastischen und unelastischen Stoß.

befreundete Zahlen, zwei natürlice Zahlen a und b mit der Eigenschaft, dass die Teilersumme von a gleich b und die Teilersumme von b gleich a ist.

Befreundete Zahlen spielten schon in der antiken griechischen sowie in der mittelalterlichen arabischen Mathematik eine Rolle; eine mit sich selbst befreundete Zahl ist eine ↗vollkommene Zahl.

Nach Iamblichus' Bericht soll Pythagoras einmal auf die Frage, was ein Freund sei, geantwortet haben: „Einer, der ein anderes Ich ist, wie 220 und 284" (mit Hilfe der Primfaktorenzerlegungen rechnet man leicht nach, daß 220 und 284 befreundete Zahlen sind).

1634 bekräftigte Pater Mersenne, „220 und 284 können die vollkommene Freundschaft zweier Personen bedeuten, da die Summe der echten Teiler von 220 genau 284 ergibt, und umgekehrt, als ob diese beiden Zahlen das gleiche Ding wären."

Ein weiteres Paar befreundeter Zahlen wurde im 13. Jahrhundert von Ibn al Banna wie folgt angegeben: „Die Zahlen 17296 und 18416 sind befreundet, die eine reich, die andere arm. Allah ist allwissend." Dabei bezeichnete er eine ↗abundante Zahl als „reich" (d. h. „reich" an Teilern, also mit großer Teilersumme $\sigma(a) > 2a$) und eine ↗defiziente Zahl als „arm" (d. h. „arm" an Teilern).

Das zweitkleinste Paar verschiedener befreundeter Zahlen ist 1184 und 1210; es wurde erst 1866 von Paganini gefunden.

Zum Auffinden von Paaren befreundeter Zahlen gab der arabische Gelehrte Thabit im 9. Jahrhundert n.Chr. folgende Regel:

Ist $n > 1$, und sind

$$\begin{aligned} u &= 3 \cdot 2^{n-1} - 1\,, \\ v &= 3 \cdot 2^n - 1\,, \quad \textit{und} \\ w &= 9 \cdot 2^{2n-1} - 1 \end{aligned}$$

Primzahlen, dann sind die Zahlen

$$a = 2^n uv \textit{ und } b = 2^n w$$

befreundet.

Euler verallgemeinerte diese Regel zu einem Verfahren, befreundete Zahlen der Form $a = cuv$ und $b = cw$ mit verschiedenen ungeraden Primzahlen u, v, w und einer natürlichen Zahl c, die nicht von u, v, w geteilt wird, zu finden. Euler entdeckte aber auch einige Paare, die nicht von dieser Gestalt sind.

Eine Verallgemeinerung befreundeter Zahlen sind gesellige Zahlen (eine recht sinnige Bezeichnungsweise, die in etwa der allgemeinen Lebenserfahrung entspricht). Um dies zu erklären, bezeichne

$$\sigma^*(n) := \sum_{d\in\mathbb{N}, d|n, d\neq n} d$$

die Summe der echten Teiler (einschl. der 1) einer natürlichen Zahl n. Weiter seien $\sigma_1^*(n) := \sigma^*(n)$ und $\sigma_k^*(n) := \sigma_{k-1}^*(n)$ (für $k > 1$) die k-fache Iteration der Funktion σ^*. Gilt nun $\sigma_k^*(n) = n$, und ist k die kleinste Zahl mit dieser Eigenschaft, so nennt man das k-Tupel

$$\sigma_1^*(n), \dots, \sigma_k^*(n) = n$$

einen k-Zyklus geselliger Zahlen. Poulet entdeckte 1918 den 5-Zyklus mit der Zahl 12496 sowie den 28-Zyklus, der die Zahl 14264 enthält.

begleitende Schraubenlinie, die Schraubenlinie, die sich einer gegebenen Kurve C in einem Punkt $P \in C$ von mindestens dritter Ordnung anschmiegt.

Da eine Schraubenlinie durch ihre konstante Krümmung κ_0 und Windung τ_0 bis auf Kongruenz eindeutig bestimmt ist, genügt es, in die natürlichen Gleichungen für κ und τ die Werte der Krümmungs- bzw. Windungsfunktion von C in P einzusetzen. Man erhält ein homogenes lineares System gewöhnlicher Differentialgleichungen mit konstanten Koeffizienten, dessen Lösung die begleitende Schraubenlinie ist, wenn die Anfangswerte so gewählt werden, daß die ↗begleitenden Dreibeine der Schraubenlinie im Anfangspunkt und von C in P übereinstimmen.

begleitendes Dreibein, das aus dem Einheitstangentenvektor $\mathfrak{t}(t)$, dem Hauptnormalenvektor $\mathfrak{n}(t)$ und dem ↗Binormalenvektor $\mathfrak{b}(t)$ einer ↗allgemein gekrümmten Kurve $\alpha(t)$ bestehende Tripel von Vektorfunktionen.

Die drei Vektoren $\mathfrak{t}(t)$, $\mathfrak{n}(t)$, $\mathfrak{b}(t)$ bilden in jedem Punkt ein sog. orientierendes Dreibein.

Sie lassen sich, beispielsweise durch das Orthogonalisierungsverfahren von Schmidt, aus den drei ersten Ableitungsvektoren $\alpha'(t)$, $\alpha''(t)$, $\alpha'''(t)$ der Kurve gewinnen.

Ein begleitendes Dreibein einer regulären Fläche $\mathcal{F}$ besteht aus drei auf $\mathcal{F}$ definierten differenzierbaren Vektorfeldern $\mathfrak{e}_1$, $\mathfrak{e}_2$ und $\mathfrak{e}_3$, von denen $\mathfrak{e}_3$ ein Einheitsnormalenvektorfeld ist. Im Gegensatz zu Flächen ist das begleitende Dreibein einer Kurve bis auf Richtungsumkehr eindeutig bestimmt.

Mit Hilfe des begleitenden Dreibeins von Kurven und Flächen gelangt man in der Differentialgeometrie zu invarianten und verallgemeinerungsfähigen Definitionen und Beweismethoden.

begleitendes n-Bein, eine Folge $\{\mathfrak{e}_1, \dots, \mathfrak{e}_n\}$ von n orthonormierten Vektorfeldern auf einer offenen Teilmenge $U \subset M$ einer n-dimensionalen Riemannschen Mannigfaltigkeit M.

Ist g die Metrik von M, so soll in jedem Punkt $x \in M$ die Bedingung

$$g(\mathfrak{e}_i(x), \mathfrak{e}_j(x)) = \delta_{ij} = \begin{cases} 1, & \text{falls } i = j \\ 0, & \text{falls } i \neq j \end{cases}$$

gelten. Für die Untersuchung Riemannscher Mannigfaltigkeiten haben begleitende n-Beine ähnliche Bedeutung wie die Basis eines Vektorraumes. Sie dienen zur Beschreibung und rechnerischen Darstellung geometrischer Größen durch Koordinaten.

Den ↗Levi-Civita-Zusammenhang ∇ kann man mit Hilfe eines begleitenden n-Beins durch n^2 differentielle 1-Formen ω_i^j ausdrücken, die durch die Gleichung

$$\nabla_X \mathfrak{e}_i = \sum_{i=1}^{n} \omega_i^j(X)\, \mathfrak{e}_j$$

definiert sind, wobei X ein beliebiges lokal auf M definiertes Vektorfeld ist.

Die Komponenten R_{lij}^k des Riemannschen Krümmungtensors sind durch

$$R(\mathfrak{e}_i, \mathfrak{e}_j)\, \mathfrak{e}_l = \sum_{k=1}^{n} R_{lij}^k\, \mathfrak{e}_k$$

gegeben. Betrachtet man zu dem begleitenden n-Bein $\{\mathfrak{e}_1, \dots, \mathfrak{e}_n\}$ die duale Basis $(\omega^1, \dots, \omega^n)$, so kann man die Größen R_{lij}^k durch die Zusammenhangsformen ω_i^j mittels

$$d\,\omega_l^i = -\sum_{p=1}^{n} \omega_p^i \wedge \omega_l^p + \frac{1}{2} \sum_{j,k=1}^{n} R_{ljk}^i \omega^j \wedge \omega^k \quad (1)$$

ausdrücken.

Eine ähnliche Gleichung gilt für den Torsionstensor. Ist M eine differenzierbare Mannigfaltigkeit, ∇ ein Zusammenhang und $(\mathfrak{e}_1, \dots, \mathfrak{e}_n)$ ein beliebiges lokales Basisfeld, so besteht folgende Beziehung zwischen dem Torsionstensor $T(\mathfrak{e}_i, \mathfrak{e}_j) = \sum_{k=1}^{n} T_{ij}^k\, \mathfrak{e}_k$ und den Zusammenhangsformen:

$$d\,\omega_l^i = -\sum_{p=1}^{n} \omega_p^i \wedge \omega^p + \frac{1}{2} \sum_{j,k=1}^{n} T_{jk}^i \omega^j \wedge \omega^k . \quad (2)$$

Die Gleichungen (1) und (2) heißen die Cartanschen Strukturgleichungen des Zusammenhangs.

Die begleitenden n-Beine haben viele Anwendungen in der Theorie der Untermannigfaltigkeiten. Ist

$N \subset M$ eine k-dimensionale Untermannigfaltigkeit ($k < n$), so wählt man ein angepaßtes begleitendes n-Bein $\{\mathfrak{e}_1, \dots, \mathfrak{e}_n\}$ so, daß die ersten k Vektoren $\{\mathfrak{e}_1, \dots, \mathfrak{e}_k\}$ zum Tangentialraum von N gehören. Die Cartanschen Strukturgleichungen ermöglichen die Untersuchung von differentiellen Invarianten von N.

Ist speziell $\alpha(t)$ eine allgemein gekrümmte Kurve in M, d. h., sind die ersten n Ableitungen $\mathfrak{a}_1 = \alpha'(t)$, $\mathfrak{a}_2 = \nabla_{\mathfrak{a}1}\mathfrak{a}_1, \dots \mathfrak{a}_n = \nabla_{\mathfrak{a}1}\mathfrak{a}_{n-1}$ linear unabhängig, so definiert man ein angepaßtes begleitendes n-Bein $\{\mathfrak{e}_1, \dots, \mathfrak{e}_n\}$ der Kurve durch sukzessives Orthonormieren der Vektoren $(\mathfrak{a}_1, \dots, \mathfrak{a}_n)$.

begleitendes Zweibein, das aus dem Einheitstangentenvektor $\mathfrak{t}$ und dem Normalenvektor $\mathfrak{n}$ einer ebenen Kurve $\alpha(s)$ bestehende geordnete Paar $(\mathfrak{t}, \mathfrak{n})$.

Das begleitende Zweibein einer auf einer Fläche $\mathcal{F}$ liegenden Kurve $\alpha(s)$ ist die Schar $(\mathfrak{t}(s), \mathfrak{n}_+(s))$ orthonormierter Basen der Tangentialebenen $T_{\alpha(s)}(F)$, worin $\mathfrak{t}$ gleichfalls der Einheitstangentenvektor ist, während $\mathfrak{n}_+$ mit Hilfe des Einheitsnormalenvektors $\mathfrak{n}_F$ der Fläche durch

$$\mathfrak{n}_+(s) = \mathfrak{n}_F(\alpha(s)) \times \mathfrak{t}(s)$$

gegeben wird. Mit dieser Festlegung ist $\mathfrak{n}_+$ ein Tangentialvektor von $\mathcal{F}$, und die drei Vektoren $(\mathfrak{t}(s), \mathfrak{n}_+(s)), \mathfrak{n}(\alpha(s))$ bilden ein sog. Rechtssystem.

Begleitmatrix eines Polynoms, *Frobeniussche Begleitmatrix*, quadratische Matrix, deren Eigenwerte identisch mit den Nullstellen des betrachteten Polynoms sind.

Ist $P_n(x) = x^n + a_1x^{n-1} + \dots + a_n$ das (normierte) Polynom, dessen Begleitmatrix zu bestimmen ist, dann ergibt sich diese als die $(n \times n)$-Matrix

$$A = \begin{pmatrix} 0 & 1 & 0 & \dots & 0 & 0 \\ 0 & 0 & 1 & \ddots & \vdots & \vdots \\ 0 & 0 & 0 & \ddots & 0 & 0 \\ \vdots & \vdots & \vdots & \ddots & 1 & 0 \\ 0 & 0 & 0 & \dots & 0 & 1 \\ -a_n & -a_{n-1} & -a_{n-2} & \dots & -a_2 & -a_1 \end{pmatrix}.$$

Dies ist ein möglicher Ansatz, um Methoden der Eigenwertbestimmung mit denen zur Bestimmung der Nullstellen eines Polynoms zu verknüpfen (↗Bernoulli, Methode von).

Begradigung von Vektorfeldern, Inhalt des folgenden Satzes:

Sei $G \in \mathbb{R}^n$ offen, $f \in C^1(G, \mathbb{R}^n)$ ein stetig differenzierbares Vektorfeld und sei $\mathrm{y}_0 \in G$ ein Punkt mit $f(\mathrm{y}_0) \neq 0$.

Dann existiert eine Umgebung V von y_0 und ein Diffeomorphismus $\phi : V \to W \subset \mathbb{R}^n$ derart, daß

$$f(\phi(\mathrm{y})) = \mathrm{e}_1 = \textit{konst.} \quad \textit{für alle } \mathrm{y} \in V.$$

Kurz gesagt, in einer hinreichend kleinen Umgebung von y_0 ist das Vektorfeld diffeomorph zu einem konstanten Feld e_1 ($\mathrm{e}_1 = (1, 0, \dots, 0)$ bezeichne den ersten Koordinateneinheitsvekor).

Betrachtet man die gewöhnliche Differentialgleichung $\mathrm{y}' = f(\mathrm{y})$, so ist diese aufgrund des obigen Satzes in einer hinreichend kleinen Umgebung von y_0 äquivalent zu der einfachen Gleichung $\mathrm{u}' = \mathrm{e}_1$, also zu dem Differentialgleichungssystem

$$\begin{pmatrix} u_1' \\ u_2' \\ \vdots \\ u_n' \end{pmatrix} = \begin{pmatrix} 1 \\ 0 \\ \vdots \\ 0 \end{pmatrix}.$$

[1] Arnold, V.I.: Gewöhnliche Differentialgleichungen. Springer-Verlag Berlin New York, 1980.

Behnke, Heinrich Adolph Louis, deutscher Mathematiker, geb. 9.10.1898 Horn (bei Hamburg), gest. 10.10.1979 Münster.

Behnke studierte in Göttingen, Heidelberg und Hamburg. 1927 wurde er Professor an der Universität Münster. Angeregt durch seinen Lehrer Hecke befaßte er sich zunächst mit Themen der Zahlentheorie, wie diophantischen Approximationen und der Verteilung von Irrationalitäten modulo 1. Sein Hauptarbeitsgebiet wurde jedoch die Funktionentheorie mehrerer komplexer Veränderlicher. So lieferte er u. a. wichtige Ergebnisse zu Holomorphiegebieten. 1934 verfaßte er gemeinsam mit Thullen die „Theorie der Funktionen mehrerer komplexer Veränderlicher". Gemeinsam mit seinen Schülern Thullen und Stein verallgemeinerte er den Weierstraßschen Fixpunktsatz und lieferte Resultate zur Approximation holomorpher Funktionen mehrerer Variabler, zur Konstruktion nicht konstanter holomorpher Funktionen auf nicht kompakten Riemannschen Flächen und zu komplexen Räumen.

Behnke maß der Mathematiklehrerausbildung eine große Bedeutung bei. So war er 1954–1958

Präsident der Internationalen Mathematischen Unterrichtskommission.

Beilplanimeter, *Schneidenplanimeter*, *Stangenplanimeter*, ein spezielles ↗ Planimeter.

Es besteht nur aus einem Fahrarm, der an seinem einen Ende den Fahrstift trägt und am anderen eine stark gekrümmte scharfkantige Schneide oder ein Schneidenrad hat.

Beitragskalkulationsprinzip, ↗ Prämienkalkulationsprinzipien.

Belck, Satz von, ↗ Faktortheorie.

Belegung einer Variablen, Wertzuweisung an eine Variable.

Ist x eine Variable in einem gegebenen Programm, so wird durch die Deklaration der Variablen im Programmtext nur Speicherplatz reserviert, der Variablen aber in der Regel noch kein Wert zugewiesen. Erst durch eine Wertzuweisung oder auch Belegung ist die Variable mit einem Wert versehen.

Im Sinne von logischen Kalkülen ist die Belegung einer Variablen eine Abbildung, die den Variablen aus logischen Kalkülen spezielle Werte zuordnet.

Für den Aussagenkalkül wird durch eine Belegung jeder Aussagenvariablen ein Wahrheitswert zugeordnet, für den Prädikatenkalkül wird jede Individuenvariable mit einem Element aus dem betrachteten Individuenbereich bewertet.

Belegungsdarstellung, Interpretation von Morphismen.

Sei f eine beliebige Abbildung von N nach R, wobei R eine totale Ordnung $R = \{b_1 < b_2 < \cdots < b_r\}$ ist. Dann ist die Partition

$$f^{-1}(b_1)\,|\,f^{-1}(b_2)\,|\,\cdots|\,f^{-1}(b_n)$$

von N die Belegungsdarstellung von f. Die zu der Belegungsdarstellung duale Interpretation von Morphismen ist die sog. Wortdarstellung.

Belegungsfunktion, in der ↗ Approximationstheorie verwendete Funktionen.

Ist $V = C[a,b]$ der Raum der stetigen Funktionen auf dem Intervall $[a,b]$, so verwendet man für Probleme der Approximation oft nicht die einfache Maximumsnorm $||f|| = \max_{x\in[a,b]} |f(x)|$, sondern die flexiblere Norm

$$||f|| = \max_{x\in[a,b]} |f(x)\cdot w(x)|\,,$$

wobei w eine auf $[a,b]$ stetige und durchgängig positive Funktion ist. Eine solche Funktion $w \in C[a,b]$ mit $w(x) > 0$ für alle $x \in [a,b]$ nennt man Belegungsfunktion oder auch Gewichtsfunktion.

Geht es dagegen um L^1-Approximation, so genügt zur Definition einer Belegungsfunktion die Forderung $w \in L^1[a,b]$, verbunden mit der Bedingung, daß w fast überall auf $[a,b]$ positiv sein soll.

beliebig oft differenzierbare Funktion, *unendlich oft differenzierbare Funktion*, eine Funktion f, deren höhere Ableitungen $f^{(n)}$ für alle $n \in \mathbb{N}$ an allen Stellen des Definitionsbereichs von f existieren.

Beliefmaß, ↗ Glaubensmaß.

Bellmansche Funktionalgleichung, Rekursionsgleichung in der dynamischen Optimierung zur Ausnutzung des ↗ Bellmannschen Optimalitätsprinzips.

Für die Stufen $i = 1, \ldots, N$ eines dynamischen Prozesses definiert man die Zustandsfunktionen $\omega_N(p) := 0$ und rekursiv

$$\omega_{i-1} := \max_k \left(g_i(p,k) + \omega_i(f_i(p,k))\right).$$

Dabei betrachtet man nur solche Kontrollen k, die in Stufe i des Prozesses zulässig sind. Man wendet dann diese Funktionalgleichung von $i = N$ ausgehend rückwärts an, um eine optimale Wahl für die Kontrolle zu bestimmen.

Bellmannsches Optimalitätsprinzip, trifft eine Aussage über die Wahl optimaler Kontrollen in einem (diskreten) dynamischen Prozeß $p_0, p_1, k_1, \ldots, p_N, k_N$.

Es besagt, daß eine solche Wahl von Kontrollen nur dann optimal für

$$F = \sum_{i=1}^{N} g_i(p_{i-1}, k_i)$$

sein kann, wenn für jede Stufe m bei beliebigem Startzustand p_m die Wahlen $k_{m+1}, \ldots, k_N$ bereits optimal für die Funktion

$$F_m := \sum_{i=m+1}^{N} g_i(p_{i-1}, k_i)$$

sind. Das Prinzip wird unter Zuhilfenahme der ↗ Bellmannschen Funktionalgleichung angewandt.

Bellsche Ungleichung, die von Bell abgeleitete Ungleichung

$$n[A^+B^+] \leq n[A^+C^+] + n[B^+C^+]\,.$$

Dabei geben die einzelnen Summanden die Zahl von Beoachtungen der folgenden Art an: Es werden in einer Menge von Protonen jeweils zwei in einen Singulettzustand (nach Messung der Komponente des Spins eines der Protonen in einer gewählten Richtung liefert die Messung der gleichen Spinkomponente des anderen Protons den entgegengesetzten Wert) gebracht und getrennt. Anschließend werden an jedem von ihnen nach zufälliger Wahl die Spinkomponenten in bezug auf eine von drei beliebigen Richtungen A, B oder C gemessen. Das Ereignis „Spinkomponente in Richtung B“ wird mit B^+ bezeichnet. Das Ereignis „Spinkomponente entgegengesetzt zur Richtung C“ wird mit C^- gekennzeichnet, usw. Das Ereignis „Spinkomponente des ersten Protons in Richtung B und Spinkomponente des zweiten Protons entgegengesetzt zur Richtung A" bekommt die Bezeichnung B^+A^- usw.

Die Bellsche Ungleichung wurde unter den drei Voraussetzungen der sogenannten „lokalen realistischen Theorien" abgeleitet:

1. Die physikalische Realität existiert unabhängig vom Beobachter.
2. Der Induktionsschluß kann unbeschränkt angewendet werden (aus endlich vielen Beobachtungen darf man auf eine Gesetzmäßigkeit schließen).
3. Die Wirkung von einem System auf ein anderes erfolgt höchstens mit Lichtgeschwindigkeit.

Nach der Quantenmechanik können die Richtungen A, B und C so gewählt werden, daß die Bellsche Ungleichung nicht erfüllt ist. Die Experimente scheinen dafür zu sprechen.

Die Diskussion um die Bellsche Ungleichung betrifft vor allem die Frage, ob die Quantenmechanik eine vollständige Beschreibung der Natur liefert.

Bell-Zahl, die Anzahl der möglichen Partitionen einer endlichen Menge.

Ist $P(n)$ der Partitionsverband einer n-elementigen Menge, kurz n-Menge genannt, so ist $B_n := |P(n)|$ (Kardinalität von $P(n)$) die n-te Bell-Zahl. Es wird dabei vereinbart, daß $B_0 = 1$ ist.

Als Beispiel betrachte man die 3-Menge $\{a, b, c\}$; hier gibt es fünf Partitionen: $\{\{a\}, \{b\}, \{c\}\}$, $\{\{a, b\}, \{c\}\}$, $\{\{a, c\}, \{b\}\}$, $\{\{a\}, \{b, c\}\}$ und $\{\{a, b, c\}\}$, d. h. $B_3 = 5$.

Die erste zehn Bell-Zahlen sind: $B_1 = 1, B_2 = 2, B_3 = 5, B_4 = 15, B_5 = 52, B_6 = 203, B_7 = 877, B_8 = 4140, B_9 = 21147$ und $B_{10} = 115975$.

Für $n < 1000$ gibt es nur sechs Bell-Zahlen, die Primzahlen sind: $B_2, B_3, B_7, B_{13}, B_{42}$ und B_{55}.

Die Bell-Zahlen können mit der erzeugenden Funktion

$$e^{e^x - 1} = \sum_{n=0}^{\infty} \frac{B_n}{n!} x^n$$

definiert werden und erfüllen die Rekursion

$$B_{n+1} = \sum_{k=0}^{n} \binom{n}{k} B_k, \quad n \in \mathbb{N}_0 .$$

Die Formel

$$B_n = \sum_{k=1}^{n} S_{n,k}, \quad n \in \mathbb{N}$$

definiert die Bell-Zahlen als Summe von Stirling-Zahlen zweiter Art $S_{n,k}$.

Andere Formeln, die die Bell-Zahlen definieren, sind folgende:

$$B_n = \left\lceil \frac{1}{e} \sum_{k=0}^{2n} \frac{k^n}{k!} \right\rceil$$

(wobei $\lceil x \rceil$ die kleinste ganze Zahl bezeichnet, die größer als x ist),

$$B_n = \frac{1}{e} \sum_{k=0}^{\infty} \frac{k^n}{k!}$$

und

$$B_n = \sum_{k=1}^{n} \frac{k^n}{k!} \sum_{j=0}^{n-k} \frac{(-1)^j}{j!} .$$

Eine interessante Eigenschaft der Bell-Zahlen ist die Determinanten-Identität

$$\begin{vmatrix} B_0 & B_1 & B_2 & \cdots & B_n \\ B_1 & B_2 & B_3 & \cdots & B_{n+1} \\ \vdots & \vdots & \vdots & \ddots & \vdots \\ B_n & B_{n+1} & B_{n+2} & \cdots & B_{2n} \end{vmatrix} = \prod_{i=1}^{n} i! .$$

Belopolski-Birman-Theorem, Satz aus der 2-Hilbertraum-Streutheorie:

B und A seien zwei selbstadjungierte Operatoren auf dem Hilbertraum $\mathcal{H}_1$ bzw. $\mathcal{H}_2$ und $E_\Omega(A)$, $E_\Omega(B)$ ihre Spektralprojektionen. J sei ein beschränkter linearer Operator von $\mathcal{H}_1$ nach $\mathcal{H}_2$ mit den Eigenschaften

(a) J hat ein beidseitig beschränktes Inverses,

(b) für irgendein beschränktes Intervall I ist $E_I(A)(AJ - JB)E_I(B)$ ein Spurklassenoperator,

(c) für irgendein beschränktes Intervall I ist $(J^*J - 1)E_I(B)$ kompakt und es gilt entweder

(d_1) $JD(B) = D(A)$ oder

(d_2) $JQ(B) = Q(A)$.

Dann existieren die verallgemeinerten Wellenoperatoren

$$\Omega^{\pm}(A, B; J) := s\text{-}\lim_{t \to \mp\infty} e^{iAt} J e^{-iBt} P_{ac}(B) .$$

Nähere Angaben und Erläuterungen findet man in der Literatur, z. B. [1].

[1] Reed, M.; Simon, B.: Methods of Modern Mathematical Physics, Bd. III, Scattering Theory. Academic Press San Diego, 1979.

Belousov-Zhabotinsky-Reaktion, chemische Reaktion, die, fernab vom chemischen Gleichgewicht, mehrere ungewöhnliche Phänomene zeigt, etwa oszillatorisches Verhalten, Musterbildung im homogenen Medium (Spiralwellen).

Diese Phänomene geben Anlaß, entsprechende Lösungen partieller Differentialgleichungen (↗ Turing-System) und ihre Stabilität zu untersuchen.

Beltrami, Eugenio, italienischer Mathematiker, geb. 16.11.1835 Cremona, gest. 18.2.1900 Rom.

Nach seinem Studium in Pavia (1853–1856) und Mailand bei Brioschi wurde Beltrami an die Universität von Bologna als Gastprofessor für Algebra und analytische Geometrie berufen. 1866 erhielt er eine Professur für rationale Mechanik. Er arbeitete an den Universitäten von Pisa, Rom und Pavia. Beeinflußt von Cremona, Lobatschewski, Gauß und Riemann befaßte sich Beltrami mit Differentialgeometrie auf Kurven und Flächen.

Seine bekannteste Arbeit erschien 1868. Sie liefert eine konkrete Realisierung der nichteuklidischen Geometrie von Lobatschewski und Bolyai. Weitere Arbeitsgebiete Beltramis waren Optik, Thermodynamik, Elastizitätstheorie, Elektrizität und Magnetismus. Seine Resultate auf diesen Gebieten wurden 1902-1920 in einem vierbändigen Werk publiziert.

Beltrami-Gleichung, ↗ quasikonforme Abbildung.

Beltrami-Koeffizient, ↗ quasikonforme Abbildung.

BEM, (engl. für boundary element method), ↗ Randelementemethode.

benachbarte Kopunkte, zwei ↗Kopunkte a, b eines geometrischen Verbandes so, daß $a \vee b$ eine Kogerade ist und außer a und b mindestens ein weiterer Kopunkt das Element $a \vee b$ bedeckt (↗bedeckendes Element).

Bendixson, Ivar Otto, schwedischer Mathematiker, geb. 1.8.1861 Bergshyddan (Schweden), gest. 29.11.1935 Stockholm.

Bendixson lehrte an der Universität von Stockholm und war 1913–1927 ihr Rektor. Er arbeitete zur Mengenlehre und zu Differentialgleichungen und lieferte mehrere Beiträge zur „Acta Mathematica", einem Journal seines Kollegen Mittag-Leffler.

Bendixson ist u.a. wegen des Bendixson-Poincaré-Wiederkehr-Theorems bekannt, welches besagt, daß eine Integralkurve, die nicht in einem singulären Punkt endet, einen Grenzzyklus besitzt. Dieser Satz wurde von Bendixson in strenger Form 1901 bewiesen. Ein weiteres wichtiges Resultat ist das ↗Bendixson-Kriterium.

Bendixson-Kriterium, Kriterium zur Untersuchung der Existenz periodischer Lösungen eines autonomen Differentialgleichungssystems in $\mathbb{R}^2$.

Sei $G \subset \mathbb{R}^2$ *ein einfach zusammenhängendes Gebiet,* F *ein stetig differenzierbares Vektorfeld auf* G *so, daß für alle* $x \in G$ *bis auf eine Nullmenge* $\operatorname{div} F(x) > 0$ *oder* $\operatorname{div} F(x) < 0$ *gilt.*

Dann hat das das autonome Differentialgleichungssystem $\dot{x} = F(x)$ *keine periodische Lösung.*

Benz-Ebene, zusammenfassende Bezeichnung für Möbius-Ebenen, Laguerre-Ebenen und Minkowski-Ebenen.

berechenbare Funktion, eine Funktion

$$f : \mathbb{N}_0{}^k \to \mathbb{N}_0 ,$$

zu der es eine ↗Turing-Maschine gibt, welche diese Funktion berechnet.

Die ↗Churchsche These drückt hierbei die Überzeugung aus, daß durch diese Definition der Berechenbarkeitsbegriff adäquat erfaßt ist.

Da es überabzählbar viele arithmetische Funktionen gibt, aber nur abzählbar viele Turing-Maschinen, folgt hieraus, daß es auch nicht-berechenbare Funktionen geben muß. Ein konkretes Beispiel ist die ↗busy-beaver-Funktion.

berechenbare Konvergenz, ↗rekursive Analysis.

berechenbare reelle Zahl, ↗rekursive Analysis.

Berechenbarkeitstheorie, ↗Berechnungstheorie.

Berechnungskomplexität, auch kurz Komplexität, die Schwierigkeit eines Problems bzgl. eines vorgegebenen Komplexitätsmaßes wie z.B. der ↗worst case Rechenzeit, ↗average case Rechenzeit, der ↗Schaltkreiskomplexität oder der ↗Raumkomplexität.

Die Komplexität ist gleich einer Funktion $f(n)$, wobei n die Eingabelänge bezeichnet, wenn es einen Algorithmus oder eine Realisierung gibt, für die die Ressourcen asymptotisch durch $O(f(n))$ beschränkt sind, und es keine Möglichkeit gibt, mit durch $o(f(n))$ beschränkten Ressourcen auszukommen.

Oftmals sind nur untere und obere Schranken für die Komplexität bekannt. Polynomielle Komplexität beschreibt eine obere Schranke für die Komplexität, die durch eine polynomiell wachsende Funktion gegeben ist. Exponentielle Komplexität beschreibt eine untere Schranke für die Komplexität, die durch eine exponentiell wachsende Funktion gegeben ist.

Berechnungsproblem, geometrisches, die Aufgabe, aus gegebenen Größen oder Größenverhältnissen einer geometrischen Figur oder Konfiguration eine oder mehrere unbekannte Größen dieser Figur zu berechnen.

Berechnungstheorie, *Algorithmentheorie*, *Berechenbarkeitstheorie*, mathematische Theorie, die sich mit dem formalen Begriff der Berechenbarkeit und der ↗Algorithmen befaßt.

Die Aufgabe, eine adäquate Definition für „berechenbar" zu finden, gilt aufgrund der ↗Churchschen These als gelöst, da alle bislang vorgeschlagenen Berechenbarkeitsbegriffe sich als untereinander äquivalent herausgestellt haben (↗Turing-Maschine). Die Formalisierung des Berechnungsbegriffs hat sich als notwendig herausgestellt, nachdem um 1900 eher die Vorstellung vorherrschte, daß die gesamte Mathematik in gewisser Weise algorithmisierbar sei. Diese Vorstellung wurde durch den Gödelschen Unvollständigkeitssatz 1931 zunichte gemacht, welcher an der Grenze zwischen mathematischer Logik und Berechnungstheorie angesiedelt ist. Durch diesen Satz wurde klar gemacht, daß es nicht-berechenbare Funktionen bzw. nicht-entscheidbare Probleme gibt.

Beispiele hierzu sind die Nicht-Entscheidbarkeit der Prädikatenlogik (unentscheidbare Theorie), des ↗Halteproblems, des ↗Dominoproblems, des Postschen Korrespondenzproblems, des zehnten Hilbertschen Problems und des Wortproblems für Semi-Thue-Systemen.

Die fortgeschrittene Berechnungstheorie befaßt sich u. a. mit relativer Berechenbarkeit und Turing-Reduzierbarkeit, die vermittels sog. Orakel-Turing-Maschinen definiert werden kann. Auf diese Weise können innerhalb der nicht-entscheidbaren Mengen Hierarchien, wie die ↗arithmetische Hierarchie, betrachtet werden, und es können Probleme, die gegenseitig Turing-reduzierbar sind, zu Äquivalenzklassen, sog. ↗Turing-Graden, zusammengefaßt werden. In der Theorie der Unlösbarkeitsgrade werden insbesondere deren verbandstheoretische Strukturen untersucht.

Besondere Aufmerksamkeit ist auch auf die Struktur der ↗rekursiv aufzählbaren Mengen gerichtet.

Eine besonders erfolgreiche Beweistechnik zur Konstruktion von Mengen, die einerseits erwünschte Eigenschaften erhalten sollen, und andererseits andere Eigenschaften meiden sollen, ist die ↗Prioritätsmethode.

[1] Barendregt, H.P.: The Lambda Calculus. Its Syntax and Semantics. North-Holland Amsterdam, 1984.

[2] Börger, E.: Computability, Complexity, Logic. North-Holland Amsterdam, 1989.

[3] Brainerd, W.S.; Landweber,L.H.: Theory of Computation. Wiley New York, 1974.

Bereich, zusammenhängende, aber abgeschlossene Teilmenge von $\mathbb{C}$ oder auch von $\mathbb{C}^n$ für $n \geq 2$.

Bereichsschätzung, auch Konfidenzschätzung genannt, Begriff aus der Mathematischen Statistik.

Es sei X eine Zufallsgröße mit der Verteilungsfunktion F_γ, wobei $\gamma \in \mathbb{R}^k$ ein unbekannter zu schätzender Parametervektor ist, und sei $X_1, ..., X_n$ eine mathematische Stichprobe von X vom Umfang n.

Unter einer Bereichsschätzung für den Parametervektor γ versteht man einen auf der Basis der Stichprobe berechneten Bereich $B(X_1, ..., X_n)$, dessen bei einer konkreten Stichprobe gewonnene Realisierung $B(x_1, ..., x_n)$ eine Teilmenge des $\mathbb{R}^k$ ist, und in welchem γ mindestens mit der Wahrscheinlichkeit α enthalten ist.

α heißt Überdeckungswahrscheinlichkeit (bzw. Sicherheitswahrscheinlichkeit bzw. Konfidenzniveau) des Bereiches B.

Ziel ist es, möglichst kleine Bereiche mit hoher Überdeckungswahrscheinlichkeit zu konstruieren.

Im Falle $\gamma \in \mathbb{R}$, also $k = 1$, wird als Konfidenzbereich in der Regel ein Intervall

$$B(X_1, ..., X_n) = [I_u(X_1, ..., X_n), I_o(X_1, ..., X_n)]$$

gewählt. Dieses Intervall wird auch als Konfidenzintervall oder Vertrauensintervall bezeichnet. Die Grenzen des Intervalls heißen Konfidenzgrenzen bzw. Vertrauensgrenzen.

Für α wählt man in der Regel Werte wie 0.95, 0.99 oder sogar 0.999. Wird z. B. $\alpha = 0.95$ gewählt, so kann man erwarten, daß bei etwa 95 Prozent aller Stichproben (die man wirklich, oder nur in Gedanken entnehmen will), die zugehörigen Konfidenzintervalle den wahren Wert für γ enthalten. Bei $\alpha = 0.99$ ist dies sogar in 99 Prozent der Fälle richtig, aber das zugehörige Konfidenzintervall ist dann im allgemeinen etwas breiter.

Durch die Erhöhung des Stichprobenumfangs n kann man bei gegebener Überdeckungswahrscheinlichkeit α die Breite des Intervalls verringern bzw. bei vorgegebener fester Breite die Überdeckungswahrscheinlichkeit erhöhen.

Typische Vertreter sind das Konfidenzintervall für den Erwartungswert der Normalverteilung, das Konfidenzintervall für die Varianz der Normalverteilung und die Konfidenzschätzung für eine unbekannte Wahrscheinlichkeit.

Es besteht ein enger Zusammenhang zwischen Konfidenzschätzungen und Hypothesentests. Ist $I(X_1, ..., X_n)$ ein Konfidenzintervall für $\gamma \in \mathbb{R}^1$ zum Niveau α, so erhält man z. B. einen Signifikanztest zum Prüfen der Hypothese

$$H: \gamma = \gamma^*$$

durch folgende Vorschrift: Die Hypothese H ist abzulehnen, falls das konkrete Intervall $I(x_1, ..., x_n)$ den Wert γ^* nicht enthält. Der Fehler erster Art dieses Tests ist dann gleich $1 - \alpha$.

[1] Storm, R.: Wahrscheinlichkeitsrechnung, Mathematische Statistik, Statistische Qualitätskontrolle. Fachbuchverlag Leipzig-Köln, 1995.

[2] Witting, H.; Nölle, G.: Angewandte Mathematische Statistik. Stuttgart-Leipzig, 1970.

Berge, Satz von, ↗ alternierender Weg.

Berge-Tutte, Satz von, eine Erweiterung des bekannten Ein-Faktor-Satzes von Tutte, die Berge 1958 gefunden hat. Der Satz lautet:

Es sei G ein Multigraph der Ordnung n und M ein maximales Matching von G.

Dann gilt

$$n - 2|M| = \max_{A \subseteq E(G)} \{q(G-A) - |A|\},$$

wobei $q(G-A)$ die Anzahl der Zusammenhangskomponenten ungerader Ordnung in $G-A$ ist.

Der Spezialfall, daß M ein perfektes Matching ist, also $n = 2|M|$ gilt, liefert gerade den Ein-Faktor-Satz von Tutte.

Bergman-Bedingung, ↗ Hilbertscher Funktionenraum.

Bergman-Kern, ↗ Bergman-Raum.

Bergman-Metrik, ↗ Bergman-Raum.

Bergman-Projektion, ↗ Bergman-Raum.

Bergman-Raum, wichtiges Beispiel eines Hilbertschen Funktionenraumes.

Es sei $G \subset \mathbb{C}$ ein beliebiges Gebiet, $L^2(G)$ der Raum der bezüglich des Lebesgue-Maßes

$$dV(z) = dxdy$$

quadratintegrierbaren meßbaren Funktionen mit dem Skalarprodukt

$$(f, g) = \int_G f(z)\overline{g(z)}dV(z),$$

und

$$\mathcal{O}^2(G) = L^2(G) \cap \mathcal{O}(G)$$

der Unterraum der quadratintegrierbaren holomorphen Funktionen. Für $z \in G$ bezeichne $\delta(z)$ den Randabstand von z, also $0 < \delta(z) \leq \infty$. Ist $R < \delta(z)$, so liegt der abgeschlossene Kreis

$$\overline{D_R(z)}$$

noch in G, und nach der Flächenmittelwerteigenschaft holomorpher Funktionen ist

$$f(z) = \frac{1}{\pi R^2} \int_{D_R(z)} f(\zeta)dV(\zeta).$$

Dabei ist f eine beliebige auf G holomorphe Funktion.

Unter Verwendung der Schwarzschen Ungleichung folgt

$$|f(z)| \leq \frac{1}{\sqrt{\pi}R} \left[\int_G |f(\zeta)|^2 dV(\zeta) \right]^{\frac{1}{2}},$$

woraus sich die Bergmansche Ungleichung ergibt:

Für jede quadratintegrierbare holomorphe Funktion f und jedes $z \in G$ ist

$$|f(z)| \leq \frac{1}{\sqrt{\pi}\delta(z)} \|f\|.$$

Für $G = \mathbb{C}$ besagt die Ungleichung, daß $f \equiv 0$ ist, daß es also keine ganzen quadratintegrierbaren Funktionen außer der Nullfunktion gibt. Weitere unmittelbare Folgerungen aus dieser fundamentalen Ungleichung sind im nächsten Satz zusammengefaßt:

i) *Konvergenz im Quadratmittel für holomorphe Funktionen hat die lokal gleichmäßige Konvergenz zur Folge.*
ii) *Jede normbeschränkte Teilmenge holomorpher Funktionen ist normal.*
iii) *$\mathcal{O}^2(G)$ ist in $L^2(G)$ ein abgeschlossener Unterraum, also ein Hilbertraum.*
iv) *Zu jeder kompakten Teilmenge $M \subset G$ gibt es eine Konstante $c_M > 0$, so daß*

$$|f(z)| \leq c_M \|f\|$$

für alle $f \in \mathcal{O}^2(G)$ und alle $z \in M$ ist.

Aussage iv) des Satzes besagt genau, daß $\mathcal{O}^2(G)$ der Bergman-Bedingung (↗ Hilbertscher Funktionenraum) genügt. Daher besitzt $\mathcal{O}^2(G)$ einen reproduzierenden Kern $K(z, w)$ (↗ Hilbertscher Funktionenraum). Die Kernfunktion K zu $\mathcal{O}^2(G)$ heißt Bergmansche Kernfunktion (Bergman-Kern) des Gebietes G, der Raum $\mathcal{O}^2(G)$ (kurz $\mathcal{O}^2$) der Bergman-Raum.

Für beschränkte Gebiete ist $\mathcal{O}^2$ immer ein unendlich-dimensionaler Hilbertraum, da z. B. alle Polynome zu $\mathcal{O}^2$ gehören, und K ist dann eine von Null verschiedene Funktion. Ist andererseits $G = \mathbb{C}$, so ist nach der Bergmanschen Ungleichung der Raum $\mathcal{O}^2$ einfach der Nullraum, die Theorie ist in diesem Fall inhaltsleer.

Die Bergmansche Kernfunktion K besitzt die folgenden Eigenschaften:

i) Die orthogonale (Bergman-)Projektion

$$\mathbb{K} : L^2(G) \to \mathcal{O}^2(G)$$

wird durch

$$\mathbb{K}f(z) := \int_G f(\zeta)\overline{K(z, \zeta)}dV(\zeta)$$

gegeben; insbesondere gilt für $f \in \mathcal{O}^2$

$$f(z) := \int_G f(\zeta)\overline{K(z, \zeta)}dV(\zeta).$$

ii) $K(z, \zeta)$ ist holomorph in ζ, antiholomorph in z und reell analytisch in beiden Variablen.

iii) $K(z, \zeta) = \overline{K(\zeta, z)}$.

iv) Für jede Orthonormalbasis $\{h_j\}$ von $\mathcal{O}^2$ gilt:

$$K(z,\zeta) = \sum_j \overline{h_j(z)} h_j(\zeta),$$

wobei die Reihe für festes z in der L^2-Norm konvergiert und auf $G \times G$ lokal gleichmäßig konvergent ist.

v) Für jedes beschränkte Gebiet G ist $K(z,z) > 0$ für alle $z \in G$.

Ist (f_n) eine Folge in $\mathcal{O}^2(G)$, die in $\mathcal{O}^2(G)$ gegen $f \in \mathcal{O}^2(G)$ konvergiert, d. h. $\lim\limits_{n\to\infty} \|f_n - f\|_2 = 0$, so ist (f_n) in G ↗kompakt konvergent gegen f.

Studiert man das Verhalten des Bergman-Raumes und der zugehörigen Projektion unter konformen Abbildungen zwischen zwei Gebieten G und G', dann erhält man eine wichtige Transformationsformel für die Kernfunktionen der beiden Gebiete, die sich für beschränkte Gebiete ebenfalls mit Hilfe der Bergman-Metrik formulieren läßt:

Es sei $f : G \to G^*$, $z \mapsto z^*$, eine konforme Abbildung, K und K^* seien die Kernfunktionen der beiden Gebiete. Dann gilt

$$K(z,\zeta) = \overline{F'(z)} K^*(F(z), F(\zeta)) F'(\zeta). \quad (1)$$

Ist nun G ein beschränktes Gebiet mit Kernfunktion $K(z,\zeta)$, dann ist durch

$$ds_G := \sqrt{K(z,z)}\, |dz|$$

eine Hermitesche Metrik, die sogenannte Bergman-Metrik des beschränkten Gebietes G, definiert.

Schließlich gilt folgendes Korollar.

Aus der Transformationsformel (1) folgt die konforme Invarianz der Bergman-Metrik:

$$\begin{aligned} ds_G \circ F &= \sqrt{K(F(z^*), F(z^*))}\, |F'(z^*)|\, |dz^*| \\ &= \sqrt{K^*(z^*, z^*)}\, |dz^*| = ds_{G^*}. \end{aligned}$$

[1] Fischer, W.; Lieb, I.: Ausgewählte Kapitel aus der Funktionentheorie. Friedr. Vieweg & Sohn Braunschweig/Wiesbaden, 1988.

Bergmansche Ungleichung, ↗ Bergman-Raum.

Berkeley, George, englisch-irischer Philosoph und Theologe, geb. 12.3.1685 Dysert Castle (bei Thomastown, Irland), gest. 14.1.1753 Oxford.

Nach dem Theologiestudium erhielt Berkeley 1721 eine Professur für Theologie. Ab 1734 war er außerdem Bischof von Cloyne in Dublin.

Als Gegner des sich im 16. und 17. Jahrhundert entfaltenden Materialismus und Atheismus wollte er der christlichen Religion mit Hilfe subjektiv-idealistischer Prinzipien eine dominierende Stellung in der damaligen Weltanschauung erhalten. Einer seiner Angriffe richtete sich gegen die Mathematik. Dabei nutzte er z. B. ungenaue Formulierungen im Zusammenhang mit der Grenzwertbildung aus, um logische Widersprüche aufzudecken und so die gesamte damalige Mathematik zu erschüttern.

1710 veröffentliche er sein Hauptwerk „Treatise concerning the principles of human knowledge“, in dem er die philosophische Richtung des subjektiven Idealismus begründete. 1734 erschien „The Analyst; or, a Discourse Addressed to an Infidel Mathematician“, in dem Berkeley Newtons Differentialkalkül kritisierte.

Berlekamp-Algorithmus, Algorithmus zur Faktorisierung von Polynomen mit ganzzahligen Koeffizienten. Der Algorithmus enthält folgende Schritte:

1. Wir wählen eine Primzahl p, die nicht die Diskriminante des Polynoms f teilt.
2. Wir faktorisieren das Polynom f über dem Primkörper $\mathbb{F}_p$ der Chrakteristik p. Sei k die Zahl der Faktoren.
3. Wenn $k = 1$ ist, ist das Polynom auch über $\mathbb{Z}$ irreduzibel und wir sind fertig.
4. Wenn $k > 1$ ist, werden die Faktoren auf alle möglichen Weisen in zwei nicht-leere Teilmengen aufgeteilt. Wir wählen eine Partition und multiplizieren die Faktoren so, daß f modulo p zwei nichttriviale Faktoren g_0 und h_0 mit nicht verschwindender Resultante hat:

   $$f \equiv g_o h_0 \mod p$$

   und

   $$\mathrm{Res}(g_0, h_0) \not\equiv 0 \mod p.$$

5. Wir wenden das Henselsche Lemma an, um eine Zerlegung $f \equiv gh \mod p^n$ zu erhalten, $p^n \geq B$, die Koeffizienten von g und h werden zwischen $-p^{n/2}$ und $p^{n/2}$ gewählt. Wenn g das Polynom f über $\mathbb{Z}$ teilt, haben wir zwei nichttriviale Faktoren gefunden, auf die wir die Prozedur wieder anwenden können,
6. Wenn g das Polynom f über $\mathbb{Z}$ nicht teilt und bereits alle anderen Partitionen getestet sind, ist f irreduzibel und wir sind fertig.

Bernays, Isaak Paul, schweizer Mathematiker und Ingenieur, geb. 17.10.1888 London, gest. 18.9.1977 Zürich.

Bernays studierte Ingenieurwissenschaften und Mathematik in Berlin bei Schur, Landau, Frobenius und Planck. 1910–1912 setzte er seine Studien in Göttingen bei Hilbert, Landau, Weyl, Klein und Born fort. Dort promovierte er 1912 zu analytischer Zahlentheorie und binären quadratischen Formen. Im selben Jahr habilitierte er sich in Zürich zu elliptischen Funktionen. Bernays war bis 1916 Assistent Zermelos in Zürich und übernahm dann bis 1919 dessen Vorlesungen. In dieser Zeit schloß er u. a. Freundschaft mit Einstein. 1918 untersuchte er in einer zweiten Habilitationsschrift das Aussagenkalkül der „Principia Mathematica“ von Russell und Whitehead. 1919 ging er zu Hilbert nach Göttingen, wo er 1922 zum Professor berufen wurde.

1933 mußte er unter dem Druck der Nazis nach Zürich zurückkehren. Ab 1934 arbeitete er an der Eidgenössischen Technischen Hochschule, unterbrochen 1935–1936 von einem Aufenthalt in Princeton.

Bernays verfaßte 1934–1939 gemeinsam mit Hilbert das zweibändige Werk „Grundlagen der Mathematik", welches die Mathematik von der symbolischen Logik her aufbaute.

Bernays versuchte, die Mengenlehre auf eine axiomatische Basis zu stellen und schrieb 1937–1954 eine Reihe von Artikeln zu diesem Thema. Er formulierte Prinzipien für abhängige Auswahlen als Variante des Auswahlaxioms, das unabhängig davon später auch von Tarski untersucht wurde. Er nutzte zahlentheoretische Modelle ähnlich denen Ackermanns, um die Unabhängigkeit der Axiome zu zeigen. 1958 veröffentlichte Bernays seine „Axiomatische Mengenlehre", in der er seine Ergebnisse zusammenfaßte. Sie wurde eine Grundlage für Gödels Arbeiten.

Bernays-Axiomensystem der Mengenlehre, ↗ axiomatische Mengenlehre.

Bernays-Gödel-Mengenlehre, ↗ axiomatische Mengenlehre.

Bernays-Mengenlehre, ↗ axiomatische Mengenlehre.

Bernoulli, Methode von, Verfahren zur (numerischen) Berechnung der betragsgrößten Nullstelle x_1 eines (normierten) Polynoms

$$P_n(x) = x^n + a_1 x^{n-1} + \cdots + a_n \,,$$

nach D. Bernoulli.

Das Verfahren ist i.w. identisch mit dem Vektoriterationsverfahren bei Anwendung auf die ↗ Begleitmatrix A von P_n.

Nach Vorgabe von fast beliebigen $\zeta_1, \ldots, \zeta_n$ mit $\zeta_n \neq 0$ werden nacheinander die Zahlen

$$\zeta_{n+k} \; := \; -\sum_{j=0}^{n-1} a_{n-j}\zeta_{k+j}, \;\; k = 1, 2, \ldots$$

gebildet. Die Quotienten $\zeta_{n+k}/\zeta_{n+k-1}$ konvergieren dann gegen die betragsgrößte Nullstelle x_1 von P_n.

Bernoulli, Satz von, über relative Häufigkeiten, die folgende Aussage über das Grenzverhalten von relativen Häufigkeiten.

Es sei m_n die Anzahl des Eintretens eines Ereignisses A in n unabhängigen Versuchen, wobei A in jedem dieser Versuche die Wahrscheinlichkeit p aufweise.

Dann strebt die relative Häufigkeit $H_n(A) = \frac{m_n}{n}$ nach Wahrscheinlichkeit gegen p, das heißt, es gilt die Beziehung:

$$\lim_{n\to\infty} P(|H_n(A) - p| < \varepsilon) = 1$$

für alle $\varepsilon > 0$.

Bernoulli, schwaches Gesetz der großen Zahl von, Aussage über die stochastische Konvergenz des arithmetischen Mittels von endlich vielen unkorrelierten Zufallsvariablen mit gleichem Erwartungswert gegen diesen Erwartungswert.

Seien $X_1, \ldots, X_n$ unkorrelierte reelle Zufallsvariablen mit gleichem Erwartungswert μ, deren Varianzen gleichmäßig beschränkt sind, d. h., für die eine Konstante $M \in \mathbb{R}$ mit

$$\mathrm{Var}(X_i) \;\le\; M \;<\; \infty$$

für $i = 1, \ldots, n$ existiert.

Dann gilt für alle $\varepsilon > 0$

$$\lim_{n\to\infty} P(|\tfrac{1}{n}(X_1 + \ldots + X_n) - \mu| \geq \varepsilon) = 0\,.$$

Bernoulli-Abbildung, die Abbildung

$$f : [0,1] \to [0,1]\,, \; x \mapsto 2x \mod 1\,.$$

Durch Iteration von f erhält man ein einfaches diskretes ↗ dynamisches System.

Bernoulli-Differentialgleichung, gewöhnliche, nichtlineare Differentialgleichung (DGL) erster Ordnung der Form

$$y' + g(x)y + k(x)y^\alpha = 0 \qquad (1)$$

mit $\alpha \neq 0$. Diese DGL läßt sich analytisch lösen, indem man sie mittels Multiplikation mit $(1-\alpha)y^{-\alpha}$ und unter Verwendung von

$$(y^{1-\alpha})'(x) = (1-\alpha)y^{-\alpha}(x)y'(x)$$

in die Gleichung

$$(y^{1-\alpha})'(x) + (1-\alpha)g(x)y^{1-\alpha}(x) + (1-\alpha)k(x) = 0$$

überführt. Mit $z(x) := y^{1-\alpha}(x)$ ist dies eine inhomogene lineare Differentialgleichung, deren Lösung sich mittels Variation der Konstanten zu

$$z(x) = e^{-G(x)}\big(C + H(x)\big)$$

ergibt, wobei G bzw. H die Stammfunktionen zu g bzw. h bezeichnen, und C eine Integrationskonstante ist.

Als Lösung von (1) erhält man schließlich

$$y(x) = z^{\frac{1}{1-\alpha}}(x)\,.$$

Die Bernoulli-Familie

H.-J. Ilgauds und K.-H. Schlote

Die Familie Bernoulli ist eine Schweizer Gelehrtenfamilie holländischer Herkunft. Sie kam um 1570 aus Antwerpen nach Frankfurt/M. und dann nach Basel. Über Generationen hat die Familie bis in die Gegenwart bedeutende Gelehrte hervorgebracht. Beispiellos in der Geschichte der Wissenschaft ist die große Anzahl bedeutender Mathematiker, die aus der Familie Bernoulli hervorgingen. Einige von diesen werden im folgenden näher vorgestellt. (Da einige Vornamen in der Familie Bernoulli sehr häufig gebraucht sind, werden ihnen zur Unterscheidung meist römische Ziffern beigegeben.)

Daniel, geb. 8.2.1700 Groningen, gest. 17.3.1782 Basel. Der zweite Sohn von Johann I war zum Kaufmann bestimmt. Sein Bruder Niklaus (Nicolaus) II führte ihn jedoch in die Mathematik ein. Nach abgebrochenem Studium der Philosophie studierte Daniel Medizin in Basel, Heidelberg und Straßburg. Er setzte diese Ausbildung in Padua fort, mußte aber seine Karriere aus Gesundheitsgründen aufgeben. 1724 veröffentlichte er seine „Exercitationes", in denen er die Riccatische Differentialgleichung behandelte.

1725 wurde Daniel Bernoulli an die Petersburger Akademie berufen. Er war in Petersburg Professor für Physiologie und Mathematik. Seit 1733 war er dann Professor für Anatomie und Botanik, seit 1750 für Physik in Basel.

Daniel Bernoulli veröffentlichte über medizinische Themen (Blutkreislauf, Herztätigkeit, Pockenschutzimpfung, Blatternimpfung, medizinische Statistik), mathematische Physik, technische Themen und vielfältige mathematische Fragen. Sein umfangreichstes Werk war die „Hydrodynamica" von 1733/38. Damit wurde ein grundlegender Fortschritt in der Hydrodynamik erreicht. Er behandelte erstmals elastische Flüssigkeiten, gab spezielle Formen der Bernoullischen Gleichung an und schuf die Anfänge der kinetischen Gastheorie. Eng damit im Zusammenhang stehend waren seine Arbeiten über Probleme der Seefahrt, etwa über Ankerformen und Meeresströmungen. Wie bei der Hydrodynamik war Daniel Bernoulli immer an einer engen Verbindung mathematischer Probleme mit ihrer Anwendung interessiert. Er untersuchte spezielle Methoden zum Lösen algebraischer Gleichungen, Kettenbrüche und Fragen der Wahrscheinlichkeitstheorie. Er beschäftigte sich mit dem „wahren Kraftmaß" (1726), der Rückführung dynamischer Aufgaben auf statische (Schwingungen einer Kette 1743), der Variationsrechnung, führte 1748 Kräftefunktionen ein und leistete Grundlegendes zur Stoßtheorie und zum Problem der schwingenden Saite. Bei letzterem Problem baute Daniel Bernoulli die Lösung durch Superposition (1753) auf und gab damit grundlegende Anregungen zur Theorie trigonometrischer Reihen und letztlich auch zum Funktionsbegriff.

Jakob I, geb. 27.12.1654 Basel, gest. 16.8.1705 Basel. Jakob I studierte Theologie in Basel, beschäftigte sich aber heimlich mit Mathematik. Als Privatlehrer arbeitend, dann als Privatier, reiste er 1676-82 durch Europa, immer die Bekanntschaft bedeutender Mathematiker und Naturforscher suchend. In seine Heimatstadt zurückgekehrt, gab er erst Privatvorlesungen in Experimentalphysik, übernahm dann 1687 den Lehrstuhl für Mathematik an der Universität Basel.

Jakob I Bernoulli gehört zu den Mathematikern ersten Ranges. Mit astronomischen (Kometentheorie, Gravitationstheorie), experimentalphysikalischen (Eigenschaften der Luft) Arbeiten seine wissenschaftliche Laufbahn eröffnend, Kurvenuntersuchungen durchführend, bildete das Jahr 1684 den Wendepunkt seiner Interessen. Er begann mit seinem Bruder Johann I die ersten Publikationen von Leibniz zur Infinitesimalmathematik durchzuarbeiten. Sehr schnell eignete er sich den neuen Kalkül, im Briefwechsel mit Leibniz stehend, an und erzielte bald selbst fundamentale Ergebnisse. Er zeigte die Divergenz der harmonischen Reihe und fand die Bernoullische Ungleichung (1684), löste z.T. zusammen mit Johann I das „Florentiner Problem" (1692) und das Problem der „Isochrone" (1690, hier tritt vermutlich zum ersten Male das Wort „Integral" auf), behandelte Kaustiken (1694), und untersuchte spezielle Kurven (u. a. die Kettenlinie 1691).

Im Jahre 1696 gab Jakob I Bernoulli eine neue Lösung des Brachystochronenproblems und begründete mit seinem Ansatz die Variationsrechnung. Aufgaben der Variationsrechnung wurden zu einem seiner bevorzugten Forschungsgebiete. Seit etwa 1685 hat er sich daneben der Wahrscheinlichkeitsrechnung zugewandt. In seinem Hauptwerk zu diesem Gebiet, „Ars conjectandi" (erschienen erst 1713), versuchte er über die bislang nur übliche Anwendung der Wahrscheinlichkeitsrechnung auf Glücksspiele hinaus diese auf Verhältnisse der Gesellschaft anzuwenden. Er fand dabei das Gesetz der großen Zahlen (etwa 1690) und die Bernoullischen Zahlen (vor 1695). Neben diesen fundamentalen Resultaten erzielte er Grundlegendes bei sehr vielen Einzelfragen (Gleichung des durch äußere Kräfte verbogenen elastischen Stabes (1694), Prinzip der virtuellen Geschwindigkeiten (1704), Orthogonaltrajektorien (1698)).

Jakob II, geb. 28.10.1759 Basel, gest. 3.7.1789 St.Petersburg. Jakob II, jüngerer Bruder von Johann III, studierte wie dieser Jura in Basel und wurde 1778 Lizentiat der Rechte. Bald jedoch wandte er sich der Mathematik zu und assistierte u.a. seinem Onkel Daniel bei dessen Physik-Vorlesungen.

Seine wissenschaftlichen Arbeiten sind hauptsächlich der Mechanik gewidmet, so veröffentlichte er 1788 ein Werk über die Plattentheorie.

Johann I, geb. 6.8.1667 Basel, gest. 1.1.1748 Basel. Der Bruder von Jakob I studierte in seiner Heimatstadt Medizin, arbeitete sich gleichzeitig aber unter der Anleitung seines Bruders in die Mathematik seiner Zeit ein. Nach seiner Approbation 1690 begab er sich auf Reisen nach Genf und Paris. In Paris unterrichtete er de l'Hopital. Dessen Lehrbuch der Infinitesimalrechnung 1696, das erste des neuen Kalküls, beruhte vorwiegend auf Mitteilungen und Erläuterungen von Johann I.

Im Jahre 1695 wurde Johann I auf den mathematischen Lehrstuhl in Groningen berufen. Nach dem Tode seines Bruders Jakob I übernahm er dessen Lehrstuhl in Basel. Das Lebenswerk von Johann I war inhaltlich eng mit dem seines Bruders verflochten, obwohl die Brüder fast ständig in Streit und Feindschaft miteinander lagen. Er löste das Problem der Kettenlinie (1691) und behandelte mit seinem Bruder Kaustiken und das „Florentiner Problem". In seiner Korrespondenz mit Leibniz findet sich der Exponentialkalkül und die Bernoullische Reihe (1694). Grundlegend waren seine Untersuchungen zur Variationsrechnung.

Er stellte das Brachystochronenproblem (1696), gab seine Lösung aber erst 1708 bekannt und arbeitete über das isoperimetrische Problem. Johann I führte den Begriff des „Richtungsfeldes einer Differentialgleichung" (1694) ein, gab 1737 einen Beweis für die Summe der reziproken Quadratzahlen und bewies 1742 den Satz von Ceva. Ab 1710 wandte er sich vorwiegend der Anwendung des neuen Infinitesimalkalküls auf Mechanik und Hydraulik zu. Unabhängig von seinem Sohn Daniel gewann er Grundprinzipien der Hydrodynamik, fand den Energiesatz für konservative mechanische Systeme und formulierte ebenfalls das Prinzip der virtuellen Geschwindigkeiten. Bernoulli verschmähte durchaus nicht die Bearbeitung direkt technischer Probleme. Er arbeitete über Schiffstheorie (1714) und über Klappbrücken (1714).

Johann II, geb. 18.5.1710 Basel, gest. 17.7.1790 Basel.

Johann II studierte Mathematik bei seinem Vater Johann I und Jura an der Universität. Nach ausgedehnten Reisen wurde er 1743 Professor der Eloquenz und 1748 Professor der Mathematik in Basel. Er arbeitete über Lichttheorie (1736), über Magnetismus (1746) und technische Fragen (Schiffswinden, 1741).

Johann III, geb. 4.11.1744 Basel, gest. 13.7.1807 Berlin. Johann III, ältester Sohn von Johann II, wurde aufgrund seiner Begabung bereits mit 10 Jahren an der Universität Basel aufgenommen. Mit 14 Jahren war er Magister und studierte Jura, während sein Vater und Daniel Bernoulli ihn gleichzeitig in Mathematik unterwiesen.

Im November 1763 reiste Johann III auf Vermittlung seines Vaters nach Berlin, wo er ab 1764 besoldetes Akademiemitglied der mathematischen Klasse war. 1767 wurde er Direktor des Observatoriums, und 1792 schließlich Direktor der mathematischen Klasse der Akademie.

Nicolaus I (Niklaus I), geb. 10.10.1687 Basel, gest. 29.11.1759 Basel. Nicolaus I Bernoulli war der Neffe von Jakob I und Johann I. Von diesen wurde er in Mathematik ausgebildet.

1705 wurde Nicolaus I in Basel Magister mit der Verteidigung einer Arbeit von Jakob I. Später wandte er sich der Jurisprudenz zu und begab sich auf eine wissenschaftliche Bildungsreise. Im Jahre 1716 wurde er Professor für Mathematik in Padua, 1722 Professor für Logik in Basel und 1731 für Rechte in seiner Heimatstadt. Nicolaus I arbeitete über Reihenlehre, insbesondere verwarf er die damals übliche Handhabung divergenter Reihen (1713, 1742). Er beschäftigte sich mit der Integration von Differentialgleichungen, behandelte die Summe der reziproken Quadratzahlen und kritisierte Fehler Newtons in dessen Fluxionenkalkül.

Nicolaus II (Niklaus II), geb. 6.2.1695 Basel, gest. 26.7.1726 St. Petersburg. Der Sohn von Johann I studierte in Groningen und Basel Jura, befaßte sich nebenbei aber mit Mathematik. Nach ausgedehnten Reisen wurde er 1720 Hauslehrer in Venedig, 1725 Professor der Rechte in Bern und 1725 Akademiemitglied in der russischen Hauptstadt.

Seine mathematischen Arbeiten behandelten orthogonale Trajektorien (1716, 1720) und Wahrscheinlichkeitstheorie („Petersburger Paradoxon“).

Bernoulli-Gleichung für stationäre Gasströmungen, bei wirbel- und reibungsfreier eindimensionaler Bewegung erstes Integral der Eulerschen Gleichungen (↗Euler-Darstellung der Hydrodynamik), gegeben durch

$$\frac{1}{2}\varrho v^2 + p + U = \text{const},$$

wobei außerdem noch angenommen wird, daß die auf das Gas wirkende Kraft ein Potential U hat. ϱ ist die Gasdichte, v die Strömungsgeschwindigkeit und p der Gasdruck.

Für Bernoulli kam als Kraft nur die Schwere mit $U = \varrho g z$ (↗Beschleunigung, $z > 0$, und Strömung nach „oben") in Betracht. Die Gleichung findet vielfältige Anwendungen in der Technik, z. B. im Turbinenbau.

Bernoulli-Operator, der translationsinvariante Operator B_r, $r \in \mathbb{R}$, auf dem Vektorraum $\mathbb{R}[x]$ der Polynome, definiert durch

$$p(x) \longrightarrow \int_x^{x+r} p(t)dt.$$

Der Bernoulli-Operator B_1 wird auch mit J bezeichnet. Für die Standardbasis $\{x^n, n \in \mathbb{N}_0\}$ ergibt sich dann, daß

$$J(x^n)\big|_{x=0} = \int_0^1 t^n \mathrm{d}t = \frac{1}{n+1}$$

und

$$J = \sum_{k=0}^{\infty} \frac{\mathrm{D}^k}{(k+1)!} = \frac{\mathrm{e}^{\mathrm{D}} - I}{\mathrm{D}} = \frac{\Delta}{\mathrm{D}},$$

wobei I der Identitätsoperator, D der Standardoperator und Δ der Vorwärts-Differenzenoperator ist.

Bezeichnet man die Translation um $r \in \mathbb{R}$ mit E^r, so ist

$$B_r = \frac{E^r - I}{\Delta} J.$$

Bernoulli-Polynome, die über die erzeugende Funktion

$$\frac{te^{xt}}{e^t - 1} = \sum_{n=0}^{\infty} B_n(x)\frac{t^n}{n!}$$

definierten Polynome B_n. Die Zahlen $B_n := B_n(0)$ nennt man auch ↗Bernoullische Zahlen.

Bernoulli-Polynome erfüllen die folgenden Relationen

$$\begin{aligned} B_n'(x) &= nB_{n-1}(x) \quad (n \geq 1), \\ B_n(x+1) - B_n(x) &= nx^{n-1} \quad (n \geq 0), \end{aligned}$$

die insbesondere zur Interpolation und zur Lösung von Differenzengleichungen nützlich sind. So ist etwa eine polynomiale Lösung von

$$f(x+1) - f(x) = \sum_{n=0}^{N} a_n x^n$$

durch

$$f(x) = \sum_{n=0}^{N} a_n \frac{B_{n+1}(x)}{n+1} + C \quad \text{mit } C \text{ beliebig}$$

gegeben. Summen von Potenzen lassen sich auch leicht durch Bernoulli-Polynome ausdrücken, es gilt hier

$$\sum_{k=1}^{m} k^n = \frac{B_{n+1}(m+1) - B_{n+1}(0)}{n+1}.$$

Weitere nützliche Formeln sind etwa:

$$\begin{aligned} B_n(x+h) &= \sum_{k=0}^{n} \binom{n}{k} B_k(x) h^{n-k} \\ B_n(1-x) &= (-1)^n B_n(x) \\ (-1)^n B_n(-x) &= B_n(x) + nx^{n-1} \\ B_n(mx) &= m^{n-1} \sum_{k=0}^{m-1} B_n(x + k/m). \end{aligned}$$

Einige Integralbeziehungen:

$$\begin{aligned} \int_a^x B_n(t)dt &= \frac{B_{n+1}(x) - B_{n+1}(a)}{n+1}, \\ \int_0^1 B_n(t)B_m(t)dt &= (-1)^{n-1}\frac{m!n!}{(m+n)!}B_{m+n}(0). \end{aligned}$$

Spezielle Funktionswerte:

$$\begin{aligned} B_{2n+1} &= 0 \quad (n \geq 1), \\ B_n(0) &= (-1)^n B_n(1) = B_n, \\ B_n\left(\frac{1}{2}\right) &= -(1 - 2^{1-n})B_n, \\ B_n\left(\frac{1}{3}\right) &= B_{2n}\left(\frac{2}{3}\right), \\ &= -2^{-1}(1 - 3^{1-2n})B_{2n}. \end{aligned}$$

[1] Abramowitz, M.; Stegun, I.A.: Handbook of Mathematical Functions. Dover Publications, 1972.

Bernoullische Ungleichung, ↗Bernoulli-Ungleichung.

Bernoullische Zahlen, im wesentlichen die Koeffizienten der Taylorreihe der Funktion $f(z) = z/(e^z - 1)$.

Genauer gilt für $|z| < 2\pi$

$$\frac{z}{e^z - 1} = \sum_{n=0}^{\infty} \frac{B_n}{n!} z^n ,$$

wobei B_n die n-te Bernoullische Zahl ist.

Man erhält leicht $B_0 = 1, B_1 = -\frac{1}{2}$ und $B_{2n+1} = 0$ für $n \in \mathbb{N}$. Weiter gilt für $n \geq 2$ die Formel

$$\binom{n}{0}B_0 + \binom{n}{1}B_1 + \binom{n}{2}B_2 + \cdots + \binom{n}{n-1}B_{n-1} = 0 .$$

Hieraus folgt, daß alle Bernoullischen Zahlen rational sind, und sich rekursiv berechnen lassen. Zum Beispiel gilt

$$B_2 = \frac{1}{6}, \quad B_4 = -\frac{1}{30}, \quad B_6 = \frac{1}{42}, \quad B_8 = -\frac{1}{30},$$
$$B_{10} = \frac{5}{66}, \quad B_{12} = -\frac{691}{2730}, \quad B_{14} = \frac{7}{6}.$$

Die Folge (B_{2n}) ist unbeschränkt. Die Numerierung der Bernoullischen Zahlen ist in der Literatur nicht einheitlich. So werden häufig die verschwindenden Zahlen B_{2n+1} überhaupt nicht bezeichnet, und statt B_{2n} wird $(-1)^{n-1}B_n$ gesetzt.

Die Bernoullischen Zahlen spielen noch bei anderen Taylorreihen eine Rolle, nämlich

$$z \cot z = \sum_{n=0}^{\infty} (-1)^n \frac{4^n B_{2n}}{(2n)!} z^{2n} , \quad |z| < \pi ,$$

$$\tan z = \sum_{n=1}^{\infty} (-1)^{n-1} \frac{4^n (4^n - 1) B_{2n}}{(2n)!} z^{2n-1} , \quad |z| < \frac{\pi}{2} ,$$

$$\frac{z}{\sin z} = \sum_{n=0}^{\infty} (-1)^{n-1} \frac{(4^n - 2) B_{2n}}{(2n)!} z^{2n} , \quad |z| < \pi .$$

Schließlich können die Bernoullischen Zahlen auch als Absolutglieder der ↗Bernoulli-Polynome definiert und so viele ihrer Eigenschaften auch auf anderem Wege hergeleitet werden.

Sie spielen u. a. eine wichtige Rolle bei der ↗Euler-Maclaurinschen Summenformel.

Bernoulli-Schema, endliche Anzahl n von voneinander unabhängigen Durchführungen eines Zufallsexperimentes, wobei bei jeder Wiederholung nur beobachtet wird, ob ein bestimmtes zufälliges Ereignis A, das mit der Wahrscheinlichkeit p stattfindet, eintritt oder nicht. Das Eintreten von A wird auch als Erfolg bezeichnet.

Ein typisches Beispiel eines Bernoulli-Schemas ist der n-fache Wurf einer Münze, wobei das Ereignis A genau dann eintritt, wenn die Münze „Zahl" zeigt.

Ein Verlauf eines Bernoulli-Schemas kann beschrieben werden durch ein Tupel $(a_1, \dots , a_n)$, wobei $a_i := 1$, falls das Ereignis A bei der i-ten Durchführung des Experimentes eingetreten ist, und $a_i := 0$ andernfalls $(i = 1, \dots , n)$. Wegen der Unabhängigkeit der Wiederholungen des Experimentes ist die Wahrscheinlichkeit für einen Verlauf $(a_1, \dots , a_n)$ gleich

$$p^{\sum a_i}(1-p)^{n-\sum a_i} .$$

Daher ist der durch

$$\Omega := \{(a_1, \dots , a_n) | a_i \in \{0, 1\}, i = 1, \dots , n \},$$

$$\mathcal{A} := \{B | B \subset \Omega\} \text{ und}$$

$$P(\{(a_1, \dots , a_n)\}) := p^{\sum a_i}(1-p)^{n-\sum a_i}$$

für alle $(a_1, \dots , a_n) \in \Omega$ gegebene Wahrscheinlichkeitsraum $(\Omega, \mathcal{A}, P)$ ein mathematisches Modell eines Bernoulli-Schemas.

Damit wird für $i = 1, \dots , n$ das Ergebnis der i-ten Durchführung des Experimentes durch die ↗Bernoulli-Variable

$$X_i : \Omega \to \{0, 1\}, X_i((a_1, \dots , a_n)) := a_i$$

beschrieben: Es ist $X_i = 1$ bzw. $X_i = 0$ genau dann, wenn das Ereignis A bei der i-ten Wiederholung eintritt bzw. nicht eintritt. In Übereinstimmung mit ihrer inhaltlichen Interpretation sind $X_1, \dots , X_n$ sowohl unabhängige Zufallsvariablen als auch ↗identisch verteilte Zufallsvariablen mit

$$P(\{X_i = 1\}) = p = 1 - P(\{X_i = 0\})$$

für $i = 1, \dots , n$. Häufig interessiert man sich für die Anzahl

$$S_n := \sum_{i=1}^{n} X_i$$

der Erfolge des Bernoulli-Schemas. Dieses ist binomialverteilt mit den Parametern n und p (↗Binomialverteilung).

Bernoulli-Ungleichung, die Ungleichung

$$(1+x)^n \ \geq \ 1+nx$$

für alle reellen Zahlen $x \geq -1$ und $n \in \mathbb{N}_0$ (mit der Vereinbarung $0^0 := 1$).

Ist zudem $x \neq 0$ und $n \geq 2$, so gilt sogar

$$(1+x)^n \ > \ 1+nx .$$

Beide Ungleichungen sind leicht durch vollständige Induktion über n zu beweisen.

Bernoulli-Variable, auf einem Wahrscheinlichkeitsraum $(\Omega, \mathfrak{A}, P)$ definierte Zufallsvariable X, die nur Werte in $\{0, 1\}$ annimmt.

Die von X induzierte Verteilung P_X wird als ↗Bernoulli-Verteilung bezeichnet und ist vollständig durch den Parameter $p := P(X = 1) \in [0, 1]$ bestimmt. Für den Erwartungswert gilt $E(X) = p$ und für die Varianz $\mathrm{Var}(X) = p(1-p)$.

Bernoulli-Variablen sind spezielle mit den Parametern $n = 1$ und p binomialverteilte zufällige Größen. Sie werden in der Regel zur Modellierung von Zufallsexperimenten mit nur zwei möglichen Ausgängen verwendet.

Bernoulli-Verteilung, diskrete Wahrscheinlichkeitsverteilung $B_{1,p}$ auf der Potenzmenge $\mathfrak{P}(\{0,1\})$ der Menge $\{0,1\}$, die vollständig durch den Parameter $p \in [0,1]$, der die Wahrscheinlichkeit des Ereignisses $\{1\}$ angibt, bestimmt ist.

Die Bernoulli-Verteilung wird in der Regel von einer ↗Bernoulli-Variablen induziert. Ihre diskrete Dichte $b_{1,p}$ ist

$$b_{1,p} : \{0,1\} \ni x \to p^x(1-p)^{1-x} \in [0,1]$$

(↗Bernoulli-Schema).

Bernoulli-Zahlen, ↗ Bernoullische Zahlen.

Bernstein, Satz von, über Minimalflächen, lautet:

Jede auf ganz $\mathbb{R}^2$ definierte und zweimal stetig differenzierbare Funktion $f(u,v)$, für die die Fläche mit der ↗expliziten Flächengleichung $\Phi(u,v) = (u,v,f(u,v))$ eine ↗Minimalfläche ist, ist linear, also von der Form $f(u,v) = au+bv+c$.

Der Satz ist eine Aussage über die Nichtexistenz von nichttrivialen Minimalflächen, die Graphen von auf ganz $\mathbb{R}^2$ definierten differenzierbaren Funktionen sind. Er besagt in äquivalenter Formulierung, daß als Lösungen der partiellen nichtlinearen Differentialgleichung

$$\frac{\partial}{\partial u}\left(\frac{f_u}{\sqrt{1+f_u^2+f_v^2}}\right) + \frac{\partial}{\partial v}\left(\frac{f_v}{\sqrt{1+f_u^2+f_v^2}}\right) = 0,$$

die auf ganz $\mathbb{R}^2$ definiert sind, nur die linearen Funktionen in Frage kommen.

[1] Nitsche, J.C.C.: Vorlesungen über Minimalflächen, Grundlehren der mathematischen Wissenschaften. Springer Verlag, Berlin, 1975.

Bernstein, Satz von, über Taylorreihen, 1914 von S.N.Bernstein gefundener Satz, der besagt, daß für eine auf einem abgeschlossenen Intervall definierte beliebig oft differenzierbare Funktion, deren Ableitungen gleichmäßig nach unten beschränkt sind, die ↗Taylor-Reihe um jeden Punkt aus dem rechtsoffenen Intervall in einer geeigneten Umgebung des Punktes konvergiert und die Funktion darstellt. Genauer gilt:

Ist $-\infty < a_0 < a_1 < \infty$, und gibt es ein $s \in \mathbb{R}$ so, daß für die beliebig oft differenzierbare Funktion

$$f : [a_0, a_1] \to \mathbb{R}$$

die Ungleichung

$$f^{(n)}(x) \geq s$$

gilt für alle $x \in [a_0, a_1]$ und $n \in \mathbb{N}_0$, dann konvergiert für jedes $a \in [a_0, a_1)$ die Taylor-Reihe $T(f,a)(x)$ von f für alle $x \in [a_0, a_1)$ mit

$$|x-a| < a_1 - x,$$

und es gilt

$$T(f,a)(x) = f(x).$$

Bernstein, Sergej Natanowitsch, sowjetischer Mathematiker, geb. 6.3.1880 Odessa, gest. 26.10. 1968 Moskau.

Bernstein studierte in Paris und Göttingen. 1904 befaßte er sich in seiner Dissertation mit dem neunzehnten Hilbertschen Problem zu analytischen Lösungen elliptischer Differentialgleichungen. In Charkow 1908 löste er in einer Magisterarbeit (im Ausland erworbene Qualifikationen wurden in Rußland nicht anerkannt) das zwanzigste Hilbertsche Problem zur analytischen Lösung eines Problems von Dirichlet für eine große Klasse nichtlinearer elliptischer Gleichungen.

Nach seiner Promotion 1913 wirkte er bis 1933 in Charkow. Danach ging er nach Leningrad und später nach Moskau, wo er u. a. 1854 Tschebyschews Gesamtwerk herausbrachte.

Bernstein befaßte sich mit der Approximation von Funktionen. 1911 führte er für einen konstrukiven Beweis des Satzes von Weierstraß (↗Weierstraßscher Approximationssatz) von 1885 die Bernstein-Polynome ein.

In der Folge löste er Probleme der Interpolationstheorie, fand Methoden der mechanischen Integration und führte 1914 eine neue Klasse quasianalytischer Funktionen ein. 1917 entwickelte er einen Ansatz (auf Grundlage der Booleschen Algebra) zur Axiomatisierung der Wahrscheinlichkeitsrechnung. Er verallgemeinerte Ljapunows Bedingungen für den zentralen Grenzwertsatz, untersuchte Verallgemeinerungen des Gesetzes der großen Zahl und bearbeitete Markow- und stochastische Prozesse. Er interessierte sich auch für die Anwendungen der Wahrscheinlichkeitsrechnung, z. B. in der Genetik.

Bernstein-Basis, Basis des Raums aller Polynome eines festen Grades, die aus den ↗ Bernstein-Polynomen gebildet wird.

Bernstein-Bézier-Darstellung, Darstellung eines Polynoms als Linearkombination von ↗ Bernstein-Polynomen.

Ist $g(x)$ ein Polynom vom Grad m, so ist seine Bernstein-Bézier-Darstellung die Linearkombination

$$g(x) = \sum c_i B_i^m(x)$$

von ↗ Bernstein-Polynomen vom Grad m.

Ist $G(x_1, \dots, x_n)$ die multi-affine ↗ Polarform von g, so kann man die Koeffizienten c_i aus

$$c_i = B(\underbrace{0, \dots, 0}_{i\times}, \underbrace{1, \dots, 1}_{(n-i)\times})$$

rekonstruieren.

Ist $g : \mathbb{R} \to \mathbb{R}^m$ eine polynomiale Kurve, so ist ihre Bernstein-Bézier-Darstellung komponentenweise definiert und liefert eine Darstellung der Kurve g als ↗ Bézier-Kurve. Die Koeffizientenvektoren sind dann ihre Kontrollpunkte.

Die geometrische Bedeutung der Bernstein-Bézier-Darstellung liegt unter anderem darin, daß man – im Gegensatz zur Linearkombination einer Polynomfunktion in der Monombasis – die k-Schmiegebene $S_k(t)$ an *zwei* Stellen ($t = 0$ und $t = 1$) als affine Hülle von Koeffizientenvektoren ablesen kann: Es ist

$$S_k(0) = \text{a.H.}(b_0, \dots, b_m),$$
$$S_k(1) = \text{a.H.}(b_{m-k}, \dots, b_m).$$

Auch für rationale Kurven und Flächen gibt es eine Bernstein-Bézier-Darstellung, man spricht dann von ↗ rationalen Bézier-Kurven und -Flächen.

Bernstein-Polynom, meist in der Theorie der ↗ gleichmäßigen Approximation sowie zunehmend auch innerhalb der ↗ Computergraphik verwendeter Polynomtyp.

Für $n \in \mathbb{N}$ und $j \in \{0, \dots, n\}$ ist das j-te Bernstein-Polynom n-ten Grades B_j^n definiert als

$$B_j^n(x) = \binom{n}{j} x^j (1-x)^{n-j}.$$

Für $x \in [0, 1]$ ist B_j^n nichtnegativ und nimmt sein einziges Maximum an der Stelle j/n an.

Die Polynome $\{B_0^n, \dots, B_n^n\}$ sind linear unabhängig und bilden somit eine Basis des Raums aller Polynome n-ten Grades, die sogenannte Bernstein-Basis.

Sie bilden eine Partition des Eins, d. h., für alle x gilt

$$\sum_{j=0}^{n} B_j^n(x) = 1.$$

Bernstein-Polynome bilden das Hauptinstrument beim Beweis des ↗ Weierstraßschen Approximationssatzes, sowie bei der Konstruktion von ↗ Beziér-Kurven und ↗ Beziér-Flächen.

[1] Lorentz, G.G.: Bernstein Polynomials. University of Toronto Press Toronto, 1953.

Bernsteinsche Ungleichungen, Abschätzungen für die Ableitungen trigonometrischer und algebraischer Polynome. Die erste Bernsteinsche Ungleichung stellt eine Beziehung her zwischen der Ableitung eines trigonometrischen Polynoms und dessen Maximumnorm.

Es sei $T_n(x) = a_0 + \sum_{\nu=1}^{n} a_\nu \cos(\nu x) + b_\nu \sin(\nu x)$ *ein trigonometrisches Polynom n-ten Grades. Dann gilt:*

$$\max_{x\in[0,2\pi]} |T_n'(x)| \le n \cdot \max_{x\in[0,2\pi]} |T_n(x)|.$$

Dagegen stellt die zweite Bernsteinsche Ungleichung eine Beziehung her zwischen der Ableitung eines algebraischen Polynoms und dessen Maximumnorm.

Es sei $P_n(x) = a_n x^n + a_{n-1}x^{n-1} + \dots + a_1 x + a_0$ *ein algebraisches Polynom n-ten Grades. Dann gilt für alle x aus dem offenen Intervall* (a, b)*:*

$$|P_n'(x)| \le \frac{n}{\sqrt{(x-a)(b-x)}} \cdot \max_{t\in[a,b]} |P_n(t)|.$$

Mit Hilfe dieser Ungleichungen lassen sich Aussagen über die Approximationsgüte trigonometrischer sowie algebraischer Polynome herleiten.

Bernsteinsche Vermutung, von S. N. Bernstein im Jahre 1914 aufgestellte Vermutung innerhalb der ↗ Approximationstheorie.

Bezeichnet man mit $E_n(f)$ den Fehler bei der ↗ besten Approximation einer Funktion f auf dem Intervall $[-1, 1]$ durch Polynome vom Grad n, so konnte Bernstein zeigen:

Es existiert eine Konstante β,

$$0.278 < \beta < 0.286,$$

so daß

$$\lim_{\mu\to\infty} 2nE_n(|x|) = \beta.$$

Bernstein formulierte die Vermutung, daß

$$\beta = \frac{1}{2\sqrt{\pi}}.$$

Diese wurde im Jahre 1985 durch hochgenaue Berechnungen von R. Varga und A. Carpenter widerlegt. Der exakte Wert von β ist jedoch bis heute nicht bekannt.

Bernsteinscher Approximationsoperator, ein linearer Operator, der jeder stetigen reellen Funktion ein Polynom zuweist.

Es sei f eine auf dem Intervall $[0, 1]$ stetige Funktion und $n \in \mathbb{N}$. Dann heißt

$$B_n(f,x) := \sum_{\nu=0}^{n} \binom{n}{\nu} f\left(\frac{\nu}{n}\right) x^\nu (1-x)^{n-\nu}$$

Bernsteinscher Approximationsoperator. Es gilt

$$\begin{aligned} B_n(1,x) &= 1, \\ B_n(t,x) &= x, \\ B_n(t^2,x) &= x^2 + \frac{x-x^2}{n}, \end{aligned}$$

woraus man schließen kann, daß

$$\lim_{n\to\infty} \|B_n(f,x) - f(x)\| = 0$$

ist. Der Bernsteinsche Approximationsoperator spielt daher eine entscheidende Rolle in neueren Beweisen des ↗Weierstraßschen Approximationssatzes. Verallgemeinerungen für den multivariaten Fall gibt es ebenfalls.

Bernsteinscher Approximationssatz, ↗Weierstraßscher Approximationssatz.

Berry-Esséen, Satz von, liefert eine Ungleichung, die zur Abschätzung der Konvergenzgeschwindigkeit im zentralen Grenzwertsatz verwendet werden kann.

Seien $X_1, \dots, X_n$ unabhängig identisch verteilte reelle Zufallsvariablen mit Erwartungswert μ und Varianz $0 < \sigma^2 < \infty$.

Ist $E(|X_1 - \mu|^3) < \infty$, so existiert eine von der Verteilung der X_i unabhängige Konstante C, so daß für die Verteilungsfunktion $F_{S_n^*}$ der standardisierten Summe

$$S_n^* := \frac{\sum_{i=1}^n X_i - n\mu}{\sigma\sqrt{n}}$$

gilt

$$\sup_x |F_{S_n^*}(x) - \Phi(x)| \le C\frac{E(|X_1-\mu|^3)}{\sigma^3\sqrt{n}},$$

wobei Φ die Verteilungsfunktion der Standardnormalverteilung bezeichnet.

Die Konstante C wurde im Laufe der Zeit mehrfach verfeinert und kann heute zu

$$(2\pi)^{-1/2} \le C < 0,7655$$

abgeschätzt werden. Auch eine allgemeinere Form des Satzes, die auf die Voraussetzung der identischen Verteilung der X_i verzichtet, wurde von Esséen bewiesen.

Berry-Phase, formal der Ausdruck

$$\exp\left[-i\int_0^T E(s/T)ds\right] \exp\left[i\gamma(C)\right].$$

$\tilde{H}(x)$ sei eine multiparametrige Familie von Hermiteschen Operatoren und $C(t)$ eine geschlossene Kurve im Parameterraum so, daß $H(t) := \tilde{H}(C(t))$ glatt von einem Parameter t abhängt und einen isolierten, nicht-entarteten Eigenwert $E(t)$ hat, der stetig von t abhängt. ϕ_0 erfülle $H(0)\phi_0 = E(0)\phi_0$. Dann hat die Lösung $\psi_T(s)$ der zeitabhängigen Schrödinger-Gleichung

$$i\frac{\partial\psi_T(s)}{\partial s} = H(s/T)\psi_T(s)$$

(mit $\psi_T(0) = \phi_0$) die Eigenschaft, daß sie mit $T \to \infty$ gegen ϕ_1 mit $H(1)\phi_1 = E(1)\phi_1$ geht. Man erhält ϕ_1, indem man ϕ_0 mit der Berry-Phase multipliziert. $\gamma(C)$ hat die besondere Eigenschaft, nur von der Geometrie des Parameterraums abzuhängen.

Bers, Satz von, wichtige Aussage innerhalb der Funktionentheorie. Der Satz lautet:

Es seien G_1, $G_2 \subset \mathbb{C}$ ↗Gebiete und $\mathcal{O}(G_1)$ bzw. $\mathcal{O}(G_2)$ die Ringe aller in G_1 bzw. G_2 ↗holomorphen Funktionen. Dann gilt: Die Ringe $\mathcal{O}(G_1)$ und $\mathcal{O}(G_2)$ sind isomorph genau dann, wenn es eine ↗konforme oder ↗antikonforme Abbildung f von G_1 auf G_2 gibt.

Genauer gilt noch: Zu jedem Ringisomorphismus $\phi\colon \mathcal{O}(G_1) \to \mathcal{O}(G_2)$ existiert genau eine konforme oder antikonforme Abbildung f von G_1 auf G_2 derart, daß $\phi(g) = g \circ f^{-1}$ für alle $g \in \mathcal{O}(G_1)$.

Bezeichnet man die konstante Funktion $z \mapsto i$ auch mit i, so gilt $\phi(i) = i$ oder $\phi(i) = -i$. Ist $\phi(i) = i$, so ist f eine konforme, andernfalls eine antikonforme Abbildung.

Bertini, Satz von, Aussage über die Glattheit oder den Zusammenhang von Divisoren.

Der Ausdruck „für fast alle" bedeuted im folgenden: „Bis auf eine nirgends dichte Zariski-abgeschlossene Teilmenge". Dann lautet der Satz:

(i) *Ist $V \subset \mathbb{P}^n(k)$ glatte projektive algebraische Varietät, so ist für fast alle Hyperebenen H der (schematheoretische) Durchschnitt $H \cap V$ glatt.*

(ii) *Ist $V \subset \mathbb{P}^n(k)$ eine glatte projektive algebraische Varietät über einem algebraisch abgeschlossenen Körper k der Charakteristik 0, und ist $\wedge$ ein Linearsystem auf V ohne Basispunkte, so sind fast alle Divisoren aus $\wedge$ glatt. Wenn $\wedge$ „nicht aus einem Büschel zusammengesetzt" ist, so sind die Divisoren aus $\wedge$ zusammenhängend.*

Dabei heißt „nicht aus einem Büschel zusammengesetzt", daß $d = \dim \wedge > 1$, und der zu $\wedge$ gehörige Morphismus $V \longrightarrow \wedge^\nu \simeq \mathbb{P}^d(k)$ nicht über eine ↗algebraische Kurve faktorisiert.

Bertrand, Joseph Louis François, französischer Mathematiker, geb. 11.3.1822 Paris, gest. 3.4.1900 Paris.

Bertrand war Mathematikprofessor in Paris. 1845 entdeckte er den zahlentheoretisch bedeutsamen Satz, daß sich zwischen n und $2n - 2$ für alle $n > 3$ mindestens eine Primzahl befindet (↗Bertrandsches Postulat). Zufriedenstellend bewiesen wurde dieser Satz allerdings erst 1850 von Tschebyschew.

Bertrand bearbeitete aber vor allem Themen der Differentialgeometrie und der Wahrscheinlichkeitsrechnung (↗Bertrandsches Paradoxon), oft im Zusammenhang mit Problemen der Physik.

1855 übersetzte und bearbeitete er Gauß' Arbeit zur Fehlertheorie und zur Methode der kleinsten Quadrate. Ab 1875 schrieb er eine Reihe von Artikeln zur Wahrscheinlichkeitstheorie und zur Gewinnung von Daten aus Beobachtungen.

Bertrand war ab 1874 Sekretär der Pariser Akademie der Wissenschaften.

Bertrand-Puiseux, Formel von, *Diguet, Formel von*, drückt die Gaußsche Krümmung k einer Fläche $\mathcal{F} \subset \mathbb{R}^3$ durch die Differenz der Umfänge eines ebenen Kreises und eines geodätischen Abstandskreises vom Radius r aus:

Für jeden Punkt $P \in \mathcal{F}$ gilt

$$k(P) = \frac{3}{\pi} \lim_{r \to 0} \frac{2\pi r - l(r)}{r^3} \,,$$

wobei $l(r)$ die Länge des geodätischen Abstandskreises mit dem Mittelpunkt P und dem Radius r ist.

Eine andere Beschreibung dieses Zusammenhangs zwischen Gaußscher Krümmung und der inneren Geometrie der Fläche gibt die Taylorentwicklung dritter Ordnung der Funktion $l(r)$:

$$l(r) = 2\pi r - \frac{\pi}{3} r^3 k(P) + \dots \,.$$

Bertrandsches Paradoxon, nach Joseph Bertrand benannter vermeintlicher Widerspruch, der bei der Lösung der folgenden Aufgabe auftrat: Wie groß ist die Wahrscheinlichkeit, daß die Länge einer zufällig in einem Kreis gezogenen Sehne größer ist als die Seitenlänge eines dem Kreis einbeschriebenen gleichseitigen Dreiecks?

Da das Wahrscheinlichkeitsmaß, das die Auswahl der Sehne beschreibt, durch das Wort „zufällig" in der Aufgabenstellung nicht eindeutig festgelegt ist, gelangte man zu unterschiedlichen Lösungen, aus denen man irrtümlich den Schluß zog, daß der Begriff der geometrischen Wahrscheinlichkeit widerspruchsvoll sei.

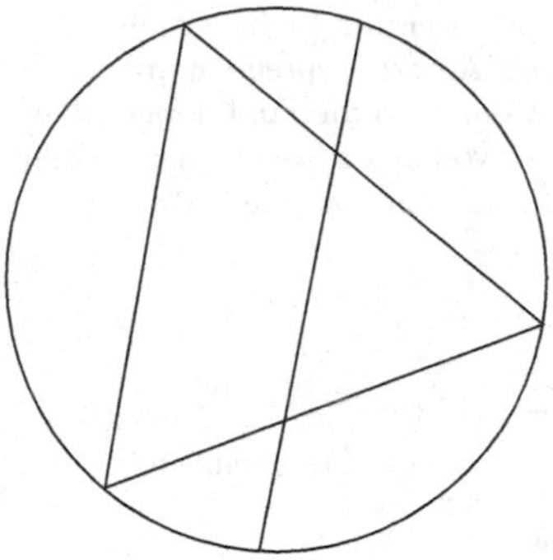

Bertrandsches Paradoxon

Bertrandsches Postulat, eine Aussage zur Frage: Wann „kommt" die nächste Primzahl?

Etwas präziser formuliert lautet das Bertrandsche Postulat:

Für jede natürliche Zahl $n > 3$ enthält das (offene) Intervall $(n, 2n-2)$ eine Primzahl.

Bertrand bemerkte anhand einer Primzahltafel, daß für jede Zahl $n > 3$ mit $n \leq 3\,000\,000$ eine Primzahl p zwischen n und $2n-2$ existiert; er vermutete, daß dies für beliebige Zahlen $n > 3$ so ist.

Das Betrandsche Postulat wurde später von Tschebyschew bewiesen.

Mit Hilfe des Primzahlsatzes erhält man eine wesentlich schärfere Aussage für große n:

Zu jedem $\varepsilon > 0$ gibt es ein $N(\varepsilon)$ derart, daß für jedes $n \geq N(\varepsilon)$ das Intervall

$$(n,\ (1+\varepsilon)n)$$

eine Primzahl enthält.

Da sich aus dem Primzahlsatz nicht ohne weiteres ein Hinweis auf die Größenordnung von $N(\varepsilon)$ gewinnen läßt, ist oft versucht worden, mit elementaren Mitteln Verschärfungen zu erzielen. So kann man z. B. beweisen, daß es zu jedem $n \geq 24$ eine Primzahl p mit

$$n < p < \frac{11}{9} n$$

gibt.

Berührung zweier Funktionen, findet statt an Stellen, wo die betrachteten Funktionen die gleichen Werte und die gleiche Steigung haben.

Genauer: Sind $f, g : I \to \mathbb{R}$ zwei auf einem Intervall $I \subset \mathbb{R}$ definierte Funktionen, und ist a ein innerer Punkt von I, in dem f und g differenzierbar sind, dann berühren sich f und g an der Stelle a genau dann, wenn

$$f(a) = g(a) \text{ und } f'(a) = g'(a) \,.$$

f und g überkreuzen sich in einem Berührungspunkt a genau dann, wenn $f - g$ in a kein lokales

Extremum hat. (Die Literatur ist hier nicht ganz einheitlich: Manche Autoren sprechen in einem solchen Fall, also wenn sich die Funktionen überkreuzen, nicht mehr von einer Berührung; die hier gegebene Definition scheint aber die verbreitete).

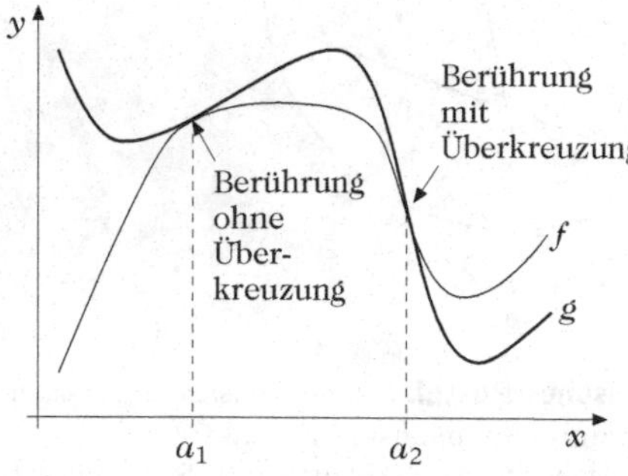

Berührung zweier Funktionen

Allgemeiner sagt man für $n \in \mathbb{N}_0$, daß f und g sich an der Stelle a „von n-ter Ordnung berühren" oder einen Berührungspunkt n-ter Ordnung haben, wenn sie in a n-mal differenzierbar sind, und ihre Ableitungen in a bis zur Ordnung n übereinstimmen, wenn also gilt:

$$f^{(k)}(a) = g^{(k)}(a)$$

für $k = 0, \ldots, n$.

Ein Berührungspunkt 0-ter Ordnung ist ein Schnittpunkt, ein Berührungspunkt erster Ordnung ein gewöhnlicher Berührungspunkt, und in einem Berührungspunkt zweiter Ordnung haben die beiden Funktionen auch die gleiche Krümmung.

Berührungspunkt eines topologischen Raumes, Punkt x einer Teilmenge A eines topologischen Raumes X derart, daß jede Umgebung U von x mit A einen nicht-leeren Schnitt hat.

Manchmal verwendet man auch die modifizierte Bezeichnungsweise „Berührungspunkt bzgl. eines Filters". Hierunter versteht man einen Punkt x eines topologischen Raumes X, für den für alle Umgebungen U von x und Filterelemente $\hat{F}$ eines Filters gilt: $\hat{F} \cap U \neq \emptyset$.

Beruni, ↗al-Bírúní, Abu r-Raihan Muhammad ibn Ahmad.

Beschleunigung, im verallgemeinerten Sinne die Ableitung $\mathfrak{b}$ einer differenzierbaren Abbildung

$$\mathfrak{v} : \mathbb{R}^1 \supset I \to TU \subset T\mathcal{M}$$

eines Intervalls I aus $\mathbb{R}^1$ in eine Umgebung TU des Tangentialbündels $T\mathcal{M}$ einer differenzierbaren Mannigfaltigkeit $\mathcal{M}$.

I wird dann als Zeitintervall bezeichnet, $\mathfrak{v}$ heißt Geschwindigkeit. $\mathfrak{b}(t)$ ist die Beschleunigung zum Zeitpunkt $t \in I$ oder im Punkt $\mathfrak{s}(t) \in \mathcal{M}$.

In der Kinematik wird die Beschleunigung zu einer Kurve in einer n-dimensionalen differenzierbaren Mannigfaltigkeit z. B. in bezug auf ein ↗begleitendes n-Bein zerlegt. Im dreidimensionalen euklidischen Raum etwa wird es aus Tangential-, Hauptnormal- und Binormalvektor gebildet. Die Beschleunigungskomponente in Richtung der Tangente heißt Tangentialbeschleunigung.

Die Komponente der Beschleunigung in Richtung der Hauptnormalen heißt Normalbeschleunigung. Zeichnet man im dreidimensionalen euklidischen Raum einen Punkt als Ursprung aus und zeichnet den Verbindungsvektor vom Ursprung zu einem Kurvenpunkt (Radiusvektor), dann nennt man die Beschleunigungskomponente in dieser Richtung die Radialbeschleunigung.

Erfolgt die Bewegung in einer Ebene des dreidimensionalen euklidischen Raums, dann ist der Winkel zwischen einem ausgezeichneten und einem beliebigen Radiusvektor eine Funktion der Zeit. Die zweite Ableitung dieser Funktion wird Winkelbeschleunigung genannt.

Erfolgt eine Bewegung unter Zwang (Führung), dann nennt man die dieser Kraft entsprechende Beschleunigung auch Führungsbeschleunigung.

Vom Standpunkt der Beobachtung läßt sich Bewegung nur relativ zu einem Bezugssystem (Realisierung eines Koordinatensystems) feststellen. Man spricht daher von Relativbewegung und insbesondere von Relativbeschleunigung.

Beispielsweise zeichnen die Newtonschen Axiome im dreidimensionalen Raum eine Klasse von Koordinatensystemen (Intertialsysteme) aus. Ein Koordinatensystem, das sich gegen ein Inertialsystem dreht, ist kein Inertialsystem. Bewegt sich ein Körper gleichförmig auf einer Geraden in bezug auf ein Inertialsystem, so gilt das nicht mehr bezüglich des sich drehenden Systems. Relativ zum Inertialsystem wirken keine Kräfte auf den Körper. In diesem System bewegt er sich unbeschleunigt. Das ist nicht so relativ zum drehenden System. Ein gegen ein Inertialsystem rotierendes System ist in Näherung durch die rotierende Erde gegeben. Vernachlässigen wir die Erdanziehung (Gravitation), dann wirkt auf einen im Intertialsystem ruhenden Körper relativ zur Erde eine Kraft in Richtung Radiusvektor (Zentrifugalbeschleunigung).

Bewegt sich im Inertialsystem ein Körper auf einem Kreisbogen vom Nordpol zum Äquator, dann wirkt bezüglich der Erde auf ihn eine Kraft, die ihn nach Westen zwingt (↗Coriolis-Kraft). Die Berücksichtigung der Erdanziehung kompliziert den Bahnverlauf.

Im Schwerefeld der Erde (Vernachlässigung der Rotation, der annähernden Kugelgestalt und variierenden Entfernung von der Erdoberfläche in Laborexperimenten) wirkt auf einen Massenpunkt eine Kraft, die ihm eine konstante Erdbeschleunigung erteilt. Sie beträgt etwa $9{,}81 m/s^2$. Allgemein nennt man die durch Schwere hervorgerufene Beschleunigung Schwerebeschleunigung. Berücksichtigt man beim Fallen im Schwerefeld der Erde die bremsende Reibung durch die Luft, dann ergibt sich die Fallbeschleunigung statt der Erdbeschleunigung.

Beschleunigungsfaktor bei Parallelisierung, Meßgröße zur Bestimmung der Effizienz der Parallelisierung eines numerischen Verfahrens.

Gegeben sei ein numerisches Verfahren, bestehend aus n Operationen, das auf einem Parallelrechner mit p Prozessoren und der Taktrate τ implementiert werden soll. Man interessiert sich dann für die Frage, wie hoch die Beschleunigung des Verfahrens durch die Parallelisierung gegenüber einer Implementierung auf einem sequentiellen Rechner ist.

Dies wird gemessen durch den Quotienten der Rechenzeit bei sequentieller und soweit wie möglich parallelisierter Implementierung, den Beschleunigungsfaktor

$$B(\alpha, p) = \frac{n\tau}{(1-\alpha)n\tau + \alpha n\tau/p} = \frac{1}{1-\alpha+\alpha/p}.$$

Hierbei ist α, $0 < \alpha < 1$, derjenige Anteil der n Operationen, der sich gleichmäßig auf die vorhandenen p Prozessoren verteilen läßt. Diese Beziehung heißt auch Amdahls Gesetz.

Man erkennt, daß auch für eine sehr große Anzahl von Prozessoren der Beschleunigungsfaktor stets durch

$$\lim_{p\to\infty} B(\alpha, p) = \frac{1}{1-\alpha}$$

beschränkt ist.

Die mittlere Auslastung des einzelnen Prozessors wird durch die Effizienz

$$\frac{B(\alpha, p)}{p} = \frac{1}{\alpha + p\cdot(1-\alpha)}$$

gemessen. Sie wird offenbar für wachsende Prozessorenzahl immer kleiner und strebt im Grenzfall $p \to \infty$ gegen Null.

In der Praxis gilt eine Effizienz von 0,5 als gut und Werte von 0,8 bereits als sehr gut.

beschränkte Differenz unscharfer Mengen, die unscharfe Menge mit der ↗ Zugehörigkeitsfunktion

$$\mu_{A-_bB}(x) = \max(0, \mu_A(x) + \mu_B(x) - 1)$$

für alle $x \in X$, geschrieben $\widetilde{A} -_b \widetilde{B}$, wobei $\widetilde{A}$ und $\widetilde{B}$ ↗ Fuzzy-Mengen auf X sind.

Die beschränkte Differenz ist eine spezielle ↗ T-Norm, die zur Bildung des ↗ Durchschnitts unscharfer Mengen verwendet wird.

Das Operatorenpaar aus beschränkter Differenz und ↗ beschränkter Summe unscharfer Mengen genügt weder den Gesetzen der Distributivität noch der Adjunktivität.

Die beschränkten Operatoren sind aber kommutativ und assoziativ und erfüllen sogar das Gesetz der Komplementarität, d. h. für eine unscharfe Menge $\widetilde{A} \in \widetilde{\mathfrak{P}}(X)$ gilt

$$\widetilde{A} -_b C(\widetilde{A}) = \widetilde{\emptyset} \quad \text{und} \quad \widetilde{A} +_b C(\widetilde{A}) = X.$$

beschränkte Folge, Zahlenfolge (a_n), deren Wertemenge

$$\{a_n : n \in \mathbb{N}\}$$

beschränkt ist, d. h. mit einem geeigneten $S \geq 0$

$$|a_n| \leq S$$

für alle $n \in \mathbb{N}$ erfüllt.

Im reellen Fall bedeutet das die Existenz einer oberen und einer unteren Schranke für $\{a_n : n \in \mathbb{N}\}$.

Erste einfache Überlegungen der ↗ Konvergenzkriterien für Folgen, bei denen die Beschränktheit eine Rolle spielt, sind:

Jede Cauchy-Folge – speziell jede konvergente Folge – ist beschränkt,

und:

Eine monotone Folge ist genau dann konvergent, wenn sie beschränkt ist.

beschränkte Halbordnung, ↗ Halbordnung, die sowohl eine ↗ Halbordnung mit Nullelement als auch eine ↗ Halbordnung mit Einselement ist. Die beschränkte Halbordnung enthält demnach sowohl eine untere als auch eine obere Schranke.

beschränkte Matrix, unendliche Matrix A mit folgender Beschränktheitseigenschaft:

Ist

$$A = \begin{pmatrix} a_{11} & a_{12} & a_{13} & \cdots \\ a_{21} & a_{22} & \cdots & \cdots \\ a_{23} & \vdots & \ddots & \\ \vdots & \vdots & & \ddots \end{pmatrix}$$

eine unendliche Matrix, so heißt A beschränkt, wenn eine positive Zahl L existiert, so daß für alle $n \in \mathbb{N}$ und alle Zahlenfolgen $\{x_\nu\}$ und $\{y_\nu\}$, $\nu = 1, \dots, n$ gilt:

$$\left|\sum_{i,j=1}^{n} a_{ij}x_iy_j\right|^2 \leq L^2 \sum_{i=1}^{n} |x_i|^2 \sum_{j=1}^{n} |y_j|^2.$$

beschränkte Menge, Teilmenge A eines metrischen Raumes (X, d), für welche eine reelle Zahl $r \geq 0$ existiert, so daß $d(x, y) \leq r$ für alle $x, y \in A$ gilt.

beschränkte mittlere Oszillation, eine Eigenschaft der Randwerte gewisser im offenen Einheitskreis $\mathbb{E}$ ↗holomorpher Funktionen.

Die genaue Definition erfordert etwas Vorbereitung. Zunächst sei $g : \mathbb{T} := \partial\mathbb{E} \to \mathbb{C}$ eine Lebesgue-integrierbare Funktion, d. h. $g \in L^1(\mathbb{T})$. Für einen Kreisbogen $I \subset \mathbb{T}$ betrachtet man den Mittelwert

$$a_I := \frac{1}{|I|} \int_I g(\zeta)\,|d\zeta|\,,$$

wobei $|I|$ die Länge des Bogens bezeichnet. Die Funktion g heißt von beschränkter mittlerer Oszillation, falls

$$\sup_I \frac{1}{|I|} \int_I |g(\zeta) - a_I|\,|d\zeta| < \infty\,,$$

wobei das Supremum über alle Bögen $I \subset \mathbb{T}$ gebildet wird. Man schreibt auch kurz $g \in \text{BMO}(\mathbb{T})$.

Nun sei $f : \mathbb{E} \to \mathbb{C}$ im Hardy-Raum H^1 und $f_* \in L^1(\mathbb{T})$ die zugehörige Randfunktion. Man sagt, daß $f \in \text{BMOA}$, falls $f_* \in \text{BMO}(\mathbb{T})$.

Zum Beispiel ist jede beschränkte Lebesgue-meßbare Funktion $g : \mathbb{T} \to \mathbb{C}$ in $\text{BMO}(\mathbb{T})$, d. h. $L^\infty(\mathbb{T}) \subset \text{BMO}(\mathbb{T})$.

Jedoch gibt es auch unbeschränkte Funktionen in $\text{BMO}(\mathbb{T})$, nämlich

$$g(\zeta) := \log|(1 + \zeta)/(1 - \zeta)|\,.$$

Entsprechend gilt $H^\infty \subset \text{BMOA}$, und

$$f(z) := \log[(1 + z)/(1 - z)] \qquad (z \in \mathbb{E})$$

ist eine unbeschränkte Funktion in BMOA.

Allgemeiner gilt: Ist f eine in $\mathbb{E}$ ↗schlichte Funktion und $a \notin f(\mathbb{E})$, so ist $\log(f - a) \in \text{BMOA}$. Weiter gilt $\text{BMOA} \subset \mathcal{B}$, $\text{BMOA} \neq \mathcal{B}$, wobei $\mathcal{B}$ der Raum der ↗Bloch-Funktionen ist.

Außerdem betrachtet man noch die Räume $\text{VMO}(\mathbb{T})$ und VMOA. Für $g \in L^1(\mathbb{T})$ und $\delta > 0$ sei

$$M_g(\delta) := \sup_{|I| < \delta} \frac{1}{|I|} \int_I |g(\zeta) - a_I|\,|d\zeta|\,.$$

Gilt $g \in \text{BMO}(\mathbb{T})$ und $\lim_{\delta \to 0} M_g(\delta) = 0$, so heißt g von verschwindender mittlerer Oszillation. Man schreibt auch kurz $g \in \text{VMO}(\mathbb{T})$. Ist $f \in H^1$ und $f_* \in \text{VMO}(\mathbb{T})$, so ist $f \in \text{VMOA}$.

Es gibt eine Charakterisierung von BMOA und VMOA durch schlichte Funktionen in $\mathbb{E}$. Dazu sei Γ eine rektifizierbare ↗Jordankurve und für w_1, $w_2 \in \Gamma$ sei $l(w_1, w_2)$ die Länge des kürzeren Bogens auf Γ von w_1 nach w_2. Die Kurve Γ heißt quasiglatt, falls es eine Konstante $c > 0$ gibt derart, daß für alle $w_1, w_2 \in \Gamma$ gilt

$$l(w_1, w_2) \leq c|w_1 - w_2|\,.$$

Sie heißt asymptotisch glatt, falls

$$l(w_1, w_2)/|w_1 - w_2| \to 1$$

für $|w_1 - w_2| \to 0$. Mit diesen Bezeichnungen gilt: *Es sei f eine in $\mathbb{E}$ holomorphe Funktion. Dann ist $f \in \text{BMOA}$ bzw. $f \in \text{VMOA}$ genau dann, wenn $f = \alpha \log h'$ mit einer Konstanten $\alpha \in \mathbb{C}$ und einer ↗konformen Abbildung h von $\mathbb{E}$ auf ein Gebiet G, dessen Rand ∂G eine quasiglatte bzw. asymptotisch glatte Jordankurve ist.*

beschränkte Summe unscharfer Mengen, die unscharfe Menge mit der ↗Zugehörigkeitsfunktion

$$\mu_{A+_bB}(x) = \min(1, \mu_A(x) + \mu_B(x))$$

für alle $x \in X$, geschrieben $\widetilde{A} +_b \widetilde{B}$, wobei $\widetilde{A}$ und $\widetilde{B}$ ↗Fuzzy-Mengen auf X sind.

Die beschränkte Summe ist eine spezielle ↗T-Konorm, die zur Bildung der ↗Vereinigung unscharfer Mengen verwendet wird, wenn die Durchschnittsbildung mittels der ↗beschränkten Differenz unscharfer Mengen erfolgt.

Sie wird auch als Lukasiewiczsche T-Konorm bezeichnet, da Lukasiewicz diesen Operator in seiner mehrwertigen Logik verwendet.

beschränkte Variation, ↗Funktion beschränkter Variation.

beschränkter Operator, ein Operator zwischen normierten Räumen, der beschränkte Mengen auf beschränkte Mengen abbildet; andernfalls heißt er unbeschränkt. Ein linearer Operator ist genau dann beschränkt, wenn er stetig ist.

beschränkter Verband, eine ↗beschränkte Halbordnung, die einen ↗Verband darstellt.

In einem beschränkten Verband $(V, \wedge, \vee)$ gilt das Gesetz der 0 und 1, d. h. es gilt $x \vee 0 = x$ und $x \wedge 1 = x$ für alle $x \in V$, wobei 0 das Nullelement und 1 das Einselement des Verbandes ist.

beschränktes lineares Funktional, eine lineare stetige Abbildung eines normierten Vektorraumes nach $\mathbb{R}$ bzw. $\mathbb{C}$.

Es sei V ein reeller oder komplexer normierter Vektorraum. Eine lineare Abbildung $L : V \to \mathbb{R}$ bzw. $L : V \to \mathbb{C}$ heißt ein lineares Funktional. Das Funktional heißt beschränkt, falls es ein $c > 0$ gibt, so daß für alle $x \in V$ gilt: $|L(x)| \leq c \cdot ||x||$. Äquivalent dazu ist die Bedingung, daß für alle x aus der Einheitskugel um den Nullpunkt von V eine Abschätzung der Form $|L(x)| \leq c$ gilt. Man kann in diesem Fall auch das Funktional selbst mit einer Norm versehen, indem man $||L|| = \sup_{||x=1||} |L(x)|$ setzt. Dadurch wird auch die Menge der beschränkten linearen Funktionale auf einem normierten Vektorraum wieder zu einem normierten Vektorraum.

Ein lineares Funktional ist genau dann beschränkt, wenn es als Abbildung zwischen metrischen Räumen stetig ist.

Beschränktheit bzgl. einer Metrik, Übertragung des Beschränktheitsbegriffs aus dem $\mathbb{R}^n$ auf metrische Räume.

Ist X ein metrischer Raum mit der Metrik d und ist M eine Teilmenge von X, so heißt M beschränkt bezüglich der Metrik d, falls es eine Zahl $c > 0$ gibt, so daß für alle $x, y \in M$ gilt:

$$d(x,y) \leq c.$$

M ist also eine ↗beschränkte Menge.

beschreibende Mengenlehre, auch als deskriptive Mengenlehre oder als Definierbarkeitstheorie des Kontinuums bezeichnet, Teilgebiet der ↗axiomatischen Mengenlehre, das sich mit den definierbaren Teilmengen der natürlichen und der reellen Zahlen beschäftigt.

Viele Fragen der beschreibenden Mengenlehre sind von ZFC unabhängig, lassen sich jedoch beantworten, wenn man zu ZF statt des ↗Auswahlaxioms das ↗Determiniertheitsaxiom hinzunimmt.

beschreibende Statistik, ↗deskriptive Statistik.

Besetzungszahlraum, ↗Fock-Raum.

Besow-Raum, Raum von Funktionen gebrochener Glattheitsordnung.

Sei $f : \mathbb{R}^n \to \mathbb{C}$ eine Funktion. Die iterierten Differenzen sind induktiv durch

$$\Delta_h^{(1)}f(x) = f(x+h) - f(x), \quad \Delta_h^{(r+1)} = \Delta_h^{(1)}\Delta_h^{(r)}$$

$(h > 0, r \in \mathbb{N})$ definiert.

Für $1 \leq p \leq \infty$, $1 \leq q \leq \infty$, $s > 0$ besteht der Besow-Raum $B^s_{p,q}$ aus allen $f \in L^p(\mathbb{R}^n)$, für die (mit einer natürlichen Zahl $k > s$)

$$|f|_{p,q,s} = \left(\int_{\mathbb{R}^n} \left\| |h|^{-s} \Delta_h^{(k)} f \right\|_{L^p}^q \frac{dh}{|h|^n} \right)^{1/q} < \infty \quad (1a)$$

im Fall $q < \infty$, bzw.

$$|f|_{p,\infty,s} = \sup_{h \neq 0} |h|^{-s} \|\Delta_h^{(k)} f\|_{L^p} < \infty \quad (1b)$$

ausfällt. Bis auf Äquivalenz von Halbnormen hängt die Größe in (1) nicht von der Wahl von k ab. Die Norm des Besow-Raums ist

$$\|f\|_{p,q,s} = \|f\|_{L^p} + |f|_{p,q,s};$$

in dieser Norm ist $B^s_{p,q}$ ein Banachraum.

Ist $p = q = 2$, stimmt $B^s_{p,q}$ mit dem ↗Sobolew-Raum H^s ($= W^{m,2}$ für ganzzahlige $s = m$) überein, jedoch nicht für andere Werte von p und q. Die Besow-Räume interpolieren zwischen L^p und den Sobolew-Räumen $W^{m,p}$ im Sinn der reellen Interpolationsmethode, denn es gilt für $s = \vartheta m$, $0 < \vartheta < 1$,

$$(L^p, W^{m,p})_{\vartheta,q} = B^s_{p,q}$$

inklusive der Äquivalenz der Normen.

Ist $0 < \alpha < 1$, stimmt $B^\alpha_{\infty,\infty}$ mit dem Hölder-Raum C^α überein; allgemeiner ist $B^{m+\alpha}_{\infty,\infty} = C^{m,\alpha}$ für $m \in \mathbb{N}$, $0 < \alpha < 1$ (↗Funktionenräume). Für $\alpha = 1$ trifft das allerdings nicht zu. Analog werden Besow-Räume auf Gebieten $\Omega \subset \mathbb{R}^n$ erklärt.

Besow-Räume können auf vielfältige Weise charakterisiert werden. Eine solche Charakterisierung ist

$$B^s_{p,q} = \Big\{ f \in \mathcal{S}'(\mathbb{R}^n) : \left(\sum_{j=0}^{\infty} \left\| 2^{js} \mathcal{F}^{-1}(\varphi_j \mathcal{F} f) \right\|_{L^p}^q \right)^{1/q} < \infty \Big\} \quad (2)$$

mit der üblichen Modifikation für $q = \infty$; hier sind die φ_j beliebig oft differenzierbare Funktionen mit $\sum_j \varphi_j = 1$ und

$$\operatorname{supp} \varphi_j \subset \{x : 2^j \leq |x| \leq 3 \cdot 2^j\}$$

für $j \geq 1$, und $\mathcal{F}$ bezeichnet die Fourier-Transformation temperierter Distributionen. (2) eröffnet die Möglichkeit, Besow-Räume auch für $p < 1$, $q < 1$ oder $s \leq 0$ zu definieren; man erhält dann Quasi-Banachräume.

Die Besow-Räume sind eng mit den Triebel-Lizorkin-Räumen $F^s_{p,q}$ verwandt ($p < \infty$). Diese sind ähnlich wie in (2) durch

$$F^s_{p,q} = \Big\{ f \in \mathcal{S}'(\mathbb{R}^n) : \left\| \left(\sum_{j=0}^{\infty} |2^{js} \mathcal{F}^{-1}(\varphi_j \mathcal{F} f)|^q \right)^{1/q} \right\|_{L^p} < \infty \Big\}$$

erklärt. Speziell ist $F^0_{p,2} = L^p$ und $F^m_{p,2} = W^{m,p}$ für natürliche m und $p > 1$.

[1] Peetre, J.: New Thoughts on Besov Spaces. Duke University Math. Series, 1976.

[2] Triebel, H.: Theory of Function Spaces I and II. Birkhäuser Basel, 1983, 1992.

Bessel, Friedrich Wilhelm, deutscher Astronom, Mathematiker und Geodät, geb. 22.7.1784 Minden, gest. 17.3.1846 Königsberg.

Bessel war Autodidakt. Er befaßte sich mit Sprachen, Geographie, Nautik und Astronomie, wozu er durch eine Lehre in einer Bremer Im- und Exportfirma angeregt worden war.

1804 erschien eine Arbeit Bessels zum Halleyschen Kometen. Danach konzentrierte er sich stärker auf Astronomie, Himmelsmechanik und Mathematik. 1806 ging er an das Bremer Lilienthal-Observatorium. Seine Untersuchungen dort führten schließlich zu heute international bekannten Refraktionstafeln. Auf Empfehlung von Gauß verlieh ihm die Universität von Göttingen den Doktortitel, der es ihm 1809 ermöglichte, eine Professur für Astronomie und die Leitung des Königsberger Observatoriums anzunehmen. Dort begann er damit, die Positionen und Bewegungen von 50000 Sternen zu bestimmen, was 1838 zur Entdeckung der Parallaxe von 61 Cygni führte.

Bei der Untersuchung eines Problems von Kepler, das sich mit der Bewegung dreier Körper unter wechselseitiger Gravitation beschäftigt, entwickelte Bessel einen analytischen Zusammenhang, welcher heute als Bessel-Funktion bekannt ist. Er führte damit insbesondere die Arbeit von Lagrange zu elliptischen Orbits fort.

Darüber hinaus leistete Bessel auch wichtige Beiträge zur Entwicklung der mathematischen Lehre an den Universitäten. Ab 1812 war er Mitglied der Berliner Akademie.

Bessel-Fourier-Transformation, ↗Hankel-Transformation.

Bessel-Funktionen, wichtige spezielle Funktionen, die wie folgt definiert werden können.

Man unterscheidet Bessel-Funktionen der ersten und der zweiten Art.

Bessel-Funktionen der ersten Art sind die durch das Integral

$$J_\nu(z) := \frac{(z/2)^\nu}{\pi^{1/2}\Gamma(\nu+1/2)}\int_0^\pi \cos(z\cos\vartheta)\sin^{2\nu}\vartheta\, d\vartheta$$

definierten Funktionen. ν heißt die Ordnung der Bessel-Funktion und ist in der obigen Integraldarstellung eine beliebige Zahl aus $\mathbb{C}$. Für $\nu \in \mathbb{Z}$ ist dieser Ausdruck identisch mit der gebräuchlicheren Integraldarstellung

$$J_\nu(z) = \frac{1}{\pi}\int_0^\pi \cos(\nu\vartheta - z\sin\vartheta)\, d\vartheta \quad (\nu \in \mathbb{Z}).$$

Die Bessel-Funktionen zweiter Art, z.T. auch Weber-Funktionen oder Neumann-Funktion genannt, sind gegeben durch

$$N_\nu(z) := Y_\nu(z) := \frac{J_\nu(z)\cos(\nu\pi) - J_{-\nu}(z)}{\sin(\nu\pi)},$$

wobei dieser Ausdruck für $\nu \in \mathbb{Z}$ durch seinen Grenzwert ersetzt werden muß.

Beide Funktionen bilden ein Paar linear unabhängiger Lösungen der Besselschen Differentialgleichung in z,

$$z^2\frac{d^2w}{dz^2} + z\frac{dw}{dz} + (z^2 - \nu^2)w = 0,$$

die insbesondere in der Physik breite Anwendung findet.

J_ν und Y_ν sind holomorphe Funktionen auf der längs der negativen reellen Achse aufgeschnittenen komplexen Zahlenebene, jeweils mit einem möglichen Verzweigungspunkt am Ursprung; für $\nu \in \mathbb{Z}$ besitzt J_ν keinen Verzweigungspunkt und ist damit eine ganze Funktion.

Ist ν nicht in $\mathbb{Z}$, so ist ebenso J_ν und $J_{-\nu}$ ein Paar linear unabhängiger Lösungen der Besselschen Differentialgleichung.

Ein weiteres gebräuchliches Paar linear unabhängiger Lösungen sind die Hankelfunktionen

$$\begin{aligned} H_\nu^{(1)}(z) &:= J_\nu(z) + iY_\nu(z) \\ H_\nu^{(2)}(z) &:= J_\nu(z) - iY_\nu(z), \end{aligned}$$

die jedoch den Nachteil aufweisen, für reelle z komplexwertig zu sein. Für $|z| \to \infty$ und $0 < \arg z < \pi$ geht $H_\nu^{(1)}(z)$ gegen Null. Gleiches gilt für $H_\nu^{(2)}(z)$ im Sektor $-\pi < \arg z < 0$. Für festes $z \neq 0$ sind alle diese Funktionen ganze Funktionen in ν.

Man erhält folgende elementare Symmetrierelationen ($\nu \in \mathbb{C}, n \in \mathbb{N}_0$) für die Bessel- und Hankelfunktionen:

$$\begin{aligned} J_{-n}(z) &= (-1)^n J_n(z), & Y_{-n}(z) &= (-1)^n Y_n(z), \\ H_{-\nu}^{(1)}(z) &= e^{i\pi\nu}H_\nu^{(1)}(z), & H_{-\nu}^{(2)}(z) &= e^{-i\pi\nu}H_\nu^{(2)}(z), \\ J_\nu(\bar z) &= \overline{J_\nu(z)}, & Y_\nu(\bar z) &= \overline{Y_\nu(z)}, \\ H_\nu^{(1)}(\bar z) &= \overline{H_\nu^{(2)}(z)}, & H_\nu^{(2)}(\bar z) &= \overline{H^{(1)}(z)}, \end{aligned}$$

wobei die letzte Gleichung nur für $\nu \in \mathbb{R}$ gilt. Die folgenden Relationen beschreiben die analytische Fortsetzung der Funktionen um den Verzweigungspunkt am Ursprung:

$$\begin{aligned} J_\nu(ze^{im\pi}) &= e^{im\nu\pi}J_\nu(z), \\ Y_\nu(ze^{im\pi}) &= e^{-im\nu\pi}Y_\nu(z) \\ &\quad + 2i\sin(m\nu\pi)\cot(\nu\pi)J_\nu(z), \\ \sin(\nu\pi)H_\nu^{(1)}(ze^{im\pi}) &= -\sin\left((m-1)\nu\pi\right)H_\nu^{(1)}(z) \\ &\quad - e^{-i\nu\pi}\sin(m\nu\pi)H_\nu^{(2)}(z), \\ \sin(\nu\pi)H_\nu^{(2)}(ze^{im\pi}) &= \sin\left((m+1)\nu\pi\right)H_\nu^{(2)}(z) \\ &\quad + e^{i\nu\pi}\sin(m\nu\pi)H_\nu^{(1)}(z). \end{aligned}$$

Man erhält dort am Verzweigungspunkt $z \to 0$ für festes ν asymptotisch das folgende Verhalten:

$$\begin{aligned} J_\nu(z) &\sim \frac{(z/2)^\nu}{\Gamma(\nu+1)} \quad (-\nu \notin \mathbb{N}), \\ Y_0(z) &\sim -iH_0^{(1)}(z) \sim iH_0^{(2)}(z) \sim (2/\pi)\ln z, \\ Y_\nu(z) &\sim -iH_\nu^{(1)}(z) \sim iH_\nu^{(2)}(z) \\ &\sim \frac{1}{\pi(z/2)^\nu}\Gamma(\nu) \quad (\operatorname{Re}\nu > 0). \end{aligned}$$

Es gilt ferner die folgende Reihenentwicklung für J_ν:

$$J_\nu(z) = (z/2)^\nu \sum_{k=0}^{\infty} \frac{\left(-\frac{1}{4}z^2\right)^k}{k!\Gamma(\nu+k+1)}.$$

Neben der zur Definition verwendeten Integraldarstellung findet man auch noch folgende Darstellungen:

$$\begin{aligned} J_\nu(z) &= \frac{1}{\pi}\int_0^\pi \cos(z\sin\vartheta - \nu\vartheta)\,d\vartheta \\ &\quad - \frac{\sin\pi\nu}{\pi}\int_0^\infty e^{-z\sinh t-\nu t}\,dt, \\ Y_\nu(z) &= \frac{1}{\pi}\int_0^\pi \sin(z\sin\vartheta - \nu\vartheta)\,d\vartheta \\ &\quad - \frac{1}{\pi}\int_0^\infty \left(e^{\nu t} + e^{-\nu t}\cos\nu\pi\right)e^{-z\sinh t}\,dt, \\ H_\nu^{(1)}(z) &= \frac{1}{\pi i}\int_{-\infty}^{\infty+\pi i} e^{z\sinh t-\nu t}\,dt, \\ H_\nu^{(2)}(z) &= -\frac{1}{\pi i}\int_{-\infty}^{\infty-\pi i} e^{z\sinh t-\nu t}\,dt. \end{aligned}$$

Die folgenden Rekursionsformeln verknüpfen die Bessel-Funktionen unterschiedlicher Ordnung:

$$\begin{aligned} f_{\nu-1}(z) + f_{\nu+1}(z) &= \frac{2\nu}{z}f_\nu(z), \\ f_{\nu-1}(z) - f_{\nu+1}(z) &= 2f'_\nu(z), \\ f'_\nu(z) &= f_{\nu-1}(z) - \frac{\nu}{z}f_\nu(z), \\ f'_\nu(z) &= -f_{\nu+1}(z) + \frac{\nu}{z}f_\nu(z), \end{aligned}$$

wobei hier f_ν eine der Funktionen $J_\nu, Y_\nu, H_\nu^{(1)}$ oder $H_\nu^{(2)}$ sein kann.

Es gilt ferner das Multiplikationstheorem, das die Bessel-Funktionen von einem Vielfachen des Argumentes in einer Summe von Bessel-Funktionen anderer Ordnung ausdrückt:

$$f_\nu(\lambda z) = \lambda^{\pm z}\sum_{k=0}^{\infty} \frac{(\mp 1)^k(\lambda^2-1)^k(z/2)^k}{k!} f_{\nu\pm k}(z)$$

für $|\lambda^2 - 1| < 1$. Das Multiplikationstheorem gilt in dieser Form für $f_\nu = J_\nu$, Y_ν oder $H_\nu^{(1)}$ und $H_\nu^{(2)}$. Insbesondere kann für den Fall J_ν und die obere Wahl der Vorzeichen die Beschränkung auf $|\lambda^2 - 1| < 1$ auch entfallen.

Entsprechend gelten auch Additionstheoreme, die die Bessel-Funktionen einer Summe in Summen von Bessel-Funktionen entwickeln. Das folgende ist Neumanns Additionstheorem, wieder mit der gleichen Konvention $f_\nu = J_\nu, Y_\nu, H_\nu^{(1)}$ oder $H_\nu^{(2)}$:

$$f_\nu(u \pm v) - \sum_{k=-\infty}^{\infty} f_{\nu\mp k}(u) J_h(v)$$

für $|v| < |u|$. Die Einschränkung $|v| < |u|$ darf für den Fall $f_\nu = J_\nu$ und $\nu \in \mathbb{N}_0$ auch entfallen. Weitere Additionstheoreme findet man z. B. in [1].

[1] Abramowitz, M.; Stegun, I.A.: Handbook of Mathematical Functions. Dover Publications, 1972.

[2] Olver, F.W.J.: Asymptotics and Special Functions. Academic Press, 1974.

Bessel-Operator, ↗Differentialoperator, definiert durch

$$B_\nu := \frac{d^2}{dx^2} + \frac{1}{x}\frac{d}{dx} + \left(1 - \frac{\nu}{x_2}\right).$$

Damit läßt sich die Besselsche Differentialgleichung (↗Bessel-Funktionen) einfach schreiben als $B_\nu f = 0$.

Bessel-Prozeß, stochastischer Prozeß der folgenden Art:

Ist $d \geq 2$ eine ganze Zahl und $(X_t)_{t\geq 0}$ eine d-dimensionale ↗Brownsche Bewegung, so wird der durch

$$R_t := \|X_t\| = \sqrt{(X_t^{(1)})^2 + \ldots + (X_t^{(d)})^2}$$

definierte reelle stochastische Prozeß $(R_t)_{t\geq 0}$, der den euklidischen Abstand der Brownschen Bewegung vom Ursprung angibt, als Bessel-Prozeß bezeichnet.

Bessel-Transformation, eine Integral-Transformation, definiert durch

$$(B_\nu f)(x) := \int_0^\infty J_\nu(xt)\,h(x,t)f(t)\,dt,$$

wobei J_ν die ↗Bessel-Funktion erster Art der Ordnung ν ist. $B_\nu f$ heißt die Bessel-Transformierte von f.

Besselsche Differentialgleichung, ↗ Bessel-Funktion.

Besselsche Ungleichung, Ungleichung zwischen der Norm eines Elements x in einem Hilbertraum

H und den Koeffizienten $\langle x, e_i \rangle$ bzgl. eines Orthonormalsystems $\{e_i : i \in I\}$:

$$\sum_{i \in I} |\langle x, e_i \rangle|^2 \le \|x\|^2. \qquad (1)$$

Gleichheit in (1) tritt genau dann für alle $x \in H$ ein, wenn $\{e_i : i \in I\}$ eine Orthonormalbasis ist.

best-bound-Strategie, bestimmtes Vorgehen bei Verzweigungsverfahren.

Dabei unterteilt man diejenige unter den bereits erzeugten Teilmengen weiter, für die man die bis dahin günstigste Schranke (best bound) gefunden hat.

beste Approximation, optimale Annäherung eines Elementes f des normierten Raumes R durch eine Teilmenge $V \subset R$. $v^* \in V$ heißt beste Approximation an f, wenn für alle $v \in V$ gilt

$$\|v^* - f\| \le \|v - f\|.$$

Die Zahl $\|v^* - f\|$ bezeichnet man als Minimalabweichung von f bezüglich V.

Ist V ein endlich-dimensionaler Teilraum von R, so ist die Existenz der besten Approximation v^* stets gesichert, während jedoch für das Vorliegen von Eindeutigkeit zusätzliche Forderungen an die Struktur von R bzw. V gestellt werden müssen. Das wichtigste Beispiel für das Vorliegen einer eindeutig bestimmten besten Approximation wird durch die polynomiale Approximation gegeben.

Das Problem der besten Approximation tritt meist bei der ↗Approximation von Funktionen auf und ist die Keimzelle der gesamten ↗Approximationstheorie.

[1] Meinardus, G.: Approximation von Funktionen und ihre numerische Behandlung. Springer-Verlag, Heidelberg, 1964.

[2] Müller, M.: Approximationstheorie. Akademische Verlagsgesellschaft Wiesbaden, 1978.

[3] Powell, M.J.D.: Approximation Theory and Methods. Cambridge University Press, 1981.

bestimmte Divergenz einer Reihe, auch eigentliche Divergenz einer Reihe genannt, Divergenz einer reellen Reihe gegen ∞ bzw. $-\infty$: Die Reihe

$$\sum_{k=1}^{\infty} a_k$$

divergiert bestimmt gegen ∞ (bzw. $-\infty$), wenn zu jedem $K > 0$ ein $N \in \mathbb{N}$ existiert mit

$$\sum_{k=1}^{n} a_k \ge K$$

(bzw. $\le -K$) für alle $n \ge N$.

bestimmte Divergenz einer Folge, auch eigentliche Divergenz einer Folge genannt, ein „bestimmtes" Verhalten einer divergenten reellwertigen Folge (a_n) in folgendem Sinne:

Zu jedem $K > 0$ existiert ein $N \in \mathbb{N}$ so, daß für alle $n \ge N$:

$$a_n \ge K \text{ oder } a_n \le -K.$$

Im ersten Fall notiert man

$$a_n \longrightarrow \infty \qquad (n \longrightarrow \infty),$$

im zweiten

$$a_n \longrightarrow -\infty \qquad (n \longrightarrow \infty).$$

In beiden Fällen nennt man (a_n) bestimmt divergent und präzisiert gelegentlich im ersten Fall bestimmt divergent gegen ∞ und im zweiten Fall bestimmt divergent gegen $-\infty$.

Es sei noch einmal betont: Eine bestimmt divergent Folge ist divergent, denn sie ist ja nicht einmal beschränkt. Man spricht gelegentlich dabei auch von ∞ bzw. $-\infty$ als uneigentlichen Grenzwerten.

bestimmtes Integral, liefert den Flächeninhalt der Fläche, die von der x-Achse, den Geraden $x = a$, $x = b$ und dem Graphen einer Funktion f begrenzt wird. Dabei seien $-\infty < a < b < \infty$ und $f : [a, b] \longrightarrow \mathbb{R}$ beschränkt.

Der unterhalb der x-Achse liegende Anteil wird jeweils mit negativem Vorzeichen versehen:

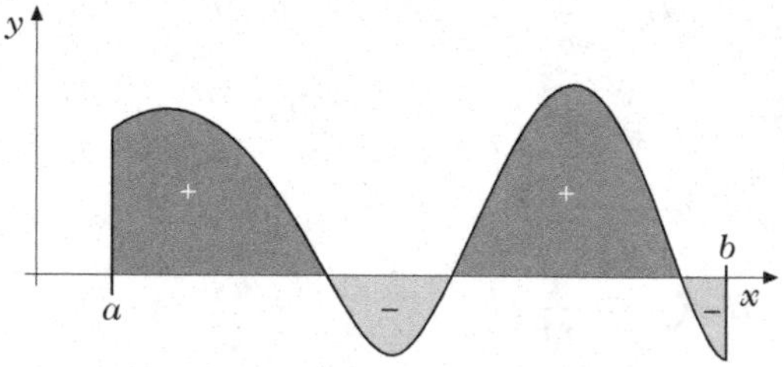

Vorzeichenverteilung

Die Funktion f heißt integrierbar (über $[a, b]$) genau dann, wenn es ein $A \in \mathbb{R}$ gibt mit:

Zu jedem $\varepsilon > 0$ existieren eine natürliche Zahl n sowie

$$a = x_0 < x_1 < \cdots < x_n = b,$$

$u_\nu, o_\nu \in \mathbb{R}$ mit $u_\nu \le f(x) \le o_\nu$ für $x_{\nu-1} \le x \le x_\nu$, $\nu = 1, \ldots, n$, und

$$U := \sum_{\nu=1}^{n} u_\nu (x_\nu - x_{\nu-1}) \le A \le$$

$$\le \sum_{\nu=1}^{n} o_\nu (x_\nu - x_{\nu-1}) =: O$$

und $O - U \le \varepsilon$.

Ein solches U heißt Untersumme, O Obersumme.

Das obige A ist eindeutig bestimmt, man schreibt

$$\int_a^b f(x)\,dx := A.$$

Diese Bezeichnungsweise – *(bestimmtes) Integral von f über* $[a,b]$, genauer Riemann-Integral, auch eigentliches Riemann-Integral – geht auf Gottfried Wilhelm Leibniz (1675) zurück.

Das Integralzeichen $\int$ ist aus einem stilisierten S (für Summe) hervorgegangen. Für manche Dinge wäre beispielsweise die Notierung $\int_a^b f$ sinnvoller, insbesondere da die ‚Variable' x keine Rolle spielt und somit durch irgendeine andere Variable ersetzt werden kann.

Die Funktion f bezeichnet man auch als Integrand, a und b als untere bzw. obere (Integrations-) Grenze und $[a,b]$ als Integrationsintervall.

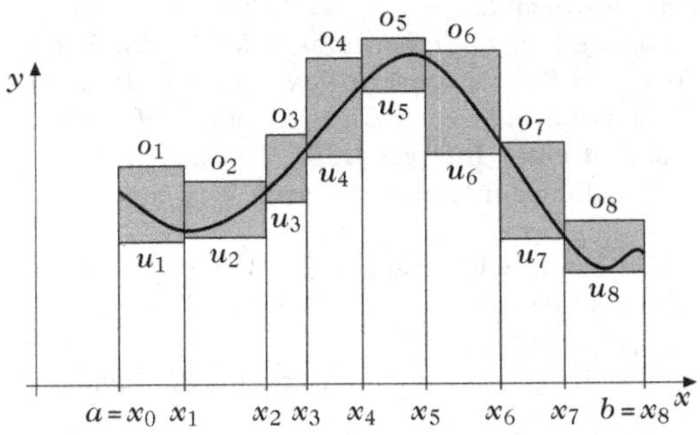

Ober- und Untersummen

Zur Veranschaulichung betrachte man die Abbildung. Der gesuchte Flächeninhalt ist in diesem Beispiel mindestens so groß wie die Summe der Flächen der acht nicht schraffierten Rechtecke

$$\left(\sum_{\nu=1}^{8} u_\nu\,(x_\nu - x_{\nu-1}) = U\right)$$

und höchstens so groß wie diese Summe vermehrt um die Summe der Flächeninhalte der acht schraffierten Rechtecke

$$\left(U + \sum_{\nu=1}^{8} (o_\nu - u_\nu)\,(x_\nu - x_{\nu-1}) = O\right).$$

Durch die gegebene Unterteilung ist der gesuchte Flächeninhalt bis auf die $O - U$, die Summe der Flächeninhalte der acht schraffierten Rechtecke, bestimmt.

Wichtigstes Hilfsmittel zur Berechnung bestimmter Integrale ist der ↗Fundamentalsatz der Differential- und Integralrechnung, der die Möglichkeit der Auswertung über ↗Stammfunktionen zeigt.

Damit sind beispielsweise die Substitutionsregeln und die Regel der partiellen Integration auch für das bestimmte Integral zugkräftige Hilfsmittel.

Bestimmungsfläche, ↗ Polyzylinder.

Beta-Funktion, *Eulersche Beta-Funktion*, definiert durch

$$B(w,z) := \int_0^1 t^{w-1}(1-t)^{z-1}\,dt \qquad (1)$$

für $w, z \in \mathbb{C}$ mit $\operatorname{Re} w > 0$, $\operatorname{Re} z > 0$. Diese Funktion heißt auch Eulersches Integral 1. Art.

Die Formel (1) heißt Integraldarstellung der Beta-Funktion. Bei festem w (bzw. z) ist B eine ↗holomorphe Funktion von z (bzw. w). Es existieren u. a. folgende weitere Integraldarstellungen für die Beta-Funktion: ($\operatorname{Re}(z) > 0$, $\operatorname{Re}(w) > 0$):

$$B(z,w) = \int_0^\infty \frac{t^{z-1}}{(1+t)^{z+w}}\,dt = 2\int_0^{\pi/2} \sin^{2z-1} t \cos^{2w-1} t\,dt.$$

Ebenso wie die ↗Eulersche Γ-Funktion zur Fakultät verknüpft ist, kann die Beta-Funktion als eine Verallgemeinerung der Binomialkoeffizienten verstanden werden. Es gilt nämlich:

$$B(n-k+1, k+1) = \frac{1}{n+1}\binom{n}{k}^{-1}$$

für $n, k \in \mathbb{N}_0$. Das Hauptresultat der Theorie der Beta-Funktion ist die Eulersche Identität

$$B(w,z) = \frac{\Gamma(w)\Gamma(z)}{\Gamma(w+z)},$$

wobei Γ die Eulersche Γ-Funktion bezeichnet. Zwei nützliche Formeln sind

$$B(w,z) = 2\int_0^{\pi/2} (\sin\varphi)^{2w-1}(\cos\varphi)^{2z-1}\,d\varphi = \int_0^\infty \frac{s^{w-1}}{(1+s)^{w+z}}\,ds,$$

sowie die Symmetrierelationen

$$B(z,w) = B(w,z),$$
$$B(z,w) = \frac{w-1}{z+w-1} B(z, w-1).$$

Die unvollständige Beta-Funktion ist definiert durch

$$B_x(w, z) := \int_0^x t^{w-1}(1-t)^{z-1}\,dt\,,$$

wobei $0 < x < 1$.

Beta-Verteilung, das für $p > 0, q > 0$ durch die Wahrscheinlichkeitsdichte (↗Beta-Funktion)

$$f : (0,1) \ni x \to \frac{\Gamma(p+q)}{\Gamma(p)\Gamma(q)}\, x^{p-1}(1-x)^{q-1} \in \mathbb{R}^+$$

definierte Wahrscheinlichkeitsmaß Beta(p, q).

Die zugehörige Verteilungsfunktion ist

$$F : (0,1) \ni x \to \frac{\Gamma(p+q)}{\Gamma(p)\Gamma(q)}\, B_x(p,q) \in [0,1]\,,$$

wobei $B_x(p,q) = \int_0^x t^{p-1}(1-t)^{q-1}dt$ die unvollständige Beta-Funktion bezeichnet.

Besitzt die Zufallsvariable X eine $B(p, q)$-Verteilung, so gilt für den Erwartungswert $E(X) = \frac{p}{p+q}$ und für die Varianz

$$\mathrm{Var}(X) = \frac{pq}{(p+q)^2(p+q+1)}\,.$$

Bethe-Ansatz, Ansatz für die Wellenfunktion Ψ einer langen eindimensionalen Kette von N gleichen Atomen, die abgeschlossene Schalen und ein Leuchtelektron in der „s-Bahn" haben.

Das Modell dient als ein Schritt zur Erklärung des Ferromagnetismus.

Der Zustand der Kette wird dadurch charakterisiert, daß man angibt, bei welchem Atom der Spin nach rechts zeigt. Das sei so bei den Atomen $n_1, n_2, \ldots, n_r$. Die zu diesem Zustand gehörende Eigenfunktion sei $\psi(n_1, n_2, \ldots, n_r)$.

Dann kann man für die nullte Näherung des Systems den (Bethe-) Ansatz

$$\Psi = \sum_{n_1,\ldots,n_r} a(n_1, \ldots, n_r)\psi(n_1, \ldots, n_r)$$

machen, wobei jede der Zahlen $n_1, \ldots, n_r$ die Werte von 1 bis N annimmt.

Bethe-Gitter, Gitter, bei dem jeder Punkt mit der gleichen Zahl von Punkten so verbunden ist, daß keine geschlossenen Linienzüge entstehen.

Wählt man einen Gitterpunkt als Nullpunkt aus, dann bilden die mit ihm verbundenen Gitterpunkte die erste Schicht, usw. Beim Bethe-Gitter werden nur innere Gitterpunkte betrachtet, die alle gleichwertig sind.

Bethe-Gitter werden bei der Erklärung des Ferromagnetismus herangezogen.

Bethe-Salpeter-Integralgleichung, Integralgleichung zur Bestimmung einer Größe, die die Berechnung der Energie-Niveaus von gebundenen Zuständen eines Systems aus zwei elektromagnetisch wechselwirkenden Teilchen gestattet.

Wesentliche Eigenschaft der beiden Teilchen ist es, daß das elektromagnetische Feld von einem der Teilchen nicht als äußere Quelle eines Feldes betrachtet werden kann, in dem sich das andere Teilchen bewegt.

Beth-Funktion, durch transfinite Rekursion bezüglich der Ordinalzahl α definierte Zuordnung $\alpha \mapsto \beth_\alpha$:

(1) $\beth_0 := \#\mathbb{N}$.

(2) $\beth_{\alpha+1} := 2^{\beth_\alpha}$.

(3) $\beth_\alpha := \sup\{\beth_\gamma : \gamma < \alpha\}$ für Limesordinalzahl α.

Man beachte, daß es sich bei der Beth-Funktion formal um eine echte Klasse handelt (↗Kardinalzahlen und Ordinalzahlen, ↗axiomatische Mengenlehre).

Bethscher Definierbarkeitssatz, folgende Aussage aus der mathematischen Logik:

Sei Σ eine Menge von Ausdrücken, formuliert in einer Sprache L.

Dann gilt: Ist ein Relations- oder Funktionszeichen aus L in Σ implizit definierbar (↗Definierbarkeit), *dann ist es in Σ auch explizit definierbar.*

Betrag einer Intervallgröße, *Betragsmaximum*, innerhalb der Intervallarithmetik verwendeter Begriff.

Man kennt beispielsweise das Betragsmaximum

a) eines reellen Intervalls $\mathbf{a} = [\underline{a}, \overline{a}]$:
$|\mathbf{a}| = \max\{|\underline{a}|, |\overline{a}|\}$,
also der größte Nullpunktsabstand der Elemente von $\mathbf{a}$;

b) eines reellen ↗Intervallvektors $\mathbf{x} = (\mathbf{x}_i)$:
$|\mathbf{x}| = (|\mathbf{x}_i|) \in \mathbb{R}^n$;

c) einer reellen $(m \times n)$-Intervallmatrix $\mathbf{A} = (\mathbf{a}_{ij})$:
$|\mathbf{A}| = (|\mathbf{a}_{ij}|) \in \mathbb{R}^{m\times n}$

Betrag einer komplexen Zahl, Abstand von $z = x + iy \in \mathbb{C}$ zum Nullpunkt.

Der Betrag von z wird mit $|z|$ bezeichnet, und es gilt

$$|z| = \sqrt{x^2 + y^2}\,.$$

Ist $\bar{z}$ die zu z ↗konjugiert komplexe Zahl, so gilt $|\bar{z}| = |z|$.

Für $w, z \in \mathbb{C}$ gelten die Rechenregeln $|wz| = |w||z|$, $\left|\frac{w}{z}\right| = \frac{|w|}{|z|}$ (für $z \neq 0$) und die Dreiecksungleichung $|w + z| \leq |w| + |z|$.

Betrag einer reellen Zahl, die zu einer reellen Zahl x durch

$$|x| := \begin{cases} -x, & \text{falls } x < 0 \\ x, & \text{falls } x \geq 0 \end{cases}$$

definierte nicht-negative Zahl $|x|$.

Durchläuft x die reellen Zahlen (oder eine Teilmenge davon), so ergibt sich offenbar eine stetige Funktion, die man ↗Betragsfunktion nennt.

Betrag eines Vektors, die nichtnegative reelle Zahl

$$\sqrt{\langle v, v\rangle}$$

zum Vektor $v \in V$ des ↗euklidischen Vektorraumes $(V, \langle\cdot,\cdot\rangle)$.

Betragsfunktion, die, üblicherweise mit dem Symbol $|\cdot|$ bezeichnete Funktion, die jeder reellen Zahl Ihren Betrag zuordnet (↗Betrag einer reellen Zahl).

Mit Hilfe der Signumfunktion $\operatorname{sgn} : \mathbb{R} \to \{-1, 0, 1\}$ gilt auch die Darstellung

$$|x| = \operatorname{sgn} x \cdot x\,.$$

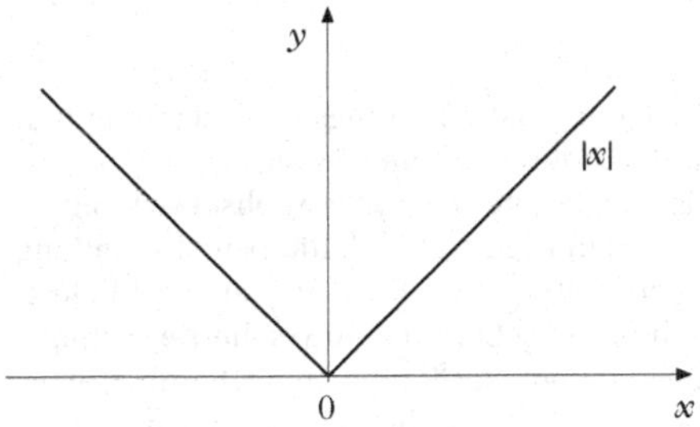

Betragsfunktion

Die Betragsfunktion $|\cdot| : \mathbb{R} \to [0, \infty)$ ist eine archimedische Bewertung von $\mathbb{R}$ (↗Absolutbetrag).

Sie ist auf ganz $\mathbb{R}$ stetig und auf $\mathbb{R} \setminus \{0\}$ auch differenzierbar; im Punkt 0 jedoch liegt keine Differenzierbarkeit vor, da hier die rechts- und linksseitige Ableitung der Betragsfunktion nicht übereinstimmen (↗einseitige Ableitung einer Funktion).

Betragsmaximum, ↗Betrag einer Intervallgröße.

Betragsminimum, innerhalb der Intervallarithmetik verwendeter Begriff.

Man kennt beispielsweise das Betragsminimum

a) eines reellen Intervalls $\mathbf{a} = [\underline{a}, \overline{a}]$:

$$\langle \mathbf{a}\rangle = \begin{cases} \min\{|\underline{a}|, |\overline{a}|\} & \text{, falls } 0 \notin \mathbf{a} \\ 0 & \text{, falls } 0 \in \mathbf{a}, \end{cases}$$

also der kleinste Nullpunktsabstand der Elemente von $\mathbf{a}$,

b) eines reellen ↗Intervallvektors $\mathbf{x} = (\mathbf{x}_i)$:

$$\langle \mathbf{x}\rangle = (\langle \mathbf{x}_i\rangle) \in \mathbb{R}^n;$$

c) einer reellen $(m \times n)$-Intervallmatrix $\mathbf{A} = (\mathbf{a}_{ij})$:

$$\langle \mathbf{A}\rangle = (\langle \mathbf{a}_{ij}\rangle) \in \mathbb{R}^{m\times n}$$

Betrags-Vorzeichen-Code, Darstellung vorzeichenbehafteter Zahlen, bei der ein Bit des Speicherbereiches als Vorzeichen und die übrigen als Betrag der Zahl interpretiert werden.

Dem Vorteil der einfachen Interpretierbarkeit steht der Nachteil gegenüber, daß die Null zwei Repräsentationen hat $(+0, -0)$.

Betrag-und-Vorzeichen-Darstellung, eine ↗Zahlendarstellung zu einer Basis d, bei der der Folge

$$(\alpha_n, \dots, \alpha_{-k}) \in \{0, d-1\} \times \{0, 1, \dots, d-1\}^{n+k}$$

die Zahl

$$\sum_{i=-k}^{n-1} \alpha_i \cdot d^i$$

zugeordnet wird, wenn $\alpha_n = 0$ gilt, und

$$-\sum_{i=-k}^{n-1} \alpha_i \cdot d^i,$$

wenn $\alpha_n = d-1$ gilt. Hierbei sind n und k aus $\mathbb{N}$.

Bei der Betrag-und-Vorzeichen-Darstellung handelt es sich um eine ↗Festkommadarstellung. Der Wert k gibt die Anzahl der Stellen hinter dem Komma an, der Wert n die Anzahl der Stellen vor dem Komma.

Betti, Enrico, italienischer Mathematiker und Physiker, geb. 21.10.1823 Pistoia (Italien), gest. 11.8.1892 Pisa.

Betti studierte an der Universität von Pisa, wo er 1857 Professor und später auch Rektor wurde. Bettis bedeutende Beiträge zur Mathematik liegen vor allem auf den Gebieten Algebra und Topologie. Mit fundamentalen Ergebnissen über die Auflösbarkeit algebraischer Gleichungen durch Radikale verhalf er der ↗Galois-Theorie zum Durchbruch.

1858 bereiste er gemeinsam mit Brioschi und Casorati Göttingen, Berlin und Paris, die mathematischen Zentren im Europa seiner Zeit. Um 1860 erzielte Betti für die Funktionentheorie wichtige Resultate zu elliptischen Funktionen und deren Anwendungen. Bekannt wurde Betti aber vor allem durch seine Untersuchungen zur Topologie.

1863 schrieb er unter dem Einfluß seines Freundes Riemann Arbeiten zur theoretischen Physik, insbesondere zur Potential- und Elastizitätstheorie.

Betti-Zahl, Anzahl der Elemente unendlicher Ordnung in einer Basis einer endlich erzeugten abelschen Gruppe.

Es sei G eine abelsche Gruppe. Dann heißt ein Erzeugendensystem $\mathcal{A}$ von G eine Basis von G, falls man jedes Element $x \in G, x \neq 1$, eindeutig als Produkt $x = a_1^{p_1} \cdot a_2^{p_2} \cdots a_n^{p_n}$ darstellen kann, wobei $0 < p_i < \operatorname{ord}(a_i)$ gilt. Ist G eine endlich erzeugte abelsche Gruppe, so besitzt G eine endliche, das heißt aus endlich vielen Elementen bestehende Basis. Die Elemente dieser Basis können von endlicher oder von unendlicher Ordnung sein.

Dann heißt die Anzahl der Elemente unendlicher Ordnung in einer Basis von G die Betti-Zahl der Gruppe G.

Beugung, die Abweichung vom geradlinigen Wellenfrontenverlauf, insbesondere in der Optik (Lichtstrahl).

Wegen der Welle-Teilchen-Dualität wird der Begriff z.T. auch auf Teilchenbahnen angewandt.

Besteht die Abweichung vom geradlinigen Verlauf lediglich in einem einzelnen Punkt, spricht man von ↗Brechung oder Reflexion. Bei der Brechung weicht die Richtung dadurch ab, daß der (Licht-)Strahl in ein Medium mit anderer Ausbreitungsgeschwindigkeit wechselt, bei der Reflexion ist es ein Hindernis (Spiegel), das die geradlinige Ausbreitung verhindert.

Weiterhin gibt es eine ganze Reihe von anderen Beugungserscheinungen, z. B. an Öffnungen und Kanten.

bewegte Ladung im Vakuum, wichtiger Gegenstand der Forschung und Modellbildung in der theoretischen Physik im folgenden Sinne:

Gemäß der Maxwellschen Theorie muß ein geladenes Teilchen, das sich im Vakuum auf einer gekrümmten Bahn oder beschleunigt bewegt, elektromagnetische Strahlung emittieren. Lediglich bei geradlinig gleichförmiger Bewegung kann ein geladenes Teilchen ohne Strahlung bleiben.

Mithin müßte sogar ein Elektron, das sich auf einer kreisförmigen Bahn um den Atomkern bewegt, ständig strahlen, und dann durch den so ausgelösten ständigen Energieverlust (der zur Abnahme seiner Geschwindigkeit und damit zu einer Verringerung der stabilisierenden Zentrifugalkraft führt) irgendwann durch die elektromagnetische Anziehung vom Atomkern eingefangen werden.

Es gehörte zu den Schlüsselfragen bei der Entwicklung der Quantentheorie, festzustellen, warum das nicht passiert, warum also Atome stabil sein können.

Die Antwort lautet aus heutiger Sicht relativ einfach: Bei Berücksichtungung der Quantenmechanik ist eine Strahlung auch bei gekrümmter Bahnkurve vermeidbar.

bewegtes Bezugssystem, ein ↗ Bezugssystem, das nicht ruhend ist.

Ein Bezugssystem heißt ruhend, wenn dessen Zeitachse tangential zur Weltlinie des Beobachters ist. Wenn man, wie meist üblich, nur Bezugssysteme mit einer global festgelegten zeitartigen Orientierung zuläßt, heißt das: Ein Bezugssystem ist genau dann ruhend, wenn sich die Bezugssystemzeit und die Eigenzeit des Beobachters lediglich um eine additive Konstante unterscheiden.

Im bewegten Bezugssystem dagegen unterscheiden sie sich dagegen noch zusätzlich um den speziell-relativistischen Lorentz-Faktor, der durch die sog. Lorentz-Kontraktion erklärt werden kann.

Bewegung, im Sinne der Theorie dynamischer Systeme eine Abbildung Φ^x, die für ein ↗dynamisches System (M, G, Φ) und ein $x \in M$ jedem $t \in G$ den Wert $\Phi^x(t) := \Phi(x, t)$ zuordnet.

Für die Verwendung des Begriffs „Bewegung“ im Sinne der mathematischen Physik vgl. ↗Bewegungsgleichung, im Sinne der Geometrie vgl. ↗Bewegungsgruppe.

Bewegungsaxiome, ↗Axiome der Geometrie.

Bewegungsgleichung, die im folgenden eingeführte Gleichung (1) für eine Ladung im elektrischen Feld.

Hat das Teilchen der Masse m die Bahnkurve $x(t)$, so ist die Trägheitskraft $m\ddot{x}$, und die Lorentzkraft ist gleich eE, wobei e die Ladung und E die elektrische Feldstärke ist. Die Bewegung des Teilchens erhält man dann aus der Gleichung

$$m\ddot{x} = eE\,. \qquad (1)$$

Diese Gleichung ist allerdings nur dann gültig, wenn die Ladung vernachlässigbar klein ist. Bei Berücksichtigung von Selbstwechselwirkungen, d. h., wenn man beachtet, daß die bewegte Ladung selbst einen Beitrag zum Elektrischen Feld liefert, ergibt sich die sog. Lorentz-Diracsche Bewegungsgleichung, die noch zusätzlich einen Term enthält, in dem die dritte zeitliche Ableitung von x vorkommt.

Bewegungsgruppe, Gruppe der Bewegungen im dreidimensionalen Raum.

Eine affine Abbildung $f : \mathbb{R}^3 \to \mathbb{R}^3$, die stets den Abstand zweier Punkte invariant läßt, heißt eine Bewegung. Dabei ist eine affine Abbildung $f(x) = Bx + c$ mit einer (3×3)-Matrix B genau dann eine Bewegung, wenn für die transponierte Matrix B^t von B gilt: $B^t = B^{-1}$.

Die Bewegungen bilden bezüglich der Hintereinanderausführung von Abbildungen eine Gruppe, die sogenannte Bewegungsgruppe.

Beweis, logische Operation, die unter Zuhilfenahme von allgemein akzeptierten Gedankengängen aus schon gegebenen Voraussetzungen neue Erkenntnisse gewinnt.

Die in mathematischen Beweisen benutzten Schlüsse müssen logisch korrekt sein, d. h., sie müssen von wahren Voraussetzungen zu wahren Behauptungen führen. Die mathematische Logik präzisierte den Beweisbarkeitsbegriff, indem sie inhaltlich geführte mathematische Beweise in kleinste Bausteine zerlegte. Dazu wurde zunächst die Gültigkeit von formalisierten Aussagen in ↗algebraischen Strukturen definiert, gewisse unbeweisbare Grundkenntnisse (Axiome) an den Anfang gestellt und mit Hilfe logisch korrekter Operationen aus den Grundkenntnissen und evtl. weiteren angenommenen Voraussetzungen neue Kenntnisse hergeleitet. Zu den Grundkenntnissen gehören fundamentale mengentheoretische Annahmen (Axiome der Mengenlehre), die die klassische Mathematik benötigt, und logische Axiome, die geeignet sind, die klassische Mathematik zu begründen.

Ein Beweis im Sinne der mathematischen Logik ist eine endliche Folge $(\varphi_1, \dots, \varphi_n)$ von formalen Ausdrücken einer zugrundegelegten Sprache, wobei die Folgeglieder gewissen Bedingungen genügen. Für jedes Glied φ_i des Beweises gilt eine der folgenden Bedingungen:

- φ_i ist ein logisches Axiom, oder
- φ_i ist eine dem Beweis zugrundegelegte Voraussetzung, d. h., $\varphi_i \in \Sigma$, wobei Σ die Menge der Voraussetzungen ist, unter denen der Beweis geführt werden soll, oder
- φ_i ist eine direkte Konsequenz vorhergehender Folgeglieder, d.h, φ_i wird mit Hilfe zuvor fixierter formaler Beweisregeln aus Folgegliedern φ_j mit $j < i$ erhalten (z. B. mit Hilfe der ↗Abtrennungsregel).

Ist Σ eine Menge von Ausdrücken (Voraussetzungen) und $(\varphi_1, \dots, \varphi_n)$ ein Beweis, der nur die Voraussetzungen aus Σ benutzt, und ist $\varphi_n = \varphi$, dann heißt $(\varphi_1, \dots, \varphi_n)$ Beweis für φ aus Σ.

In der Mathematik hat man im Laufe der Zeit eine Fülle effizienter ↗Beweismethoden entwickelt. Man vergleiche hierzu auch ↗Beweistheorie.

Beweismethoden

H. Wolter

Die verschiedenen Methoden des Beweisens sind das Ergebnis einer langen Abstraktionsfähigkeit des menschlichen Denkens. Ein ↗Beweis ist die Ableitung der Wahrheit einer Aussage aus schon als wahr anerkannten Aussagen. Daher sind bei Beweisen folgende grundlegende Überlegungen anzustellen:

(1) Unter welchen Voraussetzungen (*Prämissen*) soll eine Behauptung (*Conclusio*) bewiesen werden, und inwieweit sind die Voraussetzungen als „gesichertes" Wissen anzusehen?

(2) Welche Schlüsse sind zulässig, um von wahren Voraussetzungen zu wahren Behauptungen zu gelangen?

(1) ist nur sehr schwierig zu handhaben und kann i. allg. nicht schlüssig beantwortet werden. Z. B. gilt die (axiomatische) Mengenlehre als Fundament der Mathematik, auf dem sich mit logischen Hilfsmitteln das Gesamtgebäude der Mathematik aufbauen läßt. Es ist jedoch unklar, ob die zugrundegelegten Axiome der Mengenlehre, die man zum Aufbau der klassischen Mathematik benötigt, wirklich widerspruchsfrei sind. Unter der Akzeptanz dieser Axiome lassen sich die verschiedenen Gebiete der Mathematik mit gesicherten logischen Hilfsmitteln entwickeln. Hierbei spielen die Überlegungen (2) eine entscheidende Rolle. Es gibt jedoch auch unterschiedliche philosophische Auffassungen in den verschiedenen Richtungen der mathematischen Logik zu der Frage, welche logischen Axiome uneingeschränkt gelten sollen und welche Schlußregeln (Beweisregeln) demzufolge zulässig sind. Ein strittiger Punkt ist z. B. das *„tertium non datur"* (ein Drittes gibt es nicht), das die Zweiwertigkeit der Logik festschreibt. Unter dieser Voraussetzung (*Prinzip der Zweiwertigkeit*) ist jede (mathematische) Aussage entweder wahr oder falsch.

In der klassischen Mathematik wird dieses Prinzip uneingeschränkt anerkannt. Lehnt man es jedoch ab, dann ist ein Beweisen nur noch unter eingeschränkten Bedingungen möglich. Entsprechend dieser (philosophischen) Auffassungen innerhalb der Logik verändert sich der Beweisbarkeitsbegriff und die zulässigen Beweismethoden. Z. B. ist in der intuitionistischen Mathematik, wo das Prinzip der Zweiwertigkeit keine Gültigkeit besitzt, die später skizzierte Methode des indirekten Beweisens unzulässig.

Um den allgemeinen Beweisbegriff zu präzisieren, ist eine Formalisierung der zugrundegelegten sprachlichen Hilfsmittel und damit auch der logischen Hilfsmittel (logische Axiome, Schlußregeln) unerläßlich.

Es sei L eine ↗elementare Sprache (andere Sprachen werden hier nicht betrachtet, da dies zu weit führen würde) und Ax ein System logischer Axiome (das entsprechend der philosophischen Orientierung unterschiedlich gestaltet sein kann). Die logischen Axiome sind (im Rahmen dieser Orientierung) allgemeingültig und dienen als Grundvoraussetzungen für das Beweisen.

Ist Σ eine beliebige Menge von Ausdrücken aus L (Σ darf auch leer sein) und φ ein Ausdruck, dann ist φ aus Σ (im Rahmen der zugrundegelegten Logik) *beweisbar* (symbolisch $\Sigma \vdash \varphi$), wenn es eine endliche Folge $(\varphi_1, \dots, \varphi_n)$ von Ausdrücken in L gibt, so daß $\varphi_n = \varphi$ und jedes φ_i eine der folgenden Bedingungen erfüllt:

- $\varphi_i \in \mathsf{Ax}$ (φ_i ist ein logisches Axiom) oder
- $\varphi_i \in \Sigma$ (φ_i ist eine Voraussetzung) oder
- φ_i ist eine direkte Konsequenz aus vorhergehenden Folgegliedern, entsprechend der zulässigen Beweisregeln.

In der klassischen zweiwertigen Logik sind bei geeignetem Axiomensystem Ax die folgenden beiden Beweisregeln ausreichend.

(i) Modus Ponens (es gibt Indizes $j, k < i$ so, daß $\varphi_k = \varphi_j \rightarrow \varphi_i$),

(ii) Generalisierung (es gibt ein $j < i$ so, daß $\varphi_i = \forall x \varphi_j$).

Das Axiomensystem Ax bildet zusammen mit den Beweisregeln (i) und (ii) ein vollständiges logisches System in dem Sinne, daß mit Hilfe dieser Regeln aus Ax genau die in L formulierten Tautologien beweisbar sind (eine Fassung des Gödelschen Vollständigkeitssatzes). Bezeichnet $\models$ die Folgerungsrelation, dann bedeutet $\Sigma \models \varphi$:

Jedes Modell von Σ ist ein Modell von φ. Damit kann der Gödelsche Vollständigkeitssatz auch wie folgt formuliert werden:

$$\Sigma \models \varphi \iff \Sigma \vdash \varphi .$$

Nach der oben skizzierten Methode läßt sich prinzipiell jeder (mathematische) Beweis führen. Es wäre jedoch müßig und wenig hilfreich, jeden Beweis in diese kleinsten Bausteine zu zerlegen. In der mathematischen Praxis haben sich einige Beweismethoden herausgebildet, die häufig in Anwendung gebracht werden.

1. Beweis durch Fallunterscheidung.
Ist eine Behauptung B aus den Voraussetzungen $A_1, \ldots, A_n$ zu beweisen, dann ist die Gültigkeit von $A \rightarrow B$ mit $A := A_1 \wedge \ldots \wedge A_n$ zu zeigen. Hierbei kann es hilfreich sein, aus A zunächst eine Alternative $C \vee D$ herzuleiten, die der Fallunterscheidung dient, und schließlich aus $A \wedge C$ und aus $A \wedge D$ die Behauptung B zu zeigen. Dies liefert einen Beweis von B aus A mittels Fallunterscheidung. Die logische Grundlage für dieses Beweisverfahren ist durch die aussagenlogische Tautologie

$$(A \rightarrow C \vee D) \wedge (A \wedge C \rightarrow B) \wedge (A \wedge D \rightarrow B) \rightarrow (A \rightarrow B)$$

gegeben.

Natürlich darf die Alternative auch aus mehr als zwei Gliedern bestehen, man erhält dann entsprechend mehr zu unterscheidende Fälle. Besonders wichtig ist die Beweismethode für den Spezialfall, bei der als Alternative die Tautologie $C \vee \neg C$ verwendet wird.

2. Beweis einer Äquivalenz $A \leftrightarrow B$.
Aufgrund der aussagenlogischen Tautologie

$$(A \leftrightarrow B) \leftrightarrow (A \rightarrow B) \wedge (B \rightarrow A)$$

genügt es, die Implikationen $A \rightarrow B$ und $B \rightarrow A$ zu beweisen, was oft einfacher ist, als eine Seite der Äquivalenz $A \leftrightarrow B$ so lange äquivalent umzuformen, bis sie der anderen entspricht. Da in der zweiwertigen Logik die Kontraposition $(A \rightarrow B) \leftrightarrow (\neg B \rightarrow \neg A)$ Gültigkeit besitzt, ist ein Beweis von $A \rightarrow B$ schon durch einen Beweis von $\neg B \rightarrow \neg A$ gegeben.

3. Indirekter Beweis.
Indirekte Beweise sind nur unter dem Prinzip der Zweiwertigkeit zulässig. Sie basieren auf der Gültigkeit von $(\neg A \rightarrow F) \rightarrow A$, wobei A die zu beweisende Aussage und F eine falsche Aussage (z. B. $B \wedge \neg B$) ist. Aus der Annahme, daß A falsch, also $\neg A$ richtig ist (Prinzip der Zweiwertigkeit!), erhält man aus $\neg A$ einen Widerspruch (eine falsche Aussage F). Da die Beweisregeln die Gültigkeit vererben, d. h. von richtigen Voraussetzungen zu richtigen Behauptungen führen, kann die Aussage $\neg A$ nicht richtig gewesen sein; also gilt A als bewiesen. Diese Beweismethode wird von einigen Mathematikern abgelehnt, sie lassen nur „direkte" Beweise zu, bei denen die Zweiwertigkeit verworfen wird und somit indirekte Schlüsse unzulässig sind.

4. Induktionsbeweis (Beweis durch vollständige Induktion).
Mit dieser Methode werden Beweise für Eigenschaften von natürlichen Zahlen geführt. Sie basiert auf der Gültigkeit des Induktionsaxioms (↗ Arithmetik erster Ordnung). Induktionsbeweise können auch für andere mathematische Objekte verwendet werden, wenn diesen Objekten zuvor natürliche Zahlen zugeordnet worden sind und die Objekte dadurch eine gewisse Stufung erfahren haben. Eine Eigenschaft $E(n)$ für natürliche Zahlen n (bzw. für „gestufte" Objekte) kann dadurch bewiesen werden, daß

a) E auf Null zutrifft, also $E(0)$ gilt (*Induktionsanfang*) und

b) $\forall n(E(n) \rightarrow E(n+1))$ gilt (*Induktionsschritt*).

Eine All-Aussage $\forall n(E(n) \rightarrow E(n+1))$ ist genau dann gültig, wenn $E(m) \rightarrow E(m+1)$ für jede konkrete natürliche Zahl m gilt. Daher setzt man beim Induktionsschritt b) voraus, daß m eine beliebige, aber dann fixierte natürliche Zahl ist. Für dieses konkrete m ist $E(m) \rightarrow E(m+1)$ zu beweisen. $E(m)$ heißt dann *Induktionsvoraussetzung* und $E(m+1)$ *Induktionsbehauptung*. Eine Implikation ist schon immer dann wahr, wenn die Prämisse falsch ist. Wenn also E auf m nicht zutrifft, dann ist die Implikation trivialerweise richtig, und man hat nichts zu beweisen. Dieser triviale Fall wird meistens bei Induktionsbeweisen übergangen. Es bleibt nur der Fall zu betrachten, daß $E(m)$ gilt. Unter dieser Voraussetzung ist $E(m+1)$ nachzuweisen.

Wegen der Richtigkeit des Induktionsaxioms in der Form $E(0) \wedge \forall n \left(E(n) \rightarrow E(n+1)\right) \rightarrow \forall n E(n)$ ist somit $\forall n E(n)$ gezeigt, da die Prämisse des Axioms als richtig nachgewiesen wurde.

Achtung! Häufig benutzte falsche Formulierung für die Induktionsvoraussetzung: „*Für eine beliebige natürliche Zahl n gelte schon* $E(n)$“. Wer dies so formuliert, hat die Behauptung bereits vorausgesetzt.

Die folgenden Modifikationen des Induktionsaxioms lassen entsprechend modifizierte Induktionsbeweise zu. Seien m, k natürliche Zahlen, dann gilt:

- $E(k) \wedge \forall n(k \leq n \wedge E(n) \rightarrow E(n+1)) \rightarrow \forall n(k \leq n \rightarrow E(n))$
- $E(k) \wedge \forall n(k \leq n < m \wedge E(n) \rightarrow E(n+1)) \rightarrow \forall n(k \leq n \leq m \rightarrow E(n))$

5. Beweis mit Hilfe des Zornschen Lemmas.
Nimmt man unter den Axiomen der Mengenlehre das Auswahlaxiom auf, dann gilt auch das Zornsche Lemma, das häufig als Beweismittel herangezogen wird. Dieses Lemma kann wie folgt formuliert werden:

Ist $\langle A, \leq \rangle$ *eine halbgeordnete Menge und besitzt jede geordnete Teilmenge von A eine obere Schranke in A, dann besitzt A ein maximales Element.*

Hiermit kann man z. B. nachweisen, daß jeder Vektorraum eine Basis besitzt, oder daß in gewissen Ringen maximale Ideale existieren.

6. Transfinite Induktion.
Die vollständige Induktion dient als Beweismittel für Eigenschaften von natürlichen Zahlen (bzw. abzählbar vieler gestufter Objekte). Ein entsprechendes Beweismittel für Eigenschaften E von Ordinalzahlen (bzw. beliebig vieler durch Ordinalzahlen gestufter Objekte) bietet die transfinite Induktion. Sie stützt sich auf die (im Rahmen der Mengenlehre) beweisbare Aussage für Ordinalzahlen α, β: $\forall\alpha(\forall\beta(\beta < \alpha \rightarrow E(\beta)) \rightarrow E(\alpha)) \rightarrow \forall\alpha E(\alpha)$.

Will man eine Eigenschaft E für alle Ordinalzahlen beweisen, dann genügt es, für eine beliebige, aber dann fixierte Ordinalzahl α zu zeigen:

Besitzt jedes $\beta < \alpha$ die Eigenschaft E, dann besitzt auch α diese Eigenschaft. Da die Klasse der Ordinalzahlen aus der Null, den Nachfolger- und Limeszahlen besteht, lassen sich in der Praxis Beweise mit Hilfe der transfiniten Induktion wie folgt organisieren:

- *Anfangsschritt* $E(0)$,
- *Induktionsschritt*
  a) Ist α Nachfolgerzahl und gilt schon $E(\alpha)$, dann ist $E(\alpha+1)$ zu beweisen.
  b) Ist α Limeszahl und gilt $E(\beta)$ für jedes $\beta < \alpha$, dann ist $E(\alpha)$ nachzuweisen.

Bei Gültigkeit des Auswahlaxioms gilt auch der Wohlordnungssatz. Damit kann die transfinite Induktion nicht nur für Ordinalzahlen, sondern auch für beliebige Mengen genutzt werden, deren Elemente mit Ordinalzahlen „durchnumeriert“ sind.

Literatur

[1] Barwise, J.: Handbook of Mathematical Logic. North-Holland Amsterdam London New York Tokyo, 1993.

[2] Hilbert, D.; P. Bernays: Grundlagen der Mathematik I, II. Springer Berlin Heidelberg, 1939.

[3] Oberschelp, A.: Logik für Philosophen. BI Wissenschaftsverlag Mannheim Leipzig Wien Zürich, 1992.

[4] Pohlers, W.: Proof Theory, An Introduction. Springer Lecture Notes in Mathematics, Nr. 1407, Berlin, 1989.

[5] Schütte, K.: Proof-theory. Springer Berlin, 1977.

[6] Shoenfield, J.R.: Mathematical Logic. Reading London, 1967.

Beweistheorie, mathematische Theorie, die in den 20er Jahren von D. Hilbert und seinen Schülern mit dem Ziel entwickelt wurde, die Bedenken einiger Mathematiker gegen gewisse Schlüsse der klassischen Mathematik, wonach z. B. eine Existenzaussage schon dann als bewiesen gilt, wenn ihre Negation zu einem Widerspruch führt, zu entkräften. Die Bedenken kamen insbesondere aus der intuitionistischen Mathematik, wo ein mathematisches Objekt nur dann als existent angesehen wird, wenn es mit finiten Mitteln wirklich „konstruiert“ werden kann.

Zur Umsetzung seines Programms gab Hilbert der klassischen Mathematik eine neue Deutung, indem er die jeweils betrachtete mathematische Theorie formalisierte und sie axiomatisch zu begründen versuchte. Beweiszusammenhänge erschienen nun als rein strukturelle Umformungen von Zeichenreihen. Ein mathematischer Beweis wurde damit zu einer endlichen Folge von Ausdrücken der zugrundegelegten ↗ elementaren Sprache, deren Folgeglieder formalen Regeln genügen, wobei diese Schlußregeln die inhaltlichen Schlußweisen der klassischen Mathematik widerzuspiegelten hatten. Zur praktischen Umsetzung des Programms sind mehrere grundlegende Voraussetzungen zu schaffen:

1. Die Grundbegriffe des zu axiomatisierenden mathematischen Gebietes sind anzugeben, auf die jeder weitere benutzte Begriff durch eine explizite Definition zurückzuführen ist. Durch diese Grundbegriffe ist eine elementare Sprache L festgelegt.

2. Die zulässigen Beweisregeln sind so zu wählen, daß sie mit finiten Mitteln auskommen. Diese Regeln stützen sich ausschließlich auf anschaulich evidente elementare logische und mathema-

tische Beziehungen kombinatorischer Natur zwischen den Ausdrücken und Aussagen aus L. Insbesondere sind indirekte Beweise (↗Beweismethoden) unzulässig, und eine Existenzaussage gilt nur dann als bewiesen, wenn sich ein Objekt, dessen Existenz behauptet wird, effektiv angeben läßt.

3. Es ist eine „überschaubare" (rekursive) Menge Σ von „gültigen" Aussagen aus dem betrachteten Gebiet anzugeben, die als Axiomensystem dient. Von einem solchen Axiomensystem wird die Widerspruchsfreiheit gefordert, d. h., mit Hilfe der zulässigen Beweisregeln darf ein Ausdruck der Gestalt $\varphi \wedge \neg\varphi$ nicht herleitbar sein.

Schließlich sollte das Axiomensystem Σ nach Möglichkeit vollständig sein, d. h., für jede L-Aussage (↗L-Formel) φ ist entweder φ oder $\neg\varphi$ aus Σ (formal) beweisbar.

Um die Widersprüchlichkeit eines Axiomensystems Σ nachzuweisen, genügt es, einen Ausdruck φ und einen Beweis $(\varphi_1, \dots, \varphi_n)$ aus Σ anzugeben, so daß $\varphi_n = \varphi \wedge \neg\varphi$. Dies läßt sich prinzipiell mit finiten Mitteln erreichen. Ein völlig anderes Problem ist der Nachweis der Widerspruchsfreiheit von Σ, da man sich hierbei eventuell auf weitere Voraussetzungen stützen muß, deren Widerspruchsfreiheit ebenfalls zu sichern ist.

Das Hilbertsche Programm erwies sich als nicht mehr realisierbar, als Gödel 1931 seinen Unvollständigkeitssatz veröffentlichte, der im wesentlichen besagt, daß die Widerspruchsfreiheit nicht mit den logischen Hilfsmitteln bewiesen werden kann, die in dem betrachteten Kalkül formalisierbar sind. Insbesondere zeigte Gödel, daß es nicht möglich ist, die Widerspruchsfreiheit der elementaren Arithmetik in dem oben beschriebenen Sinne nachzuweisen, und daß es kein vollständiges (rekursives) Axiomensystem gibt, aus dem alle wahren Sätze der Arithmetik herleitbar sind. Dadurch waren gewisse Grenzen, aber nicht das Ende der Beweistheorie markiert, die sich nun als eigenständige mathematische Disziplin entwickelte.

Die moderne Beweistheorie untersucht die formalisierte Mathematik. Sie befaßt sich vor allem mit Problemen der folgenden Art: Mit welchen Mitteln ist die Widerspruchsfreiheit welcher formalisierter Theorien zu beweisen?

bewerteter Graph, Bezeichnung innerhalb der ↗Graphentheorie für einen Graphen G zusammen mit einer Abbildung $\varrho : K(G) \to \mathbb{R}$.

Für $k \in K(G)$ nennt man $\varrho(k)$ Bewertung oder Länge der Kante k. Ist H ein ↗Teilgraph von G, so wird durch

$$\varrho(H) = \sum_{k \in K(H)} \varrho(k)$$

die Bewertung oder Länge von H definiert. Dieser Längenbegriff stimmt mit dem in nicht bewerteten Graphen überein, wenn man jeder Kante die Länge Eins zuordnet.

Ein Weg zwischen zwei Ecken x und y, dessen Länge unter allen Wegen von x nach y minimal ist, heißt kürzester Weg von x nach y. Ist C ein Kreis mit $\varrho(C) < 0$, so spricht man von einem Kreis negativer Länge. Analog lassen sich natürlich auch bewertete Digraphen definieren.

In den Anwendungen spielen die bewerteten Graphen und Digraphen eine wichtige Rolle. Die Längen von Kanten können dabei Entfernungen, Zeiten, Kosten, Gewinne und vieles andere bedeuten.

bewerteter Körper, ein Körper $\mathbb{K}$, auf dem eine Bewertung φ (↗Bewertung eines Körpers) ausgezeichnet ist.

Bewertung eines Körpers, Abbildung von einem Körper in die reellen Zahlen mit folgender Eigenschaft.

Sei $\mathbb{K}$ ein Körper und $\varphi : \mathbb{K} \to \mathbb{R}$ eine Abbildung. Sie heißt Bewertung des Körpers $\mathbb{K}$, falls gilt
1. $\varphi(a) > 0$ für $a \neq 0$ und $\varphi(0) = 0$,
2. $\varphi(a \cdot b) = \varphi(a) \cdot \varphi(b)$,
3. $\varphi(a + b) \leq \varphi(a) + \varphi(b)$.

Durch $\varphi(a) = 1$ für $a \neq 0$ und $\varphi(0) = 0$ wird für jeden Körper die triviale Bewertung gegeben.

Für $\mathbb{Q}$, $\mathbb{R}$ und $\mathbb{C}$ wird jeweils eine Bewertung durch den Betrag der rationalen, reellen bzw. komplexen Zahl gegeben.

Es gibt eine Reihe von Bewertungen, welche statt der Bedingung 3. die schärfere Ungleichung
3'. $\varphi(a + b) \leq \max(\varphi(a), \varphi(b))$
erfüllen. Eine solche Bewertung heißt nichtarchimedische Bewertung. Bei einer nichtarchimedischen Bewertung gilt für alle $n \in \mathbb{N}$:

$$\varphi(n \cdot 1_K) \leq 1 .$$

Beispiele nichtarchimedischer Bewertungen von $\mathbb{Q}$ liefern die für jede Primzahl p definierten p-adischen Bewertungen. Für nichtarchimedische Bewertungen ist manchmal der Übergang zur ↗Exponentenbewertung nützlich.

Für viele Betrachtungen könnnen ↗äquivalente Bewertungen identifiziert werden.

Bézier, Pierre Etienne, französischer Ingenieur und Mathematiker, geb. 1.9.1910 Paris, gest. 25.11.1999 Paris.

Bézier, dessen Vater und Großvater bereits Ingenieure gewesen waren, studierte ebenfalls diese Fachrichtung und schloß das Studium im Jahr 1931 erfolgreich ab. Seinen Doktorgrad in Mathematik erhielt er von der Universität in Paris im Jahr 1977, also 46 Jahre später!

Dazwischen lag ein erfolgreiches Leben als Entwicklungsingenieur beim Automobilhersteller Renault, wo er 1933 eintrat und bis zum Antritt seines Ruhestands im Jahr 1975 auch blieb.

Bézier befaßte sich bereits 1960 mit dem „CAD-CAM“ und war sehr erfolgreich bei der Entwicklung seines UNISURF-Systems, das 1968 in die Erprobungsphase kam und seit 1975 voll eingesetzt wird. Es war damit eines der ersten profesionell arbeitenden CAD-Systeme der Welt.

Béziers Name ist untrennbar verbunden mit zahlreichen Bereichen des Computer-Aided Design (man denke an Bézier-Flächen und Bézier-Kurven), nicht zuletzt auch dadurch, daß Mitte der 70er Jahre die akademische Welt auf seine Ideen aufmerksam wurde und konsequent weiterentwickelte. Er selbst startete seine akademische Laufbahn 1968, als er Professor für Ingenieurwissenschaften wurde, eine Position, die er bis 1979 innehatte. Er erhielt zahlreiche Preise und Würdigungen, u. a. ein Ehrendoktorat der Technischen Universität Berlin.

Bézier-Fläche, meist über einem ↗dreieckigen Parametergebiet bezüglich einer Basis aus verallgemeinerten Bernstein-Polynomen definierte Fläche.

Zu jedem Tripel (i_1, i_2, i_3) aus der Indexmenge

$$I = \{(i_1, i_2, i_3) \in \mathbb{N}_0^3;\ i_1 + i_2 + i_3 = n\}$$

sei ein ↗Kontrollpunkt $b_{(i_1,i_2,i_3)} \in \mathbb{R}^d$ vorgegeben. Weiterhin bezeichne $B^n_{(i_1,i_2,i_3)}$ das verallgemeinerte Bernstein-Polynom n-ten Grades zu diesem Index.

Dann ist die zugehörige Bézier-Fläche definiert als die Abbildung

$$B(P) = \sum_{(i_1,i_2,i_3)\in I} b_{(i_1,i_2,i_3)} B^n_{(i_1,i_2,i_3)}(P)\,,$$

wobei P das zugrundegelegte dreieckige Parametergebiet durchläuft.

Diese Fläche besitzt die ↗convex-hull-property, und kann mit einer Verallgemeinerung des ↗de Casteljau-Algorithmus ausgewertet werden.

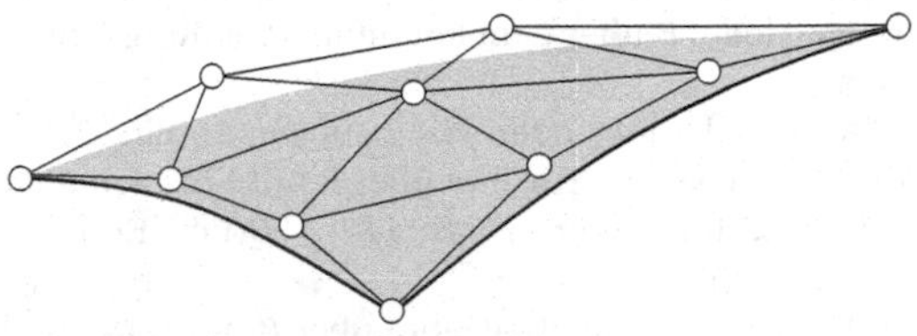

Bézierfläche über einem dreieckigen Parametergebiet mit ihrem Bézier-Netz

In manchen Fällen betrachtet man auch Bézier-Flächen über rechteckigen Parametergebieten. Diese Bézier-Tensorprodukt-Flächen mit Kontrollpunkten $b_{ij} \in \mathbb{R}^d$, $i = 0, \dots, n$, $j = 0, \dots, m$, sind durch

$$B(u, v) = \sum_{i=0}^{n} \sum_{j=0}^{m} b_{ij} B_i^n(u) B_j^m(v)$$

definiert, wobei die Funktionen B_i^m Bernstein-Polynome darstellen. Man spricht auch von einer Bézierfläche über einem rechteckigen Parametergebiet.

Bézier-Kurve, bezüglich einer Basis von ↗Bernstein-Polynomen dargestellte Kurve.

Sind B_j^n, $j = 0, \dots, n$, die Bernstein-Polynome vom Grad n, und bezeichnet $\{b_j\}_{j=0,\dots,n}$ eine Folge von ↗Kontrollpunkten im $\mathbb{R}^d$, so ist die zugehörige Bézier-Kurve definiert als die Abbildung

$$B(x) = \sum_{j=0}^{n} b_j B_j^n(x).$$

Sie besitzt die ↗convex-hull-property, und kann mit Hilfe des ↗de Casteljau-Algorithmus ausgewertet werden.

Bézier-Netz, stückweise lineare Verbindung einer Folge von ↗Kontrollpunkten einer ↗Bézier-Fläche.

Verbindet man jeweils drei (im Falle eines dreieckigen Parametergebietes) bzw. vier (im Falle eines viereckigen Parametergebietes) benachbarte Kontrollpunkte durch eine Strecke, so ergibt die Komposition dieser Teilstrecken das gewünschte Bézier-Netz.

Bézier-Polygon, stückweise lineare Verbindung einer Menge von ↗Kontrollpunkten einer ↗Bézier-Kurve.

Ist eine Menge $\{b_i\}_{i=0,\dots,n}$ von Kontrollpunkten im $\mathbb{R}^d$ vorgegeben, und verbindet man jeweils zwei aufeinanderfolgende Punkte b_i und b_{i+1} durch eine Strecke, so ergibt die Komposition dieser n Teilstrecken das gewünschte Bézier-Polygon.

Bézout, Étienne, französischer Mathematiker, geb. 31.3.1730 Nemours (Frankreich), gest. 27.9.1783 Fontainebleau (Frankreich).

Bézout wurde 1758 an die Akademie berufen. Er unterrichtete ab 1763 Offiziersschüler der Marine und ab 1768 auch der Artillerie. In dieser Position verfaßte er 1764–1769 ein mehrfach neuaufgelegtes sechsbändiges Mathematiklehrbuch, welches über viele Jahre ein Standardwerk für Mathematikstudenten wurde.

Mit seinen Untersuchungen zu linearen Gleichungen trug er zur Herausbildung der Determinantentheorie bei. Er lieferte wichtige Beiträge zur Eliminationstheorie für Systeme algebraischer Gleichungen in n Unbekannten, bildete Resolventen zu Gleichungen n-ten Grades und bewies Maclaurins Satz über die Schnittpunktanzahl algebraischer Kurven.

Bézout, Satz von, wichtiger Satz über den Zusammenhang zwischen Grad und Schnittvielfachheit von Kurven.

Sei $X \subseteq \mathbb{P}^n$ abgeschlossen, $X \neq \emptyset$. Dann ist der Grad von X in $\mathbb{P}^n$ definiert als die Multiplizität des affinen Kegels $c\mathbb{A}(X) \subseteq \mathbb{A}^{n+1}$ in seiner Spitze 0: $\deg(X) := \mu_0(c\mathbb{A}(X))$. Seien $X, Y \subseteq \mathbb{P}^2$ abgeschlossene Kurven ohne gemeinsame irreduzible Komponente. Die Schnittvielfachheit $\mu_p(X \cdot Y)$ von X und Y in p ist definiert als die Multiplizität des lokalen Ringes

$$\mathcal{O}_{\mathbb{P}^2,p}/\left(I_{\mathbb{P}^2,p}(X) + I_{\mathbb{P}^2,p}(Y)\right),$$

wobei $I_{\mathbb{P}^2,p}(X)$, $I_{\mathbb{P}^2,p}(Y) \subseteq \mathcal{O}_{\mathbb{P}^2,p}$ die lokalen Verschwindungsideale seien. Dann gilt:

$X \cap Y$ ist endlich, und es gilt

$$\sum_{p \in X \cap Y} \mu_p(X \cdot Y) = \deg(X) \cdot \deg(Y).$$

[1] Brodmann, M.: Algebraische Geometrie. Birkhäuser Basel, 1989.

[2] Fulton, W.: Intersection Theory. Springer Verlag Berlin/Heidelberg, 1998.

Bezugssystem, speziell in der Relativitätstheorie ein System aus vier Koordinaten zur Bezeichnung der Punkte der vierdimensionalen Raum-Zeit.

Meist werden hierbei eine zeitartige und drei raumartige Koordinaten gewählt. Es gibt aber z. B. auch die Möglichkeit, zwei lichtartige (u und v) und zwei raumartige Koordinaten (y und z) einzuführen. In solchen Fällen kann jedoch durch $t = u + v$ und $x = u - v$ wieder die übliche $(1+3)$-Zerlegung erzeugt werden.

Man unterscheidet ein bewegtes Bezugssystem von einem ruhenden wie folgt:

Ein Bezugssystem heißt ruhend, wenn dessen Zeitachse tangential zur Weltlinie des Beobachters ist, es wird auch Ruhesystem genannt.

Wenn sich jeder Beobachter, für den das Bezugssystem als ruhend angesehen wird, geradlinig gleichförmig bewegt, spricht man von einem Inertialsystem. Dieser Begriff spielt vor allem bei der Herleitung der Speziellen Relativitätstheorie eine Rolle.

In der Allgemeinen Relativitätstheorie werden teilweise noch allgemeinere (sogenannte anholonome Systeme) Bezugssysteme verwendet, wie im folgenden kurz ausgeführt wird:

Wenn, wie oben angegeben, vier Koordinaten eingeführt sind, kann man in einem festen Punkt anstelle der Koordinatenlinien auch die Tangenten an die Koordinatenlinien verwenden, um Raum-Zeit-Punkte zu charakterisieren. Damit wird in jedem Raum-Zeit-Punkt ein Vierbein, d. h. ein Vier-Tupel von linear unabhängigen Vektoren, definiert.

Diese Überlegung führte zu einer Neuformulierung der Allgemeinen Relativitätstheorie, in der anstelle der Koordinaten diese Vierbeine als grundlegend für die Beschreibung der Raum-Zeit gelten.

[1] Stephani, H.: General Relativity. Cambridge University Press, 1990.

BFGS-Verfahren, ↗Broyden-Fletcher-Goldfarb-Shanno, Verfahren von.

BG-Mengenlehre, ↗ axiomatische Mengenlehre.

Bhāskara I, indischer Astronom und Mathematiker, lebte um 600 in Indien.

Bhāskara gilt als der bedeutendste Vertreter der von Āryabhaṭa I begründeten astronomischen Schule.

Er befaßte sich bereits mit der Aufgabe, die später zum Satz von Wilson führte: Wenn p eine Primzahl ist, ist $1 + (p-1)!$ durch p teilbar?

Bhāskara formulierte auch Sätze über Lösungen der sogenannten Pellschen Gleichung und gab Approximationsformeln für $\sin\alpha$ mit $\alpha < 90°$ und Beziehungen zwischen Sinus und Cosinus sowie zwischen dem Sinus eines Winkels $> 90°$, $> 180°$ oder $> 270°$ und dem Sinus eines Winkels $< 90°$ an.

Bhāskara II, indischer Mathematiker und Astronom, geb. 1114 Vijjaḷabiḍa, auch Bijjaḷabiḍa, Vījāpur oder Bījāpur (Provinz Karnata, Indien), gest. 1185 Ujjain (Indien).

Bhāskara stellte die Spitze des mathematischen Wissens im 12. Jahrhundert dar. Er hatte ein Verständnis der Zahlensysteme und des Lösens von Gleichungen, wie es in Europa erst viel später erreicht wurde. Er leitete das Observatorium in Ujjain, dem führenden mathematischen Zentrum im Indien seiner Zeit.

Er kannte negative Zahlen und die Null. Er studierte die Pellsche Gleichung und mehrere diophantische Probleme. Er schrieb mehrere mathematische und astronomische Abhandlungen. In letzteren vollzog er als erster indischer Mathematiker den Übergang zur Differentialrechnung.

Bialgebra über *R*, ein Tupel $(B, m, \varepsilon, \Delta, \alpha)$ mit einem Modul B über dem kommutativen Ring R mit Eins.

Es seien die folgenden Bedingungen erfüllt:

1. (B, m, ε) ist eine Algebra über R mit Einselement 1_B, Multiplikation $m : B \otimes B \to B$ und Einheit $\varepsilon : R \to B$.
2. (M, Δ, α) ist eine Koalgebra über R mit Komultiplikation $\Delta : B \to B \otimes B$ und Koeinheit $\alpha : B \to R$.
3. Die Abbildungen Δ und α sind Algebrenhomomorphismen.

Hopfalgebren sind Bialgebren mit zusätzlichen Eigenschaften. Beispiele von Bialgebren sind die Gruppenalgebren $\mathbb{K}[G]$ und die universelle Einhüllende $U(L)$ einer Lie-Algebra über $\mathbb{K}$.

Für das letztere Beispiel ist die Komultiplikation $\Delta : U(L) \to U(L) \otimes U(L)$ induziert durch $x \mapsto x \otimes 1 + 1 \otimes x$ und die Koeinheit $\alpha : U(L) \to \mathbb{K}$ induziert durch $x \mapsto 0$ (und $1_{U(L)} \mapsto 1_{\mathbb{K}}$).

Bianchi, Luigi, italienischer Mathematiker, geb. 18.1.1856 Parma, gest. 6.6.1928 Pisa.

Bianchi studierte bis 1877 bei Betti und Dini in Padua und später in München und Göttingen bei Klein. Ab 1881 erhielt er in Pisa Professuren für Differentialgeometrie, projektive und analytische Geometrie. 1890 wurde er Professor für analytische Geometrie. Einstein nutzte seine Ergebnisse zur nichteuklidischen Geometrie für seine Allgemeine Relativitätstheorie.

Bianchi lieferte auch Beiträge zur Differentialgeometrie, zu Lie-Gruppen, zu Funktionen komplexer Variabler, zu algebraischen Zahlen und zur Theorie elliptischer Funktionen.

Bianchi-Identitäten, Typus von Gleichungen in der Riemannschen Geometrie.

Das Vorliegen dieser Identitäten beschreibt eine Eigenschaft des Riemannschen Krümmungstensors R einer Riemannschen Mannigfaltigkeit (M, g).

Ist ∇ die kovariante Ableitung in (M, g), so gelten die erste und die zweite Bianchi-Identität

$$R(X, Y)Z + R(Y, Z)X + R(Z, X)Y = 0 \qquad (1)$$

und

$$\nabla_X R(Y, Z) + \nabla_Y R(Z, X) + \nabla_Z R(X, Y) = 0\,, \qquad (2)$$

wobei X, Y, Z drei beliebige Vektorfelder auf M sind. Man nennt auch (1) die algebraische und (2) die differentielle Bianchi-Identität.

In einer differenzierbaren Mannigfaltigkeit mit beliebigem affinem Zusammenhang ∇ und Torsionstensor $T(X, Y)$ gelten für den Krümmungstensor die allgemeineren Gleichungen

$$\mathfrak{S}\{R(X, Y)Z\} = \mathfrak{S}\{T(T(X, Y), Z) + (\nabla_X T)(Y, Z)\}$$

und

$$\mathfrak{S}\{(\nabla_X T)(Y, Z) + R(T(X, Y), Z)\} = 0\,,$$

in denen unter $\mathfrak{S}$ die zyklische Summe zu verstehen ist, die man durch

$$\mathfrak{S}(f(X, Y, Z)) = f(X, Y, Z) + f(Y, Z, X) + f(Z, X, Y)$$

definiert. Daraus folgen die beiden Bianchi-Identitäten für jeden torsionsfreien Zusammenhang.

In der ↗Allgemeinen Relativitätstheorie wird die sog. verjüngte Bianchi-Identität benutzt, um die Gültigkeit der Gleichung $T^{ij}_{\ ;j} = 0$ zu beweisen, wobei in der dort üblichen Notation das Semikolon die kovariante Ableitung bedeutet.

Diese Gleichung kann man sowohl als relativistische Form der Energie- und Impuls-Erhaltungssätze interpretieren, als auch als Bewegungsgleichungen für Teilchen im Gravitationsfeld. Da die Bianchi-Identitäten eine rein geometrische Gleichheit darstellen, hat man damit gezeigt, daß sich die genannten physikalischen Größen im Rahmen der Allgemeinen Relativitätstheorie geometrisieren lassen.

bias, (engl. Vorbelastung, Vorspannung), im Kontext ↗Neuronale Netze die Realisierung eines Schwellwerts durch ein zusätzliches formales Neuron mit konstantem Ausgabewert.

Häufig auch lediglich synonyme Bezeichnung für Schwellwert.

Biberfunktion, ↗busy-beaver-Funktion.

BiCG-Verfahren, iteratives ↗Krylow-Raum-Verfahren zur Lösung eines linearen Gleichungssystems $Ax = b$, wobei $A \in \mathbb{R}^{n \times n}$ eine beliebige (insbesondere unsymmetrische) Matrix sei. Da im Laufe der Berechnungen lediglich Matrix-Vektor-Multiplikationen benötigt werden, ist das Verfahren besonders für große ↗sparse Matrizen A geeignet.

Das BiCG-Verfahren ist eine Verallgemeinerung des konjugierten Gradienten-Verfahrens für Gleichungssysteme mit symmetrisch positiv definiten Koeffizientenmatrizen.

Es wird dabei, ausgehend von einem (beliebigen) Startvektor $x^{(0)}$, eine Folge von Näherungsvektoren $x^{(k)}$ an die gesuchte Lösung x gebildet. Dabei wird der Vektor $x^{(k)}$ so gewählt, daß

$$x^{(k)} \in \{x^{(0)} + \mathcal{K}_k(A, r^{(0)})$$

für

$$r^{(0)} = b - Ax^{(0)}$$

und zusätzlich so, daß

$$r^{(k)} = b - Ax^{(k)} \perp \mathcal{K}_k(A, s^{(0)})$$

für ein $s^{(0)} \in \mathbb{R}^n$.

Dabei bezeichnet $\mathcal{K}_k(A, x)$ den Krylow-Raum

$$\mathcal{K}_k(A, x) = \{x, Ax, A^2x, \dots, A^{k-1}x\}\,.$$

Man verwendet das unsymmetrische ↗Lanczos-Verfahren zur Berechnung einer Basis dieser Krylow-Räume, da sich dann kurze Rekursionsformeln für die Berechnung des nächsten Vektors $x^{(k)}$ ergeben. Zur Berechnung von $x^{(k)}$ wird so lediglich der Vektor $x^{(k-1)}$ und der $(k-1)$-te Spaltenvektor von Q_k benötigt.

Nach k Schritten des Lanczos-Verfahrens erhält man

$$\begin{aligned} AQ_k &= Q_k T_k + r_k e_k^T\,, \\ A^T P_k &= P_k T_k^T + s_k^T e_k\,, \\ P_k^T Q_k &= I \end{aligned}$$

mit

$$T_k = \begin{pmatrix} \alpha_1 & \beta_1 & & & \\ \beta_1 & \alpha_2 & \beta_2 & & \\ & \ddots & \ddots & \ddots & \\ & & \ddots & \ddots & \beta_{k-1} \\ & & & \beta_{k-1} & \alpha_k \end{pmatrix} \in \mathbb{R}^{k\times k}.$$

$y^{(k)}$ ist als die Lösung des linearen Ausgleichsproblems

$$\min_{y\in\mathbb{R}^k} \|\frac{e_1}{\|r^{(0)}\|_2} - T_k y\|_2$$

zu wählen, wobei $e_1 = [1, 0, \dots, 0]^T \in \mathbb{R}^k$. Das Ausgleichsproblem kann effizient mittels der Methode der kleinsten Quadrate gelöst werden.

Aufgrund des zugrundeliegenden Lanczos-Verfahrens kann das BiCG-Verfahren vorzeitig zusammenbrechen, ohne eine Lösung des Problems zu berechnen. Mithilfe von sogenannten look-ahead Techniken ist es möglich, diese Probleme zu umgehen.

bidirektionaler assoziativer Speicher, *BAM* (engl. bidirectional associative memory), spezielle Realisierung eines ↗assoziativen Speichers im Kontext ↗Neuronale Netze, dessen Besonderheit der bidirektionale Signalfluß ist.

Im folgenden wird die prinzipielle Funktionsweise eines bidirektionalen assoziativen Speichers anhand des von Bart Kosko gegen Ende der achtziger Jahre eingeführten Prototyps erläutert (diskrete Variante).

Dieses spezielle Netz, das in der Literatur auch häufig kurz Kosko-Netz genannt wird, ist zweischichtig aufgebaut mit n formalen Neuronen in der ersten Schicht und m formalen Neuronen in der zweiten Schicht. Alle formalen Neuronen der ersten Schicht sind bidirektional mit allen formalen Neuronen der zweiten Schicht verbunden und können sowohl Eingabe- als auch Ausgabewerte übernehmen bzw. übergeben.

Bei dieser topologischen Fixierung geht man allerdings implizit davon aus, daß alle Neuronen in zwei verschiedenen Ausführ-Modi arbeiten können (bifunktional): Als Eingabeneuronen sind sie reine ↗fanout neurons, während sie als Ausgabeneuronen mit der sigmoidalen Transferfunktion $T : \mathbb{R} \to \{-1, 0, 1\}$,

$$T(\xi) := \begin{cases} -1 & \text{für } \xi < 0, \\ 0 & \text{für } \xi = 0, \\ 1 & \text{für } \xi > 0, \end{cases}$$

arbeiten und Ridge-Typ-Aktivierung mit Schwellwert $\Theta := 0$ verwenden (zur Erklärung dieser Begriffe siehe ↗formales Neuron).

Die folgende Abbildung dient zur Illustration; zu Ihrer Erläuterung sei ferner erwähnt, daß alle parallel verlaufenden und entgegengesetzt orientierten Vektoren sowie die Ein- und Ausgangsvektoren jedes Neurons wie üblich zu einem bidirektionalen Vektor verschmolzen wurden, um die Skizze übersichtlicher zu gestalten und die Bidirektionalität auch optisch zum Ausdruck zu bringen.

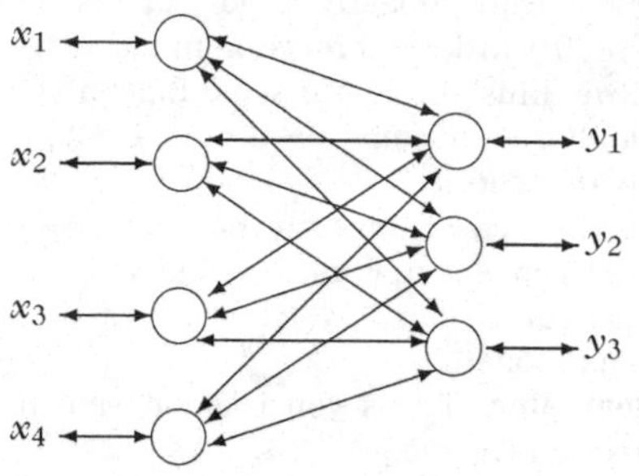

Struktur eines BAM nach Kosko

Dem Netz seien im Lern-Modus die bipolar codierten Trainingswerte

$$(x^{(s)}, y^{(s)}) \in \{-1, 1\}^n \times \{-1, 1\}^m \,, \quad 1 \le s \le t \,,$$

zur Speicherung übergeben worden und dazu die Gewichte

$$w_{ij} \in \mathbb{R} \,, \quad 1 \le i \le n, \quad 1 \le j \le m \,,$$

in irgendeinem Lern-Prozeß, z. B. mit der Hebb-Lernregel, berechnet worden.

Wird nun dem Netz im Ausführ-Modus ein beliebiger bipolarer Eingabevektor

$$x = x^{[0]} = (x_1^{[0]}, \dots, x_n^{[0]}) \in \{-1, 1\}^n$$

über die erste Schicht übergeben, sowie formal

$$y = y^{[-1]} := (-1, \dots, -1) \in \{-1, 1\}^m$$

gesetzt, so erzeugt das Netz zunächst eine Folge von Vektoren $(x^{[u]}, y^{[u]})_{u\in\mathbb{N}}$ gemäß

$$y_j^{[u]} := \begin{cases} T(\sum_{i=1}^n w_{ij} x_i^{[u]}), & \sum_{i=1}^n w_{ij} x_i^{[u]} \ne 0, \\ y_j^{[u-1]}, & \sum_{i=1}^n w_{ij} x_i^{[u]} = 0, \end{cases}$$

$1 \le j \le m$,

$$x_i^{[u+1]} := \begin{cases} T(\sum_{j=1}^m w_{ij} y_j^{[u]}), & \sum_{j=1}^m w_{ij} y_j^{[u]} \ne 0, \\ x_i^{[u]}, & \sum_{j=1}^m w_{ij} y_j^{[u]} = 0, \end{cases}$$

$1 \le i \le n$.

Als finalen Ausgabevektor liefert das Netz dann über die zweite Schicht denjenigen bipolaren Vektor $y^{[v]} \in \{-1,1\}^m$, für den erstmals $y^{[v]} = y^{[v+1]}$ für ein $v \in \mathbb{N}$ gilt, also

$$y := y^{[v]} = (y_1^{[v]}, \dots, y_m^{[v]}) \in \{-1,1\}^m .$$

Daß ein erster derartiger Vektor existiert oder – wie man auch sagt – daß das Netz in einen stabilen Zustand übergeht, zeigt man, indem man nachweist, daß das sogenannte Energiefunktional

$$E : \{-1,1\}^n \times \{-1,1\}^m \to \mathbb{R},$$

$$E(x,y) := -\sum_{i=1}^{n}\sum_{j=1}^{m} w_{ij}x_iy_j,$$

auf den Zuständen des Netzes stets abnimmt, solange sich diese ändern.

Aufgrund der Endlichkeit des Zustandsraums $\{-1,1\}^n \times \{-1,1\}^m$ kann dies jedoch nur endlich oft geschehen und die Terminierung des Ausführ-Modus ist gesichert.

Die Funktionalität eines assoziativen Speichers realisiert das so erklärte Netz dadurch, daß es in vielen Fällen für einen geringfügig verfälschten bipolaren x-Eingabevektor der Trainingswerte den korrekten, fehlerfreien zugehörigen y-Ausgabevektor liefert.

Bidualraum, der ↗Dualraum des Dualraums. Sei X ein Banachraum oder ein lokalkonvexer Raum und X' sein Dualraum. Dann heißt $(X')' =: X''$ der Bidualraum von X. Vgl. dazu auch die ↗kanonische Einbettung eines Banachraums in seinen Bidualraum.

Bieberbach, Ludwig, deutscher Mathematiker, geb. 4.12.1886 Goddelau, gest. 1.9.1982 Oberaudorf.

Bieberbach studierte 1905–1910 in Heidelberg und Göttingen, promovierte 1910 in Göttingen, war 1913–1915 Professor in Basel, 1915–1921 in Frankfurt/M. und 1921–1945 an der Berliner Universität. Während der Zeit des Faschismus gab Bieberbach 1936–1942 die berüchtigte Zeitung „Deutsche Mathematik" heraus. Nach 1945 publizierte er nur noch wenig.

Bieberbachs Forschungsgebiete betrafen im wesentlichen die Analysis, die Funktionentheorie und die Theorie konformer Abbildungen. Neben geometrischen Untersuchungen schrieb er eine Reihe von Lehrbüchern zu den Grundlagen der Analysis und zur Geometrie.

Stark stimulierende Wirkung auf die Entwicklung der Funktionentheorie hatte die 1916 formulierte ↗Bieberbachsche Vermutung.

Bieberbachsche Vermutung, viele Jahre unbewiesene Vermutung innerhalb der Funktionentheorie. Sie lautet: Es sei $f \in S$, d. h. f ist eine in $\mathbb{E} = \{z \in \mathbb{C} : |z| < 1\}$ ↗schlichte Funktion mit $f(0) = 0$ und $f'(0) = 1$, die ↗Taylor-Reihe von f hat also die Form

$$f(z) = z + \sum_{n=2}^{\infty} a_n z^n .$$

Dann gilt $|a_n| \le n$ für alle $n \ge 2$.

Ein berühmtes Beispiel einer Funktion in S ist die sog. Koebe-Funktion

$$k(z) = \frac{z}{(1-z)^2} = \sum_{n=1}^{\infty} nz^n .$$

Hier gilt also $a_n = n$. Bieberbach hat im Jahre 1916 gezeigt, daß stets $|a_2| \le 2$ gilt, was ihn zu seiner Vermutung veranlaßte.

Sie wurde schließlich von de Branges (1984) bewiesen, und dieses Ergebnis heißt heute Satz von de Branges.

Es gilt sogar noch: Ist $f \in S$ und $|a_n| = n$ für ein $n \ge 2$, so ist f eine sog. Rotation der Koebe-Funktion, d. h.

$$f(z) = e^{-i\varphi}k(e^{i\varphi}z)$$

mit einem $\varphi \in \mathbb{R}$.

Bieberbachscher Dehnungssatz, folgende Aussage aus der Funktionentheorie:

Es sei f eine in $\mathbb{E} = \{z \in \mathbb{C};\ |z| < 1\}$ ↗schlichte Funktion mit $f(0) = 0$ und $|f'(0)| = 1$. Dann gilt

$$|\arg f'(z)| \le 2 \cdot \ln \frac{1+|z|}{1-|z|} .$$

Bienaymé, Gleichung von, zeigt, wie die Varianz der Summe endlich vieler unkorrelierter Zufallsvariablen mit den Varianzen der einzelnen Zufallsvariablen zusammenhängt.

Seien $X_1, \dots, X_n$ paarweise unkorrelierte Zufallsvariablen mit endlichen Varianzen. Dann gilt

$$\mathrm{Var}(X_1 + \ldots + X_n) = \mathrm{Var}(X_1) + \ldots + Var(X_n) .$$

Bifurkation, auch Gabelung oder Verzweigung genannt, Bezeichnung für die qualitative Änderung eines parameterabhängigen mathematischen Objektes bei bestimmten kritischen Parameterwerten, den sog. Bifurkationswerten.

Man unterscheidet statische Bifurkation, in der die Änderung der Nullstellenmenge einer geeigneten Abbildung unter Änderung ihrer Parameter untersucht wird, und dynamische Bifurkation, in der die qualitative Änderung von Lösungen (z. B. Stabilität von Fixpunkten, Grenzzykel) eines Differentialgleichungssystems untersucht wird, das durch ein parameterabhängiges Vektorfeld gegeben ist.

Zum besseren Verständnis kann man das auch etwas salopp so formulieren: Die statische Bifurkation befaßt sich mit den Veränderungen, die in der Struktur der Nullstellenmenge einer Funktion auftreten, wenn die Parameter λ in der Funktion variiert werden. (Ist die Funktion ein Gradient, so spielen dabei Variationstechniken eine große Rolle, und man kann unter Umständen auch globale Probleme lösen. Ist die Funktion dagegen kein Gradient, so bleibt die Theorie üblicherweise lokal.) Die Methoden der statischen Bifurkationstheorie sind direkt auf bestimmte Differentialgleichungen bzw. auf die Suche nach Gleichgewichtslösungen dieser Differentialgleichungen anwendbar.

Will man zusätzlich die Stabilitätseigenschaften solcher Lösungen untersuchen, so kommt man zur dynamischen Bifurkationstheorie.

Seien Banachräume X, Y, Z sowie eine offene Teilmenge $\Lambda \subset Y$ und eine Abbildung $F: \Lambda \times X \to Z$ gegeben. Für $\lambda \in \Lambda$ bezeichnen wir mit $N_\lambda \subset X$ die Menge aller $x \in X$, die $F(\lambda, x) = 0$ erfüllen. Statische Bifurkation untersucht diese Menge N_λ in Abhängigkeit von λ.

Sei $U \subset X$ offen. Dann bezeichnen wir für $\lambda, \mu \in \Lambda$ die Nullstellenmengen N_λ und N_μ als äquivalent in U, falls $N_\lambda \cap U$ und $N_\mu \cap U$ homöomorph sind. $\lambda_0 \in \Lambda$ heißt Bifurkationspunkt, falls für jede Umgebung $V \subset \Lambda$ von λ_0 ein $x_0 \in N_{\lambda_0}$, eine Umgebung $U \subset X$ von x_0 und $\lambda_1, \lambda_2 \in V$ existieren so, daß N_{λ_1} und N_{λ_2} nicht äquivalent in U sind. So ist z. B. $\lambda_0 \in \Lambda$ ein Bifurkationspunkt, falls $x_0 \in N_{\lambda_0}$ existiert so, daß für jede Umgebung $\tilde{U}$ von (λ_0, x_0) Paare $(\lambda, x_1), (\lambda, x_2) \in \tilde{U}$ existieren mit $x_1 \neq x_2$ und $F(\lambda, x_1) = F(\lambda, x_2) = 0$.

Um dynamische Bifurkation zu definieren, wird eine geeignete Äquivalenzrelation $\sim$ auf Vektorfeldern definiert. Ein Vektorfeld f heißt dann strukturstabil, falls (etwa in der C^k-Topologie) eine Umgebung V von f existiert so, daß für alle $g \in V$ gilt: $f \sim g$. Ein Vektorfeld f heißt Bifurkationspunkt, falls es nicht strukturstabil ist.

Wir wählen z. B. als Äquivalenzrelation die Fluß-Äquivalenz (↗Äquivalenz von Flüssen) der zu den Vektorfeldern gehörigen Flüsse. Betrachten wir die parameterabhängige Funktion bzw. das parameterabhängige Vektorfeld, gegeben durch $f_\lambda(x) := \lambda - x^2$. Dann ist $\lambda = 0$ ein Bifurkationspunkt von f_λ im Sinne der statischen Bifurkation und ein Bifurkationspunkt für das parameterabhängige Vektorfeld f_λ im Sinne der dynamischen Bifurkation, wie man aus dem Verhalten der Lösungen folgender Abbildung entnehmen kann.

Einen ersten Eindruck von einer Bifurkation erhält man oftmals aus dem sog. Bifurkationsdiagramm, in dem man die Nullstellenmengen N_λ parameterabhängig aufträgt. Wir betrachten z. B. $f_\lambda(x) := -x^3 + \lambda x$. Bei $(\lambda, x_0) = (0, 0)$ liegt ein Bifurkationspunkt. Im folgenden Bifurkationsdiagramm sind die Fixpunkte des parameterabhängigen Vektorfeldes f_λ und ihr Stabilitätsverhalten eingetragen.

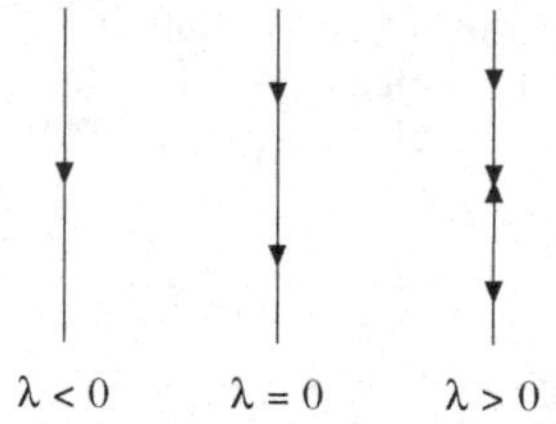

Beispiel dynamischer Bifurkation

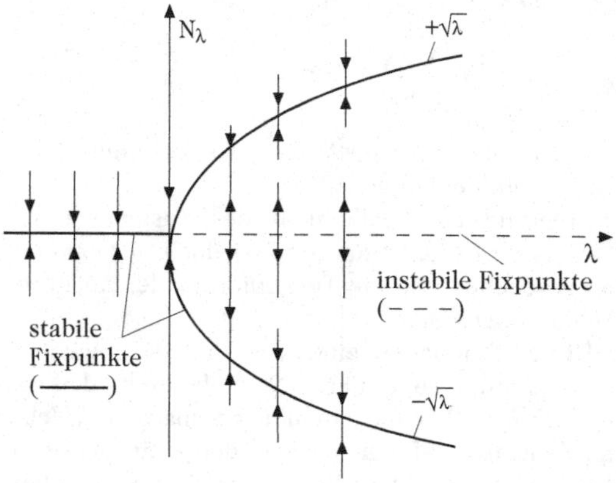

Bifurkationsdiagramm

Der Begriff der Bifurkation wurde von Poincaré eingeführt, um das Aufspalten von Fixpunkten einer Familie dynamischer Systeme zu beschreiben.

[1] Chow, Shui-Nee; Hale, Jack K.: Methods of Bifurcation Theory. Springer-Verlag New York, 1982.
[2] Guckenheimer, J.; Holmes, Ph.: Nonlinear Oscillations, Dynamical Systems, and Bifurcations of Vector Fields. Springer-Verlag New York, 1983.

Bifurkation periodischer Orbits, Bezeichnung für die qualitative Änderung periodischer Orbits (z. B. Anzahl der periodischen Orbits, Perioden) eines parameterabhängigen dynamischen Systems. Ihre Untersuchung kann mit Hilfe der Poincaré-Abbildung durchgeführt werden (↗Bifurkation).

Bifurkationsdiagramm, ↗Bifurkation.

Bifurkationspunkt, ↗Bifurkation.

Bifurkationstheorie, Theorie der Nullstellen parametrisierter Abbildungen.

Die Bifurkationstheorie befaßt sich allen Aspekten der ↗Bifurkation. Etwas salopp formuliert kann man sagen, daß Gegenstand der gesamten Bifurkationstheorie die Struktur der Lösungen der Funktionalgleichung $G(w, \lambda) = 0$ ist, wobei w die relevante Variable und λ einen Parameter darstellt.

Man vergleiche den Eintrag zur ↗Bifurkation für detailliertere Information.

Bifurkationswert, ↗Bifurkation.

Big Bang, lautmalerisch wirkungsvollere Bezeichnung für den Urknall.

In der allgemeinrelativistischen Kosmologie ist dies die Bezeichnung für ein Modell, in dem in endlicher Vergangenheit eine Raum-Zeit-Singularität existiert. Im Rahmen des Standardmodells ist der Urknall dadurch charakterisiert, daß bei Annäherung an die Singularität die Massendichte (oder zumindest einer der Krümmungsskalare) gegen unendlich geht.

Üblicherweise wird der Big Bang so interpretiert, daß er zwar im Rahmen der Allgemeinen Relativitätstheorie nicht vermeidbar ist, jedoch eher auf die Gültigkeitsgrenzen dieser Theorie hinweist als daß er tatsächlich so stattgefunden hat.

Das Bedeutsame an der Urknalltheorie ist, daß sie bei der Beschreibung der Expansion des Universums, einschließlich der kosmischen Hintergrundstrahlung (3-Kelvin-Strahlung), zu Ergebnissen führt, die verblüffend genau mit den Beobachtungen übereinstimmen.

bihamiltonsches System, ein Hamiltonsches System auf einer ↗symplektischen Mannigfaltigkeit, die eine zweite, mit der symplektischen Poisson-Struktur verträgliche Poisson-Struktur besitzt, so daß das Hamilton-Feld des Systems identisch mit dem Hamilton-Feld (bzgl. der zweiten Poisson-Struktur) einer zweiten Hamilton-Funktion ist.

Bihamiltonsche Systeme sind oft ↗integrable Hamiltonsche Systeme: Die Differentiale der zusätzlichen Integrale der Bewegung werden durch die Potenzen des aus der symplektischen Zweiform und der zweiten Poisson-Struktur gebildeten Endomorphismenfeldes, angewandt auf das Differential der ersten Hamilton-Funktion, erzeugt.

biharmonische Funktion, in einem Gebiet $G \subset \mathbb{R}^2$ mindestens viermal stetig differenzierbare Funktion $u = u(x, y)$, die für alle $(x, y) \in G$ der Differentialgleichung

$$\frac{\partial^4}{\partial x^4}u + 2\frac{\partial^4 u}{\partial x^2 \partial y^2} + \frac{\partial^4}{\partial y^4} = 0$$

genügt.

biholomorph äquivalente Gebiete, zwei ↗Gebiete $G_1, G_2 \subset \mathbb{C}$ mit der Eigenschaft, daß eine ↗biholomorphe Abbildung f von G_1 auf G_2 existiert, d. h. f ist bijektiv und f bzw. f^{-1} sind holomorph in G_1 bzw. in G_2.

Eine notwendige Bedingung für die biholomorphe Äquivalenz von G_1 und G_2 ist, daß die beiden Gebiete homöomorph sind, d. h. in ihren topologischen Eigenschaften übereinstimmen. Diese Bedingung ist jedoch nicht hinreichend, denn die komplexe Ebene $\mathbb{C}$ und die offene Einheitskreisscheibe $\mathbb{E}$ sind homömorph, aber nicht biholomorph äquivalent.

Jedoch ist nach dem ↗Riemannschen Abbildungssatz jedes einfach zusammenhängende Gebiet $G \neq \mathbb{C}$ biholomorph äquivalent zu $\mathbb{E}$.

Zwei Gebiete sind biholomorph äquivalent genau dann, wenn sie konform äquivalent sind.

biholomorphe Abbildung, Abbildung von großer Bedeutung beim Studium holomorpher Funktionen unter geometrischen Gesichtspunkten.

Eine Abbildung $f : U \longrightarrow V$ zwischen den Bereichen U und V in $\mathbb{C}$ heißt biholomorph, wenn sie bijektiv ist und sowohl f als auch f^{-1} holomorphe Funktionen sind.

Analog zur reellen Analysis beweist man den folgenden Satz:

Die Abbildung $f : U \to V$ ist genau dann biholomorph, wenn gilt: f ist holomorph, bijektiv, f^{-1} ist stetig, und auf ganz U ist $f' \neq 0$. Dann ist

$$\left(f^{-1}\right)'(w) = \frac{1}{f'(z)} \text{ mit } w = f(z).$$

Eine holomorphe Funktion f auf einem Bereich $U \subset \mathbb{C}$ ist genau dann lokal biholomorph, insbesondere lokal umkehrbar stetig, wenn f' keine Nullstelle hat.

Eine Abbildung zwischen Gebieten in der Ebene ist genau dann lokal biholomorph, wenn sie winkel- und orientierungstreu ist. Diese Eigenschaft liegt vielen Anwendungen der Funktionentheorie, z. B. in der Strömungslehre und Elastizitätstheorie, zugrunde (↗biholomorph äquivalente Gebiete).

Man nennt eine stetig differenzierbare Abbildung $f : G \to \mathbb{C}$ eines Gebietes $G \subset \mathbb{C}$ lokal konform, wenn sie glatte Wege in glatte Wege überführt (dann hat sie lokal eine stetig differenzierbare Umkehrung) und in jedem Punkt von G winkel- und orientierungstreu ist. Man nennt f konform, wenn f lokal konform ist und G bijektiv auf $f(G)$ abbildet. Insbesondere ergeben diese Überlegungen den folgenden Satz:

Eine Abbildung f von Gebieten in $\mathbb{C}$ ist genau dann lokal konform, wenn f lokal biholomorph ist. f ist genau dann konform, *wenn f biholomorph ist.*

Betrachten wir nun die bijektive Abbildung

$$F : \widehat{\mathbb{C}} - \{0\} \to \mathbb{C},\ F(z) = \frac{1}{z} \text{ für } z \neq \infty, F(\infty) = 0.$$

Sie ist umkehrbar stetig und bildet $\mathbb{C} - \{0\}$ biholomorph auf sich ab. Ist U ein Bereich mit $0, \infty \notin U$, so ist eine Funktion $f : U \to \mathbb{C}$ genau dann holomorph, wenn

$$f \circ F^{-1} : w \mapsto f\left(\frac{1}{w}\right)$$

holomorph auf $F(U)$ ist. Es liegen daher folgende Definitionen nahe:

Sei U eine offene Teilmenge von $\widehat{\mathbb{C}}$. Eine Funktion $f : U \to \widehat{\mathbb{C}}$ heißt holomorph (meromorph), wenn f

auf $U - \{\infty\}$ und $f \circ F^{-1}$ auf $F\big(U - \{0\}\big)$ holomorph (meromorph) ist.

Es seien G und G^* Gebiete in $\widehat{\mathbb{C}}$. Eine holomorphe Abbildung f von G auf G^* ist eine auf G definierte meromorphe Funktion f mit $f(G) = G^*$. Für Gebiete in $\widehat{\mathbb{C}}$ werden die Worte „holomorphe Abbildung" und „holomorphe Funktion" also nicht mehr synonym verwendet; eine „holomorphe Abbildung" $f : G \to G^*$ ist genau dann eine holomorphe Funktion, wenn $\infty \notin f(G) = G^*$.

Ist $f : G \to G^*$ eine bijektive holomorphe Abbildung, so ist die Umkehrabbildung $f^{-1} : G^* \to G$ wieder holomorph. Solche Abbildungen werden daher biholomorph oder auch konform genannt.

Gibt es zu zwei Gebieten G und G^* in $\widehat{\mathbb{C}}$ eine konforme Abbildung $f : G \to G^*$, so heißen G und G^* biholomorph äquivalent.

bijektive Abbildung, ↗Abbildung, die sowohl surjektiv als auch injektiv ist. Die bijektiven Abbildungen sind genau die bitotalen eineindeutigen Relationen.

Bikategorie, ↗Doppelkategorie.

bikompakte Menge, Teilmenge eines topologischen Raumes mit einer Überdeckungseigenschaft. Es sei T ein topologischer Raum. Dann heißt T bikompakt oder auch quasikompakt, wenn jede offene Überdeckung von T eine endliche Teilüberdeckung besitzt, das heißt: Für jede Familie $\mathcal{U}$ offener Mengen mit $T = \bigcup\{U | U \in \mathcal{U}\}$ gibt es endlich viele $U_1, .., U_n \in \mathcal{U}$ so, daß $T = U_1 \cup ... \cup U_n$ gilt.

Eine Menge heißt bikompakt, wenn sie Teilmenge eines topologischen Raumes T ist und als Teilraum von T ein bikompakter topologischer Raum ist.

Bild einer Abbildung, die Menge

$$\mathrm{Im} f := f(A) := \{f(x) \in B : x \in A\}$$

(wobei f die fragliche Abbildung bezeichnet), also die Menge der Elemente von B, die als Werte von f auftreten.

Bild einer linearen Abbildung, wichtiger Spezialfall des ↗Bildes einer Abbildung, da im linearen Fall der Bildbereich ein ↗Untervektorraum ist.

Das Bild der linearen Abbildung f zwischen den Vektorräumen V und W ist also der Untervektorraum

$$\mathrm{Im} f = f(V) = \{f(v) | v \in V\}$$

des Vektorraumes W.

Die Abbildung

$$i : V/\mathrm{Ker} f \to \mathrm{Im} f\,;\quad v + \mathrm{Ker} f \mapsto f(v)$$

ist ein Isomorphismus (↗Kern einer linearen Abbildung).

Sehr wichtig in diesem Zusammenhang ist auch die ↗Dimensionsformel für lineare Abbildungen.

Bild einer Menge unter einer Abbildung, die Teilmenge der Elemente einer Menge, die als Werte einer gegebenen Abbildung auftreten.

Bildgarbe, assoziierte Garbe zu $h(\mathcal{F}) \subseteq \mathcal{G}$ für einen Homomorphismus $h : \mathcal{F} \to \mathcal{G}$.

Seien $\mathcal{F}$ und $\mathcal{G}$ Garben über einem topologischen Raum X, und sei $h : \mathcal{F} \to \mathcal{G}$ ein Homomorphismus. Durch die Zuordnung $U \mapsto h(\mathcal{F}(U)) \subseteq \mathcal{G}(U)$ wird eine Unterprägarbe $h(\mathcal{F}) \subseteq \mathcal{G}$ definiert. Die zu dieser assoziierte Garbe $\Gamma h(\mathcal{F})$ ist eine Untergarbe von $\mathcal{G}$. Diese nennt man die Bildgarbe von h in $\mathcal{G}$ und bezeichnet sie mit $\mathrm{Im}\,(h)$.

Es gilt also

$$\begin{aligned} \mathrm{Im}\, h &:= \Gamma h(\mathcal{F}) \subseteq \mathcal{G}\,; \\ h(\mathcal{F})(U) &:= h(\mathcal{F}(U))\,, \end{aligned}$$

[1] Brodmann, M.: Algebraische Geometrie. Birkhäuser Verlag Basel/Boston/Berlin, 1989.

Bildladungsmethode, Methode zur Bestimmung des elektrischen Feldes in der Nähe einer elektrisch leitenden Grenzfläche.

Bildmaß, durch eine meßbare Abbildung „vermitteltes" Maß.

Es seien $(\Omega, \mathcal{A}, \mu)$ ein ↗Maßraum, $(\Omega', \mathcal{A}')$ ein ↗Meßraum und $f : \Omega \to \Omega'$ eine meßbare Abbildung. Dann heißt $\mu' : \mathcal{A}' \to \overline{\mathbb{R}}$, definiert durch $\mu'(A') := \mu(f^{-1}(A'))$ für alle $A' \in \mathcal{A}'$, Bildmaß von μ bzgl. f, auch geschrieben als $f(\mu)$.

bilineare Abbildung, Abbildung, die in zwei Variablen linear ist.

Es seien V_1, V_2 und W Vektorräume über dem gleichen Körper $\mathbb{K}$. Eine Abbildung $f : V_1 \times V_2 \to W$ heißt bilinear, wenn sie in beiden Variablen linear ist, das heißt, wenn für alle $\alpha_1, \alpha_2 \in \mathbb{K}$, $x, x_1, x_2 \in V_1$ und $y, y_1, y_2 \in V_2$ die folgenden Bedingungen gelten:

$$\begin{aligned} f(\alpha_1 x_1 + \alpha_2 x_2, y) &= \alpha_1 f(x_1, y) + \alpha_2 f(x_2, y)\,, \\ f(x, \alpha_1 y_1 + \alpha_2 y_2) &= \alpha_1 f(x, y_1) + \alpha_2 f(x, y_2)\,. \end{aligned}$$

Bildet diese Abbildung speziell in den Grundkörper $\mathbb{K}$ ab, so spricht man von einer ↗Bilinearform.

bilineare Form, ↗Bilinearform.

Bilinearform, Abbildung $f : V \times U \to \mathbb{K}$ auf dem Produkt zweier ↗Vektorräume V, U über dem Körper $\mathbb{K}$, die linear in beiden Argumenten ist. Es gilt also für alle $\alpha_1, \alpha_2 \in \mathbb{K}$, $v_1, v_2, v \in V$ und $u_1, u_2, u \in U$:

$$\begin{aligned} f(\alpha_1 v_1 + \alpha_2 v_2, u) &= \alpha_1 f(v_1, u) + \alpha_2 f(v_2, u), \\ f(v, \alpha_1 u_1 + \alpha_2 u_2) &= \alpha_1 f(v, u_1) + \alpha_2 f(v, u_2). \end{aligned}$$

Ist $V = U$, so spricht man von einer Bilinearform auf V. In diesem Fall heißt f symmetrisch, falls

$$f(v_1, v_2) = f(v_2, v_1)$$

für alle $v_1, v_2 \in V$ gilt.

Gilt für alle $v \in V$ $f(v, v) = 0$, so heißt f alternierend; im Falle $1+1 \neq 0$ in $\mathbb{K}$ ist das gleichbedeutend mit $f(v_1, v_2) = -f(v_2, v_1)$ für alle $v_1, v_2 \in V$, d. h. f ist schiefsymmetrisch (oder: antisymmetrisch).

Eine Bilinearform f auf dem Vektorraum V ist im allg. keine lineare Abbildung $f : V \times V \to \mathbb{K}$ auf dem Vektorraum $V \times V$.

Ist $A = ((a_{ij}))$ eine beliebige $(n \times n)$-Matrix über $\mathbb{K}$, so ist durch

$$f(v_1, v_2) \ := \ {v_1}^t A v_2$$

eine Bilinearform $f : \mathbb{K}^n \times \mathbb{K}^n \to \mathbb{K}$ auf dem n-dimensionalen $\mathbb{K}$-Vektorraum $\mathbb{K}^n$ gegeben.

Ist $f : V \times V \to \mathbb{K}$ eine Bilinearform auf dem endlich-dimensionalen Vektorraum V mit der Basis $B = (b_1, \dots, b_n)$, so gilt für alle $v_1, v_2 \in V$

$$f(v_1, v_2) = v_{1B}^{\,t} A v_{2B}\,,$$

wobei A die $(n \times n)$-Matrix $((f(b_i, b_j)))$ und v_{1B} und v_{2B} die Koordinatendarstellungen von v_1 und v_2 bzgl. B bezeichnen.

In diesem Sinne repräsentiert jede $(n \times n)$-Matrix bzgl. einer fest gewählten Basis genau eine Bilinearform. Werden die Bilinearformen f_1 bzw. f_2 durch die Matrizen A_1 bzw. A_2 repräsentiert, so wird die Bilinearform $\alpha_1 f_1 + \alpha_2 f_2$ durch die Matrix

$$\alpha_1 A_1 \ + \ \alpha_2 A_2$$

repräsentiert.

Zu jeder alternierenden Bilinearform f auf einem endlich-dimensionalen Vektorraum V über $\mathbb{K}$ gibt es eine Basis von V, bezüglich der die f repräsentierende Matrix die Gestalt

$$\begin{pmatrix} B & & & \\ & \ddots & & \\ & & B & \\ & & & 0 \end{pmatrix}$$

hat, wobei B einen Matrixblock der Form

$$\begin{pmatrix} 0 & 1 \\ -1 & 0 \end{pmatrix}$$

bezeichnet. Die Anzahl der Blöcke B ist hierbei eindeutig bestimmt, nämlich $\frac{1}{2}\,\mathrm{Rg}\,f$.

Symmetrische Bilinearformen auf einem endlich-dimensionalen Vektorraum können durch Diagonalmatrizen repräsentiert werden.

Durch die Festsetzungen

$$(f+g)(v_1, v_2) \ := \ f(v_1, v_2) + g(v_1, v_2)$$

und

$$(\alpha f)(v_1, v_2) \ := \ \alpha f(v_1, v_2)$$

wird die Menge $B(V)$ aller Bilinearformen auf einem Vektorraum V über $\mathbb{K}$ selbst zu einem Vektorraum über $\mathbb{K}$, einem Unterraum des Vektorraumes aller Abbildungen von $V \times V \to \mathbb{K}$ mit den komponentenweise definierten Verknüpfungen.

Da durch

$$i : B(V) \to M(n \times n, \mathbb{K}) \ ; \ f \mapsto ((f(b_i, b_j)))$$

ein Isomorphismus von der Menge der Bilinearformen auf dem n-dimensionalen Vektorraum V über $\mathbb{K}$ in die Menge der $(n \times n)$-Matrizen über $\mathbb{K}$ gegeben ist, hat $B(V)$ in diesem Fall also die Dimension n^2.

Ist $(\varphi_1, \dots, \varphi_n)$ eine Basis des Dualraumes V^* des n-dimensionalen Vektorraumes V, so ist

$$(f_{ij})_{i,j \in \{1,\dots,n\}} \ \text{mit} \ f_{i,j}(u, v) = \varphi_i(u) \cdot \varphi_j(v)$$

eine Basis von $B(V)$.

[1] Fischer, G.: Lineare Algebra. Verlag Vieweg Braunschweig, 1978.

[2] Koecher, M.: Lineare Algebra und Analytische Geometrie. Springer-Verlag Berlin/Heidelberg, 1992.

Bilinearsystem, ein System aus zwei Vektorräumen, auf denen je eine ↗Bilinearform definiert ist.

Es seien zwei reelle oder komplexe Vektorräume V und V^+ gegeben, so daß jedem Paar

$$(x, x^+) \ \in \ V \times V^+$$

ein Skalar $f(x, x^+) := \langle x, x^+ \rangle$ aus $\mathbb{R}$ bzw. $\mathbb{C}$ zugeordnet wird.

Die Abbildung $(x, x^+) \to \langle x, x^+ \rangle$ sei eine ↗Bilinearform.

Dann heißt das Paar (V, V^+) ein Bilinearsystem bezüglich der gegebenen Bilinearform $\langle \cdot, \cdot \rangle$.

Ist beispielsweise $V = V^+ = C[a, b]$, so bildet (V, V^+) ein Bilinearsystem bezüglich der Bilinearform

$$\langle x, x^+ \rangle = \int_a^b x(t) x^+(t) dt\,.$$

Billiarde, Bezeichnung für die Zahl

$$10^{15} = 1.000.000.000.000.000\,.$$

Billion, in Europa Bezeichnung für die Zahl

$$10^{12} = 1.000.000.000.000\,.$$

In Nordamerika, insbesondere den USA, sowie in Teilen der ehemaligen UdSSR bezeichnet der Ausdruck Billion allerdings die Zahl

$$10^9 = 1.000.000.000\,,$$

für die bei uns die Bezeichnung Milliarde verwendet wird.

bimeromorphe Abbildung, eine Abbildung komplexer Räume $\varphi : X \longrightarrow Y$ derart, daß es eine dichte offene Menge $U \subset Y$ gibt, so daß $\varphi^{-1}U \subset X$ dicht ist und φ biholomorph (↗ biholomorphe Abbildung) in jedem Punkt von U ist.

Eine bimeromorphe Korrespondenz zwischen kompakten komplexen Räumen X und Y ist ein abgeschlossener komplexer Unterraum $\Gamma \subset X \times Y$ so, daß die Projektionen $\Gamma \longrightarrow X$ und $\Gamma \longrightarrow Y$ bimeromorph sind.

Binärbaum, ein ↗ Baum T vom Maximalgrad $\Delta(T) \leq 3$ mit mindestens einer Ecke vom Grad 2, falls eine Ecke vom Grad 3 existiert.

Binärcode, Verschlüsselung von Information (Text, Zahlen, Bildern usw.) auf der Basis von zwei Zeichen, z. B. 0 und 1.

Binärdarstellung, ↗ dyadische Darstellung.

binäre quadratische Form, ein homogenes Polynom

$$f(x, y) = ax^2 + bxy + cy^2 \qquad (1)$$

mit Koeffizienten $a, b, c \in \mathbb{R}$ oder $\mathbb{C}$.

Speziell in der Zahlentheorie sind ganzzahlige binäre quadratische Formen von Interesse, also Formen vom Typ (1) mit $a, b, c \in \mathbb{Z}$.

Einzelne Spezialfälle (ganzzahliger) binärer quadratischer Formen wurden von Fermat und Euler behandelt. Durch Beiträge von Lagrange und Gauß, der den quadratischen Formen einen großen Teil seines Buchs „Disquisitiones Arithmeticae" widmete, entstand eine große und schließlich auch gut strukturierte Theorie. Die Hauptfrage dabei ist, für eine gegebene binäre quadratische Form (1) und eine ganze Zahl n die Lösungen der Gleichung

$$ax^2 + bxy + cy^2 = n \qquad (2)$$

zu beschreiben. Ein wichtiger und schon in der Antike behandelter Spezialfall ist die sog. Pellsche Gleichung

$$x^2 - Dy^2 = n .$$

Eine binäre quadratische Form (1) heißt primitiv, wenn $\text{ggT}(a, b, c) = 1$ ist. Für $\text{ggT}(a, b, c) = r > 1$ kann man Gleichung (2) durch r dividieren, wodurch man eine zu (2) äquivalente Gleichung mit einer primitiven quadratischen Form erhält.

Man kann eine binäre quadratische Form (1) auch in Matrixschreibweise darstellen:

$$f(x, y) = \begin{pmatrix} x & y \end{pmatrix} M_f \begin{pmatrix} x \\ y \end{pmatrix}$$

mit der zu f gehörigen Matrix

$$M_f = \begin{pmatrix} a & b/2 \\ b/2 & c \end{pmatrix} .$$

Zwei binäre quadratische Formen f, g nennt man äquivalent (im engeren Sinn), wenn es eine Transformationsmatrix

$$T = \begin{pmatrix} \alpha & \beta \\ \gamma & \delta \end{pmatrix}$$

mit ganzzahligen Koeffizienten $\alpha, \beta, \gamma, \delta$ und Determinante 1 gibt, die die zu f und g gehörigen Matrizen ineinander überführt:

$$M_g = T^{-1} M_f T .$$

f, g heißen äquivalent (im weiteren Sinn), wenn nur $|\det T| = 1$ und

$$M_g = (\det T) T^{-1} M_f T$$

gefordert wird. Da eine Transformation mit einer Matrix T den ggT der Koeffizienten nicht verändert, sind äquivalente quadratische Formen entweder beide primitv oder beide nicht primitiv.

Die Diskriminante einer binären quadratischen Form (1) ist definiert durch $D = b^2 - 4ac$; man rechnet leicht nach, daß äquivalente binäre quadratische Formen die gleiche Diskriminante haben.

Es kommt vor, daß zwei nicht-äquivalente quadratische Formen die gleiche Diskriminante besitzen. Man kann jedoch beweisen, daß es zu einer gegebenen Zahl $D \in \mathbb{Z}$ nur endlich viele Äquivalenzklassen binärer quadratischer Formen mit Diskriminante D gibt.

Als Diskriminante einer primitiven binären quadratischen Form können nur die Fälle $D = 0$, $D \equiv 1 \bmod 4$ und quadratfrei und $D \equiv 0 \bmod 4$ und $D/4$ quadratfrei auftreten. Läßt man den Fall $D = 0$ weg, so kann man die Theorie auf sog. Grundzahlen beschränken, d. h. auf ganze Zahlen $D \neq 0$, die entweder $\equiv 1 \bmod 4$ und quadratfrei oder das Vierfache einer quadratfreien Zahl sind.

Die Theorie binärer quadratischer Formen mit einer Grundzahl D als Diskriminante ist äquivalent zur Theorie der Ideale im quadratischen Zahlkörper $\mathbb{Q}(\sqrt{D})$. Das Problem der Bestimmung der Anzahl der Äquivalenzklassen binärer quadratischer Formen zu einer gegebenen Grundzahl D als Diskriminante, also das Problem der Bestimmung der Klassenzahl $h(D)$, führt zu den Klassenzahlformeln.

binäre Relation, Relation zwischen zwei Elementen einer Menge.

Formal ist eine binäre Relation R auf einer Menge M eine Untermenge des kartesischen Produktes M^2, d. h. $R \subseteq M^2$. Ist $(a, b) \in R$, so sagt man a und b stehen in der Relation R, und man schreibt dafür auch $a\,R\,b$. Die wichtigsten Eigenschaften binärer Relationen sind:

1. *Reflexivität*: $(a, a) \in R$ für alle $a \in M$.
2. *Transitivität*: $(a, b) \in R$ und $(b, c) \in R \Longrightarrow (a, c) \in R$ für alle $a, b, c \in M$.

3. *Symmetrie*: $(a,b) \in R \Longrightarrow (b,a) \in R$ für alle $a, b \in M$.
4. *Antisymmetrie*: $(a,b) \in R$ und $(b,a) \in R \Longrightarrow a = b$ für alle $a, b \in M$.
5. *Vollständigkeit*: $(a,b) \in R$ oder $(b,a) \in R$ für alle $a, b \in M, a \neq b$.

binäre Suche, spezielles Suchverfahren in einer geordneten Menge von Datensätzen.

Es sei A eine Menge von Datensätzen, die nach einem bestimmten Schlüssel aufsteigend geordnet vorliegen. Das Prinzip der binären Suche besteht darin, die Menge nicht sequentiell von Anfang bis Ende zu durchlaufen, sondern in der Mitte der Menge mit der Suche zu beginnen. Hat das dort befindliche Element einen höheren Schlüsselwert als das gesuchte, so muß sich das gesuchte Element in der ersten Hälfte der Menge befinden. Hat es einen niedrigeren Schlüsselwert als das gesuchte, so muß sich das gesuchte Element in der zweiten Hälfte der Menge befinden. Je nachdem, in welcher Hälfte der Menge sich nun das gesuchte Element befindet, greift man anschließend auf die Mitte der vorderen Hälfte oder der hinteren Hälfte zu und verfährt entsprechend so lange, bis das gesuchte Element gefunden ist.

Wir illustrieren das Verfahren anhand der Suche nach einem Element k in einem linear geordneten Bereich $A = \{a_1, \ldots, a_n\}$. Zur Beschreibung nehmen wir ohne Einschränkung der Allgemeinheit an, daß A aufsteigend sortiert ist. Um festzustellen, ob es ein i mit $a_i = k$ gibt, wird k mit dem Element $a_m = a_{\frac{n}{2}}$ (n gerade) bzw. $a_m = a_{\frac{n+1}{2}}$ (n ungerade) verglichen. Falls $k = a_m$ ist, endet die Suche erfolgreich. Ist $k < a_m$, wird das Verfahren für k und

$$A_> = \{a_{m+1}, \ldots, a_n\}$$

wiederholt. Ist $k > a_m$, wird das Verfahren für k und

$$A_< = \{a_1, \ldots a_{m-1}\}$$

wiederholt. Die Suche endet erfolglos, falls der Restbereich leer ist.

A muß in einer Datenstruktur vorliegen, die unmittelbaren Zugriff auf jedes Element über seinen Index erlaubt.

Das Verfahren der binären Suche setzt voraus, daß die Anzahl der gegebenen Datensätze eine Zweierpotenz ist, da nur in diesem Fall die fortgesetzte Halbierung immer zum Erfolg führen kann. Besteht die Menge aus $m = 2^n$ Elementen, so braucht man zur Suche maximal $n = \log_2 m$ Schritte.

binäre Variable, ↗dichotome Variable.

binäre Zahlendarstellung, eine ↗Zahlendarstellung zur Basis 2.

Binäre Zahlendarstellungen werden als rechnerinterne Darstellungen von Zahlen benötigt. Man unterscheidet zwischen ↗Festkommadarstellungen (↗Betrag-und-Vorzeichen-Darstellung, ↗Einer-Komplement-Darstellung, ↗Zweier-Komplement-Darstellung) und ↗Gleitkommadarstellungen.

binärer Entscheidungsgraph, *BDD*, *binary decision diagram*, Datenstruktur für ↗Boolesche Funktionen.

Ein BDD über den ↗Booleschen Variablen $x_1, \ldots, x_n$ ist ein azyklischer, zusammenhängender, gerichteter Graph $G = (V, E)$, dem eine Abbildung $index : V \to \{x_1, \ldots, x_n\} \cup \{0, 1\}$ zugeordnet ist.

Die Menge V der Knoten enthält genau einen Knoten, in den keine Kante aus der Kantenmenge E einläuft, die Wurzel des BDD. Ein Knoten, aus dem keine Kante herausläuft, wird Blatt des BDD genannt. Ein Knoten aus V, der kein Blatt ist, heißt innerer Knoten des BDD.

Jedem inneren Knoten v ist eine Boolesche Variable $index(v) \in \{x_1, \ldots, x_n\}$ als Markierung zugeordnet. Zudem besitzt jeder innere Knoten genau zwei Nachfolgerknoten: $low(v)$, der low-Nachfolgerknoten von v, und $high(v)$, der $high$-Nachfolgerknoten von v. Die Kante $(v, low(v))$ wird mit low-Kante von v und die Kante $(v, high(v))$ mit $high$-Kante von v bezeichnet. Jedes Blatt ist mit einem Wert $index(v) \in \{0, 1\}$ markiert. Ist ein binärer Entscheidungsgraph ein gerichteter binärer Baum, so spricht man auch von einem binären Entscheidungsbaum.

BDDs dienen zur Darstellung Boolescher Funktionen. Ein BDD $\mathfrak{b}$ mit Wurzel w, der über der n-elementigen Variablenmenge $\{x_1, \ldots, x_n\}$ definiert ist, beschreibt die Boolesche Funktion $f_w : \{0,1\}^n \to \{0,1\}$, definiert durch:

1. Ist w ein Blatt und $index(w) = 0$, so ist f_w die konstante Abbildung $\underline{0} : \{0,1\}^n \to \{0,1\}$ mit $\underline{0}(\alpha) = 0$ für alle $\alpha \in \{0,1\}^n$.
2. Ist w ein Blatt und $index(w) = 1$, so ist f_w die konstante Abbildung $\underline{1} : \{0,1\}^n \to \{0,1\}$ mit $\underline{1}(\alpha) = 1$ für alle $\alpha \in \{0,1\}^n$.
3. Ist w ein innerer Knoten und $index(w) = x_i$, so gilt

$$f_w(\alpha) = (\overline{\alpha_i} \wedge f_{low(w)}(\alpha)) \vee (\alpha_i \wedge f_{high(w)}(\alpha))$$

für alle $\alpha = (\alpha_1, \ldots, \alpha_n) \in \{0,1\}^n$. An jedem inneren Knoten w erfolgt demnach eine sog. Shannon-Zerlegung. Der low-Nachfolgerknoten von w beschreibt den negativen Kofaktor $f_{\overline{x_i}}$ von f nach x_i. Der $high$-Nachfolgerknoten von w beschreibt den positiven Kofaktor f_{x_i} von f nach x_i.

Verwendet wird in diesem Zusammenhang die Sprechweise „$\mathfrak{b}$ ist ein BDD der Booleschen Funk-

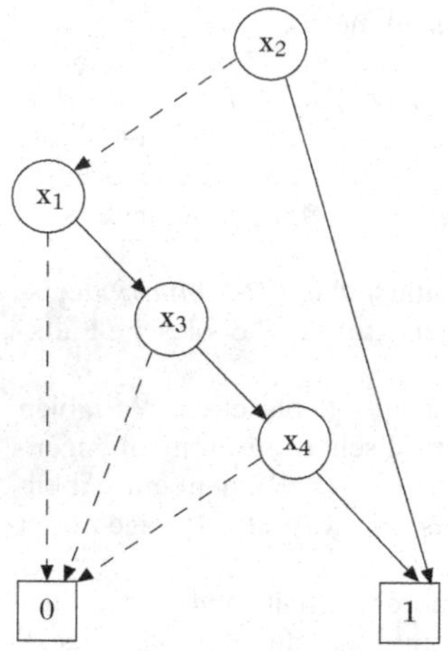

Binärer Entscheidungsgraph der Booleschen Funktion $x_2 \vee (x_1 \wedge \overline{x_2} \wedge x_3 \wedge x_4)$. Die *low*-Kanten sind durch gestrichelte Linien, die *high*-Kanten durch durchgezogene Linien gekennzeichnet.

tion f_w" und „f_w ist die durch den binären Entscheidungsgraphen $\mathfrak{b}$ dargestellte Boolesche Funktion". Sind zwei BDDs binäre Entscheidungsgraphen der gleichen Booleschen Funktion f, so spricht man von äquivalenten binären Entscheidungsgraphen. Ein Verfahren, das entscheidet, ob zwei gegebene BDDs äquivalent sind, wird auch Äquivalenztest genannt.

Jedem BDD kann in einfacher Weise ein kombinatorischer ↗logischer Schaltkreis zugeordnet werden, der die zu dem BDD gehörige Boolesche Funktion realisiert. Jeder innere Knoten v des BDD wird durch einen ↗Multiplexer mit einem Steuereingang s und zwei Dateneingängen a_0 und a_1 ersetzt. Der Dateneingang a_0 wird verbunden mit dem Ausgang des zu dem *low*-Nachfolgerknoten von v gehörigen Multiplexers, der Dateneingang a_1 mit dem Ausgang des zu dem *high*-Nachfolgerknoten von v gehörigen Multiplexers.

Der Steuereingang s des Multiplexers wird mit dem primären Eingang x_i verbunden, wenn $x_i = index(v)$ gilt. Der Multiplexer berechnet an seinem Ausgang den Wert $(a_0 \wedge \overline{x_i}) \vee (a_1 \wedge x_i)$. Jedes 0-Blatt (1-Blatt) ersetzt man durch ein Signal, das konstant auf dem Wert 0 (1) gehalten wird. Die Anzahl der inneren Knoten des BDD bestimmt damit die Komplexität des so konstruierten logischen Schaltkreises. Sie wird Kosten des BDD genannt.

Eine ↗kanonische Darstellung Boolescher Funktionen erhält man mit BDDs durch Einschränkung auf eine feste Variablenordnung, nach der auf jedem Pfad von der Wurzel zu einem Blatt die Variablen abgefragt werden (↗geordneter binärer Entscheidungsgraph) und durch Reduktion der binären Entscheidungsgraphen (↗reduzierter geordneter binärer Entscheidungsgraph).

[1] Drechsler, R.; Becker, B.: Binary Decision Diagrams: Theory and Implementation. Kluwer Academic Publishers Boston Dordrecht London, 1998.

[2] Drechsler, R.; Becker, B.: Graphenbasierte Funktionsdarstellung. B.G. Teubner Stuttgart, 1998.

[3] Molitor, P.; Scholl, Chr.: Datenstrukturen und Effiziente Algorithmen für die Logiksynthese kombinatorischer Schaltungen. B.G. Teubner Stuttgart/Leipzig, 1999.

binärer Suchbaum, Baum mit einer binären Struktur. Ein Baum heißt ein binärer Suchbaum oder auch binärer Baum, falls aus seiner Wurzel genau zwei Zweige und aus jedem Zweig genau zwei weitere Zweige oder genau zwei Blätter hervorgehen. Der binäre Suchbaum ist besonders geeignet als Datenstruktur zum Verfahren der ↗binären Suche.

binary decision diagram, ↗binärer Entscheidungsgraph.

binary moment diagram, *BMD*, Datenstruktur für Funktionen $f : \{0, 1\}^n \to \mathbb{Z}$. Der Aufbau eines BMD entspricht dem eines ↗binären Entscheidungsgraphen mit dem Unterschied, daß die Blätter mit ganzen Zahlen und nicht nur mit den Werten 0 und 1 markiert sind.

Ist jeder Kante e noch zusätzlich ein Gewicht c_e aus $\mathbb{Z}$ zugeordnet, so spricht man von multiplicative binary moment diagram oder $*$BMD. Ein BMD kann als $*$BMD aufgefaßt werden, bei dem alle Kantengewichte gleich 1 sind.

Ein $*$BMD mit Wurzel w, der über der n-elementigen Variablenmenge $\{x_1, \ldots, x_n\}$ definiert ist, beschreibt eine Funktion $f_w : \{0, 1\}^n \to \mathbb{Z}$, definiert wie folgt:

1. Ist w ein Blatt, $index(w) \in \mathbb{Z}$ die Markierung von w, so ist f_w die konstante Abbildung, die jedes Argument auf den Wert $index(w)$ abbildet.
2. Ist w ein innerer Knoten und $index(w) = x_i$, so ist

$$\begin{aligned} f_w &= c_{(w,low(w))} \cdot f_{low(w)} \\ &\quad + x_i \cdot c_{(w,high(w))} \cdot f_{high(w)}. \end{aligned}$$

$*$BMDs sind unter bestimmten Einschränkungen kanonische Darstellungen der Funktionen $f : \{0, 1\}^n \to \mathbb{Z}$. Sie müssen geordnet (↗geordneter binärer Entscheidungsgraph) sein, und die multiplikativen Faktoren korrespondierender *low*- und *high*-Kanten müssen zueinander relativ prim sein. Zudem müssen die $*$BMDs reduziert sein. Hier gelten ähnliche Reduktionsregeln wie bei den ↗reduzierten geordneten binären Entscheidungsgraphen. Zeigt die *high*-Kante eines Knotens v auf das 0-Blatt, so kann der Knoten v gelöscht werden. Alle in v einlaufenden Kanten laufen nun in den Nachfolgerknoten von v ein. Sind die *low*-Nachfolgerknoten ebenso wie die *high*-Nachfolgerknoten von zwei Knoten v und w identisch, so kann einer der beiden Knoten v oder w gelöscht werden, wobei die in ihn hineingehenden Kanten auf den anderen Knoten umgelenkt werden.

[1] Drechsler, R.; Becker, B.: Graphenbasierte Funktionsdarstellung. B.G. Teubner Stuttgart, 1998.

Bindefunktion, *blending function*, Funktion, die in geeigneter Weise vorgegebene Randkurven derart verbindet, daß ein (mindestens) stetiger Interpolant entsteht.

Die Bindefunktion muß dabei Funktionswerte und gegebenenfalls Ableitungen interpolieren können. Die einfachsten Bindefunktionen sind die linearen Polynome $\phi_0(x) = x$ und $\phi_1(x) = 1 - x$.

Bindefunktionen treten im ↗Computer-Aided Design im Zusammenhang mit Ausrundungs- und Füllflächen auf, für deren Konstruktion es viele verschiedene Verfahren gibt, beispielsweise die Technik der ↗Coons-Flächen.

Wir betrachten ein einfaches Beispiel: Gesucht ist eine Funktion $F(x, y)$, die über dem Quadrat $[0, 1]^2$ stetig ist und in den vier Eckpunkten vorgegebene Werte annimmt. Mit Hilfe der oben definierten linearen Bindefunktionen kann man die folgende Lösung angeben:

$$\begin{aligned} F(x,y) &= \phi_1(y)(\phi_1(x)F(0,0) + \phi_0(x)F(1,0)) \\ &\quad + \phi_0(y)(\phi_1(x)F(0,1) + \phi_0(x)F(1,1)). \end{aligned}$$

Sollen zusätzlich zu den Funktionswerten auch Werte der Ableitung interpoliert werden, so müssen anstelle der oben definierten linearen Polynome kubische Polynome benutzt werden.

Bindfadenkonstruktion, Methode zur Veranschaulichung der inneren Geometrie einer Fläche.

An einem plastischen Modell einer Fläche kann der innergeometrische Abstand zweier Punkte der Fläche als Länge eines Bindfadens bestimmt werden, den man so über die Fläche spannt, daß seine Endpunkte mit den beiden gegebenen Punkten übereinstimmen. Überdies ist die Kurve, längs der der Faden der Fläche anliegt, eine geodätische Linie.

Binet-Cauchy, Satz von, *Cauchy-Binet, Satz von*, Bezeichnung für die durch Formel (1) zum Ausdruck kommende Aussage zur Berechnung einer r-reihigen Unterdeterminante einer Produktmatrix $A \cdot B$, wobei A eine $(m \times n)$-Matrix über $\mathbb{K}$ und B eine $(n \times p)$-Matrix über $\mathbb{K}$ ist:

$$\begin{aligned} \det(AB)_{i_1,\dots,i_r;k_1,\dots,k_r} &= \\ \sum_{1 \le j_1 < \dots < j_r \le n} & \det A_{i_1,\dots,i_r;j_1,\dots,j_r} \cdot \\ & \det B_{j_1,\dots,j_r;k_1,\dots,k_r}. \qquad (1) \end{aligned}$$

Hier ist $1 \le i_1 < \dots < i_r \le m$, $1 \le k_1 < \dots < k_r \le p$, $r \le n$, und

$$M_{i_1,\dots,i_r;j_1,\dots,j_r}$$

bezeichnet dabei die $(r \times r)$-Untermatrix einer $(n \times n)$-Matrix M, die aus den Elementen auf den Zeilen mit den Indizes $i_1, \dots, i_r; j_1, \dots, j_r$ und den Spalten mit den Indizes $j_1, \dots, j_r$ gebildet wird.

Binomialfolge, eine Polynomfolge $\{p_n \in \Pi_n, n \in \mathbb{N}_0\}$, welche folgende Bedingungen erfüllt:

$$\begin{aligned} p_0(x) &= 1, \\ p_n(x+y) &= \sum_{i=0}^{n} \binom{n}{i} p_i(x) p_{n-i}(y) \end{aligned}$$

für alle $x, y \in \mathbb{R}$ und $n \in \mathbb{N}$, wobei $\binom{n}{i}$ die ↗Binomialkoeffizienten sind.

Die Monome $\{x^n\}$ sind ein klassisches Beispiel für Binomialfolgen.

Binomialkoeffizient, die Anzahl der i-elementigen Untermengen einer n-elementigen Menge, üblicherweise mit

$$\binom{n}{i}$$

bezeichnet.

Die Binomialkoeffizienten treten in der ↗Binomialreihe mit positiv ganzzahligem Index als Koeffizienten auf, woher auch ihr Name stammt.

Eine zweite Deutung der Binomialkoeffizienten ist die folgende.

Sei N eine n-elementige Menge. Man assoziiert zu jeder Untermenge $A \subseteq N$ die charakteristische Funktion $f_A : N \to \{0, 1\}$,

$$f_A(a) = \begin{cases} 1 & \text{falls } a \in A, \\ 0 & \text{falls } a \notin A. \end{cases}$$

Bei der Bijektion $A \to f_A$ entsprechen die i-elementigen Untermengen A von N den charakteristischen Funktionen f_A mit $|f_A^{-1}(1)| = i$.

$\binom{n}{i}$ ist somit gerade die Anzahl der charakteristischen Funktionen f_A mit $|f_A^{-1}(1)| = i$.

Die Binomialkoeffizienten erfüllen eine große Zahl von Identitäten, beispielsweise

$$\binom{n}{i} = \frac{n!}{i!(n-i)!}, \quad \binom{n}{i} = \binom{n}{n-i},$$

$$\sum_{i=0}^{n} \binom{n}{i} = 2^n, \quad \sum_{i=0}^{n} (-1)^i \binom{n}{i} = 0,$$

und es gilt das Additionstheorem

$$\binom{n}{i} + \binom{n}{i+1} = \binom{n+1}{i+1}.$$

Eine Verallgemeinerung der Binomialkoeffizienten bilden die Multinomialkoeffizienten.

Binomialreihe, Potenzreihe der Form

$$b_\alpha(z) := \sum_{k=0}^{\infty} \binom{\alpha}{k} z^k ,$$

wobei $\alpha \in \mathbb{C}$ und $\binom{\alpha}{k}$ die verallgemeinerten Binomialkoeffizienten sind, d. h.

$$\binom{\alpha}{0} := 1 ,$$
$$\binom{\alpha}{k} := \frac{\alpha(\alpha-1)\cdots(\alpha-k+1)}{k!} \quad (k \in \mathbb{N}) .$$

Für $\alpha \notin \mathbb{N}_0$ hat die Potenzreihe stets den ↗Konvergenzradius $R = 1$, und es gilt

$$b_\alpha(z) = (1+z)^\alpha := e^{\alpha \operatorname{Log}(1+z)} \quad (|z| < 1) ,$$

wobei Log den Hauptzweig des Logarithmus bezeichnet. Ist $\alpha = n \in \mathbb{N}_0$, so ist $\binom{\alpha}{k} = 0$ für $\alpha > k$, und es ergibt sich der ↗binomische Lehrsatz in der Form

$$(1+z)^n = \sum_{k=0}^{n} \binom{n}{k} z^k \quad (z \in \mathbb{C}) .$$

Im Spezialfall $\alpha = -1$ erhält man die alternierende geometrische Reihe

$$b_{-1}(z) = \sum_{k=0}^{\infty} (-1)^k z^k = \frac{1}{1+z} \quad (|z| < 1) .$$

binomialverteilte zufällige Größe, auf einem Wahrscheinlichkeitsraum $(\Omega, \mathfrak{A}, P)$ definierte Zufallsvariable X, die nur Werte in $\{0, 1, \ldots, n\}$ annimmt und als induzierte Verteilung eine ↗Binomialverteilung mit Parametern $n \in \mathbb{N}$ und $p \in [0, 1]$ ist.

Mit Parametern n und p binomialverteilte zufällige Größen X werden in der Regel zur Modellierung von Zufallsexperimenten verwendet, die als Summe von n unabhängig identisch verteilten Bernoulli-Variablen $X_1, \ldots, X_n$ mit $P(X_i = 1) = p$ für $i = 1, \ldots, n$ beschrieben werden können.

Für den Erwartungswert gilt $E(X) = np$ und für die Varianz $\operatorname{Var}(X) = np(1-p)$.

Binomialverteilung, von den Parametern $n \in \mathbb{N}$ und $p \in [0, 1]$ abhängende diskrete Wahrscheinlichkeitsverteilung $B_{n,p}$ auf der Potenzmenge $\mathfrak{P}(\{0, 1, \ldots, n\})$ der Menge $\{0, 1, \ldots, n\}$, welche durch die diskrete Dichte

$$b_{n,p} : x \to \binom{n}{x} p^x (1-p)^{n-x} \in [0, 1]$$

für $x \in \{0, 1, \ldots, n\}$ eindeutig festgelegt ist.

Die Binomialverteilung $B_{n,p}$ ist das Produktmaß von n Bernoulli-Verteilungen mit Parameter p und ergibt sich z. B. als Verteilung der Summe von n unabhängig identisch verteilten Bernoulli-Variablen (vgl. auch ↗binomialverteilte zufällige Größe).

Für $n \to \infty$ und $p \to 0$ mit $np \to \lambda$ wird die Binomialverteilung durch eine Poisson-Verteilung mit Parameter λ approximiert. Weiterhin besteht nach dem Grenzwertsatz von de Moivre-Laplace ein asymptotischer Zusammenhang zwischen der Binomial- und der Normalverteilung, der zur Approximation der Binomialverteilung verwendet werden kann.

binomische Formel, Formel über die Potenzierung einer Summe zweier Zahlen.

In der Schulmathematik unterscheidet man drei binomische Formeln:

(1) $(x+y)^2 = x^2 + 2xy + y^2$
(Erste binomische Formel).

(2) $(x-y)^2 = x^2 - 2xy + y^2$
(Zweite binomische Formel).

(3) $(x-y)(x+y) = x^2 - y^2$
(Dritte binomische Formel).

Erste und zweite binomische Formel sind einfache Spezialfälle des ↗binomischen Lehrsatzes.

binomische Ungleichung, die Ungleichung

$$|xy| \le \frac{1}{2}(x^2 + y^2)$$

für alle reelle Zahlen x, y, die man z. B. aus der Beziehung

$$xy = \frac{1}{2}(x^2 + y^2) - \frac{1}{2}(x-y)^2$$

erhält, da $(x-y)^2 \ge 0$.

Die binomische Ungleichung ist ein Spezialfall der Young-Ungleichung

$$|xy| \le \frac{|x|^p}{p} + \frac{|y|^q}{q}$$

für $p, q > 1$ mit $\frac{1}{p} + \frac{1}{q} = 1$.

Aus der binomischen Ungleichung ergibt sich die Ungleichung

$$\sqrt{xy} \le \frac{x+y}{2}$$

zwischen dem geometrischen und dem arithmetischen Mittel von $x, y > 0$.

binomischer Lehrsatz, elementare Aussage in der reellen und komplexen Analysis, die besagt, daß für $a, b \in \mathbb{C}$ und $n \in \mathbb{N}$ stets gilt:

$$(a+b)^n = \sum_{\nu=0}^{n} \binom{n}{\nu} a^\nu b^{n-\nu} .$$

Als Speziallfall leitet man hieraus die bekannten ↗binomischen Formeln ab.

binomisches Integral, Integral der Form

$$\int x^m (\alpha + \beta x^n)^k \, dx$$

mit reellen Konstanten α, β und $m, n, k \in \mathbb{Q}$.

In den folgenden Fällen gelingt mit der angegebenen Substitution eine Zurückführung auf die ↗Integration rationaler Funktionen (in der neuen Variablen τ):

Ist $k \in \mathbb{Z}$, so setzt man $\tau = \sqrt[s]{x}$ mit

$$s := \text{kgV}(\text{Nenner}(m), \text{Nenner}(n)).$$

Im Falle $\frac{m+1}{n} \in \mathbb{Z}$ substituiert man

$$\tau = \sqrt[q]{\alpha + \beta x^n}$$

mit dem Nenner q von k.

Hat man $\frac{m+1}{n} + k \in \mathbb{Z}$, so führt die Substitution

$$\tau = \sqrt[q]{\frac{\alpha + \beta x^n}{x^n}}$$

zum Ziel, wobei q wieder den Nenner von k bezeichnet.

Binormale, die Gerade durch einen Punkt P einer Raumkurve mit der Richtung des ↗Binormalenvektors.

Binormalenvektor, der auf der Schmiegebene einer Raumkurve senkrecht stehende Einheitsvektor.

Ist die Kurve durch eine Parameterdarstellung $\alpha(t)$ gegeben, so ist der Binormalenvektor $\mathfrak{b}(t)$ eine Funktion des Kurvenparameters t. Er ist ein Vektor des ↗begleitenden Dreibeins der Kurve. Seine Orientierung wird so festgelegt, daß er mit dem Einheitstangenten- und dem Normalenvektor ein orientierendes Dreibein bildet.

Biodiversität, Vorstellung von der Vielfalt der biologischen Arten, Rassen und Genotypen, im Zusammenhang mit Maßnahmen zu deren Erhaltung und mit dem möglichen Nutzen.

Bio-Fluid-Dynamik, Anwendung der Theorie der Dynamik der Flüssigkeiten auf biologische Problemstellungen, sowohl auf Körperflüssigkeiten (Blutkreislauf, Funktion des Herzens), als auch auf Fortbewegung im Medium, beispielsweise Schwimmen von Wassertieren (z.B. Fischen, Walen, Arthropoden).

Bioinformatik, ein sich entwickelndes Gebiet, in dem insbesondere die in der Molekularbiologie anfallenden Daten in geeignet strukturierten Datenbanken verwaltet und bearbeitet werden.

Beispielsweise werden Stammbäume rekonstruiert und molekularbiologische Mechanismen durch Algorithmen simuliert. Weiterhin analysiert man den Weg von der genetischen Information zum Proteom und zur Funktion von Proteinen mit Hilfe computergestützter Modelle.

Biomathematik, ↗Mathematische Biologie.

Biometrie, Anwendung mathematischer und speziell statistischer Methoden in der Medizin und in den biologischen Wissenschaften, wie der Pharmazie, Biologie und den Agrarwissenschaften, um zufallsabhängige Phänomene zu modellieren und dadurch Strukturen und deren Variabilität zu erkunden.

Im Vordergrund steht die Entwicklung und Anpassung spezieller Verfahren, die den Besonderheiten medizinischer und biologischer Fragestellungen gerecht werden und die es ermöglichen, zu Entscheidungen, Diagnosen und Schlußfolgerungen zu kommen und deren Unsicherheit abzuschätzen.

Beispiele für solche Fragestellungen sind

(a) Untersuchung der Wirksamkeit von Medikamenten,

(b) epidemiologische Studien zur Ausbreitung von Krankheiten, insbesondere die Identifizierung von Risikofaktoren,

(c) Entwicklung von Diagnoseverfahren zur Diagnostizierung von Krankheiten aufgrund gemessener Merkmale.

Die Besonderheit in den betrachteten Wissenschaften besteht darin, daß das Stichprobenmaterial oft nicht den in der „klassischen" Statistik geforderten Voraussetzungen genügt. So zum Beispiel kann in der Medizin und Biologie oft nicht von Zufallsstichproben ausgegangen werden.

Weiterhin ist es oft nur möglich, auf der Basis von sogenannten Längsschnittuntersuchungen (z.B. der lebenslangen Beobachtung von Geburtsjahrgangskohorten) zu statistisch gesicherten Aussagen zu kommen.

Deshalb ist die statistische Versuchsplanung eines der Kerngebiete der Biometrie.

Weitere Gebiete, die in der Biometrie eine große Rolle spielen sind die nichtparametrische Statistik, die Analyse von Kontingenztafeln, die ↗Diskriminanz- und ↗Clusteranalyse, sowie die ↗Varianz-, ↗Korrelations-, ↗Regressions- und ↗Zeitreihenanalyse.

[1] Precht, M.; Kraft, R: Bio-Statistik 1. Oldenbourg Verlag München, 1992.

[2] Precht, M.; Kraft, R: Bio-Statistik 2. Oldenbourg Verlag München, 1993.

[3] Sachs, L.: Angewandte Statistik. Springer Verlag Berlin Heidelberg New York, 1991.

Bioökonomie, Verbindung ökologischer und ökonomischer Modellbildung, insbesondere im Zusammenhang mit strukturierten Populationen, erneuerbaren Ressourcen, optimalen Ernte-Prozessen.

Die Bioökonomie hat beispielsweise Anwendungen im Fischfang und Waldbau.

Biorhythmus, jeder in Organismen nachweisbare periodische Vorgang.

In Organismen laufen Biorhythmen mit sehr verschiedenen Perioden ab (Jahres- und Tages-Periodik, Atemfrequenz, Herzschlag, Peristaltik, neuronale Spikes, Gangarten der Fortbewegung).

Die Rhythmen sind teils endogen, teils durch äußere Einflüsse (Licht) modifiziert.

In vielen Fällen ist der Biorhythmus Gegenstand intensiver mathematischer Modellbildung mit Hilfe gewöhnlicher und verzögerter Differentialgleichungen.

biorthogonale Waveletbasen, Verallgemeinerung orthogonaler Waveletbasen beispielsweise im Hilbertraum $L^2(\mathbb{R})$.

Ausgehend von zwei Multiskalenzerlegungen des $L^2(\mathbb{R})$ werden zwei Familien von Wavelets $\{\psi_{j,k}\}_{j,k\in\mathbb{Z}}$, $\{\tilde{\psi}_{j,k}\}_{j,k\in\mathbb{Z}}$ mit

$$\psi_{j,k} := 2^{j/2}\psi(2^j\cdot -k)$$

und

$$\tilde{\psi}_{j,k} := 2^{j/2}\tilde{\psi}(2^j\cdot -k)$$

so konstruiert, daß folgende Biorthogonalitätsbedingung erfüllt ist: $\langle\psi_{j,k},\tilde{\psi}_{j',k'}\rangle = \delta_{jj'}\delta_{kk'}$. Weiterhin ist jede Funktion $f\in L^2(\mathbb{R})$ darstellbar als

$$\begin{aligned} f &= \sum_{j\in\mathbb{Z}}\sum_{k\in\mathbb{Z}}\langle f,\tilde{\psi}_{j,k}\rangle\psi_{j,k} \\ &= \sum_{j\in\mathbb{Z}}\sum_{k\in\mathbb{Z}}\langle f,\psi_{j,k}\rangle\tilde{\psi}_{j,k}\,. \end{aligned}$$

Der Vorteil biorthogonaler Waveletbasen besteht in der Flexibilität bei der Wahl der Filter. Diese können auf vielerlei Art so gewählt werden, daß exakte Rekonstruktion möglich ist und die Wavelet-Basis eine Rieszbasis bildet. Auch die Konstruktion symmetrischer oder an Differentialoperatoren angepaßter Waveletbasen ist in diesem Rahmen möglich.

biorthogonale Wavelets, zu einem Wavelet ψ gehörendes Wavelet $\tilde{\psi}$ so, daß ψ und $\tilde{\psi}$ die Biorthogonalitätseigenschaft

$$\langle\psi(2^j\cdot -k),\tilde{\psi}(2^{j'}\cdot -k')\rangle = \delta_{jj'}\delta kk'$$

erfüllen. Vorteile biorthogonaler Wavelets sind die größere Freiheit bei der Konstruktion der Waveletfilter, die exakte Rekonstruktion und die Stabilität der Waveletbasis unter schwachen Voraussetzungen.

biorthogonales System, ein System von Elementen eines Vektorraums und zugehörigen Dualraums mit folgender Eigenschaft:

Ist $\{a_i\}$ eine Menge von Elementen des Vektorraums X und $\{f_i\}$ eine Teilmenge des Dualraums X^*, so heißt das System $\{a_i,f_i\}$ biorthogonal, wenn gilt $f_i(a_i)\neq 0$ und

$$f_i(a_j) = 0$$

für alle $i\neq j$ aus der Indexmenge.

Biot, Jean-Baptiste, französischer Physiker, geb. 21.4.1774 Paris, gest. 3.2.1862 Paris.

Biot wurde von Monge entdeckt und gefördert. 1797 wurde er Mathematikprofessor in Beauvais und durch den Einfluß von Laplace drei Jahre später Professor für mathematische Physik am Collége de France. 1809 erhielt er eine Professur für physikalische Astronomie.

Seine mathematischen Leistungen waren hauptsächlich anwendungsbezogen, so auf den Gebieten der Astronomie, Elastizitätstheorie, Elektrizität und Magnetismus, Wärmelehre und Optik. Er lieferte aber auch wichtige Beiträge zur Geometrie. Gemeinsam mit Arago untersuchte er die Brechungseigenschaften von Gasen. Bekannt ist das ↗Biot-Savartsche Gesetz der Elektrodynamik.

Für seine Arbeit zur Polarisation von Licht durch chemische Lösungen erhielt er die Rumford-Medaille der Royal Society.

Biot-Savartsches Gesetz der Elektrodynamik, Formel zur Bestimmung des magnetischen Feldes H, das durch einen stromdurchflossenen Leiter erzeugt wird.

Es gilt die Beziehung

$$H = \frac{I}{4\pi}\int r^{-3}ds\times\mathbf{r}\,,$$

wobei I die Stromstärke, s eine entlang dem Leiter gemessene Länge, $\mathbf{r}$ der Abstandsvektor zum Leiter und r dessen Länge ist.

bipartiter Graph, *paarer Graph*, ein ↗Graph G, der eine Zerlegung der Eckenmenge $E(G)$ in zwei paarweise disjunkte Teilmengen X und Y besitzt (d. h. $X\cup Y = E(G)$ und $X\cap Y = \emptyset$), so daß jede Kante von G mit genau einer Ecke aus X und einer Ecke aus Y inzidiert. Man nennt X, Y Partitionsmengen oder kurz eine Partition bzw. Bipartition von G.

Ist zusätzlich jede Ecke aus X mit jeder Ecke aus Y durch eine Kante verbunden, so spricht man von einem vollständigen bipartiten Graphen, in Zeichen $K_{m,n}$, falls $|X| = n$ und $|Y| = m$ gilt.

Färbt man in einem bipartiten Graphen G mit der Bipartition X, Y die Eckenmenge X mit einer Farbe und die Eckenmenge Y mit einer weiteren Farbe, so erhält man eine ↗Eckenfärbung von G mit zwei Farben.

Der wichtigste Charakterisierungssatz für bipartite Graphen wurde 1916 von König entdeckt und lautet wie folgt:

Ein Graph ist genau dann bipartit, wenn er keinen Kreis ungerader Länge enthält.

Nach diesem Satz sind z. B. Bäume (↗Baum) und Wälder (↗Wald) bipartite Graphen, denn sie besitzen überhaupt keine Kreise.

Da ein Kreis ungerader Länge keine 2-Eckenfärbung hat, ergibt sich aus dem Satz von König, daß ein Graph genau dann bipartit ist, wenn er zweifärbbar ist.

Bipolare, ↗ Polarentheorie.

bipolare Codierung, eindeutige Darstellung einer Zahl oder eines Objekts als Vektor mit Komponenten 1 und −1.

Beispielsweise läßt sich jede beliebige natürliche Zahl $k \in \{0, \dots, 2^n - 1\}$ in eindeutiger Weise als Summe der Form

$$k = \sum_{i=1}^{n} (1 + x_i^{(k)}) \cdot 2^{n-i-1}$$

mit $x_i^{(k)} \in \{-1, 1\}$, $1 \le i \le n$, darstellen.

Damit ergibt sich die vektorielle Schreibweise der bipolaren Codierung von k als

$$x^{(k)} = (x_1^{(k)}, \dots, x_n^{(k)}) \in \{-1, 1\}^n .$$

bipolare Sigma-Pi-Orthogonalität, diskrete Orthogonalitätsrelation für bipolare Vektoren, konkret die für alle $x, y \in \{-1, 1\}^n$ geltende Beziehung

$$\sum_{R \subset \{1,\dots,n\}} \prod_{i \in R} x_i y_i = \begin{cases} 0, & x \neq y, \\ 2^n, & x = y. \end{cases}$$

Biprodukt, ↗ additive Kategorie.

biquadratische Gleichung, eine ↗ algebraische Gleichung vom Grad 4.

biquadratische Parabel, Kurzbezeichnung für die Funktion $y = x^4$.

Interpretiert als Kurve enthält sie einen isolierten Punkt, nämlich $(x, y) = (0, 0)$, in dem die Krümmung verschwindet.

Die von der Kurve $(x(t), y(t), z(t)) = (t, 0, t^4)$ durch Drehung um die z-Achse erzeugte Rotationsfläche dient als Beispiel für eine Fläche mit einem isolierten ↗ Flachpunkt $(x, y, z) = (0, 0, 0)$.

birationale Abbildung, zentraler Begriff in der algebraischen Geometrie.

Seien M und N algebraische Varietäten. Eine rationale Abbildung $f : M \to N$ heißt birational, wenn es eine rationale Abbildung $g : N \to M$ gibt, so daß $f \circ g$ die Identität ist. Zwei algebraische Varitäten heißen birational isomorph oder einfach birational, wenn es zwischen ihnen eine birationale Abbildung gibt. Insbesondere heißt eine Varietät rational, wenn sie birational zum $\mathbb{P}^n$ ist.

Eine rationale Abbildung $f : M \to N$ ist genau dann birational, wenn für jeden generischen Punkt $p \in N$, $f^{-1}(p)$ ein einziger Punkt ist.

Eine birationale Abbildung zwischen Flächen kann man als eine Folge von Aufblasungen und Zusammenblasungen erhalten: Sind M und N algebraische Flächen und $f : M \to N$ eine birationale Abbildung, dann gibt es eine Fläche $\widetilde{M}$ und Aufblasungs-Abbildungen $\pi_1 : \widetilde{M} \to M$, $\pi_2 : \widetilde{M} \to N$ so, daß $f = \pi_2 \circ \pi_1^{-1}$.

[1] Griffiths,P.; Harris, J.: Principles of Algebraic Geometry. Pure & Applied Mathematics John Wiley & Sons New York/Toronto, 1978.

birationaler Morphismus, ein Morphismus von Schemata $\varphi : X \longrightarrow Y$ derart, daß es ein dichtes offenes Unterschema U von Y gibt, so daß $\varphi^{-1}U$ dicht in X ist und φ biregulär in allen Punkten von U ist.

Eine birationale Korrespondenz zwischen Schemata X und Y ist ein abgeschlossenes Unterschema $Z \subset X \times Y$ so, daß die Projektionen $Z \longrightarrow X$, $Z \longrightarrow Y$ birationale Morphismen sind.

Birkhoff, George David, Mathematiker, geb. 21.3.1884 Overisel (Mich.), gest. 12.11.1944 Cambridge (Mass.).

Birkhoff war das älteste von sechs Kindern einer Arztfamilie, die 1886 nach Chicago übersiedelte. Dort besuchte er die Schule und studierte von 1896 bis 1902 am damaligen Lewis Institut, dem späteren Illinois Institute of Technology. Nach einem Jahr an der Universität von Chicago ging er 1903 an die Harvard Universität in Cambridge (Mass.) und erwarb dort 1905 das Baccalaureat. 1906 kehrte er an die Universität Chicago zurück und promovierte ein Jahr später unter Moore. Nach Lehrpositionen an der Universität von Wisconsin (1907–1909) und der Universität Princeton trat er 1912 eine Assistenzprofessur an der Harvard Universität an, die 1919 in eine ordentliche Professur umgewandelt wurde und die er bis zu seinem Tode innehatte.

Birkhoff begann seine Forschungen mit Studien zu asymptotischen Lösungen von Differentialgleichungen, Randwertproblemen und zur Theorie der Sturm-Liouville-Gleichung, und wandte sich dann den linearen Differentialgleichungssytemen mit irregulären Singularitäten zu. In diesem Zusammenhang versuchte er eine Verallgemeinerung des Riemannschen Problems zu lösen, ein System von linearen Differentialgleichungen erster Ordnung zu konstruieren, für das die singulären Punkte und die Monodromiegruppe gegeben sind, und erzielte wichtige Teilresultate.

Birkhoffs Hauptforschungsgebiet wurde jedoch die Theorie dynamischer Systeme, zu der er grundlegende Beiträge leistete. Ausgangspunkt war sein Interesse an dem Werk Poincarés, das er speziell in der Himmelsmechanik fortsetzen wollte. Ein herausragendes Resultat war 1913 der Beweis des sog. Poicaréschen Twist-Theorems, das die Existenz von mindestens zwei Fixpunkten bei Twistabbildungen des Kreisringes in sich behauptet. Poincaré hatte das Theorem 1912 nur für Spezialfälle beweisen können. Es wurde dann sehr erfolgreich beim Studium dynamischer Systeme, speziell beim Existenznachweis für periodische Lösungen angewandt.

In den 20er Jahren bemühte sich Birkhoff u. a. darum, die möglichen Bewegungen in einem dynamischen System zu erfassen, sie qualitativ zu charakterisieren und die Beziehungen zwischen ihnen aufzudecken. Er schuf damit die Basis für eine topologische Theorie der dynamischen Systeme und lieferte neue Anregungen zu Forschungen der Globalen Analysis.

Intensiv beschäftigte sich Birkhoff mit den Grundlagen der Relativitätstheorie und der Quantenphysik, wobei er auch philosophische Gesichtspunkte mit einbezog. Obwohl seine diesbezüglichen Arbeiten und Modellvorstellungen sehr unterschiedliche Aufnahme fanden, haben seine Kritik und die dabei entwickelten Methoden anregend auf die weitere Entwicklung dieser Gebiete gewirkt. Durch teilweise in Zusammenarbeit mit Kollegen und Schülern verfaßte Publikationen hat er den Forschungen auf mehreren Teilgebieten der Mathematik neue Impulse verliehen, so etwa zur Theorie der Funktionenräume, zum Vier-Farben-Satz und zur mengentheoretischen Topologie.

Birkhoff genoß hohe Anerkennung im In- und Ausland und stand mit vielen bedeutenden Mathematikern im freundschaftlichen Kontakt. Er war Mitherausgeber mehrerer mathematischer Zeitschriften und hat die Entwicklung der US-amerikanischen Mathematik in der ersten Hälfte des 20. Jahrhunderts wesentlich mitgeprägt.

Birkhoff-Ergodentheorem, Version des starken Gesetzes der großen Zahlen für ergodische Folgen von Zufallsvariablen.

Sei $(X_n)_{n\in\mathbb{N}}$ eine ergodische Folge von Zufallsvariablen auf einem Wahrscheinlichkeitsraum $(\Omega, \mathfrak{A}, P)$ mit $E(|X_1|) < \infty$. Dann gilt

$$\frac{1}{n}\sum_{i=1}^{n} X_i \rightarrow E(X_1) \quad P\text{-fast sicher.}$$

Birkhoff-Interpolation, Interpolationsproblem, das in gewissem Sinne als Verallgemeinerung der ↗Hermite-Interpolation angesehen werden kann.

Das Problem der Birkhoff-Interpolation wurde erstmalig von Birkhoff im Jahr 1906 für Polynomräume behandelt. Diese Theorie wurde lange Zeit in Mathematikerkreisen eher wenig beachtet, bis sich im Jahr 1966 Schoenberg ihrer von neuem annahm.

Seither wurden die Theorie der Birkhoff-Interpolation kontinuierlich weiterentwickelt. Nach dem heutigen Stand der Forschung ist die Birkhoff-Interpolation für Polynome weitgehend vollständig entwickelt, während für allgemeinere, endlichdimensionale Räume (beispielsweise Splineräume) noch eine Reihe offener Fragen bestehen.

Das Problem der Birkhoff-Interpolation ist wie folgt definiert.

Es sei $G = \{g_0, g_1, \dots, g_N\}$ ein System von $N+1$ linear unabhängigen, n-mal stetig differenzierbaren reellwertigen Funktionen, definiert auf einem Intervall $[a, b]$ oder einem Kreis T.

Die Matrix

$$E = ((e_{i,k}))_{i=1,\ k=0}^{m\quad n}, \quad m \geq 1, \quad n \geq 0,$$

heißt Interpolationsmatrix, falls $e_{i,k} \in \{0, 1\}$ und

$$\sum_{i,k} e_{i,k} = N + 1$$

gelten. Die Interpolationsmatrix E heißt normal, falls $n = N$ gilt.

Eine Knotenmenge $X = \{x_1 < \dots < x_m\}$ besteht aus m verschiedenen Punkten aus $[a, b]$ beziehungsweise T.

Das Birkhoff-Interpolationsproblem hinsichtlich G, E und X besteht nun darin, für beliebig vorgegebene Daten $c_{i,k}$ (definiert für alle i, k mit $e_{i,k} = 1$) eine eindeutige Funktion $g \in G$ mit den Eigenschaften

$$g^{(k)}(x_i) = c_{i,k}, \quad e_{i,k} = 1,$$

zu finden. In diesem Fall heißt das Paar (E, X) regulär.

Wählt man $m = N + 1$ und $n = 0$, so erhält man als Spezialfall das Problem der ↗Lagrange-Interpolation hinsichtlich G und X.

Ist $e_{i,k} = 1$, $k = 0, \dots r_i$, und $e_{i,k} = 0$, $k \geq r_i + 1$, so handelt es sich um das das Problem der ↗Hermite-Interpolation hinsichtlich G und X.

Die allgemeine Birkhoff-Interpolation kann man somit grob gesprochen als ein Hermite-Interpolationsproblem bezeichnen, bei dem gewisse Lücken in den Ableitungen auftreten.

Für die Untersuchung der Lösbarkeit des Birkhoff-Interpolationsproblem spielt die sogenannte Polya-Bedingung eine bedeutende Rolle. Diese lautet:

$$\sum_{k=0}^{r}\sum_{i=1}^{m} e_{i,k} \geq r + 1, \quad r = 0, \dots, n\,.$$

Sie ist beispielsweise für polynomiale Birkhoff-Interpolation, das heißt im Falle

$$G = \{1, x, \ldots, x^N\},$$

unbedingt notwendig. Im Fall polynomialer Birkhoff-Interpolation kann man davon ausgehen, daß die zugehörige Interpolationsmatrix E normal ist.

Um die Lösbarkeit des Birkhoff-Interpolationsproblems zu gewährleisten, benötigt man im allgemeinen neben der Polya-Bedingung noch weitere Vorausetzungen. Wir geben hier ein Beispiel an.

Es sei hierzu

1 1 1 0 0 1 1 0 1 0 0

eine der Zeilen von E. Diese Zeile enthält drei Abschnitte von Einsen. Zwei dieser Abschnitte sind ungerade (das heißt sie enthalten eine ungerade Anzahl von Elementen), und einer ist gerade.

Ein in der k-ten Spalte beginnender Abschnitt in der i-ten Reihe von E heißt supported, falls Indizes $i_1 < i < i_2$, $k_1 < k$, $k_2 < k$ existieren, so daß

$$e_{i_1,k_1} = e_{i_2,k_2} = 1 .$$

Es gilt nun der folgende Satz von Atkinson und Sharma:

Ein vorgegebenes polynomiales Birkhoff-Interpolationsproblem (E,X) ist regulär, falls die zugehörige normale Interpolationsmatrix die Polya-Bedingung erfüllt und keine ungeraden Abschnitte enthält, die supported sind.

[1] Lorentz, G. G.; Jetter, K.; Riemenschneider, S. D.: Birkhoff Interpolation. Addison-Wesley Publishing Company Reading, 1983.

Birkhoff-Theorem, mathematische Beschreibung der Tatsache, daß es im Rahmen der ↗Allgemeinen Relativitätstheorie keine gravitativen Monopole, d. h. keine kugelsymmetrischen Gravitationswellen gibt.

Das Theorem ist in allen Gravitationstheorien gültig, die keine Spin-0-Teilchen enthalten. Für die Formulierung des Theorems gibt es in der Literatur verschiedene Varianten: Manchmal bezeichnet dieses Theorem konkret die Herleitung der Einzigkeit der Schwarzschildschen Lösung, zuweilen bezeichnet man als Birkhoff-Theorem aber auch abstrakt die Aussage, daß jede kugelsymmetrische Vakuumlösung der Gravitationsfeldgleichungen noch mindestens eine weitere (zunächst nicht vermutete) Symmetrie besitzt.

Die Einsteinschen Vakuumgleichungen für ein kugelsymmetrisches Gravitationsfeld lassen sich in geschlossener Form lösen. Die Lösung ist die sog. Schwarzschildsche Metrik

$$ds^2 = \left(1 - \frac{2m}{r}\right) dt^2 - \frac{dr^2}{1 - \frac{2m}{r}} - r^2(d\psi^2 + \sin^2\psi \, d\phi^2)$$

und hängt nur von einem Parameter, nämlich m, der als Masse interpretiert wird, ab.

Das Bemerkenswerte daran ist, daß die Lösung eine höhere Symmetrie aufweist als von den Voraussetzungen her erwartet werden sollte: Sie „sollte“ von r und t abhängen, in den hier gewählten Koordinaten hängt die Metrik tatsächlich jedoch nicht von der Koordinate t ab, im Bereich $r > 2m$ ist die Schwarzschildsche Metrik also statisch. (Im Bereich $r < 2m$ wechselt der Charakter der Koordinaten: r ist dort zeitartig, t ist raumartig, die zusätzliche Symmetrie führt in diesem Bereich also nicht dazu, daß das Gravitationsfeld statisch wird, sondern daß eine räumliche Translation als zusätzliche Isometrie auftritt.)

Die Beweisidee ist die folgende: Da Kugelsymmetrie vorausgesetzt wird, können die Winkelkoordinaten durch Dimensionsreduzierung entfernt werden. Dann reduziert sich die Einsteinsche Vakuumfeldgleichung auf eine Tensorgleichung in zwei Dimensionen (in oben gewählten Koordinaten ist das der (r, t)-Raum). Im zweidimensionalen Raum verschwindet der spurfreie Anteil des Riccitensors identisch, so daß man orthogonal zum Gradienten der Gaußschen Krümmung eine zusätzliche Isometrie erhält.

Das Birkhoff-Theorem wurde zwar von Jebsen im Jahre 1921 gefunden, jedoch von Birkhoff und Langer im Jahre 1923 erstmals streng bewiesen.

Inzwischen hat es eine ganze Reihe von Verallgemeinerungen erfahren: Es bleibt auch gültig, wenn bestimmte Arten von Materie hinzukommen, und auch, wenn Kugelsymmetrie durch Ebenensymmetrie ersetzt wird. Es ist auch bei beliebiger Dimension der Raum-Zeit (wie etwa dem fünfdimensionalen Modell von Kaluza und Klein) gültig.

In einer Gravitationstheorie mit massiven Spin-0-Teilchen (z. B. der Weylschen Theorie) ist das Birkhoff-Theorem dagegen nicht gültig.

Aus dem Birkhoff-Theorem folgt: Das Gravitationsfeld außerhalb einer kugelsymmetrischen Materieverteilung hängt lediglich von deren Gesamtmasse ab, nicht aber von der Art der Massenverteilung im Innern. Selbst eine zeitabhängige Massenverteilung (z. B. radiale Oszillationen eines Sterns) führt zu einem zeitunabhängigen Außenfeld.

Birman-Theorem, Satz aus der Streutheorie:

A und B seien selbstadjungierte Operatoren mit den Spektralprojektionen $E_\Omega(A)$ bzw. $E_\Omega(B)$. Es gelte weiterhin:

(a) $E_I(A)(A - B)E_I(B)$ ist für jedes beschränkte Intervall I ein Spuroperator, und

(b) A und B sind wechselseitig untergeordnet. Dann existieren die verallgemeinerten Wellenoperatoren $\Omega^{\pm}(A,B)$ und sind vollständig.

Weitere Ausführungen hierzu findet man in [1].

[1] Reed, M.; Simon, B.: Methods of Modern Mathematical Physics, Bd. III, Scattering Theory. Academic Press San Diego, 1979.

Bisektion, Verfahren zur iterativen Berechnung einer Nullstelle ζ eines Polynoms $p(x)$ durch Intervallschachtelung.

Man startet mit einem Intervall $[a_0, b_0]$, welches ζ sicher enthält. Dann halbiert man sukzessive dieses Intervall und testet, in welchem der beiden sich ergebenden Teilintervalle ζ liegt. Man bildet also

für $j = 0, 1, 2, \ldots$:

$$\mu_j = (a_j + b_j)/2,$$

$$a_{j+1} = \begin{cases} a_j & \text{falls } \zeta \in [a_j, \mu_j] \\ \mu_j & \text{falls } \zeta \in [\mu_j, b_j], \end{cases}$$

$$b_{j+1} = \begin{cases} \mu_j & \text{falls } \zeta \in [a_j, \mu_j] \\ b_j & \text{falls } \zeta \in [\mu_j, b_j]. \end{cases}$$

Es gilt dann stets

$$\zeta \in [a_{j+1}, b_{j+1}] \subset [a_j, b_j]$$

und

$$|b_{j+1} - a_{j+1}| = |b_j - a_j|/2\,.$$

Die a_j konvergieren monoton wachsend, die b_j monoton fallend gegen ζ. Die Konvergenz ist linear.

Beginnt man z.B. mit einem Intervall $I = [a_0, b_0]$, so daß

$$p(a_0) \cdot p(b_0) < 0$$

gilt, dann existiert aus Stetigkeitsgründen eine Nullstelle ζ im Inneren von I.

Der Test, in welchem Teilintervall ζ liegt, ist hier sehr einfach: $\zeta \in [a_j, \mu_j]$, falls $p(a)p(\mu_j) < 0$, andernfalls $\zeta \in [\mu_j, b_j]$.

Bisektion wird auch zur Eigenwertberechnung reeller, symmetrischer Tridiagonalmatrizen mittels Sturmscher Ketten verwendet. Dabei ist der Test, in welchem Teilintervall ζ sich befindet, ebenfalls einfach.

Bishop-Phelps, Satz von, Aussage über die Dichtheit stützender Funktionale:

Sei C eine nicht leere abgeschlossene beschränkte und konvexe Teilmenge eines reellen Banachraums X.

Dann liegt die Menge D der stetigen linearen Funktionale, die ihr Maximum auf C annehmen, dicht in X′.

Hierbei bezeichnet X' den ↗Dualraum von X.

Nach dem Satz von James gilt $D = X'$ genau für schwach kompakte C.

[1] Phelps, R. R.: Convex Functions, Monotone Operators and Differentiability. Springer Berlin/Heidelberg, 1989.

Bit, (Abk. für engl. binary digit), Binärziffer.

Das Bit ist die elementare Einheit zur Darstellung von Daten in binärer Form. Ein Bit kann einen der Werte 0 oder 1 speichern. Die Zusammenfassung von n Bit ermöglicht die Unterscheidung von bis zu 2^n verschiedenen Werten.

Nichtbinäre Daten (Dezimalzahlen, Text, Bilder) können gespeichert werden, indem sie binär verschlüsselt werden. In technischen Systemen wird ein Bit normalerweise durch die Unterscheidung zweier gut trennbarer physikalischer Zustände (hell/dunkel, hohe Spannung/niedrige Spannung usw.) realisiert.

bitotale Relation, ↗Relation, die sowohl linkstotal als auch rechtstotal ist.

bivariat, in neuerer Zeit übliche Bezeichnungsweise für Funktionen oder Abbildungen, die von zwei Variablen abhängen.

Björlingsches Problem, auf E.G.Björling zurückgehende Aufgabe, durch einen ‚Streifen' des $\mathbb{R}^3$ eine Minimalfläche zu legen.

Unter einem Streifen versteht man ein Paar $(\alpha(t), \gamma(t))$ parametrisierter Kurven derart, daß $\gamma(t)$ die Länge 1 hat und auf $\alpha'(t)$ senkrecht steht. Man stelle sich $\alpha(t)$ als eine Kurve auf einer Fläche $\mathcal{F}$ vor und $\gamma(t)$ als den Einheitsnormalenvektor von $\mathcal{F}$ längs $\alpha(t)$. Man sagt dann, daß $\mathcal{F}$ durch den Streifen $(\alpha(t), \gamma(t))$ gelegt wurde.

Eine Lösung des Björlingschen Problems wurde 1874 von H.A.Schwarz gefunden. Man setze voraus, daß die Komponenten $\alpha(t)$ und $\gamma(t)$ reell analytische Funktionen von t sind, dehne sie zu komplex analytischen Funktionen $\alpha(z)$ und $\gamma(z)$ aus und betrachte die komplexe Kurve

$$\beta(z) = \alpha(z) + i \int_{z_0}^{z} \alpha'(\zeta) \times \gamma(\zeta) d\zeta\,. \qquad (1)$$

Dann ist $\beta(z)$ eine isotrope Kurve, und der Realteil

$$\Phi_t(u, v) = \operatorname{Re}\left(e^{2itpi}\beta(u + iv)\right)$$

ist die eindeutig bestimmte Lösung des Björlingschen Problems.

Wählt man z.B. für $\alpha(t)$ eine ebene Kurve $\alpha(s) = (\xi(s), \eta(s), 0)$, die durch die Bogenlänge s parametrisiert ist, und für $\gamma(s)$ den Normalenvektor $(-\eta'(s), \xi'(s), 0)$ von $\alpha(s)$, so gilt

$$\beta(z) = (\xi(s), \eta(s), i \int_{z_0}^{z} \sqrt{(\xi')^2(\sigma) + (\eta')^2(\sigma)} d\sigma\,.$$

Für den Kreis $((\xi(t) = \cos t, \eta(t) = \sin(t))$ ist das Katenoid die Lösung des Björlingschen Problems.

***b*-Komplement**, Ersetzung aller Ziffern einer zur Basis b dargestellten Zahl durch ihre jeweiligen Komplementziffern, gefolgt von der Addition von 1.

Die Komplementziffer einer Ziffer z ist die Ziffer $(b-1)-z$, d. h. der zur maximalen Ziffer des Zahlensystems fehlende Wert. Das b-Komplement bezieht sich immer auf eine feste Ziffernzahl n, so daß führende Nullen kürzerer Zahlen ebenfalls zu komplementieren sind.

Somit ist das b-Komplement $\tilde{x}$ einer Zahl x gleich

$$b^n - x\,.$$

Die Komplementbildung wird zur Komplementdarstellung negativer Zahlen und zur Vereinheitlichung von Addition und Subtraktion vorzeichenbehafteter Zahlen verwendet.

Zur Addition werden der Zahlenbetrag (positive Zahl) bzw. das b-Komplement des Zahlenbetrages (negative Zahl) addiert. Hat das Ergebnis $n+1$ Ziffern, wird die linke Ziffer gestrichen. Negative Ergebnisse liegen als Komplement des Zahlenbetrages vor.

Subtraktion erfolgt durch Addition mit dem b-Komplement des zweiten Operanden. Die Bildung des b-Komplements erfordert etwas mehr Aufwand als die Benutzung des ↗$(b-1)$-Komplements, jedoch ist das Rechnen mit b-komplementierten Zahlen leichter und entspricht durchgängig den Regeln des Rechnens auf dem Zahlenring modulo b^n.

Blaschke, Konvergenzsatz von, Aussage über die kompakte Konvergenz einer Funktionenfolge. Der Satz lautet:

Es sei (f_n) eine beschränkte Folge ↗holomorpher Funktionen $f_n\colon \mathbb{E} = \{z \in \mathbb{C} : |z| < 1\} \to \mathbb{C}$, d. h. es existiert eine Konstante $M > 0$ derart, daß $|f_n(z)| \le M$ für alle $z \in \mathbb{E}$ und alle $n \in \mathbb{N}$. Weiter sei $A = \{a_j : j \in \mathbb{N}\}$ eine abzählbare Teilmenge von $\mathbb{E}$ mit

$$\sum_{j=1}^{\infty}(1-|a_j|) = \infty$$

derart, daß der Grenzwert $\lim_{n\to\infty} f_n(a_j) \in \mathbb{C}$ für jedes $j \in \mathbb{N}$ existiert.

Dann ist die Folge (f_n) kompakt konvergent in $\mathbb{E}$.

Blaschke, Wilhelm Johann Eugen, österreichischer Mathematiker, geb. 13.9.1885 Graz, gest. 17.3.1962 Hamburg.

Blaschke wurde 1913 Professor für Mathematik in Prag, 1915 in Leipzig, 1917 in Königsberg und 1919 in Tübingen. Noch 1919 erhielt er einen Lehrstuhl in Hamburg und begründete dort gemeinsam mit Hecke, Artin und Hasse eine wichtige mathematische Schule.

Blaschke war ein großer Geometer, der souverän auch die algebraischen Hilfmittel, wie hyperkomplexe Systeme, Tensorrechnung und den Cartanschen Differentialkalkül einsetzte. Er forschte zur Differential- und Integralgeometrie und zur Kinematik. 1921–1929 veröffentlichte er in drei Bänden seine Vorlesungen zur Differentialgeometrie. Blaschke gilt als Begründer der topologischen Differentialgeometrie.

Blaschke-Produkt, ein endliches oder unendliches Produkt der Form

$$B(z) = e^{i\varphi} z^k \prod_{j=1}^{n} \frac{z - a_j}{1 - \bar{a}_j z}$$

oder

$$B(z) = e^{i\varphi} z^k \prod_{j=1}^{\infty} \frac{|a_j|}{a_j} \frac{a_j - z}{1 - \bar{a}_j z}\,,$$

wobei $\varphi \in \mathbb{R}$, k, $n \in \mathbb{N}_0$ und $0 < |a_j| < 1$. Dabei müssen die Zahlen a_j nicht notwendig paarweise verschieden sein.

Ein unendliches Blaschke-Produkt ist konvergent genau dann, wenn die sog. Blaschke-Bedingung

$$\sum_{j=1}^{\infty}(1-|a_j|) < \infty$$

erfüllt ist, was im folgenden stets vorausgesetzt wird. Insbesondere dürfen also nur je endlich viele der Zahlen a_j gleich sein.

Jedes Blaschke-Produkt definiert eine in $\mathbb{E} = \{z \in \mathbb{C} : |z| < 1\}$ ↗holomorphe Funktion B mit der Eigenschaft $|B(z)| < 1$ für alle $z \in \mathbb{E}$.

Die Nullstellen von B sind $z_0 = 0$ (sofern $k \ge 1$) und $z_j = a_j$. Für die ↗Nullstellenordnung $o(B, z_j)$ gilt $o(B, 0) = k$, und $o(B, a_\ell)$ ergibt sich aus der Anzahl der Zahlen a_ℓ, die in der Folge (a_j) vorkommen.

Umgekehrt ist jede in $\mathbb{E}$ holomorphe Funktion f mit $|f(z)| < 1$ für $z \in \mathbb{E}$ durch ein Blaschke-Produkt darstellbar.

Endliche Blaschke-Produkte B sind rationale Funktionen mit $|B(z)| < 1$ für $|z| < 1$, $|B(z)| = 1$ für $|z| = 1$ und $|B(z)| > 1$ für $|z| > 1$. Insbesondere ist für jedes $a \in \mathbb{E}$ die Urbildmenge $\{z \in \mathbb{E} : B(z) = a\}$ endlich.

Umgekehrt gilt: Ist $f: \mathbb{E} \to \mathbb{E}$ eine holomorphe Funktion derart, daß für jedes $a \in \mathbb{E}$ die Urbildmenge $\{z \in \mathbb{E} : f(z) = a\}$ endlich ist, so ist f ein endliches Blaschke-Produkt.

Blatt, ↗ Baum.

Blatt eines BDD, ↗ binärer Entscheidungsgraph.

blending function, ↗ Bindefunktion.

Bloch, Felix, schweizerisch-amerikanischer Physiker und Mathematiker, geb. 23.10.1905 Zürich, gest. 10.9.1983 Zürich.

Bloch war ab 1934 Professor an der Stanford University in Palo Alto (USA). Er leistete bedeutende Beiträge zur Quantentheorie der Festkörper und zur Quantenelektrodynamik, zur Theorie des Elektronengases der metallischen Leitung (Bloch-Grüneisen-Gesetz) und zum Ferromagnetismus (Bloch-Wand). Bloch erhielt 1952 zusammen mit Purcell den Nobelpreis für Physik für die Messung magnetischer Kernmomente mittels einer neuentwickelten Kernresonanzmethode (Kerninduktion).

Die Bloch-Eigenfunktion ist von Bedeutung beim Bändermodell eines Idealkristalls, und die Bloch-Gleichungen sind Differentialgleichungen zur Beschreibung von Elektronen- und Kernspinresonanzen.

Bloch, Satz von, Aussage aus der Funktionentheorie:

Ist f eine auf dem abgeschlossenen Einheitskreis $\overline{\mathbb{E}}$ ↗ holomorphe Funktion und $f'(0) = 1$, so enthält das Bildgebiet $f(\mathbb{E})$ Kreisscheiben vom Radius

$$\frac{3}{2} - \sqrt{2} > \frac{1}{12}.$$

Bloch-Funktion, eine im offenen Einheitskreis $\mathbb{E}$ ↗ holomorphe Funktion f mit der Eigenschaft

$$\|f\|_{\mathcal{B}} := \sup_{z\in\mathbb{E}} |f'(z)|(1 - |z|^2) < \infty.$$

Die Menge $\mathcal{B}$ aller Bloch-Funktionen ist ein $\mathbb{C}$-Vektorraum und wird mit der Norm $|f(0)| + \|f\|_{\mathcal{B}}$ zu einem Banach-Raum, der dann Bloch-Raum genannt wird.

Für $f \in \mathcal{B}$ gilt

$$|f(0)| + \|f\|_{\mathcal{B}} \leq 2 \sup_{z\in\mathbb{E}} |f(z)|,$$

und für $z \in \mathbb{E}$

$$|f(z) - f(0)| \leq \frac{1}{2} \|f\|_{\mathcal{B}} \log \frac{1 + |z|}{1 - |z|}.$$

Zum Beispiel ist jede in $\mathbb{E}$ holomorphe beschränkte Funktion f eine Bloch-Funktion, und $f(z) = \log[(1+z)/(1-z)]$ ist ein Beispiel für eine unbeschränkte Funktion in $\mathcal{B}$. Es besteht ein enger Zusammenhang zwischen Bloch-Funktionen und ↗ schlichten Funktionen in $\mathbb{E}$. Es gilt:

Ist f eine in $\mathbb{E}$ schlichte Funktion und $a \notin f(\mathbb{E})$, so gilt $\log(f - a) \in \mathcal{B}$ und $\log f' \in \mathcal{B}$.

Ist umgekehrt $g \in \mathcal{B}$ mit $\|g\|_{\mathcal{B}} \leq 1$, so gilt $g = \log f'$ mit einer in $\mathbb{E}$ schlichten Funktion f.

Weiter betrachtet man noch den „kleinen Bloch-Raum“ $\mathcal{B}_0$ aller in $\mathbb{E}$ holomorphen Funktionen f mit der Eigenschaft

$$\lim_{|z|\to 1} |f'(z)|(1 - |z|^2) = 0.$$

Er enthält den Raum aller in $\overline{\mathbb{E}}$ stetigen und in $\mathbb{E}$ holomorphen Funktionen.

Blochsche Konstante, definiert durch

$$B := \inf\{B_f : f \in \mathcal{F}\}.$$

Hier ist $\mathcal{F} := \{f \in \mathcal{O}(\overline{\mathbb{E}}) : f'(0) = 1\}$, und für $f \in \mathcal{F}$ ist B_f das Supremum der Radien von schlichten Kreisscheiben in $f(\mathbb{E})$. Dabei heißt eine Kreisscheibe $B \subset f(\mathbb{E})$ schlicht, falls es ein ↗ Gebiet $G \subset \mathbb{E}$ gibt, das durch f ↗ konform auf B abgebildet wird.

Offensichtlich gilt $0 \leq B \leq 1$. Bisher (1999) sind nur obere und untere Schranken für B bekannt. Aus dem Satz von Ahlfors folgt

$$B \geq \frac{1}{4}\sqrt{3} \approx 0{,}4330,$$

während Ahlfors und Grunsky mit sehr komplizierten Methoden

$$B \leq \frac{\Gamma\left(\frac{1}{3}\right)\Gamma\left(\frac{11}{12}\right)}{\sqrt{1+\sqrt{3}}\,\Gamma\left(\frac{1}{4}\right)} = \frac{4^{3/8}\pi^{3/2}}{3^{3/8}\left(\Gamma\left(\frac{1}{4}\right)\right)^2} \approx 0{,}4718$$

zeigen konnten. Für den genauen Wert von B besteht die bis heute unbewiesene Vermutung von ↗ Ahlfors-Grunsky.

Block, ein maximaler ↗ zusammenhängender Teilgraph ohne Artikulation.

Es sei G ein zusammenhängender Graph mit mindestens zwei Ecken. Ein zusammenhängender Teilgraph B von G heißt Block von G, wenn B keine trennende Ecke besitzt, und wenn es keinen zusammenhängenden Teilgraphen $B' \subseteq G$ ohne trennende Ecke gibt mit $B \subseteq B'$ und $B \neq B'$.

Da der vollständige Graph K_2 keine trennende Ecke hat, enthält jeder Block mindestens eine Kante. Sind $B_1, B_2, \ldots, B_t$ alle Blöcke eines Graphen G, so hat König 1936 folgende Strukturaussagen nachgewiesen.

Zwei verschiedene Blöcke haben höchstens eine gemeinsame Ecke und damit insbesondere keine gemeinsame Kante.

Daraus ergibt sich

$$K(G) = K(B_1) \cup K(B_2) \cup \ldots \cup K(B_t).$$

Eine Ecke x ist genau dann eine gemeinsame Ecke zweier verschiedener Blöcke, wenn x eine trennende Ecke von G ist. Im Jahre 1953 haben Harary und Norman gezeigt, daß das Zentrum eines Graphen G in einem einzigen Block von G enthalten ist.

Block-Artikulationsgraph, ↗ Block-Schnittecken-Graph.

Blockchiffre, kryptographisches Verfahren, bei dem die zu verschlüsselnde Nachricht in Teile zerlegt wird, die mit ein und demselben Schlüssel chiffriert werden.

Ein Blockchiffre mit kurzer Blocklänge erhält jedoch immer die grobe Struktur der Daten. Durch die Verkettung (engl. cipher block chaining) der Blöcke kann man dies aber verhindern.

Der in

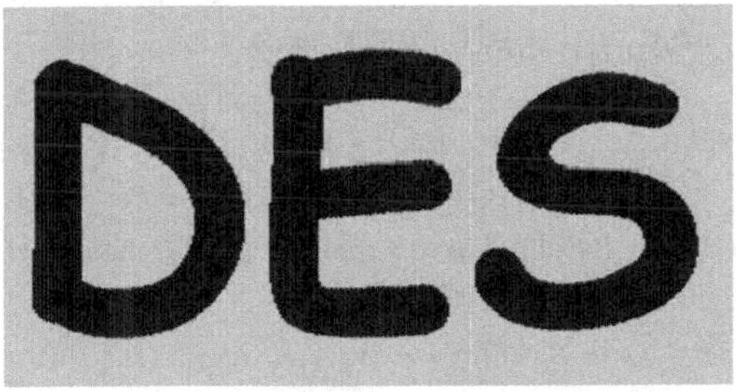

Klartext als Bitmap

als Bitmap gegebene Klartext ergibt bei einer ↗ DES-Verschlüsselung ohne Verkettung das Bild

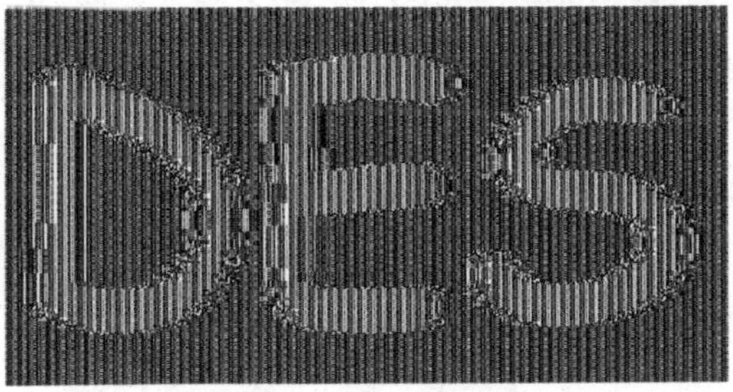

Einfache Blockverschlüsselung

mit Verkettung jedoch das folgende Bild:

Verschlüsselung mit Verkettung

Man beginnt dabei mit einem beliebigen Initialisierungsverktor c_0 und berechnet zu jedem Klartextblock m_i den zugehörigen Chiffreblock c_i durch

$$c_i = E_K(m_i) \oplus c_{i-1} \,.$$

Die zugehörige Entschlüsselungsfunktion ist

$$m_i = c_{i-1} \oplus D_K(c_i) \,.$$

Blockdiagonalmatrix, ↗ Blockmatrix.

blockierende Menge, *blocking set*, eine Menge $\mathcal{M}$ von Punkten einer ↗ Inzidenzstruktur $\mathcal{I}$ mit der Eigenschaft, daß jeder Block von $\mathcal{I}$ einen Punkt aus $\mathcal{M}$ enthält.

Ist z. B. $\mathcal{I}$ eine projektive Ebene der Ordnung q, so ist eine blockierende Menge eine Menge $\mathcal{M}$ von Punkten, so daß jede Gerade von $\mathcal{I}$ einen Punkt von $\mathcal{M}$ enthält.

Die kleinste blockierende Menge ist die Punktmenge einer Geraden (mit $q+1$ Elementen). Die kleinste blockierende Menge, die keine Gerade enthält, ist die Punktmenge einer ↗ Baer-Unterebene (mit $q+\sqrt{q}+1$ Elementen).

Eine blockierende Menge heißt minimal, wenn keine echte Teilmenge von ihr eine blockierende Menge ist. Die größten minimalen blockierenden Mengen in projektiven Ebenen sind die ↗ Unitale.

blocking set, ↗ blockierende Menge.

Blockmatrix, eine Matrix A, die in kleinere, Blöcke genannte, Matrizen unterteilbar ist.

Formal kann man das so beschreiben: Es seien $i_1, \dots, i_n; j_1, \dots, j_m$ natürliche Zahlen und für $\mu = 1, \dots, n$ und $\nu = 1, \dots, m$ $A_{\mu\nu}$ eine $(i_\mu \times j_\nu)$-Matrix. Dann ist

$$\mathcal{A} = (A_{\mu\nu})_{(n,m)}$$

eine Blockmatrix mit den Blöcken $A_{\mu\nu}$. $\mathcal{A}$ ist eine

$$(\sum_{\mu=1}^{n} i_\mu \times \sum_{\nu=1}^{m} j_\nu)\text{-Matrix}\,.$$

Im Falle $m = n$, $i_\mu = j_\mu$ und $A_{\mu\nu}$ Nullmatrix für $\mu \neq \nu$ wird $\mathcal{A}$ auch Blockdiagonalmatrix genannt.

Mittels der Unterteilung einer Matrix A in mehrere Blöcke kann die Durchführung bestimmter Operationen u.U. stark erleichtert werden. Beispielsweise lassen sich geeignete Blockmatrizen sehr leicht multiplizieren ($k_\nu \in \mathbb{N}$; $\nu = 1, \dots, p$):

$$(A_{\mu\nu})_{(n,m)}(B_{\mu\nu})_{(m,p)} = (C_{\mu\nu})_{(n,p)}$$

mit

$$C_{\mu\nu} = \sum_{\varrho=1}^{m} A_{\mu\varrho}B_{\varrho\nu} \,.$$

(Hierbei ist $A_{\mu\nu}$ eine $(i_\mu \times j_\nu)$-Matrix und $B_{\mu\nu}$ eine $(j_\mu \times k_\nu)$-Matrix).

Blockplan, *balanced incomplete block design*, eine ↗Inzidenzstruktur $(\mathcal{P}, \mathcal{B}, I)$ aus Punkten und Blöcken, die die folgenden Axiome erfüllt:

- Es gibt genau v Punkte.
- Jeder Block enthält genau k Punkte.
- Je t Punkte sind in genau λ Blöcken enthalten.

Hierbei sind t, v, k, λ natürliche Zahlen. Man bezeichnet eine solche Inzidenzstruktur auch als t-(v, k, λ)-Blockplan.

Ist $t' < t$, so ist jeder t-(v, k, λ)-Blockplan gleichzeitig auch ein t'-(v, k, λ')-Blockplan für ein geeignetes λ'.

Blockpläne existieren für alle Werte von t, sind aber für $t \geq 4$ sehr selten. Am wichtigsten ist der Fall $t = 2$, in dem jedes Paar von Punkten in genau λ Blöcken enthalten ist.

Ist $(\mathcal{P}, \mathcal{B}, I)$ ein 2-(v, k, λ)-Blockplan, so ist jeder Punkt von $\mathcal{P}$ in genau r Geraden enthalten, wobei

$$\lambda(v - 1) = r(k - 1)$$

gilt. Für die Anzahl b der Blöcke gilt $vr = bk$. Ferner gilt die Fisher-Ungleichung $b \geq v$ bzw. $r \geq k$.

Ist $b = v$, so heißt der Blockplan symmetrisch. Beispiele symmetrischer Blockpläne sind die endlichen projektiven Ebenen. Eine projektive Ebene der Ordnung q ist das gleiche wie ein (symmetrischer) 2-$(q^2 + q + 1, q + 1, 1)$-Blockplan. Auch die Inzidenzstruktur aus Punkten und Hyperebenen eines projektiven Raumes ist ein symmetrischer Blockplan.

Eine Partition $\mathcal{B} = \bigcup_i \mathcal{B}_i$ der Blockmenge mit der Eigenschaft, daß jedes $\mathcal{B}_i$ eine Partition der Punktmenge ist, heißt Parallelismus. Ein Blockplan heißt auflösbar, falls er einen Parallelismus besitzt.

Beispiele auflösbarer Blockpläne sind die endlichen ↗affinen Ebenen. Eine affine Ebene der Ordnung q ist ein 2-$(q^2, q, 1)$-Blockplan. Einen Parallelismus erhält man, indem man als $\mathcal{B}_i$ die Parallelenklassen von Geraden wählt.

Block-Schnittecken-Graph, ein ↗Graph, der aus den ↗Blöcken und den trennenden Ecken eines gegebenen Graphen gewonnen wird.

Es sei G ein ↗zusammenhängender Graph. Sind $B_1, B_2, \ldots, B_t$ die Blöcke und $x_1, x_2, \ldots, x_r$ die trennenden Ecken von G, so besteht der Block-Schnittecken-Graph oder Block-Artikulationsgraph aus den Eckenmengen $X = \{B_1, B_2, \ldots, B_t\}$ sowie $Y = \{x_1, x_2, \ldots, x_r\}$ und den Kanten x_iB_j für $1 \leq i \leq r$ und $1 \leq j \leq t$, falls $x_i \in E(B_j)$ gilt.

Nach dieser Konstruktion ist der Block-Schnittecken-Graph bipartit mit den beiden Partitionsmengen X und Y. Darüber hinaus zeigten Harary und Prins 1966, daß der Block-Schnittecken-Graph sogar ein ↗Baum ist.

Blockzahl, die Anzahl der Blöcke einer ↗endlichen Partition einer Menge. Ist $\pi = A_1|A_2 \cdots |A_{b(\pi)}$ eine endliche Partition einer Menge, so bezeichnet $b(\pi)$ die Blockzahl von π.

blossoming, ein Prozeß, der im einfachsten Fall einer ↗Splinefunktion $b : [a, b] \to \mathbb{R}^1$ oder einer ↗B-Splinekurve $b : [a, b] \to \mathbb{R}^n$ der Ordnung m, die durch die ↗Kontrollpunkte $b_0, \ldots, b_r$ und den ↗Knotenvektor $x_1, \ldots, x_{r+m+1}$ festgelegt ist, die multi-affinen Polarformen B_j der Polynomfunktionen $b \mid (x_j, x_{j+1})$ zuweist, sofern dieses Intervall nicht leer ist.

Die Polarformen $B_j(t_1, \ldots, t_m)$ haben die folgenden Eigenschaften:

- Eine Permutation der Argumente $x_1, \ldots, x_m$ ändert den Wert von B nicht (1).
- Für alle $\alpha, t_1, t_2, \cdots \in \mathbb{R}$ gilt

$$\begin{aligned} \alpha B_j(\ldots t_i \ldots) + (1-\alpha)B_j(\ldots t_i' \ldots) \\ = B_j(\ldots, \alpha t_i + (1-\alpha)t_i', \ldots), \quad (2) \end{aligned}$$

$$B_j(t, \ldots, t) = b(t) \text{ für } t \in [x_j, x_{j+1}], \quad (3)$$

$$b_l = B_j(x_{l+1}, \ldots, x_{l+m}) \text{ für } l \leq j \leq l + m. \quad (4)$$

- Ist die B-Splinekurve r-mal stetig differenzierbar an einer Knotenstelle x_j, so ist

$$B_{j-1}(\star) = B_j(\star) \text{ für } \star = (\underbrace{x_j \ldots x_j}_{(m-r)\times}, t_{r+1}, \ldots). \quad (5)$$

(4) zeigt, wie man bei gegebenen Polarformen die Kontrollpunkte rekonstruiert und ist ein Beweis dafür, daß jede Splinefunktion eine Linearkombination der normalisierten B-Splinefunktionen ist.

(3) gemeinsam mit (1) und (2) erlaubt es, die B-Splinekurve an einer Stelle t auszuwerten. Eine darauf beruhende Rekursionsformel zur Auswertung ist der ↗de Boor-Algorithmus.

Wegen (5) kann man die Polarformen B_j zu einer einzigen Abbildung B aus $\mathbb{R}^m$ in $\mathbb{R}^n$ zusam-

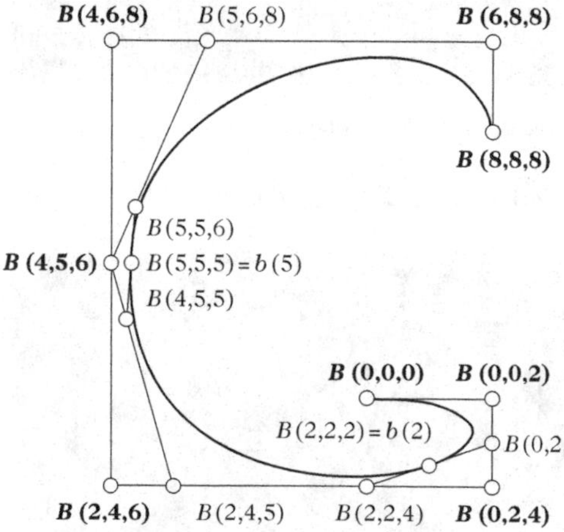

B-Splinekurve 3. Ordnung über dem Knotenvektor 0, 0, 0, 2, 4, 6, 8, 8, 8 mit blossom.

menkleben. Wenn ein Knoten unter den Argumenten vorkommt, ist es innerhalb gewisser Grenzen gleichgültig, welche der Polarformen B_j man zur Auswertung heranzieht.

Das ist auch mit der folgenden geometrischen Eigenschaft des blossoms verknüpft: Für zulässige Argumente liegt der Punkt $B(t_1, \ldots, t_m)$ in der sog. $(m-1)$-Schmiegebene der Kurve b an den Stellen $t_1, \ldots, t_m$. Kommt ein Argument mehrfach vor, z. B. $t_1 = \cdots = t_r$, so liegt $B(t_1, \ldots, t_m)$ in der $(m-r)$-Schmiegebene von b an der Stelle t.

Blumenthal, Otto, deutscher Mathematiker, geb. 20.7.1876 Frankfurt/Main, gest. 12.11.1944 Theresienstadt (KZ).

Blumenthal studierte in Göttingen und München und promovierte 1898 als erster Doktorand Hilberts. Bis 1900 setzte er seine Studien in Paris bei Borel und Jordan fort.

Seine Habilitationsschrift (Göttingen 1901) über Modulfunktionen wurde für die Theorie der Funktioen mehrerer komplexer Variabler wichtig. Im Zusammenhang mit der Theorie der ganzen Funktionen charakterisierte Blumenthal die Pole von Funktionen mit unendlicher Ordnung mittels typischer Vergleichsfunktionen und diskutierte Minimalpolynome. 1905 wurde Blumenthal an die TH Aachen berufen. Seine dortigen Arbeiten zur angewandten Mathematik (z. B. über Kugelfunktionen) fanden u. a. in der Nachrichtentechnik Verwendung.

1906–1938 war er geschäftsführender Redakteur der „Mathematischen Annalen". Wichtig war auch der Einsatz Blumenthals, der acht Sprachen beherrschte, für die internationale Verständigung der Wissenschaftler.

1940 wurden Blumenthal und seine Frau in ihrem niederländischen Exil verhaftet.

Blumenthalsches Null-Eins-Gesetz, folgender Satz, der z. B. in der stochastischen Potentialtheorie von Bedeutung ist.

Auf einem Wahrscheinlichkeitsraum $(\Omega, \mathfrak{A}, P)$ sei ein der Filtration $(\mathfrak{A}_t)_{t \geq 0}$ in $\mathfrak{A}$ adaptierter, zeitlich homogener Markow-Prozeß $(X_t)_{t \geq 0}$ mit Zustandsraum $(\mathbb{R}^d, \mathfrak{B}(\mathbb{R}^d))$ und rechtsstetigen Pfaden gegeben, der in $x_0 \in \mathbb{R}^d$ startet. Die Übergangswahrscheinlichkeiten $P(t, x, A)$ mögen die Eigenschaft besitzen, daß die Abbildung

$$x \to \int_{\mathbb{R}^d} \phi(y) P(t, x, dy)$$

für jede stetige und beschränkte Funktion ϕ stetig ist. Für alle

$$D \in \bigcap_{t>0} \overline{\mathfrak{A}}_t^X$$

gilt dann $P(D) = 0$ oder $P(D) = 1$, wobei $\overline{\mathfrak{A}}_t^X$ für jedes $t > 0$ die Vervollständigung des Elements $\mathfrak{A}_t^X$ der kanonischen Filtration $(\mathfrak{A}_t^X)_{t \geq 0}$ bezeichnet.

Ein Beispiel für einen Prozeß, der die Voraussetzungen des Satzes erfüllt, ist eine standardisierte ↗ Brownsche Bewegung.

BMD, ↗ binary moment diagram.

$\mathfrak{B}$-meßbare Funktion, *Borel-meßbare Funktion*, ↗ Borel-σ-Algebra.

$\mathfrak{B}$-meßbare Menge, *Borel-Menge*, ↗ Borel-σ-Algebra.

(*b* − 1)-Komplement, Ersetzung aller Ziffern einer zur Basis b dargestellten Zahl durch ihre jeweiligen Komplementziffern.

Die Komplementziffer einer Ziffer z ist die Ziffer $(b-1) - z$, d. h. der zur größten Ziffer des Zahlensystems fehlende Wert. Das $(b-1)$-Komplement bezieht sich immer auf eine feste Ziffernzahl n, so daß führende Nullen kürzerer Zahlen ebenfalls zu komplementieren sind.

Somit ist das $(b-1)$-Komplement $\overline{x}$ einer Zahl x gleich

$$(b^n - 1) - x \,.$$

Die Komplementbildung dient der Komplementdarstellung negativer Zahlen und der Vereinheitlichung der Verfahren zur Addition und Subtraktion vorzeichenbehafteter Zahlen.

Vorzeichenbehaftete Zahlen werden addiert, indem der Zahlenbetrag (positive Zahl) bzw. das $(b-1)$-Komplement des Zahlenbetrages (negative Zahl) addiert werden. Hat das Result $n+1$ Ziffern, wird die linke Ziffer gestrichen und das Ergebnis um 1 erhöht (Übertragskorrektur).

Ist das Resultat eine negative Zahl, liegt es im $(b-1)$-Komplement vor.

Die Subtraktion erfolgt analog zum Additionsverfahren, wobei allerdings der zweite Operand (ggf. einmal mehr) komplementiert wird.

Das $(b-1)$-Komplement ist technisch leichter zu realisieren als das ↗b-Komplement, hat aber den Nachteil der Übertragskorrektur.

BMO-Raum, *John-Nirenberg-Raum*, der im folgenden definierte Funktionenraum.

Für eine lokal integrierbare Funktion $f : \mathbb{R}^d \to \mathbb{C}$ und eine kompakte Menge $C \subset \mathbb{R}^d$ mit Lebesgue-Maß $|C|$ setze man

$$f_C = |C|^{-1} \int_C f(x)\, dx\,.$$

f hat dann beschränkte mittlere Oszillation, wenn

$$\|f\|_{\mathrm{BMO}} := \sup_Q \frac{1}{|Q|} \int_Q |f(x) - f_Q|\, dx < \infty\,;$$

das Supremum erstreckt sich hierbei über alle Würfel mit achsenparallelen Seiten $Q \subset \mathbb{R}^d$. BMO ist der Raum aller solchen Funktionen, und $\|\,.\,\|_{\mathrm{BMO}}$ ist eine Halbnorm, so daß $(\mathrm{BMO}, \|\,.\,\|_{\mathrm{BMO}})$ vollständig ist. Etwas ungenau spricht man von dem Banachraum BMO; eigentlich müßte man den Kern dieser Halbnorm, das sind alle konstanten Funktionen, herausfaktorisieren. Offensichtlich gehört jede L^∞-Funktion zu BMO, und $\log |x|$ definiert ein Beispiel einer unbeschränkten BMO-Funktion.

Ist $p > 0$, so liegt eine BMO-Funktion lokal in $L^p(\mathbb{R}^d)$, und

$$\|f\|_{p,\mathrm{BMO}} := \sup_Q \left(\frac{1}{|Q|} \int_Q |f(x) - f_Q|^p\, dx \right)^{1/p}$$

definiert eine äquivalente Norm auf BMO (Quasinorm für $p < 1$). Genauer gilt die John-Nirenberg-Ungleichung, wonach Konstanten $c_1, c_2 > 0$ mit

$$\sup_Q \frac{|\{x \in Q : |f(x) - f_Q| > \alpha\}|}{|Q|} \le c_1 \exp(-c_2 \alpha / \|f\|_{\mathrm{BMO}}) \qquad \forall \alpha > 0$$

existieren.

Der Raum BMO ist der Dualraum des Hardy-Raums $H^1(\mathbb{R}^d)$ von Stein und Weiss (↗Hardy-Raum). Ähnlich wie $H^1(\mathbb{R}^d)$ häufig an die Stelle von $L^1(\mathbb{R}^d)$ tritt, etwa bei Stetigkeitsfragen singulärer Integraloperatoren, ist BMO häufig ein Substitut für $L^\infty(\mathbb{R}^d)$.

[1] Stein, E. M.: Harmonic Analysis. Princeton University Press, 1993.

BNF, ↗Backus-Naur-Form.

Bochner, Salomon, polnischer Mathematiker, geb. 20.8.1899 Podgorze (bei Krakau), gest. 2.5. 1982 Houston (Texas).

Bochner promovierte 1921 in Berlin zu orthogonalen Systemen komplex-analytischer Funktionen. Er war danach zeitweise zu Studienaufenthalten bei H. Bohr, Hardy und Littlewood in Kopenhagen, Oxford und Cambridge. 1924–1933 arbeitete Bochner in München zur harmonischen Analyse. Seine Ergebnisse führten zur Herausbildung der Theorie der Distributionen. 1933 mußte er Deutschland verlassen und ging nach Princeton. Nach seiner Emeritierung 1968 wirkte er an der Rice-Universität in Houston.

Bochner beschäftigte sich mit der Summation von Fourier-Reihen und galt als einer der größten Experten auf dem Gebiet der ↗Fourier-Analyse. Zeitweise kooperierte er mit von Neumann. Zu seinen wichtigsten Werken zählt „Harmonic Analysis and the Theory of Probability“ (1955). In den sechziger Jahren befaßte er sich mit Mathematikgeschichte und -philosophie.

Bochner, Satz von, Aussage über die Existenz einer Verallgemeinerung der Fourier-Transformation auf ↗abelschen Gruppen.

Sei G eine Gruppe, $f : G \to \mathbb{C}$ eine Funktion auf G. Ist G diskret, so heißt f positiv definit auf G, wenn für alle $n < \infty$, alle $x_j \in G, j = 1, \dots, n$ und alle $\xi_j \in \mathbb{C}$ die Ungleichung

$$\sum_{j,k=1}^{n} f(x_j^{-1} x_k) \xi_j \bar{\xi}_k \ \ge\ 0$$

erfüllt ist. Ist G eine kontinuierliche topologische Gruppe und lokal kompakt, so heißt f positiv definit, wenn f bezüglich des Haar-Maßes μ von G meßbar ist und weiterhin

$$\iint f(g^{-1}h) \chi(h) \overline{\chi(g)} d\mu(g) d\mu(h) \ \ge\ 0$$

für alle stetigen Funktionen $\chi : G \to \mathbb{C}$ mit kompaktem Träger gilt.

Der Satz von Bochner besagt, daß jede stetige positiv definite Funktion f auf einer ↗abelschen Gruppe G in der folgenden Form geschrieben werden kann:

$$f(g) = \int_{\hat{G}} \gamma(g) d\varrho(\gamma)\,.$$

Hierbei ist ϱ das eindeutig gegebene positive beschränkte Radon-Maß auf der ↗Charaktergruppe $\hat{G}$ von G.

Eine Anwendung des Satzes von Bochner auf die Gruppe $G = \mathbb{R}$ führt zur Fourier-Stieltjes-Transformation: Ist f eine positiv definite meßbare Funktion auf $\mathbb{R}$, d. h. ist

$$\sum_{j,k=1}^{n} f(x_j - x_k) \xi_j \bar{\xi}_k \ \ge\ 0$$

für alle endlichen n und $x_j \in \mathbb{R}$, $\xi_j \in \mathbb{C}$ beliebig, so existiert eine monoton steigende reellwertige beschränkte Funktion α auf $\mathbb{R}$ so, daß

$$f(x) = \int_{-\infty}^{\infty} e^{itx} d\alpha(t)$$

für fast alle x gilt. Ist $\alpha(-\infty) = 0$ und α rechtsstetig, dann ist α sogar eindeutig.

Ist umgekehrt α nicht fallend und beschränkt, so ist hierdurch die Fourier-Stieltjes-Transformierte f von α definiert. Dann ist f stetig und positiv definit.

[1] Hewitt,E.; Ross,K.A.: Abstract harmonic analysis. Springer, 1970.

[2] Rudin, W.: Fourier Analysis on Groups. Interscience, 1962.

Bochner-Integral, ein dem Lebesgue-Integral entsprechender Integralbegriff für banachraumwertige Funktionen.

Eine Funktion $f : \Omega \to X$ auf einem Maßraum (Ω, Σ, μ) mit Werten in einem Banachraum X heißt stark meßbar, wenn eine Folge von Treppenfunktionen existiert, die fast überall gegen f konvergiert, und f in dem Sinn fast separabel-wertig ist, daß für eine geeignete Nullmenge N der Wertebereich $f(\Omega \setminus N)$ separabel ist; ist X separabel, sind die starke Meßbarkeit von f und die Borel-Meßbarkeit bzgl. der Vervollständigung von μ äquivalent. Für eine stark meßbare Funktion f ist auch $\omega \mapsto \|f(\omega)\|_X$ meßbar. Gilt

$$\int_\Omega \|f\|_X \, d\mu < \infty,$$

so heißt f Bochner-integrierbar. Dann existieren Treppenfunktionen f_n mit $\int_\Omega \|f - f_n\|_X \, d\mu \to 0$, und das Bochner-Integral

$$\int_\Omega f \, d\mu = \lim_{n\to\infty} \int_\Omega f_n \, d\mu$$

ist wohldefiniert; das Integral einer Treppenfunktion

$$g = \sum_{j=1}^{n} \chi_{A_j} x_j$$

ist natürlich

$$\int_\Omega g \, d\mu = \sum_{j=1}^{n} \mu(A_j) x_j .$$

Der Bochnersche Integralbegriff hat alle wesentlichen Eigenschaften mit dem Lebesgue-Integral gemein; z. B. ist es linear, und es gilt das Analogon zum Lebesgueschen Konvergenzsatz. Ist T ein beschränkter linearer Operator, so ist

$$T\Big(\int_\Omega f \, d\mu\Big) = \int_\Omega T \circ f \, d\mu ,$$

und das gilt auch, wenn T lediglich abgeschlossen ist; dann muß die Bochner-Integrierbarkeit von $T \circ f$ allerdings vorausgesetzt werden.

Die Menge $\mathcal{L}^1(\mu, X)$ aller Bochner-integrierbaren Funktionen bildet einen Vektorraum; identifiziert man wie üblich fast überall übereinstimmende Funktionen, erhält man den Bochner-Raum $L^1(\mu, X)$, der mit der Norm $f \mapsto \int_\Omega \|f\|_X \, d\mu$ ein Banachraum ist. Analog definiert man für $1 \le p < \infty$ die Bochner-L^p-Räume $L^p(\mu, X)$ mit der Norm

$$f \mapsto \Big(\int_\Omega \|f\|_X^p \, d\mu\Big)^{1/p} .$$

Der Dualraum von $L^p(\mu, X)$ ist kanonisch isometrisch isomorph zu $L^q(\mu, X')$, wenn $p \ge 1$, $1/p + 1/q = 1$ und X' die ↗Radon-Nikodym-Eigenschaft hat.

Ein schwächerer Integralbegriff fußt auf der Idee der schwach meßbaren Funktion; hier verlangt man bloß, daß für alle $x' \in X'$ die skalarwertigen Funktionen $x' \circ f$ (bzgl. der Vervollständigung von μ) meßbar sind. Nach dem Meßbarkeitssatz von Pettis ist eine Funktion genau dann stark meßbar, wenn sie schwach meßbar und fast separabelwertig ist. Eine schwach meßbare Funktion heißt Dunford-integrierbar, wenn alle $x' \circ f_{|A}$ integrierbar sind ($x' \in X', A \in \Sigma$).

In diesem Fall impliziert der Satz vom abgeschlossenen Graphen, daß

$$x' \mapsto \int_A x' \circ f \, d\mu$$

ein stetiges lineares Funktional auf X' ist, das mit D-$\int_A f \, d\mu$ bezeichnet wird und Dunford-Integral von f heißt:

$$\Big(\text{D-}\int_A f \, d\mu\Big)(x') = \int_A x' \circ f \, d\mu \qquad \forall x' \in X'.$$

Das Dunford-Integral ist also nach Konstruktion i. allg. ein Element des Bidualraums X''. Im Fall, daß D-$\int_A f \, d\mu \in X$ für alle $A \in \Sigma$ (↗kanonische Einbettung eines Banachraums in seinen Bidualraum), heißt f Pettis-integrierbar und das Integral Pettis-Integral.

Bochner-Transformation, eine Integral-Transformation, definiert durch

$$(B_\nu f)(r) \;:=\; 2\pi r^{1-\frac{n}{2}} \int_0^\infty J_{\frac{\nu}{2}-1}(2\pi r\varrho)\, \varrho^{\frac{n}{2}} f(\varrho)\, d\varrho ,$$

wobei J_ν die ↗Bessel-Funktion erster Art der Ordnung ν bezeichnet.

Bogen, Menge $\mathcal{B}$ von Punkten eines n-dimensionalen ↗projektiven Raumes, so daß keine $n + 1$

Punkte von $\mathcal{B}$ in einer gemeinsamen Hyperebene liegen.

Die größten Bögen in endlichen projektiven Ebenen sind die ↗ Hyperovale und ↗ Ovale. Die größten Bögen in dreidimensionalen projektiven Räumen sind die sog. rationalen Normkurven. Diese bilden auch Beispiele von Bögen in Räumen größerer Dimension. Bögen in endlichen projektiven Räumen stehen in engem Zusammenhang mit MDS-Codes.

Bogen, Rudolf Hans, Mathematiker und Geometer, geb. 20.1.1713 Luzern, gest. 3.2.1867 Lugano.

Über das Leben von Bogen ist merkwürdigerweise wenig bekannt. Festzustehen scheint, daß er bereits früh die Mathematik autodidaktisch erlernt hat.

Im Rahmen seiner beruflichen Tätigkeit als Geometer entwickelte er eine Methode, um die Länge krummliniger Wege zu messen, die später nach ihm benannte ↗ Bogenlänge. Als Maßzahl für eine solche Länge entwickelte er das ebenfalls nach ihm benannte ↗ Bogenmaß.

Bogen starb bei dem Versuch, von innen das Bogenmaß des Löwenkäfigs im Zoo von Lugano zu ermitteln.

Bogenlänge, im n-dimensionalen ↗ euklidischen Raum $\mathbb{R}^n$ der Wert

$$\lambda = \int_a^b \sqrt{x_1'(\tau)^2 + \cdots + x_n'(\tau)^2}\, d\tau \,,$$

wobei $(x_1(\tau), \ldots, x_n(\tau))$, $a \leq \tau \leq b$, eine rektifizierbare Kurve ist (↗ Invarianz der Bogenlänge).

Bogenlänge in metrischen Räumen, Verallgemeinerung des Begriffs der Bogenlänge in (finit kompakten) metrischen Räumen.

Es sei $\mathcal{R}$ ein metrischer Raum mit der Abstandfunktion $\varrho : \mathcal{R} \times \mathcal{R} \longrightarrow \mathbb{R}$. $\mathcal{R}$ heißt finit kompakt, wenn jede beschränkte Teilmenge von $\mathcal{R}$ einen Häufungspunkt besitzt.

Eine Kurve in $\mathcal{R}$ wird als stetige Abbildung $\alpha : \mathcal{I} \longrightarrow \mathcal{R}$ eines abgeschlossenen Intervalls $I = [a, b] \subset \mathbb{R}$ in $\mathcal{R}$ verstanden. Man betrachtet Zerlegungen $\mathfrak{Z}(\mathcal{I}) = \{\mathcal{I}_1, \ldots, \mathcal{I}_r\}$ von $\mathcal{I}$ in Teilintervalle $\mathcal{I}_i = [a_i, a_{i+1}]$ mit $a = a_0 < a_1 < \ldots < a_{r-1} < a_r = b$. Für eine solche Zerlegung definiert man eine Größe

$$\sigma(\mathfrak{Z}(\mathcal{I})) = \sum_{i=1}^{r} \varrho(\alpha(a_{i-1}), \alpha(a_i)),$$

die man sich ähnlich wie die Längen von einbeschriebenen Polygonzügen in der Kurventheorie des $\mathbb{R}^n$ als Näherungswert für die Bogenlänge von α vorstellen kann.

Die Bogenlänge $\lambda(\alpha)$ von α ist dann als obere Grenze der Werte aller $\sigma(\mathfrak{Z}(\mathcal{I}))$ definiert, wenn $\mathfrak{Z}(\mathcal{I})$ alle Zerlegungen von $\mathcal{I}$ durchläuft. Dieses Supremum kann unendlich sein, und man definiert rektifizierbare Kurven als solche, für die es einen endlichen Wert hat.

Es gibt noch eine andere Definition dieses Begriffs, die keinen expliziten Gebrauch von der Parameterdarstellung α macht. Es sei $\mathcal{C} = \alpha(\mathcal{I})$ eine Kurve und $X = \{x_1, x_2, \ldots, x_r\} \subset \mathcal{C}$ eine endliche Teilmenge. Man definiert die Zahl $\lambda(X)$ als das Minimum aller möglichen Summen

$$\sum_{i=1}^{r-1} \varrho(\alpha(x_{\sigma i}), \alpha(x_{\sigma i+1}))\,,$$

wobei σ die Permutationen der Zahlen $1, 2, \ldots, r$ durchläuft. Dann gilt

$$\lambda(\alpha) = \sup_{X \subset A} \lambda(X).$$

Bogenlänge in Riemannschen Mannigfaltigkeiten, Verallgemeinerung des Begriffs der Bogenlänge.

Als Bogenlänge in einer Riemannschen Mannigfaltigkeit (M, g) bezeichnet man die durch das Integral

$$\lambda_{t_0,t}(\alpha) = \int_{t_0}^{t} \sqrt{g\,(\alpha'(\tau), \alpha'(\tau))}\, d\,\tau$$

definierte Funktion auf der Menge aller differenzierbaren Kurven $\alpha : (a, b) \subset \mathbb{R} \longrightarrow M$.

Man ersetzt also das euklidische Skalarprodukt durch die Riemannsche Metrik g.

Die Größe $\lambda_{t_0,t}(\alpha)$ hängt nicht von der Parameterdarstellung $\alpha(t)$ der Kurve ab. Ist die Kurve α regulär, so ist bei festgehaltenem Anfangswert t_0 die Funktion $s(t) = \lambda_{t_0,t}(\alpha)$ differenzierbar, monoton wachsend, und es gilt überall $s'(t) \neq 0$. Man nennt $s(t)$ den natürlichen Parameter von α.

Mit Hilfe der Umkehrfunktion $\tau(s)$ von $s(t)$, erhält man eine Parameterdarstellung $\beta(s) = \alpha(\tau(s))$ derselben Kurve durch die Bogenlänge.

Bogenmaß, Möglichkeit der Größenangabe eines Winkels.

Neben dem Gradmaß wird bei der Winkelmessung und im Zusammenhang mit den trigonometrischen Funktionen das Bogenmaß genutzt. Das Bogenmaß eines Winkels α ist gleich der Länge eines Bogens mit diesem Winkel auf dem Einheitskreis und wird mit $\operatorname{arc}\alpha$ bezeichnet. Zwischen dem Gradmaß α und dem Bogenmaß $\operatorname{arc}\alpha$ eines Winkels besteht der Zusammenhang:

$$\frac{\operatorname{arc}\alpha}{2\pi} = \frac{\alpha}{360^\circ}\,.$$

Bogenmenge, ↗ gerichteter Graph.

Bogenzahl, ↗ gerichteter Graph.

bogenzusammenhängend, Eigenschaft einer Menge oder auch eines Raumes.

Eine Menge bzw. ein Raum M ist bogenzusammenhängend, wenn für je zwei Punkte $x, y \in M$ eine stetige Kurve existiert, die in M verläuft und x mit y verbindet.

Bohl, Piers, lettischer Mathematiker, geb. 23.10. 1865 Walk in Lettland, gest. 25.12.1921 Riga.

Bohl studierte an der Universität von Dorpat Mathematik und Physik. Er graduierte 1887 mit einer Arbeit zur Theorie der Invarianten linearer Differentialgleichungen. 1893 untersuchte er unabhängig von Esclangen quasi-periodische Funktionen, die von H. Bohr zu fastperiodischen Funktionen verallgemeinert wurden.

Ab 1895 lehrte Bohl am Polytechnischen Institut in Riga, wo er nach seiner Promotion 1900 Professor wurde. In seiner Dissertation behandelte er topologische Methoden im Zusammenhang mit Differentialgleichungssystemen. Er setzte damit Arbeiten von Poincaré und Kneser fort. 1919 erhielt Bohl einen Lehrstuhl an der neugeschaffenen lettischen Universität in Riga.

Ein wichtiges Resultat Bohls war der Beweis des Brouwerschen Fixpunktsatzes für eine stetige Abbildung einer Sphäre auf sich selbst.

Bohnenblust-Karlin, Fixpunktsatz von, ↗ Kakutani, Fixpunktsatz von.

Bohr, Harald August, dänischer Mathematiker, geb. 22.4.1887 Kopenhagen, gest. 22.1.1951 Kopenhagen.

Harald Bohr war der jüngere Bruder von Niels Bohr. Er studierte ab 1904 an der Universität von Kopenhagen Mathematik. 1915 wurde er Mathematikprofessor am Polytechnischen Institut und 1930 an der Universität von Kopenhagen.

Bohr arbeitete zu Dirichlet-Reihen und wandte analytische Methoden auf die Zahlentheorie an. Gemeinsam mit Edmund Landau untersuchte er die Riemannsche ζ-Funktion, und 1914 bewiesen sie ein Theorem über die Verteilung der Nullstellen der ζ-Funktion.

1923–1926 entwickelte Bohr seine Theorie fastperiodischer Funktionen. Bohr veröffentlichte drei große Arbeiten zu diesem Thema in der „Acta Mathematica". Der Fundamentalsatz für fastperiodische Funktionen ist eine Verallgemeinerung der Parsevalschen Gleichung für Fourier-Reihen. Dieser Satz führte zu einem Resultat über uniforme Approximation fastperiodischer Funktionen durch Exponentialfunktionen.

Bohr, Niels Henrik David, dänischer Physiker, geb. 7.10.1885 Kopenhagen, gest. 18.11.1962 Kopenhagen.

Ab 1903 studierte Bohr an der Universität von Kopenhagen. Er promovierte 1911 mit einer Arbeit zur Elektronentheorie der Metalle. Danach ging er zunächst nach Cambridge und 1912 nach Manchester zu Rutherford, bei dem er mit an der Atomstruktur forschte. Aufgrund von Quantenargumenten von Planck und Einstein vermutete Bohr, daß ein Atom nur in einer diskreten Menge stabiler Energiezustände existieren kann. 1912 kehrte Bohr nach Kopenhagen zurück und vollendete bis 1913 seine Atomtheorie, die großen Einfluß auf Einstein und andere Wissenschaftler ausübte.

1916 erhielt Bohr den Lehrstuhl für theoretische Physik an der Universität von Kopenhagen. 1920 wurde dort eigens für ihn ein Institut für Theoretische Physik gegründet, das er bis zu seinem Tode leitete.

Neben seiner Arbeit zur Struktur der Atome befaßte er sich auch mit der Untersuchung von Strahlungsphänomenen. Für seine Resultate auf diesem Gebiet erhielt er 1922 den Nobelpreis. Bohr mußte 1943 aus Dänemark, das inzwischen von den Nazis besetzt war, fliehen. Über Schweden und England kam er schließlich nach Los Alamos (USA) zu dem Team, das die Atombombe entwickelte.

Bohr war sehr besorgt wegen der Atomwaffenentwicklung und begann 1944 damit, Churchill und Roosevelt für das Thema zu sensibilisieren. 1950 verfaßte er einen offenen Brief, in dem er für eine friedliche Atompolitik eintrat. Für sein Engagement wurde ihm 1957 der erste „U.S. Atoms for Peace Award" verliehen.

Bohr-Mollerup, Eindeutigkeitssatz von, ↗ Eulersche Γ-Funktion.

Bohr-Sommerfeld-Quantisierungsbedingungen, für ein separierbares mechanisches System mit f Freiheitsgraden formal die f Bedingungen

$$I_i = \oint p_i dq^i = n_i h$$

(mit $n_i = 0, \pm 1, \pm 2, \ldots$ je nach positivem oder

negativem Wert des Integrals), wobei die kanonisch konjugierten Variablen p_i, q^i so zu wählen sind, daß p_i nur von q^i abhängt. Zu integrieren ist über einen Umlauf im Phasenraum.

Die Bohr-Sommerfeld-Quantisierungsbedingung ist eine Ausdehnung der Planckschen Bedingung für den eindimensionalen harmonischen Oszillator. Für eine zyklische Lagekoordinate (die zugehörige Impulskoordinate hängt nicht von ihr ab) ist die Bohr-Sommerfeld-Quantisierungsbedingung zu modifizieren: Beschreibt man die ebene Bewegung eines Elektrons im Feld einer Punktladung, dann ist der Drehwinkel ϕ eine zyklische Koordinate, und für die zugehörige Impulskoordinate p_ϕ ist die Bedingung $2\pi p_\phi = kh$ mit $k = 0, 1, 2, \ldots$ zu wählen.

Die Bohr-Sommerfeld-Quantisierungsbedingung wurde in der Zeit aufgestellt, als sich die Quantenmechanik entwickelte und noch vieles probiert wurde, um zu einer Beschreibung der Quantenphänomene zu kommen. Zu der Zeit festigte sich nach Niels Bohr die Auffassung, daß nur eine solche Zahl von Quantenbedingungen zu wählen ist, die zur Festlegung der Energie ausreicht. In der heutigen Fassung der Quantenmechanik ergeben sich ganzzahlige Vielfache bestimmter Werte als Eigenwerte von Observablen.

Bohr-van-Leeuwen-Theorem, die Aussage, daß in einem nach der klassischen statistischen Mechanik behandelbaren System die Summe aus paramagnetischer und diamagnetischer Suszeptibilität verschwindet.

Bei phänomenologischer Beschreibung sind Para- und Diamagnetismus Eigenschaften von Stoffen, die sich beim Anlegen von Magnetfeldern zeigen. Die Magnetisierung der Stoffe kann zu einer Verstärkung (Paramagnetismus) oder Abschwächung (Diamagnetismus) führen. Sie lassen sich aber nur auf der Basis der Quantentheorie richtig verstehen. Der Paramagnetismus hängt mit dem Spin von Elektronen zusammen, während der Diamagnetismus mit der Quantisierung der Bewegung von Elektronen im Magnetfeld in Verbindung steht.

Bollobás-Catlin-Erdös, Satz von, Aussage innerhalb der Graphentheorie. Der Satz sagt aus, daß die ↗Hadwiger-Vermutung für fast alle Graphen wahr ist.

Hierbei ist der Ausdruck „fast alle Graphen" im Sinne der Theorie der Zufallsgraphen oder der probabilistischen Graphentheorie zu verstehen.

B. Bollobás, P. Catlin und P. Erdős bewiesen diesen Satz 1980.

Boltzmann, Ludwig, österreichischer Physiker und Mathematiker, geb. 20.2.1844 Wien, gest. 5.10.1906 Duino (bei Triest).

Boltzmann promovierte 1866 in Wien bei Stefan, dessen Assistent er anschließend wurde. Boltzmann lehrte in Graz, ging dann nach Heidelberg und später nach Berlin, um seine Studien bei Bunsen, Kirchhoff und Helmholtz fortzusetzen. 1869 wurde Boltzmann Professor für theoretische Physik in Graz, 1873 für Mathematik in Wien, drei Jahre später für experimentelle Physik in Graz und 1894 für theoretische Physik in Wien. Letztere Professur war durch Aufenthalte 1900–1902 in Leipzig und 1904 in Berkeley und Stanford unterbrochen.

Boltzmann leitete 1871 unabhängig von Maxwell die Geschwindigkeits- und Energieverteilung für Gasmoleküle ab und entwickelte ferner die Maxwell-Boltzmann-Statistik, welche die Verteilung von unterscheidbaren atomaren Teilchen ohne Berücksichtigung des Spins im Phasenraum nach Ort und Impuls beschreibt. Boltzmann lieferte 1884 die aus den Prinzipien der Thermodynamik ableitbare Begründung für das von Stefan 1879 empirisch gefundene Stefan-Boltzmann-Gesetz der Gesamtstrahlung eines schwarzen Körpers. 1890 leitete Boltzmann den 2. Hauptsatz der Thermodynamik aus den Prinzipien der statistischen Mechanik ab (↗Boltzmann-Gleichung).

Zeit seines Lebens ist Boltzmann mit seinen Ideen bei den etablierten Wissenschaftlern seiner Zeit auf große Ablehnung gestoßen. Es wird vermutet, daß er deswegen seinem Leben selbst ein Ende setzte.

Boltzmann-Gleichung, Gleichung zur Bestimmung der Verteilungsfunktion eines Gases unter Berücksichtigung von Zweierstößen der Moleküle des Gases (↗allgemeine Boltzmann-Gleichung, ↗Boltzmannscher Stoßterm).

Für ein einatomiges Gas ist der Stoßterm durch

$$Stf = \int |\mathrm{v} - \mathrm{v}_1| (f' f'_1 - f f_1) d\sigma d^3 \mathrm{p}_1$$

gegeben, wobei p_1 der Impuls der Teilchen ist, die in r mit einem Teilchen, dessen Impuls p ist, zusammenstoßen.

Eine grobe Abschätzung des Stoßintegrals ist

$$Stf \sim -\frac{f-f_0}{\tau},$$

wobei f_0 die Gleichgewichtsverteilungsfunktion und τ die freie Flugzeit ist.

Boltzmann-Lernregel, eine spezielle Lernregel für ↗Neuronale Netze, die auf der ↗Boltzmann-Verteilung (oder allgemeiner auch auf der Fermi-Dirac-Verteilung) aufbaut und durch das temperatur- und energieabhängige statistische Verhalten der Molekularteilchen in idealen Gasen motiviert ist.

Im folgenden wird die prinzipielle Idee der Boltzmann-Lernregel anhand einer einfachen Modifikation der Hebb-Lernregel für ein sog. Hopfield-Netz erläutert.

Dem Netz seien im Lern-Modus die bipolar codierten Trainingswerte

$$x^{(s)} \in \{-1,1\}^n, \quad 1 \le s \le t,$$

zur Speicherung übergeben worden. Wird nun mit $\tau > 0$ ein beliebiger fester Parameter fixiert und mit diesem unter Zugriff auf die Fermi-Dirac-Verteilungsfunktion der Wahrscheinlichkeitsparameter p_τ definiert als

$$p_\tau := 1/(1+\exp(-\frac{1}{\tau})),$$

so generiert man zunächst aus den primär gegebenen Trainingswerten die sogenannten τ-Trainingswerte $x^{(s,\tau)} \in \{-1,1\}^n$ gemäß

$$x_i^{(s,\tau)} := \begin{cases} x_i^{(s)}, & \text{mit Wahrscheinlichkeit } p_\tau, \\ -x_i^{(s)}, & \text{mit Wahrscheinlichkeit } (1-p_\tau), \end{cases}$$

für $1 \le i \le n$ und $1 \le s \le t$.

Mit diesen τ-Trainingswerten wird dann unter Anwendung der Hebb-Lernregel ein Satz von τ-Gewichten für das Hopfield-Netz berechnet nach der Vorschrift

$$w_{ij}^{(\tau)} := w_{ji}^{(\tau)} := \sum_{s=1}^{t} x_i^{(s,\tau)} x_j^{(s,\tau)}$$

für $1 \le j < i$, $1 \le i \le n$.

Dieses Vorgehen führt man nun für eine endliche Anzahl gegen Null strebender Werte $\tau_k > 0$, $1 \le k \le m$, durch („simuliertes Abkühlen") und definiert dann die endgültigen Gewichte des Hopfield-Netzes z. B. als

$$w_{ij} := w_{ji} := (\sum_{k=1}^{m} p_{\tau_k})^{-1} \sum_{k=1}^{m} p_{\tau_k} w_{ij}^{(\tau_k)},$$

für $1 \le j < i$, $1 \le i \le n$, sowie

$$w_{ii} := 0, \quad 1 \le i \le n.$$

Im allgemeinen Kontext werden Ideen dieses Typs für Netze mit verborgenen Neuronen eingesetzt sowie darüber hinaus die zu trainierenden Gewichte durch Subtraktion von Korrelationen gewisser im Ausführ-Modus erhaltener Terminierungszustände modifiziert („Hebb-Lernen mit Vergessen").

Boltzmann-Maschine, ein ↗Neuronales Netz, welches mit der ↗Boltzmann-Lernregel oder einer ihrer zahlreichen Varianten konfiguriert wird und/oder im Ausführ-Modus eine mit der ↗Boltzmann-Verteilung oder allgemeiner mit der Fermi-Dirac-Verteilung zusammenhängende Dynamik besitzt.

Im folgenden wird die prinzipielle Funktionsweise einer Boltzmann-Maschine am Beispiel eines entsprechend modifizierten ↗Hopfield-Netzes erläutert (diskrete Variante).

Dieses spezielle Netz ist einschichtig aufgebaut und besitzt n formale Neuronen. Alle formalen Neuronen sind bidirektional mit jeweils allen anderen formalen Neuronen verbunden (vollständig verbunden) und können sowohl Eingabe- als auch Ausgabewerte übernehmen bzw. übergeben. Man vergleiche hierzu die Abbildung.

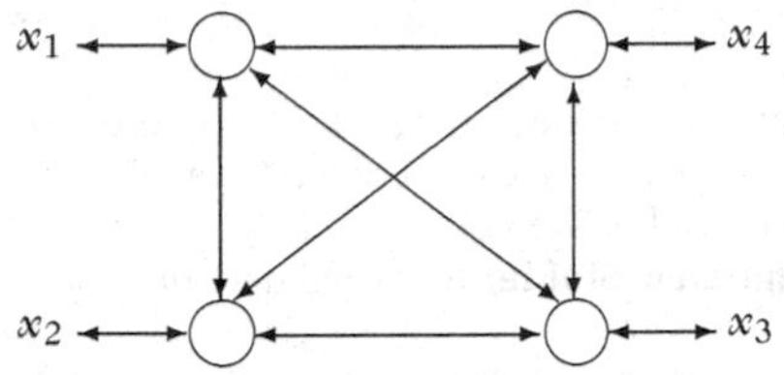

Struktur einer Hopfield-Boltzmann-Maschine

Dem Netz seien im Lern-Modus die bipolar codierten Trainingswerte

$$x^{(s)} \in \{-1,1\}^n, \quad 1 \le s \le t,$$

zur Speicherung übergeben worden und aus diesen die Gewichte

$$w_{ij} =: w_{ji} \in \mathbb{R}, \quad 1 \le i < j, \; 1 \le j \le n,$$

in irgendeinem Lern-Prozeß, z. B. mit der Boltzmann-Lernregel, berechnet worden. Weiterhin sei $w_{ii} := 0$ für $1 \le i \le n$.

Wird nun dem Netz im Ausführ-Modus ein beliebiger bipolarer Eingabevektor

$$x =: x^{[0]} = (x_1^{[0]}, \ldots, x_n^{[0]}) \in \{-1,1\}^n$$

übergeben, und wird mit $\tau > 0$ ein beliebiger fester Parameter fixiert, so erzeugt das Netz zunächst eine Folge von Vektoren $(x^{[u]})_{u \in \mathbb{N}}$ gemäß

$$a_j^{[u]} := \sum_{i=1}^{j-1} w_{ij} x_i^{[u+1]} + \sum_{i=j+1}^{n} w_{ij} x_i^{[u]},$$

$$p_j^{[u]} := 1/(1+\exp(-\frac{a_j^{[u]}}{\tau})),$$

$$x_j^{[u+1]} := \begin{cases} 1, & \text{mit Wahrscheinlichkeit } p_j^{[u]}, \\ -1, & \text{mit Wahrscheinlichkeit } 1 - p_j^{[u]}, \\ x_j^{[u]} & \text{falls exakt } p_j^{[u]} = \frac{1}{2}, \end{cases}$$

$1 \leq j \leq n$.

Für große positive Parameter τ ist die Wahrscheinlichkeit, daß das Netz von einem Zustand in einen anderen übergeht, im allgemeinen nie gleich Null. Läßt man jedoch τ gegen Null konvergieren, so konvergieren die Übergangswahrscheinlichkeiten gegen Null oder Eins, es sei denn sie sind exakt gleich 1/2, und man erhält im Grenzwert die Dynamik des klassischen Hopfield-Netzes.

In der Praxis wird der Parameter τ Schritt für Schritt erniedrigt, verbunden mit der Hoffnung, daß das Netz zunächst ohne zu terminieren in Zustände mit niedrigerer Energie übergeht, um dann im Grenzwert für $\tau \to 0$ aufgrund der Konvergenz des klassischen Hopfield Ausführ-Modus auf einem Ausgabevektor zu enden, der mit hoher Wahrscheinlichkeit einem gespeicherten Trainingsvektor entspricht (vgl. ↗Hopfield-Netz bzgl. der klassischen Dynamik).

Die sukzessive Erniedrigung des Parameters τ wird auch als „simuliertes Abkühlen" (engl. simulated annealing) bezeichnet.

Boltzmannscher Stoßterm, formal das Integral

$$\int w'(f'f_1' - ff_1)d\Gamma_1 d\Gamma' d\Gamma_1' .$$

Das ist der Überschuß der Teilchen, die in der Zeiteinheit in die Volumeneinheit um r und Γ für alle Werte Γ', Γ_1' und Γ_1 hinein- und herausgestoßen werden.

f, f_1, f', f_1' stehen abkürzend für $f(t, \mathrm{r}, \Gamma)$, $f(t, \mathrm{r}, \Gamma_1)$, $f(t, \mathrm{r}, \Gamma')$, $f(t, \mathrm{r}, \Gamma_1')$, beziehungsweise (↗allgemeine Boltzmann-Gleichung). $w' = w(\Gamma, \Gamma_1; \Gamma', \gamma_1')$ ist eine Funktion, die durch den Stoßmechanismus bestimmt wird.

Bei der Herleitung des Boltzmannschen Stoßterms werden nur Zweierstöße in r berücksichtigt, die von Γ, Γ_1 nach Γ', Γ_1' und zurück führen. Im Stoßintegral ist eine Wahrscheinlichkeit für Zweierstöße enthalten (die Ausdrücke ohne w'). Diese Wahrscheinlichkeit ergibt sich aus dem Produkt zweier anderer Wahrscheinlichkeiten (Ausdrücke der Form $fd\Gamma$). Dieser Produktansatz ist mathematischer Ausdruck der Annahme von molekularen Chaos.

Seien v und v_1 die Geschwindigkeiten der in r stoßenden Teilchen. Die Größe

$$d\sigma = \frac{w(\Gamma', \Gamma_1'; \Gamma, \Gamma_1)}{|\mathrm{v} - \mathrm{v}_1|} d\Gamma' d\Gamma_1'$$

wird differentieller Wirkungsquerschnitt genannt.

Die Funktion w, die letzlich durch den Stoßmechanismus geliefert wird, hat einige allgemeine Eigenschaften, die sich aus Symmetrien der Grundgleichungen ergeben.

Boltzmann-Verteilung, eine bei der Analyse der temperatur- und energieabhängigen Eigenschaften idealer Gase auftauchende Verteilung, die für große Energien näherungsweise aus der Fermi-Dirac-Verteilung hervorgeht. Sie wird manchmal auch Maxwell-Boltzmann-Verteilung genannt.

Mathematisch abstrahiert lautet die Verteilungsfunktion der Fermi-Dirac-Verteilung

$$f(\xi) = 1/(1 + \exp(-\xi)) ,$$

und für hinreichend kleine $\xi < 0$ geht diese näherungsweise in die durch $f(\xi) \approx \exp(\xi)$ beschreibbare und nach Boltzmann (und Maxwell) benannte Funktion über.

Bolyai, Farkas (Wolfgang), ungarischer Mathematiker, Physiker und Chemiker, geb. 9.2.1775 Bolya (Siebenbürgen), gest. 20.11.1856 Maros-Vâsárhely (Siebenbürgen).

Farkas Bolyai war der Vater von Janos Bolyai. Er studierte in Jena und Göttingen. Er war eng mit Gauß befreundet, der sein Studienkollege in Göttingen war. Nach dem Studium wurde er Professor für Mathematik, Physik und Chemie in Maros-Vâsárhely.

Bolyai interessierte sich für die Grundlagen der Geometrie und das Parallelenaxiom, worüber er mit Gauß einen regen Schriftwechsel führte. In seinem Hauptwerk „Tentamen" widmete er sich der Schaffung einer konsequenten und systematischen Grundlage der Geometrie, Arithmetik, Algebra und Analysis. Bolyai wurde zu seiner Zeit auch als fortschrittlicher Pädagoge und Literat hoch geschätzt.

Bolyai, Janos, ungarischer Mathematiker, geb. 15.12.1802 Kolozsvar (Cluj), gest. 27.1.1860 Maros-Vâsárhely (Siebenbürgen).

Der Sohn von Farkas Bolyai besuchte die militärische Ing.-Akademie in Wien, war anschließend als Offizier in der österreichischen Armee tätig und lebte seit 1833 als Pensionär und Privatgelehrter teils auf einem ererbten Landgut, teils in Maros-Vâsárhely.

Farkas Bolyai erkannte frühzeitig die mathematische Begabung seines Sohnes und wollte ihn bei Gauß ausbilden lassen. Dieses Studium kam aber nicht zustande.

Bolyai begann sich seit 1820 selbständig mit dem Parallelenpostulat des Euklid zu befassen, ohne sich von den Warnungen seines Vaters, der selbst darüber gearbeitet hatte, beeindrucken zu lassen. 1823 kam Bolyai zu der Erkenntnis, daß eine widerspruchsfreie, nur von einem Parameter k abhängige Geometrie existiert, in der das Parallelenpostulat des Euklid nicht gilt. Diese Geometrie geht für $k \to \infty$ in die gewöhnliche euklidische über. Seit 1825 wurde dieses grundlegende mathematische Resultat von Bolyai in Umlauf gebracht. Seine bekannte Veröffentlichung wurde der „Appendix", also der Anhang, zu einem Lehrbuch seines Vaters von 1832. Bolyai schickte diesen Appendix auch an Gauß und erhielt die niederschmetternde Anwort, daß ihm (Gauß) diese Erkenntnis schon seit mehr als drei Jahrzehnten bekannt sei. Bolyais Persönlichkeit verfiel jetzt zunehmend – eine Erbkrankheit kam zum Ausbruch. Er versuchte sich an einer Reihe mathematischer Probleme, wie dem Auffinden einer Formel zur Erzeugung aller Primzahlen, und an obskuren philosophischen Lehren.

Bolzano, Bernhard Placidus Johann Nepomuk, tschechischer Philosoph, Logiker und Theologe, geb. 5.10.1781 Prag, gest. 18.12.1848 Prag.

Bolzano studierte ab 1796 Philosophie, Mathematik und später auch Theologie an der Prager Universität. 1804 promovierte er zur Geometrie. Sein besonderes Interesse galt dabei der Theorie mathematisch korrekter Beweise. Im selben Jahr wurde er zum katholischen Priester geweiht und erhielt einen Lehrstuhl für Philosophie und Religion an der Universität Prag. Wegen seiner pazifistischen Anschauungen und seiner Bedenken bzgl. der ökonomischen Gerechtigkeit wurde er 1819 auf Drängen der östereichischen Regierung entlassen. Bald folgte eine Anklage wegen Häresie, worauf er unter Hausarrest gestellt wurde und Publikationsverbot innerhalb Österreichs erhielt.

1810 schrieb Bolzano „Beyträge zu einer begründeteren Darstellung der Mathematik. Erste Lieferung". Schon die zweite Folge wurde, wenngleich geschrieben, von Bolzano nicht mehr veröffentlicht, da er sich von einzelnen Artikeln größere Aufmerksamkeit versprach. Entsprechend folgten: „Der binomische Lehrsatz, als Folgerung aus ihm der polynomische, und die Reihen, die zur Berechnung der Logarithmen und Exponentialgrößen dienen, genauer als bisher erwiesen" 1816 und „Rein analytischer Beweis des Lehrsatzes, daß zwischen je zwei Werten, die ein entgegengesetztes Resultat gewähren, wenigstens eine reelle Wurzel der Gleichung liege" 1817. In der ersten Arbeit nahm er (vier Jahre vor und unabhängig von Cauchy) das Konvergenzkriterium für unendliche Reihen vorweg. Im zweiten Artikel findet sich neben der Definition einer stetigen Funktion sowie dem für solche Funktionen geltenden Zwischenwertsatz von Bolzano auch der Satz von Bolzano-Weierstraß. Bemerkenswert ist auch sein Beispiel für eine Funktion, die zwar überall stetig aber an keiner Stelle differenzierbar ist (↗Bolzano-Kurve).

Teile seiner Arbeit „Grössenlehre" wurden 1830–1840 veröffentlicht. Darin versuchte er die Mathematik auf der als Größe verstandenen engeren Version des Mengenbegriffs aufzubauen.

Seine erst 1851 von einem seiner Studenten veröffentlichte Arbeit „Paradoxien des Unendlichen" kann als eine unmittelbare Vorleistung für die Cantorsche Mengenlehre angesehen werden.

Bolzano, Nullstellensatz von, Spezialfall des Zwischenwertsatzes von Bolzano (↗Bolzano, Zwischenwertsatz von). Dieser, gelegentlich ebenfalls nach ihm benannte Nullstellensatz, garantiert für stetige Funktionen (auf Intervallen) die Existenz einer Nullstelle, sobald unterschiedliche Vorzeichen vorliegen:

Ist $f : [a, b] \longrightarrow \mathbb{R}$ stetig, und haben $f(a)$ und $f(b)$ verschiedene Vorzeichen, so existiert eine Nullstelle, also ein $x \in [a, b]$ mit $f(x) = 0$.

Hierbei seien a, b reelle Zahlen mit $a < b$.

Bolzano, Satz von, ↗Bolzano, Nullstellensatz von, ↗Bolzano, Zwischenwertsatz von.

Bolzano, Zwischenwertsatz von, besagt, daß eine reellwertige stetige Funktion (einer reellen Variablen) alle „Zwischenwerte" annimmt.

Er gehört zu den wichtigsten Sätzen über reellwertige stetige Funktionen. Der Satz präzisiert und trifft den Kern der oft zu lesenden sehr vagen Beschreibung stetiger Funktionen, daß man diese „ohne abzusetzen zeichnen kann“:

Ist $f : [a, b] \longrightarrow \mathbb{R}$ stetig, und liegt eine Zahl t zwischen $f(a)$ und $f(b)$, dann existiert ein $x \in [a, b]$ mit $f(x) = t$.

Hierbei seien a, b reelle Zahlen mit $a < b$.

Der Beweis läßt sich – basierend auf der einfachen Idee der fortgesetzten Halbierung des Intervalls – so führen, daß er den Kern für ein konstruktives, leicht zu programmierendes und numerisch brauchbares *Verfahren zur Bestimmung von* x, im Spezialfall einer Nullstelle von f, liefert:

Es sei ohne Einschränkung $f(a) < t < f(b)$:

Zu $a_0 := a$ und $b_0 := b$ seien a_n, b_n und c_n wie folgt rekursiv definiert:

$c_n := \frac{1}{2}(a_n + b_n)$; ist $f(c_n) = t$, so ist man schon fertig. Im anderen Fall setzt man

$$a_{n+1} := a_n, \; b_{n+1} := c_n, \quad \text{falls} f(c_n) > t$$
$$a_{n+1} := c_n, \; b_{n+1} := b_n, \quad \text{falls} f(c_n) < t\,.$$

Wenn niemals $f(c_n) = t$ auftritt, also das Verfahren nicht schon nach endlich vielen Schritten zu einer Lösung führt, erhält man so monotone Folgen, für die gilt: $a_n \uparrow x$ und $b_n \downarrow x$.

Eine weitgehende Verallgemeinerung dieses Satzes ist die Aussage, daß das Bild einer zusammenhängenden Menge unter einer stetigen Abbildung zusammenhängend ist.

Man kann den Zwischenwertsatz von Bolzano beispielsweise verwenden, um die ungefähre Lage von Nullstellen einer stetigen Funktion f zu bestimmen. Hat man durch Einsetzen ermittelt, daß $f(x_1) > 0$ und $f(x_2) < 0$ gilt, so muß zwischen x_1 und x_2 eine Nullstelle von f liegen (↗Bolzano, Nullstellensatz von). Für die praktische Durchführung verwendet man dann beispielsweise den obigen Algorithmus.

[1] Hoffmann, D.: Analysis für Wirtschaftswissenschaftler und Ingenieure. Springer-Verlag Berlin, 1995.

Bolzano-Kurve, 1834 von Bolzano gefundenes, historisch erstes Beispiel einer nirgends differenzierbaren stetigen Funktion.

Man erhält sie als Grenzfunktion einer rekursiv definierten Folge stetiger Funktionen $f_n : [0, 1] \to \mathbb{R}$ in folgender Art und Weise:

Es sei $f_0(x) = x$ für $x \in [0, 1]$. Dann bekommt man f_n aus f_{n-1}, indem man jeden linearen Abschnitt von f_{n-1} halbiert und jede der Hälften durch zwei lineare Stücke mit doppelter Steigung, also jede „Zacke“ von f_{n-1} durch vier kleinere, doppelt so steile Zacken ersetzt. Man vergleiche hierzu die Abbildung.

Es gilt

$$0 \le f_n - f_{n-1} \le \left(\frac{3}{4}\right)^n$$

für alle $n \in \mathbb{N}$, also

$$f_n = f_0 + \sum_{\nu=1}^{n}(f_\nu - f_{\nu-1}) \le \sum_{\nu=0}^{\infty}\left(\frac{3}{4}\right)^\nu = 4,$$

Die Folge (f_n) konvergiert also isoton gleichmäßig gegen eine nach dem Satz von Weierstraß stetige Funktion $f : [0, 1] \to \mathbb{R}$. Diese ist nirgends differenzierbar, da die (stückweise definierten) Ableitungen der Funktionen f_n für $n \to \infty$ unbeschränkt wachsen.

Bolzano-Weierstraß, Satz von, die Aussage, daß jede beschränkte, abgeschlossene Teilmenge von $\mathbb{C}$ oder $\mathbb{R}^n$ die ↗Bolzano-Weierstraß-Eigenschaft hat. Der Satz lautet also:

Jede beschränkte, abgeschlossene Teilmenge von $\mathbb{C}$ oder $\mathbb{R}^n$ besitzt einen Häufungspunkt.

Eine äquivalente Formulierung lautet:

Jede beschränkte Folge in $\mathbb{C}$ oder $\mathbb{R}^n$ besitzt eine konvergente Teilfolge.

Bolzano-Weierstraß-Eigenschaft, Eigenschaft von Teilmengen des $\mathbb{R}^n$ zur Beschreibung der Kompaktheit.

Eine Menge $M \subseteq \mathbb{R}^n$ hat dann die Bolzano-Weierstraß-Eigenschaft, wenn jede unendliche Teilmenge von M wenigstens einen Häufungspunkt besitzt.

Eine Teilmenge $M \subseteq \mathbb{R}^n$ ist genau dann kompakt, wenn sie die Bolzano-Weierstraß-Eigenschaft hat.

Bombelli, Rafaele, italienischer Ingenieur, geb. Januar 1526 Bologna, gest. 1572 Rom.

Bombelli erhielt seine Ausbildung von dem Ingenieur und Architekten Pier Francesco Clementi. Als Ingenieur arbeitete Bombelli viele Jahre für Alessandro Rufini, den späteren Bischof von Melfi, u. a. bei der Landgewinnung, so bei den Sümpfen von Val di Chiani 1551–60. 1561 scheiterte sein Versuch, die Santa-Maria-Brücke in Rom zu reparieren.

Bombelli hat als erster Regeln für die Addition und Multiplikation komplexer Zahlen aufgestellt. Bombelli schrieb 1560 sein erst 1572 erschienenes einziges Buch „L'Algebra“, eine Zusammenfassung des Standes der damaligen Algebra, einschließlich der Beiträge zu komplexen Zahlen. Bombelli gilt als der letzte große italienische Algebraiker der Renaissance. Leibniz hielt ihn für einen „außerordentlichen Meister der analytischen Kunst“.

Bombieri, Enrico, italienischer Mathematiker, geb. 26.11.1946 Mailand.

Bereits als Schüler hatte Bombieri mathematische Interessen und bildete sich in Zahlentheorie weiter. Er studierte dann an den Universitäten Mailand und Cambridge und promovierte an ersterer 1963. 1966 nahm er dann einen Ruf als Professor an die Universität Pisa an, bevor er Mitte der 90er Jahre an des Institute for Advanced Study nach Princeton wechselte. Innerhalb weniger Jahre legte Bombieri bedeutende Ergebnisse zur Zahlentheo-

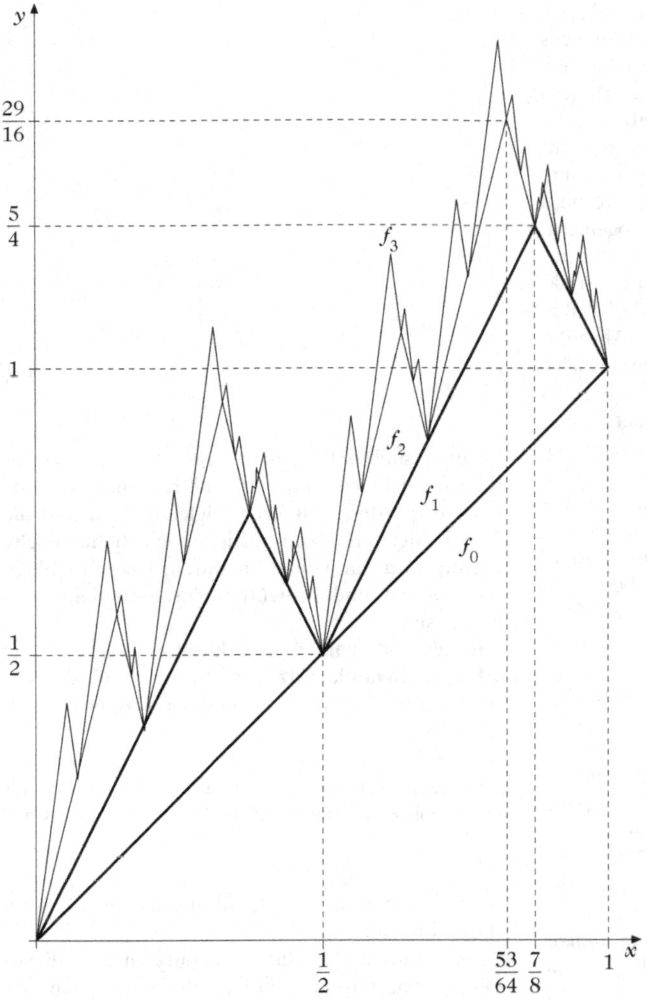

Bolzano-Kurve

rie, zur Analysis, zur Theorie der partiellen Differentialgleichungen und zur geometrischen Maßtheorie vor. Nachdem er 1962 die Abschätzung des Primzahlsatzes für die arithmetische Progression verschärft hatte, gelang ihm 1965 unabhängig von Roth der Beweis eines heute als nach ihm bezeichneten Resultates über die Verteilung der Primzahlen in arithmetischen Progressionen. In den folgenden Jahren hat er, teilweise in Zusammenarbeit mit seinem Lehrer Davenport, die Anwendungen von Siebmethoden weiterentwickelt und ein Mittel geschaffen, das die einheitliche Behandlung von Problemen zuließ, die zuvor mit sehr verschiedenen komplizierten Methoden bewiesen wurden.

Mit dem Wechsel an die Universität Pisa wandte sich Bombieri unter dem Einfluß der Schule um de Giorgi auch der geometrischen Maßtheorie zu. Ein wichtiges Resultat dieser Zusammenarbeit war 1969 der Beweis der Aussage, daß für das auf höhere Dimensionen verallgemeinerte Plateau-Problem für $n \geq 8$ eine minimale Hyperfläche existiert, die eine wesentliche Singularität aufweist. Eine zweite wichtige Fragestellung bezüglich der Minimalflächen war die Verallgemeinerung des Bernsteinschen Satzes über die Eindeutigkeit gewisser minimaler Oberflächen auf höhere Dimensionen. Bombieri zeigte diesbezüglich, daß in neundimensionalen Räumen diese Eindeutigkeit nicht mehr gilt. Ein weiteres Forschungsthema bildete die Bieberbachsche Vermutung. Hier gelang ihm 1967 die vollständige Bestätigung der sogenannten lokalen Bieberbachschen Vermutung, die für eine im Einheitskreis holomorphe eindeutige Funktion $f(z) = z + a2z^2 + a3z^3 + \ldots$ eine der Bieberbachschen Vermutung entsprechende Abschätzung für die Realteile der Koeffizienten fordert, also $\mathrm{Re}\, a_n \leq n$, wenn das Anfangsglied a_2 der Reihe sich hinreichend wenig von Zwei unterscheidet. Durch die Kombination von analytischen und zahlentheoretischen Überlegungen konnte Bombieri 1979 die in den 60er Jahren erzielten Aussagen über die algebraische Unabhängigkeit von Werten der Siegelschen E-Funktion weiter verallgemeinern. Rund zehn Jahre vorher hatte er erste Erfolge beim Studium algebraischer Werte meromorpher Funktionen erreicht. Bombieri wurde für seine Leistungen 1974 mit der Fields-Medaille geehrt.

Bompiani, Eindeutigkeitssatz von, Aussage über die Eindeutigkeit der Lösungen von Anfangswertproblemen.

Sei $a > 0$, $I := [x_0, x_0 + a]$ ein Intervall, $\omega : I \times [0, \infty) \to [0, \infty)$ eine stetige Abbildung mit $\omega(x, 0) = 0$ und der folgenden Eigenschaft: Ist ϕ mit $\phi(x) \geq 0$ eine Lösung des ↗Anfangswertproblems $y' = \omega(x, y)$, $y(x_0) = 0$ im Intervall $[x_0, x_0 + \varepsilon)$, so ist $\phi(x) = 0$ für alle $x \in [x_0, x_0 + \varepsilon)$.

Sei weiterhin $G \subset I \times \mathbb{R}^n$ eine offene Menge, $(x_0, y_0) \in G$, $f : G \to \mathbb{R}^n$. Schließlich gelte für alle $(x, y_1), (x, y_2) \in G$:

$$\|f(x, y_1) - f(x, y_2)\| \leq \omega\left(x, \|y_1 - y_2\|\right) .$$

Dann hat das Anfangswertproblem

$$y' = f(x, y), \qquad y(x_0) = y_0$$

höchstens eine Lösung. Diese ist stetig abhängig vom Anfangswert (x_0, y_0) und von der rechten Seite f.

Bompiani, Enrico, italienischer Mathematiker, geb. 2.2.1889 Rom, gest. 22.9.1975 Rom?.

Nach Beendigung des Studiums 1906 bis zur Promotion 1910 in Rom war Bompiani Assistent in Rom und Pavia. Im ersten Weltkrieg diente er bei der Luftwaffe. Nach Berufungen 1922–1923 nach Mailand und 1923–1926 nach Bologna war er 1926–1964 Professor an der Universität Rom.

Die wichtigsten Arbeiten des Geometers Bompiani behandelten gewöhnliche Differentialgleichungen und Probleme der Differentialgeometrie. Er untersuchte Fragen der projektiven Differentialgeometrie von Kurven und Flächen, Systeme linearer partieller Differentialgleichungen und die Geometrie von Mannigfaltigkeiten: Riemannsche Räume und Parallelität in ihnen, sowie topologische, affine und projektive Zusammenhangsverhältnisse.

Bondy, Satz von, ↗ panzyklischer Graph.

Bondy-Chvátal, Satz von, hinreichendes Kriterium dafür, daß ein ↗Graph einen Hamiltonschen Kreis besitzt.

Im Jahre 1960 hat O. Ore folgendes nützliche Lemma präsentiert. Sind u und v zwei nicht adjazente Ecken eines Graphen G der Ordnung n mit

$$d_G(u) + d_G(v) \geq n ,$$

so ist G genau dann ↗Hamiltonsch, wenn $G + uv$ Hamiltonsch ist.

J.A. Bondy und V. Chvátal benutzten 1976 dieses Lemma von Ore als Grundlage für ihre Definition der sogenannten Hamiltonschen Hülle.

Es sei G ein Graph der Ordnung n. Bildet man ausgehend von $G = G_1$ eine längstmögliche Folge von Graphen $(G_i)_{i=1,2,\ldots,p}$, indem man beim Übergang von G_i zu G_{i+1} jeweils eine Kante $k = uv$ hinzufügt, die zwei in G_i nicht adjazente Ecken u und v mit $d_{G_i}(u) + d_{G_i}(v) \geq n$ verbindet, so zeigten Bondy und Chvátal, daß G_p unabhängig von der Reihenfolge der hinzugefügten Kanten ist. Daher ist G_p ein wohldefinierter Graph, der den Namen Hamiltonsche Hülle trägt, in Zeichen

$$G_p = Cl_n(G) .$$

Aus dem Lemma von Ore folgt nun sofort, daß G genau dann Hamiltonsch ist, wenn $Cl_n(G)$ Hamiltonsch ist. Insbesondere besitzt G einen Hamiltonschen Kreis, wenn $Cl_n(G)$ der vollständige Graph K_n ist, falls $n \geq 3$ gilt.

Darüber hinaus haben Bondy und Chvátal auch für andere Eigenschaften von Graphen, wie z. B.

k-facher Zusammenhang oder die Existenz eines k-Faktors, sogenannte Hüllenkonzepte entwickelt.

Bonnescher Entwurf, ein Kartennetzentwurf der Erdoberfläche, benannt nach Rigobert Bonne (1727–1795): Sind u_1 der Polabstand und u_2 der Azimut auf der Erdoberfläche sowie (r, φ) Polarkoordinaten der Ebene, so ist die den Entwurf beschreibende Abbildung durch

$$r = u_1 - u_{1,0}, \quad \varphi = \frac{u_2 \sin(u_1/R)}{u_1 - u_{1,0}},$$

gegeben, wobei $R \approx 6370$ km der Erdradius ist. Die Bilder der Breitenkreise $u_1 = \text{const}$ sind konzentrische Kreise der Ebene. Der Bonnesche Entwurf ist eine ↗Ähnlichkeitsabbildung.

Bonnet, Satz von, über Parallelflächen, die folgende Aussage aus der Differentialgeometrie, zu deren Formulierung man den Begriff der Parallelfläche F_t einer regulären Fläche $F \subset \mathbb{R}^3$ benötigt. Diese besteht aus allen Punkten, die zu $\mathcal{F}$ den senkrechten Abstand t haben. Eine explizite Darstellung $\Phi_t(u, v)$ der Parallelfläche erhält man aus einer Parametergleichung $\Phi(u, v)$ von $\mathcal{F}$ durch

$$\Phi_t(u, v) = \Phi(u, v) + t\,\mathfrak{n}(u, v)$$

mit Hilfe des Einheitsnormalenvektors $\mathfrak{n}(u, v)$ von $\mathcal{F}$. Für hinreichend kleine Werte von $|t|$ ist $\Phi_t(u, v)$ regulär. Dann gilt der Satz von Bonnet:

Ist $F \subset \mathbb{R}^3$ eine Fläche mit konstanter positiver Gaußscher Krümmung $k = a^2 > 0$, so haben die Parallelflächen $F_{1/a}$ und $F_{-1/a}$ im Abstand $\pm 1/a$ konstante mittlere Krümmung $h = a$.

Bonnet, Satz von, über Rotationsflächen, Aussage aus der Differentialgeometrie, die alle rotationssymmetrischen Minimalflächen klassifiziert:

Die einzigen Rotationsflächen des $\mathbb{R}^3$ mit verschwindender mittlerer Krümmung sind die Ebene und das Katenoid.

Bonus-Malus Faktor, ↗Credibility-Theorie.

Boole, George, britischer Mathematiker und Logiker, geb. 2.11.1815 Lincoln (England), gest. 8.12.1864 Ballintemple (bei Cork, Irland).

Boole, geboren als als erstes Kind von John Boole und Mary Ann Joyce, war zunächst Grundschullehrer und mathematischer Autodidakt. Er studierte die Arbeiten von Laplace und Lagrange. Angeregt durch Duncan Gregory wandte er sich dem Studium der Algebra zu. Die Veröffentlichung einer Arbeit zur Anwendung algebraischer Methoden bei der Lösung von Differentialgleichungen in den „Transactions of the Royal Society" verhalf ihm zum mathematischen Durchbruch. So erhielt Boole 1849 einen Lehrstuhl für Mathematik am Queens College in Cork.

Boole begründete mit seinem 1854 erschienen Werk „An Investigation of the Laws of Thought, on which are Founded the Mathematical Theories of Logic and Probabilities" eine grundlegende Reform der mathematischen Logik. Er orientierte sich dabei an der Arithmetik als Modell. Er verwendete elementare algebraische Methoden und verwandelte die vorliegende, quantitativ rechnende Merkmalslogik in eine Algebra der Logik, die ↗Boolesche Algebra. Man kann sagen, daß sein wichtigster Beitrag zur Mathematik die Idee war, Information mit den beiden logischen Zuständen *wahr* und *falsch* darzustellen, und die dazugehörigen Rechenregeln anzugeben.

Boolesche Algebra, *Boolescher Verband*, ↗distributiver komplementärer Verband M.

In einer Booleschen Algebra $(M, \leq)$ gilt das Kommutativgesetz

$$x \vee y = y \vee x, \; x \wedge y = y \wedge x,$$

das Assoziativgesetz

$$\begin{aligned}(x \vee y) \vee z &= x \vee (y \vee z)\\ (x \wedge y) \wedge z &= x \wedge (y \wedge z),\end{aligned}$$

das Absorbtionsgesetz

$$(x \vee y) \wedge x = x, \; (x \wedge y) \vee x = x,$$

das Distributivgesetz

$$\begin{aligned}x \wedge (y \vee z) &= (x \wedge y) \vee (x \wedge z)\\ x \vee (y \wedge z) &= (x \vee y) \wedge (x \vee z),\end{aligned}$$

und das Gesetz der 0 und der 1

$$\begin{aligned}x \vee (y \wedge \overline{y}) &= x\\ x \wedge (y \vee \overline{y}) &= x.\end{aligned}$$

[1] Brown, F.: Boolean Reasoning: The Logic of Boolean Equations. Kluwer Academic Publishers Boston Dordrecht London, 1990.

[2] Szász, G.: Einführung in die Verbandstheorie. B.G. Teubner Leipzig, 1962.

Boolesche Algebra der Booleschen Funktionen, ↗Boolesche Algebra $(\mathfrak{B}_n(D), \leq)$, wobei $D \subseteq \{0, 1\}^n$, $\mathfrak{B}_n(D) = \{f \mid f : D \to \{0, 1\}\}$ und $f \leq g$ für zwei Boolesche Funktionen aus $\mathfrak{B}_n(D)$ genau dann gilt, wenn $f(\alpha) \leq g(\alpha)$ für alle $\alpha \in D$ gilt. Das Infimum zweier Booleschen Funktionen $f, g : D \to \{0, 1\}$ ist gegeben durch die ↗Konjunktion $f \wedge g$ von f und g, das Supremum von f und g durch die ↗Disjunktion $f \vee g$ von f und g.

Boolesche Differenz, ↗Boolesche Funktion, die die Differenz der Kofaktoren einer Booleschen Funktion nach einer ↗Booleschen Variablen beschreibt.

Für eine Boolesche Funktion $f : \{0, 1\}^n \to \{0, 1\}$ und eine Boolesche Variable x_i ist die Boolesche Funktion $f_{x_i} \oplus f_{\overline{x_i}}$ die Boolesche Differenz von f

nach x_i. Hierbei bezeichnen f_{x_i} und $f_{\overline{x_i}}$ den positiven und negativen Kofaktor von f nach x_i. Die Operation $\oplus$ bezeichnet die ↗EXOR-Funktion.

Boolesche Formel, ↗Boolescher Ausdruck.

Boolesche Funktion, Funktion $f : D \to \{0,1\}^m$ mit $D \subseteq \{0,1\}^n$ und $n, m \in \mathbb{N}$.

Ist der Definitionsbereich D der Booleschen Funktion eine echte Teilmenge von $\{0,1\}^n$, so spricht man von einer unvollständig spezifizierten Booleschen Funktion, ansonsten von einer vollständig spezifizierten Booleschen Funktion.

Boolesche Funktionen werden zumeist eingesetzt, um das Verhalten kombinatorischer ↗logischer Schaltkreise zu beschreiben. Von besonderer Wichtigkeit sind hierbei die Booleschen Funktionen, die über einer oder über zwei Variablen definiert sind, da sie als Elemente der ↗Bausteinbibliotheken verwendet werden.

Die Komplexität einer Booleschen Funktion ist definiert als die Kosten ihrer billigsten Beschreibung. Arbeitet man mit ↗Booleschen Ausdrücken als Beschreibungsform, so ist die Komplexität einer Booleschen Funktion $f : \{0,1\}^n \to \{0,1\}$ gegeben durch

$$C_{\mathfrak{A}_n}(f) := \min\{costs(w);\ w \in \mathfrak{A}_n \text{ und } \phi(w) = f\},$$

wobei $costs(w)$ die Kosten des Booleschen Ausdrucks w sind und $\phi(w)$ die durch w beschriebene Boolesche Funktion ist (↗Boolescher Ausdruck). Arbeitet man mit logischen Schaltkreisen als Beschreibungsform, so ist die Komplexität $C_\Omega(f)$ einer Booleschen Funktion f gegeben durch die Kosten des billigsten logischen Schaltkreises über einer gegebenen vollständigen Bausteinbibliothek Ω, der sie realisiert. Es gilt der Satz:

Für je zwei vollständige Bausteinbibliotheken Ω_1 und Ω_2 gibt es eine Konstante $c \in \mathbb{Z}$, so daß für jede Boolesche Funktion f die Ungleichung $C_{\Omega_1}(f) \le c \cdot C_{\Omega_2}(f)$ gilt.

Daher bezieht man sich bei komplexitätstheoretischen Untersuchungen Boolescher Funktionen in der Regel auf die vollständige Bausteinbibliothek

$$\mathfrak{B}_{\le 2} := \{g \mid g : \{0,1\}^n \to \{0,1\} \text{ mit } n \le 2\}.$$

Eine der in diesem Zusammenhang fundamentalen Fragen ist die, ob es zu jeder Booleschen Funktion $f : \{0,1\}^n \to \{0,1\}$ einen billigen logischen Schaltkreis gibt, der f realisiert. Ein einfaches Abzählargument beweist, daß fast alle Booleschen Funktionen nur mit exponentiellem Aufwand realisiert werden können. Es gilt der Satz:

Für ausreichend großes $n \in \mathbb{N}$ haben wenigstens

$$2^{2^n}(1 - 2^{2^n n^{-1} \log\log n})$$

der 2^{2^n} vollständig spezifizierten Booleschen Funktionen $f : \{0,1\}^n \to \{0,1\}$ eine Komplexität von wenigstens $\frac{2^n}{n}$.

Die Darstellung von Lupanow zeigt, daß die Komplexität $C_{\mathfrak{B}_{\le 2}}(f)$ einer Booleschen Funktion $f : \{0,1\}^n \to \{0,1\}$ kleiner oder gleich

$$\frac{2^n}{n} + o\left(\frac{2^n}{n}\right)$$

ist. Es liegt somit ein ↗Shannon-Effekt vor.

[1] Wegener, I.: The Complexity of Boolean Functions. Wiley-Teubner Series in Computer Science, 1987.

Boolesche Klausel, ↗Disjunktion von ↗Booleschen Literalen.

Eine Boolesche Klausel aus $\mathfrak{A}_n$ (↗Boolescher Ausdruck) ist von der Form $x_{i_1}^{\varepsilon_1} \vee \ldots \vee x_{i_k}^{\varepsilon_k}$ mit $\varepsilon_j \in \{0,1\}$ ($\forall j \in \{1, \ldots, k\}$), wobei x_j^1 das positive ↗Boolesche Literal x_j und x_j^0 das negative Boolesche Literal $\overline{x_j}$ bezeichnet. Eine Boolesche Klausel heißt vollständige Boolesche Klausel, wenn sie jede Boolesche Variable aus $\{x_1, \ldots, x_n\}$ entweder als positives oder als negatives Boolesches Literal enthält. Die meisten Anwendungen gehen hierbei davon aus, daß eine Klausel jede Variable höchstens einmal enthält, entweder als positives oder als negatives Literal.

Boolesche Kombinationen zweier Mengen, die Verknüpfungen Durchschnitt $(X \cap Y)$, Vereinigung $(X \cup Y)$ und Differenz $(X \setminus Y)$ der Mengen X und Y.

Boolesche Variable, Variable, der ein Element aus $\{0,1\}$ zugewiesen werden kann.

Boolesche Summe, Verknüpfung zweier Boolescher Variablen, die als Ergebnis den Wert Null liefert, wenn beide Eingangsvariablen diesen Wert hatten, ansonsten Eins.

Boolesche Systemfunktion, Sytemstrukturfunktion bzw. Systemzuverlässigkeitsfunktion in Boolschen Zuverlässigkeitssystemen (↗Boolesche Zuverlässigkeitstheorie).

Boolesche Zuverlässigkeitstheorie, Teilgebiet der Zuverlässigkeitstheorie, in dem von folgenden Voraussetzungen ausgegangen wird:

1. Alle Elemente des betrachteten Systems und das System selbst besitzen nur die beiden Zustände 0 = ‚nicht intakt' und 1 = ‚intakt'.
2. Die Systemstruktur ist derart, daß das System monoton ist, d. h. die Verschlechterung des Zustands einer Systemkomponente hat keine Verbesserung des Systemzustandes zur Folge.
3. Die Elemente des Systems werden als binäre Zufallsvariablen aufgefaßt, die stochastisch unabhängig voneinander sind.

In der Booleschen Zuverlässigkeitstheorie geht es darum, die Systemstrukturfunktion (Strukturanalyse) und auf deren Basis die Systemzuverlässigkeitsfunktion (Zuverlässigkeitsanalyse) zu berechnen. Die Funktionen werden auch als Boolesche

Systemstruktur- bzw. Boolesche Systemzuverlässigkeitsfunktion bezeichnet.

Strukturanalyse: Die Systemstrukturfunktion ordnet jedem Zustandsvektor der Elemente des Systems den Zustand des Systems zu. Für Systeme mit Serien- oder Parallelstruktur ist eine solche Zuordnung trivial: Ein Seriensystem besitzt den Zustand 1, wenn alle Elemente im Zustand 1 sind; ein Parallelsystem hat den Zustand 0, wenn alle Elemente den Zustand 0 besitzen.

Unter der Voraussetzung 1. kann man zeigen, daß jedes monotone System sich mit Hilfe sogenannter minimaler Schnitt- oder Pfadmengen in Systeme mit Serien- und Parallelstrukturen transformieren läßt (↗ Zuverlässigkeitsschaltbilder).

Für solche Parallel- und Serienstrukturen kann man leicht mit Hilfe Boolescher Funktionen die Systemstrukturfunktion bestimmen. Bezeichnet man mit $x_j = 1$ und $x_j = 0, j = 1, \dots, n$, den Zustand des j-ten Elements des Systems, mit $P_1, \dots, P_m$ die minimalen Pfadmengen und mit $S_1, \dots, S_l$ die minimalen Schnittmengen des Systems, so ergibt sich die Systemstrukturfunktion ϕ zu

$$\begin{aligned}\phi(x_1, \dots, x_n) &= 1 - \prod_{i=1}^{m}(1 - \prod_{j\in P_i} x_j) \\ &= \prod_{i=1}^{l}(1 - \prod_{j\in S_i}(1 - x_j)).\end{aligned}$$

Für Systeme mit komplexeren Strukturen wird auch die ↗ Fehlerbaumanalyse angewendet.

Zuverlässigkeitsanalyse: Unter der Zuverlässigkeit eines Systemelements oder des Systems versteht man die Wahrscheinlichkeit des Nicht-Ausfalls des Elements bzw. Systems. Die Zuverlässigkeitsfunktion berechnet die Systemzuverlässigkeit aus der Zuverlässigkeit der Elemente unter Beachtung der Systemstruktur.

Es gibt hier zwei Möglichkeiten. Entweder wird die Zuverlässigkeit unabhängig von der Zeit als konstant betrachtet, oder in Abhängigkeit von der Zeit durch eine ↗ Überlebenswahrscheinlichkeit beschrieben. Im letzteren Fall versteht man unter der Systemzuverlässigkeit die Wahrscheinlichkeit dafür, daß das System einen bestimmten Zeitpunkt intakt überlebt. Ist die Systemzuverlässigkeit unabhängig von der Zeit zu betrachten, so kann man für die unter den Voraussetzungen 1. und 2. entstehenden Systemstrukturen und unter der Annahme 3. der Unabhängigkeit der Elemente die Systemzuverlässigkeit $h = P$ (das System ist im Zustand 1) leicht unter Verwendung der Gesetze der Wahrscheinlichkeitsrechnung bestimmen.

Es seien $p_i = P(x_i = 1)$ die Zuverlässigkeit des i-ten Systemelements und $x = (x_1, \dots, x_n)$ der Vektor der Zustände aller Elemente des Systems. Dann gilt:

$$\begin{aligned}h &= h(p_1, \dots, p_n, \phi) \\ &= \sum_{\vec{x}\in\{0,1\}^n} \prod_{j=1}^{n} p_j^{x_j}(1 - p_j)^{(1-x_j)}\phi(\vec{x}).\end{aligned}$$

Für ein reines Seriensystem ergibt sich daraus beispielsweise die offensichtliche Zuverlässigkeitsfunktion

$$h = h(p_1, \dots, p_n, \phi) = \prod_{j=1}^{n} p_j.$$

Eine spezielle Fragestellung in solchen Systemen besteht zum Beispiel in der Erhöhung der Sicherheit durch Redundanz, d. h. in der Beantwortung der Frage, wieviele Elemente man parallel schalten muß, damit die Zuverlässigkeit des Systems eine vorgegebene Schranke nicht unterschreitet.

Boolescher Ausdruck, *Boolescher Term*, *Boolesche Formel*, die kleinste Teilmenge $\mathfrak{A}_n$ der endlichen Folgen über dem Alphabet $\{0, 1, x_1, \dots, x_n\} \cup \{\wedge, \vee, \neg, (,)\}$, die den Eigenschaften (a), (b) und (c) genügt.

(a) Jedes Zeichen aus $\{0, 1, x_1, \dots, x_n\}$ ist Element von $\mathfrak{A}_n$.

(b) Sind $w_1, \dots, w_k$ Elemente von $\mathfrak{A}_n$, so auch die endliche Folge $(w_1 \wedge \dots \wedge w_k)$, die Konjunktion der Booleschen Ausdrücke $w_1, \dots, w_k$ oder Produkt der Booleschen Ausdrücke $w_1, \dots, w_k$ genannt wird, und die endliche Folge $(w_1 \vee \dots \vee w_k)$, die Disjunktion der Booleschen Ausdrücke $w_1, \dots, w_k$ oder Summe der Booleschen Ausdrücke $w_1, \dots, w_k$ genannt wird.

(c) Ist w Element von $\mathfrak{A}_n$, so auch die endliche Folge $\neg w$, die in der Regel durch $\overline{w}$ dargestellt und als Komplement von w bezeichnet wird.

Zumeist ist vereinbart, daß das Symbol $\neg$ stärker als das Symbol $\wedge$ bindet und dieses wiederum stärker als $\vee$ bindet. Dies erlaubt es, nicht alle Klammern hinschreiben zu müssen.

Boolesche Ausdrücke über den Variablen $x_1, \dots, x_n$ dienen insbesondere zur Darstellung ↗ Boolescher Funktionen. Die Interpretation erfolgt durch die Abbildung $\phi : \mathfrak{A}_n \to \mathfrak{B}_n(\{0, 1\}^n)$, die die über den Variablen $x_1, \dots, x_n$ definierten Booleschen Ausdrücke in die ↗ Boolesche Algebra der Booleschen Funktionen $f : \{0, 1\}^n \to \{0, 1\}$ abbildet. Sie ist definiert durch

(a) $\forall \alpha \in \{0, 1\}^n : \phi(0)(\alpha) = 0,$

(b) $\forall \alpha \in \{0, 1\}^n : \phi(1)(\alpha) = 1,$

(c) $\forall \alpha = (\alpha_1, \dots, \alpha_n) \in \{0, 1\}^n :$
$\phi(x_i)(\alpha) = \alpha_i,$

(d) $\forall w_1, \dots, w_k \in \mathfrak{A}_n :$
$\phi((w_1 \wedge \dots \wedge w_k)) = \phi(w_1) \wedge \dots \wedge \phi(w_k),$

(e) $\forall w_1, \ldots, w_k \in \mathfrak{A}_n$:

$\phi((w_1 \vee \ldots \vee w_k)) = \phi(w_1) \vee \ldots \vee \phi(w_k)$,

(f) $\forall w \in \mathfrak{A}_n : \phi(\overline{w}) = \overline{\phi(w)}$.

Verwendet wird in diesem Zusammenhang die Sprechweise „w ist ein Boolescher Ausdruck der Booleschen Funktion $\phi(w)$" und „$\phi(w)$ ist die durch den Booleschen Ausdruck w dargestellte Boolesche Funktion". Stellen zwei Boolesche Ausdrücke die gleiche Boolesche Funktion dar, so spricht man von äquivalenten Booleschen Ausdrücken. Ein Verfahren, das entscheidet, ob zwei gegebene Boolesche Ausdrücke äquivalent sind, wird Äquivalenztest genannt.

Die Kosten eines Booleschen Ausdrucks spiegeln die Fläche wider, die eine Eins-zu-Eins Realisierung dieses Booleschen Ausdrucks durch einen kombinatorischen ↗logischen Schaltkreis benötigt. In der Regel wird der Flächenbedarf durch die Anzahl der verwendeten Grundbausteine (↗Bausteinbibliothek) bestimmt, sodaß die Kosten *costs*(w) eines Booleschen Ausdrucks $w \in \mathfrak{A}_n$ als die Anzahl der in w enthaltenen Zeichen $\vee$, $\wedge$ und $\neg$ definiert sind. Sie geben die Anzahl der Grundbausteine mit einem oder zwei Eingängen an, die benötigt werden, um den Booleschen Ausdruck Eins-zu-Eins als mehrstufigen kombinatorischen ↗logischen Schaltkreis zu realisieren. Abweichend von dieser allgemeinen Definition sind die Kosten eines Booleschen Polynoms p definiert als die Anzahl der in p enthaltenen ↗Booleschen Monome, wenn programmierbare logische Felder (↗logischer Schaltkreis) die Zieltechnologie sind.

Im Rahmen verschiedener Anwendungen Boolescher Ausdrücke wird manchmal auch eine verallgemeinerte Definition für Boolesche Ausdrücke benutzt. Gegeben ist hierbei eine ↗Bausteinbibliothek Ω. Die Menge $\mathfrak{A}_n(\Omega)$ der sog. Booleschen Ω-Ausdrücke ist gegeben durch

$$\bigcup_{i \geq 0} \mathfrak{A}_n^{(i)}(\Omega)$$

mit

$$\mathfrak{A}_n^{(0)}(\Omega) = \{0, 1, x_1, \ldots, x_n\}$$

und

$$\begin{aligned} \mathfrak{A}_n^{(i)}(\Omega) \;=\; & \mathfrak{A}_n^{(i-1)}(\Omega) \cup \\ & \{\omega(w_1, \ldots, w_k) \mid \omega \in \Omega \cap \mathfrak{B}_k(\{0,1\}^k) \\ & \text{und } w_1, \ldots, w_k \in \mathfrak{A}_n^{(i-1)}(\Omega)\} \end{aligned}$$

für $i \geq 1$.

Boolescher Ring, Ring, dessen Elemente bezüglich der Multiplikation sämtlich idempotent sind, d. h. in dem die Gleichung $x^2 = x$ für alle Elemente x des Ringes gilt.

Boolescher Term, ↗Boolescher Ausdruck.

Boolescher Verband, ↗Boolesche Algebra.

Boolesches Literal, *Literal*, ↗Boolescher Ausdruck aus $\mathfrak{A}_n$ der Form x_i oder $\overline{x_i}$ mit $1 \leq i \leq n$.

Der Boolesche Ausdruck x_i heißt positives Boolesches Literal und der Boolesche Ausdruck $\overline{x_i}$ negatives Boolesches Literal.

Boolesches Monom, ↗Konjunktion von ↗Booleschen Literalen. Ein Boolesches Monom aus $\mathfrak{A}_n$ (↗Boolescher Ausdruck) ist von der Form $x_{i_1}^{\varepsilon_1} \wedge \ldots \wedge x_{i_k}^{\varepsilon_k}$ mit $\varepsilon_j \in \{0, 1\}$ $(\forall j \in \{1, \ldots, k\})$, wobei x_j^1 das positive ↗Boolesche Literal x_j und x_j^0 das negative ↗Boolesche Literal $\overline{x_j}$ bezeichnet. Ein Boolesches Monom heißt vollständiges Boolesches Monom, wenn es jede Boolesche Variable aus $\{x_1, \ldots, x_n\}$ entweder als positives oder als negatives Boolesches Literal enthält. Die Länge eines Booleschen Monoms bezeichnet die Anzahl der Booleschen Literale, die in ihm enthalten sind. Die meisten Anwendungen gehen hierbei davon aus, daß ein Monom jede Variable höchstens einmal enthält, sei es als positives oder als negatives Boolesches Literal.

Boolesches Polynom, Disjunktion von ↗Booleschen Monomen.

Beschreibt ein Boolesches Polynom eine ↗Boolesche Funktion f, so wird von einem Booleschen Polynom von f gesprochen.

Boolesche Polynome werden zur Realisierung ↗Boolescher Funktionen im Rahmen der zweistufigen ↗Logiksynthese eingesetzt. In diesem Zusammenhang spielen sie eine ausgezeichnete Rolle unter den Booleschen Ausdrücken, was sich insbesondere in der Definition der Kosten eines Booleschen Polynoms widerspiegelt (↗Boolescher Ausdruck).

Booth, Verfahren von, Methode, um zwei Zahlen in ↗Zweier-Komplement-Darstellung zu multiplizieren, die erstmalig 1951 von Andrew Booth vorgestellt wurde.

Ist $\alpha := (\alpha_n, \alpha_{n-1}, \ldots, \alpha_0) \in \{0,1\}^{n+1}$ der $(n+1)$-stellige Multiplikand und $\beta := (\beta_n, \beta_{n-1}, \ldots, \beta_0) \in \{0,1\}^{n+1}$ der Multiplikator, dann berechnet das Verfahren die Summe

$$\sum_{i=0}^{n} (\beta_{i-1} - \beta_i) \cdot \alpha \cdot 2^i,$$

mit $\beta_{-1} = 0$, die gleich dem Produkt von α und β ist. Ist das aktuelle Bit β_i des Multiplikators β gleich dem vorherigen Bit β_{i-1}, so braucht in dem Verfahren von Booth keine Addition oder Substraktion zu erfolgen.

[1] Swartzlander, E.: Computer Arithmetic. Volume 1&2. IEEE Computer Society Press Los Alamitos, 1990.

Borchardt, Carl Wilhelm, deutscher Mathematiker, geb. 22.2.1817 Berlin, gest. 27.6.1880 Rüdersdorf bei Berlin.

Borchardt erhielt Privatunterricht bei Plücker und Steiner. Ab 1836 studierte er in Berlin bei Dirichlet. 1839 ging er nach Königsberg zu Bessel, Franz Neumann und Jacobi. Letzterer hat seine Doktorarbeit über nicht-lineare Differentialgleichungen betreut. 1846–47 traf Borchardt in Paris Chasles, Hermite und Liouville. Ab 1848 lehrte er in Berlin und wurde 1856 Crelles Nachfolger als Editor des Crelle-Journals.

Er forschte zum arithmetisch-geometrischen Mittel und setzte damit die Arbeiten von Gauß und Lagrange fort. Er verallgemeinerte Resultate von Kummer über die reellen Wurzeln charakteristischer Gleichungen. Weiterhin leistete er Beiträge zur Determinanten-, Eliminations- und Elastizitätstheorie. Er untersuchte elliptische Integrale erster Ordnung, Volumina von Tetraedern und Ellipsoiden und symmetrische Funktionen.

Borcherds, Richard Ewen, Mathematiker, geb. 29.11.1959 Kapstadt).

Borcherds studierte bis 1983 in Cambridge bei Conway. Danach arbeitet er bis 1987 am Trinity College in Cambridge, bevor er als Assistant Professor an die University of California in Berkeley ging. Seit 1996 arbeitet er am Department of Mathematics and Mathematical Statistics an der Cambridge University. Er ist Mitglied der Royal Society.

Borcherds erhielt 1998 auf dem Internationalen Mathematikerkongress in Berlin die Fields-Medaille für seine Arbeiten in Algebra und Geometrie, insbesondere für seinen Beweis der „Mondschein"-Vermutung.

Diese Vermutung wurde Ende der siebziger Jahre von Conway und Norton formuliert und stellte eine Verbindung zwischen der sogenannten „Monster"-Gruppe und den elliptischen Funktionen her. Während die „Monster"-Gruppe bei der Klassifikation endlicher Gruppen entsteht, entstehen die elliptischen Funktionen als doppeltperiodische Funktionen bei der Untersuchung elliptischer Integrale.

Bordismustheorie, Theorie, welche die für die Topologie grundlegende Beziehung zwischen ↗Mannigfaltigkeiten und ihren Rändern untersucht, und hierfür grundlegende Begriffe zur Verfügung stellt.

Der Bordismusbegriff tauchte erstmals 1895 in einer Arbeit von Poincaré auf, der ihn – allerdings nicht explizit – in seiner Definition der Homologie verwendete. Erst in einer Arbeit von Thom aus dem Jahre 1954 wurde der eigentliche Grundstein für die Bordismustheorie in der heutigen Form gelegt.

Ist X ein topologischer Raum, so ist eine n-dimensionale singuläre Mannigfaltigkeit in X ein Paar (Y, g), welches aus einer kompakten n-dimensionalen Mannigfaltigkeit Y und einer stetigen Abbildung $g : Y \to X$ besteht, wobei die singuläre Mannigfaltigkeit $(\partial Y, g\,|_{\partial Y})$ als Rand von (Y, g) bezeichnet wird. Ist der Rand von Y leer, so heißt (Y, g) geschlossen.

Ein Nullbordismus einer geschlossenen singulären Mannigfaltigkeit (M, f) ist ein Tripel (Y, g, ϕ), bestehend aus einer singulären Mannigfaltigkeit (Y, g) in X und einem Diffeomorphismus $\phi : M \to \partial Y$ mit $(g\,|_{\partial Y}) \circ \phi = f$. Existiert ein Nullbordismus auf (M, f), so heißt die Mannigfaltigkeit nullbordant.

Sind nun (A, α) und (B, β) n-dimensionale singuläre Mannigfaltigkeiten in X, so bezeichnet man mit $(A, \alpha) + (B, \beta)$ die singuläre Mannigfaltigkeit $(\alpha, \beta) : A + B \to X$, wobei $(\alpha, \beta)\,|_A = \alpha$ und $(\alpha, \beta)\,|_B = \beta$. Dabei heißen (A, α) und (B, β) bordant, wenn $(A, \alpha) + (B, \beta)$ nullbordant ist. Ein Nullbordismus von $(A, \alpha) + (B, \beta)$ heißt Bordismus zwischen (A, α) und (B, β).

Die Relation „bordant" ist eine Äquivalenzrelation.

Borel, Emile, Mathematiker, geb. 7.1.1871 Saint-Affrique (Aveyron), gest. 3.2.1956 Paris.

Borel, Sohn eines Dorfpfarres, besuchte ab 1882 die Schule in Montauban, studierte 1889–1893 an der Ecole Normale Superieure in Paris, promovierte 1894 und lehrte dann drei Jahre an der Universität Lille. 1897 kehrte er als Professor an die Ecole Normale zurück. Ab 1909 hatte er gleichzeitig eine Professur für Funktionentheorie an der Sorbonne inne. Nach dem ersten Weltkrieg legte er alle offiziellen Ämter an der Ecole Normale nieder und wechselte an der Sorbonne 1920 auf den Lehrstuhl für Wahrscheinlichkeitsrechnung und Statistik, den er bis zur Emeritierung 1940 inne hatte.

Borel liefert grundlegende Beiträge zur Funktionentheorie und zur Wahrscheinlichkeitsrechnung und verfaßte zahlreiche wichtige Lehrbücher, in denen er seine Ideen darstellte. In seiner 1895 publizierten Dissertation und den nachfolgenden Arbeiten entwickelte er, ausgehend von der Cauchy-Riemannschen Begründung der Funktionentheorie, wichtige Ansätze zur Theorie quasianalytischer Funktionen.

In diesem Zusammenhang mußte Borel Mengen eine Maßzahl zuordnen, für die bisherige Verfahren, etwa von Jordan, versagten, und entschloß sich, statt endlich viele, abzählbar unendlich viele Intervalle für die Überdeckung und damit unendliche Summen für die Bestimmung der Maßzahl einer vorgegebenen Menge zuzulassen.

Den Begriff Maß benutzte er erst ab 1898. Mit diesen Resultaten hat Borel die Entwicklung der Analysis maßgeblich beeinflußt. Weitere beachtliche Leistungen zur Funktionentheorie betrafen Borels Verallgemeinerung der Summation unendlicher Reihen und die Wertverteilung meromorpher Funktionen.

1897 führte er den Begriff der Ordnung einer meromorphen Funktion ein, und 1906 gelang ihm ein „elementarer" Beweis des Picardschen Satzes.

In der Wahrscheinlichkeitsrechnung umfassen Borels bedeutende Beiträge u. a. den Hinweis auf die Anwendung der Maßtheorie in der Wahrscheinlichkeitsrechnung, wobei er Elemente der Kolmogorowschen Vorstellungen zur Begründung dieser Disziplin vorwegnahm, die Definition des Begriffs der abzählbaren Wahrscheinlichkeit und eine Verallgemeinerung des starken Gesetzes der großen Zahlen. In den 20er Jahren wurde Borel zum Mitbegründer der Spieltheorie, er definierte den Begriff des strategischen Spiels und zeigte das Minimax-Theorem für drei Spieler.

Borel bekleidete häufig wichtige öffentliche Ämter, 1914–1918 war er im Forschungsbeirat des Kriegsministeriums, 1924–1936 linksbürgerliches (radikalsozialistisches) Mitglied der Abgeordnetenkammer, 1925 Marineminister. 1941 wurde er kurzzeitig von den deutschen Besatzern inhaftiert, blieb aber auch danach in der Widerstandsbewegung aktiv. Borel war außerdem wissenschaftsorganisatorisch tätig, so 1934 als Präsident der Académie des Sciences und in den 20er Jahren als ein Initiator zur Gründung des Centre National de la Recherche Scientifique und des Institut Poincarè in Paris. In vielen seinen Aktivitäten wurde er tatkräftig von seiner Frau Marguerite, einer Tochter des Mathematikers P. Appell, unterstützt.

Borel, Satz von, Aussage über die Existenz einer Funktion, für die der Wert unendlich vieler Ableitungen an einer Stelle vorgegeben werden kann. Der Satz lautet:

Zu jeder Folge $(a_n)_{n=0}^{\infty}$ *reeller Zahlen existiert eine in* $\mathbb{R}$ *unendlich oft differenzierbare Funktion* $f : \mathbb{R} \to \mathbb{R}$ *derart, daß* $f^{(n)}(0) = a_n$ *für alle* $n \in \mathbb{N}_0$.

Die Funktion f kann sogar so gewählt werden, daß sie in $\mathbb{R} \setminus \{0\}$ reell-analytisch ist, d. h. um jeden Punkt von $\mathbb{R} \setminus \{0\}$ ist f in eine konvergente Potenzreihe entwickelbar.

In diesem Fall existiert also eine offene Menge $D \subset \mathbb{C} \setminus \{0\}$ mit $\mathbb{R} \setminus \{0\} \subset D$ derart, daß f zu einer in D ↗holomorphen Funktion fortgesetzt werden kann.

Borel-Cantelli, Lemma von, Aussage über die Wahrscheinlichkeit, daß gleichzeitig unendlich viele Ereignisse realisiert werden.

Sei $(A_n)_{n\in\mathbb{N}}$ *eine Folge von Ereignissen in einem Wahrscheinlichkeitsraum* $(\Omega, \mathfrak{A}, P)$ *und* $A = \{\omega \in \Omega : \omega \in A_n$ für unendlich viele $n\}$.

Dann gilt:

(i) Ist $\sum_{n=1}^{\infty} P(A_n) < \infty$, *so ist* $P(A) = 0$.

(ii) Sind die A_n *unabhängig und gilt* $\sum_{n=1}^{\infty} P(A_n) = \infty$, *so folgt* $P(A) = 1$.

Wie das Beispiel der durch $A_n := A_0$ für alle $n \in \mathbb{N}$ und ein $A_0 \in \mathfrak{A}$ mit $0 < P(A_0) < 1$ definierten Folge $(A_n)_{n\in\mathbb{N}}$ zeigt, kann in (ii) auf die Voraussetzung der Unabhängigkeit i. allg. nicht verzichtet werden. Die Voraussetzung der Unabhängigkeit kann aber dahingehend abgeschwächt werden, daß man in (ii) nur die paarweise Unabhängigkeit der A_n fordert. Für unabhängige A_n sind die Aussagen (i) und (ii) wegen des ↗Borelschen Null-Eins-Gesetzes äquivalent.

Borel-Cantelli-Lévy, Lemma von, Verallgemeinerung des Lemmas von Borel-Cantelli.

Sei $(A_n)_{n\in\mathbb{N}}$ *eine Folge von Ereignissen in einem Wahrscheinlichkeitsraum* $(\Omega, \mathfrak{A}, P)$ *und* $A = \{\omega \in \Omega : \omega \in A_n$ *für unendlich viele* $n\}$. *Weiterhin sei* $\mathfrak{A}_0 = \{\emptyset, \Omega\}$ *und* $\mathfrak{A}_n = \sigma(A_1, \ldots, A_n)$ *für* $n \geq 1$ *die von* $A_1, \ldots, A_n$ *erzeugte* σ*-Algebra. Dann gilt*

$$\sum_{n=1}^{\infty} P(A|\mathfrak{A}_{n-1})(\omega) < \infty \;\Leftrightarrow\; \omega \in A$$

für P*-fast alle* $\omega \in \Omega$.

Borel-Isomorphie, Abbildung zwischen Borel-Räumen (↗Borel-σ-Algebra).

Es seien $(\Omega, B(\Omega))$ und $(\Omega', B(\Omega'))$ zwei Borel-Räume und $f : \Omega \to \Omega'$ eine bijektive Abbildung. Falls f und f^{-1} meßbar sind, heißt f Borel-Isomorphie.

Borel-Körper, ↗Borel-σ-Algebra.

Borel-Maß, *Borel-meßbare Funktion*, ↗Borel-σ-Algebra.

Borel-Menge, ↗Borel-σ-Algebra.

Borel-meßbare Funktion, ↗Borel-σ-Algebra.

Borel-Raum, ↗Borel-σ-Algebra.

Borel-reguläres Maß, *$\mathcal{B}$-reguläres Maß*, ein ↗Maß mit folgender Zusatzeigenschaft:

Es sei Ω ein Hausdorffraum. Dann heißt ein Maß μ auf der Borel-σ-Algebra $\mathcal{B}(\Omega)$ regulär, falls für alle $A \in \mathcal{B}(\Omega)$ gilt

- $\mu(A) = \inf\{\mu(G) | A \subseteq G$ offen$\}$, (von außen regulär),

- $\mu(A) = \sup\{\mu(K)|A \supseteq K \text{ kompakt}\}$, (von innen regulär).

Borelsches Null-Eins-Gesetz, Aussage, nach der unendlich viele Ereignisse einer Folge von unabhängigen Ereignissen mit einer Wahrscheinlichkeit von entweder Null oder Eins gleichzeitig realisiert werden.

Sei $(A_n)_{n\in\mathbb{N}}$ eine Folge von unabhängigen Ereignissen in einem Wahrscheinlichkeitsraum $(\Omega, \mathfrak{A}, P)$ und

$$A = \{\omega \in \Omega : \omega \in A_n \text{ für unendlich viele } n\}.$$

Dann gilt $P(A) = 0$ oder $P(A) = 1$.

Für eine Folge $(A_n)_{n\in\mathbb{N}}$ unabhängiger Ereignisse folgt aus dem Borelschen Null-Eins-Gesetz und dem Lemma von Borel-Cantelli, daß $P(A) = 0$ genau dann gilt, wenn $\sum_{n=1}^{\infty} P(A_n) < \infty$ ist.

Borel-σ-Algebra, $\mathcal{B}$, *Borel-Körper*, zentraler Begriff in der Analysis und Maßtheorie.

Es sei Ω ein topologischer Raum. Dann heißt die von den offene Mengen in Ω erzeugte ↗σ-Algebra $\mathcal{B}(\Omega)$ Borel-σ-Algebra in Ω.

Weiter heißt $(\Omega, \mathcal{B}(\Omega))$ Borel-Raum, jedes Element von $\mathcal{B}(\Omega)$ Borel-Menge, jede $\mathcal{B}(\Omega)$-meßbare Funktion auf Ω Borel-meßbare Funktion oder $\mathcal{B}$-meßbare Funktion.

Ist Ω Hausdorffraum, so heißt ein ↗Maß auf $\mathcal{B}(\Omega)$ Borel-Maß, falls $\mu(K) < \infty$ für alle kompakten $K \subseteq \Omega$ ist, und lokal-endlich, falls jeder Punkt $\omega \in \Omega$ eine offene Umgebung V mit $\mu(V) < \infty$ besitzt.

Borel-Transformation, eine Integraltransformation, gegeben durch

$$F(t) := \int_0^{\infty} f(z)\, e^{-zt}\, dt\,,$$

wobei f eine ganze Funktion vom exponentiellen Typ ist. F heißt die Borel-Transformierte von f.

Die Borel-Transformation ist eine spezielle ↗Laplace-Transformation.

bornivore Menge, ↗DF-Raum.

bornologischer Raum, topologischer Raum, der bestimmte absolut konvexe Mengen auszeichnet.

Es sei V ein reeller oder komplexer lokal konvexer topologischer Vektorraum. Dann heißt V bornologisch, wenn jede absolut konvexe Teilmenge M von V mit der Eigenschaft, daß für jede beschränkte Teilmenge A von V ein $c > 0$ existiert mit

$$A \subseteq \lambda M \text{ für alle } \lambda \geq c\,,$$

schon eine Nullumgebung in V ist.

Dabei heißt wie üblich eine Teilmenge B eines topologischen Vektorraums V beschränkt, wenn es zu jeder Nullumgebung U in V eine reelle Zahl $\lambda > 0$ gibt mit $B \subseteq \lambda U$.

Borwein, Iterationsverfahren von, die von Jonathan Michael Borwein und Peter Benjamin Borwein entwickelten Algorithmen zur schnellen Berechnung von Näherungen zu π.

1984 fanden die Borweins mit Hilfe des Gaußschen ↗arithmetisch-geometrischen Mittels die Iteration

$$\alpha_0 = \sqrt{2}\,, \quad \beta_0 = 0\,, \quad \pi_0 = 2 + \sqrt{2}\,,$$

$$\alpha_{n+1} = \frac{1}{2}\left(\sqrt{\alpha_n} + \frac{1}{\sqrt{\alpha_n}}\right),$$

$$\beta_{n+1} = \sqrt{\alpha_n}\,\frac{\beta_n + 1}{\beta_n + \alpha_n}\,,$$

$$\pi_{n+1} = \pi_n \beta_{n+1} \frac{1 + \alpha_{n+1}}{1 + \beta_{n+1}}\,,$$

mit der Eigenschaft $\pi_n \to \pi$ für $n \to \infty$, wobei die Konvergenz quadratisch ist, d. h. die Anzahl der richtigen Stellen sich in jedem Iterationsschritt mindestens verdoppelt. Mit Ideen, die schon auf Srinivasa Ramanujan zurückgehen, konstruierten sie mit Hilfe von Modulfunktionen weitere Iterationsverfahren unterschiedlicher Ordnung. Bei einem Verfahren der Ordnung k wächst die Anzahl der richtigen Stellen bei jedem Iterationsschritt mindestens um den Faktor k. In der Iteration

$$y_0 = \frac{1}{\sqrt{2}}\,, \quad \alpha_0 = \frac{1}{2}\,,$$

$$y_{n+1} = \frac{1 - \sqrt{1 - y_n^2}}{1 + \sqrt{1 - y_n^2}}\,,$$

$$\alpha_{n+1} = (1 + y_{n+1})^2 \alpha_n - 2 \cdot 2^n y_{n+1}\,,$$

konvergiert $\frac{1}{\alpha_n}$ quadratisch gegen π, in

$$y_0 = \frac{\sqrt{3} - 1}{2}\,, \quad \alpha_0 = \frac{1}{3}\,,$$

$$y_{n+1} = \frac{1 - \sqrt[3]{1 - y_n^3}}{1 + 2\sqrt[3]{1 - y_n^3}}\,,$$

$$\alpha_{n+1} = (1 + 2y_{n+1})^2 \alpha_n - 4 \cdot 3^n y_{n+1}(1 + y_{n+1})\,,$$

kubisch, und in

$$y_0 = \sqrt{2} - 1\,, \quad \alpha_0 = 6 - 4\sqrt{2}$$

$$y_{n+1} = \frac{1 - \sqrt[4]{1 - y_n^4}}{1 + \sqrt[4]{1 - y_n^4}}\,,$$

$$\alpha_{n+1} = (1 + y_{n+1})^4 \alpha_n - 8 \cdot 4^n y_{n+1}(1 + y_{n+1} + y_{n+1}^2)\,,$$

von vierter Ordnung, wobei die ersten drei Näherungswerte

$$\frac{1}{\alpha_0} = 2.914213562373095048801688724 20\ldots$$

$$\frac{1}{\alpha_1} = 3.141592646213542282149344431 98\ldots$$

$$\frac{1}{\alpha_2} = 3.141592653589793238462643383 27\ldots$$

lauten. $\frac{1}{\alpha_1}$ stimmt dabei in sieben Stellen nach dem Komma mit π überein, $\frac{1}{\alpha_2}$ bereits in 40 Stellen. Diese Iteration vierter Ordnung war die Grundlage mehrerer Rekordberechnungen von Dezimalstellen von π mit Computern.

Böschungslinie, *allgemeine Schraubenlinie*, eine Raumkurve, deren Tangentenvektoren $\alpha'(t)$ mit einem fest vorgegebenen Vektor $\mathfrak{a}_0 \in \mathbb{R}^3$ in jedem Kurvenpunkt denselben festen Winkel einschließen.

Die Allgemeinheit dieses Begriffs wird nicht eingeschränkt, wenn man für $\mathfrak{a}_0$ den Richtungsvektor $\mathfrak{e}_3$ der z-Achse wählt. Dann sind Böschungslinien gerade die Kurven mit festem Anstieg.

Beim Straßenbau strebt man z. B. in hügligem Gelände eine Trassenführung mit gleichmäßigem Anstieg an, um häufiges Wechseln der Gänge zu vermeiden. Das kann man, wenn umfängliche Erdbewegungen und Planierungen des Geländes vermieden werden sollen, auf sparsame und umweltschonende Weise durch Wahl einer Böschungslinie auf der Profilfläche des Geländes für die Trassenführung erreichen. Die einfachsten Beispiele für Böschungslinien sind Geraden und Schraubenlinien. Eine Charakterisierung von Böschungslinien anhand ihrer natürlichen Gleichung liefert der Satz von Saint-Venant.

Bose, Satyendra Nath, indischer Physiker und Mathematiker, geb. 1.1.1894 Kalkutta, gest. 4.2. 1974 Kalkutta.

Bose studierte an der Universität von Kalkutta, an der er zwischen 1916 und 1956 auch lehrte, unterbrochen von einem Aufenthalt in Dacca 1921–45. Seine wichtigsten Arbeiten befaßten sich mit der Quantentheorie und insbesondere mit dem Planckschen Strahlungsgesetz für schwarze Körper.

Bose schickte seine Arbeit über das Plancksche Gesetz und die Lichtquantenhypothese 1924 an Einstein. Darin versuchte er den Koeffizienten aus dem Planckschen Gesetz unabhängig von der klassischen Elektrodynamik abzuleiten. Einstein erkannte sofort, daß Bose damit einen Haupteinwand gegen die Lichtquantentheorie ausgeräumt hatte. Er übersetzte die Arbeit ins Deutsche und empfahl sie zur Veröffentlichung in der „Zeitschrift für Physik". Die ↗Bose-Einstein-Statistik untersucht im Gegensatz zur Maxwell-Boltzmann-Statistik die Verteilung nicht unterscheidbarer atomarer Teilchen mit ganzzahligem Spin in Phasenraum. Dirac prägte den Begriff „Boson" für Partikel, die dieser Statistik genügen.

Bose-Einstein-Statistik, Quantenstatistik für ein im thermodynamischen Gleichgewicht befindliches System aus ↗Bosonen, die von der Ununterscheidbarkeit der Teilchen ausgeht. Sie wurde von Bose für Photonen entdeckt und von Einstein auf Bosonen mit nicht-verschwindender Ruhemasse ausgedehnt.

Die Anzahl der Mikroverteilungen von Teilchen auf Zellen im Phasenraum ist ein Maß für die thermodynamische Wahrscheinlichkeit eines Makrozustandes.

In der klassischen Statistik wird im einfachsten Fall angenommen, daß die Wahrscheinlichkeit für den „Fall" eines Teilchens in eine Zelle bei Zellen gleicher Größe gleich ist und unabhängig davon, ob schon Teilchen in der Zelle sind. Wesentlicher ist aber die Annahme, daß auch gleichartige Teilchen unterschieden werden können. Der Wegfall dieser Annahme führt zu einer anderen Zahl der Mikrozustände.

Die klassische Statistik lieferte Aussagen, die nicht mit Experimenten in Übereinstimmung sind. Mit der Planckschen Quantisierung des harmonischen Oszillators mußte die Annahme der Gleichwahrscheinlichkeit für gleich große Zellen des Phasenraums und die Annahme, daß die Zellen beliebig verkleinert werden können, fallengelassen werden.

Auch Licht, das korpuskulare Eigenschaften in bestimmten Experimenten zeigt, ließ sich nicht im Rahmen der klassischen Statistik für Teilchen befriedigend behandeln.

Bose-Mesner-Algebra, ↗Assoziationsschema.

Bosonen, Teilchen eines quantenphysikalischen Ensembles, deren Zustandsfunktional nicht geändert wird, wenn die Koordinaten von zwei beliebigen Teilchen des Ensembles vertauscht werden.

Kehrt sich bei einer solchen Vertauschung das Vorzeichen des Zustandsfunktionals (antisymmetrischer Zustand) um, nennt man die Teilchen des Ensembles Fermionen.

Zu den Koordinaten eines Teilchens gehören nicht nur die Lagekoordinaten, sondern auch der Spin. Teilchen mit ganzzahligem Spin sind Bosonen. Photonen sind ein Prototyp von Bosonen. Aber auch Wasserstoffatome, Heliumatome, Heliumkerne (α-Teilchen) gehören zu ihnen. In ↗Eichfeldtheorien wird die Wechselwirkung von Teilchen durch den Austausch von Bosonen beschrieben.

Der Spin von Fermionen ist ein ganzzahliges Vielfaches von $\frac{1}{2}$. Beispiele für Fermionen sind Protonen, Neutronen, Elektronen und Neutrinos.

Bott, Raoul, Mathematiker geb. 24.9.1923 Budapest, gest. 20.12.2005 San Diego.

Bott wuchs nach dem Tod seiner Eltern bei seinem Stiefvater auf und floh mit dessen Familie 1939/40 über England nach Kanada. An der McGill Universität studierte er bis 1945 Ingenieurwissenschaften, emigrierte 1947 in die USA und promovierte 1949 am Carnegie Institute in Pittsburgh auf dem Gebiet der angewandten Mathematik. Danach war er am Institute for Advanced Study in Princeton (1949–51, 1955–57) sowie an der Universität von Michigan in Ann Arbor tätig und lehrte ab 1959 als Professor an der Harvard Universität im Cambridge (Mass.).

Bott lieferte wichtige Beiträge zu mehreren Gebieten der Mathematik des 20. Jahrhunderts und hat deren Entwicklung maßgeblich beeinflußt. Er konzentrierte sich zunächst auf Fragen der Topologie von Lie-Gruppen und bewies unter Verwendung der Morsetheorie 1959 den ↗Bottschen Periodizitätssatz. Dieser war ein Meilenstein in der topologischen K-Theorie und führte in der Zusammenarbeit mit Atiyah 1964 zum Atiyah-Bott-Satz für elliptische Differentialoperatoren und anderen interessanten Resultaten über Differentialoperatoren.

Ein weiteres wichtiges Arbeitsgebiet Botts war das Studium von Blätterungen, deren Singularitäten und Integrabilität. In den 80er Jahren wandte er sich der mathematischen Physik zu, wo seine Ideen in wertvolle Beiträge über Spin-Mannigfaltigkeiten und zur Yang-Mills-Theorie auf Riemannschen Mannigfaltigkeiten einmündeten. Bott war langjähriger Mitherausgeber der Zeitschriften „Topology" und „American Journal of Mathematics".

Böttcher-Gebiet, periodisches stabiles Gebiet $V \subset \widehat{\mathbb{C}}$ einer rationalen Funktion f mit der Eigenschaft, daß V einen superattraktiven ↗Fixpunkt einer ↗Iterierten f^p von f enthält (↗Iteration rationaler Funktionen).

bottom-Quark, eines der ↗ Quarks, bildet zusammen mit seinem Anti-Teilchen, dem Anti-bottom-Quark, ein Meson.

Bottomsymbol, ein spezielles Zeichen des Kelleralphabetes eines ↗Kellerautomaten.

Es zeigt an, daß der Keller leer ist. Zu diesem Zweck wird es zuunterst eingekellert und nie entfernt.

Bottom-up-Analyse, Klasse von ableitungsorientierten ↗Analyseverfahren für kontextfreie Sprachen, die ein Wort w analysieren, indem von w ausgehend versucht wird, Regeln der ↗Grammatik rückwärts anzuwenden.

Ziel ist die Reduzierung des Wortes zum Startsymbol der Grammatik. Für beliebige kontextfreie Sprachen gibt es ein nichtdeterministisches Bottom-up-Analyseverfahren auf der Basis von ↗Kellerautomaten. Dort werden durch Shift-Schritte Teile des Wortes in den Keller übernommen und durch Reduktionsschritte rechte Seiten von Regeln, die den Kelleranfang bilden, durch die linke Regelseite ersetzt.

Die Auswahl der Aktionen erfolgt nichtdeterministisch. Die Analyse ist erfolgreich, wenn die Eingabe vollständig gelesen und der Kellerinhalt zum Startsymbol reduziert werden kann. Für ↗$LR(k)$–Grammatiken kann die Aktionsauswahl deterministisch erfolgen.

Die Bottom–up–Analyse liefert eine Rechtsableitung.

Bottscher Periodizitätssatz, Aussage über die Kommutativität eines im folgenden einzuführenden Abbildungsdiagramms.

Sei X ein kompakter topologischer Raum, $K(X)$ der sog. Grothendieck-Ring der stetigen komplexen Vektorbündel über X, und $H^*(X, \mathbb{Q})$ der Kohomologiering mit Werten in $\mathbb{Q}$. Sei weiter

$$ch : K(X) \to H^*(X, \mathbb{Q})$$

der Ringhomomorphismus, gegeben durch den Chern-Charakter, und bezeichne S^2 die Zwei-Sphäre.

Der Bottsche Periodizitätssatz besagt, daß das folgende Diagramm kommutiert:

$$\begin{array}{ccc} K(X) \otimes K(S^2) & \xrightarrow{\beta} & K(X \times S^2) \\ \big\downarrow{\scriptstyle ch\otimes ch} & & \big\downarrow{\scriptstyle ch} \\ H^*(X, \mathbb{Q}) \otimes H^*(S^2, \mathbb{Q}) & \xrightarrow[\alpha]{} & H^*(X \times S^2, \mathbb{Q}) \end{array}$$

Hierbei ist β induziert durch das Tensorprodukt der Bündel und α durch das cup-Produkt. Die Abbildungen β und α sind Isomorphismen.

Bourbaki, (Nicolas), ein Pseudonym für eine Gruppe junger französischer Mathematiker, die sich Mitte der 30er Jahre des 20. Jahrhunderts bildete. Die Gründungsmitglieder waren Chevalley, Dieudonné, Weil, Cartan und Delsarte.

Diese Mathematiker stellten sich zunächst das Ziel, eine neue übersichtliche zusammenfassende Darstellung der Analysis zu geben, die sowohl für Forscher als auch für Studenten geeignet war. Sie wollten damit zugleich die großen Traditionen der franz. Mathematik fortsetzen. Bei den Diskussionen um die Realisierung dieses Planes entstand daraus das Vorhaben, anknüpfend an die in den ersten Jahrzehnten des Jahrhunderts ausgebildete axiomatische Methode, einen systematischen Überblick über große Teile der Mathematik zu erarbeiten. Weitere Mathematiker verstärkten als Autoren für die Ausarbeitung der einzelnen Teilgebiete die Gruppe, so daß zwischen 10 und 20 Mathematiker an der Realisierung des Programms beteiligt waren. Formal sollte die Mitgliedschaft in der Bourbaki-Gruppe mit dem Erreichen des 50. Lebensjahres beendet sein, doch haben die Bourbaki-Mitglieder der zweiten Generation auch die Auffassungen und die Mitarbeit der älteren Kollegen einbezogen. Zu den Autoren gehörten u. a. Brelot, de Rham, Eilenberg, Grothendieck, Koszul, Lang, Schwartz, Serre, und Thom.

Abgesehen von einigen wenigen Artikeln in der Anfangszeit erschienen unter dem Pseudonym Bourbaki nur Bücher, die in Anlehnung an die „Elemente" Euklids den Serientitel *Eléments de mathématique* trugen und ebenso einen Überblick über die zeitgenössige Mathematik bieten sollten. Sich auf die Ideen Hilberts und die Axiomatik berufend, wurden einzelne Teilgebiete aus einer möglichst minimalen Menge von Axiomen aufgebaut. Doch nicht alle Teilgebiete der Mathematik waren schon so weit entwickelt, daß man ihnen eine axiomatische Darstellung geben konnte. In einem ersten Teil konzentrierte man sich auf sechs Gebiete: Mengenlehre, Algebra, allgemeine Topologie, Funktionen einer reellen Veränderlichen, topologische Vektorräume und Integrationstheorie. Im zweiten Teil kamen dann u. a. Lie-Gruppen und Lie-Algebren, kommutative Algebra, Spektraltheorie, differenzierbare und analytische Mannigfaltigkeiten dazu. Eine zentrale Rolle bei diesem Aufbau der Mathematik spielte der Begriff der Struktur, der im wesentlichen eine Menge abstrakter Objekte und die zwischen ihnen bestehenden Relationen bezeichnete. Als einfachste und damit grundlegende Strukturen der Mathematik erkannten die Mitglieder der Bourbaki-Gruppe die algebraischen, die topologischen und die Ordnungsstrukturen, durch deren Kombination man dann kompliziertere Strukturen konstruieren konnte.

Bei diesem Vorgehen wurde auch ein wichtigen Beitrag zur Entwicklung einer exakten und zweckmäßigen Terminologie geleistet, obwohl nicht alle Begriffsbildungen von den anderen Mathematikern übernommen wurden. Es gelang jedoch nicht, die gesamte Mathematik nach dem strukturellen Gesichtspunkt darzulegen. Einige Teile, für die ein axiomatischer Aufbau noch nicht möglich erschien bzw. die in starker Entwicklung begriffen waren, wurden nicht behandelt. Außerdem verzichtete man leider darauf, Gebiete der angewandten Mathematik in die Darstellung einzubeziehen. Der von der Bourbaki-Gruppe entwickelte Aufbau der Mathematik fand nicht nur Zustimmung. Zwar ließ diese Vorgehensweise die logischen Zusammenhänge zwischen den einzelnen Gebieten viel deutlicher hervortreten, offenbarte teilweise unerwartete Beziehungen zwischen verschiedenen mathematischen Theorien, und viele Theoreme konnten aufgrund des Erfülltseins der abstrakt formulierten Voraussetzungen leichter in mehreren Theorien angewandt werden, doch vielen Mathematikern war die Darstellung zu abstrakt und spiegelte zu wenig das Leben, die Entwicklung der Mathematik wider. So wurden nicht alle der in den Werken der Bourbaki-Gruppe enthaltenen Anregungen aufgegriffen. Trotzdem haben diese Bücher das Voranschreiten der Mathematik mit beeinflußt.

Nachteilig wirkten sich vor allem die unsachgemäße Verabsolutierung von Ideen der Bourbaki-Gruppe und die Anwendung derartiger Darstellungen in der Lehre aus, zumal die Bücher der Gruppe nicht für Studenten, sondern für forschende Mathematiker zusammengestellt worden waren.

Bourgain, Jean, belgischer Mathematiker, geb. 28.2.1954 Ostende.

Nach dem Abschluß des Studiums arbeitete Bourgain als Forschungsmitarbeiter der Belgischen Nationalen Wissenschaftsstiftung (NSF), promovierte (1977) und habilitierte sich (1979) an der Freien Universität Brüssel und wurde dort 1981 zum Professor berufen. 1985 erhielt er gleichzeitig eine Professur am Institut des Hautes Etudes Scientifiques in Bures-sur-Yvette und an der Universität von Illinois in Urbana. Erstere gab er 1995 auf, nachdem er

1994 einen Ruf an das Institute of Advanced Study nach Princeton angenommmen hatte.

Er leistete bedeutende Beiträge zur Geometrie der Banachräume, zur harmonischen Analyse, zur Ergodentheorie, zur geometrischen Maßtheorie, zur analytischen Zahlentheorie und zur Theorie nichtlinearer Evolutionsgleichungen und entdeckte dabei völlig neue unerwartete Beziehungen zwischen Geometrie und Fourier-Analysis. So leitete er Einsichten ab, um die Einschränkung der Fouriertransformation auf gewisse Teilmannigfaltigkeiten sowie Abschätzungen für Oszillationsintegrale nachzuweisen. Herausragend war 1987 sein Beweis des ↗Birkhoff-Ergodentheorems für sog. dünne Folgen.

Neue Resultate konnte er ab 1992 zur Frage der korrekt gestellten Anfangswertprobleme für die periodische nichtlineare Schrödinger-Gleichung und andere Differentialgleichungen ableiten. Gestützt auf seine Ergebnisse für nichtglatte Anfangswerte im nichtperiodischen Fall, formulierte er genaue Mindestanforderungen an die Glattheit der Daten. Insbesondere löste er das Eindeutigkeitsproblem für die schwachen Lösungen des Anfangswertproblems der Korteweg-de Vries-Gleichung, das die solitären Wellen in einem Kanal beschreibt. Außerdem erzielte er wichtige Ergebnisse zur Theorie der Orthonormalsysteme.

Für seine Leistungen wurde Bourgain mit zahlreichen Preisen geehrt. Die französische Akademie der Wissenschaften zeichnete ihn 1985 mit dem Langevin-Preis und 1990 mit dem E.-Cartan-Preis aus. Schließlich erhielt er auf dem Internationalen Mathematikerkongress in Zürich 1994 die Fields-Medaille.

Boussinesq, Valentin Joseph, französischer Physiker und Mathematiker, geb. 15.3.1842 St. André, gest. 19.2.1929 Paris.

Boussinesq, der zunächst als Lehrer tätig war, erwarb sich mit zwei aufsehenerregenden Arbeiten zur Kapillarität (1865) und zur Wärmeausbreitung in homogenen Medien (1867) einen Doktortitel und wurde 1873 zum Professor für Differential- und Integralrechnung an die Universität Lille und später an die Sorbonne in Paris berufen. Dort hatte er Lehrstühle für physikalische und experimentelle Mechanik, dann für mathematische Physik und schließlich für Wahrscheinlichkeitsrechnung inne.

Seine bedeutendsten Resultate zur mathematischen Physik liegen auf den Gebieten Thermodynamik, Elastizitätstheorie, Hydrodynamik und Hydraulik. Seine Arbeiten zu Differential- und Integralgleichungen, logarithmischen und sphärischen Potentialen sowie zur Wahrscheinlichkeitsrechnung trugen zur Erweiterung und Vertiefung dieser Gebiete bei. Bemerkenswert ist auch seine Entdeckung einer näherungsweisen Lösungsformel für den Ellipsenumfang von 1889.

Box-Plot, Verdichtung von ↗Histogrammen unter Verwendung ↗empirischer Quantile.

Dabei werden von einer Stichprobe der maximale und minimale Wert x_{max} bzw. x_{min} sowie der empirische Median $x_{0,5}$ und die empirischen Quartile $x_{0,25}$ und $x_{0,75}$ berechnet und in einer Box (die Breite der Box ist unerheblich) dargestellt, wie die nachfolgende Abbildung zeigt.

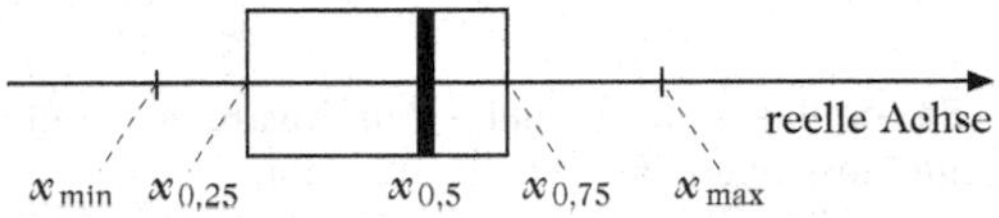

Gestalt eines Box-Plots

In jedem Abschnitt des Box-Plots liegen 25 Prozent der beobachteten Stichprobendaten. Mit Hilfe der Box-Plots kann man Schlüsse über die Symmetrie von Verteilungen ziehen, wie die nächste Abbildung zeigt.

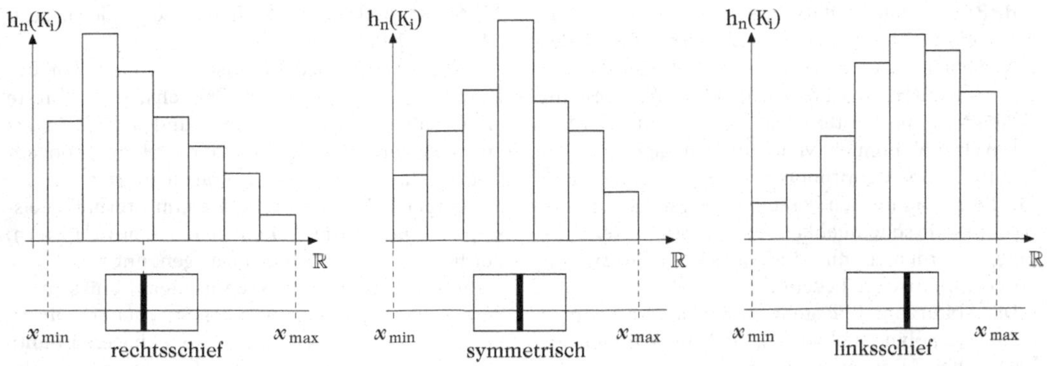

Box-Plot in Abhängigkeit der Symmetrie von Häufigkeitsverteilungen

Mit Hilfe von Box-Plots kann man auch sehr bequem viele Häufigkeitsverteilungen gleichzeitig miteinander vergleichen.

In der dritten Abbildung sind die Lebensdauerverteilungen von Motoren verschiedener Hersteller, die auf der Basis von Stichprobendaten ermittelt wurden, dargestellt. Wie man leicht erkennen kann, sind beispielsweise ca. 75 Prozent der betrachteten Motoren von Hersteller 1 besser als die von Hersteller 2, während 50 Prozent der Motoren von Hersteller 1 eine kürzere Lebensdauer besitzen als die von Hersteller 3.

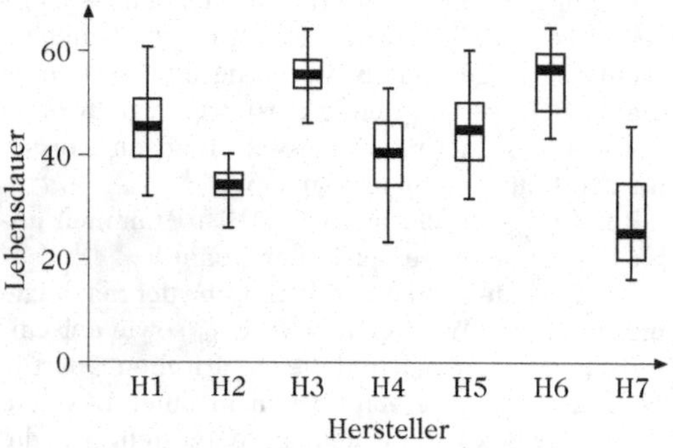

Vergleich der Lebensdauer von Motoren verschiedener Hersteller

Box-Spline, eine mögliche ↗multivariate Verallgemeinerung einer ↗B-Splinefunktion.

Die übliche Definition eines Box-Splines erfolgt induktiv mit Hilfe eines Integrationsprozesses über dem n-dimensionalen halboffenen Einheitswürfel $[0, 1)^n$. Jeder Box-Spline besitzt jedoch auch eine Darstellung als stückweise polynomiale (multivariate) Funktion, was letztendlich die Bezeichnung Spline rechtfertigt.

B-patch, Synonym für eine ↗Bézier-Fläche oder ↗B-Splinefläche, wenn sie in einem ↗Flächenverband enthalten ist.

BPP, die Komplexitätsklasse aller Probleme, für die es einen ↗randomisierten Algorithmus gibt, der das Problem so in polynomieller Zeit löst, daß für ein $\varepsilon > 0$ die richtige Lösung mit einer Wahrscheinlichkeit von mindestens $1/2 + \varepsilon$ berechnet wird.

Durch polynomiell viele unabhängige Wiederholungen des Algorithmus und eine Entscheidung für die am häufigsten berechnete Lösung kann die Irrtumswahrscheinlichkeit exponentiell klein gemacht werden. Damit sind BPP-Algorithmen von großer praktischer Bedeutung.

Die Abkürzung BPP steht für bounded-error probabilistic polynomial (time). BPP-Algorithmen erlauben bei ↗Entscheidungsproblemen einen zweiseitigen Irrtum, da statt der richtigen Antwort 0 die falsche Antwort 1 möglich ist und umgekehrt. Es wird vermutet, daß die Einschränkung von BPP auf Entscheidungsprobleme und NP unvergleichbar sind.

Brachistochrone, ebene Kurve, die zwei in verschiedenen Höhen, jedoch nicht übereinander angeordnete Punkte in der Weise verbindet, daß ein darauf unter dem Einfluß der Schwerkraft reibungsfrei nach unten gleitender Massepunkt den tieferliegenden Punkt in kürzester Zeit erreicht.

Die Brachistochrone ist Lösung eines Variationsproblems, die von Johann Bernoulli und seinem Bruder Jakob gefunden wurde.

Die Lösungskurve ist eine Zykloide, die am Beginn eine stärkere Neigung als die Verbindungsgerade der beiden Punkte hat, um durch eine große Anfangsbeschleunigung eine hohe Geschwindigkeit des Massepunktes zu erreichen. Danach muß die Neigung kleiner werden, um den Endpunkt nicht zu verfehlen.

Bradwardine, Thomas, englischer Mathematiker, Philosoph und Theologe, geb. 1290 England, gest. 26.8.1349 Lambeth (England).

Bradwardine studierte am Merton-College in Oxford. 1335 ging er nach London und wurde dort zwei Jahre später Domherr der St.-Pauls-Kathedrale.

Bradwardine war zu seiner Zeit ein bekannter Mathematiker und Theologe. Zu seinen wissenschaftlichen Leistungen gehört die Untersuchung der gleichförmigen Bewegung von Körpern in der Arbeit „De proportionibus velocitatum in motibus" von 1328. Bradwardine hat als erster Mathematiker sternförmige Vielecke und ihre Eigenschaften erforscht.

Seine Resultate wurden später von Kepler ausgebaut. Bemerkenswert war auch sein Traktat zum Kontinuum, in dem er die Begriffe Stetigkeit und Kontinuum zu erfassen versuchte. Bradwardine wurde 1349 Erzbischof von Canterbury, starb aber kurz darauf an der Pest während der großen Epidemie.

Brahe, Tycho, dänischer Astronom, geb. 14.12. 1546 Skåne (Dänemark, heute Schweden), gest. 24.10.1601 Prag.

Brahe war der bedeutendste Astronom vor der Erfindung des Fernrohres. Zunächst interessierte er sich aber eher für Alchemie und Astrologie, bis ein besonderes Ereignis zu einer stärkeren Konzentration auf astronomische Fragen führte: Am 11. November 1572 beobachtete er im Sternbild Kassiopeia einen zusätzlichen neuen („nova") Stern, der heute „Tychos Supernova" genannt wird.

Mit Unterstützung des dänischen Königs gründete er das Uraniborg- und das Stjerneborg-Observatorium auf der Insel Ven im Kopenhagener Sund. Dort führte er zwanzig Jahre lang astronomische Beobachtungen durch, die wegen der außergewöhnlich guten Geräte sehr exakt und wertvoll waren.

1599 wurde er kaiserlicher Mathematiker Rudolphs II. in Prag. Dort wurde Kepler sein Assistent und später sein Nachfolger. Tycho Brahes kosmologisches Model besagte, daß sich die Erde im Zentrum des Universums befindet und der Mond und die Sonne um sie kreisen. Die anderen Planeten sollten sich auf Kreisbahnen um die Sonne bewegen und damit der Erdumkreisung durch die Sonne folgen.

Später konnte Kepler aus Brahes exakten Beobachtungen seine drei Gesetze der Planentenbewegung ableiten und damit dem kopernikanischen Weltbild zum Durchbruch verhelfen.

Brahmagupta, indischer Astronom und Mathematiker, geb. 598 Rajasthan, Indien, gest. um 665 Indien.

Brahmagupta leitete das astronomische Observatorium in Ujjain, welches das damalige mathematische Zentrum Indiens bildete, und gilt als der bedeutendste Mathematiker und Astronom dieser Schule.

Er schrieb wichtige Arbeiten zur Mathematik und Astronomie, so 628 in Bhillamala „Brahmasphuta-siddhanta“ (Die Öffnung des Universums) und 665 „Khandakhadyaka“. Brahmaguptas Verständnis der Zahlensysteme war überragend in seiner Zeit. Er entwickelte einige algebraische Notationen und bemerkenswerte Formeln für die Fläche eines in einen Kreis einbeschriebenen Vierecks und die Länge der Diagonalen in Abhängigkeit von den Seiten.

Brahmagupta studierte arithmetische Reihen und quadratische Gleichungen. Von ihm stammen Sätze über rechtwinklige Dreiecke, Flächen und Volumina. Es finden sich auch Texte zu Sonnen- und Mondfinsternissen sowie Positionen und Konjunktionen der Planeten.

Brahmagupta glaubte an eine feststehende Erde. Er gab die Länge eines Jahres zunächst mit 365 Tagen, 6 Stunden, 5 Minuten und 19 Sekunden und in einer späteren Arbeit mit 365 Tagen, 6 Stunden, 12 Minuten und 36 Sekunden an.

branch-and-bound, Methode zur Lösung bestimmter Optimierungsprobleme.

Die Methode des branch-and-bound beruht auf dem Prinzip, ein großes Problem aufzuteilen in verschiedene Unterprobleme (Zweige = branches), und das in bestimmter Hinsicht günstigste dieser Unterprobleme zur weiteren Verarbeitung auszuwählen. Dazu ist es nötig, jeden Zweig bewerten zu können, um festzustellen, welcher der zur Auswahl stehenden Zweige der aktuell günstigste ist. Man schätzt dabei im allgemeinen eine Schranke (bound) für die Zielfunktion ab, sodaß man ein Maß für die Güte des aktuellen Zweiges erhält. Das Verfahren führt zu einem Baum, an dem man sowohl die einzelnen Unterprobleme als auch die optimale Lösung ablesen kann. Das Verfahren des branch-and-bound wird auch als ↗ Verzweigungsverfahren bezeichnet.

Eine Standardanwendung für branch-and-bound ist das sogenannte Problem des Handlungsreisenden. Man betrachtet dabei einen Handlungsreisenden, der in einer bestimmten Stadt eine Rundreise startet, die ihn durch $n-1$ weitere Städte und zum Schluß wieder in die erste Stadt führt. In jeder Stadt will er genau einmal Station machen. Zu bestimmen ist die Reihenfolge der $n-1$ anzulaufenden Städte mit dem Ziel, die zurückgelegte Distanz oder aber die Reisekosten oder ähnliches minimal zu halten. Bezeichnet man mit c_{ij} die Kosten von der i-ten zur j-ten Station, so kann man das Problem präziser mit Hilfe der Matrix

$$C=\begin{pmatrix} c_{11} & c_{12} & \cdots & c_{1n}\\ c_{21} & c_{22} & \cdots & c_{2n}\\ \vdots & \vdots & & \vdots\\ c_{m1} & c_{m2} & \cdots & c_{mn}\end{pmatrix}$$

formulieren. Gesucht ist nämlich eine Permutation $(i_1, ..., i_n)$ von $(1, ..., n)$, so daß $c_{i_1,i_2}+c_{i_2,i_3}+\cdots+c_{i_{n-1},i_n}+c_{i_n,i_1}$ minimal wird. Die einfachste Möglichkeit, alle Wege durchzutesten und so den Weg mit dem minimalen Aufwand zu finden, führt zu einer Komplexität von $n!$, die im allgemeinen nicht akzeptabel ist. Daher kommt hier der branch-and-bound-Ansatz zum Tragen. Man definiert als Kostenabschätzung die Mindestkosten eines Problems P durch

$$M(P)=\sum_{i=1}^{n}(\min_{j\neq i} c_{ij}+\min_{j\neq i} c_{ji})/2,$$

wobei durch zwei dividiert wird, weil ansonsten jede Kante doppelt gezählt wird. Anhand dieser

Mindestkosten beurteilt man dann die verschiedenen Unterprobleme. Hat man beispielsweise das folgende konkrete Problem:

$$P_1 = \begin{pmatrix} \infty & 3 & 2 & 7 \\ 4 & \infty & 3 & 6 \\ 1 & 1 & \infty & 3 \\ 1 & 6 & 6 & \infty \end{pmatrix},$$

bei dem die Strecken von Station i nach Station i mit Unendlich bewertet werden, um sie von vornherein auszuschließen, so findet man die Mindestkosten $M(P_1) = \frac{1}{2}(3+4+3+4) = 7$. Nun kann man mit Station 1 beginnen und annehmen, daß von dort nach Station 3 gefahren wird. Das zugehörige Teilproblem P_{11} läßt sich wieder mit einer Matrix darstellen und hat die Mindestkosten $M(P_{11}) = 7,5$. Die Alternative P_{12}, daß man zwar in Station 1 startet, aber nicht nach Station 3 fährt, hat Mindestkosten von $M(P_{12}) = 8$. Folglich wird zunächst der Zweig P_{11} weiterverfolgt. Auf diese Weise erhält man insgesamt den folgenden Baum von Unterproblemen, der schließlich zu den zwei möglichen optimalen Wegen Station 1 – Station 2 – Station 3 – Station 4 bzw. Station 1 – Station 3 – Station 2 – Station 4 führt. Allgemein führt der branch-and-bound-Ansatz beim Problem des Handlungsreisenden zu einer Komplexität von 2^n, was eine deutliche Verbesserung gegenüber $n!$ darstellt.

Branchingprogramm, auch Verzweigungsprogramm, eine Darstellungsform für Boolesche Funktionen.

Ein Branchingprogramm auf der Variablenmenge $X_n = \{x_1, \ldots, x_n\}$ besteht aus einem gerichteten azyklischen Graphen $G = (V, E)$, dessen Knoten zwei (innere Knoten) oder keine (Senken) ausgehende Kanten haben, und einer Markierung der Knoten und Kanten. Jeder innere Knoten ist mit einer Variablen aus X_n markiert, jede Senke mit einer Konstanten aus $\{0, 1\}$. Für jeden inneren Knoten erhält eine ausgehende Kante die Markierung 0 und die andere die Markierung 1.

Jeder Knoten v stellt eine Boolesche Funktion f_v auf X_n dar. Zur Auswertung (↗Auswertungsproblem) von f_v auf $a \in \{0, 1\}^n$ wird an v gestartet und an x_i-Knoten die mit a_i markierte Kante gewählt.

Dann ist $f_v(a)$ gleich der Marke der schließlich erreichten Senke. Die Klasse der mit polynomiell großen Branchingprogrammen darstellbaren Sprachen ist die nichtuniforme Variante der Klasse der mit logarithmischer ↗Raumkomplexität berechenbaren Sprachen. Branchingprogramme mit bestimmten Restriktionen dienen als Datenstruktur für Boolesche Funktionen, die viele Anwendungen, insbesondere bei der Verifikation, finden.

Brandt, Heinrich Karl Theodor, deutscher Mathematiker, geb. 8.11.1886 Feudingen/Westfalen, gest. 9.10.1954 Halle.

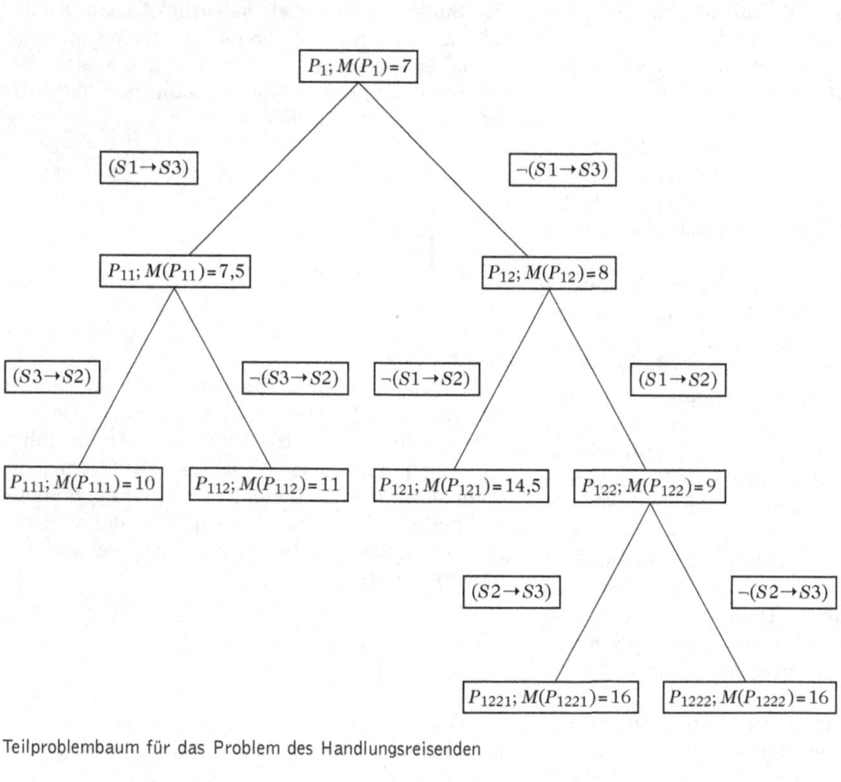

Teilproblembaum für das Problem des Handlungsreisenden

Brandt studierte in Göttingen und Straßburg und promovierte dort 1912 bei Heinrich Weber. 1917 habilitierte er sich in Karlsruhe und wurde 1920 Professor für darstellende Geometrie und angewandte Mathematik an der TH Aachen. 1930 wurde er der Nachfolger von Hasse in Halle.

Brandt untersuchte quadratische Formen, deren Komposition ihn zu hyperkomplexen Zahlen und zum Brandtschen Gruppoiden führte. Dies wurde zu einer Grundlage für den Kategorienbegriff von Eilenberg und MacLane. Brandts Theorie der quaternären quadratischen Formen führte 1928 zur Zahlentheorie der Quaternionenalgebren. Bekannt sind auch Brandts Arbeiten zum quadratischen Reziprozitätsgesetz.

Brandtsches Gesetz, nach Heinrich Brandt benannter Satz in der Algebra, der die Anzahl der Darstellungen von natürlichen Zahlen durch quadratische Formen bestimmt.

Braschmann, Nikolaus Demetrius, tschechischer Mathematiker und Physiker, geb. 14.6.1796 Rassnova (bei Brünn), gest. 13.5.1866 Moskau.

Braschmann studierte in Wien. 1824 ging er nach Rußland, zunächst nach St. Petersburg und später nach Kasan. Er lehrte dort Mathematik und Mechanik. 1834 erhielt er eine Professur für angewandte Mathematik in Moskau. Er schrieb wichtige Lehrbücher und Arbeiten zur Mechanik, Statik, Hydrostatik und zur analytischen Geometrie. 1836 und 1837 gewann er damit den Demidow-Preis.

Braschmann befaßte sich mit dem Hamiltonschen Prinzip der kleinsten Wirkung, das für die Entwicklung der Mechanik von großer Bedeutung war. Er gründete die Moskauer Mathematische Gesellschaft und deren Zeitschrift. Tschebyschew und Somow gehörten zu seinen Schülern.

brauchbare Richtung, Richtung von einem zulässigen Punkt aus, entlang der bei einem Abstiegsverfahren der Wert der Zielfunktion abnimmt.

Eine brauchbare Richtung kann den zulässigen Bereich eines Optimierungsproblems verlassen.

Brauer, Richard Dagobert, deutscher Mathematiker und Physiker, geb. 10.2.1901 Berlin-Charlottenburg, gest. 17.4.1977 Boston (Massachusetts).

Brauer studierte in Berlin bei Schur, danach lehrte er in Königsberg. 1933 emigrierte er in die USA und später nach Kanada, wo er 1935 eine Professur an der Universität von Toronto annahm. Von 1952 bis zu seiner Emeritierung 1971 lehrte er an der Harvard-Universität.

Brauer hat mit seinen Arbeiten und denen seiner Schüler einen nachhaltigen Einfluß auf die Entwicklung der Algebra ausgeübt.

Brauers frühe Arbeiten entstanden aus der Zusammenarbeit mit Weyl zu Spinoren (Satz von Brauer-Weyl). Sie wurden eine der Grundlagen für Diracs Elektronenspintheorie in der Quantenmechanik. Angeregt durch Frobenius' Resultate von 1896 zu Gruppencharakteren entwickelte er seine Theorie der modularen Darstellung endlicher Gruppen, womit sich neue Einsichten in die Struktur der Gruppe und über die Charaktere der Gruppe sowie für die Darstellungstheorie der Algebren eröffneten. 1947 erschien Brauers Arbeit über Artins L-Funktion, die neben seinen Arbeiten zur Riemannschen ζ-Funktion wichtige Ansätze für die Zahlentheorie lieferte. In den fünfziger Jahren begann er mit der Formulierung einer Methode zur Klassifizierung aller endlichen einfachen Gruppen.

1957–1958 war Brauer Präsident der Amerikanischen Mathematischen Gesellschaft.

Brauersche Gruppe, Gruppe von Algebren.

Ist K ein Körper, so bildet die Klasse der zentralen einfachen Algebren über K eine Gruppe mit dem direkten Produkt der zentralen einfachen Algebren als Verknüpfung. Diese Gruppe heißt Brauersche Gruppe.

Braun, Helene (Hel), deutsche Mathematikerin, geb. 3.6.1914 Frankfurt/Main, gest. 14.5.1986 Göttingen.

Helene Braun nahm im Jahre 1933 das Studium der Mathematik auf, und zwar nicht mit dem erklärten Ziel, Lehrerin zu werden, was in der damaligen Zeit sehr ungewöhnlich war. Bereits mit 23 Jahren promovierte sie über das Thema „Über die Zerlegung quadratischer Formen in Quadrate". Die Kriegsjahre verlebte sie in Göttingen, zunächst als Assistentin Siegels, danach als Dozentin, bevor sie 1947 ebendort zur apl. Professorin ernannt wurde.

Als eine der ersten deutschen Wissenschaftlerinnen wurde sie bereits 1947/48, also etwa zwei Jahre nach Kriegsende, zu einem Gastaufenthalt nach Princeton eingeladen. Ab dem Jahre 1952 war sie apl. Professorin am Mathematischen Seminar in Hamburg, wo man sie schließlich 1968 als Nachfolgerin von Hasse zur ordentlichen Professorin ernannte.

Helene Brauns wissenschaftliches Werk schlägt eine Brücke zwischen der analytischen Zahlentheorie, der sie sich in den ersten Arbeiten widmete, und aufgrund derer sie auch als Nachfolgerin Hasses berufen wurde, und der Algebra, über die sie nicht zuletzt auch mitreißende Vorlesungen und Seminare anzubieten pflegte. Es stellt insgesamt ein schönes Beispiel dafür dar, wie eine mathematische Theorie fruchtbar wird durch die Inspiration einer anderen.

Brechung, Spezialfall der ↗Beugung, d. h. die Abweichung vom geradlinigen Wellenfrontenverlauf, insbesondere in der Optik (Lichtstrahl).

Besteht die Abweichung vom geradlinigen Verlauf lediglich in einem einzelnen Punkt, spricht man von Brechung, falls die Richtung dadurch abweicht, daß der (Licht-)Strahl in ein Medium mit anderer Ausbreitungsgeschwindigkeit wechselt. Wegen der Welle-Teilchen-Dualität wird der Begriff auch auf Teilchenbahnen angewandt. Vielfach treten Brechung und Reflexion gleichzeitig auf.

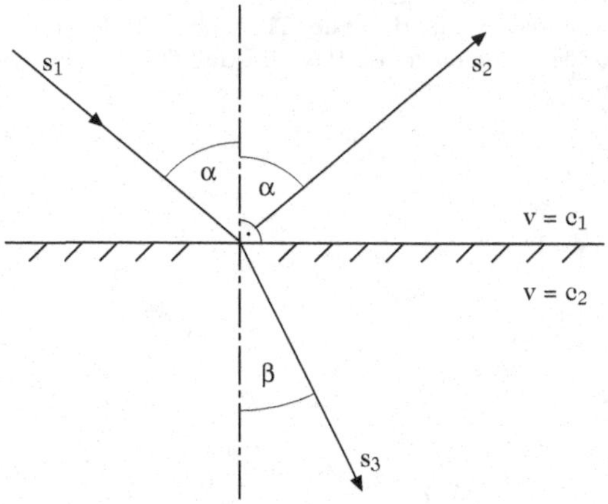

Der von links einfallende Strahl s_1 teilt sich auf in den reflektierten Strahl s_2 und den gebrochenen Strahl s_3. Die Ausbreitungsgeschwindigkeit im oberen Medium sei c_1, im unteren c_2.

Die Ausbreitungsrichtung des gebrochenen Strahls ergibt sich aus dem ↗Brechungsindex. Inwieweit Reflexion auftritt, hängt vom Reflexionsvermögen der Grenzschicht ab.

Brechungsindex, Kennzahl für die Richtungsänderung, die (Licht-)Strahlen erfahren, wenn sie von einem Medium in ein anderes übertreten.

Laut dem Brechungsgesetz ist dabei das Verhältnis des Sinus des Einfallswinkels zum Sinus des Ausfallswinkels gleich dem Verhältnis der Ausbreitungsgeschwindigkeiten in beiden Medien, in Formeln

$$\frac{\sin\alpha}{\sin\beta} = \frac{c_1}{c_2}\,, \tag{1}$$

dabei ist α der Einfallswinkel, β der Winkel des gebrochenen Strahls, und c_1, c_2 sind die jeweiligen Ausbreitungsgeschwindigkeiten (↗Brechung). Man nennt den Quotienten in (1) den Brechungsindex.

$\mathcal{B}$-reguläres Maß, ↗ Borel-reguläres Maß.

Brennfläche, im dreidimensionalen euklidischen Raum die Menge aller Endpunkte der mit den Hauptkrümmungsradien multiplizierten Flächeneinheitsnormalen.

Brennlinie, ↗Kaustik.

Brennpunkt, ↗ Ellipse, ↗ Hyperbel, ↗ Parabel.

Brennpunkt zu einer Lagrangeschen Untermannigfaltigkeit, kritischer Punkt der Einschränkung der Kotangentialprojektion auf das Bild einer gegebenen Lagrangeschen Untermannigfaltigkeit unter dem Fluß eines gegebenen Hamiltonschen Systems im Kotangentialbündel einer differenzierbaren Mannigfaltigkeit.

Eine geeignet gewichtete Zahl der Brennpunkte, die auf einer festen Lösungskurve des Systems im Zeitintervall liegen, hängt mit dem ↗Morse-Index zusammen.

Brent-Kung, Addierer von, ↗Carry-Look-Ahead Addierer.

Brent-Salamin-Algorithmus zur Berechnung von π, die 1976 von Richard Peirce Brent und Eugene Salamin mit Hilfe des Gaußschen ↗arithmetisch-geometrischen Mittels und elliptischer Integrale gefundene Iteration

$$\begin{aligned} a_0 &= 1, \quad b_0 = \frac{1}{\sqrt{2}}, \quad s_0 = \frac{1}{2} \\ a_n &= \frac{a_{n-1}+b_{n-1}}{2}, \quad c_n = a_n^2 - b_n^2 \\ b_n &= \sqrt{a_{n-1}b_{n-1}}, \quad s_n = s_{n-1} - 2^n c_n \end{aligned}$$

mit der Eigenschaft $\frac{2a_n^2}{s_n} \to \pi$ für $n \to \infty$, wobei die Konvergenz quadratisch ist, d. h. die Anzahl der richtigen Stellen sich mit jedem Iterationsschritt mindestens verdoppelt. Dieser Algorithmus war die Grundlage mehrerer Rekordberechnungen von Dezimalstellen von π mit Computern.

Bresenham, Algorithmus von, Verfahren zum näherungsweisen Zeichnen von Linien auf einem gerasterten Untergrund in der ↗Computergraphik. Es gibt auch Varianten dieses Verfahrens für gerade und gekrümmte Linien (z. B. Kreise).

Brewer-Summe, für eine ungerade Primzahl p die Summe

$$\sum_{x=0}^{p-1} \left(\frac{(x+2)(x^2-2)}{p} \right),$$

wobei $(\frac{k}{p})$ das ↗Legendre-Symbol für den quadratischen Restcharakter modulo p ist.

Diese Summen wurden von Brewer 1961 beim Studium von Summen quadratischer Restcharaktere eingeführt und seitdem von mehreren Autoren weiter untersucht.

Brewster, Sir David, britischer Physiker, geb. 11.12.1781 Jedburgh (Schottland), gest. 10.2.1868 Allerly (bei Melrose).

Brewster war ab 1859 Rektor der Universität Edinburgh. Seine Forschungsgebiete umfaßten Brechung (Brewster-Winkel, Totalreflexion), Reflexion, Polarisation, Interferenz, Absorption und Fluoreszenz.

Unabhängig von Wheatstone erfand er 1816 das Kaleidoskop und 1836 das Stereoskop.

Brewster-Winkel, derjenige Einfallswinkel α, der die Eigenschaft hat, daß der reflektierte und der gebrochene Strahl senkrecht aufeinander stehen (↗Brechung).

Es gilt $\tan\alpha = c_1/c_2$ (Die Ausbreitungsgeschwindigkeit im oberen Medium sei c_1, im unteren c_2. Beide Medien seien nichtabsorbierend.) Dann gilt: Der reflektierte Strahl ist genau dann linear polarisiert, wenn der Einfallswinkel gleich dem Brewster-Winkel ist.

Zur sog. Totalreflexion kommt es, wenn der gebrochene Strahl parallel zur Grenzschicht ist, d. h. $\beta = 90^0$. Dies ist der Fall bei $\sin\alpha = c_1/c_2$.

Brezelfläche, eine ↗Riemannsche Fläche vom Geschlecht 2, vorstellbar als zweidimensionale Kugeloberfläche mit zwei Henkeln.

Das dreidimensionale Analogon, das aus dem kartesischen Produkt einer zweidimensionalen Kreisscheibe mit zwei Löchern und dem Einheitskreis besteht, wobei der Kreis an jedem Randpunkt der Scheibe zu einem Punkt identifiziert wird, kommt als spezielle ↗Energiehyperfläche im reduzierten Phasenraum T^*S^2 eines sog. starren Körpers im Schwerefeld vor.

Brianchon, Satz von, Aussage aus der Geometrie.

In jedem einem Kegelschnitt umbeschriebenen Sechseck schneiden sich die Diagonalen (d. h. die Geraden, die gegenüberliegende Eckpunkte des Sechsecks verbinden) in einem gemeinsamen Punkt.

Briefmarkenproblem, das folgende zahlentheoretische Problem:

Zu einer gegebenen Teilmenge $A \subset \mathbb{N}_0$ und einer gegebenen Anzahl h ist die sogenannte h-Reichweite von A gesucht, d.i. die größte Zahl $n = n(h, A)$ so, daß sich alle ganzen Zahlen k mit $0 \le k \le n$ als Summe von höchstens h Zahlen aus A darstellen lassen.

Der Name kommt von folgendem Aufgabentyp: Gegeben seien z. B. Briefmarken der Werte 10 Pf, 50 Pf und 60 Pf. Welche Beträge kann man mit höchstens vier (nicht notwendig verschiedenen) Marken zusammenstellen? Antwort: Jedes ganzzahlige Vielfache von 10 Pf zwischen 0 und 240 Pf.

In der abstrakten Formulierung setzt man meist $0 \in A$ voraus und fragt nach der Menge derjenigen Zahlen, die als Summe von genau h (nicht notwendig verschiedenen) Zahlen aus A darstellbar sind. Ist $1 \notin A$, so ist $n(h, A) = 0$; also kann man o. B. d. A. auch $1 \in A$ voraussetzen. Für die h-Reichweite einer Menge $A \subset \mathbb{N}_0$ mit k Elementen > 0 gilt die Abschätzung

$$n(h, A) < \binom{h+k}{k}.$$

Interessant sind Mengen A mit k positiven Elementen und möglichst großer Reichweite; solche Mengen nennt man (h, k)-optimal. Für $k = 2$ ist die Menge

$$A = \left\{0, 1, \left\lfloor \frac{h+3}{2} \right\rfloor \right\}$$

$(h, 2)$-optimal; sie hat die Reichweite

$$n(h,A) = \left\lfloor \frac{h^2 + 6h + 1}{4} \right\rfloor .$$

Für die Reichweite einer (h, k)-optimalen Menge gibt es Abschätzungen; die präzise Bestimmung der Reichweiten und dazugehöriger (h, k)-optimaler Mengen ist ein offenes Problem.

Briggs, Henry, englischer Mathematiker und Mediziner, geb. Februar 1561 Warleywood (England), gest. 26.1.1630 Oxford.

Briggs erhielt seine Ausbildung in Cambridge. Ab 1592 las er dort Mathematik und Medizin. 1596 wurde er der erste Professor für Geometrie am Gresham-College in London. 1619 wurde er als Geometrieprofessor nach Oxford berufen.

Briggs veröffentlichte Arbeiten über Nautik, Astronomie und Mathematik. Nach einer Kritik der Neperschen Logarithmen entwickelte er den Logarithmus zur Basis 10 (dekadischer Logarithmus oder Briggsscher Logarithmus). Damit hat er maßgeblich zur Akzeptanz der Logarithmen durch die Wissenschaftler seiner Zeit beigetragen. Seine Logarithmentafeln von 1617 wurden bis ins 19. Jahrhundert verwendet.

Briggs „Arithmetica Logarithmica" von 1624 enthielt die Logarithmen von 30000 natürlichen Zahlen bis auf 14 Stellen genau. 1631 erschienen in den Niederlanden seine auf 15 Stellen genauen Sinustafeln und die auf 10 Stellen genauen Tangens- und Sekanstafeln. Diese Tafeln erschienen 1633 auch in London mit dem Titel „Trigonometriae Britannicae". Im Zusammenhang mit der Berechnung der Tafeln studierte er auch das Problem der Interpolation. Es gelang Briggs, n-te Differenzen auf $(n-1)$-te zurückzuführen, womit er die implizite Darstellung der Interpolationsformel von Newton und Gauß vorwegnahm.

Brioschi, Francesco, italienischer Mathematiker, geb. 22.12.1824 Mailand, gest. 14.12.1897 Mailand.

Brioschi promovierte 1845 an der Universität Pavia. 1852-1861 war er dort Professor für angewandte Mathematik. Er lehrte Mechanik, Architektur und Astronomie und übte entscheidenden Einfluß auf die Entwicklung der mathematischen Physik aus.

Ab 1863 leitete Brioschi das Technische Institut in Mailand. Er hatte dort eine Professur für Mathematik und Hydraulik.

Brioschi brachte 1854 eine wichtige Arbeit zur Theorie der Determinanten und deren Anwendung heraus. Er erzielte auch Resultate zu Transformationen elliptischer und Abelscher Funktionen.

Eines seiner wichtigsten Resultate war 1858 die Anwendung elliptischer Modulfunktionen auf die Lösung von Gleichungen fünften Grades. Er nutzte dabei Methoden von Hermite und Betti. Dieses Problem wurde unabhängig auch von Kronecker bearbeitet. Nach 1881 wandte Brioschi hyperelliptische Funktionen auf Gleichungen sechsten Grades an. Brioschi schätzte die Bedeutung der reinen Mathematik für die Anwendung und hatte großen Einfluß auf die Entwicklung der Mathematik in Italien. Seine Schüler waren Beltrami, Casorati und Cremona.

Brisson, Barnabé, französischer Ingenieur, geb. 11.10.1777 Lyon, gest. 25.9.1828 Nevers (Frankreich).

Brisson studierte gemeinsam mit Biot bei Monge in Paris Brücken- und Straßenbau. Er spezialisierte sich auf den Bau schiffbarer Kanäle, wobei er Methoden der beschreibenden Geometrie verwandte. 1820 erhielt Brisson eine Professur für Stereometrie und Bauwesen. Er ergänzte Monges Buch zur beschreibenden Geometrie um zwei weitere Kapitel zu Schattenkonstruktionen und zur Perspektive.

Darüber hinaus interessierte er sich auch für partielle Differentialgleichungen. In zwei seiner Arbeiten wandte er funktionalanalytische Methoden auf die Lösung linearer Differentialgleichungen an. Diese Arbeiten hatten auch Einfluß auf Cauchy bei der Entwicklung von Methoden der Funktionalanalysis.

Brooks, Satz von, ↗ Eckenfärbung.

Brouncker, William Lord Viscount, irischer Mathematiker, geb. 1620? Castle Lyons (Irland), gest. 5.4.1684 Oxford/London.

Brouncker ist bekannt als Gründer und erster Präsident (1662–1677) der Royal Society of London. Er promovierte 1647 in Oxford und stand 1664–1667 dem Gresham-College in London vor.

Brounckers mathematische Leistungen beziehen sich u. a. auf seine Arbeiten zu Kettenbrüchen und die Berechnung von Logarithmen durch unendliche Reihen. 1655 lieferte er die folgende Kettenbruchentwicklung:

$$\frac{4}{\pi} = 1 + \frac{1^2|}{|2} + \frac{3^2|}{|2} + \frac{5^2|}{|2} \ldots .$$

1668 veröffentlichte Brouncker die Quadratur (Integration) der Hyperbel $y = \frac{1}{1+x}$ zwischen $x = 0$ und $x = 1$ in Form der Reihe

$$\frac{1}{1 \cdot 2} + \frac{1}{3 \cdot 4} + \frac{1}{5 \cdot 6} + \cdots$$
$$= 1 - \frac{1}{2} + \frac{1}{3} - \frac{1}{4} + \frac{1}{5} - \frac{1}{6} + \cdots ,$$

berechnete diese und stellte die Verbindung zu $\log 2$ her. Brouncker lieferte eine Lösung für die sogenannte Pellsche Gleichung $x^2 - ay^2 = 1$. 1659 erschien in einer Arbeit von Wallis Brounckers Rektifikation der Neilschen Parabel $ay^2 = x^3$.

Brouwer, Luitzen Egbertus Jan, Mathematiker, geb. 27.2.1881 Overschie, gest. 2.12.1966 Blaricum (Niederlande).

Nach dem Studium der Mathematik und Naturwissenschaften in Amsterdam ab 1897 promovierte Brouwer 1907 mit einer Arbeit über die Grundlagen der Mathematik. Nach dreijähriger Privatdozentenzeit an der Amsterdamer Universität wurde er 1912 dort ordentlicher Professor für Mengentheorie, Funktionentheorie und Axiomatik. In dieser Position wirkte Brouwer bis zu seiner Emeritierung 1951.

Brouwer wurde bekannt für seine grundlegenden Beiträge zur Topologie und zu den Grundlagen der Mathematik. 1911 bewies er als ein herausragendes topologisches Resultat, daß bei topologischen Abbildungen von Mannigfaltigkeiten die Dimensionszahl unverändert bleibt. Er beantwortete damit die Frage nach der Invarianz der Dimensionszahl, die durch die Angabe einer eineindeutigen, aber nicht stetigen Abbildung bzw. einer stetigen, aber nicht eineindeutigen Abbildung von Gebieten unterschiedlicher Dimension aufeinander durch G.Cantor bzw. Peano aufgeworfen worden war.

In diesem Zusammenhang führte er neue Begriffe und Methoden ein, wie simpliziale Approximation, Simplexstern und Abbildungsgrad bzw. Fixpunktsätze (↗Brouwerscher Fixpunktsatz), die eine breite Anwendung in vielen Gebieten der Mathematik fanden.

In den Arbeiten zu den Grundlagen der Mathematik gab Brouwer eine kritische Analyse der traditionellen Denkweisen in der Mathematik und schuf eine neue Auffassung, die als Intuitionismus bekannt wurde. Er charakterisierte die Mathematik als rein geistige, von der Erfahrung unabhängige Aktivität des Menschen und gründete sie auf eine Urintuition, die zwei Komponenten, diskret und kontinuierlich, enthielt. Auf diesen Prinzipien baute er die intuitionistische Logik auf, in der z. B. der Satz vom ausgeschlossenen Dritten nicht mehr allgemein gültig ist. Der auf dieser Basis von Brouwer versuchte konstruktive Aufbau der Mathematik erwies sich als sehr kompliziert und stieß schon in der Analysis auf grundsätzliche Grenzen. Mit der Einführung der freien Wahlfolgen gelang Brouwer dann die Konstruktion eines intuitionistischen Kontinuums sowie der Aufbau einer intuitionistischen Funktionen- und Maßtheorie.

Der einseitige, auf den Intuitionismus gegründete Aufbau der Mathematik wurde von vielen Mathematikern abgelehnt und war zeitweise Gegenstand heftiger Diskussionen.

Brouwerscher Fixpunktsatz, fundamentaler Satz über die Existenz eines Fixpunktes bei stetigen Abbildungen auf der Einheitskugel. Der Satz lautet:

Es sei $E \subseteq \mathbb{R}^n$ die abgeschlossene Einheitskugel und $f : E \to E$ eine stetige Abbildung.

Dann hat f mindestens einen Fixpunkt, das heißt also, es gibt mindestens ein $x \in E$ mit $f(x) = x$.

Der Beweis des Satzes ist für $n = 1$ trivial und kann für $n \geq 2$ mit Hilfe des Stokesschen Integralsatzes geführt werden.

Browder, Felix Earl, amerikanischer Mathematiker, geb. 31.7.1927 Moskau.

Browder studierte bis 1946 Mathematik am Massachusetts Institute for Technology und promovierte 1948 an der Universität Princeton. Er lehrte u. a. an der Boston Universität, der Brandeis Universität und der Universität Yale. 1963 wurde er als Professor für Mathematik an die Universität von Chicago berufen.

Browders Hauptarbeitsgebiete sind partielle Differentialgleichungen, nichtlineare Funktionalanalysis und Fixpunktsätze (↗Fixpunktsatz von Browder-Göhde-Kirk).

Browder-Göhde-Kirk, Fixpunktsatz von, Aussage über nichtexpandierende Abbildungen:

Sei X ein Banachraum und $M \subset X$ eine schwach kompakte (↗schwache Topologie) konvexe Teilmenge mit normaler Struktur (d. h. für jede konvexe Menge $C \subset M$ mit $\mathrm{diam}(C) > 0$ existiert ein $x_0 \in C$ mit

$$\sup_{x \in C} \|x - x_0\| < \mathrm{diam}(C)) .$$

Ferner sei $T : M \to M$ nichtexpansiv, d. h.

$$\|Tx - Ty\| \leq \|x - y\|$$

für alle $x, y \in M$. Dann besitzt T einen Fixpunkt.

Ist speziell X ein ↗gleichmäßig konvexer Banachraum, z. B. ein Hilbertraum oder L^p für $1 < p < \infty$, so hat jede abgeschlossene beschränkte konvexe Menge M normale Struktur und ist schwach kompakt. In diesem Fall besitzt also jede nichtexpansive Abbildung $T : M \to M$ einen Fixpunkt.

[1] Goebel, K.; Kirk, W. A.: Topics in Metric Fixed Point Theory. Cambridge University Press, 1990.

Brown, Ernest William, britischer Mathematiker und Astronom, geb. 29.11.1866 Hull (England), gest. 23.7.1938 New Haven (Connecticut).

Brown studierte in Cambridge. Nach seiner Promotion 1891 ging er in die USA. Er lehrte Mathematik u. a. in Harvard. 1907 wurde er nach Yale berufen. Die Sommersemester verbrachte er aber fast immer in Cambridge.

Beeinflußt durch die Arbeiten von Hill und Newcomb widmete er sich der Theorie der Mondbewegung. Seine fünfteilige Abhandlung zum Mondorbit erschien 1897–1908. 1919 faßte er seine dreißigjährige Forschungsarbeit in Tafeln über die Bewegung des Mondes zusammen. Die bis dahin noch nicht erfaßten Fluktuationen in der Bewegung des Mondes erklärte er in einer Arbeit von 1926 durch irreguläre Veränderungen der Erdrotationsdauer, was sich schließlich als korrekt herausstellte.

Brown veröffentlichte 1933 eine Arbeit zur Planetenbewegung. 1914–1916 war er Präsident der Amerikanischen Mathematischen Gesellschaft.

Brown-Robinson, Iterationsverfahren von, Lösungsverfahren zum Auffinden optimaler Strategien in Matrixspielen.

Dabei wird versucht, den Wert v des Spiels in einer unendlichen Folge von Spielrunden zu approximieren. Anhand der bislang gespielten Runden werden Schätzungen für die relativen Häufigkeiten aufgestellt, die schließlich gegen optimale Strategien konvergieren.

Brownsche Bewegung, *Wienerprozeß*, stochastischer Prozeß der im folgenden näher beschriebenen Art.

Ist $(\Omega, \mathfrak{A}, P)$ ein Wahrscheinlichkeitsraum und $(\mathfrak{A}_t)_{t\geq 0}$ eine Filtration in $\mathfrak{A}$, dann heißt jeder an $(\mathfrak{A}_t)_{t\geq 0}$ adaptierte stochastische Prozeß $(B_t, \mathfrak{A}_t)_{t\geq 0}$ mit Zustandsraum $\mathbb{R}^d$ eine d-dimensionale Brownsche Bewegung, wenn er die folgenden zwei Eigenschaften besitzt:

(i) Für jede Wahl der Zeitpunkte $0 \leq s < t$ ist $B_t - B_s$ von $\mathfrak{A}_s$ unabhängig, und die Verteilung der Differenz $B_t - B_s$ ist das Produktmaß von d Normalverteilungen mit Erwartungswert 0 und Varianz $t - s$.

(ii) Fast alle Pfade $t \to B_t(\omega)$ sind stetig.

Gilt weiterhin $B_0 \equiv x$, so heißt $(B_t, \mathfrak{A}_t)_{t\geq 0}$ eine Brownsche Bewegung mit Startpunkt x. Im Falle $x = 0$ spricht man dann auch von einer standardisierten oder normalen Brownschen Bewegung. Eine eindimensionale Brownsche Bewegung wird auch als reelle Brownsche Bewegung bezeichnet.

Oft wird die d-dimensionale Brownsche Bewegung auch ohne explizite Bezugnahme auf eine Filtration als stochastischer Prozeß $(B_t)_{t\geq 0}$ mit Zustandsraum $\mathbb{R}^d$ definiert, für den

(i′) die Zuwächse stationär und unabhängig sind und für alle $0 \leq s < t$ die Verteilung der Differenz $B_t - B_s$ das Produktmaß von d Normalverteilungen mit Erwartungswert 0 und Varianz $t - s$ ist,

sowie weiterhin die obige Eigenschaft (ii) gilt.

Der Zusammenhang zwischen beiden Definitionen besteht darin, daß eine Brownsche Bewegung im Sinne der zweiten Definition eine Brownsche Bewegung im Sinne der ersten ist, wenn man als Filtration die kanonische Filtration wählt.

Eine wichtige Eigenschaft der Pfade einer Brownschen Bewegung ist ihre Nicht-Differenzierbarkeit:

Es sei $(B_t, \mathfrak{A}_t)_{t\geq 0}$ eine Brownsche Bewegung auf einem Wahrscheinlichkeitsraum $(\Omega, \mathfrak{A}, P)$.

Dann ist für P-fast alle $\omega \in \Omega$ der Pfad $t \to B_t(\omega)$ an keiner Stelle differenzierbar.

Erste Anregungen zum Studium des später nach ihm benannten Prozesses stammen von dem schottischen Botaniker R. Brown, der 1828 die Bewegung von Pollen in Wasser untersuchte. Eine genauere analytische Beschreibung des Prozesses wurde dann im Jahre 1900 im Rahmen ökonomischer Untersuchungen von Bachelier und 1905 von Einstein geleistet. Es folgte 1923 die erste mathematisch umfassende Fundierung der Brownschen Bewegung durch N. Wiener.

Ein großer Teil der Ergebnisse, die uns heute über die Brownsche Bewegung zur Verfügung stehen, geht auf Arbeiten von Lévy aus den Jahren 1930–1950 zurück.

Brownsche Brücke, spezieller Gaußscher Prozeß. Ein Gaußscher Prozeß $\{X(t)|0 \leq t \leq 1\}$ heißt Brownsche Brücke, falls für die zugehörigen Erwartungswerte gilt:

$$E(X(t)) = 0 \quad \text{und} \quad E(X(s) \cdot X(t)) = s \cdot (1 - t).$$

Brownsche Filtration, Modifikation einer Filtration, die im Zusammenhang mit Brownschen Bewegungen auftritt.

Beim Studium einer Brownschen Bewegung $(B_t, \mathfrak{A}_t)_{t\geq 0}$ auf einem Wahrscheinlichkeitsraum $(\Omega, \mathfrak{A}, P)$ erweist es sich als hinderlich, wenn die Filtration gewisse Regularitätseigenschaften, die auch als übliche Voraussetzungen an eine Filtration bezeichnet werden, nicht besitzt. Man ersetzt die Filtration $(\mathfrak{A}_t)_{t\geq 0}$ dann durch eine größere sogenannte Brownsche Filtration $(\tilde{\mathfrak{A}}_t)_{t\geq 0}$ mit $\mathfrak{A}_t \subseteq \tilde{\mathfrak{A}}_t$ für alle $t \geq 0$, wie z. B die augmentierte Filtration, welche die üblichen Voraussetzungen erfüllt. Der Prozeß $(B_t, \tilde{\mathfrak{A}}_t)_{t\geq 0}$ ist dann ebenfalls eine Brownsche Bewegung.

Broyden-Fletcher-Goldfarb-Shanno, Verfahren von, *BFGS-Verfahren*, Methode zur Optimierung einer Funktion $f : \mathbb{R}^n \to \mathbb{R}$ (ohne Nebenbedingungen).

Das Verfahren beginnt mit der Wahl einer beliebigen positiv-definiten Matrix A und eines beliebigen

$x \in \mathbb{R}^n$. Nun minimiert man f entlang der Richtung

$$d := -A^{-1} \cdot \mathrm{grad}(f)(x)$$

und wählt als neuen Punkt x^* den zugehörigen Extremalpunkt. Vor dem nächsten Iterationsschritt wird die Matrix A nach der sogenannten BFGS-Formel geändert. Diese Formel, deren exakte Schilderung hier zu weit führen würde, verwendet neben A die Vektoren $x^* - x$ sowie $\mathrm{grad}(f)(x^*) - \mathrm{grad}(f)(x)$.

Bruch, zur Einführung der rationalen Zahlen benutzte Äquivalenzklasse $\frac{a}{b}$ von Paaren ganzer Zahlen (a, b), wobei $b \neq 0$, bzgl. der durch

$$(a, b) \sim (c, d) \;:\Longleftrightarrow\; ad = bc$$

für $a, b, c, d \in \mathbb{Z}$ mit $b, d \neq 0$ erklärten Äquivalenzrelation. Allgemeiner bezeichnet man auch beliebige in der Gestalt $\frac{x}{y} := x\!:\!y := xy^{-1}$ notierte Quotienten reeller oder komplexer Zahlen x, y mit $y \neq 0$ als Brüche. x heißt Zähler und y Nenner des Bruchs $\frac{x}{y}$. Der Umgang mit Brüchen wird durch die Regeln der ↗Bruchrechnung beschrieben.

Bruchrechnung, das Rechnen mit Brüchen. Dazu zählen die Regel

$$\frac{x}{y} = \frac{v}{w} \iff xw = vy$$

für die Gleichheit zweier Brüche $\frac{x}{y}$ und $\frac{v}{w}$, die Identitäten

$$\frac{x}{1} = x \quad , \quad \frac{0}{x} = 0 \quad , \quad \frac{x}{x} = 1$$

für alle (reellen oder komplexen) Zahlen x (mit $x \neq 0$, wo es im Nenner steht), das Multiplizieren eines Bruchs $\frac{x}{y}$ mit einer Zahl z durch

$$\frac{x}{y} z = \frac{xz}{y} ,$$

sowie das Dividieren eines Bruchs durch eine Zahl $z \neq 0$ mittels

$$\frac{x}{y} : z = \frac{x}{yz} ,$$

und das Erweitern eines Bruchs $\frac{x}{y}$ durch gleichzeitiges Multiplizieren von Zähler und Nenner mit einer Zahl $z \neq 0$, wobei sich der Wert des Bruchs nicht ändert:

$$\frac{x}{y} = \frac{xz}{yz} .$$

Der umgekehrte Vorgang, also das gleichzeitige Dividieren von Zähler und Nenner durch eine Zahl $z \neq 0$, heißt Kürzen des Bruchs $\frac{xz}{yz}$. Man addiert bzw. subtrahiert zwei Brüche $\frac{x}{y}$ und $\frac{v}{w}$, indem man sie auf einen gemeinsamen Nenner erweitert und dann die Zähler addiert bzw. subtrahiert:

$$\frac{x}{y} \pm \frac{v}{w} = \frac{xw}{yw} \pm \frac{yv}{yw} = \frac{xw \pm yv}{yw} .$$

Brüche werden multipliziert, indem man jeweils ihre Zähler und Nenner miteinander multipliziert:

$$\frac{x}{y} \cdot \frac{v}{w} = \frac{xv}{yw}$$

Das Negative eines Bruchs $\frac{v}{w}$ ist gegeben durch

$$-\frac{v}{w} = \frac{-v}{w} = \frac{v}{-w} ,$$

und das Reziproke eines Bruchs $\frac{v}{w} \neq 0$ durch seinen Kehrwert

$$\left(\frac{v}{w}\right)^{-1} = \frac{w}{v} .$$

Man dividiert daher einen Bruch $\frac{x}{y}$ durch einen anderen $\frac{v}{w} \neq 0$, indem man ihn mit dessen Kehrwert multipliziert:

$$\frac{x}{y} : \frac{v}{w} = \frac{x}{y} \cdot \left(\frac{v}{w}\right)^{-1} = \frac{x}{y} \cdot \frac{w}{v} = \frac{xw}{yv} .$$

Brücke, ↗Brownsche Brücke, ↗zusammenhängender Graph.

Brun, Satz von, zahlentheoretische Aussage im Zusammenhang mit der Verteilung von Primzahlzwillingen.

Der Satz besagt, daß die Reihe $\sum \frac{1}{p}$ konvergiert, wobei p alle Primzahlen durchläuft, die Element eines Primzahlzwillingspaares sind, also

$$\left(\frac{1}{3} + \frac{1}{5}\right) + \left(\frac{1}{5} + \frac{1}{7}\right) + \left(\frac{1}{11} + \frac{1}{13}\right) + \left(\frac{1}{17} + \frac{1}{19}\right) + \left(\frac{1}{29} + \frac{1}{31}\right) + \cdots .$$

(Das doppelte Auftreten der Zahl 5 ist in der Literatur nicht ganz einheitlich; der u.g. numerische Wert entspringt jedoch dieser Reihenbildung).

Aus dem Satz folgt, daß es entweder nur endlich viele oder unendlich viele Primzahlzwillinge gibt, deren Verteilung gegen ∞ immer „dünner" wird.

Der Wert B der o.g. Reihe, manchmal auch als Brunsche Konstante bezeichnet, ist bis heute nicht bekannt. Hochgenaue numerische Berechnungen unter Verwendung aller Primzahlzwillinge bis zu $1.5 \cdot 10^{15}$ ergaben Mitte der 90er Jahre den Wert

$$B = 1.9021605824\ldots .$$

Brun, Viggo, norwegischer Mathematiker, geb. 13.10.1885 Lier (Norwegen), gest. 15.8.1978 Drøbak (bei Oslo).

Nach dem Studium 1903–1909 an der Universität Christiania (Oslo) war Brun Stipendiat dieser Universität und weilte unter anderem 1910 in Göttingen und 1919/20 in Paris. Er war 1921–1923 Assistent an der Universität Oslo, wurde 1923 Professor an der TH Trondheim und war schließlich 1946–1956 Professor an der Universität Oslo.

Bruns zentrales Arbeitsgebiet war die Zahlentheorie, speziell Probleme der Primzahlen.

Brunsche Konstante, ↗Brun, Satz von.

brute force, (engl. rohe Gewalt), Verfahren der ↗Kryptoanalyse, bei dem die gesamte Schlüsselmenge durchsucht wird.

Um gegen diese Form des unberufenen Entschlüsselns sicher zu sein, muß der Schlüsselraum je nach Verfahren mindestens 2^{80} Elemente enthalten (64-Bit-Schlüssel). Gegenwärtig gelten jedoch nur 128-Bit-Schlüssel als ausreichend sicher. Die Länge des Schlüssels garantiert aber nur die Sicherheit gegen diese Form der Kryptoanalyse, zum Beispiel muß ein sog. RSA-Schlüssel schon mindestens aus 1024-Bit bestehen, um zum gegenwärtigen Zeitpunkt (1999) als sicher zu gelten. Andererseits hat eine einfache Substitutionschiffre bereits einen Schlüsselraum mit $26! \approx 2^{88}$ Elementen und kann trotzdem durch Häufigkeitsanalyse leicht gebrochen werden.

B-Spline, ↗ B-Splinefunktion.

B-Splinefläche, mit Hilfe des Produktes von ↗B-Splinefunktionen dargestellte Fläche über einem rechteckigen Parametergebiet.

Ist $\{N_{mi}(x)\}_{i=0,\dots,n}$ und $\{N_{mj}(y)\}_{j=0,\dots,n}$ jeweils eine Menge bezüglich geeigneter ↗Knotenvektoren definierter normierter B-Splinefunktionen in einer Variablen, und bezeichnet weiterhin $\{b_{ij}\}$, $i,j = 0,\dots,n$, eine Menge von ↗de Boor-Punkten im $\mathbb{R}^d$, so ist die zugehörige B-Splinefläche definiert als die Abbildung

$$B(x,y) = \sum_{i=0}^{n}\sum_{j=0}^{n} b_{ij}N_{mi}(x)N_{mj}(y)\,.$$

Sie besitzt die ↗convex-hull-property, und kann mit einer Variante des ↗de Boor-Algorithmus ausgewertet werden.

[1] Farin, G.: Curves and Surfaces for Computer Aided Geometric Design. Academic Press San Diego, 1988.

[2] Hoschek, J.; Lasser, D.: Grundlagen der geometrischen Datenverarbeitung. Teubner-Verlag Stuttgart, 1989.

B-Splinefunktion, ↗Splinefunktion mit kompaktem Träger.

Ist eine Ordnung m und ein dafür zulässiger ↗Knotenvektor $x_1, x_2, \dots$ gegeben, so kann man zeigen, daß es zu jedem Knoten x_j eine eindeutig bestimmte Splinefunktion s der Ordnung m gibt, deren Träger gerade das Intervall $[x_j, x_{j+m}]$ ist, und die so normiert ist, daß gilt

$$\int_{\mathbb{R}} s(x)\,dx = 1\,.$$

Diese Funktion nennt man B-Splinefunktion und bezeichnet sie üblicherweise mit B_{mj}. Die Gesamtheit aller Knoten im Träger der B-Splinefunktionen bezeichnet man auch als ↗Knotenvektor.

Die B-Splinefunktionen bilden eine Basis des Raumes aller Splinefunktionen der Ordnung m, wovon das „B" in ihrer Bezeichnung stammt.

Von entscheidender Bedeutung für das effiziente Arbeiten mit B-Splinefunktionen ist die Tatsache, daß sie mit Hilfe der de Boor-Cox-Rekursionsformel berechnet werden können. Diese lautet

$$B_{mj}(x) = \alpha_{mj}(x)B_{m-1,j}(x) + \beta_{mj}(x)B_{m-1,j+1}(x)$$

mit den Koeffizientenfunktionen

$$\alpha_{mj}(x) = \frac{m}{m-1}\cdot\frac{x-x_j}{x_{j+m}-x_j}$$

und

$$\beta_{mj}(x) = \frac{m}{m-1}\cdot\frac{x_{j+m}-x}{x_{j+m}-x_j}.$$

B-Splinefunktionen gewinnen zunehmend an Bedeutung innerhalb der ↗Computergraphik, hier insbesondere bei der Darstellung von ↗B-Splinekurven und ↗B-Splineflächen. In diesen Fällen wählt man eine etwas andere Normierung, man setzt

$$N_{mj}(x) = \frac{x_{j+m}-x_j}{m}\cdot B_{mj}(x)$$

und bezeichnet die Funktionen N_{mj} auch als normierte B-Splinefunktionen.

[1] de Boor, C.: A Practical Guide to Splines. Springer-Verlag New York, 1978.

[2] Nürnberger, G.: Approximation by Spline Functions. Springer-Verlag Heidelberg/Berlin, 1989.

[3] Schumaker, L.L.: Spline Functions: Basic Theory. John Wiley & Sons New York, 1981.

B-Splinekurve, bezüglich einer Basis von ↗B-Splinefunktionen dargestellte Kurve.

Sind $N_i^m(t)$, $i = 0,\dots,r$ die zu einem ↗Knotenvektor gehörenden normierten B-Splinefunktionen der Ordnung m, und ist $\{b_i\}$, $i = 0,\dots,r$, eine Menge von ↗de Boor-Punkten im $\mathbb{R}^n$, so ist die dadurch definierte B-Splinekurve durch

$$b(t) = \sum_{i=0}^{r} b_i N_i^m(t)$$

gegeben.

Solche Kurven spielen eine große Rolle in der geometrischen Datenverarbeitung. Sie besitzen die ↗convex-hull-property und können effizient mit

Hilfe des ↗de Boor-Algorithmus ausgewertet werden.

Viele Eigenschaften der B-Splinekurven beruhen auf der Existenz des ↗blossoming.

Budan-Fourier, Satz von, beinhaltet eine Formel zur Abschätzung der Nullstellenanzahl eines reellen Polynoms.

Es sei $p(x)$ ein reelles Polynom n-ten Grades. Für zwei reelle Zahlen a und b mit $a < b$ gelte $p(a) \cdot p(b) \neq 0$. Weiterhin bezeichne für $t \in \mathbb{R}$ $N(t)$ die Anzahl der Vorzeichenwechsel in der Folge

$$p(t),\ p'(t),\ \ldots,\ p^{(n)}(t)\,.$$

Dann gilt: Die Anzahl der Nullstellen von p im Intervall (a, b) ist gleich oder um eine gerade Zahl geringer als $N(a) - N(b)$, wobei die Nullstellen entsprechend ihrer Vielfachheit gezählt werden.

Buchberger-Algorithmus, Algorithmus zur Berechnung einer ↗Gröbner-Basis eines Ideals I im Polynomring über einem Körper.

Um den Algorithmus zu beschreiben, benutzen wir folgende Abkürzungen:

Seien f, g Polynome und S eine endliche Menge von Polynomen. NF($f|S$) ist die Normalform von f bezüglich S. spoly(f, g) ist das ↗spolynom von f und g.

S = Buchberger(F)
Input: Eine Menge F von Polynomen
Output: Eine Gröbner-Basis für das von F erzeugte Ideal
  $S = F$
  $P = \{(f, g) : f, g \in S\}$
  while $P \neq \emptyset$ DO
    choose $(f, g) \in P$
    $P = P \setminus \{(f, g)\}$
    $h = \mathrm{NF}(\mathrm{spoly}(f, g)|S)$
      if $h \neq 0$
      $P = P \cup \{(h, g) : g \in S\}$
      $S = S \cup \{h\}$
  Return S.

Buchdicke, minimale ganze Zahl k, für die ein ↗Graph G eine kreuzungsfreie Einbettung G' in ein k-Buch besitzt, bei der jede Ecke auf dem Rücken des Buches liegt und jede Kante in genau einer Seite des Buches enthalten ist.

Dabei ist ein k-Buch der topologische Raum, der durch die Identifizierung von jeweils einer Seite in k verschiedenen Einheitsquadraten (versehen mit der üblichen Topologie) zu einer einzigen Seite entsteht, die man den Rücken des Buches nennt. Die k Einheitsquadrate heißen die Seiten des Buches.

Die Bestimmung der Buchdicke eines Graphen ist ein sehr schwieriges Problem, und nur für wenige spezielle Graphenklassen ist die Buchdicke bekannt.

Buchproblem, folgendes Problem der elementaren Kombinatorik:

Wie weit kann ein Stapel aus n Büchern über eine Tischkante herausragen ohne herunterzufallen?

Bei einem Stapel aus *einem* Buch muß der Schwerpunkt des Buches irgendwo über dem Tisch liegen. Um einen maximalen Überhang zu erreichen, muß der Schwerpunkt des Buches genau über der Tischkante liegen. Es folgt, daß mit einem Stapel aus einem Buch der maximale Überhang eine halbe Buchlänge hat.

Besteht der Stapel aus zwei Büchern, so muß der Schwerpunkt des oberen Buches über der Kante des unteren Buches und der Schwerpunkt des gesamten Stapels über der Tischkante liegen. Hat ein Buch die Länge 1, liegt der Schwerpunkt des Stapels also bei $(1 + 1/2)/2 = 3/4$ von der (rechten) Kante des oberen Buches. D.h., bei einem Stapel aus zwei Büchern hat der maximale Überhang eine Länge von $3/4$. Bei einem Stapel aus drei Büchern hat der maximale Überhang eine Länge von $(1+1/2+1/3)/2 = 11/12$, und bei einem Stapel aus vier Büchern erreicht man einen unerwarteten maximalen Überhang von $(1+1/2+1/3+1/4)/2 = 25/24$, also mehr als eine Buchlänge (s. Abb.)

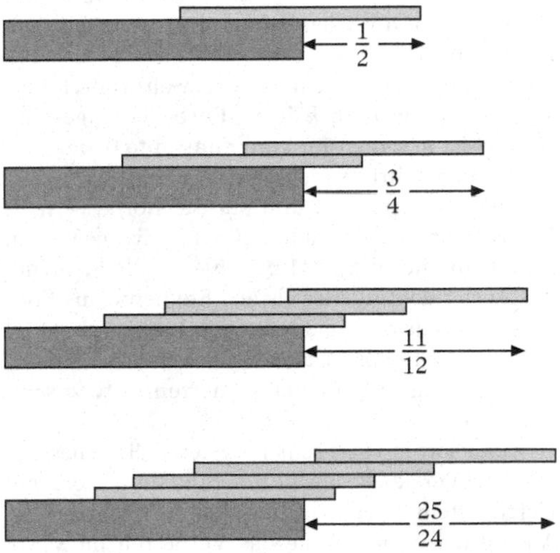

Es stellt sich heraus, daß der größtmögliche Überhang d_n für n Bücher (ausgedrückt in Buchlänge) die Hälfte der n-ten Teilsumme der harmonischen Reihe ist, also

$$d_n = \frac{1}{2} \sum_{k=1}^{n} \frac{1}{k}\,.$$

Daraus folgt, daß für einen Überhang von $n = 1, 2, 3, 4, 5, \ldots$ Buchlängen jeweils 4, 31, 227, 1674, 12367, ... Bücher gebraucht werden. Die ersten fünf Werte für d_n sind:

$$d_1 = \frac{1}{2} = 0,5,$$
$$d_2 = \frac{3}{4} = 0,75,$$
$$d_3 = \frac{11}{12} \approx 0,91667,$$
$$d_4 = \frac{25}{24} \approx 1,04167,$$
$$d_5 = \frac{137}{120} \approx 1,20833.$$

[1] Graham, R.L.; Knuth, D.E.; Patashnik, O.: Concrete Mathematics: A Foundation for Computer Science. Addison-Wesley Reading, 1990.

Buchsbaum-Ring, ein lokaler Ring R mit Maximalideal $\mathfrak{m}$, so daß die kanonische Abbildung

$$\mathrm{Ext}^m_R(R/\mathfrak{m}, R) \to \varinjlim \mathrm{Ext}^i_R(R/\mathfrak{m}^d, R)$$

ein Isomorphismus ist.

Buchstabe, Grundelement zur Konstruktion einer von einer Menge X erzeugten freien Gruppe. Es seien X eine Menge und X^+ und X^- zwei mit X gleichmächtige und disjunkte Mengen. Dann heißt $X^+ \cup X^-$ die Menge der Buchstaben.

Jeder Ausdruck der Form $w = x_1^{s_1} \dots x_n^{s_n}$ mit $n \in \mathbb{N}$ und $s_i \in \{+, -\}$ heißt ein Wort. Mit Hilfe sogenannter reduzierter Worte läßt sich dann die von der Menge X erzeugte freie Gruppe $F(X)$ konstruieren.

Bucketsort, spezielles ↗Sortierverfahren zum Sortieren von n reellen Zahlen $x_1, \dots, x_n$ aus dem Bereich $(0, 1]$.

Das Verfahren besteht aus drei Schritten: Im ersten Schritt werden k leere Körbe bereitgestellt. Hierbei ist $k = \alpha \cdot n$ für eine Konstante $0 < \alpha \leq 1$. Im zweiten Schritt werden die Elemente $x_1, \dots, x_n$ sequentiell betrachtet und auf die Körbe verteilt. Das Element x_i wird in den Korb $\lceil k \cdot x_i \rceil$ geworfen. Damit sind für alle $j \in \{1, \dots, k-1\}$ alle Elemente aus Korb j echt kleiner als alle Elemente aus Korb $(j+1)$. Im dritten und letzten Schritt wird auf jeden Korb ↗Heapsort angewendet und die so sortierten Teillisten zu einer sortierten Liste zusammengefügt.

Bucketsort muß im schlechtesten Fall wenigstens $\lceil \log_2 n! \rceil$ Vergleiche ausführen. Sind die n Elemente gleichverteilt über dem Intervall $(0, 1]$, so ist die Anzahl der Schritte, die das Verfahren im Mittel ausführen muß, durch $c \cdot n$ für eine von n unabhängige Konstante c nach oben beschränkt.

Buffon, Georges Louis Leclerc, französischer Mathematiker, Jurist, Mediziner und Biologe, geb. 7.9.1707 Montbard (Frankreich), gest. 16.4.1788 Paris.

Buffon hatte sehr großen Einfluß auf die Entwicklung der Naturgeschichte. Sein frühes Interesse an Mathematik führte ihn an die Wissenschaft heran. Im Alter von 20 Jahren entdeckte er das Binomialgesetz. Er korrespondierte mit Cramer über Mechanik, Geometrie, Wahrscheinlichkeits- und Zahlentheorie, Differential- und Integralrechnung.

In seiner ersten Arbeit führte er die Differential- und Integralrechnung in die Wahrscheinlichkeitstheorie ein. Mit seinem mehrbändigen Werk zur Naturgeschichte begründete er seinen Ruf als der bedeutendste Naturhistoriker seiner Zeit.

Auf mathematischem Gebiet wurde Buffon vor allem durch sein wahrscheinlichkeitstheoretisches Experiment zur Berechnung von π bekannt. Dieses Nadelexperiment (↗Buffonsches Nadelproblem) löste unter den Mathematikern seiner Zeit kontroverse Diskussionen zur Theorie der Wahrscheinlichkeitsrechnung aus, die schließlich zu einem besseren Verständnis derselben führten.

Buffonsches Nadelproblem, geometrische Bestimmung der Wahrscheinlichkeit p, daß eine Nadel der Länge $2l$, die „auf gut Glück" auf eine Ebene geworfen wird, auf der im Abstand $2a > 2l$ parallele Geraden gezogen wurden, irgendeine dieser Geraden schneidet.

Dabei ist mit dem Ausdruck „auf gut Glück" gemeint, daß die Nadel keine Lage auf der Ebene bevorzugt und daß die Position des Nadelmittelpunktes und die Richtung der Nadel voneinander unabhängig sind.

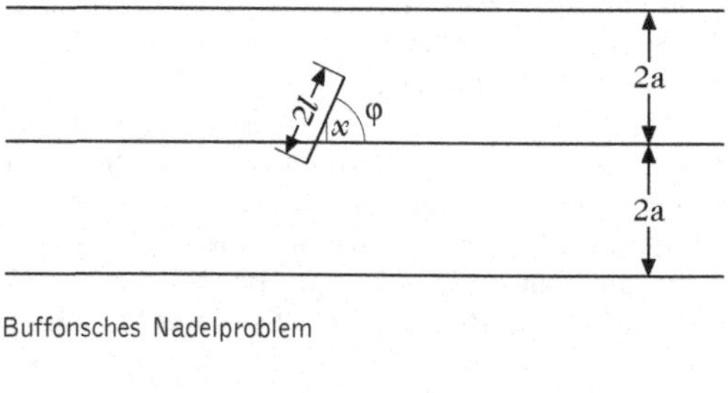

Buffonsches Nadelproblem

Die Lage der Nadel (in bezug auf die nächste Gerade) ist eindeutig durch den senkrechten Abstand x des Mittelpunktes der Nadel von der nächstgelegenen Geraden und den Winkel $\varphi \in [0, \pi)$ zwischen der Nadel und dieser Geraden bestimmt. Das Rechteck

$$\Omega := \{(x,\varphi)|0 \le x \le a,\ 0 \le \varphi < \pi\}$$

ist also die Menge aller möglichen Positionen der Nadel. Eine geometrische Überlegung zeigt, daß die Nadel genau dann eine Gerade schneidet, wenn $(x,\varphi) \in A$, wobei

$$A := \{(x,\varphi)|(x,\varphi) \in \Omega,\ x \le l \sin\varphi\}.$$

Unter den genannten Voraussetzungen ist die gesuchte Wahrscheinlichkeit p gleich $I(A)/I(\Omega)$, wobei $I(A)$ bzw. $I(\Omega)$ die Fläche von A bzw. Ω bezeichnet. Daraus folgt $p = 2l/(a\pi)$.

Bündelmorphismus, Abbildung $\phi : B_1 \to B_2$ zwischen zwei ↗Bündelräumen, für welche Fasern wieder auf solche abgebildet werden.

Bündelraum, Urbildraum B für Bündel $\pi : B \to M$, welche auf den Basisraum M abbilden. Bündel sind hierbei surjektive Abbildungen zwischen diesen beiden Mengen.

Bundle-Verfahren, ↗Subgradientenoptimierung.

Bunjakowski, Viktor Jakowlewitsch, russischer Mathematiker, geb. 16.12.1804 Bar (Ukraine), gest. 12.12.1889 St. Petersburg.

Bunjakowski studierte in Coburg, Lausanne und Paris, u. a. bei Cauchy. 1825 promovierte er in Paris. Danach lehrte er in St Petersburg. Dort hatte er 1846–1880 eine Professur an der Universität inne.

Er publizierte über 150 Arbeiten zur Mathematik und Mechanik und gehörte zu den Wegbereitern der russischen mathematischen Schule. Seine Hauptarbeitsgebiete waren die Wahrscheinlichkeitstheorie und die Statistik. 1846 erschien sein grundlegendes Buch zu diesem Themenkreis.

Bekannt wurde Bunjakowski durch die Entdeckung der für die Analysis bedeutsamen Bunjakowskischen bzw. Cauchy-Schwarz-Ungleichung.

Bunjakowski leistete auch wichtige Beiträge zur Zahlentheorie. So lieferte er u. a. einen neuen Beweis für Gauß' quadratisches Reziprozitätsgesetz. Darüber hinaus befaßte er sich mit Geometrie, angewandter Mechanik und Hydrostatik.

Burali-Forti, Antinomie von, Widerspruch, der auf der Annahme beruht, es gäbe die Menge ON aller Ordinalzahlen (↗Kardinalzahlen und Ordinalzahlen): ON wäre dann selbst eine Ordinalzahl, d. h., es folgte ON $\in$ ON. Man kann andererseits zeigen, daß sich eine Ordinalzahl nie selbst enthalten kann.

Burali-Forti, Cesare, italienischer Mathematiker, geb. 13.8.1861 Arezzo (Italien), gest. 21.1.1931 Turin.

Burali-Forti schloß sein Studium an der Universität von Pisa 1884 mit einer Promotion in Mathematik ab. 1887 wurde er an die Turiner Militär-Akademie berufen. Dort las er analytische projektive Geometrie. Die von Burali-Forti bevorzugten Vektormethoden wurden zu seiner Zeit weitgehend abgelehnt, so daß er vermutlich deshalb nie eine Professur an einer Universtät erhielt. Aber 1893–94 hielt er an der Turiner Universität eine Reihe informaler Vorlesungen zur mathematischen Logik, die auch in Buchform erschienen. 1894–1896 war Burali-Forti Peanos Assistent an der Universität Turin. Auf dem ersten Internationalen Mathematikerkongreß 1897 in Zürich trug Burali-Forti eine Arbeit über die Postulate der euklidischen und der Lobatschewskischen Geometrie vor. Bekannt wurde Burali-Forti als der erste Entdecker eines Mengenparadoxons (↗Burali-Forti, Antinomie von), im wesentlichen ein Menge-aller-Mengen-Paradoxon. Neben Mengenlehre und Vektoranalysis interessierten Burali-Forti auch lineare Transformationen und ihre Anwendung auf die Differentialgeometrie.

Burger-Gleichung, die partielle Differentialgleichung

$$u_t + uu_x = 0$$

zweiter Ordnung.

Bürgi, Jost, *Burgi, Justus*, Uhrmacher und Instrumentenbauer, geb. 28.2.1552 Lichtensteig (Schweiz), gest. 31.1.1632 Kassel.

Bürgi war der bekannteste Uhrmacher und Instrumentenbauer seiner Zeit. Er stellte wissenschaftliche Instrumente u. a. für die astronomischen Beobachtungen des Landgrafen Wilhelm des Weisen von Hessen her, dessen Fixsternbeobachtungen denen Tycho Brahes an Exaktheit nicht nachstanden.

1620 veröffentlichte Bürgi, angeregt durch seinen Freund Kepler, „Arithmetische und geometrische Progreß-Tabulen" und erfand damit unabhängig von Napier und Briggs die Logarithmen.

Burgi, Justus, ↗Bürgi, Jost.

Burkholder-Ungleichung, Ungleichung für Martingale.

Sei $X = (X_n)_{n\in\mathbb{N}}$ *ein der Filtration* $(\mathfrak{A}_n)_{n\in\mathbb{N}}$ *adaptiertes Martingal.*

Dann existieren für jedes $p > 1$ *Konstanten* A_p *und* B_p*, die nicht von* X *abhängen, so daß für beliebiges* $n \geq 1$ *gilt*

$$A_p(E([X]_n^{\frac{p}{2}}))^{\frac{1}{p}} \leq (E(|X_n|^p))^{\frac{1}{p}} \leq B_p(E([X]_n^{\frac{p}{2}}))^{\frac{1}{p}},$$

wobei $[X]$ *die quadratische Variation von* X *bezeichnet.*

Als Konstanten kann man $A_p = [18p^{3/2}/(p-1)]^{-1}$ und $B_p = 18p^{3/2}/(p-1)^{1/2}$ wählen.

Neben der hier genannten Form der Ungleichung existieren auch Verallgemeinerungen für stetige lokale Martingale.

burning-cost-Verfahren, Methode zur Prämienbestimmung in der Rückversicherung.

Für einen Bestand mit N Risiken R_j (Zufallsgrößen) wird ein Teil des Gesamtrisikos, beschrieben durch die Zufallsvariable

$$S = \sum_{j=1}^{N} \max(R_j - \alpha, 0)$$

mit $\alpha > 0$, bei einem Dritten rückversichert. Zur Berechnung der Prämie für das Risiko S werden die beobachteten Groß-Schäden (z. B. alle Schäden über $\alpha/2$) statistisch ausgewertet.

Sofern die verfügbaren Daten statistisch signifikant sind, ergibt sich die Prämie für das transferierte Risiko unmittelbar als gewichteter Mittelwert über die Realisierungen von S. Andernfalls erfolgt eine robuste Schätzung einer Verteilungsfunktion für die Groß-Schäden aus den Daten, in den meisten Fällen über eine Pareto-Verteilung. Die Prämie ist dann der Erwartungswert der geschätzten Verteilung.

Burnside, William, schottischer Mathematiker, geb. 2.7.1852 London, gest. 21.8.1927 West Wickham (England).

Burnside studierte bis 1875 u. a. bei Stokes, Adams, Maxwell und Cayley in Cambridge. Danach lehrte er bis 1886 auch dort. Sein Forschungsinteresse galt in dieser Zeit hauptsächlich elliptischen Funktionen. 1884 erhielt er eine Mathematikprofessur am Royal Naval College in Greenwich. Dort befaßte er sich ab 1885 vor allem mit Hydrodynamik, wandte sich ab 1894 aber fast ausschließlich der Gruppentheorie zu (↗Burnside-Ring). 1897 erschien seine Arbeit „The Theory of Groups of Finite Order". Sein wichtigstes Resultat zur Auflösbarkeit von Gruppen der Ordnung $p^m q^n$ erschien 1904. Spezialfälle dieses Problems waren 1872 von Sylow für $n = 0$, 1895 von Frobenius für $n = 1$ und 1898 von C. Jordan für $n = 2$ gezeigt worden. Burnside vermutete, daß jede endliche Gruppe ungerader Ordnung auflösbar wäre, bewiesen wurde dies allerdings erst 1962 durch Feit und Thompson in einer 300 Seiten starken Arbeit.

Viele gruppentheoretische Forschungen gründen sich heute auf Arbeiten von Burnside. Das Burnside-Problem über die Endlichkeit von Gruppen, wenn die Elemente feste endliche Ordnungen haben, ist immer noch ein vielbearbeitetes Gebiet der Gruppentheorie. 1994 erhielt Selmanow die Fields-Medaille für seine Untersuchungen zum Burnside-Problem.

Burnside veröffentlichte etwa 150 Arbeiten, 50 davon zur Gruppentheorie. Später wandte er sich der Wahrscheinlichkeitstheorie zu. Seine erste Arbeit dazu erschien 1918. Sein Buch zur Theorie der Wahrscheinlichkeit erschien allerdings erst nach seinem Tod.

Burnside-Ring, Ring, der auf der Menge $A(G)$ der Äquivalenzklassen durch die Operationen der disjunkten Vereinigung und des kartesischen Produktes entsteht.

Dabei ist G eine kompakte Lie-Gruppe, und Objekte M, N der Kategorie der abgeschlossenen G-Mannigfaltigkeiten heißen χ-äquivalent, sofern für alle abgeschlossenen Untergruppen H von G die ↗Euler-Poincaré-Charakteristik $\chi(F)$ gleich ist.

Büschel, Menge aller Linearkombinationen

$$\alpha_1 U_1 + \alpha_2 U_2$$

zweier Elemente U_1, U_2 (z. B. Punkte, Geraden, Kreise).

Sind beispielsweise U_1 und U_2 zwei sich im Punkt P schneidende Geraden, so ist das Büschel $\alpha_1 U_1 + \alpha_2 U_2$ gerade die Menge der durch P gehenden Geraden. Sind U_1 und U_2 Punkte, so ist das Büschel $\alpha_1 U_1 + \alpha_2 U_2$ die durch U_1 und U_2 gehende Gerade.

Busemannscher *G*-Raum, *geodätischer Raum*, ein metrischer Raum $\mathcal{R}$, in dem Verallgemeinerungen der Begriffe der geodätischen Kurven und der kürzesten Verbindungslinien der Riemannschen Geometrie definiert sind.

Mit dem Begriff der ↗Bogenlänge in metrischen Räumen ist man in der Lage, analog zur inneren Metrik von Riemannschen Mannigfaltigkeiten die innere Metrik ϱ_i von $\mathcal{R}$ zu definieren: Für $x, y \in \mathcal{R}$ ist $\varrho_i(x, y)$ das Infimum der Längen aller Verbindungskurven von x mit y. Dafür muß man voraussetzen, daß $\mathcal{R}$ die Eigenschaft des „finiten Bogenzusammenhangs" hat. Diese besagt, daß für je zwei Punkte $x, y \in \mathcal{R}$ eine rektifizierbare stetige Kurve existiert, die x mit y verbindet. Als einfaches Beispiel eines Raumes, der diese Eigenschaft *nicht* hat, dient die Abschließung des Graphen der Funktion $y = \sin(1/x)$ im $\mathbb{R}^2$.

Auch die Begiffe der „Kürzesten“, der „Geodätischen“ und des „linearen Parameters“ einer Geodätischen lassen sich leicht definieren.

Als „Raum mit innerer Metrik“ definiert man einen finit bogenzusammenhängenden metrischen Raum $\mathcal{R}$ mit Metrik ϱ, dessen ursprünglich vorgegebene Metrik mit seiner inneren Metrik übereinstimmt.

Ein Busemannscher G-Raum wird als ein finit kompakter metrischer Raum mit einer inneren Metrik definiert, in dem die Bedingung der Ausdehnbarkeit der kürzesten Verbindungslinien über ihre Endpunkt hinaus lokal gilt.

Ein solcher Raum besitzt die folgende Konvexitätseigenschaft: Es seien α und β zwei durch die Bogenlänge parametrisierte Geodätische. Dann gilt für $0 \leq t \leq 1$:

$$\begin{aligned} &\varrho(\alpha(t), \beta(t)) \\ &\quad \leq \; t d(\alpha(0), \beta(0)) + (1-t)\,\varrho(\alpha(1), \beta(1)). \end{aligned}$$

[1] Rinow, W.: Die innere Geometrie der metrischen Räume. Springer-Verlag Heidelberg/Berlin, 1961.

busy-beaver-Funktion, *Biberfunktion*, Beispiel für eine nicht ↗berechenbare Funktion, die von Rado 1962 angegeben wurde.

Diese Funktion $b : \mathbb{N}_0 \to \mathbb{N}_0$ ist definiert als die größtmögliche Anzahl $b(n)$ von Strichen, die von einer ↗Turing-Maschine mit n Zuständen produziert werden kann, angesetzt auf ein leeres Band. Es wird hierbei verlangt, daß die Turing-Maschine schließlich stoppt, und daß sie nur den Strich und das Leerzeichen als einzig mögliche Bandbeschriftungen verwendet.

Die Nicht-Berechenbarkeit der Funktion b ergibt sich aus dem folgenden Satz:

Für jede ↗total berechenbare Funktion $f : \mathbb{N}_0 \to \mathbb{N}_0$ gibt es eine Konstante k, so daß

$$f(n) \; < \; b(n)$$

für alle $n \geq k$ gilt.

***B*-Vollständigkeit**, spezieller Vollständigkeitsbegriff für lokalkonvexe topologische Vektorräume.

Ein lokalkonvexer topologischer Vektorraum V heißt B-vollständig, falls jeder Teilraum W von V' schwach*-abgeschlossen ist, sofern $W \cap U^0$ schwach*-abgeschlossen ist für jede Nullumgebung U in V.

Jeder B-vollständige Raum ist auch vollständig. Weiterhin sind abgeschlossene Teilräume von B-vollständigen Räumen sowie Quotientenräume nach abgeschlossenen Teilräumen von B-vollständigen Räumen wieder B-vollständig.

Byte, Zusammenfassung von 8 ↗Bit zu einer Einheit.

Auf vielen Rechnern ist das Byte die kleinste adressierbare Speichereinheit. Komplexere Speichereinheiten werden meist durch Zusammenfassung mehrerer Bytes gebildet.

Ein Byte kann $2^8 = 256$ verschiedene Werte annehmen. Das Byte hat sich als Maßeinheit für die Kapazität von Speichermedien durchgesetzt, meist in Verbindung mit Vorsätzen wie K (Kilo), M (Mega) oder G (Giga). Die Vorsätze sind der binären Natur heutiger digitaler Medien angepaßt. Es ist

1 KByte = 2^{10} Byte = 1 024 Byte,
1 MByte = 2^{20} Byte = 1 048 576 Byte,
1 GByte = 2^{30} Byte = 1 073 741 824 Byte.

C

$\mathbb{C}$, übliche Bezeichnung für den Körper der ↗komplexen Zahlen.

Eine wichtige Eigenschaft dieses Körpers ist seine Eindeutigkeit; darunter versteht man die Tatsache, daß bis auf Äquivalenz der Körper $\mathbb{C}$ der eindeutig bestimmte algebraische Abschluß des Körpers $\mathbb{R}$ der reellen Zahlen ist.

Der Körper $\mathbb{C}$ ist eine quadratische Körpererweiterung von $\mathbb{R}$, die durch die algebraische Gleichung

$$x^2 + 1 = 0$$

gegeben wird.

C[a,b], abkürzende Bezeichnung für $C([a, b])$, also die Menge der auf dem Intervall $[a, b] \subset \mathbb{R}$ definierten reellwertigen stetigen Funktionen.

In analoger Weise schreibt man dann auch beispielsweise $C^\infty[a, b]$ anstelle der eigentlich korrekten Bezeichnung $C^\infty([a, b])$ (↗$C(G)$, ↗$C^\infty(G)$).

C^k[a,b], Abkürzung für $C^k([a, b])$, also die Menge der auf dem Intervall $[a, b] \subset \mathbb{R}$ definierten reellwertigen Funktionen, die in (a, b) k-mal ↗stetig differenzierbar sind, und deren Ableitungen bis zur Ordnung k sich stetig auf $[a, b]$ fortsetzen lassen.

C^k-Abbildung, ↗C^k-Funktion.

CAD, ↗Computer-Aided Design.

CAE, ↗Computer-Aided Engineering.

Calabi-Yau-Mannigfaltigkeit, eine kompakte komplexe Mannigfaltigkeit, die eine Kählermetrik besitzt, und auf der eine nirgends verschwindende holomorphe n-Form existiert. n bezeichnet hier die Dimension. Beispiele sind:

$n = 1$: ↗Elliptische Kurven.

$n = 2$: Abelsche Flächen.

n beliebig: Vollständige Durchschnitte von Hyperflächen in $\mathbb{P}^{n+r}$ vom Grad $d_1, \cdots, d_r$ so, daß

$$d_1 + \cdots + d_r = n + r + 1 .$$

Calderón, Alberto P., argentinischer Mathematiker, geb. 14.9.1920 Mendoza (Argentinien), gest. 16.4.1998 Evaston (Illinois, USA).

Nach einem Ingenieurstudium an der Universität in Buenos Aires studierte Calderón Mathematik. Als 1984 A. Zygmund die Universität besuchte, begann eine intensive Zusammenarbeit der beiden Wissenschaftler. Zygmund verhalf Calderón zu einem Forschungaufenthalt an der Universität von Chicago und betreute seine Doktorarbeit, die Calderon 1950 abschloß. Er arbeitete danach in Ohio, Princeton (Massachusetts) und Chicago. Ergebnis der Zusammenarbeit mit Zygmund waren fundamentale Untersuchungen der singulären Integraloperatoren vom Calderón-Zygmund-Typ, deren Stetigkeit sie unter anderem zeigten.

Schwerpunkt von Calderóns Arbeit war die Untersuchung von elliptischen und Pseudodifferentialoperatoren. Eines seiner Resultate war 1958 der Beweis der Eindeutigkeit des Cauchy-Problems für partielle Differentialgleichungen. Für dieses Ergebnis erhielt er 1989 von der American Mathematical Society den Steele-Price.

Calderón, Methode von, ↗komplexe Interpolationsmethode.

Calderón-Vaillancourt, Satz von, Satz über die Stetigkeit von Pseudodifferentialoperatoren als Abbildungen zwischen geeigneten Sobolev-Räumen.

Sei A ein Pseudodifferentialoperator mit Symbol a aus der Symbolklasse $S^m_{\varrho,\delta}$, $m \in \mathbb{Z}$, d. h.

$$\left| \frac{\partial^{|\beta|}}{\partial x_1^{\beta_1} \cdot \partial x_n^{\beta_N}} \frac{\partial^{|\gamma|}}{\partial \xi_1^{\gamma_1} \cdot \partial \xi_n^{\gamma_N}} a(x, \xi) \right| \le C_{\beta,\gamma}(1 + |\xi|)^{m - \varrho|\gamma| + \delta|\beta|}$$

mit

$$|\beta| := \sum_{i=1}^{N} \beta_i \text{ und } |\gamma| := \sum_{i=1}^{N} \gamma_i$$

für alle Multiindizes $\beta, \gamma \in \mathbb{N}^N$, $0 < \varrho \le 1$, $0 \le \delta < 1$. Dann ist der durch a definierte Pseudodifferentialoperator

$$(Af)(x) := (2\pi)^{-N/2} \int_{\mathbb{R}^N} e^{i<x,\xi>} a(x, \xi) \hat{f}(\xi) d^N\xi$$

eine stetige Abbildung zwischen den Sobolev-Räumen $H_s(\mathbb{R}^N)$ und $H_{s-m}(\mathbb{R}^N)$ für alle s. Die Distribution $\hat{f}$ bezeichne dabei die Fourier-Transformierte von f. Definiert man also die Sobolev-s-Norm durch

$$\|f\|^2 := (2\pi)^{-N/2} \int_{\mathbb{R}^N} (1 + |\xi|^2)^{s/2} |\hat{f}(\xi)|^2 d^N\xi ,$$

so zeigt der Satz von Calderón-Vaillancourt, daß

$$\|Af\|_{s-m} \le C_s \|f\|_s \quad \text{für alle } s$$

mit geeignetem C_s gilt. Für die Konstante C_s existieren konkrete Abschätzungen in den Ableitungen des Symboles.

Dieser Satz spielt eine zentrale Rolle in der Theorie der Pseudodifferentialoperatoren, zeigt er doch, daß sich der ad hoc nur als Abbildung vom Schwartz-Raum $\mathcal{S}$ in die temperierten Distributionen $\mathcal{S}'$ definierte Operator A in die Sobolev-Räume H_s fortsetzen läßt.

[1] Hörmander, L.: The Analysis of Linear Partial Differential Operators I,II. Springer Heidelberg/Berlin, 1985.

Calogero-Moser-System, Beispiel eines ↗ integrablen Hamiltonschen Systems im $\mathbb{R}^{2n}$ mit folgender Hamilton-Funktion:

$$H(q,p) = \sum_{i=1}^{n} \frac{1}{2}p_i^2 + \sum_{1\le i<j\le n} v(q_i - q_j),$$

wobei die reellwertige C^∞-Funktion v auf einer offenen Teilmenge von $\mathbb{R}$ von der speziellen Form $x \mapsto 1/x^2$ oder $x \mapsto 1/(\sin(x))^2$ oder $x \mapsto \wp(x)$ ist.

Camion, Satz von, ↗ Turnier.

Cantelli, Satz von, eine Version des starken Gesetzes der großen Zahlen.

Sei $(X_n)_{n\in\mathbb{N}}$ *eine Folge von unabhängigen Zufallsvariablen auf einem Wahrscheinlichkeitsraum* $(\Omega, \mathfrak{A}, P)$ *mit* $E(X_n) = 0$ *und* $E(X_n^4) \le M < \infty$ *für alle* $n \in \mathbb{N}$ *und eine Konstante* $M \in \mathbb{R}$. *Dann gilt*

$$\lim_{n\to\infty} \frac{1}{n} \sum_{i=1}^{n} X_i = 0 \qquad P\text{-fast sicher.}$$

Die X_n müssen nicht identisch verteilt sein.

Cantor, Georg Ferdinand Ludwig, deutscher Mathematiker, geb. 3.3.1845 St. Petersburg, gest. 6.1.1918 Halle/Saale.

Cantor wurde als Sohn eines wohlhabenden Kaufmannes geboren, der 1856 mit seiner Familie nach Frankfurt/Main übersiedelte. 1862–1867 studierte er in Zürich, Göttingen und Berlin Mathematik, nachdem sein Vater zunächst für ein Ingenieurstudium plädiert hatte. Nach der Promotion in Berlin (1867) habilitierte sich Cantor 1869 in Halle, wo er 1872 a.o. und 1879 ordentlicher Professor wurde und bis zur Emeritierung 1913 tätig war.

Nach ersten Arbeiten zur Zahlentheorie wandte sich Cantor Fragen der Analysis, speziell der Darstellbarkeit von Funktionen durch trigonometrische Reihen, zu. In einer diesbezüglichen Arbeit publizierte er 1872 eine exakte Einführung der reellen Zahlen mittels Fundamentalfolgen und formulierte das nach ihm benannte Stetigkeitsaxiom. Zugleich wurde er dabei auf das Studium von Mengen sowie die Zuordnungen und Relationen zwischen ihnen geführt. Er definierte die Ableitung M' einer linearen Punktmenge M als Menge aller Häufungspunkte und bemerkte, daß man in den Ableitungsordnungen über die natürlichen Zahlen hinausgehen kann. Diese um 1872 erfolgte Entdeckung transfiniter Ordinalzahlen kann als Beginn der Mengenlehre angesehen werden.

Ab 1874 widmete er sich dann der Klassifikation unendlicher Mengen mit Hilfe eineindeutiger Zuordnungen. Bereits Bolzano hatte erkannt, daß eine unendliche Menge eineindeutig auf eine ihrer echten Teilmengen abgebildet werden kann, und schon Gelehrte wie Galilei oder Leibniz hatten diese „sonderbare“ Eigenschaft in Einzelbeispielen vermerkt. Ein erster großer Erfolg war 1874 Cantors Beweis, daß die Menge der algebraischen Zahlen abzählbar, die Menge der reellen Zahlen aber nicht abzählbar ist, sowie die sich als Folgerung ergebende Existenz transzendenter Zahlen. Im regen Briefwechsel mit Dedekind stehend setzte Cantor die Studien über Mengen fort und publizierte 1878 einen Beweis für die Gleichmächtigkeit der Menge der Punkte der Ebene bzw. des n-dimensionalen Raumes und der Menge der Punkte auf der Zahlengeraden, und löste damit umfangreiche Untersuchungen zur Frage der Dimensionsinvarianz aus.

In einer sechsteiligen Arbeit „Über unendliche lineare Punktmannigfaltigkeiten“ (1879–1884) faßte Cantor seine Ergebnisse zusammen und begründete die Mengenlehre. Darin behandelte er sowohl grundlegende Begriffe der Mengenlehre, wie Menge, Teilmenge, Mächtigkeit, Ordinalzahl, wohlgeordnete Menge und die Mengenoperationen, als auch der mengentheoretischen Topologie, wie abgeschlossene, nirgends dichte, separierte und perfekte Menge.

Als Beispiel für eine nirgends dichte perfekte Menge konstruierte er im 1883 erschienen 5. Teil der Arbeit das nach ihm benannte Diskontinuum, das die Mächtigkeit des Kontinuums hat. Von dieser Menge konnte er nachweisen, daß sie in jeder nichtleeren perfekten linearen Punktmenge als homöomorphes Bild enthalten ist. Hauptgegenstand dieses 5. Teiles war der Aufbau einer Theorie transfiniter Ordinalzahlen, den er mit Hilfe von zwei Erzeugungsprinzipien vornahm. Er konstruierte eine Folge von Zahlklassen, wobei der Übergang zur nächsthöheren Zahlklasse mit einem Anwachsen der Mächtigkeit der Zahlklasse auf die nächsthöhere Mächtigkeit verknüpft war. In diesem Zusammenhang kam Cantor dann auf die bereits 1878 erstmals angedeutete Kontinuumshypothese zurück und formulierte sie in der Aussage, daß das Kontinuum die Mächtigkeit der zweiten Zahlklasse habe. Cantors Hoffnung, diese Hypothese bald beweisen zu können, erfüllte sich nicht. Erst 1963 konnte P. Cohen eine abschließende Lösung des Problems geben: Setzt man das Zermelo-Fraenkelsche Axiomensystem (ZF) der Mengenlehre als widerspruchsfrei voraus, so ist auch das um die Kontinuumshypothese bzw. deren Negation erweiterte System widerspruchsfrei. Bereits 1938 hatte K. Gödel als wichtiges Teilresultat die Widerspruchsfreiheit des um Kontinuumshypothese und Auswahlaxiom erweiterten Systems ZF bewiesen.

1884 wurde Cantors Schaffen durch eine manisch-depressive Erkrankung abrupt unterbrochen. Die schweren Depressionen zwangen ihn in den folgenden Jahren immer wieder zu längeren Klinikaufenthalten. Zwischen den Krankheitsphasen arbeitete Cantor weiter an dem Ausbau und der Vervollkommnung seiner Theorie. Mitte der 90er Jahre trat er nochmals mit einer wichtigen zweiteiligen Arbeit (1895/97) hervor. Neben der Neufassung zahlreicher Grundbegriffe widmete er sich vor allem dem Aufbau einer Arithmetik der transfiniten Kardinalzahlen. Doch auch hier mußte er einige wichtige Fragen ungelöst lassen, so konnte er nicht nachweisen, daß in Analogie zur gewöhnlichen Arithmetik zwei Kardinalzahlen stets vergleichbar sind, d. h. stets eine der Beziehungen $a = b$, $a < b$ oder $a > b$ gilt.

Mit dem Begriff der Potenz von Kardinalzahlen gelang Cantor sowohl eine neue Formulierung der Kontinuumshypothese, die zugleich zur Verallgemeinerung derselben führte, als auch ein eleganter Beweis des 1878 erzielten Resultates über die Gleichmächtigkeit eines n-dimensionalen und eines eindimensionalen Kontinuums. Die Bedeutung der Mengenlehre für die gesamte Mathematik wurde erst in den letzten Jahren des 19. Jahrhunderts erkannt, und auch zu diesem Zeitpunkt gab es noch zahlreiche Gegner dieser Theorie. Gefördert wurde die Anerkennung der Mengenlehre durch die Entwicklung solcher mathematischer Teilgebiete wie der Theorie reeller Funktionen, der Topologie, der Funktionentheorie und der Algebra. Dagegen haben neben der ausstehenden Klärung der Kontinuumshypothese und des Beweises des Wohlordnungssatzes vor allem die Anerkennung der Existenz des Aktual-Unendlichen und die noch fehlende begriffliche Exaktheit hemmend gewirkt.

Cantor hatte die philosophische Bedeutung der Mengenlehre erkannt und bemühte sich vor allem ab Mitte der 80er Jahre in mehreren Publikationen, sich mit philosophischen Problemen der Mengenlehre auseinanderzusetzen und seine Position, insbes. seine Auffassung zum Aktual-Unendlichen, zu verteidigen.

In dieser Zeit begann er, sich auch mit Literaturgeschichte zu beschäftigen, und versuchte verschiedene Autorenschaftsprobleme zu klären. Hartnäckig vertrat er die in jenen Jahren viel diskutierte These, daß F.Bacon der wahre Autor der Shakespeareschen Dramen sei und veröffentlichte ab 1896 mehrfach dazu.

Große Verdienste erwarb sich Cantor bei der Gründung der Deutschen Mathematiker-Vereinigung (DMV). Zwar hatte es ab 1867 mehrere Initiativen gegeben, über die bisherige Organisation der Mathematiker in einer Sektion der „Gesellschaft deutscher Naturforscher und Ärzte" hinaus eine eigene Vereinigung zu gründen, doch den entscheidenden, erfolgreichen Durchbruch erzielte Cantor, der dann mit L. Königsberger und W. Dyck die Gründung 1890 vorbereitete. Cantor war bis 1894 der erste Vorsitzende der DMV.

Cantor, Moritz Benedikt, deutscher Mathematiker und Mathematikhistoriker, geb. 23.8.1829 Mannheim, gest. 10.4.1920 Heidelberg.

Cantor studierte in Heidelberg, Göttingen und Berlin und war danach von 1863 bis zu seiner Emeritierung 1913 Professor in Heidelberg. Er war zu seiner Zeit der führende Mathematikhistoriker Deutschlands. Die mathematikgeschichtliche Forschung verdankt M.B.Cantor wesentliche Impulse und Fortschritte.

Sein vierbändiges Hauptwerk „Vorlesungen über Geschichte der Mathematik" war die erste Darstellung dieses Themengebietes in der wissenschaftlichen Literatur und galt bis weit in das 20. Jahrhundert hinein als das Standardwerk dieser Disziplin.

Cantor, Satz von, besagt, daß die Kardinalität der Potenzmenge immer größer ist als die Kardinalität der Menge selbst (↗ Kardinalzahlen und Ordinalzahlen).

Cantor-Entwicklung, eine Reihenentwicklung reeller Zahlen der unten angegebenen Form (1) mit Hilfe einer Grundfolge $(g_j)_{j\geq 1}$, bestehend aus natürlichen Zahlen $g_j \geq 2$.

Es gilt folgender Satz:
Es sei P_j eine Bezeichnung für

$$P_j = g_1 \cdot \ldots \cdot g_j .$$

Dann gibt es zu jeder reellen Zahl x eine eindeutig bestimmte Folge $(c_j)_{j\geq 1}$ von „Ziffern“

$$c_j \in \{0, \ldots , g_j - 1\}$$

mit $c_j \neq g_j - 1$ für unendlich viele j und derart, daß gilt:

$$x = \lfloor x \rfloor + \sum_{j=1}^{\infty} \frac{c_j}{P_j}. \qquad (1)$$

G. Cantor hat diese Art der Entwicklung reeller Zahlen 1869 beschrieben. Sie verallgemeinert die g-adische Entwicklung reeller Zahlen, bei der man als Grundfolge $g_j = g^j$ mit einer natürlichen Zahl $g \geq 2$ wählt.

Ein anderer Spezialfall ist die Entwicklung einer reellen Zahl x mittels einer Cantorschen Reihe, d. h. in der Form

$$x = \lfloor x \rfloor + \sum_{j=1}^{\infty} \frac{c_j}{j!} .$$

Hier hat man also eine Cantor-Entwicklung mit der Grundfolge $g_j = j$.

Eine wichtige Anwendung von Cantor-Entwicklungen und insbesondere von Cantorschen Reihen ist folgendes Irrationalitätskriterium:

Sei die Folge $(g_j)_{j\geq 1}$ so beschaffen, daß es zu jeder Primzahl p unendlich viele j gibt mit $p \mid g_j$.

Dann gilt: Eine reelle Zahl α ist genau dann rational, wenn in ihrer Cantor-Entwicklung nur endlich viele Ziffern c_j von Null verschieden sind.

Hieraus folgt beispielsweise sofort, daß die Eulersche Zahl ↗ e irrational ist.

Cantor-Fläche, *Cantor-Staub*, Beispiel eines Produktfraktals.

Sei E_0 ein ausgefülltes Quadrat. Für $k \in \mathbb{N}$ sei E_k diejenige Menge, die entsteht, wenn man von allen 4^{k-1} Quadraten der Menge E_{k-1}, die in je neun gleich große Quadrate aufgeteilt werden, jeweils nur die vier abgeschlossenen Eckelemente beibehält. Die Schnittmenge

$$C := \bigcap_{k=0}^{\infty} E_k$$

heißt dann Cantor-Fläche.

Die Cantor-Fläche ist eine streng selbstähnliche Menge mit gleicher ↗ Hausdorff- und Kapazitätsdimension

$$\dim_H C = \dim_{Kap} C = \frac{\log 4}{\log 3}$$

(vgl. auch ↗ Cantor-Menge).

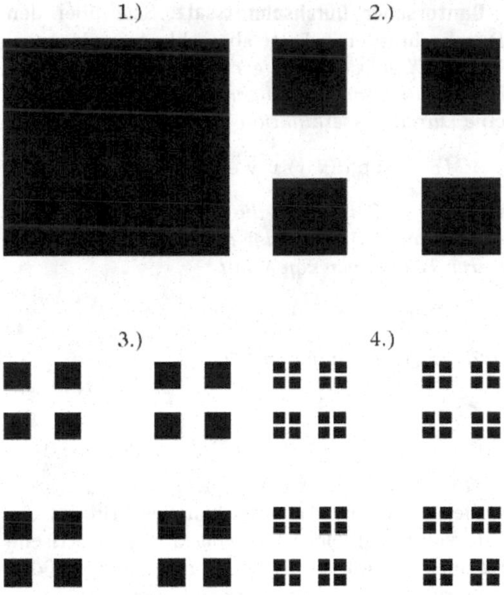

Cantor-Fläche

Cantor-Menge, klassisches Beispiel für ein ↗ Fraktal. Sei $I_0 := [0, 1]$. Für $k \in \mathbb{N}$ sei I_k diejenige Menge, die durch Streichung des offenen mittleren Drittels aller 2^{k-1} zusammenhängenden Teilintervalle von I_{k-1} entsteht (z. B. ist $I_1 = [0, \frac{1}{3}] \cup [\frac{2}{3}, 1]$). Die Schnittmenge

$$C := \bigcap_{k=0}^{\infty} I_k$$

heißt Cantor-Menge.

Die Cantor-Menge besteht aus allen Zahlen $t \in [0, 1]$, die sich in der Form

$$t = \sum_{k=1}^{\infty} \frac{a_k}{3^k}$$

mit $a_k \in \{0, 2\}$, $(k \in \mathbb{N})$ darstellen lassen. Ihre ↗ Hausdorff- und Kapazitätsdimension sind gleich, und es gilt

$$\dim_H C = \dim_{Kap} C = \frac{\log 2}{\log 3}$$

(vgl. auch ↗ Cantor-Fläche).

Cantorsche Antinomie, in der ↗ naiven Mengenlehre auftretender Widerspruch, der von der Annahme herrührt, es gäbe eine Allmenge V, eine Menge aller Mengen: Die Potenzmenge von V müßte eine Teilmenge von V sein, was nicht sein kann, da die Kardinalität der Potenzmenge immer größer ist als die Kardinalität der Menge selbst (↗ Kardinalzahlen und Ordinalzahlen).

Cantorsche Mengenlehre, ↗ naive Mengenlehre.

Cantorsche Reihe, ↗ Cantor-Entwicklung.

Cantorscher Durchschnittssatz, Satz über den Durchschnitt einer Folge abgeschlossener Mengen.

Es sei X ein vollständiger metrischer Raum. Auf den nichtleeren Teilmengen von X definiere man eine Durchmesserfunktion

$$\delta(M) = \sup\{d(x,y)|x,y \in M\},$$

wobei $M \subseteq X$ gilt und d die Metrik auf X ist.

Ist dann (F_n) eine Folge abgeschlossener nichtleerer Teilmengen von X mit

$$F_1 \supset F_2 \supset F_3 \cdots$$

und $\delta(F_n) \to 0$, dann enthält

$$\bigcap_{n=1}^{\infty} F_n$$

genau einen Punkt $x \in X$.

Dieser Satz ist das Analogon des Prinzips der Intervallschachtelung für vollständige metrische Räume. Er wird beispielsweise gebraucht, um den ↗Baireschen Kategoriensatz zu beweisen.

Cantorsches Axiom, von G. Cantor formuliertes Axiom im Zusammenhang mit der Vollständigkeit der reellen Zahlen. Die Nomenklatur ist in der Literatur nicht ganz einheitlich. Eine mögliche Formulierung lautet:

Es sei $\{[a_n, b_n]\}$ eine Folge reeller Intervalle mit

$$[a_{n+1}, b_{n+1}] \subset [a_n, b_n]$$

für alle $n \in \mathbb{N}$, und

$$|b_n - a_n| \stackrel{n\to\infty}{\longrightarrow} 0\,.$$

Dann enthalten alle diese Intervalle einen gemeinsamen Punkt. Die allgemeine Form dieser Aussage ist der ↗Cantorsche Durchschnittssatz.

Cantorsches Diagonalverfahren, *Diagonalverfahren*, Verfahren, um aus einer Folge komplexer Zahlen oder Funktionen eine Teilfolge mit einer bestimmten Eigenschaft zu extrahieren.

Ein Beispiel zur Demonstration des Verfahrens ist das folgende: Es sei $D \subset \mathbb{C}$ eine offene Menge und (f_n) eine Folge von Funktionen $f_n : D \to \mathbb{C}$ derart, daß für jedes $a \in D$ die Zahlenfolge $(f_n(a))$ beschränkt ist. Weiter sei $A = \{a_j : j \in \mathbb{N}\}$ eine abzählbare Teilmenge von D.

Da die Zahlenfolge $(f_n(a_1))$ beschränkt ist, gibt es nach dem Satz von ↗Bolzano-Weierstraß eine Teilfolge $(f_{1,n})$ von (f_n) derart, daß $(f_{1,n}(a_1))$ konvergiert. Mit dem gleichen Argument wählt man eine Teilfolge $(f_{2,n})$ von $(f_{1,n})$ aus derart, daß $(f_{2,n}(a_2))$ konvergiert.

Auf diese Weise erhält man induktiv für jedes $\ell \in \mathbb{N}$ eine Folge $(f_{\ell,n})$ mit der Eigenschaft, daß $(f_{\ell,n})$ eine Teilfolge von $(f_{\ell-1,n})$ ist und $(f_{\ell,n}(a_\ell))$ konvergiert.

Die Diagonalfolge (g_n) mit $g_n := f_{n,n}$ ist dann eine Teilfolge von (f_n), die auf A punktweise konvergiert.

Cantorsches Produkt, endliches oder unendliches Produkt der Form

$$\prod_{\nu} \left(1 + \frac{1}{a_\nu}\right),$$

wobei die a_ν natürliche Zahlen sind mit der Eigenschaft $a_{\nu+1} \geq a_\nu^2$ und $a_\nu \geq 2$ für alle $\nu \in \mathbb{N}$.

Jede reelle Zahl ist eindeutig darstellbar durch ein Cantorsches Produkt.

Cantor-Staub, ↗Cantor-Fläche.

Cap, ↗Kappe.

Carathéodory, Constantin, Mathematiker, geb. 13.9.1873 Berlin, gest. 2.2.1950 München.

Carathéodory, Sohn eines griechischen Diplomaten in türkischen Diensten, besuchte 1886–1891 ein Gymnasium in Brüssel, dann die Militärschule Belgiens. Während seiner Ingenieurtätigkeit 1898–1900 bei Staudammbauten am Nil bildete er sich autodidaktisch in Mathematik weiter und entschloß sich zum Mathematikstudium, das er 1900–1902 in Berlin und 1902–1904 in Göttingen absolvierte. Nach der Promotion 1904 in Göttingen wurde er 1909 zunächst Professor an der TH Hannover, dann an den Universitäten Breslau 1910, Göttingen 1913 und Berlin 1918. Ab 1920 wirkte er an den griechischen Universitäten in Smyrma (Izmir) und Athen und trat 1924 eine Professur an der Technischen Universität München an, wo er bis zu seinem Tode blieb.

Carathéodory hat die Variationsrechnung um fundamentale Resultate bereichert, eine neue Methode zur Behandlung von Variationsproblemen entwickelt und eine umfassende Theorie unstetiger Lösungen aufgestellt. Es gelang ihm, viele für glatte Kurven bekannte Ergebnisse auf Kurven mit Ecken zu übertragen. Zugleich gewann er neue Einsichten in die Beziehungen zwischen Variationsrechnung und partiellen Differentialgleichungen. Er führte das geodätische Feld ein und konnte mit seiner Methode auch freie Randwerte in der Variationsrechnung mehrfacher Integrale behandeln.

Ein zweites wichtiges Arbeitsgebiet Carathéodorys war die Funktionentheorie. Hier vereinfachte er 1913 den Beweis des Riemannschen Abbildungssatzes wesentlich und stellte eine Theorie der Ränderzuordnung bei diesen Abbildung auf. Weitere Arbeiten betrafen Picards Theorem zur Werteverteilung meromorpher Funktionen und die Entwicklung von Funktionen in Potenzreihen.

In der Theorie der reellen Funktionen und der Maß- und Integrationstheorie markierte Carathéodory mit seinen Arbeiten, speziell dem Buch von 1918, einen Abschluß der von Borel und Lebesgue ausgehenden Entwicklung und den Übergang zu einer axiomatischen Darlegung der Theorie, die er als Algebraisierung der Theorie bezeichnete.

Axiomatisierung war auch ein Thema seiner Beschäftigung mit physikalischen Fragen, bei der er sich u. a. um eine axiomatische Begründung und mathematische Beschreibung der Thermodynamik bemühte. Außerdem widmete er sich Einsteins Spezieller Relativitätstheorie und beteiligte sich an der Edition von Eulers gesammelten Werken.

Carathéodory, Existenzsatz von, lautet:

Seien $a, b \in \mathbb{R}$, $G := (a, b) \times \mathbb{R}^n$, $f : G \to \mathbb{R}^n$. Weiterhin sei für jedes feste $\bar{\mathbf{y}} \in \mathbb{R}^n$ die Funktion $f(x, \bar{\mathbf{y}})$ bezüglich x meßbar und für jedes feste x eines maßgleichen Kerns von $a < x < b$ bezüglich $\mathbf{y}$ stetig. Sei schließlich $M : (a, b) \to \mathbb{R}$ eine Lebesgue-integrierbare Funktion und gelte

$$|f_k(x, \mathbf{y})| \le M(x) \quad \big((x, \mathbf{y}) \in G,\ k \in \{1, \dots, n\}\big),$$

wobei die f_k die einzelnen Koordinatenfunktionen von $f = (f_1, \dots, f_n)$ sind.

Dann existiert zu jedem $(x_0, \mathbf{y}_0) \in G$ eine Abbildung $\mathbf{y} \in C^0(G, \mathbb{R}^n)$ mit

$$\mathbf{y}(x) = \mathbf{y}_0 + \int_{x_0}^{x} f(\tau, \mathbf{y}(\tau))\, d\tau \qquad \big(x \in (a, b)\big).$$

Überall dort, wo f stetig ist, ist $\mathbf{y}$ dann eine Lösung des Differentialgleichungssystems $\mathbf{y}' = f(x, \mathbf{y})$. Genügt f zusätzlich für beliebige $\bar{\mathbf{y}} = (\bar{y}_1, \dots, \bar{y}_n) \in \mathbb{R}^n$ der verallgemeinerten Lipschitz-Bedingung

$$|f_k(x, \bar{\mathbf{y}}) - f_k(x, \mathbf{y}(x))| \le N(x) \sum_{i=1}^{n} |\bar{y}_i - y_i(x)|$$

für alle $k \in \{1, \dots, n\}$, wobei N wieder eine Lebesgue-integrierbare Funktion sei, so besitzt das Anfangswertproblem

$$\mathbf{y}' = f(x, \mathbf{y}), \quad \mathbf{y}(x_0) = \mathbf{y}_0$$

eine eindeutig bestimmte Lösung, und diese ist stetig abhängig von den Anfangswerten $(x_0, \mathbf{y}_0)$.

Carathéodory, Satz von, ↗ konforme Abbildung.

Carathéodory, Satz von, über Darstellung der Elemente eines Kegels, besagt, daß sich jedes Element v eines endlich erzeugten Kegels $K(a_1, \dots, a_m)$ in $\mathbb{R}^n$ als positive Linearkombination von linear unabhängigen Erzeugern unter den a_i darstellen läßt, d. h.

$$v = \sum_{j=1}^{k} \lambda_{i_j} \cdot a_{i_j}$$

für Werte $\lambda_{i_k} > 0$ und linear unabhängige Vektoren

$$\{a_{i_1}, \dots, a_{i_k}\} \subseteq \{a_1, \dots, a_m\}.$$

Der Satz impliziert die Abgeschlossenheit endlich erzeugter Kegel, die beim Nachweis diverser Trennungssätze (u. a. dem Lemma von Farkas) eine Rolle spielt. Unendlich erzeugte Kegel sind i. allg. nicht abgeschlossen.

Carathéodory, Satz von, über Fortsetzung von Maßen, folgende Aussage der Maßtheorie:

Es sei Ω eine Menge, $\mathcal{R}$ ein Mengenring in Ω und $\hat{\mu}$ ein ↗Maß auf $\mathcal{R}$. Dann existiert auf der ↗σ-Algebra $\sigma(\mathcal{R})$ ein Maß μ, das auf $\mathcal{R}$ mit $\hat{\mu}$ übereinstimmt. Die Fortsetzung ist eindeutig, falls $\hat{\mu}$ auf $\mathcal{R}$ σ-endliches Maß ist.

Carathéodory zeigte, daß mit

$$\mathcal{U}(Q) := \{(A_n | n \in \mathbb{N}) \subseteq \mathcal{R} | Q \subseteq \bigcup_{n \in \mathbb{N}} A_n\}$$

für $Q \subseteq \Omega$ durch

$$\bar{\mu}(Q) := \begin{cases} \inf\{\sum_{n\in\mathbb{N}} \mu(A_n) | (A_n | n \in \mathbb{N}) \in \mathcal{U}(Q)\} \\ \qquad\qquad \text{falls} \quad \mathcal{U}(Q) \ne \emptyset, \\ +\infty \qquad \text{falls} \quad \mathcal{U}(Q) = \emptyset, \end{cases}$$

ein ↗äußeres Maß $\bar{\mu}$ auf der Potenzmenge $\mathcal{P}(\Omega)$ definiert ist, daß die Restriktion μ von $\bar{\mu}$ auf die σ-Algebra

$$\mathcal{A}^* := \{A \in \mathcal{P}(\Omega) | \bar{\mu}(Q) \ge \\ \ge \bar{\mu}(Q \cap A) + \bar{\mu}(Q \backslash A) \forall Q \in \mathcal{P}(\Omega)\}$$

ein Maß ist, daß $\sigma(\mathcal{R}) \subseteq \mathcal{A}^*$ ist, und daß $\hat{\mu}$ mit μ auf $\mathcal{R}$ übereinstimmt.

Carathéodory-Fejer-Approximation, *CF-Approximation*, Methode zur polynomialen und, in verfeinerter Form, auch rationalen Approximation einer Funktion auf dem Einheitskreis im Komplexen.

Die Carathéodory-Fejer-Approximation liefert zwar nicht die ↗beste Approximation an die gegebene Funktion (ein Problem, das bis heute (Anfang 2000) nicht gelöst ist), jedoch eine fast beste

Approximation. Sie wurde entwickelt von M. Gucknecht und L.N. Trefethen Anfang der 80er Jahre des 20. Jahrhunderts.

Carathéodory-Julia-Landau-Valiron, Satz von, lautet:

Ist f eine in $\mathbb{H} = \{z \in \mathbb{C} : \operatorname{Im} z > 0\}$ ↗holomorphe Funktion mit $f(\mathbb{H}) \subset \mathbb{H}$, so gibt es eine Konstante $\alpha \geq 0$ mit folgender Eigenschaft: In jedem Winkelraum

$$S_\varepsilon := \{re^{i\varphi} : r > 0 \text{ und } \varepsilon < \varphi < \pi - \varepsilon\}$$

mit $0 < \varepsilon < \frac{\pi}{2}$ konvergiert $f(z)/z$ gleichmäßig gegen α für $z \to \infty$.

Die Zahl α heißt Winkelderivierte von f an ∞.

Carathéodory-Klasse, Klasse komplexer Funktionen.

Eine Funktion

$$f(z) = 1 + \sum_{\nu=1}^{\infty} c_\nu z^\nu$$

gehört zur Carathéodory-Klasse, wenn sie im Einheitskreis $\mathbb{E} = \{z \in \mathbb{C}; |z| < 1\}$ regulär ist und $\operatorname{Re}(f(z)) > 0$ für alle $z \in \mathbb{E}$ gilt.

Es gilt folgende Charakterisierung: Eine Funktion f ist genau dann in der Carathéodory-Klasse, wenn sie eine Darstellung als Stieltjes-Integral der Form

$$f(z) = \int_{-\pi}^{\pi} \frac{e^{it} + z}{e^{it} - z}\, d\mu(t)$$

besitzt. Hierbei ist μ eine auf dem Intervall $[-\pi, \pi]$ monoton nicht-fallende Funktion mit

$$\mu(\pi) - \mu(-\pi) = 1\,.$$

Carathéodory-Koebe-Algorithmus, konstruktives Verfahren zum Beweis des ↗Riemannschen Abbildungssatzes für ein Koebe-Gebiet $G \subset \mathbb{C}$, d. h. ein einfach zusammenhängendes ↗Gebiet mit $0 \in G$, $G \subset \mathbb{E} = \{z \in \mathbb{C} : |z| < 1\}$ und $G \neq \mathbb{E}$.

Dazu wird eine geeignete Folge von sog. Dehnungsabbildungen $\kappa_n : G_n \to \mathbb{E}$, $n \in \mathbb{N}_0$ konstruiert, wobei $G_0 := G$ und

$$G_{n+1} := \kappa_n(G_n), \; n \in \mathbb{N}_0.$$

Die Folge der Abbildungen

$$h_n := \kappa_n \circ \kappa_{n-1} \circ \cdots \circ \kappa_0 : G \to \mathbb{E}$$

ist dann in G ↗kompakt konvergent gegen eine konforme Abbildung f von G auf $\mathbb{E}$. Dabei ist die Voraussetzung, daß G ein Koebe-Gebiet ist, keine Einschränkung der Allgemeinheit, denn ist $G \neq \mathbb{C}$ ein beliebiges einfach zusammenhängendes Gebiet, so kann man stets mit elementaren Methoden eine ↗schlichte Funktion $g : G \to \mathbb{E}$ mit $g(a) = 0$ für ein $a \in G$ konstruieren und dann den Algorithmus auf das Koebe-Gebiet $g(G)$ anwenden.

Für Einzelheiten wird auf die ↗Carathéodory-Koebe-Theorie verwiesen.

Carathéodory-Koebe-Theorie

R. Brück

Die Carathéodory-Koebe-Theorie ist die Theorie der sog. Dehnungsabbildungen, die zu einem konstruktiven Beweis des ↗Riemannschen Abbildungssatzes führt.

Es sei $G \subset \mathbb{E} = \{z \in \mathbb{C} : |z| < 1\}$ ein ↗Gebiet mit $0 \in G$. Eine ↗schlichte Funktion $\kappa : G \to \mathbb{E}$ heißt Dehnung von G, falls $\kappa(0) = 0$ und $|\kappa(z)| > |z|$ für alle $z \in G \setminus \{0\}$. Es gilt dann $|\kappa'(0)| > 1$ und $r(\kappa(G)) \geq r(G)$, wobei $r(G)$ der ↗innere Radius des Gebietes G bezüglich 0 ist. Im allgemeinen gilt aber nicht $\kappa(G) \supset G$.

Eine wichtige Eigenschaft von Dehnungen ist die folgende: Sind $\kappa : G \to \mathbb{E}$ und $\hat{\kappa} : \widehat{G} \to \mathbb{E}$ Dehnungen mit $\widehat{G} \supset \kappa(G)$, so ist auch die Komposition $\hat{\kappa} \circ \kappa : G \to \mathbb{E}$ eine Dehnung.

Ein einfach zusammenhängendes Gebiet $G \subset \mathbb{E}$ mit $0 \in G$ und $G \neq \mathbb{E}$ heißt Koebe-Gebiet. Für solche Gebiete gilt offensichtlich $0 < r(G) < 1$.

Eine Dehnung $\kappa : G \to \mathbb{E}$ eines Koebe-Gebietes G heißt zulässig, falls $\kappa(G)$ wieder ein Koebe-Gebiet ist. Es folgt, daß jede Dehnung κ mit $\kappa(G) \neq \mathbb{E}$ zulässig ist. Zulässige Dehnungen erhält man z. B. mit dem

Quadratwurzel-Verfahren. *Es sei G ein Koebe-Gebiet, $c \in \mathbb{E}$, $c^2 \notin G$ und $g_c : \mathbb{E} \to \mathbb{E}$ definiert durch*

$$g_c(z) := \frac{z - c}{\bar{c}z - 1}\,.$$

Weiter sei $v \in \mathcal{O}(G)$ die Quadratwurzel von $g_{c^2}|G$ mit $v(0) = c$, d. h. es gilt $v^2(z) = g_{c^2}(z)$ für $z \in G$. Schließlich sei $\vartheta : \mathbb{E} \to \mathbb{E}$ eine Drehung von $\mathbb{E}$ um 0. Dann ist $\kappa := \vartheta \circ g_c \circ v$ eine zulässige Dehnung von G, und es gilt

$$|\kappa'(0)| = \frac{1 + |c|^2}{2|c|}\,.$$

Weiter ist $r(G) < r(\kappa(G))$, und $\mathbb{E} \setminus \kappa(G)$ enthält innere Punkte in $\mathbb{E}$.

Als Beispiel wird die Mondsichel-Dehnung betrachtet. Für $0 < t < 1$ ist das Schlitzgebiet $G_t := \mathbb{E} \setminus [t^2, 1)$ ein Koebe-Gebiet. Betrachtet man die zulässige Dehnung $\kappa := g_t \circ v$ von G_t, so ist das Bildgebiet $\kappa(G_t)$ gegeben durch die „Mondsichel" $\mathbb{E} \setminus K$, wobei K die abgeschlossene Kreisscheibe um den Mittelpunkt $\varrho := (1 + t^2)/2t$ mit $t \in \partial K$ ist. Insbesondere gilt $\kappa(G_t) \not\supset G_t$.

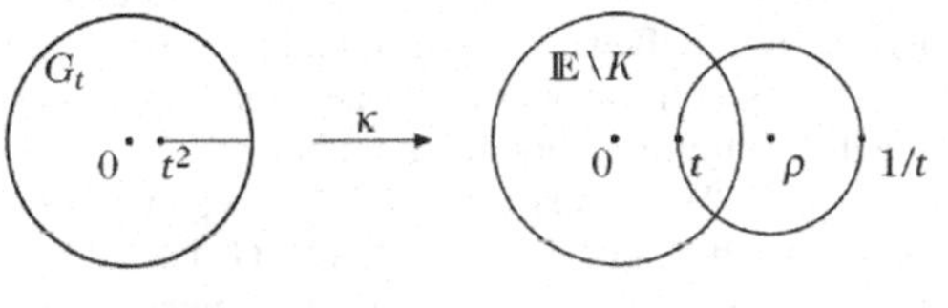

Mondsichel-Dehnung

Es sei jedem Koebe-Gebiet G eine nichtleere Menge $\mathcal{D}(G)$ von zulässigen Dehnungen von G zugeordnet. Dann heißt die Vereinigungsmenge

$$\mathcal{D} := \bigcup \mathcal{D}(G),$$

wobei G alle Koebe-Gebiete durchläuft, eine Dehnungsfamilie. Mit Hilfe solcher Familien kann man jedem Koebe-Gebiet G auf mannigfache Weise sog. Dehnungsfolgen zuordnen. Man setzt $G_0 := G$ und wählt $\kappa_0 \in \mathcal{D}(G_0)$. Dann ist $G_1 := \kappa_0(G_0)$ ein Koebe-Gebiet, und man kann daher ein $\kappa_1 \in \mathcal{D}(G_1)$ wählen. So fortfahrend erhält man induktiv eine Folge von Koebe-Gebieten G_n und Dehnungen $\kappa_n \in \mathcal{D}(G_n)$ mit $\kappa_n(G_n) = G_{n+1}$ für $n \in \mathbb{N}_0$. Dann ist die Komposition

$$h_n := \kappa_n \circ \kappa_{n-1} \circ \cdots \circ \kappa_0 : G \to \mathbb{E}$$

wieder eine zulässige Dehnung von G. Dieses Verfahren nennt man Carathéodory-Koebe-Algorithmus (oder Schmiegungsverfahren) und die Folge (h_n) eine Dehnungsfolge zu G bezüglich $\mathcal{D}$. Bei geeigneter Wahl der Dehnungen κ_n konvergiert die Folge (h_n) gegen eine ↗ konforme Abbildung h von G auf $\mathbb{E}$.

Jede Dehnungsfolge $h_n : G \to \mathbb{E}$ hat die folgenden Eigenschaften:

$$h_n'(0) = \prod_{\nu=0}^{n} \kappa_\nu'(0),$$

$$|h_{n+1}(z)| > |h_n(z)| > \cdots > |h_0(z)| > |z|, \quad z \in G \setminus \{0\},$$

$$r(h_n(G)) \le r(h_{n+1}(G)), \quad \lim_{n\to\infty} r(h_n(G)) \le 1,$$

$$\lim_{n\to\infty} |\kappa_n'(0)| = 1.$$

Eine Dehnungsfolge $h_n : G \to \mathbb{E}$ heißt Anschmiegungsfolge, falls $h_n'(0) > 0$ für alle $n \in \mathbb{N}_0$ und $\lim_{n\to\infty} r(h_n(G)) = 1$ gilt. Ziel ist, solche Anschmiegungsfolgen zu finden, denn es gilt folgender Konvergenzsatz.

(1) *Es sei $h_n : G \to \mathbb{E}$ eine Dehnungsfolge, die in G kompakt gegen eine Funktion h konvergiert. Dann ist $h : G \to \mathbb{E}$ eine Dehnung, und es gilt*

$$r(h(G)) \ge \lim_{n\to\infty} r(h_n(G)).$$

(2) *Jede Anschmiegungsfolge $h_n : G \to \mathbb{E}$ konvergiert in G kompakt gegen eine konforme Abbildung von G auf $\mathbb{E}$.*

Eine Möglichkeit zur Konstruktion von Anschmiegungsfolgen sind sog. Koebe-Familien. Dazu sei $\tau : (0, 1) \to \mathbb{R}$ eine stetige Funktion mit $\tau(x) > 1$ für alle $x \in (0, 1)$.

Eine Dehnungsfamilie $\mathcal{K}$ heißt Koebe-Familie zu τ, falls $\kappa'(0) = \tau(r(G))$ für alle Dehnungen $\kappa \in \mathcal{K}$. Ist

$$h_n = \kappa_n \circ \kappa_{n-1} \circ \cdots \circ \kappa_0 : G \to \mathbb{E}, \; n \in \mathbb{N}_0$$

eine Dehnungsfolge bezüglich einer Koebe-Familie $\mathcal{K}$, so heißt (h_n) eine Koebe-Folge. Es gilt dann

$$\kappa_{n+1}'(0) = \tau(r(h_n(G)))$$

für $n \in \mathbb{N}_0$. Das sog. Anschmiegungslemma besagt, daß jede Koebe-Folge eine Anschmiegungsfolge ist.

Für den Nachweis der Existenz von Koebe-Familien konstruiert man für jedes Koebe-Gebiet G mit dem oben beschriebenen Quadratwurzel-Verfahren alle Dehnungen $\kappa : G \to \mathbb{E}$ mit $\kappa'(0) > 0$, wobei $c \in \mathbb{E}$ so gewählt wird, daß c^2 ein dem Nullpunkt nächstgelegener Randpunkt von G ist. Man läßt dann G alle Koebe-Gebiete durchlaufen und bezeichnet die Menge aller so gewonnenen Dehnungen mit $\mathcal{K}_2$. Setzt man für $x \in (0, 1)$

$$\tau_2(x) := \frac{1}{2} \frac{x - x^{-1}}{x^{1/2} - x^{-1/2}} = \frac{1 + x}{2\sqrt{x}},$$

so ist τ_2 eine in $(0, 1)$ stetige Funktion mit $\tau_2(x) > 1$ für alle $x \in (0, 1)$. Dann ist $\mathcal{K}_2$ eine Koebe-Familie zu τ_2. Insgesamt erhält man den

Hauptsatz von Koebe. *Zu jedem Koebe-Gebiet G existieren Koebe-Gebiete G_n mit $G_0 = G$ und Dehnungen $\kappa_n : G_n \to \mathbb{E}$ mit $\kappa_n(G_n) = G_{n+1}$ derart, daß die Folge*

$$h_n = \kappa_n \circ \kappa_{n-1} \circ \cdots \circ \kappa_0 : G \to \mathbb{E}$$

in G kompakt gegen eine konforme Abbildung h von G auf $\mathbb{E}$ konvergiert. Jede Dehnung κ_n ist explizit mit dem Quadratwurzel-Verfahren konstruierbar, und es gilt $\kappa_n \in \mathcal{K}_2$.

Ist $r_n := r(h_n(G))$ der innere Radius des Gebietes $h_n(G)$, so gilt für die Konvergenzgeschwindigkeit

$$r_n > 1 - \frac{M}{n},$$

wobei $M > 0$ eine nur von $r(G)$ abhängige Konstante ist.

Neben $\mathcal{K}_2$ gibt es noch weitere Koebe-Familien, nämlich $\mathcal{K}_m$ für $m \in \mathbb{N}$, $m \geq 2$ und $\mathcal{K}_\infty$. Dazu betrachtet man die Funktionen

$$\tau_m(x) := \frac{1}{m} \frac{x - x^{-1}}{x^{1/m} - x^{-1/m}}$$

und

$$\tau_\infty(x) := \frac{x - x^{-1}}{2 \log x}.$$

Diese sind stetig auf $(0, 1)$ und bilden $(0, 1)$ in $(1, \infty)$ ab. Ähnlich wie bei $\mathcal{K}_2$ kann man dann mit dem m-te Wurzel-Verfahren und dem Logarithmus-Verfahren Koebe-Familien $\mathcal{K}_m$ und $\mathcal{K}_\infty$ zu τ_m und τ_∞ konstruieren:

m-te Wurzel-Verfahren. *Es sei G ein Koebe-Gebiet und $c \in \mathbb{E}$ so gewählt, daß c^m ein dem Nullpunkt nächstgelegener Randpunkt von G ist. Weiter sei $v \in \mathcal{O}(G)$ die m-te Wurzel von $g_{c^m}|G$ mit $v(0) = c$, d. h. es gilt $v^m(z) = g_{c^m}(z)$ für $z \in G$. Schließlich sei $\vartheta : \mathbb{E} \to \mathbb{E}$ eine geeignete Drehung von $\mathbb{E}$ um 0.*

Dann ist

$$\kappa := \vartheta \circ g_c \circ v : G \to \mathbb{E}$$

eine zulässige Dehnung von G, und es gilt

$$\kappa'(0) = \tau_m(r(G)).$$

Logarithmus-Verfahren. *Es sei G ein Koebe-Gebiet und $c \in \mathbb{E}$ ein dem Nullpunkt nächstgelegener Randpunkt von G. Weiter sei $i\nu \in \mathcal{O}(G)$ ein Logarithmus von $g_c|G$, d. h. es gilt $e^{i\nu(z)} = g_c(z)$ für $z \in G$, und für $b = \nu(0) \in \mathbb{H} = \{z \in \mathbb{C} : \operatorname{Im} z > 0\}$ sei die Abbildung $q_b : \mathbb{H} \to \mathbb{E}$ definiert durch*

$$q_b(z) := \frac{z - b}{z - \bar{b}}.$$

Schließlich sei $\vartheta : \mathbb{E} \to \mathbb{E}$ eine geeignete Drehung von $\mathbb{E}$ um 0.

Dann ist $\kappa := \vartheta \circ q_b \circ \nu : G \to \mathbb{E}$ eine zulässige Dehnung von G, und es gilt $\kappa'(0) = \tau_\infty(r(G))$.

Die Familie $\mathcal{K}_\infty$ kann als Grenzwert der Familien $\mathcal{K}_m$ für $m \to \infty$ aufgefaßt werden. Für $x \in (0, 1)$ gilt nämlich $\lim\limits_{m\to\infty} \tau_m(x) = \tau_\infty(x)$.

Der Carathéodory-Koebe-Algorithmus kann wie folgt zu einem Beweis des Riemannschen Abbildungssatzes benutzt werden. Dazu sei $G \subset \mathbb{C}$ ein einfach zusammenhängendes Gebiet mit $G \neq \mathbb{C}$ und $z_0 \in G$. Wählt man $a \in \mathbb{C} \setminus G$, so gibt es ein $v \in \mathcal{O}(G)$ mit $v^2(z) = z - a$ für $z \in G$. Die Abbildung $v : G \to \mathbb{C}$ ist injektiv, und man zeigt leicht, daß eine abgeschlossene Kreisscheibe B mit Mittelpunkt $c \in \mathbb{C}$ und Radius $r > 0$ derart existiert, daß $v(G) \subset \mathbb{C} \setminus B$. Die Möbius-Transformation

$$T(z) := \frac{r}{2}\left(\frac{1}{z - c} - \frac{1}{v(z_0) - c}\right)$$

bildet $\mathbb{C} \setminus B$ injektiv in $\mathbb{E}$ ab. Setzt man $g := T \circ v$, so ist g eine konforme Abbildung von G auf das Koebe-Gebiet $g(G)$. Mit Hilfe des Carathéodory-Koebe-Algorithmus erhält man eine konforme Abbildung h von $g(G)$ auf $\mathbb{E}$. Wählt man schließlich noch eine geeignete Drehung $\vartheta : \mathbb{E} \to \mathbb{E}$ von $\mathbb{E}$ um 0, so ist $f := \vartheta \circ h \circ g$ eine konforme Abbildung von G auf $\mathbb{E}$ mit $f(z_0) = 0$ und $f'(z_0) > 0$.

Literatur

[1] Remmert, R.: Funktionentheorie 2. Springer-Verlag Berlin, 1991.

Carathéodory-Landau, Satz von, *Carathéodory-Theorem*, ist eine Verschärfung des Satzes von ↗Vitali und kann wie folgt formuliert werden:

Es seien $a, b \in \mathbb{C}$, $a \neq b$, $G \subset \mathbb{C}$ ein ↗Gebiet und (f_n) eine Folge ↗holomorpher Funktionen mit der Eigenschaft

$$f_n : G \to \mathbb{C} \setminus \{a, b\}$$

für alle n. Weiter sei A eine Teilmenge von G, die mindestens einen Häufungspunkt in G besitzt, und der Grenzwert

$$\lim_{n\to\infty} f_n(z) \in \mathbb{C}$$

existiere für jedes $z \in A$.

Dann ist die Folge (f_n) kompakt konvergent in G.

Carathéodory-Metrik, Metrik auf einer komplexen Mannigfaltigkeit.

Für eine komplexe Mannigfaltigkeit X sei $B(X)$ der Vektorraum der beschränkten holomorphen Funktionen auf X. $B(X)$ mit der Norm $\|.\|_X$ ist ein Banachraum.

Der Raum $L(B(X), \mathbb{C})$ der stetigen Linearformen mit der Norm

$$\|l\| := \sup\left\{|l(f)| ; \|f\|_X \leq 1\right\}$$

ist ebenfalls ein Banachraum. Auf jeder bezüglich $B(X)$ separablen Mannigfaltigkeit X induziert die Inklusion $e : X \to L(B(X), \mathbb{C}), x \mapsto e_x$ mit $e_x(f) := f(x)$, eine Metrik

$$d(x, y) := \|e_x - e_y\|,$$

die man Carathéodory-Metrik nennt.

Carathéodorysche Abstandsfunktion, ↗ Carathéodory-Metrik.

Carathéodoryscher Formalismus, in der Thermodynamik die Anwendung der Theorie der Differentialformen, um eine mathematisch befriedigende Darstellung der Grundlagen zu geben.

Nach Carathéodory lautet der Zweite Hauptsatz der Thermodynamik:

Zu irgendeinem Zustand A_1 des Systems A existieren beliebig nahe andere Zustände, die nicht von A durch adiabatische Prozesse erreicht werden können.

Dies ist die Spezialisierung der folgenden Carathéodoryschen Aussage:

Wenn jede Umgebung von x_0 Punkte x enthält, die nicht von x_0 durch Lösungskurven der Gleichung $\sum_i X_i dx^i = 0$ erreicht werden können, dann ist

$$dL = \sum_i X_i dx^i$$

ein vollständiges Differential.

Carathéodory-Theorem, ↗ Carathéodory-Landau, Satz von

Cardanische Lösungsformeln, ein Lösungsalgorithmus, um die Nullstellen der algebraischen Gleichung dritten Grades

$$x^3 + ax^2 + bx + c = 0$$

zu bestimmen.

Sie gelten über jedem Körper der Charakteristik ungleich 2 oder 3.

In einem ersten Schritt wird in der Gleichung durch die Transformation $z = x + \frac{1}{3}a$ der quadratische Term zum Verschwinden gebracht:

$$z^3 + pz + q = 0.$$

Sei ζ eine primitive dritte Einheitswurzel (über dem Körper $\mathbb{Q}$ also z. B. $\zeta = \exp(\frac{2\pi}{3})$). Es wird gesetzt

$$u := \sqrt[3]{-\frac{q}{2} + \sqrt{\left(\frac{q}{2}\right)^2 + \left(\frac{p}{3}\right)^3}},$$

$$v := \sqrt[3]{-\frac{q}{2} - \sqrt{\left(\frac{q}{2}\right)^2 + \left(\frac{p}{3}\right)^3}},$$

mit Vorzeichenwahl so, daß

$$u \cdot v = -\frac{p}{3}$$

gilt. Die Nullstellen der Gleichung können dann gegeben werden durch

$$\begin{aligned} z_1 &= u + v, \\ z_2 &= \zeta \cdot u + \zeta^2 \cdot v, \\ z_3 &= \zeta^2 \cdot u + \zeta \cdot v. \end{aligned}$$

Die Nullstellen liegen in einem ↗ Erweiterungskörper, der die dritten Einheitswurzeln und die Größen u und v (auch Radikale genannt) enthält.

Cardano, Geronimo (Girolamo), *Cardanus, Hieronymus*, italienischer Arzt, Philosoph, Techniker und Mathematiker, geb. 24.9.1501 Pavia, gest. 21.9.1576 Rom.

Cardano studierte Mathematik und Medizin in Pavia und Padua und graduierte 1525 mit einem Doktortitel in Medizin. Er war Professor für Mathematik bzw. Medizin in Mailand, Pavia und Bologna. Cardano befaßte sich aber auch mit Astronomie, Astrologie, Alchemie und Physik. 1571 wurde er Astrologe des Papstes in Rom.

Cardano ist bekannt für seine „Ars Magna“, die erste lateinische Abhandlung, die vollständig der Algebra gewidmet ist. Dies war ein wichtiger Schritt zu der raschen Entwicklung der Mathematik, die damals ihren Anfang nahm. In der Ars Magna waren u. a. die Lösungen der Gleichungen dritten und vierten Grades durch Radikale zu finden. Sie wurden von dal Ferro, Tartaglia und Cardanos Schüler Ferrari bewiesen.

In der Ars Magna findet sich auch die erste Berechnung mit komplexen Zahlen. 1563 veröffentlichte Cardano mit „Liber de ludo aleae“ eine erste Arbeit zur Wahrscheinlichkeitstheorie. „De vita propria liber“ war Cardanos 1575 erschienene Autobiographie. Sie gilt als eine der ersten modernen psychologischen Autobiographien.

Cardano soll das exakte Datum seines Todes vorhergesagt haben. Er erfüllte diese Vorhersage, indem er Selbstmord beging.

Cardanus, Hieronymus, ↗ Cardano, Geronimo.

Carleman, Kriterium von, folgende Bedingungen für die Eindeutigkeit der Lösung des Momentenproblems.

Es seien $(M_n)_{n\geq 1}$ die Momente einer Wahrscheinlichkeitsverteilung.

a) *Ist*

$$\sum_{n=1}^{\infty} \frac{1}{(M_{2n})^{1/2n}} = \infty,$$

so bestimmen die Momente die Wahrscheinlichkeitsverteilung eindeutig.

b) *Ist die Verteilung auf* $[0, \infty)$ *konzentriert, so genügt es, für die Eindeutigkeit der Verteilung*

$$\sum_{n=1}^{\infty} \frac{1}{(M_n)^{1/2n}} = \infty$$

zu fordern.

Carleman, Satz von, lautet:

Es sei $f : \mathbb{R} \to \mathbb{C}$ *eine stetige Funktion. Dann existiert zu jeder stetigen Funktion* $\varepsilon : \mathbb{R} \to (0, \infty)$ *eine ↗ganze Funktion* $g : \mathbb{C} \to \mathbb{C}$ *derart, daß*

$$|f(x) - g(x)| < \varepsilon(x)$$

für alle $x \in \mathbb{R}$.

Bemerkenswert ist, daß dabei $\lim_{x \to \pm\infty} \varepsilon(x) = 0$ erlaubt ist.

Carleman, Tage Gillis Torsten, schwedischer Mathematiker, geb. 8.7.1892 Visseltofta, gest. 11.1. 1949 Stockholm.

1910 begann Carlemann sein Studium an der Universität Uppsala, das er 1917 mit seiner Promotion abschloß. Er war ein Schüler Holmgrens. 1919 nahm Carleman eine Lehrtätigkeit an der Universität Uppsala auf. 1924 wurde er Professor und Direktor des Mathematischen Seminars der Universität von Stockholm. Ab 1928 war er auch Direktor des Mathematischen Instituts „Mittag-Leffler".

Carleman behandelte eine Vielzahl mathematischer Fragestellungen. So untersuchte er u. a. Fourier-Reihen, die Konvergenz von Potenzreihen, lineare Differential- und Integralgleichungen, sowie Probleme der mathematischen Physik, wie z. B. Minimalflächen und die Approximation analytischer Funktionen.

Carleson, Lennart Axel Edvard, schwedischer Mathematiker, geb. 18.3.1928 Stockholm.

Carleson promovierte 1953 an der Universität Uppsala, lehrte danach an der Universität Stockholm und wurde 1955 an die Universität Uppsala berufen.

Seine Forschungen betreffen vor allem Fragen der reellen Analysis und der Funktionentheorie, z. B. Probleme der Interpolation analytischer Funktionen. 1952 führte er die Carleson-Mengen ein. 1966 bewies er, daß Fourier-Reihen quadratintegrabler Funktionen außerhalb einer Menge vom Maß Null konvergieren (↗du Bois-Reymond-Problem).

Carlson-Pólya, Satz von, lautet:

Es sei $f(z) = \sum_{k=0}^{\infty} a_k z^k$ *eine Potenzreihe mit Koeffizienten* $a_k \in \mathbb{Z}$ *und ↗Konvergenzradius* $R = 1$. *Dann ist entweder* $\mathbb{E}$ *das ↗Holomorphiegebiet von* f *oder* f *ist zu einer rationalen Funktion der Form*

$$f(z) = p(z)/(1 - z^m)^n$$

fortsetzbar, wobei p *ein Polynom mit ganzzahligen Koeffizienten ist, und* $m, n \in \mathbb{N}$.

Die Voraussetzung $R = 1$ kann nicht weggelassen werden, denn ist $R > 1$, so ist f ein Polynom, und im Fall $R < 1$ zeigen die Reihen

$$\frac{1}{\sqrt{1 - 4z^m}} = \sum_{k=0}^{\infty} \binom{2k}{k} z^{mk} \quad (m \in \mathbb{N}),$$

daß f nichtrationale Fortsetzungen haben kann.

Carmichaelsche Funktion, zahlentheoretische Funktion, die jeder ganzen Zahl m das Maximum $\lambda(m)$ der Ordnungen von a mod m zuordnet, wobei a die primen Restklassen modulo m durchläuft.

Für jede natürliche Zahl m gilt

$$\lambda(m) \mid \phi(m),$$

wobei ϕ die ↗Eulersche ϕ-Funktion bezeichnet.

Die Funktionswerte von λ sind durch folgende Vorschriften gegeben: $\lambda(1) = \lambda(2) = 1$, $\lambda(4) = 2$, $\lambda(2^r) = 2^{r-2}$ für $r \geq 3$,

$$\lambda(p^r) = p^{r-1}(p-1) = \phi(p^r)$$

für eine ungerade Primzahl p und $r \geq 1$, und schließlich

$$\lambda(m) = \text{kgV}\left(\lambda(p_1^{r_1}), \ldots, \lambda(p_s^{r_s})\right),$$

wobei

$$m = p_1^{r_1} \cdot \ldots \cdot p_s^{r_s}$$

die Primfaktorenzerlegung von m ist.

Die Carmichaelsche Funktion dient zur Charakterisierung von ↗Carmichael-Zahlen.

Carmichaelsche Vermutung, zahlentheoretische Vermutung in Zusammenhang mit der ↗Eulerschen ϕ-Funktion.

Carmichael stellte 1907 die Übungsaufgabe, folgende Aussage über die Eulersche ϕ-Funktion zu beweisen:

Ist n *eine natürliche Zahl, so gibt es ein* $m \neq n$ *mit*

$$\phi(n) = \phi(m).$$

1922 stellte Carmichael fest, daß seine eigene Lösung der Aufgabe fehlerhaft war. Heute ist diese „Übungsaufgabe" als Carmichaelsche Vermutung bekannt.

Man kann die Carmichaelsche Vermutung auch so formulieren: Gibt es eine Zahl w, die von der Eulerschen ϕ-Funktion genau einmal angenommen wird? Eine wiederum andere Formulierung ist: Gibt es eine Zahl w mit Eulerscher Vielfachheit $V_\phi(w) = 1$?

Carmichael konnte 1922 zeigen, daß für eine solche Zahl $w > 10^{37}$ gilt. Diese Abschätzung wurde immer wieder verbessert: 1947 zeigte Klee $w > 10^{400}$, 1982 bewiesen Masai und Valette $w > 10^{10^4}$, 1994 zeigten Schlafly und Wagon mit großem Rechenaufwand $w > 10^{10^7}$, und schließlich publizierte Ford 1998 einen Beweis für die Abschätzung $w > 10^{10^{10}}$.

Ford bewies auch, daß die Carmichaelsche Vermutung zu folgender Aussage äquivalent ist:

$$\liminf_{x\to\infty} \frac{W_1(x)}{W(x)} = 0\ ,$$

wobei $W(x)$ die Anzahlfunktion der Wertemenge der Eulerschen ϕ-Funktion ist, und $W_1(x)$ die Anzahlfunktion der Menge aller Zahlen mit Eulerscher Vielfachheit 1 bezeichnet.

Carmichael-Zahl, *absolute Pseudoprimzahl*, eine zusammengesetzte Zahl $m > 1$ mit

$$a^m \equiv a \bmod m$$

für alle ganzen Zahlen a.

Die Motivation, solche Zahlen zu betrachten, kommt vom sog. kleinen Satz von Fermat, man vergleiche hierzu auch ↗Pseudoprimzahl. Carmichael-Zahlen wurden erstmalig 1899 in einem Artikel von Korselt erwähnt. Carmichael führte sie, unabhängig davon, 1912 erneut ein und bewies einige Eigenschaften, z. B. die folgende:

Die Zahl m ist genau dann eine Carmichael-Zahl, wenn

$$\lambda(m) \mid (m-1)\,.$$

Hierbei bezeichnet λ die ↗Carmichaelsche Funktion. Eine Carmichael-Zahl ist stets ungerade und enthält mindestens 3 verschiedene Primfaktoren. Die kleinsten Carmichael-Zahlen sind 561, 1105, 1729. Alford, Granville und Pomerance bewiesen 1994, daß es unendlich viele Carmichael-Zahlen gibt. Einige zur Zeit (2000) noch offene Fragen sind z. B.: Gibt es zu gegebenem $k \geq 3$ unendlich viele Carmichael-Zahlen mit genau k Primfaktoren? Gibt es Carmichael-Zahlen mit beliebig vielen Primfaktoren? In diesem Zusammenhang formulierte Dubner folgende Vermutung: Zu jedem $k \geq 3$ gibt es unendlich viele Carmichael-Zahlen, die das Produkt von k Carmichael-Zahlen sind.

Carnot, Lazare Nicolas Marguerite, französischer Politiker, Ingenieur und Mathematiker, geb. 13.5.1753 Nolay (Frankreich), gest. 2.8.1823 Magdeburg.

Carnot war Militäringenieur und spezialisiert auf Festungsbau. 1797 mußte er wegen seiner republikanischen Auffassungen Frankreich verlassen und kam über die Schweiz nach Nürnberg. Als im Jahr darauf Napoleon Erster Konsul wurde, kehrte er zurück und wurde für fünf Monate Napoleons Kriegsminister. Später war er Militärgouverneur von Antwerpen, mußte aber nach Napoleons Niederlage bei Waterloo ins Exil gehen. So kam er über Warschau im November 1816 schließlich nach Magdeburg.

Zu seinen für die Wissenschaft bedeutsamen Leistungen gehört u. a. die Gründung der bekannten polytechnischen Schule von Paris (1794, gemeinsam mit Monge).

Zu seinen bekanntesten Publikationen zählen seine Reflexionen zur Metaphysik und zur Infinitesimalrechnung von 1797 und seine Arbeit zum Festungsbau von 1809. Bekannt ist auch, daß Carnot 1818 die erste Dampfmaschine nach Magdeburg brachte und daß sein Sohn Sadi drei Jahre nach einem Besuch bei seinem Vater in Magdeburg eine wesentlich von Carnot beeinflußte Arbeit zur Thermodynamik der Dampfmaschine verfaßte.

Auf mathematischem Gebiet ist Carnot aber vor allem als Geometer bekannt. 1801 veröffentlichte er eine Arbeit, in der er versuchte, die reine Geometrie in einen universalen Zusammenhang zu setzen. Er bewies u. a., daß mehrere der Sätze aus Euklids „Elementen" aus einem einzigen Satz abgeleitet werden können.

Carnotsche Wärmekraftmaschine, ↗Carnotscher Kreisprozeß.

Carnotscher Kreisprozeß, im einfachsten Fall ein Prozeß, in dem ein thermodynamisches System, das durch die Variablen Druck p, Volumen V und die thermische Variable ϑ über eine Isotherme (1), eine Adiabate (2), eine Isotherme (3) und eine Adiabate (4) reversibel in den Ausgangszustand zurückgeführt wird.

Unter einem reversiblen (umkehrbaren, quasistatischen) Übergang versteht man einen „unendlich langsamen" Übergang als Folge von (nahezu) Gleichgewichtszuständen.

Auf (1) werde dem System die Wärmemenge Q_1 zugeführt, und auf (3) gebe das System die Wärmemenge Q_2 ab. Während des Kreisprozesses möge das System die Arbeit W leisten. Nach dem Energieerhaltungssatz der Thermodynamik ändert sich U nicht. Daher gilt $W = Q_1 - Q_2$. Der Wirkungsgrad dieser sog. Carnotschen Wärmekraftmaschine η wird durch

$$\frac{\text{geleistete Arbeit}}{\text{zugeführte Wärme}}$$

definiert und ist gleich $1 - Q_2/Q_1$. Für solche Maschinen gilt der Carnotsche Satz, daß der Wirkungsgrad unabhängig vom Arbeitsstoff ist und allein durch die beiden Werte der thermischen Variablen („Temperatur") ϑ_1 und ϑ_2 bestimmt wird, zu denen Wärme ausgetauscht wird. Ferner ergibt sich

$$\frac{Q_1}{Q_2} = \frac{\phi(\vartheta_1)}{\phi(\vartheta_2)}.$$

Mit $T = \phi(\vartheta)$ wird die absolute Temperatur eingeführt.

Carroll, Lewis, ↗Dodgson, Charles Lutwidge.

Carry-Look-Ahead Addierer, kombinatorischer ↗logischer Schaltkreis zur Berechnung der Addition von zwei n-stelligen binären Zahlen $\alpha = (\alpha_{n-1}, \ldots, \alpha_0)$ und $\beta = (\beta_{n-1}, \ldots, \beta_0)$. Die Idee, den Übertrag

$$c_i := \left(\sum_{j=0}^{i}(\alpha_j + \beta_j) \cdot 2^j\right) \text{ div } 2^{i+1}$$

an der i-ten Stelle effizient zu berechnen, besteht in diesem Verfahren darin, zu einem Block $[u : v]$

$$\begin{matrix} \alpha_u & \ldots & \alpha_v \\ \beta_u & \ldots & \beta_v \end{matrix}$$

mit $n-1 \geq u \geq v \geq 0$ ein Attribut $\gamma_{u,v}$ zu berechnen, das aussagt, ob der Block unabhängig von dem Übertrag an der $(v-1)$-ten Stelle schon einen Übertrag $c_u = 1$ an der u-ten Stelle bedingt, ob der Block unabhängig von dem Übertrag an der $(v-1)$ten Stelle einen Übertrag $c_u = 0$ bedingt, oder ob der Block einen an der v-ten Stelle eingehenden Übertrag an die u-te Stelle weiterleitet, also $c_u = c_{v-1}$ gilt. Im ersten Fall heißt der Block $[u : v]$ generierend, es wird ihm das Attribut G zugeordnet. Im zweiten Fall heißt er absorbierend (Attribut A) und im dritten Fall propagierend (Attribut P). Wegen

$$c_i = 1 \iff \gamma_{i,0} = G$$

reicht es aus, die Attribute $\gamma_{i,0}$ für alle $i \in \{n-1, \ldots, 0\}$ zu berechnen. Um die Attribute $\gamma_{i,0}$ effizient zu berechnen, nutzt man aus, daß das Attribut $\gamma_{u,v}$ aus den Attributen $\gamma_{u,r+1}$ und $\gamma_{r,v}$ für einen beliebigen Wert r mit $u > r \geq v$ mittels des Operators • berechnet werden kann, der durch

$$\forall X \in \{A, P, G\} \;\; A \bullet X = A$$

$$\forall X \in \{A, P, G\} \;\; G \bullet X = G$$

$$\forall X \in \{A, P, G\} \;\; P \bullet X = X$$

definiert und assoziativ ist. Der linke Operand steht hierbei für das Attribut des linken Blockes $[u : r+1]$, der rechte Operand für das Attribut des rechten Blockes $[r : v]$. Die Attribute $\gamma_{i,i}$ der Blöcke der Breite 1 erhält man durch die Überlegung, daß der Block $[i : i]$ genau dann generierend ist, wenn $\alpha_i = \beta_1 = 1$ gilt, genau dann absorbierend ist, wenn $\alpha_i = \beta_i = 0$ gilt, und genau dann propagierend ist, wenn $\alpha_i \neq \beta_i$ ist.

Die effiziente Berechnung der Attribute $\gamma_{i,0}$ (für alle $i \in \{0, \ldots, n-1\}$ und $n = 2^k$ für ein geeignetes $k \in \mathbb{N}$) erfolgt durch einen logischen Schaltkreis CLA_n. CLA_n besitzt n Eingänge und n Ausgänge. Am j-ten Eingang wird ein Attribut a_{j-1} angelegt. Am j-ten Ausgang wird das Attribut $a_{j-1} \bullet a_{j-2} \bullet \ldots \bullet a_0$ berechnet. CLA_n kann rekursiv über die folgenden drei Schritte beschrieben werden:

1. Berechne $\gamma_{2j+1,2j} = \gamma_{2j+1,2j+1} \bullet \gamma_{2j,2j}$ für alle $j \in \{0, \ldots, \frac{n}{2}-1\}$.
2. Berechne rekursiv durch Aufruf von $CLA_{\frac{n}{2}}(\gamma_{n-1,n-2}, \gamma_{n-3,n-4}, \ldots, \gamma_{3,2}, \gamma_{1,0})$ den Vektor $(\gamma_{n-1,0}, \gamma_{n-3,0}, \ldots, \gamma_{3,0}, \gamma_{1,0})$.
3. Berechne $\gamma_{2j,0} = \gamma_{2j,2j} \bullet \gamma_{2j-1,0}$ für alle $j \in \{1, \ldots, \frac{n}{2}-1\}$.

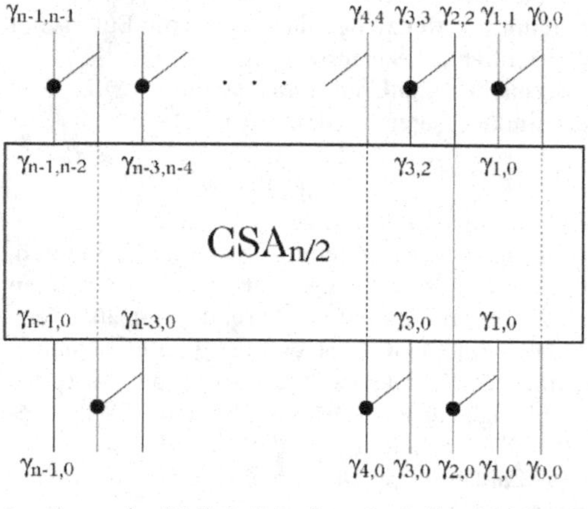

Berechnung der Attribute beim Carry-Look-Ahead Addierer

Freiheiten bei der Realisierung eines Carry-Look-Ahead Addierers gibt es bei der Codierung der Attribute A, P und G. Wird A durch $(0, 0)$, P durch $(0, 1)$ und G durch $(1, 0)$ codiert, d. h. wird ein Attribut durch zwei Bit g und p codiert, wobei das Bit g das Generate-Bit darstellt, also genau dann 1 ist, wenn das Attribut gleich G ist, und das Bit p das Propagate-Bit darstellt, also genau dann 1 ist, wenn das Attribut gleich P ist, so spricht man von dem Addierer von Brent-Kung. Der Operator • läßt sich in diesem Falle realisieren durch

$$(g_1, p_1) \bullet (g_2, p_2) = (g_1 \vee (p_1 \wedge g_2), p_1 \wedge p_2).$$

Die Laufzeit dieses Addierers verhält sich asymptotisch wie $\log n$, die Fläche wie $n \log n$.

[1] Brent, R.P.; Kung, H.T.: A regular layout for parallel adders. IEEE Transactions on Computers, 1982.

[2] Cormen, Th.; Leiserson, Ch.; Rivest, D.: Introduction to algorithms. The MIT Press Cambridge London, 1990.

[3] Swartzlander, E.: Computer Arithmetic. Volume 1&2. IEEE Computer Society Press Los Alamitos, 1990.

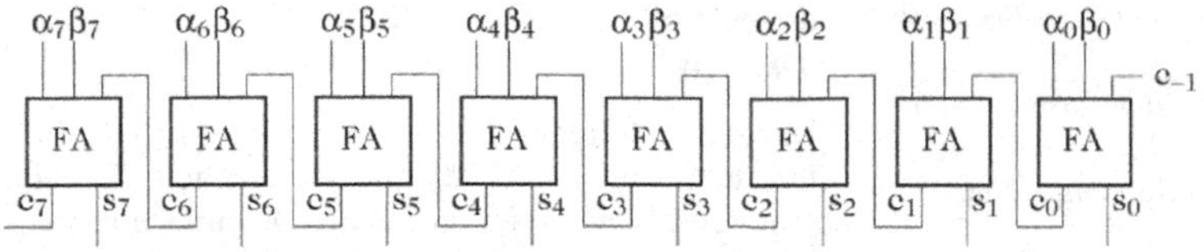

Carry-Ripple Addierer

Carry-Ripple Addierer, kombinatorischer ↗logischer Schaltkreis zur Berechnung der Summe $(s_{n-1}, \ldots, s_0)$ von zwei n-stelligen binären Zahlen $\alpha = (\alpha_{n-1}, \ldots, \alpha_0)$ und $\beta = (\beta_{n-1}, \ldots, \beta_0)$.

Der Schaltkreis besteht aus n Stufen. In Stufe i ($i \in \{0, \ldots, n-1\}$) wird das Summenbit s_i und das Übertragsbit c_i an der i-ten Stelle durch

$$\begin{aligned} s_i &= \alpha_i \oplus \beta_i \oplus c_{i-1} \\ c_i &= \alpha_i \wedge \beta_i \vee (\alpha_i \oplus \beta_i) \wedge c_{i-1} \end{aligned}$$

berechnet. $\oplus$ bezeichnet hierbei die ↗EXOR-Funktion. c_{-1} ist gleich 0. Laufzeit und Flächenbedarf des Carry-Ripple Addierers sind proportional zu der Bitbreite n der Operanden.

Carry-Skip Addierer, kombinatorischer ↗logischer Schaltkreis zur Berechnung der Addition von zwei n-stelligen binären Zahlen $\alpha = (\alpha_{n-1}, \ldots, \alpha_0)$ und $\beta = (\beta_{n-1}, \ldots, \beta_0)$.

Die verwendete Technik beim Carry-Skip Addierer ist ein Kompromiß zwischen dem ↗Carry-Ripple Addierer und dem ↗Carry-Look-Ahead Addierer. Die beiden Operanden α und β werden in k Blöcke

$$[n-1 : g_{k-1}], \ldots, [g_2 - 1 : g_1], [g_1 - 1 : 0]$$

(↗Carry-Look-Ahead Addierer) eingeteilt. Die Attribute der Blöcke werden wie beim Carry-Ripple Addierer von rechts nach links in jedem Block berechnet. Zur Verknüpfung dieser Attribute verwendet man die Carry-Look-Ahead Technik.

Cartan, Élie Joseph, französischer Mathematiker, geb. 9.4.1869 Dolomieu (Frankreich), gest. 6.5.1951 Paris.

Cartan promovierte 1894 mit einer vollständigen Klassifikation aller einfachen Lie-Algebren über dem Körper der komplexen Zahlen. Seine Arbeit stellt eine erstaunliche Synthese von Lie-Theorie, klassischer Geometrie, Differentialgeometrie und Topologie dar, die typisch für alle Arbeiten Cartans war. Er las in Montpellier (1894–1896), Lyon (1896–1903), Nancy (1903–1909) und Paris (1909–1940). Er ist der Vater von Henri Cartan.

Für seine Untersuchungen zu totalen Differentialgleichungssystemen $\omega = \sum A_i dx^i = 0$ führte er neben Pfaffschen Formen deren äußere Ableitung $d\omega$ ein. Anwendungen seiner Theorie äußerer Differentialgleichungssysteme hatten Einfluß auf die Physik, insbesondere auf die allgemeine Relativitäts- und die Quantenfeldtheorie, sowie auf die Differentialgeometrie.

Cartan konnte eine Vermutung von Schläfli beweisen, wonach sich jede n-dimensionale Metrik lokal in einen $\frac{n(n+1)}{2}$-dimensionalen euklidischen Raum einbetten läßt. In der Differentialgeometrie vollendete er die Methode des begleitenden Dreibeins von Darboux und entwickelte einen Kalkül alternierender Differentialformen. Weitere Arbeiten behandelten isoparametrische Familien von Hyperflächen in einem sphärischen Raum und Verallgemeinerungen der Riemannschen Geometrie. Bedeutsam sind auch seine Arbeiten zu symmetrischen Riemannschen Räumen sowie zur Theorie der hyperkomplexen Zahlensysteme.

Cartan, Henri, französischer Mathematiker, geb. 8.7.1904 Nancy, gest. 13.8.2008 Paris.

Cartan promovierte 1928 in Paris. Er lehrte in Caen, Lille, Strasbourg und Paris. Das von ihm 1948–1964 geführte „Seminaire Henri Cartan de l'Ecole Normale Supérieure“ wurde richtungsweisend für einige Teilgebiete der Mathematik.

Zu Cartans Hauptforschungsgebieten zählt die Theorie analytischer Funktionen einer und mehrerer komplexer Veränderlicher. Die von Cartan angewandte Garbentheorie vereinheitlichte die Behandlung von Funktionentheorie und algebraischer Geometrie. Von großer Bedeutung für die moderne Algebra ist das gemeinsam mit Eilenberg verfaßte Buch über homologische Algebra, in dem er u. a. seine Ergebnisse zur algebraischen Topologie beschreibt.

Cartan lieferte auch Beiträge zur harmonischen Analyse auf lokal kompakten abelschen Gruppen und zur Potentialtheorie.

Cartan, Satz von, über Automorphismen, wichtige Aussage innerhalb der Funktionentheorie. Der Satz lautet:

Es sei $G \subset \mathbb{C}$ ein beschränktes ↗Gebiet, f eine innere Abbildung von G und (f^n) die Folge der Iterierten von f. Weiter existiere eine Teilfolge von (f^n), die in G kompakt gegen eine nicht konstante Grenzfunktion konvergiert.

Dann ist $f \in \operatorname{Aut} G$, d. h. f ist eine ↗konforme Abbildung von G auf sich.

Zwei Folgerungen aus diesem Satz seien noch angegeben:

Es sei $G \subset \mathbb{C}$ ein beschränktes Gebiet und f eine innere Abbildung von G mit zwei verschiedenen ↗Fixpunkten in G. Dann ist $f \in \operatorname{Aut} G$.

Es sei $G \subset \mathbb{C}$ ein beschränktes Gebiet, f eine *innere Abbildung von G und $a \in G$ ein Fixpunkt von f.*

Dann gilt $|f'(a)| \leq 1$. Weiter gilt $f \in \operatorname{Aut} G$ genau dann, wenn $|f'(a)| = 1$.

Cartan-Ableitung, *äußere Ableitung*, der Ausdruck

$$df := d_r f := (r+1)\,A_{r+1}\dot{f}$$

für ein r-Feld f (alternierender Abbildungen) mit einem $r \in \mathbb{N}_0$. Hierbei seien $\mathfrak{R}$ und $\mathfrak{S}$ zwei normierte Vektorräume, O eine offene Teilmenge von $\mathfrak{R}$ und f eine differenzierbare Abbildung auf O mit Werten in den alternierenden beschränkten r-linearen Abbildungen von $\mathfrak{R}^r$ in $\mathfrak{S}$. A_{r+1} bezeichnet die entsprechende Alternante (↗Alternante einer multilinearen Abbildung). $\dot{f}$ ist dabei über die Ableitung $f'(x)$ von f wie folgt definiert:

$$\dot{f}(x)(h_0, \ldots, h_r) := (f'(x)h_0)(h_1, \ldots, h_r)$$

Im endlich-dimensionalen Fall kann die Cartan-Ableitung über Koordinatendarstellung gewonnen werden (↗Vektoranalysis).

Cartan-Matrix, die Matrix

$$A^{ij} = 2\left(\frac{(\alpha^{(i)}, \alpha^{(j)})}{(\alpha^{(j)}, \alpha^{(j)})}\right),$$

wobei die $\alpha^{(i)}$ die einfachen Wurzelvektoren einer Lie-Algebra sind.

Bei der Klassifizierung der einfachen Lie-Algebren spielt diese Matrix eine wesentliche Rolle.

Cartansche Untergruppe, die maximale abelsche Untergruppe einer Lie-Gruppe.

Eine abelsche Untergruppe ist eine Untergruppe U der Lie-Gruppe G, innerhalb derer die Gruppenoperation kommutativ ist. Die abelsche Untergruppe U heißt dann maximal, wenn aus $U \subset V$, wobei V eine abelsche Untergruppe von G ist, $U = V$ folgt.

Die Begriffsbildung der Cartanschen Untergruppe ist damit aber noch nicht ganz selbstverständlich, da es in Normalfall mehrere verschiedene maximale abelsche Untergruppen gibt.

Praktisch spielt diese Mehrdeutigkeit aber kaum eine Rolle, da meistens nur die Dimension der Cartanschen Untergruppe wirklich interessiert, und diese ist bei allen maximalen abelschen Untergruppen dieselbe.

Cartanscher Differentialkalkül, enthält u. a. die Regeln für den Umgang mit der ↗Cartan-Ableitung (1) und dem ↗δ-Operator, den allgemeinen Satz von Gauß-Stokes (2) und das Lemma von Poincaré (3).

Zu (1) gehören zum Beispiel:

d ist linear,

$$d(\mathfrak{A}_p) \subset \mathfrak{A}_{p+1} \qquad (p \in \mathbb{N}),$$

$$d(\varphi \wedge \psi) = d\varphi \wedge \psi + (-1)^p \varphi \wedge d\psi \quad (\varphi \in \mathfrak{A}_p, \psi \in \mathfrak{A}_q),$$

$$dd = 0.$$

Dabei bezeichnen $\wedge$ das äußere Produkt von Differentialformen und $\mathfrak{A}_p$ die Gesamtheit der auf einer gegebenen offenen Teilmenge eines normierten Vektorraumes $\mathfrak{R}$ definierten differenzierbaren Abbildungen mit Werten in den alternierenden beschränkten p-linearen Abbildungen von $\mathfrak{R}^p$ nach $\mathbb{R}$ (Felder alternierender Abbildungen).

Die letzte der aufgelisteten Aussagen wird gelegentlich auch als *Regel von Poincaré* bezeichnet.

(2) lautet

$$\int_{\mathfrak{G}} d\omega = \int_{\partial\mathfrak{G}} \omega$$

und enthält als Spezialfälle die klassischen Integralsätze von Gauß und Stokes.

(3) macht eine Aussage über die Lösbarkeit von $d\omega = f$, falls $df = 0$, unter geeigneten Bedingungen an den zugrundeliegenden Bereich $\mathfrak{G}$ und die Funktion f (↗Vektoranalysis).

Cartanscher Raum, ein allgemeiner Rahmen, um Begriffe wie ↗algebraische Varietät, Schema, oder auch komplexe Mannigfaltigkeit zu definieren.

Sei A ein kommutativer Ring (also beispielsweise ein Körper, oder auch der Ring $\mathbb{Z}$). Ein Cartanscher Raum über A ist ein Paar $X = (\underline{X}, \mathcal{O}_X)$, bestehend aus einem topologischen Raum und einer Garbe $\mathcal{O}_X$ von kommutativen A-Algebren so, daß alle Halme $\mathcal{O}_{X,x}$ lokale Ringe sind.

Dessen Maximalideal werde mit $\mathfrak{m}_{X,x}$ bezeichnet, der Restklassenkörper mit $k(X)$. Wenn $U \subset X$ offen, $x \in U$ und $f \in \mathcal{O}_X(U)$ oder $\in \mathcal{O}_{X,x}$, so bezeichnen wir mit $f(x)$ das Bild von f bei der Abbildung $\mathcal{O}_X(U) \longrightarrow \mathcal{O}_{X,x} \longrightarrow k(X)$. Beispielsweise kann $A = k$ ein Körper sein und $\mathcal{O}_X$ eine Garbe von Funktionen auf X mit Werten in k, dann ist $k = k(X)$, und $f(x)$ entspricht dem tatsächlichen Wert von f im Punkt x. Die systematische Einbeziehung des allgemeineren Falles bringt aber technisch viele Vorteile.

Eine intuitive Vorstellung über $\mathcal{O}_X$ kann unter anderem wie folgt gegeben werden: Man denke sich X in einen größeren Raum eingebettet, und die Elemente von $\mathcal{O}_{X,x}$ als Taylor-Entwicklung bis zu einer bestimmten Ordnung von Funktionskeimen auf dem größeren Raum, nach Koordinaten, die auf X Null werden. Dadurch werden infinitesimale Betrachtungen in den allgemeinen Rahmen einbezogen.

Cartan-Serre, Theorem A von, ↗ Serre, Theorem A von.

Cartan-Serre, Theorem B von, ↗ Serre, Theorem B von.

Cartan-Theorem über halbeinfache Algebren, lautet:

$\det(g_{\alpha\beta}) \neq 0$ *ist die notwendige und hinreichende Bedingung dafür, daß eine Lie-Algebra halbeinfach ist.*

Zur Notation: $\hat{X}_\alpha$ sei das Bild des Basiselements X_α der Lie-Algebra $\mathcal{L}$ in der adjungierten Darstellung von $\mathcal{L}$ auf sich. Die Komponenten von $\hat{X}_\alpha$ sind $C^{\mu}_{\alpha\nu}$.

Dann werden die metrischen Koeffizienten $g_{\alpha\beta}$ definiert durch

$$g_{\alpha\beta} = \mathrm{Spur}(\hat{X}_\alpha \hat{X}_\beta) = C^{\mu}_{\alpha\nu} C^{\nu}_{\beta\mu}$$

(↗Einsteinsche Summenkonvention). Damit ist für zwei beliebige Elemente $X_A = a^\alpha X_\alpha$ und $X_B = b^\beta X_\beta$ von $\mathcal{L}$ das innere Produkt (X_A, X_B) durch $g_{\alpha\beta} a^\alpha b^\beta$ gegeben.

Cartan-Thullen, Satz von, Aussage über Holomorphiebereiche.

Sei $B \subset \mathbb{C}^n$ ein Bereich, $K \subset B$ eine Teilmenge. Dann nennt man

$$\widehat{K} := \widehat{K}_B := \{\zeta \in B : |f(\zeta)| \le \sup |f(K)| \text{ für jede holomorphe Funktion } f \text{ in } B\}$$

die holomorph-konvexe Hülle von K in B. B heißt holomorph-konvex, wenn gilt: Ist $K \subset B$, so ist auch $\widehat{K} \subset B$.

Dann erhält man den folgenden Satz von Cartan-Thullen:

Ist $B \subset \mathbb{C}^n$ ein Holomorphiebereich (d. h. B ist ein nicht-leerer Bereich, und es gibt eine in B holomorphe Funktion f, so daß f in jedem Punkt $\zeta_0 \in \partial B$ voll singulär ist), so ist B holomorph-konvex.

Cartan-Weyl-Basis, Basis $\{H_i, E_\alpha, E_{-\alpha}\}$ einer halbeinfachen n-dimensionalen Lie-Algebra $\mathcal{L}$ mit dem Rang r. Dabei ist $1 \le i \le r$, und $\alpha := (\alpha_1, \dots, \alpha_r)$ (sog. Wurzelvektor, kurz auch Wurzel) ergibt sich aus den nicht-verschwindenden Eigenwerten des Kommutators $[H_i, E_\alpha] = \alpha_i E_\alpha$.

Die Kommutatoren der Basiselemente erfüllen folgende Relationen:

- $[H_i, H_j] = 0$,
- $[H_i, E_{\pm\alpha}] = \pm\alpha_i E_{\pm\alpha}$,
- $[E_\alpha, E_{-\alpha}] = \alpha_i H_j g^{ij}$ (g^{ij} sind die Lösung von $g_{kl} g^{km} = \delta^m_l$, g_{kl} die metrischen Koeffizienten der durch die H_i aufgespannten Lie-Algebra),
- und

$$[E_\alpha, E_\beta] = \begin{cases} (\alpha \neq -\beta,\ \alpha + \beta \text{ keine Wurzel}) = 0, \\ (\alpha \neq -\beta,\ \alpha + \beta \text{ Wurzel}) = N_{\alpha\beta} E_{\alpha+\beta}. \end{cases}$$

Dabei genügt $N_{\alpha,\beta}$ der Beziehung

$$N^2_{\alpha\beta} = \frac{q(r+1)}{2} (\beta, \beta),$$

wobei α und β die nicht-negative ganze Zahl q eindeutig so bestimmen, daß $\beta - r\alpha, \beta - (r-1)\alpha, \dots, \beta, \beta + \alpha, \dots, \beta + q\alpha$ die einzigen von Null verschiedenen Wurzeln der Form $\beta + k\alpha$ sind.

Halbeinfache Lie-Algebren finden bei der Klassifikation von Elementarteilchen Anwendung. Eine besondere Rolle spielt die zur $SU(3)$-Gruppe gehörende Lie-Algebra. Für sie ist $r = 2$.

Cartesius, Renatus, ↗Descartes, René.

Cartier-Divisor, Verallgemeinerung des Divisor-Begriffes auf ein beliebiges Schema.

Sei X ein Schema. Für jede offene affine Teilmenge $U = \mathit{Spec} A$ sei S die Menge der Elemente von A, die keine Nulldivisoren sind. $K(U)$ sei die Lokalisierung von A durch das multiplikative System S. $K(U)$ heißt der totale Quotientenring von A. Die Ringe $K(U)$ bilden eine Prägarbe, deren assoziierte Garbe von Ringen $\mathcal{K}$ die Garbe der totalen Quotientenringe von $\mathcal{O}$ heißt. Sei $\mathcal{K}^*$ die Garbe (von multiplikativen Gruppen) der invertierbaren Elemente in der Garbe der Ringe $\mathcal{K}$. ${}_X\mathcal{O}^*$ sei die Garbe der invertierbaren Elemente in ${}_X\mathcal{O}$.

Ein Cartier-Divisor D auf einem Schema X ist ein globaler Schnitt der Garbe $\mathcal{K}^*/\mathcal{O}^*$.

Die Cartier-Divisoren auf X bilden eine additive Gruppe.

[1] Hartshorne, R.: Algebraic Geometry. Springer-Verlag New York Heidelberg Berlin, 1977.

Casimir-Funktion, reellwertige C^∞-Funktion auf einer Poisson-Mannigfaltigkeit, die auf allen Blättern der Poisson-Mannigfaltigkeit konstante Werte annimmt.

Casimir-Funktionen kommutieren bzgl. der Poisson-Klammer mit allen anderen reellwertigen C^∞-Funktionen auf der Poisson-Mannigfaltigkeit und sind somit Integrale der Bewegung für alle Hamilton-Felder.

Casorati, Felice, italienischer Mathematiker, geb. 17.12.1835 Pavia, gest. 11.9.1890 Pavia.

Casorati studierte bis 1856 in Pavia, wo er auch lehrte, ebenso wie in Mailand. 1858 besuchte er gemeinsam mit Betti und Brioschi Göttingen, Berlin und Paris. Dieser Besuch gilt als entscheidend für die Entwicklung der italienischen Mathematik.

Casoratis Hauptthemen waren Differentialgeometrie, Differentialrechnung und Funktionentheorie. Bekannt wurde er durch den Satz von ↗Casorati-Weierstraß. Weierstraß bewies diesen Satz 1876, aber Casorati behandelte in schon in seiner Abhandlung zu komplexen Zahlen von 1868.

Casorati-Determinante, zu der homogenen linearen Differenzengleichung

$$\sum_{i=0}^{n} p_i(x)y(x+i) = 0 \qquad (1)$$

mit dem Fundamentalsystem $u_1, \dots, u_n$ gehörige Determinante der Form

$$D(u_1(x), u_2(x), \dots, u_n(x)) := \det \begin{pmatrix} u_1(x) & u_2(x) & \dots & u_n(x) \\ u_1(x+1) & u_2(x+1) & \dots & u_n(x+1) \\ \dots & \dots & & \dots \\ u_1(x+n-1) & u_2(x+n-1) & \dots & u_n(x+n-1) \end{pmatrix}.$$

Die Determinante ist genau dann an allen Punkten von Null verschieden, außer bei solchen, die zu singulären Punkten von (1) kongruent sind, wenn die Lösungen $u_1, \dots, u_n$ ein Fundamentalsystem der linearen homogenen Differenzengleichung (1) bilden.

Casorati-Weierstraß, Satz von, fundamentaler Satz innerhalb der Funktionentheorie einer Variablen über die Charakterisierung von wesentlichen Singularitäten einer komplexen Funktion. Der Satz lautet:

Es sei $G \subset \mathbb{C}$ ein ↗Gebiet, $a \in G$ und f eine in $G \setminus \{a\}$ ↗holomorphe Funktion.

Dann sind folgende Aussagen äquivalent:

(a) *Der Punkt a ist eine ↗wesentliche Singularität von f.*

(b) *Zu jedem $w_0 \in \mathbb{C}$, jedem $\varepsilon > 0$ und jedem $\delta > 0$ gibt es ein $z_0 \in G$ mit $0 < |z_0 - a| < \delta$ und $|f(z_0) - w_0| < \varepsilon$.*

(c) *Es existiert eine Folge (z_n) in $G \setminus \{a\}$ mit $\lim_{n\to\infty} z_n = a$ derart, daß die Bildfolge $(f(z_n))$ keinen Grenzwert in $\widehat{\mathbb{C}}$ besitzt.*

Eine Folgerung aus diesem Satz ist beispielsweise die folgende Aussage:

Es sei f eine ganz transzendente Funktion. Dann gibt es zu jedem $w_0 \in \mathbb{C}$ eine Folge (z_n) in $\mathbb{C}$ mit $|z_n| \to \infty$ $(n \to \infty)$ und $\lim_{n\to\infty} f(z_n) = w_0$.

Cassini, Giovanni Domenico, ↗Cassini, Jean Dominique.

Cassini, Jean Dominique, *Cassini, Giovanni Domenico*, italienisch-französischer Astronom und Mathematiker, geb. 18.6.1625 Perinaldo bei Nizza, gest. 14.9.1712 Paris.

Cassini studierte am Jesuitenkolleg in Genua und anschließend in der Abtei San Fructuoso. 1648–1669 war Cassini am Observatorium in Panzano tätig, 1650 erhielt er eine Professur für Astronomie an der Universität von Bologna.

Bekannt sind seine detaillierten Kometenbeobachtungen von 1652–1653 und 1664–1665. Auf Einladung von Louis XIV. kam Cassini 1669 nach Paris und übernahm 1671 die Leitung des Pariser Observatoriums. Zwei Jahre später wurde er französischer Staatsbürger. Er kehrte nie nach Italien zurück.

Cassini beobachtete als erster die vier Saturnmonde (1671, 1672, 1684, 1684) und 1675 die Lücke im Ringsystem des Saturn, die später nach ihm benannt wurde. 1680 untersuchte er die ↗Cassinischen Kurven. Dies war Teil seiner Resultate zur Relativbewegung von Erde und Sonne.

Cassini-Bereich, eine Menge D in $\mathbb{C}$ der Form

$$D = \{ z \in \mathbb{C} : |z - z_1||z - z_2| < c \},$$

wobei $z_1, z_2 \in \mathbb{C}$, $z_1 \neq z_2$ und $c > 0$ fest sind. In Normalform schreiben sich Cassini-Bereiche als

$$D = \{ z \in \mathbb{C} : |z - a||z + a| < r^2 \},$$

wobei $a > 0$ und $r > 0$. Für $a < r$ ist D ein Sterngebiet mit Zentrum 0, und ∂D ist eine Lemniskate.

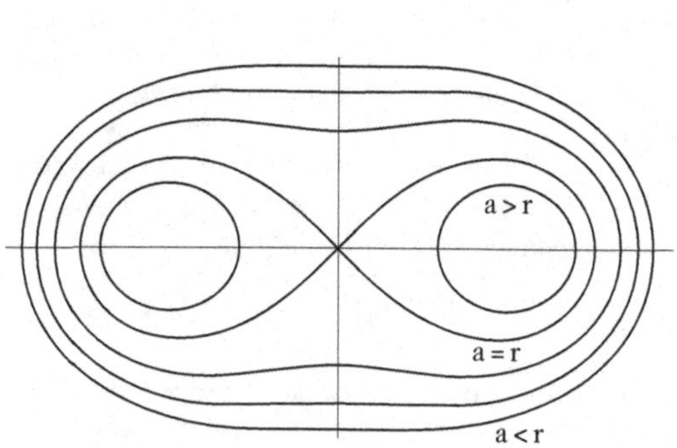

Cassini-Bereich

Ist $a \geq r$, so besteht D aus zwei Zusammenhangskomponenten.

Für jedes $p \in \mathbb{N}$ konvergiert die Reihe $f(z) := \sum_{n=0}^{\infty} \left[\frac{1}{2}z(z-1)\right]^{2^n p}$ kompakt im Cassini-Bereich $W := \{z \in \mathbb{C} : |z(z-1)| < 2\}$, und W ist das ↗Holomorphiegebiet von f.

In der klassischen Geometrie interessiert man sich insbesondere für die Randkurven des Cassini-Bereichs, die man dort ↗Cassinische Kurven nennt. Man vergleiche dieses Stichwort für weitere Informationen und die dort entwickelte Nomenklatur.

Cassinische Kurven, ebene Kurven $S_{a,b}$ mit der impliziten Kurvengleichung

$$f(x,y) = \left(x^2+y^2+a^2\right)^2 - b^4 - 4a^2x^2 = 0,$$

in der a und b Konstanten sind. In Polarkoordinaten (ϱ, φ) werden sie durch die Gleichung

$$\varrho^2 = a^2 \cos(2\varphi) \pm \sqrt{b^4 - a^4 \sin^2(2\varphi)}$$

beschrieben.

$S_{a,b}$ ist der geometrische Ort aller Punkte der Ebene, für die das Produkt der Abstände von den Punkten $F_1 = (-a, 0)$ und $\mathcal{F}_2 = (a, 0)$ den festen Wert b^2 hat.

Die Gleichung $f(x,y) = 0$ geht für $a = 0$ in $x^2 + y^2 - b^2 = 0$ über. $S_{0,b}$ ist also ein Kreis vom Radius b. Mit wachsendem a wechselt dann das Aussehen der Cassinischen Kurve in die eines zunehmend flacheren ellipsenähnlichen Ovals, das bei Erreichen des kritischen Wertes $a = b/\sqrt{2}$ seine konvexe Form verliert, zunehmend tiefer eingebeult ist und schließlich für $a = b$ zur Lemniskate wird. Für alle größeren Werte von a zerfällt die Kurve in zwei eiförmige geschlossene Kurven, die zueinander spiegelsymmetrisch links und rechts der y-Achse liegen.

Die Krümmung hat für den kritischen Wert $a = b/\sqrt{2}$ eine Nullstelle in den Punkten $(0, \pm b/\sqrt{2})$. Dort hat die Tangente einen besonders innigen Kontakt mit der Kurve $S_{b/\sqrt{2},b}$.

Die Schnittpunkte von $S_{a,b}$ mit der x-Achse sind die Lösungen $x = \pm\sqrt{a^2 \pm b^2}$ der Gleichung $f(x, 0) = 0$. Man hat für $a > b$ vier Schnittpunkte, für $a = b$ drei (Lemniskate) und für $a < b$ zwei.

Castelnuovos Schranke, ↗algebraische Kurve.

casus irreducibilis, bei der Lösung algebraischer Gleichungen dritten Grades auftretender Spezialfall, den man bis ins 16. Jahrhundert hinein nicht lösen konnte, und daher als „nicht zurückführbaren Fall" bezeichnete.

Benutzt man zur Lösung der Gleichung

$$z^3 + pz + q = 0$$

die ↗Cardanischen Lösungsformeln, so wird man auf die Terme

$$u := \sqrt[3]{-\frac{q}{2} + \sqrt{\left(\frac{q}{2}\right)^2 + \left(\frac{p}{3}\right)^3}},$$

$$v := \sqrt[3]{-\frac{q}{2} - \sqrt{\left(\frac{q}{2}\right)^2 + \left(\frac{p}{3}\right)^3}},$$

geführt. Falls $\left(\frac{q}{2}\right)^2 + \left(\frac{p}{3}\right)^3$ negativ ist, so ist die Ermittlung einer reellen Lösung der Ausgangsgleichung zumindest scheinbar schwierig. Dies ist der casus irreducibilis.

Erst um 1600 gelang es Vieta zu zeigen, daß in diesem Fall sogar alle drei Lösungen reell sind, und diese explizit anzugeben.

Catalan, Eugène Charles, belgischer Mathematiker, geb. 30.5.1814 Brügge, gest. 14.2.1894 Lüttich (Liège).

Catalan war 1833 Schüler von Liouville am Polytechnikum in Paris. Dort lehrte er ab 1838 beschreibende Geometrie. 1865 wurde er an die Universität Lüttich berufen.

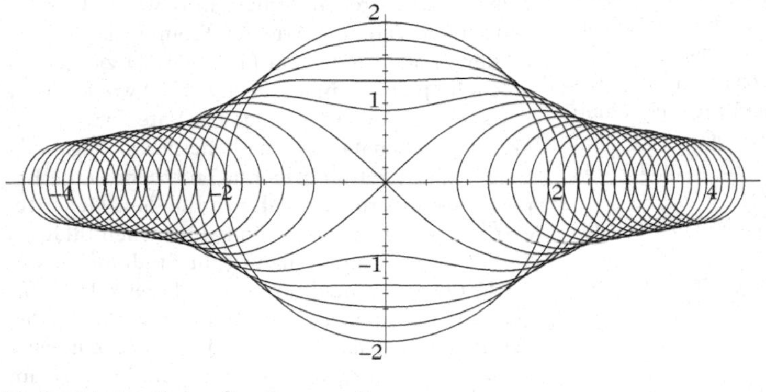

Die Cassinischen Kurven $S_{a,2}$ $(0 \leq a \leq 4)$

Catalan lieferte Beiträge zur Geometrie, insbesondere zu Regelflächen, zur Analysis, z. B. zur Variablensubstitution bei Mehrfachintegralen, sowie zu Kettenbrüchen und zur Zahlentheorie. Er definierte die ↗ Catalan-Zahlen im Zusammenhang mit der Lösung des Problems, ein Polygon mittels sich nicht schneidender Diagonalen in Dreiecke zu zerlegen. Dieses Problem wurde zwar schon von Segner im 18. Jahrhundert gelöst, aber bei weitem nicht so elegant wie von Catalan. Um 1838 hatten neben Catalan auch Euler und Binet an der Vereinfachung der Lösung gearbeitet.

Catalansche Vermutung, derzeit (2000) noch unbewiesene Vermutung in der Zahlentheorie.

Die Zahlen $8 = 2^3$ und $9 = 3^2$ sind aufeinanderfolgende Zahlen, die beide echte Potenzen sind. Catalan publizierte 1844 die Vermutung, daß 8 und 9 die einzigen natürlichen Zahlen mit dieser Eigenschaft sind. Formal kann man das wie folgt definieren: Erfüllen die vier natürlichen Zahlen $m, n, x, y > 1$ die Catalansche Gleichung

$$x^m - y^n = 1, \tag{1}$$

so ist $m = y = 2$ und $n = x = 3$.

Die Catalansche Gleichung ist die bekannteste exponentiell ↗ diophantische Gleichung. Fixiert man $x = 3$ und $y = 2$, so kann man mit etwas Restklassenarithmetik leicht beweisen, daß $(m, n) = (1, 1)$ und $(2, 3)$ die einzigen Lösungen der Gleichung $3^m - 2^n = 1$ in den natürlichen Zahlen sind. Ebenso zeigt man, daß $2^m - 3^n = 1$ in den natürlichen Zahlen nur $(m, n) = (2, 1)$ als Lösung hat.

Für den allgemeinen Fall hat Tijdeman 1976 folgenden Satz bewiesen:

Es gibt eine effektiv berechenbare Konstante $C > 0$ so, daß jede Lösung von (1)

$$\max\{m, n, x, y\} \leq C$$

erfüllt.

Dies impliziert, daß es nur endlich viele Lösungen der Catalanschen Gleichung gibt.

Eine Verallgemeinerung der Catalanschen Vermutung ist die ↗ Pillaische Vermutung.

Catalan-Zahl, die Anzahl C_n aller Möglichkeiten, ein Produkt $a_1 \cdot \dots \cdot a_n \cdot a_{n+1}$ so zu klammern, daß eine sukzessive Auflösung möglich ist. Beispielsweise für $a_1 \cdot a_2 \cdot a_3 \cdot a_4$ gibt es folgende fünf Fälle: $(a_1 \cdot a_2) \cdot (a_3 \cdot a_4)$, $((a_1 \cdot a_2) \cdot a_3) \cdot a_4$, $(a_1 \cdot (a_2 \cdot a_3)) \cdot a_4$, $a_1 \cdot ((a_2 \cdot a_3) \cdot a_4)$ und $a_1 \cdot (a_2 \cdot (a_3 \cdot a_4))$, sodaß $C_3 = 5$.

Die ersten zehn Catalan-Zahlen sind 1, 2, 5, 14, 42, 132, 429, 1430, 4862 und 16796. Für $n < 2^{15} - 1$ gibt es nur zwei Catalan-Zahlen, die Primzahlen sind: $C_2 = 2$ und $C_3 = 5$.

Andere Interpretationen der Catalan Zahlen sind:

1. Die Anzahl der Aufteilungen eines $(n + 2)$-seitigen Vieleckes in n Dreiecke.
2. Die Anzahl der trivalenten Wurzelbäume mit $(n + 1)$ Ecken.
3. Die Anzahl der Wege der Länge $2n$ in einem $n \times n$ Raster, die unter der Hauptdiagonale liegen.

Die Catalan-Zahlen können anhand der folgenden expliziten Formeln berechnet werden:

$$C_n = \frac{\binom{2n}{n}}{(n+1)n} = \frac{(2n)!}{(n+1)(n!)^2} = \frac{(2n)!}{(n+1)!n!},$$

wobei $\binom{n}{k}$ die ↗ Binomialkoeffizienten sind.

Die Catalan-Zahlen können auch mit der erzeugenden Funktion

$$\frac{1 - \sqrt{1 - 4x}}{2x} = \sum_{n=0}^{\infty} C_n x^n$$

definiert werden. Sie erfüllen die Rekursion

$$C_{n+1} = \frac{2(2n+1)}{n+2} C_n .$$

Cauchy, Augustin-Louis, französischer Mathematiker, geb. 21.8.1789 Paris, gest. 22.5.1857 Sceaux bei Paris.

Cauchys Vater war Jurist und hoher Polizeibeamter. Vor den Revolutionswirren zog sich die Familie nach Arcueil zurück. Dort wurde Cauchy von seinem Vater unterrichtet. Freunde des Vaters, zu denen auch Napoleon (1769–1821) zählte, ermöglichten der Familie Cauchy, 1800 wieder nach Paris zurückzukehren. Cauchys Vater wurde Sekretär des Senats. Die mathematische Begabung Cauchys wurde früh bemerkt. Trotzdem rieten Laplace und andere, dem Vater verbundene Gelehrte, erst zu einer gründlichen humanistischen Bildung. 1805 begann Cauchy dann sein Studium an der Ecole Polytechnique, und wurde bereits 1809 Ingenieur, nachdem er sein Studium an der Ecole des Ponts et Chausées vollendet hatte. Zunächst arbeitet er an verschiedenen Zivilbauten, dann am Ausbau des Hafens von Cherbourg. In Cherbourg entstanden erste mathematische Arbeiten zu sehr unterschiedlichen Themen (Theorie der Brücken, Polyeder, algebraische Gleichungen, figurierte Zahlen). Im Jahre 1813 kehrte Cauchy nach Paris zurück, wurde 1816 zum Mitglied der Pariser Akademie ernannt, nicht gewählt, und wurde Professor an der Ecole Polytechnique. Diese schnelle Karriere verdankte Cauchy den wieder regierenden Bourbonen, die die Familie Cauchy für ihren konsequenten Katholizismus und ihre Monarchietreue(!) belohnen wollten.

Aus Vorlesungen an der polytechnischen Schule entstand sein klassischer „Cours d'Analyse de l'Ecole Polytechnique" (1821). Cauchy strebte darin die gleiche Strenge für die Analysis an, die die Geometrie schon erreicht hatte. Seinen Lehrgang gründete Cauchy auf einen exakten Grenzwertbegriff und auf neue Definitionen der Begriffe Ableitung, Integral, und Konvergenz. Er ersetzte viele, bis dato nur intuitiv erfaßte Begriffe der Analysis, durch exaktere.

In dem fast eintausend Publikationen umfassenden Gesamtwerk Cauchys findet man auch einen analytischen Beweis des Fundamentalsatzes der Algebra (1821) und die ersten Existenzbeweise in der Theorie der Differentialgleichungen. Einen besonders bedeutenden Platz nahm bei Cauchy die Theorie der Funktionen komplexer Variabler ein. Er untersuchte die Integration im Komplexen, schuf die Residuentheorie (1826/27) und die Theorie der meromorphen Funktionen. Damit sind aber Cauchys Interessen- und Arbeitsgebiete noch nicht annähernd erfaßt. Er arbeitete über Determinantentheorie und Permutationsgruppen, Differentialgeometrie, Elastizitätstheorie, Fehlerrechnung und Himmelsmechanik.

Die Revolution 1830 vertrieb Cauchy aus Paris. Er emigrierte erst nach Turin, dann nach Prag. In Prag war er der Lehrer des Kronprinzen der gestürzten Bourbonendynastie. Im Jahre 1838 kehrte Cauchy nach Paris zurück und lebte dort als Privatmann, war aber seit 1848, nach Abschaffung des Amtseides, an der Ecole Polytechnique und der Sorbonne tätig.

Cauchy, Grenzwertsatz von, besagt, daß für eine konvergente Zahlenfolge (a_k) mit Grenzwert a für die Folge der arithmetischen Mittel gilt:

$$\frac{1}{n}\sum_{k=1}^{n} a_k \longrightarrow a \quad (n \to \infty)\,. \tag{1}$$

Das ↗Cesàro-Summationsverfahren ist eine Entsprechung von (1) für die Folge der Partialsummen geeigneter, evtl. divergenter, Reihen.

Hat man für $k \in \mathbb{N}$ noch Gewichte $p_k > 0$ mit $\sum_{k=1}^{\infty} p_k = \infty$, so gilt allgemeiner:

$$\frac{\sum_{k=1}^{n} p_k a_k}{\sum_{k=1}^{n} p_k} \longrightarrow a \quad (n \to \infty)\,. \tag{2}$$

Gilt $a_k > 0$ für $k \in \mathbb{N}$, so erhält man (bei $a > 0$ durch Anwenden von ln und exp und bei $a = 0$ mit Hilfe der Ungleichung zwischen geometrischem und arithmetischem Mittel) für die Folge der geometrischen Mittel:

$$\sqrt[n]{\prod_{k=1}^{n} a_k} \longrightarrow a \quad (n \to \infty)\,. \tag{3}$$

Mit (1)–(3) kann man z. B. für $n \to \infty$ zeigen:

$$\frac{1}{n}\sum_{k=1}^{n}\frac{1}{k} \longrightarrow 0\,, \quad \frac{1}{n+1}\sum_{k=0}^{n} a_k b_{n-k} \longrightarrow ab\,,$$

$$\frac{1}{n^{t+1}}\sum_{k=1}^{n} k^t a_k \longrightarrow \frac{a}{t+1} \quad (t \in \mathbb{N}_0),$$

$$\sqrt[n]{n} \longrightarrow 1\,, \quad \frac{1}{\sqrt[n]{n!}} \longrightarrow 0\,, \quad \frac{n}{\sqrt[n]{n!}} \longrightarrow e\,.$$

Dabei sei (b_k) eine weitere konvergente Zahlenfolge mit Grenzwert b.

Cauchy, Majorantenmethode von, Methode zum Beweis der Existenz von Lösungen einer Differentialgleichung erster Ordnung im Komplexen.

Man betrachte das Anfangswertproblem

$$w'(z) = f(z, w(z))\,, \quad w(z_0) = w_0\,, \tag{1}$$

wobei f eine in $|z - z_0| < r$, $|w - w_0| < R$ holomorphe Funktion mit $0 < |f(z, w)| \leq M$ ist. Sei

$$w(z) = w_0 + \sum_{n=1}^{\infty} c_n (z - z_0)^n$$

die Potenzreihenentwicklung der Lösung von (1). Mit

$$W(z) = w_0 + \sum_{n=1}^{\infty} C_n (z - z_0)^n\,,$$

der Lösung der sog. majoranten Differentialgleichung

$$W'(z) = \frac{M}{\left(1 - \frac{W - w_0}{R}\right)\left(1 - \frac{z - z_0}{r}\right)},$$

die die gleichen Anfangsbedingungen erfüllt, gilt $C_n \geq |c_n|$ für alle n, d. h., die Entwicklung von W ist eine Majorante von w. Der Konvergenzradius

$$\varrho = r_z \left(1 - \exp\left\{-\frac{R}{2rM}\right\}\right)$$

der Reihenentwicklung von W ist eine Schranke für den Konvergenzradius von w.

Cauchy, Reihenproduktsatz von, macht eine Aussage über die Konvergenz der Cauchy-Produktreihe:

Es seien $\sum_{\nu=0}^{\infty} a_\nu$ und $\sum_{\nu=0}^{\infty} b_\nu$ zwei absolut konvergente Reihen mit Reihensummen α bzw. β.

Dann ist die durch

$$d_n := \sum_{\nu=0}^{n} a_{n-\nu}\, b_\nu \; (= a_n b_0 + a_{n-1} b_1 + \cdots + a_0 b_n)$$

definierte Cauchy-Produktreihe konvergent, und es gilt

$$\sum_{n=0}^{\infty} d_n = \alpha \cdot \beta .$$

Der Satz gilt *nicht,* wenn die beiden Reihen $\sum_{\nu=0}^{\infty} a_\nu$ und $\sum_{\nu=0}^{\infty} b_\nu$ nur bedingt konvergieren. Ein Standard-Beispiel dazu findet man etwa in [1].

[1] Kaballo, W.: Einführung in die Analysis I. Spektrum Akademischer Verlag, 1996.

Cauchy, Verdichtungssatz von, besagt, daß für eine antitone Folge (a_n) nicht-negativer Zahlen die Reihe $\sum_{n=1}^{\infty} a_n$ genau dann konvergiert, wenn die „verdichtete" Reihe

$$\sum_{n=1}^{\infty} 2^n a_{2^n}$$

konvergiert. Insbesondere ist $2^n a_{2^n} \to 0$ eine notwendige Voraussetzung der Konvergenz.

Der Beweis kann durch Betrachten geeigneter Teilsummen und Einsatz des ↗Monotoniekriteriums erfolgen. Mit dem Verdichtungssatz kann man z. B. unter Ausnutzung des Konvergenzverhaltens der geometrischen Reihe zeigen, daß die verallgemeinerte harmonische Reihe $\sum_{n=1}^{\infty} \frac{1}{n^\alpha}$ und die Reihe $\sum_{n=1}^{\infty} \frac{1}{n(\ln n)^\alpha}$ für reelle $\alpha \leq 1$ divergieren und für $\alpha > 1$ konvergieren. Beides läßt sich allerdings mit dem ↗Integralkriterium noch einfacher zeigen.

Cauchy-Binet, Satz von, ↗Binet-Cauchy, Satz von.

Cauchy-Bunjakowski-Ungleichung, ↗Cauchy-Schwarz-Ungleichung.

Cauchy-Croftonsche Formel, drückt die ↗Bogenlänge $\lambda(C)$ einer regulären ebenen Kurve $C \subset \mathbb{R}^2$ durch das Maß der Menge aller Geraden aus, die einen Schnittpunkt mit C gemeinsam haben, wobei jede Gerade mit der Anzahl ihrer Schnittpunkte mit C gezählt wird.

Es sei $E^{(2,1)}(\mathbb{R})$ der Raum aller Geraden in $\mathbb{R}^2$. Um einen sinnvollen Maßbegriff für Teilmengen von $E^{(2,1)}(\mathbb{R})$ zu definieren, werden auf $E^{(2,1)}(\mathbb{R})$ zunächst Koordinaten eingeführt. Die Punkte (x, y) einer Geraden $\mathcal{G} \in E^{(2,1)}(\mathbb{R})$ sind durch einen auf $\mathcal{G}$ senkrechten Einheitsvektor $\mathfrak{e} = (\cos\vartheta, \sin\vartheta)$ und den gerichteten Abstand

$$p = x \cos\vartheta + y \sin\vartheta$$

vom Ursprung charakterisiert. Man kann die Zahlen p und ϑ als Koordinaten von $\mathcal{G}$ betrachten, wobei allerdings die Zuordnung zwischen Geraden C und Punkten $(p, \vartheta) \in \mathbb{R}^2$ nicht bijektiv ist, denn es beschreiben sowohl $(p, \vartheta + 2\pi k)$ als auch $(-p, \vartheta \pm \pi)$ dieselbe Gerade (p, ϑ). Trotzdem kann man das Integral einer auf $E^{(2,1)}(\mathbb{R})$ definierten Funktion f invariant als Doppelintegral

$$\iint f(\mathcal{G})\, d\vartheta\, dp$$

definieren. Wählt man für f die Funktion, die jeder Geraden $\mathcal{G}$ die Anzahl ihrer Schnittpunkte mit C zuordnet, so hat f in fast allen Geraden einen endlichen Wert und ist meßbar. Das über ganz $E^{(2,1)}(\mathbb{R})$ erstreckte Integral von f hat den Wert $2\lambda(C)$.

Anwendungen dieser Formel gibt es bei der praktischen Längenbestimmung von komplizierten empirischen Kurven. Das Molekül der die Erbinformationen von Lebewesen tragenden Desoxyribonukleinsäure (DNS) zeigt sich in elektronenmikroskopischen Aufnahmen als vielfach in sich verschlungene Linie. Man zeichnet auf ein Blatt Transparenzpapier n Scharen paralleler Geraden, die untereinander einen festen Abstand ε haben und deren Richtungen ganzzahlige Vielfache von π/n sind.

Legt man das Transparenzpapier über eine solche Aufnahme, so kann man die Schnittpunkte aller Geraden mit dem DNS-Molekül auszählen. Mit $\varepsilon\pi/2n$ multipliziert ergibt die so ermittelte Zahl einen Näherungswert für die Länge des DNS-Moleküls.

[1] do Carmo, M.P.: Differentialgeometrie von Kurven und Flächen. Friedr. Vieweg & Sohn, Braunschweig/Wiesbaden, 1992.

Cauchy-Daten, spezieller Typus von Anfangswerten für ein ↗Anfangswertproblem einer partiellen

Differentialgleichung, bei der die gesuchte Funktion $u(t, x)$ von einer ausgezeichneten Variablen t und weiteren Variablen $x = (x_1, \ldots, x_n)$ abhängt.

Ist der Grad des zugehörigen Differentialoperators gleich m, dann bestehen entsprechende Cauchy-Daten in der Vorgabe von Werten für die Funktion und ihrer Ableitungen bzgl. t bis zur Ordnung $m-1$ für festes $t = t_0$.

Das zugehörige Anfangswertproblem selbst heißt manchmal auch Cauchy-Problem.

Ein einfaches Beispiel ist das Cauchy-Problem

$$\begin{aligned} u_{tt} + u_{xx} + u_{yy} &= 0, \\ u(0, x, y) &= \phi(x, y), \\ u_t(0, x, y) &= \psi(x, y) \end{aligned}$$

mit vorgegebenen Funktionen $\phi(x, y)$ und $\psi(x, y)$.

Cauchy-Folge, *Fundamentalfolge*, Folge (x_n) in einem metrischen Raum (M, δ) mit der Eigenschaft

$$\forall \varepsilon > 0 \ \exists N \in \mathbb{N} \ \forall m, n \geq N \quad \delta(x_m, x_n) < \varepsilon$$

oder kürzer $\delta(x_m, x_n) \to 0$ für $m, n \to \infty$. Man spricht dann auch von Cauchy-Konvergenz oder Konvergenz in sich. Jede konvergente Folge ist auch Cauchy-konvergent. Genau in vollständigen metrischen Räumen sind alle Cauchy-Folgen auch konvergent. Daher kann man die Cauchy-Konvergenz in vollständigen Räumen zum Nachweis der Konvergenz ohne Kenntnis des Grenzwerts verwenden. Ferner werden Cauchy-Folgen benutzt bei der Vervollständigung unvollständiger metrischer Räume, wie z. B. bei der Definition der reellen Zahlen als Äquivalenzklassen von Cauchy-Folgen rationaler Zahlen.

Cauchy-Hadamard, Formel von, Formel zur Berechnung des Konvergenzradius R einer Potenzreihe

$$\sum_{n=0}^{\infty} a_n (z - z_0)^n$$

mit Koeffizienten $a_n \in \mathbb{C}$ und Entwicklungspunkt $z_0 \in \mathbb{C}$. Sie lautet

$$R = \frac{1}{\limsup\limits_{n\to\infty} \sqrt[n]{|a_n|}} .$$

Dabei ist $R = \infty$, falls

$$\limsup_{n\to\infty} \sqrt[n]{|a_n|} = 0 ,$$

und $R = 0$, falls

$$\limsup_{n\to\infty} \sqrt[n]{|a_n|} = \infty .$$

Sind alle Koeffizienten $a_n \neq 0$, so gilt

$$\liminf_{n\to\infty} \left| \frac{a_n}{a_{n+1}} \right| \leq R \leq \limsup_{n\to\infty} \left| \frac{a_n}{a_{n+1}} \right|$$

und daher

$$R = \lim_{n\to\infty} \left| \frac{a_n}{a_{n+1}} \right| ,$$

sofern dieser Grenzwert existiert.

Cauchy-Integral, eine Integraldarstellung für Funktionswerte holomorpher Funktionen, die grundlegend für den Aufbau der Funktionentheorie nach Cauchy ist.

Es sei $G \subset \mathbb{C}$ ein Gebiet und $f : G \to \mathbb{C}$ eine holomorphe Funktion. Weiter sei $D = D_r(z_0)$ eine relativ kompakte offene Kreisscheibe in G. Dann gilt für jedes $z \in D$

$$f(z) = \frac{1}{2\pi i} \int_{\partial D} \frac{f(\zeta)}{\zeta - z} d\zeta . \tag{1}$$

Dabei bedeutet die Integration über ∂D Integration über die positiv orientierte Kreislinie um z_0 mit Radius r. Das rechts stehende Integral in (1) heißt Cauchy-Integral.

Im Cauchy-Integral ist der Integrand nach dem Parameter z stetig differenzierbar. Daher dürfen Integration und Differentiation vertauscht werden, und man erhält

$$f'(z) = \frac{1}{2\pi i} \int_{\partial D} \frac{f(\zeta)}{(\zeta - z)^2} d\zeta. \tag{2}$$

Das rechts stehende Integral in (2) ist wieder eine holomorphe Funktion von z, weil der Integrand holomorph in z ist. Da jedes $z \in G$ in einer Kreisscheibe $D \subset G$ liegt, kann man f' überall in G durch eine Formel (2) darstellen.

Damit erhält man den folgenden Satz, der zeigt, wie stark sich reelle und komplexe Differenzierbarkeit unterscheiden (in der reellen Analysis braucht die Ableitung einer differenzierbaren Funktion nicht einmal stetig zu sein):

Jede holomorphe Funktion ist beliebig oft komplex differenzierbar. Jede ihrer Ableitungen ist wieder holomorph.

Durch n-malige Differentiation nach z ergibt sich aus dem Cauchy-Integral die ↗Cauchysche Integralformel für die n-te Ableitung, die im vorliegenden Fall der Kreislinie wie folgt lautet:

$$f^{(n)}(z) = \frac{n!}{2\pi i} \int_{\partial D} \frac{f(\zeta)}{(\zeta - z)^{n+1}} d\zeta .$$

Cauchy-Kern, Kernfunktion, die vor allem in der ↗Cauchyschen Integralformel und beim ↗Cauchy-Integral eine große Rolle spielt.

Es sei eine auf einer offenen Menge $U \subset \mathbb{C}$ holomorphe Funktion f gegeben. Man betrachte einen Punkt $z_0 \in U$ und bezeichne mit $D_R(z_0)$ die größte offene Kreisscheibe um z_0, die in U liegt. Weiter sei $r < R$ fest gewählt, und κ sei die positiv orientierte Kreislinie vom Radius r um z_0. Nach der Cauchyschen Integralformel gilt für $|z - z_0| < r$

$$f(z) = \frac{1}{2\pi i} \int\limits_{\kappa} \frac{f(\zeta)}{\zeta - z} d\zeta .$$

Der im Integranden vorkommende Ausdruck

$$\frac{1}{\zeta - z}$$

heißt Cauchy-Kern, er läßt sich in eine geometrische Reihe nach Potenzen von $\frac{z-z_0}{\zeta-z_0}$ entwickeln, und man erhält

$$\frac{1}{\zeta - z} = \sum_{\nu=0}^{\infty} \frac{(z - z_0)^{\nu}}{(\zeta - z_0)^{\nu+1}} ,$$

eine Potenzreihe, deren gleichmäßige Konvergenz auf κ man für die folgende Anwendung ausnutzt:

Vertauschen von Integration und Summation liefert

$$f(z) = \sum_{\nu=0}^{\infty} \left[\frac{1}{2\pi i} \int\limits_{\kappa} \frac{f(\zeta)}{(\zeta - z_0)^{\nu+1}} d\zeta \right] (z - z_0)^{\nu} .$$

Aufgrund der Cauchyschen Integralformeln ist

$$a_{\nu} := \frac{1}{2\pi i} \int\limits_{\kappa} \frac{f(\zeta)}{(\zeta - z_0)^{\nu+1}} d\zeta = \frac{f^{(\nu)}(z_0)}{\nu!} ,$$

also von r unabhängig.

$$\sum_{\nu=0}^{\infty} a_{\nu} (z - z_0)^{\nu}$$

ist die Taylorreihe von f und konvergiert mindestens in $D_R(z_0)$ lokal gleichmäßig gegen f.

Cauchy-Konvergenz, ↗Cauchy-Folge.

Cauchy-Konvergenzkriterium, *Cauchy-Kriterium*, im eigentlichen Sinne die Aussage: Jede ↗Cauchy-Folge in $\mathbb{R}$ oder $\mathbb{C}$ bzw. allgemeiner in einem vollständigen metrischen Raum ist konvergent. Man vergleiche ↗Cauchy-Konvergenzkriterium für Folgen und ↗Cauchy-Konvergenzkriterium für Reihen.

Cauchy-Konvergenzkriterium für Folgen, Kriterium zum Konvergenznachweis, das ohne Kenntnis des Grenzwertes auskommt.

Bei dem Versuch, die Konvergenz einer gegebenen Folge aufzuzeigen, macht es manchmal Schwierigkeiten, daß man die Zahl, die als Grenzwert nachgewiesen werden soll, noch gar nicht kennt. Für monotone Folgen liefert die Beschränktheit eine einfache Charakterisierung von Konvergenz ohne Bezug auf den Grenzwert.

Mit dem Begriff der ↗Cauchy-Folge erhält man für allgemeine Folgen reeller oder komplexer Zahlen ein einfaches Konvergenzkriterium, in dem der Grenzwert nicht vorkommt (Die Feststellung etwa, ob ein Paar ein Kind hat, ist ja auch möglich, ohne den Namen oder irgendwelche speziellen Eigenschaften des Kindes zu kennen!):

Jede Cauchy-Folge ist konvergent.

Die Umkehrung – Jede konvergente Folge ist Cauchy-Folge – ist ganz einfach zu sehen. Wenn man schon weiß, daß eine Folge konvergiert, dann ist es manchmal leichter, *im nachhinein* auch ihren Grenzwert zu finden.

Sei z. B. die Folge (a_n) rekursiv definiert durch $a_0 := 1$ und $a_{n+1} := \frac{1}{1+a_n}$ für $n \in \mathbb{N}_0$. Dann ist $a_n > 0$, also $a_n \le 1$ und damit $a_n \ge \frac{1}{2}$ für $n \in \mathbb{N}_0$.

Somit gilt für $n, k \in \mathbb{N}_0$:

$$|a_{n+k+1} - a_{n+1}| = \left| \frac{a_n - a_{n+k}}{(1 + a_{n+k})(1 + a_n)} \right|$$
$$\le \frac{|a_{n+k} - a_n|}{\left(1 + \frac{1}{2}\right)^2} = \frac{4}{9} |a_{n+k} - a_n| .$$

Induktiv erhält man daraus

$$|a_{n+k} - a_n| \le \left(\frac{4}{9}\right)^n |a_k - a_0| \le \frac{1}{2} \left(\frac{4}{9}\right)^n \to 0$$

für $n \to \infty$. Daher ist (a_n) eine Cauchy-Folge, und es gibt ein $a \in \mathbb{R}$ mit $a_n \to a$.

Mit Hilfe der Rekursionsformel sieht man $a = \frac{1}{1+a}$, also $a^2 + a - 1 = 0$ und, da a positiv muß:

$$a = \frac{1}{2}\left(\sqrt{5} - 1\right) .$$

[1] Hoffmann, D.: Analysis für Wirtschaftswissenschaftler und Ingenieure. Springer-Verlag Berlin, 1995.

[2] Kaballo, W.: Einführung in die Analysis I. Spektrum Akademischer Verlag, 1996.

Cauchy-Konvergenzkriterium für Reihen, Kriterium für die Konvergenz von Reihen, das man unmittelbar aus dem ↗Cauchy-Konvergenzkriterium für Folgen – durch Anwendung auf die ↗Partialsummen – erhält. Es lautet – für Reihen reeller oder komplexer Zahlen –:

Die Reihe $\sum_{\nu=1}^{\infty} a_{\nu}$ ist genau dann konvergent, wenn gilt:

$$\forall \varepsilon > 0 \; \exists N \in \mathbb{N} \; \forall n \ge N \; \forall k \in \mathbb{N}_0 \quad \left| \sum_{\nu=n}^{n+k} a_{\nu} \right| < \varepsilon$$

Lax bedeutet dies: Die (endlichen) Teilsummen werden beliebig klein, wenn nur der „Startindex" hinreichend groß ist.

Cauchy-Kowalewskaja-Theorem, klassischer Existenz- und Eindeutigkeitssatz für die Lösung partieller Differentialgleichungen nach Cauchy, in größerer Allgemeinheit studiert von Kowalewskaja.

Der Satz garantiert die lokale Existenz und Eindeutigkeit der Lösung $u(t, x)$ eines Anfangswertproblems einer linearen partiellen Differentialgleichung mit ↗Cauchy-Daten für $t = t_0$.

Sind sowohl der Differentialoperator als auch die Daten lokal reell-analytisch in einer Umgebung von $(t, x) = (t_0, x_0)$, dann existiert genau eine (reell-analytische) Lösung des Anfangswertproblems in einer Umgebung von (t_0, x_0).

Der Satz hat entsprechende Erweiterungen für Systeme von partiellen Differentialgleichungen, für spezielle quasilineare Gleichungen und für Anfangsbedingungen auf allgemeineren Anfangskurven als $t = t_0$, die allerdings keine Charakteristiken sein dürfen.

Für nicht analytische Anfangsbedingungen gibt es von J. Hadamard als Gegenbeispiel das Anfangswertproblem

$$\begin{aligned} u_{tt} + u_{xx} + u_{yy} &= 0, \\ u(0, x, y) &= \phi(x, y), \\ u_t(0, x, y) &= 0. \end{aligned}$$

Ist hierbei $\phi(x, y)$ in keiner Umgebung von $(x, y) = (0, 0)$ analytisch, dann existiert ebenso in keiner Umgebung von $(0, 0, 0)$ eine Lösung des Anfangswertproblems.

Cauchy-Kriterium, ↗Cauchy-Konvergenzkriterium.

Cauchy-Problem, ↗Anfangswertproblem (für eine gewöhnliche Differentialgleichung), ↗Cauchy-Daten.

Cauchy-Produkt, *Cauchy-Produktreihe*, für viele Anwendungen interessante Produktbildung von Reihen.

Das Cauchy-Produkt ist eine Produktreihe zweier unendlicher Reihen der folgenden Art:

Sind $\sum_{m=0}^{\infty} a_m$ und $\sum_{n=0}^{\infty} b_n$ unendliche Reihen, so ist die Cauchy-Produktreihe $\sum_{k=0}^{\infty} c_k$ definiert durch die Setzung

$$c_k := \sum_{\ell=0}^{k} a_\ell b_{k-\ell}.$$

Man kann das etwas anschaulicher auch so formulieren: Die Elemente der Produktreihe $\sum_{k=0}^{\infty} c_k$ werden durch durch „Anordnung nach Schrägzeilen"

$$c_k := \sum_{\ell=0}^{k} a_\ell\, b_{k-\ell} \; (= a_0 b_k + a_1 b_{k-1} + \cdots + a_k b_0)$$

gewonnen.

Eine oft herangezogene Konvergenzaussage für diese Produktreihe liefert der Reihenproduktsatz von Cauchy (↗Cauchy, Reihenproduktsatz von).

Sind die Reihen $\sum_{m=0}^{\infty} a_m$ und $\sum_{n=0}^{\infty} b_n$ absolut konvergent und a, b ihre Summen, so ist auch die Cauchy-Produktreihe absolut konvergent, und es gilt

$$\sum_{k=0}^{\infty} c_k = ab.$$

Für Funktionenreihen gilt: Sind $f_n, g_n : X \subset \mathbb{C} \to \mathbb{C}$ Funktionen und die Reihen $f = \sum_{m=0}^{\infty} f_m$, $g = \sum_{n=0}^{\infty} g_n$ normal konvergent in X, so ist die Cauchy-Produktreihe $h = \sum_{k=0}^{\infty} h_k$ mit

$$h_k = \sum_{\ell=0}^{k} f_\ell g_{k-\ell}$$

normal konvergent in X, und es gilt $h = fg$.

Ein wichtiger Spezialfall ist das Cauchy-Produkt von Potenzreihen, denn diese Produktbildung wird insbesondere oft bei der Multiplikation von Potenzreihen benutzt. Es seien

$$f(z) = \sum_{m=0}^{\infty} a_m (z - z_0)^m$$

und

$$g(z) = \sum_{n=0}^{\infty} b_n (z - z_0)^n$$

Potenzreihen mit ↗Konvergenzradien $R_f > 0$ und $R_g > 0$.

Dann ist die Cauchy-Produktreihe gegeben durch

$$h(z) = \sum_{k=0}^{\infty} c_k (z - z_0)^k$$

mit

$$c_k = \sum_{\ell=0}^{k} a_\ell b_{k-\ell}.$$

Für deren Konvergenzradius gilt

$$R_h \geq \min\{R_f, R_g\} > 0.$$

Schließlich ist

$$h(z) = f(z) g(z)$$

für $|z| < R_h$.

Cauchy-Produktreihe, ↗Cauchy-Produkt.

Cauchy-Restglied, eine mögliche Form des Restgliedes im Satz von Taylor.

Cauchy-Riemann-Gleichungen, System zweier partieller Differentialgleichungen, die notwendige und hinreichende Bedingungen an die reellen Komponenten $u(x, y)$ und $v(x, y)$ einer komplexen Funktion

$$f(z) = u(x, y) + iv(x, y)$$

für die Differenzierbarkeit bzgl. der komplexen Variable $z = x + iy$ formulieren.

Die Gleichungen bilden ein System partieller Differentialgleichungen und lauten

$$u_x = v_y\,,\quad u_y = -v_x\,.$$

Sind sie an einer Stelle $z_0 = x_0 + iy_0$ erfüllt, dann folgt daraus die komplexe Differenzierbarkeit gemäß

$$f'(z_0) \;=\; u_x(x_0, y_0) + iv_x(x_0, y_0)\,.$$

Umgekehrt folgt aus der komplexen Differenzierbarkeit die Gültigkeit der Cauchy-Riemann Gleichungen.

Man kann diese Gleichungen auch in äquivalenter Weise als eine einzige (komplexe) Differentialgleichung formulieren; in diesem Fall spricht man meist von der ↗Cauchy-Riemannschen Differentialgleichung. Man vergleiche dieses Stichwort für weitere Informationen. Die Notation ist aber in der Literatur nicht ganz einheitlich.

Cauchy-Riemannsche Differentialgleichung, eine der fundamentalen Differentialgleichungen innerhalb der Funktionentheorie.

Im folgenden geben wir die „komplexe" Version dieses Sachverhalts, die man in Form einer einzigen Differentialgleichung hinschreiben kann. Man vergleiche auch ↗komplex differenzierbare Funktion sowie ↗Cauchy-Riemann-Gleichungen.

Es sei $U \subset \mathbb{C}$ ein Bereich. Für eine Funktion $f : U \to \mathbb{C}$ sind die folgenden beiden Aussagen äquivalent:

(i) f ist in $z_0 \in U$ komplex differenzierbar.

(ii) f ist in z_0 reell differenzierbar, und es gilt die Cauchy-Riemannsche Differentialgleichung

$$\frac{\partial f}{\partial \overline{z}}(z_0) = \frac{1}{2}\left(\frac{\partial f}{\partial x}(z_0) + i\frac{\partial f}{\partial y}(z_0)\right) \;=\; 0\,.$$

Die holomorphen Funktionen auf U sind also die reell differenzierbaren Lösungen der Cauchy-Riemannschen Differentialgleichung. Damit kann das Studium der holomorphen Funktionen der Theorie der partiellen Differentialgleichungen zugeordnet werden.

Man kann die Cauchy-Riemannsche Differentialgleichung auch in äquivalenter Weise als ein System zweier (reeller) Differentialgleichungen formulieren; in diesem Fall spricht man meist von den ↗Cauchy-Riemann-Gleichungen. Man vergleiche dieses Stichwort für weitere Informationen. Die Notation ist aber in der Literatur nicht ganz einheitlich.

Schließlich ist noch folgender Aspekt der Cauchy-Riemannschen Differentialgleichung bemerkenswert:

Ist $f : U \to \mathbb{C}$ holomorph, so folgt aus der Cauchy-Riemannschen Differentialgleichung und der beliebig häufigen reellen Differenzierbarkeit von f:

$$\frac{\partial^2 f}{\partial x^2} + \frac{\partial^2 f}{\partial y^2} \;=\; 4\frac{\partial^2 f}{\partial z \partial \overline{z}} \;=\; 0.$$

Man nennt

$$\Delta \;=\; \frac{\partial^2}{\partial x^2} + \frac{\partial^2}{\partial y^2}$$

den Laplace-Operator, er spielt eine wichtige Rolle in der Mathematischen Physik.

Die Gleichung $\Delta f = 0$ heißt Laplace- oder Potentialgleichung; ihre Lösungen nennt man harmonische Funktionen.

Cauchysche Abschätzungen für Ableitungen, einfache Folgerung aus den Cauchyschen Integralformeln, die grundlegend für den Aufbau der Funktionentheorie sind. Es handelt sich hierbei um Abschätzungen für alle Ableitungen einer holomorphen Funktion der folgenden Art:

Es sei $G \subset \mathbb{C}$ ein ↗Gebiet, f eine in G ↗holomorphe Funktion und $B = B_r(z_0)$ eine offene Kreisscheibe mit Mittelpunkt $z_0 \in G$ und Radius $r > 0$ derart, daß $\overline{B} \subset G$.

Dann gilt für $n \in \mathbb{N}_0$ und $z \in B$ die Abschätzung

$$|f^{(n)}(z)| \le n!\,\frac{r}{d_z^{n+1}} \max_{\zeta \in \partial B} |f(\zeta)|\,,$$

wobei

$$d_z \;:=\; \min_{\zeta \in \partial B} |\zeta - z|\,.$$

Setzt man $\delta = r$, so erhält man die Folgerung

$$|f^{(n)}(z)| \le \;\frac{n!}{r^n} \max_{\zeta \in \partial B} |f(\zeta)|\,.$$

Die Cauchyschen Abschätzungen für Ableitungen in kompakten Mengen lauten:

Es sei $D \subset \mathbb{C}$ eine offene Menge, $K \subset D$ eine kompakte Menge und U eine offene Menge derart, daß $L := \overline{U}$ kompakt ist und $K \subset U \subset L \subset D$.

Dann gibt es zu jedem $n \in \mathbb{N}_0$ eine Konstante $M_n > 0$ derart, daß für jede in D holomorphe Funktion f gilt

$$\max_{z \in K} |f^{(n)}(z)| \le M_n \max_{\zeta \in L} |f(\zeta)|\,.$$

Cauchysche Integralformel, Formel (1) im folgenden Satz:

Es sei $G \subset \mathbb{C}$ ein ↗Gebiet, f eine in G ↗holomorphe Funktion und γ ein ↗nullhomologer Weg in G. Dann gilt für $n \in \mathbb{N}_0$ und $z \in G \setminus \gamma$

$$\operatorname{ind}_\gamma(z) f^{(n)}(z) = \frac{n!}{2\pi i} \int_\gamma \frac{f(\zeta)}{(\zeta - z)^{n+1}}\, d\zeta\,, \qquad (1)$$

wobei $\text{ind}_\gamma(z)$ *die* ↗*Umlaufzahl von* γ *bezüglich* z *bezeichnet. Ist speziell G ein einfach zusammenhängendes Gebiet, so gilt Formel* (1) *für jeden rektifizierbaren, geschlossenen Weg* γ *in G.*

Manchmal bezeichnet man auch die „einfache" Version von (1), nämlich

$$f(z) = \frac{1}{2\pi i} \int_\gamma \frac{f(\varrho)}{\varrho - z} d\varrho,$$

als Cauchysche Integralformel. Hierbei muß γ ein einfach geschlossener Weg sein.

Wählt man in Formel (1) speziell $n = 0$, für γ eine Kreislinie mit Mittelpunkt $z_0 \in G$ und Radius $r > 0$ und $z = z_0$, so ergibt sich die sog. Mittelwertgleichung

$$f(z_0) = \frac{1}{2\pi} \int_0^{2\pi} f(z_0 + re^{it})\, dt\,.$$

Die Formel (1) gilt allgemeiner auch für ↗nullhomologe Zyklen.

Cauchysche Integralformel in *n* Variablen, Verallgemeinerung der aus der eindimensionalen komplexen Analysis bekannten ↗Cauchyschen Integralformel.

Es sei $a = (a_1, ..., a_n) \in \mathbb{C}^n$, $\mathfrak{r} = (r_1, ..., r_n) \in (\mathbb{R}_+^*)^n$, sowie

$$P(a, \mathfrak{r}) = \{z \in \mathbb{C}^n : |z_j - a_j| < r_j\}$$

ein Polyzylinder.

$$T = T(a, \mathfrak{r}) := \{z \in \mathbb{C}^n : |z_j - a_j| = r_j\}$$

sei die Bestimmungsfläche von P. Ist f eine stetige Funktion auf T, dann heißt die durch

$$ch(f)(z) :=$$
$$:= \left(\frac{1}{2\pi i}\right)^n \int_T \frac{f(\zeta)}{(\zeta_1 - z_1) \cdots (\zeta_n - z_n)} d\zeta$$
$$:= \left(\frac{1}{2\pi i}\right)^n \int\limits_{|\zeta_n - a_n| = r_n} \cdots \int\limits_{|\zeta_1 - a_1| = r_1} h(z, \zeta)\, d\zeta_1 \ldots d\zeta_n$$

definierte stetige Funktion $ch(f) : P \to \mathbb{C}$ Cauchy-Integral (in n Variablen) von f über T, wobei

$$h(z, \zeta) := \frac{f(\zeta)}{(\zeta_1 - z_1) \cdots (\zeta_n - z_n)}$$

sei. Wenn f holomorph auf $\bar{P}$ fortgesetzt werden kann, so gilt

$$f|_P = ch(f|_T)\,.$$

Aus der Cauchyschen Integralformel in n Variablen folgt unmittelbar der folgende Satz:

Es sei $B \in \mathbb{C}^n$ *ein Bereich und* $f : B \to \mathbb{C}$ *holomorph.*

Dann gibt es zu jedem $w \in B$ *eine Umgebung* U*, so daß*

$$f(z) = \sum_{\nu=0}^{\infty} a_\nu (z - w)^\nu$$

in U gilt. Dabei sind die a_ν *die „Koeffizienten der Taylorentwicklung":*

$$a_{\nu_1 \ldots \nu_n} = \frac{1}{\nu_1! \cdots \nu_n!} \frac{\partial^{\nu_1 + \ldots + \nu_n} f}{\partial z_1^{\nu_1} \ldots \partial z_n^{\nu_n}}(w)$$

(↗Cauchyscher Entwicklungssatz).

Die Cauchysche Integralformel in n Variablen gilt für ein Produkt $\overline{D_1} \times ... \times \overline{D_n}$ anstelle von $\bar{P}$, wenn die eindimensionale Version der Cauchyschen Integralformel für jedes $\overline{D_j}$ gilt.

Cauchysche Ungleichungen, Abschätzungen für die Koeffizienten einer Potenz- oder einer Laurentreihe. Sie lauten: Es sei

$$f(z) = \sum_{n=0}^{\infty} a_n (z - z_0)^n$$

eine Potenzreihe mit Koeffizienten $a_n \in \mathbb{C}$, Entwicklungspunkt $z_0 \in \mathbb{C}$ und Konvergenzradius $R > r > 0$. Ist $M(r) := \max_{|z - z_0| = r} |f(z)|$, so gilt für alle $n \in \mathbb{N}_0$

$$|a_n| \le \frac{M(r)}{r^n}\,.$$

Ungleichungen dieser Art werden beim Beweis des Satzes von ↗Liouville benötigt.

Entsprechende Ungleichungen gelten auch für ↗Laurent-Reihen: Es sei

$$f(z) = \sum_{n=-\infty}^{\infty} a_n (z - z_0)^n$$

eine Laurent-Reihe, die im Kreisring

$$A_{\varrho,\sigma}(z_0) := \{z \in \mathbb{C} : 0 \le \varrho < |z - z_0| < \sigma \le \infty\}$$

konvergiert. Ist $\varrho < r < \sigma$ und

$$M(r) := \max_{|z - z_0| = r} |f(z)|,$$

so gilt für alle $n \in \mathbb{Z}$

$$|a_n| \le \frac{M(r)}{r^n}\,.$$

Es sei noch darauf hingewiesen, daß die Notation in der Literatur nicht ganz einheitlich ist; manchmal bezeichnet man auch die ↗Cauchysche Abschätzungen für Ableitungen als Cauchysche Ungleichungen.

Cauchyscher Entwicklungssatz, fundamentale Aussage innerhalb der Funktionentheorie über die

Entwickelbarkeit einer holomorphen Funktion in eine Reihe. Der Satz lautet:

Es sei $D \subset \mathbb{C}$ eine offene Menge, f eine in D ↗holomorphe Funktion und $B_r(z_0)$ die größte in D enthaltene offene Kreisscheibe mit Mittelpunkt $z_0 \in D$ und Radius $r > 0$.

Dann ist f um z_0 in eine Reihe der Form

$$\sum_{n=0}^{\infty} a_n (z - z_0)^n$$

entwickelbar, die in $B_r(z_0)$ normal gegen f konvergiert. Die Koeffizienten a_n sind gegeben durch

$$a_n = \frac{f^{(n)}(z_0)}{n!} = \frac{1}{2\pi i} \int\limits_{\partial B_\varrho(z_0)} \frac{f(\zeta)}{(\zeta - z_0)^{n+1}} \, d\zeta ,$$

wobei $0 < \varrho < r$.

Insbesondere ist f unendlich oft komplex differenzierbar in D, und in jeder offenen Kreisscheibe $B \subset D$ gilt die ↗Cauchysche Integralformel in der Form

$$f^{(n)}(z) = \frac{n!}{2\pi i} \int\limits_{\partial B} \frac{f(\zeta)}{(\zeta - z)^{n+1}} \, d\zeta , \quad z \in B .$$

Cauchyscher Hauptwert, auch Hauptwert des uneigentlichen Integrals, „Integralwert" für eine Funktion $f : (a, b) \cup (b, c) \longrightarrow \mathbb{R}$ in folgendem Sinne:

$$\mathcal{P}\!-\!\int\limits_a^c f(x)\,dx := \lim_{\varepsilon \to 0+} \left(\int\limits_a^{b-\varepsilon} f(x)\,dx + \int\limits_{b+\varepsilon}^{c} f(x)\,dx \right).$$

Dabei sei natürlich $-\infty < a < b < c < \infty$. Die Bezeichnung $\mathcal{P}$ kommt von „principal value".

Neben der Bezeichnungsweise $\mathcal{P}-\int$ findet man auch die Notierungen PV$-\int$ und CH$-\int$.

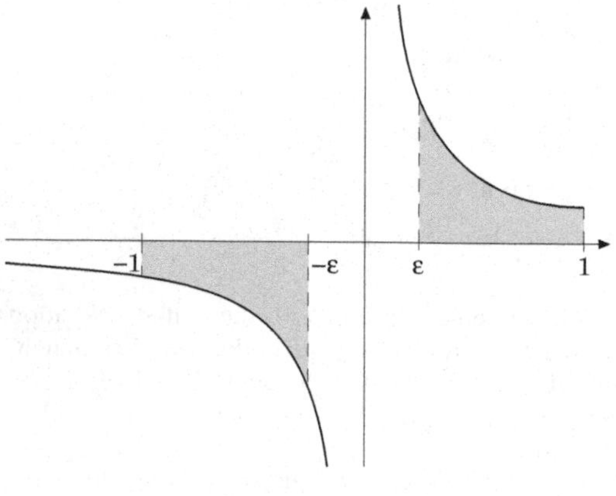

Cauchyscher Hauptwert

Dieser Hauptwert kann noch existieren, wenn das uneigentliche Integral $\int_a^c f(x)\,dx$ nicht existiert. Ein Standard-Beispiel dazu ist

$$\mathcal{P}\!-\!\int\limits_{-1}^{1} \frac{1}{x}\,dx = 0 .$$

Cauchyscher Integralsatz, zentraler Satz der Funktionentheorie, der in der Form für ↗nullhomologe Wege lautet:

Es sei $G \subset \mathbb{C}$ ein ↗Gebiet, f eine in G ↗holomorphe Funktion und γ ein nullhomologer Weg in G. Dann gilt

$$\int\limits_\gamma f(z)\,dz = 0 .$$

Ist speziell G ein einfach zusammenhängendes Gebiet, so gilt diese Aussage für jeden rektifizierbaren, geschlossenen Weg γ in G.

Allgemeiner gilt diese Homologieversion des Cauchyschen Integralsatzes auch für ↗nullhomologe Zyklen. Daneben gibt es noch zwei Homotopieversionen.

(1. Homotopieversion). *Es sei $G \subset \mathbb{C}$ ein Gebiet, f eine in G holomorphe Funktion, und γ_1, γ_2 seien rektifizierbare Wege in G, die in G bei festen Endpunkten homotop sind. Dann gilt*

$$\int\limits_{\gamma_1} f(z)\,dz = \int\limits_{\gamma_2} f(z)\,dz .$$

(2. Homotopieversion). *Es sei $G \subset \mathbb{C}$ ein Gebiet, f eine in G holomorphe Funktion und γ_1, γ_2 rektifizierbare, geschlossene Wege in G, die in G frei homotop sind. Dann gilt*

$$\int\limits_{\gamma_1} f(z)\,dz = \int\limits_{\gamma_2} f(z)\,dz .$$

Ist insbesondere γ ein nullhomotoper Weg in G, so gilt

$$\int\limits_\gamma f(z)\,dz = 0 .$$

Cauchysches Polygonzug-Verfahren, ↗Eulersches Polygonzug-Verfahren.

Cauchy-Schwarz-Ungleichung, *Cauchy-Bunjakowski-Ungleichung*, fundamentale Ungleichung in (Prä-) Hilberträumen.

Ist H ein Prä-Hilbertraum mit Skalarprodukt $\langle .,. \rangle$ und Norm $\| \, . \, \|$, so gilt

$$|\langle x, y \rangle| \le \|x\| \, \|y\|$$

für alle $x, y \in H$. Für $H = \mathbb{R}^n$ mit dem euklidischen Skalarprodukt wird die Ungleichung manchmal auch Cauchy-Bunjakowski-Ungleichung und für $H = L^2(\mu)$ auch Schwarzsche Ungleichung genannt.

Cauchy-Verteilung, durch die Wahrscheinlichkeitsdichte

$$f : \mathbb{R} \ni x \to \frac{1}{\pi} \frac{1}{1+x^2} \in \mathbb{R}^+$$

definierte Wahrscheinlichkeitsverteilung. Die Verteilungsfunktion F lautet

$$F : \mathbb{R} \ni x \to \frac{1}{2} + \frac{1}{\pi} \arctan(x) \in [0, 1] .$$

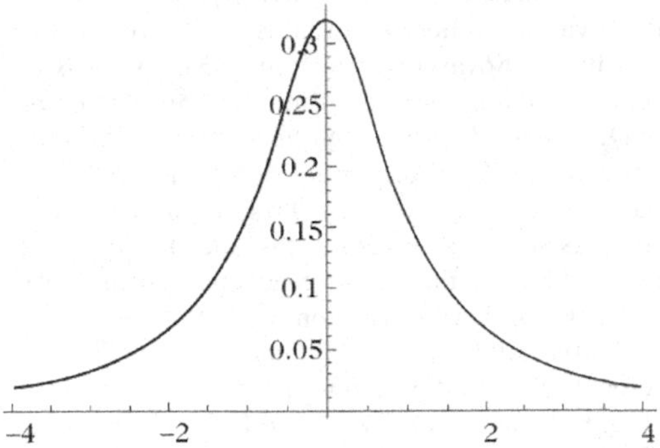

Dichte der Cauchy-Verteilung

Cavalieri, Francesco Bonaventura, italienischer Mathematiker und Astronom, geb. 1598 Mailand, gest. 30.11.1647 Bologna.

Cavalieri war Jesuit. Sein Interesse für Mathematik wurde durch Euklids Arbeiten geweckt. Nach einem von seinem Förderer Kardinal Federico Borromeo initiierten Treffen mit Galilei betrachtete Cavalieri sich selbst als dessen Schüler. In Pisa erhielt er Unterricht von Castelli, den er bald bei Geometrievorlesungen vertrat.

1619 wurden Cavalieris Bewerbungen für Lehrstühle in Bologna und Pisa mit Hinweis auf seine Jugend zunächst abgelehnt. So wurde er 1621 Diakon und Assistent des Kardinals Borromeo in Mailand. Dort lehrte er Theologie, bis er 1623 Prior in Lodi und später in Parma wurde.

Als er 1629 schließlich doch die Mathematikprofessur in Bologna erhielt, hatte er bereits seine Methode des „Unteilbaren“ ausgearbeitet. Diese Theorie, die 1635 unter dem Titel „Geometria indivisibilis continuorum nova“ veröffentlicht wurde, war eine Weiterentwicklung von Archimedes' Exhaustionsmethode in Verbindung mit Keplers Theorie infinitesimal kleiner geometrischer Quantitäten. Diese Methodik ermöglichte es Cavalieri, einfach und schnell die Flächeninhalte und Volumina verschiedenster geometrischer Figuren zu bestimmen. Dieses Prinzip des Cavalieri war bedeutsam für die Entwicklung der Integralrechnung. Zu seiner Zeit wurde sie jedoch häufig attackiert. In Erwiderung brachte Cavalieri „Exercitationes geometricae sex“ heraus. Diese Arbeit wurde zur Hauptquelle der Mathematiker des 17. Jahrhunderts.

Darüber hinaus verfaßte Cavalieri Logarithmentafeln für trigonometrische Funktionen zur Nutzung durch Astronomen. Er schrieb über Kegelschnitte, Trigonometrie, Optik, Astronomie und Astrologie. Er untersuchte Eigenschaften optischer Linsen und beschrieb ein Spiegelteleskop.

Cavalieri, Prinzip des, *Cavalierisches Prinzip*, allgemeine Beziehung der Integrationstheorie der Form

$$\int_M f(x)\,dx = \int_{\mathbb{R}^m} \left(\int_{M_z} f(y, z)\,dy \right) dz ,$$

die – in sehr spezieller und noch vager Form – von Francesco Bonaventura Cavalieri in seinem Werk „Geometria ... “ 1635 – schon vor Newton und Leibniz – präsentiert wurde.

Heute ist sie Spezialfall des Satzes von Fubini oder der iterierten Integration. Hierbei seien

$$\mathbb{R}^n = \mathbb{R}^k \times \mathbb{R}^m$$

($k, m, n \in \mathbb{N}$ mit $k + m = n$, also

$$\mathbb{R}^n \ni x = (x_1, \dots, x_n)$$

aufgeteilt in $x = (y, z)$ mit $y = (x_1, \dots, x_k) \in \mathbb{R}^k$ und $z = (x_{k+1}, \dots, x_n) \in \mathbb{R}^m$), $M \subset \mathbb{R}^n$ und $f : M \longrightarrow \mathbb{R}$ derart, daß alle auftretenden Integrale (jeweils im Riemannschen oder Lebesgueschen Sinne) existieren. Dabei bezeichnet für $z \in \mathbb{R}^m$

$$M_z := \left\{ y \in \mathbb{R}^k \mid (y, z) \in M \right\}$$

den „z-Schnitt“ von M.

Die Existenz der Integrale ist gesichert, wenn f eine auf M Lebesgue-integrierbare Funktion ist. (Das innere Integral der rechten Seite existiert dann zunächst nur fast überall, was aber in der Lebesgueschen Integrationstheorie unproblematisch ist.)

Speziell für $f \equiv 1$ ergibt sich mit dem κ-dimensionalen Jordan-Inhalt (oder Lebesgue-Maß) μ_κ :

$$\mu_n(M) = \int_{\mathbb{R}^m} \mu_k(M_z)\,dz .$$

Oft wird nur der Spezialfall $m = 1$ betrachtet. Dann nimmt die letzte Beziehung die spezielle Gestalt

$$\mu_n(M) = \int_{\mathbb{R}} \mu_{n-1}(M_z)\,dz$$

an. Eine Folgerung aus dem Prinzip ist: Zwei Mengen sind inhaltsgleich, wenn alle ihre „Schnitte“ den gleichen Inhalt haben.

Ein Standardbeispiel ist der Nachweis, daß alle (schiefen) Zylinder mit derselben Höhe und Grundfläche inhaltsgleich sind (oft auch in dieser Form als Cavalierisches Prinzip bezeichnet), oder auch das folgende Beispiel:

Volumen eines Kugelabschnitts:

Ist K eine Kugel (im $\mathbb{R}^3$) vom Radius R (mit Mittelpunkt 0), also

$$K := \left\{(u, v, w) \in \mathbb{R}^3 \mid u^2 + v^2 + w^2 \leq R^2\right\}$$

so ist der w-Schnitt K_w offenbar gerade der Kreis

$$\left\{(u, v) \in \mathbb{R}^2 \mid u^2 + v^2 \leq R^2 - w^2\right\}$$

mit Fläche $\pi(R^2 - w^2)$.

Für $0 \leq h \leq R$ heißt die Menge

$$A := \{(u, v, w) \in K \mid w \geq R - h\}$$

Kugelabschnitt der Höhe h.

Das Prinzip des Cavalieri liefert hier:

$$\mu_3(A) = \int_{R-h}^{R} \pi(R^2 - w^2)\, dw = \frac{1}{3}\pi h^2(3R - h).$$

Cavalierisches Prinzip, ↗Cavalieri, Prinzip des.

Cayley, Arthur, Mathematiker, geb. 16.8.1821 Richmond, gest. 26.1.1895 Cambridge.

Cayley war der Sohn eines Geschäftsmannes, der enge Verbindungen nach Rußland hatte. Einen großen Teil seiner Kindheit verbrachte er in St. Petersburg. Ab 1839 studierte Cayley in Cambridge. Trotz nachgewiesener außerordentlicher mathematischer Begabung fand sich für ihn nach dem Studium keine geeignete Wirkungsmöglichkeit. Cayley studierte daraufhin Jura und arbeitete anschließend bis 1863 als Rechtsanwalt. In seiner Freizeit beschäftigte er sich weiter mathematisch und veröffentlichte in den 14 Jahren seiner erfolgreichen juristischen Tätigkeit über 300 mathematische Arbeiten.

In dieser Zeit entstand auch die enge Freundschaft Cayleys mit Sylvester, der wie er als Jurist arbeitete und mathematisch erfolgreich forschte. Endlich, 1863, wurde Cayley Professor für reine Mathematik in Cambridge, 1881/82 lehre er auch in Baltimore.

Cayley war der englischen algebraischen Tradition verpflichtet. Er vertrat eindeutig die abstrakt-formale Behandlung algebraischer Probleme. Im Jahre 1854 gab er die Definition der endlichen abstrakten Gruppe als Komplex von sog. Symbolen, für die die üblichen Gruppengesetze gelten, heraus. Dabei stützte er sich auf die Vorarbeiten französischer und deutscher Mathematiker. Cayley sprach klar aus, daß eine Gruppe mehrere verschiedene Repräsentationen haben kann. Er zeigte dies an Substitutionen, Quaternionen und an Beispielen aus der Theorie der elliptischen Funktionen. Er entwickelte Methoden zum Studium von Gruppen und führte die bekannten Multiplikationstafeln ein. Das Studium von Problemen der linearen Algebra führte Cayley zur Schaffung der Theorie der Matrizen, die er bereits 1858 in überraschender Klarheit darlegte.

Ein drittes algebraisches Gebiet ist in seiner Frühzeit maßgeblich von Cayley geprägt worden, die Invariantentheorie. Im Jahre 1846 führte er den Begriff der Kovarianz ein. Von 1854 bis 1878 erschienen dann seine berühmten zehn „Memoires of Quantics“, die ihn endgültig als den eigentlichen Schöpfer der Invariantentheorie auswiesen. Cayley hatte damit begonnen, ein Programm zu realisieren, das zur vollständigen Erfassung aller Invarianten und Kovarianten einer gegebenen Form führen sollte. Er fand selbst das komplette System von Invarianten kubischer und biquadratischer Formen. Auch Probleme der Geometrie fanden sein Interesse. Er befaßte sich mit algebraischen Kurven und Flächen und äußerte 1841 die Idee von den Möglichkeiten einer n-dimensionalen Geometrie. Im Jahre 1859 führte Cayley die projektive Metrik ein und zeigte, daß die metrische Geometrie der projektiven Geometrie untergeordnet ist. Dabei verwendete er wiederum Methoden der Invariantentheorie.

Trotz der erwähnten, schon weitgespannten Interessen Cayleys fand er noch Zeit, sich mit Liniengeometrie zu befassen, spezielle analytische Funktionen zu untersuchen und die Anwendung graphischer Methoden in den unterschiedlichsten Bereichen der Mathematik und Astronomie (Schattenkurven bei Sonnenfinsternissen) zu untersuchen und zu fördern. Auch Probleme der Mechanik und der Astronomie fanden seine Aufmerksamkeit. Er führte die „Cayleyschen Parameter“ der Mechanik ein, machte ausführliche Rechnungen zur Störungstheorie und untersuchte die Anziehung von Ellipsoiden.

Cayley, Satz von, Satz über vollständige Graphen.

Jeder vollständige Graph mit n Knotenpunkten hat genau n^{n-2} Gerüste.

Dabei ist ein Gerüst ein Baum, der alle Knotenpunkte von G enthält.

Cayley-Algebra, ein Paar (A, s), bestehend aus einer Algebra A mit Einselement e über einem Ring R (↗Algebra über R) und einem ↗Algebrenantiautomorphismus $s : A \to A$ so, daß gilt

$$a + s(a) \in R \cdot e, \quad a \cdot s(a) \in R \cdot e.$$

Die Abbildung s heißt auch Konjugation und $s(a)$ das zu a konjugierte Element.

Beispiele von Cayley-Algebren sind die quadratischen Algebren, die Quaternionenalgebren und die Oktonionenalgebren.

Cayley-Bacharach, Satz von, lautet:

Sind C, D ebene projektive ↗algebraische Kurven vom Grad m bzw. n, die sich transversal schneiden, so ist $C \cap D \subset E$ für jede Kurve E vom Grad $n + m - 3$, die $(nm - 1)$ Punkte von $C \cap D$ enthält.

Cayley-Hamilton, Satz von, eine der fundamentalen Aussagen der Linearen Algebra, die zunächst etwas „unscheinbar" wirkt. Der Satz lautet:

Jede quadratische Matrix ist Nullstelle ihres charakteristischen Polynoms.

Ist das charakteristische Polynom $P_A(\lambda)$ der Matrix A gegeben durch $P_A(\lambda) = \alpha_0 + \alpha_1\lambda + \cdots + \alpha_n\lambda^n$, so gilt also:

$$\alpha_0 A^0 + \alpha_1 A + \cdots + \alpha_n A^n = 0$$

(hierbei wird wie üblich A^0 als die $(n \times n)$-Einheitsmatrix I interpretiert, und 0 bezeichnet die $(n \times n)$-Nullmatrix).

Man beachte jedoch, daß es sich hierbei ja um eine Matrix-Gleichung handelt, d. h., es sind in dieser Formel n^2 Gleichungen für die Elemente des Grundkörpers enthalten.

Ist A regulär, so gilt darüber hinaus noch:

$$A^{-1} = -\frac{1}{\alpha_0}(\alpha_1 I + \cdots + \alpha_{n-1}A^{n-2} + \alpha_n A^{n-1}).$$

Cayley-Kleinsches Modell, ↗Kleinsches Modell.

Cayley-Zahlen, ↗Oktonienalgebra.

C^k-Diffeomorphismus, eine bijektive Abbildung f zwischen offenen Teilmengen des $\mathbb{R}^n$ mit der Eigenschaft, daß f und f^{-1} k-mal stetig differenzierbar sind, wobei $k \in \mathbb{N}_0$ sei. Ein C^0-Diffeomorphismus ist also gerade eine stetige Abbildung mit stetiger Umkehrabbildung, und ein C^1-Diffeomorphismus ist gerade ein gewöhnlicher ↗Diffeomorphismus. Es gilt folgende Aussage:

Ist $G \subset \mathbb{R}^n$ offen, $f : G \to \mathbb{R}$ k-mal stetig differenzierbar, wobei $k \geq 1$, und gilt

$$\det f'(a) \neq 0$$

für ein $a \in G$, dann gibt es eine offene Umgebung $U \subset G$ von a so, daß $f_{/U} : U \to f(U)$ ein C^k-Diffeomorphismus ist.

Dies ist eine Verallgemeinerung des Satzes über die ↗Differentiation der Umkehrfunktion.

Čech, Eduard, tschechischer Mathematiker, geb. 29.6.1893 Stracov (Böhmen), gest. 15.3.1960 Prag.

Čech studierte 1912–1920 an der Karlsuniversität Prag, unterbrochen durch den ersten Weltkrieg. 1921/22 arbeitete er zur projektiven Differentialgeometrie bei Fubini in Turin und wurde 1923 an die Universität Brünn berufen.

Nach 1928 wendete er sich der (kombinatorischen) Topologie zu. Er beschäftigte er sich mit Homologie-Theorie (Čech-Komplex) und bewies Dualitätssätze für Mannigfaltigkeiten. 1936 gründete er ein Topologieseminar, aus dem 26 Arbeiten hervorgingen, darunter die über die Stone-Čech-Kompaktifizierung.

Das Seminar wurde durch die Verhaftung Čechs und einiger seiner Studenten nach Ausbruch des zweiten Weltkrieges beendet. Nach dem Krieg ging Čech zunächst für zwei Jahre nach Princeton und anschließend zurück an die Karlsuniversität. Ab 1947 leitete er verschiedene Akademieinstitute und ab 1950 das neue mathematische Institut der Karlsuniversität. In den fünfziger Jahren wendete er sich wieder der Differentialgeometrie zu und verfaßte 17 Arbeiten zu diesem Thema.

Čechs Arbeit war fundamental für die Topologie und von großer Bedeutung für die Entwicklung der Funktionalanalysis.

Čechsche Garben-Kohomologie, ↗ Čechsche Kohomologie zu einer Überdeckung.

Čechsche Kohomologie zu einer Überdeckung, eine wichtige Garben-Kohomologie.

Sei X eine komplexe Mannigfaltigkeit, R ein kommutativer Ring mit Eins und $\mathcal{S}$ eine Garbe von R-Moduln. Außerdem sei $\mathcal{U} := (U_i)_{i \in I}$ eine offene Überdeckung von X, $U_i \neq \emptyset$ für jedes $i \in I$. Man definiert

$$U_{i_0,\ldots,i_l} := U_{i_0} \cap \ldots \cap U_{i_l}$$

und

$$I_l := \left\{(i_0, \ldots, i_l) : U_{i_0,\ldots,i_l} \neq \emptyset\right\}.$$

Ist S_n die Menge der Permutationen der Menge $\{0, \ldots, n-1\}$, so definiert man für $\sigma \in S_n$:

$\operatorname{sgn}(\sigma) := +1$, falls man σ durch eine gerade Zahl von Vertauschungen erhält, und $\operatorname{sgn}(\sigma) := -1$ sonst. Eine l-dimensionale alternierende Kokette über $\mathcal{U}$ mit Werten in $\mathcal{S}$ ist eine Abbildung

$$\xi : I_l \to \bigcup_{(i_0,\ldots,i_l)} \Gamma(U_{i_0,\ldots,i_l}, \mathcal{S})$$

mit folgenden Eigenschaften:
1) $\xi(i_0, \ldots, i_l) \in \Gamma(U_{i_0,\ldots,i_l}, \mathcal{S})$,
2) $\xi\left(i_{\sigma(0)}, \ldots, i_{\sigma(l)}\right) = \operatorname{sgn}(\sigma) \cdot \xi\left(i_0, \ldots, i_l\right)$ für $\sigma \in \mathfrak{S}_{l+1}$.

Die Menge aller l-dimensionalen alternierenden Koketten über $\mathcal{U}$ mit Werten in $\mathcal{S}$ bezeichnet man mit $C^l(\mathcal{U}, \mathcal{S})$. Durch

$$(\xi_1 + \xi_2)(i_0, \ldots, i_l) := \xi_1(i_0, \ldots, i_l) + \xi_2(i_0, \ldots, i_l)$$

und

$$(r \cdot \xi)(i_0, \ldots, i_l) := r \cdot \xi(i_0, \ldots, i_l)$$

wird $C^l(\mathcal{U}, \mathcal{S})$ zu einem R-Modul. Es gilt der folgende Satz:

Die Abbildung $\delta^l : C^l(\mathcal{U}, \mathcal{S}) \to C^{l+1}(\mathcal{U}, \mathcal{S})$ mit

$$(\delta^l \xi)(i_0, \ldots, i_l) := \sum_{\lambda=0}^{l+1} (-1)^{\lambda+1} \left(\xi\left(i_0, \ldots, \widehat{i_\lambda}, \ldots, i_{l+1}\right) \mid U_{i_0,\ldots,i_{l+1}}\right)$$

ist ein R-Modulhomomorphismus mit $\delta^l \circ \delta^{l-1} = 0$.

Mit $C^*(\mathcal{U}, \mathcal{S})$bezeichnet man den Čech-Komplex

$$C^0(\mathcal{U}, \mathcal{S}) \xrightarrow{\delta} C^1(\mathcal{U}, \mathcal{S}) \xrightarrow{\delta} C^2(\mathcal{U}, \mathcal{S}) \to \ldots .$$

$\varepsilon : \Gamma(X, \mathcal{S}) \to C^0(\mathcal{U}, \mathcal{S})$ wird definiert durch

$$(\varepsilon s)(i) := s \mid U_i .$$

Mit den Bezeichnungen $Z^l(U, \mathcal{S}) := Z^l(C^*(\mathcal{U}, \mathcal{S}))$ bzw. $B^l(U, \mathcal{S}) := B^l(C^*(\mathcal{U}, \mathcal{S}))$ definiert man nun

$$H^l(\mathcal{U}, \mathcal{S}) := \frac{Z^l(U, \mathcal{S})}{B^l(U, \mathcal{S})} = H^l\left(C^*(\mathcal{U}, \mathcal{S})\right),$$

und nennt $H^l(\mathcal{U}, \mathcal{S})$ die l-te Čechsche Kohomologiegruppe von $\mathcal{U}$ mit Werten in $\mathcal{S}$. Insbesondere ist

$$H^0(\mathcal{U}, \mathcal{S}) \cong \Gamma(X, \mathcal{S}) .$$

ceil-Funktion, $\lceil\ \rceil$, einstellige Operation, die einer reellen Zahl r die kleinste ganze Zahl zuordnet, die größer oder gleich r ist. Beispiele: $\lceil\pi\rceil = 4$, $\lceil-\pi\rceil = -3$, $\lceil 0\rceil = 0$.

Cesàro, Ernesto, italienischer Mathematiker, geb. 12.3.1859 Neapel, gest. 12.9.1906 Torre Annunziata (bei Neapel).

Cesàro wurde als Sohn eines Großbauern geboren. Er studierte an der Ecole des Mines in Lüttich und wurde 1886 als Professor nach Palermo berufen, wo er bis 1892 blieb. Anschließend wirkte er in Neapel.

Seine Arbeitsgebiete waren die Funktionen- und die Zahlentheorie, aber auch die Elastizitätstheorie und die Thermodynamik.

Bekannt wurde er insbesondere durch das von ihm 1890 eingeführte Summationsverfahren (↗ Cesàro-Summationsverfahren) für Reihen.

Cesàro-Summationsverfahren, neben dem ↗ Abel-Summationsverfahren die wichtigste Möglichkeit, gewissen divergenten Reihen sinnvoll noch einen Wert zuzuordnen, sie also zu limitieren oder zu summieren.

Beide Summationsverfahren haben große Bedeutung in der Theorie der Fourier-Reihen.

Eine Reihe $\sum_{\nu=0}^{\infty} a_\nu$ heißt genau dann Cesàro-konvergent, wenn mit den Partialsummen

$$s_n := \sum_{\nu=0}^{n} a_\nu \quad (n \in \mathbb{N})$$

der Grenzwert

$$s := C\text{-}\sum_{\nu=0}^{\infty} a_\nu := \lim_{n\to\infty} \frac{1}{n+1}(s_0 + \cdots + s_n)$$

existiert. Man sagt dann, die Reihe $\sum_{\nu=0}^{n} a_\nu$ ist Cesàro-summierbar zum Wert s.

Konvergente Reihen sind Cesàro-summierbar (mit gleichem Grenzwert).

Die Reihe

$$\sum_{\nu=0}^{\infty} (-1)^\nu$$

ist ein Standardbeispiel für eine divergente Reihe, die Cesàro-summierbar ist.

Ein Zusammenhang zwischen den beiden erwähnten Summationsverfahren wird durch die folgende Aussage hergestellt:

Eine Cesàro-summierbare Reihe ist Abel-summierbar.

Die Umkehrung gilt nicht: Ein abgrenzendes Beispiel ist durch

$$\sum_{\nu=0}^{\infty} (-1)^\nu (\nu + 1)$$

gegeben.

Ceva, Giovanni, italienischer Mathematiker, geb. 7.12.1647 Mailand, gest. 15.6.1734 Mantua.

Ceva studierte an der Universität von Pisa. Dort lehrte er auch bis zu seiner Berufung als Mathematikprofessor an die Universität zu Mantua im Jahre 1686.

Seine Leistungen liegen hauptsächlich auf dem Gebiet der Geometrie. 1678 stellte er den nach ihm benannten Satz auf, nach dem sich die Geraden von den Ecken eines Dreiecks zu den gegenüberliegenden Seiten genau dann in einem Punkt schneiden, wenn das Produkt der Verhältnisse, in denen die Seiten geschnitten werden, gleich Eins ist.

Ceva forschte auch zur Hydraulik, untersuchte die Anwendungen von Mechanik und Statik auf geometrische Systeme, nahm bis zu einem gewissen Grade die Infinitesimalrechnung vorweg und befaßte sich mit mathematischer Ökonomie.

Ceva, Satz von, Aussage über die Längenbeziehungen gewisser Geraden im Dreieck.

Gegeben sei ein Dreieck mit Ecken A, B, C. Mit P_A, P_B, P_C bezeichne man einen Punkt auf der A, B, bzw. C gegenüberliegenden Seite. Dann gilt: Die drei Geraden AP_A, BP_B und CP_C schneiden sich in einem gemeinsamen Punkt genau dann, wenn für die jeweiligen Streckenlängen gilt:

$$\overline{AP_C} \cdot \overline{BP_A} \cdot \overline{CP_B} = \overline{P_CB} \cdot \overline{P_AC} \cdot \overline{P_BA}.$$

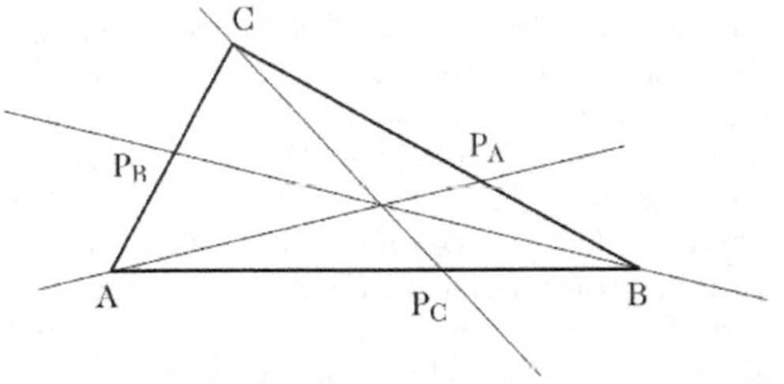

Zum Satz von Ceva

CF-Approximation, ↗ Carathéodory-Fejer-Approximation.

CFL-Bedingung, ↗ Courant-Friedrichs-Lewy-Bedingung.

C^k-Funktion, k-mal stetig differenzierbare Funktion, d. h., die betreffende Funktion ist k-mal differenzierbar, und alle k-ten partiellen Ableitungen sind noch stetig. Von speziellem Interesse sind die Fälle $p = 0$ (die stetigen Funktionen) und $p = \infty$ (die unendlich oft differenzierbaren Funktionen, ↗ C^∞-Funktion).

C^∞-Funktion, unendlich oft differenzierbare Funktion (↗ C^k-Funktion, ↗ $C^\infty(G)$).

$C(G)$, Bezeichnung für den Raum aller auf G stetigen reellwertigen Funktionen f.

$C(G)$ bildet mit der punktweise definierten Addition und Multiplikation von Funktionen eine Funktionenalgebra, die für kompakte G mit der Maximumsnorm

$$\|f\|_\infty = \max_{x \in G} |f(x)| \qquad (f \in C(G))$$

eine Banachalgebra ist.

$C^k(G)$, Menge der Funktionen $f : G \to \mathbb{R}$, die stetige partielle Ableitungen bis zur Ordnung k haben, wobei $G \subset \mathbb{R}^n$ offen sei.

$C^0(G)$ ist also gerade die Menge der stetigen reellwertigen Funktionen auf G, d. h. es gilt $C^0(G) = C(G)$. Für $k \geq 1$ nennt man die Funktionen aus $C^k(G)$ glatte Funktionen auf G.

$C^k(\overline{G})$, Menge der Funktionen $f : \overline{G} \to \mathbb{R}$, für die $f_{/G} \in C^k(G)$ gilt und die partiellen Ableitungen bis zur Ordnung k von f sich stetig auf $\overline{G}$ fortsetzen lassen, wobei $G \subset \mathbb{R}^n$ offen sei.

$C^0\left(\overline{G}\right)$ ist also gerade die Menge der stetigen reellwertigen Funktionen auf $\overline{G}$, d. h. es gilt $C^0\left(\overline{G}\right) = C\left(\overline{G}\right)$. $C^k\left(\overline{G}\right)$ bildet mit der punktweise definierten Addition und Multiplikation von Funktionen eine Funktionenalgebra, die für beschränktes G mit der Norm

$$\|f\|_{C^k} = \sum_{|\alpha| \leq k} \|D^\alpha f\|_\infty \qquad \left(f \in C^k\left(\overline{G}\right)\right)$$

eine Banachalgebra ist, wobei hier in abkürzender Weise für einen Multi-Index $\alpha = (\alpha_1, \dots, \alpha_n) \in \mathbb{N}_0^n$

$$|\alpha| = \alpha_1 + \cdots + \alpha_n$$

gesetzt wurde, und

$$D^\alpha f = \frac{\partial^{\alpha_1} \dots \partial^{\alpha_n}}{\partial x_1^{\alpha_1} \cdots \partial x_n^{\alpha_n}} f$$

die partielle Ableitungen der Ordnung höchstens $|\alpha|$ bezeichet. Mit der Maximumsnorm $\|\cdot\|_\infty$ ist $C^k\left(\overline{G}\right)$ i.a. nicht abgeschlossen. Durch

$$f_n(x) = \sqrt{x^2 + \frac{1}{n}} \qquad (x \in [-1, 1])$$

sind z. B. für $n \in \mathbb{N}$ Funktionen $f_n \in C^1[-1, 1]$ gegeben, die bzgl. $\|\cdot\|_\infty$ gegen die Betragsfunktion konvergieren, welche aber selbst nicht in $C^1[-1, 1]$ liegt.

$C^\infty(G)$, Menge der Funktionen $f : G \to \mathbb{R}$, deren partielle Ableitungen aller Ordnungen $k \in \mathbb{N}$ existieren, wobei $G \subset \mathbb{R}^n$ offen sei. Es ist also

$$C^\infty(G) = \bigcap_{k \in \mathbb{N}} C^k(G).$$

cg-Verfahren, ↗ konjugiertes Gradientenverfahren.

CH, ↗ Kontinuumshypothese.

Chaikin, Algorithmus von, ein affiner stationärer diskreter Unterteilungsalgorithmus für Polygone der folgenden Art. Ist

$$p_0, p_1, \dots p_k, p_{k+1} = p_0 \in \mathbb{R}^n$$

ein geschlossenes Polygon, so ist das Polygon $p'_0, p'_1, \dots p'_{2k}$ durch

$$p'_{2i} = (3p_i + p_{i+1})/4 \quad (0 \leq i \leq k)$$
$$p'_{2i+1} = (p_i + 3p_{i+1})/4$$

gegeben.

Durch Iteration erhält man eine Folge von Polygonen, die gegen die geschlossene quadratische ↗B-Splinekurve mit ↗Kontrollpunkten $p_0, p_1, \ldots$ konvergiert.

Für Polygone mit Anfangs- und Endpunkt wird der Algorithmus dort geringfügig modifiziert.

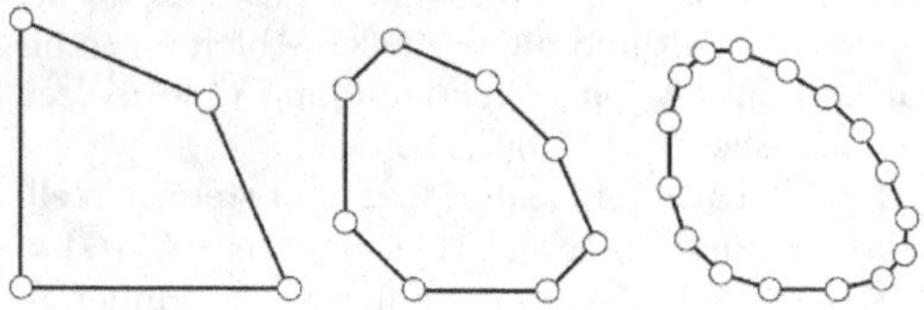

Algorithmus von Chaikin

chain-ladder-Verfahren, versicherungsmathematische Methode zur Schätzung der Reserve für Spätschäden, z. B. in der Haftpflichtversicherung. Grundlage ist ein Schema, dessen Spalten $k = 1, \ldots, K$ mit dem Abwicklungsjahr (Zeitdifferenz zwischen Schadeneintritt und Auszahlung der Versicherungsleistung) und dessen Zeilen j mit dem Kalenderjahr des Eintritts von Schadenfällen indiziert sind, das Abwicklungsdreieck. Die Koeffizienten $c_{j,k}$ sind Realisierungen einer Zufallsvariablen $C_{j,k}$, welche die akkumulierten Zahlungen für Schäden aus dem Jahr j in den folgenden k Jahren repräsentiert. Unter einer Markow-Annahme für die Sequenz $C_{j,k}$ bezüglich k erhält man $E(C_{j,k+1}|C_{j,1}, \ldots C_{j,k}) = c_{j,k}f_k$ mit festen Abwicklungsfaktoren f_k. Sofern die Folgen $C_{j,k}$ bezüglich j global unabhängig sind, folgt: Die Größe $\hat{C}_{j,K} = c_{j,K+1-j}\hat{f}_{K+1-j} \cdots \hat{f}_{K-1}$ bildet einen erwartungstreuen Schätzer für den kumulierten Gesamtschaden aus dem Jahr j, wobei

$$\hat{f}_k = \frac{\sum_{i=1}^{K-k} c_{i,k+1}}{\sum_{i=1}^{K-k} c_{i,k}}.$$

Chandrasekhar, Subrahmanyan, Astrophysiker und Mathematiker, geb. 19.10.1919 Lahore, gest. 21.8.1995 Chicago.

Chandrasekhar stammte aus einer bekannten indischen Familie – sein Onkel war der Nobelpreisträger für Physik C.V. Raman. Er studierte in Madras Naturwissenschaften und Sprachen, nur nebenbei Mathematik. Ab 1930 setzte er seine Ausbildung in Cambridge/England fort, wandte sich jetzt der Astrophysik zu. Mathematische und physikalische Studien führten ihn nach Göttingen zu Born, nach Kopenhagen zu Bohr und in die Sowjetunion zu Landau. Seit 1933 in Cambridge/England angestellt, war Chandrasekhar dann ab 1935/36 an der Harvard-Universität, am Yerkes Observatory (Wisconsin) und seit 1938 als Professor für Astrophysik an der Universität in Chicago tätig.

Chandrasekhar begann seine wissenschaftliche Laufbahn mit Arbeiten über Weiße Zwerge und wandte sich dann allgemein der Entwicklungsgeschichte von Sternen zu. Er untersuchte und deutete das Auftreten besonderer Spektrallinien bei expandierenden Sternen, arbeitete über die chemische Zusammensetzung von Sternen und über Strahlungsaustausch und Wärmeübertragung zwischen Sternen (Planeten) und ihrer Umgebung (Atmosphäre). Im Jahre 1943 stellte er seine grundlegenden Untersuchungen über die Stabilität von stellaren Systemen in „Principles of Stellar Dynamics" vor. Chandrasekhar untersuchte die Konsequenzen der Urknall-Theorie (↗Big Bang) und wandte sich später Fragen der Hydrodynamik zu. Grundlegend wurden seine Untersuchungen über Schwarze Löcher. 1983 erhielt Chandrasekhar den Nobelpreis für Physik.

Chandrasekharan, Komaravolu, Mathematiker, geb. 21.11.1920 Masulipatan.

Chandrasekharan studierte in Madras und Princeton. Seit 1949 war er am Tata Institute of Fundamental Research in Bombay tätig, seit 1952 als ordentlicher Professor. Ab 1965 wirkte er an der ETH Zürich als Professor. Er war Sekretär (1961–66) und Vorsitzender (1971–74) der Int. Mathematical Union und nahm leitende Funktionen im Int. Council of Scientific Unions wahr.

Chandrasekharan veröffentlichte Werke über Fourier-Transformationen, über die Riemannsche ζ-Funktion, über analytische Zahlentheorie, arithmetische Funktionen, elliptische Funktionen, topologische Gruppen und Integrationstheorie.

Chaos, ↗deterministisches Chaos.

chaotische Zeitreihe, eine als Funktion der Zeit weder konvergente noch im Grenzwert periodische Folge von Zuständen.

Bei der Analyse derartiger Zeitreihen haben sich in jüngster Zeit insbesondere ↗Neuronale Netze bewährt.

chaotisches System, ein System, welches als Funktion der Zeit weder konvergente noch im Grenzwert periodische Folgen von Zuständen liefert.

Bei der Analyse derartiger Systeme haben sich in jüngster Zeit insbesondere ↗Neuronale Netze bewährt.

Chapman-Kolmogorow-Gleichung, gibt an, wie sich bei einem Markow-Prozeß oder einer Markow-Kette für die Zeitpunkte $s < r < t$ die Wahrscheinlichkeit, von einem Zustand x zum Zeitpunkt s in eine Menge B von Zuständen zum Zeitpunkt t zu gelangen, dadurch berechnen läßt, daß man die Wahrscheinlichkeit, von einem beliebigen Zustand y zum Zeitpunkt r nach B zum Zeitpunkt t zu gelangen, mit der Wahrscheinlichkeit, von x zum Zeitpunkt s nach y zum Zeitpunkt r zu gelangen, über alle y aufintegriert.

Sei $(X_t)_{t\geq 0}$ ein reeller Markow-Prozeß auf einem Wahrscheinlichkeitsraum $(\Omega, \mathfrak{A}, P)$ und $P(s, y; t, \cdot)$ das zugehörige System von Übergangswahrscheinlichkeiten.

Dann gilt für alle $0 \leq s < r < t$ und $B \in \mathfrak{B}(\mathbb{R})$ die Chapman-Kolmogorow-Gleichung

$$P(s, x; t, B) = \int_{\mathbb{R}} P(r, y; t, B) P(s, x; r, dy)$$

P_{X_s}-fast sicher.

Für eine Markow-Kette $(X_n)_{n\in\mathbb{N}_0}$ mit Zustandsraum I vereinfacht sich die Gleichung zu

$$P(X_t = j | X_s = x) = \sum_{i\in I} P(X_t = j | X_r = i) P(X_r = i | X_s = x)$$

für alle $s < r < t$ und $j, x \in I$.

Ohne direkte Bezugnahme auf einen Markow-Prozeß oder eine Markow-Kette wird für eine Familie $(P_t)_{t\geq 0}$ von Markow-Kernen auf einem Meßraum $(E, \mathfrak{B})$ auch die Gleichung

$$P_{k+l}(x, B) = \int P_s(y, B) P_k(x, dy)$$

oder kurz $P_{k+l} = P_k P_l$ für alle $k, l \geq 0$ als Chapman-Kolmogorow-Gleichung bezeichnet.

Charakter, ↗Charakter einer Gruppe, ↗Charakter einer Lie-Gruppe, ↗Charakter einer topologischen Gruppe.

Charakter einer Gruppe, eindimensionale komplexe Darstellung einer Gruppe, oder, etwas ausführlicher formuliert, ein stetiger Gruppenhomomorphismus von einer lokalkompakten abelschen Gruppe G in die multiplikative Gruppe $\{z \in \mathbb{C} : |z| = 1\}$.

Noch etwas allgemeiner ist der Begriff ↗Quasicharakter.

Die Menge der Charaktere von G wird meist mit $\widehat{G}$ bezeichnet. Mit der Verknüpfung

$$(\chi\psi)(g) := \chi(g)\psi(g)$$

wird $\widehat{G}$ zu einer abelschen Gruppe (↗Charaktergruppe).

Das neutrale Element von $\widehat{G}$ heißt Hauptcharakter von G und wird meist mit χ_0 bezeichnet. Es gilt $\chi_0(g) = 1$ für alle $g \in G$.

Ein wichtiger Spezialfall ist der, daß G eine endliche Gruppe der Ordnung n (mit der diskreten Topologie) ist. Dann ist jeder Wert $\chi(g)$ eine n-te Einheitswurzel.

Unabhängig von der Darstellungstheorie kann man einen Charakter χ der Gruppe G wie folgt definieren: Sei $U(1)$ die multiplikative Gruppe der komplexen Zahlen vom Betrag Eins. Dann heißt die Abbildung $\chi : G \longrightarrow U(1)$ ein Charakter der Gruppe G, wenn für alle $g_1, g_2 \in G$ gilt:

$$\chi(g_1)\chi(g_2) = \chi(g_1 g_2).$$

Kurz gesagt: Ein Charakter ist ein Gruppenhomomorphismus in $U(1)$.

Die Beziehung zur eingangs genannten Darstellung ergibt sich, wenn man $\mathbb{C}$ als eindimensionalen komplexen Vektorraum auffaßt, auf dem die Elemente von $U(1)$ durch Multiplikation als lineare Abbildungen wirken.

Charakter einer Lie-Gruppe, die topologische Charaktergruppe einer mit der euklidischen Topologie ausgestatteten Lie-Gruppe.

Das einfachste Beispiel ist die additive Gruppe der reellen Zahlen. Sie ist eine eindimensionale Liegruppe und stimmt mit ihrer Charaktergruppe überein.

Charakter einer topologischen Gruppe, ↗Charakter einer Gruppe mit zusätzlicher Struktur.

Die Gruppe der Charaktere wird zu einer topologischen Gruppe, wenn die Ausgangsgruppe eine topologische Gruppe ist. Dazu wird die Gruppe der Charaktere mit der Topologie der gleichmäßigen Konvergenz auf kompakten Mengen ausgestattet.

Das Hauptresultat in diesem Zusammenhang ist: *Die Charaktergruppe einer kompakten Gruppe ist diskret, und die Charaktergruppe einer diskreten Gruppe ist kompakt.*

Wir betrachten ein Beispiel: Es sei $\mathbb{Z}$ die additive Gruppe der ganzen Zahlen, also eine diskrete Gruppe. Für jedes $r \in \mathbb{R}$ wird der Charakter χ_r wie folgt definiert: Für $n \in \mathbb{Z}$ ist

$$\chi_r(n) = \exp(irn).$$

Offensichtlich gilt $\chi_r = \chi_{r+2\pi}$, sodaß die Charaktergruppe gerade die additive Gruppe der reellen Zahlen modulo 2π ist.

Das entspricht der kompakten Gruppe $U(1)$, also geometrisch dem Rand des Einheitskreises in der Ebene.

Charakter modulo m, *Restklassencharakter*, ein Gruppenhomomorphismus von der primen Restklassengruppe modulo m in die multiplikative Gruppe $\mathbb{C}^\times$.

Man kann dies auch so ausdrücken: Ein Charakter modulo m ist ein ↗Charakter der endlichen abelschen Gruppe $(\mathbb{Z}/m\mathbb{Z})^\times$.

Ein Restklassencharakter χ wird durch die Definition

$$\chi'(n) := \begin{cases} \chi(n + m\mathbb{Z}) & \text{für } \mathrm{ggT}(n, m) = 1, \\ 0 & \text{für } \mathrm{ggT}(n, m) > 1, \end{cases}$$

zu einer Funktion auf den ganzen Zahlen, die man auch als Dirichlet-Charakter bezeichnet.

Meist unterscheidet man nicht zwischen χ und χ' und nennt beides einfach Charakter (modulo m).

Eine wichtige Anwendung sind die ↗Dirichletschen L-Reihen.

Charaktergruppe, die Gruppe aller ↗Charaktere, d. h., aller eindimensionalen unitären Darstellungen einer ↗abelschen Gruppe G.

Das Produkt zweier Charaktere einer Gruppe wird punktweise definiert, d. h.

$$(\chi_1\chi_2)(g) := \chi_1(g)\chi_2(g)$$

für alle $g \in G$, womit dann $\chi_1\chi_2$ auch ein Charakter von G wird. Unter dieser Verknüpfung bildet die Menge aller Charaktere von G selbst wieder eine abelsche Gruppe, die Charaktergruppe, deren neutrales Element durch die triviale Darstellung $\chi(g) = 1$ für alle $g \in G$ gegeben ist. Man bezeichnet sie auch mit $C(G)$ oder $\hat{G}$.

Oft vereinfachen sich Strukturuntersuchungen einer Gruppe, wenn man statt dessen die Struktur der Charaktergruppe analysiert.

Charakteristik eines Differential-Operators, *charakteristische Mannigfaltigkeit*, manchmal auch als charakteristische Form eines Differential-Operators bezeichnet, spezielle Flächen $\psi(x) = 0$ im $\mathbb{R}^n$, die dem Operator

$$L[u] := \sum_{|\alpha|\leq m} A_\alpha \partial^\alpha u$$

einer quasilinearen partiellen Differentialgleichung der Ordnung m zugeordnet werden.

Dabei bezeichnen die A_α im allgemeinen Fall quadratische Matrizen gleicher Dimension, deren Koeffizienten Funktionen der Raumvariablen x, der Unbekannten u und ihrer partiellen Ableitungen bis zur Ordnung $m-1$ sind.

Eine Fläche $\psi(x) = 0$ heißt genau dann Charakteristik von L, wenn sie mit der aus dem Symbol

$$\Sigma(\lambda) := \sum_{|\alpha|=m} A_\alpha \lambda^\alpha,$$

$$\lambda \in \mathbb{R}^n,\ \lambda^\alpha := \lambda_1^{\alpha_1}\cdots\lambda_n^{\alpha_n}$$

von L abgeleiteten charakteristischen Form

$$F(\lambda) := \det(\Sigma(\lambda))$$

der Differentialgleichung $F(\psi'(x)) = 0$ genügt.

Mit Hilfe der Charakteristiken lassen sich quasilineare partielle Differentialgleichungen klassifizieren (↗Klassifikation partieller Differentialgleichungen) und damit geeigneten Lösungsverfahren zuführen.

Charakteristik eines Körpers, die kleinste natürliche Zahl p für die

$$p \cdot 1 = \underbrace{1+1+\cdots+1}_{p \text{ mal}} = 0$$

gilt (hier ist 1 das Einselement des Körpers).

Bezeichnet man den betreffenden Körper mit $\mathbb{K}$, so wird seine Charakteristik mit char $\mathbb{K}$ bezeichnet.

Gibt es solch eine Zahl p, so ist p notwendigerweise eine Primzahl.

Man setzt char $\mathbb{K} = 0$, falls es keine solche Zahl gibt.

Ist char $\mathbb{K} > 0$, so ist der Primkörper in $\mathbb{K}$ isomorph zum Restklassenkörper modulo p.

Ist char $\mathbb{K} = 0$, so ist der Primkörper isomorph zum Körper der rationalen Zahlen $\mathbb{Q}$.

Charakteristikenmethode, ↗Charakteristikenverfahren.

Charakteristikenschar, Familie der Charakteristiken $x(t)$ mit gleichem Anfangswert $x(t_0) = x_0$ einer hyperbolischen Differentialgleichung.

Im Falle hyperbolischer Systeme

$$Au_x + Bu_t = f$$

mit vektorwertiger Unbekannter $u = (u_1, \ldots, u_n)$ existieren n Charakteristikenscharen, die jeweils durch

$$dt/dx = \lambda_i\,,\quad 1 \leq i \leq n\,,$$

gegeben sind.

Dabei ist λ_i der i-te Eigenwert des verallgemeinerten Eigenwertproblems

$$e^T(B - \lambda A) = 0$$

mit Linkseigenvektor $e \neq 0$.

Charakteristikenverfahren, *Charakteristikenmethode*, Lösungsmethode für hyperbolische Differentialgleichungen, die das Problem mit Hilfe der ↗Charakteristikenschar auf gewöhnliche Differentialgleichungen reduziert.

Aus der speziellen Form der Charakteristiken im hyperbolischen Fall läßt sich ein Satz von gewöhnlichen Differentialgleichungen gewinnen, aus denen man entlang der charakteristischen Kurven die Lösung ermitteln kann.

charakteristische Funktion einer Menge, Indikatorfunktion, die die Zugehörigkeit eines Elementes x zu einer Menge A charakterisiert.

Ist M eine beliebige Menge und A eine Teilmenge von M, so versteht man unter der charakteristischen Funktion $\chi_A : M \to \mathbb{R}$ die Funktion

$$\chi_A(x) = \begin{cases} 1 & \text{falls } x \in A \\ 0 & \text{falls } x \notin A. \end{cases}$$

charakteristische Funktion einer Zufallsvariablen, für eine auf dem Wahrscheinlichkeitsraum $(\Omega, \mathfrak{A}, P)$ definierte reelle Zufallsvariable X durch die Fourier-Transformation

$$\phi_X : \mathbb{R} \ni t \to E(e^{itX}) = \int_\Omega e^{itx} P_X(dx) \in \mathbb{C}$$

ihrer Verteilung P_X definierte komplexwertige Abbildung.

Die von A.M. Ljapunow und P. Lévy entwickelte Theorie der charakteristischen Funktionen stellt eine der wichtigsten analytischen Methoden der Wahrscheinlichkeitstheorie dar, die z. B. beim Beweis des zentralen Grenzwertsatzes und der Bestimmung der Verteilung der Summe von endlich vielen unabhängigen Zufallsvariablen angewendet wird. Wichtige Resultate sind:

1. Eindeutigkeitssatz:
   Für zwei Zufallsvariablen X und Y auf dem Wahrscheinlichkeitsraum $(\Omega, \mathfrak{A}, P)$ *gilt* $\phi_X = \phi_Y$ *genau dann, wenn* $P_X = P_Y$ *gilt.*
2. Stetigkeitssatz:
   Die Folge $(P_{X_n})_{n\in\mathbb{N}}$ *der Verteilungen einer Folge* $(X_n)_{n\in\mathbb{N}}$ *von Zufallsvariablen auf dem Wahrscheinlichkeitsraum* $(\Omega, \mathfrak{A}, P)$ *mit charakeristischen Funktionen* $(\phi_{X_n})_{n\in\mathbb{N}}$ *konvergiert genau dann schwach gegen die Verteilung* P_X *einer Zufallsvariable X mit charakteristischer Funktion* ϕ_X, *wenn die* ϕ_{X_n} *gegen* ϕ_X *konvergieren.*
3. Inversionsformel:
   Sei X eine Zufallsvariable mit Verteilung P_X. *Ist* $|\phi_X|$ *endlich Lebesgue-integrierbar, so besitzt* P_X *eine Wahrscheinlichkeitsdichte* f_X *bezüglich des Lebesgue-Maßes* λ, *die durch*

   $$f_X : \mathbb{R} \ni x \to \frac{1}{2\pi} \int_{\mathbb{R}} e^{-itx} \phi_X(t) \lambda(dt) \in \mathbb{R}_0^+$$

   gegeben ist.
4. Multiplikationssatz:
   Seien X, Y unabhängige Zufallsvariablen mit charakteristischen Funktionen ϕ_X *und* ϕ_Y. *Dann gilt für die charakteristische Funktion der Summe* $X + Y$ *die Beziehung*

   $$\phi_{X+Y} = \phi_X \phi_Y .$$
5. Differenzierbarkeit:
   Existiert das k-te Moment M_k *der Verteilung einer Zufallsvariable X, so ist* ϕ_X *k-mal differenzierbar. Die k-te Ableitung* $\phi_X^{(k)}$ *ist gleichmäßig stetig und beschränkt und es gilt*

   $$\phi_X^{(k)}(0) = i^k M_k .$$

charakteristische Funktion eines Differentialgleichungssystems, Lösung eines Differentialgleichungssystems, aufgefaßt als Funktion der unabhängigen Variablen und der Anfangswerte, falls jeweils eindeutige Lösungen von Anfangswertproblemen existieren.

Wir betrachten das ↗ Anfangswertproblem

$$\mathbf{y}' = \mathbf{f}(x, \mathbf{y}) , \quad \mathbf{y}(x_0) = \mathbf{y}_0 \tag{1}$$

mit gegebenen Anfangswerten $(x_0, \mathbf{y}_0) \in G$ für ein geeignetes Gebiet $G \subset \mathbb{R} \times \mathbb{R}^n$. (1) besitze für alle $(x_0, \mathbf{y}_0) \in G$ genau eine (maximal fortgesetzte) Lösung $\mathbf{y}$. Es bezeichne $\Phi(\cdot, x_0, \mathbf{y}_0)$ diese eindeutige Lösung. Dann heißt Φ charakteristische Funktion des Differentialgleichungssystems $\mathbf{y}' = \mathbf{f}(x, \mathbf{y})$.

[1] Kamke, E.: Differentialgleichungen, Lösungsmethoden und Lösungen I. B. G. Teubner Stuttgart, 1977.

charakteristische Homologieklasse, ↗ charakteristische Klasse.

charakteristische Klasse, eine Zuordnungsvorschrift, die jeder Mannigfaltigkeit M eines gewissen Typs (topologische, differenzierbare, komplexe etc.) und jedem Bündel E über M eines gewissen Typs (Vektorbündel, Sphärenbündel etc.) eine Kohomologieklasse bzw. Homologieklasse bzw. ein Element aus einer allgemeineren Kohomologietheorie zuordnet.

Natürlichkeit bedeutet äquivariantes Verhalten unter Abbildungen $f : N \to M$. Für eine charakteristische Kohomologieklasse c ist dies die Äquivarianz unter pullback, d. h.

$$c_N(f^*E) = f^*(c_M(E)) .$$

Unter der charakteristischen Klasse einer Mannigfaltigkeit versteht man meist die charakteristische Klasse des Tangentialbündels.

An den charakteristischen Klassen können viele topologische Eigenschaften der Mannigfaltigkeiten bzw. der Bündel abgelesen werden. Beispiele charakteristischer Klassen sind die ↗ Chern-Klassen, die Stiefel-Whitney-Klassen, die Euler-Klasse und die Pontryagin-Klassen.

charakteristische Kohomologieklasse, ↗ charakteristische Klasse.

charakteristische Kurve, ↗ Charakteristik eines Differentialoperators.

charakteristische Linie, Spezialfall einer charakteristischen Kurve bei ↗ linearen partiellen Differentialgleichungen in zwei Variablen, bei denen die Kurven sich zu Linien in der Ebene vereinfachen (↗ Charakteristik eines Differentialoperators).

Im hyperbolischen Fall läßt sich der Definitionsbereich in einfacher Weise mit einem Gitter der sich kreuzenden charakteristischen Linien überdecken und mit dem ↗ Charakteristikenverfahren in den Gitterpunkten lösen.

charakteristische Mannigfaltigkeit, ↗ Charakteristik eines Differentialoperators.

charakteristische Menge, endliche Teilmenge eines Ideals mit Zusatzeigenschaft: Eine endliche Teilmenge G eines ↗ Ideals I im Polynomenring $K[x_1, \dots, x_n]$ über einem Körper K heißt charakteristische Menge von I, wenn für alle $h \in I$ der Rest von h bei der ↗ Pseudodivision durch G Null ist, $\text{prem}(h|G) = 0$.

charakteristische Richtung, der eindimensionale Unterraum des Tangentialraums einer Hyperfläche in einer ↗ symplektischen Mannigfaltigkeit, der aus dem sog. Schieforthogonalraum des Tangentialraums besteht.

Die charakteristischen Richtungen bilden ein eindimensionales Unterbündel des Tangentialbündels der Hyperfläche, dessen Integralkurven auch Charakteristiken der Hyperfläche genannt werden.

charakteristische Zahl, älterer Begriff für ↗ Eigenwert einer Matrix.

charakteristischer Exponent, *Floquet-Exponent*, ↗ Floquet, Satz von.

charakteristischer Vektor, älterer Begriff für ↗ Eigenvektor einer Matrix.

charakteristisches Polynom einer Differentialgleichung, das zu einer homogenen linearen Differentialgleichung mit konstanten Koeffizienten

$$y^{(n)} + a_{n-1}y^{(n-1)} + \ldots + a_1y' + a_0y = 0 \qquad (1)$$

definierte Polynom

$$\chi(\lambda) := \lambda^n + a_{n-1}\lambda^{n-1} + \ldots + a_1\lambda + a_0 .$$

Bis auf das Vorzeichen stimmt das charakteristische Polynom der Differentialgleichung (1) überein mit dem charakteristischen Polynom der Koeffizientenmatrix des zugehörigen linearen Differentialgleichungssystems. Die (i. a. komplexen) Nullstellen von χ sind also auch die Eigenwerte des zugehörigen Systems.

Man erhält das charakteristische Polynom auch direkt aus der charakteristischen Gleichung $\chi(\lambda) = 0$, indem man den Exponentialansatz $y = e^{\lambda x}$ direkt in die homogene Gleichung (1) einsetzt.

charakteristisches Polynom einer Matrix, das Polynom

$$P_A(\lambda) := \det(A - \lambda I)$$

(↗ Determinante einer Matrix) zu einer $(n \times n)$-Matrix $A = (a_{ij})$ über dem Körper $\mathbb{K}$ (I bezeichnet die $(n \times n)$-Einheitsmatrix).

$P_A(\lambda)$ ist ein Polynom vom Grad n. Die Nullstellen von P_A sind genau die Eigenwerte von A.

Ähnliche Matrizen haben dasselbe charakteristische Polynom, speziell gilt:

$$P_{A^t}(\lambda) = P_A(\lambda)$$

(A^t bezeichnet die transponierte Matrix zu A).

Das charakteristische Polynom $P_f(\lambda)$ eines ↗ Endomorphismus $f : V \to V$ auf einem endlichdimensionalen Vektorraum V über $\mathbb{K}$ ist definiert als: $P_f(\lambda) := \det(f - \lambda\,\mathrm{id})$, wobei id die Identität auf V bezeichnet.

Wird f bzgl. einer Basis von V durch die Matrix A beschrieben, so gilt: $P_A(\lambda) = P_f(\lambda)$. Beschreiben die beiden Matrizen A_1 und A_2 bezüglich zweier Basen b_1 und b_2 denselben Endomorphismus, so gilt also $P_{A_1}(\lambda) = P_{A_2}(\lambda)$.

Für einige der Koeffizienten α_i in der Darstellung

$$P_f(\lambda) = \alpha_n\lambda^n + \cdots + \alpha_1\lambda + \alpha_0$$

kann man explizite Formeln angeben; beispielsweise gilt:

$$\alpha_n = (-1)^n ,$$

$$\alpha_{n-1} = (-1)^{n+1}\sum_{i=0}^{n} a_{ii} ,$$

$$\alpha_0 = \det A .$$

charakteristisches Polynom eines Endomorphismus, ↗ charakteristisches Polynom einer Matrix.

charakteristisches Polynom eines zugeordneten Eigenwertproblems, das der Matrixgleichung

$$Ax = \lambda Bx ,$$

wobei A, B $(n \times n)$-Matrizen über $\mathbb{K}$, $\lambda \in \mathbb{K}$ und $x \in \mathbb{K}^n$ sind, zugeordnete Polynom

$$P(\lambda) := \det(A - \lambda B) .$$

$P(\lambda)$ ist genau im Fall $\det B \neq 0$ vom Grad n (↗ Determinante einer Matrix); in diesem Fall ist obige Gleichung äquivalent zu dem Eigenwertproblem

$$B^{-1}Ax = \lambda x ,$$

das aber den Nachteil hat, daß $B^{-1}A$ selbst für symmetrische A und B im allgemeinen nicht symmetrisch ist.

Es gilt aber der folgende Satz:

Sind die beiden reellen $(n \times n)$-Matrizen A und B beide symmetrisch und B zusätzlich positiv definit, so gibt es reelle Zahlen

$$\lambda_1 \geq \cdots \geq \lambda_n$$

und eine Basis $(b_1, \ldots , b_n)$ von $\mathbb{R}^n$ mit

$$Ab_j = \lambda_j Bb_j$$

$(1 \leq j \leq n)$ so, daß

$$b_j{}^t Ab_i = \lambda_j\delta_{ji} \text{ und } b_j{}^t Bb_i = \delta_{ji}$$

für $1 \leq j, i \leq n$.

charm-Quark, eines der ↗ Quarks, bildet zusammen mit seinem Anti-Teilchen, dem Anti-charm-Quark, das Charmonium genannte Meson.

C-hartes Problem, Problemstellung eines bestimmten Schwierigkeitsgrades.

Ein Problem A heißt hart bzgl. eines Reduktionstyps (↗ Reduktion) und einer Problemklasse C, kurz C-hart oder C-schwer, wenn sich jedes Problem aus C bzgl. des gewählten Reduktionstyps auf A reduzieren läßt.

Wenn der Reduktionstyp angemessen gewählt ist, ist das Problem A mindestens so schwierig wie jedes Problem in C.

Chasles, Michel, französischer Geometer, geb. 1793 Épernon (bei Chartres, Frankreich), gest. 1880 Paris.

Chasles, Sohn eines Holzhändlers, studierte ab 1812 in Paris und war anschließend zeitweise in einem Finanzmaklerbüro tätig. Hiernach ging er nach Chartres, wo er als Geometer und Privatgelehrter arbeitete. Er befaßte sich vor allem mit der projektiven Geometrie (↗Chasles, Quadrikensatz von) und der Geometriegeschichte.

Chasles, Quadrikensatz von, Aussage in der Geometrie:

Eine allgemeine Gerade im n-dimensionalen ($n \geq 2$) euklidischen Raum berührt $n-1$ verschiedene Quadriken einer Schar konfokaler Quadriken, wobei die Berührungsebenen der Quadriken im Punkt ihrer Berührung mit der Geraden paarweise orthogonal zueinander sind.

chemisches Potential, partielle Ableitungen der thermodynamischen Potentiale.

Bei der Beschreibung von Gasen kann man die vier thermodynamischen Potentiale innere Energie, Enthalpie, freie Energie und Gibbssche freie Energie verwenden. Differenziert man die freie Energie F und die Gibbssche freie Energie G nach der Molenzahl n_i der Sorte i, so entstehen die chemischen Potentiale μ_i. Bezeichnet man mit T die Temperatur, mit V das Volumen und mit p den Druck, so gilt also beispielsweise:

$$\mu_i = \left(\frac{\partial F}{\partial n_i}\right)_{V,T} \text{ und } \mu_i = \left(\frac{\partial G}{\partial n_i}\right)_{p,T}.$$

Chemostat, Begriff aus der (Mathematischen) Biologie.

Ein Chemostat ist ein Versuchsaufbau der Mikrobiologie: Einem Behälter wird ein Substrat zugeführt, um das mehrere Arten konkurrieren, die zusammen mit dem Substrat ausgewaschen werden.

Chemotaxis, das Phänomen, daß sich Organismen (insbesondere Mikroorganismen) nach chemischen Signalen ausrichten.

Es wird mit Reaktionsdiffusionsgleichungen für die Dichte der Organismen und das Substrat modelliert.

Wenn das Substrat von den Organismen produziert wird, kann ↗Aggregation eintreten.

Chen, Xingshen, *Chern, Shiing-Shen*, chinesischer Mathematiker, geb. 28.10.1911 Jiaxing (Provinz Zhejiang), China, gest. 3.12.2004.

Chen studierte und lehrte von 1926 bis 1934 an der Nankai Universität in Tianjin und der Qinghua Universität in Peking Mathematik mit den Schwerpunkten Topologie und Differentialgeometrie.

1934 ging er als Regierungsstipendiat an die Universität Hamburg, wo er sich 1936 habilitierte. Nach einem Jahr in Paris, wo er mit Cartan zusammenarbeitete, kehrte er 1937 wieder nach China zurück. Aufgrund des Widerstandskrieges gegen die japanische Invasion war Chen zum Rückzug nach Südwest-China gezwungen, wo er bis 1943 an der Xinan Lianda Universität, einer Kooperation der Pekinger, der Qinghua und der Nankai Universität Mathematik und Physik lehrte.

Die folgenden beiden Jahre in Princeton zählten wohl zu den kreativsten und einflußreichsten im mathematischen Schaffen Chens. Der mit seinem Namen verknüpfte Begriff der ↗Chern-Klasse stammt aus dieser Zeit, ebenso wie sein Beweis des Satzes von Gauß-Bonnet-Chern.

Nach einer kurzen Rückkehr an die Academia Sinica wanderte Chen mit seiner Familie 1948 endgültig nach Amerika aus, wo er bis 1960 an der Universität Chicago und danach in Berkeley tätig war.

Für die Quantenmechanik leistete Chen 1974 einen wichtigen Beitrag durch die Herleitung des Chern-Simons-Funktionals. 1979, als Chen von der Chicago Universität erimitierte, veranstaltete diese zu seinen Ehren ein einwöchiges Symposium zur Differentialgeometrie. Von 1980 bis 1984 leitete er in Berkeley das Mathematical Sciences Research Institute (MSRI). In China erhielt er 1985 den Ehrendoktortitel der Nankai Universität und gründete das dortige mathematische Forschungsinstitut.

[1] Chern, S. S.: Selected Papers, Vol. 1–4. Springer New York, 1978, 1989.

[2] Hsiang, W.Y.; Kobayashi, S.; Singer, I.M. u. a. (Hrsg.): The Chern Symposium 1979. Proceedings of the international symposium on differential geometry in honor of S.S. Chern. Springer New York, 1980.

Chern, Shiing-Shen, ↗Chen, Xingshen.

Chern-Charakter, ↗Chern-Klassen.

Chern-Klassen, Invarianten von komplexen Vektorbündeln.

Eine Chern-Klasse ist die Kohomologieklasse

$$c_k(V) := W(f_k(F))$$

des Vektorbündels V. Dabei bezeichnet W den Weil-Morphismus, und die f_k sind die Elemente der Menge der symmetrischen k-linearen Abbildungen.

In verschiedenem Kontext werden Chern-Klassen auch verschieden definiert:

Im topologischen Kontext sollen jedem komplexen Vektorbündel $E \longrightarrow X$ Klassen $c_i(E) \in H^{2i}(X, \mathbb{Z})$, $i = 1, 2 \ldots$ zugeordnet werden so, daß folgende drei Bedingungen erfüllt sind:

(i) Funktorialität: $c_i(f^*E) = f^*c_i(E)$ für stetige Abbildungen $f : X' \longrightarrow X$.

(ii) Additivität: Ist $E'' \cong E/E', E' \subset E$ ein Unterbündel, so gilt für die totalen Chernklassen $1 + c_1 + c_2 + \cdots$:

$$c(E) = c(E')c(E'') \text{ in } H^*(X, \mathbb{Z}).$$

(iii) Normierung: Für Geradenbündel L ist $c_i(L) = 0, i > 1$, und für des Hopfbündel auf $S^2 = \mathbb{P}^1(\mathbb{C})$ ist $c_1(L)$, das erzeugende Element von $H^2(S^2, \mathbb{Z})$.

Diese Bedingungen gewährleisten die Eindeutigkeit von Chern-Klassen. Um die Existenz zu gewährleisten, muß man einige Voraussetzungen über die zugelassenen topologischen Räume machen (lokal kompakt, im Unendlichen abzählbar, endlich-dimensional).

In der algebraischen Geometrie gibt es folgende Verfeinerung, wenn man sich auf glatte algebraische Varietäten X über einem Körper und holomorphe Bündel beschränkt: Chern-Klassen sind für beliebige kohärente Garben definiert, sie liegen im Chowring $A^*(X)$ und erfüllen Bedingung (i) (für Morphismen f von algebraischen Varietäten), (ii) für beliebige kohärente Garben und (iii) (für $\mathbb{P}^1(k)$ und das Bündel $\mathcal{O}_{\mathbb{P}^1(k)}(1)$).

Chern-Klassen sind die wichtigsten numerischen Invarianten von Bündeln oder Garben und gehen wesentlich in die Formulierung von Indextheoremen ein.

Im Falle kompakter orientierter Mannigfaltigkeiten oder kompletter algebraischer Varietäten erhält man aus ihnen die Chern-Zahlen ($H^{2n}(X, \mathbb{Z}) = \mathbb{Z}$, wenn $2n = \dim X$, bzw. im Falle n-dimensionaler algebraischer Mannigfaltigkeiten hat man eine kanonische Abbildung $A^n(X) \longrightarrow \mathbb{Z}$, Produkte $c_{i_1} \cdots c_{i_r}$ mit $i_1 + \cdots + i_r = n$ liefern also ganze Zahlen).

Für algebraische Varietäten über $\mathbb{C}$ hat man einen Vergleichshomomorphismus $A^*(X) \longrightarrow H^*(X_h, \mathbb{Z})$, bei dem die algebraische Chern-Klassen in die topologischen übergehen.

Aus den Chern-Klassen gewinnt man den Chern-Charakter

$$\mathrm{ch}(E) \in H^*(X, \mathbb{Q}) \text{ bzw. } A^*(X) \otimes \mathbb{Q}$$

(im algebraischen Fall) mit der Eigenschaft $\mathrm{ch}(L) = \exp(c_1(L))$ für Geradenbündel L (die Exponentialreihe bricht ab im Ring $H^*(X, \mathbb{Q})$ oder $A^*(X) \otimes \mathbb{Q}$), und für exakte Folgen

$$0 \longrightarrow E' \longrightarrow E \longrightarrow E'' \longrightarrow 0$$

ist

$$\mathrm{ch}(E) = \mathrm{ch}(E') + \mathrm{ch}(E'').$$

Chern-Zahlen, ↗ Chern-Klassen.

Chetaev-Funktion, Funktion, die ein hinreichendes Kriterium für die Instabilität eines Fixpunktes eines Vektorfeldes liefert.

Sei $W \subset \mathbb{R}^n$ offen und $f : W \to \mathbb{R}^n$ ein Vektorfeld. Weiter sei $x_0 \in W$ Fixpunkt von f. Eine Chetaev-Funktion (für f bzgl. x_0) ist eine Funktion V, für die gilt:

1. V ist auf einem Gebiet $U \subset W$ definiert, für das eine ε-Kugel $B_\varepsilon(x_0)$ um x_0 existiert so, daß der Teil des Randes von W, der in $B(x_0) \setminus \{x_0\}$ liegt, eine stückweise C^1-Hyperfläche ist.
   Auf diesem Rand weist das Vektorfeld in das Innere des Gebietes W.
2. Es gilt $V(x) > 0$ $(x \in W)$, und in W ist $\lim_{x \to x_0} V(x) = 0$.
3. $DV(x)f(x) > 0$ für $x \in W$.

Folgender Satz ermöglicht mit Hilfe einer Chetaev-Funktion die Untersuchung von Fixpunkten auf Instabilität:

Sei $f : W \to \mathbb{R}^n$ ein auf einer offenen Menge $W \subset \mathbb{R}^n$ definiertes Vektorfeld mit einem isolierten Fixpunkt $x_0 \in W$. Existiert für f bzgl. x_0 eine Chetaev-Funktion, so ist x_0 instabil.

Chetwynd-Hilton, Satz von, ↗ Kantenfärbung.

Chevalley, Satz von, Aussage über die Lösbarkeit von Kongruenzen mit homogenen Polynomen:

Seien p eine Primzahl und $F(x_1, \dots, x_n)$ ein homogenes Polynom mit ganzen Koeffizienten und einem Grad kleiner als n.

Dann hat die Kongruenz

$$F(x_1, \dots, x_n) \equiv 0 \mod p$$

eine von Null verschiedene ganzzahlige Lösung.

χ^2-Abstand, in ↗ χ^2-Tests verwendete Teststatistik (Testgröße), die den Abstand zwischen einer im jeweiligen Kontext definierten hypothetischen Verteilung von der beobachteten Häufigkeitsverteilung mißt.

χ^2-Anpassungstest für Normalverteilungen, ein spezieller χ^2-Anpassungstest zum Prüfen der Hypothese, daß n beobachtete Daten einer Zufallsgröße als X Realisierungen einer Normalverteilung aufgefaßt werden dürfen.

Wir geben ein Beispiel. Es besteht die Vermutung, daß die Körpergröße X von Studenten näherungsweise normalverteilt ist. Eine bei 500 Studenten durchgeführte Messung der Körpergröße führte zu folgendem Ergebnis:

Körpergröße (in cm)	<150	[150,170)	[170,190)	[190,200)	>200
Anzahl der Studenten	2	200	265	32	1

Zur Durchführung des Tests werden folgende Schritte durchgeführt:

1. Da Erwartungswert und Varianz von X unbekannt sind, werden sie durch den ↗ empirischen Mittelwert $\overline{x}$ und die ↗ empirische Streuung s^2 geschätzt. Aus den Daten ergibt sich $\overline{x} = 170$ cm und

$s = 10\,\text{cm}$. Die zu prüfende Hypothese lautet also:

$$H : X \text{ ist } N(170, (10)^2) \text{ verteilt}.$$

2. Es wird für jede Klasse $K_j = [x_j, x_{j+1})$ die Wahrscheinlichkeit des Hineinfallens von X in diese Klasse berechnet:

$$\begin{aligned} p_j &= F_0(x_{j+1}) - F_0(x_j) \\ &= \Phi\left(\frac{x_{j+1} - 170}{10}\right) - \Phi\left(\frac{x_j - 170}{10}\right); \end{aligned}$$

die beiden letzten Klassen werden dabei zusammengefaßt, um die Bedingung $np_j \geq 5$ zu erfüllen. Daraus werden schließlich die erwarteten Klassenhäufigkeiten np_j bestimmt. Das Ergebnis zeigt folgende Tabelle.

K_j	p_j	$H_j^E = 500p_j$	H_j^B = beob. Anzahl
<150	0.0228	11.40	2
[150,170)	0.4772	238.60	200
[170,190)	0.4773	238.65	265
≥190	0.0227	11.35	33

3. Mit $m = 2$ zu schätzenden Parametern und $k = 4$ Klassen ist der kritische Wert zu einer Irrtumswahrscheinlichkeit erster Art $\alpha = 0.05$ das 95-Prozent-Quantil der χ^2-Verteilung mit $k-1-m = 1$ Freiheitsgraden; aus einer geeigneten Tabelle entnimmt man für diesen Wert

$$\chi_1^2(0.95) = 3{,}841\,.$$

4. Der kritische Wert ist kleiner als die Testgröße T, es gilt

$$\chi_1^2(0.95) = 3{,}841 < 57{,}843 = T.$$

Die Hypothese H wird abgelehnt.

χ^2-Anpassungstest für Verteilungsfunktionen, ein Signifikanztest zur Prüfung der Hypothese

$$H : F = F_0$$

gegen die Alternative

$$K : F \neq F_0,$$

wobei F die unbekannte Verteilungsfunktion einer Zufallsgröße X und F_0 eine vorgegebene bekannte Verteilungsfunktion sind.

Zum Testen der Hypothese H wird eine Stichprobe vom Umfang n durchgeführt und im Fall, daß X stetig ist, eine geeignete Klasseneinteilung $K_1, \ldots, K_k$ mit $K_j = [x_j, x_{j+1})$ gewählt. Die verwendete Testgröße ist

$$T = \sum_{j=1}^{k} \frac{(H_j - np_j)^2}{np_j},$$

wobei H_j die beobachtete absolute Klassenhäufigkeit der j-ten Klasse und np_j mit

$$p_j = F_0(x_{j+1}) - F_0(x_j)$$

die unter der Annahme der Gültigkeit von H erwartete absolute Klassenhäufigkeit der j-ten Klasse sind.

Ist X diskret mit dem Wertebereich $A = \{a_1, \ldots, a_k\}$, so sind H_j die Häufigkeit des Auftretens von a_j in der Stichprobe und p_j die Wahrscheinlichkeit für a_j unter der Annahme der Gültigkeit von H.

Die Testgröße T besitzt bei Gültigkeit von H asymptotisch für $n \to \infty$ eine χ^2-Verteilung mit $k-1$ Freiheitsgraden.

Der kritische Wert ε, mit dem T verglichen wird, ist das $(1-\alpha)$-Quantil

$$\varepsilon = \chi_{k-1}^2(1-\alpha)$$

der χ^2- Verteilung mit $k-1$ Freiheitsgraden.

Ist $T > \varepsilon$, so wird H abgelehnt, andernfalls angenommen. Der Fehler erster Art dieses Tests ist asymptotisch für $n \to \infty$ gleich α.

Sind in der vorgegebenen Verteilungsfunktion F_0 noch m unbekannte Parameter enthalten, so werden diese zunächst nach der Maximum-Likelihood-Methode geschätzt. T besitzt dann asymptotisch eine χ^2-Verteilung mit $k-1-m$ Freiheitsgraden, weshalb der kritische Wert ε in diesem Fall durch das $(1-\alpha)$-Quantil

$$\varepsilon = \chi_{k-1-m}^2(1-\alpha)$$

der χ^2-Verteilung mit $k-1-m$ Freiheitsgraden ersetzt wird.

Um eine gute Approximation der Verteilung von T durch die χ^2-Verteilung zu erreichen, wird empfohlen, die Klassen mit $np_j < 5$ zusammenzufassen, so daß schließlich für alle Klassen $np_j \geq 5$ gilt.

Ein bekanntes Beispiel ist der ↗ χ^2-Anpassungstest für Normalverteilungen.

Chiffrat, entsteht bei der Chiffrierung (↗ Kryptologie) aus einem ↗ Klartext.

Chiffre, Zeichenvorrat verschlüsselter Texte, wird oft auch als Synonym zu ↗ Chiffrat oder zum Verschlüsselungsverfahren an sich verwendet.

χ^2-Homogenitätstest, ein Signifikanztest zum Prüfen der Hypothese, ob zwei oder mehr als zwei Stichproben aus der gleichen Grundgesamtheit stammen oder nicht.

Es seien $X_1, \ldots, X_k$ k unabhängige diskrete Zufallsgrößen, die die Werte $a_1, \ldots, a_m$ mit den Wahrscheinlichkeiten

$$p_{ij} = P(X_i = a_j)$$

$(i = 1, \ldots, k; j = 1, \ldots, m)$ annehmen können. Hierbei gilt

$$\sum_{j=1}^{m} p_{ij} = 1$$

für $i = 1, \ldots, k$. Die zu prüfende Hypothese lautet dann:

$$H : p_{ij} = p_j \text{ für alle } i = 1, \ldots, k \text{ und } j = 1, \ldots, m$$

(d. h., alle X_i sind identisch verteilt).

Zur Berechnung der Testgröße T für diesen Test wird von jedem X_i eine Stichprobe nicht notwendigerweise gleichen Stichprobenumfangs n_i aufgestellt.

Sei H_{ij} die beobachtete absolute Anzahl der Stichprobenwerte von X_i, die gleich dem Wert a_j sind. Die verwendete Testgröße ist die gleiche wie im ↗ χ^2-Unabhängigkeitstest

$$T = \sum_{j=1}^{m} \sum_{i=1}^{k} \frac{(H_{ij} - H_{ij}^E)^2}{H_{ij}^E},$$

wobei

$$H_{ij}^E = \frac{H_{i.}H_{.j}}{n}$$

mit

$$H_{i.} = \sum_{j=1}^{m} H_{ij}, \; H_{.j} = \sum_{i=1}^{k} H_{ij}, \; n = \sum_{i=1}^{k} n_i,$$

die unter der Annahme der Gültigkeit der Hypothese H erwartete absolute Häufigkeit des Auftretens des Wertes a_j in der Stichprobe von X_i ist.

Die Testgröße T besitzt unter der Hypothese H asymptotisch für $n \to \infty$ eine ↗ χ^2-Verteilung mit $(m-1)(k-1)$ Freiheitsgraden. Sie wird mit dem kritischen Wert

$$\varepsilon = \chi^2(1-\alpha; m-1, k-1)$$

verglichen, wobei $\chi^2(1-\alpha; m-1, k-1)$ das $(1-\alpha)$-Quantil der χ^2-Verteilung mit $(m-1)(k-1)$ Freiheitsgraden ist.

α mit $0 < \alpha < 1$ ist eine vorgegebene Zahl. In der Regel wird $\alpha = 0.01$ oder $\alpha = 0.05$ gewählt. Ist $T < \varepsilon$, wird die Hypothese H angenommen, andernfalls wird sie abgelehnt.

Dieser Test besitzt asymptotisch für $n \to \infty$ den Fehler erster Art α.

Chinčin, Ungleichung von, Ungleichung über die p-ten Momente gewisser zufälliger Reihen, die in folgendem Satz formuliert wird.

Es sei $(X_n)_{n\in\mathbb{N}}$ eine Folge von unabhängig identisch verteilten Zufallsvariablen mit

$$P(X_n = 1) = P(X_n = -1) = 1/2,$$

und $(c_i)_{i\in\mathbb{N}}$ eine beliebige Zahlenfolge.

Dann existieren für beliebige $0 < p < \infty$ von $(c_i)_{i\in\mathbb{N}}$ unabhängige Konstanten A_p und B_p, so daß für beliebiges $n \geq 1$

$$A_p\left(\sum_{i=1}^{n} c_i^2\right)^{1/2} \leq \left(E\left(\left|\sum c_i X_i\right|^p\right)\right)^{1/p} \leq B_p\left(\sum c_i^2\right)^{1/2}$$

gilt.

Man kann funktionalanalytisch diese Ungleichung so interpretieren, daß auf der linearen Hülle der (X_n) alle ℓ^p-Normen äquivalent sind.

Chinčin-Kahane, Ungleichung von, von Kahane stammende Verallgemeinerung der Ungleichung von Chinčin (↗ Chinčin, Ungleichung von).

Sie besteht im wesentlichen darin, daß die c_i nun Elemente eines beliebigen Banachraums sind, und das Symbol $|\,.\,|$ durch $\|\,.\,\|$ ersetzt wird.

Die Kahanesche Ungleichung ist fundamental für die Begriffe des ↗ Typs und Kotyps eines Banachraums.

[1] Diestel, J.; Jarchow, H.; Tonge, A.: Absolutely Summing Operators. Cambridge University Press, 1995.

Chinesische Mathematik

A. Bréard

Die Anfänge der chinesischen Mathematik sind zweifelsohne eng mit der Astronomie verbunden. Mit ihrer nicht-geometrischen formalen Methodik orientierte sie sich viel mehr zur Kalenderrechnung und weniger zum Entwurf kosmographischer Modelle hin. Die Positionen der Himmelskörper konnten allein durch ein System numerischer Konstanten der Ephemeriden, Interpolationsalgorithmen und zyklischen Theorien bestimmt werden, deren Wahl auch von numerologischen Betrachtungen und politischen Ereignissen beeinflußt war.

Der früheste, gegen Ende des ersten Jahrhunderts nach Christus kompilierte und heute noch erhaltene mathematisch-astronomische Text, der „Mathematische Klassiker des Gnomons von Zhou"(chin. Zhou bi suanjing), steht in enger Verbindung mit dem kosmographischen „gai-tian" (wörtlich: Himmel als Wagendecke)-Modell, das während der Han Dynastie (206 v. Chr. bis 220 n. Chr.) populär war. Es ist vor allem bekannt wegen seines Beweises einer zum Satz von Pythagoras analogen Aussage bezüglich dreier Größen eines rechtwinkligen Dreiecks. Als der Mathematiker und Hofastrologe Li Chunfeng (602–670 n. Chr.) und sein Stab eine kommentierte Edition des „Zhou bi" in eine Kompilation aufnahm, die für die staatliche Tang-Akademie vorbereitet wurde, erhielt es neben neun anderen mathematischen Werken 656 den Status eines ‚mathematischen Kanons' und wurde erstmals als solcher von der kaiserlichen Bibliothek der Nördlichen Song Dynastie 1084 gedruckt. Li Chunfengs Projekt der „Zehn Bücher mathematischer Klassiker" (chin. Suanjing shi shu) wurde als Textbuch an der vom Kaiser Gao Zong 656 gegründeten Akademie für Mathematik verwendet. Diese Akademie unterstand dem Direktorat der Erziehung. Eine „Schule der nationalen Jugend für Mathematik" (chin. Suan li guozi xue) existierte bereits seit der Sui-Dynastie, sie wurde im Jahre 628 von der Tang-Dynastie übernommen, jedoch ist nichts über das verwendete Unterrichtsmaterial bekannt.

Die „Zehn Bücher" beinhalten auch die für die Weiterentwicklung und Kontinuität der chinesischen Mathematik grundlegenden „Neun Kapitel über mathematische Prozeduren" (chin. Jiu zhang suanshu), zu denen Liu Hui im Jahre 263 einen Kommentar fertigstellte. Die Kommentare der heute noch erhaltenen Song-Edition beinhalten auch Fragmente, die anderen Mathematikern zugeschrieben wurden. Zu Geng (zweite Hälfte des 5. bis erste Hälfte des 6. Jhs. n. Chr.), der Sohn eines anderen berühmten Tang-Mathematikers und Astronomen, Zu Chongzhi (429–500), kannte scheinbar den Kommentar von Liu Hui, als er seinen „Subkommentar" schrieb, der der Methode zur Berechnung des Kugelvolumens gilt und Ähnlichkeiten zum Cavalierischen Prinzip (↗Cavalieri, Prinzip des) aufweist.

Spätere Editionen enthalten Kommentare von Jia Xian (erste Hälfte des 11. Jhs. n. Chr.), die auf seinen heute verschollenen „Detaillierten skizzierten [Rechenwegen] zum Mathematischen Klassiker in Neun Kapiteln des Gelben Kaisers" (chin. Huangdi jiu zhang suanjing xicao) beruhen.

Die älteste heute nur teilweise erhaltene Blockdruckausgabe der „Neun Kapitel..." entstand während der südlichen Song-Dynastie im Jahre 1213. Es war die Neuauflage des Druckes der kaiserlichen Bibliothek von 1084 durch Bao Huanzhi. Das Original, von dem nur noch die ersten fünf Kapitel existieren, befindet sich heute in der Bibliothek von Shanghai. Es folgten Editionen von Yang Huis „Genauen Erklärungen zu den Neun Kapiteln über mathematische Methoden" (chin. Xiangjie jiu zhang suanfa) im Jahre 1261 und 1408 zu Anfang der Ming-Dynastie in der „Großen Enzyklopädie der Yongle-Ära" (chin. Yongle dadian).

Der Gelehrte Dai Zhen (1724–1777) nahm im Zuge seiner Bearbeitung des alten mathematischen Schrifttums im Rahmen des Projektes der „Kompletten Bibliothek der vier Schatzkammern" (chin. Si ku quan shu) die „Ergänzung von Abbildungen und Fehlerkorrekturen der Neun Kapitel über mathematische Prozeduren" vor. Seit Dai Zhens Kompilationsarbeit der „Zehn Bücher mathematischer Klassiker", wurden mehr als zehn weitere Editionen der „Neun Kapitel" entdeckt.

Ein weiteres, vor 626 verfaßtes Werk der „Zehn Bücher", Wang Xiaotongs „Mathematischer Klassiker der Fortsetzung der Antike" (chin. Ji gu suanjing), spielte eine wichtige Rolle in der Entwicklung von Prozeduren zur Lösung algebraischer Gleichungen. Es beinhaltet insgesamt 20 Aufgaben, wovon die erste ein Problem zur Kalenderrechnung ist, die Aufgaben 2 bis 5 von der Konstruktion geometrischer Körper handeln, Aufgaben 6 bis 16 Probleme zum Bau verschiedener Typen von Getreidespeichern stellen und die (teilweise unvollständigen) Aufgaben 17 bis 20 von rechtwinkligen Dreiecken handeln.

Sämtliche Lösungsprozeduren zu Aufgabe 2 bis 20 beinhalten die Lösung quadratischer und kubischer Gleichungen, was dem Werk eine gewisse Abgeschlossenheit verleiht. Wang Xiaotongs erste Aufgabe fragt nach der Position des Mondes auf der Ekliptik zum Zeitpunkt des zu Jahresbeginn (Mitternacht des ersten Tages des elften Monats) gewünschten, aber noch nicht eingetretenen Neumondes bei gegebener täglicher Fortbewegung von Sonne und Mond, der Position der Sonne auf der Ekliptik zum Zeitpunkt des gewünschten, aber noch nicht eingetretenen Neumondes und bei gegebener Verzögerung des Eintritts des Neumondes nach Jahresbeginn.

Die in den Annalen der Tang-Dynastie erwähnten Kommentare von Zhen Luan (um 566) und von Li Chunfeng zu „Meister Suns mathematischem Klassiker" (chin. Sunzi suanjing, spätes 4. Jh.), der ebenfalls eines der „Zehn Bücher mathematischer Klassiker" darstellt, sind leider beide verloren. „Meister Suns Klassiker" ist das früheste Zeugnis arithmetischer Prozeduren in der chinesischen Mathematik. Es werden erstmals die Positionsschreibweise der Zahlen mit Stäbchen, und detailliert Multiplikation und Division mit den Rechenmitteln auf den Positionen der Rechenoberfläche beschrieben.

Die textuelle Struktur des ersten Teils des Werkes unterscheidet sich von der üblichen Anordnung in Frage, Antwort und Prozedur. In sequentieller Form werden zunächst Maße, Gewichte, große

Zahlen und Standardmaße definiert, bevor begonnen wird, die Methoden der Stäbchenarithmetik mit den Positionen zu besprechen. Es folgen allgemeine Formulierungen der Prozeduren zur Multiplikation und der dazu inversen Prozedur der Division, und darauf eine sortierte Liste von Multiplikationen, Divisionen und Summationen. Erst im zweiten und dritten Teil des Werkes werden in der von den „Neun Kapiteln" vorgegebenen Art und Weise Aufgaben mit Lösungsprozeduren angegeben.

„Zhang Qiujians mathematischer Klassiker" (chin. Zhang Qiujian suanjing), vermutlich zwischen 466 und 485 verfaßt, stellt im erweiterten Sinne ebenfalls einen Kommentar zu den „Neun Kapiteln" dar, da er viele Aufgabenmodelle übernimmt, zu denen ‚skizzierte [Rechenwege]' von dem Sui-zeitlichen Astronom Liu Xiaosun (Mitte 6. Jh.) die Lösung numerisch detailliert ausführen.

Er enthält aber auch Aufgabentypen, die dann ihrerseits selbst zu kanonischen Modellen in späteren Werken werden, so z. B. das Problem der ‚Hundert Vögel', das die Lösung eines unbestimmten Gleichungssystems erfordert. Bemerkenswert ist, daß Aufgaben aus den „Neun Kapiteln" oft in inverser Form gestellt sind, d. h. mit Vertauschung von Angaben und gesuchten Werten und dadurch invertierten Algorithmen. Dies führt in vielen Umkehraufgaben auf eine kubische Gleichung, die Zhang Qiujian mit einem erweiterten Algorithmus der Extraktion der Quadratwurzel aus den „Neun Kapiteln" löst. Aus dem Vorwort kann man schließen, daß Zhang Qiujian andere Werke der „Zehn Bücher" kannte und seine wesentliche mathematische Aktivität in der Umformulierung ihrer Prozeduren bestand. Er beschränkte sich in seiner textuellen Arbeit an der Antike nicht nur darauf, Prozeduren früherer Werke zu kommentieren, sondern kombinierte und formulierte eine Menge von Aufgabenmodellen der „Neun Kapitel" um.

Zu Beginn dieses Jahrhunderts entdeckten Archäologen in der nordwestchinesischen Provinz Gansu in zu den Grotten von Mogao gehörenden Tausend-Buddha-Steinhöhlen Manuskripte aus dem fünften bis zehnten Jahrhundert. Darunter befanden sich auch sechs mathematische Manuskripte, die der französische Sinologe Paul Pelliot (1878–1945) und der Brite Aurel Stein (1862–1943) neben anderen Manuskripten jeweils für die Nationalbibliotheken ihrer Länder erwarben. Eines der Manuskripte, auf dessen Rückseite das Jahr 952 (2. Jahr der Guangshun-Ära) angegeben ist, tabelliert z. B. das Flächenprodukt in mu für alle rechteckigen Felder mit Seitenlängen 60 bu (1 mu = 240 Quadrat-bu).

Erst aus der Nördlichen Song-Zeit stammt eine weitere heute noch erhaltene gedruckte Quelle zur Mathematik. Die älteste heute in Japan erhaltene Edition der „Pinselgespräche am Traumbach" (chin. Mengxi bitan) des Bürokraten Shen Gua (1031–1095) ist die 1166 gedruckte Version mit einem Vorwort des Herausgebers Tang Xiunian. Bei der Schrift Shens handelt es sich nicht um ein reines Mathematikmanual, sondern um eine enzyklopädische Sammlung von insgesamt 609 ‚Notizen' zu historischen Gegebenheiten, astronomischen Phänomenen, Bemerkungen zur Administration, Flußregulierung, Phonologie, Musikologie, Medizin, Philologie, zum Buddhismus, zu sogenannten „Kuriositäten" und vielem mehr.

Gerühmt wurden insbesondere zwei mathematische Prozeduren, die er in Notiz 301 unter dem Aspekt der ‚Konstruktion der Feinheit' zusammenfasst. Die erste Prozedur für ‚Akkumulationen mit Lücken' berechnet die Anzahl der Weingefäße, die in Form eines rechteckigen Pyramidenstumpfes aufgestapelt sind; die „Prozedur der Kreisvereinigung" bestimmt durch iterative Zerlegung eines kreisförmigen Feldes die Länge des Kreisbogens aufeinanderfolgender Segmente.

Der Quellenlage nach zu urteilen, ist das 13. Jahrhundert das ergiebigste in der Geschichte der chinesischen Mathematik. Unzählige Referenzen zu heute verschollenen Werken zeigen, daß es auch mathematisch gesehen eine der fruchtbarsten Perioden verkörpert. Yang Huis Werke enthalten die Spuren einer geometrischen Methode, die der vor allem im nordwestchinesischen Raum zirkulierenden algebraischen Methode der „himmlischen Unbekannten" (chin. tian yuan) zugrunde liegt. Letztere erlaubt Li Ye die Lösung von Gleichungen höheren Grades mit einer Unbekannten. In den von ihm verwendeten Koeffiziententableaus wird dabei entweder die Position des Koeffizienten ersten Grades mit dem Zeichen yuan oder die Position des konstanten Terms mit tai markiert. Dadurch ist die Bedeutung der Koeffizienten auf allen anderen Positionen festgelegt.

Der Lösung der Aufgaben nach zu urteilen, die in Yang Huis „Einfachen Multiplikations- und Divisions-Verfahren mit analogen Beispielen zu den Kategorien der Feldvermessung" (chin. Tian mu bi lei cheng chu jie fa, 1275) zitiert werden, entstand die tian yuan-Methode aus Betrachtungen ebener Flächen, deren Flächenprodukt im allgemeinen bekannt ist. In der Lösung sind die ebenen Flächen aus Teilflächen zusammengesetzt gedacht, die mit den in der Aufgabe erscheinenden Größen gebildet werden und mit den Koeffizienten der zu lösenden quadratischen Gleichung in argumentativer Verbindung stehen.

1299 verwendet Zhu Shijie die tian yuan-Methode am systematischsten im letzten Kapitel seiner „Einführung in das Studium der Mathematik“ (chin. Suanxue qimeng) in diversen Aufgaben für ebene Flächenprodukte und auch erstmals für Volumina.

Lediglich die ersten sieben Aufgaben des Kapitels erfordern keine Erstellung von Tableaus mit der tian yuan-Methode. Sie handeln von der „Öffnung der Seiten“, das ist die Ziehung der Wurzel aus einem gegebenen Flächen-, Volumen- oder mehrdimensionalen Produkt. In Aufgabe 5 erfordert dies z. B. die „Öffnung der dreifach multiplizierten Quadratseite“ das ist die Ziehung der vierten Wurzel, aus 1129458 511/625. Im „Jadespiegel der vier Unbekannten“ (chin. Si yuan yu jian, 1303) verwendet Zhu Shijie in über 200 Aufgaben die tian yuan-Methode zur Lösung der Aufgabenstellungen. Dabei beschränkt er sich nicht nur auf Längen der Seiten oder Umfänge, und Oberflächen oder Volumina geometrischer Figuren, sondern untersucht auch deren Schnitte und diskrete Akkumulationen. Seine Prozeduren enthalten aber keine schrittweise Herleitung der Tableaus mehr. Er gibt nur die Wahl der himmlischen Unbekannten und die Koeffizienten an, die durch Suche „gleicher [Flächen-] Produkte“ (chin. ru ji) erhalten werden sollten.

Die tian yuan-Methode hatte im ostasiatischen Raum durch die Transmission von Zhu Shijies „Einführung in das Studium der Mathematik“ nach Korea, wo es vermutlich 1433 unter der Regierung von König Sejong (reg. 1418–1450) gedruckt wurde, und die Überlieferung am Ende des 16. Jahrhunderts weiter nach Japan große Beachtung gefunden und eine Menge von Kommentaren hervorgebracht. Dabei stießen die Autoren aber auch auf Probleme, die die Grenzen der tian yuan-Methode aufzeigten, insbesondere dann, wenn ein Problem mit zwei Unbekannten nicht durch zwei voneinander unabhängige Gleichungen formuliert werden konnte. In China konnten Zhu Shijie und seine Vorgänger solche Probleme (teilweise) bereits mit einer Methode für bis zu vier Unbekannte lösen, allerdings wurden deren Werke, die diese Methodik beschrieben, nicht nach Korea und Japan überliefert. Zhu Shijies späteres Werk, der „Jadespiegel“, ist der einzige heute erhaltene Zeuge einer Lösungsmethode für Gleichungssysteme höheren Grades mit bis zu vier Unbekannten. Dabei wird die erste Unbekannte weiterhin mit ‚himmlische Unbekannte‘ bezeichnet, die weiteren mit ‚irdische‘, ‚menschliche‘ und ‚gegenständliche Unbekannte‘. Dabei wurden die Koeffizienten für mehrere Unbekannte in den Tableaus wie unten gezeigt angeordnet.

Diese Darstellungsart setzte natürlich den kalkulatorischen Möglichkeiten Grenzen. Zum einen, weil auf diese Weise nicht alle theoretisch möglichen Produkte dargestellt werden konnten; zum anderen, weil die weitere Entwicklung der Anzahl der Unbekannten in einer Sackgasse war. Die Möglichkeiten der ebenen Darstellung waren beschränkt auf die vier Himmelsrichtungen und dadurch auf maximal vier Unbekannte. Neben soziopolitischen Gründen war dies vermutlich ein struktureller Grund, der der Entwicklung der tian yuan-Methode nach Zhu Shijie ein Ende bereitete.

Erst im 17. Jahrhundert erfuhr die chinesische Mathematik eine Wiederbelebung durch den Kontakt mit Jesuiten-Missionaren, die am Kaiserhof tätig waren, und von deren wissenschaftlichen Kenntnissen man lernen wollte. Es wäre aber falsch, eine Pragmatik nur den Chinesen zu unterstellen, denn andererseits nutzten die Jesuitenmissionare ihr Wissen dazu, um als die Repräsentanten einer Kultur und Religion zu erscheinen, die es Wert waren, das Interesse der chinesischen Gelehrten zu wecken. Durch diese Politik der Jesuiten, ihre wissenschaftliche Kompetenz in den Dienste der Religion zu stellen, gerieten die Missionare auch in Konflikt mit der Kirche, es schien aber der einzige Weg, um eine Mission in China aufrechtzuerhalten.

Xu Guangqi (1562–1633) war bereits seit 1596 in Kontakt mit Missionaren und insbesondere mit Matteo Ricci, von dem er Unterweisungen in Mathematik, Hydraulik, Astronomie und Geographie erhielt. Er leitete die astronomische Reform, die seit 1629 offiziell in China im kaiserlichen Büro für Astronomie durchgeführt wurde, und überzeugte

$$
\begin{array}{ccccccccc}
d^m \cdot w^k & \cdots & d^2 \cdot w^k & d \cdot w^k & w^k & w^k \cdot r & w^k \cdot r^2 & \cdots & w^k \cdot r^l \\
\vdots & \ddots & \vdots & \vdots & \vdots & \vdots & \vdots & \iddots & \vdots \\
d^m \cdot w^2 & \cdots & d^2 \cdot w^2 & d \cdot w^2 & w^2 & w^2 \cdot r & w^2 \cdot r^2 & \cdots & w^2 \cdot r^l \\
d^m \cdot w & \cdots & d^2 \cdot w & d \cdot w & w & w \cdot r & w \cdot r^2 & \cdots & w \cdot r^l \\
d^m & \cdots & d^2 & d & {}_{t \cdot w}tai^{d \cdot r} & r & r^2 & \cdots & r^l \\
t \cdot d^m & \cdots & t \cdot d^2 & t \cdot d & t & t \cdot r & t \cdot r^2 & \cdots & t \cdot r^l \\
t^2 \cdot d^m & \cdots & t^2 \cdot d^2 & t^2 \cdot d & t^2 & t^2 \cdot r & t^2 \cdot r^2 & \cdots & t^2 \cdot r^l \\
\vdots & \iddots & \vdots & \vdots & \vdots & \vdots & \vdots & \ddots & \vdots \\
t^n \cdot d^m & \cdots & t^n \cdot d^2 & t^n \cdot d & t^n & t^n \cdot r & t^n \cdot r^2 & \cdots & t^n \cdot r^l
\end{array}
$$

Koeffiziententableau

die Jesuiten davon, die Übersetzung wissenschaftlicher Werke aus dem Westen ins Chinesische vorzunehmen. Eines der einflußreichsten Bücher dabei waren wohl die ↗Elemente des Euklid, deren Übersetzung der ersten sechs Bücher (1607) auf der lateinischen kommentierten Ausgabe des Christophorus Clavius beruhte und das Interesse der chinesischen Mathematiker an euklidischer Geometrie weckte.

Viele andere, synkretistische, Werke wurden verfaßt oder übersetzt, wobei die kaiserliche Enzyklopädie „Sammlung fundamentaler mathematischer Prinzipien" (1723) bis in die Mitte des 19. Jahrhunderts eine grundlegende Rolle spielte.

Erst dann wendeten sich chinesische Mathematiker zur symbolischen Algebra hin, die die Regeln des mathematischen Diskurses erneuerte. Eine Schlüsselrolle in der Übersetzung und Assimilation algebraischer Werke spielte Li Shanlan, der sowohl die traditionelle Algebra und Reihentheorie des 13. Jahrhunderts weiterentwickelte und kommentierte, als auch wesentliche Beiträge in der Transmission der Differential- und Integralrechnung lieferte. Seine Übersetzungen von 1859 zusammen mit dem britischen Missionar Alexander Wylie (1815–1887) von Elias Loomis (1811–1889) „Elements of Analytical Geometry and of Differential and Integral Calculus" (Harper & Brothers, New York, 1851) und Augustus De Morgans (1806–1871) „The Elements of Algebra Preliminary to the Differential Calculus" (Taylor and Walton, London, 1835) wurden bereits 1872 in Japan neu herausgegeben.

Nach der Renaissance der chinesischen traditionellen Mathematik im 17. Jahrhundert und einer erneuten Kommentarwelle im 19. Jahrhundert aufgrund der Wiederentdeckung klassischer Werke, nahm die der chinesischen Sprache eng verbundene algorithmische Praktik zu Beginn des 20. Jahrhunderts endgültig ihr Ende, und die Mathematiker Chinas integrierten sich vollständig in die mathematische Weltgesellschaft. Besonders herausragende Ergebnisse erlangten sie in der Zahlentheorie und der Differentialgeometrie.

Literatur

[1] Cullen, Christopher: Astronomy and mathematics in ancient China: the Zhou bi suan jing. Cambridge University Press (Needham Research Institute Studies; 1) Cambridge, 1996.

[2] Engelfriet, Peter M.: Euclid in China: the genesis of the first Chinese translation of Euclid's elements books I-VI (Jihe yuanben; Beijng, 1607) and its reception up to 1723. Brill (Sinica Leidensia; 40) Leiden, 1998.

[3] Martzloff, Jean-Claude: A history of Chinese Mathematics. Springer New York, 1997.

[4] Jami, Catherine: Les méthodes rapides pour la trigonométrie et le rapport précis du cercle (1774). Tradition chinoise et apport occidental en mathématiques. Collège de France (Mémoires de l'Institut des Hautes Études Chinoises; XXXII) Paris, 1990.

---

chinesischer Postmann, Problem des, ↗Eulerscher Graph.

chinesischer Restsatz, ein Satz über Lösbarkeit und Eindeutigkeit der Lösungen von Kongruenzsystemen.

Der Satz kann wie folgt formuliert werden:

Gegeben seien k paarweise teilerfremde natürliche Zahlen $m_1, \dots, m_k$ und k beliebige ganze Zahlen $c_1, \dots, c_k$.

Dann ist die Menge der Lösungen des Systems von Kongruenzen

$$x \equiv c_j \mod m_j, \qquad j = 1, \dots, k,$$

genau eine Restklasse modulo $m = m_1 \cdot \ldots \cdot m_k$.

Nach [1] findet sich in einem chinesischen Text aus dem 1. Jahrhundert n. Chr. die Aufgabe, eine Zahl zu bestimmen, die bei Division durch 3, 5, 7 jeweils die Reste $2, 3, 2$ läßt. Im Text werden zunächst die Hilfszahlen $70, 21, 15$ als geeignete Vielfache von $5 \cdot 7, 3 \cdot 7, 3 \cdot 5$ bestimmt, um dann auf die Lösung

$$2 \cdot 70 + 3 \cdot 21 + 2 \cdot 15 \;=\; 233$$

zu kommen. Zieht man davon ein Vielfaches von $3 \cdot 5 \cdot 7 = 105$ ab, so erhält man die kleinste positive Lösung 23. Das gleiche Problem mit Lösung findet sich auch bei Nicomachus in einer ca. 100 n. Chr. verfaßten Abhandlung zur pythagoräischen Arithmetik.

Die Bezeichnung *chinesischer Restsatz* rührt daher, daß die Regel 1852 von A. Wylie in einem Artikel „Jottings on the science of the Chinese arithmetic" in Europa bekannt gemacht wurde.

[1] Dickson, L. E.: History of the Theory of Numbers, Volume II. Chelsea New York, 1971.

Chiralität, im allgemeinen ein Überbegriff für alle Eigenschaften, die davon abhängen, wie der betrachtete Raum orientiert ist.

Speziell wird der Begriff in den Theorien angewandt, in denen der Übergang von einem rechtshändigen zu einem linkshändigem System nichttrivial ist, z. B. bei der Theorie des β-Zerfalls in der schwachen Wechselwirkung.

Dabei wird der Hilbertraum durch die Chiralitätsprojektoren in rechtshändige und in linkshändige Zustände zerlegt. Wenn man den Begriff Chiralität auf ein konkretes Elementarteilchen bezieht, wird diese Helizität genannt.

χ^2-Test, zusammenfassender Begriff für alle statistischen Hypothesentests, deren Testgröße exakt oder näherungsweise einer χ^2-Verteilung genügt.

Vertreter dieser Gruppe von Tests sind unter anderem der ↗ χ^2-Anpassungstest, der ↗ χ^2-Homogenitätstest und der ↗ χ^2-Unabhängigkeitstest.

χ^2-Unabhängigkeitstest, ein Signifikanztest zum Prüfen der Hypothese, ob zwei Zufallsgrößen unabhängig voneinander sind oder nicht.

Es sei (X, Y) ein zweidimensionaler diskreter Zufallsvektor, der die Werte (a_i, b_j), $(i = 1, \ldots, r;$ $j = 1, \ldots, m)$ mit den Wahrscheinlichkeiten

$$p_{ij} = P(X = a_i, Y = b_j)$$

annimmt. Weiterhin seien

$$p_{i.} = \sum_{j=1}^{m} p_{ij} \text{ und } p_{.j} = \sum_{i=1}^{k} p_{ij}$$

die Randwahrscheinlichkeiten. Die zu prüfende Hypothese lautet:

$$H : p_{ij} = p_{i.}p_{.j} \text{ für alle } i = 1, \ldots, k; j = 1, \ldots, m.$$

Zur Berechnung der Testgröße T für diesen Test wird von (X, Y) eine Stichprobe des Umfangs n aufgestellt.

Sei H_{ij} die beobachtete absolute Anzahl der Stichprobenwerte bei denen $X = a_i$, und $Y = b_j$ ist. Die verwendete Testgröße ist die gleiche wie im ↗ χ^2-Homogenitätstest

$$T = \sum_{j=1}^{m} \sum_{i=1}^{k} \frac{(H_{ij} - H_{ij}^E)^2}{H_{ij}^E},$$

wobei

$$H_{ij}^E = \frac{H_{i.}H_{.j}}{n}$$

mit

$$H_{i.} = \sum_{j=1}^{m} H_{ij}, \; H_{.j} = \sum_{i=1}^{k} H_{ij}, \; n = \sum_{i=1}^{r} \sum_{j=1}^{m} H_{ij},$$

die unter der Annahme der Gültigkeit der Hypothese H erwartete absolute Häufigkeit des Auftretens des Wertepaares (a_i, b_j) in der Stichprobe von (X, Y) ist.

Die Testgröße T besitzt unter der Hypothese H asymptotisch für $n \to \infty$ eine ↗ χ^2-Verteilung mit $(m-1)(k-1)$ Freiheitsgraden. Sie wird mit dem kritischen Wert

$$\varepsilon = \chi^2(1 - \alpha; m - 1, k - 1)$$

verglichen, wobei $\chi^2(1-\alpha; m-1, k-1)$ das $(1-\alpha)$-Quantil der χ^2-Verteilung mit $(m-1)(k-1)$ Freiheitsgraden ist.

α mit $0 < \alpha < 1$ ist eine vorgegebene Zahl. In der Regel wird $\alpha = 0.01$ oder $\alpha = 0.05$ gewählt.

Ist $T < \varepsilon$, wird die Hypothese H angenommen, andernfalls wird sie abgelehnt. Dieser Test besitzt asymptotisch für $n \to \infty$ den Fehler erster Art α.

χ^2-Verteilung, eine Verteilung aus der Gruppe der theoretisch hergeleiteten Verteilungen für Stichprobenfunktionen, exakter bezeichnet als ↗ χ^2-Verteilung mit n Freiheitsgraden oder χ_n-Verteilung.

χ-Verteilung mit n Freiheitsgraden, oft auch mit χ_n-Verteilung bezeichnetes Wahrscheinlichkeitsmaß, wobei $n \in \mathbb{N}$.

In der Regel meint man, wenn man von einer χ-Verteilung mit n Freiheitsgraden spricht, die zentrale χ_n-Verteilung mit der Dichte

$$f_{\chi_n} : \mathbb{R}^+ \ni x \to \frac{1}{2^{n/2-1}\Gamma(n/2)} e^{-x^2/2} x^{n-1} \in \mathbb{R}^+,$$

wobei Γ die (vollständige) ↗ Eulersche Γ-Funktion bezeichnet.

Die zugehörige Verteilungsfunktion lautet

$$F_{\chi_n} : \mathbb{R}^+ \ni x \to \frac{\Gamma_{x^2/2}(n/2)}{\Gamma(n/2)} \in [0, 1].$$

Dabei bezeichnet $\Gamma_x(a)$ die unvollständige Gamma-Funktion.

Eine Zufallsvariable X besitzt genau dann eine zentrale χ_n-Verteilung, wenn sie wie die positive Wurzel aus einer Zufallsvariable verteilt ist, die eine zentrale χ_n^2-Verteilung besitzt. Für den Erwartungswert gilt

$$E(X) = \sqrt{2}\frac{\Gamma((n+1)/2)}{\Gamma(n/2)}$$

und für die Varianz

$$\text{Var}(X) = n - 2\left(\frac{\Gamma((n+1)/2)}{\Gamma(n/2)}\right)^2.$$

χ^2-Verteilung mit n Freiheitsgraden, oft auch mit χ_n^2-Verteilung bezeichnetes Wahrscheinlichkeitsmaß, $n \in \mathbb{N}$.

In der Regel meint man, wenn man von einer χ^2-Verteilung mit n Freiheitsgraden spricht, die zentrale χ_n^2-Verteilung, welche die Dichte

$$f_{\chi_n^2} : \mathbb{R}_0^+ \ni x \to \frac{1}{2^{n/2}\Gamma(n/2)} e^{-x/2} x^{n/2-1} \in \mathbb{R}^+$$

besitzt, wobei Γ die (vollständige) ↗ Eulersche Γ-Funktion bezeichnet.

Die zugehörige Verteilungsfunktion ist

$$F_{\chi_n^2} : \mathbb{R}_0^+ \ni x \to \frac{\Gamma_{x/2}(n/2)}{\Gamma(n/2)} \in [0, 1].$$

Dabei bezeichnet $\Gamma_x(a)$ die unvollständige Gamma-Funktion.

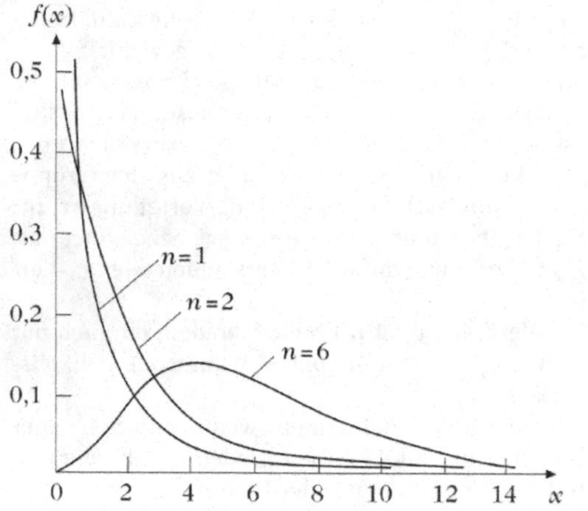

Dichte der χ^2-Verteilung für $n = 1$, 2 und 6 Freiheitsgrade

Eine Zufallsvariable X besitzt genau dann eine zentrale χ_n^2-Verteilung, wenn sie wie die Summe der Quadrate von n unabhängigen standardnormalverteilten Zufallsvariablen verteilt ist.

Besitzt X eine zentrale χ_n^2-Verteilung, so gilt für den Erwartungswert $E(X) = n$ und für die Varianz $\mathrm{Var}(X) = 2n$.

In der Praxis wird meist nur mit den Quantilen der χ^2-Verteilung gearbeitet, die tabelliert vorliegen.

Die χ^2-Verteilung liegt dem ↗ χ^2-Anpassungstest, dem ↗ χ^2-Unabhängigkeitstest und dem ↗ χ^2-Homogenitätstest zugrunde. Außerdem wird sie zur Bestimmung von Konfidenzintervallen für Varianzen verwendet.

Die Formel der χ^2-Verteilung geht auf dem Astronomen F.R.Helmert (1875) zurück; den Namen gab ihr aber erst der bekannte englische Statistiker Karl Pearson im Jahre 1900.

Cholesky-Verfahren, direktes Verfahren zur Lösung eines linearen Gleichungssytems $Ax = b$ mit einer symmetrischen, positiv definiten Koeffizientenmatrix $A \in \mathbb{R}^{n\times n}$. Es muß also für A gelten: $A = A^T$ und

$$x^T Ax > 0$$

für alle $x \in \mathbb{R}^n, x \neq 0$.

Für eine symmetrische, positiv definite Matrix A kann das Gauß-Verfahren ohne Pivotisierung durchgeführt werden. Dabei berechnet man die eindeutige Zerlegung von A in ein Produkt der Form $A = LL^T$, wobei L eine untere Dreiecksmatrix mit positiven Diagonaleinträgen ist:

$$\mathrm{L} = \begin{pmatrix} \ell_{11} & & & \\ \ell_{21} & \ell_{22} & & \\ \vdots & \vdots & \ddots & \\ \ell_{n1} & \ell_{n2} & \cdots & \ell_{nn} \end{pmatrix}, \quad \ell_{jj} > 0.$$

Eine solche Zerlegung nennt man ↗ Cholesky-Zerlegung von A.

Man kann nun eine, nach Cholesky benannte, kompakte Variante der Berechnung von L durchführen, diese lautet:

1.Schritt:
Berechne $\ell_{11} := \sqrt{a_{11}}$,
und für $i = 2, \dots, n$:
$\ell_{i1} := a_{i1}/\ell_{11}$.

2.Schritt: Für $j = 2, \dots, n$:
berechne $\ell_{jj} := \sqrt{a_{jj} - \sum_{k=1}^{j-1} \ell_{jk}^2}$,
und für $i = j+1, \dots, n$:
$\ell_{ij} := (a_{ij} - \sum_{k=1}^{j-1} \ell_{ik}\ell_{jk})/\ell_{jj}$.

Dieses Verfahren heißt Cholesky-Verfahren.

Zur Lösung der linearen Gleichungssystems $Ax = b$ führt man nun einen Hilfsvektor

$$c = L^T x$$

ein und löst zunächst $Lc = b$ durch einfaches ↗ Vorwärtseinsetzen.

Dann bestimmt man den Lösungsvektor x aus $L^T x = c$ durch ↗ Rückwärtseinsetzen.

Für große Werte von n ist der Aufwand für das Verfahren von Cholesky etwa halb so groß wie beim Gauß-Verfahren.

Cholesky-Zerlegung, eindeutige Zerlegung einer symmetrischen, positiv definiten Matrix $A \in \mathbb{R}^{n\times n}$ in das Produkt $A = LL^T$, wobei L eine untere Dreiecksmatrix mit positiven Diagonaleinträgen ist.

Die Berechnung einer Cholesky-Zerlegung erfolgt mit Hilfe des ↗ Cholesky-Verfahrens.

Dort wird auch beschrieben, wie die Cholesky-Zerlegung zur Lösung eines linearen Gleichungssystems $Ax = b$ mit symmetrisch, positiv definiter Koeffizientenmatrix A ausgenutzt wird.

Darüberhinaus wird die Cholesky-Zerlegung in der ↗ Ausgleichsrechnung zur Lösung eines linearen Ausgleichsproblems

$$||Ax - b||_2 = \min$$

über die Normalgleichung

$$A^T Ax = A^T b$$

verwendet.

Chomsky-Grammatik, meist im Zusammenhang mit der Einordnung der Sprache bzw. Grammatik in die ↗ Chomsky–Hierarchie verwendeter Begriff (↗ Grammatik).

Die Chomsky–Hierarchie ordnet jeder Grammatik einen Typ zu. Jede Grammatik ist vom Typ 0. Jede kontextsensitive Grammatik ist vom Typ 1, jede kontextfreie Grammatik vom Typ 2. Jede linkslineare und jede rechtslineare Grammatik schließlich ist vom Typ 3.

Eine Sprache L ist vom Typ i, falls es eine Grammatik vom Typ i gibt, die L erzeugt. Jede Sprache vom Typ i ist wegen der zunehmenden Restriktionen für die Einordnung automatisch auch vom Typ $0, \ldots, i-1$. Daher wird oft nur das maximale i als Typ der Sprache bezeichnet.

Zu jedem Typ gibt es Sprachen, die von diesem, aber nicht dem nächsthöheren Typ sind, z. B. ist $\{a^n b^n \mid n \geq 1\}$ vom Typ 2, aber nicht vom Typ 3, und $\{a^n b^n c^n \mid n \geq 1\}$ vom Typ 1, aber nicht vom Typ 2.

Für verschiedene Sprachtypen gibt es Standardverfahren zur Syntaxanalyse (↗Kellerautomat für Typ–2–Sprachen, ↗Automat für Typ–3–Sprachen). Die Zugehörigkeit zu einem Typ beweist man durch Angabe einer Grammatik des Typs, die Nichtzugehörigkeit oft durch Anwendung eines sog. Pumping-Lemmas.

Die Einordnung in die Chomsky–Hierarchie ist ein gutes Maß für die Kompliziertheit einer Sprache. Die meisten gängigen Programmiersprachen lassen sich im wesentlichen auf der Basis von Typ–2–Grammatiken beschreiben, einfache Teilstrukturen wie Bezeichner, Zahlen, aber auch Suchmuster vieler Textverarbeitungssysteme werden oft durch Typ-3-Sprachen beschrieben.

Chomsky-Hierarchie, Klassifikationsschema für ↗formale Sprachen, dem die Struktur der ↗Grammatik zur Erzeugung der jeweiligen Sprache zugrundeliegt.

Die Klassifikation erfolgt durch die Zuordnung der Sprache zu den Grammatik–Typen (↗Chomsky–Grammatik). Eine Sprache L ist vom Typ i, falls es eine Grammatik vom Typ i gibt, die L erzeugt. Die Nichtzugehörigkeit einer Sprache zu einer Klasse zeigt man oft mit Hilfe von Pumping-Lemmata.

Die Einordnung einer Sprache in die Chomsky-Hierarchie gibt Auskunft über die Verfügbarkeit von allgemeinen ↗Analyseverfahren.

Chomsky-Normalform, Grammatik, deren Regeln starken Restriktionen unterliegen.

Zu jedem Grammatiktyp (↗Chomsky–Grammatik) gibt es eine Normalform. Im einzelnen erlauben die Normalformen der vier Grammatiktypen Regeln folgenden Aufbaus (A, B, C, D sind ↗Nichtterminalzeichen, a ein Zeichen des Alphabets):

- Typ 0: (A, BC), (BC, A), (A, a) sowie max. eine Regel der Form (A, ε);
- Typ 1: (A, BC), (AB, AD), (AB, CB), (A, a);
- Typ 2: (A, BC), (A, a);
- Typ 3: (A, Ba), (A, a) bzw. (A, aB),(A, a).

Ab Typ 1 ist außerdem die ε–treue Verwendung einer Regel (A, ε) erlaubt.

Zu jeder Grammatik vom Typ i kann eine äquivalente (d. h. die gleiche Sprache erzeugende) Grammatik in Normalform des Typs i effektiv konstruiert werden.

Chomsky-Schützenberger, Satz von, algebraische Charakterisierung der Klasse der kontextfreien Sprachen.

Die Klasse der kontexfreien Sprachen ist nach diesem Satz die kleinste Sprachklasse, die die ↗Klammersprache D_2 enthält und gegen die Anwendung von Sprachhomomorphismen, inverse Homomorphismen und den Durchschnitt mit regulären Sprachen abgeschlossen ist.

Choquet-Theorie, Integraldarstellungstheorie für kompakte konvexe Mengen.

Sei $K \neq \emptyset$ eine kompakte konvexe Teilmenge eines lokalkonvexen Hausdorff-Raums X. Nach dem Satz von Krein-Milman ist die Menge $\operatorname{ex} K$ der Extremalpunkte von K nicht leer, und es gilt

$$K = \overline{\operatorname{conv}} \operatorname{ex} K .$$

Diese Aussage kann durch eine Integraldarstellungsformel mittels des Rieszschen Darstellungssatzes folgendermaßen umgeschrieben werden.

Sei $A(K)$ der Raum aller stetigen affinen Funktionen auf K; dann existiert zu jedem Punkt $x_0 \in K$ ein reguläres Borel-Wahrscheinlichkeitsmaß μ mit $\mu(\overline{\operatorname{ex} K}) = 1$, das x_0 gemäß

$$a(x_0) = \int_K a(x)\, d\mu(x) \qquad \forall a \in A(K) \tag{1}$$

darstellt.

Der Satz von Choquet behauptet die Existenz eines solchen darstellenden Maßes, das von der Extremalpunktmenge selbst statt ihrem Abschluß „getragen“ wird.

Ist K metrisierbar, so ist $\operatorname{ex} K$ eine Borel-Menge, und die Forderung im Satz von Choquet lautet $\mu(\operatorname{ex} K) = 1$.

Ist K nicht metrisierbar, benötigt man den Begriff des maximalen Maßes. Auf allen Borel-Wahrscheinlichkeitsmaßen, die (1) erfüllen, definiert man die sog. Choquet-Ordnung durch:

$\mu_1 \preccurlyeq \mu_2$ genau dann, wenn

$$\int_K f\, d\mu_1 \leq \int_K f\, d\mu_2$$

für alle konvexen stetigen Funktionen auf K gilt. Eine Anwendung des Zornschen Lemmas zeigt die Existenz bzgl. dieser Ordnung maximaler Maße. Der allgemeine Satz von Choquet lautet nun:

Zu jedem $x_0 \in K$ existiert ein maximales Maß μ mit (1).

Für ein maximales Maß gilt $\mu(B) = 0$ für jede zu $\operatorname{ex} K$ disjunkte Baire-Menge (↗Baire-σ-Algebra); daher ist $\mu(\operatorname{ex} K) = 1$, falls die Extremalpunktmenge eine Baire-Menge ist, also insbesondere im metrisierbaren Fall.

Maximale x_0 darstellende Maße sind i. allg. nicht eindeutig bestimmt, es sei denn, K ist ein Choquet-Simplex (Eindeutigkeitssatz von Choquet-Meyer). Zur Definition eines Choquet-Simplexes betrachte man im Raum $X \oplus \mathbb{R}$ die durch

$$(x, \lambda) \geq (0, 0) \quad \Leftrightarrow \quad \lambda \geq 0,\ x \in \lambda K$$

definierte Ordnung; K ist genau dann ein Choquet-Simplex, wenn $\geq$ eine Verbandsordnung ist (↗Vektorverband). Ein triviales Beispiel eines Choquet-Simplexes in $\mathbb{R}^2$ ist ein Dreieck, und der Eindeutigkeitssatz von Choquet-Meyer wurde von E.Alfsen als Verallgemeinerung der Tatsache beschrieben, daß „ein dreibeiniger Tisch nicht wackelt".

[1] Choquet, G.: Lectures on Analysis I–III. Benjamin New York, 1969.

[2] Phelps, R. R.: Lectures on Choquet's Theorem. Van Nostrand Toronto, 1966.

Chordale, gemeinsame Sehne zweier sich schneidender Kreise, also die Strecke, die die beiden Schnittpunkte verbindet.

chordale Konvergenz, spezieller Konvergenzbegriff unter Benutzung des ↗chordalen Abstandes.

Eine Folge komplexer Zahlen $\{z_\nu\}$ heißt chordal konvergent gegen $z \in \mathbb{C}$, wenn für jedes $\varepsilon > 0$ ein $N \in \mathbb{N}$ existiert so, daß für alle $\nu > N$ der chordale Abstand zwischen z_ν und z kleiner als ε ist.

chordale Parametrisierung, eine spezielle Wahl des ↗Knotenvektors bei der Spline-Interpolation, also der Interpolation mit ↗Splinefunktionen.

Sind Punkte $x_0, x_1, \dots$ durch eine kubische zweimal differenzierbare ↗B-Splinekurve zu interpolieren, so wählt man als Abstand zwischen dem i-ten und dem $(i+1)$-ten Knoten $\Delta_i = \|x_{i+1} - x_i\|$.

Die Wahl des Knotenvektors beeinflußt das Aussehen der Interpolante.

chordale Stetigkeit, Stetigkeitsbegriff für komplexe Funktionen, definiert mit Hilfe des ↗chordalen Abstandes.

Es sei f eine im Gebiet $G \subset \mathbb{C}$ definierte Funktion, mit $ch(z_1, z_2)$ bezeichne man den chordalen Abstand zweier Punkte z_1 und z_2.

Dann heißt f chordal stetig in $z \in G$, wenn zu jedem $\varepsilon > 0$ ein $\delta > 0$ existiert, so daß für alle $\zeta \in G$ mit $ch(z, \zeta) < \delta$ gilt

$$ch(f(z), f(\varrho)) \ < \ \varepsilon\,.$$

chordaler Abstand, Verallgemeinerung des „üblichen" Abstandsbegriffs.

Sind z_1 und $z_2 \in \mathbb{C}$, so ist ihr chordaler Abstand $ch(z_1, z_2)$ definiert als der euklidische Abstand ihrer Bilder auf der Riemannschen Zahlenkugel.

chordaler Graph, *triangulierter Graph*, ein ↗Graph G, der keinen induzierten Kreis der Länge größer oder gleich Vier enthält.

Gleichbedeutend damit ist die Aussage, daß in G jeder Kreis der Länge größer oder gleich Vier eine Sehne hat.

Ist $C = x_0 x_1 \dots x_r x_0$ ein Kreis des Graphen G mit $r \geq 3$, so nennt man eine Kante $x_i x_j \in K(G)$ mit

$$1 \ < \ |i - j| \ < \ r$$

eine Sehne des Kreises C. Es ist leicht zu sehen, daß jeder induzierte ↗Teilgraph eines chordalen Graphen wieder chordal ist.

Falls eine Ecke s eines Graphen G in genau einer gesättigten ↗Clique H von G enthalten ist, so bezeichnet man s als simpliziale Ecke und nennt dann H Simplex von G.

Im Zusammenhang mit den simplizialen Ecken fand A. Frank 1975 folgende interessante Charakterisierung der chordalen Graphen.

Ein Graph G ist genau dann chordal, wenn jeder induzierte Teilgraph von G entweder eine Clique ist oder zwei nicht adjazente simpliziale Ecken besitzt.

Insbesondere enthält jeder chordale Graph mindestens eine simpliziale Ecke.

Es sei $(v_1, v_2, \dots, v_n)$ eine Reihenfolge der Eckenmenge $E(G)$ eines gegebenen Graphen G und

$$G_i \ = \ G[\{v_i, v_{i+1}, \dots, v_n\}]$$

der von den Ecken $v_i, v_{i+1}, \dots, v_n$ induzierte Teilgraph für $i = 1, 2, \dots, n$. Man nennt $(v_1, v_2, \dots, v_n)$ ein perfektes Eckeneliminationsschema von G, wenn v_i eine simpliziale Ecke von G_i für alle $i = 1, 2 \dots, n$ ist.

Mit Hilfe des obigen Satzes läßt sich eine weitere Charakterisierung der chordalen Graphen nachweisen.

Ein Graph ist genau dann chordal, wenn er ein perfektes Eckeneliminationsschema besitzt.

Chow, Satz von, fundamentaler Satz in der Theorie der analytischen und algebraischen Varietäten, der wie folgt formuliert werden kann:

Eine analytische Untervarietät eines projektiven Raumes ist algebraisch.

Christoffel, Elwin Bruno, deutscher Mathematiker, geb. 10.11.1829 Monschau (Eiffel), gest. 15.3.1900 Straßburg.

Christoffel gilt auf dem Gebiet der Analysis als Nachfolger von Dirichlet und Riemann. Er studierte ab 1850 bei Borchardt, Eisenstein, Joachimsthal, Steiner und Dirichlet in Berlin und promovierte 1856 mit einer Arbeit über den Stromfluß in homogenen Körpern. 1858 bearbeitete er Probleme der numerischen Analysis, insbesondere der numerischen Integration und verallgemeinerte die Gaußsche Quadratur. 1859–1862 lehrte Christoffel an der Berliner Universität und erhielt anschließend Dedekinds Lehrstuhl an der ETH Zürich, wo er ein mathematisch-naturwissenschaftliches Institut gründete. 1869 ging Christoffel an die Berliner Gewerbsakademie (heute TU) und drei Jahre später nahm er einen Lehrstuhl für Mathematik an der Universität Straßburg an. 1892 zog er sich aus gesundheitlichen Gründen zurück.

Christoffel veröffentlichte Arbeiten zur Funktionentheorie, einschließlich konformer Abbildungen, zur Geometrie und Tensoranalysis (↗Christoffelsymbole), zur Theorie der Invarianten, zu orthogonalen Polynomen und Kettenbrüchen, Differentialgleichungen und Potentialtheorie, Lichttheorie und Schockwellen.

Christoffel-Darboux-Formel, Beziehung zwischen den Werten orthogonaler Polynome.

Sind $\{P_n\}$ orthogonale Polynome, und bezeichnet a_n den Leitkoeffizienten von P_n, so lautet die Christoffel-Darboux-Formel:

$$\sum_{n=0}^{m} \frac{1}{d_n^2} P_n(x) \cdot P_n(t) = \frac{a_m}{a_{m+1} d_m^2} \frac{P_{m+1}(x) \cdot P_m(t) - P_m(x) \cdot P_{m+1}(t)}{x - t}.$$

Hierbei ist d_n ein Normierungsfaktor, so gewählt, daß $\frac{P_n}{d_n}$ die Norm 1 hat.

Christoffel-Schwarz-Formel, Formel zur expliziten Darstellung gewisser konformer Abbildungen.

Vorgelegt sei ein Polygon mit Ecken $A_1, \dots, A_n$ und zugehörigen Winkeln $\pi\alpha_1, \dots, \pi\alpha_n$, wobei $0 < \alpha_\nu \le 2$ für $\nu = 1, \dots, n$.

Gesucht ist eine konforme Abbildung der oberen Halbebene der komplexen Zahlenebene auf das Innere dieses Polygons, wobei noch vorgegebene Punkte a_ν auf die Ecken A_ν abgebildet werden sollen. Eine Lösung dieses Problems wird gegeben durch die Funktion

$$f(z) = c_1 + c_2 \int_{z_0}^{z} \prod_{\nu=1}^{n} (\zeta - a_\nu)^{\alpha_\nu - 1} \, d\zeta, \qquad (1)$$

wobei c_1, c_2 und z eindeutig bestimmte Parameter sind. Die rechte Seite von (1) heißt Christoffel-Darboux-Formel. Es existieren auch verschiedene Modifikationen dieses Verfahrens für Kreisgebiete oder Kreisringe.

[1] Ahlfors, L.: Complex Analysis. Mc Graw-Hill, New York, 1979.

Christoffelsymbole, lokale, von einer Parameterdarstellung abhängende Größen der inneren Geometrie.

Es sei $\Phi(u_1, u_2)$ eine Parameterdarstellung einer Fläche. Dann bilden die partiellen Ableitungen $\Phi_1 = \partial\Phi/\partial u_1$, $\Phi_2 = \partial\Phi/\partial u_2$ eine Basis des Tangentialraumes, die von dem Einheitsnormalenvektor $\mathfrak{n} = \Phi_1 \times \Phi_2 / |\Phi_1 \times \Phi_2|$ zu einer Basis des $\mathbb{R}^3$ ergänzt wird.

Die Christoffelsymbole Γ_{jk}^i $(i, j, k = 1, 2)$ sind dann die sechs Koeffizienten der Darstellungen der senkrechten Projektionen der partiellen Ableitungen zweiter Ordnung $\Phi_{ij} = \partial^2\Phi/\partial u_i \partial u_j$ auf den Tangentialraum in der Basis $\{\Phi_1, \Phi_2, \mathfrak{n}\}$. Genauer, es gelten die Gleichungen

$$\begin{aligned} \Phi_{11} &= \Gamma_{11}^1 \Phi_1 + \Gamma_{11}^2 \Phi_2 + L\,\mathfrak{n}, \\ \Phi_{12} &= \Gamma_{12}^1 \Phi_1 + \Gamma_{12}^2 \Phi_2 + M\,\mathfrak{n}, \\ \Phi_{22} &= \Gamma_{22}^1 \Phi_1 + \Gamma_{22}^2 \Phi_2 + N\,\mathfrak{n}, \end{aligned}$$

worin L, M, N die Koeffizienten der zweiten Gaußsche Fundamentalform sind.

Die Tangentialkomponente der zweiten Ableitung $\gamma''(t)$ einer beliebigen Flächenkurve $\gamma(t)$ ergibt sich in der Gaußschen Parameterdarstellung $\gamma(t) = \Phi(u_1(t), u_2(t))$ zu

$$\begin{aligned} (\gamma'')^\top &= \left(u_1'' + \textstyle\sum_{i,j=1}^2 \Gamma_{ij}^1 u_i' u_j'\right) \Phi_1 \\ &\quad + \left(u_2'' + \textstyle\sum_{i,j=1}^2 \Gamma_{ij}^2 u_i' u_j'\right) \Phi_2. \end{aligned} \qquad (1)$$

Das ist die ↗absolute Ableitung des Tangentialvektorfeldes der Kurve γ. Die Lösungen des Differentialgleichungssystems $(\gamma'')^\top = 0$ mit festem Anfangswert $\gamma(0) = P$ sind die vom Punkt $P \in F$ in Richtung des Anfangswertes $\gamma'(0)$ ausgehenden geodätischen Linien.

Die Christoffelsymbole lassen sich allein durch die Koeffizienten E, F, G der ↗ersten Gaußschen Fundamentalform ausdrücken. Wir geben hier die Formeln an, die man im Sonderfall $F = 0$, d. h., für $\Phi_1 \cdot \Phi_2 = 0$ erhält:

$$\begin{aligned} \Gamma_{11}^1 &= \frac{E_u}{2E}, & \Gamma_{11}^2 &= \frac{-E_v}{2G}, \\ \Gamma_{12}^1 &= \frac{E_v}{2E}, & \Gamma_{12}^2 &= \frac{G_u}{2G}, \\ \Gamma_{22}^1 &= \frac{-G_u}{2E}, & \Gamma_{22}^2 &= \frac{G_v}{2G}. \end{aligned}$$

In der Riemannschen Geometrie sind die Christoffelsymbole die Koeffizienten des Levi-Civita-Zusammenhangs. Ist (M, g) eine Riemannsche Mannigfaltigkeit der Dimension n, so errrechnen sie sich in einem lokalen Koordinatensystem $(x^1, \dots, x^n)$ von M aus den Koeffizienten g_{ij} des metrischen Fundamentaltensors nach der Formel

$$\Gamma_{ij}^k = \frac{1}{2} \sum_{l=1}^{n} g^{kl} \left\{ \frac{\partial g_{jl}}{\partial x^i} + \frac{\partial g_{il}}{\partial x^j} - \frac{\partial g_{ij}}{\partial x^l} \right\},$$

wobei mit g^{kl} die zu g_{ij} inverse Matrix bezeichnet wird.

Auch in der Theorie der affinen Zusammenhänge wird der Name Christoffelsymbole für die Größen benutzt, mit denen in lokalen Koordinaten die kovariante Ableitung ausgedrückt wird. Ist ∇ ein affiner Zusammenhang auf M und wird mit ∂_i für

$i = 1, \dots, n$ das Tangentialvektorfeld an die Koordinatenlinie

$$\mathbb{R} \ni t \mapsto \left(x^1, \dots, x^{i-1}, t, x^{i+1} \dots, x^n\right) \in M$$

bezeichnet, so sind die Γ_{ij}^k durch

$$\nabla_{\partial_i} \partial_j = \sum_{k=1}^{n} \Gamma_{ij}^k \partial_k$$

definiert.

Christoffel-Zahlen, die eindeutig bestimmten Koeffizienten einer ↗ Gaußschen Quadraturformel.

Christofides, Algorithmus von, ein ↗ approximativer Algorithmus für das TSP (Traveling-Salesman-Problem) unter der Nebenbedingung, daß die n Orte in einem euklidischen Raum liegen und die Wegkosten den euklidischen Abständen entsprechen.

Der Algorithmus von Christofides garantiert in kubischer Rechenzeit eine Güte (↗ Güte eines Algorithmus) von 3/2.

Inzwischen gibt es für das so eingeschränkte TSP für jedes $\varepsilon > 0$ einen approximativen Algorithmus, der in polynomieller Zeit eine Güte von $1+\varepsilon$ garantiert.

chromatische Zahl, ↗ chromatisches Polynom, ↗ Eckenfärbung.

chromatischer Index, ↗ Kantenfärbung.

chromatisches Polynom, im Rahmen des Vier-Farben-Problems eingeführtes Polynom, das von großer Bedeutung innerhalb der Graphenthorie ist, denn ein chromatisches Polynom liefert bei gegebener natürlicher Zahl k die Anzahl der möglichen ↗ Eckenfärbungen eines ↗ Graphen mit k Farben.

Es sei G ein Graph mit der Eckenmenge $E(G)$ und k eine natürliche Zahl. Die Anzahl der Abbildungen $h : E(G) \to \{1, 2, \dots, k\}$ mit $h(x) \neq h(y)$ für alle adjazenten Ecken x und y bezeichnen wir mit $P(k, G)$. Damit bedeutet $P(k, G)$ die Anzahl der verschiedenen k-Eckenfärbungen von G. Ein Graph G besitzt natürlich genau dann eine k-Eckenfärbung, wenn $P(k, G) > 0$ gilt.

Beim Versuch, das Vier-Farben-Problem zu lösen, wurde in den Jahren 1912 und 1913 die Größe $P(k, L)$ von G.D. Birkhoff für ↗ Landkarten L eingeführt. Als eines seiner Hauptergebnisse hat Birkhoff gezeigt, daß $P(k, L)$ stets ein Polynom in k ist, welches heute den Namen chromatisches Polynom trägt.

Einige von Birkhoffs Resultaten und weitere Ergänzungen durch H. Whitney (1932), R.C. Read (1968) und G.H.J. Meredith (1972) kann man für beliebige Graphen zu einem Satz zusammenfassen und diesen dann Fundamentalsatz über chromatische Polynome nennen.

Besteht ein Graph H aus q isolierten Ecken, so ergibt ein einfaches Abzählargument die Identität $P(k, H) = k^q$. Der Fundamentalsatz folgt induktiv aus dieser Identität und der einfach zu beweisenden, aber wichtigen Rekursionsformel für chromatische Polynome

$$P(k, G) = P(k, G - l) - P(k, G^{(l)}),$$

wobei l eine beliebige Kante des Graphen G ist, und $G^{(l)}$ der durch Kontraktion der Kante l entstandene Graph.

Ist G ein Graph der Ordnung n, so gilt für $k \in \mathbb{N}$

$$P(k, G) = \sum_{i=0}^{n} (-1)^i a_i(G) k^{n-i}.$$

Ist m die Anzahl der Kanten und η die Anzahl der Zusammenhangskomponenten von G, so gelten für das chromatische Polynom $P(k, G)$ folgende Aussagen:

1. *Es sei l eine Kante von G. Setzt man $a_{-1}(G^{(l)}) = 0$, so gilt für alle $0 \le i \le n$*
   $$a_i(G) = a_i(G - l) + a_{i-1}(G^{(l)}).$$
2. *$P(k, G)$ ist ein Polynom vom Grad n mit $a_0(G) = 1$, $a_1(G) = m$ und $a_n(G) = 0$.*
3. *Die Koeffizienten $a_i(G)$ sind nicht-negative ganze Zahlen, und es gilt $a_i(G) \neq 0$ genau dann, wenn $0 \le i \le n - \eta$ ist.*
4. *Für alle $0 \le i \le n - \eta$ gilt*
   $$\binom{n-\eta}{i} \le a_i(G) \le \binom{m}{i}.$$
5. *Bezeichnet man mit $g(G)$ die Taillenweite von G, so ist $a_i(G) = \binom{m}{i}$ für $0 \le i \le g(G) - 2$.*
6. *Sind $G_1, G_2, \dots, G_\eta$ die Komponenten von G, so gilt*
   $$P(k, G) = \prod_{i=1}^{\eta} P(k, G_i).$$
7. *Ist G die Vereinigung zweier Teilgraphen G_1 und G_2, deren Durchschnitt ein vollständiger Graph K_r ist, so gilt*
   $$P(k, G) = \frac{P(k, G_1) P(k, G_2)}{k(k-1) \dots (k-r+1)}.$$

Dieser Fundamentalsatz zeigt, daß sich an den Koeffizienten des chromatischen Polynoms einige Eigenschaften des Graphen ablesen lassen. Der Idealfall wäre, wenn man den Graphen aus dem chromatischen Polynom eindeutig zurückgewinnen könnte. Daß dies aber im allgemeinen nicht möglich ist, zeigt schon das nächste Ergebnis, das sich ohne allzu großen Aufwand aus dem Fundamentalsatz gewinnen läßt.

Ein Graph H ist genau dann ein ↗ Wald der Ordnung n mit η Komponenten, wenn

$$P(k, H) = k^\eta (k-1)^{n-\eta}$$

gilt. Insbesondere besitzt damit jeder Baum T der Ordnung n das gleiche chromatische Polynom

$$P(k, T) = k(k-1)^{n-1}.$$

Zur algorithmischen Bestimmung eines chromatischen Polynoms kann man die Rekursionsformel solange anwenden, bis alle auftretenden Graphen Wälder sind oder bis nur noch vollständige Graphen vorliegen. Dabei ist die erste Methode günstig für Graphen mit wenig Kanten und die zweite für Graphen mit vielen Kanten. Die kleinste natürliche Zahl k mit $P(k, G) > 0$ ist natürlich die chromatische Zahl $\chi(G)$. Daraus ergibt sich zusammen mit der Rekursionsformel

$$\chi(G - l) = \min\{\chi(G^{(l)}), \chi(G)\}.$$

Wegen dieser Gleichung führt folgende Methode zu einer Eckenfärbung von G. Man wende die Rekursionsformel solange an, bis alle auftretenden Graphen vollständig sind. Versieht man den kleinsten vollständigen Graphen mit einer Eckenfärbung, so erhält man rückwärts eine Eckenfärbung des Ausgangsgraphen.

Allerdings ist dieses Verfahren nicht effizient, denn ist r die Anzahl der zum vollständigen Graphen fehlenden Kanten, so benötigt man 2^r Schritte. Naturgemäß ist bis heute kein polynomialer Algorithmus zur Bestimmung des chromatischen Polynoms bekannt, denn auch dieses Problem ist NP-vollständig.

Die folgende interessante Interpretation für die Koeffizienten des chromatischen Polynoms eines Graphen G mit n Ecken und m Kanten geht auf H. Whitney (1932) zurück:

Es gilt

$$(-1)^i a_i(G) = \sum_{t=0}^{m} (-1)^t N(t, n-i),$$

wobei $N(t, j)$ diejenigen Faktoren von G mit t Kanten und j Komponenten zählt.

Mit dieser Formel lassen sich weitere Koeffizienten des chromatischen Polynoms berechnen.

Chuquet, Nicolas, französischer Mathematiker, geb. 1445 Paris, gest. um 1488 Lyon.

Chuquet verfaßte das erste französische Algebrabuch „Triparty en la science des nombres“. Es wurde allerdings erst 1880 gedruckt. Chuquets Werk umfaßte Gebiete der Arithmetik und der Algebra. Es behandelte u. a. Brüche, endliche Reihen, perfekte Zahlen, und Proportionen. Zum ersten Mal wurden Rechenregeln auch für negative Zahlen und Null aufgestellt. Chuquet verwendete die Identität $x^0 = 1$ für alle Zahlen x.

Church, Alonzo, amerikanischer Mathematiker, geb. 14.6.1903 Washington D.C., gest. 11.8.1995 Hudson (Ohio, USA).

Church studierte 1920–1924 in Princeton und promovierte 1927. Er verbrachte je ein Jahr in Harvard und in Göttingen. Ab 1929 lehrte in Princeton. 1967 wurde er als Professor für Mathematik und Philosophie nach Kalifornien berufen.

Churchs Arbeiten waren von maßgebender Bedeutung für die mathematische Logik, die Rekursionstheorie und die theoretische Informatik. Er entwickelte den λ-Kalkül und bewies die Nichtentscheidbarkeit der Allgemeingültigkeit in der Prädikatenlogik der ersten Stufe und die Nichtaxiomatisierbarkeit der Prädikatenlogik der zweiten Stufe.

1936 formulierte er die Churchsche These, nach der die partiell rekursiven Funktionen auch die intuitiv berechenbaren sind. Seine Arbeit stellt eine Fortsetzung der Arbeiten Gödels dar.

Church gründete 1936 das „Journal of Symbolic Logic“ und war bis 1979 einer seiner Editoren. 1956 schrieb er sein Buch „Introduction to Mathematical Logic“. Er betreute 31 Doktoranden, darunter Turing und Kleene.

Churchsche These, *Church-Turing-These*, von Church 1936 aufgestellte These, die besagt, daß der intuitive Berechenbarkeitsbegriff adäquat durch den Begriff der Turing-Berechenbarkeit (↗Turing-Maschine, ↗berechenbare Funktion) erfaßt wird.

Wenn eine Funktion also nachweislich nicht mittels einer Turing-Maschine berechenbar ist, dann ist sie aufgrund der Churchschen These überhaupt nicht berechenbar, egal mit welchem ausgeklügelten Berechnungsformalismus.

Die (nicht im strengen Sinne beweisbare) Churchsche These wird deshalb allgemein akzeptiert, da sich bis heute jeder Formalisierungsvorschlag für den Begriff „berechenbar“ zu dem Begriff der Turing-Berechenbarkeit als äquivalent herausgestellt hat, z. B. die ↗allgemein-rekursiven Funktionen, die ↗μ-rekursiven Funktionen, die λ-definierbaren Funktionen (↗λ-Kalkül), die durch ↗WHILE- oder ↗GOTO-Programme, ↗Markow-Algorithmen oder ↗Registermaschinen berechenbaren Funktionen (↗Berechnungstheorie).

Church-Turing-These, ↗Churchsche These.

Chvátal-Erdős, Satz von, Aussage innerhalb der Graphentheorie über Hamiltonsche Graphen.

Ein ↗Graph G ist Hamiltonsch, falls $\kappa(G) \geq \alpha(G)$ gilt, wobei $\kappa(G)$ die Zusammenhangszahl und $\alpha(G)$ die Unabhängigkeitszahl von G bedeuten. Darüber hinaus zeigten V. Chvátal und P. Erdős in ihrer 1972 publizierten Arbeit, daß G unter der Voraussetzung

$$\kappa(G) \geq \alpha(G) - 1$$

einen Hamiltonschen Weg besitzt, und G ein Hamilton-zusammenhängender Graph ist, falls

$$\kappa(G) \geq \alpha(G) + 1$$

gilt.

Clairaut, Alexis Claude, französischer Mathematiker, Astronom, Physiker und Geodät, geb. 7.5.1713 Paris, gest. 17.5.1765 Paris.

Bereits im Alter von achtzehn Jahren wurde Clairaut 1731 Mitglied der Pariser Akademie der Wissenschaften. 1736–1737 nahm er an einer von Maupertuis geleiteten Expedition nach Lappland teil. Sie diente dem Ziel, Newtons Theorie von der Erde als abgeflachtem Sphäroiden zu beweisen. 1743 veröffentlichte Clairaut eine Arbeit, in der er diese Theorie bestätigte.

1752 publizierte Clairaut mathematische Studien zur Mondbewegung unter Nutzung von Methoden zur Lösung von Differentialgleichungen. Er bestimmte auch bis auf einen Monat genau die Rückkehr des Halleyschen Komenten im Jahre 1759. Clairaut befaßte sich mit dem Dreikörperproblem und verfaßte Monographien zur Integralrechnung (1739), Algebra (1749), und Geometrie (1765).

Clairautsche Differentialgleichung, eine gewöhnliche Differentialgleichung erster Ordnung der Form

$$y(x) = xy'(x) + g(y'(x)),$$

wobei $g : I \to \mathbb{R}$ eine stetige Funktion auf einem Intervall $I \subset \mathbb{R}$ ist.

Die Clairautsche Differentialgleichung ist ein Spezialfall der ↗d'Alembertschen Differentialgleichung. Lösungen der Clairautschen Differentialgleichung sind die Geraden

$$y_c(x) = cx + g(c)$$

für $c \in I$.

Ist g auf I stetig differenzierbar mit streng monotoner Ableitung, so existiert auch die Enveloppenlösung (in Parameterdarstellung):

$$\begin{aligned} x(t) &= -\dot{g}(t), \\ y(t) &= -t\dot{g}(t) + g(t) \quad (t \in I). \end{aligned}$$

Man vergleiche auch ↗Enveloppe einer Geradenschar.

Clarksonsche Ungleichungen, Ungleichungen für Funktionen $f, g \in L^p(\mu)$.

Ist $1 < p \le 2$ und $1/p + 1/q = 1$, so gilt

$$\left\|\frac{f+g}{2}\right\|_p^q + \left\|\frac{f-g}{2}\right\|_p^q \le \left(\frac{\|f\|_p^p + \|g\|_p^p}{2}\right)^{q/p};$$

ist $2 \le p < \infty$, so gilt

$$\left\|\frac{f+g}{2}\right\|_p^p + \left\|\frac{f-g}{2}\right\|_p^p \le \frac{\|f\|_p^p + \|g\|_p^p}{2}.$$

Analoge Ungleichungen gelten in den Schatten-von Neumann-Klassen.

[1] Simon, B.: Trace Ideals and Their Applications. Cambridge University Press, 1979.

Clausiussche Ungleichung, für einen Kreisprozeß eines abgeschlossenen thermodynamischen Systems die Ungleichung

$$\oint \frac{\delta Q}{T} \ge 0.$$

Dabei ist δQ die vom System bei der absoluten Temperatur T aufgenommene Wärmemenge (abgegebene Wärmemenge wird interpretiert als negative aufgenommene).

Clavius, Christophorus, *Schlüssel, Christoph* deutscher Mathematiker und Astronom, geb. 25.3.1538 Bamberg, gest. 16.2.1612 Rom.

Clavius trat 1555 dem Jesuitenorden bei. Er besuchte die Universität von Coimbra in Portugal und studierte am Jesuitenkolleg in Rom Theologie, wo er anschließend als Professor für Mathematik lehrte. Clavius war ein begabter Lehrer und er verfaßte mehrere Lehrbücher. So schrieb er 1574 eine Fassung von Euklids „Elementen", die auch eigene Forschungsergebnisse enthielt, 1608 ein Buch zur Algebra und mehrere Arithmetikbücher, die auch von Leibniz und Descartes benutzt wurden. Clavius führte den Dezimalpunkt ein.

Clavius schlug Papst Gregor XIII die Reform des Julianischen Kalenders vor, was bedeutete, auf Mittwoch, den 4. Oktober 1582, Donnerstag, den 15. Oktober 1582, folgen zu lassen. Dieser (Gregorianische) Kalender ist bis heute gültig.

Clebsch, Rudolf Friedrich Alfred, deutscher Mathematiker, geb. 19.1.1833 Königsberg, gest. 17.11.1872 Göttingen.

Clebsch studierte 1850–1854 Mathematik bei den Jacobi-Schülern Hesse und Richelot und Physik bei F. Neumann an der Universität Königsberg. Anschließend lehrte er an verschiedenen Berliner Schulen und erhielt 1858 eine Berufung an die Berliner Universität, nahm aber noch im selben Jahr eine Berufung für theoretische Mechanik an die

Technische Hochschule Karlsruhe an. Bis 1863 befaßte er sich dort hauptsächlich mit Hydrodynamik und Elastizitätstheorie. Seine Arbeit „Theorie der Elastizität fester Körper" erschien 1862.

Nach seinem Wechsel 1863 nach Gießen widmete er sich vor allem der Variationsrechnung und partiellen Differentialgleichungen. 1866 legte er mit seiner Arbeit „Theorie der Abelschen Funktionen" den Grundstein für eine neue mathematische Disziplin, die algebraische Geometrie, und eine bedeutende mathematische Schule, aus der u. a. Gordan, Brill, M. Noether, Lindemann, Lüroth, Zeuthen und F. Klein hervorgingen.

Clebsch hatte die Arbeiten von Cayley, Sylvester, Salmon und Aronhold studiert und die von Abel und Riemann geschaffenen Grundlagen der Theorie der algebraischen Funktionen umgedeutet. Sein neuer Ansatz, die Lösung der Probleme nicht in der Geometrie selbst zu suchen, führte Clebsch zu einer wichtigen Neuinterpretation der Riemannschen Funktionentheorie.

1868 wurde Clebsch nach Göttingen berufen. Hier gründete er gemeinsam mit C. Neumann, dem Sohn seines früheren Lehreres, die „Mathematischen Annalen", eine mathematische Zeitschrift von grundlegender Bedeutung.

1872 erschien Clebschs bedeutende Arbeit zur Invariantentheorie „Theorie der binären algebraischen Formen". Im selben Jahr starb er an Diphtherie. Seine Schüler Noether und Brill setzten seine Arbeiten zu algebraischen Kurven fort. Zwei Bände der Geometrievorlesungen von Clebsch wurden 1876 und 1891 veröffentlicht.

Clebsch-Gordan-Koeffizienten, Koeffizienten in der Darstellung der Drehimpulseigenfunktionen eines Systems schwach wechselwirkender Teilchen durch eine Linearkombination von Produkten der Drehimpulseigenfunktionen der Teilchen.

Die Clebsch-Gordan-Koeffizienten werden auch Wigner-Koeffizienten oder Koeffizienten der Vektoraddition genannt.

Als Beispiel seien zwei der Quantenmechanik folgende Teilchen mit Drehimpulsen j_1 und j_2 genannt, deren Wechselwirkung sehr schwach ist. Für gegebene ganze oder halbe nicht-negative Zahlen j_1, j_2 ist die Drehimpulseigenfuntion ψ_{jm} eine Linearkombination aus Produkten der Wellenfunktionen der beiden Teilchen $\psi^{(1)}_{j_1m_1}$ und $\psi^{(2)}_{j_2m_2}$. j ist ein Element aus

$$|j_1 - j_2| \leq j < j_1 + j_2 .$$

Die Differenz zweier solcher j ist eine ganze Zahl, und $m = m_1 + m_2$, wobei m_i mit $i = 1, 2$ die $2j_i + 1$ Werte

$$j_i , j_i - 1 , \cdots , -j_i + 1 , -j_i$$

annimmt. Dann ist

$$\psi_{jm} = \sum_{m_1,m_2} C^{jm}_{m_1m_2} \psi_{j_1m_1} \psi_{j_2m_2}$$

mit den Clebsch-Gordan-Koeffizienten $C^{jm}_{m_1m_2}$.

Clebsch-Variable, lokale Koordinaten $(q_1, \dots, q_n, p_1, \dots, p_n)$ in einer offenene Umgebung eines Punktes in einem Blatt einer Poissonschen Mannigfaltigkeit, das maximale Dimension hat, welche ↗Darboux-Koordinaten für das Blatt bilden.

Die Clebsch-Variablen lassen sich immer durch lokale ↗Casimir-Funktionen zu einer Karte der Mannigfaltigkeit ergänzen.

Für Blätter kleinerer Dimension muß man zum Blatt lokale Schnitte mit sog. transversalen Poisson-Strukturen einführen.

Clifford, William Kingdon, englischer Mathematiker und Philosoph, geb. 4.5.1845 Exeter, gest. 3.3.1879 Madeira.

Clifford studierte am Trinity College in Cambridge und wirkte ab 1871 als Professor für angewandte Mathematik und Mechanik am University College in London. 1874 wurde er Mitglied der Royal Society of London. Später zog er sich aus gesundheitlichen Gründen nach Madeira zurück, wo er 1879 starb.

Cliffords Hauptarbeitsgebiet lag auf dem Gebiet der mathematischen Physik. Durch Untersuchungen von Riemann und Lobatschewski zur nichteuklidischen Geometrie beeinflußt, postulierte er 1870 in seinem Werk „On the Space-Theory of Matter", daß Energie und Materie nur spezielle Arten der Krümmung eines Raumes seien. Durch diese Verbindung von Physik und Geometrie legte er den Grundstein für die ↗Allgemeine Relativitätstheorie von Einstein.

Ein Mittel, um Bewegungen in einem nicht-euklidischen Raum zu untersuchen, war die Einführung spezieller assoziativer Algebren, den ↗Clifford-Algebren, aus denen sich die Quaternionen als Spezialfall ergeben. Weitere Beispiele für Clifford-Algebren sind die Graßmann-Algebra und die ↗Diracsche Spinoralgebra.

Über die mathematische Physik hinaus beschäftigte Clifford sich auch mit der Philosophie der Wissenschaften. Hier lehnte er sich besonders an die Ideen von Helmholtz, Mach und Spinoza an.

Clifford-Algebra, eine Faktoralgebra mit Einselement, die wie folgt konstruiert wird.

Gegeben sei ein Vektorraum V über dem Körper $\mathbb{K}$ zusammen mit einer quadratischen Form $Q : V \to \mathbb{K}$.

Die zugehörige Clifford-Algebra $C(V, Q)$ ist dann die Faktoralgebra $T(V)/J(Q)$ mit der Tensoralgebra $T(V)$ des Vektorraums V (mit dem Einselement 1), und dem zweiseitigen Ideal $J(Q)$ in $T(V)$, erzeugt von den Elementen

$$x \otimes x - Q(x) \cdot 1, \quad \forall x \in V .$$

Per Konstruktion ist $C(V,Q)$ eine assoziative Algebra mit Einselement. Man setzt auch $\bar{x} := x \mod J(Q)$.

Mit Q assoziiert ist die symmetrische Bilinearform

$$B(x,y) = Q(x+y) - Q(x) - Q(y).$$

Umgekehrt definiert eine symmetrische Bilinearform auch eine quadratische Form. Mit der Bilinearform B gilt

$$\bar{x}\bar{y} + \bar{y}\bar{x} = B(x,y) \cdot 1.$$

Das Standardbeispiel für eine Clifford-Algebra wird, ausgehend von einem euklidischen Vektorraum V mit Skalarprodukt $\langle .,. \rangle$, mit der Vorgabe $Q(x) = \langle x, x \rangle$ erhalten.

Ein weiteres Beispiel ist die ↗Diracsche Spinoralgebra.

Die alternierende Algebra (↗alternierende Algebra über einem Vektorraum) erhält man durch $Q(x) \equiv 0$.

Ist V ein n-dimensionaler Vektorraum mit Basis $\{x_1, \dots, x_n\}$ über einem Körper $\mathbb{K}$ mit char $\mathbb{K} \neq 2$, dann gilt $\dim C(V,Q) = 2^n$, und $C(V,Q)$ besitzt als Basiselemente das Element 1 und die Elemente

$$\bar{x}_{i_1}\bar{x}_{i_2} \cdot \bar{x}_{i_k},\ 1 \leq i_1 < i_2 \cdots < i_k \leq n,\ k = 1, \dots, n.$$

Insbesondere ist V ein Untervektorraum von $C(V,Q)$. Das Ideal $J(Q)$ ist i. allg. kein homogenes Ideal, deshalb ist die Clifford-Algebra nicht über $\mathbb{Z}$ graduiert. Sie ist jedoch über $\mathbb{Z}/2\mathbb{Z}$ graduiert. Dies heißt, sie kann in ihre geraden und ungeraden Elemente zerlegt werden:

$$C(V,Q) = C_+(V,Q) \oplus C_-(V,Q).$$

Es bestehen Beziehungen zwischen Clifford-Algebren und Quaternionenalgebren. So ist etwa eine Cliffordalgebra zu einem zweidimensionalen Vektorraum über einem Körper $\mathbb{K}$ mit char $\mathbb{K} \neq 2$ mit nichtausgearteter Bilinearform eine Quaternionenalgebra.

Unter denselben Voraussetzungen über die Charakteristik und die Bilinearform ist $C(V,Q)$ für einen n-dimensionalen Vektorraum für gerades n eine zentrale einfache Algebra, und für ungerades n in Abhängigkeit von der Diskriminante der Bilinearform entweder eine einfache Algebra mit einer zweidimensionalen Körpererweiterung von $\mathbb{K}$ als Zentrum, oder eine direkte Summe zweier isomorpher zentraler einfacher Algebren.

Clifford-Gruppe, Gruppe der der invertierbaren Elemente einer ↗Clifford-Algebra.

Gegeben sei eine Clifford-Algebra $C(V,Q)$ mit Vektorraum V über einem Körper von char $\mathbb{K} \neq 2$ und quadratischer Form Q. In diesem Fall ist V eingebettet in die Clifford-Algebra.

Die Clifford-Gruppe $\Gamma(V,Q)$ ist die Gruppe der invertierbaren Elemente $u \in C(V,Q)$ mit

$$uxu^{-1} \in V$$

für alle $x \in V$. Die gerade Clifford-Gruppe ist die Untergruppe der Clifford-Gruppe, bestehend aus den geraden Elementen der Clifford-Algebra

$$\Gamma^+(V,Q) := \Gamma(V,Q) \cap C_+(V,Q).$$

Cline, das monotone Variieren eines Merkmals (einer Allelfrequenz, einer Konzentration) von null zu hundert Prozent längs eines eindimensionalen Kontinuums.

Der Begriff ist u. a. in der Populationsgenetik und Morphogenese gebräuchlich.

Clique, vollständiger ↗Teilgraph eines beliebigen ↗Graphen.

Eine Clique H eines Graphen G heißt gesättigt, wenn in G keine Clique H' existiert mit

$$E(H) \subseteq E(H') \text{ und } E(H) \neq E(H').$$

Cliquenproblem, das Problem, für einen ungerichteten Graphen $G = (V,E)$ und eine Zahl k zu entscheiden, ob G eine ↗Clique mit k Knoten enthält.

Das Cliquenproblem gehört zu den ersten Problemen, für die nachgewiesen wurde, daß es ↗NP-vollständig ist. Bei der Optimierungsvariante (↗Optimierungsproblem) besteht das Ziel darin, die Größe der größten Clique zu berechnen. Der beste bekannte polynomielle Approximationsalgorithmus (↗approximativer Algorithmus) erreicht eine Güte von $n/\log n$. Mit Hilfe der von PCP-Theorie konnte gezeigt werden, daß es ein ↗NP-schweres Problem ist, gute Approximationen zu berechnen.

Cliquenüberdeckung, eine Menge $\{H_1, H_2, \dots, H_q\}$ von Cliquen aus einem ↗Graphen G, die alle Ecken des Graphen enthalten, für die also

$$E(G) = E(H_1) \cup E(H_2) \cup \ldots \cup E(H_q)$$

gilt.

Die minimale Anzahl von Cliquen, mit der man G überdecken kann, heißt Cliquenüberdeckungszahl oder Cliquenpartitionszahl, und wird mit $\Theta(G)$ bezeichnet.

Ist $\overline{G}$ der Komplementärgraph von G und sind $\alpha(G)$ die Unabhängigkeitszahl, $\chi(G)$ die chromatische Zahl und $\omega(G)$ die Cliquenzahl, so bestehen die leicht einzusehenden Zusammenhänge

$$\chi(G) \geq \omega(G), \quad \Theta(G) \geq \alpha(G),$$
$$\omega(G) = \alpha(\overline{G}), \quad \text{und } \Theta(G) = \chi(\overline{G}).$$

Ein Graph G wird perfekt genannt, wenn $\alpha(G') = \Theta(G')$ für jeden induzierten Teilgraphen G' von G gilt.

Cliquenüberdeckungszahl, ↗ Cliquenüberdeckung.

Cliquenzahl, ↗ Teilgraph.

Clough-Tocher-Element, eines der bekanntesten finiten Elemente, eingeführt von Clough und Tocher im Jahre 1966.

Die Grundidee besteht darin, jedes Dreieck einer gegebenen Triangulierung (Dreieckszerlegung) in drei Teildreiecke weiterzuzerlegen, und dann die folgenden Werte der interpolierenden Funktion vorzuschreiben: Funktionswerte und Werte des Gradienten in den drei Eckpunkten des (großen) Dreiecks, sowie die Werte der Normalenableitung in den drei Mittelpunkten der Dreiecksseiten.

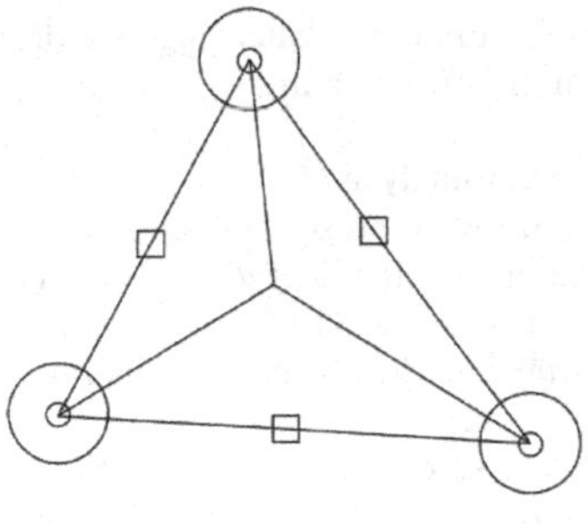

Clough-Tocher-Element

Diese Hermite-Interpolationsbedingungen definieren in eindeutiger Weise eine stetig differenzierbare Splinefunktion über der gesamten Triangulierung, deren Restriktion auf jedes Dreieck ein Polynom dritten Grades ist.

Cluster, Zusammenfassung mehrerer Mitglieder einer Menge.

In der Statistik bildet man Untergruppen aus einer statistischen Menge, die so strukturiert sind, daß sie jeweils möglichst viele ähnliche Mitglieder haben, wobei die Mitglieder verschiedener Gruppen sich in möglichst vielen Merkmalen unterscheiden sollen. Solche Zusammenfassungen innerhalb einer Menge nennt man Cluster.

Cluster werden verwendet zur Auswertung und Verdichtung von Informationen mit Hilfe von ↗ Cluster-Algorithmen oder ↗ Clusteranalysen.

Cluster-Algorithmen, statistische Methoden zur Gruppierung von (natürlichen) Objekten entsprechend ihrer „Ähnlichkeit".

Grundlage ist die Festlegung einer Metrik auf der Menge der Verteilungen bestimmter (oft stochastischer) Zielgrößen der zu klassifizierenden Objekte.

In der Versicherungsmathematik werden dabei Risiken zu Klassen zusammengefaßt, etwa Fahrzeugtypen zu Typ-Klassen in der Kfz-Versicherung. Dabei dient die Schadenverteilung als stochastische Zielgröße und die Differenz der Schadenquoten der unterschiedlichen Klassen als Metrik. Bei einem agglomerativen Cluster-Verfahren sucht man jeweils die zwei Klassen von Objekten, welche unter allen möglichen Paaren den geringsten metrischen Abstand haben. Sofern eine Prüfung der Hypothese „die Risiko-Verteilungen der zwei Klassen haben gleichen Mittelwert" einem statistischen Test (z. B. ↗ χ^2-Test) standhält, werden die zwei Klassen fusioniert.

Dieser Prozeß wird so lange durchgeführt, bis kein Paar von Klassen mehr fusioniert werden kann.

Man vergleiche hierzu auch ↗ Clusteranalyse.

Clusteranalyse

B. Grabowski

Die Clusteranalyse umfaßt eine Vielzahl von zum Teil sehr verschiedenen statistischen Verfahren, die das Ziel haben, eine Menge von Objekten nach einem wohldefinierten Kriterium in Gruppen (auch Klassen genannt) einzuteilen. Man gruppiert dabei die Objekte bezüglich eines Ähnlichkeitsmaßes oder Distanzmaßes so, daß sich die Objekte einer Gruppe möglichst ähnlich, die Objekte verschiedener Gruppen möglichst unähnlich sind.

Die Verfahren spielen eine große Rolle in der Medizin und Psychologie, wo es beispielsweise um die Gruppierung von Probanden in bestimmte Konstitutionstypen, Persönlichkeits- bzw. Charaktertypen oder kognitive Typen auf der Basis an den Objekten (Probanden) gemessener Merkmale geht.

Die Verfahren der Clusteranalyse unterscheiden sich vor allem hinsichtlich der Art der verwendeten Ähnlichkeitsmaße und der zu erwartenden (angestrebten) Gruppenstruktur. Hinsichtlich letzterem unterscheidet man zwischen den Clusterverfahren für eine vollständige Zerlegung der Objektmenge und den hierarchischen Clusteranalyseverfahren.

1. Clusterverfahren für eine vollständige Zerlegung

Die Menge der n zu gruppierenden Objekte $\mathcal{O} = \{O_1, \dots, O_n\}$ soll in m Gruppen $G_1, \dots, G_m$ so aufgeteilt werden, daß jedes Objekt in genau einer Gruppe liegt, d. h. es gilt

$$G_i \cap G_j = \emptyset \text{ für } i \neq j \text{ und } \bigcup_{i=1}^{m} G_j = \mathcal{O}\,. \qquad (1)$$

Gesucht ist dabei eine im Sinne der Optimierung einer vorgegebenen Gütefunktion $g(\mathcal{G})$ (Clusterkriterium) beste Zerlegung $\mathcal{G} = \{G_1, \dots, G_m\}$ unter allen möglichen Zerlegungen $\mathcal{G}$ von $\mathcal{O}$ in m Gruppen mit der Eigenschaft (1).

Die Verfahren unterscheiden sich in der Gütefunktion g, d. h. dem Clusterkriterium. Einige typische Kriterien sind nachfolgend aufgeführt.

a) Varianzkriterium: Minimierung der Gesamtvarianz innerhalb der Gruppen.

Angenommen, die Objekte sollen auf der Basis von p beobachtbaren mindestens intervallskalierten Merkmalen (↗Skalentypen) gruppiert werden. Sei $\vec{x}_i = (x_{i1}, \dots, x_{ip})^T$ der Vektor der am Objekt O_i beobachteten p Merkmale, $i = 1, \dots, n$. Es wird die Gruppierung $\mathcal{G}$ gewählt, für die folgende Funktion g minimal wird:

$$g(\mathcal{G}) = \sum_{j=1}^{m} \sum_{O_i \in G_j} \|\vec{x}_i - \overline{\vec{x}_{G_j}}\|^2\,, \qquad (2)$$

wobei

$$\overline{\vec{x}_{G_j}} = \frac{1}{n_j} \sum_{O_i \in G_j} \vec{x}_i$$

(n_j = Anzahl der Objekte in G_j) und $\|\cdot\|$ der euklidische Abstand zwischen zwei p-dimensionalen reellen Vektoren ist. Bei diesem Verfahren entstehen unter bestimmten Annahmen kugelförmige Gruppen mit etwa gleichem Radius.

b) Determinantenkriterium: Anstelle der Funktion (2) wird die folgende verwendet:

$$g(\mathcal{G}) = \mathrm{Det}\left(\sum_{j=1}^{m} \sum_{O_i \in G_j} (\vec{x}_i - \overline{\vec{x}_{G_j}})(\vec{x}_i - \overline{\vec{x}_{G_j}})^T \right).$$

Bei diesem Verfahren entstehen unter bestimmten Annahmen Gruppen in Form von Ellipsoiden im p-dimensionalen Merkmalsraum.

c) Kriterien für dichotome Merkmalswerte (↗dichotome Variable):

Ein ganz einfaches Verfahren besteht in folgendem. Man definiert sich auf bestimmte Weise Ähnlichkeitswerte

$$s_{ij} = \begin{cases} 1 & O_i \text{ und } O_j \text{ sind ähnlich,} \\ 0 & O_i \text{ und } O_j \text{ sind nicht ähnlich,} \end{cases}$$

und beschreibt die aktuelle Gruppierung durch die Matrix

$$\delta_{ij} = \begin{cases} 1 & O_i \text{ und } O_j \text{ sind in einer Gruppe,} \\ 0 & O_i \text{ und } O_j \text{ sind nicht in einer Gruppe.} \end{cases}$$

Die zu minimierende Funktion g beschreibt den Abstand zwischen der Ähnlichkeitsmatrix und der aktuellen Gruppierung:

$$g(\mathcal{G}) = \sum_{j=1}^{m} \sum_{i=1}^{n} (s_{ij} - \delta_{ij})^2\,.$$

Das Problem aller Clusterverfahren dieser Gruppe besteht darin, daß wegen der schnell anwachsenden Zahl von Gruppierungsmöglichkeiten die Lösung der Optimierungsaufgabe durch vollständige Berechnung von $g(\mathcal{G})$ für alle möglichen Gruppierungen auch bei moderner Rechentechnik ausscheiden muß. Man verwendet in der Praxis iterative Verfahren der Extremwertsuche, die im allgemeinen bei einer durch hierarchische Clusterverfahren gewonnenen Lösung starten und die optimale Lösung annähern. Allerdings ist die Güte der Approximation unbekannt.

2. Hierarchische Clusteranalyse

Ist beispielsweise m unbekannt, so muß ein Verfahren der hierarchischen Clusteranalyse angewendet werden. Typische Vertreter sind die sogenannten agglomerativen Verfahren, die alle das gleiche Konstruktionsprinzip haben:

Die Objektmenge $\mathcal{O}$ soll in mehreren Schritten in eine Gruppenhierarchie, d.h in eine Folge von Gruppierungen $\mathcal{G}^{(0)}, \mathcal{G}^{(1)}, \dots, \mathcal{G}^{(k)}$ zerlegt werden. Dabei besteht jede Gruppe der Anfangszerlegung aus genau einem Objekt und die letzte Zerlegung enthält nur eine Gruppe mit allen Objekten, d. h. es ist

$$\mathcal{G}^{(0)} = \{\{O_1\}, \{O_2\}, \dots, \{O_n\}\}$$

und $\mathcal{G}^{(k)} = \{\mathcal{O}\}$.

In jedem Schritt (Agglomerationsschritt) l, $l = 1, \dots, k$, entsteht $\mathcal{G}^{(l)}$ aus $\mathcal{G}^{(l-1)}$, indem man die in wohldefinierter Weise ähnlichsten Gruppen aus $\mathcal{G}^{(l-1)}$, sagen wir G_i und G_j, durch eine Gruppe $G = G_i \cup G_j$ ersetzt und die übrigen beibehält.

Die Ähnlichkeit zweier Gruppen wird auf der Basis von Ähnlichkeitsmaßen s bzw. Distanzmaßen d für Objekte beschrieben.

Typische Distanzmaße für den Fall, daß alle p Merkmale mindestens intervallskaliert sind, sind z. B.

a) der euklidische Abstand zwischen den Merkmalsvektoren $\vec{x}_i$ und $\vec{x}_j$ der Objekte O_i und O_j im p-dimensionalen reellen Raum

$$d_{ij} := d(O_i, O_j) = \sqrt{\sum_{l=1}^{p} (x_{il} - x_{jl})^2} = \|\vec{x}_i - \vec{x}_j\|\,,$$

oder

b) der sogenannte Mahalanobis-Abstand zwischen den Merkmalsvektoren $\vec{x}_i$ und $\vec{x}_j$ der Objekte O_i und O_j im p-dimensionalen reellen Raum

$$d_{ij} := d(O_i, O_j) = (\vec{x}_i - \vec{x}_j)^T C(\vec{x}_i - \vec{x}_j),$$

wobei $C = (c_{kl})_{k,l=1,\dots,p}$ die empirische Kovarianzmatrix der Beobachtungen der beiden Merkmalsvektoren X_k und X_l ist, d.h es ist

$$c_{kl} = \frac{1}{n}\sum_{i=1}^{n}(x_{ik} - \overline{x_k})(x_{il} - \overline{x_l})$$

mit

$$\overline{x_k} = \frac{1}{n}\sum_{l=1}^{n} x_{ik}.$$

Bei ordinalskalierten Merkmalen wird typischerweise analog zum ↗ Rangkorrelationskoeffizienten die Distanz zwischen zwei Objekten O_i und O_j durch

$$d_{ij} := d(O_i, O_j) = \frac{12}{n^2 - 1}\sum_{k=1}^{p}(r_i^{(k)} - r_j^{(k)})^2$$

definiert, wobei $r_i^{(k)}$ der Rangplatz des i-ten Objekts bzgl. des k-ten Merkmals ist ($i = 1, \dots, n$).

Ein typischer Vertreter verwendeter Ähnlichkeitsmaße bei nominalskalierten Merkmalen schließlich ist

$$s_{ij} := s(O_i, O_j) = \frac{n_{ij}}{p},$$

wobei n_{ij} die Anzahl übereinstimmender Merkmalswerte von O_i und O_j ist. Die Distanz ergibt sich dann durch $d_{ij} := 1 - s_{ij}$.

Eine Zusammenstellung verwendeter Ähnlichkeits- und Distanzmaße findet man in [1].

Die agglomerierten hierarchischen Clusterverfahren unterscheiden sich in der Definition der Ähnlichkeit bzw. des Abstandes zweier Gruppen. Die bekanntesten Vertreter dieser Verfahren sind das Average-Linkage-, das Single-Linkage- und das Complete-Linkage-Verfahren, die im folgenden noch kurz beschrieben werden.

1. Average-Linkage-Verfahren: Der Abstand zwischen zwei Gruppen wird durch das Mittel aller Abstände zwischen je zwei Objekten der Gruppen definiert

$$D_{ij} := D(G_i, G_j) = \frac{1}{n_i n_j}\sum_{O_r \in G_i}\sum_{O_s \in G_j} d_{rs}.$$

2. Single-Linkage-Verfahren: Der Abstand zwischen zwei Gruppen wird durch die Objekte bestimmt, die am nächsten zusammenliegen:

$$D_{ij} := D(G_i, G_j) = \min_{O_r \in G_i, O_s \in G_j} d_{rs}.$$

3. Complete-Linkage-Verfahren: Der Abstand zwischen zwei Gruppen wird durch das unähnlichste Objektpaar bestimmt:

$$D_{ij} := D(G_i, G_j) = \max_{O_r \in G_i, O_s \in G_j} d_{rs}.$$

Die folgende Abbildung zeigt das bei diesen Verfahren entstehende typische Bild, welches man als Dendrogramm bezeichnet.

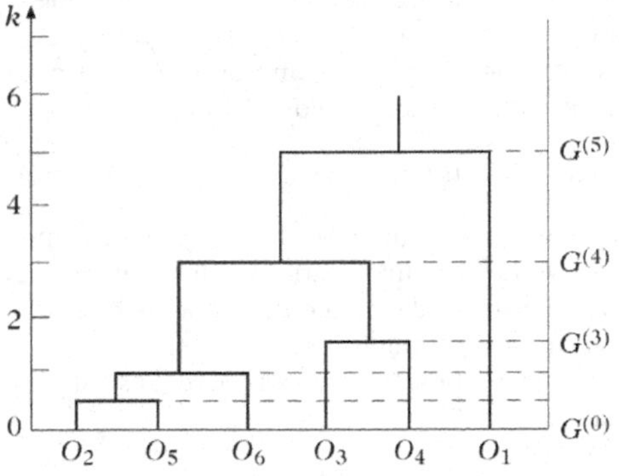

Gruppenhierarchie bei einer hierarchischen Clusterung

Im ersten Agglomerationsschritt werden beispielsweise die Objekte O_2 und O_5, und im dritten Schritt die Objekte O_3 und O_4 zusammengefaßt. Nach fünf Schritten sind alle Objekte in einer Gruppe.

Literatur

[1] Bock, H.: Automatische Klassifikation. Göttingen, 1974.

[2] Hartung,J.; Elpelt,B.: Multivariate Statistik. R. Oldenburg Verlag München/Wien, 1989.

[3] Metzler, H.; Krause, B.: Angewandte Statistik. Deutscher Verlag der Wissenschaften, Berlin, 1983.

Cocke-Kasami-Younger-Algorithmus, *CYK–Algorithmus*, tabellenorientiertes ↗ Analyseverfahren für kontextfreie Sprachen.

Vorausgesetzt wird dabei eine kontextfreie Grammatik in ↗ Chomsky-Normalform.

Die Idee kann man wie folgt beschreiben: Im ersten Schritt werden im gegebenen Wort alle Terminalsymbole durch Rückwärtsanwendung von Regeln durch Nichtterminalzeichen ersetzt. Gibt es mehrere Möglichkeiten, werden alle Varianten notiert. Danach werden stufenweise Paare benachbarter Nichtterminalzeichen durch Rückwärtsanwendung von Regeln zu einem einzelnen Nichtterminal reduziert. Notiert man die entstehenden Nichtterminalzeichen in der Lücke zwischen den Ausgangszeichen, ensteht eine Dreiecksstruktur, die man auch als obere Dreiecksmatrix anordnen kann.

Der Algorithmus arbeitet für eindeutige kontextfreie Sprachen in einer Laufzeit von $O(n^2 \log n)$ und für allgemeine kontextfreie Sprachen in $O(n^3)$, wobei n die Länge des eingegebenen Wortes ist.

CoCoA, ein spezialisiertes Computeralgebrasystem für Probleme der kommutativen Algebra. Das System wurde in Genua entwickelt unter der Leitung von L. Robbiano.

Code, in der ↗Codierungstheorie die Bezeichnung für die endliche Menge nichtleerer Wörter $C \subset A^*$, die das Bild der eineindeutigen Abbildung (↗Codierung) einer endlichen Menge von Nachrichten ist. Die Ordnung q des Codes ist die Anzahl der Elemente des Alphabets A.

Ein Code wird Blockcode der Länge n genannt, wenn alle Codewörter die gleiche Länge n haben. Ist die Codierung eine Abbildung $f : A^k \to A^n$, nennt man den Code $C = \text{Im} f$ auch (n, k)-Code. Hat er darüber hinaus die Form

$$f(a_1, a_2, \dots, a_k) = (a_1, a_2, \dots, a_k, a_{k+1}, \dots, a_n),$$

heißt er systematischer Code, die ersten k Komponenten werden als Informationsstellen (für $q = 2$ Informationsbits), die restlichen $n - k$ als Kontrollstellen (für $q = 2$ Prüfbits) bezeichnet.

Die Informationsrate eines Blockcodes ist das Verhältnis

$$\frac{\log_{|A|} |\text{im} f|}{n}$$

der Anzahl der Informationsstellen zur Länge des Codes (für systematische Codes k/n).

Codierung, in der ↗Codierungstheorie die eineindeutige Abbildung, die einer endlichen Menge von Nachrichten eine Menge von Codewörtern zuordnet.

Die wichtigsten Beispiele für schnelle und sichere Codierungen sind die gut untersuchten Blockcodes, bei denen alle Codewörter die gleiche Länge haben, (↗kombinatorischer Code, ↗linearer Code, ↗zyklischer Code), die Codierungen mit variablen Längen (↗Präfixcode, ↗Huffman-Code) sowie die auf Schieberegistern basierenden ↗Faltungscodes.

Eine Codierung von Nachrichten ist zu unterscheiden von einer Verschlüsselung (↗Kryptologie). Erstere wird bei der Übertragung von Nachrichten in einem Kanal zum Schutz vor zufälligen Störungen eingesetzt, während die andere zum Schutz vor unberufenem Mitlesen oder bewußtem Verfälschen verwendet wird. Kennzeichen einer Codierung ist die offene Zuordnung von Nachrichten und Codewörtern, bei einer Chiffrierung ist diese Zuordnung von Nachrichten und Chiffrat durch einem zusätzlichen geheimen Schlüssel verborgen.

Zum Thema Codierung vergleiche man auch ↗Codierungstheorie, ↗Informationstheorie und ↗Skalentypen.

Codierungstheorie

E.G. Giessmann

Die Codierungstheorie ist die mathematische Theorie der Verfahren zur fehlerfreien Übertragung von Nachrichten in unsicheren (gestörten) Kanälen. Durch Verwendung kombinatorischer und algebraischer Methoden werden fehlererkennende und fehlerkorrigierende Codes konstruiert und ihre Eigenschaften untersucht.

Ausgangspunkt für die Entwicklung der Codierungstheorie war der 1948 von Claude Shannon bewiesene Kanalcodierungssatz, der eigentlich zur Informationstheorie gehört. Jeder gestörte Kanal kann durch einen maximalen Informationsfluß, die Kanalkapazität, beschrieben werden, mit der die Nachrichten übertragen werden können (der ungestörte Kanal hat die Kapazität 1, der vollgestörte die Kapazität 0).

Nach dem Kanalcodierungssatz gibt es zu jeder Informationsrate, die kleiner als die Kanalkapazität ist, ↗Codes, bei denen die Decodierfehlerwahrscheinlichkeit beliebig klein wird. Dieser überraschende (aber leider nicht konstruktive) Existenzsatz besagt, daß man die Kapazität fast voll ausnutzen kann und trotz Störungen auf dem Kanal die Codierung so auswählen kann, daß die Decodierfehler nur mit beliebig kleiner Wahrscheinlichkeit auftreten können.

Ziel der Codierungstheorie ist die Konstruktion leicht implementierbarer Codes mit einfachen Decodierregeln, die gute fehlererkennende und fehlerkorrigierende Eigenschaften haben.

Nachrichten, die von einer Quelle zu einem Empfänger übertragen werden, werden im allgemeinen zweimal codiert. Die erste (Quellen-)Codierung teilt die Nachricht in Blöcke auf und filtert Redundanzen heraus, bei der zweiten (Kanal-)Codierung, wird einem Block der Länge k ein zu übertragender Block der Länge n zugeordnet.

Mit derQuellencodierung ist meist eine Kompres-

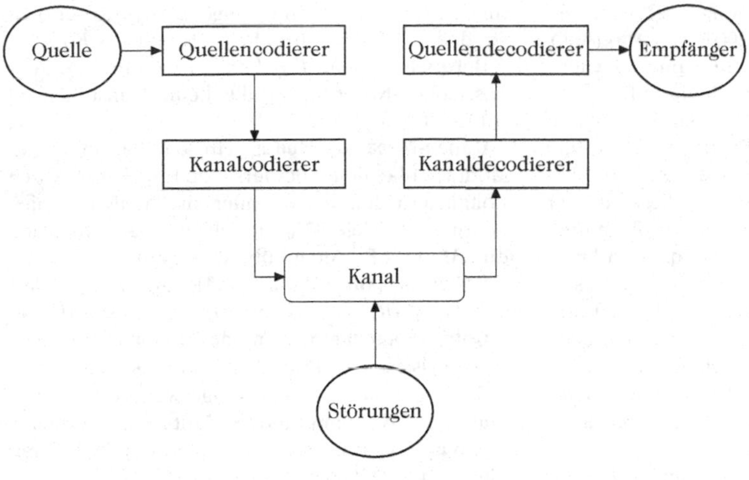

Schematische Darstellung der Nachrichtenübertragung

sion verbunden, die fehlerkorrigierenden Eigenschaften werden durch die Kanalcodierung und -decodierung garantiert.

Betrachtet man Codierungen auf Nachrichten der Länge k, bei denen alle Codewörter die gleiche Länge n haben, so nennt man diese auch (n, k)-Blockcodes. Sind die Codierungen darüber hinaus lineare Abbildungen, bezeichnet man sie als lineare Codes.

Durch Codierung der Nachrichten (Elemente eines k-dimensionalen Raumes $\mathbb{F}_q^k$) in einen n-dimensionalen Raum ($\mathbb{F}_q^n$), bei der die Bildelemente paarweise einen sog. Hamming-Abstand d_H nicht kleiner als d haben, kann man alle Fehler, die in höchstens $d/2$ Komponenten auftreten, erkennen und die, die in maximal $(d-1)/2$ Komponenten die Nachricht verfälscht haben, korrigieren.

Ein erkennbarer Fehler tritt beispielsweise auf, wenn man ein Wort c' empfängt, das kein Codewort ist. Man kann versuchen, den Fehler zu korrigieren, indem man c' durch das Codewort c_0 mit dem kleinsten Hamming-Abstand zu c' ersetzt, also

$$d_H(c_0, c') = \min_{c \in C}\{d_H(c, c')\}.$$

Die einfachste Codierung entsteht durch Anhängen eines Paritätsbits; sie entdeckt 1-Bit-Fehler, kann diese aber wegen des zu geringen Abstands nicht korrigieren (minimaler Hamming-Abstand 2, Informationsrate $(n-1)/n$).

Eine einfache 1-Bit-Fehler korrigierende Codierung entsteht durch dreimaliges Wiederholen jedes einzelnen Bits (minimaler Hamming-Abstand 3, Informationsrate 1/3).

Allgemein gilt für einen (n, k)-Blockcode C, daß der minimale Hamming-Abstand des Codes nicht größer als $n-k+1$ sein kann (Singleton-Schranke). Damit kann ein (n, k)-Blockcode bestenfalls $\lfloor (n-k)/2 \rfloor$ Fehler korrigieren.

Für einen linearen Code (die Codierung ist in diesem Fall eine lineare Abbildung von $\mathbb{Z}_q^k$ nach $\mathbb{Z}_q^n$) gilt zusätzlich die Plotkin-Schranke für den minimalen Abstand $d_{\min} = \min_{C \times C}(d_H)$ und damit für die fehlerkorrigierenden Eigenschaften dieses Codes

$$d_{\min} \le \frac{n(q-1)q^{k-1}}{q^k - 1}.$$

Diese Schranken werden beispielsweise durch die Hamming-Codes mit Informationsrate

$$\frac{q^k - 1 - k(q-1)}{q^k - 1},$$

die einen Fehler sicher korrigieren, erreicht.

Gute Beispiele für praktisch verwendbare Blockcodes sind die linearen Codes, und darunter die zyklischen Codes, sowie die gut implementierbaren auf Schieberegistern basierenden Faltungscodes.

Literatur

[1] Berlekamp, E.R.: Algebraic coding theory. McGraw-Hill New York, 1968.

[2] Blahut, R.E.: Theory and practice of error control codes. Addison-Wesley Reading, 1983.

[3] Heise, W.; Quattrocchi, P.: Informations- und Codierungstheorie. Springer-Verlag Berlin, 1989.

Cohen, Paul Joseph, Mathematiker, geb. 2.4.1934 Long Branch (N.J.), gest. 23.3.2007 Palo Alto (Kal.).

Cohen, Sohn russischer Emigranten, wuchs im New Yorker Stadtteil Brooklyn auf. Schon frühzeitig interessierte er sich für Mathematik und eignete sich autodidaktisch Kenntnisse an. 1950 schloß er vorzeitig seine Schulbildung ab und begann ein Studium am Brooklyn College, das er 1952 an der Universität Chicago, u. a. bei Zygmund, fortsetzte und 1958 mit der Promotion zum Ph.D. vollendete. Nach kurzer Lehrtätigkeit am Massachusetts Institute of Technology (MIT) in Cambridge (Mass.) wirkte er ab 1959 für zwei Jahre am Institute for Advanced Study in Princeton, bevor er 1961 eine außerordentliche und 1964 eine ordentliche Professur an der Universität in Stanford erhielt.

In seinen Forschungen wandte sich Cohen zunächst Fragen der harmonischen Analyse zu und löste das klassische Littlewood-Problem, wobei er 1961 ein Theorem über idempotente Maße auf kompakte abelsche Gruppen verallgemeinerte. 1964 wurde er dafür mit einem Preis der Amerikanischen Mathematischen Gesellschaft ausgezeichnet.

Ohne spezielle Kenntnisse auf dem Gebiet der Logik zu haben, begann Cohen 1961 sich mit den durch das erste Hilbertsche Problem aufgeworfenen Fragen zur Begründung der Mengenlehre zu beschäftigen. Nachdem er diese Forschungen einige Male unterbrochen hatte, gelang ihm 1963 der Nachweis, daß die Kontinuumshypothese und das Auswahlaxiom nicht im Rahmen einer auf das Zermelo-Fraenkelsche Axiomensystem gegründeten Mengenlehre beweisbar sind. Die dazu entwickelte „forcing-Methode" wurde die Basis vieler mengentheoretischer Unabhängigkeitsbeweise.

Gleichzeitig gab Cohen den Studien über sog. große Kardinalzahlen neue Impulse. 1964 wurde er für seinen Unabhängigkeitsbeweis mit der Fields-Medaille geehrt.

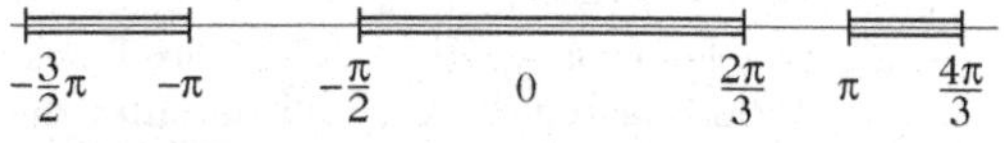

Eine kompakte Menge, die kongruent $[-\pi, \pi]$ mod 2π ist

Cohen-Kriterium, von dem französischen Mathematiker Albert Cohen entwickeltes Kriterium an Filter

$$h(\omega) = \sum_{k\in\mathbb{Z}} h_k e^{ik\omega},$$

die mit verfeinerbaren Funktionen in Verbindung stehen, mit denen wiederum eine Multiresolutionsanalysis erzeugt wird.

Neben $h(0) = 1$ muß gelten: Es existiert eine kompakte Menge K, die kongruent zu $[-\pi, \pi]$ modulo 2π ist und eine Umgebung von 0 enthält so, daß $h(2^{-j}\omega) \neq 0$ für alle $j \in \mathbb{N}$ und $\omega \in K$ gilt.

Beispielsweise für $K = [-\pi, \pi]$ hat ein Filter, der das Cohen-Kriterium erfüllt, keine Nullstellen im Intervall $[-\pi/2, \pi/2]$.

Cohen-Macaulay-Modul, ein endlich erzeugter Modul M über dem Noetherschen Ring R, für dessen Lokalisierungen M_m bei allen maximalen Idealen m von R die Tiefe $t(M_m)$ jeweils mit der Dimension $\dim(M_m)$ als R_m-Modul übereinstimmt.

Cohen-Macaulay-Ring, ein ↗lokaler Ring R, dessen Tiefe $t(R)$ gleich seiner Dimension $\dim(R)$ ist.

Cohen-Seidenberg, Going-down-Lemma von, Existenzaussage über Primideale der folgenden Art:

Sei $R \subset S$ eine endliche Ringerweiterung, R normal und R, S (kommutative) ↗Integritätsbereiche. Seien $\mathfrak{p}_1 \supseteq \mathfrak{p}_2$ Primideale in R und $\mathfrak{q}_1 \subseteq S$ ein Primideal mit $\mathfrak{q}_1 \cap R = \mathfrak{p}_1$.

Dann existiert ein Primideal $\mathfrak{q}_2 \subseteq \mathfrak{q}_1 \subseteq S$ mit

$$\mathfrak{q}_2 \cap R = \mathfrak{p}_2 .$$

Cohen-Seidenberg, Going-up-Lemma von, Existenzaussage über Primideale der folgenden Art:

Sei $R \subset S$ eine endliche Ringerweiterung (von kommutativen Ringen). Seien $\mathfrak{p}_1 \supseteq \mathfrak{p}_2$ Primideale in R und $\mathfrak{q}_2 \subseteq S$ ein Primideal mit $\mathfrak{q}_2 \cap R = \mathfrak{p}_2$.

Dann existiert ein Primideal $\mathfrak{q}_1 \subseteq S$, $\mathfrak{q}_2 \subseteq \mathfrak{q}_1$ mit

$$\mathfrak{q}_1 \cap R = \mathfrak{p}_1 .$$

Coiflets, orthogonale Wavelets mit beliebig hoher Anzahl verschwindender Momente je nach Größe des Trägers.

Diese Funktionenfamilie wurde nach dem französischen Mathematiker R. Coifman benannt.

Collatz, Lothar, deutscher Mathematiker, geb. 6.7.1910 Arnsberg (Westfalen), gest. 26.9.1990 Varna (Bulgarien).

Collatz studierte 1928–1933 Mathematik und Physik an den Universitäten Greifswald, Göttingen, München und Berlin, unter anderem bei Hilbert, Courant, Carathéodory, Schmidt, von Mises und Schrödinger.

1935 promovierte er an der Universität Berlin und habilitierte sich 1938 an der TH Karlsruhe, wo er bis zur Berufung zum Professor an die TH Hannover 1943 wirkte. 1952 ging er nach Hamburg und führte bis zur Emeritierung 1978 das dort von ihm gegründete Institut für Angewandte Mathematik zu Weltruhm. Er erhielt insgesamt sieben Ehrenpromotionen verschiedener in- und ausländischer Universitäten.

Collatz gilt als einer der bedeutendsten Vertreter der ↗Numerischen Mathematik. Sein Werk zeichnet sich durch harmonisches Zusammenspiel abstrakter Überlegungen und Anwendungen auf konkrete Probleme aus. Neben der numerischen

Analysis forschte er zur Funktionalanalysis und zur Theorie der Differential- und Integralgleichungen. Bereits in den frühen Arbeiten befaßte er sich mit Fehlerabschätzungen für Differenzenverfahren und Differenzenverfahren höherer Approximationen. Weitere Resultate betreffen die Abschätzung von Eigenwerten von Matrizen und Differentialgleichungen, Mehrstellenverfahren für Differentialgleichungen, das Spektrum von Graphen, die Struktur geometrischer Ornamente, Bifurkationen, periodische Splinefunktionen u. a..

Er verfaßte weit über 200 Aufsätze und zehn Bücher, u. a. „Funktionalanalysis und Numerische Mathematik" (1964). Daneben zeichnete er sich als kreativer Künstler und Erfinder von Spielen aus.

Collatz-Graph, ↗Collatz-Problem.

Das Collatz-Problem

G.J. Wirsching

Unter dem Collatz-Problem versteht man eine Frage zum Verhalten der Iterationen der Collatz-Funktion $f : \mathbb{N} \to \mathbb{N}$,

$$f(n) = \begin{cases} n/2 & \text{für gerade n,} \\ 3n+1 & \text{für ungerade } n. \end{cases} \qquad (1)$$

Durch Iteration von f erhält man, ausgehend von einer Startzahl $x_0 \in \mathbb{N}$, mit der Vorschrift $x_{k+1} = f(x_k)$ eine Folge $(x_k)_{k \geq 0}$, die sog. *f-Trajektorie* von x_0. Probieren verschiedener Startzahlen führt immer wieder auf den Zykel $1 \to 4 \to 2 \to 1$. Das Collatz-Problem ist die Vermutung, daß jede f-Trajektorie in diesem Zykel endet. Dieses Problem ist auch unter vielen anderen Namen bekannt, beispielsweise Syracuse-Algorithmus, Kakutani's Problem, Ulam's Vermutung, $3n+1$ Problem, $3n+1$ Vermutung oder auch $3x+1$ Problem.

Es ist ziemlich sicher, daß diese Iteration zuerst von ↗Collatz in den 1930er Jahren untersucht wurde, obwohl keine schriftlichen Quellen aus dieser Zeit vorliegen. 1985 publizierte der englische Mathematiklehrer Thwaites einen Artikel unter dem Titel „My Conjecture", in dem er behauptet, er habe das $3n+1$ Problem erfunden, und zwar am 21. Juli 1952 um vier Uhr nachmittags. Vermutlich als Antwort darauf publizierte Collatz 1986 in einem kleinen chinesischen Journal (und in chinesischer Sprache) einen Artikel, in dem er seine Entdeckung des $3n+1$ Problem in die 1930er Jahre datiert und sehr plausibel beschreibt. Er schreibt, er habe nach Zusammenhängen zwischen elementarer Zahlentheorie und elementarer Graphentheorie gesucht. Einen solchen Zusammenhang stellte er dadurch her, daß er zu einer zahlentheoretischen Funktion $f : \mathbb{N} \to \mathbb{N}$ einen gerichteten Graphen Γ_f assoziierte, indem er $\mathbb{N}$ als Knotenmenge nahm und jeweils von n nach $f(n)$ einen Pfeil zog. Der Graph Γ_f wird heute Collatz-Graph zur Funktion f genannt. Z. B. ist der Collatz-Graph der Funktion $g(n) = n+1$ ein bei 1 beginnender unendlich langer Weg:

$$1 \to 2 \to 3 \to 4 \to 5 \to 6 \to 7 \to \dots$$

Collatz suchte nun nach möglichst einfachen Funktionen f, deren Collatz-Graph einen Kreis enthält. Für ein solches f muß offenbar $f(n) < n$ für manche n und $f(n) > n$ für andere n gelten. Also wähle man f auf, sagen wir, den geraden Zahlen so, daß $f(n) < n$ ist, und auf den ungeraden möge $f(n) > n$ gelten. Z. B., für eine gegebene Zahl $q \in \mathbb{N}$:

$$f_q(n) = \begin{cases} n/2 & \text{für gerade n,} \\ qn+1 & \text{für ungerade } n. \end{cases} \qquad (2)$$

$q = 1$ führt offenbar auf den Kreis $1 \to 2 \to 1$, wie man leicht zeigt. $q = 2$ führt auf divergente f_2-Trajektorien, da ungerade auf ungerade Zahlen abgebildet werden. $q = 3$ führt zum $3n+1$ (oder Collatz-) Problem. Die $3n+1$ Vermutung ist genau dann richtig, wenn der Collatz-Graph der Funktion f_3 zusammenhängend ist. Collatz schreibt, er habe dieses Problem nicht lösen können, es aber auf zahlreichen Tagungen und in vielen Vorträgen erwähnt.

In der mathematischen Forschungsliteratur findet das Collatz-Problem seit etwa 1972 Beachtung. 1985 erschien ein Überblicksartikel von J.C. Lagarias, der eine wahre Flut von bislang mehr als 100 Publikationen zum Collatz-Problem auslöste; siehe [1] für einen Überblick. Ein Beweis der $3n+1$ Vermutung ist bisher (Ende 1999) noch nicht in Sicht, aber es gibt viele Teilresultate, die sich auf speziellere Fragestellungen oder auf Fragen über Verallgemeinerungen beziehen. Einige solcher Fragen sind:

1. Gibt es noch andere Zykel? Wieviele, und welche?
2. Endet jede f_3-Trajektorie in einem Zykel, oder gibt es eine divergente Trajektorie?
3. Von welchen Zahlen kann man beweisen, daß sie die $3n+1$ Vermutung erfüllen?
4. Was passiert, wenn man $3n+1$ durch $qn+1$ ersetzt?

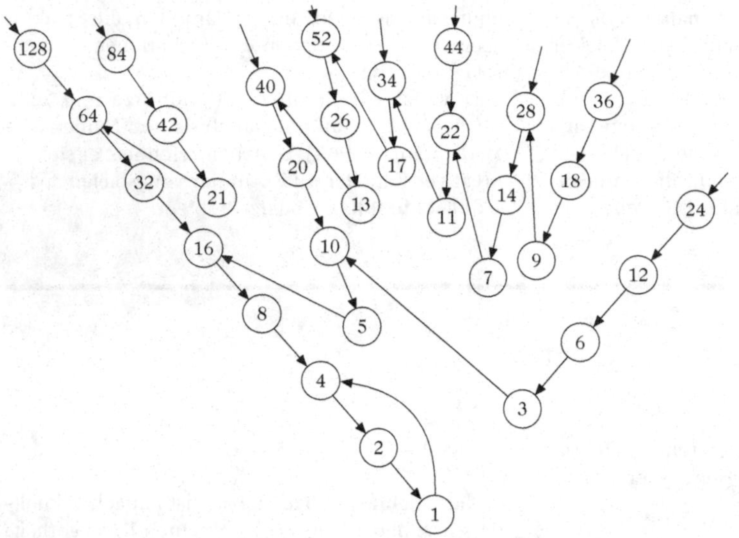

Ein Teil des Collatz-Graphen der Collatz-Funktion f_3

5. Gibt es noch andere interessante Verallgemeinerungen?
6. Kann es sein, daß das Collatz-Problem nicht entscheidbar ist?
7. Gibt es interessante Erweiterungen oder Umformulierungen des Collatz-Problems?

Zur ersten Frage setzen wir zunächst die Collatz-Funktion f_3 auf die ganzen Zahlen fort. Für negative Zahlen $-n$ erhält man:

$$f_3(-n) = \begin{cases} -n/2 & \text{für gerade } n, \\ -(3n-1) & \text{für ungerade } n, \end{cases}$$

insbesondere ist $f_3(-n) < 0$ für $n > 0$. Analog zum $3n + 1$ Algorithmus erzeugt die Funktion

$$f_3^*(n) = -f_3(-n)$$

einen $3n - 1$ Algorithmus. Nach einigem Probieren findet man für f_3^* die Zykeln

$$(1, 2), \quad (5, 14, 7, 20, 10),$$

und

$$(17, 50, 25, 74, 37, 110, 55, 164, 82, 41, \\ 122, 61, 182, 91, 272, 136, 68, 34).$$

Man vermutet, daß dies alle Zykel sind, und daß jede $3n-1$ Trajektorie in einem dieser Zykel endet; allerdings ist hierzu noch nichts bewiesen.

Zum näheren Studium der Struktur möglicher Zykeln verändert man die Collatz-Funktion f_3 zur sog. $3n + 1$ Funktion $T : \mathbb{Z} \to \mathbb{Z}$,

$$T(n) = \begin{cases} T_0(n) = \dfrac{n}{2} & \text{für gerade } n, \\ T_1(n) = \dfrac{3n+1}{2} & \text{für ungerade } n. \end{cases} \tag{3}$$

Hierbei wird ausgenutzt, daß $3n + 1$ für ungerades n stets gerade ist. Eine T-Trajektorie entsteht aus einer f_3-Trajektorie dadurch, daß man in der letzteren jeweils die auf eine ungerade Zahl folgende Zahl wegläßt, z. B.:

$$\begin{aligned} f_3 &: \quad (27, 82, 41, 124, 62, 31, 94, 47, 142, \ldots) \\ T &: \quad (27, 41, 62, 31, 47, 71, 107, 161, \ldots). \end{aligned}$$

Bei T-Trajektorien ist es möglich, daß auf eine ungerade Zahl wieder eine ungerade Zahl folgt, was bei f_3-Trajektorien ausgeschlossen ist. Ein Kreislauf ist nun ein endliches Stück einer T-Trajektorie der Gestalt

$$x \xrightarrow{T_1} \ldots \xrightarrow{T_1} y \xrightarrow{T_0} \ldots \xrightarrow{T_0} z,$$

wobei zunächst ein Anstieg von x nach y in k Schritten der Form T_1 erfolgt, und sich daran ein Abstieg von y nach z in ℓ Schritten des Typs T_0 anschließt. Der Anstieg in k Schritten impliziert die Gleichung

$$2^k(y+1) = 3^k(x+1), \tag{4}$$

wie man leicht durch vollständige Induktion nach k zeigen kann, und der Abstieg in ℓ Schritten bedeutet einfach

$$2^\ell z = y. \tag{5}$$

Der bekannte T-Zykel $(1, 2)$ ist ein Kreislauf mit den Schrittzahlen $k = \ell = 1$. Da 2^k und 3^k teilerfremd sind, folgt aus (4), daß

$$h = \frac{x+1}{2^k} = \frac{y+1}{3^k} \tag{6}$$

eine ganze Zahl ist. Sucht man nach einem Kreislauf, der zugleich ein Zykel ist, so muß man $x = z$ setzen, und dann folgt aus (5) und (6) die Gleichung

$$y = 2^\ell x = 2^\ell(2^k h - 1),$$

mit deren Hilfe man y in (6) eliminieren kann. Dies führt zu der exponentiell diophantischen Gleichung

$$(2^{k+\ell} - 3^k)h = 2^\ell - 1. \tag{7}$$

Umgekehrt liefert jede aus natürlichen Zahlen h, k, ℓ bestehende Lösung von (7) einen Kreislauf, der zugleich ein Zykel ist. Nachdem Davison 1976 die Gleichung (7) hergeleitet hatte, präsentierte Steiner 1977 auf einer Tagung einen Beweis, daß $h = k = \ell = 1$ die einzige aus natürlichen Zahlen bestehende Lösung von (7) ist; Steiner's Beweis beruht auf tiefliegenden Methoden der analytischen Zahlentheorie.

Auf der Suche nach der Möglichkeit von T-Zykeln, die nicht notwendig ein Kreislauf sind, bewiesen Böhm und Sontacchi 1978 die folgende Zykelbedingung:

Sei $x \in \mathbb{Z}$. Dann gibt es genau dann ein $n \in \mathbb{N}$ mit $T^n(x) = x$, wenn es ganze Zahlen $0 \le v_0 < v_1 < \ldots < v_k = n$ derart gibt, daß folgende Gleichung erfüllt ist:

$$(2^n - 3^k)x = \sum_{j=0}^{k-1} 3^{k-j-1} 2^{v_j}. \tag{8}$$

Für festes k kann man (8) wieder als exponentiell diophantische Gleichung lesen, und mit Hilfe tiefliegender Resultate über Linearformen in Logarithmen konnten Belaga und Mignotte 1998 folgenden Satz beweisen:

Zu jeder natürlichen Zahl k gibt es nur endlich viele T-Zykel, in denen genau k Schritte des Typs T_1 vorkommen.

Dieser Satz gilt nicht nur für die $3n + 1$ Funktion T, sondern auch für eine etwas allgemeinere Klasse von Funktionen.

Zur zweiten Frage, die als unabhängig von der ersten zu betrachten ist, ist ziemlich wenig bekannt. Man kann nicht von vorne herein ausschließen, daß es eine unbeschränkte (also divergente) f_3-Trajektorie gibt, aber bewiesen ist das bis heute noch nicht. Andererseits gibt es durchaus Teilresultate.

Die Stoppzeit einer Startzahl x_0 ist nach Terras wie folgt definiert:

$$\sigma(x_0) = \min\{n \in \mathbb{N} : T^n(x_0) < x_0\};$$

gibt es in der T-Trajektorie mit Startzahl x_0 keine Zahl kleiner x_0, so setzt man $\sigma(x_0) = \infty$. Angenommen, es gäbe eine divergente Trajektorie

$$(x_0, x_1, x_2, \ldots) = \Big(x_0, T(x_0), T^2(x_0), \ldots\Big),$$

dann müßte diese unendlich viele Zahlen x_n mit unendlicher Stoppzeit $\sigma(x_n) = \infty$ enthalten: Zu jeder Schranke M gibt es einen größten Index $n(M)$ derart, daß $x_{n(M)} \le M$ und $x_n > M$ für $n > n(M)$. Das bedeutet, die T-Trajektorie mit Startzahl $x_{n(M)} \le M$ sinkt nicht mehr unter die Schranke M, also gilt $\sigma(x_{n(M)}) = \infty$. Lagarias bewies 1985 folgendes Resultat über die Anzahlfunktion der Menge der Zahlen mit unendlicher Stoppzeit:

Es gibt positive Konstanten c, γ mit $\gamma < 1$ und

$$|\{n \in \mathbb{N} : n \le x, \sigma(n) = \infty\}| \le c x^\gamma.$$

Hieraus folgt, daß eine eventuell existierende divergente Trajektorie nicht „zu langsam" gegen ∞ divergieren darf.

Die dritte Frage ist vielfach variiert und mit unterschiedlichen Methoden angegangen worden. 1976 bemerkte Terras, daß die Paritäten (gerade/ungerade) der ersten n Zahlen

$$x_0, x_1 = T(x_0), \ldots, x_{n-1}$$

einer T-Trajektorie nur von den letzten n Ziffern in der dyadischen Darstellung der Startzahl x_0 abhängen, und daß diese Abhängigkeit sogar eineindeutig ist. Das kann man so deuten, daß der Anfang einer T-Trajektorie so etwas wie eine zufällige „Irrfahrt" ist.

Terras entwickelte einen auf der Binomialverteilung beruhenden Beweis folgenden Satzes:

Die Menge aller Startzahlen x_0 mit endlicher Stoppzeit hat die asymptotische Dichte 1.

Inzwischen gibt es eine ganze Reihe von sog. „Dichte 1"-Resultaten, die überwiegend als Verschärfungen dieses Satzes betrachtet werden können.

Diese „Dichte 1"-Resultate sind deutlich zu unterscheiden von Abschätzungen der Vorgängerdichte. Eine Zahl $x \in \mathbb{N}$ heißt T-Vorgänger einer gegebenen Zahl $a \in \mathbb{N}$, wenn die T-Trajektorie mit Startzahl x die Zahl a enthält, wenn es also eine Schrittzahl $n \ge 0$ gibt mit $T^n(x) = a$. Die Menge der T-Vorgänger von a ist also gegeben durch

$$\mathcal{P}(a) = \big\{x \in \mathbb{N} : T^n(x) = a \text{ für ein } n \ge 0\big\}.$$

Mit dieser Formulierung lautet die $3n + 1$ Vermutung einfach: $\mathcal{P}(1) = \mathbb{N}$. Ausgedrückt mit Hilfe der Anzahlfunktion der Vorgängermenge $\mathcal{P}(a)$,

$$Z_a(x) = |\{n \in \mathcal{P}(a) : n \le x\}|,$$

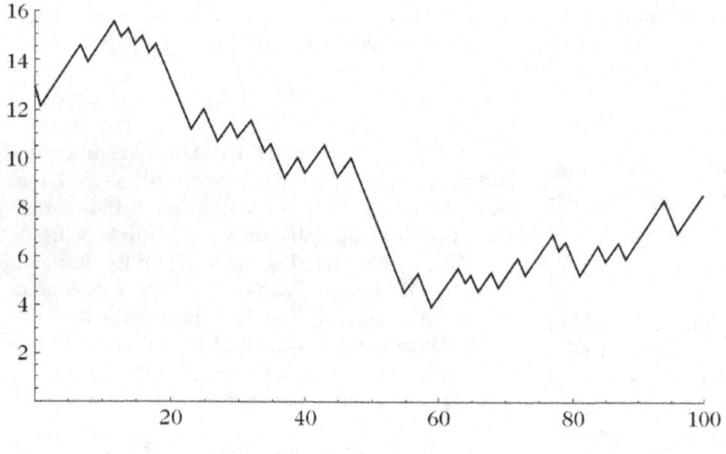

Die ersten 100 Schritte einer typischen T-Trajektorie; nach rechts ist die Schrittnummer n abgetragen, nach oben die n-te Iterierte $T^n(x_0)$ in logarithmischer Skalierung

ist das Collatz-Problem äquivalent zur Behauptung

$$Z_1(x) = x \qquad \text{für alle } x \in \mathbb{N}. \tag{9}$$

Es gibt nun schon eine Reihe von unteren Abschätzungen der Form

$$Z_1(x) > x^\beta \quad \text{für genügend große } x \in \mathbb{N}, \tag{10}$$

wobei man bestrebt ist, den Exponenten β möglichst nahe an 1 zu bringen. Crandall bewies 1978, daß es ein solches $\beta > 0$ gibt. Mit einer guten Idee, den sog. Krasikovschen Ungleichungen, bewies Krasikov 1989 die Abschätzung (10) mit $\beta = 3/7$. Nach mehreren Verschärfungen durch verschiedene Autoren zeigten Applegate und Lagarias 1995 mit einem computergestützten Beweis, der wiederum auf den Krasikovschen Ungleichungen beruht, die Behauptung (10) mit $\beta = 0.81$. Ein mögliches Ziel von Untersuchungen der Vorgängermengen $\mathcal{P}(a)$ ist ein Beweis der Aussage

$$\liminf_{x\to\infty} \frac{Z_a(x)}{x} > 0 \quad \text{für} \quad a \not\equiv 0 \mod 3,$$

die man auch als positive-Dichte-Vermutung bezeichnet [1].

Zur vierten Frage: Ersetzt man die Collatz-Funktion f_3 durch eine wie in (2) definierte Funktion f_q, so kann man analog zum Collatz-Problem die Frage stellen, ob jede f_q-Trajektorie die 1 enthält. Für $q > 3$ ist das i. allg. falsch: Franco und Pomerance nannten 1995 eine ungerade Zahl Crandall-Zahl, wenn es eine Startzahl $x_0 \in \mathbb{N}$ gibt, deren f_q-Trajektorie die 1 nicht enthält. Sie bewiesen, daß jede Wieferich-Zahl eine Crandall-Zahl ist, und daß die Menge der Wieferich-Zahlen in den ungeraden Zahlen die relative asymptotische Dichte 1 hat. Das bedeutet, daß für „fast alle" ungeraden Zahlen $q > 3$ eine $qn + 1$ Vermutung falsch ist.

Umfangreiche Computerexperimente, die von Matthews in Brisbane durchgeführt wurden, legen es nahe, daß ein $qn+1$ Algorithmus mit einer ungeraden Zahl $q \geq 5$ schnell wachsende Trajektorien hat. Aber bisher gibt es noch für kein einziges q einen mathematischen Beweis dafür, daß der $qn+1$ Algorithmus tatsächlich eine divergente Trajektorie besitzt.

Ein anderer Typ von Verallgemeinerungen, der studiert wurde, sind die Hasse-Funktionen. Zur Konstruktion einer Hasse-Funktion benötigt man zwei teilerfremde natürliche Zahlen d, m mit $d \geq 2$, und ein vollständiges Restsystem modulo d,

$$A_d = \{0, r_1, \ldots, r_{d-1}\},$$

mit der natürlichen Projektion $\varphi : \mathbb{Z} \to A_d$, die durch

$$\varphi(x) \equiv x \mod d$$

gegeben ist. Die Hasse-Funktion $H : \mathbb{Z} \to \mathbb{Z}$ ist dann definiert durch

$$H(x) = \begin{cases} \dfrac{x}{d} & \text{falls } d \mid x, \\[2mm] \dfrac{mx - \varphi(mx)}{d} & \text{sonst.} \end{cases}$$

Die in (3) definierte $3n + 1$ Funktion T ist eine Hasse-Funktion mit $d = 2$, $m = 3$ und $A_2 = \{0, 1\}$. Möller bewies 1978 ein „Dichte 1"-Resultat für Hasse-Funktionen unter der zusätzlichen Bedingung $m < d^{d(d-1)}$; diese Bedingung ist im Fall der $3n + 1$ Funktion T erfüllt.

Eine weitergehende Verallgemeinerung ist die auf periodisch-lineare Funktionen, die wie folgt definiert sind. Seien $p \geq 2$ eine ganze Zahl, und $a_0, \ldots, a_{p-1}, b_0, \ldots, b_{p-1}$ rationale Zahlen, die den $2p$ Bedingungen

$$a_k p\,,\; a_k k + b_k \in \mathbb{Z} \quad \text{für } k = 0, \ldots, p-1,$$

genügen. Dann bildet die durch

$$U(n) = a_k n + b_k \quad \text{für} \quad n \equiv k \mod p$$

definierte Funktion ganze Zahlen auf ganze Zahlen ab; ein solches U nennt man periodisch-lineare Funktion. Die $3n+1$ Funktion T ist eine periodisch-lineare Funktion mit $p = 2$, $a_0 = \frac{1}{2}$, $a_1 = \frac{3}{2}$, $b_0 = 0$ und $b_1 = \frac{1}{2}$.

Conway konstruierte 1972 eine periodisch-lineare Funktion g mit der Eigenschaft, daß das Grenzverhalten der g-Trajektorien das Halteproblem von Turing-Maschinen codiert. Daraus folgt, daß das Grenzverhalten der g-Trajektorien algorithmisch nicht entscheidbar ist; das ist ein Teilresultat zur sechsten Frage. Man kann aus Conways Resultat aber keine Informationen über die algorithmische Entscheidbarkeit des Grenzverhaltens der $3n+1$ Trajektorien herleiten. Im Gegensatz zur $3n+1$ Funktion hat die von Conway konstruierte periodisch-lineare Funktion g die spezielle Eigenschaft $b_k = 0$ für jedes $k = 0, \ldots, p-1$.

Zur siebten Frage ist anzumerken, daß es Umformulierungen und Erweiterungen des Collatz-Problems in ganz verschiedene mathematische Kontexte gibt. Zunächst einmal ist die $3n+1$ Funktion T durch (3) ganz offensichtlich auf der Menge $\mathbb{Z}_2$ der 2-adischen Zahlen definiert, also auf den unendlichen Folgen $(a_0, a_1, \ldots)$ mit $a_j \in \{0, 1\}$, die man gewöhnlich in Form der (in der 2-adischen Metrik konvergenten) Reihe

$$a = a_0 + a_1 \cdot 2 + a_2 \cdot 2^2 + \ldots = \sum_{j=0}^{\infty} a_j 2^j$$

schreibt; hierbei heißt $a \in \mathbb{Z}_2$ gerade, wenn $a_0 = 0$, und ungerade, wenn $a_0 = 1$ ist. Aus Resultaten von Matthews und Watts (1984) und Müller (1991) gewinnt man folgende Informationen über die Funktion T:

Die Funktion $T : \mathbb{Z}_2 \to \mathbb{Z}_2$ ist surjektiv, nicht injektiv, unendlich oft differenzierbar, nicht analytisch, sie erhält das Haar-Maß auf $\mathbb{Z}_2$, und sie ist stark mischend.

Wählt man für jedes $j \geq 0$ die Ziffer a_j derart, daß

$$T^j(a) \equiv a_j \mod 2$$

gilt, daß also a_j die Parität der j-ten Iterierten $T^j(a)$ angibt, so definiert die Funktion T eine Abbildung

$$Q_\infty : \mathbb{Z}_2 \to \mathbb{Z}_2 ,$$

die nach den Resultaten von Terras stetig und bijektiv ist und das Haarsche Maß auf $\mathbb{Z}_2$ erhält. Müller bewies 1994, daß Q_∞ nirgends differenzierbar ist; unabhängig hiervon zeigte Bernstein 1994, daß die von ihm explizit konstruierte Umkehrfunktion $\Phi = Q_\infty^{-1}$ nirgends differenzierbar ist. In diesem Kontext ist die $3n+1$ Vermutung äquivalent zur Behauptung

$$Q_\infty(\mathbb{N}) \subset \frac{1}{3}\mathbb{Z} .$$

Eine Umformulierung in das Reich der holomorphen Funktionen auf der komplexen Einheitskreisscheibe ist durch folgenden Satz von Berg und Meinardus (1994) gegeben:

Die $3n+1$ Vermutung ist genau dann richtig, wenn die Funktional-Gleichung

$$h(z^3) = h(z^6) + \frac{1}{3z} \sum_{j=0}^{2} \zeta^j h(\zeta^j z^2) ,$$

wobei $\zeta = e^{2\pi i/3}$ eine primitive dritte Einheitswurzel bezeichnet, in der offenen komplexen Einheitskreisscheibe $\{z \in \mathbb{C} : |z| < 1\}$ nur die Lösungen

$$h(z) = h_0 + \frac{h_1 z}{1 - z}$$

mit beliebigen Konstanten $h_0, h_1 \in \mathbb{C}$ besitzt.

Chamberland formulierte 1996 das Collatz-Problem als ein Problem der Dynamik analytischer Funktionen: Er entdeckte, daß die durch die Gleichung

$$g_0(x) = x + \frac{1}{4} - \frac{2x+1}{4} \cos(\pi x)$$

gegebene analytische Funktion die $3n+1$ Funktion T fortsetzt: Es gilt

$$g_0(x) = T(x) \quad \text{für } x \in \mathbb{Z}.$$

Chamberland's Funktion g_0 hat die etwas störende Eigenschaft, daß die kritischen Punkte von g_0 nicht genau bei den ganzen Zahlen liegen.

1998 bestimmten Letherman, Schleicher und Wood alle ganzen Funktionen $g : \mathbb{C} \to \mathbb{C}$, die einerseits die $3n+1$ Funktion T fortsetzen und andererseits die Eigenschaft haben, daß alle ganzen Zahlen kritische Punkte von g sind. Dadurch gelang es ihnen, das Collatz-Problem in die schon gut entwickelte Terminologie der holomorphen Dynamik zu übersetzen. Allerdings mußten sie feststellen, daß damit das Wesentliche des Collatz-Poblems nicht leicht zu fassen ist: Jede andere $qn+1$ Funktion läßt sich nämlich in ähnlicher Weise fortsetzen, und es scheint schwierig, einen Unterschied in der holomorphen Dynamik auszumachen.

Zum Abschluß bleibt noch zu erwähnen, daß das Collatz-Problem eine ganz praktische Anwendung hat. Einige Fragen zur $3n+1$ Dynamik, z. B. die

Suche nach Startzahlen mit besonders großer Stoppzeit, können mit einem gut programmierten Computer angegangen werden. Das hat mehrere Autoren (z. B. Leavens und Vermeulen 1989 und 1992, später Roosendaal und andere) dazu veranlaßt, die $3n + 1$ Iterationen dazu zu benutzen, Unterschiede zwischen verschiedenen Programmiersprachen und Programmiertechniken zu messen, oder die Qualität neu entwickelter Programmiersysteme zu untersuchen.

Literatur

[1] Wirsching, G. J.: The Dynamical System Generated by the $3n + 1$ Function. Springer Berlin, 1998.

Collins, John, englischer Buchhalter und Mathematiker, geb. 5. 3. 1625 Wood Eaton (bei Oxford), gest. 10. 11. 1683 London.

Als Sohn eines Theologen ging Collins zunächst bei einem Buchhändler in die Lehre, heuerte 1642 auf einem englischen Handelsschiff an, arbeitet ab 1649 als Privatlehrer und ab 1660 als Buchhalter. Ab 1667 war er Mitglied der Royal Society of London und ab 1678 ihr Sekretär.

Durch seinen umfangreichen Briefwechsel mit den führenden Gelehrten Europas (Newton, Wallis, Barrow, Leibniz, Huygens) wirkte er für die Verbreitung sowohl des modernen als auch des antiken wissenschaftlichen Gedankengutes. Er stimulierte viele Wissenschaftler zur kritischen Untersuchung der vorhandenen Methoden und neuen Forschungen in unterschiedlichsten Wissensgebieten.

Mit seinem buchhändlerischen Wissen förderte er den Druck vieler mathematischer Manuskripte.

complete linkage, ein spezieller Algorithmus in der hierarchischen Clusteranalyse, bei der ein bestimmtes typisches Maß (Distanzmaß) zur Beschreibung des Abstandes zwischen Gruppen von Objekten verwendet wird.

Für weitere Information vergleiche man ↗Clusteranalyse.

Computer, programmierbare Anlage zur Informationsverarbeitung.

Nach der Natur der zu verarbeitenden Information unterscheidet man Analogrechner (stetige Information, z. B. Meßgrößen), Digitalrechner (diskrete Information, z. B. Zahlen, Wahrheitswerte) sowie Hybridrechner (gemeinsame Verarbeitung analoger und digitaler Daten). Wegen der Dominanz der Digitalrechner in vielen Bereichen wird der Begriff Computer oft nur auf Digitalrechner bezogen.

Analogrechner stellen Information durch physikalische Größen dar (meist als Spannung). Mathematische Operationen werden durch spezielle Schaltungen, z. B. auf der Basis von Operationsverstärkern, realisiert. Es gibt Schaltungen, die Integrations- und Differentiationsaufgaben lösen können. Analogrechner sind deutlich weniger verbreitet als Digitalrechner und werden z. B. für Steuerungs-, Regelungs- und Simulationsaufgaben eingesetzt.

Digitalrechner verarbeiten diskrete Werte, meist Binärzahlen eines endlichen Wertebereichs. Komplexere Informationen werden durch Binärzahlen codiert. Ein typischer Digitalrechner besteht aus einem Prozessor, einem Hauptspeicher und mehreren Peripheriegeräten.

Der Prozessor enthält einige Register zur Speicherung von Operanden, die arithmetisch/logische Einheit zur Ausführung elementarer Operationen und das Steuerwerk zur Organisation der Abarbeitungsfolge. Ein Systembus vermittelt Steuerinformationen, Adressen und Daten zwischen Prozessor und anderen Rechnerbestandteilen. Programme sind als Folgen von Binärzahlen im Programmspeicher abgelegt. Zur Programmabarbeitung liest das Steuerwerk den Befehl, der unter der im Befehlszählerregister abgelegten Adresse steht, aus dem Hauptspeicher und initiiert die Ausführung des Befehls durch die arithmetisch/logische Einheit (Operation) bzw. durch angeschlossene Geräte (laden, speichern).

Im Hauptspeicher werden Daten und Programme abgelegt. Jeder Speichereinheit (z. B. einem ↗Byte) wird eine Adresse zugeordnet, über die die Speichereinheit gelesen bzw. geschrieben werden kann.

Zu den Peripheriegeräten zählen Massenspeicher (Festplatte, Magnetbandgerät, Diskettenlaufwerk, CD-ROM, usw.) zur längerfristigen Lagerung von Daten, Kommunikationsgeräte (z. B. Modem, Netzwerkkarte) zur Verbindung mit anderen Rechnern sowie Ein-/Ausgabegeräte (z. B. Tastatur, Bildschirm, Maus, Scanner, Drucker) zur Interaktion zwischen Mensch und Computer.

Ein Computer kann mehrere Prozessoren haben, die auf einen gemeinsamen oder auf jeweils eigene Hauptspeicher zurückgreifen.

Neben der Gerätetechnik (Hardware) werden auch die zum Betrieb notwendigen Programme (Software) als integrale Bestandteile eines Computers gezählt. Dazu gehören das Betriebssystem und je nach Verwendungszweck ein Satz von Anwenderprogrammen.

Das Betriebssystem verwaltet die Rechnerressourcen (Prozessor, Speicher, Peripheriegeräte) und teilt sie den gerade laufenden Programmen zu. Es organisiert die gemeinsame Nutzung des Rechners durch verschiedene Nutzer und stellt Nutzern eine maschinenunabhängige Arbeitsumgebung zur Verfügung.

Eine Vielzahl von Anwendungsprogrammen erlaubt die Verwendung eines Computers zu verschiedensten Zwecken. Einige wenige Beispiele sind Textverarbeitung, Datenbankverwaltung, Computerspiele, Internetbrowser, Kalkulationsprogramme oder Numerikpakete.

Der Entstehung von Computern liegt der alte Menschheitstraum von der Mechanisierung des Rechnens zugrunde. Die Idee einer programmierbaren Maschine wird Charles Babbage (1792–1871) zugeschrieben, der ab 1834 seine mechanische *Analytical Engine* konzipierte, deren Grundstruktur heutigen Digitalrechnern ähnelte. Die Entwicklung funktionstüchtiger Computer wurde durch militärische Projekte (Dechiffrierung, Raketensteuerung und -flugbahnberechnung, Atombombenentwicklung) im Zusammenhang mit dem zweiten Weltkrieg ausgelöst, wo derart umfangreiche Berechnungen notwendig waren, daß sie durch menschliche Rechner (engl. Computer) nicht mehr zu bewältigen waren. Daneben gab es auch zivile Bedürfnisse, z. B. Volkszählung oder Buchhaltung großer Unternehmen.

Die ersten Maschinen (z. B. *Z3* (1941) von Konrad Zuse, *MARK I* (1941) von Howard Aiken), arbeiteten mechanisch und elektromechanisch. Es folgten Rechner auf der Basis von Elektronenröhren (*COLOSSUS* (1943) in Großbritannien, *ENIAC* (1946) in den USA). *EDVAC*, ein Nachfolger der *ENIAC*, realisierte erstmals das Prinzip der gemeinsamen Speicherung von Programmen und Daten. Dieses Prinzip hatte großen Einfluß auf die weitere Computerentwicklung und wurde nach John von Neumann benannt, der zeitweilig Berater der *ENIAC*-Gruppe war.

Nach dem zweiten Weltkrieg begann die Serienfertigung von Computern. Als Anwendungen dominierten aufwendige numerische Berechnungen und Datenverarbeitung. In den sechziger Jahren wurde die Röhren- durch die leistungsfähigere Transistortechnologie und später durch integrierte Schaltkreise abgelöst.

Das Leistungsspektrum reicht heute von Supercomputern für rechentechnische Höchstleistungen (numerische Berechnungen, meteorologische und andere Simulationsrechnungen), Mainframes (Zentralrechner großer Rechenzentren) über Personalcomputer bis hin zu kleinsten Prozessoren in Haushaltsgeräten.

Mit dem Ende der siebziger Jahre aufkommenden PC entstand ein neues, inzwischen weit verbreitetes Haushalts- und Freizeitgerät. Durch die weltweite Vernetzung von Rechnern über das Internet entwickelt sich ein komplexes und flexibles Informationsmedium mit neuen Kommunikationsformen (Newsgroups, E-Mail, Chatrooms) und Auswirkungen in verschiedene Bereiche der Gesellschaft (z. B. Datenschutz, Urheberrecht, Computerkriminalität, elektronische Geschäftsabwicklung, Computerkunst, Sozialgefüge).

computer arithmetic, ↗ Computerarithmetik.

computer vision, automationsunterstützte geometrische Bildverarbeitung und Mustererkennung.

Computer vision befaßt sich mit der automatisierten Erkennung und Verarbeitung von Bildinhalten und steht damit in gewissem Sinne entgegengesetzt zur Computergraphik.

Ein Beispiel ist das folgende: Ein in vielen Freiheitsgraden bewegliches Objekt, etwa ein menschlicher Körper, bewegt sich im Raum und dieser Vorgang wird von zwei Kameras gefilmt. Wie kann die exakte Position eines starren Teil-Objektes im Raum (etwa eines Oberarmes) zu jedem Zeitpunkt rekonstruiert werden?

Um dieses Problem zu lösen, muß man auf den Einzelbildern auf automatische Art und Weise das Bild des betrachteten Teiles anhand seiner Umrißlinie identifizieren, und vermittels zweier zum selben Zeitpunkt gemachter Bilder die Position im Raum bestimmen.

Die benötigten mathematischen Hilfsmittel reichen von den Grundlagen der Photogrammetrie und den Abbildungsmethoden der darstellenden Geometrie bis zur Signalverarbeitung.

Für einen vollständigen Überblick muß auf die Literatur verwiesen werden.

[1] Chen, C. H.: Handbook of pattern recognition and computer vision (2. Auflage). World Scientific Singapur, 1999.

[2] Jähne, B.; Haussecker, H.; Geissler, P.: Handbook of computer vision and applications. Academic Press San Diego, 1999.

Computer-Aided Design

J. Wallner

Synonyme sind „CAD“ und „rechnergestütztes Entwerfen“, wie z. B. im Maschinenbau und in der Architektur.

Durch den Einsatz des Rechners hat sich der Begriff der Entwurfs- oder Konstruktionszeichnung stark erweitert. Während der gedankliche

Entwurfs- und Zusammenstellungsprozeß nach wie vor zum größten Teil bei einer Person, dem Designer bzw. Benutzer von CAD-Systemen liegt, eröffnen sich dem Benutzer von CAD-Software, beginnend mit dem Festhalten der Konstruktionsidee auf einem beständigen Medium (seit Jahrhunderten ein Blatt Papier, im CAD ein geeignetes elektronisches Speichermedium) eine Reihe von Möglichkeiten, die dem traditionellen Zeichner verschlossen blieben.

Die einfachste Möglichkeit, zum Entwurf eines Objektes einen Computer zu benutzen, ist es, mit Hilfe verschiedener Geräte (‚Maus', ‚Tastatur') eine Strichzeichnung in elektronischer Form abzulegen, was den Vorteil der leichten Korrigierbarkeit und Reproduzierbarkeit (‚Drucker') bietet. Dieser Vorgang ist nichts anderes als eine klassische Bleistiftzeichnung unter Benützung eines alternativen Mediums und kann eigentlich noch nicht mit ‚CAD' bezeichnet werden, ist aber meist die Grundlage für Weiteres.

Was den Rechnereinsatz jedoch bereits auf dieser niedrigen Stufe effizient macht, ist die leichte Wiederverwendbarkeit und Modifizierbarkeit von bereits fertiggestellten Entwürfen, was beim Vorhandensein von vielen standardisierten oder ähnlichen Teilen die Konstruktion erheblich beschleunigen kann.

Eine sich mehr am geometrischen Standpunkt orientierende Vorgangsweise ist es, von beispielsweise prismatischen, kegelförmigen, rotationssymmetrischen Grundkörpern auszugehen und das zu entwerfende Objekt mit Hilfe von Durchnitts-, Vereinigungs- und Differenzenbildung zu erzeugen (‚solid modeling'). Hier nehmen Algorithmen der ↗Computergeometrie dem Anwender etwa das Bestimmen von Schnittkurven ab, wofür ein Konstrukteur der früheren Zeit die konstruktiven Verfahren der Darstellenden Geometrie bemühen mußte.

CAD-Software muß in diesem Zusammenhang das Problem lösen, verschiedene Volumina in einer Art und Weise zu speichern, die alle geforderten Operationen wie die oben beschriebenen ermöglicht. Beispielweise können alle Volumina durch Polyeder approximiert werden, aber es ist auch denkbar, daß das Programm in der Lage ist, durch algebraische Flächen (wie eine Kugelfläche) begrenzte Objekte zu verarbeiten, oder andere geometrische Methoden der Flächenerzeugung zu benutzen.

Einen besonderen Status haben ↗Freiformkurven und ↗Freiformflächen, denen der Designer nicht eine präzise mathematische Form geben möchte, aber die bestimmten Bedingungen genügen sollen, wie z. B. eine bereits gegebene Kurve berührend fortzusetzen, oder ein bestehendes Loch kantenfrei und in möglichst monotoner Weise auszufüllen. Meist werden für solche Zwecke Kurven und Flächen in ↗Bernstein-Bézier-Darstellung (↗B-Splinekurven und ↗B-Splineflächen) eingesetzt. Dies ist ein Beispiel für die Anwendungen von Methoden der ↗geometrischen Datenverarbeitung.

Nach der Eingabe und der dazu notwendigen Bearbeitung von geometrischen Objekten gehört die visuelle Darstellung des entworfenen Teils zu den Aufgaben eines CAD-Systems. (↗Computergraphik). Besonders in der Architektur ist es von großem Interesse, Bilder von diversen Außen- und Innenansichten eines in Planung befindlichen Gebäudes innerhalb seiner zukünftigen Umgebung betrachten, und es in virtueller Weise bewandern zu können ('virtual reality'), wobei der Benutzer je nach Leistungsfähigkeit des verwendeten Rechners einen mehr oder weniger realistischen Eindruck empfängt.

Diese Anwendung führt zu einem weiteren wesentlichen Punkt im Zusammenhang mit rechnergestützter Konstruktion: der möglichst direkten Weiterverwendung der im Rechner abgelegten Entwurfsdaten für andere Zwecke. Als Beispiele können hier der Entwurf von Mechanismen im Maschinenbau dienen, deren Bewegung verfolgt werden kann, oder das Weiterleiten der Konstruktionszeichnung zur automatisierten Fertigung (‚computer-integrated manufacturing').

Da das Computer-Aided Design ein sich rasch änderndes Gebiet ist, sei auf die Angabe von allgemeiner Buchliteratur verzichtet. Der an den mathematischen Grundlagen interessierte Leser wird auf die Stichwörter ↗geometrischen Datenverarbeitung und ↗Computergraphik verwiesen, und der Anwender, der sich über die Fähigkeiten von CAD-Systemen orienteren möchte, auf die Handbücher der jeweils aktuellen komerziellen Produkte auf dem Sektor der CAD-Software.

Computer-Aided Engineering, *CAE*, das Zusammenfassen von industriellen Entwurfs- und Herstellungsprozessen unter Zuhilfenahme des Rechners.

Der erste Teil wird mit ↗Computer-Aided Design (‚CAD'), der zweite mit Computer-Aided Manufacturing (‚CAM') bezeichnet. Es gibt in diesem Zusammenhang noch andere Schlagwörter und mit ‚CA' beginnende Abkürzungen, wie zum Beispiel die rechnerunterstützte Qualitätskontrolle (‚CAQ'), sodaß man, in traditioneller Weise Unbekanntes mit dem Buchstaben X bezeichnend, auch die Abkürzung ‚CAX' verwendet.

Computeralgebra, ein modernes Gebiet der Mathematik, das algorithmische und strukturelle Algebra mit Methoden der Informatik verbindet. Es hat sich in den sechziger Jahren, initiiert durch Bedürfnisse der Anwender, für die die symbolischen Rechnungen zu kompliziert wurden, entwickelt.

Die Computeralgebra beschäftigt sich mit Methoden zur Lösung mathematischer Probleme durch symbolische Algorithmen und deren Umsetzung in Software. Computeralgebra beinhaltet exakte Arithmetik, Operationen mit Polynomen (Berechnung des größten gemeinsamen Teilers, Faktorisierung univariater und multivariater Polynome), modulares Rechnen auf der Grundlage des chinesischen Restsatzes, Gröbner-Basen und Standardbasen als Grundlage für die Operationen mit Idealen (z. B. Berechnung des Durchschnittes, des Quotienten bis hin zur Primärzerlegung). Damit ist sie Grundlage für viele Anwendungen in der kommutativen Algebra und algebraischen Geometrie.

Computeralgebra beinhaltet auch konstruktive Methoden in der Zahlentheorie (von Primzahlnachweisen, Faktorisierung von großen Zahlen bis zur Berechnung von Galois-Gruppen), Algebrentheorie, Gruppen- und Darstellungstheorie, ↗Codierungstheorie und Kryptographie, symbolische Integration, symbolisches Lösen algebraischer Gleichungssysteme, symbolische Behandlung von Differentialgleichungen und Komplexitätstheorie. Sie hat viele Anwendungen in anderen Wissenschaften wie Physik, Chemie, Biologie und Medizin.

Die Computeralgebra hat eine Reihe von Allzwecksystemen wie Axiom, Macsyma, Maple, Mathematica, Reduce und MuPAD hervorgebracht. Mit diesen kann man sowohl numerisch als auch symbolisch rechnen und eigene Programme schreiben. Dem gegenüber stehen spezialisierte Systeme wie z. B. CoCoA, Gap, Macaulay II, Magma, SINGULAR, die für gewisse Probleme (wie z. B. die Berechnung von Gröbner-Basen) sehr viel leistungsfähiger sind als die Allzwecksysteme.

Neuerdings gewinnt auch das Rechnen in nichtkommutativen Ringen und Algebren an Bedeutung.

[1] Cox, D.; Little, J,; OShea, D.: Ideals, Varieties, and Algorithms. Springer Heidelberg/Berlin, 1996.

[2] Mignotte, M.: Mathematics for Computer Algebra. Springer Heidelberg/Berlin, 1991.

[3] Mishra, B.: Algorithmic Algebra. Springer Heidelberg/Berlin, 1993.

Computerarithmetik, *computer arithmetic*, Teilgebiet der Informatik, das sich mit der Darstellung von Zahlen (↗Zahlendarstellung) im Rechner und der Realisierung arithmetischer Operationen unter Verwendung dieser Zahlendarstellungen beschäftigt.

[1] Hwang, K.: Computer Arithmetic: Principles, Architecture, and Design. Wiley New York, 1979.

[2] Omondi, R.: Computer Arithmetic Systems: Algorithms, Architecture, and Implementations. Prentice Hall New York London, 1994.

[3] Swartzlander, E.: Computer Arithmetic. Volume 1&2. IEEE Computer Society Press Los Alamitos, 1990.

Computergeometrie, umfaßt einerseits die geometrischen Methoden, die im ↗Computer-Aided Design und in der ↗Computergraphik angewandt werden (Computer-Aided Geometric Design, Geometrische Datenverarbeitung), und andererseits Algorithmen zur Lösung geometrischer Aufgabenstellungen bzw. zum Auswerten geometrisch definierter Funktionen, wie z. B. das Bestimmen der konvexen Hülle einer Punktmenge als Polyeder.

Diese beiden Bereiche überschneiden einander (man denke beispielsweise an Schnittalgorithmen für ↗B-Splinekurven und -flächen, die auf ihren diskreten Unterteilungseigenschaften beruhen).

Computergraphik, Oberbegriff für alles, was im weitesten Sinne mit der Darstellung und interaktiven Bearbeitung verschiedener Objekte auf einem Computerbildschirm zu tun hat.

Durch elektronisch abgelegte Daten ist ein Bild definiert. Modifikation dieser Daten bewirkt eine Änderung des Bildes, und durch Änderung des Bildes in graphischer Art und Weise können die numerischen Daten modifiziert werden.

Diese zwei Bereiche, die Visualisierung und die Interaktion, haben sich durch Entwicklung von diversen Ein- und Ausgabegeräten – wie der „Maus" in den sechziger Jahren oder dem z-buffer 1974 – stetig erweitert und vervollkommnet, wobei der Darstellungs-Kunst der bei weitem größte Aufwand gilt.

Computergraphik umfaßt zum einen Computer-Kunst, die den Bildschirm als Medium benutzt, zum anderen das Herstellen realistischer Bilder z. B. für kinematographische Spezialeffekte, und auch die Visualisierung von wissenschaftlichen und technischen Sachverhalten, z. B. für ↗Computer-Aided Design und Veranschaulichung von räumlichen Sachverhalten in der Medizintechnik.

Zu den mathematischen Grundlagen der Computergraphik, auf die in diesem Lexikon näher eingegangen wird, gehören die Gesetzmäßigkeiten, denen Seh- und Lichtstrahlen folgen, was zu einem großen Teil durch die Abbildungsmethoden der darstellenden Geometrie beschrieben wird (man vergleiche hierzu etwa die Einträge zu Parallelprojektion, Zentralprojektion, ray-tracing, hidden line, Isophote, Phong-Shading, Sichtbarkeit, Umrißlinie), und auch Elemente der geometrischen Datenverarbeitung, wie ↗B-Splineflächen, ↗B-Splinekurven, ↗Flächenverbände, und diskrete Unterteilungsalgorithmen.

Für eine vollständigere Übersicht und neuere Entwicklungen sei auf die Literatur und die zahlreichen populären und wissenschaftlichen Fachzeitschriften verwiesen.

[1] Foley, J. D.: Computer graphics. Addison-Wesley Reading, Mass., 1997.
[2] Foley, J. D.; Dam, A. van: Fundamentals of interactive computer graphics. Addison-Wesley Reading, Mass., 1982.
[3] SIGGRAPH: Computer Graphics — Annual conference series. Association for Computing Machinery New York, erscheint jährlich.

concatenate, das Ketten oder auch Verketten von Datensätzen oder Programmbefehlen.

Ein Programm besteht aus mehreren Befehlen, sodaß gewährleistet sein muß, daß man vom n-ten Befehl zum $(n+1)$-ten Befehl kommt. Diese Verkettung der Befehle wird in der Regel mit Hilfe des Befehlszählers bewirkt. Bei Datensätzen läßt sich eine Verkettung erreichen, indem man zu jedem Satz zusätzlich zur inhaltlichen Information ein Adreßfeld hinzufügt, in dem die physische Adresse des nachfolgenden Satzes abgelegt ist.

Damit kann das System bereits bei der Bearbeitung des n-ten Satzes erkennen, wo der $(n+1)$-te Satz zu finden ist.

Bei verketteten Listen, wie sie beispielsweise in den Programmiersprachen Pascal oder C verwendet werden, sind Verkettungen in beliebige Richtungen möglich; durch Hinzufügen mehrerer Adreßfelder kann man auch mehrfach verkettete Listen erstellen.

conditional-sum Addierer, kombinatorischer ↗logischer Schaltkreis zur Berechnung der Summe von zwei n-stelligen binären Zahlen.

Für einen beliebigen Wert $k \in \{1, \dots, n-1\}$ unterteilt man den ersten Operanden $\alpha = (\alpha_{n-1}, \dots, \alpha_0)$ in den Wert

$$\alpha^{(k,1)} = \sum_{i=k}^{n-1} \alpha_i 2^{i-k},$$

der die $n-k$ höherwertigen Stellen von α darstellt, und den Wert

$$\alpha^{(k,0)} = \sum_{i=0}^{k-1} \alpha_i 2^i,$$

der die k niederwertigen Stellen von α darstellt. In gleicher Art und Weise spaltet man den Operanden $\beta = (\beta_{n-1}, \dots, \beta_0)$ in die Werte $\beta^{(k,1)}$ und $\beta^{(k,0)}$ auf.

Der Leitgedanke des Verfahrens ist, daß sowohl die Summe $\alpha^{(k,1)} + \beta^{(k,1)}$ als auch die Summe $\alpha^{(k,1)} + \beta^{(k,1)} + 1$ der höherwertigen Bits berechnet werden und je nachdem wie der Übertrag an der Stelle $k-1$ aussieht, das richtige Resultat ausgewählt wird.

Setzt man $k = \lfloor \frac{n}{2} \rfloor$ und wendet man das geschilderte Verfahren rekursiv an, so erhält man einen conditional-sum Addierer, der eine Laufzeit hat, die sich asymptotisch wie $\log n$ verhält. Die Fläche verhält sich wie $n \cdot \log n$.

confinement, Bezeichnung für die Tatsache, daß ↗Quarks in der Natur nicht einzeln frei auftreten. Dies wird dadurch erklärt, daß die ↗Farbladung eine Wechselwirkung erzeugt, die auch bei großen Abständen noch stark anziehende Wirkung hat.

connection coefficients, bei der Wavelet-Galerkin-Diskretisierung einer Differentialgleichung in der entsprechenden Steifigkeitsmatrix auftretende Größen.

Beispielsweise ergeben sich bei einem eindimensionalen Modellproblem zweiter Ordnung connection coefficients der Form

$$c_k = \int \phi'(x)\phi'(x-k)dx .$$

Ihre Berechnung ist ohne Lösung der auftretenden Integrale rein algebraisch durch rekursives Einsetzen der Skalierungsgleichung möglich.

Connes, Alain, französischer Mathematiker, geb. 1.4.1947 Draguignan (bei Cannes).

Connes studierte 1966–1970 an der Ecole Normale Supérieure in Paris und promovierte dort 1973. 1970 wurde er Forschungsmitarbeiter am CNRS in Paris, weilte 1974/75 an der Queen's University in Ontario (Kanada) und lehrte ab 1976 an der Universität Paris. Nach einem Aufenthalt am Institute for Advanced Study in Priceton (1978/79) wurde er als Professor an das Institut des Hautes Etudes Scientifiques in Bures-sur-Yvette berufen, und gab 1980 seinen Posten an der Pariser Universität auf. 1981–1989 war er Direktor des CNRS und erhielt 1984 eine zweite Professur am College de France.

Connes' Hauptforschungsgebiet ist die Theorie der Operatorenalgebren und deren Anwendung. Bereits in seiner Dissertation gelang ihm ein fundamentaler Durchbruch bei der Lösung des Klassifizierungsproblems für von Neumann-Algebren. Bei der Einführung der von Neumann-Algebren in den 30er und 40er Jahren des 20. Jahrhunderts hatten deren Schöpfer von Neumann und Murray eine erste Klassifikation dieser Algebren in mehrere Grundtypen gegeben. Mit der vollständigen Klassifikation der Faktoren vom Typ III und dem Strukturtheorem für diese Faktoren erzielte Connes einen großen Fortschritt. Auch für die anderen Faktoren erhielt er neue Ergebnisse. In den folgenden Jahren eröffnete er mit der Anwendung der Operatorenalgebren auf Fragen der Differentialgeometrie, der Blätterungen und der Indexformeln neue interessante Forschungen.

1979 publizierte er eine nichtkommutative Integrationstheorie und widmete sich dann dem Aufbau einer nichtkommutativen Geometrie, für die er wichtige Anwendungen in der theoretischen Physik, speziell der Quantentheorie gab. Connes hat mit seinen Arbeiten neue Problemkreise erschlossen und viele Mathematiker und Physiker zu neuartigen Betrachtungen angeregt.

Für die von ihm vorgelegten Resultate wurde er mehrfach geehrt, u. a. 1982 mit der Fields-Medaille.

co-NP, Komplexitätsklasse aller Entscheidungsprobleme (↗Entscheidungsproblem) oder Sprachen, deren Komplemente in ↗NP enthalten sind.

Eine Sprache L ist genau dann in co-NP enthalten, wenn es eine Sprache L' in der Komplexitätsklasse ↗P gibt, so daß x genau dann in L enthalten ist, wenn für alle y mit einer bzgl. x festen polynomiellen Länge (x, y) in L' enthalten ist. Sprachen in co-NP lassen sich also durch einen universellen Quantor und ein polynomielles Prädikat ausdrücken.

convex hull property, *Konvexe-Hülle-Eigenschaft*, die Eigenschaft eines geometrischen Objekts, das durch eine Punktmenge M definiert ist, in der konvexen Hülle von M zu liegen.

Diese Eigenschaft beschleunigt oftmals Algorithmen, wie z. B. das Bestimmen des Schnittes von Kurven und Flächen.

Beispiel: Eine ↗Bézier-Kurve

$$b(t) = \sum b_i B_i^n(t)$$

mit den ↗Kontrollpunkten $b_0, \ldots, b_n$ liegt in der konvexen Hülle von $b_0, \ldots, b_n$, weil die Bernsteinpolynome die Ungleichung

$$0 \le B_i^n(t) \le 1$$

und die Gleichung

$$\sum_i B_i^n(t) = 1$$

erfüllen. Analoges gilt für ↗B-Splinekurven.

Conway-Schnitt, Paar $C = (L, R)$ von Teilmengen L und R einer totalen Ordnung $(M, \le)$ mit der Eigenschaft $L < R$, d. h. $\ell < r$ für alle $\ell \in L, r \in R$.

L und R sind dann insbes. disjunkt. $L(C) := L$ heißt linke Menge und $R(C) := R$ rechte Menge des Conway-Schnitts $C = (L, R)$.

Im Jahre 1972 definierte John Horton Conway die ↗surrealen Zahlen axiomatisch rekursiv als Schnitte von Mengen surrealer Zahlen. Für einen Schnitt x notiert er Elemente von $L(x)$ bzw $R(x)$ als linke Optionen x^L bzw. rechte Optionen x^R und schreibt damit $x = \{x^L \mid x^R\}$. Sind z. B. $a, b, c, \ldots$ und $u, v, w, \ldots$ surreale Zahlen mit $\{a, b, c, \ldots\} < \{u, v, w, \ldots\}$, so ist

$$\{a, b, c, \ldots \mid u, v, w, \ldots\}$$

die surreale Zahl mit der linken Menge $\{a, b, c, \ldots\}$ und der rechten Menge $\{u, v, w, \ldots\}$.

Conway-Schnitte sind eine Verallgemeinerung von ↗Dedekind-Schnitten.

Conway-Zahlen, ↗surreale Zahlen.

Cook, Satz von, die Aussage, daß das ↗Erfüllbarkeitsproblem für die Konjunktion von Klauseln, also Disjunktionen von Literalen, ↗NP-vollständig ist.

Mit seinem Satz ist es Cook erstmals gelungen, die NP-Vollständigkeit eines Problems zu beweisen. Dazu war es nötig, alle Probleme in der Komplexitätsklasse ↗NP polynomiell auf das oben beschriebene Erfüllbarkeitsproblem zu reduzieren.

Cook hat zulässige Rechenwege nichtdeterministischer Turing-Maschinen durch Konjunktionen von Klauseln codiert. Spätere NP-Vollständigkeitsbeweise für andere Probleme konnten die Transitivität polynomieller Reduktionen ausnutzen und sich auf den Satz von Cook stützen.

Cook-Hack-Theorem, Satz aus der Streutheorie der Quantenmechanik.

Sei $V \in L^2(\mathbb{R}^3) + L^r(\mathbb{R}^3)$, wobei $2 \le r < 3$. Ferner seien $H_0 = -\Delta$ auf $L^2(\mathbb{R}^3)$ und $H = H_0 + V$. Dann existieren die verallgemeinerten Wellenoperatoren $\Omega^{\pm}(H, H_0)$.

V bezeichnet eine Störung, die vom Hamiltonoperator H_0 des ungestörten Systems zum Hamiltonoperator H führt. Weitere Ausführungen hierzu findet man in [1].

[1] Reed, M.; Simon, B.: Methods of Modern Mathematical Physics, Bd. III, Scattering Theory. Academic Press San Diego, 1979.

Coons-Fläche, über einem meist rechteckigen Parametergebiet G definierte Fläche, die auf allen Randseiten von G vorgegebene Randfunktionen interpoliert.

Im einfachsten Fall werden durch diese Randfunktionen nur die Werte der gewünschten Funktion vorgeschrieben, es ist jedoch auch möglich, die Normalenableitung auf dem Rand vorzugeben.

Wir verdeutlichen die Vorgehensweise an einem Beispiel. Es sei $G = [0, 1]^2$. Vorgegeben werden vier auf $[0, 1]$ stetige Randfunktionen f_0, f_1, g_0 und g_1, die noch die Kompatibilitätsbedingungen

$$f_0(0) = g_0(0) \ , \ f_0(1) = g_1(0),$$
$$f_1(0) = g_0(1) \ , \ f_1(1) = g_1(1)$$

erfüllen müssen. Gesucht ist eine über $[0, 1]^2$ stetige Funktion C mit den Eigenschaften

$$C(x, \mu) = f_\mu(x) \text{ und } C(\mu, y) = g_\mu(y)$$

für $\mu = 0, 1$ und $x, y \in [0, 1]$.

Diese Aufgabe wird gelöst durch die Coons-Fläche

$$\begin{aligned} C(x,y) &= g_0(y)(1-x)+g_1(y)x \\ &\quad +f_0(x)(1-y)+f_1(x)y \\ &\quad -((1-x)f_0(0)+xf_0(1))(1-y) \\ &\quad -((1-x)f_1(0)+xf_1(1))y\,. \end{aligned}$$

Die Funktionen $\phi_0(t) := t$ und $\phi_1(t) := 1-t$ bezeichnet man als ↗Bindefunktionen.

Sollen zusätzlich zu den Funktionswerten noch die Normalenableitungen von C vorgeschrieben werden, so geschieht dies durch Vorgabe von weiteren Randfunktionen $\hat{f}_0, \hat{f}_1, \hat{g}_0$ und $\hat{g}_1$, die natürlich eine Reihe von weiteren Kompatibilitätsbedingungen erfüllen müssen.

Copernicus, Nicolaus, ↗ Kopernikus, Nikolaus.

Coriolis, Gaspard Gustav, französischer Mathematiker, Physiker und Ingenieur, geb. 21.5.1792 Paris, gest. 17.9.1843 Paris.

Coriolis war 1816 bis 1838 Mathematikprofessor an der École Polytechnique Paris und arbeitete zur Mechanik und Ingenieurmathematik. Sein Name ist bekannt durch die ↗Coriolis-Kraft, die er in einem Artikel von 1835 einführte. Coriolis definierte auch mechanische Arbeit und kinetische Energie. 1835 veröffentlichte er eine mathematische Theorie über Billiard, 1836 eine Theorie der Differentialgleichungen und 1844 publizierte er zur Mechanik fester Körper.

Coriolis-Kraft, eine Kraft, die in rotierenden Systemen auftritt, wenn eine Bewegung orthogonal zur Drehachse stattfindet.

Bei konstanter Winkelgeschwindigkeit und variierendem Radius muß sich die Geschwindigkeit des rotierenden Körpers ändern. Wird die hierzu notwendige Kraft nicht aufgebracht, erfährt der Körper eine (scheinbare) Beschleunigung in tangentialer Richtung, die Coriolis-Kraft.

Auf die Erdoberfläche fallende Körper tendieren also leicht nach Osten, aufsteigende Flugkörper nach Westen.

Cornusche Spirale, ↗Klothoide.

Corona-Theorem, Satz aus der Funktionentheorie, der wie folgt lautet:

Es sei H^∞ die Banach-Algebra aller in

$$\mathbb{E} = \{z \in \mathbb{C} : |z| < 1\}$$

beschränkten, holomorphen Funktionen (↗Hardy-Raum). Weiter seien $f_1, f_2, \ldots, f_n \in H^\infty$ und $\delta > 0$ derart, daß

$$|f_1(z)| + |f_2(z)| + \cdots + |f_n(z)| \geq \delta$$

für alle $z \in \mathbb{E}$.

Dann existieren Funktionen $g_1, g_2, \ldots, g_n \in H^\infty$ mit

$$f_1(z)g_1(z) + f_2(z)g_2(z) + \cdots + f_n(z)g_n(z) = 1$$

für alle $z \in \mathbb{E}$.

Die Bezeichnung „Corona-Theorem" hat folgenden Hintergrund.

Es sei $\mathcal{M}$ die Menge der maximalen Ideale von H^∞ und Δ die Menge der multiplikativen linearen Funktionale auf H^∞. Zu jedem $M \in \mathcal{M}$ existiert genau ein $\phi \in \Delta$ mit $\operatorname{Ker}\phi = M$, und umgekehrt gilt

$$\operatorname{Ker}\phi \in \mathcal{M}$$

für jedes $\phi \in \Delta$. Es existiert also eine bijektive Abbildung von $\mathcal{M}$ auf Δ.

Jedem $f \in H^\infty$ wird eine Funktion $\hat{f} : \Delta \to \mathbb{C}$ zugeordnet durch $\hat{f}(\phi) := \phi(f)$.

Auf Δ bzw. $\mathcal{M}$ wird nun die schwächste Topologie eingeführt derart, daß jede Funktion $\hat{f}$ stetig ist. Diese nennt man die Gelfand-Topologie, und $\mathcal{M}$ wird damit zu einem kompakten Hausdorff-Raum. Nun erzeugt jedes $\zeta \in \mathbb{E}$ ein maximales Ideal

$$M_\zeta = \{f \in H^\infty : f(\zeta) = 0\}\,.$$

Man kann daher $\mathbb{E}$ als (topologischen) Teilraum von $\mathcal{M}$ auffassen.

Das Corona-Theorem ist dann äquivalent zu der Aussage, daß $\mathbb{E}$ dicht in $\mathcal{M}$ ist. Anschaulich bedeutet dies, daß $\mathbb{E}$ keine „Corona" besitzt.

Cosekans, ↗Cosekansfunktion.

Cosekans hyperbolicus, ↗hyperbolische Cosekansfunktion.

Cosekansfunktion, *Cosekans*, der Kehrwert der ↗Sinusfunktion, also die Funktion

$$\csc = \frac{1}{\sin} : \mathbb{R} \setminus \{k\pi \mid k \in \mathbb{Z}\} \longrightarrow \mathbb{R} \setminus (-1,1)\,.$$

Aus $\sin' = \cos$ folgt

$$\csc' = -\frac{\cos}{\sin^2} = \frac{\cos}{\cos^2 - 1}\,.$$

Mit sin ist auch csc eine ungerade, 2π-periodische Funktion.

Für $0 < |x| < \pi$ hat man die Reihendarstellung

$$\begin{aligned} \csc x &= \sum_{n=0}^{\infty} \frac{\left|2^{2n} - 2\right|}{(2n)!} |B_{2n}|\, x^{2n-1} \\ &= \frac{1}{x} + \frac{1}{6}x + \frac{7}{360}x^3 + \frac{31}{15120}x^5 + \cdots \end{aligned}$$

mit den ↗Bernoullischen Zahlen B_{2n}.

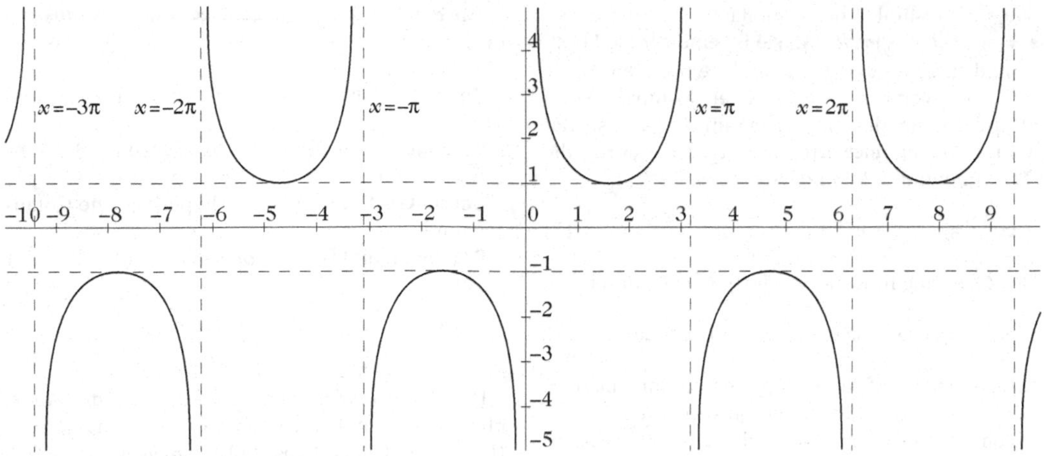

csc

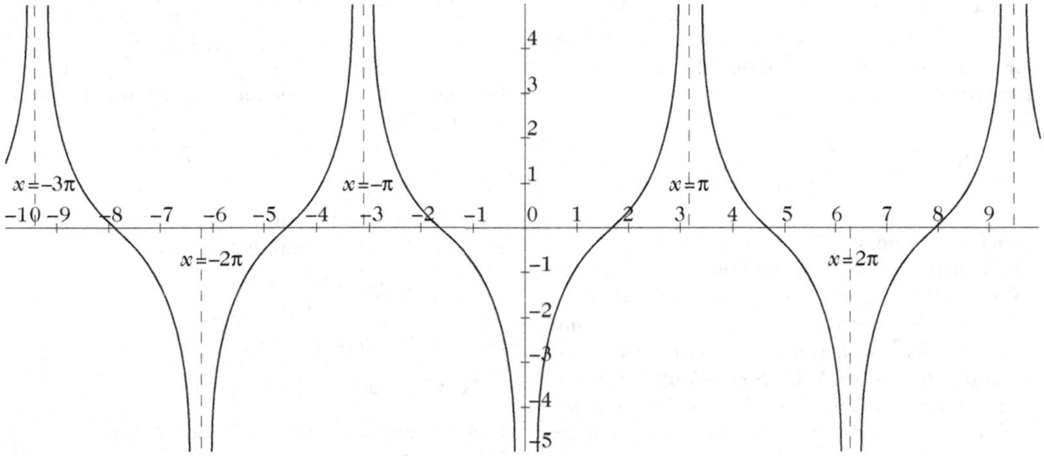

csc'

Cosinus, im elementargeometrischen Sinne die Kenngröße eines spitzen Winkels im rechtwinkligen Dreieck, nämlich der Quotient aus ↗ Ankathete und ↗ Hypotenuse.

Mit den in der Abbildung definierten Bezeichnungen gilt also

$$\cos(\alpha) \;=\; \frac{b}{c}\,.$$

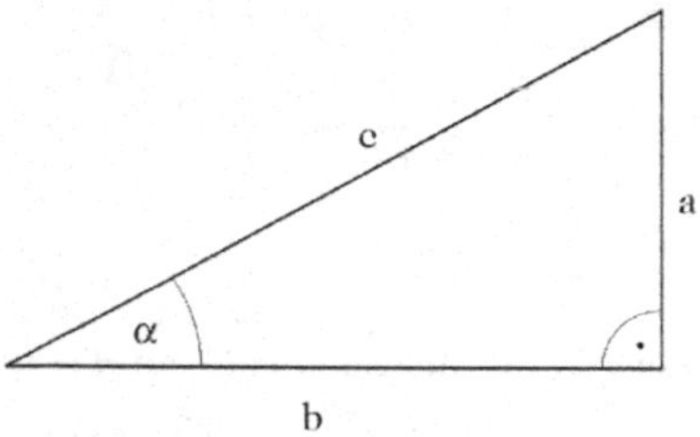

Häufig verwendet man den Begriff Cosinus auch als Synonym für die ↗ Cosinusfunktion.

cosinus amplitudinis, ↗ Amplitudinisfunktion, ↗ elliptische Funktion.

Cosinus hyperbolicus, ↗ hyperbolische Cosinusfunktion.

Cosinusfunktion, *Cosinus*, ist definiert durch die Potenzreihe

$$\cos z := \sum_{n=0}^{\infty} \frac{(-1)^n}{(2n)!} z^{2n}\,. \qquad (1)$$

Diese Reihe heißt auch Cosinusreihe. Sie ist in ganz $\mathbb{C}$ ↗ normal konvergent, und daher ist cos eine ↗ ganz transzendente Funktion.

Durch gliedweises Differenzieren der Potenzreihe in (1) ergibt sich für die Ableitung von cos

$$\cos' z = \sin z\,.$$

Die Cosinusfunktion hat einfache Nullstellen an $z = z_k = (k + \frac{1}{2})\pi$, $k \in \mathbb{Z}$, sie ist eine gerade Funktion, d. h. $\cos(-z) = \cos z$, und sie hat die Periode 2π. Jeder Wert $a \in \mathbb{C}$ wird von der Cosinusfunktion abzählbar unendlich oft angenommen, d. h. sie hat keine ↗Ausnahmewerte. Weiter ist sie durch die ↗Exponentialfunktion darstellbar:

$$\cos z = \frac{1}{2}(e^{iz} + e^{-iz}). \qquad (2)$$

Die Zerlegung in Real- und Imaginärteil lautet

$$\cos z = \cos x \cosh y + i \sin x \sinh y, \quad z = x + iy.$$

Außerdem sei auf das wichtige ↗Additionstheorem der Cosinus- und Sinusfunktion verwiesen.

Von Interesse sind auch die Abbildungseigenschaften der Cosinusfunktion. Zum Beispiel wird der Vertikalstreifen $\{x + iy : 0 < x < \pi\}$ konform auf die zweifach geschlitzte Ebene $\mathbb{C} \setminus \{x \in \mathbb{R} : |x| \geq 1\}$ abgebildet.

Aus der Darstellung (2) ergibt sich zusammen mit der geometrischen Summenformel noch die trigonometrische Summenformel:

$$\frac{1}{2} + \sum_{\nu=1}^{n} \cos \nu z = \frac{\sin\left(n + \frac{1}{2}\right) z}{2 \sin \frac{1}{2} z},$$

wobei $n \in \mathbb{N}$ und $z \in \mathbb{C}$, $z \notin 2\pi\mathbb{Z}$.

Cosinusreihe, ↗ Cosinusfunktion.

Cosinussatz, folgende Aussage aus der Geometrie: *In einem beliebigen ebenen Dreieck ist das Quadrat einer Seitenlänge gleich der Summe der Quadrate der beiden anderen Seitenlängen, vermindert um das doppelte Produkt aus diesen beiden Seitenlängen mit dem Cosinus des von diesen Seiten eingeschlossenen Winkels.*

So gelten z. B. in einem Dreieck $\triangle ABC$ mit den Seiten a, b, und c sowie den jeweils gegenüberliegenden Innenwinkeln α, β und γ die drei Gleichungen:

$$\begin{aligned} a^2 &= b^2 + c^2 - 2bc \cdot \cos\alpha, \\ b^2 &= a^2 + c^2 - 2ac \cdot \cos\beta, \text{ und} \\ c^2 &= a^2 + b^2 - 2ab \cdot \cos\gamma. \end{aligned}$$

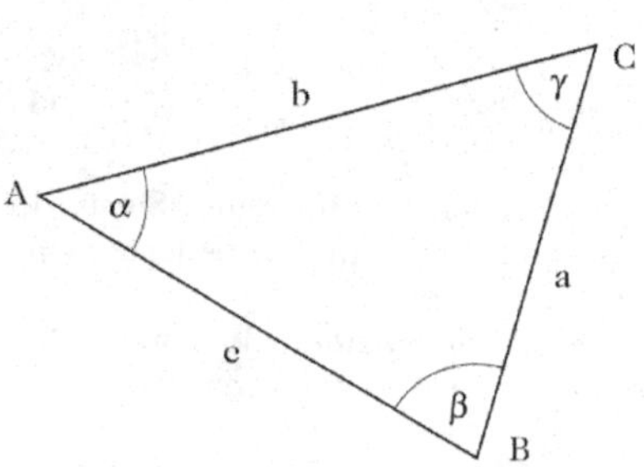

Für rechtwinklige Dreiecke geht der Cosinussatz in den Satz des Pythagoras über, da der Cosinus eines rechten Winkels Null ist.

Cosinus-Transformation, ↗Fourier-Transformation.

Cotangens, der Kehrwert des Tangens, ↗Cotangensfunktion.

Cotangens hyperbolicus, ↗hyperbolische Cotangensfunktion.

Cotangensfunktion, *Cotangens*, ist definiert durch

$$\cot z := \frac{\cos z}{\sin z}$$

für $z \in \mathbb{C}$, $z \notin \pi\mathbb{Z}$.

Die Cotangensfunktion ist eine in $\mathbb{C}$ ↗meromorphe Funktion mit einfachen Nullstellen an $z = z_k = (k+\frac{1}{2})\pi$ und einfachen ↗Polstellen an $z = \zeta_k = k\pi$, $k \in \mathbb{Z}$.

Für die ↗Residuen gilt $\text{Res}(\cot, \zeta_k) = 1$, und für die Ableitung erhält man

$$\cot' z = -\frac{1}{\sin^2 z} = -(1 + \cot^2 z).$$

Die Darstellung mittels der ↗Exponentialfunktion lautet

$$\cot z = i\frac{e^{2iz} + 1}{e^{2iz} - 1} = i\left(1 - \frac{2}{1 - e^{2iz}}\right).$$

Es ist cot eine periodische Funktion mit der Periode π. Es gilt das Additionstheorem

$$\cot(w + z) = \frac{\cot w \cot z - 1}{\cot w + \cot z}$$

und die Verdopplungsformel

$$2 \cot 2z = \cot z + \cot\left(z + \frac{\pi}{2}\right).$$

Die ↗Laurent-Entwicklung (Cotangensreihe) um Null lautet

$$\cot z = \frac{1}{z} + \sum_{n=1}^{\infty} (-1)^n \frac{4^n B_{2n}}{(2n)!} z^{2n-1}$$

für $0 < |z| < \pi$, wobei B_{2n} die ↗Bernoullischen Zahlen sind.

Schließlich gilt für $z \in \mathbb{C} \setminus \mathbb{Z}$ noch die Partialbruchentwicklung

$$\begin{aligned} \pi \cot \pi z &= \lim_{N\to\infty} \sum_{n=-N}^{N} \frac{1}{z+n} \\ &= \frac{1}{z} + \sum_{n=1}^{\infty} \left(\frac{1}{z+n} + \frac{1}{z-n}\right) \\ &= \frac{1}{z} + \sum_{n=-\infty}^{\infty}{}' \left(\frac{1}{z+n} - \frac{1}{n}\right) \\ &= \frac{1}{z} + \sum_{n=1}^{\infty} \frac{2z}{z^2 - n^2}. \end{aligned}$$

Dabei bedeutet $\sum'$, daß der Summand mit $n = 0$ in der Summe fehlt.

Cotangensreihe, ↗ Cotangensfunktion.

Coulomb, Charles Augustin, französischer Physiker und Ingenieur, geb. 14.6.1736 Angoulême (Frankreich), gest. 23.8.1806 Paris.

Coulomb war neun Jahre lang Militäringenieur in Westindien. Wegen gesundheitlicher Probleme zog er sich zu Beginn der französischen Revolution zu wissenschaftlichen Forschungen aufs Land zurück. Neben angewandter Mechanik widmete er sich vor allem der Erforschung der Elektrizität und des Magnetismus.

Sein experimentell hergeleitetes Ladungsgesetz wurde die Grundlage für Poissons mathematische Theorie des Magnetismus. Darüber hinaus beschäftigte sich Coulomb mit struktureller Analyse, Festigkeitslehre, Baustatik, Torsion, Torsionselastizität und Reibung.

Coulomb-Eichung, in der Elektrodynamik diejenige Eichung, in der für das Vektorpotential A gilt

$$\div A = 0 .$$

Eine hiervon verschiedene Eichung ist etwa die Lorentz-Eichung.

Coulomb-Gesetz, folgende Aussage aus der Elektrostatik:

Für zwei Ladungen Q_1 und Q_2, die sich im Abstand r zueinander befinden, bestimmt sich die elektrische Anziehungskraft F gemäß der Beziehung

$$F = -\frac{1}{4\pi\varepsilon_0}\frac{1}{r^2}Q_1Q_2 .$$

Dabei ist

$$\varepsilon_0 = 8,854188\cdot 10^{-12}\frac{As}{Vm}$$

die elektrische Feldkonstante (↗ Dielektrizitätskonstante).

Die elektrostatische Kraft wirkt also anziehend, wenn die Ladungen unterschiedliches Vorzeichen haben.

Coulomb-Wellen-Funktionen, die Lösungen der Differentialgleichung

$$\frac{d^2w}{dz^2} + \left(1 - \frac{2\eta}{z} - \frac{L(L+1)}{z^2}\right)w = 0 ,$$

wobei $\eta \in \mathbb{R}$ und $L \in \mathbb{N}_0$.

Man verwendet dabei üblicherweise das folgende Paar linear unabhängiger Lösungen: Erstens die sog. reguläre Lösung, die durch die konfluente hypergeometrische Funktion definiert ist

$$F_L(\eta,z) := C_L(\eta)z^{L+1}e^{-iz}\cdot M(L+1-i\eta,\, 2L+2,\, 2iz) ,$$

wobei der Faktor $C_L(\eta)$ die Abkürzung

$$C_L(\eta) := \frac{2^L e^{-\eta\pi/2}|\Gamma(L+1+i\eta)|}{\Gamma(2L+2)}$$

bezeichnet. Die zweite linear unabhängige Lösung, die sog. irreguläre Lösung, erhält man am einfachsten aus der folgenden Integraldarstellung:

$$\begin{aligned} & F_L(\eta,z) + iG_L(\eta,z) \\ & := \frac{ie^{iz}z^{-L}}{(2L+1)!C_L(\eta)}\int_0^\infty e^t t^{L-i\eta}(t+2iz)^{L+i\eta}\,dt \\ & = \frac{e^{-\pi\eta}z^{L+1}}{(2L+1)!C_L(\eta)}\cdot \\ & \int_0^\infty \Big((1-\tanh^2 t)^{L+1}e^{-iz\tanh t}e^{2i\eta t} + \\ & \quad + i(1+t^2)^L e^{-zt+2\eta\arctan t}\Big)dt . \end{aligned}$$

Direkt aus der Differentialgleichung folgen die Rekursionsformeln, wobei $w_L = F_L(\eta,\cdot)$ oder $= G_L(\eta,\cdot)$ sei:

$$\begin{aligned} Lw_L' &= (L^2+\eta^2)^{1/2}w_L - (\eta + L^2/z)w_L , \\ (L+1)w_L' &= \big(\eta + (L+1)^2/z\big)w_L \\ &\quad - \big((L+1)^2+\eta^2\big)^{1/2}w_{L+1} , \\ L\big((L+1)^2+\eta^2\big)^{1/2}w_{L+1} &= \\ &= (2L+1)\big(\eta + L(L+1)/z\big)w_L \\ &\quad - (L+1)(L^2+\eta^2)^{1/2}w_{L-1} . \end{aligned}$$

Counterpropagation-Lernregel, (dt. *Gegenstrom-Lernregel*), eine spezielle ↗ Lernregel für ↗ Neuronale Netze, die auf einer Weiterentwicklung und geschickten Kombination von ↗ Kohonen- und ↗ Grossberg-Lernregel beruht und gegen Ende der achtziger Jahre von Robert Hecht-Nielsen vorgeschlagen wurde.

Der Name der Lernregel ist dadurch motiviert, daß die zu lernenden Eingabe- und Ausgabewerte im Lern-Modus gegenläufig durch das Netz propagiert werden.

Counterpropagation-Netz, (dt. *Gegenstrom-Netz*), ein ↗Neuronales Netz, welches mit der ↗Counterpropagation-Lernregel oder einer ihrer zahlreichen Varianten konfiguriert wird.

countingsort, spezielles ↗Sortierverfahren zum Sortieren von n ganzen Zahlen eines Bereiches $[1 \dots k]$ für eine feste natürliche Zahl k.

Das Verfahren besteht aus drei Schritten. Im ersten Schritt wird für jedes $i \in \{1, \dots, k\}$ gezählt, wieviele Elemente der Eingabefolge, die in einem Feld $A[1 \dots n]$ der Größe n abgespeichert ist, den Schlüssel i haben. Dieses Zwischenergebnis wird in einem Feld C der Größe k abgespeichert. Die Komponente $C[i]$ speichere die Anzahl der Elemente der Eingabefolge mit dem Schlüssel i.

Im zweiten Schritt wird für alle $i \in \{1, \dots, k\}$ die Anzahl der Elemente der Eingabefolge, die einen Schlüssel kleiner gleich i haben, berechnet. Dies erfolgt sequentiell, beginnend mit $i = 2$ bis hin zu $i = n$ durch Setzen der $i$ten Komponente $C[i]$ von C auf $C[i] + C[i-1]$.

Im dritten Schritt wird die Eingabefolge (beginnend mit dem letzten Element $A[n]$ der Eingabefolge) durch direktes Einreihen in ein Feld $B[1 \dots n]$ der Größe n sortiert. Dies erfolgt jeweils durch die Befehlssequenz

```
B[C[A[j]]]:=A[j];
C[A[j]]:=C[A[j]]-1.
```

Countingsort ist ein ↗stabiles Sortierverfahren. Es benötigt höchstens $c_1 \cdot n + c_2 \cdot k$ Schritte, um eine Eingabefolge der Länge n zu sortieren. Hierbei bezeichnen c_1 und c_2 zwei von n und k unabhängige Konstanten.

Courant Institute of Mathematical Science, zur Universität New York gehörendes, im September 1941 von Richard Courant als Institut für angewandte Mathematik nach dem Vorbild des Göttinger Mathematischen Instituts gegründetes Forschungsinstitut.

Zum Institut gehörten zunächst nur Stoker und Friedrichs. Es war mit einem „Graduate Center for Mathematics“ verbunden, das Courant seit 1936 aufgebaut hatte. Durch geschicktes engagiertes Agieren gelang es Courant und seinen Mitstreitern, das Institut trotz schwieriger Finanzsituation zu stabilisieren und auszubauen, insbes. 1952/53 durch die Übernahme des Großrechners UNIVAC 4 von der Atomenergiebehörde. Zu diesem Zeitpunkt schlug Courant auch den heutigen Namen „Institute of Mathematical Science“ vor, unter dem er das Institut für Mathematik und Mechanik, die elektromagnetische Forschungsgruppe und das Rechenzentrum, sowie eine eventuell zu gründende Gruppe für Statistik und Wahrscheinlichkeitsrechnung vereinen wollte. Für lange Zeit nahm das Institut dann einen führenden Platz unter den Forschungseinrichtungen für Analysis, angewandte Mathematik und wissenschaftliches Rechnen ein. Ein spezieller Schwerpunkt war das Studium partieller Differentialgleichungen und deren Anwendung.

In den Computerwissenschaften erwarb man sich einen guten Ruf in Fragen der Theorie, der Programmierung sowie der Entwicklung von Computer-Sprachen und der Computer-Graphik. Durch das Wirken vieler bedeutender Mathematiker gilt das Institut nach wie vor als eine anerkannte Stätte der Forschung und fortgeschrittener Ausbildung.

Courant, Richard, deutsch-amerikanischer Mathematiker, geb. 8.1.1888 Lublinitz (Ljubliniec, Polen), gest. 27.1.1972 New York.

Courant studierte in Breslau (Wroclaw), Zürich und Göttingen, wo er 1910 bei Hilbert promovierte. Hier arbeitete er bis zu seiner Emigration. Von 1920 bis 1933 war er Direktor des Mathematischen Instituts in Göttingen. Mit dem Aufkommen des Nationalsozialismus in Deutschland floh Courant in die USA. Dort arbeitete er zunächst in Cambridge (Massachusetts) und dann an der New York University. Hier gründete er 1935 zusammen mit James J. Stoker und Kurt O. Friedrichs nach dem Vorbild des Göttinger Instituts eines der renommiertesten Institute für angewandte Mathematik, das später nach ihm benannte Courant Institute of Mathematical Science (Department of Mathematics of the Graduate School of Arts and Science at New York University).

Courant beschäftigte sich hauptsächlich mit Anwendungen der Analysis. So arbeitete er auf dem Gebiet der Variationsrechnung, des Dirichlet-Prinzips, der konformen Abbildungen, der elliptischen Differentialgleichungen und verschiedener Randwertprobleme.

In seiner Göttinger Zeit arbeitete Courant eng mit Hilbert zusammen. So entstand eine zweibändige Abhandlung „Methoden der mathematischen Physik" (1924, 1937). Zu einem Standardwerk wurde das zusammen mit Hurwitz verfaßte Lehrbuch „Funktionentheorie". Bis 1933 war Courant Herausgeber des Zentralblattes der Mathematik. In Zusammenarbeit mit dem Springer-Verlag entstand die Reihe „Grundlehren der mathematischen Wissenschaften". 1941 schrieb er zusammen mit H. Robbins das Buch „What Is Mathematics?" für Laien als Einführung in die Mathematik.

Courant-Friedrichs-Lewy-Bedingung, *CFL-Bedingung*, notwendige Bedingung für die ↗ Stabilität von expliziten ↗ Differenzenverfahren zur näherungsweisen Lösung von Anfangswertaufgaben bei partiellen Differentialgleichungen in zwei Raumrichtungen t und x (mit Anfangswerten für $t = t_0$).

Wird ein Differenzenschema mit Schrittweite τ in t-Richtung und h in x-Richtung verwendet, so muß dieses mit $\tau, h \to 0$ auch den Quotienten τ/h gegen Null streben lassen, soll die Lösung des Differenzenschemas gegen die Lösung der partiellen Differentialgleichung konvergieren.

Diese Bedingung nennt man Courant-Friedrichs-Lewy-Bedingung.

Courantsches Maximum-Minimum-Prinzip, Konstruktionsmethode für einen maximalen Eigenwert, Spezialfall des ↗ Courantschen Variationsprinzips.

Man betrachte ein selbstadjungiertes volldefinites Eigenwertproblem mit seinem Differentialoperator L. Sei R der Rayleighsche Quotient, V(J) der Raum der Vergleichsfunktionen, W_s eine Menge von s linear unabhängigen Vergleichsfunktionen ($s \geq 1$) und

$$W_s^{\perp} := \{v \in V(J) | \int_a^b vLw\, dx = 0 \textit{ für alle } w \in W_s\}$$

für $s \geq 0$.

Dann wird der s-te Eigenwert λ_s des volldefiniten Problems gegeben durch

$$\lambda_s = \max_{W_{s-1}} \min_{0 \neq v \in W_{s-1}^{\perp}} R(v).$$

Courantsches Minimum-Maximum-Prinzip, Konstruktionsmethode für einen minimalen Eigenwert, Spezialfall des ↗ Courantschen Variationsprinzips.

Sei W_s eine Menge von s linear unabhängigen Vergleichsfunktionen $w_1, \ldots, w_s$, $[W_s] :=$ Span$(w_1, \ldots, w_s)$ und R der Rayleighsche Quotient.

Dann wird der s-te Eigenwert λ_s eines selbstadjungierten volldefiniten Eigenwertproblems durch

$$\lambda_s = \min_{W_s} \max_{0 \neq v \in [W_s]} R(v)$$

gegeben, wobei das Minimum über alle Mengen W_s zu erstrecken ist.

Insbesondere ist

$$\lambda_1 = \min_{0 \neq v \in V(J)} R(v)\,,$$

wobei $V(J)$ den Raum der Vergleichsfunktionen bezeichnet. Daraus folgt sofort die sog. Rayleighsche Abschätzung.

Dieses Extremalprinzip wurde aus dem Satz von Mertens (↗ Einschließungssätze für Eigenwerte) gewonnen.

Courantsches Variationsprinzip, Prinzip zur Bestimmung der positiven Eigenwerte eines selbstadjungierten kompakten Operators.

Sei $T : H \to H$ ein kompakter selbstadjungierter Operator auf einem Hilbertraum H, und seien $\lambda_1^+ \geq \lambda_2^+ \geq \ldots$ die positiven Eigenwerte von T, die inkl. ihrer Vielfachheit gezählt werden (↗ Eigenwert eines Operators). Dann gelten

$$\lambda_n^+ = \sup_U \min_{x \in U \setminus \{0\}} \frac{\langle Tx, x\rangle}{\langle x, x\rangle},$$

wobei sich das Supremum über alle n-dimensionalen Unterräume von H erstreckt, auf denen $\langle Tx, x\rangle > 0$ für $x \neq 0$ ist, sowie

$$\lambda_n^+ = \inf_V \max_{x \in V^{\perp} \setminus \{0\}} \frac{\langle Tx, x\rangle}{\langle x, x\rangle},$$

falls die rechte Seite positiv ist; das Infimum wird über alle $(n-1)$-dimensionalen Teilräume gebildet.

Cousin, Pierre Auguste, französischer Mathematiker, geb. 18.3.1867 Paris, gest. 18.1.1933 Arcachon (Gironde).

Cousin studierte in Paris bei Poincaré. Er promovierte 1894 und arbeitete ab 1901 als Professor an der Universität von Bordeaux.

Cousin beschäftige sich hauptsächlich mit der komplexen Anaysis und insbesondere mit der Übertragung der Sätze von Mittag-Leffler und Weierstraß (allgemeiner Weierstraßscher Produktsatz) auf mehrere Veränderliche. In seiner Dissertation „Sur les fonctions de n variables complexes" (Acta Math. 19 (1895)) formulierte er dazu die Cousin-Probleme (additives und multiplikatives Cousin-Problem).

Durch diesen Ansatz gelang es Cousin, den Weg von einer lokalen Untersuchung holomorpher Funktionen zu einer globale Methoden zu beschreiten. H. Cartan, H. Hahn, Oka, Behnke, K. Stein und andere entwickelten seine Ansätze weiter und konnten so wichtige Aussagen über die Struktur der Menge der holomorphen Funktionen gewinnen.

Cousin-I-Verteilung, Begriff aus der Funktionentheorie, Bezeichnung für eine additive Cousin-Verteilung.

Ein System $(U_i,f_i)_{i\in I}$ heißt eine Cousin-I-Verteilung auf X, wenn gilt:

i) $(U_i)_{i\in I}$ ist eine offene Überdeckung von X,

ii) f_i ist meromorph auf U_i,

iii) $f_{i_0} - f_{i_1}$ ist holomorph auf $U_{i_0} \cap U_{i_1}$ für alle i_0, i_1.

Unter einer Lösung dieser Cousin-I-Verteilung versteht man eine meromorphe Funktion f auf X, so daß $f_i - f$ holomorph auf U_i ist. Die Suche nach dieser Lösung bezeichnet man als das (additive) Cousin-Problem, das Ziel ist eine Verallgemeinerung des Mittag-Leffler-Theorems.

[1] Grauert, F.; Fritzsche, K.: Einführung in die Funktionentheorie mehrerer Veränderlicher. Springer-Verlag Berlin/Heidelberg/New York, 1974.

Cousin-II-Verteilung, Begriff aus der Funktionentheorie, Bezeichnung für eine multiplikative Cousin-Verteilung.

Ein System $(U_i,f_i)_{i\in I}$ heißt eine Cousin-II-Verteilung auf X, wenn gilt:

i) $(U_i)_{i\in I}$ ist eine offene Überdeckung von X,

ii) f_i ist holomorph auf U_i und verschwindet nirgends identisch,

iii) für alle i_0, i_1 gibt es auf $U_{i_0} \cap U_{i_1}$ eine nirgends verschwindende holomorphe Funktion $h_{i_0 i_1}$, so daß $f_{i_0} = h_{i_0 i_1} \cdot f_{i_1}$ auf $U_{i_0} \cap U_{i_1}$ ist.

Unter einer Lösung dieser Cousin-II-Verteilung versteht man eine holomorphe Funktion f auf X so, daß $f_i = h_i \cdot f$ mit nirgends verschwindenden holomorphen Funktionen h_i auf U_i ist. Die Suche nach dieser Lösung wird als das (multiplikative) Cousin-Problem bezeichnet.

Die Funktionen $h_{i_0 i_1}$ sind durch die Verteilung $(U_i,f_i)_{i\in I}$ eindeutig bestimmt.

[1] Grauert, F.; Fritzsche, K.: Einführung in die Funktionentheorie mehrerer Veränderlicher. Springer-Verlag Berlin/Heidelberg/New York, 1974.

Cousin-Problem, ↗ Cousin-I-Verteilung, ↗ Cousin-II-Verteilung.

Coxeter, Harald Scott MacDonald, englisch-kanadischer Mathematiker, geb. 9.2.1907 London, gest. 31.3.2003 Toronto.

Bis 1931 studierte Coxeter in Cambridge Mathematik. Danach ging er zu Forschungsaufenthalten nach Princeton und arbeitet seit 1936 an der Universität von Toronto.

Coxeter arbeitete hauptsächlich auf dem Gebiet der Geometrie. Für die Klassifizierung der halbeinfachen Lie-Gruppen führte er den Begriff der Coxeter-Gruppe ein. Mit Hilfe dieser Gruppen und deren Darstellung als Graphen gelang eine vollständige Klassifikation der halbeinfachen Lie-Gruppen. Darüber hinaus lieferte er Beiträge zum Gebiet der Pflasterungen, der Polytope, der nichteuklidischen Geometrie und der Spiegelungsgruppen.

Coxeter ist Mitglied der Royal Society of London und der Royal Society of Canada. Er veröffentlichte unter anderem 1955 das Buch „The real projective plane", 1961 „Introduction to geometry", 1963 „Regular polytopes" und 1965 „Non-euclidean geometry".

Coxeter-Diagramm, *Dynkin-Diagramm*, bei der Klassifikation der einfachen (Coxeter-)Gruppen benutzte graphische Darstellung der Beziehung der Wurzelvektoren zueinander.

Zwei einfache Gruppen haben genau dann dasselbe Coxeter-Diagramm, wenn sie lokal isomorph sind.

Man gewinnt das Coxeter-Diagramm einer gegebenen ↗ Coxeter-Gruppe, indem man die Elemente der Erzeugermenge S der Gruppe in folgender Weise als Punkte eines Graphen dargestellt.

Man benutzt die Tatsache, daß die Coxeter-Gruppe vollständig beschrieben wird durch die

Relationen $(st)^{m_{st}} = 1$ $(s, t \in S)$. (Hierbei ist $M = (m_{st})_{s,t \in S}$ eine sog. Coxeter-Matrix, d. i. eine symmetrische Matrix, deren Diagonaleinträge gleich Eins sind und deren übrige Einträge natürliche Zahlen größer oder gleich 2 sind.) Zwei Punkte $s, t \in S$ bleiben nun unverbunden, falls $m_{st} = 2$ ist. Andernfalls werden sie verbunden mit $m_{st} - 2$ parallelen Kanten (oder alternativ mit einer Kante, die mit der Zahl m_{st} beschriftet ist).

Beispielsweise ist das Coxeter-Diagramm der Gruppe $SO(2r)$ ein bestimmter zusammenhängender Graph mit r Knoten und $(r-1)$ Kanten. Je nach Sichtweise der Autoren wird ein Coxeter-Diagramm manchmal auch Dynkin-Diagramm oder auch Schläfli-Diagramm genannt.

[1] Fuchs, J.; Schweigert, C.: Symmetries, Lie Algebras and Representations. Cambridge University Press, 1997.

Coxeter-Gruppe, endlich erzeugte Gruppe G, die bestimmte Zusatzbedingungen erfüllt.

Die Coxeter-Gruppen werden meist multiplikativ geschrieben, und das Einselement mit e bezeichnet. Für $i = 1, \dots, n$ seien s_i die n Erzeugenden von G, d. h., jedes Element von G ist das Produkt von endlich vielen der s_i.

Was die bis hierher definierte endlich erzeugte Gruppe zur Coxeter-Gruppe macht, ist folgende Bedingung: Jedes s_i hat die Ordnung 2 (d. h. $s_i^2 = e$), und das Produkt von drei oder mehr der s_i hat stets unendliche Ordnung.

Die Definition macht schon deutlich, daß an die Ordnung der Zweierprodukte keine Bedingung gestellt wird. Die Ordnung $m = m_{ij}$ des Gruppenelements $x_i x_j$ ist hierbei die kleinste Zahl $m \in \mathbb{N}$ so, daß $(x_i x_j)^m = e$ gilt; gibt es keine solche Zahl, wird $m_{ij} = \infty$ gesetzt.

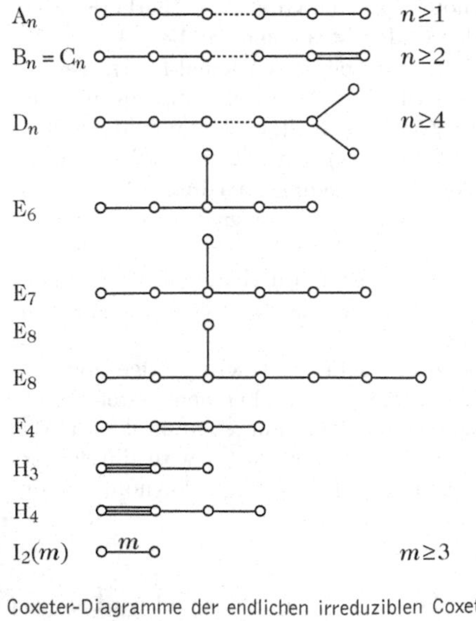

Coxeter-Diagramme der endlichen irreduziblen Coxeter-Gruppen

Eine Coxeter-Gruppe heißt irreduzibel, wenn sie sich nicht als direktes Produkt nichttrivialer Coxeter-Gruppen schreiben läßt. Die endlichen irreduziblen Coxeter-Gruppen lassen sich vollständig aufzählen. Man vergeleiche hierzu die obige Abbildung, die diese Aufzählung mit Hilfe des ↗ Coxeter-Diagramms vornimmt.

Geometrisch kann man die x_i als Spiegelungen (z. B. an einer (Hyper)-Fläche im euklidischen Raum beliebiger Dimension) betrachten. Dann ist unter bestimmten Voraussetzungen das Zweierprodukt $x_1 x_2$ eine Drehung; ist etwa $m_{12} = 4$, so handelt es sich um eine Drehung um 90^0.

Coxeter-Gruppen entsprechen sogar eineindeutig den Spiegelungsgruppen. Entsprechend spricht man von sphärischen, affinen und hyperbolischen Coxeter-Gruppen.

Coxeter-Komplex, ein numerierter simplizialer Komplex, der einer ↗ Coxeter-Gruppe zugeordnet ist.

Es sei G eine Coxeter-Gruppe mit Erzeugermenge S und zugehöriger Coxeter-Matrix M. Für $J \subseteq S$ sei

$$G_J := \langle s \mid s \in J \rangle .$$

Weiter bezeichnen wir mit Δ die Menge aller Nebenklassen der Untergruppen G_J. Auf Δ sei die Halbordnung $\leq$ definiert durch

$$gG_I \leq hG_J \iff gG_I \supseteq hG_J .$$

Dann ist der zugehörige Coxeter-Komplex $\Sigma(M)$ definiert als der numerierte Komplex $(\Delta, \leq)$. Die Punkte dieses Komplexes sind

$$\{gG_{S \setminus \{s\}} \mid g \in G, s \in S\},$$

seine Kammern sind die Elemente von G.

Es sei beispielsweise

$$G = \langle s, t \mid s^2 = t^2 = (st)^m = 1 \rangle$$

die Coxeter-Gruppe mit Coxeter-Diagramm $I_2(m)$, d.i. die Symmetriegruppe des regulären m-Ecks.

Dann ist der zugehörige Coxeter-Komplex Σ der Fahnenkomplex des regulären m-Ecks, und die Gruppe G operiert in natürlicher Weise auf Σ.

Der Fall $m = 4$ ist in der Abbildung wiedergegeben (nächste Seite).

Coxeter-Matrix, ↗ Coxeter-Diagramm.

CP-Problem, ↗ Eulerscher Graph.

CPT-Theorem, Aussage über das Verhältnis von Teilchen zu Anti-Teilchen.

C, P und T sind jeweils die Anfangsbuchstaben der englischen Wörter charge (Ladung), parity (Gleichheit), time (Zeit). Hier meint Gleichheit (auch Parität genannt) die Eigenschaft, daß Teilchen und Anti-Teilchen im wesentlichen (bis auf

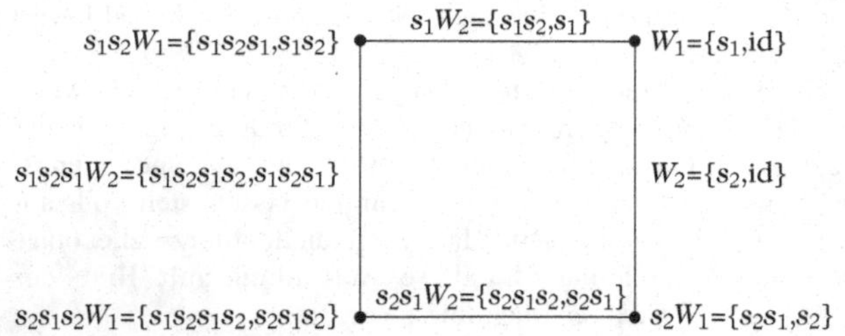

Der Coxeter-Komplex $\Sigma(C_2) = \Sigma(I_2(4))$ als Fahnenkomplex

das Vorzeichen bestimmter Größen wie der Ladung) dieselben Eigenschaften haben. Beispielsweise ist das Anti-Teilchen des Elektrons e das Positron $e+$ mit sonst gleichen Eigenschaften, aber positiver Ladung. Die Anti-Teilchen haben daher z. B. gleiche Masse, gleichen Spin, gleichen Isospin und dieselbe Lebensdauer wie die zugehörigen Teilchen. Der Übergang vom Teilchen A zum Anti-Teilchen $\hat{A}$ wird durch die Ladungskonjugation C vermittelt, d. h. durch die Umkehr des Vorzeichens der elektrischen Ladung. Zu allen Elementarteilchen, die gegenüber starker Wechselwirkung stabil sind, wurden Anti-Teilchen gefunden.

Dabei müssen Teilchen und Anti-Teilchen nicht immer verschieden sein; so ist z. B. sowohl das Photon γ als auch das π^0 -Meson jeweils sein eigenes Anti-Teilchen, während das Anti-Teilchen zum K^0-Meson das $\hat{K}^0$ -Meson ist.

Die T-Transformation ist einfach die Umkehrung der Zeitrichtung eines physikalischen Vorgangs.

Das CPT-Theorem besagt, daß Teilchen und Anti-Teilchen den gleichen Naturgesetzen gehorchen, d. h., eine Reaktion von Elementarteilchen verläuft unverändert, wenn man alle beteiligten Teilchen durch ihre Anti-Teilchen ersetzt.

Cramer, Gabriel, schweizer Mathematiker, geb. 31.7.1704 Genf, gest. 4.1.1752 Bagnols-sur-Cèze (Frankreich).

Cramer war Mathematik- und Philosophieprofessor in Genf. Er arbeitete hauptsächlich zur Analysis und zu Determinanten, aber auch zu physikalischen, geometrischen und die Geschichte der Mathematik betreffenden Fragen. Bekannt sind seine Arbeiten zu Determinanten (Cramersche Regel) und zu algebraischen Kurven von 1750.

Cramer-Lundberg-Formel, ↗ Formel von Cramer-Lundberg.

Cramers V-Koeffizient, ↗Assoziationsmaß.

Cramersche Regel, Verfahren (bzw. Bezeichnung für die Formel (1)) zur ↗direkten Lösung linearer Gleichungssysteme $Ax = b$ mit einer nichtsingulären Koeffizientenmatrix $A \in \mathbb{R}^{n\times n}$ und der rechten Seite $b \in \mathbb{R}^n$.

Die Lösung $x = A^{-1}b$ kann explizit und eindeutig angegeben werden: Es gilt $x = (x_1, x_2, \dots, x_n)^t$ mit den Komponenten (man beachte, daß $\det A \neq 0$!)

$$x_i = \frac{1}{\det A} \det \begin{pmatrix} a_{11} & \cdots & b_1 & \cdots & a_{1n} \\ \vdots & & \vdots & & \vdots \\ a_{n1} & \cdots & b_n & \cdots & a_{nn} \end{pmatrix} \qquad (1)$$

für $i = 1, \dots, n$. Dabei erhält man die rechtsstehende Matrix durch Ersetzen der i-ten Spalte $(a_{1i}, \dots, a_{ni})^t$ von A durch den Vektor b.

Die Cramersche Regel ist für die praktische Lösung von linearen Gleichungssystemen höherer Ordnung nicht geeignet, denn der Rechenaufwand steigt mit wachsender Dimension sehr schnell an, und das Verfahren ist numerisch nicht stabil.

Daher verwendet man zur Lösung von großen linearen Gleichungssystemen das ↗Gauß-Verfahren oder Verfahren zur ↗iterativen Lösung linearer Gleichungssysteme.

Crandall-Zahl, ↗Collatz-Problem.

Crank-Nicholson-Verfahren, ↗Differenzenverfahren, implizites.

CRC Code, ein ↗fehlererkennender Code, bei dem eine zu übertragende n-Bit Nachricht M als Polynom $M(x)$ vom Grad $n-1$ über dem Körper $\mathbb{Z}_2$ interpretiert und in ein Polynom $P(x)$ vom Grad $n+k-1$ transformiert wird, welches teilbar durch ein Polynom $C(x)$ vom Grad k ist. Hierbei ist $C(x)$ ein für den Code festes Polynom über $\mathbb{Z}_2$.

Wird $P(x)$ nun über einen Kanal übertragen, so überprüft der Empfänger, ob das empfangene Polynom durch $C(x)$ teilbar ist. Ist dies nicht der Fall, so wurde das Signal $P(x)$ während der Übertragung gestört. Ist das empfangene Signal durch $C(x)$ teilbar, so geht der Empfänger davon aus, daß während der Übertragung keine Störung vorlag und decodiert das empfangene Signal. Durch geschickte Wahl des Polynoms $C(x)$ erhält man sehr leistungsfähige fehlererkennende Codes.

Das zu einer Nachricht $M(x)$ gehörige Polynom $P(x)$ wird wie folgt gewählt. In einem ersten Schritt wird das Polynom $M(x)$ mit x^k multipliziert. Das so erhaltene Polynom $x^k \cdot M(x)$ wird durch $C(x)$ dividiert. Ist $E(x)$ der Rest dieser Polynomdivision, so ist das Polynom

$$x^k \cdot M(x) - E(x)$$

durch das Polynom $C(x)$ teilbar und wird als das gesuchte Polynom $P(x)$ gewählt.

Wählt man zum Beispiel $k = 3$ und $C(x) = x^3 + x^2 + 1$, so erhält man das zu der 8-Bit Nachricht $M = 10011010$, die als das Polynom $M(x) = x^7 + x^4 + x^3 + x^1$ interpretiert wird, gehörige Polynom $P(x)$, indem zuerst $M(x)$ mit x^3 multipliziert wird und das so erhaltene Polynom $x^{10} + x^7 + x^6 + x^4$ durch $x^3 + x^2 + 1$ dividiert wird.

Der Rest $E(x)$ dieser Polynomdivision ist gleich $x^2 + 1$, sodaß sich $P(x)$ durch $x^{10} + x^7 + x^6 + x^4 + x^2 + 1$ ergibt.

Der CRC Code von $M = 10011010$ bzgl. des Polynoms $C(x) = x^3 + x^2 + 1$ ist somit gleich

$$P = 10011010101 .$$

[1] Peterson, L.; Davie, B.: Computer Networks. Morgan Kaufmann Publishers, San Mateo, USA, 1996.

Credibility-Faktor, ↗ Credibility-Theorie.

Credibility-Theorie, Methode aus der Versicherungsmathematik zur Berücksichtigung der individuellen „Glaubwürdigkeit" (z. B. bezüglich der Schadenerfahrung) bei der Prämienberechnung.

Zur Berechnung von Versicherungsprämien werden viele Risiken in „Tarifzellen" zusammengefaßt. Diese Zellen sind jedoch in der Regel bezüglich ihrer Risikoexponiertheit nicht homogen: Die Verteilung der Zufallsvariable „Schadenerwartung" für ein individuelles Risiko R_j ist nicht bekannt, das Risiko wird pauschal durch den Mittelwert geschätzt. Die Credibility-Theorie erlaubt eine genauere Bewertung, indem eine ↗ a posterio-Verteilung unter Berücksichtigung der (historischen) Schadenerfahrung bestimmt wird. Dabei wird für ein einzelnes Risiko R_j eine Verteilungsfunktion f_Λ angesetzt, mit festem, aber unbekanntem Verteilungsparameter $\Lambda = \lambda_j$. Mit der Bayesschen Formel wird aus der individuellen Schadenerfahrung ein Schätzer für λ_j abgeleitet.

Aus dieser individuell geschätzten Verteilungsfunktion ergeben sich Zu- bzw. Abschläge zur Differenzierung der Prämien, Credibility-Faktoren oder Bonus-Malus Faktoren genannt.

Crelle, August Leopold, deutscher Bauingenieur, Mathematiker und Wissenschaftsorganisator, geb. 17.3.1780 Eichwerder (bei Berlin), gest. 6.10.1855 Berlin.

Crelle stand als ziviler Ingenieur im Dienste der preußischen Regierung. Er baute Straßen und 1838 die erste Eisenbahn in Deutschland. 1826 gründete er die erste nur der Mathematik gewidmete Zeitschrift „Journal für die reine und angewandte Mathematik"(↗ Crelle-Journal).

Crelle erkannte die Bedeutung von Abels Arbeiten und publizierte mehrere seiner Artikel in der ersten Ausgabe seines Journals, einschließlich des Beweises für die Nichtlösbarkeit der Gleichung fünften Grades mittels algebraischer Ausdrücke. Abel und Steiner unterstützten das Crelle-Journal maßgeblich. Steiner lieferte die Hauptbeiträge für den ersten Band desselben. Darüber hinaus veröffentlichte Crelle eine Reihe von Lehrbüchern und Multiplikationstafeln, die mehrere Auflagen erfuhren.

Crelle-Journal, genauer: Journal für die reine und angewandte Mathematik, eine der bedeutendsten mathematischen Fachzeitschriften.

Seit 1826 gab der „Königlich-Preußische-Geheime-Ober-Baurath" August Leopold Crelle in Berlin die erste deutsche mathematische Fachzeitschrift, das „Crelle-Journal", heraus. Crelle war selbst kein bedeutender Mathematiker, aber er besaß die „Kunst der Menschenbeurteilung" und hatte die „Divinationsgabe für werdende große Talente" (K. Hensel 1926). Er hat eine unglaubliche Reihe großer Mathematiker gefördert und früh zur Mitarbeit an seiner Zeitschrift herangezogen. Im Crelle-Journal veröffentlichten die „bedeutendsten Mathematiker und mathematischen Physiker aller Nationen" (Kronecker und Weierstraß 1887) ihre Forschungsergebnisse. Erst mit dem Erscheinen der Mathematischen Annalen (1868) verlor das Journal seine beherrschende Stellung in Deutschland in der Veröffentlichung neuester mathematischer Resultate.

Die Herausgeber, z.T. mehrere Personen gleichzeitig, des Journals waren: 1826–1856 A.L. Crelle, 1857–1881 C.W. Borchardt, 1881–1888 K. Weierstraß, 1881–1892 L. Kronecker, 1892–1902 L. Fuchs, 1903–1936 K. Hensel, 1929–1933 L. Schlesinger, 1929–1980 H. Hasse, 1952–1977 H. Rohrbach. Ab Band 314 gibt es ein Herausgeberkollektiv von jeweils 7–8 Mitgliedern.

Der 500. Band von „Crelles Journal" erschien 1998.

Cremona, Luigi, italienischer Mathematiker, geb. 7.12.1830 Pavia, gest. 10.6.1903 Rom.

Schon in frühen Jahren fühlte sich Cremona als italienischer Patriot und nahm daher 1884/94 an den italienischen Befreiungskriegen gegen Österreich teil. Danach studierte er in Pavia unter anderem bei Casorati und Brioschi Ingenieurwesen. 1853 schloß er sein Studium ab. Danach arbeitete er als Lehrer in Pavia. 1860 wurde er Professor für höhere Geometrie an der Universität von Bologna und 1866 Professor für höhere Geometrie und graphische Statik am polytechnischen Institut von Mailand. 1873 ging er nach Rom an die polytechnische Ingenieurschule. In dieser Zeit nahm er zunehmend administrative Aufgaben wahr und wurde 1879 schließlich Bildungsminister und Vizepräsident im neu gegründeten italienischen Staat.

Seine ersten Veröffentlichungen beschäftigten sich mit der Untersuchung von Kurven mittels Projektion. Daraus gewann er später die birationalen (Cremona-)Transformationen für projektive

Kurven, ein wichtiges Werkzeug bei der Untersuchung projektiver Räume, insbesondere zur Auflösung von Singularitäten projektiver Flächen.

Cremona schrieb eine Reihe von Aufsätzen über kubische Flächen und entwickelte das Verfahren der geometrischen Statik, bei dem mit Hilfe der Geometrie Kräfte in einem Fachwerk berechnet werden können.

Einige seiner wichtigsten Werke sind: „Le figure reciproche della statica grafica“ (1872), „Elementi di geometria proiettiva“ (1873) und „Elementi di calcolo grafico“ (1874)

Cremona-Transformation, eine birationale Korrespondenz von $\mathbb{P}^2$ auf $\mathbb{P}^2$.

Wir erläutern den Sachverhalt an einem Beispiel: Bläst man die Ecken eines Dreiecks in $\mathbb{P}^2$ auf (↗Aufblasung), so werden die strikten Transformationen der drei Seiten exzeptionelle Kurven erster Art, lassen sich also auf Punkte kontrahieren. Komponiert man die Aufblasung mit dieser Kontraktion, erhält man eine spezielle Art von Cremona-Tranformationen. Bei geeigneter Koordinatenwahl ist das die Abbildung

$$(X_0 : X_1 : X_2) \mapsto (X_1X_2 : X_0X_2 : X_0X_1)\,.$$

Die Gruppe der Cremona-Transformationen wird erzeugt von quadratischen Transformationen.

crosscut, Gerade, die eine gegebenes Gebiet vollständig durchschneidet.

Ist G ein einfach zusammenhängendes konvexes Gebiet im $\mathbb{R}^2$ mit Rand, dann heißt eine Gerade g crosscut (in G), wenn g den Rand von G genau zweimal schneidet. Für nicht-konvexe Gebiete kann diese Definition in offensichtlicher Weise modifiziert werden.

Eine Menge von crosscuts liefert eine sog. ↗crosscut-Zerlegung des Gebietes G.

crosscut-Zerlegung, Zelegung eines Gebietes in Teilgebiete, bei der alle Unterteilungslinien ↗crosscuts sind.

Die Notation ist in der Literatur nicht ganz einheitlich, manchmal bezeichnet man die Menge aller crosscuts als crosscut-Zerlegung, meist wird jedoch die sich ergebende Menge von Teilgebieten Δ als die crosscut-Zerlegung bezeichnet.

crossing-over, im Sinne der ↗Mathematischen Biologie ein Mechanismus, der auf demselben Chromosom lokalisierte Gene entkoppelt.

crosstalk, im Kontext ↗Neuronale Netze die Bezeichnung für den Fehler, der entsteht, wenn man im Fall nicht-orthogonaler Eingabevektoren eine Menge von diskreten Trainingswerten in Summen von Produkten speichern will, die durch die ↗Hebb-Lernregel entstehen.

Konkret ergibt sich der crosstalk wie folgt: Es seien die diskreten Trainingswerte

$$(x^{(s)}, y^{(s)}) \in \mathbb{R}^n \times \mathbb{R}^m\,,\ 1 \le s \le t\,,$$

zur Speicherung gegeben, und dazu die Gewichtsmatrix

$$W := (w_{ij})_{i=1\ldots n}^{j=1\ldots m}$$

mit der Hebb-Lernregel berechnet worden gemäß

$$w_{ij} := \sum_{s=1}^{t} x_i^{(s)} y_j^{(s)}\,,\ 1 \le i \le n,\ 1 \le j \le m\,.$$

Bildet man nun für einen beliebig gegebenen Vektor $x^{(r)}$, $1 \le r \le t$, aus dem Datensatz das Produkt $W^T x^{(r)}$, so läßt sich das Ergebnis schreiben als

$$\left(\sum_{i=1}^{n} x_i^{(r)} x_i^{(r)}\right) y^{(r)} + \sum_{\substack{s=1\\ s\neq r}}^{t} \left(\sum_{i=1}^{n} x_i^{(r)} x_i^{(s)}\right) y^{(s)}.$$

Der zweite Summand des obigen Terms wird nun crosstalk genannt.

Sind die Eingabevektoren $x^{(r)}$, $1 \le r \le t$, orthogonal, dann ist der crosstalk stets gleich Null.

Sind die Eingabevektoren $x^{(r)}$, $1 \le r \le t$, auch noch orthonormal, dann gilt sogar

$$W^T x^{(r)} = y^{(r)}\,,\ 1 \le r \le t\,,$$

d. h., die Trainingswerte sind in der Gewichtsmatrix W exakt gespeichert und abrufbar.

C^k-Topologie, Topologie auf Mengen von C^k-Abbildungen, die durch folgende Norm induziert wird: Den Vektorraum der C^k-Abbildungen von der ↗Mannigfaltigkeit M nach $\mathbb{R}^n$ bezeichnen wir mit $C^k(M, \mathbb{R}^n)$. Dann wird auf $C^k(M, \mathbb{R}^n)$ durch

$$\|f\| := \sup \max_{j \in \{0,\ldots k\}} \|d^j(f \circ h^{-1})(x)\|$$

für $f \in C^k(M, \mathbb{R}^n)$, wobei das Supremum über alle Karten h von M mit Definitionsbereich U und alle $x \in U$ zu nehmen ist, eine Norm definiert. Die mit

Hilfe dieser Norm definierten offenen Kugeln induzieren die C^k-Topologie auf $C^k(M, \mathbb{R}^n)$.

Für eine Menge $M \subset \mathbb{R}^m$ ist auf der Menge der stetigen Abbildungen $C^0(M, \mathbb{R}^n)$ durch $\|\cdot\|_0$ gerade die Supremumsnorm definiert. Für den Fall einer kompakten Mannigfaltigkeit geben wir einige wichtige Ergebnisse an:

Sei M kompakte Mannigfaltigkeit, und $C^k(M, \mathbb{R}^n)$ sei mit der C^k-Topologie ausgestattet. Dann gilt:

1. *$C^k(M, \mathbb{R}^n)$ ist ein ↗Banachraum.*
2. *$C^k(M, \mathbb{R}^n)$ ist ein ↗Baire-Raum.*
3. *$C^k(M, \mathbb{R}^n)$ ist separabel.*
4. *$C^\infty(M, \mathbb{R}^n)$ liegt dicht in $C^k(M, \mathbb{R}^n)$.*

Weiter folgt, daß für eine weitere Mannigfaltigkeit N die Menge der glatten Funktionen von M nach N, $C^\infty(M,N)$, dicht in $C^k(M,N)$ liegt für alle $k \in \mathbb{N}_0$. Schließlich ist die Menge der C^k-Diffeomorphismen auf M, $\text{Diff}^k(M)$, offen in $C^k(M,M)$.

[1] Palis,J.; Melo,W. de: Geometric Theory of Dynamical Systems. Springer-Verlag New York, 1982.

Cues, Nikolaus von, ↗Cusanus, Nicolaus.

Curiesches Symmetrieprinzip, in der Thermodynamik irreversibler Prozesse die Aussage, daß durch die Existenz von räumlichen Symmetrien die ein System beschreibenden Onsagerschen Beziehungen in der Weise vereinfacht werden, daß die Komponenten der Ströme nicht von allen Komponenten der thermodynamischen Kräfte abhängen.

Wenn das System nicht „zu weit" vom thermodynamischen Gleichgewicht entfernt ist, besteht zwischen Stromkomponenten J_i und thermodynamischen Kraftkomponenten X_k eine lineare Beziehung, $J_i = \sum_{k=1}^{n} L_{ik} X_k$ (Onsagersche Beziehungen).

Die L_{ik} werden phänomenologische Koeffizienten genannt. Als Beispiele seien Diffusions- und Wärmeströme genannt, die als treibende Kräfte Konzentrations- bzw. Temperaturgefälle haben.

Cusanus, Nicolaus, *Cues, Nikolaus von*, deutscher Theologe, Mathematiker und Philosoph, geb. 1401 Kues an der Mosel, gest. 11.8.1464 Todi (Umbrien).

Cusanus studierte in Heidelberg, Padua und Köln, wurde 1448 Kardinal, 1450 Bischof von Brixen und später Generalvikar in Rom.

Cusanus beschäftigte sich hauptsächlich mit Philosophie, interessierte sich aber auch für Logik und Geometrie. Er studierte die Unendlichkeit, das unendlich Große bzw. Kleine. Er begriff den Kreis als Grenzwert regelmäßiger Polygone. Ab 1444 lieferte er mehrere Beiträge zur astronomischen Forschung, so neben sechzehn Büchern auch Himmelsgloben und astronomische Instrumente. Von Cusanus stammt die erste Landkarte Mitteleuropas. Cusanus stand am Beginn der Ablösung der Wissenschaft von der im Mittelalter typischen scholastischen Bindung an die Lehrmeinungen des Aristoteles.

Cusanus-Algorithmus zur Berechnung von π, das um 1450 von Nicolaus Cusanus gefundene, mit dem ↗Archimedes-Algorithmus zur Berechnung von π verwandte Iterationsverfahren.

Cusanus betrachtete regelmäßige Vielecke vom Umfang 1 und deren In- und Umkreise: Für den

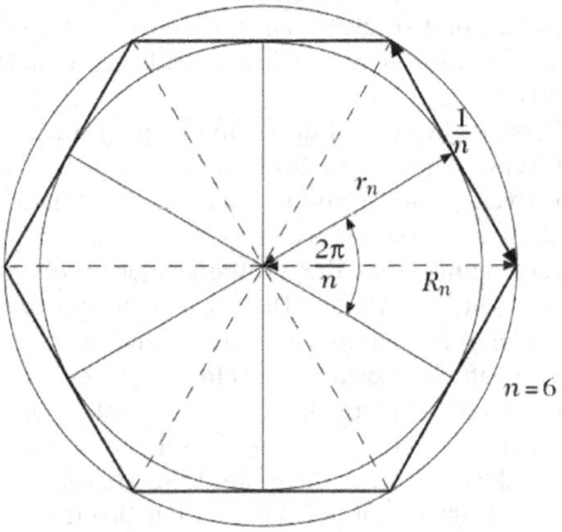

Radius r_n des In- und den Radius R_n des Umkreises des n-Ecks ist $r_n < \frac{1}{2\pi} < R_n$, und es gilt $r_n \uparrow \frac{1}{2\pi}$ und $R_n \downarrow \frac{1}{2\pi}$ für $n \to \infty$. Wie beim Archimedes-Algorithmus folgen aus elementaren geometrischen Überlegungen oder aus den Halbierungsformeln der trigonometrischen Funktionen die Beziehungen

$$r_{2n} = \frac{r_n + R_n}{2}, \quad R_{2n} = \sqrt{r_{2n} R_n}.$$

Diese Iteration ist äquivalent zu der von Archimedes: Mit den Größen u_n, U_n des Archimedes-Algorithmus gilt

$$r_n = \frac{1}{U_n} \quad \text{und} \quad R_n = \frac{1}{u_n}.$$

cutting-plane-Verfahren, ↗Schnittebenenverfahren.

C-vollständig, Begriff aus der Komplexitätstheorie. Ein Problem heißt für eine Problemklasse C bzgl. eines Reduktionstyps vollständig, wenn es zu der Problemklasse C gehört und ein ↗C-hartes Problem ist.

Die C-vollständigen Probleme sind die schwierigsten Probleme innerhalb von C.

cycle-double-cover-Vermutung, ↗ Eulerscher Graph.

CYK-Algorithmus, ↗ Cocke-Kasami-Younger-Algorithmus.

D

dal Ferro, Scipione, italienischer Mathematiker, geb. 6.2.1465 Bologna, gest. 5.11.1526? Bologna.

Dal Ferro wurde als Sohn eines Papierhändlers geboren und studierte an der Universität von Bologna. Ab 1464 lehrte er dort Arithmetik und Geometrie.

Dal Ferro ist bekannt durch seine Lösungsformel für kubische Gleichungen der Form $x^3+ax+b=0$ mit positiven Zahlen a und b, die er um 1500 fand (↗Cardanische Lösungsformel).

Er löste damit eines der größten algebraischen Probleme seit der Antike. Dadurch, daß von dal Ferro keine Aufzeichnungen erhalten sind, war die Urheberschaft der Lösungsformeln lange Zeit unklar. 1539 verriet Tartaglia seine Lösungsformeln Cardano unter dem Siegel der Verschwiegenheit. Doch Cardano veröffentliche sie 1545 in seinem Buch „Ars Magna". Im anschließenden Streit vertrat Cardano die Ansicht, daß dal Ferro der Urheber der Formeln sei.

d'Alembert, Jean Baptiste le Rond, Mathematiker, Physiker und Philosoph, geb. 16.(17.)11.1717 Paris, gest. 28.10.1783 Paris.

Der uneheliche Sohn eines Generals und einer adligen Dame wurde auf den Stufen der Pariser Kirche Saint-Jean-le-Rond ausgesetzt. Er wuchs in einer Handwerkerfamilie auf, sein leiblicher Vater ermöglichte ihm jedoch ein Studium in Paris. D'Alembert studierte Theologie, Jura, Medizin, Mechanik und Mathematik. Bedeutende Leistungen führten schon 1741 zur Aufnahme in die Akademie der Wissenschaften. Seit 1754 war er Sekretär der Akademie der Wissenschaften, seit 1772 auch der Academie Francaise. In diesen Positionen war d'Alembert der einflußreichste Gelehrte Frankreichs.

Er begann seine wissenschaftliche Tätigkeit mit Arbeiten über die Bewegung fester Körper in Flüssigkeiten und der Integration von Differentialgleichungen. Bereits 1743 erschien sein Hauptwerk „Traité de dynamique". Die Schrift war ein Meilenstein in der Mathematisierung der klassischen Mechanik. Es enthielt das d'Alembertsche Prinzip (↗d'Alembertsches Theorem), versuchte eine Begründung der Newtonschen Axiome und erklärte, daß die formale Beschreibung von „Kraft" nur eine Konvention sei.

Mit Hilfe des d'Alembertschen Prinzips gelang es erstmals, die Bewegung gekoppelter Körper zu erklären. D'Alembert veröffentlichte danach über die Bewegung von Flüssigkeiten, die Theorie des Windes und über die Theorie der schwingenden Saite (1747). Letztere Arbeit führte die Wellengleichung ein und begründete, neben Untersuchungen von Euler und D. Bernoulli, die Theorie der partiellen Differentialgleichungen. Andere Probleme der mathematischen Physik führten ihn zur Erkenntnis der Komplexwertigkeit analytischer Funktionen komplexer Veränderlicher (1746), zu den Differentialgleichungen von Cauchy-Riemann für jede komplexe analytische Funktion (1752), und zum d'Alembertschen Konvergenzkriterium. 1746 versuchte er erfolglos, den Fundamentalsatz der Algebra zu beweisen. Auch Arbeiten zu den Grundlagen der Wahrscheinlichkeitstheorie waren wenig erfolgreich.

Ab 1751 gab d'Alembert, gemeinsam mit Diderot, die „Encyclopédie ou Dictionaire raisonnée des sciences..." heraus. Dieses Werk gehört zu den einflußreichsten Schriften der Wissenschaftsgeschichte. In mathematischen Artikeln der Encyclopédie formulierte d'Alembert u. a. exakt den Grenzwertbegriff.

In den philosophischen Beiträgen vertrat er eine rationale Fortschrittsidee und die Meinung, Wissenschaft habe dem Fortschritt der Produktivkräfte zu dienen. Er löste gleichzeitig die Einzelwissenschaften aus den alten deduktiven Wissenschaftssystemen. Seine eigenen Auffassungen waren aber durchaus nicht konsequent. Er vertrat auch skeptizistische Gedankengänge und unentschiedene theologische Positionen. Ein Essay von 1759 gilt sogar als eine wesentliche Quelle des Positivismus.

d'Alembert-Formel, ↗d'Alembert-Operator.

d'Alembert-Operator, spezieller hyperbolischer Differentialoperator der Form

$$\Box := \frac{\partial^2}{\partial t^2} - c^2 \Delta_x$$

bzgl. der Zeitvariablen t und der n-dimensionalen Raumvariablen x.

Dabei ist Δ_x der Laplace-Operator (bzgl. x) und c eine positive Konstante.

Der d'Alembert-Operator ist der Standardtyp eines hyperbolischen Operators. Für $n = 1$ läßt er sich zu

$$\left(\frac{\partial}{\partial t} - c\frac{\partial}{\partial x}\right)\left(\frac{\partial}{\partial t} + c\frac{\partial}{\partial x}\right)$$

faktorisieren, woraus sich mit den ↗Cauchy-Daten

$$\begin{aligned} u(0,x) &= u_0(x)\,, \\ u_t(0,x) &= u_1(x) \end{aligned}$$

(u_0 und u_1 vorgegebene Funktionen) ein Anfangswertproblem ergibt, dessen Lösung (sog. d'Alembertsche Lösung) durch die d'Alembert-Formel

$$\begin{aligned} u(t,x) &= \frac{1}{2}\left(u_0(x+ct) + u_0(x-ct)\right) \\ &\quad + \frac{1}{2c}\left(\int_{x-ct}^{x+ct} u_1(\zeta)d\zeta\right) \end{aligned}$$

explizit angegeben werden kann.

Für $n > 1$ existiert keine derartige Zerlegung.

d'Alembertsche Differentialgleichung, implizite Differentialgleichung erster Ordnung der Form

$$y(x) = xf(y'(x)) + g(y'(x))$$

mit zwei stetig differenzierbaren Funktionen f, g. Mit $p := y'$ erhält man durch Differentiation von $y(p) = xf(p) + g(p)$ nach p

$$\frac{dy}{dp} = \frac{dx}{dp}f + x\frac{df}{dp} + \frac{dg}{dp}\,,$$

und somit die lineare Differentialgleichung

$$\frac{dx}{dp} = x' = \frac{xf'(p) + g'(p)}{p - f(p)}\,,$$

aus der $x(p)$ und damit auch $y(p) = xf(p) + g(p)$ in geschlossener Form bestimmt werden kann.

[1] Walter, W.: Gewöhnliche Differentialgleichungen. Springer Verlag Berlin, 1996.

d'Alembertsche Lösung, ↗d'Alembert-Operator.

d'Alembertsches Konvergenzkriterium, heute nicht mehr gebräuchlicher Name für das ↗Quotientenkriterium.

d'Alembertsches Paradoxon, ↗ Kutta-Joukowski-Auftriebsformel.

d'Alembertsches Prinzip, ↗d'Alembertsches Theorem.

d'Alembertsches Reduktionsverfahren, Verfahren, um aus einem linearen Differentialgleichungssystem (DGL-System) mit n Differentialgleichungen erster Ordnung ein System mit $n-1$ Differentialgleichungen erster Ordnung zu erhalten, falls eine Lösung des Ausgangssystems bereits vorliegt.

Wir betrachten für eine matrixwertige Abbildung $A : \mathbb{R} \to M_{n\times n}$ das DGL-System

$$\mathrm{y}'(x) = A(x)\mathrm{y}(x)\,.$$

Falls *eine* Lösung y_1 bekannt ist, macht man den Ansatz

$$\mathrm{y}_2(x) = \varphi(x)\mathrm{y}_1(x) + \begin{pmatrix} 0 \\ z_2 \\ \vdots \\ z_n \end{pmatrix}$$

mit einer reellwertigen Funktion φ. Setzt man diesen Ansatz in das ursprüngliche DGL-System ein, erhält man anschließend ein DGL-System mit $n-1$ Differentialgleichungen erster Ordnung.

d'Alembertsches Theorem, *d'Alembertsches Prinzip*, die Aussage, daß an einem mechanischen System (bestehend aus k Massenpunkten mit den Massen m_k) die auf das System wirkenden (äußeren) Kräfte $\mathfrak{F}_k$ und die Trägheitskräfte

$$\mathfrak{F}_k^* = -\frac{m_k d^2 \mathfrak{r}_k}{dt^2}$$

im Gleichgewicht stehen ($\mathfrak{r}_k$ Ortsvektor des k-ten Teilchens im dreidimensionalen euklidischen Raum).

Dies bedeutet formal nach dem Prinzip der virtuellen Arbeit (verschiebt man die k das System bildenden Massenpunkte um $\delta\, g_k$, dann leisten die Kräfte keine Arbeit), daß

$$\sum_k (\mathfrak{F}_k^* + \mathfrak{F}_k) \cdot \delta\, g_k = 0\,.$$

Das Theorem gilt auch für Massenpunkte, deren Bewegung durch Bedingungen eingeschränkt ist. In diesem Fall kann man aus der obigen Gleichung nicht auf das Newtonsche Bewegungsgesetz für die einzelnen Massenpunkte schließen, weil die $\delta\, g_k$ nicht mehr unabhängig sind.

Dandelin, Germinal Pierre, französisch-belgischer Mathematiker und Physiker, geb. 12.4.1794 Le Bourget (bei Paris), gest. 15.2.1847 Brüssel.

Nach einem Studium in Gent und Paris lehrte Dandelin von 1825 bis 1830 Bergbauingenieurwesen in Liège. Danach diente er in der belgischen Armee, lehrte Physik am Athenaeo in Namur und war Ingenieur-Oberst in Liège und später in Brüssel.

Der Begriff der ↗Dandelinschen Kugeln geht auf ihn zurück. Dandelin bewies, daß die Berührungspunkte der Kugeln mit der Ebene gerade die Brennpunkte des Kegelschnittes der Ebene mit dem Kegel sind.

Er erweiterte dieses Resultat für allgemeine Rotationsflächen. Damit konnte er 1826 den Pascalschen Satz über Sehnensechsecke von Kegelschnitten bzw. das Dual, den Satz von Brianchon über

Tangentensechsecke an Kegelschnitten beweisen. 1823 veröffentlichte er ein Verfahren zur näherungsweisen Berechnung der Wurzeln einer algebraischen Gleichung n-ten Grades, das Dandelin-Gräffin-Verfahren.

Dandelinsche Kugeln, gedankliches Hilfsmittel zur geometrischen Konstruktion der Brennpunkte eines Kegelschnitts.

Ist K ein Kegel, der durch die Ebene E geschnitten wird, so entsteht ein ↗Kegelschnitt S. Ist S eine Ellipse oder eine Hyperbel, so existieren zwei Kugeln, die E und K beide berühren. Diese Kugeln heißen Dandelinsche Kugeln. Ist S eine Parabel, so existiert eine Dandelinsche Kugel. Die Berührungspunkte der Kugeln mit E sind gerade die Brennpunkte von S.

Daniell, Percy John, englischer Mathematiker, geb. 9.1.1889 Valparaiso (Chile), gest. 25.5.1946 Sheffield.

Daniell studierte in Cambridge (England), Göttingen und Houston (Texas). Ab 1923 arbeitete er in Sheffield.

Mit Hilfe der Fortsetzung linearer Funktionale über Gittern führte er 1918, anknüpfend an Arbeiten von W. H. Young, einen Integralbegriff für abstrakte Mengen ein, der später in der Formulierung von M. H. Stone als ↗Daniell-Stone-Integral bekannt wurde. Durch diesen Ansatz, der hauptsächlich auf Ordnungsrelationen basierte, und ähnlichen verallgemeinerten Integralbegriffen wurde es möglich, allgemeine Funktionen zu integrieren. Ab 1920 beschäftigte sich Daniell mit dem Versuch, einen allgemeinen Ableitungsbegriff zu definieren.

Daniell-Integral, ↗Daniell-Stone-Integral.

Daniell-Stone, Satz von, Aussage über den Zusammmenhang des ↗Daniell-Stone-Integrals mit Maßen.

Es sei Ω eine Menge, $\mathcal{F}$ ein Stonescher Vektorverband reeller Funktionen auf Ω und I ein Daniell-Stone-Integral auf $\mathcal{F}$.

Dann existiert genau ein ↗Maß μ auf der kleinsten σ-Algebra $\sigma(\mathcal{F})$ auf Ω, für die alle $u \in \mathcal{F}$ meßbare Funktionen sind, mit folgenden Eigenschaften:

(a) $\mathcal{F}$ ist Untermenge der Menge $\mathcal{L}^1(\mu)$ der μ-integrierbaren Funktionen auf Ω.

(b) $I(u) = \int u d\mu$ für alle $u \in \mathcal{F}$.

(c) $\mu(A) = \inf\{\mu(G) | G\ \mathcal{F}$-offen mit $A \subseteq G\}$ für alle $A \in \sigma(\mathcal{F})$.

Existiert in $\mathcal{F}_+$ eine isotone Folge $(u_n | n \in \mathbb{N})$mit $\sup\{u_n | n \in \mathbb{N}\} > 0$ und $\sup\{I(u_n) | n \in \mathbb{N}\} < +\infty$, so ist μ ein σ-endliches Maß und bereits durch die Eigenschaft (a) und (b) eindeutig bestimmt. Ferner gilt, daß für jedes $p \in [1, \infty)$ $\mathcal{F}$ bzgl. der Konvergenz im p-ten Mittel dicht liegt in der Menge der p-fach μ-integrierbaren Funktionen auf Ω.

Daniell-Stone-Integral, *Daniell-Integral*, ein abstrakter Integralbegriff, der einen Zugang zur Integrationstheorie durch die Theorie der ↗Vektorverbände darstellt.

Sei X ein Vektorraum von reellen Funktionen auf einer Menge Ω mit $\min\{f, g\} \in X$, falls $f, g \in X$. Ferner gelte die Stonesche Bedingung $\min\{f, 1\} \in X$, falls $f \in X$; X heißt dann ein Stonescher Vektorverband.

Sei $I : X \to \mathbb{R}$ eine positive lineare Abbildung (↗Abbildungen zwischen Vektorverbänden) mit $\lim_{n\to\infty} I(f_n) = 0$ für alle monoton fallenden Folgen (f_n), die punktweise gegen 0 konvergieren. Dann existiert ein Maß μ auf der von den Mengen $f^{-1}(A)$ ($f \in X$, $A \subset \mathbb{R}$ eine Borelmenge) erzeugten σ-Algebra, so daß $X \subset \mathcal{L}^1(\mu)$ und

$$I(f) = \int_\Omega f d\mu$$

für $f \in X$ ist. Dann nennt man I Daniell-Stone-Integral, Daniell-Integral, oder manchmal auch abstraktes Integral.

Ausgehend vom Riemann-Integral auf $X = C[a,b]$ oder $X = \mathcal{K}(\mathbb{R})$ erhält man so das Lebesguesche Integral.

[1] Fremlin, D. H.: Topological Riesz Spaces and Measure Theory. Cambridge University Press, 1974.

Dantzig, George Bernhard, amerikanischer Mathematiker, geb. 8.11.1914 Portland (Oregon, USA), gest. 13.5.2005 Stanford (Kailf.).

Dantzig studierte bis 1937 an den Universitäten von Maryland, Michigan und Berkeley. Danach arbeitet er als Statistiker in einem Arbeitsbüro, von 1941 bis 1952 für die US Air Force. Von 1952 bis 1960 wirkte er an der RAND-Corporation in Santa Monica. Ab 1954 war er Professor zunächst an der University of California in Los Angeles, dann in Berkeley und schließlich an der Stanford University.

Dantzig führte 1947 den Simplexalgorithmus zur Lösung linearer Optimierungsprobleme ein. Daneben befaßte er sich mit stochastischer Optimierung, der Dualität in der Optimierung (Dualitätssatz) und der Optimierung großer gekoppelter Systeme.

Darbo-Sadowskischer Fixpunktsatz, Fixpunktsatz für verdichtende Operatoren:

Sei M eine nicht leere, abgeschlossene, beschränkte und konvexe Teilmenge eines Banachraums und $T : M \to M$ ein verdichtender Operator. Dann besitzt T einen Fixpunkt.

Dieser Satz enthält den ↗Banachschen Fixpunktsatz und den ↗Schauderschen Fixpunktsatz als Spezialfälle, jedoch basiert der Beweis auf dem Schauderschen Satz.

[1] Zeidler, E.: Nonlinear Functional Analysis and Its Applications I. Springer Berlin/Heidelberg, 1986.

Darboux, Jean Gaston, französischer Mathematiker, geb. 14.8.1842 Nimes, gest. 23.2.1917 Paris.

Darboux promovierte 1866 an der École Normale. Danach war er Lehrer, kehrte aber 1872 an die École Normale zurück und wurde 1881 Professor für höhere Geometrie an der Pariser Universität.

Darbouxs Hauptergebnisse liegen auf dem Gebiet der Differentialgeometrie und der Flächentheorie. Er benutzte dabei die Methode des begleitenden Zweibeins, des répére mobile, um Flächen zu charakterisieren. Damit war eine Verbindung zwischen Geometrie und Lie-Gruppen geschaffen. Darüber hinaus lieferte Darboux Beiträge zur Analysis, Mechanik und zur Integration reeller Funktionen (Darboux-Integral, Riemann-Integral).

Ab 1889 arbeitete er mehr und mehr auf wissenschaftsorganisatorischem Gebiet. So erwarb er sich Verdienste bei Neuaufbau der Sorbonne und war 1870 Mitbegründer des „Bulletin des Sciences Mathémathiques".

Darboux war immer bemüht, möglichst viele Gebiete der Mathematik zu bearbeiten. Sein Hauptwerk „Leçons sur la théorie générale des surfaces et sur les applications géométriques du calcul infinitesimal" (1887–1896) beeinflußte solche Gebiete wie Mechanik, Variationsrechnung und partielle Differentialgleichungen nachhaltig.

Darboux, Kontaktsatz von, Satz über die lokale Äquivalenz gleichdimensionaler Kontaktmannigfaltigkeiten:

Alle Kontaktmannigfaltigkeiten gleicher Dimension sind lokal kontakt-diffeomorph, d. h., es existiert ein ↗Diffeomorphismus einer hinreichend kleinen Umgebung eines jeden Punktes einer Kontaktmannigfaltigkeit auf eine Umgebung eines jeden Punktes einer anderen gleichdimensionalen Kontaktmannigfaltigkeit, der den vorgegebenen Punkt der ersten Umgebung in den vorgegebenen Punkt der zweiten Umgebung überführt, und ebenso das Hyperebenenfeld der ersten Umgebung in das Hyperebenenfeld der zweiten Umgebung.

Darboux, Satz von, über die Differentiation einer Funktionenreihe, ↗Differentiation der Summenfunktion einer Reihe.

Darboux, Satz von, über die lokale Äquivalenz symplektischer Mannigfaltigkeiten, eine Reformulierung des Kontaktsatzes von Darboux, die wie folgt lautet:

Alle symplektischen Mannigfaltigkeiten gleicher Dimension sind lokal symplektomorph, d. h., es existiert ein ↗Diffeomorphismus einer hinreichend kleinen Umgebung eines jeden Punktes einer symplektischen Mannigfaltigkeit auf eine Umgebung eines jeden Punktes einer anderen, gleichdimensionalen symplektischen Mannigfaltigkeit, der den vorgegebenen Punkt der ersten Umgebung in den vorgegebenen Punkt der zweiten Umgebung überführt und ebenso die ↗symplektische Zweiform der ersten Umgebung in die symplektische Zweiform der zweiten Umgebung.

Darboux, Zwischenwertsatz von, ↗Zwischenwertsatz für Ableitungen.

Darboux-Cesàro, Vektor von, die Linearkombination $\mathfrak{d}(s) = \tau(s)\,\mathfrak{t}(s) + \kappa(s)\,\mathfrak{b}(s)$ des Tangential- und Binormalenvektors $\mathfrak{t}$ bzw. $\mathfrak{b}$ einer Raumkurve mit der Krümmmung κ und der Windung τ (↗begleitendes Dreibein).

Mit seiner Hilfe lassen sich die Frenetschen Formeln über das vektorielle Kreuzprodukt in der Form

$$\begin{array}{rcccl} \mathfrak{t}'(s) &=& \mathfrak{d}(s)\times\mathfrak{t}(s) &=& \kappa(s)\,\mathfrak{n}(s) \\ \mathfrak{n}'(s) &=& \mathfrak{d}(s)\times\mathfrak{n}(s) &=& -\kappa(s)\,\mathfrak{t}(s)+\tau(s)\,\mathfrak{b}(s) \\ \mathfrak{b}'(s) &=& \mathfrak{d}(s)\times\mathfrak{b}(s) &=& -\tau(s)\,\mathfrak{n}(s) \end{array}$$

ausdrücken. Der Vektor von Darboux-Cesàro besitzt folgende kinematische Deutung: Sein Betrag $\gamma(s) = \sqrt{\kappa^2(s)+\tau^2(s)}$, die sog. ganze Krümmung der Kurve, ist ein Maß für die Winkelgeschwindigkeit eines mit dem begleitenden Dreibein fest verbundenen starren Körpers bei seiner Bewegung entlang der Kurve, d. h., der Körper dreht sich in jedem Punkt mit der Winkelgeschwindigkeit γ um die durch $\mathfrak{d}$ bestimmte Drehachse.

Darboux-Integral, ↗Darboux-Summe.

Darboux-Koordinaten, lokale Koordinaten $(q_1,\dots,q_n,p_1,\dots,p_n)$ auf einer ↗symplektischen Mannigfaltigkeit, in denen die ↗symplektische Zweiform die einfache Standardform annimmt:

$$\sum_{i=1}^{n} dq_i \wedge dp_i\,.$$

Der Satz von Darboux über die lokale Äquivalenz symplektischer Mannigfaltigkeiten sichert auf jeder solchen Mannigfaltigkeit die Existenz von Darboux-Koordinaten in einer offenen Umgebung jedes Punktes.

Darbouxsche Differentialgleichung, eine ↗gewöhnliche Differentialgleichung erster Ordnung der Form

$$y'(x) = \frac{q(x, y(x)) + y(x)\, r(x, y(x))}{p(x, y(x)) + x\, r(x, y(x))},$$

wobei p, q und r Polynome in x und y sind.

Darboux-Summe, Variante des Riemannschen Zugangs zum Integralbegriff.

Es sei f eine auf dem Intervall $[a, b]$ beschränkte Funktion, und $k \in \mathbb{N}$. Man unterteilt das Intervall $[a, b]$ nun in k Teilintervalle $[x_\nu, x_{\nu+1}]$ mit $a = x_0 < x_1 < \cdots < x_k = b$, und setzt für $\nu = 1, \dots, k$

$$m_\nu := \inf_{x_{\nu-1} \le x \le x_\nu} f(x)$$

und

$$M_\nu := \sup_{x_{\nu-1} \le x \le x_\nu} f(x)\,.$$

Dann heißen die Summen

$$s(f) := \sum_{\nu=1}^{k} m_\nu (x_\nu - x_{\nu-1})$$

und

$$S(f) := \sum_{\nu=1}^{k} M_\nu (x_\nu - x_{\nu-1})$$

untere bzw. obere Darboux-Summe von f bzgl. der Unterteilung $\{x_\nu\}$.

Anschaulich sind die Darboux-Summen Summen von Rechtecksflächen: Die Grundfläche ist jeweils die Intervallbreite $(x_i - x_{i-1})$, die Höhe ist der kleinste bzw. größte Wert von f im jeweiligen Teilintervall.

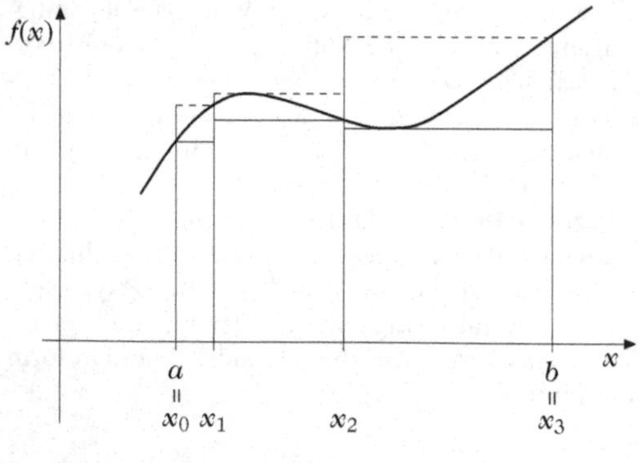

Untere und obere Darboux-Summen

Ist $\{y_k\}$ eine andere Unterteilung des Intervalls $[a, b]$, und ist $\tilde{S}(f)$ die zugehörige obere Darboux-Summe, so gilt

$$s(f) \le \tilde{S}(f).$$

Die Zahlen

$$I_u := \sup s(f)$$

und

$$I_o := \inf S(f),$$

wobei das Infimum bzw. das Supremum über alle möglichen Unterteilungen von $[a, b]$ genommen wird, heißen auch unteres bzw. oberes Darboux-Integral von f.

Es gilt nun folgender Satz:

Die Funktion f ist über $[a, b]$ genau dann (Riemann-) integrierbar, wenn I_u und I_o existieren und gleich sind.

In diesem Fall stimmen I_u und I_o mit dem Wert des Riemann-Integrals überein.

Das Konzept der Darboux-Summe kann auch auf die Integration von Funktionen mehrerer Variablen angewandt werden.

darstellbarer Funktor, ein ↗Funktor mit zusätzlicher Eigenschaft.

Sei $\mathcal{A}$ eine Kategorie und $F : \mathcal{A} \to \mathcal{S}$ ein kovarianter Funktor mit Werten in der Kategorie der Mengen. Der Funktor F heißt darstellbarer Funktor, falls es ein Objekt R aus $\mathcal{A}$ gibt und eine natürliche Äquivalenz

$$\eta : \mathrm{Mor}_{\mathcal{A}}(R, -) \longrightarrow F(-)$$

mit dem Funktor $\mathrm{Mor}_{\mathcal{A}}$ existiert. Das Paar (R, η) heißt Darstellung des Funktors F und R darstellendes Objekt.

darstellende Geometrie, *deskriptive Geometrie*, Teilgebiet der Geometrie, das die Untersuchung geometrischer Gebilde des drei- (oder mehr-)dimensionalen Raumes und die Lösung von drei- (oder mehr-)dimensionalen Problemen durch Abbildungen (Projektionen) in die (Zeichen-)Ebene bzw. mehrere Ebenen beinhaltet.

Einen Schwerpunkt bildet dabei die Rückführung räumlicher auf planimetrische Konstruktionsaufgaben. Ist der Zusammenhang zwischen Original und Bild(ern) eineindeutig, so lassen sich räumliche Probleme durch Konstruktion in der Zeichenebene lösen. Umgekehrt ist auch die Umsetzung zweidimensionaler Konstruktionsergebnisse in den dreidimensionalen Raum von Bedeutung – u. a. im Zusammenhang mit computergestützter Konstruktion (CAD) und computerunterstützter Visualisierung.

In der darstellenden Geometrie verwendete Abbildungsverfahren sind die senkrechte Parallelprojektion (Ein-, Zwei- und Dreitafelprojektion), die schräge Parallelprojektion (Schrägbilder, Axonometrien) und die Zentralprojektion.

Bei der senkrechten Parallelprojektion des Raumes auf eine Ebene ε wird jedem Punkt A des

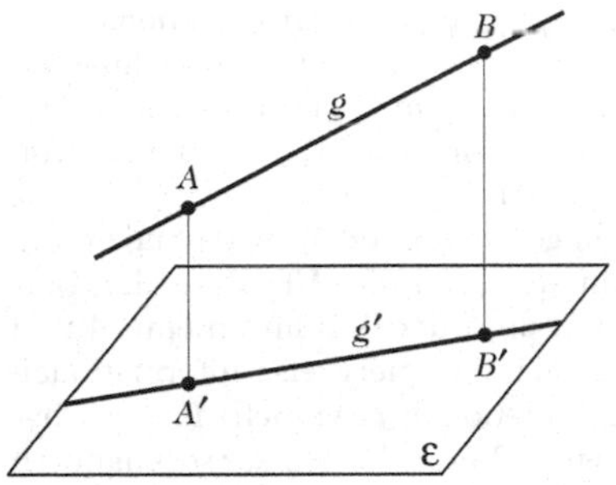

Projektion der Geraden $g = AB$ auf die Ebene ε

Raumes der Fußpunkt des Lotes von A auf ε als Bildpunkt A' zugeordnet. Wird nur eine Projektionsebene verwendet, so spricht man von einer Eintafelprojektion.

Gibt man bei der Eintafelprojektion zusätzlich die Höhe von Raumpunkten über der Projektionsebene (Abstand von ε) an, so ist die Lage dieser Punkte im Raum eindeutig bestimmt.

Statt auf nur eine Ebene werden häufig senkrechte Parallelprojektionen auf zwei oder drei Projektionsebenen (Tafeln) durchgeführt, die i.allg. aufeinander senkrecht stehen. Man spricht in diesem Falle von einer Zwei- bzw. Dreitafelprojektion. Die folgende Abbildung zeigt exemplarisch die Bildpunkte A' und A'' eines Punktes A bei einer Zweitafelprojektion.

Während bei der senkrechten Parallelprojektion die Projektionsstrahlen senkrecht zur Projektionsebene verlaufen (also Lote auf diese sind), bilden die Projektionsstrahlen bei der schrägen Parallelprojektion mit der Projektionsebene einen von 90° verschiedenen Neigungswinkel ϕ. Durch schräge Parallelprojektion entstandene Bilder treten u. a. als Schatten durch Sonnenlicht auf und sind anschaulich gut zu erfassen. Zur Projektionsebene parallele geometrische Figuren werden auf dazu kongruente Figuren in der Projektionsebene abgebildet. Die Bilder von zur Projektionsebene senkrechten Geraden (Tiefengeraden) sind gegen die Horizontale um den Verzerrungswinkel α geneigt. Die Bilder von Strecken auf Tiefengeraden werden verkürzt abgebildet; die Länge einer Bildstrecke ergibt sich als Produkt aus der Länge der Originalstrecke mit dem Verzerrungsfaktor (Verkürzungsfaktor) q:

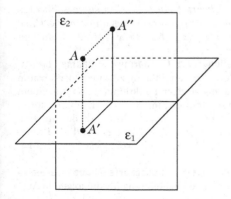

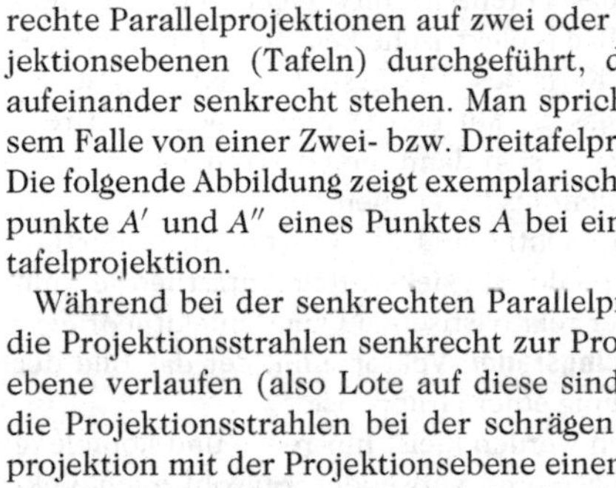

$$|A'B'| = q \cdot |AB|.$$

Eine häufig verwendete schräge Parallelprojektion ist die sog. Kavaliersperspektive mit dem Verzerrungswinkel $\alpha = 45°$ und dem Verzerrungsfaktor $q = \frac{1}{2}$.

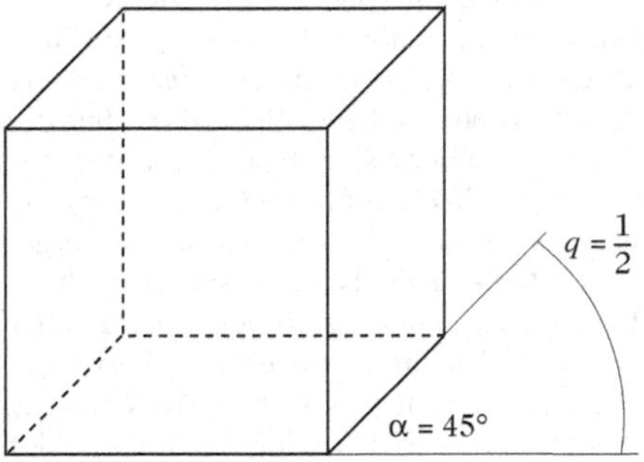

Darstellung eines Würfels in Kavaliersperspektive

Bei der Zentralprojektion treffen sich alle Projektionsstrahlen in einem Punkt Z, dem Projektionszentrum. Die Bildpunkte ergeben sich als Schnittpunkte der Verbindungsgeraden zwischen den Originalpunkten und dem Projektionszentrum mit der festgelegten Projektionsebene. Die Zentralprojektion entspricht damit der Abbildung des Raumes durch das (als punktförmig betrachtete) menschliche Auge. Auch bei der Fotografie werden Teile des Raumes durch eine Zentralprojektion auf die Projektionsebene (Film) abgebildet. Das Projektionszentrum ist hierbei die Blendenöffnung.

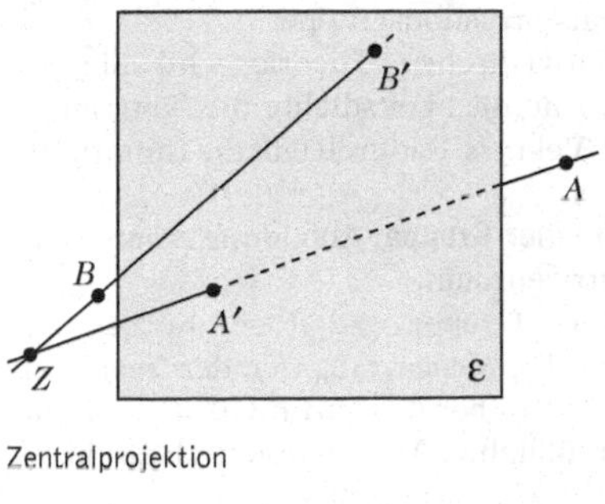

Zentralprojektion

Jede Parallelprojektion kann auch als Zentralprojektion mit einem unendlich weit entfernten Projektionszentrum aufgefaßt werden.

Darstellung des Spins, für einen Zustand eines als elementar betrachteten Teilchens ein Element eines Darstellungsraumes einer total symmetrischen Darstellung von $SU(2)$ (in der nichtrelativistischen Quantenmechanik) und der zweidimensionalen unimodularen Gruppe (in der relativistischen Quantentheorie).

Der Spin (auch Eigendrehimpuls genannt) eines Teilchens ist eine rein quantenphysikalische Eigenschaft. Das Quadrat des zugeordneten Spinoperators $\hat{s}$ hat die Eigenwerte $s(s+1)\hbar$, wobei s eine ganze oder halbe positive Zahl sein kann.

Wäre also das Plancksche Wirkungsquantum gleich Null, hätten alle Teilchen nur verschwindenden Spin. In bezug auf eine ausgezeichnete Richtung kann sich der Spin auf $(2s+1)$ verschiedene Weisen orientieren. Wird die ausgezeichnete Richtung als z-Richtung bezeichnet, dann hat der Spinprojektionsoperator $\hat{s}_z$ entsprechend der verschiedenen Möglichkeiten für die Orientierung die Eigenwerte $s, s-1, \cdots, -(s-1), -s$. Für einen gegebenen Wert s gibt es also $(2s+1)$ Zustände des Teilchens. Der Spinzustand eines Teilchen wird daher durch eine $(2s+1)$-komponentige Größe bestimmt. Sie ist ein Element eines Darstellungsraums einer total symmetrischen irreduziblen Darstellung der Stufe $2s$ der $SU(2)$-Gruppe.

Das Verhalten physikalischer Systeme gegenüber der dreidimensionalen Rotationsgruppe wird dadurch beschrieben, daß man ihnen Elemente aus Darstellungsräumen dieser Gruppe zuordnet. Bei ganzzahligem Spin geht die Zustandsfunktion nach einer Rotation um 2π in sich über. Für halbzahligen Spin nimmt dagegen die Zustandsfunktion den negativen Wert und erst nach einer Rotation von 4π den Ausgangswert an. Diese Zweiwertigkeit wird durch den Übergang zu $SU(2)$ aufgehoben.

In der nichtrelativistischen Quantenmechanik muß für ein Teilchen mit dem Spin $s = 1/2$ die Größe $\psi^1\bar{\psi}^1 + \psi^2\bar{\psi}^2$ als Wahrscheinlichkeitsdichte für den Ort des Teilchens ein Skalar sein (ψ^1, ψ^2 sind die beiden ein Teilchen mit dem Spin 1/2 beschreibenden Komponenten). Daraus ergibt sich $SU(2)$ als Transformationsgruppe.

In der relativistischen Theorie wird die genannte Wahrscheinlichkeitsdichte die Zeitkomponente eines 4-Vektors. Dadurch fällt die Unitaritätsbedingung weg.

Darstellung einer Gruppe, Abbildung einer Gruppe in den Matrizenraum.

Es sei G eine Gruppe und K ein Körper. Betrachtet man die Menge $GL_m(K)$ der regulären $(m \times m)$-Matrizen über K, so wird $GL_m(K)$ zusammen mit der üblichen Matrizenmultiplikation zu einer Gruppe. Dann heißt ein Gruppenhomomorphismus von G nach $GL_m(K)$ eine Darstellung der Gruppe G. Falls der Homomorphismus noch zusätzlich ein Isomorphismus ist, spricht man von einer treuen Darstellung.

Die Darstellungen spezieller Gruppen finden ihre Anwendung in der Analysis. Mit Hilfe der Darstellungen der Gruppe der Drehungen einer Kugel im Raum kann man beispielsweise Informationen über die Kugelfunktionen gewinnen. In der Physik sind dagegen die Darstellungen der sogenannten Lorentzgruppe von Bedeutung (↗Darstellung einer Lie-Gruppe).

Darstellung einer Lie-Algebra, Homomorphismus einer Lie-Algebra in eine lineare Gruppe.

Die lineare Gruppe wird meist als Gruppe von reellen oder komplexen Matrizen geschrieben.

Darstellung einer Lie-Gruppe, Gruppenhomomorphismus einer Lie-Gruppe in eine lineare Gruppe.

Die bekanntesten Beipiele sind die Darstellungen der räumlichen Drehgruppe, die beispielsweise in der Quantenmechanik eine große Rolle spielen: Ist nämlich das Potential eines Feldes kugelsymmetrisch (z. B. das elektrische Feld einer Punktladung, etwa der Kern des Wasserstoffatoms), so gilt ein Drehimpulssatz. Mit den Darstellungen der Drehgruppe lassen sich dann die Quantenzustände des Wasserstoffatoms berechnen.

Ähnlich wichtig sind die Darstellungen der Lorentzgruppe der speziellen Relativitästheorie, und zwar in der relativistischen Quantenfeldtheorie.

Darstellungsraum, Vektorraum, der das Bild der ↗Darstellung einer Gruppe ist.

Praktisch werden meist nur reelle und komplexe Darstellungsräume verwendet, obwohl auch Vektorräume über beliebigen Körpern verwendet werden könnten.

Darstellungssatz für lineare Funktionale, lautet:

Es sei H ein Hilbertraum mit dem Skalarprodukt $\langle \cdot, \cdot \rangle$. Dann wird für jedes $z \in H$ durch $f(x) = \langle x, z \rangle$ ein stetiges lineares Funktional auf H definiert.

Ist umgekehrt f ein beliebiges stetiges lineares Funktional auf H, so gibt es genau ein $z \in H$, so daß $f(x) = \langle x, z \rangle$ für alle $x \in H$ gilt. Weiterhin ist $||f|| = ||z||$.

Darstellungssatz für normierte Räume, besagt, daß jeder normierte Raum zu einem Unterraum eines Raums stetiger Funktionen $C(K)$ auf einem geeigneten Kompaktum K isometrisch isomorph ist. Man kann als Kompaktum die duale Einheitskugel in der Schwach-∗-Topologie und als Isometrie die Abbildung $x \mapsto \widehat{x}$, wobei $\widehat{x}(x') = x'(x)$ ist, wählen.

Darstellungssatz für unscharfe Mengen, gelegentlich verwendete Bezeichnung für die folgende Aussage: Eine ↗ Fuzzy-Menge

$$\widetilde{A} = \{(x, \mu(x)) \mid x \in X\}$$

ist eindeutig bestimmt durch die Menge ihrer ↗ α-Niveau-Mengen, und es gilt

$$\mu_A(x) = \sup_{\alpha \in]0,1]} \{\alpha \cdot \mu_{A_\alpha}(x)\} \quad \text{für alle } x \in X .$$

Da der α-Schnitt A_α eine gewöhnliche Menge ist, gilt

$$\mu_{A_\alpha}(x) = \begin{cases} 1 & \text{für } x \in A_\alpha \\ 0 & \text{für } x \notin A_\alpha . \end{cases}$$

Darstellungssatz von Stone, von Stone 1936 bewiesener Satz, daß jede ↗ Boolesche Algebra $(V, \leq)$ isomorph zu einem Mengenkörper ist.

Ist die Boolesche Algebra $(V, \leq)$ endlich, d. h. ist der zugrundeliegende Verband endlich, so läßt sich der im Satz von Stone angesprochene Isomorphismus leicht definieren. Man bildet $(V, \leq)$ auf den Mengenkörper $(\mathfrak{P}(A), \subseteq)$ ab, wobei A die Menge der Atome von V ist. Einem Element $v \in V$ wird die Menge A_v der Atome $a \in V$ mit $a \leq v$ zugeordnet. Das Supremum zweier Elemente v_1 und v_2 von V entspricht dann der Vereinigung der Mengen A_{v_1} und A_{v_2}, das Infimum zweier Elemente v_1 und v_2 dem Durchschnitt der Mengen A_{v_1} und A_{v_2} und das Komplement eines Elementes $v \in V$ der Menge $A \setminus A_v$.

Hieraus folgen einige Aussagen, die einer anschaulichen Betrachtungsweise endlicher Boolescher Algebren dienen. So besteht jede endliche Boolesche Algebra $(V, \leq)$ aus 2^m Elementen für eine geeignete nichtnegative ganze Zahl m, da die Potenzmenge $\mathfrak{P}(M)$ einer m-elementigen Menge M genau 2^m Elementen enthält. Besteht eine endliche Boolesche Algebra $(V, \leq)$ aus 2^m Elementen, so besitzt V genau m Atome. Bei der Booleschen Algebra $(\mathfrak{P}(M), \subseteq)$ sind dies die einelementigen Teilmengen.

Darwin-Fowler-Methode, ursprünglich eine Methode zur Bestimmung der wahrscheinlichsten Energieverteilung über ein Ensemble von Systemen (kanonische Gesamtheit) so, daß die mittlere Energie U ist, wobei die Zahl N der Systeme divergiert.

n_i Systeme mögen die Energie E_i haben. (Die Maßeinheit für die Energie wird so klein gewählt, daß alle Energien als ganzzahlig betrachtet werden können.) Dann hat die Verteilung $\{n_k\}$ die beiden Nebenbedingungen

$$\sum_{k=0}^{\infty} n_k = N , \quad \sum_{k=0}^{\infty} E_k n_k = NU$$

zu erfüllen. Die Wahrscheinlichkeit $W\{n_k\}$ für eine Verteilung $\{n_k\}$ ist

$$W\{n_k\} = \frac{N!}{n_0! n_1! \cdots} .$$

Gesucht ist das Maximum von $W\{n_k\}$. Statt der Bestimmung dieses Maximums werden die Mittelwerte $< n_k >$ berechnet und gezeigt, daß ihre Schwankungen für $N \to \infty$ gegen Null gehen.

Der erste Schritt der Darwin-Fowler-Methode besteht nun in der Ersetzung der Gleichung für $W\{n_k\}$ durch

$$W\{n_k\} = \frac{N! g_0^{n_0} g_1^{m_1} \cdots}{n_0! n_1! \cdots} ,$$

wobei die Zahlen g_i beliebig nahe Eins gewählt werden und am Schluß der Rechnung gleich Eins gesetzt werden. Die Berechnung der genannten Mittelwerte und Schwankungen verlangt die Kenntnis einer gewissen Funktion $\Gamma(N, U)$.

Der zweite Schritt der Methode besteht darin, daß diese Funktion durch Übergang zu einer komplexen Variablen als geschlossenes Integral um den Ursprung durch den Ausdruck

$$\Gamma(N, U) = \frac{1}{2\pi i} \oint dz \frac{[g_0 z^{E_0} + g_1 z^{E_1} + \cdots]^N}{z^{NU+1}}$$

dargestellt werden kann. Der Integrand hat bei x_0, gegeben durch

$$x_0 = \frac{\sum E_k x_0^{E_k}}{\sum x_0^{E_k}} ,$$

ein Minimum. In der z-Ebene ist das ein Sattelpunkt. Seine Flanken fallen steil ab bzw. steigen steil an mit $N \to \infty$.

Legt man nun den Integrationskreis durch x_0, dann liefert nur die Umgebung von x_0 einen wesentlichen Beitrag zum Integral. Durch Entwicklung des Integranden um x_0 erhält man schließlich $\Gamma(N, U)$, und damit das sog. Boltzmannsche Verteilungsgesetz

$$\frac{< n_l >}{N} = \frac{e^{-E_l/kT}}{\sum_{m=1}^{\infty} e^{-E_m}} .$$

Dabei ist k die Boltzmann-Konstante und T die absolute Temperatur des Reservoirs, mit dem jedes System des Ensembles als gekoppelt zu denken ist.

Darwin-Term, Term im Hamilton-Operator für ein Diracsches Elektron in einem vorgegebenen Feld, wenn die nicht-relativistische Näherung betrachtet und eine solche Darstellung durch kanonische Transformation (Foldy-Wouthuysen-Transformation) gewählt wird, daß die Dirac-Gleichung in 2 mal 2 entkoppelte Gleichungen zerfällt.

Dieser Term hat hier seinen Ursprung in der „Zitterbewegung" des Elektrons. Er tritt aber auch bei der Beschreibung anderer Teilchen (z. B. Mesonen) in der nicht-relativistischen Näherung als Korrektur zur elektrostatischen Wechselwirkung einer Punktladung auf.

Data Encryption Standard, ↗DES.

data fitting, Konstruktion einer Funktion, die eine Menge von vorgegebenen Daten (Meßwerte, Kontrollpunkte, o.ä.) möglichst gut annähert, und dabei häufig noch gewissen Restriktionen (Monotonie, Konvexität) unterliegt.

Data fitting-Verfahren werden beispielsweise im Rahmen der Approximationstheorie sowie heutzutage verstärkt im Computer-Aided Design behandelt.

Datenbasis, Bezeichnung für den inneren Kern eines Datenbanksystems, machmal auch als Datenpool oder als Primärdaten bezeichnet.

Datenkompression, hat die Reduktion der zur Darstellung von Daten (bespielsweise Bilder oder Sprachsignale) notwendigen Anzahl von Bits zum Ziel. Dabei soll möglichst wenig der je nach Anwendung interessierenden Information der Daten verloren gehen.

Klassisch unterscheidet man zwischen verlustfreier und verlustbehafteter Kompression. Bei verlustfreier Kompression wird die Anzahl der Bits durch eine invertierbare Abbildung reduziert. Beispiel für ein verlustfreies Verfahren ist der Huffman-Algorithmus, der eine Codierung in Abhängigkeit von der Häufigkeit des Auftretens der vorkommenden Zeichen verwendet. Häufig vorkommende Zeichenfolgen werden durch kurze, selten auftretende durch längere Codeworte (Ketten aus Nullen und Einsen) dargestellt.

Bei verlustbehafteter Kompression können höhere Kompressionsraten erzielt werden, es wird jedoch nur eine Approximation des Originalsignals rekonstruiert.

Datenmatrix, typische Anordnung bzw. Dateiform für die Auswertung von Daten mittels statistischer Programm-Pakete wie zum Beispiel dem Paket SPSS.

Dabei werden an n Objekten jeweils die gleichen p Merkmale beobachtet und in matrizieller Form $(x_{ij})_{i=1,\dots,n}^{j=1,\dots,p}$ gespeichert. Die i–te Zeile ist der am i–ten Objekt beobachtete Merkmalsvektor; die j–te Spalte ist der Vektor der Beobachtungen des j–ten Merkmals über alle Objekte. Die Zeilen der Matrix werden auch als Fälle bezeichnet. Beispiel einer Datenmatrix:

Fall	Name	Geschlecht	Alter	Partei
1	Müller	w	45	CDU/CSU
2	Stahl	m	22	SPD
3	Krug	m	19	SPD
4	Meier	w	42	Grüne/B90
5	Schulze	m	34	FDP

Datenstruktur, Bezeichnung für den formalen Aufbau von Daten.

Bei der Aufgabe, Daten zu verarbeiten, ist es meistens nötig, diese Daten zu strukturieren, das heißt, sie nach einem bestimmten formalen Schema abzulegen. Man unterscheidet dabei zwischen elementaren Datenstrukturen und zusammengesetzten Datenstrukturen. Dabei versteht man unter elementaren Datenstrukturen die kleinsten Datenobjekte, denen eine selbstständige Bedeutung zugeordnet werden kann, wie z. B. integer-Zahlen, float-Zahlen oder Boolesche Werte.

Von größerer Bedeutung sind die zusammengesetzten Datenstrukturen, die aus mehreren Datenstrukturen bestehen, die entweder elementar oder selbst zusammengesetzt sein können.

Hat man beispielsweise Matrizen zu verarbeiten, so empfiehlt sich die Datenstruktur des array, in dem eine feste Zahl von Elementen des gleichen Typs zusammengefaßt wird. Dagegen ist bei komplexeren Problemen oft die Datenstruktur der verketteten Liste sinnvoll, bei der zwar der Datentyp der einzelnen Einträge feststeht, die Anzahl aber offenbleibt und sich erst zur Laufzeit eines Programms infolge des Programmablaufs ergibt.

Datentyp, Art von Daten, die in einem Programm verwendet werden.

In den meisten Programmiersprachen hat man die Datentypen der reellen Zahlen, der ganzen Zahlen und der Zeichen (characters) bzw. Zeichenketten (strings). Zusätzlich kann man in der Regel noch diese elementaren Datentypen strukturieren und damit zu komplexeren selbstdefinierten Datentypen kommen. Beispiele dafür sind arrays ganzer Zahlen oder auch verkettete Listen, deren Einträge einem elementaren Datentyp entsprechen. Sind alle in einem Programm erwünschten Datentypen definiert bzw. durch die Programmiersprache vorgegeben, so muß jede im Programm vorkommende Variable einem der verwendeten Datentypen entsprechen, also eine Variable dieses Typs sein.

Eine besondere Art von Datentypen sind die ↗abstrakten Datentypen. Dabei werden nicht nur die Daten und ihre Strukturierung festgelegt, sondern auch sämtliche Prozeduren, mit denen diese Art von Daten manipuliert werden können, definiert. Das Prinzip der abstrakten Datentypen spielt eine Rolle bei der objektorientierten Programmierung.

Datenverarbeitung, der Prozeß des Erfassens, Übermittelns, Ordnens und Manipulierens von Daten mit dem Ziel, Informationen zu gewinnen.

Dieser Prozeß muß nicht unbedingt mit Hilfe eines Computers durchgeführt werden; auch manuelle Datenverarbeitung ist möglich. Bei komplexeren Problemen wird allerdings der Verarbeitungsprozeß maschinell durchgeführt. Man spricht dann von automatischer oder auch elektronischer Datenverarbeitung.

Daubechies-Skalierungsfunktion, Skalierungsfunktion, mit deren Hilfe eine orthonormale Waveletbasis $\{\psi_{j,k}\}_{j,k\in\mathbb{Z}}$ mit kompakten Träger und bestimmter Glattheit konstruiert werden kann.

Die Daubechies-Skalierungsfunktion hat ebenfalls kompakten Träger und erfüllt eine Verfeinerungsgleichung der Form

$$\phi(x) = \sum_{k=0}^{N} h_k \phi(2x-k).$$

Für den endlichen Filter $h(\omega) = \sum_{k=0}^{N} h_k e^{-ik\omega}$ gilt die Identität

$$|h(\omega)|^2 + |h(\omega+\pi)|^2 = 2.$$

Die systematische Erzeugung solcher Filter ist eine algebraische Aufgabe, deren Lösung auf den Satz von Bezout zurückgeht. Ingrid Daubechies konstruierte 1988 eine Familie von Funktionen ϕ_N mit den gewünschten Eigenschaften. Die Funktionen ϕ_N sind nicht explizit angebbar, sondern über ihre Filterkoeffizienten h_k charakterisiert.

Daubechies-Wavelet, von der französischen Mathematikerin Ingrid Daubechies 1988 konstruierte Familie von Funktionen ψ_N, die durch Translation und Dilatation der Ausgangsfunktion ψ_N zu einer orthonormalen Basis des $L^2(\mathbb{R})$ führen.

Daubechies-Wavelets ψ_N haben die Ordnung N, kompakten Träger und einen Filter der Länge $2N-1$. Ausgehend von der Verfeinerungsgleichung

$$\phi(x) = \sum_{k=0}^{N} h_k \phi(2x-k)$$

für die Daubechies-Skalierungsfunktion $\phi := \phi_N$ erhält man ein Wavelet $\psi := \psi_N$ durch

$$\psi(x) = \sum_{k=1-N}^{1} (-1)^k h_{1-k} \phi(2x-k).$$

Das Daubechies-Wavelet ist wie die ↗Daubechies-Skalierungsfunktion nicht geschlossen definierbar, sondern durch die Filterkoeffizienten h_k, die in tabellierter Form vorliegen, bestimmt.

Davenport-Konstante, Kennzahl einer abelschen Gruppe.

Es sei G eine endliche ↗abelsche Gruppe. Die Davenport-Konstante $D = D(G)$ ist dann definiert als die kleinste natürliche Zahl, für die gilt: Für jede Teilmenge $\{g_1, \dots, g_D\}$ von G existiert eine nichtleere Teilmenge I von $\{1, \dots, D\}$ mit $\sum_{i\in I} g_i = 0$.

Davidow, August Julewitsch, russischer Mathematiker, geb. 15.12.1823 Libav (Rußland), gest. 22.12.1885 Moskau.

Davidow lehrte Zeit seines Lebens an der Moskauer Universität, an der er 1851 promovierte. Er war Mitbegründer der Moskauer Mathematischen Gesellschaft. Davidow entwickelte eine analytische Methode zur Bestimmung des Gleichgewichtes für flüssige Körper. Er befaßte sich auch mit partiellen Differentialgleichungen, elliptischen Funktionen und Anwendungen der Wahrscheinlichkeit auf die Statistik.

Davidson-Fletcher-Powell, Verfahren von, *DFP-Verfahren*, Methode zur Optimierung einer Funktion $f : \mathbb{R}^n \to \mathbb{R}$ (ohne Nebenbedingungen). Das Verfahren beginnt mit der Wahl einer beliebigen positiv definiten Matrix A und eines beliebigen $x \in \mathbb{R}^n$. Nun minimiert man f entlang der Richtung

$$d := -A \cdot \text{grad}(f)(x)$$

und wählt als neuen Punkt x^* den zugehörigen Extremalpunkt.

Vor dem nächsten Iterationsschritt wird die Matrix A nach der sogenannten DFP-Formel geändert. Diese Formel, deren explizite Angabe hier zu weit führen würde, verwendet neben A die Vektoren $x^* - x$ sowie $\text{grad}(f)(x^*) - \text{grad}(f)(x)$.

Davidson-Verfahren, Verfahren zur Berechnung des k-ten Eigenwertes einer großen, sparsen, symmetrischen $(n \times n)$-Matrix A.

Ausgehend von m orthonormalen Vektoren $u_1, \dots, u_m \in \mathbb{R}^n$, $m \geq k$, welche den Eigenraum zu den k größten Eigenwerten von A aufspannen, berechnet das Davidson-Verfahren:

bilde $U_m = [u_1, u_2, \dots, u_m] \in \mathbb{R}^{n\times m}$
berechne $H_m = U_m^T A U_m$
berechne die Eigenwerte $\lambda_1 \geq \lambda_2 \geq \dots \geq \lambda_m$ und
  zugehörige Eigenvektoren $z_1, \dots, z_m$ von H_m
wähle λ_k und den zugehörgen Eigenvektor x_k aus
berechne $z = U_m x_k$
berechne $r = Az - \lambda_k z$
solange $||r|| \neq 0$ Wiederhole
  berechne $t = (\text{diag}(A) - \lambda_k I)^{-1} r$
  orthonormiere t gegen $u_1, \dots, u_m$ und nenne
    das Ergebnis u_{m+1}
  bilde $U_{m+1} = [u_1, u_2, \dots, u_{m+1}]$
  berechne $H_{m+1} = U_{m+1}^T A U_{m+1}$
  berechne die Eigenwerte $\lambda_1 \geq \lambda_2 \geq \dots \geq \lambda_{m+1}$
    und die zugehörigen Eigenvektoren von
    H_{m+1}
  wähle λ_k und den zugehörgen Eigenvektor x_k
    aus
  berechne $z = U_{m+1} x_k$
  berechne $r = Az - \lambda_k z$
  setze $m = m + 1$
ende Wiederhole

Die Zahl λ_k ist dann der gesuchte Eigenwert.

Die in jedem Schritt erforderliche Orthonormalisierung kann mittels des Gram-Schmidt-

Verfahrens oder mittels der QR-Zerlegung von $[u_1, u_2, \ldots, u_m, t]$ berechnet werden.

Soll anschließend der $(k+1)$-te Eigenwert berechnet werden, so bilden die ersten ℓ Spalten, $\ell > k+1$ der bei der Berechnung von λ_k erzeugten Matrix U_m häufig einen geeigneten Eigenraum.

Davio-Zerlegung, Zerlegung einer ↗Booleschen Funktion $f : \{0,1\}^n \to \{0,1\}$ der Form $f = g \oplus (x_i \wedge h)$ oder der Form $f = g \oplus (\overline{x_i} \wedge h)$ bzgl. einer ↗Booleschen Variablen x_i von f. Hierbei sind $g, h : \{0,1\}^n \to \{0,1\}$ Boolesche Funktionen, die unabhängig von der Belegung der Variable x_i sind. $\oplus$ bezeichnet die ↗EXOR-Funktion.

Die erste Zerlegungsform heißt positive Davio-Zerlegung, die zweite negative Davio-Zerlegung.

Davis, Ungleichung von, die folgende Martingalungleichung.

Sei $X = (X_n)_{n\in\mathbb{N}}$ ein der Filtration $(\mathfrak{A}_n)_{n\in\mathbb{N}}$ adaptiertes Martingal. Dann existieren von X unabhängige Konstanten $0 < A < B < \infty$ so, daß für jedes $n \geq 1$ gilt

$$AE(\sqrt{[X]_n}) \leq E(\max_{1\leq j\leq n} |X_j|)) \leq BE(\sqrt{[X]_n}),$$

wobei $[X]$ die quadratische Variation von X bezeichnet.

Neben der hier genannten Form der Ungleichung existieren auch Verallgemeinerungen für stetige lokale Martingale.

DC-Menge einer Booleschen Funktion, (engl. don't care), Menge der Elemente, die nicht im Definitionsbereich der ↗Booleschen Funktion sind. Ist $f : D \to \{0,1\}^m$ eine Boolesche Funktion mit $D \subseteq \{0,1\}^n$, so ist $\{0,1\}^n \setminus D$ die DC-Menge von f.

de Beaugrand, Jean, französischer Mathematiker, geb. um 1595 Paris?, gest. Dezember 1640 Paris?.

De Beaugrand studierte Mathematik bei Vieta und wurde 1630 Mathematiker des Gaston von Orleans (1608 bis 1660), einem Sohn von Heinrich III. von Frankreich. Er stand Fermat und Mersenne nahe. Durch seinen Briefwechsel mit Fermat wurde dessen Arbeiten in Paris bekannt. Darüber hinaus korrespondierte er mit Hobbes, Cavalieri, Castelli und Galilei. In seinem Hauptwerk „Géostatique" (1636) vertrat er die These, daß die Masse eines Körpers abhängig vom Abstand zum Gravitationszentrum sei.

de Boor-Algorithmus, iteratives Verahren zur effizienten Auswertung einer ↗B-Splinekurve in einem Punkt, ohne explizite Kenntnis der zugehörigen B-Splinefunktionen.

Der de Boor-Algorithmus beruht auf iterierter linearer Interpolation. Seine genaue Definition kann der weiterführenden Literatur, z. B. [1], [2] entnommen werden.

Der de Boor-Algorithmus kann als Verallgemeinerung des ↗de Casteljau-Algorithmus angesehen werden, er wurde jedoch unabhängig von diesem entwickelt.

Bivariate Varianten des de Boor-Algorithmus' können ebenfalls zur effizienten Auswertung einer ↗B-Splinefläche benutzt werden.

[1] Farin, G.: Curves and Surfaces for Computer Aided Geometric Design. Academic Press San Diego, 1988.

[2] Hoschek, J., Lasser, D.: Grundlagen der geometrischen Datenverarbeitung. Teubner-Verlag Stuttgart, 2. Auflage 1992.

de Boor-Cox-Rekursionsformel, ↗B-Splinefunktion.

de Boor-Punkt, Synonym für ↗Kontrollpunkt im Spezialfall einer ↗B-Splinekurve oder einer ↗B-Splinefläche.

de Branges, Satz von, ↗ Bieberbachsche Vermutung.

de Broglie-Beziehung, die Beziehung $\lambda = h/p$, wobei p der Impuls eines freien Teilchens in einer bestimmten Richtung und λ die Wellenlänge einer ebenen Welle in Bewegungsrichtung des Teilchens ist, die dem Teilchen zugeordnet wird (Materiewelle).

So wie sich Licht unter bestimmten experimentellen Bedingungen wie eine Menge von Teilchen verhält, zeigt Materie, für die es ein Ruhsystem gibt, unter bestimmten Bedingungen (Beugung) Welleneigenschaften.

de Casteljau-Algorithmus, iteratives Verfahren zur effizienten Auswertung einer ↗Bézier-Kurve.

Zur Berechnung des Kurvenpunktes $B(t^*)$ einer durch die ↗Kontrollpunkte $b_0, \ldots, b_n$ definierten Bézier-Kurve setze man zunächst

$$p_j^0 = b_j$$

für $j = 0, \ldots, n$, und führe dann das Iterationsverfahren

$$p_j^k = (1-t^*)p_{j-1}^{k-1} + t^* p_j^{k-1}$$

für $k = 1, \ldots, n$ und $j = k, \ldots, n$ durch. Dann gilt

$$p_n^n = B(t^*).$$

Dieses Verfahren bezeichnet man als de Casteljau-Algorithmus. Er kann auch als iterierte lineare Interpolation interpretiert werden.

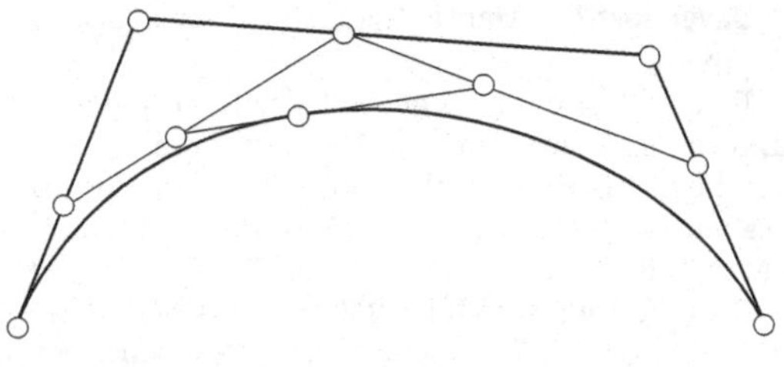

De Casteljau-Algorithmus für $n = 3$

de la Vallée Poussin, Charles Jean Gustav Nicolas, Baron, belgischer Mathematiker, geb. 14.8.1866 Louvain (Belgien), gest. 2.3.1962 Louvain.

De la Vallée Poussin arbeitete als Professor für Analysis an der Universität in Louvain, an der Sorbonne und am Collége de France. 1896 bewies er zeitgleich mit Hadamard, aber mit anderen Methoden, den nach ihm benannten Satz über Primzahlverteilung.

Darüber hinaus arbeitete er über die Riemannsche ζ-Funktion und über Dirichlet-Reihen.

Neben diesen Arbeiten auf dem Gebiet der Zahlentheorie publizierte er in den Jahren 1908 bis 1918 über Approximationen von Funktionen durch Fourier-Reihen. Dabei fand er das de la Vallée Poussin-Kriterium für die Konvergenz der Fourier-Reihe einer gegebenen Funktion. Er war einer der ersten, die periodische Funktionen durch Polynome approximierten. Der de la Vallée Poussin-Operator ordnet einer stetigen 2π-periodischen Funktion f eine Folge trigonometrischer Polynome zu, die gleichmäßig gegen f konvergiert. De la Vallée Poussins drittes großes Themengebiet war die Potentialtheorie. Hier formulierte er den Begriff der Kapazität. Mit Hilfe der Balayage-Methode (Auskehrungsmethode) konnte er das Dirichlet-Randwertproblem lösen. Zu seinen wichtigsten Werken zählt das vierbändige „Cours d'analyse infinitésimales" von 1914, das viele Auflagen erfahren hat.

de la Vallée Poussin, Satz von, über beste Approximation, Einschließungssatz für die ↗Minimalabweichung bei der ↗besten Approximation einer reellen Funktion auf einem Intervall durch Polynome oder allgemeiner Elemente eines Haarschen Raumes bzgl. der Tschebyschew-Norm. Der Satz lautet:

Es sei V ein n-dimensionaler Haarscher Raum auf dem Intervall $[a, b]$ und f eine auf diesem Intervall stetige Funktion. $v^* \in V$ sei die beste Approximation an f auf $[a, b]$ bzgl. der Tschebyschew-Norm, und v eine beliebige Funktion aus V. Weiterhin mögen $(n+1)$ Punkte $x_1 < \cdots < x_{n+1}$ auf $[a, b]$ existieren, in denen die Fehlerfunktion $(f-v)$ abwechselndes Vorzeichen hat:

$$\operatorname{sgn}((f-v)(x_\nu)) = -\operatorname{sgn}((f-v)(x_{\nu+1}))$$

für $\nu = 1, \ldots, n$.

Dann gilt

$$\min_{1\le\nu\le n+1} |(f-v)(x_\nu)| \le \|f-v^*\| \le \|f-v\|.$$

Die rechte Ungleichung ist hierbei trivial. Der Satz von de la Vallée Poussin bildet zusammen mit dem ↗Alternantensatz die Grundlage für den ↗Remez-Algorithmus zur numerischen Berechnung von v^*.

de la Vallée Poussin, Satz von, über Primzahlverteilung, lautet:

Für $x \in \mathbb{R}_+$ bezeichne $\pi(x)$ die Anzahl der Primzahlen, die kleiner oder gleich x sind. Dann gilt

$$\pi(x) = \operatorname{Li} x + O\left(xe^{-C\sqrt{\ln x}}\right), \quad x \to \infty.$$

Hierbei ist C eine positive Konstante und $\operatorname{Li} x$ der Integrallogarithmus von x.

Eine etwas schwächere, aber „anschaulichere" Formulierung lautet:

Für $\pi(x)$ gilt:

$$\lim_{x\to\infty} \frac{\pi(x)\ln x}{x} = 1 \text{ bzw. } \pi(x) \sim \frac{x}{\ln x} \text{ für } x \to \infty.$$

de la Vallée Poussin-Kriterium, hinreichendes Kriterium für die punktweise Konvergenz einer Fourier-Reihe.

Man betrachte eine 2π-periodische integrierbare Funktion f und definiere, für $x \ne 0$ und $x_0 \in [0, 2\pi)$

$$F(x) = \frac{1}{x}\int_0^x (f(x_0+t) + f(x_0-t))\,dt,$$

sowie $F(0) = 0$. Dann gilt: Existiert ein Intervall $[0, \delta]$, auf dem F von beschränkter Variation ist (↗Funktion beschränkter Variation), so konvergiert die Fourier-Reihe von f im Punkt x_0.

de la Vallée Poussin-Summe, spezielle Art der Summation 2π-periodischer Funktionen.

Ist f eine 2π-periodische Funktion, und bezeichnet $S_k(f, x)$ die k-te Partialsumme ihrer Fourier-Reihe, so heißen die Ausdrücke

$$V_{n,p}(f, x) = \frac{1}{p+1}\sum_{k=n-p}^{n} S_k(f, x),$$

$n \in \mathbb{N}_0$, $p = 0, \ldots, n$, de la Vallée Poussin-Summen von f. Im Fall $p = 0$ erhält man offenbar gerade die Partialsummen der Fourier-Reihe zurück. Man kennt die Darstellung

$$V_{n,p}(f, x) = \frac{1}{(p+1)\pi}\int_{-\pi}^{\pi} f(x+t)\cdot K_{n,p}(t)\,dt$$

mit den de la Vallée Poussin-Kernen

$$K_{n,p}(t) = \frac{\sin((2n+1-p)\frac{t}{2})\sin((p+1)\frac{t}{2})}{\sin^2\frac{t}{2}}.$$

de Lalouvère, Antoine, französischer Mathematiker, geb. 24.8.1600 Rieux (Frankreich), gest. 2.9.1664 Toulouse.

De Lalouvère war Mitglied des Jesuitenordens und lehrte in Toulouse Mathematik, Theologie, Rhetorik und Hebräisch. Er korrespondierte mit

Fermat und Wallis. In seinem Hauptwerk „Quadratura circuli" von 1651 berechnete er Flächeninhalte, Volumina und Schwerpunkte von Rotationskörpern. Ab 1658 befaßte er sich mit Zykloiden und der Lösung von Aufgaben, die Pascal hierzu gestellt hatte. Wegen seiner Vorurteile gegen den Jesuitenorden ignorierte Pascal allerdings alle Lösungen von de Lalouvère.

Daneben beschäftigte sich de Lalouvère mit Untersuchungen zur Flächen- und Bogengleichheit von Spiralen und Parabeln. Von ihm stammt der Begriff der Quadratix für Kurven, die zur Dreiteilung eines Winkels und zur Quadratur des Kreises verwendet werden kann.

de l'Hôpital, Guillaume François Antoine, Marquis de Sainte-Mesme, französischer Mathematiker, geb. 1661 Paris, gest. 3.2.1704 Paris.

De l'Hôpital gehörte zwar den Hochadel an, aber wegen seiner Kurzsichtigkeit schlug er keine standesgemäße Offizierslaufbahn ein. Er wandte sich früh der Mathematik zu. 1688 las er intensiv Leibniz' Arbeit von 1684 über Differentialrechnung und begann mit Leibniz und Huygens zu korrespondieren. 1693 wurde de l'Hôpital Mitglied der Pariser Académie des Sciences und 1699 Ehrenmitglied.

1691/92 begann eine Korrespondenz mit Johann I Bernoulli über dessen Infinitesimalrechnung. Diese Zusammenarbeit gipfelte 1696 in dem Buch „Analyse des infiniment petits", das als erstes Analysisbuch überhaupt angesehen werden kann. Dabei gehen die mathematischen Ergebnisse auf Bernoulli zurück, während de l'Hôpital für die notwendige Aufbereitung und verständliche Darstellung des Stoffes sorgte. Darüber hinaus gelang es ihm auch, diese neue Analysis in der eigentlich eher konservativen französischen Akademie durchzusetzten. In seinem Buch von 1696 finden sich auch die ↗de l'Hôpitalschen Regeln. In dem Buch „Traité analytique des sections coniques" befaßte sich de l'Hôpital mit Kegelschnitten und versuchte, die Ergebnisse des Apollonius von Perge in die Sprache der Algebra zu übersetzen.

de l'Hôpitalsche Regeln, Hilfsmittel zur Berechnung des ↗Grenzwertes von reellwertigen Funktionen in speziellen Situationen.

Bei der Berechnung des Grenzwertes von Funktionen stößt man häufig auf das Problem, zum Beispiel den Grenzwert eines Quotienten $\frac{f(x)}{g(x)}$ für den Fall zu bestimmen, daß $f(x)$ und $g(x)$ beide den Grenzwert 0 oder beide den ↗uneigentlichen Grenzwert ∞ haben. Man spricht dann von unbestimmten Ausdrücken der Form $\frac{0}{0}$ *bzw.* $\frac{\infty}{\infty}$. Dies ist eine suggestive – aber auch leicht mißverständliche! – Schreibweise.

Man muß sich dabei immer vor Augen halten, daß etwa im ersten Fall *nicht* 0 durch 0 dividiert wird, sondern lediglich die Aufgabe in Kurzform notiert wird, bei gegebenen Funktionen, die (für einen bestimmten Grenzübergang) beide gegen 0 streben, den Quotienten auf sein Grenzverhalten zu untersuchen. Entsprechend sind zu verstehen:

$$0\cdot\infty,\quad \infty-\infty,\quad 0^0,\quad \infty^0 \quad \text{und} \quad 1^\infty .$$

Solche Grenzwerte lassen sich häufig einfach über Potenzreihen berechnen, zum Beispiel gilt:

$$\frac{e^x-e^{-x}}{x} \longrightarrow 2 \qquad (0\neq x\longrightarrow 0),$$

denn für $x\neq 0$ hat man:

$$\begin{aligned}\frac{e^x-e^{-x}}{x} &= \frac{1}{x}\left(\sum_{\nu=0}^{\infty}\frac{x^\nu}{\nu!}-\sum_{\nu=0}^{\infty}\frac{(-x)^\nu}{\nu!}\right)\\ &= \frac{1}{x}\left(2\left(x+\frac{x^3}{3!}+\frac{x^5}{5!}+\cdots\right)\right)\\ &= 2\left(1+\frac{x^2}{3!}+\frac{x^4}{5!}+\cdots\right).\end{aligned}$$

Ein allgemeines, jedoch hinsichtlich seiner Brauchbarkeit häufig überschätztes Hilfsmittel zur Berechnung gewisser unbestimmter Ausdrücke liefert die folgende *de l'Hôpitalsche Regel:*

Vor.: $-\infty < a < b < \infty,\quad \alpha\in\mathbb{R}\cup\{-\infty,\infty\}$,
$f,g:[a,b]\longrightarrow\mathbb{R}$ *stetig,*
in (a,b) *differenzierbar mit* $g'(x)\neq 0$ *und*
$f(a)=g(a)=0$

Beh.: Konvergiert für $a<x\to a$ *der Quotient* $\frac{f'(x)}{g'(x)}$ *gegen* α*, dann auch* $\frac{f(x)}{g(x)}$.

Entsprechendes gilt für den linksseitigen Grenzwert (bei b). Auch hierzu ein Beispiel: Es gilt

$$\frac{x-\sin x}{x^3} \longrightarrow \frac{1}{6} \qquad (0\neq x\longrightarrow 0).$$

Zum Nachweis dieser Aussage setzt man $f(x):=x-\sin x$, $g(x):=x^3$. Beide Funktionen nehmen an der Stelle 0 den Wert 0 an, streben also gegen 0 für $x\longrightarrow 0$, da sie stetig sind.

Es liegt also ein unbestimmter Ausdruck der Form $\frac{0}{0}$ vor. Man berechnet $f'(x)=1-\cos x$ und $g'(x)=3x^2$. Dies ergibt offenbar wieder einen unbestimmten Ausdruck; es scheint daher zunächst, daß die Regel hier gar nicht hilft.

Wendet man die Regel noch einmal an, jetzt auf f' und g', so erhält man über $f''(x)=\sin x$, $g''(x)=6x$ zwar wieder einen unbestimmten Ausdruck, dessen Grenzwert den meisten Lesern aber vertraut sein dürfte:

$$\frac{f''(x)}{g''(x)}=\frac{1}{6}\,\frac{\sin x}{x}\longrightarrow\frac{1}{6}.$$

Daher gilt zunächst

$$\frac{f'(x)}{g'(x)}\longrightarrow\frac{1}{6}$$

und so schließlich, wie behauptet

$$\frac{f(x)}{g(x)} \longrightarrow \frac{1}{6}$$

(für $x \longrightarrow 0$). (Ohne Kenntnis des Grenzwertes von $\frac{\sin x}{x}$ hätte eine nochmalige Anwendung der Regel – jetzt auf $\frac{f''(x)}{g''(x)}$ – zum Ziel geführt.)

Für die erforderliche Modifikation im Fall $\frac{\infty}{\infty}$ und Ergänzungen der de l'Hôpitalschen Regeln sei auf die angegebene Literatur verwiesen.

[1] Heuser, H.: Lehrbuch der Analysis, Teil 1. Teubner-Verlag Stuttgart, 1993.

[2] Hoffmann, D.: Analysis für Wirtschaftswissenschaftler und Ingenieure. Springer-Verlag Berlin, 1995.

[3] Walter, W.: Analysis 1. Springer-Verlag Berlin, 1992.

de Moivre, Abraham, französischer Mathematiker, geb. 26.5.1667 Vitry (bei Paris), gest. 27.5. 1754 London.

De Moivre besuchte von 1682 bis 1684 Schulen in Sedan, Saumur und Paris, wo er sich zwar auch mit Logik befaßte, aber Mathematik hauptsächlich durch Privatunterricht studierte. Als Hugenotte mußte er 1685 nach England emigrieren. Hier versuchte er, einen Lehrstuhl für Mathematik zu erlangen, was ihm als Ausländer aber verwehrt wurde. So verdiente er sich als Hauslehrer seinen Lebensunterhalt.

De Moivre entwickelte die analytische Geometrie und ganz besonders die Wahrscheinlichkeitsrechnung. In seinem Buch „The Doctrine of Chance" von 1718 erschien eine Definition von statistischer Unabhängigkeit zusammen mit vielen Betrachtungen zu Würfel- und anderen Glücksspielen. Er untersuchte außerdem Lebenserwartungen und entwickelte Theorien zur Berechnung der damals üblichen Rentenformen.

Als eine seiner größten Leistungen gilt die Approximation der Binomialverteilung durch die Normalverteilung (↗ de Moivre-Laplace, Grenzwertsatz von). De Moivre bewies diese Formel zwar nur für $p = 1/2$ (die Verallgemeinerung stammt von Laplace), aber er führte hierfür Abschätzungen von Binomialkoeffizienten und Fakultäten ein.

Von diesen Arbeiten und weiteren Untersuchungen zu Glücksspielen kam er auf das Problem der Auflösbarkeit spezieller algebraischer Gleichungen. Hierbei fand er 1707 die ↗de Moivresche Formel für n-te Potenzen von komplexen Zahlen und, davon abgeleitet, Gleichungen für die n-ten Einheitswurzeln. Diese Resultate publizierte er 1730 in „Miscellanea analytica", die als Zusammenfassung seines Schaffens auf dem Gebiet der Analysis angesehen werden kann.

de Moivre-Laplace, Grenzwertsatz von, frühe Version des sog. zentralen Grenzwertsatzes für unabhängig identisch verteilte Bernoulli-Variablen, eine Approximation der Binomialverteilung durch die Normalverteilung.

Sei $(X_n)_{n\in\mathbb{N}}$ eine Folge von unabhängigen identisch mit Parameter $0 < p < 1$ Bernoulli-verteilten Zufallsvariablen. Dann gilt für alle $a, b \in \mathbb{R}$ mit $a < b$

$$\lim_{n\to\infty} P\left(a \le \frac{\sum_{i=1}^n X_i - np}{\sqrt{np(1-p)}} \le b\right) = \Phi(b) - \Phi(a),$$

wobei Φ die Verteilungsfunktion der Standardnormalverteilung bezeichnet.

Eine andere Formulierung des Satzes ist wie folgt:

Es sei A ein Ereignis und p mit $0 < p < 1$ die konstante Wahrscheinlichkeit dafür, daß A in n unabhängigen Versuchen eintritt. Weiterhin bezeichne $p_k^n = \binom{n}{k}p^k(1-p)^{n-k}$ die Wahrscheinlichkeit dafür, daß A in diesen n Versuchen genau k-mal eintritt.

Dann gilt mit $x = \frac{(k-np)}{\sqrt{np(1-p)}}$ die Beziehung:

$$\lim_{n\to\infty} \frac{p_k^n}{(1/\sqrt{2\pi np(1-p)}) \cdot e^{-x^2/2}} = 1 .$$

Verbal ausgedrückt heißt das, daß eine binomialverteilte Zufallsgröße asymptotisch normalverteilt ist mit dem Mittelwert $\mu = np$ und der Standardabweichung $\sigma = \sqrt{np(1-p)}$.

de Moivresche Formel, wichtige Formel innerhalb der Funktionentheorie, die eine Zerlegung von komplexen Zahlen der Form $(\cos\varphi + i\sin\varphi)^n$ in Real- und Imaginärteil liefert.

Die Formel lautet

$$(\cos\varphi + i\sin\varphi)^n = \cos n\varphi + i\sin n\varphi$$

für $\varphi \in \mathbb{R}$ und $n \in \mathbb{N}$.

Wendet man auf die linke Seite die Binomische Formel an und trennt anschließend in Real- und Imaginärteil, so erhält man Darstellungen von $\cos n\varphi$ und $\sin n\varphi$ als Polynom in $\cos\varphi$ und $\sin\varphi$, z. B.

$$\begin{aligned}\cos 3\varphi &= \cos^3\varphi - 3\cos\varphi\sin^2\varphi ,\\ \sin 3\varphi &= 3\cos^2\varphi\sin\varphi - \sin^3\varphi .\end{aligned}$$

de Morgan, Augustus, englischer Logiker, Mathematiker, Bibliograph, geb. 27.6.1806 Madura (Indien), gest. 18.3.1871 London.

De Morgan studierte von 1823 bis 1826 am Trinity College in Cambridge. 1827 bekam er eine Anstellung im neu gegründeten University College in London, wo er schon 1828 Professor wurde. Diese Stelle behielt er bis 1866. In diesem Jahr wurde er erster Präsident der London Mathematical Society, deren Mitbegründer er war.

De Morgans Hauptinteressen lagen auf dem Gebiet der mathematischen Logik. Die Idee der Konstruktion einer universellen Sprache für die Mathematik und insbesondere für die Formalisierung der

Beweise wurde zuerst im 17. Jahrhundert von Leibniz angeregt. Aber erst in der Mitte der 19. Jahrhunderts erschienen die ersten Arbeiten zur Algebraisierung der Aristotelischen Logik. 1847 publizierte de Morgan die Arbeit „Formal Logic: Or, the Calculus of Inference, Necessary and Probable". Darin wurden Terme durch Buchstaben symbolisiert, und mittels spezieller Zeichen (z. B. runde Klammern für Enthaltenseinsbeziehungen, kleine Buchstaben für Komplemente von Termen, die mit Großbuchstaben bezeichnet wurden) konnten daraus einfache und komplexe Aussagen formuliert werden. Mit diesen Ansätzen wurde er zu einem unmittelbaren Vorläufer der algebraischen Logik von Boole, mit dem er auch einen intensiven Briefkontakt pflegte.

De Morgans Name ist verbunden mit zwei Grundgesetzen der Logik, den nach ihm benannten Gleichungen (↗de Morgan, Gleichungen von).

de Morgan, Gleichungen von, gelten für je zwei Elemente a und b eines beschränkten ↗distributiven Verbandes $(V, \wedge, \vee)$, die beide ein Komplement in V besitzen. Ist $\neg a$ ein Komplement von a und $\neg b$ ein Komplement von b, so existiert ein Komplement $\neg(a \wedge b)$ von $a \wedge b$ und ein Komplement $\neg(a \vee b)$ von $a \vee b$ und es gilt

$$\neg(a \wedge b) \;=\; \neg a \vee \neg b$$

und

$$\neg(a \vee b) \;=\; \neg a \wedge \neg b\,.$$

de Morgansche Gesetze für Mengen, grundlegende Rechenregeln für das Arbeiten mit Komplementmengen, i.w. die Übertragung der Gleichungen von de Morgan auf die Mengenlehre.

Sind X und Y in einer Grundmenge G enthalten, so gelten die de Morganschen Gesetze $(X \cap Y)^c = X^c \cup Y^c$ und $(X \cup Y)^c = X^c \cap Y^c$. Hierbei bezeichnet X^c das Komplement von X in G.

de Possel, Satz von, lautet:

Es sei Ω eine Menge, $\mathcal{A}$ ein σ-Mengenring auf Ω, wobei ein isotone Folge $(A_n|n \in \mathbb{N}) \subseteq \mathcal{A}$ existiert mit $\bigcup_{n\in\mathbb{N}} A_n = \Omega$, μ ein ↗Maß auf $\mathcal{A}$ und $\{\omega\} \in \mathcal{A}$ mit $\mu(\{\omega\}) = 0$ für alle $\omega \in \Omega$.

Dann ist jedes Netz $\mathcal{N}$ von Untermengen von Ω ein Vitali-System.

de Rham, Georges-William, französischer Mathematiker, geb. 10.9.1903 Rouche (Frankreich), gest. 9.10.1990 Lausanne.

Nach Studien in Paris und Göttingen promovierte de Rham 1931 mit der Arbeit „Sur l'analysis situs des variétés à n dimensions". 1932 wurde er Privatdozent an der Universität in Lausanne und 1936 außerordentlicher Professor in Genf. Ab 1943 war er ordentlicher Professor in Lausanne und ab 1953 auch in Genf. Von 1963 bis 1966 war er Präsident der Internationalen Mathematischen Union.

Schon in seiner Promotion befaßte sich de Rham mit Topologie und deren Beziehung zur Differentialgeometrie. Sein berühmtes Theorem (Satz von de Rham, ↗de Rhamsche Gruppe) knüpft eine Verbindung zwischen der topologischen und der differenzierbaren Struktur einer Mannigfaltigkeit. Dabei griff er auf Ideen von Poincaré zurück.

De Rhams Theorem war der Ausgangspunkt für die Hodge-Theorie. Das Studium von Differentialformen auf Mannigfaltigkeiten führte ihn zum Begriff der Ströme als einer Verallgemeinerung von Distributionen.

de Rham, Satz von, ↗ de Rhamsche Gruppe.

de Rham-Kohomologie, die im folgenden hergeleitete Kohomologie.

Ist X eine C^∞-Mannigfaltigkeit und $\wedge_X^p$ die Garbe der $C^\infty - p$-Formen, so heißt

$$\wedge_X^\bullet = \left(\wedge_X^0 \xrightarrow{d} \wedge_X^1 \xrightarrow{d} \wedge_X^2 \cdots\right)$$

(d die äußere Ableitung) der C^∞-de Rham-Komplex. Es gilt $d \circ d = 0$, und

$$H_{DR}^p(X) = \operatorname{Ker}\left(\wedge_X^p(X) \longrightarrow \wedge_X^{p+1}(X)\right)/d\wedge_X^{p-1}(X)$$

$(p = 0, 1, 2, \cdots)$ heißt de Rham-Kohomologie von X. Für komplexe Mannigfaltigkeiten X (oder glatte ↗algebraische Varietäten X über $\mathbb{C}$) sei Ω_X^1 der analytische (oder algebraische) de Rham-Komplex. Die sog. Hyperkohomologie dieses Komplexes ist isomorph zur de Rham-Kohomologie, sie heißt deshalb ebenfalls de Rham-Kohomologie. Zum Apparat der Hyperkohomologie gehören Spektralfolgen, die eine Verbindung der De Rham Kohomologie mit der ↗Dolbeault-Kohomologie herstellen (↗Hodge-Strukturen).

de Rhamsche Gruppe, wichtige Kohomologiegruppe in der Funktionentheorie.

Sei $\mathcal{E}^r$ die Garbe der Keime von beliebig oft differenzierbaren r-Formen. Man kann zeigen, daß die Sequenz $0 \to \mathbb{C} \overset{\varepsilon}{\hookrightarrow} \mathcal{E}^0 \overset{d}{\to} \mathcal{E}^1 \overset{d}{\to} \mathcal{E}^2 \to \ldots$ exakt ist. Die induzierte Sequenz

$$0 \to \Gamma(X, \mathbb{C}) \overset{\varepsilon}{\to} \Gamma(X, \mathcal{E}^0) \overset{d}{\to} \Gamma(X, \mathcal{E}^1) \to \ldots$$

nennt man die de Rham-Sequenz. Die zugehörigen Kohomologiegruppen

$$H^r(X) := \frac{Ker\left(\Gamma(X, \mathcal{E}^r) \overset{d}{\to} \Gamma(X, \mathcal{E}^{r+1})\right)}{\operatorname{Im}\left(\Gamma(X, \mathcal{E}^{r-1}) \overset{d}{\to} \Gamma(X, \mathcal{E}^r)\right)}$$

nennt man die de Rhamschen Gruppen. Es gilt der folgende *Satz von de Rham:*

$$H^r(X) \;\cong\; H^r(X; \mathbb{C}) \;\textit{für}\; r \geq 0\,.$$

de Sluze, René François, belgischer Mathematiker, geb. 2.7.1622 Visé (Belgien), gest. 19.3.1685 Liége (Belgien).

De Sluze studierte von 1638 bis 1643 an der Universität von Louvain und in Rom Rechtswissenschaften. Danach blieb er in Rom und studierte auch Sprachen, Mathematik und Astronomie. 1650 wurde er Kanonikus an der Kirche von Liége. Durch sein juristisches Wissen konnte er im Laufe der Zeit einflußreiche Positionen in der Kirche erreichen.

In der Mathematik arbeitete er besonders auf dem Gebiet der analytischen Geometrie. Er studierte die Arbeiten von Cavalieri und Torricelli, befaßte sich mit Problemen der Zykloiden und untersuchte Extrem- und Wendepunkte von kubischen und biquadratischen Gleichungen. Er korrespondierte mit Pascal, Huygens, Wallis und Ricci. Die Kurven der Form

$$y^n = (ax+b)^p x^m$$

mit positiven ganzen Exponenten finden sich in seinen Briefen an Huygens und werden „Sluzesche Perlen" genannt.

De Sluze schrieb neben Büchern zur Mathematik auch über Astronomie, Physik, Naturkunde, Geschichte und Theologie.

de Witt, Jan, niederländischer Staatsmann und Mathematiker, geb. 24.9.1625 Dordrecht, gest. 20.8.1672 Den Haag.

De Witt besuchte ab 1641 die Universität in Leiden und zeigte schon früh besonderes Interesse für Mathematik und Rechtswissenschaften. Als politisches Oberhaupt Hollands, 1653 bis 1672, führte er die Niederlande an in den Kriegen gegen England (1652–1654 und 1665–1667). Nach der Vermittlung der Friedensschlüsse von Olvia und Kopenhagen (1660) und des Dreierbundes mit England und Schweden (1667) leitete er die Konsolidierung der Wirtschaft und der Schiffahrt des Landes. 1672 erklärte Louis XIV. von Frankreich den Niederlanden den Krieg. Das führte zur Berufung von Wilhelm III. von Oranien als politischen Führer und zum Sturz und der Ermordung von de Witt.

De Witts wichtigstes mathematische Werk war „Elementa curvarum linearum" (1659–1661), das die erste systematische Darstellung der analytischen Geometrie der Geraden und der Kegelschnitte war. Darüber hinaus befaßte er sich mit Finanz- und Versicherungsmathematik.

Deadlock, Zustand eines Programms oder Verfahrens, in dem eine Weiterverarbeitung ohne äußeren Eingriff nicht möglich ist.

Ein Deadlock kann beispielsweise dadurch hervorgerufen werden, daß von zwei parallelen Prozessen jeder auf die Antwort des anderen wartet. Bei verteilten Systemen bezeichnet ein Deadlock den Zustand eines solchen Systems, in dem keine Aktion ausführbar ist. In reaktiven Systemen deutet ein Deadlock oft auf einen Entwurfsfehler hin.

Eine typische Deadlock-Situation im täglichen Leben liegt vor, wenn an einer gleichberechtigten Straßenkreuzung von allen vier Seiten gleichzeitig ein Fahrzeug ankommt.

Deadlock-Sprache, zu einem Petrinetz definierte Sprache, die alle zu einer toten Markierung führenden Schaltfolgen umfaßt.

Dabei ist eine Markierung tot, wenn bei ihr keine ↗aktivierten Transitionen existieren, also das System terminiert ist. Zu einem Petrinetz N, einem Alphabet Σ und einer Beschriftung h der Transitionen ist die Deadlocksprache $D(N, \Sigma, h)$ als

$$\{h(w) \mid w \in T^*, \exists m : m_0[w > m,\ m \text{ tot}\}$$

definiert. Deadlocksprachen werden wegen der zentralen Rolle des Terminierungsproblems als erwünschtem Ende einer Berechnung oder als unerwünschter Systemverklemmung untersucht.

Début-Theorem, tiefliegendes maßtheoretisches Resultat zur Frage, wann eine Eintrittszeit eine Stopzeit ist.

Sei $(X_t)_{t\geq 0}$ *ein auf dem Wahrscheinlichkeitsraum* $(\Omega, \mathfrak{A}, P)$ *definierter und der Filtration* $(\mathfrak{A}_t)_{t\geq 0}$ *adaptierter stochastischer Prozeß mit Zustandsraum* $(E, \mathfrak{E})$.

Erfüllt $(\mathfrak{A}_t)_{t\geq 0}$ *die üblichen Voraussetzungen und ist* $(X_t)_{t\geq 0}$ *progressiv meßbar, so ist die Eintrittszeit von* A *für jedes* $A \in \mathfrak{E}$ *eine Stopzeit.*

Deckungskapital, *Deckungsrückstellung*, bezeichnet in der Versicherungsmathematik die Differenz zwischen dem Barwert zukünftiger Leistungen eines Versicherungsunternehmens und dem Barwert der zukünftigen Prämien aus einem Versicherungsvertrag bzw. einem Kollektiv von Verträgen.

Diese Rückstellung ist notwendig, da nach Versicherungsbeginn i.allg. keine Äquivalenz zwischen den zukünftigen Prämien und Leistungen besteht, das Deckungskapital kompensiert gerade diese Differenz. Zur Berechnung von Deckungsrückstellungen wird i.allg. das ↗deterministische Modell der Lebensversicherungsmathematik verwendet.

Deckungsrückstellung, ↗ Deckungskapital.

Decodierung, Prozeß der Wiederherstellung eines codierten Textes aus einer übertragenen Nachricht.

Im Gegensatz zur Entschlüsselung wird dabei kein Schlüssel benötigt. Allerdings ist die empfangene Nachricht im allgemeinen mit Übertragungsfehlern behaftet, die bei der Decodierung korrigiert werden müssen (↗Codierungstheorie).

Dedekind, Julius Wilhelm Richard, deutscher Mathematiker geb. 6.10.1831 Braunschweig, gest. 12.2.1916 Braunschweig.

Nach dem Schulbesuch 1839–1848 in Braunschweig immatrikulierte sich Dedekind am dortigen Collegium Carolinum. 1850–1852 studierte er Mathematik an der Universität Göttingen, u. a. bei Gauß und Weber. Der Promotion bei Gauß 1852 schlossen sich weitere Studien in Berlin an. 1854 folgte die Habilitation in Göttingen, wo Dedekind bis 1858 als Privatdozent wirkte. 1858 nahm er einen Ruf als ordentlicher Professor an das Polytechnikum in Zürich an, und war dann von 1862 bis zu seiner Emeritierung 1894 ord. Professor am Polytechnikum, später TH, in Braunschweig.

Dedekind war einer der bedeutendsten Wegbereiter der modernen strukturellen Auffassung in der Algebra. Mit vielen Ideen war er der späteren Entwicklung teilweise weit voraus. Bereits 1857/58 gab er in einer Vorlesung eine Deutung der Galoisgruppe als Automorphismengruppe des entsprechenden Normalkörpers. Dies schloß die Verwendung eines abstrakten Gruppenbegriffs und des Körperbegriffs ein. Schon vorher hatte er begonnen, sich mit der Kummerschen Theorie der „idealen Zahlen" zu beschäftigen. Im Ergebnis dieser Forschungen entstand die allgemeine Idealtheorie für beliebige Zahlkörper, die er erstmals 1871 als X. Supplement zu den von ihm edierten Dirichletschen „Vorlesungen über Zahlentheorie" publizierte. Dabei definierte er die grundlegenden Begriffe Ideal sowie Primideal und studierte die Ideale in endlich-algebraischen Erweiterungen des rationalen Zahlkörpers. Für jedes Ideal im Ring der ganzen algebraischen Zahlen eines solchen Erweiterungskörpers bewies er, daß es eindeutig, bis auf die Reihenfolge der Faktoren, als Produkt endlich vieler Primidealpotenzen geschrieben werden kann.

Auf der Basis seiner algebraischen Erkenntnisse behandelte Dedekind die algebraischen Funktionen. Gemeinsam mit Weber publizierte er 1882 eine umfassende Darstellung über diese Funktionen, in der sie u. a. eine rein algebraische Einführung der Riemannschen Fläche und des Beweises für den Satz von Riemann-Roch gaben.

Wichtige Beiträge lieferte Dedekind auch zur Mengenlehre und zu den Grundlagen der Mathematik. Als Briefpartner G. Cantors hatte er wesentlichen Anteil an der Herausbildung erster mengentheoretischer Resultate und Begriffe. In der 1888 erschienenen Abhandlung „Was sind und was sollen die Zahlen?" formulierte er einen mengentheoretischen Aufbau der natürlichen Zahlen, der auch für Peano einen Ausgangspunkt bei dessen Axiomensystem bildete. Bereits 1872 hatte Dedekind unter Einführung der später als Dedekindscher Schnitt bezeichneten Konstruktion die reellen Zahlen begründet und die Vollständigkeit dieses Zahlenbereichs nachgewiesen.

Zu Dedekinds literarischen Schaffen gehört außerdem seine Beteiligung an der Herausgabe der Werke von Gauß und Riemann.

Dedekindsche Postulate, die Postulate zur Definition eines ↗Dedekind-Schnitts.

Dedekindsche Summe, für teilerfremde ganze Zahlen $h, k \in \mathbb{Z}$ mit $k \geq 1$ der Ausdruck

$$s(h,k) = \sum_{\mu=1}^{k} \left(\left(\frac{h\mu}{k}\right)\right)\left(\left(\frac{\mu}{k}\right)\right),$$

wobei

$$((x)) = \begin{cases} 0 & \text{falls } x \in \mathbb{Z}, \\ x - \lfloor x \rfloor - \frac{1}{2} & \text{falls } x \notin \mathbb{Z}. \end{cases}$$

Dedekind studierte diese Summen in Zusammenhang mit seinen Studien zur Funktion

$$\eta(\tau) = e^{\pi i\tau/12} \prod_{m=1}^{\infty} \left(1 - e^{2\pi i m\tau}\right)$$

für komplexe Zahlen τ mit positivem Imaginärteil. Diese Funktion spielt eine wichtige Rolle in der Theorie der elliptischen Funktionen und der Θ-Funktionen. Dedekind bewies die folgende Reziprozitätsformel für Dedekindsche Summen:

$$s(k,h) + s(h,k) = -\frac{1}{4} + \frac{1}{12}\left(\frac{h}{k} + \frac{1}{hk} + \frac{k}{h}\right).$$

Dedekindsche ζ-Funktion, eine Verallgemeinerung der Riemannschen ζ-Funktion für ↗algebraische Zahlkörper.

Die Dedekindsche ζ-Funktion des algebraischen Zahlkörpers K ist durch die Reihe

$$\zeta_K(s) = \sum_{\mathfrak{a}} \frac{1}{\mathfrak{N}(\mathfrak{a})^s} \qquad (1)$$

definiert, wobei $\mathfrak{a}$ die ganzen Ideale von K durchläuft und $\mathfrak{N}(\mathfrak{a})$ ihre ↗Absolutnorm bedeutet.

Wegen der Gleichung

$$\zeta_{\mathbb{Q}}(s) = \zeta(s)$$

stellt die Dedekindsche ζ-Funktion eine Verallgemeinerung der Riemannschen ζ-Funktion dar.

Die Reihe auf der rechten Seite von (1) ist für jedes $\delta > 0$ auf der Halbebene

$$\{s \in \mathbb{C} : \operatorname{Re} s \geq 1 + \delta\}$$

absolut und gleichmäßig konvergent, und ebenso wie die Riemannsche ζ-Funktion besitzt auch die Dedekindsche ζ-Funktion eine analytische Fortsetzung auf $\mathbb{C} \setminus \{1\}$ mit einem einfachen Pol in 1.

Dedekindscher Differentensatz, *dritter Dedekindscher Hauptsatz*, eines der Hauptresultate der Dedekindschen Idealtheorie:

Gegeben seien ↗algebraische Zahlkörper

$$L \supset K \supset \mathbb{Q}$$

mit den Ganzheitsringen $\mathcal{O}_L$ und $\mathcal{O}_K$ und ein Primideal $\mathfrak{p} \neq 0$ in $\mathcal{O}_L$. Es bezeichne p die in $\mathfrak{p} \cap \mathbb{Z}$ enthaltene Primzahl und

$$e = e(\mathfrak{p}/(\mathfrak{p} \cap \mathcal{O}_K))$$

den Verzweigungsindex von $\mathfrak{p}$ über $\mathfrak{p} \cap \mathcal{O}_K$.

Dann gilt für den $\mathfrak{p}$-Exponenten der Relativdifferente $\mathfrak{D}_{L/K}$:

$$\nu_{\mathfrak{p}}(\mathfrak{D}_{L/K}) = e - 1 \quad \text{falls } p \nmid e,$$
$$\nu_{\mathfrak{p}}(\mathfrak{D}_{L/K}) > e - 1 \quad \text{falls } p \mid e.$$

Insbesondere teilt das Primideal $\mathfrak{p}$ die Relativdifferente $\mathfrak{D}_{L/K}$ genau dann, wenn $e > 1$ ist.

Der Dedekindsche Differentensatz läßt sich auch in einem allgemeineren Rahmen beweisen. Er gibt mittels der ↗Differente einer Körpererweiterung eine Möglichkeit, die Verzweigungen von Primidealen in höheren algebraischen Zahlkörpern zu verfolgen.

Eine wichtige Folgerung dieses Satzes ist der ↗Dedekindsche Diskriminantensatz.

Dedekindscher Diskriminantensatz, eine Folgerung aus dem ↗Dedekindschen Differentensatz:

Gegeben seien ↗algebraische Zahlkörper

$$L \supset K \supset \mathbb{Q}$$

mit den Ganzheitsringen $\mathcal{O}_L$ und $\mathcal{O}_K$ und ein Primideal $\mathfrak{p} \neq 0$ in $\mathcal{O}_K$ mit der ↗eindeutigen Primzerlegung

$$\mathfrak{p} = \mathfrak{P}_1^{e_1} \cdots \mathfrak{P}_g^{e_g}$$

in $\mathcal{O}_L$. Sei f_j der Trägheitsgrad von $\mathfrak{P}_j$ über $\mathfrak{p}$ (für $j = 1, \ldots, g$), und bezeichne p die Charakteristik des Körpers $\mathcal{O}_K/\mathfrak{p}$.

Dann gilt für den $\mathfrak{p}$-Exponenten der Relativdiskriminante:

$$\nu_{\mathfrak{p}}(\mathfrak{d}_{L/K}) = \sum_{j=1}^{g} (e_j - 1) f_j ,$$

falls $p \nmid e_j$ für jedes $j \in \{1, \ldots, g\}$, und

$$\nu_{\mathfrak{p}}(\mathfrak{d}_{L/K}) > \sum_{j=1}^{g} (e_j - 1) f_j ,$$

falls $p \mid e_j$ für mindestens ein $j \in \{1, \ldots, g\}$.

Insbesondere ist das Primideal $\mathfrak{p}$ genau dann in L/K verzweigt, wenn $\mathfrak{p}$ ein Teiler der Diskriminante $\mathfrak{d}_{L/K}$ ist.

Dedekindscher Komplementärmodul, im Zusammenhang mit einer Körpererweiterung auftretendes gebrochenes Ideal.

Es seien L/K eine endliche, separable Körpererweiterung, $\mathcal{O}_K \subset K$ ein ↗Dedekindscher Ring mit Quotientenkörper K, und $\mathcal{O}_L$ der ganze Abschluß von $\mathcal{O}_K$ in L.

Dann heißt das gebrochene Ideal

$$(\mathcal{O}_L)^* = \left\{ x \in L \;\middle|\; \begin{array}{l} S(xy) \in \mathcal{O}_K \\ \text{für alle } y \in \mathcal{O}_L \end{array} \right\} \quad (1)$$

der Dedekindsche Komplementärmodul.

In (1) bezeichnet, für $\alpha \in L$, $S(\alpha) \in K$ die Spur von α bzgl. der Körpererweiterung L/K.

Der Dedekindsche Komplementärmodul ist das Komplementärideal des Ganzheitsrings des größeren Körpers L der Körpererweiterung L/K.

Das zum Dedekindschen Komplementärmodul inverse gebrochene Ideal ist die ↗Differente der Körpererweiterung L/K.

Dedekindscher Ring, ein normaler eindimensionaler Noetherscher Integritätsbereich, d. h., ein Noetherscher ganzabgeschlossener Integritätsbereich, in dem jedes von Null verschiedene Primideal ein maximales Ideal ist.

Diese Begriffsbildung geht auf E. Noether zurück, die auf dieser Grundlage eine Axiomatisierung der Dedekindschen Idealtheorie erarbeitete.

Im Begriff des Dedekindschen Rings sind die wesentlichen Eigenschaften des Ganzheitsrings in einem ↗algebraischen Zahlkörper zusammengefaßt.

Auf Dedekindschen Ringen gilt die für die algebraische Zahlentheorie wichtige ↗eindeutige Primzerlegung.

Dedekindscher Schnitt, ↗Dedekind-Schnitt.

Dedekind-Schnitt, *Dedekindscher Schnitt*, manchmal auch einfach nur Schnitt genannt, Paar $D = (L, R)$ von Teilmengen L, R einer totalen Ordnung $(M, \leq)$ mit den Eigenschaften

- $L, R \neq \emptyset$ und $L \cup R = M$,
- $L < R$, d. h. $\ell < r$ für alle $\ell \in L, r \in R$,
- R hat kein kleinstes Element.

L und R sind dann insbesondere disjunkt. Wenn L ein größtes Element m hat, heißt der Schnitt (L, R) rational und m Schnittpunkt von (L, R). Ein nicht rationaler Schnitt heißt Lücke in M. Genau wenn es keine Lücken gibt, ist die Ordnung $(M, \leq)$ vollständig.

Ein Dedekind-Schnitt $D = (L, R)$ ist sowohl durch seine linke Menge $L(D) := L$ als auch durch seine rechte Menge $R(D) := R$ eindeutig bestimmt. Eine Menge $R \subset M$ ist genau dann rechte Menge eines Dedekind-Schnitts, nämlich des Schnitts $D(R) := (M \setminus R, R)$, wenn gilt:

- $\emptyset \subsetneq R \subsetneq M$,
- $M \setminus R < R$,
- R hat kein kleinstes Element.

Bezeichnet man mit $\mathbb{D}(M)$ die Menge der Dedekind-Schnitte in M und definiert

$$D_1 \leq D_2 \;:\Longleftrightarrow\; R(D_1) \supset R(D_2)$$

für $D_1, D_2 \in \mathbb{D}(M)$, so ist $(\mathbb{D}(M), \leq)$ eine vollständige totale Ordnung. Für eine nach oben beschränkte nicht-leere Menge $\mathbb{D} \subset \mathbb{D}(M)$ ist nämlich

$$R \;:=\; \bigcap\{R(D) | D \in \mathbb{D}\}$$

eine rechte Menge, und $D(R)$ ist Supremum zu $\mathbb{D}$. Wenn die Ordnung $(M, \leq)$ dicht ist, ist auch $(\mathbb{D}(M), \leq)$ dicht, und wenn in M kein kleinstes bzw. kein größtes Element existiert, gibt es auch in $\mathbb{D}(M)$ kein kleinstes bzw. kein größtes Element. Erlaubt man leere linke bzw. rechte Mengen, so enthält $\mathbb{D}(M)$ ein kleinstes Element $-\infty := (\emptyset, M)$ bzw. ein größtes Element $\infty := (M, \emptyset)$. Für $x \in M$ ist

$$R(x) \;:=\; \{m \in M | m > x\}$$

eine rechte Menge, und die Abbildung

$$\Phi \;:\; M \ni x \;\longmapsto\; D(R(x)) \in \mathbb{D}(M)$$

ist eine Einbettung von $(M, \leq)$ in $(\mathbb{D}(M), \leq)$. Wenn die Ordnung $(M, \leq)$ schon vollständig ist, ist Φ surjektiv, d. h. $(M, \leq)$ ist dann isomorph zu $(\mathbb{D}(M), \leq)$. Insbesondere liefert eine Wiederholung der Schnittbildung nichts Neues.

Ist K ein geordneter Körper, dann läßt sich auch $\mathbb{D}(K)$ zu einem Körper machen. So definierte 1871 Richard Dedekind die reellen Zahlen als Dedekind-Schnitte in den rationalen Zahlen. Eine Verallgemeinerung von Dedekind-Schnitten sind ↗Conway-Schnitte.

Dedekind-vollständiger Vektorverband, ein ↗Vektorverband, in dem jede nach oben beschränkte Menge eine kleinste obere Schranke besitzt. Beispiele sind die Verbände $L^p[0, 1]$, $1 \leq p \leq \infty$, nicht aber der Verband $C[0, 1]$.

Deduktion, Verfahren, um abgeleitetes Wissen mittels Schlußregeln aus bereits gesicherten Erkenntnissen oder angenommenen Voraussetzungen zu gewinnen (abzuleiten).

Die benutzten Schlußregeln sind meistens die der mathematischen Logik. Die heutigen mathematischen Disziplinen lassen sich deduktiv aufbauen. Bereits Aristoteles begann, das deduktive Schließen zu formalisieren; in der mathematischen Logik wurde diese Tendenz fortgesetzt.

Deduktionstheorem, syntaktische bzw. semantische Version eines Theorems der mathematischen Logik, aufgrund dessen eine Implikation $\varphi \rightarrow \psi$ zweier Ausdrücke φ und ψ aus einer Menge Σ von Ausdrücken der zugrundegelegten Sprache ableitbar ist bzw. aus Σ folgt, wenn ψ aus $\Sigma \cup \{\varphi\}$ ableitbar ist bzw. aus dieser Menge folgt.

Nach dem Deduktionstheorem läßt sich eine Implikation $\varphi \rightarrow \psi$ aus den „Voraussetzungen" Σ dadurch beweisen, daß die *Prämisse* φ zu den Voraussetzungen hinzugenommen wird und die *Conclusio* ψ aus $\Sigma \cup \{\varphi\}$ bewiesen wird.

deduktiver Abschluß, Bild einer Menge Σ von Ausdrücken aus einem logischen Kalkül bezüglich eines Ableitungs- oder Folgerungsoperators (symbolisch $\mathrm{Ded}(\Sigma)$).

Ist $\vdash$ der Ableitungs- und $\models$ der Folgerungsoperator für Ausdrücke φ aus Mengen Σ von Ausdrücken, dann ist $\Sigma^{\vdash} := \{\varphi : \Sigma \vdash \varphi\}$ bzw. $\Sigma^{\models} := \{\varphi : \Sigma \models \varphi\}$ der deduktive Abschluß von Σ bezüglich des Ableitungs- bzw. des Folgerungsoperators.

Nach dem Gödelschen Vollständigkeitssatz stimmen für ↗elementare Sprachen Ableiten und Folgern überein. Damit erhält man

$$\mathrm{Ded}(\Sigma) \;=\; \Sigma^{\vdash} \;=\; \Sigma^{\models}.$$

Gilt für Σ schon $\Sigma = \mathrm{Ded}(\Sigma)$, dann heißt Σ deduktiv abgeschlossen. Deduktiv abgeschlossene Mengen werden auch elementare Theorien genannt.

Defekt einer Funktion, wichtiger Begriff innerhalb der nicht-linearen ↗Approximationstheorie.

Als instruktives Beispiel betrachten wir hier den Fall der Approximation einer Funktion durch rationale Funktionen. Es sei f eine über dem Intervall $[a, b]$ stetige Funktion und r ihre ↗beste Approximation aus der Menge der rationalen Funktionen vom maximalen Zählergrad m und Nennergrad n bezüglich der Maximums- oder Tschebyschew-Norm. Ist nun der wahre Zähler- und Nennergrad von r gleich m_1 bzw. n_1, so bezeichnet man die natürliche Zahl

$$\delta(r) \;=\; \min\{m - m_1,\, n - n_1\}$$

als den Defekt von f.

In ähnlicher Weise kann man auch Defekte von Funktionen in Hinblick auf Approximation mit Exponentialsummen oder anderen nicht-linearen Funktionenklassen definieren.

Defekt einer Matrix, Maß für die „Abweichung" einer Matrix A von der Regularität: Der Defekt einer

Matrix ist gerade die Dimension ihres Nullraumes (↗Nullraum einer Matrix).

Defektkorrektur, allgemeine Vorgehensweise zur iterativen Verbesserung der Lösung einer linearen Operatorgleichung $Fu = f$.

Ist $\tilde{u}_0$ eine bereits vorhandene Näherung, so wird in einem Korrekturschritt mit Hilfe des Defekts $d_1 = f - F\tilde{u}_0$ die Gleichung $Fu_1 = d_1$ wiederum näherungsweise gelöst. Die neue Näherung $\tilde{u}_1$ verbessert dann additiv die Lösung des ursprünglichen Problems zu $\tilde{u}_0 + \tilde{u}_1$. Eine weitere Korrektur entsteht durch Ermittlung des Defektes $d_2 = f - F\tilde{u}_0 - F\tilde{u}_1$ und Betrachtung von $Fu_2 = d_2$ usw..

Defektkorrektur wird beispielsweise bei linearen Gleichungssystemen $Ax = b$ eingesetzt. Wesentlich ist hierbei die hinreichend genaue Berechnung der Defekte

$$b - A\tilde{x}_0 - A\tilde{x}_1 - \ \ldots \ - A\tilde{x}_k$$

unter Berücksichtigung des Rundungsfehlers, da sonst der Defektkorrekturschritt keine Verbesserung erbringt.

Hierzu werden üblicherweise Techniken zur genauen Summation von Produkten von Gleitkommazahlen eingesetzt.

Defektmethode, ↗Defektkorrektur.

Definierbarkeit, Eigenschaft mathematischer Objekte (Elemente, Relationen, Funktionen), die sich mit Hilfe ↗elementarer Sprachen eindeutig charakterisieren lassen.

Zur Präzisierung des Definierbarkeitsbegriffs sei L_0 eine elementare Sprache und L eine Erweiterung von L_0, d. h., zu L_0 können weitere Individuen-, Relations- und Funktionszeichen hinzukommen (symbolisch $L_0 \subseteq L$). Weiterhin sei Σ eine in L fomulierte Menge von Ausdrücken oder Aussagen, und $\models$ bezeichne die Folgerungsrelation.

Dann definiert man für Individuenzeichen c und n-stellige Relations- und Funktionszeichen R bzw. f aus $L \setminus L_0$:

(1) c ist in Σ (explizit) definierbar, wenn es in L_0 einen Ausdruck $\varphi(x)$ gibt, so daß

$$\Sigma \models \forall x(x = c \wedge \varphi(x)) \wedge \exists^1 x\varphi(x)\,,$$

wobei $\exists^1 x\varphi(x)$ besagt, daß es genau ein Element mit der Eigenschaft φ gibt.

(2) R ist in Σ (explizit) definierbar, falls es einen Ausdruck $\varphi(x_1, \ldots, x_n)$ in L_0 gibt, so daß

$$\Sigma \models \forall x_1 \ldots \forall x_n (R(x_1, \ldots, x_n) \leftrightarrow \varphi(x_1, \ldots, x_n)).$$

(3) f ist in Σ (explizit) definierbar, wenn es einen $(n+1)$-stelligen Ausdruck $\varphi(x_1, \ldots, x_n, y)$ in L_0 gibt, so daß

$$\Sigma \models \forall x_1 \ldots \forall x_n \forall y (f(x_1, \ldots, x_n) = y \leftrightarrow \varphi(x_1, \ldots, x_n, y)) \wedge \forall x_1 \ldots \forall x_n \exists^1 y(\varphi(x_1, \ldots, x_n, y)).$$

Durch die Bedingungen (1)–(3) ist jeweils ein Zeichen aus der erweiterten Sprache L durch die Zeichen aus L_0 definiert. Sind alle Zeichen aus $L \backslash L_0$ definierbar, dann heißt L definitorische Erweiterung von L_0. Ist $\mathcal{A}$ eine algebraische Struktur gleicher Signatur wie L, und ersetzt man in den Bedingungen (1)–(3) jeweils Σ durch $\mathcal{A}$ und liest $\models$ als „gültig", dann heißen die entsprechenden mathematischen Objekte (explizit) definierbar in der Struktur $\mathcal{A}$.

Ist z. B. $\mathcal{A}$ die geordnete Menge der natürlichen Zahlen mit Addition, dann ist die Ordnungsrelation in $\mathcal{A}$ durch die Addition definierbar, denn es gilt:

$$\mathcal{A} \models \forall x \forall y (x < y \leftrightarrow \exists z (z \neq 0 \wedge x + z = y))\,.$$

Ist R ein n-stelliges Relationszeichen in L und Σ' die Menge der Ausdrücke, die aus Σ dadurch entsteht, daß R in Σ überall durch ein neues n-stelliges Relationszeichen $R' \notin L$ ersetzt wird, dann heißt R in Σ implizit definierbar, wenn

$$\Sigma \cup \Sigma' \models \forall x_1 \ldots \forall x_n (R(x_1, \ldots, x_n) \leftrightarrow R'(x_1, \ldots, x_n))\,.$$

Völlig analog ist die implizite Definierbarkeit eines Funktionszeichens in Σ definiert. Nach dem ↗Bethschen Definierbarkeitssatz ist ein Relations- oder Funktionszeichen schon dann in Σ explizit definierbar, wenn es in Σ implizit definierbar ist.

Definierbarkeitstheorie des Kontinuums, ↗beschreibende Mengenlehre.

definierende Eckenmengen, die Mengen S und T eines endlichen einfachen Graphen $G(E, K)$ mit der Eckenmenge E und Kantenmenge K so, daß $E = S \cup T, S \cap T = \emptyset, S \neq \emptyset, T \neq \emptyset$.

Ein Graph mit definierenden Eckenmengen heißt ↗bipartiter Graph.

Definitheit, ↗positiv definit, ↗negativ definit.

Definitionsbereich einer Abbildung, ↗Abbildung.

Definitionsbereich eines Operators, ↗Operator.

definitisierbarer Operator eines Krein-Raumes, ein bzgl. des indefiniten Skalarprodukts [,] eines Krein-Raumes selbstadjungierter dicht definierter Operator T mit $\varrho(T) \neq \emptyset$, für den ein Polynom P existiert, so daß $[P(T)x, x] \geq 0$ auf $D(P(T))$. Auf einem Pontrjagin-Raum (↗Krein-Raum) ist jeder selbstadjungierte Operator definitisierbar.

defiziente Zahl, eine natürliche Zahl n, deren Teilersumme kleiner als $2n$ ist:

$$\sigma(n) = \sum_{d \in \mathbb{N}, d|n} d < 2n\,.$$

Das Wort „defizient" steht hier für „Mangel an Teilern habend" (↗Teilersummenfunktion, ↗abundante Zahl, ↗vollkommene Zahl).

Deflation, Technik, eine Matrix $A \in \mathbb{C}^{n\times n}$ in zwei oder mehrere Matrizen kleinerer Dimension zu überführen, so daß das Spektrum von A gerade gleich der Vereinigung der Spektren dieser Matrizen kleinerer Dimension ist.

Überführt man eine Matrix A z. B. auf die Form

$$\begin{pmatrix} A_{11} & A_{12} \\ 0 & A_{22} \end{pmatrix}, \quad A_{jj} \in \mathbb{C}^{k_j\times k_j}$$

mit $k_1 + k_2 = n$, dann gilt für die Spektren dieser Matrizen die gewünschte Beziehung

$$\sigma(A) \;=\; \sigma(A_{11}) \cup \sigma(A_{22})\,.$$

Anstelle des $(n \times n)$-Eigenwertproblems $Ax = \lambda x$ kann man nun zwei kleinere Eigenwertprobleme

$$A_{jj}y \;=\; \lambda y\,, \quad j = 1, 2,$$

lösen. Diese Technik wird insbesondere bei der Potenzmethode, der inversen Iteration und dem QR-Algorithmus angewendet.

Beim QR-Algorithmus berechnet man, ausgehend von einer unreduzierten oberen Hessenberg-Matrix H_0, eine Folge von oberen Hessenberg-Matrizen H_j, bei denen bei geeigneter Shiftwahl-Strategie die Elemente der ersten unteren Nebendiagonale gegen Null konvergieren. Sobald eines der Nebendiagonalelemente $h_{i+1,i}^{(j)}$ von H_j hinreichend klein ist, spaltet man das Eigenwertproblem wie oben beschrieben in zwei kleinere auf, und arbeitet auf den beiden kleineren Problemen. Typischerweise hat man $i = n - 1$ oder $i = n - 2$, und man kann die Eigenwerte des rechten unteren Blocks in H_j explizit berechnen.

Bei der Potenzmethode und der inversen Iteration läßt sich für eine gegebene Matrix A nur ein einzelner Eigenwert λ_1 mit zugehörigem Eigenvektor x_1 berechnen. Um weitere Eigenpaare zu erhalten, überführt man die Matrix A mittels Ähnlichkeitstransformation mit einer nichtsingulären Matrix H auf die Form

$$HAH^{-1} \;=\; \begin{pmatrix} \lambda_1 & b^H \\ 0 & B \end{pmatrix}, \quad B \in \mathbb{C}^{(n-1)\times(n-1)}$$

und wendet dann die Potenzmethode oder die inverse Iteration auf B an.

Für die Matrix H muß

$$Hx_1 \;=\; \lambda_1 e_1\,, \quad \text{wobei } e_1 \;=\; (1, 0, \ldots, 0)^T$$

gelten; man kann eine solche Matrix H z. B. als unitäre Householder-Matrix berechnen.

Deformation, stetige Überführung eines Weges in einen anderen.

Es seien T ein topologischer Raum und $\gamma_1, \gamma_2 : [0,1] \to T$ Wege in T. Dann heißen γ_1 und γ_2 homotop, wenn es eine stetige Abbildung $h : [0,1] \times [0,1] \to T$ gibt mit den Eigenschaften: $h(t,0) = \gamma_1(t)$ für alle $t \in [0,1]$ und $h(t,1) = \gamma_2(t)$ für alle $t \in [0,1]$. Man sagt dann, die beiden Wege gehen durch Deformation auseinander hervor.

Von besonderer Bedeutung ist die Deformation in der Funktionentheorie, wobei man den Raum $T = \mathbb{C}$ der komplexen Zahlen betrachtet. Hier spielen bei der Untersuchung von Kurvenintegralen die Deformationen eine große Rolle.

Deformationsquantisierung, von Flato, Lichnerowicz und Sternheimer eingeführte mathematische Interpretation des physikalischen Quantisierungsbegriff durch eine formale assoziative Deformation der kommutativen assoziativen Algebra aller komplexwertigen C^∞-Funktionen auf einer Poissonschen Mannigfaltigkeit: Die deformierte Multiplikation (das sogenannte Sternprodukt), die die nichtkommutative Multiplikation quantenmechanischer Größen symbolisiert, wird als formale Potenzreihe

$$\sum_{r=0}^{\infty} \lambda^r M_r$$

von Bidifferentialoperatoren auf der Mannigfaltigkeit geschrieben, wobei M_0 die punktweise Multiplikation bedeutet und $M_1(f,g) - M_1(g,f)$ proportional zur Poisson-Klammer der Funktionen f und g ist.

Die Existenz von Sternprodukten wurde von Lecomte und de Wilde für alle symplektischen und von Kontsewitch schließlich für alle Poissonschen Mannigfaltigkeiten bewiesen.

Deformationsretrakt, Teilraum A eines topologischen Raumes X, der „im wesentlichen" durch Retraktion entsteht.

Genauer gilt: Ist die Retraktion $r : X \to A$ homotop zur Identität auf X, so heißt r Deformationsretraktion, und A ist ein Deformationsretrakt.

Defuzzifizierung, Reduktion einer Fuzzy-Menge auf eine deterministische Größe.

Die Substitution einer Fuzzy-Menge durch eine α-Niveau-Linie ist eine in der Literatur häufig vorgeschlagene Defuzzifizierung. Zumeist wird aber unter Defuzzifizierung die Reduktion von Fuzzy-Mengen auf $\mathbb{R}$ auf eine reelle Zahl, einen sogenannten Durchschnittswert oder „mittleren" Wert, verstanden. Dies gilt insbesondere bei Anwendungen des Fuzzy-Control, wenn die unscharfe Outputgröße zu einer ausführbaren reellen Steuerungsgröße verschärft wird.

Die Literatur kennt eine Fülle von Defuzzifizierungsverfahren, die bekanntesten sind:

Die *Methode des mittleren Maximums*: Nur die x-Werte mit dem maximalen Zugehörigkeitsniveau werden berücksichtigt. Gibt es mehr als einen x-Wert mit maximalem Zugehörigkeitsgrad, so wird das ↗ arithmetische Mittel dieser Werte genommen.

Die *Flächenhalbierungsmethode*: Der deterministische Ersatzwert $\overline{x}_F$ wird so gewählt, daß ein in x errichtetes Lot die Fläche unter der Zughörigkeitsfunktion in zwei gleichgroße Teilflächen teilt, d. h.

$$\int_{-\infty}^{\overline{x}_F} \mu(x)\,dx = \int_{\overline{x}_F}^{+\infty} \mu(x)\,dx.$$

Das *Schwerpunktverfahren*: Die x-Komponente

$$\overline{x}_S = \frac{\int_{-\infty}^{+\infty} x \cdot \mu(x)\,dx}{\int_{-\infty}^{+\infty} \mu(x)\,dx}$$

des Schwerpunktes der Fläche unter der Zugehörigkeitsfunktion stellt den „mittleren" Wert dar.

Eine Verallgemeinerung des Schwerpunktverfahrens ist der Vorschlag, zusätzlich einen Gewichtungsfaktor $g(x)$ als Maß für die Bedeutung des Wertes x zu berücksichtigen:

$$\overline{x}_S = \frac{\int_{-\infty}^{+\infty} g(x) \cdot \mu(x)\,dx}{\int_{-\infty}^{+\infty} \mu(x)\,dx}.$$

Für trapezoide Fuzzy-Intervalle

$$\widetilde{M} = (m_1; m_2; \underline{m}; \overline{m})$$

wird meistens als Durchschnittswert die Größe

$$m = \frac{1}{4}(2m_1 - \underline{m} + 2m_2 + \overline{m})$$

verwendet.

Für Fuzzy-Intervalle des ε-λ-Typs

$$\widetilde{A} = (\underline{a}_{ij}^{\varepsilon}; \underline{a}_{ij}^{\lambda}; \underline{a}_{ij}; \overline{a}_{ij}; \overline{a}_{ij}^{\lambda}; \overline{a}_{ij}^{\varepsilon})^{\lambda,\varepsilon}$$

kann die einfach zu handhabende Formel

$$a = \frac{1}{6}\left(\underline{a}_{ij}^{\varepsilon} + \underline{a}_{ij}^{\lambda} + \underline{a}_{ij} + \overline{a}_{ij} + \overline{a}_{ij}^{\lambda} + \overline{a}_{ij}^{\varepsilon}\right)$$

zur Berechnung eines „mittleren" Wertes verwendet werden.

Dehnung eines Gebietes, ↗Carathéodory-Koebe-Theorie.

dehnungsbeschränkte Funktion, auch Lipschitzstetige Funktion genannt, reellwertige Funktion f (einer reellen Variablen), zu der es eine Zahl (Dehnungsschranke, Lipschitzkonstante) $\lambda \in [0, \infty)$ gibt mit

$$|f(x) - f(y)| \le \lambda\,|x - y|$$

für alle x, y aus dem Definitionsbereich D von f.

Ersetzt man $|\cdot|$ durch Normen, so können Funktionen f aus einem normierten Raum $(X, ||\cdot||_1)$ in einen anderen $(Y, ||\cdot||_2)$ betrachtet werden. Die Bedingung lautet dann

$$||f(x) - f(y)||_2 \le \lambda\,||x - y||_1$$

für alle x, y aus dem Definitionsbereich D von f. Allgemeiner können zumindest noch Abbildungen aus einem metrischen Raum (R, δ_1) in einen anderen (S, δ_2) betrachtet werden, wenn man die Bedingung in der Form

$$\delta_2(f(x), f(y)) \le \lambda\,\delta_1(x, y)$$

schreibt.

Die Betragsfunktion $|\cdot|$ ist dehnungsbeschränkt auf $\mathbb{R}$ (mit Dehnungsschranke $\lambda = 1$), denn

$$\big|\,|x| - |y|\,\big| \le |x - y| \quad (x, y \in \mathbb{R}).$$

Die durch $f(x) := x^2$ für $x \in \mathbb{R}$ definierte Funktion f ist nicht dehnungsbeschränkt, da

$$|f(x) - f(y)| = |x + y| \cdot |x - y|$$

gilt, und $|x + y|$ beliebig groß werden kann.

Dehnungsbeschränkte Funktionen sind gleichmäßig stetig. Differenzierbare Funktionen mit beschränkter Ableitung sind dehnungsbeschränkt.

dekadische Darstellung, ↗Dezimaldarstellung.

Deklination, ↗Äquatorialsystem.

Dekomposition, Technik zur Zurückführung eines Optimierungsproblems auf mehrere kleinere Teilprobleme, sofern dies die spezielle Struktur des Ausgangsproblems zuläßt.

Wichtiges Beispiel einer derartigen Strukur stellen Probleme dar, bei denen die Zielfunktion und Nebenbedingungen additiv zerlegt werden können; man betrachte eine Zielfunktion

$$f(\underline{x}) := f(\underline{x}_1, \dots, \underline{x}_s) := \sum_{i=1}^{s} f_i(\underline{x}_i)$$

unter Nebenbedingungen $\sum_{i=1}^{s} g_{ij}(\underline{x}_i) \ge 0, 1 \le j \le m$; $h_i(\underline{x}_i) \ge 0, 1 \le i \le s$.

Hierbei sind die $\underline{x}_i$ Variablenblöcke gewisser Dimensionen n_i und die f_i, g_{ij} sowie h_i Funktionen von $\mathbb{R}^{n_i}$ nach $\mathbb{R}$.

Bei der sogenannten Ressourcenzerlegung unterteilt man jede der m Nebenbedingungen $\sum_{i=1}^{s} g_{ij}(\underline{x}_i) \ge 0, 1 \le j \le m$, in s weitere Nebenbedingungen $g_{ij} \ge b_{ij}, 1 \le i \le s$, wobei zusätzlich $\sum_{i=1}^{s} b_{ij} = 0$ verlangt wird.

Für jeden Variablenblock $\underline{x}_i$ erhält man somit eine eigene zulässige Menge

$$M_i := \{\underline{x}_i | g_{ij}(\underline{x}_i) \ge b_{ij}, 1 \le j \le m, h_i(\underline{x}_i) \ge 0\}$$

sowie eine Funktion

$$\psi_i(b_{i1}, \dots, b_{im}) := \inf\{f_i(\underline{x}_i), \underline{x}_i \in M_i\}$$

(und $\psi_i(b_{i1}, \dots, b_{im}) := \infty$ falls $M_i = \emptyset$).

Schließlich optimiert man die Summe $\sum_{i=1}^{s} \psi(b_{i1}, \dots, b_{im})$ unter den m Nebenbedingungen $\sum_{i=1}^{s} b_{ij} = 0, 1 \leq j \leq m$. Letzteres führt i.allg. auf ein nichtglattes Optimierungsproblem. Bei der Anwendung von Iterationsmethoden sind dann in jedem Schritt die Teilprobleme der Form $\inf\{f_i(\underline{x}_i), \underline{x}_i \in M_i\}$ zu lösen.

Die Ressourcenzerlegung wird auch als ein primales Dekompositionsverfahren bezeichnet. Analog gibt es duale Dekompositionsverfahren; bei diesen werden alle f_i und die (gewichteten) g_{ij} in einer Funktion

$$\sum_{i=1}^{s} \left(f_i(\underline{x}_i) + \sum_{j=1}^{m} \lambda_j \cdot g_{ij}(\underline{x}_i) \right)$$

zusammengefaßt, die dann weiter untersucht wird.

Eine andere zur Anwendung von Dekompositionstechniken geeignete Struktur liegt vor, wenn es lediglich einen Variablenblock $\underline{y}$ gibt, der mit den anderen Blöcken $\underline{x}_i$ in den Nebenbedingungen gekoppelt ist. Es handelt sich dann um ein Problem der Gestalt: Minimiere

$$\sum_{i=1}^{s} f_i(\underline{x}_i) + f_{s+1}(\underline{y})$$

unter Nebenbedingungen $g_i(\underline{x}_i, \underline{y}) \geq 0, 1 \leq i \leq s$.

Ausgangspunkt von Lösungstechniken (darunter u. a. das Verfahren von Benders) ist die Idee, bei festem Wert von $\underline{y}$ unabhängige Teilprobleme in den $\underline{x}_i$ zu erhalten. Erforderlich ist daran anschließend die Analyse des Zusammenhangs zwischen den erhaltenen Lösungen und dem Ausgangsproblem.

[1] Minoux, M.: Mathematical Programming, Theory and Algorithms. John Wiley and Sons, 1986.

del Pezzo-Fläche, eine algebraische Fläche der folgenden Art.

Sei S eine glatte projektive algebraische Fläche oder kompakte komplexe zweidimensionale Mannigfaltigkeit, und ω_S die Garbe der holomorphen 2-Formen. Die Fläche heißt del Pezzo-Fläche, wenn ω_S^{-1} ↗ampel ist, die Zahl $d = (\omega_S \cdot \omega_S)$ heißt dann Grad der del Pezzo Fläche.

Es gilt stets $d \leq 9$; weiterhin kann man zeigen, daß S durch ↗Aufblasung von $\mathbb{P}^2$ in $(9-d)$ Punkten in allgemeiner Lage entsteht, oder $S = \mathbb{P}^1 \times \mathbb{P}^1$ ist. Hierbei bedeutet in „allgemeiner Lage“, daß keine 3 Punkte auf einer Geraden liegen und keine 6 Punkte auf einem Kegelschnitt.

Delaunay, Charles-Eugène, französicher Mathematiker und Astronom, geb. 9.4.1816 Lusigny-sur-Barse (Frankreich), gest. 5.8.1872 bei Cherbourg.

Delaunay studierte von 1834 bis 1836 an der Pariser École Polytechnique Bergbauingenieurwesen. Später (1841–1848) studierte er bei J.-B. Biot an der Sorbonne Mathematik. Ab 1850 lehrte er Mechanik an der École Polytechnique, wurde 1855 Mitglied der französichen Académie des Sciences und ab 1870 Direktor des Pariser Observatoriums. Er ertrank 1872 bei einem Bootsunglück.

Delaunay befaßte sich hauptsächlich mit der Mondbeobachtung. Seine Untersuchungen führten zur Entwicklung von Theorien zur Planetenbewegung. 1842 berechnete er Störungen der Uranusbahn. Er schrieb unter anderem 1850 „Cours élémentaire de mécanique“, 1853 „Cours élémentaire d'astronomie“, 1856 „Traité de mécanique rationnelle“ und 1860 bis 1867 das zweibändige Werk „La Théorie du mouvement de la lune“, das die Ergebnisse seiner zwanzigjährigen Mondbeobachtungen zusammenfaßte.

Delaunaysche Kurve, spezielle Rollkurve, die durch Rollen eines Kegelschnittes auf einem anderen von seinem Brennpunkt erzeugt wird.

Berühren sich zwei kongruente Parabeln in ihrem Scheitelpunkt, und rollt eine dieser Parabeln auf der anderen, so ist die vom Brennpunkt dieser Parabel beschriebene Delaunaysche Kurve eine Kettenlinie.

Die Delaunaysche Kurve, die in analoger Weise vom Brennpunkt einer Ellipse (bzw. Hyperbel) erzeugt wird, die auf einer anderen Ellipse (bzw. Hyperbel) rollt, nennt man daher elliptische (bzw. hyperbolische) Kettenlinie.

Delaunay-Triangulierung, vor allem in der ↗Computergeometrie, aber auch beispielsweise zur Generierung von Netzen benutzter Typus einer Triangulierung, also einer Zerlegung eines Gebietes in Teildreiecke.

Eine Delaunay-Triangulierung ist dadurch charakterisiert, daß der Umkreis jedes ihrer Teildreiecke keinen anderen Eckpunkt der Triangulierung enthält.

Analoges gilt für die Delaunay-Zerlegung eines Körpers im $\mathbb{R}^3$ in Teiltetraeder.

Delay-Gleichung, Differentialgleichung, bei der die unabhängige Variable noch zu einem „früheren“ Zeitpunkt betrachtet wird.

Der Begriff ist weitestgehend synonym zu dem der ↗Differentialgleichung mit nacheilendem Argument.

Deligné, Pierre René, belgischer Mathematiker, geb. 3.10.1944 Brüssel.

Nach dem Schulbesuch in Brüssel studierte Deligné an der dortigen Universität Mathematik, u. a. bei J.Tits. Nach Abschluß des Studiums 1966 ging er auf Vermittlung seines Lehrers nach Paris zu Serre und Grothendieck, um an seiner Dissertation auf dem Gebiet der algebraischen Geometrie zu arbeiten. Nach erfolgreicher Vollendung der Promotion an der Universität Brüssel (1968) kehrte er als Gast an das Institut des Hautes Etudes Scientifiques (IHES) Paris zurück und setzte die Zusammenarbeit mit Grothendieck fort. 1970 erhielt er eine Anstellung am IHES. 1984 wechselte er dann an das Institute for Advanced Study in Princeton, an dem er noch tätig ist (1999).

Delignė hat in seinen Forschungen viele wichtige Verbindungen zwischen der algebraischen Geometrie und anderen Gebieten der Mathematik aufgedeckt und bedeutende Resultate dazu erzielt. Hervorragend war dabei der Beweis der von Weil formulierten verallgemeinerten Riemann-Artinschen Vermutung für die ζ-Funktionen auf einer algebraischen Mannigfaltigkeit beliebiger endlicher Dimension über einem endlichen Körper. 1946 hatte Weil die Theorie der Varietäten, definiert durch Gleichungen mit Koeffizienten über einem beliebigen Körper, begründet. Im Zusammenhang damit hatte er drei Vermutungen über ganzzahlige Lösungen polynomialer Gleichungen aufgestellt.

Durch eine Zusammenführung von algebraischer Geometrie und algebraischer Zahlentheorie konnte Delignė diese Vermutungen 1973 beweisen. Er benutzte dazu die von Grothendieck in Verbindung mit dem Beweis zweier weiterer Weilscher Vermutungen entwickelte Theorie der Schemata, und eine Vermutung von Ramanujan, die er ebenfalls bestätigte. Für diese Leistung, die als grundlegender Beitrag zur Vereinigung von algebraischer Geometrie und algebraischer Zahlentheorie gewürdigt wurde, erhielt Delignė 1978 die Fields-Medaille.

Als Folgerungen aus den Ergebnissen konnte er Abschätzungen mehrdimensionaler Exponentialsummen sowie Aussagen zur Darstellungstheorie von Galoisgruppen und über Modulfunktionen ableiten. Dabei leistete er wichtige Beiträge zur Realisierung des sog. Langlands Programm in der algebraischen Zahlentheorie. Außerdem schuf er eine Theorie regulär-singulärer Differentialgleichungen zur Lösung des 21. Hilbertschen Problems über die Existenz von Differentialgleichungen mit vorgegebener Monodromiegruppe. Er arbeitete auch über Hodge-Theorie, Modulprobleme und Galois-Darstellungen.

Delisches Problem, die Aufgabe, ausgehend von einem Würfel mit Kantenlänge a, mit Zirkel und Lineal einen Würfel mit dem doppelten Volumen zu konstruieren.

Diese Aufgabe ist unlösbar, denn sie führt auf die kubische Gleichung $a^3 = 2$. Jede Lösung dieser Gleichung liegt in einem ↗Erweiterungskörper vom Grad 3 über $\mathbb{Q}(a)$. Wie aber die ↗Galois-Theorie zeigt, sind durch Konstruktion mit Zirkel und Lineal nur Elemente aus Körpererweiterungen zu erhalten, deren Grad eine Zweierpotenz ist. Insbesondere besitzen diese Körper keine Unterkörper vom Grad 3.

delta amplitudinis, ↗Amplitudinisfunktion, ↗elliptische Funktion.

$\bar{\partial}$-exakte Form, differenzierbare q-Form mit folgender Eigenschaft:

Sei $X \subset \mathbb{C}^n$ ein Bereich und L eine Teilmenge von X. Für $q \geq 1$ heißt eine differenzierbare q-Form $\omega \in \mathcal{E}^{0,q}(X)$ $\overline{\partial}$ -exakt nahe L, wenn es eine differenzierbare $(q-1)$-Form $\eta \in \mathcal{E}^{0,q-1}(X)$ gibt, so daß

$$\overline{\partial}\eta \mid V = \omega \mid V$$

in einer geeigneten offenen Umgebung V von L.

$\bar{\partial}$-geschlossene Form, differenzierbare q-Form mit folgender Eigenschaft:

Sei $X \subset \mathbb{C}^n$ ein Bereich und L eine Teilmenge von X. Für $q \geq 1$ heißt eine differenzierbare q-Form $\omega \in \mathcal{E}^{0,q}(X)$ $\overline{\partial}$ -geschlossen nahe L, wenn es eine offene Umgebung U von L gibt, so daß $\overline{\partial}\omega \mid U = 0$.

Delta-Lernregel, *Widrow-Hoff-Lernregel*, eine spezielle ↗Lernregel für ↗Neuronale Netze, die bereits gegen Ende der fünfziger Jahre von Bernard Widrow und seinem Schüler Marcian Hoff vorgeschlagen wurde und sich als Spezialfall der ↗Backpropagation-Lernregel für zweischichtige Feed-Forward-Netze mit identischer Transferfunktion interpretieren läßt.

Im folgenden wird die prinzipielle Idee der Delta-Lernregel kurz im Kontext diskreter zweischichtiger neuronaler Feed-Forward-Netze mit Ridge-Typ-Aktivierung und identischer Transferfunktion in den Ausgabeneuronen erläutert: Wenn man diesem zweischichtigen Feed-Forward-Netz eine Menge von t Trainingswerten

$$(x^{(s)}, y^{(s)}) \in \mathbb{R}^n \times \mathbb{R}^m\,, \quad 1 \leq s \leq t\,,$$

präsentiert, dann sollten die Gewichte

$$w_{ij} \in \mathbb{R}\,, \quad 1 \leq i \leq n\,, \quad 1 \leq j \leq m\,,$$

sowie die Schwellwerte $\Theta_j \in \mathbb{R}$, $1 \leq j \leq m$, so gewählt werden, daß für alle $j \in \{1, \dots, m\}$ und für alle $s \in \{1, \dots, t\}$ die quadrierten Fehler

$$\left(y_j^{(s)} - (\sum_{i=1}^{n} w_{ij} x_i^{(s)} - \Theta_j) \right)^2$$

möglichst klein werden.

Setzt man nun t partiell differenzierbare Fehlerfunktionen

$$F^{(s)} : \mathbb{R}^{nm} \times \mathbb{R}^m \longrightarrow \mathbb{R}\,, \quad 1 \leq s \leq t\,,$$

an als

$$\begin{aligned} &F^{(s)}(.., w_{ij}, .., \Theta_j, ..) \\ &\quad := \sum_{j=1}^{m} \left(y_j^{(s)} - (\sum_{i=1}^{n} w_{ij} x_i^{(s)} - \Theta_j) \right)^2 , \end{aligned}$$

dann erhält man für die Suche nach dem Minimum einer Funktion $F^{(s)}$ mit dem Gradienten-Verfahren folgende Vorschriften für einen Gradienten-Schritt, wobei $\lambda > 0$ ein noch frei zu wählender sogenannter Lernparameter ist:

1. Gewichte w_{ij}, $1 \le i \le n$, $1 \le j \le m$:

$$w_{ij}^{(neu)} := w_{ij} - \lambda F_{w_{ij}}^{(s)}(.., w_{ij}, .., \Theta_j, ..),$$

also

$$w_{ij}^{(neu)} := w_{ij} + 2\lambda(y_j^{(s)} - (\sum_{k=1}^{n} w_{kj}x_k^{(s)} - \Theta_j))x_i^{(s)}.$$

2. Schwellwerte Θ_j, $1 \le j \le m$:

$$\Theta_j^{(neu)} := \Theta_j - \lambda F_{\Theta_j}^{(s)}(.., w_{ij}, .., \Theta_j, ..),$$

also

$$\Theta_j^{(neu)} := \Theta_j - 2\lambda(y_j^{(s)} - (\sum_{k=1}^{n} w_{kj}x_k^{(s)} - \Theta_j)).$$

In den obigen Aktualisierungsvorschriften bezeichnen $F_{w_{ij}}^{(s)}$ und $F_{\Theta_j}^{(s)}$ jeweils die partiellen Ableitungen von $F^{(s)}$ nach w_{ij} und Θ_j.

Die sukzessive Anwendung des obigen Verfahrens auf alle vorhandenen Fehlerfunktionen $F^{(s)}$, $1 \le s \le t$, und anschließende Iteration bezeichnet man nun als Delta-Lernregel oder Widrow-Hoff-Lernregel.

Würde man bei der Herleitung der Delta-Lernregel anstelle der sukzessiven Betrachtung der t Fehlerfunktionen $F^{(s)}$, $1 \le s \le t$, direkt die gesamte Fehlerfunktion über alle t zu lernenden Trainingswerte heranziehen,

$$F := \sum_{s=1}^{t} F^{(s)},$$

und auf diese Fehlerfunktion das Gradienten-Verfahren anwenden, so käme man zu einer anderen Delta-Lernregel. Diese wird in der einschlägigen Literatur häufig als Off-Line-Delta-Lernregel oder Batch-Mode-Delta-Lernregel bezeichnet, während die zuvor eingeführte Variante in vielen Büchern unter dem Namen On-Line-Delta-Lernregel zu finden ist oder schlicht Delta-Lernregel genannt wird.

Die On-Line-Variante hat den Vorteil, daß keine Gewichts- und Schwellwertkorrekturen zwischengespeichert werden müssen sowie eine zufällige, nicht-deterministische Reihenfolge der zu lernenden Trainingswerte erlaubt ist (stochastisches Lernen).

Sie hat jedoch den Nachteil, daß nach einem Lernzyklus, d. h. nach Präsentation aller t zu lernenden Trainingswerte, der Gesamtfehler F des Netzes auch für beliebig kleines $\lambda > 0$ nicht unbedingt abgenommen haben muß; bei jedem Teilschritt wird zwar $F^{(s)}$ im allgemeinen kleiner, die übrigen Fehler $F^{(r)}$, $r \neq s$, können jedoch wachsen.

Trotz dieser Problematik hat sich die On-Line-Variante in der Praxis bewährt und wird i. allg. der rechen- und speicherintensiveren Off-Line-Variante vorgezogen.

δ-Funktion, Element der sog. Inzidenzalgebra $\mathbb{A}_K(P)$ einer lokal-endlichen Ordnung über einen Körper oder Ring K der Charakteristik 0, welches durch

$$\delta(x, y) = \begin{cases} 1 & \text{falls } x = y \\ 0 & \text{sonst} \end{cases}$$

definiert wird.

Neben dieser mehr abstrakten Definition ist meistens die Anwendung der Deltafunktion auf (Index-)Mengen gebräuchlich. In diesem Fall schreibt man

$$\delta_{ij} = \begin{cases} 1 & \text{falls } i = j \\ 0 & \text{sonst} \end{cases}$$

und spricht auch vom (Kroneckerschen) δ-Operator, Kronecker-δ, o.ä.

δ-Operator, der Ausdruck

$$\delta f := \delta_r f := (-1)^{k(k-r)} *_{k-r+1} \mathrm{d}_{k-r} *_r f$$

mit der ↗Cartan-Ableitung d und dem $*$-Operator der ↗Vektoranalysis. Das Bilden von δf wird auch als Ko-Differentiation und δf als Ko-Ableitung bezeichnet. Für eine andere Bedeutung des Begriffs δ-Operator vgl. ↗δ-Funktion.

Δ¹-Zerlegung, Zerlegung eines Rechteck-Gebietes in Teildreiecke mit bestimmten Zusatzeigenschaften.

Es sei R ein Rechteck im $\mathbb{R}^2$. Man zerlegt nun R zunächst durch eine Menge von horizontalen und vertikalen Linien in Teilrechtecke. Fügt man nun jedem dieser Teilrechtecke noch eine (und zwar jedem die gleiche) Diagonale hinzu, so nennt man die sich solchermaßen ergebende Zerlegung von R eine Δ^1-Zerlegung.

Wählt man die o.g. horizontalen bzw. vertikalen Linien äquidistant, so ist diese Δ^1-Zerlegung offenbar eine spezielle ↗crosscut-Zerlegung.

Δ²-Zerlegung, Zerlegung eines Rechteck-Gebietes in Teildreiecke mit bestimmten Zusatzeigenschaften.

Es sei R ein Rechteck im $\mathbb{R}^2$. Man zerlegt nun R zunächst durch eine Menge von horizontalen und vertikalen Linien in Teilrechtecke. Fügt man nun jedem dieser Teilrechtecke noch die beiden Diagonalen hinzu, so nennt man die sich solchermaßen ergebende Zerlegung von R eine Δ^2-Zerlegung.

Wählt man die o.g. horizontalen bzw. vertikalen Linien äquidistant, so ist diese Δ^2-Zerlegung offenbar eine spezielle ↗crosscut-Zerlegung.

Deltoid, nicht-konvexes ebenes Viereck, bei dem je zwei benachbarte Seiten gleich lang sind.

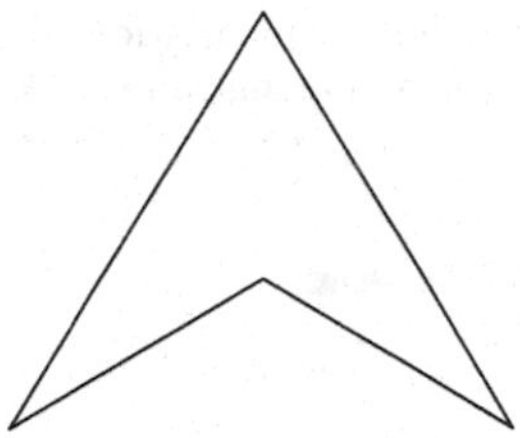

Deltoid

demikompakter Operator, eine Abbildung $T : X \supset M \to Y$, X und Y Banachräume, mit folgender Eigenschaft: Ist x_n eine beschränkte Folge in M und konvergiert $(x_n - Tx_n)$, so hat (x_n) eine konvergente Teilfolge.

demistetiger Operator, eine Abbildung $T : X \supset M \to Y$, X und Y Banachräume, die normkonvergente Folgen auf schwach konvergente Folgen (↗schwache Konvergenz) abbildet.

Demographie, Beschreibung der Struktur einer Population.

Seit dem 18. Jahrhundert hat sich die Demographie in enger Anlehnung an die Mathematik entwickelt, u. a. angeregt durch Probleme der ↗Epidemiologie.

Wichtige Konzepte sind Überlebensfunktion, Mortalität und Lebenserwartung, mit denen sich das Schicksal einer Kohorte beschreiben läßt. Allerdings sind die Konzepte der Erneuerungsgleichung und des McKendrick-Systems (↗Population, strukturierte) von der angewandten Demographie bisher kaum zur Kenntnis genommen worden.

Demokritos von Abdera, griechischer Philosoph, geb. um 460 v. Chr. Abdeira (Thrakien), gest. um 370 v. Chr. Abdeira.

Über das Leben von Demokritos ist wenig bekannt. Er scheint ein reicher Bürger von Abdeira gewesen zu sein. Er unternahm weite Reisen in den Osten, nach Persien, Ägypten und Babylon. Auch von Demokritos' Schriften ist nur wenig bzw. nur in der Auseinandersetzung anderer Philosophen erhalten.

Sein Lehrer war Leukipp (um 450 v. Chr.), der eigentliche Begründer der griechischen Atomtheorie. Dessen Atomistik baute Demokritos weiter aus. Er unterschied das „Feste" (die Materie) und das „Leere" (das Vakuum). Die Materie ist bis zu einer festen Grenze (den Atomen) teilbar. Diese Atome unterscheiden sich nur in Größe und Gestalt, aber im Gegensatz zu Vorstellungen von Anaxagoras nicht qualitativ. Qualitative Unterschiede in der Materie entstehen durch unterschiedliche Lage und Anordnung der Atome. Das Vakuum auf der anderen Seite wiederum ermöglicht die Teilung der Materie und die Bewegung der Atome. Diese atomistische Anschauung war ein Ausgangspunkt für die Infinitesimalmathematik des 16. und 17. Jahrhunderts.

Nach Archimedes hat sich Demokritos schon vor Eudoxos mit der Bestimmung des Volumens von Pyramiden durch Betrachtung der Schnitte mit Ebenen befaßt.

Dempster-Shafer-Theorie, die von Dempster 1967 und Shafer 1976 entwickelte Theorie der ↗Glaubens- und ↗Plausibilitätsmaße, die auf ↗Basiswahrscheinlichkeiten basiert.

Dendrit, abgeschlossene zusammenhängende Menge $E \subset \widehat{\mathbb{C}}$ ohne innere Punkte derart, daß auch $\widehat{\mathbb{C}} \setminus E$ zusammenhängend ist.

Dendriten treten als ↗Julia-Mengen bei der ↗Iteration rationaler Funktionen auf. Ein einfaches Beispiel ist das Intervall $E = [-1, +1]$. In der Regel ist die Struktur von Dendriten aber wesentlich komplizierter (s. Abb.).

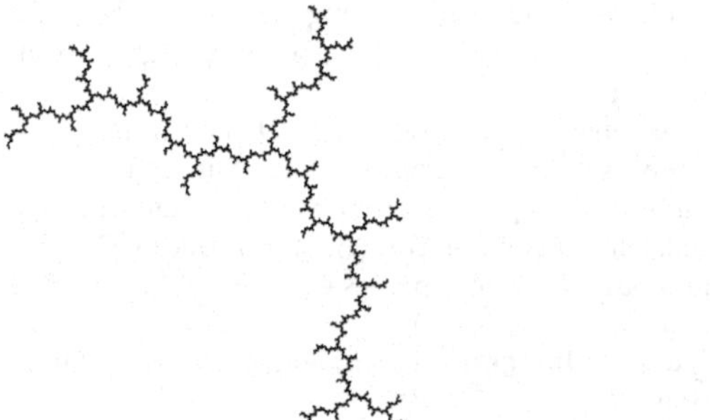

Ein Dendrit

Dendrogramm, die graphische Darstellung der bei der hierarchischen ↗Clusteranalyse entstehenden Gruppierungen gemäß folgender Abbildung.

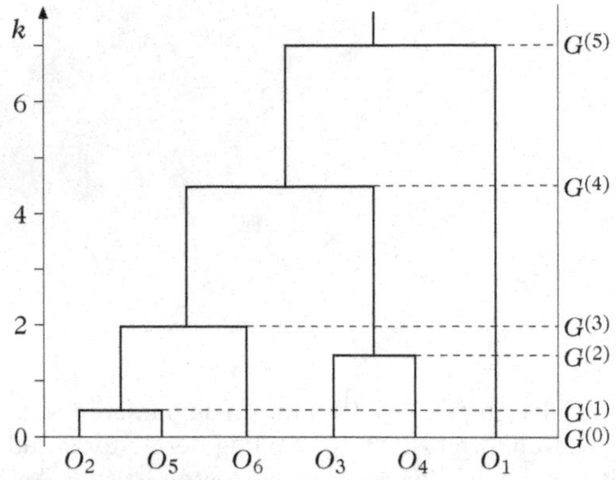

Typische Gestalt eines Dendrogramms

Denjoy, Arnaud, französischer Mathematiker, geb. 5.1.1884 Auch (Frankreich), gest. 21.1.1974 Paris.

Denjoy studierte von 1902 bis 1905 an der Pariser École Normale unter anderen bei Borel und E. Picard. Ab 1909 lehrte er zunächst in Montpellier, später dann in Utrecht und schließlich ab 1922 in Paris. 1970 wurde er korrespondierendes Mitglied der sowjetischen Akademie der Wissenschaften.

In seinen Arbeiten „Une extension de l'integrale de M. Lebesgue" und „Calcul de la primitive de la fonction dérivée la plus générale" von 1912 entwickelte er eine Verallgemeinerung des Lebesgue-Integrals, die das Problem der Integration als Umkehrung der Differentiation allgemein löste. Dabei stützte sich Denjoy auf tiefliegende Resultate von Baire (Bairesche Klassifikation) und G.Cantor. Eine ähnliche Verallgemeinerung des Integralbegriffes wurde später (1914) von Perron vorgelegt (Perron-Integral).

Daneben beschäftige sich Denjoy mit quasianalytischen Funktionen (1921 „Sur les fonctions quasi-analytiques de variable réelle") und Differentialgleichungen auf Tori (Blätterungen) (1934 „Sur les courbes définies par les équations différentielles à la surface du tore").

Denjoy-Integral, ↗Denjoy-integrierbare Funktion.

Denjoy-integrierbare Funktion, eine Funktion $f: [a,b] \to \mathbb{R}$ so, daß gilt: Es existiert eine Funktion F auf $[a,b]$, die schwach total-stetig in $[a,b]$ ist, und $F' = f$ fast überall auf $[a,b]$.

F heißt dann unbestimmtes Denjoy-Integral auf $[a,b]$ und ist eindeutig bis auf eine additive Konstante bestimmt.

Denjoy-Young-Saks, Satz von, besagt, daß für jede auf einem offenen Intervall $I \subset \mathbb{R}$ definierte Funktion $f: I \to \mathbb{R}$ für fast alle $x \in I$ (also mit Ausnahme höchstens einer Nullmenge) die ↗Dini-Ableitungen von f an der Stelle x einen der folgenden vier Fälle mit einem von x abhängigen $c \in \mathbb{R}$

	$D_-f(x)$	$D^-f(x)$	$D_+f(x)$	$D^+f(x)$
(1)	c	c	c	c
(2)	$-\infty$	c	c	∞
(3)	c	∞	$-\infty$	c
(4)	$-\infty$	∞	$-\infty$	∞

erfüllen.

Im Fall (1) ist f differenzierbar in x mit $f'(x) = c$.

deontische Logik, Logik der Normen und der normativen Begriffe. Sie untersucht die logische Struktur normativer und imperativer Systeme und Denkformen, in denen Funktoren wie *„es ist erlaubt"*, *„es ist verboten"*, *„unbedingt"*, *„gleichgültig"*,... verwendet werden.

Die deontische Logik wird als Spezialfall der Modallogik angesehen. Die moderne Entwicklung wurde durch den finnischen Philosophen G. H. v. Wright begründet.

Depolarisierung, im Sinne der ↗Mathematischen Biologie die Verminderung der Spannung an der Membran einer Nervenzelle.

Derangement, fixpunktfreie ↗Permutation.

Sei S_n die Menge der Permutationen auf $\mathbb{N}_n = \{1, 2, \dots, n\}$ und $m_p(n)$ die Anzahl der Permutationen $f \in S_n$, welche genau p Fixpunkte i haben.

Sei $A_i := \{f \in S_n, f(i) = i\}$. Für alle $A \subseteq \mathbb{N}_n$ gilt offensichtlich

$$|\bigcap_{i \in A} A_i| = (n - |A|)!\,.$$

Somit ist

$$m_p(n) = \frac{n!}{p!} \sum_{k=0}^{n-k} \frac{(-1)^k}{k!}\,.$$

Insbesondere ist die Anzahl der fixpunktfreien Permutationen, also der Derangements,

$$D_n = m_0(n) = n! \sum_{k=0}^{n} \frac{(-1)^k}{k!}\,.$$

Daraus folgt, daß

$$\lim_{n\to\infty} \frac{D_n}{n!} = \frac{1}{\mathrm{e}}\,.$$

Die Formel

$$m_p(n) = \binom{n}{p} m_0(n-p)$$

gibt die Rekursion für die Zahlen $m_p(n)$ an.

Als Beispiel betrachten wir ein Manuskript mit n Seiten. Angenommen, daß durch einen Windstoß die Seiten aufgewirbelt und nach Belieben wieder geordnet werden. Wie groß ist die Wahrscheinlichkeit, daß nicht eine einzige Seite an ihrem richtigen Platz liegt? Für große n ergibt die obige Formel einen Wert größer als $1/3$.

Derivation, ↗Derivation eines Rings, ↗Differentialform.

Derivation eines Rings, eine Abbildung $D : R \to R$, wobei R ein kommutativer Ring ist, mit der Eigenschaft, daß für alle $a, b \in R$ gilt

$$D(a+b) = D(a) + D(b)\,,$$
$$D(a \cdot b) = D(a) \cdot b + a \cdot D(b)\,.$$

Derivator, ein spezielles ↗Differenziergerät.

Seine Arbeitsweise beruht auf dem Spiegelungsprinzip unter Benutzung eines Prismas.

derivierte Kategorie, *abgeleitete Kategorie*, eine aus einer abelschen Kategorie $\mathcal{A}$ durch folgenden zweistufigen Prozeß abgeleitete Kategorie $\mathcal{D}(\mathcal{A})$.

Im ersten Schritt bildet man die Kategorie $\mathcal{K}(\mathcal{A})$ der Komplexe. Deren Objekte bestehen aus den Komplexen von Morphismen. Die Homotopieklassen von Komplexmorphismen sind die Morphismen.

Im zweiten Schritt wird die Kategorie $\mathcal{D}(\mathcal{A})$ durch Lokalisierung von $\mathcal{K}(\mathcal{A})$ nach den Quasiisomorphismen gebildet. Hierbei ist ein Quasiisomorphismus ein Morphismus in $\mathcal{K}(\mathcal{A})$, der einen Isomorphismus auf den Kohomologiegruppen der Komplexe induziert. Die Kategorie $\mathcal{D}(\mathcal{A})$ besitzt als Objekte dieselben Objekte wie $\mathcal{K}(\mathcal{A})$. Die Quasiisomorphismen sind jedoch Isomorphismen in dieser Kategorie. Im allgemeinen sind weder $\mathcal{K}(\mathcal{A})$ noch $\mathcal{D}(\mathcal{A})$ abelsche Kategorien. Sie sind jedoch sog. triangulierte Kategorien.

derivierter Funktor ↗abgeleiteter Funktor.

Derivimeter, ein spezielles ↗Differenziergerät.

Beim Derivimeter ermöglicht eine durch einen Meridianschnitt geteilte Kugellupe in Verbindung mit einem Oberflächenspiegel die Beobachtung der Kurve von beiden Seiten des Punktes, an den die Tangente gelegt werden soll.

DES, *Data Encryption Standard*, Standard des US-amerikanischen Standardisierungsinstituts NIST, in dem das gleichnamige symmetrische Verschlüsselungsverfahren bereits 1978 standardisiert wurde.

Der DES ist eine weit verbreitetete 64-Bit-Blockchiffre mit einem 56-Bit-Schlüssel K. Durch diese kurze Schlüssellänge ist dieses Verfahren heute nicht mehr sicher und kann durch ↗Brute Force gebrochen werden (Rekord 1999: in 22 Stunden). Durch dreimalige Anwendung kann jedoch mit Hilfe des DES ein gegenwärtig (1999) sicheres Verfahren, der Triple-DES (3DES), konstruiert werden. Dazu werden drei unabhängige Schlüssel benötigt, so daß die effektive Schlüssellänge auf 168 Bit anwächst:

$$3\mathrm{DES}_{k_1,k_2,k_3}(m) = \mathrm{DES}_{k_1}(\mathrm{DES}_{k_2}^{-1}(\mathrm{DES}_{k_3}(m)))$$

Der DES-Algorithmus besteht aus 16 Runden, deren Kernstück die nichtlineare Abbildung F ist. Die verwendeten Schlüssel $K0, K1, \ldots, K15$, die aus jeweils 48 Bit bestehen, werden aus dem 56-Bit Schlüssel K abgeleitet. Zum Entschlüsseln kann durch besondere Rundenstruktur der gleiche Algorithmus unter Verwendung der Schlüssel $K15, K14, \ldots, K0$ in umgekehrter Reihenfolge benutzt werden.

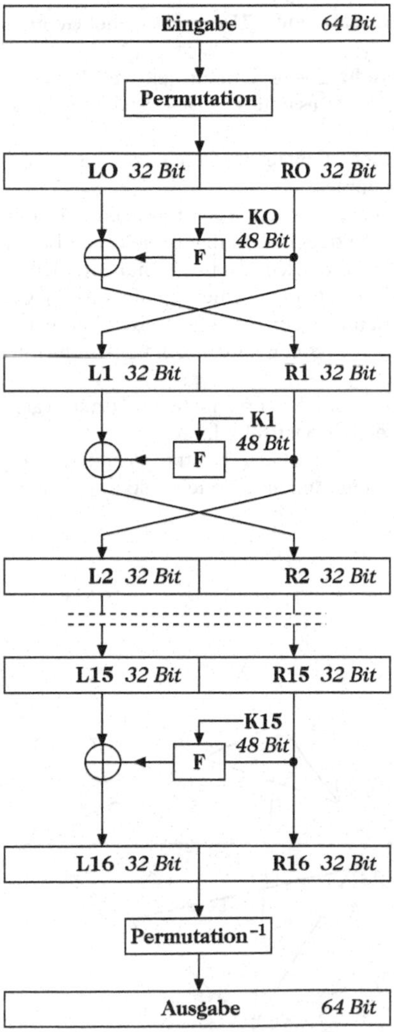

Schematische Darstellung des DES

Desargues, Girard, französischer Mathematiker und Ingenieur, geb. um 1591 Lyon, gest. 8.10.1662 Lyon.

Desargues war Sohn eines Finanzbeamten und studierte in Lyon. Danach war er zunächst Offizier, später Ingenieur und Baumeister sowie technischer Berater der französischen Regierung. Er lebte, verschiedenen Quellen gemäß, abwechselnd in Lyon und Paris.

Desargues verfaßte Lehren zur Musiktheorie sowie zur perspektivischen Darstellung und allgemein zur darstellenden Geometrie. Seine Arbeiten zu Kegelschnitten (1639) enthielten bereits die Grundzüge der modernen projektiven Geometrie, wurden jedoch, vermutlich weil sie schwer lesbar waren, lange Zeit nicht beachtet. Erst im 19. Jahrhundert wurden sie entsprechend ihrer Bedeutung für die Mathematik gewürdigt.

Desargues, Satz von, ↗Desarguessche Geometrie.

Desarguessche Ebene, eine projektive Ebene, in der der Satz von Desargues (↗Desarguessche Geometrie) gilt.

Desarguessche Geometrie, Geometrie des Desarguesschen Raumes.

Ein Desarguesscher Raum R ist ein geodätischer Raum, der topologisch so in den projektiven Raum $\mathbb{P}_n$ abgebildet werden kann, daß das Bild einer jeden geodätischen Linie aus R eine Gerade von $\mathbb{P}_n$ ist. Damit ein Raum R ein Desarguesscher Raum ist, sind die folgenden drei Bedingungen notwendig und hinreichend:

- Zu zwei voneinander verschiedenen Punkten gibt es genau eine geodätische Linie.
- Falls R die Dimension 2 besitzt, so müssen die Desarguessche Annahme (auch bekannt als Satz von Desargues, siehe unten) sowie deren Umkehrung erfüllt sein.
- Falls $\dim R > 2$ gilt, müssen drei beliebige Punkte von R in einem zweidimensionalen Teilraum (einer Ebene) von R liegen.

Die Desarguessche Annahme, manchmal auch als Satz von Desargues bezeichnet, lautet:

Gehen die Verbindungsgeraden A_1A_2, B_1B_2 und C_1C_2 einander entsprechender Ecken zweier Dreiecke $\triangle A_1B_1C_1$ und $\triangle A_2B_2C_2$ durch einen gemeinsamen Schnittpunkt S, so liegen die Schnittpunkte $A = B_1C_1 \cap B_2C_2$, $B = C_1A_1 \cap C_2A_2$ und $C = A_1B_1 \cap A_2B_2$ entsprechender Seiten auf einer Geraden (der Desuargesschen Geraden s).

Descartes, René, *Cartesius, Renatus*, Philosoph, Mathematiker , geb. 31.3.1596 La Haye bei Tours, gest. 11.2.1650 Stockholm.

Descartes stammte aus dem mittleren französischen Adel. Sein Vater war Jurist und königlicher Berater am Parlament der Bretagne. Mit acht Jahren kam Descartes auf das Jesuitencollege La Flêche. In der Bildungsstätte, die einen ausgezeichneten Ruf genoß, erhielt er eine hervorragende Ausbildung. In La Flêche lernte Descartes auch Mersenne kennen, später einer der wichtigsten „Kommunikationszentren“ des wissenschaftlichen Frankreich. Seine mathematischen Erkenntnisse erwarb Descartes vor allem aus den Werken von Clavius und Viéta.

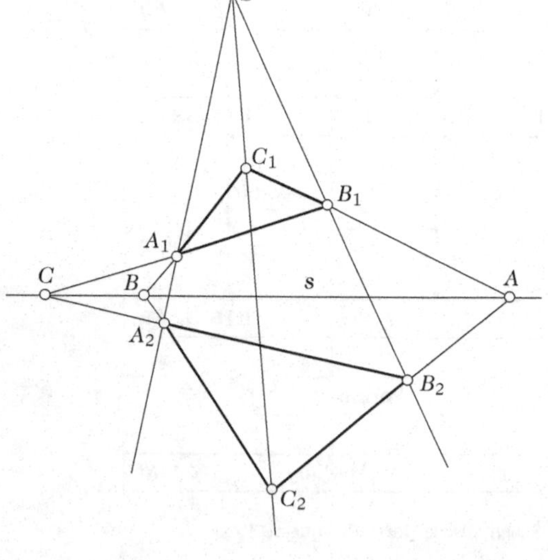

Nach Verlassen des Colleges führte Descartes das Leben eines Privatiers, wahrscheinlich in Paris, und studierte Rechtsfragen. Im Jahre 1619 erwarb er das Baccalaureat der Rechte, wenige Tage später auch das Lizentiat der Rechte in Poitiers. Das reichte jedoch nicht aus, um ein einflußreiches und einträgliches weltliches Amt zu erlangen. Dazu mußte man vermögend sein – Descartes erwarb ein kleines Gut – und militärische Erfahrungen haben – 1607 trat Descartes freiwillig in die Armee des Moritz von Nassau ein, die in Holland stationiert war. In Holland lernte er Stevin und van Snell kennen. Größten Einfluß übte auf ihn der Naturforscher Isaac Beeckman aus, der ihm auch zu Bildungsreisen riet. Descartes besuchte große Teile Mitteleuropas.

Auf diesen Reisen lernte er den Ulmer Rechenmeister Johann Faulhaber kennen, der ihn zu Studien über Polyeder anregte. 1618 schloss sich Descartes dem Heer des Maximilian V. von Bayern an, quittierte aber gegen Ende 1620 den Militärdienst und begab sich wiederum auf ausgedehnte Reisen nach Mittel- und Südeuropa. 1625 kehrte er nach Paris zurück und teilte seine Zeit zwischen „wilden" Vergnügungen und Studien in Philosophie, Mathematik und Physik. 1629 nahm Descartes seinen Wohnsitz in Holland, wohl weil er dort größere geistige Freiräume erwartete. In Holland lebte er sorgenfrei in Amsterdam und in verschiedenen Landhäusern, in engem Kontakt zum wissenschaftlichen Leben des Landes. Er arbeitet an einem groß angelegten Werk „Le Monde". Darin wollte er, auf heliozentrischer Grundlage, die Planetenentwicklung darlegen und physikalisch Phänomene deuten. Nach der Veurteilung Galileis (1633) entschied er sich jedoch dazu, nur einige „ungefährliche" Teile des Werkes zu veröffentlichen. Der „Discours de la méthode..." erschien 1637 anonym in Leyden. Descartes geriet trotzdem in das Kreuzfeuer katholischer Kritik, sein Gottesbegriff wurde verurteilt und seine Schriften später (1663) sogar auf den Index gesetzt. Descartes folgte deshalb 1649 einer Einladung der schwedischen Königin, als philosophischer Berater nach Stockholm zu kommen.

In der Philosophie des Descartes spielte die „Vernunft" die entscheidende Rolle – die Methode des Philosophierens ist die des Zweifelns. Dargelegt ist das nicht nur im „Discours...", sondern später auch in den „Meditationes..." (1641) und in den „Principia philosophiae..." (1644). Die Philosophie des Descartes stand in engem Zusammenhang zu seinen naturwissenschaftlichen und mathematischen Arbeiten. Die berühmten drei Anhänge zum „Discours..." sollten die Descartessche philosophische Methode erläutern. Der Teil „La Géometrie" wurde zu einem Ausgangspunkt der Entwicklung der analytischen Geometrie. Descartes versuchte eigentlich in „La Géometrie", eine geometrische Basis für das Lösen algebraischer Probleme zu finden. Geometrischen Strecken wurden als „Längen" Zahlenwerte zugeordnet. Mit Strecken können Rechenoperationen durchgeführt werden, auch ohne Beachtung der Dimensionstreue. Zwei Typen von Aufgaben unterschied Descartes:

1. Das Lösen algebraischer Gleichungen durch geometrische Konstruktionen.
2. Die Konstruktion geometrischer Örter.

Es gelang Descartes, obwohl das nach ihm benannte Koordinatensystem nur in Ansätzen vorkam, eine Reihe z.T. noch aus der Antike bekannter Aufgaben zu lösen. In der „Géometrie" findet man auch die nach ihm benannte Vorzeichenregel, Ansätze einer einheitlichen algebraischen Symbolik und Anfänge funktionalen Denkens. Viele mathematischen Einzelleistungen Descartes sind nur aus dem Nachlaß bekannt, z. B. das Studium des kartesischen Blattes und der Eulersche Polyedersatz. Eine mathematische Musiktheorie (1618) wurde erst nach seinem Tod veröffentlicht. Die beiden anderen Teile des Anhangs zum „Discours ... " befaßten sich mit physikalischen Fragen. Descartes entwickelte darin eine Lichttheorie, eine Art Emissionstheorie, und konnte damit eine Reihe von Phänomenen, z. B. die Entstehung des Regenbogens, deuten. Die Lichttheorie war Teil seiner kosmologischen Substanztheorie; alle Substanz besitzt Ausdehnung, Bewegung erfolgt durch Kontakt (Stoß, Druck, usw.). Descartes formulierte den „Satz von der Erhaltung der Bewegung". Den Körpern selbst wohnen aber keine Kräfte inne. Die Entstehung des Weltsystems aus einer Menge materieller Teilchen gleichen Stoffes, aber verschiedener Größe, sei durch die von Gott initiierte Bewegung dieser Teilchen erklärbar. Es bildeten sich Materiewirbel, die einerseits von der Urmaterie kleine Teilchen abschleifen (z. B. Lichtteilchen), andererseits Zentralkörper, Kometen und Planeten bilden. Descartes gelang es so, eine geschlossene, aber durchaus nicht mathematisch durchgearbeitete, mechanische Welttheorie zu entwickeln: Die Welt sei in all ihren Erscheinungen erklärbar durch die mechanische Wechselwirkung korpuskularer Materie.

Diese Auffassung widersprach grundsätzlich dem bis dahin geltenden aristotelischen Weltbild. Die scheinbar plausible Welttheorie des Descartes wurde nur sehr langsam durch die Newtonsche Physik verdrängt, die naturwissenschaftlich begründet, nicht spekulativ, war.

So hypothetisch die kartesische „Physik" war, so wenig vage war seine „Physiologie", die auch erst nach seinem Tode erscheinen konnte. Hier versuchte er auf der Basis modernster chemischer und biologischer Erkenntnisse die Phänomene des Lebens zu deuten. Die Grundauffassung des Descartes, daß alle Tatsachen in belebter und unbelebter Natur naturwissenschaftlich-mechanisch erklärbar seien, hat bis weit in das 18. Jh. die Naturforschung geprägt.

Descartes, Vorzeichenregel von, eine Beziehung zwischen der Anzahl der Nullstellen eines Polynoms und seinen Koeffizienten.

Gegeben sei ein Polynom p mit reellen Koeffizienten. Dann gilt folgende Aussage:

Die Anzahl positiver Nullstellen von p ist kleiner oder gleich der Anzahl der Vorzeichenwechsel in der Reihe der Koeffizienten.

Sind alle Nullstellen reell, so gilt sogar Gleichheit.

Offenbar liefert diese Regel ein leicht zu ermittelnde obere Schranke für die Anzahl der positiven Nullstellen eines Polynoms.

Descartes-System, ein System von auf einem reellen Intervall stetigen Funktion mit zusätzlicher Eigenschaft.

Es sei $G = \{g_1, \dots, g_n\}$ eine Menge auf dem Intervall $[a, b]$ stetiger Funktionen. Diese Funktionen bilden ein Descartes-System, wenn gilt: Für jedes $m \in \{1, \dots, n\}$ und alle

$$i_1 < \dots < i_m \in \{1, \dots, n\}$$

ist der von den Funktionen

$$\{g_{i_1}, \dots, g_{i_m}\}$$

aufgespannte Raum ein Haarscher Raum.

Diese Forderung ist offenbar ziemlich stark, bedeutet sie doch, daß man *jede* Teilmenge der Ausgangsmenge herausgreifen darf, um noch einen Haarschen Raum zu gewinnen. Die Polynome erfüllen dies beispielsweise schon nicht, wenn das Intervall $[a, b]$ die Null enthält.

Ein Beispiel für ein Descartes-System auf beliebigen Intervallen wird gegeben durch das System

$$\{e^{\lambda_1 x}, \dots, e^{\lambda_n x}\}$$

mit $\lambda_1 < \dots < \lambda_n$.

Design, ↗ Blockplan.

deskriptive Geometrie, ↗ darstellende Geometrie.

deskriptive Mengenlehre, ↗ beschreibende Mengenlehre.

deskriptive Statistik, *beschreibende Statistik*, Sammelbegriff für alle statistischen, einschließlich graphischer Verfahren, die zur Auswertung von Stichproben verwendet werden.

Dazu gehören zum Beispiel die ↗ Histogramme, die Methoden zu ihrer Verdichtung, wie die Stengel-Blatt-Diagramme, die ↗ Box-Plots, Q-Q-Plots und P-P-Plots, sowie die ↗ Dichteschätzungen, aber auch alle empirischen Momentenschätzungen.

Die Auswertung dient dabei ausschließlich der Hypothesenbildung; die Überprüfung der Hypothesen, d. h. das Schließen von den Stichprobendaten auf die Grundgesamtheit findet nicht statt; dieser Schluß ist Aufgabe der schließenden Statistik.

Deszendenzmethode, eine auf Fermat zurückgehende Beweismethode zur Untersuchung von Fragen über ↗ diophantische Gleichungen.

Fermat bemerkte in einer Randnotiz neben Problem 20 aus dem sechsten Buch von Diophants Arithmetika, daß es kein Pythagoräisches Dreieck gäbe, dessen Fläche eine Quadratzahl sei. Dies ist äquivalent zu der Behauptung, die diophantische Gleichung

$$X^4 - Y^4 = Z^2 \tag{1}$$

habe keine ganzzahlige Lösung mit $X, Y, Z > 0$. Im Jahr 1659 schrieb Fermat in einem Brief an De Carcavi: „Da die Methoden in der Literatur für den Beweis so schwieriger Sätze nicht ausreichen, fand ich schließlich einen ganz und gar einzigartigen Weg. Ich nannte diese Beweismethode *la descente infinie* ...“.

Fermats Idee ist folgende: Ist durch X, Y, Z eine Lösung von (1) in natürlichen Zahlen gegeben, so konstruiert man daraus eine weitere Lösung X_1, Y_1, Z_1 aus natürlichen Zahlen mit der Eigenschaft

$$0 < Z_1 < Z.$$

D.h., ein „Abstieg“ (Deszendenz) von einer Lösung zu einer kleineren ist stets durchführbar. Wenn es eine Lösung von (1) aus natürlichen Zahlen gäbe, gäbe es auch eine mit kleinstmöglichem Z. Steigt man von dieser Lösung weiter ab, so käme man zu einer noch kleineren, was der Minimalität von Z widerspräche. Also gibt es keine Lösung von (1) aus natürlichen Zahlen X, Y, Z.

Die Deszendenzmethode hat sich bei zahlreichen Fragen im Zusammenhang mit diophantischen Gleichungen als äußerst nützlich erwiesen.

Determinante einer Matrix, Abbildung (bzw. Wert dieser Abbildung), die jeder quadratischen Matrix eine Zahl aus dem Grundkörper zuordnet.

Es gibt in der Literatur eine Vielzahl von Zugängen zum Determinantenbegriff. Eine Möglichkeit ist, die Determinante einer Matrix zu definieren als die durch die Eigenschaften (1), (2) und (3) eindeutig bestimmte Abbildung

$$\det : M((n \times n), \mathbb{K}) \to \mathbb{K}\,;\; A \mapsto \det A$$

von der Menge der quadratischen $(n \times n)$-Matrizen über $\mathbb{K}$ in $\mathbb{K}$:

$$\det \text{ ist linear in jeder Zeile}\,, \tag{1}$$

$$\mathrm{Rg} A < n \Rightarrow \det A = 0\,, \tag{2}$$

$$\det I = 1\,, \tag{3}$$

wobei I die $(n \times n)$-Einheitsmatrix und Rg den ↗ Rang einer Matrix bezeichnet.

Der Ausdruck „linear in der i-ten Zeile“ bedeutet dabei, daß für alle Zeilenvektoren $a_1, \dots, a_{i-1}, a_{i+1}, a_n \in \mathbb{K}^n$ die Abbildung

$$\begin{pmatrix} a_1 \\ \vdots \\ a_{i-1} \\ v \\ a_{i+1} \\ \vdots \\ a_n \end{pmatrix} \to \det \begin{pmatrix} a_1 \\ \vdots \\ a_{i-1} \\ v \\ a_{i+1} \\ \vdots \\ a_n \end{pmatrix}$$

von $\mathbb{K}^n$ nach $\mathbb{K}$ linear ist. Diese axiomatische Definition geht auf Weierstraß zurück.

Die Determinante der $(n \times n)$-Matrix $A = ((a_{ij}))$ wird häufig bezeichnet mit

$$\begin{vmatrix} a_{11} & a_{12} & \dots & a_{1n} \\ a_{21} & a_{22} & \dots & a_{2n} \\ \vdots & & & \vdots \\ a_{n1} & a_{n2} & \dots & a_{nn} \end{vmatrix},$$

was zum Ausdruck bringen soll, daß es sich bei der Determinante in gewissen Sinn um ein Maß für die Größe der Matrix handelt. Diese Notation ist allerdings wegen ihrer Ähnlichkeit mit dem Betragszeichen gefährlich.

Die Determinantenabbildung ist multiplikativ; dies ist der Inhalt des folgenden Determinanten-Multiplikationssatzes:

Sind A und B zwei $(n \times n)$-Matrizen über $\mathbb{K}$, so gilt:

$$\det AB = \det A \cdot \det B$$

d. h., die Determinante eines Produktes zweier $(n \times n)$-Matrizen A und B ergibt sich als Produkt der beiden Determinanten.

Die Determinante der Inversen A^{-1} einer regulären Matrix A ergibt sich daher durch:

$$\det A^{-1} = \frac{1}{\det A}.$$

Weitere Eigenschaften der Determinantenabbildung $\det : M((n \times n), \mathbb{K}) \to \mathbb{K}$ sind:

- Beim Vertauschen zweier Zeilen von A ändert det das Vorzeichen.
- Addition des λ-fachen ($\lambda \in \mathbb{K}$) der i-ten Zeile zur j-ten Zeile ($i \neq j$) verändert den Wert von det nicht.
- Transponieren von A ändert den Wert von det nicht.

Die Determinante einer $(r \times r)$-Untermatrix einer $(n \times n)$-Matrix A (d. h. einer Matrix die durch Streichen von $(n-r)$ Zeilen und $(n-r)$ Spalten von A entsteht) wird als r-reihige Unterdeterminate von A bezeichnet.

Eine zur oben gegebenen äquivalente Definition der Determinante ist die folgende: Für $A = ((a_{ij}))$ gilt

$$\det A = \sum_{\sigma} (\operatorname{sgn} \sigma) a_{1\sigma_1} a_{2\sigma_2} \cdots a_{n\sigma_n},$$

wobei $\sigma = (\sigma_1, \dots, \sigma_n)$ alle Permutationen der Indexmenge durchläuft.

Es existiert eine ganze Reihe von Determinantenberechnungsmöglichkeiten, für die wir auf das Stichwort ↗Determinantenberechnung verweisen.

[1] Fischer, G.: Lineare Algebra. Verlag Vieweg Braunschweig, 1978.

[2] Koecher, M.: Lineare Algebra und Analytische Geometrie. Springer-Verlag Berlin/Heidelberg, 1992.

Determinante eines Endomorphismus, die durch

$$\det f := \det A$$

definierte Abbildung

$$\det : \operatorname{End}(V) \to \mathbb{K}$$

von der Menge der Endomorphismen eines n-dimensionalen ↗Vektorraumes V über dem Körper $\mathbb{K}$ in $\mathbb{K}$, wobei die $(n \times n)$-Matrix A eine den Endomorphismus bezüglich einer gewählten Basis von V repräsentierende Matrix ist (↗Determinante einer Matrix).

Die Determinantenabbildung det ist unabhängig von der Wahl der Basis, d. h. det ist wohldefiniert.

Der Endomorphismus f ist genau dann ein Isomorphismus, wenn $\det f \neq 0$ gilt.

Ist auch $g \in \operatorname{End}(V)$, so ist die Determinante der Kompositionsabbildung $gf := g \circ f$ gleich dem Produkt der Determinanten:

$$\det(gf) = \det g \cdot \det f.$$

Die Determinante der Identität ist 1.

Determinante eines Matrixproduktes, ↗ Determinante einer Matrix.

Determinantenberechnung, das Problem, die ↗Determinante einer Matrix auf effiziente Weise zu berechnen.

Dies löst man meist mittels des Entwicklungssatzes von Laplace. Für eine $(n \times n)$-Matrix A gilt für jedes $i \in \{1, \dots, n\}$

$$\det A = \sum_{j=1}^{n} (-1)^{i+j} a_{ij} \det A'_{ij}.$$

Man nennt dies die Entwicklung nach der i-ten Zeile. Entsprechend gilt für jedes $j \in \{1, \dots, n\}$

$$\det A = \sum_{i=1}^{n} (-1)^{i+j} a_{ij} \det A'_{ij},$$

dies nennt man die Entwicklung nach der j-ten Spalte. Dabei bezeichnet A'_{ij} die Matrix, welche man aus A durch Streichen der i-ten Zeile und der j-ten Spalte aus A enthält.

Wir illustrieren die Vorgehensweise anhand eines Beispiels: Die Berechnung einer Determinante nach dieser Formel erfolgt für eine (4×4)-Matrix

z. B. bei Entwicklung nach der zweiten Spalte wie folgt:

$$\det\begin{pmatrix} a_{11} & a_{12} & a_{13} & a_{14} \\ a_{21} & a_{22} & a_{23} & a_{24} \\ a_{31} & a_{32} & a_{33} & a_{34} \\ a_{41} & a_{42} & a_{43} & a_{44} \end{pmatrix} =$$

$$-a_{12}\det\begin{pmatrix} a_{21} & a_{23} & a_{24} \\ a_{31} & a_{33} & a_{34} \\ a_{41} & a_{43} & a_{44} \end{pmatrix}$$

$$+a_{22}\det\begin{pmatrix} a_{11} & a_{13} & a_{14} \\ a_{31} & a_{33} & a_{34} \\ a_{41} & a_{43} & a_{44} \end{pmatrix}$$

$$-a_{32}\det\begin{pmatrix} a_{11} & a_{13} & a_{14} \\ a_{21} & a_{23} & a_{24} \\ a_{41} & a_{43} & a_{44} \end{pmatrix}$$

$$+a_{42}\det\begin{pmatrix} a_{11} & a_{13} & a_{14} \\ a_{21} & a_{23} & a_{24} \\ a_{31} & a_{33} & a_{34} \end{pmatrix}$$

Die durch den Faktor $(-1)^{i+j}$ bewirkte Vorzeichenverteilung kann man sich als Schachbrettmuster vorstellen:

+	-	+	-	
-	+	-	+	…
+	-	+	-	
-	+	-	+	
⋮				⋱

Im folgenden sind die Determinanten der (3×3)-Matrizen zu berechnen. Dies kann entweder wieder mit Hilfe des Entwicklungssatzes von Laplace oder mittels der Regel von Sarrus geschehen. Diese Regel gilt nur zur Berechnung der Determinante einer (3×3)-Matrix A.

Dazu schreibt man den ersten und zweiten Spaltenvektor noch einmal „hinter" die Matrix:

$$\begin{matrix} a_{11} & a_{12} & a_{13} & a_{11} & a_{12} \\ a_{21} & a_{22} & a_{23} & a_{21} & a_{22} \\ a_{31} & a_{32} & a_{33} & a_{31} & a_{32}\,. \end{matrix}$$

Nun bildet man die Summe der Produkte aller längs der „Hauptdiagonalen" und ihrer Parallelen stehenden Elemente und subtrahiert die Summe der Produkte aller längs der „Antidiagonalen" und ihrer Parallelen stehenden Elemente:

$$\begin{aligned} \det A &= a_{11}a_{22}a_{33} + a_{12}a_{23}a_{31} + a_{13}a_{21}a_{32} \\ &\quad -(a_{31}a_{22}a_{13} + a_{32}a_{23}a_{11} + a_{33}a_{21}a_{12}). \end{aligned}$$

Der Wert der Determinante einer (2×2)-Matrix läßt sich leicht ablesen

$$\det\begin{pmatrix} a_{11} & a_{12} \\ a_{21} & a_{22} \end{pmatrix} = a_{11}a_{22} - a_{12}a_{21}\,.$$

Zweckmäßigerweise werden die zu berechnenden Determinanten mit Hilfe der im folgenden noch einmal zusammengestellten Rechenregeln für Determinanten so umgeformt, daß möglichst viele Elemente zu Null werden.

- Für die Multiplikation der Determinante mit einer Zahl λ gilt

  $\det(\lambda A) = \lambda^n \det A$.

- Entsteht B durch eine Zeilenvertauschung aus A, dann gilt

  $\det B = -\det A$.

- Entsteht B aus A mittels Addition oder Subtraktion (eines Vielfachen) irgendeiner Zeile zu/von einer anderen oder mittels Addition oder Subtraktion einer Linearkombination einiger Zeilen zu/von einer anderen Zeile, dann gilt

  $\det B = \det A$.

- Für die Multiplikation zweier Determinanten gilt

  $\det(AB) = (\det A)(\det B)$.

- Für die Determinante der Inversen von A gilt

  $\det A^{-1} = (\det A)^{-1}$.

- Die Determinante der Summe zweier Matrizen ist im allgemeinen nicht gleich der Summe der Determinaten, d. h. im allgemeinen gilt

  $\det(A+B) \neq \det A + \det B$.

- $\det A = 0$ gilt genau dann, wenn der Rang von A kleiner als n ist; d. h. wenn die Zeilenvektoren von A linear abhängig sind. In diesem Fall besteht eine Zeile von A aus Nullen, zwei Zeilen sind einander gleich, oder eine Zeile ist eine Linearkombination anderer Zeilen.
- Die Determinante einer ↗Dreiecksmatrix ist gerade das Produkt der Diagonalelemente

$$\det\begin{pmatrix} a_{11} & a_{12} & \cdots & a_{1n} \\ 0 & a_{22} & \cdots & a_{2n} \\ \vdots & \ddots & \ddots & \vdots \\ 0 & \cdots & 0 & a_{nn} \end{pmatrix} = a_{11}a_{22}\cdots a_{nn}.$$

Die Determinantenberechnung für Matrizen höherer Dimension sollte numerisch nicht wie beschrieben erfolgen. Ein gutes Verfahren hier besteht aus den folgenden zwei Schritten. Zunächst berechnet man die LR-Zerlegung der Matrix A

$$PA = LR,$$

wobei L eine untere, R eine obere Dreiecksmatrix und P eine Permutationsmatrix ist.

Für die Determinante von A gilt dann

$$\begin{aligned} \det A &= (\det P)^{-1}(\det L)(\det R) \\ &= (-1)^r l_{11}l_{22}\cdots l_{nn}\, r_{11}r_{22}\cdots r_{nn}\,, \end{aligned}$$

wobei die l_{ii} und r_{ii} die Diagonalelemente von L bzw. R sind. Da L und R Dreiecksmatrizen sind, lassen sich ihre Determinanten sofort ablesen.

Für $\det P$ gilt hier gerade $\det P = (-1)^r$, wobei r die Anzahl der bei der Berechnung der LR-Zerlegung verwendeten Zeilenvertauschungen ist.

Determinantenideal, Ideal, das durch die r-Minoren einer Matrix erzeugt wird.

Determinanten-Multiplikationssatz, ↗Determinante einer Matrix.

Determiniertheit in der Quantenmechanik, findet ihren Ausdruck in der Beschreibung quantenphysikalischer Phänomene, etwa durch die Schrödinger-Gleichung. Dies ist eine partielle Differentialgleichung, die die Zeitableitung des Zustandsvektors bis zur ersten Ordnung enthält. Der Zustand ist also durch Vorgabe zu einem Zeitpunkt für alle anderen Zeitpunkte bestimmt.

Diese Eigenschaft der Quantenmechanik steht nicht im Widerspruch zu ihrer Wahrscheinlichkeitsinterpretation. Hat sich ein vorgegebener Zustand in einen bestimmten Zustand nach der Schrödinger-Gleichung determiniert entwickelt, dann ergeben sich Wahrscheinlichkeiten aus den Koeffizienten der Entwicklung des zugehörigen Zustandsvektors nach einem vollständigen Funktionensystem.

Determiniertheitsaxiom, *AD*, Axiom der ↗axiomatischen Mengenlehre, das die Determiniertheit bestimmter Spiele fordert.

Ist A eine Menge von Abbildungen von $\mathbb{N}$ nach $\mathbb{N}$, d. h., $A \subseteq \mathbb{N}^{\mathbb{N}}$, so wird in Abhängigkeit von A das folgende unendliche Spiel definiert: Spieler I und Spieler II wählen abwechselnd natürliche Zahlen m_i und n_i, $i = 1, 2, \ldots$. Ist die sich ergebende Folge $(m_1, n_1, m_2, n_2, \ldots)$ ein Element von A, so gewinnt I, andernfalls gewinnt II.

Eine Funktion

$$\sigma : \bigcup_{n\in\mathbb{N}} \mathbb{N}^n \to \mathbb{N}$$

heißt Strategie. Spielt z. B. I gemäß der Folge $m := (m_1, m_2, \ldots)$ und II gemäß der Strategie σ, so ist das Ergebnis die Folge

$$\sigma^*m := (m_1, \sigma((m_1)), m_2, \sigma((m_1, m_2)), \ldots).$$

Eine Strategie σ heißt Gewinnstrategie für II genau dann, wenn für jede Spielfolge m von I das Ergebnis σ^*m in A liegt. Die Definition der Gewinnstrategie für I ist entsprechend.

Beispiele:

1. Für $A = \mathbb{N}^{\mathbb{N}}$ ist jede Strategie eine Gewinnstrategie für I; für $A = \emptyset$ ist jede Strategie eine Gewinnstrategie für II.
2. Ist A eine endliche Menge, so hat II eine Gewinnstrategie, da n_1 so gewählt werden kann, daß $(m_1, n_1, \ldots) \notin A$.
3. Ist A die Menge der Folgen, die an der ersten Stelle eine 1 stehen haben, so hat I eine Gewinnstrategie; ist A hingegen die Menge der Folgen, die an der zweiten Stelle eine 1 stehen haben, so hat II eine Gewinnstrategie.
4. Ist A die Menge der Folgen $(a_n)_{n\in\mathbb{N}}$, für die für alle $k \in \mathbb{N}$ gilt, daß $a_{2k} + a_{2k+1}$ gerade ist, so hat I eine Gewinnstrategie.
5. Ist A die Menge der schließlich konstanten Folgen, so hat II eine Gewinnstrategie.

Das Determiniertheitsaxiom besagt:

(AD) Für jede Menge $A \subseteq \mathbb{N}^{\mathbb{N}}$ hat entweder I oder II eine Gewinnstrategie.

Das Determiniertheitsaxiom ist für die ↗beschreibende Mengenlehre von Bedeutung. Seine Konsistenz mit ZF ist zur Zeit jedoch nicht gesichert.

Einige Konsequenzen des Determiniertheitsaxioms auf der Basis von ZF sind:

- Jede Teilmenge der reellen Zahlen ist Lebesguemeßbar, d. h., insbesondere gilt das ↗Auswahlaxiom nicht!
- Es gilt eine Abschwächung des Auswahlaxioms: Ist $\mathcal{M}$ eine abzählbare Menge nichtleerer Teilmengen von $\mathbb{R}$, so gibt es zu $\mathcal{M}$ eine Auswahlfunktion.

deterministisch kontextfreie Sprache, kontextfreie Sprache L, zu der es einen ↗deterministischen Kellerautomat gibt, der L akzeptiert.

Zu den deterministisch kontextfreien Sprachen gehören die ↗$LL(k)$–Sprachen und die ↗$LR(k)$–Sprachen. Deterministisch kontextfreie Sprachen erlauben die Verwendung effizienter ↗Analyseverfahren.

deterministische Aktivierung, bezeichnet im Kontext ↗Neuronale Netze im Unterschied zur ↗stochastischen Aktivierung die Festlegung der Reihenfolge der im Lern- oder Ausführ-Modus zu aktivierenden formalen Neuronen in deterministischer Art und Weise.

deterministische dynamische Optimierung, dynamisches Optimierungsproblem, für das die Transitionsfunktionen f_i deterministisch sind.

Im Gegensatz hierzu gibt es ebenfalls stochastische dynamische Optimierungsprobleme.

deterministischer endlicher Automat, (engl. deterministic finite automaton, DFA), ein ↗Automat mit endlich vielen Zuständen, einem einzigen Anfangszustand und deterministischer Übergangsrelation. Das heißt, daß zu jedem Zustand und jedem Eingabezeichen maximal ein Nachfolgezustand existiert.

Der Automat ist also bestimmt durch ein Tupel

$$A = [Q, \Sigma, \delta, q_0, F].$$

Dabei ist Q die endliche Zustandsmenge, Σ das Eingabealphabet, δ die Überführungsrelation, d. h. eine partielle Abbildung von $Q \times \Sigma$ in Q. q_0 ist der Anfangszustand, also ein Element aus Q, und F ist die Menge der Endzustände, also eine Teilmenge von Q. Der Automat A akzeptiert die Sprache

$$L_A = \{w \mid w \in \Sigma^*, \delta(q_0, w) \in F\}.$$

Dazu wird die Abbildung δ auf den Definitionsbereich $Q \times \Sigma^*$ fortgesetzt, indem für ε (das leere Wort) $\delta(q, \varepsilon) = q$ und für $w = w'x$

$$\delta(q, w) = \delta(\delta(w', q), x)$$

gesetzt wird. Ist dabei $\delta(w', q)$ oder $\delta(\delta(w', q), x)$ undefiniert, so auch $\delta(q, w)$.

Eine von einem endlichen deterministischen Automaten akzeptierte Sprache ist immer eine reguläre Sprache.

deterministischer Kellerautomat, (engl. deterministic pushdown automaton, DPDA), ein ↗Kellerautomat mit deterministischer Überführungsrelation. Das heißt, daß der Nachfolgezustand und die Kelleroperation aus aktuellem Zustand, Eingabezeichen und oberstem Kellersymbol eindeutig bestimmt sind.

Der Automat ist bestimmt durch das Tupel

$$[Q, \Sigma, \Gamma, \delta, q_0, F].$$

Dabei ist Q die Zustandsmenge, Σ das Eingabealphabet, Γ das Alphabet der Kellerzeichen. δ ist die partielle Überführungsrelation. Sie ordnet jedem Tripel $[q, x, k]$ (aktueller Zustand, Eingabezeichen, oberstes Kellersymbol) aus $Q \times \Sigma \cup \{\varepsilon\} \times \Gamma$ ein Paar $[z, w]$ (neuer Zustand, Folge neu zu kellernder Zeichen) aus $Q \times \Gamma^*$ zu.

deterministischer linear beschränkter Akzeptor, Spezialfall eines nichtdeterministischen linear beschränkten Akzeptors, bei dem jede Folgekonfiguration durch den aktuellen Zustand und das aktuelle Bandzeichen eindeutig bestimmt ist. Die Übergangsrelation δ wird also zu einer Funktion von $(Q \setminus F) \times \Gamma$ nach $Q \times \Gamma \times \{R, L, N\}$.

deterministischer Markow-Kern, für eine meßbare Abbildung $f : (\Omega, \mathfrak{A}) \to (S, \mathfrak{B})$ der durch

$$K : \Omega \times \mathfrak{B} \ni (\omega, B) \to \begin{cases} 1, & f(\omega) \in B \\ 0, & f(\omega) \notin B \end{cases}$$

definierte Markow-Kern von $(\Omega, \mathfrak{A})$ nach $(S, \mathfrak{B})$.

deterministischer Wahrscheinlichkeitsraum, Wahrscheinlichkeitsraum $(\Omega, \mathfrak{A}, P)$, in dem für jedes Ereignis $A \in \mathfrak{A}$ gilt:

$$P(A) = 0 \text{ oder } P(A) = 1.$$

deterministisches Chaos, *Chaos*, Sammelbegriff für Phänomene in Systemen, die nicht durch Zufallsgesetze, sondern durch streng deterministische Gesetze beschrieben werden, deren zeitliche Entwicklung jedoch für „große Zeiten" so schwer berechenbar ist, daß sie unvorhersagbar erscheint.

Deterministisches Modell der Lebensversicherungsmathematik, ein klassisches Modell der Versicherungsmathematik.

Man geht bei diesem Modell, das seit dem 18. Jahrhundert verwendet wird, von einem Kollektiv gleichaltriger Leben aus: l_x bezeichnet die Anzahl der Lebenden, die das Alter x erreichen, $d_x = l_x - l_{x+1}$ die Zahl der zwischen dem Alter x und $x + 1$ Sterbenden.

Wahrscheinlichkeiten und Erwartungswerte werden durch Prozentzahlen ersetzt:

$$_tp_x = \frac{l_{x+t}}{l_x}$$

ist der Bruchteil der im Alter x Lebenden, die das Alter $x + t$ erreichen, $_tp_x$ wird auch t-jährige Überlebenswahrscheinlichkeit eines x-jährigen genannt, die einjährige Sterbewahrscheinlichkeit eines x-jährigen ist danach durch $q_x = \frac{d_x}{l_x}$ gegeben. Analog würde man die t-jährige Ausscheidewahrscheinlichkeit berechnen.

Die Tabelle der q_x , $0 \le q_x \le \omega$ (früher meist $\omega = 85$, heute meist $\omega = 100$ oder 110) nennt man eine Sterbetafel.

$$e_x := \frac{l_x + l_{x+1} + \cdots}{l_x}$$

wird in diesem Modell als durchschnittliche Lebenserwartung eines x-jährigen interpretiert. Für eine einjährige reine Todesfallversicherung mit der Risikosumme S beträgt dann die Risikoprämie q_xS. Berücksichtigt man noch Zinsen, so lassen sich mit diesen biometrischen Daten Barwerte berechnen. So beträgt z. B. der Leibrentenbarwert einer lebenslänglichen Leibrente für eine Person des Alters x mit konstanten jährlich vorschüssig gezahlten Renten der Höhe 1 :

$$\ddot{a}_x := \frac{l_x + vl_{x+1} + v^2 l_{x+2} + \cdots}{l_x},$$

dabei bezeichnet $v = \frac{1}{1+i}$ den Diskontierungsfaktor zum Zinsfuß i und $1 + i$ den Aufzinsungsfaktor für ein Jahr. Mit den sogenannten Kommutationszahlen

$$D_x := v^x l_x, \; N_x := D_x + D_{x+1} + D_{x+2} + \cdots + D_\omega$$

läßt sich der oben angegebene Leibrentenbarwert berechnen zu $\ddot{a}_x = \frac{N_x}{D_x}$.

In ähnlich einfacher Weise lassen sich kompliziertere Barwerte bzw. versicherungstechnische Größen, z. B. Deckungsrückstellungen, mittels Kommutationswerten berechnen. Der Vorteil des Berechnungsverfahrens mittels tabellierter Kommutationswerte lag in der Vergangenheit ähnlich wie bei der Verwendung von Logarithmentafeln in der schnellen Berechenbarkeit von Beiträgen, Risikoprämien und Deckungsrückstellungen bei Personenversicherungen.

Beispielsweise beträgt die Netto-Einmalprämie einer n-jährigen Todesfallversicherung für einen x-jährigen bei der Versicherungssumme 1:

$$ {}_{|n}A_x = \frac{M_x - M_{x+n}}{D_x} $$

mit den Kommutationszahlen

$$ M_x := C_x + C_{x+1} + \cdots + C_\omega , $$

$C_x := v^{x+1} d_x$.

Ein zweites Beispiel wurde oben bereits dargestellt, und zwar für eine Erlebensfallversicherung: Der Netto-Einmalbeitrag für eine lebenslängliche Rente einer Person des Alters x beträgt $\ddot{a}_x = \frac{N_x}{D_x}$.

[1] Gerber, H.U.: Life Insurance Mathematics. Springer Verlag Heidelberg, 2nd ed., 1995.

[2] Wolfsdorf, K.: Versicherungsmathematik, Teil 1: Personenversicherung. Teubner Stuttgart, 1997.

deterministisches Verfahren, seltener anzutreffende Bezeichnung für den Begriff des ↗Algorithmus.

Durch die Bezeichnung wird betont, daß jeder Folgeschritt eindeutig durch den Vorgängerschritt festgelegt ist; dies steht im Kontrast zu einem nichtdeterministischen Verfahren oder einem stochastischen Verfahren.

Detonation, Spezialfall einer plötzlichen Ausdehnung, etwa von Gasen oder Dämpfen.

Die sich zu Beginn einer Reaktion in einem explosiven Gemisch bildenden Druckwellen führen zu einer adiabatischen Kompression des Stoffes. Dadurch erhöht sich die Reaktionsgeschwindigkeit und die Fortpflanzungsgeschwindigkeit der Verbrennungsfront. Ist diese Geschwindigkeit größer als die Schallgeschwindigkeit, dann holen sich die entstehenden Druckwellen ein und bilden eine Stoßwelle, in der der Druck sprunghaft ansteigt. Damit ist eine Temperatursteigerung verbunden, die über derjenigen bei gewöhnlicher adiabatischer Kompression liegt. Man spricht von überadiabatischer oder auch dynamischer Kompression. Im Zustandsdiagramm durchläuft das System eine dynamische Adiabate.

Für ein ideales Gas gelten in diesem Fall bei einer Änderung der Temperatur T, des Druckes p und des auf die Masseneinheit bezogenen Volumens v von T_1, p_1, v_1 auf T_2, p_2, v_2 die Beziehungen

$$ \frac{T_2}{T_1} = \frac{p_2}{p_1} \frac{(p_2/p_1) + a}{(p_2/p_1) + 1} \quad \text{und} $$

$$ \frac{v_1}{v_2} = \frac{(p_2/p_1)a + 1}{(p_2/p_1) + a} \quad \text{mit } a = \frac{2c_v}{c_p - c_v} , $$

wobei c_p bzw. c_v die spezifischen Wärmen bei konstantem Druck bzw. Volumen sind.

Ist p_2/p_1 groß, dann ist T_2 wesentlich größer als bei normaler adiabatischer Kompression. Für sie gilt neben der Zustandsgleichung $\frac{pv}{T} = \text{const}$ die Beziehung

$$ p^{1-(c_p/c_v)} T^{(c_p/c_v)} = \text{const} . $$

Dezimalarithmetik, Rechnen auf der Basis des ↗Dezimalsystems.

Bei rechnergestützter Dezimalarithmetik (z. B. ↗BCD-Arithmetik) geht es vor allem um die Behandlung von Problemen, die durch ziffernweise binäre Codierung der Dezimalziffern entstehen.

Dezimaldarstellung, *dekadische Darstellung*, Darstellung einer reellen Zahl im ↗Dezimalsystem, also eine Zahlendarstellung zur Basis 10.

Dezimalsystem, Positionssystem zur Notation von Zahlen auf der Basis von 10 Ziffern. Der Zahlenwert einer Ziffernfolge $a_n a_{n-1} \dots a_0$ ergibt sich als

$$ \sum_{i=0}^{n} a_i \cdot 10^i . $$

Dezimalüberlauf, Situation, in der das Ergebnis einer Operation auf Dezimalzahlen mehr Ziffern hat als zu seiner Speicherung vorgesehen.

Ein Überlauf wird dem Auslöser der Operation normalerweise durch Setzen eines speziell dafür vorgesehenen Bits oder durch Auslösung einer Behandlungsroutine signalisiert.

Dezimalzahl, reelle Zahl, dargestellt im ↗Dezimalsystem, d. h. im ↗Stellenwertsystem zur Basis 10.

Dezimalziffer, eines von 10 Zeichen (0, 1, 2, 3, 4, 5, 6, 7, 8, 9) zur Repräsentation einer ↗Dezimalzahl.

Eine Dezimalzahl wird als nichtleeres Wort von Dezimalziffern beschrieben. Der Zahlenwert einer Dezimalziffer hängt von ihrer Position in der Zahl ab (↗Dezimalsystem).

DFA, ↗ deterministischer endlicher Automat.

DFP-Verfahren ↗Davidson-Fletcher-Powell, Verfahren von.

DF-Raum, spezieller lokalkonvexer topologischer Vektorraum.

Es sei V ein lokalkonvexer topologischer Raum. Dann heißt V ein DF-Raum, falls V ein abzählbares Fundamentalsystem beschränkter Mengen besitzt und jede bornivore Teilmenge von V, die Durchschnitt einer Folge absolut konvexer Nullumgebungen ist, bereits selbst eine Nullumgebung ist.

Dabei heißt $M \subseteq V$ bornivor, falls zu jeder beschränkten Menge B in V ein $\lambda > 0$ existiert mit

$$ B \subseteq \lambda M . $$

Ein System $\mathcal{B} \subseteq \mathfrak{P}(V)$ heißt Fundamentalsystem beschränkter Mengen, falls es zu jeder beschränkten Menge $A \subseteq V$ ein $B \in \mathcal{B}$ und ein $\lambda > 0$ gibt mit

$$ A \subseteq \lambda B . $$

Diagonale des kartesischen Produktes einer Menge mit sich, Teilmenge $\Delta(M)$ des kartesischen Produktes $M \times M$ einer Menge M mit sich, definiert durch

$$\Delta(M) := \{(x, x) \in M \times M : x \in M\}.$$

Eine Relation $R \subseteq M \times M$ enthält die Diagonale genau dann, wenn sie reflexiv ist.

Diagonale einer Matrix, in einer Matrix $A = ((a_{\mu\nu}))$ die Elemente $a_{\mu\mu}$.

Die Bezeichnung Diagonale rührt von der meist gewählten Darstellung der Matrix als zweidimensionales Array her.

Bei quadratischen endlichen Matrizen spricht man manchmal auch von der Diagonalen als Hauptdiagonale, um sie zu unterscheiden von der Antidiagonalen, die gebildet wird von den Elementen

$$a_{\mu\nu}, \ \mu + \nu = n + 1,$$

wobei n die Reihenzahl der Matrix ist.

Diagonale eines Polygongebietes, Verbindungsgerade zweier nicht benachbarter Ecken eines Polygongebietes.

Üblicherweise benutzt man den Begriff der Diagonalen nur für Vierecke, in diesem Fall ist die Diagonale also gerade die Verbindung zweier gegenüberliegender Ecken.

diagonalisierbar, Eigenschaft eines ↗Endomorphismus bzw. der zugehörigen quadratischen Matrix, oder allgemeiner eines Operators.

Im ersten Falle ist es die Bezeichnung für einen Endomorphismus $f : V \to V$ auf einem endlichdimensionalen Vektorraum V, zu dem eine aus Eigenvektoren von f bestehende Basis von V existiert. Bezüglich einer solchen Basis besitzt die f darstellende Matrix A Diagonalgestalt (↗Diagonalmatrix), d. h. außerhalb der Hauptdiagonalen stehen nur Nullen; die Diagonalelemente von A sind gerade die Eigenwerte von f.

Der Endomorphismus f ist genau dann diagonalisierbar, wenn die Summe der Dimensionen seiner Eigenräume gleich $\dim V$ ist.

Äquivalent hierzu sind folgende Aussagen:

1. Das charakteristische Polynom von f zerfällt in Linearfaktoren.
2. Die Dimensionen der einzelnen Eigenräume sind gleich den Vielfachheiten der entsprechenden Nullstellen des charakteristischen Polynoms.

Eine quadratische Matrix A heißt diagonalisierbar, wenn sie zu einer ↗Diagonalmatrix ähnlich ist, d. h. falls eine reguläre Matrix B existiert, so daß $B^{-1}AB$ Diagonalgestalt hat (↗Diagonalisierung).

Dabei ist B eine Matrix, deren Spalten n linear unabhängige Eigenvektoren von A darstellen.

Einen Operator auf einem Hilbertraum, der zu einem Multiplikationsoperator unitär äquivalent ist, bezeichnet man als diagonalisierbaren Operator. Nach dem Spektralsatz ist das für jeden normalen Operator der Fall.

[1] Fischer, G.: Lineare Algebra. Verlag Vieweg Braunschweig, 1978.

[2] Koecher, M.: Lineare Algebra und Analytische Geometrie. Springer-Verlag Berlin/Heidelberg, 1992.

Diagonalisierbarkeit, ↗diagonalisierbar.

Diagonalisierung, Überführung einer diagonalisierbaren $(n \times n)$-Matrix A in eine ↗Diagonalmatrix.

Es sei B eine $(n \times n)$-Matrix über $\mathbb{K}$, deren Spalten n linear unabhängige Eigenvektoren von A sind (d. h. Vektoren $v \neq 0$ in V mit $Av = \lambda v$ für ein $\lambda \in \mathbb{K}$). Dann ist B invertierbar, und

$$B^{-1}AB$$

hat Diagonalgestalt.

Diagonalisierung (einer Menge von Objekten), Methode zum Nachweis der Existenz eines (unendlichen) Objekts x, das nicht in einer vorgegebenen unendlichen Folge $y_1, y_2, \dots$ von Objekten vorhanden ist.

Jedes einzelne Objekt y_i besteht hierbei aus unendlich vielen Komponenten:

$$y_i = (y_{i,1}, y_{i,2}, \dots).$$

Die Konstruktion von $x = (x_1, x_2, \dots)$ erfolgt so, daß sich die i-te Komponente von x von der i-ten Komponente von y_i unterscheidet, also

$$x_i \neq y_{i,i} \ \text{ für } i = 1, 2, \dots .$$

Damit kann x in der Aufzählung der y_i nicht vorkommen.

Die Methode der Diagonalisierung geht im Spezialfall auf G. Cantor zurück (↗Cantorsches Diagonalverfahren) und wird heute in vielen Bereichen der Mathematik und Informatik verwendet, von der Mengenlehre und Logik bis zur Komplexitätstheorie.

Mit dieser Methode zeigt man beispielsweise, daß es überabzählbar viele reelle Zahlen gibt, daß es nicht-berechenbare Funktionen gibt (↗berechenbare Funktion), oder daß das Halteproblem nicht entscheidbar ist.

Diagonalmatrix, quadratische Matrix $A = (a_{ij})$ über $\mathbb{K}$, deren Elemente a_{ij} mit $i \neq j$ alle gleich Null sind. A ist also von der Form

$$A = \begin{pmatrix} a_{11} & & 0 \\ & \ddots & \\ 0 & & a_{nn} \end{pmatrix}.$$

Die Elemente a_{ii} ($i \in \{1, \dots n\}$) heißen Diagonalelemente von A; die Folge $(a_{11}, \dots, a_{nn})$ wird als Hauptdiagonale (oder auch nur Diagonale) von A bezeichnet (↗diagonalisierbar).

diagonaltransformierter Folgenraum, mit Hilfe einer ↗Diagonalmatrix transformierter Folgenraum.

Dabei versteht man unter einem Folgenraum V eine Menge von Folgen $x = (x_1, x_2, ...)$ aus abzählbar vielen komplexen Zahlen, die unter den üblichen Operationen

$$x + y = (x_1 + y_1, x_2 + y_2, ...)$$

und

$$\lambda x = (\lambda x_1, \lambda x_2, ...)$$

abgeschlossen ist. Ein diagonaltransformierter Folgenraum V_d ist dann ein Folgenraum, der aus einem Folgenraum V hervorgeht, indem man die ν-te Komponente jeder Folge aus V mit einer komplexen Zahl d_ν multipliziert. Die Abbildung $y = Dx$ mit $x \in V$ und $y \in V_d$ kann offenbar mit Hilfe der Diagonalmatrix

$$D = \begin{pmatrix} d_1 & 0 & 0 & \cdots \\ 0 & d_2 & 0 & \cdots \\ 0 & 0 & d_3 & \\ \vdots & \vdots & & \ddots \end{pmatrix}$$

beschrieben werden.

Diagonalverfahren, ↗ Cantorsches Diagonalverfahren.

Diagramm, graphische Darstellung eines funktionalen Zusammenhangs. Man vergleiche hierzu auch ↗ Abbildung.

Diagrammgeometrie, Teilgebiet der ↗endlichen Geometrie, in dem versucht wird, geometrische Strukturen mit mehr als zwei Arten von Objekten (z. B. Punkte, Geraden, Ebenen) auf Inzidenzstrukturen zurückzuführen und den Zusammenhang durch ein Diagramm zu beschreiben.

Zur Veranschaulichung betrachte man das abgebildete Diagramm.

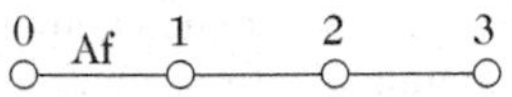

Diagramm eines affinen Raumes

Die Knoten 0, 1, 2, 3 stehen für Punkte, Geraden, Ebenen und Räume. Die einfache Linie zwischen den Knoten 2 und 3 steht für „projektive Ebene" und bedeutet: Wenn man einen Punkt P und eine Gerade g festhält, so bildet die Menge der Ebenen und Räume, die mit P und g inzident sind, eine projektive Ebene.

Daß zwischen den Knoten 0 und 2 keine Verbindung ist, bedeutet: Wenn man eine Gerade g und einen Raum R festhält, so sind jeder Punkt, der mit g und R inzident ist, und jede Ebene, die mit g und R inzident sind, auch miteinander inzident. Die Verbindung zwischen den Knoten 0 und 1 bedeutet „affine Ebene". Die durch das Diagramm dargestellte Geometrie ist die Geometrie aus Punkten, Geraden, Ebenen und Hyperebenen eines vierdimensionalen affinen Raumes.

Die Diagramme von Geometrien bilden Verallgemeinerungen der ↗Coxeter-Diagramme von ↗Gebäuden.

diametrale Punkte, zwei sich auf dem Rand eines Kreises, der Oberfläche einer Kugel oder ganz allgemein der Oberfläche einer Sphäre „gegenüberliegende" Punkte.

Präzise definiert bedeutet dies: Zwei Punkte P und Q auf der Oberfläche einer Sphäre sind diametral, wenn es keine zwei Punkte auf dieser Oberfläche gibt, deren Abstand voneinander größer ist als der von P und Q.

dichotome Variable, *binäre Variable*, Zufallsvariable, die nur zwei mögliche Werte a_1 und a_2 mit den Wahrscheinlichkeiten p und $(1-p)$ annehmen kann. Einen Spezialfall bilden die sogenannten Bernoulli-Variablen, für die $a_1 = 0$ und $a_2 = 1$ ist.

Dichotome Variablen kann man als Spezialfall nominalskalierter Variablen auffassen. In vielen Teilgebieten der Statistik gibt es Verfahren, die speziell für dichotome Zufallsvariablen ausgelegt sind.

Dichotomisierung, Transformation einer zufälligen Variablen X mit dem Wertebereich $\mathcal{X}$ in eine ↗dichotome Variable Y durch folgende Vorschrift:

$$Y = \begin{cases} a_1 & \text{falls } X \in \mathcal{A}, \\ a_2 & \text{falls } X \notin \mathcal{A}. \end{cases}$$

Dabei ist $\mathcal{A}$ eine nichtleere Teilmenge von $\mathcal{X}$ mit der Eigenschaft $\mathcal{X} = \mathcal{A} \cup \overline{\mathcal{A}}$.

dicht definierter Operator, ein linearer Operator zwischen Banachräumen, dessen Definitionsbereich $D(T)$ dicht liegt.

Z. B. kann der Differentiationsoperator $f \mapsto f'$ nicht auf dem ganzen Banachraum $C[0, 1]$ betrachtet werden, wohl aber auf geeigneten (unvollständigen) dichten Teilräumen wie etwa $C^1[0, 1]$. Methoden der Theorie der vollständigen normierten Räume kann man sich trotzdem für ↗abgeschlossene Operatoren

$$T : X \supset D(T) \to Y$$

zunutze machen.

Dichte (im Sinne der mathematischen Physik), eine Größe G, deren physikalische Dimension $[G]$ als Faktor die $(-k/n)$-te Potenz der physikalischen Dimension $[V]$ des Volumens V des Raums enthält, über dem die Größe G definiert ist. n ist die Dimension dieses Raumes, und k kann die Werte $1, 2, \ldots, n$ annehmen.

Ist $n = 3$, $k = 1$ und $[V] =$ Länge^3, dann spricht man von einer Liniendichte, für $k = 2$ von einer Flächendichte und für $k = 3$ von einer Raumdichte. Eine Substanz kann beispielsweise „flächen- oder linienhaft" verteilt sein.

Mit einer Flüssigkeitsströmung ist eine Verteilung des Impulses verbunden. Der auf die Volumeneinheit des dreidimensionalen euklidischen Raums bezogene Impuls heißt Impulsdichte. Durchströmt oder durchsetzt eine Größe eine Fläche, dann heißt die auf die Flächeneinheit bezogene Größe Flußdichte (z. B. elektrische oder magnetische Flußdichte). Zu einer solchen Größe kann man eine Fläche so bestimmen, daß das Produkt aus diesen beiden Größen gleich 1 ist (Einheitsröhre). Mit einer Einheitsröhre verbindet man anschaulich eine Feldlinie. Man geht dabei von einer kontinuierlichen zu einer diskontinuierlichen Beschreibung über. Die Zahl der die Flächeneinheit durchsetzenden Einheitsröhren heißt Feldliniendichte.

Ähnlich wird der Begriff Wirbeldichte gebildet. $\mathfrak{v}$ sei die Geschwindigkeit der Flüssigkeit an einem Ort zu einer Zeit. Mit $\omega := \frac{1}{2} \operatorname{rot} \mathfrak{v}$ ist der eine Fläche durchsetzende Vektor gegeben. Manchmal versteht man unter Wirbeldichte auch einfach $\operatorname{rot} \mathfrak{v}$.

Ist durch physikalische Eigenschaften ein Wert der Dichte ausgezeichnet, dann kann man die Dichte auf diesen Wert beziehen, erhält so die relative Dichte und nennt dann die Dichte selbst absolute Dichte. Ein Beispiel ist die absolute und relative Luftfeuchtigkeit. Letztere hängt von der Temperatur der Luft ab. Häufig wird die relative Dichte in Prozent angegeben.

Ist die Dichte einer Größe gegeben, so kann man oftmals einen endlichen globalen Ausdruck durch Integration über den Raum bilden, den die Größe ausfüllt, z. B. die Masse eines Körpers durch Integration der Dichte über das Volumen des Körpers. Ist die Materie über den ganzen euklidischen Raum verschmiert, muß die Dichte mit wachsendem Abstand von einem beliebig gewählten Zentrum hinreichend schnell verschwinden, um eine endliche Masse zu liefern.

Andere globale Größen sind die Gesamtenergie oder der Gesamtimpuls. In der Allgemeinen Relativitätstheorie lassen sich diese Größen nicht mehr als Komponenten eines Vierervektors definieren. Entsprechend kann dann auch nichts über ihre zeitliche Konstanz (Erhaltung) ausgesagt werden. In diesem Fall sind die Dichten die einzigen sinnvollen Größen.

Licht wird beim Durchgang durch verschiedene Medien verschieden beeinflußt. Man sagt, daß sie verschiedene optische Dichten haben und meint damit, daß ihre ↗Brechungsindizes verschieden sein können.

Dichte (im Sinne der Wahrscheinlichkeitstheorie), ↗Wahrscheinlichkeitsdichte.

Dichte einer Verteilungsfunktion, ist X eine absolut stetige Zufallsvariable, deren Verteilung P_X die ↗Wahrscheinlichkeitsdichte f_X besitzt, und F_X die Verteilungsfunktion von X, so wird f_X auch als die Dichte der Verteilungsfunktion bezeichnet.

Dichte einer Zufallsvariablen, im allgemeinen die bis auf eine Nullmenge bezüglich des Lebesgue-Maßes λ eindeutig bestimmte Wahrscheinlichkeitsdichte f_X der Verteilung P_X einer auf dem Wahrscheinlichkeitsraum $(\Omega, \mathfrak{A}, P)$ definierten absolut stetigen Zufallsvariablen X mit Werten in $(\mathbb{R}, \mathfrak{B}(\mathbb{R}))$, d. h. die Funktion f_X, für die gilt

$$P_X(A) = P(X \in A) = \int_A f_X(x)\lambda(dx)$$

für jede Borel-Menge $A \in \mathfrak{B}(\mathbb{R})$, bzw. bei Verwendung des Riemann-Integrals

$$P_X((a, b]) = P(a < X \le b) = \int_a^b f_X(x)dx$$

für alle $a, b \in \mathbb{R}$.

Gelegentlich spricht man auch im Zusammenhang mit einer diskreten Zufallsvariablen X von der Dichte von X. Man meint dann damit die diskrete Dichte der Verteilung von X bezüglich des zählenden Maßes.

dichte Teilmenge, Teilmenge A einer anderen Menge oder eines topologischen Raumes X so, daß der Abschluß von A gleich X ist.

dichte Teilmenge einer Partialordnung, Teilmenge $D \subseteq R$ einer mit der Partialordnung „$\le$" versehenen Menge R, in der es zu jedem $r \in R$ ein Element $d \in D$ mit $d \le r$ gibt.

Dichteoperator, hermitescher Operator ϱ mit nicht-negativen Eigenwerten $\mathfrak{w}_n$ und der Spur Eins. Dieser Operator wird manchmal auch statistischer Operator genannt.

In der Quantenmechanik spricht man von einem gemischten Zustand eines Quantensystems, wenn dafür, daß sich das System in einem reinen Zustand befindet, nur eine Wahrscheinlichkeit $\mathfrak{w}_i$ angegeben werden kann. Zur Beschreibung eines gemischten Zustandes wird der Dichteoperator herangezogen. Seine Eigenwerte sind die Wahrscheinlichkeiten $\mathfrak{w}_i$ für das Auftreten der reinen Zustände.

Mit dem Dichteoperator ist der Mittelwert einer Observablen A durch $< A >= \text{Spur}\varrho A$ gegeben. Es gilt

$$< A > = \int dx dx' \varrho(x, x') A(x, x')$$

mit den Matrixelementen $\varrho(x, x')$ und $A(x, x')$. Die Matrix mit den Elementen $\varrho(x, x')$ wird auch Dichtematrix genannt.

Dichtepunkt, ↗Lebesgue-Punkt einer Funktion.

dichter Teilraum, Teilraum A eines topologischen Raumes X derart, daß A als Teilmenge dicht in X ist (↗dichte Teilmenge, ↗Dichtheit).

Dichteschätzung, *empirische Dichte*, Methode zur Schätzung der empirischen Dichtefunktion.

Mitunter sind ↗Histogramme keine geeignete Darstellung für die empirische Dichte einer Beobachtungsreihe $x_1, \ldots, x_n$, da man hier von etwa gleichverteilten Beobachtungswerten in jeder Klasse ausgeht. Ist eine solche Annahme nicht zu rechtfertigen, so verwendet man die im folgenden vorgestellten Formen einer empirischen Dichtefunktion, die auch als Dichteschätzer oder Kernschätzer bezeichnet werden.

Bei ihnen wird zunächst ein Wertebereich, der alle Beobachtungen $x_1, \ldots, x_n$ überdeckt, bestimmt. An endlich vielen äquidistanten Stellen x dieses Wertebereichs wird dann der Wert der Dichteschätzung an der Stelle x wie folgt berechnet:

$$\widehat{f(x)} = \frac{1}{bn} \sum_{i=1}^{n} w\left(\frac{x - x_i}{b}\right).$$

Hier bezeichnet b einen frei wählbaren Parameter, der bestimmt, wie breit das Intervall

$$[x - 0,5b\,,\, x + 0,5b]$$

ist; Beobachtungswerte x_i in diesem Intervall werden zur Bestimmung von $\widehat{f(x)}$ herangezogen. Weiter ist $w(u)$ eine Gewichtsfunktion, ein „Kern" ähnlich den lag-Spektralfenstern zur Glättung von Stichprobenspektren in der Zeitreihenanalyse (↗Kernschätzung).

Für $w(u)$ kann jede beschränkte, symmetrische und nichtnegative Funktion herangezogen werden, für die gilt

$$\int_{-\infty}^{+\infty} w(u)du = 1,$$

$$\int_{-\infty}^{+\infty} w^2(u)du < \infty,$$

$$\text{und} \left|\frac{w(u)}{u}\right| \to 0 \text{ für } |u| \to \infty.$$

Meistens werden folgende Gewichtsfunktionen verwendet.

Boxcar-Funktion:

$$w(u) = \begin{cases} 1, & \text{falls } |u| \le \frac{1}{2} \\ 0, & \text{sonst,} \end{cases}$$

„Cosinus"-Funktion:

$$w(u) = \begin{cases} 1 + cos(2\pi u), & \text{falls } |u| \le \frac{1}{2} \\ 0, & \text{sonst,} \end{cases}$$

Rechteckskern:

$$w(u) = \begin{cases} \frac{1}{2}, & \text{falls } |u| \le 1 \\ 0, & \text{sonst,} \end{cases}$$

Dreieckskern:

$$w(u) = \begin{cases} 1 - |u|, & \text{falls } |u| \le 1 \\ 0, & \text{sonst,} \end{cases}$$

Normalkern:

$$w(u) = \frac{1}{\sqrt{2\pi}} e^{-\frac{u^2}{2}}.$$

Die Abbildung zeigt die Gestalt von $w(u)$ für die Boxcar- und die Cosinus-Funktion. Im ersten Fall ist $f(x)$ gerade die Anzahl der Beobachtungswerte im Intervall $[x - 0,5b\,,\, x + 0,5b]$, dividiert durch bn.

Ein numerisches Beispiel. Wir verwenden die folgenden $n = 16$ Beobachtungsdaten x_i:

0,46	0,59	0,71	0,86	0,92	1,05
1,16	1,27	1,41	1,45	1,53	1,64
	1,83	1,92	2,00	2,28	

Die Tabelle zeigt die empirischen Dichten $\widehat{f_B(x)}$ und $\widehat{f_C(x)}$, die unter Verwendung der Boxcar- bzw. Cosinus-Funktion berechnet wurden, an den Stellen

$$x = 0,25 + j \cdot 0,125\,,\; j = 0, \ldots, 18.$$

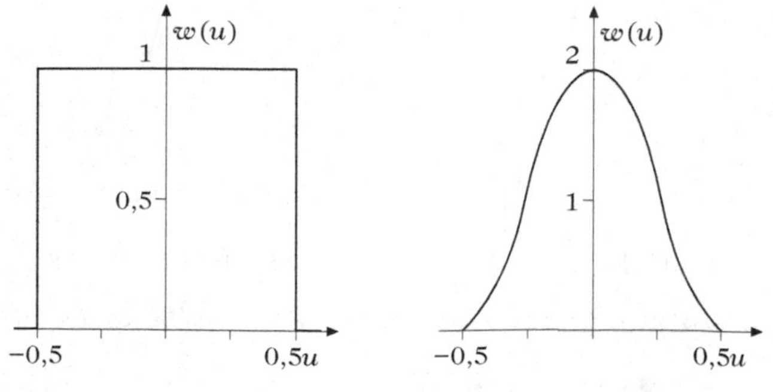

Gestalt der Boxcar-Funktion (links) und der Cosinus-Funktion (rechts)

Dabei ist in beiden Fällen $b = 0,5$ gewählt worden. Zum Beispiel ergibt sich

$$\begin{aligned} f_B(1) &= \frac{1}{16 \cdot 0,5} \sum_{i=1}^{16} w\left(\frac{1-x_i}{0,5}\right) \\ &= \frac{1}{8}(0+0+0+w(0,28)+w(0,16)+ \\ &\quad w(-0,10)+w(-0,32)+0+\cdots+0) \\ &= \frac{1}{8}(0+0+0+1+1+1+1+0+\cdots+0) \\ &= 0,5\,. \end{aligned}$$

j	x	$f_B(x)$	$f_C(x)$
0	0,250	1/8	0,015
1	0,375	2/8	0,197
2	0,500	3/8	0,428
3	0,625	4/8	0,490
4	0,750	4/8	0,513
5	0,875	4/8	0,595
6	1,000	4/8	0,591
7	1,125	4/8	0,550
8	1,250	5/8	0,544
9	1,375	5/8	0,684
10	1,500	5/8	0,751
11	1,625	5/8	0,502
12	1,750	5/8	0,407
13	1,875	4/8	0,588
14	2,000	3/8	0,500
15	2,125	3/8	0,223
16	2,250	2/8	0,241
17	2,375	1/8	0,171
18	2,500	1/8	0,009

Die folgende Abbildung zeigt das Histogramm der 16 beobachteten Werte bei Verwendung der Klassenbreite 0,5 und die Gestalt der beiden Dichteschätzungen. Die berechneten Werte der Dichteschätzungen sind durch einen Polygonzug miteinander verbunden worden.

Dichtheit, Abschlußeigenschaft einer Teilmenge eines topologischen Raumes.

Es sei T ein topologischer Raum. Dann heißt eine Teilmenge M von T dicht in T, falls der topologische Abschluß von M den Raum T ergibt, das heißt, falls $\overline{M} = T$ gilt.

Standardbeispiel für Dichtheit ist die Menge $\mathbb{Q}$ der rationalen Zahlen, die in $\mathbb{R}$ dicht liegt.

Dicke eines Graphen, minimale Anzahl von ↗planaren Graphen, deren Vereinigung den Graphen ergibt.

Aus der ↗Euler-Poincaréschen Formel folgt leicht, daß die Dicke eines Graphen der Ordnung n mit m Kanten mindestens

$$\left\lceil \frac{m}{3n-6} \right\rceil$$

beträgt.

Die Dicke des vollständigen Graphen K_n der Ordnung n beträgt

$$\left\lfloor \frac{n+7}{6} \right\rfloor$$

für $n \neq 9, 10$, die Dicke des K_9 und K_{10} beträgt jeweils 3.

Dickman-Funktion, zahlentheoretische Funktion, die als eindeutig bestimmte stetige Lösung d des Problems

$$\begin{aligned} d(s) &= 1, \quad 0 \le s \le 1, \\ s \cdot d'(s) &= -d(s-1), \quad s > 1 \end{aligned}$$

definiert werden kann.

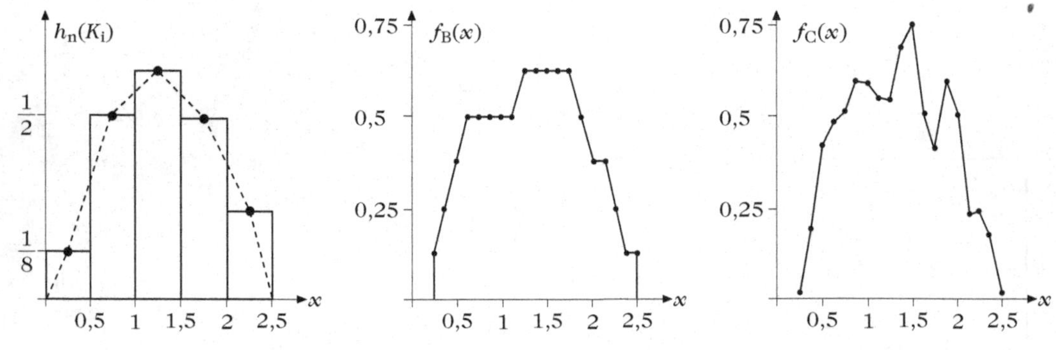

Histogramm (links), Boxcar-Dichteschätzung (Mitte) und Cosinus-Dichteschätzung (rechts) zu n=16 Daten bei Klassenbreite 0,5 und b=0,5

Die Dickman-Funktion tritt bei der Lösung folgenden Problems auf: Es sei $\Psi(x,y)$ die Anzahl natürlicher Zahlen, die kleiner oder gleich x sind und keine Primfaktoren größer als y haben. Dann gilt

$$\Psi(x, x^{\frac{1}{s}}) \sim d(s) \cdot x \quad \text{für } s \to \infty .$$

Dickson, Leonard Eugene, amerikanischer Mathematiker, geb. 22.1.1874 Independence (Iowa, USA), gest. 17.1.1954 Harlingen (Texas, USA).

Dicksons hauptsächliches Arbeitsgebiet waren Algebra und Zahlentheorie. Er lehrte Mathematik von 1900 bis 1939 in Chicago und verfaßte in dieser Zeit auch das dreibändige Werk „History of the theory of numbers", das einen ausführlichen Überblick über die Entwicklung der gesamten Zahlentheorie gibt.

Diderot, Denis, französicher Philosoph und Schriftsteller, geb. 6.10.1713 Langres (Frankreich), gest. 31.7.1784 Paris.

Als Sohn eines Messerschmieds erwarb Diderot seine Bildung 1728–1732 zunächst am Pariser Collège d'Harcourt und am Lycée Louis-le-Grand. Er studierte danach Jura, war aber auch sehr stark an Sprachen, Literatur, Philosophie und höherer Mathematik interessiert. Nach dem Studium verdiente er sich seinen Lebensunterhalt mit Lehrtätigkeiten, Übersetzungen und schriftstellerischen Arbeiten. In dieser Zeit wechselte seine Weltanschauung vom römischen Katholizismus zum Deismus, Atheismus und Materialismus. 1741 traf er Jean-Jacques Rousseau, und seit dieser Zeit verband beide eine 15 Jahre währende Freundschaft.

Mit seinen philosophischen Schriften (1754 „Pensées sur l'interprétation de la nature", 1769 „L'Entretien entre d'Alembert et Diderot", 1769 „Rêve de d'Alembert", 1774–1780 „Eléments de physiologie") wurde er zum führenden Vertreter der Aufklärung und zum Vorkämpfer für die Französische Revolution.

Seine Bedeutung auch für die Mathematik liegt in seiner Arbeit als Autor und Herausgeber der „Encyclopédie, ou Dictionnaire Raisonné des Sciences, des Arts et des Métiers, par une société des gens de lettres, mis en ordre et publié par M. Diderot et par M. d'Alembert" 1751 bis 1772. Die Enzyklopädie sollte die wesentlichen Prinzipien und Anwendungen der verschiedenen Künste und Wissenschaften darstellen. Die zugrundeliegende Philosophie war der Rationalismus und der Glaube an den Fortschritt des menschlichen Geistes.

Diderot war auch Schriftsteller. So schrieb er unter anderem 1760 „La Religieuse", 1773 „Jacques le fataliste et son maître", zwischen 1761 und 1774 „Le Neveu de Rameau" und 1772 „Supplément au voyage de Bougainville".

Dieder-Gruppe, Gruppe, die im folgenden Sinne in Beziehung steht zu Bewegungen des euklidischen Raumes:

Für jedes $n \in \mathbb{N}$ mit $n > 1$ ist die n-te Diedergruppe D_n die endliche Gruppe, die isomorph zur Gruppe derjenigen orientierungserhaltenden Bewegungen des dreidimensionalen Euklidischen Raumes ist, die ein fest vorgegebenes reguläres n-Eck in sich selbst abbilden. Dabei wird eine Strecke als 2-Eck aufgefaßt.

Die Gruppe D_n hat $2n$ Elemente; eine n-elementige Untergruppe ist die zyklische Gruppe C_n, die geometrisch folgenden Abbildungen entspricht: Im Schwerpunkt des n-Ecks werde eine Gerade senkrecht zum n-Eck gelegt; die Elemente von C_n sind dann die Drehungen um diese Gerade um ganzzahlige Vielfache des Winkels $2\pi/n$. Die übrigen n Elemente von D_n sind zusammengesetzt aus den Elementen von C_n, gefolgt von einer Spiegelung.

[1] Quaisser, E.: Diskrete Geometrie. Spektrum Akademischer Verlag Heidelberg, 1994.

Dielektrika, nichtleitende Materialien, in denen ein elektrisches Feld auch ohne ständige Ladungszufuhr bestehenbleibt.

Man unterscheidet isotrope Dielektrika von anisotropen Dielektrika. Letzere sind dadurch charakterisiert, daß dort das elektrische Feld und die dielelektrische Erregung nicht parallel zueinander sind.

Bei isotropen Dielektrika sind das elektrische Feld und die dielelektrische Erregung parallel zueinander, und ihr Verhältnis ist die relative ↗ Dielektrizitätskonstante, die im Vakuum gegen Eins konvergiert.

Dielektrizitätskonstante, Konstante bei der Beschreibung von ↗ Dielektrika.

Man unterscheidet die absolute und die relative Dielektrizitätskonstante, ε_0 bzw. ε_r. Dabei wird

$$\varepsilon_0 = 8,854188 \cdot 10^{-12} \frac{As}{Vm}$$

auch elektrische Feldkonstante genannt und tritt im ↗ Coulomb-Gesetz auf. ε_r ist eine dimensionslose Materialkonstante für Dielektrika.

Für viele Gleichungen der Elektrodynamik gilt folgende Regel: An der Stelle, wo in der Vakuumgleichung ε_0 steht, steht bei der entsprechenden materialabhängigen Gleichung das Produkt $\varepsilon_0 \cdot \varepsilon_r$.

Dieudonné, Jean Alexandre Eugène, französischer Mathematiker, geb. 1.7.1906 Lille, gest. 29.11.1992 Paris.

Dieudonné studierte bis 1931 an der École Normale Supérieure in Paris bei Montel. Danach arbeitete er als Professor an den Universitäten von Bordeaux (1932/33), Rennes (1933–1937) und Nancy (1937–1955), an der Northwestern University of

Chicago (1953–1959), am Institut des Hautes Études Scientifiques in Bures-sur-Yvette (1959–1964) und schließlich ab 1964 an der Universität von Nizza.

Dieudonné war einer der Mitbegründer der Bourbaki-Gruppe. Als deren Mitarbeiter befaßte er sich mit vielen Gebieten der Mathematik, so etwa mit Polynomen, allgemeiner Topologie, topologischen Vektorräumen, algebraischer Geometrie, Invariantentheorie und klassischen Gruppen (Gruppentheorie).

Seine bekanntesten Werke sind „La Géométrie des groupes classiques" (1955), „Foundations of Modern Analysis" (1960), „Algébre linéaire et géométrie élémentaire" (1964) und das neunbändige „Éléments d'analyse" (1968–1982).

Besondere Verdienste erwarb er sich mit seinen Arbeiten auf dem Gebiet der algebraischen Geometrie, wo er sich besonders um die Entwicklung der Kategorientheorie bemühte.

In den letzten Jahren arbeitete er auch auf dem Gebiet der Mathematikgeschichte.

Diffeomorphismus, eine bijektive Abbildung f zwischen offenen Teilmengen des $\mathbb{R}^n$ mit der Eigenschaft, daß f und f^{-1} ↗stetig differenzierbar sind.

Eine Verallgemeinerung ist der Begriff ↗C^k-Diffeomorphismus. Hier müssen f und f^{-1} sogar k-mal stetig differenzierbar sein.

Der Begriff des Diffeomorphismus wird manchmal auch für allgemeinere Räume als den $\mathbb{R}^n$ gebraucht, wobei die Definition der hier gegebenen analog ist.

Differente einer Körpererweiterung, im Zusammenhang mit einer Körpererweiterung auftretendes Ideal.

Gegeben seien eine endliche, separable Körpererweiterung L/K, ein Dedekindscher Ring $\mathcal{O}_K \subset K$ mit K als Quotientenkörper und $\mathcal{O}_L$ als ganzem Abschluß in L. Die Differente oder Relativdifferente der Körpererweiterung L/K ist das ganze Ideal

$$\mathfrak{D}_{L/K} = \left(\mathcal{O}_L^*\right)^{-1},$$

wobei $\mathcal{O}_L^*$ den ↗Dedekindschen Komplementärmodul bezeichnet und das Inverse in der Gruppe der gebrochenen Ideale gebildet wird.

Man kann zeigen, daß die Differente einer Körpererweiterung wieder ein ganzes Ideal ist. Der klassische Spezialfall ist derjenige, wo K und L ↗algebraische Zahlkörper und $\mathcal{O}_K$ und $\mathcal{O}_L$ die zugehörigen Ganzheitsringe sind.

Der Name Differente erklärt sich aus dem im sog. zweiten Dedekindschen Hauptsatz gegebenen Zusammenhang zwischen der Differente einer Körpererweiterung und der ↗Differente eines Elements.

Differente eines algebraischen Zahlkörpers, die Differente der Körpererweiterung $K/\mathbb{Q}$ (↗Differente einer Körpererweiterung), wobei in $\mathbb{Q}$ der Dedekindsche Ring $\mathbb{Z} = \mathcal{O}_{\mathbb{Q}}$ zugrundegelegt ist und K den gegebenen algebraischen Zahlkörper bezeichnet.

Differente eines Elements, im Zusammenhang mit einer Körpererweiterung auftretende Größe, i.w. die Ableitung des Minimalpolynoms.

Es seien L/K eine endliche, separable Körpererweiterung, $\mathcal{O}_K \subset K$ ein Dedekindscher Ring mit Quotientenkörper K, $\mathcal{O}_L$ der ganze Abschluß von $\mathcal{O}_K$ in L, und schließlich $\alpha \in \mathcal{O}_L$. Die Differente oder Zahldifferente des Elements α ist dann definiert durch

$$\delta_{L/K}(\alpha) = \begin{cases} f'(\alpha) & \text{falls } L = K(\alpha), \\ 0 & \text{falls } L \neq K(\alpha), \end{cases}$$

wobei $f(x) \in \mathcal{O}_K[x]$ das Minimalpolynom von α und f' dessen Ableitung bezeichnet.

Der klassische Spezialfall liegt dann vor, wenn K und L algebraische Zahlkörper sind und $\alpha \in L$ eine ganze algebraische Zahl ist.

Der Name Differente stammt von Dedekind; er erinnert an „Differential", gemeint ist die Ableitung des durch α eindeutig bestimmten Minimalpolynoms.

Differential, meist im Zusammenhang mit der ↗Differentiation auftretender Begriff.

Ist die Funktion f an der Stelle a differenzierbar, so heißt der Ausdruck

$$df(a) := f'(a)\,dx$$

das Differential von f. Mittels der Differentiale bildet man den ↗Differentialquotienten. In entsprechender Weise werden Differentiale höherer Ordnung gebildet.

Bei Funktionen mehrerer Variabler tritt an die Stelle des Differentials das totale Differential.

Differentialform, *Derivation*, allgemein definiert eine Linearform folgender Art.

Es seien A, B kommutative Ringe, $A \longrightarrow B$ ein Ringhomomorphismus, M ein B-Modul. Eine Differentialform von B über A mit Werten in M ist eine A-lineare Abbildung $D : B \longrightarrow M$ mit der Eigenschaft

$$D(fg) = fD(g) + gD(f)$$

für alle $f, g \in B$.

Für detailliertere Information zu den gebräuchlichsten Differentialformen vergleiche man die Einträge zu ↗Differentialform, komplexwertige oder ↗Differentialformen auf komplexen Mannigfaltigkeiten.

Differentialform, komplexwertige, alternierende r-fache $\mathbb{R}$-lineare Abbildung $\varphi : T_{x_0} \times \cdots \times T_{x_0} \to \mathbb{C}$. Man bezeichnet die Differentialform dann auch exakter als r-dimensionale (komplexwertige) Differentialform.

Sei X eine n-dimensionale komplexe Mannigfaltigkeit. Die Menge aller k-mal differenzierbaren lokalen Funktionen (U,f) in x_0 sei bezeichnet mit $\mathcal{D}^k_{x_0}$. Statt (U,f) schreibt man meist nur f. Ein (reeller) Tangentialvektor in x_0 ist eine Abbildung $D : \mathcal{D}^k_{x_0} \to \mathbb{R}$, für die gilt:

1. D ist $\mathbb{R}$-linear,
2. $D(1) = 0$,
3. $D(f \cdot g) = 0$, falls $f \in \mathcal{D}^1_{x_0}$, $g \in \mathcal{D}^0_{x_0}$ mit $f(x_0) = g(x_0) = 0$ ist.

2. und 3. nennt man die Derivationseigenschaften.

Die Menge aller Tangentialvektoren in x_0 wird mit T_{x_0} bezeichnet. T_{x_0} bildet einen reellen Vektorraum.

Die (vom gewählten Koordinatensystem abhängigen) partiellen Ableitungen

$$\frac{\partial}{\partial x_1}, \dots, \frac{\partial}{\partial x_n}, \frac{\partial}{\partial y_1}, \dots, \frac{\partial}{\partial y_n}$$

ergeben eine Basis von T_{x_0}, also ist $\dim_{\mathbb{R}} T_{x_0} = 2n$. Für komplexwertige lokale Funktionen $f = g + ih$ in x_0 und $D \in T_{x_0}$ setzt man

$$D(f) := D(g) + iD(h) .$$

D bleibt dann $\mathbb{R}$-linear. Unter einem komplexen Tangentialvektor in x_0 versteht man eine $\mathbb{C}$-lineare Abbildung $D : \mathcal{D}^1_{x_0} \to \mathbb{C}$ mit den Derivationseigenschaften 2. und 3.. Die Menge aller komplexen Tangentialvektoren in x_0 sei mit $T^c_{x_0}$ bezeichnet. Dann definiert man:

$$T'_{x_0} := \left\{D \in T^c_{x_0} : D(\bar{f}) = 0, \text{ für } f \text{ hol. in } x_0\right\} ,$$

$$T''_{x_0} := \left\{D \in T^c_{x_0} : D(f) = 0, \text{ für } f \text{ hol. in } x_0\right\} .$$

Die Elemente von T'_{x_0} nennt man holomorphe Tangentialvektoren, T'_{x_0} den holomorphen Tangentialraum, die Elemente von T''_{x_0} nennt man antiholomorphe Tangentialvektoren, T''_{x_0} den antiholomorphen Tangentialraum. Die partiellen Ableitungen

$$\frac{\partial}{\partial z_1}, \dots, \frac{\partial}{\partial z_n} \text{ bzw. } \frac{\partial}{\partial \overline{z}_1}, \dots, \frac{\partial}{\partial \overline{z}_n}$$

bilden eine Basis von T'_{x_0} bzw. T''_{x_0}, und es ist $T^c_{x_0} = T'_{x_0} \oplus T''_{x_0}$.

Man kann nun jedem Element $D \in T_{x_0}$ komplexe Tangentialvektoren $D' \in T'_{x_0}$ und $D'' \in T''_{x_0}$ zuordnen, so daß $D = D' + D''$ ist: Ist

$$D = \sum_{\nu=1}^{n} a_\nu \frac{\partial}{\partial x_\nu} + \sum_{\nu=1}^{n} b_\nu \frac{\partial}{\partial y_\nu} ,$$

so definiert man

$$D' := \frac{1}{2} \sum_{\nu=1}^{n} (a_\nu + ib_\nu) \frac{\partial}{\partial z_\nu} ,$$

$$D'' := \frac{1}{2} \sum_{\nu=1}^{n} (a_\nu - ib_\nu) \frac{\partial}{\partial \overline{z}_\nu} .$$

Offensichtlich ist $D(f) = D'(f) + D''(f)$ für jedes $f \in \mathcal{D}^1_{x_0}$. Man kann daher jeden reellen Tangentialvektor $D \in T_{x_0}$ in der Form

$$D = \sum_{\nu=1}^{n} c_\nu \frac{\partial}{\partial z_\nu} + \sum_{\nu=1}^{n} \overline{c}_\nu \frac{\partial}{\partial \overline{z}_\nu}$$

schreiben. Ist $c \in \mathbb{C}$, so gilt

$$c \cdot D = \sum_{\nu=1}^{n} cc_\nu \frac{\partial}{\partial z_\nu} + \sum_{\nu=1}^{n} \overline{c}\overline{c}_\nu \frac{\partial}{\partial \overline{z}_\nu} .$$

Eine r-dimensionale komplexwertige Differentialform in x_0 ist eine alternierende $\mathbb{R}$-multilineare Abbildung

$$\varphi : \underbrace{T_{x_0} \times \cdots \times T_{x_0}}_{r\text{-mal}} \to \mathbb{C} .$$

Die Menge aller r-dimensionalen komplexwertigen Differentialformen in x_0 ist ein komplexer Vektorraum.

Differentialformen auf komplexen Mannigfaltigkeiten, fundamentaler Kalkül in der Funktionentheorie.

Sei X eine C^∞-Mannigfaltigkeit der reellen Dimension n, und sei $\mathcal{E}^{\mathbb{R}}$ die Strukturgarbe von X (d. h., $\mathcal{E}^{\mathbb{R}}$ ist die Garbe der reellwertigen C^∞-Funktionen auf X). Sei a ein Punkt in X und $x_1, \dots, x_n$ die lokalen Koordinaten um a. Eine $\mathbb{R}$-lineare Abbildung ξ: $\mathcal{E}^{\mathbb{R}}_a \to \mathbb{R}$ heißt eine Derivation oder ein reeller Tangentialvektor an der Stelle a, wenn

$$\xi(fg) = \xi(f) g(a) + f(a) \xi(g)$$

für alle $f, g \in \mathcal{E}^{\mathbb{R}}_a$.

Die Menge $T_a = T_aX$ der reellen Tangentialvektoren an der Stelle a ist ein n-dimensionaler reeller Vektorraum mit der Basis

$$\frac{\partial}{\partial x_1}\Big|_a , \dots, \frac{\partial}{\partial x_n}\Big|_a .$$

Ein Vektorfeld ξ auf einer offenen Teilmenge U von X ist eine Abbildung, die jedem $x \in U$ einen Tangentialvektor $\xi(x) \in T_xX$ zuordnet. In einer Umgebung von a hat ξ eine Darstellung der Form

$$\xi = \sum_{j=1}^{n} f_j \frac{\partial}{\partial x_j} .$$

Das Vektorfeld ξ heißt „C^∞", wenn die Funktionen f_j C^∞-Funktionen sind. Dies ist äquivalent zu der Bedingung, daß für jedes $f \in \mathcal{E}^{\mathbb{R}}(U)$ die Funktion $\xi(f) : U \to \mathbb{R}$, $x \mapsto \xi(x)(f_x)$ eine C^∞-Funktion ist.

Für $r \geq 0$ bezeichne

$$\mathcal{E}^r_a := A^r(T_aX) \oplus iA^r(T_aX)$$

den komplexen Vektorraum der alternierenden r-fachen $\mathbb{R}$-linearen Abbildungen $\phi : T_a \times ... \times T_a \to \mathbb{C}$. Wenn $dx_1, \dots, dx_n$ die Basis von $A^1(T_a) = \mathrm{Hom}_{\mathbb{R}}(T_a, \mathbb{R})$ ist, die dual zu der Basis $\frac{\partial}{\partial x_1}|_a, \dots, \frac{\partial}{\partial x_n}|_a$ von T_a ist, dann ist $dx_1, \dots, dx_n$ auch eine Basis des komplexen Vektorraumes $\mathcal{E}_a^1$, und $\{dx_J; J \in \mathbb{N}\binom{n}{r}\}$ ist eine Basis von $\mathcal{E}_a^r$, wobei

$$dx_J := dx_{j_1} \wedge \dots \wedge dx_{j_r}$$

für $(j_1,\dots,j_r) \in \mathbb{N}\binom{n}{r}$ mit

$$\mathbb{N}\binom{n}{r} := \left\{(j_1,\dots,j_r) \in \mathbb{N}^r \mid 1 \le j_1 < \dots < j_r \le n\right\},$$

und $dx_\varnothing := 1 \in \mathbb{R}$.

Eine r-Form ω auf einer offenen Teilmenge $U \subset X$ ist eine Abbildung, die jedem $x \in U$ ein Element $\omega(x) \in \mathcal{E}_x^r$ zuordnet. In einer Umgebung von a besitzt ω eine Darstellung der Form

$$\omega = \sum_{J \in \mathbb{N}\binom{n}{r}}^{n} f_J dx_J .$$

Nach Definition ist ω genau dann C^∞, wenn die Funktionen f_J C^∞-Funktionen sind. Dies ist äquivalent zu der Bedingung, daß für beliebige C^∞-Vektorfelder $\xi_1, \dots, \xi_r$ auf U, die Funktion

$$\omega(\xi_1, \dots, \xi_r) : U \to \mathbb{C},\ x \mapsto \omega(\xi_1(x), \dots, \xi_r(x))$$

eine C^∞-Funktion ist.

Die Prägarbe

$$U \mapsto \mathcal{E}^r(U) := \{\text{alle } C^\infty\text{-}r\text{-Formen auf } U\}$$

ist eine lokal freie Garbe $\mathcal{E}^r$ vom Rang $\binom{n}{r}$ über der Garbe $\mathcal{E} := \mathcal{E}^0$ der $\mathbb{C}$-wertigen C^∞-Funktionen auf X.

Die $\mathbb{C}$-linearen äußeren Ableitungen $d : \mathcal{E}^r \to \mathcal{E}^{r+1}$ sind bezüglich der lokalen Koordinaten $x_1, \dots, x_n$ hier definiert durch

$$d\left(\sum f_J dx_J\right) := \sum df_J \wedge dx_J ,$$

wobei

$$df := \sum_{j=1}^{n} \frac{\partial f}{\partial x_j} dx_j$$

für $f \in \mathcal{E}^0 = \mathcal{E}$. Diese Definition von d ist unabhängig von der Wahl der lokalen Koordinaten. Für die äußeren Ableitungen gilt $d \circ d = 0$. Außerdem gilt

$$d(\omega \wedge \eta) = d(\omega) \wedge \eta + (-1)^n \omega \wedge d\eta$$

für $\omega \in \mathcal{E}^r,\ \eta \in \mathcal{E}^s$.

Sei nun X eine komplexe Mannigfaltigkeit der Dimension n und $z_1, \dots, z_n$ mit $z_j = x_j + iy_j$ die lokalen Koordinaten um einen Punkt $a \in X$. Dann sind sowohl $\{dx_1, \dots, dx_n, dy_1, \dots, dy_n\}$ als auch $\{dz_1, \dots, dz_n, d\overline{z}_1, \dots, d\overline{z}_n\}$ Basen von $\mathcal{E}_a^1$ (↗Differentialform, komplexwertige). Daher ist für $r \in \mathbb{N}$ die Menge

$$\left\{dz_I \wedge d\overline{z}_J;\ I \in \mathbb{N}\binom{n}{p},\ J \in \mathbb{N}\binom{n}{q},\ p+q=r\right\}$$

eine Basis von $\mathcal{E}_a^r$, wobei $dz_I := dz_{i_1} \wedge \dots \wedge dz_{i_p}$, $d\overline{z}_J := d\overline{z}_{j_1} \wedge \dots \wedge d\overline{z}_{j_q}$, und $dz_\varnothing := 1 =: d\overline{z}_\varnothing \in \mathbb{R}$ sei. Eine r-Form $\omega \in \mathcal{E}^r(U)$, $U \subset X$, heißt eine (p,q)*–Form*, wenn $p, q \in \mathbb{N}$, $p + q = r$, und ω in lokalen Koordinaten $z_1, \dots, z_n$ geschrieben werden kann als

$$\omega = \sum_{I \in \mathbb{N}\binom{n}{p},\, J \in \mathbb{N}\binom{n}{q}}^{n} f_{IJ} dz_I \wedge d\overline{z}_J .$$

Die Prägarbe

$$U \mapsto \mathcal{E}^{p,q}(U) := \{\omega \in \mathcal{E}^{p+q}(U);\ \omega \text{ ist eine } (p,q)\text{-Form}\}$$

ist ein lokal freier $\mathcal{E}$-Modul $\mathcal{E}^{p,q}$ vom Rang $\binom{n}{p}\binom{n}{q}$, und

$$\mathcal{E}^r = \oplus_{p+q=r} \mathcal{E}^{p,q} ,\quad \mathcal{E}^{0,0} = \mathcal{E}^0 = \mathcal{E} .$$

Die äußere Ableitung $d : \mathcal{E}^0 \to \mathcal{E}^1 = \mathcal{E}^{1,0} \oplus \mathcal{E}^{0,1}$ spaltet auf in $d = \partial + \overline{\partial}$, wobei in lokalen Koordinaten $z_1, \dots, z_n$

$$\partial : \mathcal{E}^{0,0} \to \mathcal{E}^{1,0},\ f \mapsto \sum_{j=1}^{n} f_j \frac{\partial}{\partial z_j} dz_j ,$$

$$\overline{\partial} : \mathcal{E}^{0,0} \to \mathcal{E}^{0,1},\ f \mapsto \sum_{j=1}^{n} f_j \frac{\partial}{\partial \overline{z}_j} d\overline{z}_j .$$

Diese Zerlegung erstreckt sich auf alle r: $d = \partial + \overline{\partial} : \mathcal{E}^r \to \mathcal{E}^{r+1}$, wobei $\partial : \mathcal{E}^{p,q} \to \mathcal{E}^{p+1,q}$ und $\overline{\partial} : \mathcal{E}^{p,q} \to \mathcal{E}^{p,q+1}$ $\mathbb{C}$-linear und in lokalen Koordinaten bestimmt sind durch

$$\partial\left(\sum f_{IJ} dz_I \wedge d\overline{z}_J\right) = \sum \partial f_{IJ} \wedge dz_I \wedge d\overline{z}_J$$

und

$$\overline{\partial}\left(\sum f_{IJ} dz_I \wedge d\overline{z}_J\right) = \sum \overline{\partial} f_{IJ} \wedge dz_I \wedge d\overline{z}_J .$$

Aus der Identität

$$0 = d^2 = \partial^2 + (\overline{\partial}\partial + \partial\overline{\partial}) + \overline{\partial}^2$$

folgt

$$\partial^2 = 0 ,\ \overline{\partial}^2 = 0 ,\ \overline{\partial}\partial + \partial\overline{\partial} = 0.$$

Man nennt ∂ und $\overline{\partial}$ die Dolbeault-Ableitungen. Für $\omega \in \mathcal{E}^{p,q}$ und $\eta \in \mathcal{E}^{r,s}$ gilt

$$\partial(\omega \wedge \eta) = \partial\omega \wedge \eta + (-1)^{p+q} \omega \wedge \partial\eta$$

und

$$\partial(\omega \wedge \eta) = \overline{\partial}\omega \wedge \eta + (-1)^{p+q} \omega \wedge \overline{\partial}\eta .$$

Differentialgeometrie

H. Gollek

Die Differentialgeometrie ist derjenige Bereich der Mathematik, der sich mit geometrischen Eigenschaften von differenzierbaren Mannigfaltigkeiten befaßt, die mit zusätzlichen geometrischen Objekten, wie z. B. Riemannschen Metriken, Hermiteschen, symplektischen oder komplexen Strukturen versehen sind

Die Differentialgeometrie ist aus der Untersuchung der ↗ differentiellen Invarianten von Kurven und Flächen des Euklidischen Raumes entstanden. Kurven und Flächen werden über Parameterdarstellungen durch differenzierbare Funktionen beschrieben, aus deren Ableitungen man die Invarianten gewinnt. Diese lassen sich zum großen Teil anschaulich als Krümmungsgrößen interpretieren.

Die Grundlagen der Flächentheorie wurden von Euler, Lagrange, Meusiner and Monge zum Ende des achtzehnten Jahrhunderts gelegt.

Eine große Vielfalt interessanter Flächen und Flächenklassen entdeckten und untersuchten bedeutende Geometer des neunzehnten Jahrhunderts. Wir nennen nur die Namen Dupin, Minding, Bonnet, Beltrami, Dini, Bianchi, Bäcklund, Lie, Enneper, Darboux and Schwarz. Zu Ausgang des neunzehnten Jahrhunderts war die Differentialgeometrie mit ihren vornehmlich lokalen Methoden eines der bestentwickelten Werkzeuge der mathematischen Forschung.

Problemstellungen und Begriffsbildungen der Differentialgeometrie waren vor allem durch Anwendungen in Geodäsie, Technik, Mechanik, Architektur und geometrischer Optik motiviert und zeichneten sich gegenüber anderen mathematischen Disziplinen durch größere geometrische Anschaulichkeit aus.

Die bloße Betrachtung geometrischer Gebilde, die der Anschauung zugänglich sind, erwies sich aus vielen Gründen als unzulänglich. Die Anschauung versagt, wenn man gekrümmte k-dimensionale Flächen im n-dimensionalen Raum untersuchen muß, wie es z. B. die Mechanik erzwingt: Bereits die Lage eines starren Körpers erfordert für ihre Beschreibung 6, die von n Massepunkten sogar $3n$ Koordinaten. Jeder Zustand des Körpers oder des Punktsystems ist ein Punkt im 6- bzw. $2n$-dimensionalen Raum. Zusätzliche Bedingungen, die die Bewegung des Körpers oder der Punkte einschränken, führen auf Gleichungen, denen die Koordinaten genügen müssen. Diese Gleichungen beschreiben Untermannigfaltigkeiten des $\mathbb{R}^6$ bzw. $\mathbb{R}^{2n}$.

Das Zulassen beliebiger Dimensionen ist noch nicht ausreichend. Viele mit axiomatischen Methoden oder auf mengentheoretischer Grundlage definierte Räume, deren Betrachtung mathematische Fragestellungen erfordert, sind nicht von vornherein in einen Euklidischen Raum eingebettet. Als Beispiele seien die in der Lobatschewskischen Geometrie betrachtete hyperbolische Ebene und der Raum aller Geraden des $\mathbb{R}^3$ genannt, der in der differentiellen Geradengeometrie zur Untersuchung von 2-parametrigen Geradenscharen benötigt wird. (↗ Differentielle Geradengeometrie).

Eine differenzierbare Mannigfaltigkeit ist eine Menge M, die mit lokalen Koordinatensystemen überdeckt ist. Lokale Koordinatensysteme (oder Karten) sind bijektive Abbildungen $\phi : U \longrightarrow V$ zwischen Teilmengen $U \subset M$ und offenen Mengen $V \subset \mathbb{R}^n$. Die Zahl n ist für alle Karten dieselbe und wird die Dimension von M genannt.

Ist $x \in U$ und $\phi(x) = (x_1, \dots, x_n)$, so heißen die Zahlen $x_1, \dots, x_n$ die Koordinaten von x. Sind $y_1, \dots, y_n$ die Koordinaten von x in einer anderen Karte, so wird verlangt, daß $y_1, \dots, y_n$ differenzierbare Funktionen von $x_1, \dots, x_n$ sind.

Der Begriff der differenzierbaren Mannigfaltigkeit macht es möglich, Strukturen und Begriffe der Differentialgeometrie der Kurven und Flächen auf abstrakte Mengen zu verallgemeinern. Besonders wichtig sind die Begriffe der differenzierbaren Abbildung $f : N \longrightarrow M$ zweier Mannigfaltigeiten, des Tangentialvektors und der linearen tangierenden Abbildung f_*. Die Differenzierbarkeit wird über parametrische Darstellungen von f in lokalen Koordinaten definiert. Ein Tangentialvektor $\mathfrak{t}$ in einem Punkt $x \in M$ ist eine Äquivalenzklasse von differenzierbaren Kurven $\alpha(t)$ durch x, die einen Kontakt erster Ordnung haben. Das bedeutet, daß die Elemente α der Äquivalenzklasse $\mathfrak{t}$ differenzierbare Abbildungen eines Intervalls $\mathcal{I} \subset \mathbb{R}$ mit $0 \in \mathcal{I}$ und $\alpha(0) = x$ sind, für die die Ableitungen der Kartendarstellungen $d\,(\phi(\alpha(t))/d\,t$ im Punkt $t = 0$ denselben Wert annehmen. Schließlich ergibt sich die lineare tangierende Abbildung aus $f_*(\mathfrak{t})$ als Äquivalenzklasse von $\circ\alpha$ im Punkt $f(x)$.

Zwar ist es möglich, jede differenzierbare Mannigfaltigkeit in einen Euklidischen Raum einzubetten, wie H. Whitney bewiesen hat, jedoch wäre es für viele in der Differentialgeometrie benötigte Operationen eine sehr starke Einschränkung, wenn man nur k-dimensionale Mannigfaltigkeiten zuließe, die in irgendeinen hochdimensionalen Raum $\mathbb{R}^n$ eingebettet sind.

Die revolutionierende Entdeckung von C. F. Gauß, daß das Produkt der beiden Hauptkrümmungen einer Fläche nur von der inneren Geometrie der Fläche abhängt (↗theorema egregium) war bahnbereitend zur expliziten Formulierung des Begriffs der Riemannschen Mannigfaltigkeit durch B. Riemann in seinem Habilitationsvortrag im Jahre 1854.

In der ersten Hälfte des zwanzigsten Jahrhunderts ließ das Interesse an der Flächentheorie nach. In einem berühmten Artikel zeigte Hilbert die Unmöglichkeit einer Einbettung der nichteuklidischen Ebene in den $\mathbb{R}^3$ und damit die Aussichtslosigkeit jeder weiteren Suche nach einem euklidischen Modell der nichteuklidischen Geometrie.

Einsteins ↗Allgemeine Relativitätstheorie leistete einen zusätzlichen Beitrag zum Nachlassen des Interesse an der Flächentheorie.

Auch heute bilden die „unvollständigen" Flächen der klassische Differentialgeometrie nur einen Gegenpol zu vollständigen Riemannschen Mannigfaltigkeiten und deren globalen Eigenschaften.

Literatur

[1] Bianchi, L.: Vorlesungen über Differentialgeometrie, Dt. Übersetzung von M. Lukat, 2. Aufl.. Teubner-Verlag Leipzig, 1910.

[2] Darboux, G.: Leçons sur la théorie générale des surfaces et les applications géométriques du calcul infinitésimal, 1–4. Gauthier-Villars Paris, 1887–1896.

[3] Gauß, C., F.: Disquisitiones generales circa superficies curvas. Göttingische gelehrte Anzeigen, 1827.

[4] Hilbert, D.; Cohn-Vossen, S.: Anschauliche Geometrie. Springer-Verlag Berlin/Heidelberg, 1932.

[5] Whitney, H.: Geometric Integration Theory 3. ed. Princeton University Press, 1966.

Differentialgleichung, Gleichung, die eine unbekannte Funktion und ihre Ableitungen enthält.

Handelt es sich um eine Funktion einer Variablen (treten also nur „gewöhnliche" Ableitungen auf), spricht man von einer gewöhnlichen Differentialgleichung (z. B.

$$y'(x) + y(x) = \sin x\,).$$

Handelt es sich um eine Funktion mehrerer Variabler (treten also partielle Ableitungen auf), von einer partiellen Differentialgleichung (z. B.

$$\frac{\partial^2}{\partial x^2}u(x,t) \;=\; -\frac{\partial^2}{\partial t^2}u(x,t)\big).$$

Differentialgleichungen stellen sicherlich eines der mathematischen Gebiete mit den stärksten Bezügen zu den Anwendungen der Mathematik in Natur- und Ingenieurwissenschaften dar. Es existiert demgemäß eine sehr große Anzahl von Differentialgleichungstypen bzw. einzelnen Differentialgleichungen, die im vorliegenden Nachschlagewerk unter Ihrem jeweiligen Namen aufgeführt sind.

Für allgemeine Informationen vergleiche man auch die Einträge zu ↗gewöhnlichen Differentialgleichungen, ↗partiellen Differentialgleichungen, und ↗Differentialgleichungssystem.

Differentialgleichung der äußeren Ballistik, Gleichung zur Beschreibung der Bewegung eines Körpers (z. B. Projektils) im Gravitationsfeld der Erde unter Berücksichtigung des Luftwiderstandes.

Mit der Fallbeschleunigung g wird dessen Bewegung (Höhe y) beschrieben durch das Differentialgleichungssystem

$$\ddot{x} = -\frac{c(y)f(v)}{v}\dot{x}, \qquad \ddot{y} = -\frac{c(y)f(v)}{v}\dot{y} - g,$$

wobei $v := \sqrt{\dot{x}^2 + \dot{y}^2}$ verwendet wird. Mit geeigneten Funktionen c und f beschreibt $c(y)f(v)$ den Reibungswiderstand in der Höhe y.

Schreibt man dieses Differentialgleichungssystem in Polarkoordinaten ($\dot{x} = v\cos\vartheta$, $\dot{y} = v\sin\vartheta$), erhält man:

$$\begin{aligned}\frac{d}{d\vartheta}y(\vartheta) &= -\frac{v^2}{g}\tan\vartheta,\\ \frac{d}{d\vartheta}(v(\vartheta)\cos\vartheta) &= \frac{c(y)}{g}vf(\vartheta)).\end{aligned}$$

Die zweite Differentialgleichung heißt Differentialgleichung der äußeren Ballistik.

Differentialgleichung im Cartan-Kalkül, Formulierung einer Differentialgleichung im ↗Cartanschen Differentialkalkül. Sie bietet sich an, um eine dem Problem besser angepaßte Sicht zu erlangen, z. B. ist die Differentialgleichung

$$\frac{dy}{dx} = \frac{y}{x}$$

bei $x = 0$ nicht definiert. Die Formulierung $x\,dy = y\,dx$ umgeht diese Schwierigkeit.

Differentialgleichung mit getrennten Variablen, gewöhnliche Differentialgleichung erster Ordnung der Form

$$y'(x) \;=\; f(x)\,g(y(x)).$$

Wenn f und g stetig sind sowie $g(y) \neq 0$ ist, dann erhält man nach Division durch $g(y(x))$ und Integration die zur Differentialgleichung äquivalente Integral-Gleichung

$$G(y) := \int \frac{du}{g(u)} = \int f(t)dt .$$

Da G stetig differenzierbar und streng monoton ist, kann nach $y(x)$ aufgelöst werden, und man erhält mit einer Stammfunktion F von f als Lösung:

$$y(x) = (G^{-1} \circ F)(x) .$$

Dieses Verfahren wird Methode der Trennung der Variablen genannt.

Differentialgleichung mit nacheilendem Argument, *Differentialgleichung mit retardiertem Argument*, Differentialgleichung der Form

$$y'(x) = f(x, y(x - \tau(x))) \quad (x \in J) .$$

Dabei seien $\xi, a, b \in \mathbb{R}, a > 0, b > 0$ und τ eine in $J := [\xi, \xi + a]$ stetige Funktion mit $0 \leqq \tau(x) \leqq b$. Als „Anfangswerte" muß die Funktion y im Intervall $J_- := [\xi - b, \xi]$ bekannt sein. Ansonsten wäre die rechte Seite möglicherweise nicht definiert. Die Anfangsbedingung lautet also

$$y(x) = \phi(x) \text{ für } x \in J_-$$

mit einer gegebenen Funktion ϕ.

$y(\cdot - \tau(\cdot))$ wird als nacheilendes Argument der Differentialgleichung bezeichnet.

Sei f im Streifen $S := J \times \mathbb{R}$ stetig, τ mit $0 \le \tau(x) \le b$ $(x \in J)$ in J stetig, ϕ in J_- stetig. Dann gilt:

(a) Ist $\tau(x) > 0$ in J, dann existiert genau eine Lösung.

(b) Genügt f in S einer Lipschitzbedingung

$$|f(x, y) - f(x, z)| \le L|y - z|$$

mit $L \ge 0$, dann existiert genau eine Lösung, die sich durch sukzessive Approximation gewinnen läßt.

Differentialgleichung mit retardiertem Argument, ↗Differentialgleichung mit nacheilendem Argument.

Differentialgleichungssystem, System von mehreren Differentialgleichungen, die i. allg. nicht einzeln gelöst werden können.

Seien $G \subset \mathbb{R}^{n+1}$ ein Gebiet und $\mathbf{f} = (f_1, \dots, f_n)$ eine Abbildung. Sei weiterhin M die Menge aller differenzierbaren Abbildungen $\mathbf{y}(\cdot) = (y_1(\cdot), \dots, y_n(\cdot))$ von $\mathbb{R}$ nach $\mathbb{R}^n$, deren Definitionsbereich $\mathcal{D}(\mathbf{y}(\cdot))$ ein Intervall ist, und für die gilt: $(x, y_1(x), \dots, y_n(x)) \in G$ für $x \in \mathcal{D}(\mathbf{y}(\cdot))$.

Die Aussageform über M: $\mathbf{y}' = \mathbf{f}(x, \mathbf{y}(x))$ $(x \in \mathcal{D}(\mathbf{y}(\cdot)))$, ausgeschrieben

$$\begin{aligned}&(y_1', \dots, y_n') \\ &\quad = (f_1(x, y_1, \dots, y_n), \dots, f_n(x, y_1, \dots, y_n)),\end{aligned}$$

heißt System von n Differentialgleichungen erster Ordnung.

Es ist möglich, eine explizite Differentialgleichung (DGL) n-ter Ordnung in ein System von n Differentialgleichungen erster Ordnung zu transformieren, folglich auch ein System von Differentialgleichungen n-ter Ordnung in ein äquivalentes System erster Ordnung. Dagegen ist es nicht immer möglich, zu einem Differentialgleichungssystem von n Differentialgleichungen erster Ordnung eine äquivalente Differentialgleichung n-ter Ordnung zu finden.

Sei $G \subset \mathbb{R}^{n+1}$, $f : G \to \mathbb{R}$ eine Funktion und $y(\cdot)$ eine Lösung der DGL n-ter Ordnung

$$y^{(n)} = f(x, y, y', \dots, y^{(n-1)}) .$$

Setzt man $\mathbf{y}(x) := (y(x), y'(x), \dots, y^{(n-1)}(x))$ $\big(x \in \mathcal{D}(y(\cdot))\big)$, dann gilt:

$$\begin{aligned}\mathbf{y}'(x) &= (y'(x), y''(x), \dots, y^{(n-1)}, y^{(n)}(x)) \\ &= (y'(x), y''(x), \dots, y^{(n)}, \\ &\qquad f(x, y(x), \dots, y^{(n-1)}(x))).\end{aligned}$$

Mit

$$\begin{aligned}f_1(x, y_1, \dots, y_n) &:= y_2 \\ &\ \vdots \\ f_{n-1}(x, y_1, \dots, y_n) &:= y_n \\ f_n(x, y_1, \dots, y_n) &:= f(x, y_1, \dots, y_n)\end{aligned}$$

und $\mathbf{f} := (f_1, \dots, f_n) : G \to \mathbb{R}^n$ ist dann $\mathbf{y}(\cdot) = (y(\cdot), \dots, y^{(n-1)}(\cdot))$ Lösung des Differentialgleichungssystems

$$\mathbf{y}' = \begin{pmatrix} y_1' \\ \vdots \\ y_{n-1}' \\ y_n' \end{pmatrix} = \begin{pmatrix} y_2 \\ \vdots \\ y_n \\ f(x, y_1, \dots, y_n) \end{pmatrix} = \mathbf{f}(x, \mathbf{y}).$$

Es gilt auch umgekehrt: Ist $\mathbf{y}(\cdot) = (y_1(\cdot), \dots, y_n(\cdot))$ Lösung von $\mathbf{y}' = \mathbf{f}(x, \mathbf{y})$, dann ist $y(\cdot) := y_1(\cdot)$ Lösung von

$$y^{(n)} = f(x, y, y', \dots, y^{(n-1)}) .$$

Der Vorteil der Transformation einer DGL höherer Ordnung auf ein äquivalentes System von Differentialgleichungen erster Ordnung liegt in der Übertragbarkeit der Existenz- und Eindeutigkeitssätze sowie der Lösungsmethoden, die für Differentialgleichungen erster Ordnung bekannt sind.

Man nennt das Differentialgleichungssystem linear, wenn es sich in der folgenden Form schreiben läßt:

$$u'_1 = \sum_{i=1}^{n} a_{1i} u_i ,$$

$$\vdots$$

$$u'_n = \sum_{i=1}^{n} a_{ni} u_i .$$

Die a_{ij} sind hierbei i. allg. Funktionen. Sie werden die Koeffizienten des Differentialgleichungssystems genannt. Faßt man $((a_{ij}))$ als Matrix auf und setzt $\mathbf{u} := (u_1, \dots, u_n)$, so kann man das Differentialgleichungssystem in der Form

$$\mathbf{u}' = \begin{pmatrix} a_{11} & \dots & a_{1n} \\ \vdots & \ddots & \vdots \\ a_{n1} & \dots & a_{nn} \end{pmatrix} \mathbf{u}$$

schreiben. Für konstante Koeffizienten läßt sich die eindeutige Lösung eines entsprechenden Anfangswertproblems mit Hilfe der ↗Matrix-Exponentialfunktion schreiben.

Differentialkörper, ↗Differentialring.

Differentialoperator, im univariaten Fall Bezeichnung für die Abbildung

$$\mathrm{D} : C^1[a, b] \longrightarrow C[a, b] ,$$

die jeder Funktion $f \in C^1[a, b]$ ihre Ableitung $f' \in C[a, b]$ zuordnet, wobei $[a, b] \subset \mathbb{R}$ sei. Die Konstantenregel und die Summenregel (↗Differentiationsregeln) zeigen, daß der Differentialoperator linear ist. Versieht man $C^1[a, b]$ mit der Norm $\| \cdot \|_{C^1}$ und $C[a, b]$ mit der Norm $\| \cdot \|_\infty$, dann ist D stetig mit

$$\|\mathrm{D}\| \leq 1 .$$

Allgemeiner kann man für beschränkte offene $G \subset \mathbb{R}^n$ und $k \in \mathbb{N}$ die Banachräume $C^k(\overline{G})$ betrachten und die partiellen Differentialoperatoren

$$\sum_{|\alpha| \leq k} \varphi_\alpha \mathrm{D}^\alpha : C^k(\overline{G}) \longrightarrow C(\overline{G}) ,$$

wobei $|\alpha| = \alpha_1 + \dots + \alpha_n$ sei für einen Multiindex $\alpha = (\alpha_1, \dots, \alpha_n) \in \mathbb{N}_0^n$,

$$\mathrm{D}^\alpha f = \frac{\partial^{\alpha_1} \dots \partial^{\alpha_n}}{\partial x_1^{\alpha_1} \dots \partial x_n^{\alpha_n}} f$$

und $\varphi_\alpha \in C(\overline{G})$. Auch diese Differentialoperatoren sind linear und stetig. Noch weitergehende Verallgemeinerungen (Abstrahierungen) des Begriffs Differentialoperator sind ebenfalls gebräuchlich.

Differentialquotient, die auf Gottfried Wilhelm Leibniz zurückgehende Schreibweise der ↗Ableitung einer Funktion f an einer Stelle a in der Gestalt

$$f'(a) = \frac{df}{dx}(a) = \frac{d}{dx} f(a)$$

bzw.

$$f^{(n)}(a) = \frac{d^n f}{dx^n}(a) = \frac{d^n}{dx^n} f(a)$$

für die höheren Ableitungen von f. Bei Leibniz selbst sind schon die Schreibweisen

$$\frac{dy}{dx} \quad \text{bzw.} \quad \frac{d^n y}{dx^n}$$

zu finden, wobei y eine von x abhängige Größe ist. Der ↗Leibnizsche Differentialkalkül beschreibt den Umgang mit Differentialquotienten.

Differentialrechnung, Teilgebiet der Analysis, das sich beschäftigt mit der Frage der Differenzierbarkeit von Funktionen, dem Ermitteln der ↗Ableitungen differenzierbarer Funktionen (↗Differentiation, ↗Differentiationsregeln, ↗Differentiation der elementaren Funktionen) und den sich aus den Eigenschaften der Ableitungen einer Funktion ergebenden ↗lokalen Eigenschaften der Funktion, wie die Lage von ↗lokalen Extrema und das Krümmungsverhalten der Funktion.

Die Differentialrechnung wurde unabhängig voneinander ab 1665 von Isaac Newton als ↗Fluxionsrechnung und ab 1675 von Gottfried Wilhelm Leibniz als ↗Leibnizscher Differentialkalkül entwickelt. Während Newton die Schreibweise $\dot{y}$ für die Ableitung einer veränderlichen Größe y benutzte (die heute noch beispielsweise für zeitabhängige Funktionen in Gebrauch ist) und 1797 Joseph Louis Lagrange die heute übliche Bezeichnung f' für die Ableitung einer Funktion f einführte, geht auf Leibniz die anschaulichere Schreibweise als Differentialquotient $\frac{dy}{dx}$ zurück.

Sowohl Leibniz als auch Newton arbeiteten mit „unendlich kleinen“ Größen, die sie aber nicht sauber begründen konnten. Erst 1821 erfolgte durch Augustin-Louis Cauchy eine präzise Formulierung der Grundlagen der Differentialrechnung, indem er Ableitungen als Grenzwerte von ↗Differenzenquotienten definierte.

Differentialring, ein Paar (R, D), bestehend aus einem kommutativen Ring R mit Eins, der $\mathbb{Z}$ enthält, und einer Derivation D von R (↗Derivation eines Rings). Ist R ein Körper, so heißt (R, D) Differentialkörper.

Die Elemente $a \in R$ mit $D(a) = 0$ heißen Konstanten des Differentialrings. Die Konstanten bilden einen Differentialunterring von (R, D), der $\mathbb{Z}$ als Unterring enthält.

Differentialtyp, Typ eines (Polynom-)Operators. Ein solcher Operator ist vom Differentialtyp, falls er den Grad jedes Polynoms um genau Eins erniedrigt.

Differentialungleichung, Ungleichung, in der eine zu bestimmende Funktion und ihre Ableitungen auftreten. Zum Anfangswertproblem erster Ordnung

$$y' = f(x,y), \quad y(x_0) = y_0 \qquad (1)$$

mit stetigem $f : G \to \mathbb{R}$, $G \subset \mathbb{R}^2$ Gebiet und $(x_0, y_0) \in G$, betrachtet man die Differentialungleichung

$$u' < f(x,u) \quad , \quad u(x_0) < y_0 \,. \qquad (2)$$

Ist $y : I \to \mathbb{R}$ mit $I := [x_0, x_0 + a)$ Lösung von (1) und $u : I \to \mathbb{R}$ eine Lösung von (2), dann gilt

$$u(x) < y(x)$$

für $x \in I$. Lösungen von (2) heißen Unterfunktionen. Damit ist also eine Abschätzung nach unten für Lösungen von (1) gegeben. Eine analoge Aussage gilt für Abschätzungen nach oben, wobei die Lösungen von (2) dann Oberfunktionen heißen.

Differentiation, das Bilden der ↗Ableitung einer Funktion.

Ist $f : (a,b) \to \mathbb{R}$ eine Funktion und $x_0 \in (a,b)$, so heißt f differenzierbar in x_0, falls der Grenzwert

$$f'(x_0) = \lim_{x \to x_0} \frac{f(x) - f(x_0)}{x - x_0}$$

existiert. Die Berechnung der Ableitung f' heißt dann Differentiation. Für diesen fundamentalen Prozeß hat man eine ganze Reihe von in manchen Situationen hilfreichen Regeln (↗Differentiationsregeln, ↗Kettenregel) und Sätzen gefunden, die wir unter separaten Stichworteinträgen abhandeln. Man vergleiche etwa ↗Differentiation der elementaren Funktionen, ↗Differentiation der Summenfunktion einer Reihe, ↗Differentiation der Umkehrfunktion, ↗Differentiation der Grenzfunktion, ↗Differentiation impliziter Funktionen, ↗Differentiation von Potenzreihen.

Ist dagegen $U \subseteq \mathbb{R}^n$ offen und $f = (f_1, ..., f_m) : U \to \mathbb{R}^m$ eine Abbildung, so heißt f differenzierbar in einem Punkt $x_0 \in U$, falls es eine $(m \times n)$-Matrix $Df(x_0)$ und eine Restfunktion $R(x)$ gibt, so daß gilt:

$$f(x) = f(x_0) + Df(x_0) \cdot (x - x_0) + ||x - x_0|| \cdot R(x)$$

und $\lim_{x \to x_0} R(x) = 0$. In diesem Fall heißt $Df(x_0)$ die Funktionalmatrix oder auch Jacobimatrix von f im Punkt x_0. Man nennt dann die Berechnung der Funktionalmatrix Differentiation.

Differentiation der elementaren Funktionen, ist etwa möglich durch Untersuchen der Konvergenz des ↗Differenzenquotienten $\frac{f(x)-f(a)}{x-a}$ für $D \setminus \{a\} \ni x \to a$ für eine auf $D \subset \mathbb{R}$ definierte Funktion $f : D \to \mathbb{R}$, durch ↗Differentiation von Potenzreihen oder, bei den inversen Funktionen, durch Anwenden der Regel zur ↗Differentiation der Umkehrfunktion.

$f(x)$	$f'(x)$	$D_{f'}$	
c	0	$\mathbb{R}$	$(c \in \mathbb{R})$
x^n	nx^{n-1}	$\mathbb{R}$	$(n \in \mathbb{N})$
$\frac{1}{x^n}$	$-\frac{n}{x^{n+1}}$	$\mathbb{R} \setminus \{0\}$	$(n \in \mathbb{N})$
x^a	ax^{a-1}	$(0, \infty)$	$(a \in \mathbb{R})$
$\ln x$	$\frac{1}{x}$	$(0, \infty)$	
$\ln_a x$	$\frac{1}{x \ln a}$	$(0, \infty)$	$(1 \neq a \in (0, \infty))$
e^x	e^x	$\mathbb{R}$	
a^x	$a^x \ln a$	$\mathbb{R}$	$(a \in (0, \infty))$
$\sin x$	$\cos x$	$\mathbb{R}$	
$\cos x$	$-\sin x$	$\mathbb{R}$	
$\tan x$	$\frac{1}{\cos^2 x}$	$\mathbb{R} \setminus \{\frac{\pi}{2} + k\pi : k \in \mathbb{Z}\}$	
csc	$-\frac{\cos}{\sin^2}$	$\mathbb{R} \setminus \{k\pi : k \in \mathbb{Z}\}$	
sec	$\frac{\sin}{\cos^2}$	$\mathbb{R} \setminus \{\frac{\pi}{2} + k\pi : k \in \mathbb{Z}\}$	
$\cot x$	$-\frac{1}{\sin^2 x}$	$\mathbb{R} \setminus \{k\pi : k \in \mathbb{Z}\}$	
$\arcsin x$	$\frac{1}{\sqrt{1-x^2}}$	$(-1; 1)$	
$\arccos x$	$-\frac{1}{\sqrt{1-x^2}}$	$(-1; 1)$	
$\arctan x$	$\frac{1}{1+x^2}$	$\mathbb{R}$	
$\operatorname{arccsc} x$	$-\frac{1}{\lvert x\rvert\sqrt{x^2-1}}$	$\mathbb{R} \setminus [-1; 1]$	
$\operatorname{arcsec} x$	$\frac{1}{\lvert x\rvert\sqrt{x^2-1}}$	$\mathbb{R} \setminus [-1; 1]$	
$\operatorname{arccot} x$	$-\frac{1}{1+x^2}$	$\mathbb{R}$	
$\sinh x$	$\cosh x$	$\mathbb{R}$	
$\cosh x$	$\sinh x$	$\mathbb{R}$	
$\tanh x$	$\frac{1}{\cosh^2 x}$	$\mathbb{R}$	
$\operatorname{csch} x$	$-\frac{\cosh}{\sinh^2}$	$\mathbb{R} \setminus \{0\}$	
$\operatorname{sech} x$	$-\frac{\sinh}{\cosh^2}$	$\mathbb{R}$	
$\coth x$	$-\frac{1}{\sinh^2 x}$	$\mathbb{R} \setminus \{0\}$	
$\operatorname{arsinh} x$	$\frac{1}{\sqrt{x^2+1}}$	$\mathbb{R}$	
$\operatorname{arcosh} x$	$\frac{1}{\sqrt{x^2-1}}$	$(1, \infty)$	
$\operatorname{artanh} x$	$\frac{1}{1-x^2}$	$(-1, 1)$	
$\operatorname{arcsch} x$	$-\frac{1}{\lvert x\rvert\sqrt{x^2+1}}$	$\mathbb{R} \setminus \{0\}$	
$\operatorname{arsech} x$	$-\frac{1}{x\sqrt{1-x^2}}$	$(0, 1)$	
$\operatorname{arcoth} x$	$\frac{1}{1-x^2}$	$\mathbb{R} \setminus [-1, 1]$	

Für $a \in \mathbb{R}$ und $x \in \mathbb{R} \setminus \{a\}$ gilt z. B.

$$\frac{x^n - a^n}{x - a} = \sum_{k=1}^{n} x^{n-k} a^{k-1}$$

$$\to \sum_{k=1}^{n} a^{n-1} = n a^{n-1}$$

für $x \to a$, für die Funktion $f : \mathbb{R} \to \mathbb{R}, x \mapsto x^n$ ist also $f'(a) = na^{n-1}$ für $a \in \mathbb{R}$, woraus man durch gliedweise Differentiation auch die Ableitung von Polynomen erhält.

Die Differentiation weiterer aus elementaren Funktionen zusammengesetzter Funktionen und das Bestimmen höherer Ableitungen ist durch Anwenden der ↗Differentiationsregeln auf die Ableitungen einer ganzen Reihe von elementaren Funktionen möglich, die in einer Tabelle zusammengestellt sind.

Differentiation der Grenzfunktion, ist möglich, wenn die Folge der Ableitungen der Funktionen gleichmäßig konvergiert:

Es sei $-\infty < a < b < \infty$. Sind für $n \in \mathbb{N}$ die Funktionen $f_n : [a, b] \to \mathbb{R}$ differenzierbar, und ist $f : [a, b] \to \mathbb{R}$ mit $f_n(x) \to f(x)$ $(n \to \infty)$ für $x \in [a, b]$ und $\varphi : [a, b] \to \mathbb{R}$ mit $f_n'(x) \to \varphi(x)$ $(n \to \infty)$ gleichmäßig für $x \in [a, b]$, dann ist f differenzierbar und es gilt

$$f' = \varphi .$$

Hieraus erhält man auch Aussagen über die ↗Differentiation der Summenfunktion einer Reihe.

Differentiation der Summenfunktion einer Reihe, von Gaston Darboux im Jahre 1875 gefundener Satz, der besagt, daß die Summenfunktion einer Reihe differenzierbarer Funktionen differenzierbar ist und man die Ableitung durch gliedweises Differenzieren erhält, wenn die Reihe der Ableitungen gleichmäßig konvergiert.

Genauer gilt:

Es sei $-\infty < a < b < \infty$. Sind für $n \in \mathbb{N}$ die Funktionen $f_n : [a, b] \to \mathbb{R}$ differenzierbar, und ist $f : [a, b] \to \mathbb{R}$ mit

$$f(x) = \sum_{n=1}^{\infty} f_n(x)$$

für $x \in [a, b]$ und $\varphi : [a, b] \to \mathbb{R}$ mit

$$\varphi(x) = \sum_{n=1}^{\infty} f_n'(x)$$

gleichmäßig für $x \in [a, b]$, dann ist f differenzierbar und es gilt $f' = \varphi$.

Der Satz von Darboux folgt aus dem Satz über die ↗Differentiation der Grenzfunktion.

Differentiation der Umkehrfunktion, ist möglich an den Stellen, an denen die Funktion selbst differenzierbar und ihre Ableitung verschieden von Null ist.

Genauer: Ist $f : I \to \mathbb{R}$ eine auf einem Intervall $I \subset \mathbb{R}$ definierte, streng isotone oder streng antitone stetige Funktion, die an einer Stelle $a \in I$ differenzierbar ist mit $f'(a) \neq 0$, dann ist ihre (wegen der strengen Monotonie existierende) Umkehrfunktion f^{-1} differenzierbar in $f(a)$ mit

$$\left(f^{-1}\right)'(f(a)) = \frac{1}{f'(a)} \qquad (1)$$

bzw. mit $b = f(a)$:

$$\left(f^{-1}\right)'(b) = \frac{1}{f'\left(f^{-1}(b)\right)} .$$

Man erkennt dies auch unmittelbar durch Betrachten des Graphen von f (vgl. Abbildung): Der Übergang von f zu f^{-1} entspricht einer Spiegelung an der Hauptdiagonalen, weshalb die Steigung von f^{-1} an der Stelle $f(a)$ sich aus der von f an der Stelle a durch Kehrwertbildung ergibt.

Weiß man, daß die Funktion f^{-1} in $f(a)$ differenzierbar ist, so liefert auch die ↗Kettenregel die Formel zur Berechnung ihrer Ableitung: Es gilt nämlich $x = (f^{-1} \circ f)(x)$ für $x \in I$, also

$$1 = \left(f^{-1} \circ f\right)'(a) = \left(f^{-1}\right)'(f(a)) f'(a) ,$$

woraus (1) folgt für $f'(a) \neq 0$.

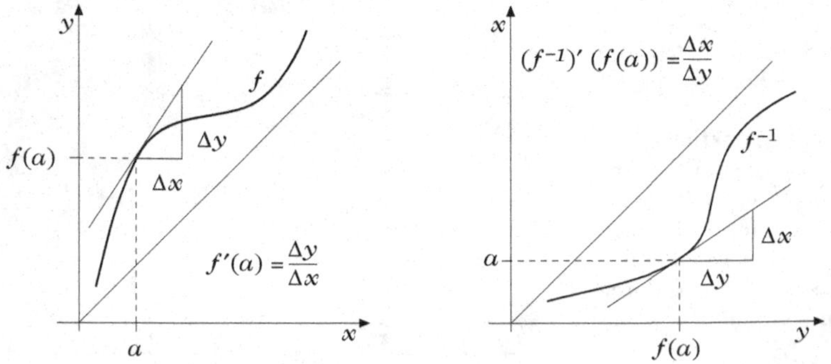

Zur Differentiation der Umkehrfunktion

Zum Beispiel ist die Funktion $\sin : [-\frac{\pi}{2}, \frac{\pi}{2}] \to [-1, 1]$ differenzierbar, streng isoton und surjektiv, und es ist $\sin' = \cos$. Somit gilt für die Umkehrfunktion $\arcsin : [-1, 1] \to [-\frac{\pi}{2}, \frac{\pi}{2}]$ für $y \in (-1, 1)$

$$\arcsin'(y) = \frac{1}{\sin'(\arcsin(y))} = \frac{1}{\sqrt{1-y^2}}.$$

Bei $f'(a) < 0$ bzw. $f'(a) > 0$ und Stetigkeit von f' in a ist f in einer Umgebung von a streng antiton bzw. isoton. Daher gilt: Ist $f : I \to \mathbb{R}$ eine auf einem Intervall $I \subset \mathbb{R}$ definierte differenzierbare Funktion, und ist f' stetig in a mit $f'(a) \neq 0$, dann gibt es eine Umgebung U von a so, daß die Einschränkung $f_{/U} : U \to f(U)$ bijektiv ist und $f'(x) \neq 0$ gilt für $x \in U$.

Die Umkehrfunktion $f_{/U}^{-1} : f(U) \to U$ ist differenzierbar, und es gilt

$$\left((f_{/U})^{-1}\right)'(f(x)) = (f'(x))^{-1} \qquad (2)$$

für $x \in U$. Bei der Verallgemeinerung dieser Aussagen von $\mathbb{R}$ auf $\mathbb{R}^n$ mit $n > 1$ wird aus der Kehrwertbildung das Invertieren von $(n \times n)$-Matrizen, die Bedingung $f'(a) \neq 0$ geht über in die Invertierbarkeit der Jacobi-Matrix $f'(a)$ von f an der Stelle a, und man erhält den Satz über die Differentiation der Umkehrfunktion:

Ist $f : G \to \mathbb{R}^n$ eine auf einer offenen Menge $G \subset \mathbb{R}^n$ definierte stetig differenzierbare Abbildung, die an der Stelle $a \in G$ eine invertierbare Ableitung $f'(a)$ besitzt, dann gibt es eine offene Umgebung $U \subset G$ von a so, daß $f(U)$ eine offene Umgebung von $f(a)$ und die Einschränkung $f_{/U} : U \to f(U)$ bijektiv ist und $f'(x)$ invertierbar für $x \in U$.

Die Umkehrfunktion

$$(f_{/U})^{-1} : f(U) \to U$$

ist stetig differenzierbar (d. h. $f_{/U}$ ist ein ↗Diffeomorphismus), und es gilt die Formel (2).

Verallgemeinerungen dieses Satzes liefern Aussagen über C^k-Diffeomorphismen.

Differentiation impliziter Funktionen, ist mit Hilfe partieller Ableitungen möglich unter folgenden Voraussetzungen, die etwas schwächer sind als diejenigen des Satzes über implizite Funktionen:

Es seien $X \subset \mathbb{R}^p$ und $Y \subset \mathbb{R}^q$ nicht-leere offene Mengen, sowie $x_0 \in X$ und $y_0 \in Y$. Die Funktion $F : X \times Y \to \mathbb{R}^q$ sei differenzierbar in (x_0, y_0) und erfülle $F(x_0, y_0) = 0$. Schließlich sei die $(q \times q)$-Matrix

$$\frac{\partial F}{\partial y}(x_0, y_0)$$

der ↗partiellen Ableitungen invertierbar.

Gibt es dann Umgebungen $U \subset X$ von x_0 und $V \subset Y$ von y_0 und eine stetige Funktion $f : U \to V$ mit $f(x_0) = y_0$ und

$$F(x, f(x)) = 0$$

für $x \in U$ (dies ist nach dem Satz über implizite Funktionen bei stetig differenzierbarem F der Fall), dann ist f an der Stelle x_0 differenzierbar mit

$$f'(x_0) = -\left(\frac{\partial F}{\partial y}(x_0, y_0)\right)^{-1} \frac{\partial F}{\partial x}(x_0, y_0).$$

Differentiation von Potenzreihen, ist im Inneren ihres Konvergenzbereichs möglich und gliedweise durchzuführen:

Ist (a_n) eine Folge reeller oder komplexer Zahlen und $x_0 \in \mathbb{R}$ bzw. $\in \mathbb{C}$, und hat die Potenzreihe

$$\sum_{n=0}^{\infty} a_n (x - x_0)^n$$

den Konvergenzradius $R \in (0, \infty]$, dann hat auch die Potenzreihe

$$\sum_{n=1}^{\infty} n a_n (x - x_0)^{n-1}$$

den Konvergenzradius R, und die für $|x - x_0| < R$ durch

$$f(x) = \sum_{n=0}^{\infty} a_n (x - x_0)^n$$

definierte Funktion $f : U_{x_0}^R \to \mathbb{R}$ ist differenzierbar mit

$$f'(x) = \sum_{n=1}^{\infty} n a_n (x - x_0)^{n-1}.$$

Da z. B. die Potenzreihe

$$\exp(x) = \sum_{n=0}^{\infty} \frac{x^n}{n!}$$

der ↗Exponentialfunktion $\exp : \mathbb{C} \to \mathbb{C}$ den Konvergenzradius ∞ hat, erhält man für $x \in \mathbb{C}$

$$\exp'(x) = \sum_{n=1}^{\infty} n \frac{x^{n-1}}{n!} = \sum_{n=0}^{\infty} \frac{x^n}{n!} = \exp(x).$$

Differentiation zusammengesetzter Funktionen, ↗Kettenregel.

Differentiationsregeln, wichtige Regeln in der (elementaren) Analysis und Funktionentheorie.

Die Differentiationsregeln beschreiben, wie sich die Ableitungen von zusammengesetzten Funktionen aus den Ableitungen der Teilfunktionen berechnen lassen.

Dazu gehören, jeweils unter geeigneten Voraussetzungen, die Konstantenregel

$$(cf)' = cf',$$

die Summenregel bzw. Differenzenregel

$$(f \pm g)' = f' \pm g',$$

die Produktregel

$$(fg)' = f'g + fg'$$

mit der in eingängiger Schreibweise notierten Verallgemeinerung

$$\frac{(f_1 \cdot \dots \cdot f_n)'}{f_1 \cdot \dots \cdot f_n} = \frac{f_1'}{f_1} + \dots + \frac{f_n'}{f_n},$$

die Quotientenregel

$$\left(\frac{f}{g}\right)' = \frac{f'g - fg'}{g^2}$$

mit der Reziprokenregel

$$\left(\frac{1}{f}\right)' = -\frac{f'}{f^2}$$

als Spezialfall, die Kettenregel für Funktionen einer Variablen,

$$(f \circ g)' = (f' \circ g)\, g',$$

d. h. $(f \circ g)'(x) = f'(g(x))\, g'(x)$, und für Funktionen mehrerer Variablen,

$$F'(t) = \sum_{k=1}^{n} \left(\frac{\partial}{\partial x_k} f(x_1(t), \dots, x_n(t))\right) x_k'(t)$$

für $F(t) = f(x_1(t), \dots, x_n(t))$, und die Inversenregel für die ↗Differentiation der Umkehrfunktion,

$$(f^{-1})' = (f')^{-1},$$

d. h. $(f^{-1})'(y) = \big(f'(x)\big)^{-1}$ für $y = f(x)$.

Besonders einprägsame Darstellungen haben die Differentiationsregeln im ↗Leibnizschen Differentialkalkül.

Die Konstantenregel und die Summenregel besagen zusammen die Linearität des ↗Differentialoperators. Mit diesen Regeln und den sich aus der ↗Differentiation der elementaren Funktionen ergebenden Ableitungen lassen sich auch Zusammensetzungen der elementaren Funktionen differenzieren. Mit Kettenregel und Produktregel erhält man beispielsweise die Aussage

$$\left(e^{(x^2)} \sin x\right)' = 2x\, e^{(x^2)} \sin x + e^{(x^2)} \cos x.$$

Differenzgewichte, ↗Translationsvektor.

Differentiator, ↗Differenziergerät.

Differentielle Geradengeometrie

H. Gollek

Die differentielle Geradengeometrie ist die Differentialgeometrie im Raum $\widetilde{E}^{(3,1)}(\mathbb{R})$ aller gerichteten Geraden des $\mathbb{R}^3$.

Die Menge $\widetilde{E}^{(3,1)}(\mathbb{R})$ ist eine differenzierbare Mannigfaltigkeit der Dimension 4 (↗Differentialgeometrie). Von den vielen Möglichkeiten, ihre Mannigfaltigkeitsstruktur zu definieren, erwähnen wir nur die folgende Konstruktion, deren Resultat eine Identifizierung von $\widetilde{E}^{(3,1)}(\mathbb{R})$ mit einer vierdimensionalen Untermannigfaltigkeit von $\mathbb{D}^3$ ist, dem aus allen Tripeln ↗dualer Zahlen bestehenden Raum.

Jede gerichtete Gerade $\mathcal{G} \subset \mathbb{R}^3$ besitzt eine Parametergleichung der Form $\alpha(t) = P + t\,\mathfrak{a}$, in der der Richtungsvektor $\mathfrak{a}$ durch die Forderung $|\mathfrak{a}| = 1$ eindeutig bestimmt ist. Man setzt $\mathfrak{b} = \mathfrak{a} \times \overrightarrow{0P}$ und definiert durch $i(\mathcal{G}) = \mathfrak{a} + \varepsilon\,\mathfrak{b} \in \mathbb{D}^3$ eine injektive Abbildung i von $\widetilde{E}^{(3,1)}(\mathbb{R})$ in den Raum $\mathbb{R}^6$, der durch die Zuordnung $(a_1, a_2, a_3, b_1, b_2, b_3) = (\mathfrak{a}, \mathfrak{b}) \in \mathbb{R}^3 \to \mathfrak{a} + \varepsilon\,\mathfrak{b} = (a_1 + \varepsilon\, b_1, a_2 + \varepsilon\, b_2, a_3 + \varepsilon\, b_3) \in \mathbb{D}^3$ mit dem Raum $\mathbb{D}^3$ identifiziert wird.

Die Bildmenge $i\big(\widetilde{E}^{(3,1)}(\mathbb{R})\big)$ besteht aus allen dualen Vektoren $\mathfrak{a} + \varepsilon\,\mathfrak{b}$ mit $|\mathfrak{a}| = 1$ und $\mathfrak{a} \cdot \mathfrak{b} = 0$, d. h., $\mathfrak{a}$ durchläuft die Sphäre $S^2 \subset \mathbb{R}^3$ und $\mathfrak{b}$ die Tangentialebene $T_{\mathfrak{a}}(S^2)$, so daß $\widetilde{E}^{(3,1)}(\mathbb{R})$ bei der Abbildung i auf die disjunkte Vereinigung aller Tangentialräume $T_{\mathfrak{a}}(S^2)$, das Tangentialbündel $T(S^2)$ von S^2, abgebildet wird.

Die Abbildung i ist injektiv und das Urbild

$$i^{-1}(\mathfrak{a} + \varepsilon\,\mathfrak{b})$$

eines dualen Vektors $\mathfrak{a} + \varepsilon\,\mathfrak{b} \in T(S^2)$ ist die Gerade, die aus allen Punkten $X \in \mathbb{R}^3$ besteht, die die Gleichung $\{\overrightarrow{0X} \mid \overrightarrow{0X} \times \mathfrak{a} = \mathfrak{b}\}$ erfüllen. $\widetilde{E}^{(3,1)}(\mathbb{R})$ kann man daher mit $T(S^2)$ identifizieren.

Ausgehend von der durch

$$(\mathfrak{a}_1 + \varepsilon\,\mathfrak{b}_1) \cdot (\mathfrak{a}_2 + \varepsilon\,\mathfrak{b}_2) = \mathfrak{a}_2 \cdot \mathfrak{a}_2 + 2\,\varepsilon\,\mathfrak{a} \cdot \mathfrak{b}$$

definierten bilinearen Ausdehnung des Skalarproduktes des $\mathbb{R}^3$ auf $\mathbb{D}^3$ gelangt man zu dualen Verallgemeinerungen von Begriffen der elementaren Geometrie, wie z. B. dualer Abstand, dualer Winkel oder duale orthogonale Gruppe $O(3, \mathbb{D})$.

Im Zusammenhang mit den dualen Zahlen wird $T(S^2)$ als Teilmenge von $\mathbb{D}^3$ auch duale Sphäre genannt und mit $S^2_{\mathbb{D}}$ bezeichnet, weil die Bedingungen $\mathfrak{a} \cdot \mathfrak{a} = 1$ und $\mathfrak{a} \cdot \mathfrak{b} = 0$ gleichwertig dazu sind, daß das duale Salarprodukt $(\mathfrak{a} + \varepsilon\, \mathfrak{b}) \cdot (\mathfrak{a} + \varepsilon\, \mathfrak{b})$ den Wert 1 hat.

Auch in den Begriffen des dualen Winkels und der dualen orthogonalen Gruppe $O(3, \mathbb{D})$ spiegeln sich geometrische Lagebeziehungen der Geraden wider. Der duale Abstand zweier Geraden $\mathfrak{A}_1 = \mathfrak{a}_1 + \varepsilon\, \mathfrak{b}_1$ und $\mathfrak{A}_2 = \mathfrak{a}_2 + \varepsilon\, \mathfrak{b}_2$ ist die duale Zahl $a + \varepsilon\, b = \mathfrak{A}_1 \cdot \mathfrak{A}_2$, deren Realteil a der Cosinus des von Geraden eingeschlossenen Winkels und deren Dualteil b ihr senkrechter Abstand ist.

Es gibt einen Isomorphismus $I : \widetilde{E}(3, \mathbb{R}) \longrightarrow O(3, \mathbb{D})$ der Gruppe $\widetilde{E}(3, \mathbb{R})$ der orientierungserhaltenden Euklidischen Bewegungen auf $O(3, \mathbb{D})$. Dieser ist äquivariant in Hinsicht auf Euklidische Bewegungen in $\mathbb{R}^3$ und duale orthogonale Transformationen von $\widetilde{E}(3, \mathbb{R})$. In mathematischer Formelsprache wird diese Äquivarianz durch die Gleichung $i\,(g(\mathcal{G})) = I(g)\,(g(\mathcal{G}))$ ausgedrückt, die für jede Euklidische Bewegung $g \in \widetilde{E}(3, \mathbb{R})$ und jede Gerade $\mathcal{G} \in \widetilde{E}^{(3,1)}(\mathbb{R})$ gilt. Diese Algebraisierung der Liniengeometrie geht auf Eduard Study zurück. Sie ist als Übertragungsprinzip von Study bekannt.

Noch vor Study hat J. Plücker (1801–1868) erste algebraische Untersuchungen von $\widetilde{E}(3, \mathbb{R})$ durchgeführt. W. R. Hamilton (1805–1865) hat die Geradengeometrie im Zusammenhang mit der geometrischen Optik entwickelt. E. Kummer (1810–1893) hat grundlegende Forschungen zur Differentialgeometrie der Kurven, Flächen und dreidimensionalen Untermannigfaltigkeiten von $\widetilde{E}(3, \mathbb{R})$ geleistet. Diese haben enge Beziehungen zur Flächentheorie: Eine Regelfläche ist eine eindimensionale Untermannigfaltigkeit von $\widetilde{E}(3, \mathbb{R})$. Zweidimensionale Untermannigfaltigkeiten von $\widetilde{E}(3, \mathbb{R})$ heißen Strahlensysteme, Untermannigfaltigkeiten der Dimension 3 Geraden- oder Linienkomplexe. Letztere sind nicht in gleichem Umfang wie Strahlensysteme untersucht worden.

Strahlensysteme begegnen uns in der Optik als Bündel von Lichtstrahlen, die z. B. aus einer punktförmigen Lichtquelle austreten und nach wiederholter Brechung oder Reflexion an gekrümmten Flächen in verschiedene Richtungen auseinander streben. Andere Beispiele liefern die Normalensysteme, die aus der Schar aller Normalen einer 2-dimensionalen Fläche des $\mathbb{R}^3$ bestehen.

Jedes Stahlensystem $\mathcal{S}$ bestimmt als ↗differentielle Invarianten durch geometrische Konstruktionen eine Reihe von Flächen des $\mathbb{R}^3$, die jedoch häufig singuläre Punkte und Linien aufweisen. Legt man durch einen Strahl $S \in \mathcal{S}$ eine eindimensionale Untermannigfaltigkeit $\mathcal{R}$, so wird diese als Regelfläche angesehen und bestimmt auf S einen sog. Kehlpunkt. Dieser hängt nur von der Richtung des Tangentialvektors von $\mathcal{R}$ in S ab. Da die Menge dieser Richtungen kompakt ist, ist die Menge dieser Kehlpunkte ein kompaktes Intervall auf $\mathcal{S}$. Seine Endpunkte K_1 und K_2 heißen die Grenzpunkte. Wenn S ganz $\mathcal{S}$ durchläuft, so durchlaufen K_1 und K_2 zwei Flächen, die sogenannten Grenzflächen von $\mathcal{S}$. Als Mittelpunkt des Strahls S definiert man den Mittelpunkt der Verbindungsstrecke von K_1 und K_2 und die Mittenfläche von $\mathcal{S}$ als Menge aller Mittelpunkte der Strahlen.

Einen großen Beispielvorrat für Strahlensysteme liefert die Konstruktion der Evolutenfläche einer gegebenen Fläche $\mathcal{F} \subset \mathbb{R}^3$. Diese besteht aus zwei Mänteln von $\mathcal{F}$, d. h., aus zwei Flächen M_1 und M_2, die in Analogie zur ↗Evolute einer Kurve durch Antragen des mit den Hauptkrümmungen k_1 bzw. k_2 multiplizierten Normalenvektors $k_1\, \mathfrak{n}(P)$ bzw. $k_2\, \mathfrak{n}(P)$ an die Punkte $P \in \mathcal{F}$ entstehen. Für die Mäntel M_1 und M_2 erhält man die Parameterdarstellung

$$M_i = \left\{P + k_i\, \mathfrak{n}(P); P \in \mathcal{F}\right\},$$

$i \in \{1, 2\}$, und die zugehörige Flächenabbildung l ordnet dem Punkt $P + k_1\, \mathfrak{n}(P) \in M_1$ den Punkt $P + k_2\, \mathfrak{n}(P) \in M_1$ zu.

Anwendungen für nichtlineare partielle Differentialgleichungen haben durch die Theorie der Bäcklundtransformationen sogenannte Geradenkongruenzen. Das sind Strahlensysteme $\mathcal{S}$, zu denen es zwei Flächen $\mathcal{F}_1, \mathcal{F}_2 \subset \mathbb{R}^3$ und eine Flächenabbildung $l : \mathcal{F}_1 \longrightarrow \mathcal{F}_2$ derart gibt, daß $\mathcal{S}$ aus allen Verbindungsgeraden $\mathcal{G}_P$ der Punkte $P \in \mathcal{F}_1$ mit ihren Bildpunkten $l(P) \in \mathcal{F}_2$ besteht. Außerdem wird verlangt, daß $\mathcal{G}_P$ beide Flächen $\mathcal{F}_1$ und $\mathcal{F}_2$ in den Punkten P bzw $l(P)$ tangiert, d. h., im Durchschnitt der Tangentialebenen $T_P(\mathcal{F}_1)$ und $T_{l(P)}(\mathcal{F}_2)$ liegt. $\mathcal{F}_1$ und $\mathcal{F}_2$ heißen dann die Brennflächen von $\mathcal{S}$.

Eine Geradenkongruenz $l : \mathcal{F}_1 \longrightarrow \mathcal{F}_2$ heißt pseudosphärisch, wenn die Länge des Verbindungsvektors $\left|\overrightarrow{P\,l(P)}\right|$ und der Winkel, den die Flächennormalen von $\mathcal{F}_1$ und $\mathcal{F}_1$ in den Punkten P bzw. $l(P)$ einschließen, nicht von P abhängen.

Pseudosphärische Kongruenzen stehen in engem Zusammenhang mit Flächen konstanter negativer Krümmung des $\mathbb{R}^3$, sogenannten Pseudosphären.

Es gelten die folgenden Bäcklundschen Sätze:

Die Brennflächen einer peudosphärischen Kongruenz haben konstante negative Gaußsche Krümmung.

Ist umgekehrt eine Fläche $\mathcal{F}$ konstanter negativer Gaußscher Krümmung $k_0 < 0$ gegeben, so existieren eine einparametrische Schar $\mathcal{F}_\lambda$ von Flächen *derselben konstanten Krümmung und eine Schar $l_\lambda : \mathcal{F} \longrightarrow \mathcal{F}_\lambda$ pseudosphärischer Kongruenzen.*

Eine parametrische Beschreibung eines Strahlensystems $\mathcal{S}$ erhält man durch Wahl eines Punktes $P(u,v)$ und eines Richtungsvektors $\mathfrak{e}(u,v)$ der Länge 1 auf jeder Geraden. Die beiden Abbildungen $P, \mathfrak{e} : \mathbb{R}^2 \longrightarrow \mathbb{R}^3$ werden als differenzierbar vorausgesetzt. Kummer hat die beiden nach ihm benannten Fundamentalformen

$$I_K = \begin{pmatrix} E_K & F_K \\ F_K & G_K \end{pmatrix} = \begin{pmatrix} P_u \cdot P_u & P_u \cdot P_v \\ P_v \cdot P_u & P_v \cdot P_v \end{pmatrix}$$

und

$$II_K = \begin{pmatrix} L_K & M'_K \\ M''_K & N_K \end{pmatrix} = \begin{pmatrix} P_u \cdot \mathfrak{x}_u & P_u \cdot \mathfrak{x}_v \\ P_v \cdot \mathfrak{x}_u & P_v \cdot \mathfrak{x}_v \end{pmatrix}$$

eingeführt, die eine gewisse Verwndtschaft zur ersten und zweiten Fundamentalform der Flächentheorie haben. Beispielsweise lassen sich mit Ihrer Hilfe Normalensysteme durch die Gleichung $M'_K = M''_K$ charakterisieren. Aus dieser Beziehung leitet man den für die Geometrische Optik wichtigen Satz von Malus-Dupin her:

Erleidet ein Normalensystem eine Brechung oder Reflektion an einer regulären Fläche, so bleibt es stets ein Normalensystem.

Die Fundamentalformen von Kummer bestimmen ein Strahlensystem $\mathcal{S}$ nicht eindeutig bis auf Kongruenz. Bessere Eigenschaften haben die Grundformen von Sannia: Man betrachte $\mathcal{S}$ als 2-dimensionale Fläche in $S^2_{\mathbb{D}} \subset \mathbb{D}^3$ mit einer Parameterdarstellung

$$\mathfrak{A}(u,v) = \mathfrak{a}(u,v) + \varepsilon\, \mathfrak{b}(u,v)$$

und bilde in Analogie zur ersten Gaußschen Fundamentalform die dualen Zahlen $E_{\mathbb{D}} = \mathfrak{A}_u \cdot \mathfrak{A}_u$, $F_{\mathbb{D}} = \mathfrak{A}_u \cdot \mathfrak{A}_v$ und $G_{\mathbb{D}} = \mathfrak{A}_v \cdot \mathfrak{A}_u$. Real- und Dualteil dieser Größen bilden die erste bzw. zweite Grundform von Sannia. Für die Untersuchung von Strahlensystemen haben sie ähnliche Bedeutung, wie die erste und die zweite Gaußsche Fundamentalform für die Flächentheorie.

Literatur

[1] Blaschke, W,: Vorlesungen über Differentialgeometrie, Band I: Elementare Differentialgeometrie, 4.Auflage. Springer-Verlag Berlin, 1945.

[2] Kommerell, V. ; Kommerell, K.: Spezielle Flächen und Theorie der Strahlensysteme. G. J. Göschen'sche Verlagshandlung Leipzig, 1913.

[3] Zindler, K.: Liniengeometrie mit Anwendungen Bd. I u. II. G.J. Göschen'sche Verlagshandlung Leipzig, 1906.

---

differentielle Invariante, in der klassischen Differentialgeometrie eine Funktion $\mathcal{I}(P)$ der Punkte P einer Fläche $\mathcal{F}$ oder Kurve C, die durch fest definierte algebraische (wie Addition oder Multiplikation) oder allgemeinere Operationen aus den Ableitungen der Koordinatenfunktionen von $\mathcal{F}$ bzw. C gebildet wird, und weder von der jeweiligen Parameterdarstellung noch von der Lage im Raum abhängt.

Ist $q : \mathbb{R}^3 \longrightarrow \mathbb{R}^3$ eine beliebige Euklidische Bewegung, und drückt man die Abhängigkeit der Invariante von der Fläche durch Anhängen eines Indexes in der Form $\mathcal{I}_F(P)$ aus, so soll

$$\mathcal{I}_F(P) = \mathcal{I}_{q(F)}(q(P))$$

für alle Flächen $\mathcal{F}$ und alle Punkte $P \in F$ gelten. Sind ferner $(\xi(u,v), \eta(u,v), \eta(u,v))$ die Koordinaten einer Parameterdarstellung von $\mathcal{F}$, so hat $\mathcal{I}_F(P)$ die Form

$$\mathcal{I}_F = \mathcal{F}(\xi, \eta, \zeta, \xi_u, \eta_u, \zeta_u, \xi_v, \eta_v, \zeta_v, \xi_{uu}, \xi_{uv}, \dots)$$

mit einer gewissen differenzierbaren Funktion $\mathcal{F}$ der Ableitungen von ξ, η und ζ. Die Forderung der Invarianz gegenüber Koordinatentransformationen besteht also in der Bedingung

$$\mathcal{F}(\xi, \eta, \zeta, \xi_u, \eta_u, \zeta_u, \xi_v, \eta_v, \zeta_v, \xi_{uu}, \xi_{uv}, \dots)$$
$$= \mathcal{F}(\xi', \eta', \zeta', \xi'_u, \eta'_u, \zeta'_u, \xi'_v, \eta'_v, \zeta'_v, \xi'_{uu}, \xi'_{uv}, \dots),$$

wenn $(\xi`, \eta`, \zeta`)$ ein zweites reguläres Koordinatensystem von $\mathcal{F}$ ist.

Ähnlich werden die Invarianzbedingungen für differentielle Invarianten von Kurven konkretisiert. Der Grad der höchsten in $\mathcal{F}$ auftretenden Ableitung heißt die Ordnung von $\mathcal{I}$.

Beispiele sind die Bogenlänge, Krümmung und Windung von Kurven.

Sind $\mathcal{I}_1$, $\mathcal{I}_2$ zwei differentielle Invarianten und ist $f(i_1, i_2)$ eine beliebige differenzierbare Funktion zweier Veränderlicher, so ist auch die durch $\mathcal{I}(P) = f\left(\mathcal{I}_1(P), \mathcal{I}_2(P)\right)$ definierte zusammengesetzte Funktion eine differentielle Invariante.

differentieller Wirkungsquerschnitt, ↗ Boltzmannscher Stoßterm.

Differentiograph, mechanisches Gerät, das die Differentialkurve, d. h. die erste Ableitung y' beim Befahren einer gezeichnet voliegenden gegebenen Kurve $y = f(x)$ zeichnet (↗ Differenziergerät).

Differenz, Ergebnis einer ↗ Subtraktion.

Differenz unscharfer Mengen, ↗ Fuzzy-Arithmetik.

Differenzen, dividierte, ↗ dividierte Differenzen.

Differenzendifferentialgleichung, Kombination einer Differenzen- und einer Differentialgleichung, meist als ↗Differentialgleichung mit nacheilendem Argument auftretend.

Ein wichtiges Anwendungsgebiet ist die (biologische) Modellbildung. Hier ist von Transportprozessen, chemischen Zwischenstufen, oder Reifeperioden oft nur bekannt, daß sie Verzögerungen bewirken. Diese werden dann in Differentialgleichungen inkorporiert, die damit unendlichdimensionale dynamische Systeme werden.

Differenzenfilter, Hochpaßfilter h, der niedrige Frequenzen in einem Signal unterdrückt.

Er ist dadurch charakterisiert, daß die Summe seiner Koeffizienten identisch Null ist. Differenzenfilter können als Approximation an erste Ableitungen interpretiert werden. Beispiele von Differenzenfiltern in der Bildverarbeitung sind der Sobel-Operator mit

$$h = \frac{1}{6}\begin{pmatrix} 1 & 0 & -1 \\ 2 & 0 & -2 \\ 1 & 0 & -1 \end{pmatrix}$$

und der Prewitt-Operator mit

$$h = \frac{1}{6}\begin{pmatrix} 1 & 0 & -1 \\ 1 & 0 & -1 \\ 1 & 0 & -1 \end{pmatrix}.$$

Differenzenfolge, die Folge der Differenzen einer gegebenen Folge, also zu (a_n) die Folge

$$(a_{n+1} - a_n)\,.$$

Differenzengleichung, Beziehung zwischen einer Funktion y, ihrer Variablen x und einer Anzahl von Differenzen dieser Funktion der Form

$$F\big(x, y(x), \Delta y(x), \dots, \Delta^n y(x)\big) = 0 \qquad (1)$$

mit dem ↗Differenzenoperator Δ.

Die Gleichung (1) kann durch Transformation in die Gestalt

$$G\big(x, y(x), y(x+1), \dots, y(x+n)\big) \;=\; 0$$

gebracht werden. Diese Gleichung ist von n-ter Ordnung, falls $y(x) \neq 0$ und $y(x+n) \neq 0$. Kann man sie aber in die Form

$$G\,(x, y(x+m), \dots, y(x+n)) \;=\; 0$$

mit $1 < m < n$ bringen, so heißt die Zahl $n - m$ die Ordnung dieser Gleichung.

Im Gegensatz zu der Differentialgleichung n-ter Ordnung ist die Ordnung einer Differenzengleichung also nicht immer gleich der Ordnung des höchsten Differenzenoperators.

Differenzengruppe, die eine kommutative reguläre Halbgruppe $(H, +)$ umfassende kommutative Gruppe $(G, +, 0_G)$ mit der Eigenschaft, daß jedes Element aus G die Differenz zweier Elemente aus H ist. Um G zu erhalten, erklärt man durch

$$(a, b) \sim (c, d) \;:\Longleftrightarrow\; a + d = c + b$$

eine Äquivalenzrelation auf $H \times H$ und definiert G als die Menge der Äquivalenzklassen $\langle a, b\rangle$ zu Paaren $(a, b) \in H \times H$. Für $(a_1, b_1) \sim (a_2, b_2)$ und $(c_1, d_1) \sim (c_2, d_2)$ gilt

$$(a_1 + c_1, b_1 + d_1) \;\sim\; (a_2 + c_2, b_2 + d_2),$$

d. h. die Definition

$$\langle a, b\rangle + \langle c, d\rangle \;:=\; \langle a + c, b + d\rangle$$

ist sinnvoll. Ebenso ist wegen $(a, a) \sim (b, b)$ für alle $a, b \in H$ die Definition $0_G := \langle a, a\rangle$ mit einem beliebigen $a \in H$ sinnvoll. Die Abbildung $+ : G \times G \to G$ ist kommutativ, hat 0_G als neutrales Element und zu $\langle a, b\rangle \in G$ das Inverse $-\langle a, b\rangle := \langle b, a\rangle$. Somit ist $(G, +, 0_G)$ eine kommutative Gruppe.

Die Abbildung

$$\phi \;:\; H \ni a \;\longmapsto\; \langle a + a, a\rangle \in G$$

bettet die Halbgruppe H in die Gruppe G ein. Für $\langle a, b\rangle \in G$ gilt $\langle a, b\rangle = \phi(a) - \phi(b)$, d. h. jedes Element aus G ist Differenz zweier Elemente aus H. Falls es in $(H, +)$ schon ein neutrales Element 0_H gibt, dann gilt $(a + a, a) \sim (a, 0_H)$ für $a \in H$, also $\phi(a) = \langle a, 0_H\rangle$ und insbesondere $\phi(0_H) = \langle 0_H, 0_H\rangle = 0_G$.

Ist $(H, +, 0_H)$ sogar eine Gruppe, dann gilt $\phi(-a) = -\phi(a)$ für $a \in H$, und ϕ ist surjektiv, d. h. die Gruppen H und G sind isomorph. Auf ähnliche Weise konstruiert man Quotientenkörper zu Integritätsringen.

Differenzenmenge, Teilmenge D einer (additiv geschriebenen) Gruppe G, so daß sich jedes von Null verschiedene Gruppenelement auf genau λ Weisen in der Form $d_1 - d_2$ mit $d_1, d_2 \in D$ schreiben läßt.

Ist $|G| = v$ und $|D| = k$, so spricht man auch von einer (v, k, λ)-Differenzenmenge.

Ist D eine (v, k, λ)-Differenzenmenge in einer Gruppe G, so ist

$$(G, \{D + g \mid g \in G\})$$

ein ↗Blockplan mit Parametern (v, k, λ).

Die wichtigsten Beispiele erhält man mit $G = \mathbb{Z}_v$. Ist etwa $G = \mathbb{Z}_7$, so ist $\{1, 2, 4\}$ eine $(7, 3, 1)$-Differenzenmenge. Der zugehörige Blockplan ist die ↗Fano-Ebene. Blockpläne, die sich durch eine Differenzenmenge über $\mathbb{Z}_v$ beschreiben lassen, haben eine ↗Singer-Gruppe.

Differenzenmethode, ↗Differenzenverfahren.

Differenzenoperator, Operator, der auf Funktionen $y : \mathbb{R} \to \mathbb{R}$ in folgender Weise wirkt.

Sei $\Delta x > 0$ gegeben, dann definiert man rekursiv

$$\Delta y(x) := y(x + \Delta x) - y(x)$$
$$\Delta^n y(x) := \Delta\left(\Delta^{n-1} y(x)\right)$$

Δ^n heißt Differenzenoperator n-ter Ordnung.

Setzt man o.B.d.A. $\Delta x = 1$, so ist

$$\Delta^n y(x) = \sum_{k=0}^{n} (-1)^{n-k} \binom{n}{k} y(x+k) .$$

Umgekehrt gilt

$$y(x+n) = \sum_{k=0}^{n} \binom{n}{k} y(x+k) .$$

Manchmal bezeichnet man den hier definierten Operator Δ auch als Vorwärtsdifferenzenoperator, um ihn sprachlich zu unterscheiden vom sog. Rückwärtsdifferenzenoperator, der die obige Definition für negative Werte von Δx erfüllt.

Differenzenquotient, für eine Funktion f, die mindestens in den Punkten x und a definiert ist,der Ausdruck

$$Q_f(a, x) = \frac{f(x) - f(a)}{x - a} .$$

Meist setzt man natürlich voraus, daß f eine auf einer Teilmenge D von $\mathbb{R}$ oder $\mathbb{C}$ definierte $\mathbb{R}$- oder $\mathbb{C}$-wertige Funktion ist und $a, x \in D$.

Der Operator

$$Q_f : D^2 \setminus \{(x, x) : x \in D\} \to \mathbb{R} \text{ bzw. } \to \mathbb{C}$$

kann benutzt werden zur Definition der ↗Ableitung von f: Die Funktion f ist an der Stelle $a \in \operatorname{int} D$ differenzierbar (mit der Ableitung $f'(a) \in \mathbb{R}$ bzw. $\in \mathbb{C}$) genau dann, wenn

$$\lim_{x \to a} Q_f(a, x) =: f'(a)$$

existiert.

Für eine Funktion $f : D \to \mathbb{R}$, wobei $D \subset \mathbb{R}$, ist $Q_f(a, x)$ gerade die Steigung der Sekante durch die Punkte $(a, f(a))$ und $(x, f(x))$.

Ferner läßt sich im reellen Fall mit Q_f ein handliches Kriterium für die Monotonie von f angeben: f ist isoton bzw. antiton genau dann, wenn $Q_f \geq 0$ bzw. ≤ 0. Falls Q_f beide Vorzeichen annimmt, ist f also nicht monoton auf D.

Differenzenschema, ↗Differenzenverfahren.

Differenzenverfahren, *Differenzenmethode*, *Differenzenschema*, Vorgehensweise zur näherungsweisen Lösung gewöhnlicher oder partieller Differentialgleichungen, bei der die auftretenden Ableitungen durch Differenzenquotienten ersetzt werden.

Nach Vorgabe von diskreten Punkten aus dem Definitionsbereich (vorzugsweise äquidistant in jeder Koordinatenrichtung) ersetzt man Differentialausdrücke der unbekannten Funktion u an den Diskretisierungsstellen durch Differenzenausdrücke mit einem oder mehreren Nachbarpunkten. Betrachtet man die Funktionswerte an den Diskretisierungsstellen als Unbekannte, so entsteht auf diese Weise ein algebraisches Gleichungssystem für diese Unbekannten, das sich i. allg. nur numerisch lösen läßt.

Spezielle Formen der Approximation von Differentialausdrücken $\partial u / \partial x$ durch Differenzenausdrücken sind z. B. Vorwärtsdifferenzen

$$\partial_h^+ u(x) := \frac{1}{h}(u(x+h) - u(x)) ,$$

Rückwärtsdifferenzen

$$\partial_h^- u(x) := \frac{1}{h}(u(x) - u(x-h)) ,$$

und zentrale Differenzen

$$\partial_h^0 u(x) := \frac{1}{2h}(u(x-h) - u(x+h))$$

(↗Differenzenoperator).

Für höhere Ableitungen existieren entsprechende Formeln, ebenso für komplexere Differential-Operatoren wie den Laplace-Operator (↗Fünfpunktformel). Die Wahl der Differenzenausdrücke hängt nicht nur ab von den jeweiligen Ableitungen, sondern auch von der konkreten Problemstellung (z. B. Anfangswertproblem oder Randwertproblem). Desweiteren spielt die Frage der Konvergenz der diskretisierten Lösung gegen die Lösung des ursprünglichen Problems eine entscheidende Rolle, wenn man die Abstände der Diskretisierungsstellen gegen Null streben läßt. Notwendig hierfür ist die sogenannte Konsistenz, d. h. die Konvergenz der Differenzengleichungen gegen den Differential-Operator (siehe hierzu auch ↗Äquivalenzsatz).

Je nach Gestalt der Differenzenausdrücke und der daraus resultierenden Gleichungen spricht man von expliziten oder impliziten Differenzenverfahren (↗Differenzenverfahren, explizites, ↗Differenzenverfahren, implizites).

Differenzenverfahren, explizites, spezieller Typ eines ↗Differenzenverfahrens zur näherungsweisen Lösung partieller Differentialgleichungen, bei dem sich die Werte der gesuchten Funktion in den gewählten Diskretisierungspunkten explizit aus bereits zuvor berechneten Werten ermitteln lassen.

Wählt man beispielsweise für die Differentialgleichung

$$u_{xx} = u_t$$

im Streifen $0 \leq x \leq 1$, $t \geq 0$ die Diskretisierung

$$(x_i, t_j) := (ih, j\tau) \ , \ i = 0, \ldots, N, \ j = 0, 1, \ldots ,$$

mit $h = 1/N$, so läßt sich die Differentialgleichung in diesen Punkten näherungsweise beschreiben durch die Differenzengleichungen

$$(u_{i-1,j} - 2u_{i,j} + u_{i+1,j})/h^2 = (u_{i,j+1} - u_{i,j})/\tau.$$

Sind für die Zeitschicht j bereits alle u-Werte bekannt, so ist $u_{i,j+1}$ die einzige Unbestimmte, woraus sich die explizte Darstellung

$$u_{i,j+1} = u_{i,j} + \lambda(u_{i-1,j} - 2u_{i,j} + u_{i+1,j})$$

für $i = 1, \dots, N-1$ mit $\lambda := \tau/h^2$ ergibt.

Sind Randwerte für $i = 0$ und $i = N$ bzw. $j = 0$ vorgegeben, so lassen sich aus der expliziten Darstellung sukzessive alle gesuchten Werte für $j = 1, 2, \dots$ ermitteln.

Differenzenverfahren, implizites, spezieller Typ eines ↗Differenzenverfahrens zur näherungsweisen Lösung partieller Differentialgleichungen, bei dem sich die Werte der gesuchten Funktion in den gewählten Diskretisierungspunkten im Gegensatz zum einem expliziten Differenzenverfahren nicht unmittelbar aus bereits zuvor berechneten Werten ermitteln läßt.

Wählt man beispielsweise für die Differentialgleichung

$$u_{xx} = u_t$$

im Streifen $0 \le x \le 1, t \ge 0$ die Diskretisierung

$$(x_i, t_j) := (ih, j\tau)\ ,\ i = 0, \dots, N,\ j = 0, 1, \dots,$$

mit $h = 1/N$, so läßt sich die Differentialgleichung in diesen Punkten näherungsweise beschreiben durch die Differenzengleichungen

$$-\lambda u_{i-1,j+1} + (2 + 2\lambda)u_{i,j+1} - \lambda u_{i+1,j+1} = \lambda u_{i-1,j} + (2 - 2\lambda)u_{i,j} + \lambda u_{i+1,j}$$

mit $\lambda := \tau/h^2$.

Sind Randwerte für $i = 0$ und $i = N$ bzw. $j = 0$ vorgegeben, so lassen sich aus dieser Darstellung zwar alle gesuchten Werte für $j = 0, 1, \dots$ ermitteln, jedoch erfordert dies das Lösen eines linearen Gleichungssystems mit den $N-1$ Unbekannten $u_{i,j+1}, i = 1, \dots, N-1$; die Lösung kann also nicht „explizit" ermittelt werden.

Das oben exemplarisch angegebene Verfahren nennt man Crank-Nicolson-Verfahren.

Differenzfolge, ↗Addition von Folgen.

differenzierbare Äquivalenz, ↗Äquivalenz von Flüssen.

differenzierbare Funktion, eine Funktion f, deren ↗Ableitung f' (an jeder Stelle des Definitionsbereichs von f) existiert (↗Differenzierbarkeit).

differenzierbare Mengenfunktion, Verallgemeinerung des Ableitungs- bzw. Differenzierbarkeitsbegriffs auf Mengenfunktionen.

Es sei Ω eine Menge, $\mathcal{A}$ ein σ-Mengenring auf Ω mit einer isotonen Folge $(A_n | n \in \mathbb{N}) \subseteq \mathcal{A}$ mit $\bigcup_{n\in\mathbb{N}} A_n = \Omega$, und Φ ein signiertes Maß auf $\mathcal{A}$.

- Sei $\mathcal{N} = \bigcup_{n\in\mathbb{N}} \mathcal{N}_n$ ein Netz auf Ω bzgl. $\mathcal{A}$. Φ heißt im Punkt $\omega \in \Omega$ bzgl. $\mathcal{N}$ und μ differenzierbar, falls

$$D_{\mathcal{N}}\Phi(\omega) := \lim_{n\to\infty} \frac{\Phi(N_n(\omega))}{\mu(N_n(\omega))}$$

existiert, wobei $N_n(\omega) \in \mathcal{N}_n$ die eindeutig bestimmte Menge ist, die ω enthält. $D_{\mathcal{N}}\Phi$ heißt die Ableitung von Φ bzgl. $\mathcal{N}$ und μ (↗de Possel, Satz von).

- Es sei $\{\omega\} \in \mathcal{A}$ mit $\mu(\{\omega\}) = 0$ für alle $\omega \in \Omega$ und $\mathcal{V}$ ein Vitali-System bzgl. $\mathcal{A}$. Dann heißt Φ im Punkt $\omega \in \Omega$ bzgl. $\mathcal{V}$ und μ differenzierbar, falls

$$D_{\mathcal{V}}\Phi(\omega) := \lim_{\varepsilon\to 0} \frac{\Phi(V_\varepsilon(\omega))}{\mu(V_\varepsilon(\omega))}$$

existiert, wobei $V_\varepsilon(\omega) \in \mathcal{V}$ ist mit $\mu(V_\varepsilon(\omega)) < \varepsilon$, und $\omega \in V_\varepsilon(\omega)$. Es heißt $D_{\mathcal{V}}\Phi$ die Ableitung oder gewöhnliche Ableitung von Φ bzgl. $\mathcal{V}$ und μ.

$$\bar{D}_{\mathcal{V}}\Phi(\omega) := \limsup_{\varepsilon\to 0} \frac{\Phi(V_\varepsilon(\omega))}{\mu(V_\varepsilon(\omega))}$$

heißt obere Ableitung von Φ bzgl. $\mathcal{V}$ und μ, oder auch gewöhnliche obere Ableitung von Φ, entsprechend

$$\hat{D}_{\mathcal{V}}\Phi(\omega) := \liminf_{\varepsilon\to 0} \frac{\Phi(V_\varepsilon(\omega))}{\mu(V_\varepsilon(\omega))}$$

untere Ableitung von Φ bzgl. $\mathcal{V}$ und μ oder gewöhnliche untere Ableitung von Φ.

- Φ heißt bzgl. $\mathcal{A}$ und μ in ω differenzierbar, falls

$$D_{\mathcal{A}}\Phi(\omega) := \lim_{n\to\infty} \frac{\Phi(A_n)}{\mu(A_n)}$$

existiert, wobei $(A_n | n \in \mathbb{N}) \subseteq \mathcal{A}$ eine gegen ω regulär konvergente Mengenfolge ist. $D_{\mathcal{A}}\Phi$ heißt die Ableitung von Φ bzgl. $\mathcal{A}$ und μ.

Falls $(A_n | n \in \mathbb{N}) \subseteq \mathcal{A}$ regulär konvergent gegen $\omega_0 \in \Omega$ ist und ω_0 Lebesgue-Punkt einer bzgl. $\mathcal{A}$ und μ integrierbaren Funktion ϕ ist, gilt

$$\lim_{n\to\infty} \frac{1}{\mu(A_n)} \int_{A_n} \phi(\omega)d\mu(\omega) = \phi(\omega_0).$$

Mit $\Phi : \mathcal{A} \to \mathbb{R}$, definiert durch

$$\Phi(A) := \int_A \phi(\omega)d\mu(\omega),$$

gilt für die Ableitung $D_{\mathcal{A}}\Phi$ von Φ bzgl. $\mathcal{A}$

$$D_{\mathcal{A}}\Phi(\omega_0) = \phi(\omega_0)$$

an jedem Lebesgue-Punkt von ω_0 von ϕ.

Ist Φ bzgl. μ ein absolut stetiges signiertes Maß, so stimmen alle drei Ableitungen μ-fast überall mit der Radon-Nikodym-Ableitung von Φ bzgl. μ überein.

[1] Shilov, G.E.; Gurevich, B.L.: Integral, Measure and Derivative: A unified approach. Prentice-Hall, Inc. Englewood Cliffs, N.J., 1966.

differenzierbarer stochastischer Prozeß, stochastischer Prozeß mit einer wichtigen zusätzlichen Eigenschaft.

Der Begriff der Differenzierbarkeit kann für einen reellen stochastischen Prozeß $(X_t)_{t\in T}$ auf verschiedene Arten definiert werden. Wir beschränken uns hier der Einfachheit halber auf Prozesse mit $T = \mathbb{R}$ und $E(X_t) \equiv 0$ für alle $t \in T$.

1. Fast sichere Differenzierbarkeit: Der Prozeß $(X_t)_{t\in T}$ heißt fast sicher differenzierbar in $t_0 \in T$ (bzw. in T), wenn fast alle seine Pfade in t_0 (bzw. in T) differenzierbar sind.
2. Differenzierbarkeit im quadratischen Mittel: Ein Prozeß $(X_t)_{t\in T}$ mit $E(|X_t|^2) < \infty$ für alle $t \in T$ heißt im Punkt $t_0 \in T$ im quadratischen Mittel differenzierbar, falls eine Zufallsvariable X'_{t_0} existiert, für die

$$\lim_{t\to t_0} E\left(\left|\frac{X_t - X_{t_0}}{t - t_0} - X'_{t_0}\right|^2\right) = 0$$

gilt.

differenzierbarer Weg, ein Weg $\gamma : [a, b] \to \mathbb{C}$ mit einer Parameterdarstellung

$$t \mapsto \gamma(t) = x(t) + iy(t)$$

derart, daß $x, y : [a, b] \to \mathbb{R}$ differenzierbare Funktionen sind.

Man setzt dann $\gamma'(t) := x'(t) + iy'(t)$. Sind zusätzlich $x', y' : [a, b] \to \mathbb{R}$ stetige Funktionen, so heißt γ ein stetig differenzierbarer Weg. Gilt außerdem $\gamma'(t) \neq 0$ für alle $t \in [a, b]$, so heißt γ ein glatter Weg.

Der Weg γ heißt stückweise stetig differenzierbar, falls es Punkte $a_1, a_2, \ldots, a_{m+1}$ mit

$$a = a_1 < a_2 < \cdots < a_m < a_{m+1} = b$$

gibt derart, daß

$$\gamma_\mu := \gamma|[a_\mu, a_{\mu+1}], \ \mu = 1, \ldots, m$$

stetig differenzierbar ist.

Beispiele für stetig differenzierbare Wege:

(a) Nullweg: γ ist eine konstante Funktion.

(b) Strecke von $z_0 \in \mathbb{C}$ nach $z_1 \in \mathbb{C}$:
$\gamma : [0, 1] \to \mathbb{C}$ mit

$$\gamma(t) = (1 - t)z_0 + tz_1 .$$

(c) Kreisbogen auf dem Rand der Kreisscheibe $B_r(z_0)$ mit Mittelpunkt $z_0 \in \mathbb{C}$ und Radius $r > 0$:
$\gamma : [a, b] \to \mathbb{C}$ mit

$$\gamma(t) = z_0 + re^{it} ,$$

wobei $0 \leq a < b \leq 2\pi$.

Jeder Polygonzug ist ein stückweise stetig differenzierbarer Weg, und jeder stückweise stetig differenzierbare Weg ist rektifizierbar, d. h. hat eine endliche Länge.

Differenzierbarkeit, Existenz der ↗ Ableitung einer Funktion oder eines Prozesses.

Die Differenzierbarkeit von Funktionen ist Grundlage der ↗ Differentialrechnung und, neben der Konvergenz von Folgen und der Stetigkeit von Funktionen, ein Grundbegriff der ganzen ↗ Analysis.

Differenziergerät, *Differentiator*, mechanisches Gerät zur Bestimmung der Tangente an eine vorliegende Kurve in einem bestimmten Punkt.

Optische Geräte beruhen auf dem Spiegelungsprinzip, z. B. das Spiegellineal, der Derivator von Harbou, oder der Derivimeter von Ott. Im Oberflächenspiegel, dessen Spurgerade mit der Normalenrichtung der Kurve zusammenfällt, darf kein Knick zwischen Kurve und Spiegelbild derselben auftreten. Mit dem Normalenwinkel ist auch der Steigungswinkel der Tangente bestimmt. Beim Derivimeter wird die Kurve im Gegensatz zum Spiegellineal von beiden Seiten des Punktes beobachtet mittels einer durch einen Meridianschnitt geteilten Kugellupe, in Verbindung mit einem Oberflächenspiegel. Differentiographen benutzen ein Schneidenrad oder ein drehbares Mikroskop mit Fadenkreuz. Sie werden auch als Integraphen genutzt, also als Geräte zur Bestimmung des Integrals.

Die Bestimmung höherer Ableitungen aus gezeichneten Kurven mittels eines Differenziergeräts ist theoretisch möglich, jedoch in der Praxis nicht genau genug.

Neben den optischen Geräten gibt es auch noch Tangentenlineale.

Differenzmenge, der „Unterschied" zweier Mengen.

Sind X und Y Mengen, so heißt $X \setminus Y := \{x \in X : x \notin Y\}$ (sprich: X minus Y oder X ohne Y) die Differenzmenge von X und Y (↗ Verknüpfungsoperationen für Mengen).

Differintegral, ↗ gebrochene Analysis.

Diffie-Hellman-Verfahren, Methode zum sicheren Schlüsselaustausch zwischen zwei Partnern über einen offenen Kanal, im Jahre 1976 von Whitfield Diffie und Martin Hellman als erstes Verfahren zur ↗ asymmetrischen Verschlüsselung eingeführt.

Wollen Alice und Bob einen Schlüssel austauschen, so vereinbaren sie zunächst eine große Primzahl p und ein Element g mit hoher Ordnung im endlichen Körper $\mathbb{Z}_p$ (beispielsweise ein primitives Element).

Beide generieren zufällig eine ganze Zahl, Alice $1 < a < p-1$ und entsprechend Bob $1 < b < p-1$. Diese Zahlen a und b bleiben geheim. Alice und Bob senden über den öffentlichen Kanal jeweils

$$g^a \bmod p \quad \text{und} \quad g^b \bmod p\,.$$

Danach verfügt Alice über a und g^b und Bob über b und g^a, aus denen sich beide den Schlüssel

$$(g^a)^b \equiv (g^b)^a \equiv g^{ab} \bmod p$$

erzeugen können. Die Berechnung von g^{ab} aus den offen übertragenen Werten g^a und g^b ist für den unberufenen Entschlüsseler möglich, wenn er den ↗ diskreten Logarithmus im Körper $\mathbb{Z}_p$ bestimmen kann. Allerdings haben die besten bekannten Algorithmen eine Laufzeit von

$$e^{(1+O(1))(\ln p)^{0.5}(\ln \ln p)^{0.5}}\,,$$

so daß für hinreichend große Primzahlen p (1024 Bit) das Problem praktisch unlösbar ist.

Diffusionsgleichungen, spezieller Typ einer parabolischen Differentialgleichung von der allgemeinen Form

$$u_t - a^2 \Delta u + bu = f$$

mit der unbekannten Funktion $u(t,x)$, welche von der Zeit t und dem Ort x abhängt. a und b sind konstant, f eine Funktion von t und x, Δ der Laplace-Operator bzgl. x.

Der Name rührt von der physikalischen Interpretation der Gleichung her als der Beschreibung eines Diffusionsproblems.

$u(t,x)$ ist danach die Teilchendichte zur Zeit t am Ort x. Die Parameter $a^2 = D/\varrho$ und $b = q/\varrho$ setzen sich zusammen aus dem Diffusionskoeffizienten D, dem Porösitätskoeffizienten ϱ und dem Absorptionskoeffizienten q. f ist die Intensität der inneren Stoffquellen.

Es gibt auch Varianten der Diffusionsgleichung mit nichtkonstantem Diffusionskoeffizienten, z. B. $D = D(u)$.

Manchmal bezeichnet man auch den Spezialfall

$$u_t - \Delta u = 0$$

als „die" Diffusionsgleichung, jedoch ist hierfür inzwischen der Begriff der Wärmeleitungsgleichung geläufiger.

Diffusionskoeffizient, ↗ Diffusionsgleichungen.

Digamma-Funktion, ↗ Eulersche Γ-Funktion.

digital, Oberbegriff für alle nur in Stufen, also nicht kontinuierlich veränderlichen Werte, Prozesse oder Funktionen.

digitale Signatur, Bezeichnung für digitale Daten, die zur ↗ Authentisierung eines in digitalisierter Form vorliegenden Dokuments dienen. Sie werden dem Dokument beigefügt oder sind logisch mit ihm verknüpft und gestatten es, wie ein Siegel, den Urheber und die Unverfälschtheit der Daten zu erkennen.

Die digitale Signatur allein reicht dafür in der Regel nicht aus, erst eine ↗ elektronische Signatur kann dies garantieren und somit als Äquivalent zur handschriftlichen Signatur dienen.

Um eine digitale Signatur zu erstellen, wird das Dokument m mit einer kryptographisch sicheren Hashfunktion H zu einem Prüfwert $h = H(m)$ komprimiert, der danach mit einem ↗ asymmetrischen Verschlüsselungsverfahren zur Signatur verschlüsselt wird. Dabei wird der geheime Schlüssel verwendet, sodaß die Prüfung der Signatur mit dem entsprechenden öffentlichen Schlüssel für jedermann möglich ist.

Beim RSA-Verfahren würde $s = h^d \bmod n$ die digitale Signatur des Dokuments m sein. Zur Verifikation muß man den Hashwert $H(m)$ des Dokuments mit dem entschlüsselten Wert $s^e \bmod n$ vergleichen. Stimmen sie überein, ist die Signatur gültig. Das Paar (n,e) ist der öffentliche Verifikationsschlüssel, d der zugehörige geheime Signaturschlüssel.

Beim DSA-Verfahren (engl. digital signature algorithm), das auf dem ↗ ElGamal-Verfahren beruht, werden zwei Primzahlen p (gewöhnlich 1024 Bit) und q (160 Bit und Teiler von $p-1$) sowie ein Element g der Ordnung q in $\mathbb{Z}_p$ gewählt. Der geheime Signaturschlüssel ist eine zufällige Zahl x (160 Bit) kleiner als q. Der öffentliche Verifikationsschlüssel ist $y = g^x \bmod p$. Zur Erstellung einer DSA-Signatur wählt man eine zufällige Zahl k kleiner als q und berechnet

$$\begin{aligned} r &= (g^k \bmod p) \bmod q \quad \text{und} \\ s &= (k^{-1}(H(m) + xr)) \bmod q\,. \end{aligned}$$

Das Paar (r,s) bildet hier die Signatur der Nachricht m, wenn $r \neq 0$ und $s \neq 0$ ist. In diesen beiden Fällen muß man die Prozedur wiederholen und einen anderen Wert k wählen.

Zur Verifikation berechnet man

$$u_1 = H(m)s^{-1} \bmod q \;\text{ und }\; u_2 = rs^{-1} \bmod q\,.$$

Die Signatur ist gültig, wenn

$$r \equiv (g^{u_1} \cdot y^{u_2})\ (\text{mod} p)\ (\text{mod}\ q)$$

ist.

digitale Simulation, im Unterschied zur ↗ analogen Simulation der Versuch, eine reale Situation oder Anwendung unter Zugriff auf lediglich endlich viele oder höchstens abzählbar unendlich viele Beschreibungsgrößen näherungsweise darzustellen.

digitales Wasserzeichen, Verfahren zur verdeckten Einbringung von Informationen in eine digitalisierte Datei zum Schutz vor unberufenem Kopieren, Duplizieren oder Verfälschen.

Digitalrechner, ↗ Computer.

Digraph, ↗ gerichteter Graph.

Diguet, Formel von, ↗Bertrand-Puiseux, Formel von.

Dijkstra, Algorithmus von, liefert in einem zusammenhängenden und ↗bewerteten Graphen G mit einer Bewertung $\varrho(k) > 0$ für jede Kante $k \in K(G)$ die kürzesten Wege von einer festen Ecke $u \in E(G)$ aus zu allen übrigen Ecken des Graphen.

Dieser schöne und einfache Algorithmus von Dijkstra aus dem Jahre 1959 wurde zur gleichen Zeit unabhängig auch von Dantzig entdeckt. Er läßt sich wie folgt beschreiben.

Man bestimme zunächst eine Ecke y_1, die der Ecke u am nächsten ist. Wegen $\varrho(k) > 0$ ist y_1 natürlich eine zu u adjazente Ecke. Im zweiten Schritt bestimme man eine Ecke y_2, die der Ecke u am zweitnächsten ist. Eine solche Ecke ist dann adjazent zu u oder y_1. Im dritten Schritt bestimme man eine Ecke y_3, die der Ecke u am drittnächsten ist. Die Ecke y_3 ist dann adjazent zu u, y_1 oder y_2, usw.

Dieser Algorithmus, der für ↗gerichtete Graphen mit positiver Bewertung völlig analog verläuft, besitzt die Komplexität $O(|E(G)|^2)$.

Dilatation, Streckung einer Teilmenge eines reellen euklidischen Raumes. Ist A eine Teilmenge eines reellen euklidischen Vektorraums, so versteht man unter einer Dilatation von A die Streckung mit dem Koeffizienten $\lambda \geq 0$. Dabei geht A über in die Menge $\lambda \cdot A$, wobei jeder Punkt $a \in A$ in den Punkt $\lambda \cdot a$ übergeführt wird.

dilatationsinvariante Mustererkennung, *skalierungsinvariante Mustererkennung*, im Kontext ↗Neuronale Netze die Bezeichnung für die korrekte Identifizierung eines Musters unabhängig von einer eventuell vorgenommenen Größenänderung.

Dilatationskoeffizient, Maß für die „Abweichung" einer komplexen Funktion von der Holomorphie bzw. Konformität.

Es sei f eine quasikonforme Abbildung. Dann nennt man

$$D(z_0) := \frac{|f_z(z_0)| + |f_{\bar{z}}(z_0)|}{|f_z(z_0)| - |f_{\bar{z}}(z_0)|}$$

den (komplexen) Dilatationskoeffizienten von f in z_0.

In anderen Zugängen definiert ihn man manchmal auch als

$$D(z_0) := \lim_{r \to 0} \frac{\max\limits_{|z_1 - z_0| = r} |f(z_1) - f(z_0)|}{\min\limits_{|z_2 - z_0| = r} |f(z_2) - f(z_0)|}$$

Es gilt in jedem Fall $D \equiv 1$ für konforme Abbildungen.

Dilatationsmatrix, bei mehrdimensionalen Multiskalenzerlegungen verwendete reguläre Matrix A, die den Übergang von einer Verfeinerungsstufe V_j zur nächsten V_{j+1} beschreibt.

Für $f \in L^2(\mathbb{R}^n)$ gilt $f \in V_j$ genau dann, wenn $f(A\cdot) \in V_{j+1}$. Es wird meist gefordert, daß A nur Eigenwerte hat, die betragsmäßig größer als 1 sind, was einer Streckung in jeder Richtung entspricht. Weiterhin ist es sinnvoll, nur ganzzahlige Einträge zuzulassen, damit $A\mathbb{Z}^n \subset \mathbb{Z}^n$ gilt. Wählt man $A = \begin{pmatrix} 2 & & \\ & \ddots & \\ & & 2 \end{pmatrix}$ ergibt sich damit die klassische Multiresolutionanalysis mit Skalierungsfaktor 2.

Dilatationsoperator für Wavelets, ist für ein Wavelet ψ und ein $a \neq 0$ durch

$$\psi_a(t) = \frac{1}{|a|^{1/2}} \psi(\frac{t}{a})$$

definiert. Der Dilatationsoperator bewirkt eine Streckung des Wavelets für $|a| > 1$ und eine Stauchung für $a < 1$. Der Vorfaktor garantiert eine Normierung der Funktion im Sinne der L^2-Norm.

Dilatationsparameter, *Skalierungsparameter*, im Kontext ↗Neuronale Netze die Bezeichnung für einen Parameter eines ↗formalen Neurons, der in Abhängigkeit von seiner Größe die Aktivierung des Neurons durch Multiplikation erhöht oder erniedrigt.

Dilworth, Satz von, ↗ perfekter Graph.

Dimension des Anschauungsraumes, Anzahl der Koordinatenachsen in einem Raum bzw. die Anzahl der Koordinaten, die notwendig sind, die Lage eines Punktes in diesem Raum eindeutig zu beschreiben.

Somit ist beispielsweise die Dimension eines Punktes $n = 0$, die einer Geraden $n = 1$ und die Dimension einer Ebene $n = 2$.

Der Begriff der Dimension kann auch auf nichtlineare Ausdehnungen (gekrümmte Flächen und Räume) angewendet werden. In der inneren Geometrie der Kugeloberfläche wird z. B. jeder Punkt durch zwei Koordinaten (Länge und Breite) beschrieben. Die Kugeloberfläche (die auch als Hyperfläche des dreidimensionalen euklidischen Raumes aufgefaßt werden kann) hat demnach die Dimension 2. Allgemeiner hat jede Hyperfläche eines n-dimensionalen Raumes die Dimension $n - 1$.

Für die Verwendung des Dimensionsbegriffes vergleiche man auch die Einträge zu ↗Dimension einer Algebra, ↗Dimension eines Rings, ↗Dimension eines Vektorraumes.

Dimension einer Algebra, Kenngröße einer Algebra der folgenden Art.

Ist A eine Algebra über einem Körper $\mathbb{K}$, so versteht man unter der Dimension der Algebra die Dimension des zugrundeliegenden $\mathbb{K}$-Vektorraums.

Warnung: Je nach Kontext betrachtet man auch ihre Dimension als Ring bzw. ihre kohomologe Dimension, die von obigem Begriff zu unterscheiden sind.

Dimension einer analytischen Menge, die Dimension der irreduziblen Komponente mit der maximalen Dimension.

Es sei M eine irreduzible analytische Menge und $S(M)$ die Menge ihrer singulären Punkte. Dann gilt:

1) $M \setminus S(M)$ ist zusammenhängend (dies ist sogar äquivalent zur Irreduzibilität).
2) Die Dimension $\dim_\zeta(M)$ der Punkte $\zeta \in M \setminus S(M)$ (↗ analytische Menge) ist unabhängig von ζ.

Die so gewonnene gerade Zahl bezeichnet man mit $\dim_{\mathbb{R}}(M)$. Unter der komplexen Dimension von M versteht man dann die Zahl $\dim_{\mathbb{C}}(M) := \frac{1}{2}\dim_{\mathbb{R}}(M)$.

Ist $M = \bigcup_{i\in\mathbb{N}} M_i$ die Zerlegung einer beliebigen analytischen Menge in irreduzible Komponenten, so definiert man

$$\dim_{\mathbb{C}}(M) := \max_{i\in\mathbb{N}} \dim_{\mathbb{C}}(M_i)\,.$$

Stets ist $\dim_{\mathbb{C}}(M) \leq n$. Gilt insbesondere, daß $\dim_{\mathbb{C}}(M_i) = k$ für alle $i \in \mathbb{N}$, dann heißt M rein von der Dimension k.

Dimension einer Codierung, die Anzahl d der Ketten C_i, die notwendig sind, um einen (Codierung genannten) Isomorphismus $\phi : L \to \prod_{i=1}^{d} C_i$ zu gewährleisten, wobei C_i Ideale von $\mathbb{N}_0$ sind, d. h. $C_i = \{0 \lessdot 1 \lessdot \cdots \lessdot c_i\}$, $c_i \in \mathbb{N}$, $i \in \{1, \ldots, d\}$, und L ein endlicher distributiver Verband ist.

Dimension eines Moduls, die ↗ Dimension eines Ringes, nämlich des Faktorringes nach dem Annullatorideal des Moduls:

$$\dim(M) := \dim\big(R/\mathrm{Ann}(M)\big),$$

wobei M ein R–Modul ist.

Dimension eines Rings, maximale Länge einer Primidealkette im (kommutativen) Ring (auch Krull-Dimension genannt).

Für spezielle Ringe gibt es verschiedene äquivalente Definitionen: Sei R eine lokale analytische K-Algebra (K ein bewerteter Körper) mit Maximalideal $\mathfrak{m}$. Dann ist die Krull-Dimension von R gleich der kleinsten Anzahl von Erzeugern eines $\mathfrak{m}$–primären Ideals (auch Chevalley–Dimension genannt). Sie ist die kleinste Zahl k, so daß $R \supset K\{x_1, \ldots, x_k\}$, den konvergenten Potenzreihenring in den Variablen $x_1, \ldots, x_k$, als Noether-Normalisierung hat (auch Weierstraß–Dimension genannt). Sie ist weiterhin der Transzendenzgrad des Quotientenkörpers $Q(R)$ über K, falls R ein Integritätsbereich ist.

Dimension eines Vektorraumes, die eindeutig bestimmte (und von der speziellen Basiswahl unabhängige) Anzahl n der Elemente einer Basis $(v_1, \ldots, v_n)$ des Vektorraumes V (↗ Basis eines Vektorraums), falls der Vektorraum eine endliche Basis besitzt, ∞ sonst:

$$\dim V = \begin{cases} n & \text{falls } V \text{ eine Basis aus } n \\ & \text{Elementen besitzt} (0 \leq n < \infty), \\ \infty & \text{sonst.} \end{cases}$$

Im endlich-dimensionalen Fall gibt es noch eine Reihe äquivalenter Charakterisierungen der Dimension eines Vektorraums, etwa als Maximalzahl linear unabhängiger Elemente des Raumes, oder auch als minimale Anzahl der Elemente eines ↗ Erzeugendensystems.

Die leere Menge ist eine Basis des Nullraumes $\{0\}$, dessen Dimension ist also 0.

Zwei n-dimensionale Vektorräume über demselben Körper $\mathbb{K}$ sind stets isomorph; zwei unendlich-dimensionale $\mathbb{K}$-Vektorräume müssen aber nicht isomorph sein. Führt man dagegen ein feineres Maß als ∞ für die Größe von Vektorräumen, die keine endliche Basis besitzen ein (↗ Hamel-Basis eines Vektorraums), so sind auch „gleichgroße" unendlich-dimensionale Vektorräume isomorph.

Zur Berechnung der Dimension eines endlich-dimensionalen Vektorraumes V mittels eines Unterraumes $U \subset V$ dient Formel (1). Es gilt

$$\dim V \;=\; \dim U + \operatorname{codim} U\,, \qquad (1)$$

wobei codim die Kodimension bezeichnet.

Dimensionsformel, Bezeichnung für den Inhalt des folgenden Satzes aus der linearen Algebra:

Sind U und W endlich-dimensionale Untervektorräume des ↗ Vektorraumes V, so gilt:

$$\dim(U + W) + \dim(U \cap W) \;=\; \dim U + \dim W\,.$$

Dimensionssatz für lineare Abbildungen, Bezeichnung für den folgenden Satz zur Berechnung der Dimension eines endlich-dimensionalen Vektorraumes V über $\mathbb{K}$ mittels Kern und Bild einer linearen Abbildung $f : V \to U$ in den $\mathbb{K}$-Vektorraum U. Es gilt

$$\dim V \;=\; \dim(\mathrm{Im} f) + \dim(\mathrm{Ker} f)\,. \qquad (1)$$

Genauer ist dies wie folgt zu beschreiben:

Ist

$$(u_1, \ldots, u_m) \;=:\; (f(v_1), \ldots, f(v_m))$$

eine Basis von $\mathrm{Im} f$, *und* $(v'_1, \ldots, v'_k)$ *eine Basis von* $\mathrm{Ker} f$, *so ist*

$$(v_1, \ldots, v_m, v'_1, \ldots, v'_k)$$

eine Basis von V.

Dini, Satz von, über gleichmäßige Konvergenz, fundamentale Aussage über die Konvergenz einer Funktionenfolge.

Sei X ein kompakter topologischer Raum und (f_n) *eine Folge stetiger reellwertiger Funktionen auf X, die punktweise monoton gegen eine stetige Funktion f strebt, d. h.* $f_1(x) \le f_2(x) \le \ldots$ *bzw.* $f_1(x) \ge f_2(x) \ge \ldots$ *und* $\lim f_n(x) = f(x)$ *für* $x \in X$.

Dann konvergiert die Funktionenfolge (f_n) *auf X auch gleichmäßig gegen f.*

Dini, Ulisse, italienischer Mathematiker, geb. 14.11.1845 Pisa, gest. 28.10.1918 Pisa.

Dini studierte ab 1864 bei Betti in Pisa und bei Hermite in Paris. 1871 wurde er als Professor nach Pisa berufen. 1892 wurde er italienischer Senator.

Dini begründete die italienische Schule der Theorie der Funktionen einer reellen Variablen. Der Satz von Dini besagt die gleichmäßige Konvergenz einer Reihe mit nichtnegativen, stetigen Gliedern und stetiger Summe. 1878 erschien Dinis Lehrbuch der mengentheoretisch begründeten reellen Funktionentheorie. Seine Schüler waren u. a. Bianchi, Volterra, Arzelà und Vitali.

Dini-Ableitungen einer Funktion, die zu einer auf einem offenen Intervall $I \subset \mathbb{R}$ gegebenen Funktion $f : I \to \mathbb{R}$ durch

$$D_-f(a) = \liminf_{x\uparrow a} \frac{f(x)-f(a)}{x-a}$$

$$D^-f(a) = \limsup_{x\uparrow a} \frac{f(x)-f(a)}{x-a}$$

$$D_+f(a) = \liminf_{x\downarrow a} \frac{f(x)-f(a)}{x-a}$$

$$D^+f(a) = \limsup_{x\downarrow a} \frac{f(x)-f(a)}{x-a}$$

für $x \in I$ erklärten Funktionen

$$D_-f\,,\ D^-f\,,\ D_+f\,,\ D^+f\ :\ I \longrightarrow [-\infty,\infty]\,.$$

Man nennt D_-f auch untere linksseitige, D^-f obere linksseitige, D_+f untere rechtsseitige und D^+f obere rechtsseitige Ableitung von f. Falls $D_-f(a) = D^-f(a) \in \mathbb{R}$ gilt für ein $a \in I$, so ist

$$D_-f(a) = D^-f(a) = f'_-(a)$$

die linksseitige Ableitung von f an der Stelle a, und falls $D_+f(a) = D^+f(a) \in \mathbb{R}$ gilt für ein $a \in I$, so ist

$$D_+f(a) = D^+f(a) = f'_+(a)$$

die rechtsseitige Ableitung von f an der Stelle a. Existieren an einer Stelle $a \in I$ sowohl die linksseitige als auch die rechtsseitige Ableitung, und sind die beiden gleich, so ist f an der Stelle a differenzierbar, und $f'_-(a) = f'_+(a) = f'(a)$ ist die ↗Ableitung von f an der Stelle a (↗Denjoy-Young-Saks, Satz von).

Dini-Bedingung, ↗ Dinis Konvergenztest.

Dinis Konvergenztest, liefert ein Kriterium, mit dem sich der Wert einer Fourier-Reihe punktweise ermitteln läßt:

Sei $f : \mathbb{R} \twoheadrightarrow \mathbb{C}$ eine auf $[-\pi,\pi]$ Lebesgue-integrierbare 2π-periodische Funktion. Mit den Fourierkoeffizienten

$$c_n = (2\pi)^{-1} \int_{-\pi}^{\pi} f(t)e^{-int}dt$$

bezeichne

$$s_Nf(x) = \sum_{n=-N}^{N} c_n e^{inx}$$

die N-te symmetrische Partialsumme der Fourierentwicklung von f.

Sei $x \in [-\pi,\pi)$. Gilt für ein $s \in \mathbb{C}$ und ein $\delta > 0$

$$\int_0^{\delta} \frac{|f(x+y)+f(x-y)-2s|}{y}dy < \infty\,,$$

so folgt $\lim_{N\to\infty} s_Nf(x) = s$.

Diese sog. Dini-Bedingung ist insbesondere für eine in x differenzierbare Funktion mit $s = f(x)$ erfüllt.

Diophant, ↗Diophantos von Alexandria.

diophantische Approximation, die Approximation einer oder mehrerer reeller Zahlen durch rationale Zahlen.

Ein einfaches Beispiel: Gegeben sei eine irrationale Zahl α, man bestimme alle Lösungen (p,q) der Ungleichung

$$|q\alpha - p| < \frac{1}{q}\,, \qquad (1)$$

oder allgemeiner, einer Ungleichung

$$|q\alpha - p| < \psi(q) \qquad (2)$$

mit einer gegebenen positiven Funktion ψ, die in der Regel für $q \to \infty$ monoton gegen 0 fällt.

Eine Lösung (p, q) von (1) erfüllt die äquivalente Ungleichung

$$\left|\alpha - \frac{p}{q}\right| < \frac{1}{q^2},$$

kann also als rationale Approximation an die irrationale Zahl α gelten; die Existenz einer solchen Approximation garantiert der ↗Dirichletsche Approximationssatz; eine Folge von Lösungen erhält man durch den Kettenbruchalgorithmus.

Besonders interessant werden Fragen der diophantischen Approximation, wenn man für α eine klassische Zahl einsetzt, etwa $\alpha = \pi$ oder $\alpha = e$.

Man untersucht auch Systeme von Ungleichungen vom Typ (1) oder (2), um z. B. die simultane Approximation mehrerer reeller Zahlen durch Brüche mit einer oberen Schranke für die Nenner zu studieren. Neben Fragen über die Existenz von Lösungen einer oder mehrerer diophantischer Ungleichungen gehören zur diophantischen Approximation auch Fragen über die Verteilung der Lösungen, was vielfach zu einem interessanten Zusammenspiel zwischen Zahlentheorie und reeller Analysis führt.

diophantische Gleichung, eine Gleichung, deren eventuelle Lösungen in den ganzen oder in den rationalen Zahlen gefunden werden sollen.

Ist die Gleichung durch ein Polynom (in einer oder mehreren Unbestimmten) gegeben, so spricht man von einer polynomialen diophantischen Gleichung; typische Beipiele sind etwa die Darstellung einer Zahl p als Summe zweier Quadrate

$$x^2 + y^2 = p,$$

die Bachetsche Gleichung

$$x^3 - y^2 = c,$$

oder die Fermatsche Gleichung

$$x^n + y^n = z^n$$

mit festem Exponenten n. Stehen ein oder mehrere Unbekannte im Exponenten, wie etwa bei der Catalanschen Gleichung

$$x^m - y^n = 1,$$

so spricht man von einer exponentiell diophantischen Gleichung.

Diophant behandelte in seinem Buch „Arithmetika" – anhand von Beispielen – ziemlich weitgehende Methoden zur Lösung gewisser diophantischer Gleichungen. Dabei kamen bei ihm Polynome in mehreren Unbestimmten bis zum vierten Grad vor.

diophantische Ungleichung, eine Ungleichung in einer oder mehreren Unbestimmten, wobei nach der Menge der ganzen oder rationalen Lösungen gefragt ist.

Diophantische Ungleichungen werden im Zusammenhang mit ↗diophantischer Approximation untersucht.

Diophantos von Alexandria, Mathematiker, lebte wahrscheinlich um 250 in Alexandria.

Über das Leben des Diophantos ist praktisch nichts bekannt. Von seinen Schriften sind jedoch zwei erhalten. In der einen behandelt er Polygonalzahlen, in der Methode eng an Euklid anschließend, aber nicht wirklich Neues bringend. Dagegen war die zweite Schrift, die „Arithmetika", von großer Bedeutung für die Entwicklung der Mathematik. Von der „Arithmetika" sind zehn Bücher erhalten, sechs in griechischer und vier in arabischer Sprache.

Diophantos gab in der Regel keine allgemeine Lösung der Aufgabe an, sondern führte Spezialfälle vor. Die Lösungen dieser Spezialfälle sind oft sehr scharfsinnig, aber auch ein wenig künstlich und der besonderen vorliegenden Aufgabe angepaßt. Die Methoden, die Diophantos allgemein einsetzte, waren Eliminationen, Substitutionen, die Lösung von Hilfsaufgaben und die Methode des falschen Ansatzes.

Diophantos verwendete Ansätze einer Symbolschreibweise: Er hatte Symbole für die „Unbekannte", für die Potenzen bis zum sechsten Grad, für das Absolutglied und für die Subtraktion. Auch die unvollkommene Symbolschreibweise (nur ein Zeichen für das Unbekannte) zwang ihn (bei Gleichungen mit mehreren Unbekannten) zu Kunstgriffen.

Das Werk des Diophantos repräsentiert eine für uns sonst kaum bekannte Traditionslinie der griechisch-hellenistischen Mathematik, die der rechnenden Arithmetik und Algebra. Diese Traditionslinie scheint starke Anregungen aus der ägyptischen und babylonischen Mathematik empfangen zu haben. Für die Entwicklung der Mathematik hat das Werk des Diophantos überaus große Bedeutung gewonnen, sowohl im islamischen Kulturkreis als auch im christlichen Europa.

Besonders bekannt sind die Anregungen, die Fermat aus den Schriften des Diophantos geschöpft hat.

Dipol, zweites Glied der Multipolentwicklung eines physikalischen Feldes ψ.

Das erste Glied dieser Entwicklung heißt Monopol, das n-te Glied heißt 2^{n-1}-Pol und berechnet sich aus

$$\int x^{i_1} x^{i_2} \ldots x^{i_{n-1}} \, \psi \, d^3x \, .$$

(Die Literatur ist hier nicht ganz einheitlich, es handelt sich aber nur um bestimmte numerische Vorfaktoren, die unterschiedlich angegeben werden.)

Der Monopolanteil ist also durch $\int \psi \, d^3x$ definiert. Es hängt vom Charakter der Wechselwirkung ab, welche Glieder der Multipolentwicklung von Null verschieden sein können: Ist die Wechselwirkung durch ein Vektorfeld charakterisiert (wie z. B. der Elektromagnetismus), ist der Dipol das führende Glied. Ist die Wechselwirkung durch einen Tensor zweiter Stufe (z. B. der die Gravitation charakterisierende metrische Tensor der ↗ Allgemeinen Relativitätstheorie) charakterisiert, ist der Quadrupolterm (also $n = 3$) das führende Glied.

Speziell bezieht sich der Begriff des Dipols meist auf das elektromagnetische Feld, und dabei meist auf eine solche Ladungsverteilung, in der ausschließlich der Dipolanteil der Multipolentwicklung wesentlich von Null verschieden ist. Insbesondere heißt das, daß der Monopolanteil verschwindet, d. h. die Gesamtladung eines Dipols gleich Null ist. Daß trotz verschwindenden Monopolanteils ein Dipol existieren kann, liegt daran, daß es Ladungsträger unterschiedlichen Vorzeichens gibt. (Gegenbeispiel: Die Gravitationskraft ist stets anziehend, deshalb gibt es keinen gravitativen Dipol.)

Bei nichtverschwindender Dipoldichte ist das Potential eines Dipols im Fernfeld proportional zu $1/r^2$, verschwindet also schneller als das Potential des Monopolanteils, das mit $1/r$ abfällt.

Dirac, Paul Andrien Maurice, Mathematiker, Physiker, geb. 8.8.1902 Bristol, gest. 20.10.1984 Tallahassee.

Diracs Vater war aus der französischen Schweiz nach England ausgewandert und lehrte dort an einem College in Bristol, an dem auch der Sohn Teile seiner Schulbildung erhielt. Nach der Ausbildung zum Elektroingenieur an der Universität Bristol 1918–1921 studierte Dirac, da er keine Anstellung fand, noch Mathematik. 1923 erhielt er ein Forschungsstipendium an der Universität Cambridge, an der er 1926 promovierte und 1932 zum Professor für Mathematik berufen wurde. Diese Position hatte er bis zur Emeritierung 1969 inne, nur von mehreren Gastaufenthalten unterbrochen, u. a. 1947/48 und 1958/59 am Institute for Advanced Study in Princeton. 1971 nahm er nochmals eine Anstellung an der Florida State University in Tallahassee an.

Dirac begann seine grundlegenden Forschungen auf dem Gebiet der Quantenmechanik. Innerhalb weniger Monate hatte er sich mit der neuen Theorie vertraut gemacht und entwickelte im Anschluß an die Heisenbergsche Quantenmechanik unabhängig von diesem 1925 eine Mechanik nichtkommutativer Größen, um die Eigenschaften der Atome zu berechnen. Diese Theorie erwies sich der Heisenbergschen Matrizenmechanik und der Schrödingerschen Wellenmechanik mathematisch äquivalent. Ein Jahr später führte Dirac gleichzeitig mit Fermi Untersuchungen über Teilchen mit halbzahligem Spin durch, aus denen u. a. die Fermi-Dirac-Statistik hervorging. Es folgten bis 1927 grundlegende Erkenntnisse zur Quantentheorie des elektromagnetischen Strahlungsfeldes und zur Quantenelektrodynamik. Dabei stellte er die nach ihm benannte Störungstheorie der Quantenmechanik für zeitlich veränderliche Vorgänge auf. Anknüpfend an die Arbeiten von de Broglie und Schrödinger leitete Dirac 1928 die Wellengleichung für Teilchen mit relativistischer Geschwindigkeit ab. In dieser relativistischen Quantenmechanik konnten auch negative Energiezustände auftreten, die Dirac als „Löcher" deutete. 1932 fand Diracs Vermutung mit der Entdeckung des Positrons eine aufsehenerregende Bestätigung. Zuvor hatte er 1930 das Antiproton vorausgesagt, das 1955 von Segré aufgefunden wurde.

In den weiteren Arbeiten widmete sich Dirac vor allem dem Ausbau der Quantenelektrodynamik. So begann er 1932 eine Theorie aufzubauen, die für gewisse Teile der Theorie die Hamiltonsche Struktur der dynamischen Gleichung aufgab. Diese Ideen erfuhren mehrere Verbesserungen und wurden von einigen Physikern erfolgreich in der Quantenfeldtheorie eingesetzt. Ein weiterer Vorschlag Diracs war 1942 die Einführung indefiniter Metriken, die eine natürliche Darstellung der Kommutatorrelationen für Felder ermöglichten. Für seine Leistungen erhielt Dirac zahlreiche Ehrungen, u. a. 1933 den Nobelpreis.

Dirac, Satz von, ↗ Hamiltonscher Graph.

Dirac-Darstellung, Darstellung des ↗ Diracschen Spin-Operators mittels der ↗Diracschen Gamma-Matrizen.

Dirac-Feld, ein der Dirac-Gleichung gehorchendes Feld (↗ Diracscher Spin-Operator). Es handelt sich dabei stets um ein Feld mit halbzahligem Spin.

Dirac-Gleichung, Gleichung für das vierkomponentige, vom Raum-Zeit-Punkt x abhängige Diracfeld (Spinor) $\psi(x)$.

Mittels der ↗Diracschen Gamma-Matrizen γ^μ läßt sich die Dirac-Gleichung wie folgt schreiben:

$$(-i\gamma^\mu \partial_\mu + mc/\hbar)\psi = 0 .$$

Dabei ist c die Lichtgeschwindigkeit und h das Plancksche Wirkungsquantum. Die Dirac-Gleichung beschreibt ein Quantenfeld, dem ein Teilchen der Masse m und dem Spin 1/2 zugeordnet ist. Hauptanwendung sind dabei Elektron und Positron. Analog zur Interpretation der Schrödingergleichung wird hier $\psi^+\psi$ als Wahrscheinlichkeitsdichte interpretiert. (ψ^+ ist der Hermitesch konjugierte Spinor zu ψ.) Die Dirac-Gleichung läßt sich durch Zerlegung von ψ in ebene Wellen lösen. Sie läßt sich auch im Rahmen der Allgemeinen Relativitätstheorie aufstellen und lösen, jedoch benötigt man bestimmte Zusatzvoraussetzungen, die an die globale Struktur der gekrümmten Raum-Zeit zu stellen sind, damit dort Spinoren existieren.

Dirac-Maß, ↗Diracsches δ-Maß.

Diracsche Elektronentheorie, Theorie, in der neben den tatsächlich vorhandenen Elektronen e und Positronen $e+$ auch ständig virtuelle e-$e+$-Paare existieren (↗ Diracscher Spin-Operator).

Diese Theorie wird auch Diracsche Löchertheorie genannt, da sich ein Positron wie ein fehlendes Elektron verhält.

Diracsche Gamma-Matrizen, (4×4)-Matrizen γ^μ $(\mu = 0, 1, 2, 3)$ zur Dirac-Darstellung des ↗ Diracschen Spin-Operators.

Es gilt die Beziehung

$$\gamma^\mu \gamma^\nu + \gamma^\nu \gamma^\mu = 2 I g^{\mu\nu} ,$$

wobei $g^{\mu\nu}$ der metrische Tensor der Minkowskischen Raum-Zeit und I die (4×4)-Einheitsmatrix ist.

Hieraus sind die γ^μ allerdings noch nicht eindeutig bestimmt, und meist verwendet man Paare von Paulischen Spinmatrizen zur konkreten Darstellung der γ^μ.

Diracsche Löchertheorie, andere Bezeichnung für die ↗Diracsche Elektronentheorie.

Diracsche Spinoralgebra, die ↗Clifford-Algebra über einem vierdimensionalen reellen Vektorraum mit Basis $\{e_1, e_2, e_3, e_4\}$ und den Relationen

$$e_i e_j + e_j e_i = 2\eta^{ij}$$

mit $\eta^{ij} = 0$ für $i \neq j$, $\eta^{00} = -1$ und

$$\eta^{11} = \eta^{22} = \eta^{33} = 1 .$$

Sie besitzt eine Realisierung durch die komplexen (4×4) ↗Diracschen Gamma-Matrizen γ^k, $k = 0, 1, 2, 3$.

Diracscher Spin-Operator, der Term auf der linken Seite der ↗Dirac-Gleichung.

Es handelt sich um den Operator, der geeignet ist, den inneren Drehimpuls eines Teilchens (seinen Spin s) zu beschreiben, wenn dieser halbzahlig ist (also = $s = 1/2$ in Einheiten, bei denen $\hbar = 1$ ist.)

Die Dirac-Gleichung gilt zwar auch für Protonen und Neutronen, wird aber meist auf Elektronen angewandt: In der Diracschen Elektronentheorie besagt der Ausdruck Elektronensee, daß virtuell beliebig viele Elektronen-Positronen-Paare existieren können.

Diracsches δ-Maß, *Dirac-Maß*, eine elementares Maß der folgenden Art.

Es sei Ω eine Menge und $\mathcal{M} \subseteq \mathcal{P}(\Omega)$ ein Mengensystem auf Ω. Für beliebiges $\omega \in \Omega$ und $M \in \mathcal{M}$ heißt $\delta_\omega : \mathcal{M} \to \bar{\mathbb{R}}$, definiert durch

$$\delta_\omega(M) := \begin{cases} 1 & \textit{für} \quad \omega \in M \\ 0 & \textit{für} \quad \omega \notin M , \end{cases}$$

Diracsches δ-Maß oder einfach Dirac-Maß auf $\mathcal{M}$.

Dirac-Vektor, in der speziellen Relativitätstheorie der Vierervektor mit den Komponenten $\bar{\psi}\gamma^\mu\psi$ $(\mu = 1, 2, 3, 4)$. Dabei sind die γ^μ die in die Dirac-Gleichung eingehenden (4×4)-Matrizen, ψ der Dirac-Spinor und $\bar{\psi} = \gamma^0\psi$ der Dirac-transponierte Spinor.

Der Dirac-Vektor genügt der Kontinuitätsgleichung

$$\frac{\partial j^\mu}{\partial x^\mu} = 0$$

(↗Einsteinsche Summenkonvention). In der Quantenmechanik ist er als Wahrscheinlichkeitsstromvektor zu interpretieren, wobei j^0 die Wahrscheinlichkeitsdichte ist. Wegen der Kontinuitätsgleichung ist das Raumintegral von j^0 nicht von der Zeit abhängig, wie es die Interpretation von j^0 als Wahrscheinlichkeitsdichte verlangt.

Direkte Lösung linearer Gleichungssysteme

H. Faßbender

Unter der direkten Lösung linearer Gleichungssysteme versteht man (numerische) Verfahren, welche (bei rundungsfehlerfreier Rechnung) nach endlich vielen Schritten die exakte Lösung eines linearen Gleichungssystems

$$Ax = b,$$

mit

$$A = \begin{pmatrix} a_{11} & a_{12} & \cdots & a_{1n} \\ a_{21} & a_{22} & \cdots & a_{2n} \\ \vdots & \vdots & & \vdots \\ a_{n1} & a_{n2} & \cdots & a_{nn} \end{pmatrix}$$

und

$$x = \begin{pmatrix} x_1 \\ x_2 \\ \vdots \\ x_n \end{pmatrix}, \quad b = \begin{pmatrix} b_1 \\ b_2 \\ \vdots \\ b_n \end{pmatrix}$$

erzeugen; im Gegensatz dazu versteht man unter einer ↗iterativen Lösung linearer Gleichungssysteme Verfahren, welche die Lösung als Grenzwert einer unendlichen Folge von Näherungswerten berechnen.

Bei der Wahl zwischen einem direkten und einem iterativen Verfahren sollte man in Betracht ziehen, daß aufgrund von unvermeidlichen Rundungsfehlern bei der Berechnung mit einem Computer auch das theoretisch exakte Ergebnis eines direkten Verfahrens nur eine Näherungslösung darstellt.

Dagegen ist bei vielen iterativen Verfahren die Berechnung einfacher durchzuführen und eine genäherte Lösung dem Problem oft durchaus angemessen.

Zur direkten Lösung eines Gleichungssystems $Ax = b$ verwendet man häufig das *Gauß-Verfahren*. Durch elementare Umformungen von A und b wird das Gleichungssystem dabei in eine Gestalt überführt, an der man die Lösung leicht ablesen kann.

Mittels der elementaren Umformungen

- Vertauschung zweier Zeilen
- Multiplikation einer Zeile mit einer Zahl ungleich Null
- Addition des Vielfachen einer Zeile zu einer anderen Zeile

wird das System $Ax = b$ in ein gestaffeltes Gleichungssystem $Rx = c$ überführt, wobei R eine obere Dreiecksmatrix ist, also in ein Gleichungssystem der Form

$$\begin{pmatrix} r_{11} & r_{12} & \cdots & r_{1n} \\ & r_{22} & \cdots & r_{2n} \\ & & \ddots & \vdots \\ & & & r_{nn} \end{pmatrix} x = \begin{pmatrix} c_1 \\ c_2 \\ \vdots \\ c_n \end{pmatrix}.$$

Dies geschieht in $n-1$ Eliminationsschritten, deren Durchführung hier am ersten Schritt gezeigt werden soll.

Bilde die Matrix $[A \;\, b]$ und bestimme einen nichtverschwindenden Eintrag a_{j1} der ersten Spalte von A. Existiert kein $a_{j1} \neq 0$, so ist die Matrix singulär und das Verfahren endet. Sonst vertausche man die erste und die j-te Zeile von $[A \;\, b]$. Die so entstehende Matrix sei $[A^{(0)} \;\, b^{(0)}]$.

Nun subtrahiere man ein geeignetes Vielfaches der ersten Gleichung von den übrigen Gleichungen, derart, daß die Koeffizienten von x_1 in diesen Gleichungen verschwinden, also die Variable x_1 nur noch in der ersten Gleichung vorkommt. Dazu multipliziere man die erste Zeile von $[A^{(0)} \;\, b^{(0)}]$ mit $1/a_{11}^{(0)}$ und subtrahiere das $a_{j1}^{(0)}$-fache der neuen ersten Zeile von der Zeile j für $j = 2, \ldots, n$.

Damit erreicht man die Gestalt

$$[A^{(1)} \;\, b^{(1)}] = \left(\begin{array}{c|ccc|c} a_{11}^{(1)} & a_{12}^{(1)} & \cdots & a_{1n}^{(1)} & b_1^{(1)} \\ \hline 0 & a_{22}^{(1)} & \cdots & a_{2n}^{(1)} & b_2^{(1)} \\ \vdots & \vdots & & \vdots & \vdots \\ 0 & a_{n2}^{(1)} & \cdots & a_{nn}^{(1)} & b_n^{(1)} \end{array}\right).$$

Dabei gilt für die Matrixeinträge ($i, k = 2, \ldots, n$):

$$a_{ik}^{(1)} = a_{ik}^{(0)} - \ell_{i1} a_{1k}^{(0)}, \qquad \ell_{i1} = \frac{a_{i1}^{(0)}}{a_{11}^{(0)}},$$

$$b_i^{(1)} = b_i^{(0)} - \ell_{i1} b_1^{(0)}.$$

Ist die markierte Restmatrix nicht die Nullmatrix, so führe man für sie und den markierten Restvektor das beschriebene Vorgehen erneut aus.

So fährt man jeweils mit den entsprechenden Restmatrizen fort, bis entweder kein nichtverschwindender Eintrag in der aktuellen ersten Spalte gefunden wird und das Verfahren endet, da die Matrix singulär ist, oder bis das Gleichungssystem nach $n-1$ Schritten in ein gestaffeltes Gleichungssystem $Rx = c$ überführt worden ist.

Das System $Rx = c$ besitzt dieselbe Lösung wie $Ax = b$, da nur Äquivalenzumformungen vorgenommen werden.

Die Lösung x des linearen Gleichungssystems erhält man nun durch ↗Rückwärtseinsetzen, d. h. durch Auflösen der Gleichungen $Rx = c$ von „hinten".

Formal kann man den Übergang

$$[A \;\; b] \rightarrow [A^{(0)} \;\; b^{(0)}] \rightarrow [A^{(1)} \;\; b^{(1)}]$$

mit Hilfe von Matrixmultiplikationen beschreiben. Es ist

$$[A^{(0)} \, b^{(0)}] = P_1[A \; b], \;\; [A^{(1)} \, b^{(1)}] = L_1[A^{(0)} \; b^{(0)}].$$

Dabei ist P_1 eine Permutationsmatrix, d. h. eine quadratische Matrix, die in jeder Zeile und in jeder Spalte genau eine Eins und sonst Nullen enthält. Sie beschreibt Zeilenvertauschungen.

L_1 ist eine untere ↗Dreiecksmatrix der Form

$$L_1 = \begin{pmatrix} 1 & & & & & \\ -\ell_{21} & 1 & & & & \\ -\ell_{31} & 0 & 1 & & & \\ -\ell_{41} & 0 & 0 & 1 & & \\ \vdots & \vdots & & \ddots & \ddots & \\ -\ell_{n1} & 0 & \cdots & & 0 & 1 \end{pmatrix}.$$

Beschreibt man jeden Schritt des Gauß-Verfahrens auf diese Art und Weise, so sieht man, daß hier eine ↗LR-Zerlegung von PA berechnet wird, also

$$PA = LR.$$

Dabei ist P eine Permutationsmatrix, L eine untere Dreiecksmatrix mit Einheitsdiagonale und R eine obere Dreiecksmatrix.

Das Element a_{j1}, welches im ersten Schritt des Verfahrens bestimmt wird, nennt man Pivotelement, den Teilschritt des Verfahrens daher auch Pivotsuche. Bei der Pivotsuche kann man theoretisch jedes $a_{k1} \neq 0$ als Pivotelement wählen. Aus Gründen des robusten numerischen Verhaltens empfiehlt es sich jedoch, nicht irgendein $a_{k1} \neq 0$ zu wählen.

Gewöhnlich trifft man im j-ten Schritt des Verfahrens die Wahl

$$|a_{kj}| \;=\; \max_{i \geq j} |a_{ij}|,$$

man wählt also unter den in Betracht kommenden Elementen der j-ten Spalte das betragsgrößte. Diese Art der Pivotsuche heißt Spaltenpivotsuche oder auch Kolonnenmaximumstrategie.

Das Gauß-Verfahren kann zusammenbrechen, wenn man keine Pivotsuche durchführt. Darüberhinaus ist aus Gründen der numerischen Stabilität eine Pivotsuche ratsam. Es gibt jedoch eine wichtige Klasse von Matrizen, bei der keine Pivotsuche nötig ist: Die Klasse der positiv definiten, symmetrischen Matrizen. Das Gauß-Verfahren läßt sich in diesem Fall durch Ausnutzung der Symmetrie sehr kompakt durchführen (↗Cholesky-Verfahren).

Besondere Techniken der Pivotisierung erlauben auch für symmetrische, nicht positiv definite Matrizen, die Symmetrie auszunutzen.

Bei exakter Rechnung berechnet das Gauß-Verfahren in endlich vielen Schritten die exakte Lösung des linearen Gleichungssystems $Ax = b$. Unvermeidliche Rundungsfehler beim Lösen mithilfe eines Rechners bewirken, daß die berechnete Lösung $\widetilde{x}$ nicht exakt die Lösung des gegebenen linearen Gleichungssystems $Ax = b$ ist, sondern die exakte Lösung eines leicht gestörten Gleichungssystems $(A + F)x = b$. Durch eine Rundungsfehleranalyse läßt sich die Größe von F abschätzen.

Das Gauß-Verfahren ist hauptsächlich für kleine bis mittelgroße lineare Gleichungssysteme geeignet, bei denen die Matrix A im Hauptspeicher des Rechners gehalten werden kann. Wendet man das Gauß-Verfahren auf ↗sparse Matrizen an, also auf Matrizen mit vielen Nullelementen, werden im Verlauf des Verfahrens zahlreiche Nullelemente durch Nichtnullelemente ersetzt, so daß die resultierenden Matrizen L und R nur wenige Nullelemente im unteren bzw. oberen Dreieck besitzen. Dieses Phänomen der Erzeugung von Nichtnullelementen bezeichnet man auch als fill-in.

Typischerweise sind sparse Matrizen sehr groß, so daß die n^2 Matrixelemente nicht im Hauptspeicher eines Rechners gehalten werden können, wohl aber die nichtverschwindenden Elemente, wenn man spezielle Speichertechniken verwendet. Aufgrund des fill-ins können beim Gauß-Verfahren dann soviele zusätzliche Nichtnullelemente erzeugt werden, daß diese nicht mehr alle im Hauptspeicher des Rechners Platz finden. Man verwendet dann entweder ein Verfahren zur ↗iterativen Lösung linearer Gleichungssysteme oder Varianten des Gauß-Verfahrens, welche mittels heuristischer, auf graphentheoretischen Konzepten basierenden Überlegungen versuchen, den fill-in möglichst gering zu halten.

Neben der LR-Zerlegung ist die *QR-Zerlegung* der Koeffizientenmatrix A in das Produkt einer orthogonalen Matrix Q und einer oberen Dreiecksmatrix R eine weitere Zerlegung einer Matrix, welche zur Lösung linearer Gleichungssyteme verwendet werden kann.

Aus $Ax = b$ und $A = QR$ mit $Q^TQ = I$ folgt dann

$$Rx = Q^Tb,$$

d. h. wie beim Gauß-Verfahren überführt man das System $Ax = b$ in ein gestaffeltes Gleichungssystem, welches durch Rückwärtseinsetzen gelöst wird. Die Konstruktion einer QR-Zerlegung erfordert gegenüber der LR-Zerlegung einen etwa doppelt so hohen Rechenaufwand. Daher ist dieses Verfahren nicht sehr gebräuchlich zur Lösung linearer Gleichungssysteme.

Eine weitere Möglichkeit, ein lineares Gleichungssystem direkt zu lösen, besteht in der Anwendung der ↗Cramerschen Regel. Dieses Verfahren ist wegen seines hohen Rechenaufwandes und der schlechten numerischen Eigenschaften in der Praxis nicht gebräuchlich.

Literatur

[1] Deuflhard, P. und Hohmann, A.: Numerische Mathematik, Band 1. de Gruyter Berlin, 1993.

[2] Golub, G.H. und van Loan, C.F.: Matrix Computations. John Hopkins University Press, 1996.

[3] Kielbasinski, A; Schwetlick H.: Numerische lineare Algebra. Verlag H. Deutsch Frankfurt, 1988.

[4] Schwarz, H.R.: Numerische Mathematik. B.G. Teubner Stuttgart, 1993.

[5] Stoer, J. und Bulirsch, R.: Numerische Mathematik I und II. Springer-Verlag Heidelberg, 1991/1994.

direkte Summe, additive Zerlegung einer Grundmenge auf eindeutige Art und Weise. Je nach Situation existieren unterschiedliche Definitionen, man verleiche die Einträge zu ↗direkte Summe von Algebren, ↗direkte Summe von Darstellungen, ↗direkte Summe von linear unabhängigen Räumen, ↗direkte Summe von Moduln, ↗direkte Summe von Teilräumen.

Der Begriff der direkten Summe existiert in vielen Teilbereichen der Mathematik. Zentral ist der Gedanke, daß bei einer direkten Summe die Summanden nicht „überlappen".

direkte Summe von Algebren, mit einer Algebrenstruktur versehene Summe von Moduln.

Seien A_1 und A_2 Algebren über R, dann trägt die direkte Summe von Moduln $A_1 \oplus A_2$ eine Algebrenstruktur gegeben durch die Multiplikation

$$(a_1, b_1) \cdot (a_2, b_2) := (a_1 \cdot a_2, b_1 \cdot b_2)\,.$$

Diese Algebrenstruktur heißt direkte Summe der Algebren A_1 und A_2.

Die Konstruktion kann ausgedehnt werden auf direkte Summen über beliebigen Indexmengen.

direkte Summe von Darstellungen, Darstellung einer Gruppe, die sich aus mehreren Darstellungen additiv zusammensetzt.

Jede dieser Ausgangsdarstellungen heißt dann Komponente dieser Darstellung.

Der Begriff ist wichtig bei der Klassifikation von Darstellungen einer Gruppe.

direkte Summe von linear unabhängigen Räumen, Konstruktion eines Vektorraums aus einer gegebenen Familie von Vektorräumen.

Es sei $(V_i)_{i\in I}$ eine Familie von Vektorräumen über dem gleichen Körper K, wobei I eine beliebige Indexmenge bezeichnet. Dann ist die direkte Summe $\bigoplus_{i\in I} V_i$ der Räume E_i der Raum, der aus allen Tupeln $(x_i | i \in I) \in \prod_{i\in I} V_i$ besteht, die nur in endlich vielen Komponenten von Null verschieden sind. Die Addition und die Multiplikation mit einem Skalar sind auf die übliche Art komponentenweise definiert.

direkte Summe von Moduln, Möglichkeit der Kombination von Moduln.

Sei $\{M_i\}_{i\in I}$ eine Menge von R–Moduln. Die direkte Summe ist dann $\bigoplus_{i\in I} M_i = \{\text{Folgen } \{m_i\}_{i\in I} : m_i \in M_i$ und $m_i = 0$ für fast alle $i\}$. Man definiert $\{m_i\} + \{n_i\} = \{m_i + n_i\}$ und $r \cdot \{m_i\} = \{rm_i\}$ und erhält so eine R–Modulstruktur.

direkte Summe von Teilräumen, eine Summe von Teilräumen, bei der die Summenbildung eindeutig ist.

Es seien V ein Vektorraum und $U_1, \ldots, U_n$ Teilräume von V. Dann versteht man unter der Summe der Teilräume $U_1, \ldots, U_n$ den Teilraum $U = U_1 + U_2 + \cdots + U_n = \{x \in V | x = x_1 + x_2 + \cdots + x_n,\ x_i \in U_i\}$. Die Summe der Teilräume heißt direkte Summe, falls für jedes $x \in U_1 + U_2 + \cdots + U_n$ die Darstellung als Summe von Elementen aus den U_i eindeutig ist, das heißt, wenn aus $x_1 + \cdots + x_n = y_1 + \cdots + y_n$ mit $x_i, y_i \in U_i$ stets folgt: $x_i = y_i$ für $i = 1, \ldots, n$. Man schreibt dann

$$U = \bigoplus_{i=1}^{n} U_i\,.$$

Ein Vektorraum W mit $V = U \oplus W$ heißt direktes Komplement (in V) von U. In einem endlichdimensionalen Vektorraum V besitzt jeder Unterraum U ein direktes Komplement.

Eine wichtige Verwendung direkter Summen von Teilräumen findet man bei der Betrachtung von Eigenräumen einer Matrix. Sind nämlich $\lambda_1, \ldots, \lambda_m$ paarweise verschiedene Eigenwerte einer Matrix und bezeichnet man die zugehörigen Eigenräume mit $E_1, \ldots, E_m$, so ist die Summe aus diesen Eigenräumen eine direkte Summe.

direkte Verbindungssprache, Begriff aus der Theorie der Schaltkreise.

Für eine Folge von Schaltkreisen S_n auf n Eingaben besteht die direkte Verbindungssprache aus allen Tupeln (n, b, p, y), wobei b die Nummer eines Bausteins von S_n, $p \in \{0, 1, 2\}$ und y der Gattertyp des Bausteins mit Nummer b in S_n ist, falls $p = 0$ ist, und ansonsten die Nummer des ersten bzw. zweiten Vorgängers dieses Bausteins ist.

Ein effizienter Algorithmus für die direkte Verbindungssprache ist ein wichtiges Modul, um Algorithmen für den Umgang mit der Schaltkreisfolge zu entwerfen, siehe dazu ↗DLOGTIME-Uniformität.

direkte Zerlegung, Zerlegung einer mathemetischen Struktur (z. B. Ordnung, geometrischer Verband, Verband, Gruppe) in ein direktes Produkt oder eine direkte Summe von Strukturen derselben Art.

direkter Faktor, Komponente eines direkten Produkts.

direktes Bild einer Garbe, ↗ Bildgarbe.

direktes Komplement, ↗direkte Summe.

direktes Produkt, ↗direktes Produkt von Gruppen, ↗direktes Produkt von Moduln, ↗direktes Produkt von Ordnungen, ↗direktes Produkt von Vektorräumen.

direktes Produkt von Gruppen, Operation auf Permutationsgruppen.

Es seien N und R endliche disjunkte Mengen mit $|N| := n$ bzw. $|R| := r$ Elementen, und G eine Untergruppe der Permutationsgruppe $S(N)$ bzw. H eine Untergruppe der Permutationsgruppe $S(R)$.

Das kartesische oder direkte Produkt von G und H ist die Permutationsgruppe

$$G \times H \;:=\; \{(g,h),\, g \in G,\, h \in H\}$$

auf dem kartesischen Produkt $N \times R$, definiert durch

$$(g,h)(a,b) \;:=\; (ga, hb)$$

für alle $a \in N$ und $b \in R$.

direktes Produkt von Moduln, Möglichkeit der Kombination von Moduln.

Sei $\{M_i\}_{i\in I}$ eine Menge von R–Moduln. Das direkte Produkt ist dann $\prod_{i\in I} M_i = \{$ Folgen $\{m_i\}_{i\in I}$: $m_i \in M_i\}$. Analog zur direkten Summe von Moduln erhält man eine R-Modulstruktur.

direktes Produkt von Ordnungen, Operation auf Ordnungen.

Es seien $(P_i, \leq_{P_i})$, $i = 1, \dots, n$, $n \in \mathbb{N}$ Ordnungen. Das direkte Produkt $\prod_{i=1}^n (P_i, \leq_{P_i})$ ist die Ordnung $(\prod_{i=1}^n P_i, \leq_{\prod_{i=1}^n P_i})$, so daß

$$(a_1, \dots, a_n) \leq_{\prod_{i=1}^n P_i} (b_1, \dots, b_n)$$
$$\Longleftrightarrow (a_i \leq_{P_i} b_i)$$

für alle $i = 1, \dots, n$.

Die Ordnung $\prod_{i=1}^n (P_i, \leq_{P_i})$ heißt (endliche) Produktordnung. Eine Verallgemeinerung der endlichen Produktordnung ist die Produktordnung mit endlichem Träger: Es sei I eine total geordnete Menge und $\{P_i,\, i \in I\}$ eine Familie von Ordnungen mit Nullelement. Die Produktordnung mit endlichem Träger $\prod_{i\in I} P_i$ ist definiert auf der Menge $\{(\dots, a_i, \dots),\, a_i \in P_i$ und $a_j = 0$ für alle j bis auf höchstens endlich viele Indizes$\}$, wobei

$$(\dots, a_i, \dots) \leq_{\prod_{i\in I} P_i} (\dots, b_i, \dots)$$
$$\Longleftrightarrow (a_i \leq_{P_i} b_i)$$

für alle $i \in I$.

direktes Produkt von Vektorräumen, der bezüglich zweier Vektorräume $(V_1, +_1, \cdot_1)$ und $(V_2, +_2, \cdot_2)$ über $\mathbb{K}$ gebildete $\mathbb{K}$-Vektorraum

$$(V_1 \times V_2, +, \cdot)$$

mit den durch

$$(v_1, v_2) + (v_1', v_2') \;=\; (v_1 +_1 v_1', v_2 +_2 v_2')$$

und

$$\lambda(v_1, v_2) \;=\; ((\lambda \cdot_1 v_1, \lambda \cdot_2 v_2)$$

definierten Vektorraum-Verknüpfungen. Sind V_1 und V_2 endlich-dimensional, so gilt:

$$\dim(V_1 \times V_2) \;=\; \dim V_1 \cdot \dim V_2\,.$$

Direktrix, eine bezüglich eines Kegelschnitts ausgezeichnete Gerade.

Es sei K ein Kegelschnitt und D eine in der gleichen Ebene liegende Gerade. D heißt Direktrix (oder Leitlinie) von K, wenn das Verhältnis des Abstandes eines beliebigen Punktes P auf K zum Brennpunkt von K und dem Abstand von P zu D konstant ist. Dieses Verhältnis heißt dann auch Exzentrizität von K.

Ist K eine ↗Ellipse oder eine ↗Hyperbel, so existieren zwei Direktrizen, ist K eine ↗Parabel, nur eine.

Man vergleiche hierzu auch das Stichwort ↗Leitlinie.

Dirichlet, Johann Peter Gustav Lejeune, deutscher Mathematiker, geb. 13.2.1805 Düren b. Aachen, gest. 5.5.1859 Göttingen.

Dirichlet, Sohn des Postkommissars von Düren, dessen Vorfahren aus Richelet bei Verviers (Belgien) stammten, besuchte nach einer Privatschule 1817 ein Gymnasium in Bonn und 1819 ein Jesuitenkolleg in Köln, wo er bereits mit 16 Jahren das Abitur ablegte. Danach beschloß er, Mathematik zu studieren und ging von 1822 bis 1826 nach Paris. Sehr bald fand er Kontakt zu führenden französischen Mathematikern, insbesondere zu Fourier, Poisson und Lacroix. Seinen Lebensunterhalt verdiente er sich als Privatlehrer. Wesentlich unterstützt von A.v.Humboldt habilitierte sich Dirichlet 1827 an der Universität Breslau (Wroclaw), nachdem er zuvor den Dr.h.c. von der Universität Bonn erhalten hatte. Nach kurzer Tätigkeit als außerordentlicher Professor ging er 1829 nach Berlin, wo er nach kurzer Privatdozentur 1831 außerordentlicher und 1839 ordentlicher Professor an der Universität wurde. 1855 trat er dann die Nachfolge von Gauß in Göttingen an.

Dirichlet heiratete 1832 Rebecca Mendelsohn-Bartholdy, eine Enkelin des Philosphen M. Mendelsohn. Durch diese Ehe war er mit vielen Persönlichkeiten des geistig-kulturellen Lebens verwandtschaftlich verbunden, z. B. war der Komponist F. Mendelsohn-Bartholdy sein Schwager und der Philosoph L. Nelson sein Urenkel.

Dirichlet leistete grundlegende Beiträge zur Mathematik und mathematischen Physik und hat einen enormen Einfluß auf die Mathematikentwicklung in Deutschland ausgeübt. Zusammen mit Jacobi leitete er eine neue Etappe in der mathematischen Lehre in Deutschland ein und begründete den Aufstieg Berlins zu einem Zentrum der mathematischen Forschung. Zu seinen Schülern gehörten so bedeutende Mathematiker wie Kummer, Eisenstein, Kronecker, Riemann und Dedekind.

Dirichlet war ein ausgezeichneter Lehrer, der in seinen Vorlesungen den Studenten den Zugang zu den damals aktuellen Forschungen erschloß, insbesondere zu dem zahlentheoretischen Werk von Gauß sowie den Arbeiten der französischen mathematischen Physiker, und auch über schwierigste Fragen vorzutragen verstand.

Zu den ersten von Dirichlet publizierten mathematischen Ergebnissen gehörte 1825 eine Methode, die wesentliche Teilaussagen für die Bestätigung der Fermatschen Vermutung für $n = 5$ enthielt und die wenige Wochen später von Legendre zu einem vollständigen Beweis dieser Vermutung für $n = 5$ ausgebaut wurde. In vielen weiteren Arbeiten hat Dirichlet dann an Gauß und dessen „Disquisitiones arithmetica" angeknüpft, die dort gegebenen Beweise verbessert und Ideen weiterentwickelt. Grundsätzlich neu war die Heranziehung analytischer Hilfsmittel für zahlentheoretische Untersuchungen. In der Theorie der algebraischen Zahlen gelang ihm dadurch der Beweis des nach ihm benannten Primzahlsatzes.

Mit Hilfe der von ihm eingeführten Dirichlet-Reihen konnte er Formeln für die Klassenzahlen binärer quadratischer Formen ableiten. Außerdem gab er mit seinen Ergebnissen den Studien über Einheiten in algebraischen Zahlkörpern endlichen Grades eine abschließende Form. Die von Dedekind 1863 herausgegebenen Dirichletschen „Vorlesungen über Zahlentheorie" faßten viele der Ergebnisse zusammen und boten zugleich zahlreiche Anregungen zu weitergehenden Studien, u. a. von Dedekind selbst. Dirichlet griff zahlreiche Fragen der Analysis und ihrer Anwendungen auf. Mit dem ersten strengen Beweis für die Konvergenz der Fourier-Reihe einer periodischen, stückweise stetigen und stückweise monotonen Funktion gegen diese Funktion beantwortete er 1829 eine seit Euler und Bernoulli diskutierte Frage nach der Entwickelbarkeit periodischer Funktionen in trigonometrische Reihen. In den folgenden Jahren vertiefte er diese Ergebnisse, berechnete konkrete Anwendungsbeispiele und nahm zugleich eine schärfere Fassung einiger Grundbegriffe der Analysis vor. Eng damit verbunden waren seine Betrachtungen zur Entwicklung von Funktionen nach Kugelfunktionen (1837). Anknüpfend an Laplace studierte er ganz allgemein die Anziehung und Abstoßung von Massepunkten unter der Wirkung von Zentralkräften, formulierte das nach ihm benannte Randwertproblem zur Berechnung der Potentialfunktion und löste es für bestimmte Randwerte (1850). In weiteren Arbeiten behandelte Dirichlet insbesondere Probleme der Hydrodynamik. Dabei verwendete er u. a. das Dirichlet-Prinzip, das die Lösung einer Randwertaufgabe auf ein Variationsproblem zurückführt, nämlich die Minimierung eines Integrals.

Diese Methode erwies sich im Umgang mit den in vielen Gebieten der Mathematik und Physik auftretenden Randwertaufgaben als sehr nützlich, doch konnte ihre Anwendung erst 1899 gesichert werden, als Hilbert die zunächst als plausibel erscheinende Existenz einer Minimallösung für das Integral allgemein nachwies.

Dirichlet-Bedingung, ↗Dirichlet-Randbedingung, ↗Dirichlet-Randwertproblem.

Dirichlet-Charakter, ↗Charakter modulo m.

Dirichlet-Kern, ein bei Konvergenzuntersuchungen von Fourier-Reihen häufig auftretendes trigonometrisches Polynom. Der Dirichlet-Kern vom Grad N ist durch

$$D_N(x) = \sum_{n=-N}^{N} e^{inx} \equiv \begin{cases} \frac{\sin(N+1/2)x}{\sin(x/2)}, & x \neq 0, \\ 2N+1, & x = 0, \end{cases}$$

gegeben.

Sind beispielsweise c_n die Fourier-Koeffizienten einer 2π-periodischen Funktion f, so gilt

$$\sum_{n=-N}^{N} c_n e^{inx} = (2\pi)^{-1} \int_{-\pi}^{\pi} D_N(x-t) f(t) dt \,,$$

d. h., D_N tritt als Integralkern auf.

Dirichlet-Kriterium, besagt, daß für eine Zahlenfolge (a_n) mit

$$\sup_{N \in \mathbb{N}} \sum_{n=1}^{N} |a_n| < \infty$$

und eine monotone reelle Nullfolge (b_n) die Reihe $\sum_{n=1}^{\infty} a_n b_n$ konvergiert.

Für $a_n = (-1)^n$ erhält man hieraus als Spezialfall das ↗Leibniz-Kriterium. Verwandt mit dem Dirichlet-Kriterium ist das ↗Abel-Kriterium.

Dirichlet-Prinzip, Methode zur Lösung des ↗Dirichlet-Problems in der Ebene durch Zurückführung auf ein Variationsproblem, beispielsweise die Minimierung eines Integrals, das im Fall der Ebene von der Form

$$\int_G ((u_x)^2 + (u_y)^2) \, dx dy$$

ist.

Dirichlet-Problem in der Ebene, lautet: Gegeben sei ein ↗Gebiet $G \subset \mathbb{C}$ und eine stetige Funktion

$$f\colon \partial_\infty G \to \mathbb{R} \,.$$

Gesucht ist eine stetige Funktion

$$u\colon G \cup \partial_\infty G \to \mathbb{R} \,,$$

die in G harmonisch ist und $u(z) = f(z)$ für alle $z \in \partial_\infty G$ erfüllt. Dabei ist $\partial_\infty G := \partial G$, falls G beschränkt und $\partial_\infty G := \partial G \cup \{\infty\}$, falls G unbeschränkt ist.

Falls eine solche Funktion u existiert, so ist sie eindeutig bestimmt. Dieses Problem ist aber nicht immer lösbar, wie man an dem Beispiel

$$G = \{z \in \mathbb{C} : 0 < |z| < 1\} \,,$$

$f(z) = 1$ für $|z| = 1$ und $f(z) = 0$ für $z = 0$ sieht.

Ist G ein Gebiet derart, daß das Dirichlet-Problem für jede stetige Funktion $f\colon \partial_\infty G \to \mathbb{R}$ lösbar ist, so nennt man G ein Dirichlet-Gebiet. Ein Gebiet G ist ein Dirichlet-Gebiet, falls das Komplement $\widehat{\mathbb{C}} \setminus G$ von G in $\widehat{\mathbb{C}}$ keine nur aus einem Punkt bestehende Zusammenhangskomponente besitzt. Insbesondere ist jedes einfach zusammenhängende Gebiet ein Dirichlet-Gebiet.

Im Spezialfall $G = \mathbb{E} = B_1(0) = \{z \in \mathbb{C} : |z| < 1\}$ gibt es eine explizite Lösungsformel; siehe hierzu ↗Dirichlet-Problem für die Kreisscheibe. Diese Formel und die Theorie der ↗konformen Abbildungen kann man dazu benutzen, um das Dirichlet-Problem für ein einfach zusammenhängendes Gebiet G, dessen Rand ∂G eine ↗Jordan-Kurve ist, explizit zu lösen.

Dazu sei ϕ eine konforme Abbildung von $\mathbb{E}$ auf G. Da ∂G eine Jordankurve ist, kann man ϕ zu einem Homöomorphismus von $\overline{\mathbb{E}}$ auf $\overline{G}$ fortsetzen. Dann löst man das Dirichlet-Problem für $\mathbb{E}$ mit der Randfunktion $g = f \circ \phi$, d. h. man bestimmt eine in $\overline{\mathbb{E}}$ stetige und in $\mathbb{E}$ harmonische Funktion v mit $v(w) = g(w)$ für $|w| = 1$. Schließlich ist $u = v \circ \phi^{-1}$ die Lösung des Dirichlet-Problems für G mit der Randfunktion f. Für dieses Verfahren ist jedoch Voraussetzung, daß man die konforme Abbildung ϕ und deren Umkehrabbildung ϕ^{-1} explizit kennt.

Das Dirichlet-Problem spielt eine wichtige Rolle für die Existenz der Greenschen Funktion.

Neben stetigen Randfunktionen $f\colon \partial_\infty G \to \mathbb{R}$ können auch unstetige Funktionen zugelassen werden. Dann ist die Lösungstheorie jedoch komplizierter.

Man kann das Dirichlet-Problem ebenfalls im n-dimensionalen Raum $\mathbb{R}^n$, $n \in \mathbb{N}$ betrachten. Allerdings sind für $n \geq 3$ keine funktionentheoretischen Methoden mehr anwendbar.

Dirichlet-Problem für die Kreisscheibe, Randwertproblem aus der Theorie der partiellen Differentialgleichungen, das eine Lösung in geschlossener Form besitzt.

Das Problem lautet: Gegeben sei eine stetige Funktion $f\colon \partial B_R(0) \to \mathbb{R}$, wobei $B_R(0)$ die offene Kreisscheibe mit Mittelpunkt 0 und Radius $R > 0$ ist.

Gesucht ist eine stetige Funktion $u\colon \overline{B_R(0)} \to \mathbb{R}$, die in $B_R(0)$ ↗harmonisch ist (d. h. $\Delta u = 0$ in $B_R(0)$) und $u|\partial B_R(0) = f$ erfüllt. Man nennt u dann auch eine Potentialfunktion.

Dieses Problem ist eindeutig lösbar, und die Lösung u ist gegeben durch die Poissonsche Integralformel

$$u(z) = \int_0^{2\pi} P_R(\zeta, z) f(\zeta) \, d\vartheta \,, \quad z \in B_R(0) \,.$$

Dabei ist $\zeta = Re^{i\vartheta}$ und $P_R(\zeta, z)$ der reelle Poisson-Kern, d. h.

$$P_R(\zeta, z) = \frac{1}{2\pi} \frac{R^2 - |z|^2}{|\zeta - z|^2} = \frac{1}{2\pi} \operatorname{Re} \frac{\zeta + z}{\zeta - z} \,.$$

Schreibt man $z = re^{it}$ mit $0 \le r < R$, so hat der Kern die Gestalt

$$P_R(\zeta, z) = \frac{1}{2\pi} \frac{R^2 - r^2}{R^2 - 2Rr\cos(\vartheta - t) + r^2}.$$

Damit kann also von den Randwerten einer harmonischen Funktion auf die Werte im Inneren des Kreises geschlossen werden. Diese Darstellung der Lösungsfunktion liefert dann einen Lösungsansatz für einfach zusammenhängende Gebiete G, da man G unter Verwendung des Riemannschen Abbildungssatzes auf den Einheitskreis abbilden und dann die Lösung für den Einheitskreis zurücktransformieren kann (↗Dirichlet-Problem in der Ebene).

Dirichlet-Randbedingung, bei elliptischen partiellen Differentialgleichungen zweiter Ordnung (z. B. der Laplacegleichung) derjenige Typ von Randbedingung, bei dem die Funktion selbst (nicht aber ihre Ableitung) am Rand vorgegeben wird.

Es gibt für diesen Typ von Randbedingungen vielfach gut handhabbare Existenz- und Eindeutigkeitssätze für die zugehörigen Differentialgleichungen.

Dirichlet-Randwertproblem, in moderner Sprechweise auch einfach Dirichlet-Problem genannt, Problem der Fortsetzung einer Funktion vom Rand eines Gebiets auf das Gebiet selbst.

Es sei $G \subseteq \mathbb{C}$ ein Gebiet, dessen Rand δG aus einer endlichen Zahl geschlossener Jordankurven ohne gemeinsame Punkte besteht. Weiterhin sei eine Funktion $u : \delta G \to \mathbb{R}$ gegeben, die auf $\delta G \setminus M$ stetig ist, wobei M eine höchstens abzählbare Menge ist. Das Dirichlet-Randwertproblem besteht darin, eine auf G harmonische Funktion zu finden, die auf $\overline{G} \setminus M$ stetig ist und auf $\delta G \setminus M$ mit u übereinstimmt. Das Dirichlet-Randwertproblem besitzt genau eine beschränkte Lösung, falls die gegebene Funktion u beschränkt ist.

Im einfachsten Fall ist G ein Kreis vom Radius $R > 0$ mit dem Mittelpunkt z_0; man nennt dies das ↗Dirichlet-Problem für die Kreisscheibe. Etwas weiter gefaßt ist das ↗Dirichlet-Problem in der Ebene.

Dirichlet-Reihe, eine Reihe der Form

$$\sum_{n=1}^{\infty} a_n e^{-\lambda_n s}, \tag{1}$$

wobei die Koeffizienten a_n beliebige komplexe Zahlen, die λ_n reelle Zahlen mit der Eigenschaft

$$\lambda_1 < \lambda_2 < \ldots \longrightarrow \infty,$$

und s die komplexe Variable bezeichnen.

Im Fall $\lambda_n = n$ wird (1) zur Potenzreihe

$$\sum_{n=1}^{\infty} a_n z^n, \quad \text{mit} \quad z = e^{-s},$$

im Fall $\lambda_n = \log n$ erhält man eine gewöhnliche Dirichlet-Reihe

$$\sum_{n=1}^{\infty} \frac{a_n}{n^s}.$$

Zu jeder Dirichlet-Reihe gib es eine Konvergenzabszisse $\sigma_0 \in [-\infty, \infty]$ derart, daß die Reihe (1) für alle $s \in \mathbb{C}$ mit Realteil $> \sigma_0$ konvergiert und für alle s mit Realteil $< \sigma_0$ divergiert; auf der Geraden

$$\{s \in \mathbb{C} : \text{Re}(s) = \sigma_0\}$$

ist keine allgemeine Konvergenzaussage möglich. Die Konvergenz ist jeweils gleichmäßig auf kompakten Mengen

$$K \subset \{s \in \mathbb{C} : \text{Re}(s) > \sigma_0\}.$$

Konvergiert die Reihe (1) für alle $s \in \mathbb{C}$, so setzt man $\sigma_0 = -\infty$, konvergiert sie für keine Zahl $s \in \mathbb{C}$, so setzt man $\sigma_0 = \infty$.

Ist die Reihe $\sum a_n$ divergent, so ist die Konvergenzabszisse der Dirichlet-Reihe (1) durch folgende Formel gegeben:

$$\sigma_0 = \limsup_{n\to\infty} \frac{\log|a_1 + \ldots + a_n|}{\lambda_n};$$

falls $\sum a_n$ konvergiert, hat man die Formel

$$\sigma_0 = \limsup_{n\to\infty} \frac{1}{\lambda_n} \log \left| \sum_{k=n}^{\infty} a_k \right|.$$

Dirichletsche Formeln, Aussagen über den Differentialoperator, wie er etwa im Sturm-Liouvilleschen Randwertproblem auftaucht.

Seien $n \in \mathbb{N}$, $r_k, s_k \in \mathbb{N}_0$, $I \subset \mathbb{R}$ ein Intervall und $a_k : I \to \mathbb{R}$ sowohl r_k-mal als auch s_k-mal differenzierbar für alle $k \in \{0, \ldots, n\}$. Für den Differentialoperator L, definiert durch

$$Ly := \sum_{k=0}^{n} \left[a_k(x) y^{(r_k)}\right]^{(s_k)},$$

sowie für $\max\limits_{k\in\{0,\ldots,n\}} \{(r_k + s_k)\}$-mal differenzierbare Funktionen u, v ergibt sich durch partielle Integration die Dirichletsche Formel

$$\int v\,Lu\,dx = \int \sum_{k=0}^{n} (-1)^{s_k} a_k(x) u^{(r_k)} v^{(s_k)}\,dx + R[u, v].$$

Dabei ist

$$R[u, v] := \sum_{k=0}^{n} \sum_{\substack{p,q \\ p+q=s_k-1}} (-1)^p (a_k u^{(r_k)})^{(q)} v^{(p)}.$$

Einen entsprechenden Ausdruck erhält man auch für $\int uL^* v dx$, wobei L^* der zu L adjungierte Operator ist.

Dirichletsche Funktion, ↗Dirichletsche Sprungfunktion.

Dirichletsche *L*-Reihe, spezielle ↗Dirichlet-Reihe der Form

$$L(s,\chi) = \sum_{n=1}^{\infty} \frac{\chi(n)}{n^s},$$

wobei s eine geeignete komplexe Zahl und χ ein ↗Charakter modulo m ist.

Die Funktion $s \mapsto L(s,\chi)$ nennt man auch Dirichletsche L-Funktion, eine Verallgemeinerung der Riemannschen ζ-Funktion, denn mit dem Hauptcharakter $\chi_0 \equiv 1$ gilt

$$L(s,\chi_0) = \sum_{n=1}^{\infty} \frac{1}{n^s} = \zeta(s).$$

Falls χ nicht der Hauptcharakter ist, kann man zeigen, daß die Dirichletsche L-Reihe für jede komplexe Zahl s mit Realteil > 0 konvergiert.

Die erste Anwendung der Dirichletschen L-Reihen war der Beweis des ↗Dirichletschen Primzahlsatzes.

Die Werte von $L(s,\chi)$, wobei χ die Charaktere modulo m durchläuft, hängen eng mit der Verteilung der Primzahlen in den Restklassen modulo m zusammen. Nähere Analysen hierzu gehören zu den schwierigeren Problemen der analytischen Zahlentheorie.

Dirichletsche Sprungfunktion, reelle Funktion mit unendlich vielen Unstetigkeitsstellen.

Die Funktion ist für alle $x \in \mathbb{R}$ definiert durch

$$d(x) = \begin{cases} 0, & x \in \mathbb{R} \setminus \mathbb{Q} \\ 1, & x \in \mathbb{Q}. \end{cases}$$

Sie ist also die charakteristische Funktion von $\mathbb{Q}$ (↗charakteristische Funktion einer Menge).

Dirichletscher Approximationssatz, ein Satz über die Approximation beliebiger reeller Zahlen durch rationale Zahlen (Brüche):

Seien $\xi \in \mathbb{R}$ und $Q \in \mathbb{N}$ mit $Q \geq 2$. Dann gibt es $p, q \in \mathbb{Z}$ mit $1 \leq q < Q$ und

$$\left|\xi - \frac{p}{q}\right| \leq \frac{1}{qQ} < \frac{1}{q^2}.$$

Ist $\xi \in \mathbb{R}$ irrational, so existieren unendlich viele verschiedenen Paare (p,q) von teilerfremden ganzen Zahlen mit $q > 0$ und der Eigenschaft

$$\left|\xi - \frac{p}{q}\right| < \frac{1}{q^2}.$$

Das wesentliche Argument zum Beweis dieses Satzes ist eine schöne Anwendung des ↗Dirichletschen Schubfachprinzips und soll hier kurz geschildert werden.

Es bezeichne zunächst

$$\{x\} := x - \lfloor x \rfloor$$

den gebrochenen Anteil einer reellen Zahl x. Die $Q+1$ Zahlen

$$0, \{\xi\}, \{2\xi\}, \ldots, \{Q\xi\} \qquad (1)$$

liegen dann alle im halboffenen Intervall $[0,1)$. Verteilt man sie auf die Q „Schubfächer"

$$\left[\tfrac{s}{Q}, \tfrac{s+1}{Q}\right), \quad s = 0, \ldots, Q-1, \qquad (2)$$

so müssen wenigstens zwei Zahlen $\{q_1\xi\}$ und $\{q_2\xi\}$, mit $q_1 \neq q_2$, ins gleiche Schubfach fallen. Daraus folgt

$$\left|\{q_1\xi\} - \{q_2\xi\}\right| < \frac{1}{Q},$$

woraus sich der Dirichletsche Approximationssatz ableiten läßt.

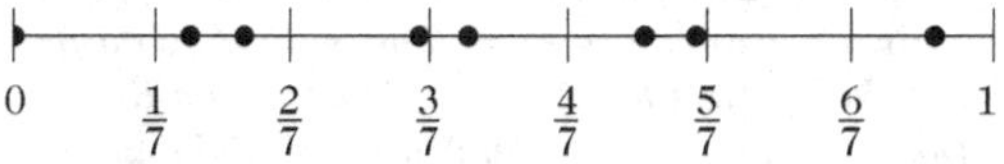

Die Zahlen (1) in den „Schubfächern" (2) für $Q=7$ und $\xi = \sqrt{5}$.

In Dirichlets Werken findet sich eine allgemeinere Variante, die sich auf simultane Approximation mehrerer reeller Zahlen bezieht:

Gegeben seien reelle Zahlen $\xi_1, \ldots, \xi_k$.

Dann hat das System von Ungleichungen

$$\left|\frac{p_i}{q} - \xi_i\right| < \frac{1}{p^{1+\mu}}, \quad \mu = \frac{1}{k}, \; i = 1, \ldots, k, \qquad (3)$$

wenigstens eine Lösung bestehend aus ganzen Zahlen $p_1, \ldots, p_k, q$ mit $q > 0$.

Ist wenigstens eine der ξ_i irrational, so hat das Ungleichungssystem (3) unendlich viele Lösungen.

Der Dirichletsche Approximationssatz kann als Urahn einiger weitreichender Präzisierungen und Verschärfungen betrachtet werden, beispielsweise der Approximationssatz von Liouville oder der Satz von Thue-Siegel-Roth.

Der zweite Teil des Dirichletschen Approximationssatzes läßt sich zu einem notwendigen und hinreichenden Irrationalitätskriterium erweitern:

Eine reelle Zahl α ist genau dann irrational, wenn unendlich viele verschiedenen Paare (p,q) von teilerfremden ganzen Zahlen mit $q > 0$ und der Eigenschaft

$$\left|\alpha - \frac{p}{q}\right| < \frac{1}{q^2}$$

existieren.

In der Antike gewann man gute rationale Approximationen zu gewissen Irrationalzahlen, etwa $\sqrt{2}$, aus ganzzahligen Lösungen von Gleichungen der Form

$$X^2 - dY^2 = 1 \qquad (4)$$

für kleine Werte von d, etwa $d = 2$.

Eine Gleichung der Form (4) wird heute Pellsche Gleichung genannt.

Heutzutage ist der Dirichletsche Approximationssatz – in logischer und in didaktischer Hinsicht – eine gute Vorbereitung zur Bestimmung der Lösungsstruktur der allgemeinen Pellschen Gleichung.

Dirichletscher Einheitensatz, ein Struktursatz über die multiplikative Gruppe der Einheiten des Ganzheitsrings in einem ↗algebraischen Zahlkörper:

Seien K ein algebraischer Zahlkörper vom Grad n, $\mu(K)$ die endliche zyklische Gruppe der in K gelegenen ↗Einheitswurzeln, r die Anzahl der reellen Einbettungen $K \to \mathbb{R}$, und s die Anzahl der Paare konjugiert komplexer Einbettungen $K \to \mathbb{C}$.

Dann ist die ↗Einheitengruppe des Ganzheitsrings $\mathcal{O}_K$ von K das direkte Produkt von $\mu(K)$ mit einer freien abelschen Gruppe vom Rang $r+s-1$.

Hat man eine Basis

$$\{\varepsilon_1, \dots, \varepsilon_{r+s-1}\} \subset \mathcal{O}_K^\times$$

des freien Anteils der Einheitengruppe $\mathcal{O}_K^\times$, so nennt man die Einheiten $\varepsilon_1, \dots, \varepsilon_{r+s-1}$ Grundeinheiten.

Das Bestimmen der Einheitengruppe besteht also i. allg. aus zwei Schritten: Man bestimme zunächst alle in $\mathcal{O}_K$ liegenden Einheitswurzeln und sodann geeignete Grundeinheiten. Man kommt so zu expliziten Beschreibungen der ↗Einheiten imaginärquadratischer Zahlkörper und der ↗Einheiten reell-quadratischer Zahlkörper.

Der Dirichletsche Einheitensatz zeigt, daß dieses Vorgehen bei allen algebraischen Zahlkörpern prinzipiell richtig ist.

Dirichletscher Primzahlsatz, Aussage über die Existenz unendlich vieler Primzahlen in arithmetischen Progressionen:

Sind $a, m \in \mathbb{N}$ teilerfremd, so gibt es unendlich viele Primzahlen der Form

$$p = mk + a$$

mit einer ganzen Zahl $k \geq 0$.

Manche Spezialfälle dieses Satzes sind nicht schwer zu beweisen. Beispielsweise sind alle Primzahlen $\neq 2$ ungerade, befinden sich also in der Restklasse 1 mod 2, d.i. in der arithmetischen Progression

$$\{2k + 1 : k \in \mathbb{N}\}.$$

Der Beweis des Satzes von Euklid über Primzahlen läßt sich leicht so modifizieren, daß man daraus folgenden Satz erhält:

Jede der Restklassen

$$-1 \bmod 3, \quad -1 \bmod 4, \quad -1 \bmod 6$$

enthält unendlich viele Primzahlen.

Auch für verschiedene andere arithmetische Progressionen gibt es (verhältnismäßig) einfache Beweise, z. B. $5k \pm 2$, $12k - 1$, und viele andere.

Euler vermutete den Spezialfall $a = 1$ (und beliebiges $m > 1$) des Dirichletschen Primzahlsatzes. Den allgemeinen Fall versuchte Legendre 1785 zu beweisen. Dirichlet gab 1837 den ersten vollständigen Beweis, der einige Hilfsmittel aus der Analysis benutzt.

Eine Hauptschwierigkeit im Dirichletschen Zugang ist der Beweis von

$$\sum_{n=1}^{\infty} \frac{\chi(n)}{n} \neq 0, \qquad (1)$$

wobei χ ein ↗Charakter modulo m ist; diese Aussage nennt man das Nichtverschwinden der ↗Dirichletschen L-Reihen $L(s, \chi)$ für $s = 1$. Aus (1) folgt schließlich die Divergenz der Reihe

$$\sum_{p \equiv a \bmod m} \frac{1}{p},$$

was sogar eine stärkere Aussage ist als der oben formulierte Dirichletsche Primzahlsatz.

Mit Hilfe des Primzahlsatzes kann man noch etwas mehr über die Verteilung der Primzahlen in einer Restklasse $a \bmod m$ beweisen:

Seien a, m teilerfremde ganze Zahlen, $m > 1$, und bezeichne $\pi_m(x)$ die Anzahl der Primzahlen $p \leq x$ mit der Eigenschaft $p \equiv a \bmod m$.

Dann sind die Funktionen $\pi_m(x)$ und

$$f_m(x) := \frac{1}{\phi(m)} \cdot \frac{x}{\log x}$$

für $x \to \infty$ ↗asymptotisch gleich. Hierbei bezeichnet ϕ die ↗Eulersche ϕ-Funktion.

Die Tatsache, daß die Funktion f_m nicht von a abhängt, bedeutet, daß die Primzahlen innerhalb der primen Restklassen modulo m in gewissem Sinne gleichverteilt sind.

Dirichletsches Schubfachprinzip, eine einfache und anschauliche Tatsache, die gleichwohl in der Mathematik und insbesondere in der Zahlentheorie vielfache Anwendung findet:

Bei einer Verteilung von mehr als n Dingen auf n Schubfächer liegen in mindestens einem Fach mindestens zwei Dinge.

Das Dirichletsche Schubfachprinzip ist der wesentliche Bestandteil zum Beweis, daß die g-adische Entwicklung einer rationalen Zahl schließlich periodisch wird. Eine weitere Illustration, wie man dieses Prinzips anwendet, ist die Beweisidee des ↗ Dirichletschen Approximationssatzes.

Disequilibrium, Ungleichgewicht, insbesondere in der Populationsgenetik, in dem Sinne, daß durch die Kopplung der Gene keine freie Rekombination möglich ist.

disjunkte Mengen, *durchschnittsfremde Mengen*, *elementefremde Mengen*, Mengen mit paarweise leerem Durchschnitt (↗ Verknüpfungsoperationen für Mengen).

disjunkte Vereinigung von Mengen, die Vereinigung der ↗ Familie von Mengen $(X_i)_{i\in I}$, $\bigcup_{i\in I} X_i := \{x\ :\ \text{es gibt ein } i \in I \text{ mit } x \in X_i\}$, wenn die Mengen X_i, $i \in I$, disjunkt sind. Man benutzt dann auch die Symbole „$\dot\bigcup$" und „$\dot\cup$" anstelle der Symbole „$\bigcup$" und „$\cup$" (↗ Verknüpfungsoperationen für Mengen).

disjunkte Verkleinerung einer Mengenfolge, für eine Folge $(A_n)_{n\in\mathbb{N}}$ von Teilmengen einer Menge Ω die durch $B_1 := A_1$ und

$$B_n \ := \ A_n \setminus \bigcup_{i<n} A_i$$

für $n > 1$ definierte Mengenfolge $(B_n)_{n\in\mathbb{N}}$.

Für alle $m, n \in \mathbb{N}$ mit $m \neq n$ gilt $B_m \cap B_n = \emptyset$. Weiterhin gilt für alle $n \in \mathbb{N}$ die Beziehung

$$\bigcup_{i=1}^{n} A_i \ = \ \bigcup_{i=1}^{n} B_i \,.$$

disjunkte Zerlegung einer Menge, eine Zerlegung der Menge M in Mengen M_i, $i \in I$, wenn M die ↗ disjunkte Vereinigung der Mengen M_i ist, d. h., wenn gilt $M = \dot\bigcup_{i\in I} M_i$.

Zu jeder disjunkten Zerlegung von M gehört genau eine ↗ Äquivalenzrelation auf M.

Disjunktion, Verknüpfung von ↗ Booleschen Ausdrücken oder von Elementen eines ↗ Verbandes. In einem Verband $(M, \leq)$ berechnet die Disjunktion zweier Elemente a und b aus M (in Zeichen: $a \vee b$) das Supremum von a und b. In der ↗ Booleschen Algebra der Booleschen Funktionen ist dies das logische ODER (↗ OR-Funktion) der Funktionen.

disjunktive Normalform, *DNF*, spezielles ↗ Boolesches Polynom einer ↗ Booleschen Funktion f, das genau die ↗ Minterme von f enthält.

Die disjunktive Normalform ist eine ↗ kanonische Darstellung Boolescher Funktionen.

Diskontierung, Verfahren aus der Finanzmathematik, um Zahlungsreihen auf einen gemeinsamen Zeitpunkt $T = 0$ zu beziehen (↗ Deterministisches Modell der Lebensversicherungsmathematik). Für Zahlungen mit Fälligkeit t erfolgt eine Abzinsung mit $(1 + z)^{-t}$.

Der Barwert ergibt sich in der Versicherungsmathematik durch eine zusätzliche Gewichtung mit der Wahrscheinlichkeit dafür, daß die entsprechenden Zahlung wirklich zu leisten sind.

diskontinuierliche Gruppe, Gruppe G von gebrochen linearen Transformationen

$$f_\nu = \frac{a_\nu z + b_\nu}{c_\nu z + d_\nu},$$

$z \in \mathbb{C}$, $\nu \in \mathbb{N}$, die folgende Zusatzeigenschaft hat: Es existiert keine Teilfolge von G, die gegen die Einheit konvergiert.

Dies kann man auch so beschreiben: Es existiert keine Teilfolge von G, für deren Elemente gilt:

$$\lim_{k\to\infty} \frac{a_{\nu_k}}{d_{\nu_k}} \ = \ 1\,,$$

$$\lim_{k\to\infty} \frac{b_{\nu_k}}{d_{\nu_k}} \ = \ \lim_{k\to\infty} \frac{c_{\nu_k}}{d_{\nu_k}} = 0\,.$$

(↗ eigentlich diskontinuierliche Gruppe).

diskret, Bezeichnung für alle Arten von Zahlen, Vorgängen oder auch Disziplinen, die keine kontinuierlichen Werte zulassen. Die Beschäftigung mit dieser Problematik ist Gegenstand der ↗ Diskreten Mathematik.

Als typisches Beispiel denke man an die Approximation eines Integrals durch eine endliche Summe von diskreten Werten, wie sie etwa in der Numerischen Mathematik vorkommt. Dieser Vorgang hat zwar den Nachteil, daß er gegenüber dem „wahren" Wert des Integrals einen gewissen Fehler tolerieren muß, andererseits jedoch den entscheidenden Vorteil, daß er zu einem in endlicher Zeit berechenbaren Ergebnis führt.

diskrete Fourier-Analyse, Teilgebiet der Numerik, das die Analyse diskreter periodischer Signale und die Berechnung von Fourier-Integralen umfaßt.

Eine Funktion f heißt L-periodisch, falls $f(x+L) = f(x)$ für alle $x \in \mathbb{R}$ und ein $L > 0$ gilt. Sei die auf $\mathbb{R}$ definierte komplexwertige Funktion f L-periodisch und durch ihre Fourier-Reihe darstellbar. Durch äquidistantes Abtasten des Signals seien die N Funktionswerte $f_k = f(\frac{kL}{N})$, $k = 0, 1, \ldots, N-1$ bekannt. Die diskrete Fourier-Analyse liefert aus den gegebenen Daten $f_0, \ldots, f_{N-1}$ eine Approximation der Fourier-Koeffizienten

$$c_n \ = \ \frac{1}{L} \int\limits_{-L/2}^{L/2} f(t) e^{-2i\pi nt/L} dt \qquad (1)$$

von f für $n \in \mathbb{Z}$, $|n| \leq N/2$. Dafür wird das Integral in Gleichung (1) mittels der Trapezformel zu

$$\gamma_n \ = \ \frac{1}{N} \sum_{k=0}^{N-1} f_k e^{-2i\pi nk/N} \qquad (2)$$

genähert. Es gilt $\gamma_{n+N} = \gamma_n$, sodaß lediglich die

Werte $\gamma_0, \dots, \gamma_{N-1}$ interessieren. Das trigonometrische Polynom

$$p(x) = \sum_{k=0}^{N-1} \gamma_k e^{2i\pi kx/L}$$

approximiert die Fourier-Reihe von f und interpoliert die Stützstellen $(kL/N, f_k)$, d. h. $p(kL/N) = f_k$ (↗ diskrete Fourier-Transformation).

Man beachte, daß für die Folge der exakten Fourier-Koeffizienten $\lim_{n\to\pm\infty} c_n = 0$ gilt, während die Folge (γ_n) periodisch ist. Deshalb ist γ_n nur für $|n| \le N/2$ eine Näherung für c_n. Es gilt die Regel: Je höher die Differenzierbarkeitsordnung des Signals f, umso kleiner ist der numerische Fehler $\sum_{|n|\le N/2} |c_n - \gamma_n|$. Insbesondere kann dieser Fehler bei unstetigen Signalen unverhältnismäßig groß werden.

Die diskrete Fourier-Analyse ist eng verknüpft mit der Untersuchung der durch die Gleichungen (2) vermittelten linearen Abbildung

$$\mathcal{F}_N : \mathbb{C}^N \twoheadrightarrow \mathbb{C}^N, \begin{pmatrix} f_0 \\ \vdots \\ f_{N-1} \end{pmatrix} \mapsto \begin{pmatrix} \gamma_0 \\ \vdots \\ \gamma_{N-1} \end{pmatrix},$$

der diskreten Fourier-Transformation. Die numerische Auswertung von $\mathcal{F}_N$ für einen gegebenen Vektor von Eingabedaten $(f_0, \dots, f_{N-1})^T$ erfolgt mittels der schnellen Fourier-Transformation.

Das dargestellte Verfahren findet eine weitere Anwendung bei der numerischen Berechnung von Fourier-Integralen der Form

$$G(s) = \int_{-\infty}^{+\infty} g(t) e^{-its} dt$$

an N äquidistanten Stellen $s = s_0, \dots, s_{N-1}$. In erster Näherung wird ein endlicher Integrationsbereich, z. B. $[-L/2, L/2]$ für ein $L > 0$, gewählt. Es sind also die Werte

$$c_n = \int_{-L/2}^{L/2} g(t) e^{-its_n} dt$$

zu approximieren. Die Anwendung der Trapez-Regel und der schnellen Fourier-Transformation führt wie bei Gleichung (1) zum gesuchten Algorithmus.

diskrete Fourier-Synthese, die numerische Auswertung trigonometrischer Polynome für beliebige Argumente.

Für komplexwertige trigonometrische Polynome $p(x) = \sum_{k=-N}^{N} \gamma_k e^{ikx}$ existieren dem Horner-Schema ähnliche Prozeduren, die jedoch i. allg. numerisch nicht stabil sind. Für die Berechnung der Funktionswerte an den äquidistanten Stellen $x_k = 2\pi k/(2N+1), k = 0, \dots, 2N$ bietet sich die schnelle Fourier-Transformation an.

diskrete Fourier-Transformation, eine lineare Abbildung mit weitreichenden Anwendungen in der Numerik, vor allem in der ↗ diskreten Fourier-Analyse.

Die diskrete Fourier-Transformation $\mathcal{F}_N : \mathbb{C}^N \twoheadrightarrow \mathbb{C}^N$ der Ordnung N ist durch ihre Matrix-Darstellung

$$F_N = (\omega_N^{nk}) = \begin{pmatrix} 1 & 1 & 1 & \dots & 1 \\ 1 & \omega_N & \omega_N^2 & \dots & \omega_N^{N-1} \\ 1 & \omega_N^2 & \omega_N^4 & \dots & \omega_N^{2(N-1)} \\ \vdots & & & & \vdots \\ 1 & \omega_N^{N-1} & \omega_N^{2(N-1)} & \dots & \omega_N^{(N-1)^2} \end{pmatrix}$$

definiert, wobei i die imaginäre Einheit bezeichnet und $\omega_N = e^{2i\pi/N}$ ist.

Die Matrix F_N ist invertierbar, es gilt $F_N^{-1} = \frac{1}{N}\overline{F_N}$. Die numerische Berechnung von $F_N z$ für $z \in \mathbb{C}^N$ erfolgt mit dem Algorithmus der schnellen Fourier-Transformation.

Als Beispiel seien von einem 2π-periodischen Signal f die Funktionswerte $y_k = f(2\pi k/N), k = 0, \dots, N-1$, bekannt. Ferner sei $\gamma = F_N y$, wobei $y = (y_0, \dots, y_{N-1})^T$ und $\gamma = (\gamma_0, \dots, \gamma_{N-1})^T$.

Dann interpoliert das trigonometrischem Polynom

$$p(x) = \sum_{j=0}^{N-1} \gamma_j eijx$$

f in den Stützstellen $(2\pi k/N, y_k)$.

diskrete Fuzzy-Zahl, eine ↗ Fuzzy-Menge $\widetilde{N}$ auf einer abzählbaren Grundmenge $X \subset \mathbb{R}$, für die eine ↗ Fuzzy-Zahl $\widetilde{A}$ auf $\mathbb{R}$ so existiert, daß

$$\mu_N(x) = \mu_A(x) \qquad \text{für alle } x \in X.$$

Ein einfacher Weg, zu einer gegebenen unscharfen Menge $\widetilde{N}$ mit endlicher Grundmenge X eine unscharfe Menge $\widetilde{A}$ auf $\mathbb{R}$ zu bilden, ist die Verknüpfung aller Punkte $(x, \mu_N(x))$ mittels eines Polygonzuges. Man vergleiche hierzu die Abbildung. Von den dort auf $\{1, \dots, 8\}$ definierten Fuzzy-Mengen

$$\widetilde{B} = \{(1; 0,3), (2; 0,7), (3; 1), (4; 0,8), (5; 0,4), (6; 0,1), (7; 0), (8; 0)\},$$

$$\widetilde{C} = \{(1; 0), (2; 0,1), (3; 0,6), (4; 1), (5; 1), (6; 0,8), (7; 0,4), (8; 0,2)\},$$

$$\widetilde{D} = \{(1; 0,3), (2; 1), (3; 0,5), (4; 0,7), (5; 0,9), (6; 0,6), (7; 0,4), (8; 0,1)\}$$

ist nur $\widetilde{B}$ eine diskrete Fuzzy-Zahl.

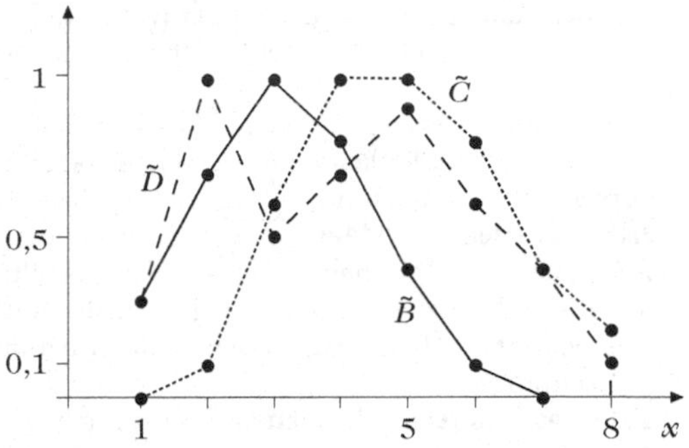

Diskrete Fuzzy-Zahl

diskrete Gleichverteilung, Wahrscheinlichkeitsmaß P eines diskreten Wahrscheinlichkeitsraumes (Ω, P) mit endlicher Ergebnismenge Ω, bei der alle Elementarereignisse die gleiche Wahrscheinlichkeit besitzen, d. h. für alle $\omega \in \Omega$ gilt

$$P(\{\omega\}) = \frac{1}{\#\Omega}.$$

Für ein beliebiges Ereignis $A \in \mathfrak{P}(\Omega)$ gilt dann $P(A) = \frac{\#A}{\#\Omega}$. Der Wahrscheinlichkeitsraum (Ω, P) ist also ein Laplace-Raum.

Ist X eine Zufallsvariable, deren Verteilung die diskrete Gleichverteilung ist, so gilt für den Erwartungswert

$$E(X) = \frac{1}{n}\sum_{i=1}^{n} x_i$$

und für die Varianz

$$\mathrm{Var}(X) = \frac{1}{n}\sum_{i=1}^{n} x_i^2 - (\frac{1}{n}\sum_{i=1}^{n} x_i)^2,$$

wobei n die Kardinalität des Bildes von X angibt, und die x_i die Elemente des Bildes bezeichnen.

diskrete Markow-Kette, Markow-Kette mit endlichem oder abzählbar unendlichem Zustandsraum. Eine diskrete Markow-Kette mit endlichem Zustandsraum heißt endliche Markow-Kette.

Diskrete Mathematik, Teil der Mathematik, der sich mit Objekten beschäftigt, die nur diskrete Werte annehmen können.

Die Diskrete Mathematik ist, streng genommen, kein scharf abgrenzbarer Bereich der Mathematik, wie z. B. die Algebra oder die Geometrie, um so mehr umfaßt sie Teile der Algebra und der Geometrie, der Mengenlehre und der Theorie der Funktionen, der Kombinatorik und der Wahrscheinlichkeitstheorie usw., d. h. diejenigen Gebiete der Mathematik, wo die diskreten Werte (im Gegensatz zu kontinuierlichen Werten) eine zentrale Rolle spielen.

diskrete Metrik, einfache Möglichkeit, eine beliebige Menge mit einer Metrik zu versehen.

Ist X eine Menge, so definiert man

$$d(x,y) := \begin{cases} 1 & \text{falls } x \neq y \\ 0 & \text{falls } x = y. \end{cases}$$

Die Abbildung d ist dann eine Metrik auf X und wird als diskrete Metrik bezeichnet. X heißt dann diskreter metrischer Raum.

Die gegen einen Punkt x bezüglich der diskreten Metrik konvergenten Folgen sind genau die Folgen (x_n), für die es ein n_0 gibt mit:

$$x_n = x \text{ für alle } n \geq n_0.$$

diskrete Topologie, die feinstmögliche Topologie auf einem topologischen Raum.

Bei der diskreten Topologie sind alle Mengen offen. Da dies insbesondere für die einpunktigen Mengen gilt, die Punkte also „diskret" liegen, bezeichnet man diese Topologie als diskret.

[1] Jänich, K.: Topologie. Springer-Verlag Berlin/Heidelberg, 2te Aufl., 1987.

diskrete Transformationsgruppe, topologische Transformationsgruppe, deren unterliegende Topologie diskret ist.

In der Sprache der Abbildungen heißt Diskretheit, daß nur die fast-überall konstanten Folgen konvergieren können.

Meist wird der Begriff der diskreten Transformationsgruppe als Gegensatz zur kontinuierlichen Transformationsgruppe verwendet. Dies ist jedoch ungenau, da es Transformationsgruppen gibt, die weder diskret noch kontinuierlich (letzteres im Sinne von: zusammenhängend) sind.

Beispiel: Die Drehgruppe der Ebene (d. h., die Menge derjenigen Kongruenz-Abbildungen der Ebene, die einen vorgegebenen Punkt fest lassen) ist kontinuierlich. Für eine beliebig vorgegebene natürliche Zahl $n > 1$ definieren wir nun die Untergruppe, die durch die Drehung um den Winkel $2\pi/n$ erzeugt wird. Diese Untergruppe stellt eine diskrete Transformationsgruppe dar.

diskrete Tschebyschew-Approximation, Approximation einer Funktion in der Maximumnorm auf einer endlichen diskreten Punktmenge.

Im linearen Fall läßt sich das Approximationsproblem in ein äquivalentes lineares Optimierungsproblem umformulieren, welches man beispielsweise mit dem ↗ Simplexalgorithmus lösen kann.

Die diskrete Tschebyschew-Approximation dient oft auch als angenäherte Lösung der besten gleichmäßigen Approximation an eine stetige Funktion.

diskrete Verteilung, ↗ diskrete Wahrscheinlichkeitsverteilung.

diskrete Verteilungsfunktion, Verteilungsfunktion eines diskreten Wahrscheinlichkeitsmaßes P auf $(\mathbb{R}, \mathfrak{B}(\mathbb{R}))$ mit endlichem oder abzählbar unendlichem Träger, d. h. einer Menge $T = \{x_1, x_2, \ldots\}$, für die $P(T) = 1$ gilt.

Die Verteilungsfunktion von P ist dann eine Treppenfunktion, die an den Stellen x_i Sprungstellen der Höhe $P(\{x_i\})$ besitzt.

diskrete Wahrscheinlichkeitsverteilung, *diskrete Verteilung*, diskretes Wahrscheinlichkeitsmaß, in der Regel von einer ↗ diskreten Zufallsvariablen induziert.

diskrete Wavelet-Transformation, erlaubt die Zerlegung eines Signals in verschiedene Skalen bzw. Verfeinerungsstufen.

Ausgehend von einer bevorzugt orthonormalen Waveletbasis $\{\psi_{j,k}\}_{j,k\in\mathbb{Z}}$ des $L^2(\mathbb{R})$ kann ein Signal f dargestellt werden als

$$f = \sum_{j,k\in\mathbb{Z}} c_{j,k}\psi_{j,k} \quad \text{mit} \quad c_{j,k} = \langle \psi_{j,k}, f\rangle .$$

Die Abbildung von f auf die Koeffizienten $c_{j,k}$ und deren Umkehrung wird als diskrete Wavelet-Transformation bezeichnet.

Ein einfaches und effizientes Schema zur Berechnung dieser Transformation ist die schnelle Wavelet-Transformation.

diskrete Zufallsgröße, ↗ diskrete Zufallsvariable.

diskrete Zufallsvariable, *diskrete Zufallsgröße*, Zufallsvariable, die nur endlich oder abzählbar unendlich viele Werte annehmen kann. Gelegentlich findet man auch die allgemeinere Definition, bei der eine auf dem Wahrscheinlichkeitsraum $(\Omega, \mathfrak{A}, P)$ definierte Zufallsvariable X mit Werten in $(\mathbb{R}, \mathfrak{B}(\mathbb{R}))$, wobei $\mathfrak{B}(\mathbb{R})$ die σ-Algebra der Borelschen Teilmengen von $\mathbb{R}$ bezeichnet, als diskret bezeichnet wird, wenn eine endliche oder abzählbar unendliche Menge $B \in \mathfrak{B}(\mathbb{R})$ mit $P(X \in B) = 1$ existiert.

diskreter Bewertungsring, lokaler ↗ Dedekindscher Ring.

R ist ein diskreter Bewertungsring genau dann, wenn ein $t \in R$ existiert, so daß jedes von Null verschiedene Ideal von der Form (t^k) ist, wobei k eine natürliche Zahl ist.

diskreter Logarithmus, die folgende „diskretisierte" Version des Logarithmus.

Der diskrete Logarithmus einer Zahl a zur Basis b modulo m ist derjenige Exponent, mit dem man b potenzieren muß, um eine zu a mod m kongruente Zahl zu erhalten.

diskreter Wahrscheinlichkeitsraum, Wahrscheinlichkeitsraum $(\Omega, \mathfrak{A}, P)$, bei dem die Ergebnismenge Ω endlich oder abzählbar unendlich ist und die σ-Algebra $\mathfrak{A}$ mit der Potenzmenge $\mathfrak{P}(\Omega)$ identisch ist. Der Wahrscheinlichkeitsraum wird daher oft unter Weglassung der σ-Algebra kurz mit (Ω, P) bezeichnet. In einem diskreten Wahrscheinlichkeitsraum ist P ein ↗ diskretes Wahrscheinlichkeitsmaß.

Der von einer ↗ diskreten Zufallsvariablen induzierte Wahrscheinlichkeitsraum ist ein diskreter Wahrscheinlichkeitsraum.

diskretes Mengensystem, System von Teilmengen M eines topologischen Raumes T, für das gilt: Jedes $t \in T$ besitzt eine Umgebung $U(t)$, die mit höchstens einer Menge aus M einen nichtleeren Durchschnitt hat.

diskretes Wahrscheinlichkeitsmaß, Wahrscheinlichkeitsmaß P in einem Wahrscheinlichkeitsraum $(\Omega, \mathfrak{A}, P)$ derart, daß es endlich oder abzählbar unendlich viele $\omega_k \in \Omega$ und $m_k \in [0, 1]$ gibt mit

$$P(A) = \sum_{\omega_k \in A} m_k$$

für alle $A \in \mathfrak{A}$. Die Ergebnismenge Ω muß dabei selbst nicht endlich oder abzählbar unendlich sein.

Diskretisierung, Oberbegriff für alle Methoden, die aus einem stetigen Problem ein diskretes machen, das in endlicher Zeit gelöst werden kann.

Sehr oft tritt dies innerhalb der Numerik auf, etwa bei der numerischen Lösung von Differentialgleichungen (↗ Diskretisierungsverfahren).

Diskretisierungsfehler, Fehler, der bei der näherungsweisen Lösung kontinuierlicher Probleme durch die Verwendung eines ↗ Diskretisierungsverfahrens entsteht.

Oft wird der Begriff im Sinne eines lokalen Diskretisierungsfehlers betrachtet. Er beschreibt dann lokal den Fehler, wenn die exakte Lösung in die Rechenvorschrift eingesetzt wird.

Man kann die Situation am besten anhand eines einfachen Beispiels erläutern: Für den wichtigen Spezialfall der Lösung von Anfangswertaufgaben gewöhnlicher Differentialgleichungen der Form

$$y' = f(x, y), \quad y(\zeta) = \eta$$

ist das explizite Euler-Verfahren gegeben durch die Vorschrift

$$y_0 := \eta$$
$$y_i := y_{i-1} + hf(x_i, y_i)$$

für $i = 1, 2, \ldots$. Dabei sind die y_i Näherungen von y an den Diskretisierungsstellen $x_i = \zeta + ih$ mit Schrittweite $h > 0$.

Der (lokale) Diskretisierungsfehler ist dann definiert als

$$d_i := y(x_i) - y(x_{i-1}) + hf(x_i, y(x_i)) .$$

Bei hinreichenden Glattheitseigenschaften von y läßt sich der lokale Diskretisierungsfehler mit Hilfe der Taylorentwicklung schreiben als

$$d_i = \frac{1}{2}h^2 y''(\xi) , \quad x_i \le \xi \le x_{i+1} .$$

Durch Einschließung der auftretenden Ableitungswerte (auch bei allgemeineren Einschritt- oder auch Mehrschrittverfahren) in Schranken lassen sich dann auch Schranken für die Lösung selbst ermitteln.

Die Einschließung der Ableitungswerte gelingt beispielsweise mit Hilfe einer zugehörigen Integralgleichung und dem Banachschen Fixpunktsatz.

Diskretisierungsverfahren, Vorgehensweise zur näherungsweisen Lösung kontinuierlicher Problemstellungen wie Differential- oder Integralgleichungen.

Dabei wird die Lösung nur an vorgegebenen Diskretisierungsstellen innerhalb des Definitionsgebiets ermittelt. Aus der ursprünglichen Problemstellung wird ein diskretisiertes Problem durch Aufstellen von Gleichungen für die diskreten Lösungsstellen hergeleitet. Dies kann zum Beispiel bei Differentialgleichungen durch Ersetzen der auftretenden Ableitungen durch Differenzenquotienten geschehen (↗Differenzenverfahren).

Eine weitere Möglichkeit besteht in der Unterteilung des Definitionsgebiets in kleinere Teilgebiete meist regelmäßiger Form und der stückweisen Lösung durch einfachere Ansatzfunktionen auf diesen Teilgebieten wie etwa beim Ritz-Galerkin-Verfahren und der Finite-Elemente-Methode.

Auch Mischformen wie beim Finite-Volumen-Verfahren sind gebräuchlich.

Entscheidend bei Diskretisierungsverfahren ist eine Quantifizierung bzw. Abschätzung des ↗Diskretisierungsfehlers.

Diskriminante einer Basis, Kennzahl einer Basis eines Raumes.

Seien L/K eine endliche separable Körpererweiterung vom Grad n und $\{\alpha_1, \dots, \alpha_n\} \subset L$ eine Basis des K-Vektorraums L. Dann ist die Diskriminante dieser Basis definiert durch

$$\Delta(\alpha_1, \dots, \alpha_n) = \det\left(S(\alpha_j \alpha_k)_{j,k=1,\dots,n}\right),$$

wobei $S(\alpha)$ hier die Spur von α bzgl. L/K bezeichnet.

Ist ϑ ein primitives Element des algebraischen Zahlkörpers K, also $K = \mathbb{Q}(\vartheta)$, und $f(x)$ das Minimalpolynom von ϑ, so gilt

$$\Delta(1, \vartheta, \vartheta^2, \dots, \vartheta^{n-1}) = \Delta(f),$$

wobei auf der rechten Seite die Diskriminante von $f(x)$ steht (↗Diskriminante eines Polynoms).

Diskriminante einer Gleichung, Kennzahl bei der Lösung einer quadratischen bzw. kubischen Gleichung.

Ist $x^2 + px + q = 0$ eine quadratische Gleichung mit reellen Koeffizienten p und q, so kann man anhand der Diskriminante

$$D = \frac{p^2}{4} - q$$

feststellen, ob die Gleichung reelle Lösungen besitzt. Ist $D > 0$, so hat die Gleichung zwei verschiedene reelle Lösungen. Ist $D = 0$, so hat die Gleichung eine zweifache Lösung. Ist $D < 0$, so hat die Gleichung zwei komplexe Lösungen.

Etwas aufwendiger ist die Bestimmung der Diskriminante einer kubischen Gleichung $x^3 + ax^2 + bx + c = 0$. Man transformiert zunächst die Gleichung durch den Ansatz $y = x - \frac{a}{3}$ auf die Form

$$y^3 + py + q = 0,$$

wobei $p = b - \frac{a^3}{3}$ und $q = \frac{2}{27}a^3 - \frac{1}{3}ab + c$ gilt. Dann lautet die Diskriminante der kubischen Gleichung

$$D = \left(\frac{p}{3}\right)^3 + \left(\frac{q}{2}\right)^2.$$

Die Lösungen der kubischen Gleichung kann man mit Hilfe der Variablen $u = \sqrt[3]{-\frac{q}{2} + \sqrt{D}}$ und $v = \sqrt[3]{-\frac{q}{2} - \sqrt{D}}$ bestimmen (↗Cardanische Lösungsformeln, ↗casus irreducibilis).

Diskriminante einer Körpererweiterung, Kennzahl einer Körpererweiterung.

Gegeben seien eine endliche separable Körpererweiterung L/K vom Grad n, ein Dedekindscher Ring $\mathcal{O}_K \subset K$ mit K als Quotientenkörper und $\mathcal{O}_L$ als ganzen Abschluß in L. Weiter sei $\{\alpha_1, \dots, \alpha_n\} \subset \mathcal{O}_L$ eine $\mathcal{O}_K$-Basis von $\mathcal{O}_L$.

Die Diskriminante oder auch Relativdiskriminante der Körpererweiterung L/K ist definiert als das von der Diskriminante der Basis $\{\alpha_1, \dots, \alpha_n\}$ erzeugte Ideal in $\mathcal{O}_K$:

$$\mathfrak{d}_{L/K} = \Delta_{L/K}(\alpha_1, \dots, \alpha_n)\mathcal{O}_K.$$

Eine einfache Verallgemeinerung des ersten Dedekindschen Hauptsatzes zeigt, daß die Relativdiskriminante gleich der Relativnorm der Relativdifferente ist:

$$\mathfrak{d}_{L/K} = \mathfrak{N}_{L/K}(\mathfrak{D}_{L/K}).$$

Diskriminante eines algebraischen Zahlkörpers, für einen algebraischen Zahlkörper K der Wert

$$d_K = \Delta(\alpha_1, \dots, \alpha_n).$$

Hierbei ist $\mathcal{A} = \{\alpha_1, \dots, \alpha_n\}$ eine $\mathbb{Z}$-Basis des Ganzheitsrings von K und Δ die Diskriminante von $\mathcal{A}$ (↗Diskriminante einer Basis).

Diskriminante eines Polynoms, das Produkt aller quadrierten Differenzen zwischen den Nullstellen eines Polynoms.

Es seien K ein Körper und

$$f(x) = x^n + a_{n-1}x^{n-1} + \dots + a_1 x + a_0$$

ein Polynom mit Koeffizienten $a_0, \dots, a_{n-1} \in K$ und höchstem Koeffizienten 1.

Dann besitzt f in einem Zerfällungskörper von f genau n Nullstellen (mit Vielfachheiten gezählt) $\lambda_1, \dots, \lambda_n$. Unter der Diskriminante von f versteht man das Produkt

$$\Delta(f) = \prod_{1 \le i < j \le n} (\lambda_i - \lambda_j)^2 .$$

Der Name rührt daher, daß die Diskriminante zwischen Polynomen mit wenigstens einer mehrfachen Nullstelle und solchen mit nur einfachen Nullstellen unterscheidet (diskriminiert):

$\Delta(f)$ verschwindet genau dann, wenn $f(x)$ eine mehrfache Nullstelle besitzt.

Die Diskriminante ist eine symmetrische Funktion der Nullstellen und läßt sich daher als Polynom der ↗elementarsymmetrischen Funktionen der Nullstellen, also der Koeffizienten $a_0, \dots, a_{n-1}$ des Polynoms $f(x)$ darstellen.

Damit gilt immer $\Delta(f) \in \mathbb{K}$, und man kann $\Delta(f)$ durch einen algebraischen Algorithmus aus den Koeffizienten von f errechnen. Beispielsweise erhält man für ein quadratisches Polynom

$$f(x) = x^2 + ax + b$$

sofort

$$\Delta(f) = a^2 - 4b$$

(siehe auch ↗Diskriminante einer Gleichung).

Diskriminante eines quadratischen Zahlkörpers, ein wichtiger Spezialfall der ↗Diskriminante eines algebraischen Zahlkörpers.

Zu einem quadratischen Zahlkörper K gibt es eine quadratfreie Zahl $d \in \mathbb{Z} \setminus \{0, 1\}$ derart, daß $K = \mathbb{Q}(\sqrt{d})$. Dann gilt für die Diskriminante D_K von K:

$$D_K = \begin{cases} 4d & \text{falls } d \equiv 2, 3 \mod 4, \\ d & \text{falls } d \equiv 1 \mod 4. \end{cases}$$

Diskriminantenkurve, Menge aller Tupel (x, y), die zu singulären Linienelementen der impliziten Differentialgleichung $f(x, y, y') = 0$ gehören.

Sie kann leer sein oder auch nur aus isolierten Punkten bestehen, muß also keine Kurve im strengen Sinne sein. Die Diskriminantenkurve kann ganz oder teilweise eine (möglicherweise reguläre) Lösung der Differentialgleichung sein. So besteht für die Differentialgleichung

$$[(y' - 1)^2 - y^2]y' = 0$$

die Diskriminantenkurve aus den drei Geraden $y = \pm 1$ und $y = 0$, wobei die ersten beiden singuläre Lösungen darstellen, die letzte eine reguläre Lösung ist.

Diskriminanzanalyse, statistisches Verfahren zur Trennung von Kollektiven, auch Gruppen oder Klassen genannt.

Im Gegensatz zur ↗Clusteranalyse, wo eine geeignete Gruppierung von Objekten erst gesucht wird, setzt man bei der Diskriminanzanalyse die Kollektive, d. h. ihre Art und ihre Anzahl als bekannt voraus. Von jedem Kollektiv ist eine Stichprobe von Objekten bekannt, wobei von jedem Objekt p Merkmalswerte vorliegen (Lernstichprobe). Aus dieser Stichprobe werden Informationen über die Verteilung der Merkmalswerte in jedem Kollektiv abgeleitet und insbesondere statistische Parameter wie Mittelwert und Streuung geschätzt. Auf der Basis dieser Vorinformationen können in der Diskriminanzanalyse folgende Probleme gelöst werden:

1. Schätzung einer Zuordnungsvorschrift (Diskriminanzfunktion), mit der man Objekte, deren Klassenzugehörigkeit unbekannt ist, den einzelnen Kollektiven zuordnen kann. Dabei wird die Wahrscheinlichkeit einer falschen Zuordnung minimiert.
2. Es werden Aussagen über die Eignung der einzelnen Merkmale zur Trennung der Kollektive gemacht oder ganze Merkmalssätze bezüglich ihrer Diskriminierungsleistung verglichen.

Die in der Diskriminanzanalyse verwendeten Ähnlichkeits- und Distanzmaße sind denen der ↗Clusteranalyse analog.

Beispiele hierzu sind:

(a) Ein Personalberater kann, ausgehend von Eignungstests, mittels Diskriminanzanalyse prognostizieren, ob ein Bewerber im Beruf erfolgreich, mittelmäßig oder nicht erfolgreich sein wird. Dazu benötigt er die Ergebnisse der Eignungstests früherer Bewerber (Lernstichprobe), von denen man mittlerweise weiß, ob sie sich bewährt haben.

(b) Zur Früherkennung von Krankheiten kann die Diskriminanzanalyse in der Medizin verwendet werden. Auf der Basis von Merkmalen wie Körpertemperatur, Blutdruck usw. soll eine bestimmte Krankheit diagnostiziert werden. Die Diskriminanzfunktion wird auf der Basis einer Lernstichprobe von Patienten, deren Krankheiten bereits erfolgreich diagnostiziert wurden, geschätzt.

(c) In der Wirtschaft können Produkte mittels Diskriminanzfunktion auf der Basis gemessener Merkmale in Güteklassen eingeteilt werden.

[1] Hartung,J.; Elpelt,B.: Multivariate Statistik. R. Oldenburg Verlag München/Wien, 1989.

Diskriminanzfunktion, im Kontext ↗Neuronale Netze die Bezeichnung für eine Funktion, mit deren Hilfe eine endliche Anzahl von Mengen mit Mustern oder Werten gleichen Typs getrennt werden können.

Im weiteren mathematischen Sinne bezeichnet der Begriff Diskriminanzfunktion auch schlicht eine Funktion mit endlichem Bildbereich.

Diskrimination, Trennung von Merkmalen bzw. Objekten nach bestimmten Kriterien mittels statistischer Methoden.

Typische Vertreter dieser Methoden sind die ↗Diskriminanzanalyse und die ↗Clusteranalyse.

Dispersion, numerische, durch ↗Diskretisierungsverfahren künstlich erzeugte und unerwünschte Aufweitung der Verteilung bei Transportgleichungen.

Transportiertes, das einen Gitterpunkt verläßt, wird i. allg. bei nicht achsenparalleler Strömung auf zwei Nachbargitterpunkte quer zur Fließrichtung verbracht, da die Strömungsrichtung gewöhnlich nicht auf der Verbindungsgeraden zweier Gitterpunkte liegt. Dadurch kann sich die Verteilung stärker aufweiten als durch die Problemstellung gegeben.

Deutlich hervor tritt das Phänomen etwa bei Gleichungen des Typs

$$u_t + c\nabla u \;=\; 0 \,.$$

Verringern läßt sich der Effekt durch Verfeinerung des Gitters und Wahl von Differenzenformeln höherer Genauigkeit.

Dispersion, physikalische, Phänomen, das auftritt, wenn die Ausbreitungsgeschwindigkeit einer Wellenfront variabel ist. Hauptanwendung ist die Wellenlängenabhängigkeit der Ausbreitungsgeschwindigkeit des Lichts in durchsichtigen Medien.

Die Vakuumgeschwindigkeit des Lichts ist eine universelle Konstante c; in durchsichtigen Medien dagegen ist seine Geschwindigkeit von der Wellenlänge abhängig. Folglich ist der Brechungsindex $n(\omega)$ von der Frequenz ω abhängig. Damit ergibt sich durch die Dispersion eine Farbaufspaltung des weißen Lichts im Prisma. Das weiße Licht, also die Überlagerung von Licht verschiedener Wellenlängen, kann als Wellenpaket aufgefaßt werden, das sich mit der Gruppengeschwindigkeit, d. h. der mittleren Geschwindigkeit der Elemente des Wellenpakets ausbreitet. Als Phasengeschwindigkeit bezeichnet man die Geschwindigkeit der einzelnen Elemente des Wellenpakets. Dispersion tritt also immer dann auf, wenn Phasengeschwindigkeit und Gruppengeschwindigkeit verschieden sind. Die sog. Kramers-Kroning-Dispersionsrelation stellt eine Beziehung zwischen $n(\omega)$ und $k(\omega)$, dem frequenzabhängigen Brechungsindex dar:

$$2n(\omega)k(\omega) = -\frac{2\omega}{\pi}\int_0^\infty \frac{n^2(z) - k^2(z)}{z^2 - \omega^2}\, dz \,.$$

Das sicherlich bekannteste Beispiel für die Wirkung der Dispersion ist der Regenbogen.

Dispersion, wahrscheinlichkeitstheoretische, Verfahren zur Abwandlung gegebener Wahrscheinlichkeitsverteilungen.

Manche numerische Verfahren zur Berechnung von Wahrscheinlichkeitsverteilungen (z. B. die Berechnung von Gesamtschadenverteilungen in der Versicherungsmathematik) setzen spezielle Klassen diskreter Wahrscheinlichkeitsverteilungen voraus. Dies macht es unter Umständen erforderlich, gegebene Verteilungen entsprechend abzuwandeln. In der Versicherungsmathematik gibt es zwei gebräuchliche Prozeduren zur Generierung diskreter Verteilungen: Die Konzentration bzw. die Dispersion von Wahrscheinlichkeitsverteilungen.

Ist dazu $I \subseteq \mathbb{R}$ ein endliches Intervall, Q eine Wahrscheinlichkeitsverteilung auf $\mathbb{R}$ und $q := Q(I)$, so bestimmt man bei der Dispersion der Masse q auf die Endpunkte x_1 und x_2 von I, $x_1 \le x_2$, Zahlen $q_1, q_2 \in [0, 1]$ durch die Gleichungen: $q_1 + q_2 = q$ und

$$q_1x_1 + q_2x_2 \;=\; \int_{x_1}^{x_2} yQ(dy) \,,$$

und legt die Modifikation Q^* von Q auf I durch $Q^*(\{x_1\}) := q_1$, $Q^*(\{x_2\}) := q_2$ und $Q^*(I \setminus \{x_1, x_2\}) := 0$ fest.

Distanz, Abstand, beispielsweise zwischen zwei Punkten eines metrischen Raumes.

Distanzmaß, ↗Ähnlichkeitsmaß.

Distribution, ↗verallgemeinerte Funktion.

Distributionentheorie, ↗Funktionenräume, ↗Funktionalanalysis.

distributiver Verband, ↗Verband $(V, \wedge, \vee)$, in welchem für alle $x, y, z \in V$ die Regeln

$$x \wedge (y \vee z) = (x \wedge y) \vee (x \wedge z)$$

und

$$x \vee (y \wedge z) = (x \vee y) \wedge (x \vee z)$$

gelten. Die beiden Regeln werden als ↗Distributivgesetze bezeichnet.

distributives Element, Element x eines modularen Verbandes L mit der Eigenschaft, daß das Elemententripel (x, y, z) für alle $y, z \in L$ ein ↗distributives Tripel ist.

distributives Tripel, Elemententripel (x, y, z) eines modularen Verbandes L, welches die folgende sog. Regularitätsbedingung (R_3) in jedem x, y und z enthaltenden Intervall erfüllt:

$$\begin{aligned} r(x \vee y \vee z) \;=\; & r(x) + r(y) + r(z) \\ & - r(x \wedge y) - r(x \wedge z) - r(y \wedge z) \\ & + r(x \wedge y \wedge z) \,. \end{aligned}$$

Hierbei ist $r : L \longrightarrow \mathbb{N}_0$ die Rangfunktion von L.

Distributivgesetz, Eigenschaft einer Verknüpfung auf einem Ring.

Sei $(R, +, \cdot)$ ein Ring, dann gilt das Distributivgesetz

$$a \cdot (b + c) = a \cdot b + a \cdot c .$$

Distributivgesetze können für alle Mengen M mit zwei (zweistelligen) Verknüpfungen

$$+, \circ : M \times M \to M$$

formuliert werden. Sie lauten dann

$$a \circ (b + c) = (a \circ b) + (a \circ c) ,$$
$$a + (b \circ c) = (a + b) \circ (a + c) .$$

Das Erfülltsein eines dieser Gesetze gibt eine Beziehung zwischen den Verknüpfungen an. Auch wenn eines erfüllt ist, muß i. allg. das zweite nicht gelten.

divergente Folge, nicht konvergente Folge.

Es ist zweckmäßig, unter den divergenten reellwertigen Folgen solche noch besonders zu kennzeichnen, die ein in folgendem Sinne „bestimmtes" Verhalten zeigen.

Für eine $\mathbb{R}$-wertige Folge (a_n) definiert man:

$$a_n \to \infty \;:\Leftrightarrow\; \forall K > 0\ \exists N \in \mathbb{N}\ \forall n \geq N\ a_n \geq K$$

$$a_n \to -\infty :\Leftrightarrow\; \forall K > 0\ \exists N \in \mathbb{N}\ \forall n \geq N\ a_n \leq -K$$

In beiden Fällen nennt man (a_n) bestimmt divergent und präzisiert gelegentlich im ersten Fall „bestimmt divergent gegen ∞" und im zweiten Fall „bestimmt divergent gegen $-\infty$".

Wir haben hier – wie auch sonst häufig – kurz z. B.

$$a_n \longrightarrow \infty$$

statt genauer

$$a_n \longrightarrow \infty \quad (n \longrightarrow \infty)$$

notiert.

Offenbar ist eine bestimmt divergente Folge divergent; denn sie ist ja nicht einmal beschränkt.

Man spricht gelegentlich dabei auch von ∞ bzw. $-\infty$ als uneigentlichen Grenzwerten.

divergente Reihe, nicht konvergente Reihe.

Für eine Zahlenfolge (a_ν) heißt die Reihe $\sum_{\nu=0}^{\infty} a_\nu$ also genau dann divergent, wenn sie nicht konvergiert.

Ein oft herangezogenes Beispiel für eine divergente Reihe ist die ↗harmonische Reihe

$$\sum_{\nu=1}^{\infty} \frac{1}{\nu} .$$

Gilt $a_\nu \geq 0 \quad (\nu \in \mathbb{N}_0)$, so kann die Divergenz von $\sum_{\nu=0}^{\infty} a_\nu$ ggf. durch das Minorantenkriterium erschlossen werden. Auch das ↗Integralkriterium und die Ergänzungen zu ↗Wurzel-, ↗Quotienten- und ↗Raabe-Kriterium können weiterhelfen.

Ist die Folge (s_n) der Partialsummen

$$s_n := \sum_{\nu=0}^{n} a_\nu$$

bestimmt divergent gegen ∞ (bzw. $-\infty$), so schreibt man dafür manchmal auch etwas lax

$$\sum_{\nu=0}^{\infty} a_\nu = \infty \quad \text{bzw.} \quad \sum_{\nu=0}^{\infty} a_\nu = -\infty .$$

Gewissen divergenten Reihen kann durch das ↗Abel- oder das ↗Cesàro-Summationsverfahren noch sinnvoll eine Summe zugeordnet werden.

Divergenz eines Vektorfeldes, die Größe

$$(\operatorname{div} v)(a) := (D_1 v_1)(a) + \cdots + (D_n v_n)(a)$$

für eine in a differenzierbare Abbildung

$$v : D \longrightarrow \mathbb{R}^n$$

mit $n \in \mathbb{N}$, $D \subset \mathbb{R}^n$, a innerer Punkt von D, und den Koordinatenfunktionen $v_1, \ldots, v_n$ von v.

Mit dem Nabla-Operator

$$\nabla := \begin{pmatrix} D_1 \\ \vdots \\ D_n \end{pmatrix}$$

gilt

$$(\nabla v)(a) = (\nabla \cdot v)(a) = \operatorname{tr} v'(a) .$$

Dabei bedeutet $\nabla \cdot v$, daß dieser Ausdruck formal wie ein Skalarprodukt ausgerechnet werden soll, und $\operatorname{tr} v'(a)$ bezeichnet die Spur der $(n \times n)$-Matrix $v'(a)$.

Variiert man a, so erhält man das Skalarfeld $\operatorname{div} v = \nabla \cdot v$.

$\operatorname{div} v$ liefert ein „Maß" für die „Quellendichte" von v. Dies wird präzisiert im Gaußschen Integralsatz (im Raum), der eine Beziehung zum „Fluß durch die Oberfläche" beschreibt.

Schreibt man im Spezialfall $n = 3$ die partiellen Ableitungen $\frac{\partial}{\partial x}$, $\frac{\partial}{\partial y}$, $\frac{\partial}{\partial z}$ statt D_1, D_2, D_3, so gilt für

$$v = \begin{pmatrix} f \\ g \\ h \end{pmatrix}$$

mit den Koordinatenfunktionen f, g, h

$$\operatorname{div} v = \frac{\partial f}{\partial x} + \frac{\partial g}{\partial y} + \frac{\partial h}{\partial z}$$

(↗Vektoranalyis).

Dividend, die Größe, die bei einer ↗Division durch den Divisor geteilt wird, also die Größe x im Ausdruck $x : y$.

Dividierer, ↗logischer Schaltkreis zur Division zweier Zahlen in ↗binärer Zahlendarstellung. Die bekanntesten Dividierer sind der Dividierer nach der ↗IBM-Methode, die ↗wiederherstellende Division und die ↗nichtwiederherstellende Division.

dividierte Differenzen, Hilfsmittel innerhalb der Numerischen Mathematik zur näherungsweisen Berechnung von Ableitungen, Steigungen und Interpolationspolynomen.

Sind $x_\nu < \ldots < x_{\nu+m}$ gegebene reelle Zahlen, und ist f eine darauf definierte Funktion, so berechnet man zunächst

$$\Delta(x_j;f) := f(x_j)\,,\ j = \nu, \ldots, \nu + m,$$

und für $k = 1, \ldots, m$

$$\begin{aligned}\Delta(x_\nu, x_{\nu+1}, \ldots, x_{\nu+k};f) &= \frac{\Delta(x_\nu, x_{\nu+1}, \ldots, x_{\nu+k-1};f)}{x_\nu - x_{\nu+k}} \\ &\quad - \frac{\Delta(x_{\nu+1}, x_{\nu+2}, \ldots, x_{\nu+k};f)}{x_\nu - x_{\nu+k}}.\end{aligned}$$

$\Delta(x_\nu, \ldots, x_{\nu+m};f)$ heißt dann dividierte Differenz m–ter Ordnung von f.

Ist f genügend oft differenzierbar, so gibt es ein $\xi \in [x_\nu, x_{\nu+m}]$ mit

$$\frac{f^{(m)}(\xi)}{m!} = \Delta(x_\nu, \ldots, x_{\nu+m};f)\,.$$

Insbesondere gilt also

$$\lim_{x_\nu, \ldots, x_{\nu+m} \to \xi} \Delta(x_\nu, \ldots, x_{\nu+m};f) = \frac{f^{(m)}(\xi)}{m!},$$

woher die manchmal auch benutzte Bezeichnung „Steigung" für den Ausdruck $\Delta(x_\nu, \ldots, x_{\nu+m};f)$ kommt.

Zur Darstellung des ↗Interpolationspolynoms m-ten Grades in Newtonscher Form benutzt man ebenfalls dividierte Differenzen.

Manchmal ist es nützlich, die dividierte Differenz eines Produktes von Funktionen auf dividierte Differenzen der einzelnen Faktoren zurückführen zu können. Es gilt folgender Satz:

Die Funktionen g und h seien beide auf den paarweise verschiedenen Punkten $x_\nu, x_{\nu+1}, \ldots, x_{\nu+m}$ *definiert. Dann gilt*

$$\begin{aligned}\Delta(x_\nu, x_{\nu+1}, \ldots, x_{\nu+m}; g \cdot h) &= \sum_{r=0}^{m} \Delta(x_\nu, x_{\nu+1}, \ldots, x_{\nu+r}; g) \\ &\qquad \cdot \Delta(x_{\nu+r}, \ldots, x_{\nu+m}; h)\,.\end{aligned}$$

Division, durch $x/y := x{:}y := xy^{-1}$ für $x, y \in M$ erklärte Umkehrung $/ : M \times M \to M$ der als ↗Multiplikation notierten Verknüpfung $\cdot : M \times M \to M$ einer Gruppe $(M, \cdot, 1)$, wie die ↗Division von Zahlen oder die punktweise erklärte Division geeigneter Folgen oder Funktionen. Der Ausdruck x/y heißt Quotient des Dividenden x durch den Divisor y. x wird durch y dividiert oder geteilt.

Division mit Rest, sind a, b natürliche Zahlen, so nennt man ein Verfahren, das zu einer Gleichung

$$\frac{a}{b} = c + \frac{r}{b}$$

mit ganzen Zahlen c, r und $0 \le r < b$ führt, eine Division von a durch b mit Rest r.

Durch die Forderungen $c, r \in \mathbb{Z}$ und $0 \le r < b$ sind c und r eindeutig festgelegt. Die Division mit Rest ist die Grundlage für den ↗Euklidischen Algorithmus.

Division von Folgen, ↗Multiplikation von Folgen.

Division von Polynomen, Algorithmus zur „Zerlegung" eines Polynoms.

Seien $P(X)$ und $S(X)$ Polynome vom Grad p bzw. s in einer Variablen X über einem Körper $\mathbb{K}$. Ist $p \le s$, dann gibt es eindeutig bestimmte Polynome $Q(X)$ und $R(X)$ mit $R(X) \equiv 0$ oder Grad $R(X) < p$, so daß gilt

$$S(X) = Q(X) \cdot P(X) + R(X)\,.$$

Das Polynom $Q(X)$ heißt Quotient der Division von $S(X)$ durch $P(X)$. Der Quotient besitzt den Grad $s - p$. Das Polynom $R(X)$ heißt Rest der Division.

Die Durchführung der Division erfolgt durch sukzessive Subtraktion eines geeigneten skalaren Vielfachen von

$$X^{s-p-k} \cdot P(X) \ \text{ für } k = 0, \ldots, s - p$$

vom Polynom $S(X)$.

Die skalaren Koeffizienten $\alpha_k \in \mathbb{K}$ sind so zu wählen, daß sich der Grad des Rests mindestens um Eins erniedrigt.

Spätestens für $k = (s - p)$ verschwindet die Differenz oder sie besitzt einen Grad, der kleiner als p ist. Das Quotientenpolynom $Q(X)$ ist gegeben durch

$$Q(X) = \sum_{k=0}^{s-p} \alpha_k X^{s-p-k}\,.$$

Das Restpolynom ist die zuletzt berechnete Differenz beim Abbruch des Algorithmus (vgl. auch ↗Euklidischer Algorithmus).

Division von Zahlen, Umkehrung der ↗Multiplikation von Zahlen. Den Quotient zweier Zahlen x, y mit $y \neq 0$ notiert man auch als ↗Bruch $\frac{x}{y}$. Während die Division zweier ganzer Zahlen x, y eine rationale Zahl ergibt, die nur dann eine ganze Zahl ist, wenn x ein ganzzahliges Vielfaches von y ist, sind die rationalen, reellen und komplexen Zahlen gegenüber der Division abgeschlossen, d. h. die Division zweier rationaler, reeller oder komplexer Zahlen ergibt wieder eine rationale, reelle bzw. komplexe Zahl.

Divisionsalgebra, eine Algebra über einem Körper, die bezüglich der Ringstruktur ein ↗Divisionsring ist.

Ist sie weiterhin kommutativ, so ist sie ein Körper.

Divisionsalgebra, reelle, eine ↗Divisionsalgebra ganz speziellen Typs, denn über den reellen Zahlen gibt es (bis auf Isomorphie) nur drei endlichdimensionale Divisonsalgebren: Die reellen Zahlen $\mathbb{R}$ selbst, die komplexen Zahlen $\mathbb{C}$, und die Hamiltonschen Quaternionen.

Läßt man die Assoziativität fallen, so erhält man lediglich eine weitere nullteilerfreie Algebra, die Oktonienalgebra. Sie ist eine ↗Alternativalgebra.

Divisions-Rest-Verfahren, Algorithmus zur Division auf den ganzen Zahlen.

Als Ergebnis wird neben dem ganzzahligen Quotient auch der Divisionsrest geliefert. Dividend x und Divisor y liegen in der Zahlendarstellung zu einer festen Basis b vor. Dividiert wird, indem, mit großen i beginnend, x so oft wie möglich um Werte der Form $y \cdot b^i$ verringert wird, ohne daß der verbleibende Wert negativ wird. Die Anzahl der möglichen Subtraktionen mit $y \cdot b^i$ ergibt die Quotientenziffer i (von rechts bei 0 beginnend gezählt). Der nach der Subtraktion mit $y \cdot b^0$ verbleibende Wert von x ist der Divisionsrest. Die Multiplikation $y \cdot b^i$ wird (wie beim schriftlichen Dividieren) durch Verschiebung der Ziffernpositionen von y um i Stellen nach rechts oder entsprechende Linksverschiebung der Ziffern von x realisiert. Besonders einfach arbeitet das Verfahren für Binärzahlen, weil dort pro i maximal eine Subtraktion möglich ist.

Ein Beispiel (Dezimalsystem): Berechne $1234 : 56$. Für $i = 2$ ergibt sich $56 \cdot 10^2 = 5600$. Keine Subtraktion ist möglich. Also ist die Hunderterstelle des Quotienten 0.

$56 \cdot 10^1 = 560$. Zwei Subtraktionen sind möglich $(1234 - 560 = 674, 674 - 560 = 114)$. Zehnerstelle des Quotienten ist also 2.

$56 \cdot 10^0 = 56$. Zwei Subtraktionen sind möglich $(114 - 56 = 58, 58 - 56 = 2)$. Es verbleibt der Wert 2. Also: $1234 : 56 = 22$, Rest 2.

Divisionsring, ein assoziativer ↗Ring mit Einselement 1 und Nullelement 0 (wobei $1 \neq 0$), in dem jedes Element $r \neq 0$ invertierbar ist.

Ein Divisionsring heißt auch Schiefkörper oder nichtkommutativer Körper.

Divisor, innerhalb der elementaren Analysis die Bezeichnung für diejenige Zahl, durch die bei einer ↗Division der Dividend geteilt wird, also die Größe y im Ausdruck $x : y$.

Als Divisor eines Polynoms p_1 bezeichnet man ein Polynom p_2, das p_1 ohne Rest teilt.

Der Begriff Divisor taucht auch in allgemeinerer Bedeutung auf, siehe hierzu auch ↗Divisor auf einer komplexen Mannigfaltigkeit oder ↗ Divisorengruppe.

Divisor auf einer komplexen Mannigfaltigkeit, fundamentaler Begriff in der algebraischen Geometrie. Sei M eine komplexe Mannigfaltigkeit der Dimension n, nicht notwendig kompakt. Ein Divisor auf M ist eine lokal endliche formale Linearkombination

$$D = \sum a_i V_i$$

von irreduziblen analytischen Hyperflächen von M. Lokal endlich bedeutet, daß es für jedes $p \in M$ eine Umgebung von p gibt, die nur eine endliche Anzahl der in D auftauchenden V_i's trifft. Ist M kompakt, dann bedeutet das einfach, daß die Summe endlich ist. Die Menge der Divisoren auf M bildet eine additive Gruppe, die meist mit Div(M) bezeichnet wird (↗ Divisorengruppe).

Sei $V \subset M$ eine irreduzible analytische Hyperfläche, $p \in V$, und f eine lokal definierende Funktion für V in einer Umgebung von p. Für eine in einer Umgebung von p holomorphe Funktion ist die Ordnung $\text{ord}_{V,p}(g)$ von g längs V an der Stelle p die größte ganze Zahl a, so daß im lokalen Ring $\mathcal{O}_{M,p}$ $g = f^a \cdot h$ gilt. Für eine holomorphe Funktion auf M ist die Ordnung unabhängig von p. Daher kann man die Ordnung $\text{ord}_V(g)$ von g längs V einfach als die Ordnung von g längs V in einem beliebigen Punkt $p \in V$ definieren. Sind g, h holomorphe Funktionen auf M und V eine irreduzible Hyperfläche, dann gilt $\text{ord}_V(gh) = \text{ord}_V(g) + \text{ord}_V(h)$.

Sei nun f eine meromorphe Funktion auf M, die lokal als $f = g/h$ geschrieben werde mit teilerfremden holomorphen Funktionen g, h. Dann definiert man für eine irreduzible Hyperfläche V $\text{ord}_V(f) = \text{ord}_V(g) - \text{ord}_V(h)$. Wenn $\text{ord}_V(f) = a > 0$ ist, dann sagt man, daß f eine Nullstelle der Ordnung a längs V besitzt. Ist $\text{ord}_V(f) = -a < 0$, dann sagt man, daß f eine Polstelle der Ordnung a längs V besitzt. Der Divisor (f) der meromorphen Funktion f ist definiert durch

$$(f) := \sum_V \text{ord}_V(f) \cdot V .$$

Der Divisor $(f)_0$ der Nullstellen von f ist definiert durch

$$(f)_0 := \sum_V \text{ord}_V(g) \cdot V ,$$

und der Divisor $(f)_\infty$ der Polstellen von f durch

$$(f)_\infty := \sum_V \text{ord}_V(h) \cdot V .$$

Da g und h teilerfremd sind, sind diese Divisoren wohldefiniert. Es gilt $(f) = (f)_0 - (f)_\infty$.

Divisorengruppe, additive Gruppe aller Divisoren in einer offenen Menge $D \subset \mathbb{C}$. Ein Divisor in D ist hierbei eine Abbildung $\mathfrak{d}: D \to \mathbb{Z}$ derart, daß deren

Träger supp $\mathfrak{d} = \{z \in D : \mathfrak{d}(z) \neq 0\}$ diskret und abgeschlossen in D ist, d. h. keinen Häufungspunkt in D besitzt. Die Menge Div (D) aller Divisoren in D ist mit der punktweisen Addition von Abbildungen als Verknüpfung eine abelsche Gruppe.

Es sei f eine in D ↗meromorphe Funktion mit diskreter Nullstellenmenge $N(f)$ und Polstellenmenge $P(f)$.

Für $a \in N(f)$ sei $n(f, a) \in \mathbb{N}$ die ↗Nullstellenordnung von a und für $b \in P(f)$ sei $m(f, b) \in \mathbb{N}$ die ↗Polstellenordnung von b.

Dann wird durch $\mathfrak{d}(z) := n(f, z)$ für $z \in N(f)$, $\mathfrak{d}(z) := -m(f, z)$ für $z \in P(f)$ und $\mathfrak{d}(z) := 0$ für $z \in D \setminus (N(f) \cup P(f))$ ein Divisor $(f) = \mathfrak{d}$ in D definiert, und der Träger von (f) ist die Menge $N(f) \cup P(f)$. Ein solcher Divisor heißt Hauptdivisor. Man vergleiche hierzu auch das Stichwort ↗Divisor auf einer komplexen Mannigfaltigkeit.

Ein positiver Divisor ist ein Divisor $\mathfrak{d}$ mit $\mathfrak{d}(z) \geq 0$ für alle $z \in D$. Jede in D ↗holomorphe Funktion mit diskreter Nullstellenmenge definiert, wie oben erläutert, einen positiven Divisor. Daher nennt man positive Divisoren auch Nullstellenverteilungen. Jeder Divisor kann als Differenz zweier positiver Divisoren dargestellt werden.

Aus dem ↗Weierstraßschen Produktsatz folgt, daß jeder Divisor in D ein Hauptdivisor ist.

DLBA, abkürzende Bezeichnung für ↗ deterministischer linear beschränkter Akzeptor.

DLOGTIME-Uniformität, Eigenschaft einer Folge von Schaltkreisen S_n auf n Eingaben.

Eine solche Folge heißt DLOGTIME-uniform, wenn die ↗direkte Verbindungssprache von einer Turing-Maschine in (bezogen auf die Schaltkreisgröße) logarithmischer Rechenzeit entschieden werden kann.

Daraus folgt, daß aus n der Schaltkreis S_n in (bezogen auf seine Größe) polynomieller Zeit konstruiert werden kann. Dies ist nötig, um polynomiell große Schaltkreise durch polynomiell zeitbeschränkte Turing-Maschinen simulieren zu können.

DNA-Computer, theoretisches Konzept, nach dem molekularbiologische Vorgänge zur Implementierung logischer Regeln verwendet werden können.

Es wurde bisher in aufwendigen Versuchen in kleinem Maßstab realisiert.

DNF, ↗disjunktive Normalform.

Dodekaeder, auch Zwölfflach genannt, ein Polyeder, das begrenzt wird von zwölf Fünfecken, und bei dem an jeder Ecke genau drei Kanten zusammentreffen.

Ein Dodekaeder hat 30 Kanten und 20 Ecken. Die Konstruktion eines regelmäßigen Dodekaeders, also eines, das von lauter kongruenten Fünfecken begrenzt wird, ist möglich.

Dodgson, Charles Lutwidge, englischer Mathematiker, geb. 27.1.1832 Daresbury (England), gest. 14.1.1898 Guilford (England).

Dodgson, besser bekannt unter seinem Pseudonym Lewis Carroll, studierte bis 1854 am Christ Church College in Oxford. Danach blieb er am College und lehrte Mathematik bis 1881. Er befaßte sich mit algebraischer Geometrie („A syllabus of plane algebraical geometry", 1860) und Mathematikgeschichte („Euclid and his modern rivals", 1879).

Neben seiner mathematischen Tätigkeit schrieb er 1865 „Alice's adventures in wonderland" (Alice im Wunderland) und 1872 „Through the looking glass". Schließlich machte er sich noch einen Namen mit seinem Hobby, dem Fotografieren von Kindern. Eines seiner Modelle, Alice Liddell, Tochter des Dekan des Colleges, war Vorbild für Alice im Wunderland.

Dolbeault, Lemma von, wichtige Aussage im Kalkül der Differentialformen.

Sei $\overline{\Delta} \subset \mathbb{C}^n$ ein kompakter Polyzylinder, und sei ω eine C^∞-Differentialform vom Bigrad (p, q) in einer offenen Umgebung von $\overline{\Delta}$.

Ist $q > 0$ und $\overline{\partial}\omega = 0$, dann gibt es eine C^∞-Differentialform η vom Bigrad $(p, q-1)$ in Δ so, daß $\omega = \overline{\partial}\eta$.

Dolbeault, Pierre, französischer Mathematiker, geb. 10.10.1924 Malakoff (Frankreich), gest. 12.6. 2015.

Dolbeault studierte bis 1944 an der École Normale Supérieure in Paris. Danach arbeitete er einige Zeit in Princeton am Institute of Advanced Study, wo er Morse, Kodaira und Spencer traf. Zurück in Frankreich nahm er am berühmten Seminaire Henri Cartan de l'École Normale Supérieure teil. Cartan unterstützte Dolbeault auch bei dessen Habilitation. Nach der Verteidigung der Habilitation 1955 arbeitete Dolbeault in Montpellier, Bordeaux, Poitiers und schließlich ab 1972 in Paris.

Seit der Zeit in Princeton beschäftigte sich Dolbeault vorrangig mit der komplexen Analysis. Er trug wesentlich zur Entwicklung dieser Disziplin in den Jahren 1940–1960 bei. In seiner Habilitationsschrift „Formes différentielles et cohomologie sur une variété analytique complexe" zeigte er mit Hilfe des Lemmas von Grothendieck die Isomorphie zwischen der q-ten Kohomologiegruppe mit Werten im Bündel der holomorphen Differentialformen der Ordnung p und der $\bar\partial$-Kohomologie der (p,q)-Formen über einer analytischen Varietät. Damit war eine Verbindung zwischen der analytischen und der algebraischen Geometrie geschaffen.

Dolbeault befaßte sich auch mit Residuen und Singularitäten von Differentialformen, holomorphen Ketten, und Cauchy-Riemannschen Mannigfaltigkeiten.

Dolbeault, Satz von, Aussage über den Zusammenhang zwischen den Dolbeaultschen Kohomologiegruppen (↗Dolbeault-Kohomologie) und den analytisch zu definierenden Kohomologiegruppen $H^q(X, \Omega^p)$.

Sei X eine parakompakte komplexe Mannigfaltigkeit und Ω^p die Garbe der Keime der holomorphen $(p,0)$-Formen auf X. Mit $H^{p,q}(X)$ seien die Dolbeaultschen Kohomologiegruppen bezeichnet. Dann gilt der folgende *Satz von Dolbeault:*

$$H^{p,q}(X) \cong H^q\left(X, \Omega^p\right) \textit{ für } q \in \mathbb{N}_0.$$

Dolbeault-Ableitung, ↗ Differentialformen auf komplexen Mannigfaltigkeiten.

Dolbeault-Kohomologie, wichtige Kohomologiegruppe in der Funktionentheorie mehrerer Variabler.

Sei $\mathcal{E}^{p,q}$ die Garbe der Keime von beliebig oft differenzierbaren Differentialformen vom Typ (p,q). Die Garbe der Keime der holomorphen $(p,0)$-Formen auf X wird mit Ω^p bezeichnet. Eine holomorphe $(p,0)$-Form $\varphi = \varphi^{(p,0)}$ hat lokal eine Darstellung

$$\varphi = \sum_{1\le i_1\le\cdots<i_p\le n} a_{i_1\ldots i_p} dz_{i_1} \wedge \ldots \wedge dz_{i_p}$$

mit holomorphen Koeffizienten $a_{i_1\ldots i_p}$. Das bedeutet, daß die Garbe Ω^p lokal isomorph zur freien Garbe $\mathcal{O}^{\binom{n}{p}}$ ist. Man nennt Ω^p daher auch eine lokal freie Garbe. Insbesondere ist Ω^p kohärent. Es gibt eine kanonische Injektion $\varepsilon : \Omega^p \hookrightarrow \mathcal{E}^{p,0}$, und die Ableitung $\bar\partial : \mathcal{E}^{p,q}(U) \to \mathcal{E}^{p,q+1}(U)$ induziert Homomorphismen von Garben von abelschen Gruppen: $\bar\partial : \mathcal{E}^{p,q} \to \mathcal{E}^{p,q+1}$. Die folgende Garbensequenz ist exakt:

$$0 \to \Omega^p \overset{\varepsilon}{\hookrightarrow} \mathcal{E}^{p,0} \overset{\bar\partial}{\to} \mathcal{E}^{p,1} \overset{\bar\partial}{\to} \mathcal{E}^{p,2} \to \ldots .$$

Die induzierte Sequenz

$$0 \to \Gamma\left(X, \Omega^p\right) \overset{\varepsilon}{\to} \Gamma\left(X, \mathcal{E}^{p,0}\right) \overset{\bar\partial}{\to} \Gamma\left(X, \mathcal{E}^{p,1}\right) \to \ldots$$

nennt man die Dolbeault-Sequenz. Die zugehörigen Kohomologiegruppen

$$H^{p,q}(X) := \frac{\operatorname{Ker}\left(\Gamma\left(X, \mathcal{E}^{p,q}\right) \overset{\varepsilon}{\to} \Gamma\left(X, \mathcal{E}^{p,q+1}\right)\right)}{\operatorname{Im}\left(\Gamma\left(X, \mathcal{E}^{p,q-1}\right) \overset{\varepsilon}{\to} \Gamma\left(X, \mathcal{E}^{p,q}\right)\right)}$$

nennt man die Dolbeaultschen Gruppen. Man vergleiche hierzu auch das Stichwort ↗Dolbeault, Satz von.

Dolbeaultsche Kohomologiegruppe, ↗ Dolbeault-Kohomologie.

Dominanzordnung, Ordnung $D(n)$ auf der Menge der Zahlpartitionen von $n \in \mathbb{N}$.

Jede Mengenpartition $\pi = A_1|A_2|\cdots|A_k$ einer endlichen n-elementigen Menge N definiert eine Zahlpartition $z(\pi) = n_1+n_2+\cdots+n_k$ mit $n_i = |A_i|$, für alle $1 \le i \le k$. Die Dominanzordnung $D(n)$ ist durch

$$\begin{aligned} \sum_{i=1}^k n_i \le \sum_{i=1}^k m_i &\iff \\ \exists \pi, \sigma \in P(N) : \pi \le \sigma, z(\pi) &= \sum_{i=1}^k n_i, z(\sigma) \\ &= \sum_{i=1}^k m_i \end{aligned}$$

definiert, wobei $P(N)$ die Menge aller Mengenpartitionen von N ist.

Dominanzzahl, ↗ Eckenüberdeckungszahl.

dominating set, ↗ Eckenüberdeckungszahl.

dominierende Eckenmenge, ↗ Eckenüberdeckungszahl.

Dominoproblem, ein algorithmisches Entscheidungsproblem, bei dem ein Tripel (D, H, V), bestehend aus einer endlichen Menge D von „Dominosteinen" und einer horizontalen und vertikalen „Nachbarschaftsbeziehung", gegeben ist, wobei $H, V \subseteq D \times D$.

Gesucht ist eine D-Parkettierung der Ebene, d. h. eine totale Funktion

$$f : \mathbb{N}_0 \times \mathbb{N}_0 \to D$$

mit

$$f(x,y)\,H\,f(x+1,y) \text{ und } f(x,y)\,V\,f(x,y+1)$$

für alle $x, y \in \mathbb{N}_0$.

Das Dominoproblem (also die Frage, ob eine entsprechende Parkettierung existiert) ist nicht entscheidbar (↗Entscheidbarkeit).

Das Dominoproblem dient oft als Ausgangspunkt, um mit der Methode der Reduktion (↗many-one Reduzierbarkeit) weitere Probleme, insbesondere aus dem Bereich der Prädikatenlogik, als nicht entscheidbar nachzuweisen.

Donaldson, Simon Kirwan, britischer Mathematiker, geb. 20.8.1957 Cambridge (Großbritannien).

Donaldson schloß 1979 sein Studium am Pembroke College der Universität Cambridge (Großbritannien) mit dem Bakkalaureat ab, wechselte dann nach Oxford und promovierte dort 1984. Nach einem Aufenthalt am Institute for Advanced Study in Princeton (1984) und an der Harvard Universität in Cambridge (Mass.) kehrte er 1985 als Professor an die Universität Oxford zurück.

Donaldson eröffnete mit seinen Forschungen völlig neue Einsichten in die Geometrie und Topologie vierdimensionaler Mannigfaltigkeiten und zeigte, daß im vierdimensionalen Raum höchst ungewöhnliche Eigenschaften auftreten, die in Räumen anderer Dimension nicht nachweisbar sind. 1981 entdeckte er „exotische" Differenzierbarkeitsstrukturen im vierdimensionalen euklidischen Vektorraum, d. h., differenzierbare Strukturen, die von der gewöhnlichen euklidischen Struktur verschieden sind. Zusammen mit den etwa zur gleichen Zeit von Friedman erzielten Einsichten zur topologischen Klassifikation vierdimensionaler Räume folgte daraus, daß in diesen Räumen die topologische und die differentialgeometrische Situation ganz unterschiedlich sind. In Räumen anderer Dimension ist dies nicht der Fall. Donaldson fand mehrere Invarianten, um Unterschiede zwischen zwei differenzierbaren, topologisch äquivalenten Mannigfaltigkeiten aufzudecken. Als eine diese Invarianten nutzte er die Schnittmatrizen, durch die sich eine überraschende Beziehung zur theoretischen Physik offenbarte, da er zu deren Berechnung Lösungen der Yang-Mills-Gleichung heranzog. Für seine Forschungsergebnisse erhielt Donaldson zahlreiche Ehrungen, u. a. 1986 die Fields-Medaille.

Doob, Martingalkonvergenzsatz von, die Aussage, daß ein Submartingal $(X_n)_{n\in\mathbb{N}_0}$ schon unter schwachen Zusatzvoraussetzungen fast sicher gegen eine Zufallsvariable X konvergiert.

Es sei $(X_n)_{n\in\mathbb{N}_0}$ *ein Submartingal über einem Wahrscheinlichkeitsraum* $(\Omega, \mathfrak{A}, P)$ *mit* $\sup_{n\geq 0} E(|X_n|) < \infty$.

Dann existiert eine Zufallsvariable X *über* $(\Omega, \mathfrak{A}, P)$ *mit* $E(|X|) < \infty$ *derart, daß* P*-fast sicher* $\lim_{n\to\infty} X_n = X$ *gilt.*

Doob, Ungleichungen von, einer Reihe verschiedener von J.L.Doob gefundener Ungleichungen für Sub- bzw. Supermartingale. Die wichtigsten sind im folgenden aufgelistet:

Ungleichung von Doob für Submartingale:

Sei $(\Omega, \mathfrak{A}, P)$ *ein Wahrscheinlichkeitsraum und* $(X_n)_{n\in\mathbb{N}}$ *ein der Filtration* $(\mathfrak{A}_n)_{n\in\mathbb{N}}$ *in* $\mathfrak{A}$ *adaptiertes Submartingal. Dann gilt für alle* $m \in \mathbb{N}$ *und* $\varepsilon > 0$

$$\begin{aligned} P(\max_{1\leq n\leq m} X_n \geq \varepsilon) &\leq \frac{1}{\varepsilon} \int\limits_{\{\max\limits_{1\leq n\leq m} X_n \geq \varepsilon\}} X_m^+ dP \\ &\leq \frac{1}{\varepsilon} E(X_m^+) \\ &\leq \frac{1}{\varepsilon} E(|X_m|), \end{aligned}$$

wobei X_m^+ *den Positivteil* $\max(X_m, 0)$ *von* X_m *bezeichnet.*

Ist $(X_n)_{n\in\mathbb{N}}$ sogar ein Martingal, so ist $(|X_n|)_{n\in\mathbb{N}}$ ein Submartingal und es gilt

$$P(\max_{1\leq n\leq m} |X_n| \geq \varepsilon) \leq \frac{1}{\varepsilon} \int\limits_{\{\max\limits_{1\leq n\leq m} |X_n| \geq \varepsilon\}} |X_m| dP.$$

Ungleichung von Doob für nichtnegative Submartingale:

Sei $(X_n)_{n\in\mathbb{N}}$ *ein nichtnegatives Submartingal. Dann gilt für alle* $m \in \mathbb{N}$ *und* $\alpha > 1$

$$E\left(\left(\max_{1\leq n\leq m} X_n\right)^\alpha\right) \leq \left(\frac{\alpha}{\alpha - 1}\right)^\alpha E(X_m^\alpha).$$

Eine Verallgemeinerung dieser Ungleichung für Submartingale mit kontinuierlicher Parametermenge stellt die ↗Doobsche Maximal-Ungleichung dar.

Ungleichung von Doob für Überquerungen:

Diese Ungleichung bezieht sich auf die Anzahl der sogenannten aufsteigenden bzw. absteigenden Überquerungen eines Intervalls $[a, b] \subseteq \mathbb{R}$. Ist $(X_n)_{n\in\mathbb{N}}$ eine Folge von Zufallsvariablen auf einem Wahrscheinlichkeitsraum $(\Omega, \mathfrak{A}, P)$ und $m \in \mathbb{N}$, so wird die Anzahl der aufsteigenden Überquerungen $\overline{U}_{[a,b]}^m$ von $[a, b]$ durch die Anfangsfolge $(X_n)_{n=1,\ldots,m}$ für jedes $\omega \in \Omega$ als die größte Zahl r definiert, für die es Indizes $i_1 < \ldots < i_{2r}$ aus $\{1, \ldots, m\}$ gibt so, daß für alle $\varrho = 1, \ldots, r$

$$X_{i_{2\varrho-1}}(\omega) \leq a \quad \text{und} \quad X_{i_{2\varrho}}(\omega) \geq b$$

gilt. Falls keine Indizes mit der angegebenen Eigenschaft existieren, setzt man $\overline{U}_{[a,b]}^m(\omega) = 0$. Vertauscht man in der obigen Gleichung jeweils $\leq$ und $\geq$, so gibt die hierdurch definierte Zufallsvariable $\underline{U}_{[a,b]}^m$ die Anzahl der absteigenden Überquerungen von $[a, b]$ durch die Anfangsfolge $(X_n)_{n=1,\ldots,m}$ an.

Für jedes Supermartingal $(X_n)_{n\in\mathbb{N}}$ *und jedes Intervall* $[a, b] \subseteq \mathbb{R}$ *mit* $a < b$ *kann der Erwartungswert der Zufallsvariable* $\overline{U}_{[a,b]}^m$ *für jedes* $m \in \mathbb{N}$ *durch*

$$E(\overline{U}_{[a,b]}^m) \leq \frac{1}{b - a} E((X_m - a)^-)$$

abgeschätzt werden.

Dabei bezeichnet $(X_m - a)^-$ den Negativteil $\max(-(X_m - a), 0)$ von $X_m - a$. Eine analoge Ungleichung

$$E(\underline{U}^m_{[a,b]}) \leq \frac{1}{b-a} E((X_m - b)^+)$$

gilt für Submartingale $(X_n)_{n\in\mathbb{N}}$, wenn man die absteigenden Überquerungen $\underline{U}^m_{[a,b]}$ betrachtet.

Doob-Meyer-Zerlegung, additive Darstellung eines Sub- bzw. Supermartingals als Summe bzw. Differenz aus einem Martingal und einem monoton wachsenden stochastischen Prozeß.

Für Submartingale gilt der folgende Satz:

Sei $(\Omega, \mathfrak{A}, P)$ ein Wahrscheinlichkeitsraum und $(\mathfrak{A}_t)_{t\in[0,\infty)}$ eine Filtration in $\mathfrak{A}$, die die üblichen Voraussetzungen erfüllt. Ein der Filtration $(\mathfrak{A}_t)_{t\in[0,\infty)}$ adaptiertes rechtsstetiges Submartingal $(X_t)_{t\in[0,\infty)}$ besitzt genau dann eine Doob-Meyer-Zerlegung

$$X_t = M_t + A_t \qquad t \in [0, \infty),$$

wobei $(M_t)_{t\in[0,\infty)}$ ein rechtsstetiges Martingal und $(A_t)_{t\in[0,\infty)}$ einen monoton wachsenden stochastischen Prozeß bezeichnet, wenn $(X_t)_{t\in[0,\infty)}$ zur Klasse DL gehört. In diesem Fall gibt es genau ein Paar $((M_t)_{t\in[0,\infty)}, (A_t)_{t\in[0,\infty)})$, bei dem $(A_t)_{t\in[0,\infty)}$ zusätzlich natürlich ist.

Ein rechtsstetiger, der Filtration $(\mathfrak{A}_t)_{t\in[0,\infty)}$ adaptierter stochastischer Prozeß $(X_t)_{t\in[0,\infty)}$ gehört dabei nach Definition zur Klasse DL, wenn die Familie $(X_T)_{T\in\mathcal{S}_a}$ für alle $0 < a < \infty$ gleichmäßig integrierbar ist. $\mathcal{S}_a$ bezeichnet dabei die Menge aller Stoppzeiten T bezüglich $(\mathfrak{A}_t)_{t\in[0,\infty)}$, für die $P(T \leq a) = 1$ gilt.

Ein analoger Satz gilt für Supermartingale, wobei die Doob-Meyer-Zerlegung die Form

$$X_t = M_t - A_t \qquad t \in [0, \infty)$$

besitzt.

Doobsche Maximal-Ungleichung, Ungleichung im folgenden Satz.

Sei $(X_t)_{t\in[0,\infty)}$ ein rechtsstetiges nicht-negatives Submartingal und $[\sigma, \tau] \subset [0, \infty)$. Dann gilt für alle $\alpha > 1$ die Ungleichung

$$E\left(\left(\sup_{\sigma\leq t\leq\tau} X_t\right)^{\alpha}\right) \leq \left(\frac{\alpha}{\alpha-1}\right)^{\alpha} E(X_\tau^\alpha).$$

Doppelgerade, Spezialfall eines ↗Kegelschnittes, bei dem die Schnittebene durch die Spitze des geschnittenen ↗Doppelkegels verläuft. Der Winkel zwischen der Ebene und der Kegelachse muß dabei kleiner sein als der halbe Öffnungswinkel des Kegels. Jede Doppelgerade läßt sich (bei geeigneter Wahl des Koordinatensystems) durch eine Gleichung der Form

$$\frac{x^2}{a^2} - \frac{y^2}{b^2} = 0$$

beschreiben, wodurch die Verwandtschaft der Doppelgeraden mit den ↗Hyperbeln sofort sichtbar wird.

Doppelintegral, ein Ausdruck – eventuell auch mit Grenzen – der Form

$$\int \left(\int f(x,y)\,dy\right) dx\,,$$

also ein spezielles ↗Mehrfachintegral.

Zunächst wird bei festem x das Integral in der Klammer berechnet und dann die resultierende – von x abhängige – Funktion integriert. Gelegentlich wird auch ein zweidimensionales Integral – Verallgemeinerung des (bestimmten) Integrals einer Variablen auf Funktionen zweier Variabler –

$$\iint f(x,y)\,d(x,y)$$

so bezeichnet. Die Verbindung zwischen diesen – zunächst zu unterscheidenden Ausdrücken – stellt der Satz über iterierte Integration her: Ein zweidimensionales Integral kann unter geeigneten Voraussetzungen durch Hintereinanderausführung zweier einfacher Integrationen gewonnen werden. In einer ganz speziellen Version besagt dieser Satz zum Beispiel: Hat man für $a, b \in \mathbb{R}$ mit zwei stetigen Funktionen $\varphi, \psi : [a, b] \to \mathbb{R}$ den Bereich

$$B := \{(x,y) : x \in [a,b], \varphi(x) \leq y \leq \psi(x)\}\,,$$

so gilt zumindest für stetiges f

$$\iint_B f(x,y)\,d(x,y) = \int_a^b \left(\int_{\varphi(x)}^{\psi(x)} f(x,y)\,dy\right) dx\,.$$

Doppelkategorie, eine Ausdehnung des Kategoriebegriffs. Wie eine Kategorie selbst besitzt eine Doppelkategorie $\mathcal{C}$ ebenfalls Objekte.

Allerdings ist für je zwei Objekte X und Y die „Morphismenmenge" $\mathrm{Mor}(X,Y)$ selbst eine Kategorie. Die Objekte dieser Kategorie heißen die Morphismen von $\mathcal{C}$, und die Morphismen der Kategorie $\mathrm{Mor}(X,Y)$ heißen 2-Morphismen von $\mathcal{C}$. Die Verknüpfung in $\mathcal{C}$ ist ein Funktor

$$\mathrm{Mor}(X,Y) \times \mathrm{Mor}(Y,Z) \to \mathrm{Mor}(X,Z)\,.$$

Für jedes Objekt X ist ein Element $1_X \in \mathrm{Mor}(X,X)$ ausgezeichnet, die Identität.

Für die Verknüpfungen gelten die entsprechenden Assoziativitätsgesetze und die Gesetze für die Rechts- und Linkseinheit. Manchmal wird statt Doppelkategorie auch der Begriff strikte 2-Kategorie gebraucht.

Schwächt man die Gesetze für die Verknüpfungen so ab, daß sie lediglich bis auf natürliche Isomorphie gelten (es seien gewisse Kohärenzgesetze erfüllt), so erhält man eine schwache 2-Kategorie. Diese wird auch Bikategorie genannt.

Warnung: Leider ist die Namensgebung in der Literatur nicht einheitlich. Manche Autoren verwenden die Namen Doppel- und Bikategorie gerade in der jeweils anderen Bedeutung als oben eingeführt.

Doppelkegel, Menge aller Punkte des Raumes, die auf den Geraden liegen, die einen Punkt S des Raumes mit den Punkten eines Kreises k verbinden (wobei S nicht in der Ebene ε des Kreises liegen darf). Wenn man in der Mathematik von einem Kegel spricht, so ist damit meist ein Doppelkegel gemeint; so wird z. B. bei der Untersuchung der ↗Kegelschnitte stets die Schnittkurve zwischen einer Ebene und einem Doppelkegel betrachtet. Der Punkt S heißt Spitze, die Gerade durch S und den Mittelpunkt M des Kreises k Achse des Kegels K. Die Geraden durch die Spitze und beliebige Punkte des Kreises k werden als Mantellinien, der Winkel α zwischen der Achse und den Mantellinien als der halbe Öffnungswinkel von K bezeichnet.

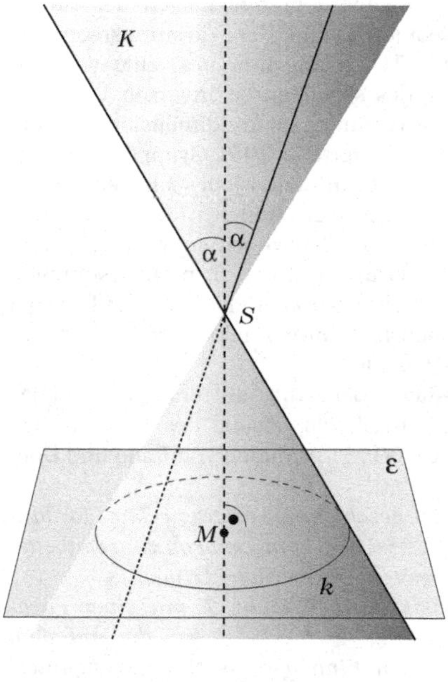

Allgemeiner kann ein (Doppel-)Kegel als Menge aller Punkte des Raumes aufgefaßt werden, die auf den Geraden liegen, die einen Punkt S mit den Punkten einer beliebigen, nicht entarteten, Kurve verbinden. (Falls es sich dabei um eine ebene Kurve handelt, soll jedoch S nicht in der Ebene der Kurve liegen.) Der oben beschriebene Spezialfall wird auch als Kreiskegel bezeichnet. Bei einem geraden Kreiskegel muß zusätzlich gefordert werden, daß das Lot von S auf ε den Mittelpunkt des Kreises k trifft.

Doppelreihe, Reihe, deren Glieder von zwei Indizes abhängen. Um

$$\sum_{\nu,\mu=0}^{\infty} a_{\nu\mu}$$

zu gegebenen Werten $a_{\nu\mu}$ $(\nu, \mu \in \mathbb{N})$ zu definieren, hat man mehrere Möglichkeiten:

- Man bildet

  $$\sum_{\mu=0}^{\infty}\left(\sum_{\nu=0}^{\infty} a_{\nu\mu}\right),$$

  falls alle Reihen $b_\mu := \sum_{\nu=0}^{\infty} a_{\nu\mu}$ konvergieren und auch noch $\sum_{\mu=0}^{\infty} b_\mu$ konvergiert.
- Man vertauscht oben die Rollen von ν und μ, definiert also entsprechend

  $$\sum_{\nu=0}^{\infty}\left(\sum_{\mu=0}^{\infty} a_{\nu\mu}\right).$$

- Schließlich kann man die $a_{\nu\mu}$ abzählen, d. h. – etwas lax ausgedrückt – die Menge $\{a_{\nu\mu} : \nu, \mu \in \mathbb{N}_0\}$ als Folge $(a_{\varphi(n)})$ genau einmal durchlaufen lassen, und dann $\sum_{n=0}^{\infty} a_{\varphi(n)}$ bilden.

Daß unter geeigneten Voraussetzungen der gleiche Konvergenzbegriff entsteht, besagt der sog. große Umordnungssatz.

doppelte Kreisüberdeckung, ↗ Eulerscher Graph.

doppelt-periodische Funktion, ↗ elliptische Funktion.

Doppelverhältnis, Maßzahl für das Verhältnis von vier Punkten in der komplexen Ebene.

Sind $z_1, z_2, z_3, z_4 \in \mathbb{C}$, so heißt die Zahl

$$\frac{(z_1 - z_3)(z_2 - z_4)}{(z_2 - z_3)(z_1 - z_4)}$$

Doppelverhältnis dieser Punkte.

Analog definiert man das Doppelverhältnis von vier auf einer Geraden liegenden Punkten P_1, P_2, P_3, P_4 als die Zahl

$$\frac{\overline{P_1P_3} \cdot \overline{P_2P_4}}{\overline{P_2P_3} \cdot \overline{P_1P_4}},$$

wobei wie üblich $\overline{P_\nu P_\mu}$ die Länge der Verbindungsstrecke dieser beiden Punkte bedeutet.

Doppler, Andreas Christian, Mathematiker und Physiker, geb. 29.11.1803 Salzburg, gest. 17.3.1853 Venedig.

Doppler studierte in Wien und Salzburg 1822 bis 1829 Mathematik, Philosophie, Mechanik und Astronomie. Danach bekam er eine Stelle als Professor für höhere Mathematik und Mechanik an der Wiener Universität und ab 1835 als Professor für Arithmetik, Algebra und Geometrie an der Technischen Schule in Prag. 1841 konnte er sich dann erfolgreich um eine Stelle als Professor für praktische Geometrie und elementare Mathematik an der Technischen Lehranstalt Prag bewerben. Nach Auseinandersetzungen in Prag wurde er 1847 Professor für Mathematik, Physik und Mechanik in Banská Štavnica (Tschechische Republik). Die Unruhen von 1848 trieben ihn 1849 an das Wiener Polytechnische Institut, wo er praktische Geometrie, und 1850 an die Wiener Universität, wo er Experimentalphysik lehrte.

Doppler schrieb Arbeiten zur Geometrie, zur Algebra und besonders zur Optik, zum Bau von Mikroskopen, zur Farbtheorie und zur Astronomie. In der Arbeit „Über das farbige Licht der Doppelsterne" (1842) beschreibt er das nach ihm benannte Dopplersche Prinzip (in heutiger physikalischer Terminologie Doppler-Effekt genannt).

Doppler-Effekt, der von Doppler erstmals präzise formulierte Effekt, daß bei allen wellenartigen Vorgängen die beobachtete Frequenz und damit auch die Wellenlänge davon abhängen, ob und wie schnell sich die Quelle und der Beobachter relativ zueinander bewegen.

Der im Alltag am häufigsten auftretende Typus, der sog. akustische Doppler-Effekt, läßt sich formelmäßig durch die Beziehung

$$f = f_0 \cdot \left(1 - \frac{v}{v_0}\right)$$

ausdrücken. Hierbei ist f_0 die Originalfrequenz, f die vom Beobachter subjektiv wahrgenommene Frequenz, v_0 die Geschwindigkeit der Welle, und v die Geschwindigkeit der Wellenquelle relativ zum Beobachter. Ist v negativ, so nähern sich die beiden an, ist v positiv, entfernen sie sich voneinander. Dies bewirkt zum Beispiel, daß eine auf den Beobachter zukommende Alarmsirene „höher" klingt als eine wegfahrende.

Der auch bei Lichtquellen auftretende Doppler-Effekt findet breite Anwendung in der Astronomie.

Dositheos, griechischer Astronom und Mathematiker, lebte um 240 v. Chr. Pelusion (an der Mündung des östlichen Nilarmes).

Dositheos war ein Schüler des Astronomen Konon (3. Jahrhundert v. Chr.), der wiederum mit Archimedes in Kontakt stand. Er widmete sich dem Kalenderwesen, beschäftigte sich mit den astronomischen Untersuchungen des Eudoxos und beobachtete Fixsterne und Witterungserscheinungen. Archimedes widmete ihm mehrere seiner Schriften.

Douglas, Jesse, Mathematiker, geb. 3.7.1897 New York, gest. 7.10.1965 New York.

Douglas studierte zunächst am City College in New York und 1916–1920 an der dortigen Columbia Universität, an der er 1920 bei Kasner promovierte. Bis 1926 blieb er an der Columbia Universität und setzte die unter Kasner begonnenen differentialgeometrischen Untersuchungen fort. Danach weilte er zu Forschungsaufenthalten in Princeton sowie an den Universitäten in Cambridge (Mass.), Chicago, Paris und Göttingen. 1930 erhielt er eine Professur am MIT in Cambridge (Mass.), die er bis 1936 innehatte. Nach mehreren Forschungsstipendien lehrte er 1942–1954 am Brooklyn College und an der Columbia Universität und kehrte 1955 an das City College zurück.

Douglas' herausragende Leistung ist die vollständige Lösung des Plateauschen Problems, die er um 1930 in mehreren Noten publizierte. Dieses um 1760 erstmals von Lagrange formulierte Problem fordert die Konstruktion einer Minimalfläche bei vorgegebener doppelpunktfreier stetiger Randkurve. Vor Douglas war das Problem durch Riemann, Weierstraß und Schwarz für einige Spezialfälle gelöst worden. In den 30er Jahren hat Douglas dann das Plateausche Problem mehrfach verallgemeinert, indem er die Randkurve aus mehreren Jordan-Kurven zusammengesetzt betrachtete und Minimalflächen von komplizierterer topologischer Struktur zuließ.

Er hat sich außerdem mit Fragen der Analysis, der Geometrie und der Variationsrechnung beschäftigt. 1941 gelang ihm u. a. eine vollständige Lösung des sogenannten inversen Problems der Variationsrechnung im dreidimensionalen Fall. Schließlich analysierte er 1951 Gruppen mit zwei Erzeugenden a, b, in denen jedes Element in der Form $a^n b^m$ mit ganzen Zahlen n, m ausgedrückt werden kann, und lieferte einen wichtigen Beitrag, um alle Gruppen dieses Typ zu bestimmen. Für seine Forschungen zum Plateauschen Problem wurde er mehrfach ausgezeichnet, u. a. 1936 mit der Fields-Medaille.

Douglas-Radó, Satz von, die erste vollständige und zufriedenstellende Lösung des Plateauschen Problems, 1930/1931 gefunden von Radó und Douglas.

Es sei C eine geschlossene rektifizierbare Jordankurve im $\mathbb{R}^3$; C ist also homöomorph zum Einheitskreis und besitzt eine endliche Länge.

Dann existiert eine Fläche $\mathcal{F}$ mit einer Parameterdarstellung $\Phi : \overline{\mathbb{E}} \longrightarrow \mathbb{R}^3$, die auf dem abgeschlossenen Einheitskreis $\overline{\mathbb{E}} \subset \mathbb{R}^2$ definiert ist, deren Einschränkung auf den Rand von $\overline{\mathbb{E}}$ ein Homöomorphismus auf C und in den inneren Punkten von $\mathbb{E}$ zweimal stetig differenzierbar ist, und deren mittlere Krümmung dort verschwindet.

Die Fläche $\mathcal{F}$ kann man sich als eine in die Kontur C eingespannte Seifenblase vorstellen. Sie ist aber im allgemeinen nicht die einzige Lösung des Plateauschen Problems. Die Frage, wieviele Minimalflächen gegebenen Geschlechts von einer gegebenen Randkurve aufgespannt werden, ist von einer Lösung noch weit entfernt.

[1] Dierkes,U.; Hildebrandt,S.; Küster, A.; Wohlrab,O.: Minimal Surfaces. Vol. 1 & 2. Springer-Verlag Berlin/Heidelberg/New York, 1992.

down-Quark, eines der sechs ↗ Quarks.

DPDA, ↗ deterministischer Kellerautomat.

Drachenviereck, *Rhomboid*, konvexes ebenes Viereck, dessen Diagonalen sich im Mittelpunkt einer der beiden schneiden.

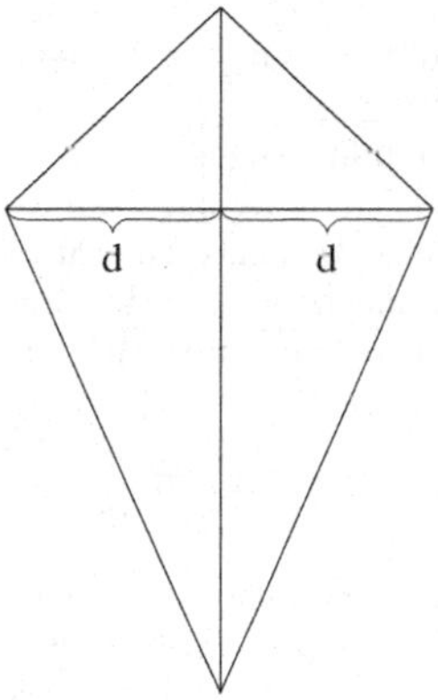

Drachenviereck

Ein gleichseitiges Drachenviereck nennt man ↗ Rhombus.

Drehfläche, durch Rotation (Drehung) entstandene Fläche im dreidimensionalen Raum; eine Drehfläche nennt man daher auch Rotationsfläche.

Ist eine Kurve im dreidimensionalen Raum $\mathbb{R}^3$ gegeben, so entsteht eine Drehfläche aus der Kurve, indem man die Kurve um eine gegebene Achse dreht. Die Oberfläche des durch die Drehung erzeugten Körpers nennt man Drehfläche.

Drehfläche konstanter Gaußscher Krümmung, besonders ausgezeichnete Dreh- bzw. Rotationsfläche.

Alle Drehflächen konstanter Gaußscher Krümmung k lassen sich durch die Lösungen der Differentialgleichung $\varphi'' + k\,\varphi = 0$ klassifizieren.

Wählt man für eine Drehfläche eine Parameterdarstellung der Gestalt

$$\Phi(u, v) = (\varphi(v) \cos u, \varphi(v) \sin u \psi(v))$$

mit $(\varphi')^2 + (\psi')^2 = 1$, so hat die Gaußsche Krümmung den Wert $k(v) = -\varphi''/\varphi$.

Gilt $k(v) = k = 1/a^2 = \text{const} > 0$, so sind alle Lösungen der Differentialgleichung $\varphi'' + k\,\varphi = 0$ durch $\varphi(v) = b \cos(v/a - c)$ gegeben, wobei b und c Integrationskonstanten sind. Da c als Parameterverschiebung keinen Einfluß auf die Fläche hat, kann man $c = 0$ setzen.

Für $k = 1/a^2 = \text{const} < 0$ erhält man die Lösungen $\varphi(v) = b \cosh(v/a - c)$. Um aus den Funktionen φ die zweite Komponente ψ der Profilkurve zu berechnen, muß ein ↗ elliptisches Integral der Form

$$\psi(v) = \int_0^v \sqrt{1 - \frac{b^2}{a^2} \sinh^2\left(\frac{t}{a}\right)}\, dt$$

oder

$$\psi(v) = \int_0^v \sqrt{1 - \frac{b^2}{a^2} \sin^2\left(\frac{t}{a}\right)}\, dt$$

gelöst werden.

In Abhängigkeit von den Parametern a und b erhält man Rotationsflächen unterschiedlicher Gestalt.

Drehgruppe, Gruppe der orientierungserhaltenden orthogonalen Abbildungen.

Die Drehgruppe ist demnach die Gruppe derjenigen linearen Abbildungen eines euklidischen Vektorraumes auf sich, die sowohl das Skalarprodukt als auch die Orientierung erhalten. Sie ist eine Untergruppe der orthogonalen Gruppe (Gruppe der bzgl. des Skalarproduktes invarianten linearen Abbildungen eines euklidischen Vektorraumes auf sich).

Die den Elementen der Drehgruppe entsprechenden Abbildungen des euklidischen Punktraumes sind die orientierungserhaltenden Bewegungen, also Drehungen und Verschiebungen. (Es läßt sich nachweisen, daß jede Hintereinanderausführung beliebig vieler Drehungen und Verschiebungen wiederum eine Drehung oder eine Verschiebung ist.)

Die Gruppe dieser Abbildungen ist eine Untergruppe der ↗ euklidischen Bewegungsgruppe.

Drehmatrix, quadratische ↗ Matrix, die eine ↗ Drehung im $\mathbb{R}^n$ repräsentiert.

Drehmatrizen sind orthogonal und regulär. Sie werden manchmal auch als Rotationsmatrizen bezeichnet. Für weitere Information über Drehmatrizen ↗ Drehung im $\mathbb{R}^n$.

Drehmoment, physikalische Größe, die ein Maß für die von einer Kraft F auf einen drehbar gelagerten starren Körper ausgeübte Wirkung ist.

In Formeln gilt $M = r \times F$, wobei M das Drehmoment bezeichnet und r den Abstand der Drehachse zum Angriffspunkt der Kraft auf den betrachteten Körper.

Drehoperator, eine lineare Abbildung der Form $x \to D \cdot x, D \in \mathbb{R}^{n \times n}$, bei der die Matrix D orthogonal ist und die Determinante von D den Wert Eins hat (↗ Drehung im $\mathbb{R}^n$).

Drehstreckung, Komposition einer ↗ Drehung und einer ↗ Streckung.

Drehstreckungen bilden beispielsweise ein Dreieck auf ↗ ähnliche Dreiecke ab.

Drehung im $\mathbb{R}^n$, eine ↗lineare Abbildung $\psi : \mathbb{R}^n \to \mathbb{R}^n$, für deren sie bezüglich einer fest gewählten Basis von $\mathbb{R}^n$ repräsentierende Matrix A gilt:

$$A^tA = I \text{ und } \det A = 1,$$

wobei I die $(n \times n)$-Einheitsmatrix und A^t die zu A transponierte Matrix bezeichnet. A ist also eine ↗Drehmatrix.

Die Fälle $n = 2$ und $n = 3$ verdienen besondere Beachtung, da hier die Matrix A eine besonders einfache Gestalt hat, und aufgrund der geringen Dimension des Raumes die Drehungen hier besonders leicht beschrieben werden können.

Die Drehmatrizen im $\mathbb{R}^2$ sind mit einem $\varphi \in [0, 2\pi)$ gegeben durch:

$$A_\varphi = \begin{pmatrix} \cos\varphi & -\sin\varphi \\ \sin\varphi & \cos\varphi \end{pmatrix},$$

d. h., zu jeder Drehmatrix $A = A_\varphi$ im $\mathbb{R}^2$ existiert ein $\varphi \in [0, 2\pi)$, so daß A diese Darstellung besitzt.

Anschaulich repräsentiert A_φ eine Drehung um den Winkel φ entgegen dem Uhrzeigersinn.

Eine Drehung im $\mathbb{R}^3$ kann immer gegeben werden durch Angabe einer Drehachse, auf der alle Punkte festbleiben, und einen Drehwinkel φ.

Ein Beispiel einer Drehung im $\mathbb{R}^3$ ist gegeben durch die Drehmatrix

$$A_\varphi = \begin{pmatrix} 1 & 0 & 0 \\ 0 & \cos\varphi & -\sin\varphi \\ 0 & \sin\varphi & \cos\varphi \end{pmatrix}.$$

Hier bleibt die x-Achse fest, und es wird in der y–z-Ebene um den Winkel φ entgegen dem Uhrzeigersinn gedreht.

Drehzylinder, eine ↗Drehfläche, deren Erzeugende eine zur Achse der Drehfläche parallele Gerade ist.

Dreibein, ↗begleitendes Dreibein.

3DES, ↗ DES.

dreidimensionale Sphäre, die S^3 mit Radius $r \in \mathbb{R}$, $r > 0$, bestehend aus den Punkten $(x_1, x_2, x_3, x_4) \in \mathbb{R}^4$ mit

$$x_1^2 + x_2^2 + x_3^2 + x_4^2 = r^2.$$

Sie ist eine dreidimensionale kompakte, differenzierbare (sogar reell-analytische) Mannigfaltigkeit.

Entfernt man einen Punkt (etwa $n = (0, 0, 0, r)$) so ist der Rest diffeomorph zu $\mathbb{R}^3$.

Es sei noch darauf hingewiesen, daß es hier oft zu Begriffsverwirrungen kommt, da man fälschlicherweise auch die Sphäre *im* $\mathbb{R}^3$, also die S^2, als dreidimensionale Sphäre bezeichnet. Die jeweilige Bedeutung muß dem Kontext entnommen werden.

dreidimensionales Polytop, konvexe Hülle einer endlichen Punktmenge $\{P_1, P_2, \ldots, P_n\}$ des dreidimensionalen Raumes.

Die Punkte $P_1, P_2, \ldots, P_n$ heißen Ecken, beliebige Verbindungsstrecken zwischen diesen Punkten Kanten des Polytops. Ein dreidimensionales Polytop kann als Menge aller Punkte im Innern eines konvexen Polyeders aufgefaßt werden, somit also als Menge aller Punkte, die (mindestens) einer der Verbindungsstrecken zwischen zwei beliebigen Punkten der (abgeschlossenen) Seitenflächen eines konvexen Polyeders mit den Eckpunkten $P_1, P_2, \ldots, P_n$ angehören.

Dreieck, Menge aus den Punkten der Verbindungsstrecken dreier Punkte.

Faßt man Strecken als Punktmengen auf (was nicht selbstverständlich ist, ↗Axiome der Geometrie), so läßt sich das Dreieck $\triangle ABC$ als Menge aller Punkte P definieren, die mindestens einer der drei (abgeschlossenen) Strecken $\overline{AB}$, $\overline{BC}$ und $\overline{AC}$ angehören:

$$\triangle ABC := \{P \mid P \in \overline{AB} \vee P \in \overline{BC} \vee P \in \overline{AC}\}.$$

Die Punkte A, B und C heißen Eckpunkte oder Ecken, die Strecken $\overline{AB}$, $\overline{BC}$ und $\overline{AC}$ Seiten sowie die Winkel $\angle ABC$, $\angle BAC$ und $\angle ACB$ Innenwinkel des Dreiecks. Jeder Nebenwinkel eines dieser Innenwinkel wird als Außenwinkel bezeichnet.

Mitunter wird der Begriff Dreieck auch für die Bezeichnung der Dreiecksfläche verwendet, d. h. für alle Punkte, die den Dreiecksseiten angehören und diejenigen Punkte, die im Innern des Dreiecks liegen (genauer: alle Punkte, die mindestens einer derjenigen Strecken angehören, deren beide Endpunkte Punkte des Dreiecks sind).

In einem Dreieck gelten u. a. folgende fundamentalen Sätze:

- Beziehung „größere Seite – größerer Winkel":
  In einem Dreieck liegt der größeren Seite stets der größere Winkel gegenüber und umgekehrt.
- Dreiecksungleichung:
  Die Summe zweier Seitenlängen eines Dreiecks ist stets größer als die Länge der dritten Seite.
- Innenwinkelsatz:
  Die Summe der drei Innenwinkel eines Dreiecks ist ein gestreckter Winkel.
- Außenwinkelsatz:
  Die Größe eines jeden Außenwinkels ist gleich der Summe der beiden nichtanliegenden Innenwinkel.

Weiterhin gelten für Dreiecke u. a. der ↗Sinussatz und der ↗Cosinussatz sowie für rechtwinklige Dreiecke z. B. der Satz des Pythagoras.

Die Mehrzahl der aufgeführten Sätze gilt allerdings nur in der ↗euklidischen Geometrie. In den nichteuklidischen Geometrien gelten stark abgeschwächte oder völlig andere Aussagen.

dreieckiges Parametergebiet, in der geometrischen Datenverarbeitung am häufigsten benutzte

Form des Parametergebietes bei der Darstellung von ↗Bézier-Flächen, das sich für Flächenverbände eignet. Zur Beschreibung eines Parameterpunktes P auf dem Dreieck mit den Eckpunkten T_1, T_2 und T_3 benutzt man meist die ↗baryzentrischen Koordinaten, d. h., diejenigen eindeutig bestimmten reellen Zahlen τ_1, τ_2 und τ_3, für die gilt

$$\sum_{i=1}^{3} \tau_i T_i = P$$

und $\sum_{i=1}^{3} \tau_i = 1$.

Dreiecksfaktor, ein Faktor eines ↗Graphen, der aus eckendisjunkten Kreisen der Länge 3 besteht.

dreiecksfreier Graph, ein Graph, der keinen vollständigen Graphen K_3 der Ordnung 3 – also ein „Dreieck" – als Teilgraphen enthält.

Als Spezialfall des Satzes von Turán ergibt sich, daß ein dreiecksfreier Graph G der Ordnung n höchstens $\lfloor \frac{n^2}{4} \rfloor$ Kanten besitzt.

Hat G tatsächlich die maximale Anzhal von $\lfloor \frac{n^2}{4} \rfloor$ Kanten, dann ist G der vollständige ↗bipartite Graph $K_{r,s}$ mit $r = \lfloor \frac{n}{2} \rfloor$ und $s = \lceil \frac{n}{2} \rceil$.

Dreiecksgraph, ein ↗ebener Graph, in dem der Rand jedes Landes genau drei Kanten enthält.

Die Dreiecksgraphen sind genau die maximal ebenen Graphen, d. h. die ebenen Graphen, zu denen keine weitere Kante so hinzugefügt werden kann, daß der entstehende Graph ein ↗planarer Graph bleibt.

Dreiecksmatrix, eine quadratische Matrix $A = ((a_{ij}))$, bei der entweder alle Elemente oberhalb oder unterhalb der Hauptdiagonalen gleich Null sind.

Man verdeutlicht sich die Situation am besten mit Hilfe der Abbildung.

Obere und untere Dreiecksmatrix

Im ersten Falle gilt $a_{ij} = 0$ für alle $i, j \in \{1, \ldots, n\}$ mit $i > j$, und man spricht von einer oberen Dreiecksmatrix. Im letzteren Falle gilt $a_{ij} = 0$ für alle $i, j \in \{1, \ldots, n\}$ mit $i < j$, und man spricht von einer unteren Dreiecksmatrix.

Die Determinante einer Dreiecksmatrix $A = (a_{ij})$ ergibt sich als Produkt ihrer Hauptdiagonalelemente:

$$\det A = a_{11} a_{22} \cdots a_{nn} .$$

Jede beliebige quadratische Matrix läßt sich durch mehrmaliges Addieren des Vielfachen einer Zeile zu einer anderen Zeile in eine Dreiecksmatrix überführen; der Wert der Determinante der Matrix ändert sich hierdurch nicht.

Zahlreiche numerische Verfahren zur Lösung linearer Gleichungssysteme $Ax = b$, zur Lösung von Eigenwertproblemen $Ax = \lambda x$ oder zur Lösung eines linearen Ausgleichsproblems

$$||Ax - b|| = \min_x$$

basieren auf der Transformation der Koeffizientenmatrix A auf Dreiecksgestalt, da man dann die jeweilige Lösung sofort ablesen kann. Man vergleiche hierzu etwa das Gauß-Verfahren zur ↗direkten Lösung linearer Gleichungssysteme, den ↗QR-Algorithmus zur Lösung von Eigenwertproblemen oder die ↗Methode der kleinsten Quadrate zur Lösung eines linearen Ausgleichsproblems.

[1] Fischer, G.: Lineare Algebra. Verlag Vieweg Braunschweig, 1978.

Dreiecksrekursion, spezieller Typ einer Rekursionsformel.

Gegeben seien eine Folge $\{T_\nu^0\}$ von Zahlen oder Vektoren und zwei Mengen von Koeffizienten, $\{\lambda_\nu^k\}$ und $\{\mu_\nu^k\}$ für $k \in \mathbb{N}_0$ und ν aus einem vorgegebenen Bereich.

Definiert man dann neue Folgen $\{T_\nu^k\}$ durch eine Vorschrift der Form

$$T_\nu^k := \lambda_\nu^k T_\nu^{k-1} + \mu_\nu^k T_{\nu+1}^{k-1}$$

für $k \in \mathbb{N}$, so nennt man diese Vorschrift auch Dreiecksrekursion.

Der Name leitet sich von einer möglichen „graphischen" Darstellung der Elemente $\{T_\nu^k\}$ in Form eines dreieckigen Schemas ab.

Dreiecksungleichung, fundamentale Ungleichung über Beziehungen zwischen Abständen in metrischen Räumen.

Ist X ein metrischer Raum mit der Metrik d, so gilt für alle $x, y, z \in X$ die Dreiecksungleichung:

$$d(x, z) \leq d(x, y) + d(y, z) .$$

Die Dreiecksungleichung überträgt die Beziehungen zwischen den drei Seiten eines ebenen ↗Dreiecks auf allgemeine metrische Räume, woraus sich ihr Name ableitet.

Dreiecksungleichung für Integrale, ganz allgemein eine Bezeichnung für die Abschätzung des Betrages eines Integrals durch das Integral über den Betrag des Integranden.

Beispielsweise hat man für $-\infty < a < b < \infty$ und eine stetige Funktion $f : [a, b] \longrightarrow \mathbb{R}$ die Abschätzung

$$\left| \int_a^b f(x)\, dx \right| \leq \int_a^b |f(x)|\, dx .$$

Hierbei seien die Integrale jeweils als ↗Riemann-Integrale oder als Integrale von Regelfunktionen verstanden. Die rechte Seite kann dabei noch grob durch

$$\int_a^b |f(x)|\,dx \;\le\; (b-a)\cdot \max_{x\in[a,b]} |f(x)|$$

abgeschätzt werden.

Die Bezeichnung Dreiecksungleichung rührt daher, daß sich diese Abschätzung im Fall von Treppenfunktionen gerade direkt aus der ↗Dreiecksungleichung für den Betrag $|\cdot|$ ergibt.

Allgemeiner gilt dies für eine $\mathbb{R}^n$-wertige stetige Funktion f, wenn der Betrag $|\cdot|$ durch eine Norm $\|\cdot\|$ auf dem $\mathbb{R}^n$ ersetzt wird, also

$$\begin{aligned}\left\|\int_a^b f(x)\,dx\right\| &\le \int_a^b \|f(x)\|\,dx \\ &\le (b-a)\cdot \max_{x\in[a,b]} \|f(x)\|\,.\end{aligned}$$

Dies wiederum gilt unverändert für eine Funktion f mit Werten in einem normierten Vektorraum mit der Norm $\|\cdot\|$.

Für Funktionen mit allgemeinerem Definitionsbereich – beispielsweise im $\mathbb{R}^k$ oder in einem Wahrscheinlichkeitsraum – hat man

$$\begin{aligned}\left\|\int_M f(x)\,dx\right\| &\le \int_M \|f(x)\|\,dx \\ &\le \mu(M)\cdot \sup_{x\in M} \|f(x)\|\,,\end{aligned}$$

etwa wenn f eine Riemann- oder Lebesgue-integrierbare Funktion auf einer Jordan- bzw. Lebesgue-meßbaren Menge M ist. Dabei bezeichnet $\mu(M)$ den Jordan-Inhalt bzw. das Lebesgue-Maß von M.

Dreiecksungleichung in normierten Räumen, Bezeichnung für die in allen normierten Räumen $(X, \|\cdot\|)$ für alle $x, y, z \in X$ geltende Ungleichung:

$$\|x-z\| \;\le\; \|x-y\| + \|y-z\|\,.$$

Sie ist der wichtigste Spezialfall der allgemeinen ↗Dreiecksungleichung, und beinhaltet selbst als speziellen Fall die Ungleichung

$$|x-z| \;\le\; |x-y| + |y-z|\,.$$

für den Betrag.

Dreiecksungleichung, verschärfte, striktere Form der Dreiecksungleichung für spezielle normierte Räume. In einem normierten Raum X gilt die verschärfte Dreiecksungleichung, falls aus $||x+y|| = ||x|| + ||y||$ stets folgt: $x = \alpha y$ oder $y = \alpha x$ für ein $\alpha \ge 0$.

In einem normierten Raum gilt genau dann die verschärfte Dreiecksungleichung, wenn der Raum strikt konvex ist.

Dreiecksverteilung, eine Verteilung, über dem offenen Intervall (a, b) mit $0 \le a < b$ definiert durch die Wahrscheinlichkeitsdichte

$$f : x \;\to\; \begin{cases} \dfrac{4(x-a)}{(b-a)^2}, & a < x \le \frac{a+b}{2}\,, \\ \dfrac{4(b-x)}{(b-a)^2}, & \frac{a+b}{2} < x < b\,, \end{cases}$$

für $x \in (a, b)$, und 0 sonst.

Eine solche Zufallsvariable X besitzt den Erwartungswert

$$E(X) \;=\; \frac{a+b}{2}$$

und die Varianz

$$\mathrm{Var}(X) \;=\; \frac{1}{24}(b-a)^2\,.$$

Dreieckszahl, eine natürliche Zahl n mit der Eigenschaft, daß sich n Punkte ganz natürlich in die Form eines gleichseitigen Dreieck legen lassen.

Z. B. ist $n = 15$ eine Dreickszahl:

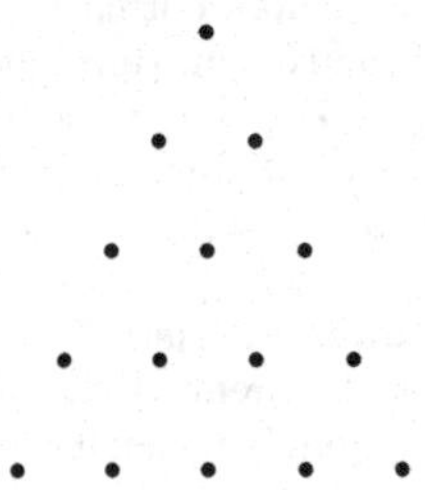

Ebenso sind 1, 4 und 10 Dreieckszahlen. Allgemein ist die n-te Dreickszahl gegeben durch die Formel

$$D_n = \sum_{k=1}^{n} k = \frac{n(n+1)}{2}\,.$$

Dreieckszahlen sind ein Beispiel für eine Reihe von figurierten Zahlen, für die man sich schon in der Antike interessierte, wie durch eine Schrift von Diophant über Polygonalzahlen belegt ist.

Dreierprobe, der Test, ob eine in Dezimaldarstellung gegebene natürliche Zahl n durch 3 teilbar ist. Dies läßt sich mit Hilfe ihrer ↗Quersumme (zur Basis 10) $Q_{10}(n)$ entscheiden.

Das beruht darauf, daß die Kongruenz

$$Q_{10}(n) \;\equiv\; n \mod 3$$

für alle natürlichen Zahlen gültig ist.

Also ist n genau dann durch 3 teilbar, wenn dies für $Q_{10}(n)$ gilt. Ähnliche Überlegungen liegen auch der ↗Neunerprobe und der ↗Elferprobe zugrunde.

Dreifachintegral, ↗Mehrfachintegral, ↗Volumenintegral.

Dreikörperproblem, in abstrakter Formulierung ein Hamiltonsches System auf einer geeigneten offenen Teilmenge des $\mathbb{R}^{18}$, dessen Hamilton-Funktion von der folgenden Form ist (mit positiven reellen Zahlen m_1, m_2, m_3, k und $\vec{q}_i, \vec{p}_j \in \mathbb{R}^3$):

$$H(\vec{q}_1, \vec{p}_1, \vec{q}_2, \vec{p}_2, \vec{q}_3, \vec{p}_3) = \sum_{i=1}^{3} \frac{1}{2m_i}\vec{p}_i^{\,2} - \frac{km_1m_2}{|\vec{q}_1 - \vec{q}_2|} - \frac{km_1m_3}{|\vec{q}_1 - \vec{q}_3|} - \frac{km_2m_3}{|\vec{q}_2 - \vec{q}_3|}.$$

Das System beschreibt in der Mechanik die Bewegung von drei massiven Punktteilchen unter dem Einfluß ihrer Newtonschen Gravitation. Anwendung fand es historisch vor allem in der Himmelsmechanik, man denke beispielsweise an die Bewegung der Sonne und zweier Planeten.

Der letztliche gescheiterte Versuch nachzuweisen, daß das Dreikörperproblem ein integrables Hamiltonsches System ist, hat in den letzten drei Jahrhunderten viele Mathematiker wie Lagrange, Hamilton, Jacobi und Poincaré zu wichtigen Begriffsbildungen in der Hamiltonschen Mechanik geführt.

dreimal stetig differenzierbare Kurve, eine stetig differenzierbare Kurve $\alpha(t)$ derart, daß neben $\alpha'(t)$ auch die Ableitungen $\alpha''(t)$ und $\alpha'''(t)$ existieren und stetig sind.

Den dreimal stetig differenzierbaren Kurven kommt eine besondere Bedeutung zu, da in der Differentialgeometrie Kurven im dreidimensionalen Raum $\mathbb{R}^3$ im allgemeinen als dreimal stetig differenzierbar vorausgesetzt werden, um z. B. Begriffe wie Schmiegebene, ↗begleitendes Dreibein, Krümmung und Windung definieren zu können.

Dreiprimzahlsatz, im Jahre 1937 von Winogradow bewiesener Satz, der besagt, daß jede hinreichend große ungerade natürliche Zahl sich als Summe von höchstens drei Primzahlen schreiben läßt, d. h. die Menge der Primzahlen ist eine Basis der asymptotischen Ordnung 3 für die Menge der ungeraden natürlichen Zahlen.

Der Dreiprimzahlsatz würde (sogar für jede natürliche Zahl) sofort aus der Aussage der Goldbachschen Vermutung folgen, die leider bislang (2000) unbewiesen ist.

Drei-Quadrate-Satz, ↗Gauß, Drei-Quadrate-Satz von.

3-SAT-Problem, die eingeschränkte Version des SAT-Problems (↗SAT-Problem), bei dem jede Klausel aus drei Literalen besteht.

Das Problem 3-SAT ist ↗NP-vollständig. Als stark eingeschränktes NP-vollständiges Problem ist es ein häufig benutztes Ausgangsproblem, um durch ↗polynomielle Zeitreduktion die NP-Vollständigkeit anderer Probleme nachzuweisen.

Dreisatz, die Aufgabenstellung, aus drei vorgegebenen Größen eine vierte, unbekannte, direkt zu berechnen.

Die Dreisatzrechnung ist sicherlich eine der am weitesten verbreiteten mathematischen Techniken des täglichen Lebens. Man benötigt zur Durchführung des Dreisatzes die Division und die Multiplikation. Es wird dabei von einer Mehrzahl auf die Einzahl und davon wiederum auf eine (andere) Mehrzahl geschlossen, allerdings ohne diese Berechnungen explizit auszuführen; dies ist der Vorteil des Dreisatzes.

Man kann das Prinzip wohl am besten anhand eines Beispiels erläutern: Ein Mädchen kauft im Supermarkt Milch ein und muß dabei für 5 Liter Milch 6 Euro bezahlen. Am nächsten Tag (es handelt sich um eine große Familie mit hohem Milchverbrauch) kauft sie 7 Liter ein. Frage: Wie hoch ist der Preis?

„Eigentlich" müßte man nun zunächst berechnen, was 1 Liter kostet:

$$\frac{6\,Eur}{5\,l} = 1{,}20\,Eur/l\,,$$

und dann den Preis für 7 Liter durch Multiplikation bestimmen:

$$7\,l \cdot 1{,}20\,Eur/l = 8{,}40\,Eur\,.$$

Der Dreisatz

$$\frac{6\,Eur}{5\,l} = \frac{x\,Eur}{7\,l}$$

liefert dieses Ergebnis, durch Auflösen nach x, direkt. Es sei ausdrücklich darauf hingewiesen, daß es sich hierbei keineswegs um eine sog. „Milchmädchenrechnung", sondern um exakte, wenn auch sehr elementare, Mathematik handelt.

Ein Dreisatz kann auch in folgender Art und Weise, die manchmal auch als umgekehrter Dreisatz bezeichnet wird, verwendet werden:

Eine Truppe von 15 Bauarbeitern (BA) benötigt zum Ausheben einer Grube 9 Stunden. Am nächsten Tag erscheinen krankheitsbedingt nur 6 Bauarbeiter zur gleichen Tätigkeit auf einer identischen Baustelle. Frage: Wie lange brauchen diese?

Der (umgekehrte) Dreisatz

$$\frac{x\,h}{15\,BA} = \frac{9\,h}{6\,BA}$$

ermöglicht es nun, das Umrechnen auf „Mannstunden" zu umgehen und die Lösung

$$x\,h = 22{,}5\,h$$

direkt zu ermitteln.

Gleichzeitig kann man an diesem Beispiel auch sehr schön die Grenzen der mathematischen Modellbildung illustrieren: Derselbe Dreisatz ergibt nämlich, daß die gewünschte Arbeit von einer Million Bauarbeitern in deutlich weniger als einer Sekunde erledigt werden kann, was sicherlich aus verschiedenen Gründen nicht ganz der Realität entspricht.

Dreitafelprojektion, Verfahren zur informationserhaltenden Darstellung dreidimensionaler (räumlicher) Gebilde auf zweidimensionalen (ebenen) Medien.

Bei der Dreitafelprojektion wird der abzubildende Gegenstand durch drei Parallelprojektionen auf drei paarweise aufeinander senkrecht stehende Ebenen abgebildet (↗darstellende Geometrie).

Dreiteilung eines Winkels, die Aufgabe, eine Konstruktion mit Zirkel und Lineal zu finden, die es erlaubt, einen beliebigen Winkel φ in drei gleiche Abschnitte zu teilen.

Diese Aufgabe ist unlösbar. Sie führt auf die kubische Gleichung

$$4x^3 - 3x - \alpha = 0 \quad \text{mit } \alpha = 3\cos\varphi .$$

Für generisches φ ist diese Gleichung irreduzibel über $\mathbb{Q}(\alpha)$, und somit liegt jede Lösung dieser Gleichung in einem ↗Erweiterungskörper vom Grad 3 über $\mathbb{Q}(\alpha)$.

Wie die ↗Galois-Theorie zeigt, sind durch Konstruktion mit Zirkel und Lineal nur Elemente aus Körpererweiterungen zu erhalten, deren Grad eine Zweierpotenz ist. Insbesondere besitzen diese Körper keine Unterkörper vom Grad 3.

Es sei aber darauf hingewiesen, daß für spezielle Werte des Winkels φ eine Konstruktion möglich ist.

Dreiterm-Rekursion, eine Rekusionsformel zur Berechnung einer Folge $(x_n)_{n\in\mathbb{N}}$, bei deren Durchführung jeweils drei (aufeinanderfolgende) Terme involviert sind.

Zur Berechnung eines Elementes x_n muß man also auf zwei andere, meist x_{n-1} und x_{n-2}, zurückgreifen.

Eine typische Form einer solchen Dreiterm-Rekursion ist

$$x_n = a_n x_{n-1} + b_n x_{n-2}$$

mit festen Koeffizientenfolgen (a_n) und (b_n). Derartige Dreiterm-Rekursionen treten beispielsweise bei orthogonalen Polynomen auf.

Drift, eine Vorstellung aus der Populationsgenetik, nach der sich die genetische Zusammensetzung einer Population durch die Zufälle von Geburt, Tod und Mutation, zusammen mit der endlichen Populationsgröße, in zufälliger Weise derart ändert, daß die Population in einem Konfigurationsraum aller möglichen Populationen eine Zufallsbewegung ausführt.

Drinfeld, Wladimir Gerschonowitsch, ukrainischer Mathematiker, geb. 14.2.1954 Charkow.

Drinfeld studierte 1969–1974 an der Moskauer Universität und arbeitete dort anschließend unter Manin an seiner Dissertation, die er 1978 verteidigte. Seit 1981 forschte er am physikalisch-technischen Institut für tiefe Temperaturen der Ukrainischen Akademie der Wissenschaften und verteidigte 1988 seine Habilitationsschrift am Moskauer Steklow-Institut.

Drinfeld hat sehr breite mathematische Interessen und erzielte wichtige Resultate zur algebraischen Geometrie, zur Zahlentheorie und zur Quantentheorie. Schon als Schüler publizierte er seinen ersten mathematischen Artikel. Zu seinen bedeutendsten Erfolgen zählt der Beweis der Langlandsschen Vermutung über die Galois-Gruppen lokaler bzw. globaler Körper der Dimension Eins für den Fall GL(2). In diesem Zusammenhang führte er die Begriffe des elliptischen Moduls sowie des ↗Drinfeld-Moduls ein und schuf wichtige Vorstellungen zur p-adischen Uniformisierung von modularen Kurven. Seine Ideen bildeten den Ausgangspunkt für völlig neue zahlentheoretische Untersuchungen.

Ein weiteres Forschungsgebiet bildeten die Quantengruppen. Zusammen mit Manin vollendete er die Arbeiten von Atiyah und Hitchen und gab eine Klassifikation der Instantonen an, die sog. ADHM-Konstruktion. Diese Konstruktion erlaubte die explizite Angabe der Lösung für die selbstduale Gleichung. Dabei war er auch an der Entdeckung beteiligt, daß man sich bei den Deformationen von nichtkommutativen und ko-kommutativen Hopf-Algebren in einer stetigen Familie von Hopf-Algebren bewegt. 1990 wurde Drinfeld für seine Leistungen mit der Fields-Medaille ausgezeichnet.

Drinfeld-Modul, R-Modulstruktur der additiven Gruppe eines Körpers.

Es sei L ein Körper mit einer R-Algebren-Struktur $\varphi : R \to L$ bei einem geeigneten Funktionenring R. Weiterhin sei $r \in \mathbb{N}$. Ein Drinfeld-Modul des Rangs r über L ist eine R-Modulstruktur der additiven Gruppe G_a von L, gegeben durch einen Ringhomomorphismus $\phi : R \to \text{End}_L(G_a)$ mit den folgenden Eigenschaften.

(1) Für $a \in R$ ist $||a|| = \deg \phi(a) = |a|^r$.

(2) Ist ∂ die Auswertungsabbildung $\partial : \text{End}_L(G_a) \to L$, $\sum \lambda_i x^{p^i} \to \lambda_0$, so ist $\partial \circ \phi : R \to L$ der Strukturmonomorphismus φ von L.

Dabei bezeichnet $\text{End}_L(G_a)$ den Ring der L-Endomorphismen der additiven Gruppe G_a.

dritter Dedekindscher Hauptsatz, ↗Dedekindscher Differentensatz.

drittes Hilbertsches Problem, die als eines der 23 Probleme, deren Lösung wesentliche Ziele der Mathematik des 20. Jahrhunderts darstellen sollten, von David Hilbert im Jahr 1900 formulierte Aufgabe zu zeigen, daß es unmöglich ist, die folgende Tatsache nur unter Verwendung der Kongruenzaxiome nachzuweisen:

Zwei Tetraeder gleicher Grundfläche und Höhe haben gleiche Volumina.

Das Problem wurde bereits im selben Jahr durch Max Dehn (1878 – 1952) gelöst (↗Hilbertsche Probleme).

Druck, innerer oder äußerer Parameter bei der Kontinuumsbeschreibung der Materie.

Als äußerer Parameter tritt der Druck etwa bei einem aus Gas in einem Gefäß mit beweglichen Wänden bestehenden System auf. Dort ist er die normal zur Gefäßwand von außen auf die Flächeneinheit wirkende Kraft.

Wichtiger ist der Druck als innerer Parameter: In der Newtonschen Physik wird der Spannungszustand in einem physikalischen System durch den dreidimensionalen symmetrischen Spannungstensor beschrieben. Bewegen sich die infinitesimalen Bestandteile des Systems mit geringer Geschwindigkeit gegeneinander, kann man diesen Spannungstensor durch den Term nullter Ordnung in der Entwicklung nach der Geschwindigkeit annähern. Es kann dann der Fall eintreten, daß dieser Tensor verschwindende nichtdiagonale Komponenten hat, während die drei Diagonalelemente gleich sind.

Ein solcher Spannungstensor definiert eine ideale Flüssigkeit (einschließlich Gas). Die Diagonalelemente geben den Druck auf Flächen (Kraft normal zu einer Flächeneinheit) an, die zu den Achsen eines kartesischen Koordinatensystems senkrecht stehen. In der Relativitätstheorie verliert der Spannungstensor der Newtonschen Physik seine invariante Bedeutung und geht in den vierdimensionalen Energie-Impuls-Tensor ein. Auch dort ist der Druck ein Skalar, der Eigenschaften einer idealen Flüssigkeit beschreibt.

DSPACE, Komplexitätsklassen für die ↗Raumkomplexität von Turing-Maschinen.

Ein Problem gehört zur Komplexitätsklasse DSPACE($s(n)$), wenn es von einer deterministischen Turing-Maschine mit $s(n)$ Zellen auf dem Arbeitsband, wobei sich n auf die Eingabelänge bezieht, gelöst werden kann.

***d*-System**, durchschnittsstabiles Mengensystem. Es sei M eine Menge. Ein Mengensystem $\mathcal{A} \subseteq \mathfrak{P}(M)$ heißt ein d-System, falls aus $A \in \mathcal{A}$ und $B \in \mathcal{A}$ auch stets $A \cap B \in \mathcal{A}$ gilt.

Ist zum Beispiel $M = \mathbb{R}$ und $\mathcal{A}$ das System, das aus allen abgeschlossenen Intervallen auf $\mathbb{R}$ sowie der leeren Menge besteht, so ist $\mathcal{A}$ ein d-System, da der Durchschnitt zweier abgeschlossener Intervalle entweder wieder ein abgeschlossenes Intervall oder die leere Menge ist.

DTIME, Komplexitätsklassen für die Zeitkomplexität von Turing-Maschinen.

Ein Problem gehört zur Komplexitätsklasse DTIME($t(n)$), wenn es von einer deterministischen Turing-Maschine in $O(t(n))$ Rechenschritten, wobei sich n auf die Eingabelänge bezieht, gelöst werden kann.

Dualcode, Binärcode zur Darstellung von Zahlenwerten, bestimmt durch zwei Parameter n und s.

n bestimmt die Zahl der zur Darstellung verwendeten Bits, s die Darstellungsgenauigkeit. Die Bitfolge $b_{n-1} \dots b_0$ stellt die Zahl

$$\sum_{i=0}^{n-1} b_i \cdot 2^{s+i}$$

dar.

duale Abbildung, Selbstabbildung im Raum der linearen Abbildungen eines Vektorraums.

Es sei V ein reeller oder komplexer Vektorraum, V^* der Vektorraum der linearen Abbildungen von V nach $\mathbb{R}$ bzw. $\mathbb{C}$ und $A : V \to V$ eine lineare Abbildung von V in sich. Setzt man für $x^* \in V^*$ und $x \in V$

$$< x, x^* > := x^*(x) ,$$

so gibt es genau eine lineare Abbildung $A^* : V^* \to V^*$ mit der Eigenschaft, daß

$$< A(x), x^* > = < x, A^*(x^*) >$$

für alle $x \in V$ und $x^* \in V^*$ gilt. Diese Abbildung A^* heißt algebraisch duale Abbildung oder auch duale Abbildung zu A.

Damit läßt sich beispielsweise ein Lösungssatz für Gleichungen der Form $A(x) = y$ formulieren.

Die Gleichung $A(x) = y$ ist genau dann lösbar, wenn für alle Lösungen x^* der Gleichung $A^*(x^*) = 0$ gilt:

$$x^*(y) = 0 .$$

Man vgl. auch das Stichwort ↗Dualraum.

duale Aussage, zu einer Aussage ω der ↗Verbandstheorie diejenige Aussage, die aus ω durch Vertauschen der Zeichen $\vee$ und $\wedge$ entsteht.

Die Symbole $\vee$ und $\wedge$ stehen hierbei für die Operatoren Infimum und Supremum des entsprechenden ↗Verbandes. Handelt es sich bei dem zugrundeliegenden Verband um einen ↗beschränkten Verband, so wird auch das Nullelement mit dem Einselement vertauscht. Ist die Aussage eine Ungleichung, so wird zudem die linke Seite der Ungleichung mit der rechten Seite der Ungleichung vertauscht.

duale Basis, eine Basis $(v_1{}^*, \ldots, v_n{}^*)$ des Dualraumes V^* eines endlichdimensionalen $\mathbb{K}$-Vektorraumes V (wobei $(v_1, \ldots, v_n)$ Basis von V ist), d. h. der Menge aller Linearformen von V nach $\mathbb{K}$ zusammen mit den durch

$$(f+g)(v) := f(v)+g(v)$$

und

$$(\alpha f)(v) := \alpha \cdot f(v)$$

$(f, g : V \to \mathbb{K}$ linear, $\alpha \in \mathbb{K})$ definierten Verknüpfungen.

Die $v_i{}^* : V \to \mathbb{K}$ sind dabei festgelegt durch die Beziehung:

$$v_i{}^*(v_j) = \delta_{ij} := \begin{cases} 1 & \text{für } i=j, \\ 0 & \text{für } i \neq j. \end{cases}$$

Die Abbildung

$$\Phi : V \to V^{**} ; \quad v \mapsto \Phi(v)$$

mit

$$(\Phi(v))(v^*) = v^*(v) \quad \text{für } v^* \in V^*$$

ist eine injektive lineare Abbildung von V in den Bidualraum

$$V^{**} := (V^*)^*$$

von V.

Ist V endlichdimensional, so ist Φ sogar ein Isomorphismus (↗duale Paarung).

duale Einheit, ↗duale Zahlen.

duale Kategorie, bezeichnet mit C^{op} oder C^*, die Kategorie bestehend aus denselben Objekten wie die Ausgangskategorie C und Morphismen (Pfeilen), die jeweils in die umgekehrte Richtung zeigen.

Es gibt zu jedem $f : X \to Y$ genau ein $f^{op} : Y \to X$ und umgekehrt. Die Verknüpfung ist definiert durch

$$f^{op} \circ g^{op} = (g \circ f)^{op} .$$

duale Norm, ↗ Dualraum.

duale Paarung, Tripel $(V, W, \langle\cdot,\cdot\rangle)$, bestehend aus zwei Vektorräumen V und W über dem Körper $\mathbb{K}$ und einer Bilinearform $\langle\cdot,\cdot\rangle : V \times W \to \mathbb{K}$, für das gilt:

$$\forall v \in V\backslash\{0\}\ \exists w \in W \text{ so, daß } \langle v, w\rangle \neq 0 ,$$

und

$$\forall w \in W\backslash\{0\}\ \exists v \in V \text{ so, daß } \langle v, w\rangle \neq 0 .$$

$\langle\cdot,\cdot\rangle$ wird als das die Dualität bestimmende skalare Produkt bezeichnet. Man nennt $\langle\cdot,\cdot\rangle$ auch nichtausgeartet.

Ist einer der beiden Vektorräume V und W einer dualen Paarung endlichdimensional, so ist es auch der andere, und beide sind isomorph.

Ist $(v_1, \ldots, v_n)$ eine Basis von V, so gibt es genau eine Basis $(w_1, \ldots, w_n)$ von W mit

$$\langle v_i, w_j\rangle = \delta_{ij},$$

die als die zu $(v_1, \ldots, v_n)$ ↗duale Basis bezeichnet wird.

Jedes Tripel $(V, V^*, \langle\cdot,\cdot\rangle)$, bestehend aus einem endlichdimensionalen Vektorraum V, seinem Dualraum V^* und der durch

$$\langle\cdot,\cdot\rangle : V \times V^* \to \mathbb{K}; \ (v, v^*) \mapsto v^*(v)$$

gegebenen Bilinearform, bildet eine duale Paarung (duales Paar); ebenso jedes Tripel $(V, V, \langle\cdot,\cdot\rangle)$, wo $(V, \langle\cdot,\cdot\rangle)$ einen endlichdimensionalen euklidischen Vektorraum bezeichnet (ein euklidischer Vektorraum ist zu sich selbst dual).

duale Varietät, zu einer ↗algebraischen Varietät auf die im folgenden beschriebene Art und Weise gehörender Abschluß einer Menge von Hyperebenen.

Sei V eine irreduzible projektive algebraische Varietät mit einer Einbettung $V \subset \mathbb{P}^n$. Die duale Varietät V^* liegt im dualen Raum $\mathbb{P}^{n*}$ (dessen Punkte die Hyperebenen von $\mathbb{P}^n$ sind). Sie ist die Zariski-Abschließung der Menge aller Hyperebenen H, die V in einem glatten Punkt x berühren (d. h. für die Tangentialräume gilt $T_x(V) \subseteq T_x(H)$). Es gilt der Satz:

Die duale Varietät V^* ist irreduzibel, $\dim V^* \leq (n-1)$, *und $V^{**} = V$. Ferner ist*

$$\dim V + \dim V^* \equiv n-1 \mod 2 .$$

duale Zahlen, der Ring $\mathbb{D}$ der Zahlen der Form $z = a + \varepsilon b$ mit $a, b \in \mathbb{R}$, in dem $\varepsilon^2 = 0$ gilt.

Addition und Multiplikation dualer Zahlen werden nach den üblichen Gesetzen (Distributiv-, Assoziativ- und Kommutativgesetz) der Algebra durchgeführt, wobei die duale Einheit ε der zusätzlichen Bedingung $\varepsilon^2 = 0$ unterliegt. $\mathbb{D}$ ist isomorph zum Faktorring $\mathbb{R}[x]/(x^2)$ des Rings aller reellen Polynome in einer Unbestimmten x nach dem von x^2 erzeugten Ideal. Ähnlich wie im Körper der komplexen Zahlen lassen sich differenzierbare Funktionen $f(x)$ einer reellen Variablen auf $\mathbb{D}$ ausdehnen. Allerdings genügt es hier, daß $f(x)$ einmal stetig differenzierbar ist.

Aus einer formalen Taylorentwickung entnimmt man

$$f(a + \varepsilon b) = f(a) + \varepsilon b f'(a) ,$$

also z. B. $\cos(a + \varepsilon b) = \cos(a) - \varepsilon b \sin(a)$ und $\sin(a + \varepsilon b) = \sin(a) + \varepsilon b \cos(a)$. Dadurch lassen sich geometrische Grundbegriffe wie Skalarprodukt, Länge, Winkel, orthogonale Abbildung auf den Raum $\mathbb{D}^3$ verallgemeinern.

Mit den Begriffen des dualen Skalarprodukts, der *dualen Länge*, des *dualen Winkels* und der *dualen orthogonalen Gruppe* finden die dualen Zahlen Anwendung in der ↗differentiellen Geradengeometrie.

Der Begriff der dualen Zahlen ist nicht zu verwechseln mit dem der ↗Dualzahlen.

dualer Banach-Verband, ↗ Banach-Verband.

dualer Graph, spezieller Graph der folgenden Art.

Der duale Graph eines ↗zusammenhängenden Graphen oder ↗Pseudographen G_1 ist ein zusammenhängender Graph oder Pseudograph G_2, für den eine Bijektion $\phi : K(G_1) \to K(G_2)$ zwischen den beiden Kantenmengen existiert so, daß $K' \subseteq K(G_1)$ genau dann die Kantenmenge eines Kreises von G_1 ist, wenn $G_2 - \phi(K')$ nicht mehr zusammenhängend ist, wohl aber $G_2 - K''$ für alle echten Teilmengen K'' von $\phi(K')$.

Ein Graph besitzt genau dann einen dualen (Pseudo-) Graphen, wenn er ein ↗planarer Graph ist. Für einen ↗ebenen Graphen G läßt sich ein dualer (Pseudo-) Graph G' leicht folgendermaßen konstruieren:

Zunächst plaziert man in jedem Land (↗ebener Graph) von G genau eine der Ecken von G'. Sind zwei Länder von G benachbart und ihre Ränder enthalten l gemeinsame Kanten, dann verbindet man die beiden in ihnen liegenden Ecken in G' mit l Kanten, die jeweils eine der Kanten zwischen den beiden Ländern, aber keine weitere Kante von G schneiden. Der so definierte duale (Pseudo-) Graph ist ebenfalls eben.

Bei der Untersuchung von Färbungen von ↗Landkarten ist die Betrachtung dualer Graphen oft nützlich, denn die Landkarte eines ebenen Graphen besitzt genau dann eine Färbung mit k Farben, wenn ihr dualer Graph eine ↗Eckenfärbung mit k Farben besitzt.

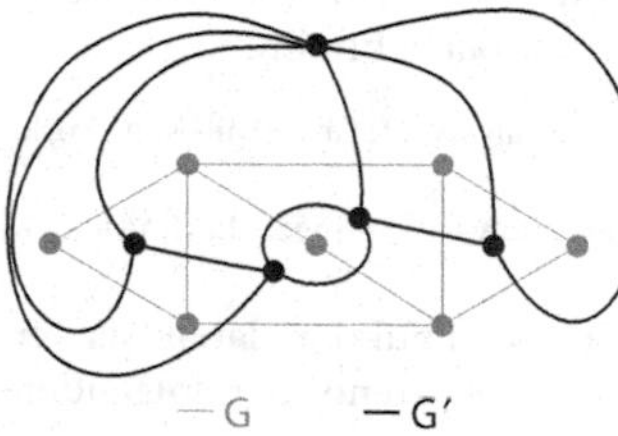

G' ist ein zu G dualer Graph.

Es gilt folgende Aussage: Der duale (Pseudo-) Graph eines dreifach zusammenhängenden Graphen ist eindeutig bestimmt, enthält weder Schlingen noch parallele Kanten, und ist selbst wieder dreifach zusammenhängend.

dualer Modul, zu einem gegebenen R–Modul M der R–Modul $\mathrm{Hom}_R(M, R) = \{\varphi : M \to R : \varphi\ R\text{–}$Modulhomomorphismus$\}$.

dualer Verband eines ↗Verbandes $(V, \leq_1)$, Verband $(V, \leq_2)$, in dem für alle Elemente $a, b \in V$ die Relation $a \leq_2 b$ genau dann gilt, wenn $b \leq_1 a$ gilt. Es gelten für alle Elemente $a, b \in V$ die Gleichungen

$$a \wedge_2 b = a \vee_1 b$$

und

$$a \vee_2 b = a \wedge_1 b,$$

wobei $\wedge_i$ bzw. $\vee_i$ den Infimum- bzw. Supremum-Operator des Verbandes $(V, \leq_i)$ darstellt.

duales lineares Optimierungsproblem, ein einem linearen Optimierungsproblem kanonisch zugeordnetes weiteres lineares Optimierungsproblem der folgenden Art.

Zum (primalen) Minimierungsproblem

$$(P) : \ \min c^T x$$

unter den Nebenbedingung $Ax \geq b, x \geq 0$ ist das duale Problem durch

$$(D) : \ \max b^T y$$

unter den Nebenbedingungen $A^T y \leq c, y \geq 0$ definiert. Das duale Problem zu (D) ist wiederum (P). Entsprechende Zusammenhänge gelten für andere Formulierungen eines linearen Programmierungsproblems.

Zentrale Bedeutung hat das duale Problem durch den ↗Dualitätssatz der linearen Programmierung.

duales Problem, ↗duales lineares Optimierungsproblem.

duales Wavelet, wird bei biorthogonalen Waveletbasen zur Rekonstruktion des Signals verwendet.

Dualgleichung einer Integralgleichung, zu einer Integralgleichung vom Konvolutionstyp, gegeben durch

$$\varphi(x) - \int_{-\infty}^{\infty} K_1(x-t)\,\varphi(t)\,dt \ = f(x)\,,$$

die Gleichung

$$\varphi(-x) - \int_{-\infty}^{\infty} K_2(-x-t)\,\varphi(t)\,dt \ = f(-x)$$

mit gegebenen Integralkernen K_1 und K_2 sowie rechter Seite f. Als Lösung dieses gekoppelten Systems ist die Funktion φ zu bestimmen.

Dualitätsabbildung, eine Abbildung

$$* : L(V, W) \to L(W^*, V^*) \,;\, f \mapsto *(f) =: f^*$$

mit

$$f^*(w^*) = w^* \circ f,$$

wobei $w^* \in W^*$.

Das heißt also, jeder linearen Abbildung f zwischen zwei ↗Vektorräumen V und W über $\mathbb{K}$ wird eine lineare Abbildung zwischen den Dualräumen (↗duale Paarung) W^* und V^* zugeordnet. Diese Zuordnung ist selbst wieder linear.

Dualitätslücke, der Wert $c^T x - b^T y \geq 0$ für zulässige Punkte x eines primalen linearen Minimierungsproblems und y des zugehörigen dualen Problems. In Extremalpunkten der beiden Probleme ist die zugehörige Dualitätslücke identisch 0.

Dualitätsprinzip für Verbände, sagt aus, daß die ↗duale Aussage einer wahren Aussage der ↗Verbandstheorie wieder eine wahre Aussage der Verbandstheorie ist. Hierbei versteht man unter einer wahren Aussage der Verbandstheorie eine Folgerung der Verbandsaxiome.

Dualitätssatz, zentrale Aussage innerhalb der linearen Programmierung über das Lösungsverhalten eines primalen und seines dualen Problems (↗duales lineares Optimierungsproblem).

Der Dualitätssatz der linearen Programmierung besagt:

Sei (P) ein primales lineares Minimierungs- und (D) sein duales Maximierungsproblem, dann ist (P) genau dann lösbar, wenn (D) lösbar ist. Im Falle der Lösbarkeit sind die Optimalwerte von (P) und (D) gleich.

Eine Verallgemeinerung dieses Satzes existiert für konvexe quadratische Programmierungsprobleme.

Dualitätsungleichung, die Ungleichung

$$\langle x, y\rangle \leq F(x) + F^*(y)$$

für alle $x, y \in \mathbb{R}^n$ und Funktionen $F : \mathbb{R}^n \to \mathbb{R}$, wobei $F^* : \mathbb{R}^n \to \mathbb{R} \cup \{\infty\}$ die durch

$$F^*(y) := \sup_{x \in \mathbb{R}^n} \big(\langle x, y\rangle - F(x)\big) \quad (y \in \mathbb{R}^n)$$

erklärte duale Funktion zu F ist.

Für $n = 1$ und $F(x) = \frac{x^2}{2}$ ist z. B. $F^*(y) = \frac{y^2}{2}$, und es ergibt sich die ↗binomische Ungleichung in der Form

$$xy \leq \frac{1}{2}(x^2 + y^2).$$

Dualraum, Raum der linearen Funktionale auf einem Vektorraum (algebraischer Dualraum); im engeren Sinn Raum der stetigen linearen Funktionale auf einem topologischen Vektorraum (topologischer Dualraum).

Es sei V ein Vektorraum über einem Körper K. Dann bezeichnet man die linearen Abbildungen $L : V \to K$ als lineare Funktionale. Versieht man die Menge V^* aller linearen Funktionale auf V mit der Addition $(L_1 + L_2)(x) = L_1(x) + L_2(x)$ und der Multiplikation $(\lambda \cdot L)(x) = \lambda \cdot L(x)$, so wird V^* zu einem weiteren Vektorraum über K, den man als den zu V dualen Raum oder als den Dualraum von V bezeichnet. Ist V endlichdimensional, so ist auch V^* endlichdimensional und hat die gleiche Dimension wie V. Ist weiterhin $\{x_1, ..., x_n\}$ eine Basis von V, so gibt es eine zugehörige duale Basis $\{L_1, ..., L_n\}$ von V^*, wobei die linearen Funktionale durch die Eigenschaft

$$L_i(x_j) = \begin{cases} 1 & \text{falls } i = j \\ 0 & \text{falls } i \neq j \end{cases}$$

charakterisiert werden.

Ist V ein reeller oder komplexer topologischer Vektorraum, so versteht man unter dem Dualraum von V den Raum V' aller linearen stetigen Funktionale. In der Funktionalanalysis wird V' als der Dualraum schlechthin bezeichnet. Im allgemeinen Fall kann man nicht garantieren, daß V' nicht trivial ist, also nur aus dem Nullfunktional besteht. Ist dagegen V ein separierter lokalkonvexer topologischer Vektorraum, so gibt es zu jedem $x \in V$ ein Funktional $L \in V'$ mit $L(x) = 1$, so daß die Existenz eines nicht-trivialen dualen Raumes garantiert ist. Durch die Einführung der schwachen bzw. starken Topologie kann man auch V' wieder zu einem topologischen Vektorraum machen, der dann die Betrachtung des Biduals $V'' = (V')'$ ermöglicht.

Der Dualraum eines lokalkonvexen Raums kann durchaus auf verschiedene Weise mit einer Topologie versehen werden, die ihn seinerseits zu einem lokalkonvexen Raum macht. Der Dualraum V' eines normierten Raums V trägt kanonisch die Norm

$$\|L\| = \sup\{|L(v)| : v \in V,\ \|v\| \leq 1\},$$

die duale Norm genannt wird. In dieser Norm ist V' stets vollständig, also ein Banachraum.

[1] Rudin, W.: Functional Analysis. McGraw-Hill New York, 1973.

[2] Werner, D.: Funktionalanalysis. Springer Berlin/Heidelberg, 1995.

Dualsystem, im Sinne der Funktionalanalysis der Spezialfall eines ↗Bilinearsystems der folgenden Art.

Sind V und V^+ reelle oder komplexe Vektorräume, die ein Bilinearsystem bezüglich der Bilinearform $< \cdot, \cdot >$ bilden, so heißt das Bilinearsystem (V, V^+) ein Dualsystem, falls aus $< x, x^+ >= 0$ für alle $x \in V$ schon folgt, daß $x^+ = 0$ ist, und falls aus $< x, x^+ >= 0$ für alle $x^+ \in V^+$ schon folgt, daß $x = 0$ ist.

Ist insbesondere V^+ der Raum V^* der linearen Abbildungen in $\mathbb{R}$ bzw. $\mathbb{C}$, so ist (V, V^*) ein Dualsystem bezüglich der natürlichen Bilinearform

$$(x, x^*) = x^*(x)$$

(↗duale Abbildung).

Ist weiterhin V ein normierter Raum und V^+ der Raum V' der linearen stetigen Abbildungen nach $\mathbb{R}$ bzw. $\mathbb{C}$, so ist auch hier (V, V') ein Dualsystem bezüglich der natürlichen Bilinearform.

Allgemein läßt sich mit Hilfe eines Dualsystems sowohl auf V wie auch auf V^+ eine lokal konvexe Topologie definieren:

Für jedes $x \in V$ ist

$$p_x(x^+) = | < x, x^+ > |$$

eine Halbnorm auf V^+. Die Familie dieser Halbnormen definiert auf V^+ eine lokalkonvexe Topologie, die man als die schwache Topologie von V^+ bezüglich V bezeichnet.

Umgekehrt läßt sich mit Hilfe der entsprechenden Halbnormen auf V eine schwache Topologie bezüglich V^+ auf dem Vektorraum V definieren.

Im Sinne der Zahlentheorie bzw. der Informatik verwendet man den Begriff Dualsystem manchmal auch als Synonym für Binärsystem, also für das Rechnen mit ↗Dualzahlen. Man vergleiche hierzu auch ↗dyadische Darstellung.

Dualzahl, im Binärsystem, also unter Verwendung von zwei Ziffern dargestellte Zahl.

Als Ziffern werden neben dem Paar 0/1 auch L/H (engl. low/high) oder 0/L verwendet.

duBois-Reymond-Kriterium, hinreichendes Kriterium für die Konvergenz einer Reihe.

Ist die Reihe

$$\sum_{\nu=0}^{\infty} a_\nu$$

konvergent, und ist weiterhin die Reihe

$$\sum_{\nu=0}^{\infty} (b_\nu - b_{\nu+1})$$

absolut konvergent, so konvergiert auch die Reihe

$$\sum_{\nu=0}^{\infty} a_\nu b_\nu \,.$$

duBois-Reymond-Problem, ein lange Zeit ungelöstes Problem der Fourier-Analyse.

P. duBois-Reymond bewies (1876) die Existenz einer stetigen periodischen Funktion, deren Fourier-Reihe an einem Punkt divergiert. Daraus resultierte die Frage, ob die Fourier-Reihe einer stetigen Funktion zumindest fast überall konvergiert. Carleson (1966) gab eine positive Antwort, indem er allgemeiner zeigte: Ist f 2π-periodisch und $f \in L^p([-\pi, \pi])$ für $p > 1$, so konvergiert die Fourier-Reihe von f fast überall.

Duffing-Gleichung, *Duffingsche Differentialgleichung*, die ↗gewöhnliche Differentialgleichung zweiter Ordnung

$$\ddot{x} + \alpha\dot{x} + \omega_0^2 x + \beta x^3 = A \cos \omega t$$

mit $\alpha > 0$ und $\omega, \omega_0, \beta, A \in \mathbb{R}$.

Diese Differentialgleichung beschreibt ein schwingungsfähiges System, einen sog. Duffing-Oszillator (Eigenfrequenz ω_0) mit einer Dämpfung $(\alpha\dot{x})$, einer äußeren periodischen Kraft $A \cos \omega t$, der Anregungsfrequenz ω und nichtlinearer Rückstellkraft, gegeben durch

$$-\omega_0^2 x - \beta x^3 \,.$$

Sie stellt ein wichtiges Beispiel zur Untersuchung nichtlinearer Phänomene dar und ist ein Standardbeispiel in der Chaostheorie. Die Lösungen wurden zuerst von G. Duffing untersucht.

Duffing-Oszillator, ↗ Duffing-Gleichung.

Duffingsche Differentialgleichung, ↗Duffing-Gleichung.

Dugundji, Satz von, Aussage über die stetige Fortsetzbarkeit von Funktionen in normierten Räumen. Der Satz lautet:

Es sei X ein normierter Raum, A eine abzählbare Teilmenge von X und $D = \overline{A}$.

Weiterhin sei Y ein ↗Banachraum und

$$f : D \mapsto Y$$

eine stetige und auf beschränkten Teilmengen von D beschränkte Funktion.

Dann läßt sich f stetig auf X fortsetzen.

dummy, Bezeichnung für Daten, deren Bedeutung erst später festgelegt wird. In Dateien werden dummy-Daten als Platzhalter für die realen Daten verwendet, die erst später eingefügt werden. Die dummy-Daten selbst haben keine Bedeutung, sie dienen nur der Vertretung späterer echter Daten.

Dunford, Nelson, amerikanischer Mathematiker, geb. 12.12.1906 St.Louis (Missouri, USA), gest. 7.9.1986 Sarasota (Florida, USA).

Bis 1932 studierte Dunford an der Universität von Chicago und promovierte 1936 an der Brown University in Providence. Er arbeitete danach an der Yale University in New Haven und wurde dort 1943 Professor.

Sein Hauptbetätigungsfeld lag auf dem Gebiet der Funktionalanalysis. Insbesondere befaßte er sich mit selbstadjungierten Operatoren und Spektraltheorie. Ein auch noch heute wichtiges Lehrbuch ist das gemeinsam mit J. T. Schwartz geschriebene „Linear operators I, II" von 1958.

Dunford-Pettis, Satz von, Aussage über die Darstellung von Operatoren auf $L^1(\mu)$ als Integraloperatoren:

Sei $T : L^1(\Omega, \Sigma, \mu) \rightarrow Y$ ein ↗schwach kompakter Operator mit Werten in einem Banachraum Y. Dann existiert eine beschränkte Bochner-integrierbare Funktion $f : \Omega \rightarrow Y$ (↗Bochner-Integral) mit

$$T\varphi = \int_\Omega f\varphi \, d\mu \quad \forall \varphi \in L^1(\mu)\,. \tag{1}$$

Daraus folgt, daß jeder schwach kompakte Operator auf $L^1(\mu)$ vollstetig ist und schwach kompakte Mengen auf kompakte Mengen abbildet; insbesondere ist das Quadrat eines schwach kompakten Operators auf $L^1(\mu)$ kompakt. Ein Banachraum, der diese Eigenschaft mit L^1 teilt, hat definitionsgemäß die von Grothendieck eingeführte Dunford-Pettis-Eigenschaft; Beispiele sind alle $C(K)$-Räume oder die Disk-Algebra $A(\mathbb{D})$ (↗Funktionenräume). Genau dann hat X die Dunford-Pettis-Eigenschaft, wenn für schwache Nullfolgen $(x_n) \subset X$ und $(x'_n) \subset X'$ (↗schwache Konvergenz) stets $x'_n(x_n) \rightarrow 0$ folgt.

Ist Y reflexiv, so ist jeder stetige lineare Operator $T : L^1(\mu) \rightarrow Y$ gemäß (1) darstellbar; das gilt nicht mehr für beliebige Banachräume, wohl aber für separable Dualräume Y oder, allgemeiner, Räume mit der Radon-Nikodym-Eigenschaft.

[1] Diestel,J.; Uhl,J.: Vector Measures. American Mathematical Society, 1977.

Dunkerley-Jeffcott, Aufspaltungssatz von, Aussage über die Abschätzung von Eigenwerten.

Man betrachte ein Eigenwertproblem $Lu = \lambda r(x)u$ mit dem kleinsten Eigenwert λ_1. Läßt sich die Funktion r durch $r(x) = \sum_{i=1}^k r_i(x)$ so aufspalten, daß jede der mit r_i statt r gebildeten Eigenwertaufgaben volldefinit und selbstadjungiert ist, und ist $\lambda_1^{(i)}$ der jeweils kleinste Eigenwert der Teilaufgaben, so läßt sich λ_1 durch

$$\frac{1}{\lambda_1} \leq \sum_{i=1}^k \frac{1}{\lambda_1^{(i)}}$$

abschätzen.

dünn besetzte Matrix, ↗sparse Matrix.

dünne Menge, Teilmenge des $\mathbb{R}^n$ mit spezieller Eigenschaft.

Eine Menge $M \subseteq \mathbb{R}^n$ heißt dünn in einem Punkt $x_0 \in \mathbb{R}^n$, falls x_0 kein Häufungspunkt von M ist oder eine subharmonische Funktion f existiert mit der Eigenschaft

$$\limsup_{x \to x_0, x \in M, x \neq x_0} f(x) < f(x_0).$$

Dünne Mengen werden verwendet in der Methode von Perron-Wiener-Brelot zur Lösung des Dirichlet-Problems.

Dupinsche Indikatrix, ein Kegelschnitt, der in der ↗Tangentialebene $T_P(F)$ einer Fläche $\mathcal{F}$ liegt und durch die quadratische Gleichung

$$Lu_1^2 + 2Mu_1u_2 + Nu_2^2 = \pm 1 \tag{1}$$

definiert ist.

Dabei sind L, M und N die Koeffizienten der zweiten Gaußschen Fundamentalform und (u_1, u_2) lineare Koordinaten in $T_P(F)$. Die Dupinsche Indikatrix ist ein anschauliches Hilfsmittel zur Beschreibung der Gestalt der Fläche in der Umgebung von P. Es besteht ein Zusammenhang zwischen ihrer Form und dem Typ des Flächenpunktes $P \in F$. Sie ist ein Kreis, wenn P ein Nabelpunkt, eine Ellipse, wenn P elliptisch, (↗elliptischer Punkt), eine Hyperbel, wenn P hyperbolisch (↗hyperbolischer Punkt), ein Paar paralleler Geraden, wenn P parabolisch (↗parabolischer Punkt), und die leere Menge $\emptyset$, wenn P ein ↗Flachpunkt ist.

Ist P hyperbolisch, so hat die Dupinsche Indikatrix zwei Asymptoten, deren Richtungen Asymptotenrichtungen der Fläche im Punkt P heißen. Man bezeichnet sie meist auch einfach als die Asymptoten der Dupinschen Indikatrix.

Duration, in der Finanzmathematik ein Maß für die Sensibilität von Verpflichtungen gegen Zinsänderungen.

Für eine Zinsstruktur mit Zins z_0 ist der Barwert einer Zahlungsreihe $\{\gamma_t\}_{t=0..T}$ gleich

$$B(z_0, \{\gamma_t\}) = \sum_{t=0}^T \gamma_t * (1+z_0)^{(-t)}\,.$$

Die (absolute) Duration ist definiert als

$$D(z_0, \{\gamma_t\}) = -\partial_z B(z, \{\gamma_t\})|_{z=z_0}\,,$$

alternativ dazu wird die Macaulay-Duration

$$-(1+z_0)\partial_z \log(B(z_0, \{\gamma_t\}))|_{z=z_0}$$

verwendet. Bei Anwendungen im Finanzbereich stehen den Verpflichtungen (Passiva) $\{\gamma_t^P\}_{t=0..T}$ Zahlungsströme $\{\gamma_t^A\}_{t=0..T}$ aus den Aktiva gegenüber. Die Gleichwertigkeit der Zahlungen ist durch die Äquivalenzbedingung

$$B(z_0, \{\gamma_t^A\}) = B(z_0, \{\gamma_t^P\})$$

zu sichern. Das Zinsrisiko wird durch ein Matching reduziert: Sofern die Duration der Aktiva $D(z_0, \{\gamma_t^A\})$ und der Passiva $D(z_0, \{\gamma_t^P\})$ übereinstimmt, ist das Portfolio weitgehend immunisiert. Dann folgt aus dem Satz von Taylor

$$B(z_0, \{\gamma_t^P\}) = B(z, \{\gamma_t^A\}) + o(z - z_0)^2\,.$$

Durchlaßbereich, Eigenschaft eines Filters. Der Durchlaßbereich ist der Frequenzbereich einer

Funktion bzw. eines Signals, der durch Anwendung des Filters unverändert bleibt. Im Gegensatz dazu ist der Sperrbereich eines Filters der Frequenzanteil, der durch Anwendung des Filters ausgeblendet wird.

Durchmesser einer Intervallmatrix, für eine reelle $(m \times n)$-Intervallmatrix $\mathbf{A} = (\mathbf{a}_{ij})$ die Matrix

$$d(\mathbf{A}) \; = \; (d(\mathbf{a}_{ij})) \in \mathbb{R}^{m \times n}\,.$$

Durchmesser einer Menge, Beschreibung der Größe einer Teilmenge eines metrischen Raumes.

Ist X ein metrischer Raum mit der Metrik d und gilt $M \subseteq X$, so heißt die Größe

$$\delta(M) = \sup\{d(x,y) | \; x, y \in M\}$$

der Durchmesser von M.

Der Durchmesser beschreibt also im wesentlichen den größten vorkommenden Abstand in M.

Durchmesser eines Graphen, größter existierender Abstand in einem ↗ Graphen.

Dabei wird der Abstand $d_G(x, y)$ zweier Ecken x und y in einem ↗ zusammenhängenden Graphen G durch die Länge eines kürzesten Weges von x nach y definiert, und man setzt $d_G(x, x) = 0$.

Die Exzentrizität einer Ecke $v \in E(G)$ wird gegeben durch

$$e(v, G) \; = \; \max\{d_G(x, v) | x \in E(G)\}\,.$$

Die Größen $\text{diam}(G) = \max\{e(x, G)|x \in E(G)\}$ bzw. $\text{rad}(G) = \min\{e(x, G)|x \in E(G)\}$ nennt man Durchmesser bzw. Radius von G.

Folgende Abschätzungen lassen sich schnell nachweisen:

$$\text{rad}(G) \; \leq \; \text{diam}(G) \; \leq \; 2\text{rad}(G)\,.$$

Beide Ungleichungen sind bestmöglich, denn es gilt z. B. $\text{rad}(C) = \text{diam}(C) = \lfloor n/2 \rfloor$ für einen Kreis der Länge n und $\text{rad}(W) = p$ und $\text{diam}(W) = 2p$ für einen Weg der Länge $2p$.

Ist $\text{diam}(G) \geq 4$, so beweist man mit etwas mehr Aufwand $\text{diam}(\bar{G}) \leq 2$, wobei $\bar{G}$ der Komplementärgraph von G ist. Daher ist der Durchmesser eines selbstkomplementären Graphen höchstens 3. Diese Beobachtung geht auf G. Ringel (1963) zurück.

Das Zentrum eines Graphen besteht aus allen Ecken x mit $e(x, G) = \text{rad}(G)$. Schon im Jahre 1869 hat C. Jordan gezeigt, daß das Zentrum eines ↗ Baumes aus einer Ecke oder zwei adjazenten Ecken besteht.

Durchmesser eines Intervalls, für ein reelles Intervall $\mathbf{a} = [\underline{a}, \overline{a}]$ die Zahl

$$d(\mathbf{a}) = \overline{a} - \underline{a}\,,$$

also der größte Abstand zweier Elemente von $\mathbf{a}$.

Durchmesser eines Intervallvektors, für einen reellen Intervallvektor $\mathbf{x} = (\mathbf{x}_i)$ der Vektor

$$d(\mathbf{x}) = (d(\mathbf{x}_i)) \in \mathbb{R}^n\,.$$

Durchmesser eines Kegelschnitts, der geometrische Ort der Mittelpunkte einer Schar paralleler Sehnen.

Alle Durchmesser einer Ellipse oder Hyperbel verlaufen durch den Mittelpunkt der Ellipse bzw. Hyperbel, die Durchmesser einer Parabel liegen parallel zu deren Achse.

Durchmesser eines Kreises, jede durch den Mittelpunkt des Kreises verlaufende Verbindungsstrecke zweier Punkte der Kreisperipherie. Der Durchmesser ist doppelt so groß wie der Radius des Kreises. Für den Durchmesser einer Kugel gilt die analoge Definition.

Dies ist ein (allerdings hier anschaulicher zu definierender) Spezialfall des ↗ Durchmessers einer Menge.

Durchmesser-Vektor, ↗ Durchmesser eines Intervallvektors.

Durchschnitt von Graphen, ↗ Vereinigung von Graphen.

Durchschnitt von Idealen, Bildung eines neuen Ideals aus einer gegebenen Menge von Idealen: Sei $\{\mathfrak{a}_i\}_{i \in I}$ eine Menge von Idealen in R, dann ist der (mengentheoretische) Durchschnitt

$$\bigcap_{i \in I} \mathfrak{a}_i$$

wieder ein Ideal in R.

Durchschnitt von Intervallen, die gemeinsame Punktmenge zweier (analog mehrerer) Intervalle, falls diese „überlappen", ansonsten die leere Menge.

Formal definiert bedeutet dies: Der Durchschnitt zweier reeller Intervalle $\mathbf{a} = [\underline{a}, \overline{a}]$ und $\mathbf{b} = [\underline{b}, \overline{b}]$ ist

$$\mathbf{a} \cap \mathbf{b} = \left\{ \begin{array}{c} [\max\{\underline{a}, \underline{b}\}, \min\{\overline{a}, \overline{b}\}] \\ \emptyset \end{array} \right. ,$$

$$\text{falls} \quad \left\{ \begin{array}{l} \max\{\underline{a}, \underline{b}\} \leq \min\{\overline{a}, \overline{b}\} \\ \max\{\underline{a}, \underline{b}\} > \min\{\overline{a}, \overline{b}\} \end{array} \right. .$$

Durchschnitt von Mengen, gemeinsame Punktmenge von Mengen.

Der Durchschnitt der ↗ Familie von Mengen $(X_i)_{i \in I}$ ist formal erklärt durch

$$\bigcap_{i \in I} X_i \;\; := \;\; \{x : x \in X_i \text{ für alle } i \in I\}\,.$$

Ist $I = \{i_1, \ldots, i_n\}$, $n \in \mathbb{N}$, eine endliche Menge, so schreibt man auch

$$X_{i_1} \cap \cdots \cap X_{i_n}$$

anstelle von $\bigcap_{i\in I} X_i$ (↗ Verknüpfungsoperationen für Mengen).

Durchschnitt von unscharfen Mengen, die unscharfe Menge mit der ↗ Zugehörigkeitsfunktion

$$\mu_{A\cap B}(x) = \min(\mu_A(x),\ \mu_B(x))$$

für alle $x \in X$, geschrieben $\tilde{A} \cap \tilde{B}$, wobei $\tilde{A}$ und $\tilde{B}$ ↗ Fuzzy-Mengen auf X sind.

Aufgrund der hohen Übereinstimmung in den Eigenschaften werden die auf dem Minimum- und dem Maximum-Operator basierenden Durchschnitts- und Vereinigungsbildungen unscharfer Mengen als natürliche Erweiterung der klassischen Mengenoperatoren Durchschnitt bzw. Vereinigung angesehen; sie verkörpern daher das „logische und" bzw. das „logische oder" bei der Aggregation unscharfer Mengen.

Die Mengenoperationen $\bigcap$ und $\bigcup$ weisen zusammen mit der (unscharfen) Komplementbildung C fast alle Eigenschaften auf, die auch die entsprechenden klassischen Mengenoperatoren besitzen. Lediglich das Gesetz der Komplementarität ist nicht länger gültig, denn für eine unscharfe Menge $\tilde{A}$ über X, die nicht gleich $\emptyset$ oder X ist, gilt

$$\tilde{A} \cap C(\tilde{A}) \neq \emptyset \quad \text{und} \quad \tilde{A} \cup C(\tilde{A}) \neq X.$$

Der Minimum- und der Maximum-Operator sind extreme Formen der ↗ T-Norm bzw. der ↗ T-Konorm.

In der Theorie unscharfer Mengen werden auch andere Operatorenpaare, bestehend aus T-Norm und T-Konorm zur Durchschnitts- und Vereinigungsbildung verwendet, z. B. das ↗ algebraische Produkt und die ↗ algebraische Summe unscharfer Mengen oder die ↗ beschränkte Differenz und die ↗ beschränkte Summe unscharfer Mengen.

Das System $\tilde{\mathfrak{P}}(X)$ aller unscharfer Teilmengen auf X bildet bezüglich der Operatoren $\cap$ und $\cup$ einen distributiven Verband, der aber nicht komplementär ist.

Für Mengen $\tilde{A}, \tilde{B}, \tilde{D} \in \tilde{\mathfrak{P}}(X)$ gelten daher die folgenden Gesetze:

- *Kommutativität:*
$$\tilde{A} \cap \tilde{B} = \tilde{B} \cap \tilde{A}$$
$$\tilde{A} \cup \tilde{B} = \tilde{B} \cup \tilde{A}$$
- *Assoziativität:*
$$(\tilde{A} \cap \tilde{B}) \cap \tilde{D} = \tilde{A} \cap (\tilde{B} \cap \tilde{D})$$
$$(\tilde{A} \cup \tilde{B}) \cup \tilde{D} = \tilde{A} \cup (\tilde{B} \cup \tilde{D})$$
- *Adjunktivität:*
$$\tilde{A} \cap (\tilde{A} \cup \tilde{B}) = \tilde{A}$$
$$\tilde{A} \cup (\tilde{A} \cap \tilde{B}) = \tilde{A}$$
- *Distributivität:*
$$\tilde{A} \cap (\tilde{B} \cup \tilde{D}) = (\tilde{A} \cap \tilde{B}) \cup (\tilde{A} \cap \tilde{D})$$
$$\tilde{A} \cup (\tilde{B} \cap \tilde{D}) = (\tilde{A} \cup \tilde{B}) \cap (\tilde{A} \cup \tilde{D})$$

Darüber hinaus gelten die Eigenschaften:

- *Idempotenz:*
$$\tilde{A} \cap \tilde{A} = \tilde{A}$$
$$\tilde{A} \cup \tilde{A} = \tilde{A}$$
- *Monotonie:*
$$\tilde{A} \subseteq \tilde{B} \Rightarrow \tilde{A} \cap \tilde{D} \subseteq \tilde{B} \cap \tilde{D}$$
$$\tilde{A} \subseteq \tilde{B} \Rightarrow \tilde{A} \cup \tilde{D} \subseteq \tilde{B} \cup \tilde{D}$$
- *Gesetze von de Morgan:*
$$C(\tilde{A} \cap \tilde{B}) = C(\tilde{A}) \cup C(\tilde{B})$$
$$C(\tilde{A} \cup \tilde{B}) = C(\tilde{A}) \cap C(\tilde{B})$$
- *Involution:*
$$C(C(\tilde{A})) = \tilde{A}.$$

durchschnittsfremde Mengen, ↗ disjunkte Mengen.

Durchschnittsgrad, ↗ Graph.

Durchschnittssatz, ↗ Cantorscher Durchschnittssatz.

Dürer, Albrecht, deutscher Maler und Mathematiker, geb. 21.5.1471 Nürnberg, gest. 6.4.1528 Nürnberg.

Neben der Malerei beschäftigte sich Dürer sehr intensiv mit darstellender Geometrie und besonders mit der Perspektive. Mit „De Symmetria Partium in Rectis Formis Humanorum Corporum Libri.." (veröffentlicht nach seinem Tod 1528), einem Buch über menschliche Proportionen, legte er die Grundlagen der darstellenden Geometrie.

Neben diesen praktischen Aspekten der Geometrie beschrieb er 1525 eine Methode zur näherungsweisen Dreiteilung eines Winkels.

Berühmt ist das Bild „Melancolia" mit einem zum ersten Mal in Europa erscheinenden magischen Quadrat. Mit der mathematisch exakten Konstruktion ästhetischer Buchstaben wurde Dürer zum Begründer der Typographie.

Dvoretzky, Satz von, zentraler Satz der lokalen Banachraumtheorie und der Konvexgeometrie über die Existenz fast sphärischer Schnitte konvexer Körper.

In der Sprache der Funktionalanalysis lautet der Satz:

Zu jedem $\varepsilon > 0$ existiert eine Konstante $c(\varepsilon) > 0$ mit folgender Eigenschaft: Ist E ein n-dimensionaler normierter Raum und $k = [c(\varepsilon)\log n]$, so existiert ein k-dimensionaler Unterraum F von E, der $(1+\varepsilon)$-isomorph zum Hilbertraum $\ell^2(k)$ ist; d. h. für den ↗Banach-Mazur-Abstand gilt

$$d(F, \ell^2(k)) \leq 1 + \varepsilon .$$

Insbesondere enthält jeder unendlichdimensionale Banachraum für jede Dimension k eine $(1+\varepsilon)$-isomorphe Kopie des Hilbertraums $\ell^2(k)$ als Unterraum; in der Theorie der ↗endlichen Darstellbarkeit von Banachräumen bedeutet das, daß ℓ^2 in jedem unendlichdimensionalen Banachraum endlich darstellbar ist.

Im allgemeinen ist ein k, zu dem ein $(1+\varepsilon)$-Hilbertscher Teilraum existiert, nur von der Größenordnung $\log n$ wählbar, z. B. für $E = \ell^\infty(n)$; bessere Abschätzungen wurden von Figiel, Lindenstrauss und Milman für Räume endlichen Kotyps bewiesen (↗Typ und Kotyp eines Banachraums). Hat nämlich E Kotyp q mit der Kotypkonstanten $C_q(E)$, so kann man im Satz von Dvoretzky sogar

$$k = [c'(\varepsilon) n^{2/q} / C_q(E)^2]$$

wählen.

Der Satz von Dvoretzky kann äquivalent in der Sprache der Konvexgeometrie formuliert werden. Dann lautet er wie folgt:

Zu jedem $\varepsilon > 0$ existiert eine Konstante $c(\varepsilon) > 0$ mit folgender Eigenschaft: Ist $K \subset \mathbb{R}^n$ ein konvexer symmetrischer Körper und $k = [c(\varepsilon)\log n]$, so existiert ein k-dimensionaler $(1+\varepsilon)$-euklidischer Schnitt von K, d. h. es existieren ein k-dimensionaler Unterraum F von $\mathbb{R}^n$ und ein Ellipsoid C in F mit

$$C \subset K \cap F \subset (1+\varepsilon) C .$$

[1] Milman, V.D.; Schechtman, G.: Asymptotic Theory of Finite Dimensional Normed Spaces. Springer-Verlag Berlin/Heidelberg, 1986.

Dvoretzky, Ungleichung von, die in folgendem Satz enthaltene Ungleichung über Wahrscheinlichkeiten:

Sei $(\Omega, \mathfrak{A}, P)$ ein Wahrscheinlichkeitsraum,

$$\mathfrak{A}_0 \subseteq \mathfrak{A}_1 \subseteq \ldots \subseteq \mathfrak{A}_n \subseteq \mathfrak{A}$$

eine endliche Folge von σ-Algebren und $A_k \in \mathfrak{A}_k$ für $k = 1, \ldots, n$.

Für jedes $\varepsilon > 0$ gilt dann P-fast sicher

$$P(\textstyle\bigcup_{k=1}^n A_k | \mathfrak{A}_0) \leq \varepsilon + P\left(\sum_{k=1}^n P(A_k | \mathfrak{A}_{k-1}) > \varepsilon | \mathfrak{A}_0 \right).$$

Dvoretzky-Rogers, Satz von, Satz über das Auseinanderfallen der Begriffe der absoluten und unbedingten Konvergenz in unendlichdimensionalen Banachräumen:

In jedem unendlichdimensionalen Banachraum X existiert zu einer Folge (λ_n) positiver Zahlen mit $\sum_n \lambda_n^2 < \infty$ eine Folge (x_n) mit $\|x_n\| = \lambda_n$ so, daß die Reihe $\sum_n x_n$ unbedingt konvergiert.

Wählt man speziell $\lambda_n = 1/n$, erhält man eine unbedingt konvergente Reihe, die nicht absolut konvergiert.

[1] Lindenstrauss, J.; Tzafriri, L.: Classical Banach Spaces I. Springer Berlin/Heidelberg, 1977.

dyadische Darstellung, *Binärdarstellung*, Darstellung einer reellen Zahl

$$x = \pm(z_k \ldots z_1 z_0 . z_{-1} z_{-2} \ldots)_2 = \sum_j z_j \cdot 2^j \qquad (1)$$

mit Ziffern $z_j \in \{0, 1\}$, wobei sich die Summation über $k \geq j > -\infty$ erstreckt.

Einige Beispiele:

$$\begin{aligned} 12 &= (1100)_2 = 8 + 4 , \\ 1365 &= (10101010101)_2 , \\ -2.75 &= -(10.11)_2 , \\ 0.2 &= (0.001100110011\ldots)_2 . \end{aligned}$$

Jede ganze Zahl besitzt eine eindeutig bestimmte endliche dyadische Darstellung ohne Nachkommastellen; eine reelle Zahl besitzt genau dann eine endliche dyadische Darstellung, wenn sie rational mit einem Nenner der Form 2^n ist. Die dyadische Darstellung ist der Spezialfall $g = 2$ der g-adischen Darstellung einer reellen Zahl. Sie hat den Vorteil, daß zur Darstellung einer Zahl nur die beiden Ziffern 0 und 1 notwendig sind. Deshalb eignet sie sich gut für die Darstellung von Zahlen in mechanischen und vor allem elektronischen Rechenmaschinen; allerdings ist die dyadische Arithmetik nicht die einzige Möglichkeit, Computern das Rechnen beizubringen: es gibt auch Experimente mit der ↗balancierten ternären Darstellung.

Die früheste Beschreibung der dyadischen Darstellung findet sich bei dem gelehrten Bischof Johann Caramuel de Lobkowitz, der die dyadische Arithmetik auf den ersten 96 Seiten seines Buchs „Mathesis biceps“, einem 1670 erschienenen Werk mit mehr als 1700 Seiten in Folio, ausführlich beschreibt. Leibniz beschrieb die dyadische Darstellung in einem Brief an Herzog Rudolph August vom

2. Januar 1697; es gibt auch ein Fragment von Leibniz „De progressione dyadica“ vom 15. März 1679.

Für Caramuel war die Dyadik, wie jedes andere mögliche Zahlsystem, ein Produkt von Verstandeswillkür und Spieltrieb. Leibniz hingegen nahm die Sache viel ernster, für ihn war die Kenntnis der „wahren Zahlen“ ein Mittel zur Erkenntnis der Schöpfung. Er bringt die Dyadik in einer Abhandlung explizit mit der chinesischen Philosophie, insbesondere mit dem I-Ging, in Verbindung.

dyadischer Operator, zweistelliger Operator.

$+$ und $-$ stehen als dyadische Operatoren für Addition und Subtraktion, als einstellige (monadische) Operatoren dagegen für Vorzeichen.

Dyck-Sprache, ↗ Klammersprache.

dynamische Adiabate, ↗ Detonation.

dynamische Bifurkation, ↗ Bifurkation.

dynamische Optimierung, *dynamische Programmierung*, Optimierungsproblem für einen Prozeß, der in mehrere einzelne Stufen aufgegliedert ist.

Auf jeder Stufe i bestimmt dabei eine Kontrolle k_i, wie sich der Prozeß, von einem auf der vorhergehenden Stufe berechneten Zustand ausgehend, verändert. Ziel ist die Bestimmung geeigneter Kontrollen so, daß das Ergebnis des gesamten Prozesses optimiert wird.

Zur Veranschaulichung betrachten wir das folgende Beispiel: Es sei P ein Prozeß aus N Stufen $P_1 \dots, P_N$. Ausgehend von einem Startzustand p_0 und einer Kontrolle k_1 berechnet P_1 den neuen Zustand p_1 als Funktion $f_1(p_0, k_1)$. Analog berechnet P_2 den Zustand $p_2 = f_2(p_1, k_2)$ usw. für alle p_i.

Die f_i heißen auch Transitionsfunktionen. Die p_i und k_i sind dabei Vektoren reeller Zahlen. Eine Zielfunktion $F(p_0, p_1, \dots, p_N, k_1, \dots, k_N)$ soll optimiert werden. Dabei sei p_0 die Eingabe des Problems, und die Kontrollen k_i sind zu bestimmen.

Sowohl die p_i als auch die Kontrollen können weiteren Nebenbedingungen unterliegen. Wesentliche Voraussetzung an die Zielfunktion F ist ihre additive Zerlegbarkeit, d. h. es gibt Funktionen g_i mit

$$F = \sum_{i=1}^{N} g_i(p_{i-1}, k_i).$$

Probleme dieser Art werden mit dem ↗ Bellmannschen Optimalitätsprinzip gelöst.

dynamische Programmierung, ↗ dynamische Optimierung.

dynamisches System, Tripel (M, G, Φ) für eine Menge M, eine Gruppe $(G, +)$ und eine Abbildung $\Phi : M \times G \to M$, für die gilt:

1. $\Phi(\cdot, 0) = \mathrm{id}_M(\cdot)$, und
2. $\Phi(\Phi(m, s), t) = \Phi(m, s + t)$ für alle $m \in M$ und alle $s, t \in G$.

Die Menge M wird als Phasenraum des dynamischen Systems bezeichnet. Die Gruppe G wird i. allg. als topologische Gruppe vorausgesetzt.

Je nach Anwendung werden an den Phasenraum M und die Abbildung Φ weitere Forderungen gestellt. Meist wird M als topologischer Raum und Φ als stetig vorausgesetzt; dann bezeichnet man (M, G, Φ) als topologisches dynamisches System. Wird M als Maßraum und Φ als meßbare Abbildung vorausgesetzt, so heißt (M, G, Φ) ergodisches System. In den meisten Anwendungen wird für G die Gruppe $\mathbb{R}$ bzw. $\mathbb{Z}$ verwendet, wobei man von einem kontinuierlichen bzw. einem diskreten dynamischen System spricht. Ein diskretes dynamisches System heißt auch Kaskade. Wird statt $\mathbb{R}$ nur $\mathbb{R}^+$ bzw. statt $\mathbb{Z}$ nur $\mathbb{N}$ verwendet, spricht man oftmals auch von einem dynamischen System, obwohl es sich genauer um einen (diskreten) sog. Halbfluß handelt. Die Bedingungen 1. und 2. heißen Flußaxiome.

Der Begriff des dynamischen Systems geht auf die klassische Mechanik zurück, in der Systeme mit endlich vielen Freiheitsgraden behandelt werden. Der Zustand eines solchen Systems wird dabei durch endlich viele Orte und Geschwindigkeiten eindeutig bestimmt. Die zeitliche Entwicklung eines solchen Systems wird dabei durch ein Kraftgesetz, d. h. eine gewöhnliche Differentialgleichung festgelegt. Das dazugehörige Anfangswertproblem ist (unter geeigneten Voraussetzungen zumindest lokal) eindeutig lösbar.

Befindet sich das System also zu einer Zeit 0 in einem Zustand $x_0 \in M$, so kann man durch Lösen des Anfangswertproblems

$$\dot{x} = F(x), \quad x(0) = x_0$$

mit einem geeigneten Vektorfeld F den Zustand bestimmen, in dem es sich nach einer Zeit t befinden wird.

Ist das Anfangswertproblem eindeutig lösbar für alle Zeiten $t \in \mathbb{R}$, so wird dadurch eine Abbildung $\Phi : M \times \mathbb{R} \to M$ definiert, die jedem Anfangszustand $x_0 \in M$ und jeder Zeit $t \in \mathbb{R}$ den eindeutigen Zustand zuordnet, in dem es sich nach der Zeit t befinden wird, wenn es sich zur Zeit 0 im Zustand x_0 befand. Auch falls nur lokale Lösungen gewöhnlicher Differentialgleichungen vorliegen, wird ihre Gesamtheit mitunter als dynamisches System bezeichnet.

Die Theorie der dynamischen Systeme hat sich aus dem Bestreben entwickelt, nicht Aussagen über Lösungen einzelner Anfangswertprobleme zu machen, sondern das globale Verhalten dieser Systeme der klassischen Mechanik zu beschreiben, insbesondere war man an der Stabilität des Planetensystems interessiert.

Als dynamisches System auf einem Banachraum bezeichnet man eine Familie $\{A_t\}_{t\in\mathbb{R}}$ linearer Operatoren auf einem Banachraum B, für die gilt:

$$A_0 = \mathrm{id}_B ,$$
$$A_s A_t = A_{s+t} \quad (s, t \in \mathbb{R}) .$$

Dies sind Spezialfälle der o.g. Flußaxiome. Man spricht auch von einem Fluß auf B. Verwendet man statt $\mathbb{R}$ nur $\mathbb{R}^+$, spricht man analog von einem Halbfluß.

Breite Anwendungen finden dynamische Systeme beispielsweise in der ↗Mathematischen Biologie: Deterministische Modelle der Biologie können als diskrete (Genetik) oder kontinuierliche dynamische Systeme aufgefaßt werden: Gewöhnliche Differentialgleichungen, Reaktionsdiffusionsgleichungen, Differenzendifferentialgleichungen, Transportgleichungen.

Die typischen Fragestellungen der Theorie dynamischer Systeme nach dem asymptotischen Verhalten einzelner Trajektorien, nach der Existenz globaler Attraktoren, nach Bifurkationen und nach der strukturellen Stabilität sind sämtlich für die Biologie relevant.

[1] Arnold, V.I.: Gewöhnliche Differentialgleichungen. Deutscher Verlag der Wissenschaften Berlin, 1991.
[2] Heuser, H.: Gewöhnliche Differentialgleichungen. B.G. Teubner Stuttgart, 1995.
[3] Hirsch, M.W.; Smale, S.: Differential Equations, Dynamical Systems, and Linear Algebra. Academic Press Orlando, 1974.

dynamisches System mit Symmetrien, ein Hamiltonsches System auf einem Hamiltonschen G-Raum, dessen Hamilton-Funktion unter der symplektisch operierenden Lie-Gruppe G invariant ist.

Ein dynamisches System mit Symmetrien kann gegebenenfalls reduziert werden zu einem Hamiltonschen System auf einem niedrigerdimensionalen reduzierten Phasenraum und dort eventuell exakt gelöst werden (↗integrables Hamiltonsches System).

Dynkin, Evgenii (Eugene) Borisowitsch, russisch-amerikanischer Mathematiker, geb. 11.5.1924 Leningrad, gest. 14.11.2014 Ithaca (New York).

Dynkin wurde als Sohn jüdischer Eltern in Leningrad geboren und lebte dort trotz immer stärkerer Repressalien, denen die Familie wegen ihres Glaubens ausgesetzt war, bis 1935. Dann wurde Dynkins Vater zum Volksfeind erklärt, und die Familie mußte ins Exil nach Kasachstan gehen, wo sein Vater zwei Jahre später verschwand.

Aufgrund dieser Situation hatte Dynkin zunächst große Schwierigkeiten, an der Moskauer Universität wissenschaftliche Karriere zu machen. Schon seine Aufnahme dort im Jahre 1940 grenzte nach seinen eigenen Worten an ein Wunder, und nur durch persönlichen Einsatz von Kolmogorow, dessen Schüler er wurde, konnte Dynkin sein Studium 1945 erfolgreich beenden – er war wegen einer Sehschwäche vom Kriegsdienst befreit worden – und 1948 eine Assistenzprofessur bei Kolmogorow erhalten. Sechs Jahre später berief man ihn an der gleichen Universität (Moskau) auf einen Lehrstuhl für Mathematik, den er bis 1968 innehatte. In diesem Jahr wechselte er zur Akademie der Wissenschaften der UdSSR, wo er u. a. sehr erfolgreich eine Gruppe junger Wissenschaftler anleitete. Im Jahr 1976 schließlich wagte Dynkin einen großen Schritt und wanderte in die USA aus, wo er ein Jahr später an die Cornell University in Ithaca (New York) berufen wurde.

Auch die mathematischen Interessengebiete Dynkins wechseln in etwa synchron mit den Veränderungen in seinem persönlichen Leben. Während der ersten Jahre in Moskau widmete er sich vor allem den Lie-Gruppen und Lie-Algebren, aber nach Übernahme des Lehrstuhls 1954 wandte er sich mehr und mehr der Wahrscheinlichkeitstheorie, insbesondere den Markow-Prozessen und ihrer Anwendung auf Potentialtheorie, sowie der Statistik zu. Seit seinem Wechsel nach Amerika beschäftigt er sich vor allem mit der Anwendung von Markow-Prozessen auf die Lösung nichtlinearer partieller Differentialgleichungen.

Dynkins Einfluß auf verschiedene mathematische Forschungsgebiete ist sehr groß, und beispielsweise ist die ↗Dynkin-Formel ebenso wie ↗Dynkin-Systeme aus der modernen Mathematik kaum mehr wegzudenken.

Dynkin-Diagramm, ↗Coxeter-Diagramm.

Dynkin-Formel, die beim Studium von zeitlich homogenen, starken Markow-Prozessen $(X_t)_{t\geq 0}$ nützliche Gleichung im folgenden Satz.

Es sei $(X_t)_{t\geq 0}$ *ein zeitlich homogener, starker Markow-Prozeß auf einem Wahrscheinlichkeitsraum* $(\Omega, \mathfrak{A}, P)$, σ *eine Stopzeit im weiteren Sinne mit* $E_x(\sigma) < \infty$ *und* u *eine Abbildung im Bild* $\mathfrak{R}$

der Greenschen Operatoren $\{G_\alpha : \alpha > 0\}$. *Dann gilt*

$$E_x\left(\int_0^\sigma (\mathfrak{g}u)(X_t)\right) = E_x(u(X_\sigma)) - u(x),$$

wobei $\mathfrak{g}$ *den infinitesimalen Operator der Halbgruppe der Übergangswahrscheinlichkeiten* $\{P(t, x, B)\}$ *mit*

$$P(t, x, B) := P(X_t \in B | X_0 = x)$$

des Prozesses bezeichnet.

Für jede Funktion f aus dem mit der Supremumsnorm versehenen Banach-Raum der Borel-meßbaren und beschränkten Funktionen, bezeichnet mit $\mathfrak{L}(\mathbb{R})$, werden die in der Dynkin-Formel auftretenden Erwartunswerte gemäß der Formel

$$E_x(f(X_t)) = \int_{-\infty}^{\infty} f(y)P(t, x, dy)$$

berechnet. Die Greenschen Operatoren werden in zwei Schritten definiert. Zunächst wird für jedes $t \geq 0$ ein linearer Operator P_t auf $\mathfrak{L}(\mathbb{R})$ definiert, indem man für $f \in \mathfrak{L}(\mathbb{R})$ den Wert $(P_t f)$ punktweise durch

$$(P_t f)(x) := \int_{-\infty}^{\infty} f(y)P(t, x, dy)$$

festlegt. Die durch $v(x, t) := (P_t f)(x)$ definierte Abbildung ist dann für jedes $f \in \mathfrak{L}(\mathbb{R})$ meßbar in t, sodaß man den Greenschen Operator der Ordnung $\alpha > 0$ als linearen Operator auf $\mathfrak{L}(\mathbb{R})$ durch

$$(G_\alpha f)(x) := \int_0^\infty e^{-\alpha t}(P_t f)(x)dt$$

definieren kann. Das Bild $G_\alpha[\mathfrak{L}(\mathbb{R})]$ hängt nicht von α ab und wird mit $\mathfrak{R}$ bezeichnet. Ebenso hängt die Menge $\{f \in \mathfrak{L}(\mathbb{R}) : G_\alpha f = 0\}$ nicht von α ab und wird mit $\mathfrak{N}$ bezeichnet. Für $u \in \mathfrak{R}$ ist die Abbildung $\mathfrak{g}$ mit

$$\mathfrak{g}u := \alpha u - G_\alpha^{-1} u$$

dann modulo $\mathfrak{N}$ eindeutig bestimmt und von α unabhängig.

Dynkin-Mengensystem, ↗Dynkin-System.

Dynkin-System, *Dynkin-Mengensystem*, Mengensystem mit zusätzlicher Eigenschaft.

Es sei Ω eine Menge, $\mathcal{P}(\Omega)$ die Potenzmenge über Ω und $\mathcal{D} \subseteq \mathcal{P}(\Omega)$ eine Untermenge der Potenzmenge über Ω. Dann heißt $\mathcal{D}$ Dynkin-System in Ω, falls gilt:

- Ist $D_1 \in \mathcal{D}$ und $D_2 \in \mathcal{D}$ mit $D_2 \subseteq D_1$, so ist $D_1 \setminus D_2 \in \mathcal{D}$.
- Mit paarweise disjunkten Mengen $\{D_n | n \subseteq \mathbb{N}\} \in \mathcal{D}$ ist auch $\bigcup D_n \in \mathcal{D}$.
- $\Omega \in \mathcal{D}$.

Ein durchschnittstabiles Dynkin-System ist eine ↗σ-Algebra.

E

e, *Eulersche Zahl*, *Napier-Zahl*, die Zahl

$$e = \sum_{n=0}^{\infty} \frac{1}{n!},$$

1748 von Leonhard Euler eingeführt, wobei die Bezeichnung an das Wort „Exponent" angelehnt ist. In Dezimaldarstellung ist

$$e = 2.718\,281\,828\,459\,045\,235\,360\,287\ldots,$$

wobei die Ziffernfolge wegen der ↗Irrationalität von e weder abbricht noch periodisch wird. Wegen der durch $e = \exp(1)$, also $\ln e = 1$ und $e^x = \exp(x \ln e) = \exp(x)$ für $x > 0$ gegebenen Verbindung zur ↗Exponentialfunktion und zur natürlichen Logarithmusfunktion wird e nach John Napier, dem Erfinder der Logarithmen, auch *Napier-Zahl* genannt. Aus $\ln' x = \frac{1}{x}$ für $x > 0$ erhält man

$$n \ln\left(1 + \frac{1}{n}\right) = \frac{\ln\left(1 + \frac{1}{n}\right) - \ln 1}{\frac{1}{n}} \to \ln' 1 = 1$$

für $n \to \infty$, also

$$\left(1 + \frac{1}{n}\right)^n = \exp\left(n \ln\left(1 + \frac{1}{n}\right)\right) \to \exp(1) = e.$$

Dieser Grenzwert hat seinen Ursprung im Problem der stetigen Verzinsung. Legt man ein Kapital von $K = 1$ zu einem Jahreszinssatz von 100 Prozent für ein Jahr an, so erhält man bei n-facher unterjähriger Verzinsung nach einem Jahr ein Kapital von $(1 + \frac{1}{n})^n$. Im Grenzfall der stetigen Verzinsung, der beispielsweise auch bei bestimmten biologischen Wachstumsvorgängen eine Rolle spielt, läßt man dann n gegen Unendlich gehen und erhält den Grenzwert e.

Für alle natürlichen Zahlen n gilt darüber hinaus die Einschließung

$$\left(1 + \frac{1}{n}\right)^n < e < \left(1 + \frac{1}{n}\right)^{n+1}.$$

Von Euler stammt der regelmäßige Kettenbruch

$$e = [\,2\,;\; 1, 2, 1,\; 1, 4, 1,\; 1, 6, 1\; \ldots\,],$$

aus dem sich die rationalen Näherungswerte

$$\frac{3}{1}, \frac{8}{3}, \frac{11}{4}, \frac{19}{7}, \frac{87}{32}, \frac{106}{39}, \frac{193}{71}, \ldots$$

für e ergeben, ferner die regelmäßigen Kettenbrüche

$$\sqrt{e} = [\,1\,;\; 1, 1, 1,\; 5, 1, 1,\; 9, 1, 1,\; \ldots\,]$$

$$\frac{1}{2}(e-1) = [\,0\,;\; 1, 6, 10, 14, 18, 22, \ldots\,]$$

$$\frac{e+1}{e-1} = [\,2\,;\; 6, 10, 14, 18, 22, \ldots\,]$$

sowie der unregelmäßige Kettenbruch

$$e = 2 + \cfrac{1}{1 + \cfrac{1}{2 + \cfrac{2}{3 + \cfrac{3}{4 + \cfrac{4}{5 + \cdots}}}}}$$

und die Formel

$$\frac{1}{e} = \sum_{n=0}^{\infty} \frac{(-1)^n}{n!}$$

mit der Erkenntnis, daß $\sum_{n=0}^{N} \frac{(-1)^n}{n!}$ die Wahrscheinlichkeit dafür ist, daß bei einer zufälligen Verteilung von N Elementen auf N Plätze kein Element an einem vorgegebenen Platz landet. Aus $\ln' x = \frac{1}{x}$ erhält man für die Fläche unter der Hyperbel $y = \frac{1}{x}$ zwischen $x = 1$ und $x = e$

$$\int_1^e \frac{dx}{x} = 1,$$

aus dem Primzahlsatz folgt

$$\sqrt[n]{\prod_{\substack{p \le n \\ p \text{ prim}}} p} \to e \quad (n \to \infty),$$

und aus der Stirling-Formel ergibt sich

$$\frac{n}{\sqrt[n]{n!}} \to e \quad (n \to \infty).$$

Bei praktischen physikalischen Anwendungen spielt die Eulersche Zahl eine große Rolle. So wird zum Beispiel die Geschwindigkeit des radioaktiven Zerfalls durch die sogenannte Zerfallskonstante $\lambda > 0$ angegeben. Ist dann n_0 die Anzahl der Atomkerne zum Zeitpunt $t = 0$ und $n(t)$ die Anzahl der Kerne zum Zeitpunkt t, so wird $n(t)$ mit Hilfe der Eulerschen Zahl berechnet aus

$$n(t) = n_0 \cdot e^{-\lambda t}.$$

Während die Irrationalität von e leicht zu zeigen ist und schon 1737 von Euler aus dem Nicht-Abbrechen der regelmäßigen Kettenbruchentwicklung von e geschlossen wurde, konnte die ↗ Transzendenz von e erst 1873 von Charles Hermite bewiesen werden.

E-Algorithmus, eines der allgemeinsten Verfahren der numerischen Mathematik zur ↗ Extrapolation einer Folge, eingeführt von C. Brezinski im Jahre 1980.

Der E-Algorithmus beinhaltet die meisten bekannten Extrapolationsverfahren als Spezialfall. Die Angabe der genauen Berechnungsvorschrift würde den Rahmen dieses Nachschlagewerkes sprengen, es muß daher auf weiterführende Literatur, z. B. [1], verwiesen werden.

[1] Brezinski, C.; Redivo Zaglia, M.: Extrapolation Methods. North-Holland, Amsterdam, 1992.

Earnshaw-Theorem, die Aussage, daß das elektrostatische Potential im ladungsfreien Raum kein Maximum oder Minimum haben kann.

Bringt man also in ein elektrostatisches Feld eine kleine Ladung, die das Feld kaum beeinflußt, dann gibt es für sie keine stabile Gleichgewichtslage. Das Earnshaw-Theorem ist Ausdruck der Eigenschaften von Lösungen der das Potential beschreibenden Poisson-Gleichung.

Ebene, zweidimensionaler affiner Unterraum des $\mathbb{R}^3$. Ist $U \subseteq \mathbb{R}^3$ ein zweidimensionaler Teilvektorraum von $\mathbb{R}^3$, so heißt der um einen Vektor x_0 verschobene Raum x_0+U eine Ebene. Jede Ebene läßt sich unter Verwendung geeigneter dreidimensionaler Vektoren x_0, x_1 und x_2 in der parametrisisierten Form beschreiben durch die Gleichung

$$e = x_0 + \lambda \cdot x_1 + \mu \cdot x_2,$$

wobei die Werte λ, μ reelle Parameter sind, die die gesamte reelle Achse durchlaufen. In der parameterfreien Form lautet die Ebenengleichung

$$ax + by + cz = d,$$

wobei die Ebene aus genau den Punkten (x, y, z) besteht, die diese Gleichung erfüllen. Ist dagegen ein Punkt (x_0, y_0, z_0) gegeben, durch den die Ebene laufen soll, so kann man sie auch beschreiben durch die Gleichung

$$a(x - x_0) + b(y - y_0) + c(z - z_0) = 0.$$

Eine Ebene wird durch drei Punkte im Raum eindeutig bestimmt. Sind drei Punkte $A = (a_1, a_2, a_3), B = (b_1, b_2, b_3)$ und $C = (c_1, c_2, c_3)$ gegeben, so kann man unter Verwendung der zugehörigen Ortsvektoren

$$a = \begin{pmatrix} a_1 \\ a_2 \\ a_3 \end{pmatrix}, b = \begin{pmatrix} b_1 \\ b_2 \\ b_3 \end{pmatrix}, c = \begin{pmatrix} c_1 \\ c_2 \\ c_3 \end{pmatrix}$$

die Ebenenpunkte z mit der Gleichung

$$(z - a) \cdot ((b - a) \times (c - a)) = 0$$

bestimmen. Dabei bezeichnet $\cdot$ das Skalarprodukt und $\times$ das Vektorprodukt auf $\mathbb{R}^3$.

ebene elektromagnetische Wellen, elektromagnetische Wellen, deren Wellenfront eine Ebene ist.

Legt man die Koordinaten der vierdimensionalen Minkowskischen Raum-Zeit so fest, daß die Wellenfront die yz-Ebene bildet und sich die Welle in positive x-Richtung ausbreitet, ergibt sich der Wellenvektor A_i zu $A_i(x-t)$. Hier wurden Einheiten verwendet, in denen die ↗ Lichtgeschwindigkeit $c = 1$ ist. Durch Fouriertransformation läßt sich jede elektromagnetische Welle als eine Überlagerung ebener elektromagnetischer Wellen darstellen.

ebene Kurve, eine Kurve, die ganz in einer Ebene des $\mathbb{R}^3$, meist dem $\mathbb{R}^2$, liegt.

ebene Trigonometrie, Lehre der Berechnung von ebenen Dreiecken unter Benutzung der trigonometrischen Funktionen.

Für beliebige spitz- oder stumpfwinklige Dreiecke der (euklidischen) Ebene gelten der ↗ Sinussatz und der ↗ Cosinussatz.

In rechtwinkligen Dreiecken gelten (jeweils für die beiden spitzen Winkel) die folgenden trigonometrischen Beziehungen:

- Der ↗ Sinus eines Winkels ist gleich dem Quotienten aus der ↗ Gegenkathete und der ↗ Hypotenuse.
- Der ↗ Cosinus eines Winkels ist gleich dem Quotienten aus der ↗ Ankathete und der Hypotenuse.
- Der ↗ Tangens eines Winkels ist gleich dem Quotienten aus der Gegenkathete und der Ankathete.

Ebenenbündel, Menge aller Ebenen im $\mathbb{R}^3$, die durch einen vorgegebenen Punkt p gehen.

Ebenenbüschel, Menge aller Ebenen im $\mathbb{R}^3$, die mit einer vorgegebenen Geraden inzidieren (↗ Büschel).

Ebenenfeld, zweidimensionaler Spezialfall eines ↗ Hyperebenenfeldes im Dreidimensionalen.

ebener Graph, die kreuzungsfreie Einbettung eines ↗ planaren Graphen in die Ebene $\mathbb{R}^2$.

Sind E und K die Ecken und Kanten eines ebenen Graphen G, dann nennt man die zusammenhängenden Gebiete von $\mathbb{R}^2 \setminus (E \cup K)$ die Länder von G. Dabei ist genau eines der Gebiete unbeschränkt und wird äußeres Land genannt, alle anderen Gebiete heißen innere Länder.

Zwei Länder heißen benachbart, wenn es eine Kante gibt, die zum Rand beider Länder gehört.

Eberlein-Smulian, Kompaktheitssatz von, Aussage über die Äquivalenz von Kompaktheit und Folgenkompaktheit in der ↗ schwachen Topologie eines Banachraums:

Eine Teilmenge A eines Banachraums ist genau dann relativ kompakt in der schwachen Topo-

logie, wenn jede Folge in A eine schwach konvergente Teilfolge besitzt. Ferner ist dann jedes Element im schwachen Abschluß von A Grenzwert einer schwach konvergenten Folge in A.

Dieser Satz ist nicht trivial, da die schwache Topologie auf A i.allg. nicht metrisierbar ist.

ECF-Sprache, ↗ Klasse der eindeutigen kontextfreien Sprachen.

echte Klasse, Klasse, die keine Menge ist (↗ axiomatische Mengenlehre).

echte Obermenge, Menge, die eine andere Menge enthält, ohne mit dieser identisch zu sein.

Gilt für zwei Mengen X, Y, daß $X \subseteq Y$ und $X \neq Y$, so nennt man Y eine echte Obermenge von X. In diesem Fall ist die Schreibweise $X \subsetneq Y$ gebräuchlich (↗ Verknüpfungsoperationen für Mengen).

echte Teilmenge, Menge, die in einer anderen Menge enthalten ist, ohne mit dieser identisch zu sein.

Gilt für Mengen X, Y, daß $X \subseteq Y$ und $X \neq Y$, so nennt man X eine echte Teilmenge von Y. In diesem Fall ist die Schreibweise $X \subsetneq Y$ gebräuchlich (↗ Verknüpfungsoperationen für Mengen).

echter Bruch, ein ↗ Bruch $\frac{m}{n}$ natürlicher Zahlen m, n mit $m < n$, also ein Bruch, der eine rationale Zahl im Intervall $(0, 1)$ darstellt.

Zu jedem Bruch $\frac{p}{q}$ mit $p, q \in \mathbb{Z}, q \neq 0$, der keine ganze Zahl ist, gibt es genau ein $k \in \mathbb{Z}$ so, daß $\frac{p}{q} - k$ ein echter Bruch ist, nämlich $k = \lfloor \frac{p}{q} \rfloor$, wobei $\lfloor\ \rfloor$ die floor-Funktion (↗ Abrundung auf ganze Zahl) ist. Ein nicht-echter Bruch heißt auch unechter Bruch.

echtes Halbkomplement eines Elementes v eines ↗ Verbandes $(V, \wedge, \vee)$ mit Nullelement, vom Nullelement verschiedenes ↗ Halbkomplement von v.

Ecke eines Graphen, ↗ Graph, ↗ gerichteter Graph.

Ecke eines Polyeders, Punkt $\bar{x}$ eines Polyeders

$$P := \{x \in \mathbb{R}^n | Ax \leq b\},$$

der nicht als echte Konvexkombination

$$\bar{x} = \lambda y + (1 - \lambda) z, \ \lambda \in (0, 1)$$

zweier verschiedener Punkte $y, z \in P$ dargestellt werden kann.

Innerhalb eines Optimierungsproblems ist ein $\bar{x} \in P$ genau dann eine Ecke, wenn die zu den aktiven Ungleichungen gehörenden Zeilen von A den Raum $\mathbb{R}^n$ aufspannen.

Ecken-Automorphismengruppe, die Gruppe der Ecken-Automorphismen eines (unbezeichneten) ↗ Baumes bezüglich ihrer Komposition.

Eckenfärbung, Abbildung der Ecken eines Graphen in die natürlichen Zahlen.

Ist G ein gegebener ↗ Graph mit der Eckenmenge $E(G)$, so ist eine Abbildung $h : E(G) \longrightarrow \{1, 2, \dots, k\}$, so daß $h(x) \neq h(y)$ für alle adjazenten Ecken x und y gilt, eine Eckenfärbung von G. Man spricht auch genauer von einer k-Eckenfärbung oder von einem k-färbbaren Graphen. Ist E_i die Menge aller Ecken von G mit der Farbe i, so nennt man E_i Farbenklasse. Die chromatische Zahl $\chi(G)$ von G ist die kleinste Zahl k, für die G eine k-Eckenfärbung besitzt. Ist $\chi(G) = k$, so heißt G auch k-chromatischer Graph.

Färbt man jede Ecke eines Graphen mit einer anderen Farbe, so ist das eine Eckenfärbung, womit die Existenz der chromatischen Zahl gesichert ist. Bezeichnet $\omega(G)$ die ↗ Cliquenzahl eines Graphen G, so benötigt man natürlich mindestens $\omega(G)$ Farben für eine Eckenfärbung von G. Daher ergeben sich unmittelbar die Ungleichungen

$$\omega(G) \leq \chi(G) \leq |E(G)|.$$

Ist h eine k-Eckenfärbung eines Graphen G und

$$E_i = \{x | x \in E(G) \text{ mit } h(x) = i\}$$

eine Farbenklasse, so gilt

$$E(G) = \bigcup_{i=1}^{k} E_i$$

mit $E_i \cap E_j = \emptyset$ für alle $1 \leq i < j \leq k$, und jede Farbenklasse E_i ist eine unabhängige Eckenmenge von G. Daher ist jeder Graph G natürlich $\chi(G)$-partit. Umgekehrt liefert jede Zerlegung von $E(G)$ in k disjunkte unabhängige Eckenmengen eine k-Eckenfärbung von G.

Das Entscheidungsproblem, ob ein gegebener Graph k-färbbar ist, zählt für $k \geq 3$ zu den bekannten NP-vollständigen Problemen. Der folgende einfache Algorithmus liefert aber eine Methode, um die Ecken eines Graphen G mit $\Delta(G) + 1$ Farben zu färben, wobei $\Delta(G)$ der Maximalgrad von G bedeutet.

Man wähle eine erste Ecke und färbe sie beliebig. Danach wird jeweils eine noch nicht gefärbte Ecke gewählt. Diese erhält eine andere Farbe als alle schon gefärbten Ecken, die mit ihr adjazent sind. Das ist stets möglich, da jeder Ecke mit höchstens $\Delta(G)$ Ecken adjazent ist und nach Voraussetzung $\Delta(G) + 1$ Farben zur Verfügung stehen. Nach $|E(G)|$ solcher Schritte hat man dann alle Ecken des Graphen gefärbt.

Dieses Verfahren liefert für jeden Graphen G insbesondere die Abschätzung

$$\chi(G) \leq \Delta(G) + 1.$$

Ist H der vollständige Graph oder ein Kreis ungerader Länge, so gilt natürlich $\chi(H) = \Delta(H) + 1$. Im Jahre 1941 hat R.L. Brooks aber nachgewiesen, daß dies die einzigen Graphen sind, die diese Gleichung erfüllen.

Ist G ein ↗zusammenhängender Graph, der weder ein Kreis ungerader Länge noch vollständig ist, so gilt $\chi(G) \le \Delta(G)$.

Dieser Satz von Brooks spielt in der Theorie der Eckenfärbung eine wichtige Rolle.

Ein Graph G heißt kritisch, wenn für jeden echten ↗Teilgraphen H die Ungleichung $\chi(H) < \chi(G)$ gilt. Ist G kritisch mit $\chi(G) = k$, so heißt G auch k-kritisch oder kritisch k-färbbarer Graph. Die folgenden Eigenschaften der kritischen Graphen stammen im wesentlichen von G.A. Dirac (1962).

Ein kritischer Graph ist zusammenhängend und besitzt keine Artikulation. Ist $\chi(G) = k \ge 2$, so enthält G einen k-kritischen Teilgraphen. Man erreicht dies durch sukzessive Herausnahme von Kanten und Ecken. Ist G ein k-kritischer Graph, so gilt $k - 1 \le \delta(G)$, wobei $\delta(G)$ der Minimalgrad bedeutet.

Der vollständige Graph K_2 ist der einzige 2-kritische Graph. Die Menge der 3-kritischen Graphen besteht aus allen Kreisen ungerader Länge. Der ↗Grötzsch-Graph ist ein 4-kritischer Graph. Darüber hinaus ist der Grötzsch-Graph derjenige 4-chromatische Graph ohne Kreise der Länge 3 mit minimaler Eckenzahl.

Eckenmenge eines Graphen, ↗Eckenüberdeckungszahl, ↗ Graph, ↗ gerichteter Graph.

Eckensatz, wichtige Aussage innerhalb der Optimierung. Der Eckensatz besagt, daß eine lineare Funktion f auf einem beschränkten und nichtleeren Polyeder M ihr Minimum in einer Ecke von M annimmt. Dasselbe gilt, wenn M unbeschränkte polyhedrale Teilmenge des nichtnegativen Orthanten ist und f auf M sein Minimum annimmt.

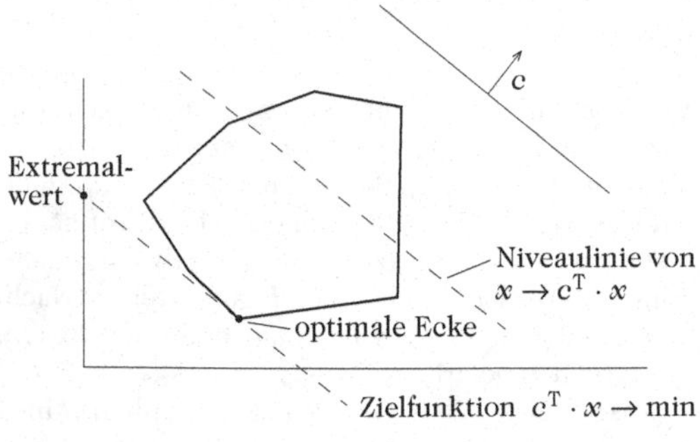

Zum Eckensatz

Eckenüberdeckungszahl, Anzahl der Ecken einer kleinsten überdeckenden Eckenmenge in einem ↗Graphen.

Im folgenden sei G ein Graph ohne isolierte Ecken. Eine Eckenmenge U von G heißt überdeckende Eckenmenge von G, wenn jede Kante von G mit mindestens einer Ecke aus U inzidiert. Ist U eine überdeckende Eckenmenge von G, und existiert keine überdeckende Eckenmenge U' von G mit $|U'| < |U|$, so heißt U minimale überdeckende Eckenmenge und $|U| = \beta(G)$ Eckenüberdeckungszahl von G.

Eine Eckenmenge I von G heißt unabhängig oder stabil in G, wenn keine zwei Ecken aus I adjazent sind. Ist I eine unabhängige Eckenmenge in G, und gibt es keine unabhängige Eckenmenge I' in G mit $|I'| > |I|$, so heißt I maximale unabhängige Eckenmenge in G und $|I| = \alpha(G)$ Unabhängigkeitszahl oder Stabilitätszahl von G.

Eine Kantenmenge L von G heißt überdeckende Kantenmenge von G, wenn jede Ecke aus G mit mindestens einer Kante aus L inzidiert. Ist L eine überdeckende Kantenmenge von G, und existiert keine überdeckende Kantenmenge L' von G mit $|L'| < |L|$, so heißt L minimale überdeckende Kantenmenge und $|L| = \beta_0(G)$ Kantenüberdeckungszahl von G.

Eine Kantenmenge M von G heißt unabhängig, Korrespondenz in G oder Matching von G, wenn keine zwei Kanten aus M inzident sind. Ist M eine unabhängige Kantenmenge in G, und gibt es keine unabhängige Kantenmenge M' in G mit $|M'| > |M|$, so heißt M maximale unabhängige Kantenmenge, maximales Matching oder maximale Korrespondenz von G und $|M| = \alpha_0(G)$ Kantenunabhängigkeitszahl oder Matchingzahl. Ein Matching M mit $2|M| = |E(G)|$ nennt man perfektes Matching oder perfekte Korrespondenz. Offensichtlich ist ein perfektes Matching auch maximal, und besitzt G ein perfektes Matching, so ist G notwendig ein gerader Graph.

Eine Eckenmenge D von G heißt dominierende Eckenmenge oder „dominating set" von G, wenn jede Ecke aus G, die nicht zu D gehört, zu mindestens einer Ecke aus D adjazent ist. Ist D eine dominierende Eckenmenge von G, und existiert keine dominierende Eckenmenge D' von G mit $|D'| < |D|$, so heißt D minimale dominierende Eckenmenge und $|D| = \gamma(G)$ nennt man Dominanzzahl von G.

Die Ungleichungen $\alpha_0(G) \le \beta(G)$, $\gamma(G) \le \alpha(G)$ und $\gamma(G) \le \beta(G)$ ergeben sich recht leicht aus den obigen Definitionen. Im Jahre 1959 hat dann T. Gallai die folgenden interessanten Zusammenhänge gefunden:

$$\alpha(G) + \beta(G) = |E(G)| = \alpha_0(G) + \beta_0(G).$$

Daraus ergibt sich wegen $\alpha_0(G) \le \beta(G)$ sofort $\alpha(G) \le \beta_0(G)$. Die Ungleichungen $\gamma(G) \le \beta(G)$ und $\gamma(G) \le \alpha(G)$ liefern zusammen mit der ersten

Gleichung von Gallai die klassische Abschätzung

$$\gamma(G) \leq |E(G)|/2$$

von O.Ore aus dem Jahre 1962. Für ↗bipartite Graphen B hat D.König 1931 die wichtige Identität $\beta(B) = \alpha_0(B)$ nachgewiesen. Mit Hilfe dieser Gleichung läßt sich ohne große Mühe die Ungleichung $\gamma(G) \leq \alpha_0(G)$ von E.J. Cockayne aus dem Jahre 1971 herleiten. Wegen $2\alpha_0(G) \leq |E(G)|$ verallgemeinert die Ungleichung von Cockayne diejenige von Ore.

In den Jahren 1998/99 haben B.Randerath und L.Volkmann alle Graphen G charakterisiert für die $\gamma(G) = \beta(G)$ bzw. $\gamma(G) = \alpha_0(G)$ gilt. Diese Charakterisierungen liefern unmittelbar polynomiale Algorithmen, mit deren Hilfe man entscheiden kann, ob ein gegebener Graph G die Eigenschaft $\gamma(G) = \beta(G)$ bzw. $\gamma(G) = \alpha_0(G)$ besitzt. Vertiefte Informationen und die neuesten Resultate über diese Graphenparameter findet man in der angegebenen Literatur.

[1] Haynes, T.W.; Hedetniemi, S.T.; Slater, P.J.: Fundamentals of Domination in Graphs. Marcel Dekker, Inc. New York, 1998.

[2] Haynes, T.W.; Hedetniemi, S.T.; Slater, P.J.: Domination in Graphs: Advanced Topics. Marcel Dekker, Inc. New York, 1998.

edge-of-the-wedge-Theorem, meist in der Quantenfeldtheorie verwendete Aussage.

Wir benutzen die Darstellung $\mathbb{C}^n = \mathbb{R}^n + i\mathbb{R}^n$. Es sei $V^0 \subset \mathbb{R}^n$ eine Menge, $\varrho \in \mathbb{R}^n_{>0}$ ein Polyradius, $C \subset \mathbb{R}^n$ ein offener reeller konvexer Kegel mit Spitze im Ursprung, $P^n(0, \varrho)$ ein Polyzylinder und

$$W := C \cap P^n(0, \varrho) .$$

Dann heißen die Mengen $V^+ := V^0 + iW$ und $V^- := V^0 - iW$ die wedges with edge V^0. Mit diesen Bezeichnungen lautet das edge-of-the-wedge-Theorem folgendermaßen:

Sei $V = V^+ \cup V^0 \cup V^-$ gegeben. Dann existiert eine offene Umgebung X von V in $\mathbb{C}^n$, so daß die Einschränkungsabbildung

$$i^0 : \mathcal{O}(X) \to \mathcal{O}(V^+ \cup V^-) \cap \mathcal{C}(V)$$

ein Isomorphismus von topologischen Algebren ist.

Dabei sei $\mathcal{O}(X)$ die Algebra der holomorphen Funktionen auf X, $\mathcal{C}(V)$ sei die Algebra der $\mathbb{C}$-wertigen stetigen Funktionen auf V.

Edgeworth-Approximation, Methode zur Annäherung einer Verteilungsfunktion.

Man benutzt dabei die sogenannten Edgeworth-Entwicklungen, die auf Arbeiten von Tschebyschew (1890) und Edgeworth (1896, 1905) zurückgehen. Es bezeichne S eine reelle Zufallsvariable, deren Momente $m_k = E(S^k)$, $k \in \mathbb{N}$, und deren momenterzeugende Funktion

$$\varphi_S(t) = E(e^{tS}) = \sum_{n=0}^{\infty} \frac{m_n}{n!} t^n$$

für alle t in einer Umgebung des Nullpunktes existieren. Läßt sich $\varphi_S(t)$ in eine Reihe der Form

$$\varphi_S(t) = e^{t^2/2} \cdot \sum_{n=0}^{\infty} a_n \cdot t^n$$

entwickeln, so gilt für die Verteilungsfunktion F_S von S

$$F_S(x) = P(S \leq x) = \sum_{i=0}^{\infty} a_i (-1)^i \Phi^{(i)}(x)$$

mit der Verteilungsfunktion Φ der Standardnormalverteilung. Durch Abbrechen dieser Reihe nach n Gliedern erhält man die Edgeworth-Approximation der Ordnung n.

Bei der näherungsweisen Berechnung von Gesamtschadenverteilungen in der Versicherungsmathematik finden Edgeworth-Approximationen Anwendung.

Edgeworth-Entwicklung, ↗Edgeworth-Approximation.

Edmonds, Algorithmus von, liefert in polynomialer Zeit ein maximales Matching in einem ↗Graphen.

Dieser recht aufwendige und schwierige Algorithmus von J.Edmonds aus dem Jahre 1965 läßt sich etwa wie folgt beschreiben.

Es sei M ein Matching eines Graphen G. Ist

$$2|M| \geq |E(G)| - 1 ,$$

so ist M maximal.

Im anderen Fall gilt für die Eckenmenge $S \subseteq E(G)$, die aus den Ecken besteht, die mit keiner Kante aus dem Matching M inzidieren, die Ungleichung $|S| \geq 2$.

Ausgehend von S konstruiert man einen alternierenden ↗Wald H in G bzgl. M mit folgenden Eigenschaften. Jede Zusammenhangskomponente von H enthält genau eine Ecke aus S, jede Ecke aus S gehört zu genau einer Komponente von H, und jede Komponente von H ist ein ↗alternierender Wurzelbaum bzgl. M mit einer Wurzel aus S. Darüber hinaus soll jede Ecke aus $E(H) \setminus S$ mit einer Kante aus $M \cap K(H)$ inzidieren. Unter diesen Voraussetzungen haben alle Ecken aus H, die einen ungeraden Abstand von ihrer Wurzel aus S besitzen, den Grad 2 in H, und man nennt sie innere Ecken von H, während die verbleibenden Ecken äußere Ecken von H heißen.

Gibt es in H eine äußere Ecke x, die zu einer Ecke $y \notin E(H)$ adjazent ist, so existiert eine Kante $l = yw \in M$ mit $w \notin E(H)$. Ist $k = xy$, so können wir den Wald H durch Hinzufügen der Ecken y, w und der Kanten l, k vergrößern.

Gibt es in H zwei äußere Ecken x und y, die zu zwei verschiedenen Komponenten von H gehören, die aber in G adjazent sind, so sind die beiden Wurzeln dieser Komponenten durch einen Verbesserungsweg W verbunden. Dann gilt aber für das Matching

$$M' = (M \setminus K(W)) \cup (K(W) \setminus M)$$

die Identität $|M'| = |M| + 1$. Mit dem größeren Matching M' beginne man die Prozedur von neuem.

Existieren in einer Komponente T von H mit der Wurzel a zwei äußere Ecken x und y, die in G durch eine Kante k verbunden sind, so sei C der Kreis ungerader Länge, der sich aus dem eindeutigen Weg von x nach y in T und der Kante k zusammensetzt.

Ist W der kürzeste Weg in T von a nach $E(C)$, so ist W alternierend bzgl. M (wenn $a \notin E(C)$). Tauscht man in W die Kanten von M gegen die Kanten von $K(G) \setminus M$ aus, so erhält man erneut ein Matching M_1 mit $|M_1| = |M|$. Nun darf man nach einem Ergebnis von Edmonds den Kreis C zu einer Ecke zusammenziehen (alle auftretenden Schlingen löschen, alle auftretenden parallelen Kanten zu einer Kante vereinigen), und in dem daraus entstandenen kleineren Graphen G' nach einem Matching suchen, das mehr Kanten als $M_1 \setminus K(C)$ enthält.

Im verbleibenden Fall, daß im Graphen G die äußeren Ecken von H nur zu inneren Ecken von H adjazent sind, kann man nachweisen, daß das Matching M maximal ist.

Zusammenfassend wird bei dem Algorithmus von Edmonds immer einer der folgenden Schritte durchgeführt:

- Der alternierende Wald H wird vergrößert.
- Das Matching M wird vergrößert.
- Die Eckenzahl $|E(G)|$ wird verkleinert.
- Der Algorithmus stoppt mit einem maximalen Matching.

effektiv, im Sinne der Entscheidungstheorie (↗Entscheidbarkeit) eine andere Bezeichnung für entscheidbar.

So ist z. B. ein „effektives Verfahren" ein immer stoppender ↗Algorithmus.

effektive Schätzung, wichtige Eigenschaft einer Punktschätzung. Man vergleiche hierzu den Artikel ↗Punktschätzung.

Effektivität, Leistungsfähigkeit eines Rechners. Wie man die Effektivität eines Rechners beurteilt, hängt von der jeweiligen Zielsetzung bei der Verwendung des Rechners ab. Mögliche Kriterien zur Beurteilung der Effektivität sind der Durchsatz, die Auslastung, die Übertragungsrate oder die Antwortzeit.

effiziente Implementierung, effiziente Lösung eines Problems durch ein auf einem Computer lauffähiges Programm.

Ist ein Problem gegeben, das mit Hilfe eines Computerprogramms gelöst werden soll, so sind Programme denkbar, die das Problem zwar lösen, aber ineffizient implementiert sind, wobei es verschiedene Kriterien der ↗Effektivität gibt. Entspricht eine Implementierung aber einem gegebenen Effektivitätskriterium, so spricht man von einer effizienten Implementierung (↗effizienter Algorithmus).

effiziente Rekonstruktion, schnelle Synthese einer Funktion aus ihren Abtastwerten.

effizienter Algorithmus, ein Algorithmus, der das betrachtete Problem mit wenig Ressourcen löst.

Die wichtigsten Ressourcen bilden die Rechenzeit, die ↗worst case-Rechenzeit und gegebenenfalls die ↗average case-Rechenzeit, sowie der benötigte Speicherplatz. Aus theoretischer Sicht gelten polynomiale Algorithmen (↗polynomialer Algorithmus) als effizient.

effizienter Punkt, *Pareto-Optimum*, bezeichnet die Lösung eines Optimierungsproblems für eine vektorwertige Funktion.

Sei $f : M \subseteq \mathbb{R}^n \to \mathbb{R}^m$ eine solche Funktion mit Komponentenfunktionen $f_1, \dots, f_m$. Betrachtet man f als Maximierungsproblem, dann heißt ein zulässiger Punkt $x^* \in M$ effizient, falls es keinen anderen Punkt $x \in M$ gibt, für den gilt: $f_i(x) \ge f_i(x^*)$ für alle $1 \le i \le m$, und $f_{i_0}(x) > f_{i_0}(x^*)$ für mindestens ein i_0.

effizienter Zielvektorwert, Wert einer Zielfunktion in einem effizienten Punkt.

Ist $x^* \in \mathbb{R}^n$ ein ↗effizienter Punkt einer Funktion

$$f : M \subseteq \mathbb{R}^n \to \mathbb{R}^m ,$$

so nennt man den Bildvektor $f(x^*) \in \mathbb{R}^m$ auch effizienten Zielvektorwert.

Effizienztheorem, Anwendung der Idee, bei Vektoroptimierungsproblemen $f : M \subseteq \mathbb{R}^n \to \mathbb{R}^m$ Ersatzzielfunktionen zu betrachten.

Sind alle Komponenten f_i von f affin linear, und ist die Menge M ein Polyeder, so besagt das Effizienztheorem, daß ein Punkt $x^* \in M$ genau dann effizient für f ist (↗effizienter Punkt), falls es Parameter $\lambda_1, \dots, \lambda_m > 0$ so gibt, daß x^* Optimum der Ersatzzielfunktion

$$g(x) = \sum_{i=1}^{n} \lambda_i \cdot f_i(x)$$

auf M ist.

e-Funktion, ↗Exponentialfunktion.

Ehrenpreis, Leon, amerikanischer Mathematiker, geb. 22.5.1930 New York, gest. 16.8.2010 N.Y.

Ehrenpreis studierte in New York und promovierte 1953 an der Columbia University. 1953/54 arbeitete er an der John Hopkins University in Baltimore, 1954 bis 1957 am Princeton Institute for Advanced Study, ab 1957 an der Brandeis Universität in Waltham, Massachusetts, ab 1959 an der Yeshiva Universität in Washington Heights, New York, 1962 am ↗Courant Institute der Universität New York und seit 1968 wieder an der Yeshiva Universität.

Ehrenpreis arbeitet über partielle Differentialgleichungen (Ehrenpreis-Malgrange-Theorem zur Existenz der Fundamentallösung eines Differentialoperators mit konstanten Koeffizienten, Fundamentallösung einer partiellen Differentialgleichung), zu analytischen Funktionen (Beweis des Fortsetzungssatzes von Hartogs, „A new proof and an extension of Hartogs' theorem", 1961) und zu automorphen Funktionen.

Eichbosonen, masselose Bosonen in der ↗Eichfeldtheorie.

Bosonen sind Elementarteilchen mit ganzzahligem Spin. Das Eichboson vermittelt die Wechselwirkung der Fermionen in der Eichfeldtheorie, das bekannteste Beispiel eines Eichbosons ist das Photon, das die Wechselwirkung der Elektronen und Positronen beim Elektromagnetismus (einer abelschen Eichfeldtheorie) vermittelt.

Bei nichtabelschen Eichfeldtheorien tragen die Eichbosonen eine Ladung.

Eichfeldtheorie

H.-J. Schmidt

Die Grundidee der Eichfeldtheorie besteht darin, daß man physikalische Felder beschreiben will, deren Zustände mehr Freiheitsgrade enthalten als physikalisch tatsächlich gemessen werden können. Es gibt dann natürlich auch verschiedene Zustände, die sich physikalisch nicht unterscheiden lassen; solche Zustände heißen äquivalent, und sie lassen sich durch eine Um-Eichung ineinander überführen. Diese Begriffsbildung geht auf H. Weyl zurück, sprachlich lehnt sie sich an den alten Begriff „Eichmaß" an.

In der mathematischen Physik ist es manchmal unvorteilhaft, nur physikalisch meßbare Größen zu benutzen, sondern man führt besser auch irrelevante Größen ein, die anschließend wieder entfernt werden müssen. Oft ist es einfach eine Frage der rechnerischen Zweckmäßigkeit, in welcher Eichung der Zustand am sinnvollsten beschrieben wird; in anderen Fällen geht es jedoch um Umsetzung bestimmter Prinzipien wie der Lokalität: Während z. B. die Newtonsche Gravitationstheorie eine Fernwirkungstheorie ist (die Gravitation wirkt sofort, auch bei entfernt liegenden Massen), gibt es in der Feldtheorie (man denke z. B. an das Magnetfeld) nur eine Nachbarschaftswechselwirkung (Lokalität), u. a., da sich nach spezieller Relativitätstheorie die Kraftwirkungen höchstens mit Lichtgeschwindigkeit ausbreiten können. Dieses Lokalitätsprinzip läßt sich jedoch im Rahmen der Elektrodynamik nur umsetzen, wenn die Quellen des Feldes (also Ladungen) an das (irrelevante Bestandteile enthaltende) Vektorfeld koppeln, nicht aber, wenn sie nur an den (nur relevante Bestandteile enthaltenden) Feldstärketensor koppeln.

Genauer: Die Zustände in der Elektrodynamik werden durch das Vektorfeld A_i beschrieben, gemessen werden können aber nur die Komponenten des Feldstärketensors F_{ij}, der durch

$$F_{ij} = A_{i,j} - A_{j,i}$$

definiert wird. Addiert man zu A_i den Gradienten eines Skalars Φ, also

$$A_i \longrightarrow A_i + \Phi_{,i} ,$$

ändert sich der Tensor F_{ij} nicht.

Praktisch heißt das, daß man diesen Skalar Φ beliebig wählen kann. Der Lagrangian der zugehörigen Theorie wird dann mit dem Quadrat des Feldstärketensors, also mit $F_{ij}F^{ij}$, gebildet. Durch Variation dieses Lagrangians erhält man die Maxwellschen Gleichungen der Elektrodynamik.

Hier bei der Elektrodynamik gibt es also nur einen Eichfreiheitsgrad, entsprechend ist die Eichgruppe die eindimensionale, folglich kommutative, Lie-Gruppe $U(1)$. Bei höherdimensionalen Eichgruppen spricht man von Yang-Mills-Feldern, und man unterscheidet kommutative und nichtkommutative Theorien, je nachdem, ob die unterliegende Gruppe (die stets eine Lie-Gruppe ist, auch wenn dies oft nicht explizit gesagt wird), kommutativ oder nichtkommutativ ist. (Teilweise wird in der Literatur der Begriff der Yang-Mills-Theorie nur auf den nichtkommutativen Fall angewandt.) Bei nichtkommutativen Theorien muß man, um die Eichinvarianz zu gewährleisten, die ↗eichkovariante Ableitung benutzen, die im kommutativen Fall mit der kovarianten Ableitung übereinstimmt.

Je nach den Transformationseigenschaften der Felder unterscheidet man lokale Eichtheorien und nichtlokale Eichtheorien. Anders als in vielen mathematischen Begriffen bedeutet hier „lokal" aber nicht „auf eine kleine Umgebung des Punktes bezogen", sondern daß die Eichtransformation ortsabhängig sein darf. Dagegen ist bei den nichtlokalen Theorien (auch: globale Theorien genannt) der Eichparameter eine Konstante.

Das Analogon des o.g. Feldes A_i ist jetzt das Yang-Mills-Feld, und das Analogon der Maxwellschen Gleichung ist die Yang-Mills-Gleichung.

Der Feynmansche Pfadintegralzugang (so benannt nach dem Physiknobelpreisträger R. Feynman) spielt zunehmend eine wichtige Rolle bei der Quantisierung der Eichfelder.

Für diese Quantisierung erfolgt eine Brechung der Eichinvarianz, um aus den verschiedenen physikalisch äquivalenten Zuständen (die ja durch Eichtransformationen auseinander hervorgehen), jeweils einen auszuwählen; dies geschieht durch Hinzufügung eines eichbrechenden Terms sowie entsprechender Felder (sogenannte Geisterfelder nach Faddeev und Popov) in der Lagrangefunktion.

Die nach der Elektrodynamik wichtigste Eichfeldtheorie ist die Quantenchromodynamik, deren unterliegende Lie-Gruppe die nichtkommutative $SU(3)$ ist, und die die Wechselwirkung von Quarks und Leptonen beschreibt.

Weitere Beispiele: Die elektroschwache Wechselwirkung, beschrieben durch die Gruppe $U(1) \times SU(2)$, sowie die Supergravitation, in der es neben dem Spin 2-Graviton der Allgemeinen Relativitätstheorie noch ein Spin 3/2-Gravitino gibt.

Ein weiteres Anwendungsgebiet der Eichfeldtheorie ist unter der Bezeichung Gittereichfeldtheorie verbreitet: Es geht um die Renormierung von Divergenzen, die bei der Quantisierung der Eichfelder auftreten. Man nennt sie eine Infrarotdivergenz, falls das Integral, das Wellenlängen λ von einem positiven λ_0 bis ∞ überdeckt, unendlich wird, und eine Ultraviolettdivergenz, falls es bei $\lambda \longrightarrow 0$ zu undefinierten Werten des Integrals kommt. Durch Diskretisierung der Raum-Zeit und/oder der Felder wird dann das Integral durch eine endliche Summation ersetzt.

Auch Defekte in Kristallen lassen sich eichfeldtheoretisch beschreiben: Wenn aus einem reinen Kristall eine bestimmte Schicht entfernt wird (Fehlschicht) und die Teile wieder zusammengefügt werden, „heilt" der Kristall wieder aus, und nur an den Enden bleibt eine Defektstelle (Versetzung genannt) übrig.

Es stellt sich heraus, daß das Ergebnis nur davon abhängt, wie und was herausgeschnitten wurde, nicht aber davon, an welcher Stelle die Schicht entfernt wurde. Das ist genau die Situation der Eichfelder: Das räumliche Verschieben der Fehlschicht ist die grundlegende Eichtransformation zur Beschreibung der Kristalldefekte. Ähnlich kann Supraleitung eichfeldtheoretisch behandelt werden.

Das Diracsche Modell für einen magnetischen Monopol kann man eichfeldtheoretisch wie folgt beschreiben: „Eigentlich" gibt es keine einzelnen magnetischen Teilchen (magnetische Monopole genannt) im Gegensatz zu einzelnen eletrischen Ladungen, sondern es gibt immer nur Paare von magnetischen Polen, die durch eine magnetische Feldlinie verbunden sind. Wenn man aber jetzt den Grenzwert betrachtet, daß einer der zwei magnetischen Pole gegen „räumlich unendlich" verschoben wird, bleibt zunächst nur der andere als Monopol übrig. Dazu kommt jedoch noch die Feldlinie, die von diesem Monopol nach unendlich führt. Der Eichfreiheitsgrad besteht darin, *wo* sich diese Feldlinie befindet. Nach Beseitigung dieser Eichfreiheit verbleibt eine linienartige topologische Anregung.

Schließlich sei noch erwähnt, daß es zu jeder Eichfeldtheorie eine duale Eichfeldtheorie gibt. Das bekannteste Beispiel ist: Die duale Theorie zum Elektromagnetismus ist wieder dieselbe Theorie, jedoch unter Austausch aller elektrischen mit allen magnetischen Größen.

Im Gegensatz zu vielen anderen Begriffen, die als Internationalismen in vielen Sprachen ähnlich klingen, wird der Begriff „Eichfeld"wie folgt übersetzt: polnisch: pole cechowania; englisch: gauge field, diese Form stammt ab vom franz. Verb jauger und dem deutschen Wort „Feld"; russisch: kalibrovotschnoje pole, und dieses hat denselben Ursprung wie das deutsche Wort „kalibrieren".

Literatur

[1] Kleinert, H.: Pfadintegrale. B.I.-Wissenschaftsverlag Mannheim, 1993.

Eichinvarianz, Invarianz einer Größe bezüglich einer ↗ Eichtransformation.

eichkovariante Ableitung, eine Modifikation der partiellen Ableitung derart, daß die Ableitung einer Größe sowohl kovariant als auch eichinvariant bezüglich ↗ Eichtransformationen ist (↗ Eichfeldtheorie).

Eichpotential, Vektorfeld A_i, aus dessen Ableitung ein eichinvarianter Feldstärketensor F_{ij} gebildet werden kann.

Es gilt

$$F_{ij} = A_{i;j} - A_{j;i} ,$$

wobei das Semikolon die kovariante Ableitung bedeutet. (Es ist zwar im allgemeinen $A_{i;j} \neq A_{i,j}$, wobei das Komma die partielle Ableitung bedeutet, jedoch gilt stets:

$$A_{i;j} - A_{j;i} = A_{i,j} - A_{j,i}) .$$

Die Eichtransformationen bewirken die Addition eines Gradienten zu A_i, sodaß dessen Wirkung bei der angegeben Antisymmetrisierung bzgl. i und j in der Definition von F_{ij} herausfällt.

Eichtransformation, allgemein eine Bezeichnung für eine solche Transformation physikalischer Größen, die keine Änderung einer meßbaren Größe bewirkt.

Zum Beispiel ist eine globale Zeittranslation eine Eichtransformation, da stets nur Zeitdifferenzen physikalisch meßbar sind. Dieses Beispiel stellt allerdings nur eine globale Transformation dar, da die Zeittranslation an jedem Raum-Zeit-Punkt um denselben Wert erfolgen muß, damit alle meßbaren Größen unverändert bestehen bleiben.

Wichtiger sind lokale Eichtransformationen, also solche, deren Wert orts- und zeitabhängig unterschiedlich ausfallen kann. In der Weylschen Gravitationstheorie ist die Konformtransformation, d. h. die Multiplikation des metrischen Tensors mit einem beliebigen positiven Faktor, eine Eichtransformation, während die Allgemeine Relativitätstheorie nicht konforminvariant ist.

Speziell werden Eichtransformationen in der ↗Eichfeldtheorie verwendet; es ergibt sich, daß die eichinvarianten Größen genau den physikalisch meßbaren Größen entsprechen.

Der Begriff der Eichinvarianz wurde von H. Weyl eingeführt, zunächst für die elektromagnetische Wechselwirkung. Heute spielt er vor allem bei den Yang-Mills-Gleichungen eine Rolle.

Eifläche, eine geschlossene reguläre Fläche, deren Gaußsche Krümmung überall positiv ist.

Printed in the United States
By Bookmasters